U0342510

电弧炉短流程炼钢设备与技术

刘会林　朱　荣　编著

北　京

冶 金 工 业 出 版 社

2012

内 容 简 介

本书系统介绍了电弧炉炼钢—炉外精炼—连铸过程的工艺与设备设计，内容包括电弧炉本体设备、机械设备、液压设备、电气设备、附属设备以及炉外精炼设备、除尘设备、连铸设备等，列举了部分设备的设计计算实例，还介绍了炼钢机械设备的安装、验收与节能。

本书可供钢铁冶金以及相关专业的生产人员、工程技术人员、设计人员、科研人员、管理人员、教学人员阅读。

图书在版编目(CIP)数据

电弧炉短流程炼钢设备与技术/刘会林，朱荣编著．—北京：
冶金工业出版社，2012.1
ISBN 978-7-5024-5776-1

Ⅰ.①电…　Ⅱ.①刘…　②朱…　Ⅲ.①电弧炉—电炉炼钢
Ⅳ.①TF741

中国版本图书馆 CIP 数据核字(2012)第 005313 号

出 版 人　曹胜利
地　　址　北京北河沿大街嵩祝院北巷 39 号，邮编 100009
电　　话　(010)64027926　电子信箱　yjcbs@cnmip.com.cn
责任编辑　刘小峰　美术编辑　李　新　版式设计　孙跃红
责任校对　王贺兰　责任印制　牛晓波
ISBN 978-7-5024-5776-1
三河市双峰印刷装订有限公司印刷；冶金工业出版社出版发行；各地新华书店经销
2012 年 1 月第 1 版，2012 年 1 月第 1 次印刷
787mm×1092mm　1/16；77 印张；1871 千字；1207 页
270.00 元

冶金工业出版社投稿电话：(010)64027932　投稿信箱：**tougao@cnmip.com.cn**
冶金工业出版社发行部　电话：(010)64044283　传真：(010)64027893
冶金书店　地址：北京东四西大街 46 号(100010)　电话：(010)65289081(兼传真)
（本书如有印装质量问题，本社发行部负责退换）

前　言

当今钢铁工业所采用的炼钢流程，经过150年来的发展，基本形成了两大流程：一是以铁矿石、焦炭为原料的"高炉—转炉炼钢流程"，通常称其为"长流程"；二是以废钢、电力为主的"废钢—电弧炉炼钢流程"，因具有流程短，设备布置、工艺衔接紧凑，也称其为"短流程"。

电炉炼钢是采用电能作为热源进行炼钢的统称。目前，世界上电炉钢产量的95%以上都是由电弧炉生产的，因此电炉炼钢主要指电弧炉炼钢。本书叙述的"电炉"一词在没有特别说明时即指"电弧炉"。我国电炉钢产量2010年已达到6000万吨以上，成为世界最大的电炉产钢国。目前，电炉炼钢已向炉容大型化、供电超高功率化及冶炼强化方向发展，并不断完善与之相配套的二次精炼和连铸、连轧技术，已形成电炉＋连铸＋连轧的现代化短流程生产线。电弧炉短流程炼钢理论、技术、设备、管理等各方面的进步，已为系统总结电炉炼钢流程的设备与技术提供了条件。

为提升我国电炉炼钢水平，更好地推动我国冶金工业健康、持续发展，在冶金工业出版社的组织和中国金属学会特钢分会特钢冶炼学术委员会的支持下，我们编写了《电弧炉短流程炼钢设备与技术》一书。本书主要是围绕电弧炉炼钢工艺流程（电炉—精炼炉—连铸机）主体设备及其附属设备的选型、设计等有关事项作了较为详细的描述。

全书共分十篇47章，第一篇（1～2章）介绍了电炉炼钢流程特点、炉料情况和基于电炉炼钢产能的炉型选择。第二篇（3～7章）介绍了不同类型的电弧炉及其设计特点。第三篇（8～14章）介绍了电弧炉的总体设计与机械部分设计等内容。第四篇（15～22章）介绍了电炉的液压与气动两大动力系统的运行结构及设计思路。第五篇（23～29）介绍了电炉的电气系统及冶金用电制度。第六篇（30～31章）介绍了电弧炉附属设备与供氧系统。第七篇（32～37章）介绍了与电弧炉冶金配套的精炼炉的选择及设计。第八篇（38～43章）介绍了电弧炉烟尘的产生及除尘设备的选用原则。第九篇（44～45章）介绍了与电弧炉配套的连续铸钢设备、车间布置及冶金参数的配置。第十篇（46～47章）介绍了炼钢机械设备的安装、验收及节能的相关内容。

本书可供电弧炉短流程炼钢设备与技术人员、管理人员使用，也可供高校师生、工程技术人员参考。

本书主要由刘会林和朱荣编著，刘亚峰编写了第九篇和第十篇。书中使用的数据与图表主要来源于公开文献及资料，也有作者多年从事电炉炼钢设备设计与技术推广的总结，力求为从事相关专业人员提供便捷路径。但由于作者的知识局限性，加之本书所涉及内容较多、时间仓促，必然会存在片面性，甚至会出现错误，为此，恳请读者给予批评指正并给予谅解。

在编写过程中得到了东北大学博士生导师毛志忠教授与无锡中程自动化公司高级工程师龚哲豪的帮助，两位专家对第五篇的炼钢电弧炉低压控制设备与自动化技术部分提出了修改建议。无锡自信自动化公司汤建林高级工程师进行了审定；辽宁荣信电力电子股份有限公司刘诚高级工程师对第五篇的电弧炉对电网产生的公害与治理进行了审定；北京科技大学董凯博士、林腾昌博士、吕明博士对全书文字进行了校对，在此特向他们表示衷心地致谢。

作　者

2012 年 1 月

目　录

第一篇　电弧炉炼钢与设备的选型

第二篇　现代电弧炉炼钢设备与设计

第三篇 电弧炉的机械设备与设计

第四篇 液压与气动设备的设计

第五篇　电弧炉的电气设备与设计

第六篇　电弧炉附属设备与设计

第七篇 炉外精炼设备与设计

第八篇　电弧炉炼钢除尘设备

第九篇　连续铸钢设备

第十篇　炼钢机械设备的安装、验收与节能

第一篇

电弧炉炼钢与设备的选型

第一章　电弧炉炼钢

目前，世界各国采用的炼钢方法主要是转炉（氧气顶吹转炉为主）炼钢和电弧炉炼钢两种方式。通常把转炉炼钢称为长流程炼钢；而把电弧炉炼钢称为短流程炼钢。短流程炼钢是从废钢铁的原料冶炼开始（也可以加部分铁水）。典型短流程炼钢生产工艺流程根据冶炼不同钢种、不同冶炼工艺，有不同的冶炼流程方式。

第一节　电弧炉炼钢的流程与特点

一、电弧炉炼钢的常用流程

典型短流程炼钢生产工艺流程是根据冶炼不同钢种，有不同的工艺流程。

目前，主要有以下几种方式：

（1）普通钢棒材型。代表流程为：电弧炉—LF 炉—小方坯连铸机。

（2）电炉板材型。生产板材的电弧炉吨位一般比较大（一般在 100t 以上），通过板坯连铸机生产中板或薄板。精炼设备多采用 LF（VD）炉。代表流程为：电弧炉—LF（VD）炉—板坯（薄板坯）连铸机。

（3）电弧炉无缝管型。代表流程为：电弧炉—LF 炉 + VD 炉精炼—圆坯连铸机。

（4）电弧炉合金钢长材型。代表流程为：电弧炉—LF(V)炉精炼—合金钢方坯连铸机。

（5）电弧炉不锈钢棒、板材。一般分为一步法和二步法，代表流程为：

1）一步法：电弧炉—AOD（VOD）炉—（LF 炉）—连铸机或电弧炉—GOR 炉—（LF 炉）—连铸机；

2）二步法：电弧炉—AOD 炉—VOD 炉—（LF 炉）—连铸机。

（6）高碳铬轴承钢。生产工艺流程为：电弧炉—LF 炉 + VD 炉精炼—连铸机。

二、电弧炉炼钢及特点

电炉炼钢是利用电能作热源来进行冶炼的。最常用的电炉有电弧炉和感应炉两种。而电弧炉炼钢占电炉钢产量的绝大部分。一般所说电炉是指电弧炉,本书所述电炉如不加解释即指电弧炉。电炉可全部用废钢作金属原料,可冶炼力学性能和化学成分要求严格的钢,如特殊工具钢、航空用钢和不锈钢等。

电炉按所用的炉衬分为酸性和碱性两种。国内目前主要用碱性电炉炼钢,这种炉子可以有效地去除钢中的硫,这是其他炼钢方法所不及的。随着世界钢铁生产的发展,电炉炼钢工艺与装备水平也在不断地提高,目前占世界钢产量的30%左右,尤其以电炉—连铸—连轧为特点的电炉短流程工艺的确立,使电炉炼钢得到了很大的发展。

世界上近年来发展的新型电弧炉主要有超高功率电弧炉、高阻抗电弧炉、直流电弧炉、旋转式双炉壳电弧炉、竖式电弧炉、连续加料电弧炉、转弧炉等。随着炉外精炼工艺的发展,电弧炉作为初炼炉的功能更加突出。电弧炉—精炼炉的联合操作,使电弧炉的冶炼周期大大缩短,有生产节奏转炉化的趋势,生产效率大大提高。电弧炉炼钢是目前世界各国生产特殊钢的主要方法。

电弧炉炼钢的优点:

(1) 电弧炉炼钢的设备比较简单,工艺布置紧凑、占地面积小,投资少、基建速度以及资金回收快。尤其是廉价的水力发电的普及与核能发电的发展,使电弧炉炼钢得到了迅猛的发展。

(2) 因电弧炉炼钢的热源来自于电弧,温度高达 4000 ~ 6000℃,并直接作用于炉料,所以热效率较高,现在已达到了 70% 以上。此外,在冶炼过程中,能灵活提高钢液的温度,容易冶炼含有难熔元素 W、Mo 等的高合金钢。

(3) 电弧炉炼钢不仅可去除钢中的有害气体与夹杂物,还可脱氧、去硫、合金化等,故能冶炼出高质量的特殊钢。此外,电炉钢的成分易于调整与控制,也能熔炼成分复杂的钢种,如不锈耐酸钢、耐热钢及其他高温合金等。

(4) 电弧炉炼钢可采用冷装或热装,不受炉料的限制,并可用较次的炉料熔炼出较好的高级优质钢或合金。目前,社会上的板边、车屑等废钢量增加,"吃掉"这些东西最理想的办法就是用电弧炉炼钢。电弧炉还能将高合金废料进行重熔或返回冶炼,从而可回收大量的贵重合金元素。

(5) 电弧炉炼钢适应性强,可连续生产,也可间断生产,就是经过长期停产后恢复生产也快。

目前,由于炼钢电弧炉的大型化、超高功率化及冶炼工艺的强化,并与不断发展完善的炉外精炼和连铸连轧技术相配套,已形成了自动化、机械化水平高、能耗低的专业生产体系,使得它在钢的生产中更具有竞争能力。

电弧炉炼钢的缺点:

(1) 电弧是点热源,炉内温度分布得不均匀,熔池各部位的温差较大。

(2) 炉气或水分,在电弧的作用下,能解离出大量的 H、N,而使钢中的气体含量增高。电炉钢一般含氢约为 $(3 \sim 5) \times 10^{-4}\%$,含氮为 $(4 \sim 10) \times 10^{-3}\%$。

三、电弧炉冶炼的常用钢种

(一) 碳素钢

碳素钢是指钢中除含有一定量为了脱氧而加入的硅(一般不超过 0.40%)和锰(一

般不超过 0.80%，较高含量可到 1.20%）等合金元素外，不含其他合金元素（残余元素除外）的钢。根据碳含量的高低又大致可分成低碳钢（含碳量一般小于 0.25%）、中碳钢（含碳量一般在 0.25% ~ 0.60% 之间）和高碳钢（含碳量一般大于 0.60%），但它们之间并没有很严格的界限。

（二）合金钢

合金钢是指钢中除含硅和锰作为合金元素或脱氧元素外，还含有其他合金元素（如铬、镍、钼、钒、钛、铜、钨、铝、钴、铌、锆和稀土元素等），有的还含有非金属元素（如硼、氮等）的钢。根据钢中合金元素含量的多少，又可分为低合金钢、中合金钢和高合金钢。

（三）碳素结构钢

碳素结构钢是指用来制造工程构件和机械零件用的钢，其硫、磷等杂质含量比优质钢高些，但一般硫不超过 0.055%，磷不超过 0.045%（优质碳素结构钢一般硫和磷均不超过 0.040%）。

在各类钢中，碳素结构钢的产量最大，工艺性能良好，用途广泛，多轧制成板材和型材，用于厂房、桥梁和船舶等建筑结构。这类钢材一般不需经热处理即可直接使用。

（四）合金结构钢

合金结构钢是在优质碳素结构钢的基础上，适当地加入一种或数种合金元素，用来提高钢的强度、韧性和淬透性。合金结构钢根据化学成分（主要是含碳量）、热处理工艺和用途的不同，又可分为渗碳钢、调质钢和氮化钢。

渗碳钢是指用低碳结构钢（含碳量一般不高于 0.25%）制成零部件，经过表面化学热处理（渗碳或氰化）、淬火并低温回火（200℃左右）后，使零部件表面硬度高（一般 HRC 在 60 以上），而心部韧性好，具有既耐磨又能承受高的交变负荷或冲击负荷的性能。

调质钢的含碳量一般在 0.25% 以上。所制成的零件经淬火和高温回火（500 ~ 650℃）调质处理后，可以得到适当的高强度与良好的韧性，即得到较良好的综合力学性能。

氮化钢一般是指以中碳合金结构钢制成零件，先经过调质或表面火焰淬火、高频淬火处理，获得所需要的力学性能，并经过切削精加工，最后再进行氮化处理，以进一步改善钢表面的耐磨性能。通常铝可以和氮化合形成氮化铝（在高温下也比较稳定），增加表面硬度和耐磨性。因此，在合金结构钢中含铝的钢（如 38CrMoAl、38CrAl 等）均属氮化钢。

（五）工具钢

凡是用于制造各种工具（例如刃具、模具、量具及其他工具等）用的钢，均称为工具钢。

这类钢当制成工具经热处理后，要求有很高的硬度和耐磨性，因此对表面脱碳层的程度要求比较严格。工具钢中又分为碳素工具钢、合金工具钢和高速工具钢。

碳素工具钢的硬度主要以碳元素含量的高低来调整，其最低的碳含量也有 0.65%，最高可达 1.35%。为了提高钢的综合性能，有的钢中加入 0.35% ~ 0.60% 的锰。这类钢主要用于制造一般切削速度的，加工硬度和强度不太高的材料用的工具，如车刀、锉刀、刨刀、锯条等，以及形状简单精度较低的量具和刃具等。

合金工具钢不仅含有很高的碳（有的高达 2.30%），而且含有较高的铬（有的高达 13%）、钨（有的高达 9%）、钼、钒等合金元素。这类钢主要用于制造锻造、冲压等冷热变形用的各种模具，以及制造各式量具（量块、卡尺等）和刃具（冷、热剪切机用剪刀等）。

高速工具钢除含有较高的碳（1% 左右）外，还含有很高的钨（有的高达 19%）和铬、钒、钼等合金元素，具有较好的赤热硬性。这类钢主要用于制造生产率高、耐磨性大，并且在高温下（高达 600℃）能保持其切削性能的工具。

（六）滚珠轴承钢

滚珠轴承钢是指用于制造各种环境中工作的各类滚动轴承圈和滚动体用钢。这类钢虽然化学成分不复杂（含碳量 1% 左右，含铬量最高 1.65%），但由于滚珠轴承是在高速度的转动和滑动的条件下工作，相互间产生极大的摩擦，因此要求具有高而均匀的硬度和耐磨性。这样，对钢的内部组织和化学成分的均匀性、所含非金属夹杂物和碳化物的数量与分布以及钢的脱碳程度等，比其他一般工业用钢都有更高的要求。轴承钢分为高碳铬轴承钢、无铬轴承钢、渗碳轴承钢、不锈轴承钢及中、高温轴承钢五大类。

（七）弹簧钢

弹簧钢主要含硅、锰、铬合金元素，专门用于制造螺旋簧、扭簧及其他形状的弹簧。弹簧主要是工作在冲击、振动或受长期均匀的周期性交变应力的条件下，因此，要求钢具有高的弹性极限、高的疲劳强度以及高的冲击韧性和塑性。用于制造电器仪表和精密仪器中的弹簧，还要求它具有较高的导电性、耐高温性和耐腐蚀性等。故对钢的表面性能及脱碳性能的要求比一般钢较为严格。

（八）不锈耐酸钢

根据工业上主要用途，不锈耐酸钢分为不锈钢和耐酸钢两种。在空气中能抵抗腐蚀的钢称为不锈钢；在各种侵蚀性强烈的介质中能抵抗腐蚀作用的钢称为耐酸钢。不锈钢并不一定耐酸，但耐酸钢一般却有良好的不锈性能。这类钢主要含铬、镍等合金元素，有的还含有少量的钼、钒、铜、锰、氮或其他元素，铬含量有的高达 25% 左右（含铬量在 13% 以下的钢，只有在腐蚀不强烈的情况下才是耐蚀的），镍含量高达 20% 左右。这类钢主要用于制造化工设备、医疗器械、食品工业设备以及其他要求不锈的器件等。

第二节 电弧炉炼钢的原材料

一、废钢

废钢主要是指废弃的钢铁制品与加工零部件的剩余原材料。废钢分为普通废钢和返回废钢两大类。废钢是电炉炼钢的主要原料，废钢质量的好坏直接影响到电炉的各项技术经济指标，因此必须重视对废钢的管理和使用前的加工处理工作。

（一）普通废钢

普通废钢来源很广，成分和规格较复杂。主要包括各种废旧设备，如报废的车辆、船舶、机械结构件和建筑结构件等；来自机械加工的废钢，如冲压件的边角料、车屑、料头等；部分城乡生活用品废钢，如罐头盒、食品盒、各种包装装潢废钢铁料等。生活用品废钢和大部机械加工废钢属于低质轻薄废钢，需要专门加工处理。

（二）返回废钢

返回废钢主要来自钢铁厂的冶炼和加工车间，包括废钢锭、汤道、注余、废钢坯、切头、切尾、废铸件和钢材废品等。这类废钢质量较好，形状较规则，大都能直接入炉冶炼。

为了使废钢高效而安全地冶炼成合格产品，对废钢有下列要求：

（1）废钢表面清洁少锈，因为铁锈严重影响钢的质量。锈蚀严重的废钢会降低钢水和合金元素的收得率，对钢液质量和成分估计不准。废钢中应力求少粘油污、棉丝、橡胶塑料制品以及泥沙、炉渣、耐火材料和混凝土块等物。油污、棉丝和橡胶塑料制品会增加钢中氢气，造成钢锭内产生白点、气孔等缺陷。泥沙、炉渣和耐火材料等物一般属酸性氧化物，会侵蚀炉衬、降低炉渣碱度、增大造渣材料消耗并延长冶炼时间。

（2）废钢中不得混有铜、铅、锌、锡、锑、砷等有色金属，特别是镀锡、镀锑等废钢。锌在熔化期挥发，在炉气中氧化成氧化锌使炉盖易损坏；砷、锡、铜使钢产生热脆，而这些元素在冶炼中又难以去除；铅密度大、熔点低、不溶于钢水，易沉积炉底造成炉底熔穿事故。

（3）废钢中不得混有爆炸物、易燃物、密封容器和毒品，以保证安全生产。

（4）废钢要有明确的化学成分。废钢中有用的合金元素应尽可能在冶炼过程中回收利用。对有害元素含量应限制在一定范围以内，如磷、硫应小于 0.06%。

（5）废钢要有合适的块度和外形尺寸。过小的炉料会增加装料次数，延长冶炼时间；过大、过重的炉料不能顺利装料，且因传热不好而延长冶炼时间。普通功率电炉废钢堆密度与熔化时间的关系如图 1-1 所示。

从图中可以看出废钢堆密度在 $0.74t/m^3$ 左右熔化速率最快，而过低或过高的堆密度都会使熔化速度减慢。为此，应对废钢进行必要的加工处理。一种是将过大的废钢铁料解体分小；另一种是将钢屑及轻薄料等打包压块，使压块密度提高至 $2.5t/m^3$ 以上，经加工后的废钢尺

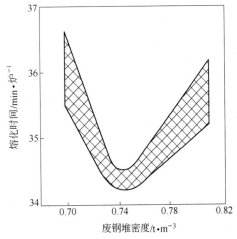

图 1-1 废钢堆密度与熔化时间的关系

寸与炉容量的配合见表1-1。

表1-1 不同吨位电炉用废钢料块度参考表

电炉公称容量/t	废钢最大断面/mm×mm	废钢最大长度/mm	废钢质量/kg
30~50	≤400×400	≤1000	≤1000
60~100	≤500×500	≤1100	≤1500
120~150	≤600×600	≤1200	≤2000

废钢入厂以后，必须按来源、化学成分、轻重、大小和清洁程度分类堆放。合金废钢应严格按类分组管理，一般不得露天堆放。易混杂的废钢，如含镍和含钨的废钢不能相邻堆放。碳素废钢应按碳含量分组堆放。对成分不清或混号的废钢，采用砂轮火花或手提光谱镜鉴别判定，有时可根据废钢外形结构与用途直观判定。对搪瓷废钢及涂层废钢，可采用挤压加工去除涂层。含有油污、棉丝、塑料和橡胶的废钢，应预先在800~1100℃高温下烧掉。

二、生铁

在电炉炼钢中，生铁一般用于提高炉料的配碳量或代替一部分废钢，通常配入量为10%~25%，最高不应超过35%。有时还原期碳量不足，则用生铁增碳。增碳生铁加入炉内离出钢时间短，要求硫、磷含量低及表面清洁少锈，经烘烤后使用。

电炉有时用软铁以调低还原期碳含量。随着电炉大量采用吹氧工艺和低碳合金铁的使用，现在软铁使用较少。

有关资料介绍，巴西MJS公司在84t超高功率电弧炉炉料中，配加35.5%的冷生铁与100%废钢的冶炼指标比较见表1-2。

表1-2 巴西MJS公司不同电弧炉炉料配比的冶炼指标比较

指 标	100%废钢	64.5%废钢+35.5%生铁	指 标	100%废钢	64.5%废钢+35.5%生铁
电耗/kW·h·t⁻¹	467	397	石灰、白云石消耗/kg·t⁻¹	27.6	30.0
电极消耗/kg·t⁻¹	2.6	2.2	吹氧管消耗/kg·t⁻¹	0.017	0.041
耐火材料消耗/kg·t⁻¹	6.0	5.1	冶炼周期/min	64.2	54.6
耗氧量/m³·t⁻¹	11.9	29.7	金属收得率/%	89.51	90.11

从表中可以看出，当电弧炉炉料加入35.5%生铁后，电耗、电极和耐火材料消耗降低，冶炼周期缩短，生产率提高，而吹氧量每增加1m³/t，相应可节电3.6kW·h/t，石灰量略有增加。

三、直接还原铁

电炉炼钢采用直接还原铁（DRI）代替废钢，不仅可以解决废钢供应不足的困难，而且可以满足冶炼优质钢的要求。

直接还原铁是以铁矿石或精矿粉球团为原料，在低于炉料熔点的温度下，以气体

（CO 和 H₂）或固体炭作还原剂，直接还原铁的氧化物而得到的金属铁产品。金属铁（Fe + Fe₃C）含量约 80%，全铁量（金属化率）在 85% ~ 95% 以上，硫含量低于 0.03%，磷含量低于 0.08%，成品大多数为直径 10 ~ 22mm 的金属球团，堆密度为 2.0 ~ 2.7t/m³。

（一）加入量

根据电弧炉装备和工艺情况，电弧炉使用 DRI 的用量为 20% ~ 70%，以配入 50% 左右较为经济，一般配入为 25% ~ 30%，但目前也有使用 100% DRI 冶炼的。装料方式有分批装料和连续加料，多数采用从炉盖第 5 孔连续加料方式。

（二）采用 DRI 炼钢的优缺点

优点有：

（1）钢中有害元素含量降低，力学性能提高，改善了加工性能；

（2）提高了有价元素收得率。

缺点有：采用 DRI 炼钢与全部采用废钢操作相比，由于 DRI 含有 10% ~ 15% 的残留氧需要在炼钢时进行还原，为此每增加 10% 的还原铁，电能消耗便增加 13kW·h/t；金属化率对电耗影响较为明显，如图 1 - 2 所示。全部使用 DRI 时，分别试验测试了 25t、85t、100t 电弧炉，每 1% 的金属化率可影响电耗 12kW·h/t、10kW·h/t、9kW·h/t，同时还会相对延长冶炼时间。

由于 DRI 含有酸性脉石，造成石灰等碱性熔剂增加 15 ~ 30kg/t，渣量增大，电耗增加，如图 1 - 3 和图 1 - 4 所示，对炉衬侵蚀严重；DRI 原料比废钢和生铁都贵，因而冶炼成本增加。

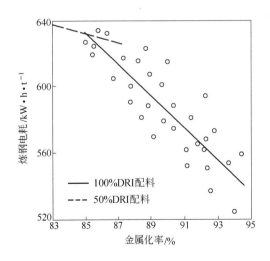

图 1 - 2　DRI 金属化率对电弧炉炼钢电耗的影响

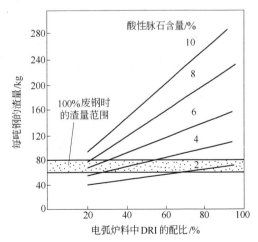

图 1 - 3　DRI 中酸性脉石（SiO₂ + Al₂O₃）含量对电弧炉渣量的影响

（三）直接还原铁产品种类

直接还原铁产品有以下几种：

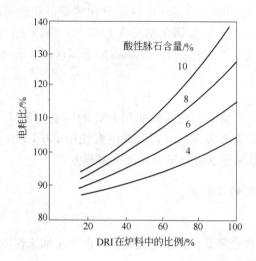

图 1 - 4 DRI 中酸性脉石（$SiO_2 + Al_2O_3$）含量对电弧炉电耗的影响

（1）海绵铁。块矿在竖炉或回转窑内直接还原得到的海绵状金属铁。

（2）金属化团。使用铁精矿粉先造球，干燥后在竖炉或回转窑中直接还原得到的保持球团外形的直接还原铁。

电弧炉使用直接还原铁，会造成冶炼时间加长、电耗增高的不利影响。表 1 - 3 为 150t 电弧炉不同原料结构对冶炼指标的影响。

表 1 - 3　150t 电弧炉不同原料结构对冶炼指标的影响

炉料结构	冶炼时间/min	电耗/$kW \cdot h \cdot t^{-1}$	金属收得率/%
100% 废钢	90	460	93
25% DRI + 75% 废钢	95	480	92
50% DRI + 50% 废钢	107	540	84

（3）热压块铁。把刚刚还原出来的海绵铁或金属球团趁热压成形，使其成为具有一定尺寸的块状铁，一般尺寸多为 100mm × 50mm × 30mm。经还原工艺生产的直接还原铁在高温状态下压缩成为高体积密度的型块，并且具有高的电导率和热导率，可以促进熔化和减少氧化所造成的铁损。热压块铁的表面积小于海绵铁与金属化球团。密度在 4.0 ~ 6.5t/m³ 之间。

四、铁水

电弧炉使用铁水，是最大限度地利用有高炉的钢铁企业电弧炉炼钢的优越性。铁水的特点是有热源和杂质少，使用它作为铁源可以降低熔化功率、提高生产率；另外，还可以廉价地生产杂质元素少的钢种。热装铁水是电弧炉炼钢的炉料结构的重大改变，要求对工艺、装备做适当的改动，特别是流程的性质有所变化。

以装入铁水量与总装入量比的百分数来定义铁水使用率。单位铁水使用率（1%）有降低功率消耗量 3.0kW·h/t 的效果，即铁水使用率为 40% 时，功率消耗降低

120kW·h/t，生产效率提高了33%。但是，生产率不是正比于铁水使用率的，而是要兼顾铁水脱碳的时间和废钢熔化的时间，即存在着与输入功率的能力和供氧能力相对应的合适的使用率。

在一定条件下，热装铁水对电弧炉炼钢工序而言是有利的。除与使用冷生铁相同的优缺点外，热铁水带入大量的物理热使电炉冶炼效率大大提高。在有廉价铁水资源的条件下，适当的热装铁水的工艺已为一些企业所采用。例如多配10%的热铁水，带入的物理热约为25kW·h/t，化学热约25kW·h/t（而氧耗量须增加6~7m³/t）；铁水入炉温度大于1200℃。

据有关资料介绍，国内某钢厂对30t电炉采用热装铁水65%时，电耗在150kW·h/t左右。而当铁水比从40%增加到65%时，每增加1%的铁水降低电耗6kW·h/t，氧耗则增加0.8m³/t。

电炉采用热装铁水30%时，节电在100kW·h/t左右。

国内某钢厂65t Consteel电弧炉加入30%~40%铁水时的冶炼指标见表1-4。

表1-4 Consteel电弧炉加入30%~40%铁水时的冶炼指标

项　　目	数　值	备　注	项　　目	数　值	备　注
变压器容量/MV·A	36		电极消耗/kg·t^{-1}	1.8	
炉壳内径/mm	5600		冶炼周期/min	53	
公称容量/t	97		出钢方式	EBT	
出钢量/t	65		铁水倾倒速度/t·min^{-1}	0.6~1.5	严禁超过1.5t/min
电极直径/mm	550		炭-氧枪的氧气流量/m³·h^{-1}	3500	严禁超过4000m³/h
电耗/kW·h·t^{-1}	280				

五、碳化铁

碳化铁是电炉的优质原料。它是以铁精矿粉为原料，用合成煤气在流态化床中反应生成的产品。碳化铁用于电弧炉生产时，即使不向熔池喷吹炭粉，因其碳含量高达6%，也能形成泡沫渣，避免了喷吹炭粉时可能造成的钢中硫等杂质含量升高。形成泡沫渣可以提高热效率和增加电弧的稳定性，降低噪声，提高耐火材料寿命，增大钢渣接触面积，加快精炼速度。

碳化铁成分见表1-5。碳化铁含有2%~3%的氧化铁和约6%的碳，为炼钢提供了能源。计算表明，全部用废钢或DRI炼钢的能耗分别为1.37GJ/t和1.74GJ/t；而使用碳化铁，若其中90%的碳燃烧生成CO，10%的碳生成CO_2，则炼钢时的能耗仅为0.712GJ/t，若将碳化铁预热到1100℃，则炼钢过程不需要再提供能源。

六、脱碳粒铁

脱碳粒铁粒度为3~10mm，堆密度为3.5~4t/m³，脉石含量比DRI含量低1%~3%，仅此一项用于电弧炉炼钢时，可比DRI降低电耗10%。金属铁比DRI高5%~10%，还原度高3%~5%，有利于形成泡沫渣操作。全部采用脱碳粒铁热装（入炉温度500℃时），电耗可降低 150kW·h/t。

表 1-5 矿粉及其还原产物碳化粉成分 （%）

组 成		碳化铁	矿 粉	组 成		碳化铁	矿 粉
碳化铁		87.80		氧化镁		0.08	0.06
铁	合计	88.09		氧化钙		0.11	0.08
	碳化物	81.92	65.60	氧化钠		0.034	0.025
	氧化物（Fe_3O_4）	5.73		氧化钾		0.041	0.031
	金属铁（Fe）	0.44		硫		0	0.017
锰		1.21	1.91	碳	合计	6.14	
二氧化硅		1.39	2.70		碳化铁（Fe_3C）	5.88	
三氧化二铝		0.38	0.31		自由碳	0.26	
磷		0.005	0.004				

第三节 合金与造渣材料

一、合金材料

为了使钢具有所需的不同力学性能、物理性能和化学性能，必须向钢液中加入不同的合金材料，以达到要求的化学成分。某些合金材料又可作为钢液的脱氧、脱硫和去气剂（氮、氢）。合金材料可分为铁基合金、纯金属合金、复合合金、稀土合金、氧化物合金。电炉炼钢常用的合金材料是铁基合金及部分纯金属合金，如锰铁、硅铁、铬铁、钼铁、钨铁、钛铁、钒铁、硼铁、铌铁、镍和铝等。

对合金材料总的要求是：合金元素的含量要高，以减少熔化时的热量消耗；有确切而稳定的化学成分，入炉块度应适当，以便控制钢的成分和合金的收得率；合金中含非金属夹杂物和有害杂质硫、磷及气体要少。

常用的合金材料有以下几种：

（1）锰铁。锰铁是炼钢生产中使用最多的一种合金材料和脱氧剂。锰铁随含碳量的增加而成本降低，在保证钢质量的基础上，尽量采用含锰约75%的高碳锰铁。在冶炼低碳高锰钢和低碳不锈钢等钢种时，可使用低碳锰铁或用金属锰。

（2）硅铁。硅铁也是炼钢生产中常用的一种合金材料和脱氧剂。硅铁按含硅量分为含硅45%、75%和90%三种。含硅45%的硅铁比含硅75%的硅铁的密度大，因而增硅能力也要大些，一般用作沉淀脱氧和增硅的合金材料。含硅75%的硅铁既可用于沉淀脱氧也可磨成粉状用于扩散脱氧，它是电炉用量最大的一种合金。含硅90%的硅铁用于冶炼含铁较低的合金。含硅在50%~60%的硅铁极易粉化，并放出有害气体，一般不应生产和使用这种中间成分的硅铁。

硅铁吸水性较强，应存放在干燥处，必须经烘烤后使用。

（3）铬铁。铬铁主要用作含铬钢种的合金材料。按照含碳量的多少分为高碳铬铁、中碳铬铁、低碳铬铁、微碳铬铁、金属铬和真空压块铬铁等多种。铬可以和碳形成各种稳定的碳化物，故铬铁含碳越低冶炼越困难，成本也越高。在冶炼一般钢种时，应尽量使用高碳铬铁和中碳铬铁。除金属铬和真空铬铁外，所有铬铁的含铬量都波动在50%～65%之间。

在冶炼低碳或超低碳不锈钢或镍铬合金时，可使用微碳铬铁或金属铬。

铬铁中往往含有较高的硅，在大量使用铬铁时应控制脱氧剂硅铁粉的用量，以免因硅高而出格。

（4）钨铁。钨铁是作为冶炼高速钢及含钨钢的合金材料。钨铁含钨量波动在65%～80%之间。钨铁熔点高，密度大，在冶炼中宜尽早加入。钨铁的块度不能大于80mm，加入熔池后应加强搅拌。

（5）钼铁。钼铁是主要用于含钼结构钢、高速钢、不锈钢和耐热钢等钢种的合金化材料。钼铁的含钼量波动在55%～60%之间。钼铁熔点较高，钼不易氧化，可在氧化期加入。

为了降低钢的成本，冶炼低钼钢时可用含钼30%～40%的钼酸钙代替钼铁。钼酸钙含磷较高（0.4%～0.5%），只可用在氧化法冶炼上，而且须在熔清前或氧化初期加入。

（6）钛铁。钛铁一般用作冶炼含钛钢种的合金材料。在炼制含硼和含铝的钢种时又可作为脱氧剂。钛铁中钛含量在25%～27%之间。钛和氧、氮的亲和力很强，钢中加入钛元素后有良好的脱氧效果，并能和钢中的氮生成稳定的氮化物。钛又是极强的碳化物形成元素，炼制不锈钢时钛加入钢中可以防止碳化铬的形成，从而防止晶间腐蚀。钢中加入0.10%左右的钛，不仅可以细化晶粒，而且还可提高钢的强度和韧性。

钛铁中含有较多的硅和铝，加入时应考虑钢中硅、铝含量，防止硅、铝出格。钛铁的密度较小，须以块状加入，并经干燥后使用。

（7）钒铁。钒铁为主要用于钢的合金化的材料。钒在钢中与碳有较强的亲和力，形成高熔点的碳化物。钒的碳化物有着显著的弥散硬化作用，从而提高钢的切削性、耐磨性和红硬性。钒铁也是一种比较好的脱氧剂，而且适量的钒还能起到细化晶粒的作用。钒铁中钒含量在40%～75%之间。钒铁中磷含量较高，炼高钒钢时应注意控制钢中的磷含量。钒铁中的硅、铝含量也是比较高的。

（8）硼铁。硼铁为用于冶炼含硼钢种的合金材料。钢中加入微量的硼可以显著提高钢的淬透性，改善钢的力学性能，并能细化晶粒。硼易与氧和氮化合，加入前应先充分脱除钢中的氧和氮。硼铁加入前需经低温烘烤，须以块状加入。

（9）铌铁。铌铁是冶炼含铌钢种的合金材料。用于不锈钢、高速钢及部分结构钢的合金化。铌在钢中的作用大体与钒相似，铌和碳、氮、氧均有较强的亲和力，并能形成相应的比较稳定的各类化合物。铌能细化钢的晶粒，提高钢的粗化温度，提高钢的强度、韧性和蠕变抗力。铌能改善奥氏体不锈钢的抗晶间腐蚀性能，同时还提高钢的热强性。

铌和钽在矿床中是共生元素，由于它们性质相近，因此难以提取分离，实际上是铁、铌、钽合金。铌铁化学成分以铌＋钽在50%～75%之间。杂质成分主要含有铝、硅、铜等元素。铌铁熔点较高（1400～1610℃），还原期加入时应充分预热，而且块度要小。

（10）镍。镍用于不锈钢、高温合金、精密合金以及优质结构钢的合金化。金属镍含镍和钴的总量达99.5%以上，其中钴小于0.5%。金属镍中含氢量很高，还原期补加的镍需经高温长期烘烤。

（11）铝。铝是强脱氧剂，也是合金化材料。脱氧用铝含铝在98%以上。几乎所有钢种都用铝作为最终脱氧剂，并用以细化奥氏体晶粒。在某些耐热钢和合金钢中，铝又作为合金化材料加入。

铝以铝铁（含铝20%～55%）形式加入，或以硅铝钡铁合金加入时，由于密度较大，铝的收得率较高。

二、造渣材料

碱性电炉使用的造渣材料，主要有石灰、萤石和废黏土砖块等。

（1）石灰。石灰是碱性电炉炼钢的主要造渣材料。根据煅烧温度的高低和升温速度的快慢，可以得到过烧石灰或软烧石灰。由于电炉冶炼周期较长，成渣速度可适当慢些，为减少石灰吸水和便于保存，电炉宜采用新烧的活性度中等的普通石灰。

石灰极易受潮变成粉末，因此在运输和保管过程中要注意防潮，氧化期和还原期用的石灰要在700℃高温下烘烤使用。石灰块度一般为20～60mm。石灰应焙烧透，灼烧减量要小于5%。石灰中不应混有石灰粉末和焦炭颗粒。

电炉采用喷粉工艺可用钝化石灰造渣。超高功率电炉采用泡沫渣冶炼时可用部分小块石灰石造渣。

（2）萤石。萤石是用来调整电炉炉渣良好的助熔剂。它在提高炉渣流动性的同时并不降低炉渣碱度。电炉用萤石的一般成分为：$CaF_2 > 85\%$、$SiO_2 < 4\%$、$CaO < 5\%$、$S < 0.2\%$、$H_2O < 0.5\%$。萤石的块度为5～50mm，应在100～200℃的低温干燥后使用。

（3）废黏土砖块。废黏土砖块是浇注系统的废弃品。它的作用也是用于改善炉渣的流动性，特别是对镁砂渣的稀释作用比萤石好。可改善炉渣的透气性，使氧化渣形成泡沫而自动流出，促进了氧化期操作的顺利进行。在还原期炉渣碱度较高时用一部分黏土砖块代替萤石是比较经济的，用炭粉还原炉渣时钢液也不易增碳。但因降低炉渣碱度，影响去磷、硫效果，用量不能太大。

在碱性电炉中，有时用部分硅石也可代替萤石用于调整还原期炉渣的流动性，但应控制其用量。

第四节　氧化剂、脱氧剂、增碳剂及其他

一、氧化剂

氧化剂主要用于氧化钢液中碳、硅、锰、磷等杂质元素，电炉常采用的氧化剂有铁矿石、氧化铁皮和氧气。

（1）铁矿石。电炉用铁矿石的含铁量要高，因为含铁量越高密度越大，入炉后容易穿过渣层直接与钢液接触，加速氧化反应的进行。矿石中有害元素磷、硫、铜和杂质含量要低。要求矿石成分为：$Fe \geq 55\%$、$SiO_2 < 8\%$、$S < 0.10\%$、$P < 0.10\%$、$Cu < 0.2\%$、$H_2O < 0.5\%$。块度为30～100mm。

铁矿石入库前用水冲洗表面杂物，使用前须在800℃以上高温烘烤，以免使钢液降温过大和减少带入水分。

（2）氧化铁皮。电炉用氧化铁皮造渣，可以提高炉渣中 FeO 含量，改善炉渣的流动性，稳定渣中脱磷产物，以提高炉渣的去磷能力。对氧化铁皮的要求与转炉炼钢的要求基本相同。

（3）氧气。氧气是电炉炼钢最主要的氧化剂。它可使钢液迅速升温，加速杂质的氧化速度和脱碳速度，去除钢中气体和夹杂物，强化冶炼过程和降低电耗。

电炉炼钢要求氧气含 O_2 不小于 98%，水分不大于 $3g/m^3$，熔化期氧压为 0.3 ~ 0.7MPa，氧化期氧压为 0.7 ~ 1.25MPa。

除以上三种氧化剂外，有时还使用一些金属的氧化物。如在冶炼某些合金钢时，为了节省合金元素的用量，有时利用它们的矿石或精矿粉来代替部分相应的铁合金，如锰矿、铬矿、钒渣以及镍、钼、钨的氧化物，这些矿石在使钢液合金化的同时，也具有氧化剂的作用。

二、脱氧剂

脱氧剂主要用于电炉还原期对钢液进行脱氧；或在返回吹氧法工艺的氧化末期时，为回收渣中的合金元素对炉渣进行还原以及对夹杂物进行形态、大小、分布控制或变性处理。脱氧剂对钢液也具有脱硫作用。

电炉炼钢常用的脱氧剂大致分为块状脱氧剂和粉状脱氧剂两类。块状脱氧剂一般用于沉淀脱氧，粉状脱氧剂一般用于扩散脱氧。具体介绍如下：

（1）硅锰合金。硅锰合金是一种较好的复合脱氧剂。使用这种复合合金要比单独使用锰铁、硅铁的脱氧能力强，其脱氧产物为大颗粒的低熔点（1270℃）的硅酸锰，有利于从钢液中排出，因而钢的质量较好。有时也用于调整钢液的硅锰成分。

硅锰合金中锰含量波动在 60% ~ 65%；硅含量波动在 12% ~ 23%。随着合金中硅含量的降低，碳含量也是逐渐增大的（0.5% ~ 3.0%）。

硅锰合金化学成分中最关键的是锰和硅的比值，当 Mn/Si 为 3 ~ 4 时，基本能达到上述效果。硅锰合金大多用于还原初期对钢液进行预脱氧。

（2）硅钙合金。硅钙合金是一种很强的复合脱氧剂，一般用于高级优质钢的冶炼。可用它代替铝作脱氧剂，还具有脱硫、改善钢中夹杂物的形态和分布的作用。硅钙合金中钙含量为 24% ~ 31%，硅含量为 55% ~ 65%。

硅钙合金多用于钢的最终脱氧。硅钙合金吸水性强，应防止受潮。

（3）硅锰铝合金。硅锰铝合金是一种优良的强复合脱氧剂。一般认为它的脱氧效果优于硅锰合金，广泛用于高级结构钢的冶炼，其成分一般为硅 5% ~ 10%、锰 20% ~ 40%、铝 5% ~ 10%。

（4）硅铁粉。硅铁粉是用含硅 75% 的硅铁磨制而成，由于密度小、含硅量较高，有利于扩散脱氧。硅铁粉使用粒度不大于 1mm，在 100 ~ 200℃ 的低温干燥后使用，水分不大于 0.20%。

（5）硅钙粉。硅钙粉是一种很好的扩散脱氧剂，其密度比硅铁粉还小，故钢液不易增硅。使用时常与硅铁粉配合加入。硅钙粉使用前应干燥，使用粒度不大于 1mm，水分不大于 0.20%。

（6）铝粉。铝粉是很强的扩散脱氧剂。主要用于冶炼低碳不锈钢和某些低碳合金结构钢，以提高合金元素的收得率和缩短还原时间。铝粉使用前也应干燥，使用粒度不大于

0.5mm，水分不大于0.20%。

（7）炭粉。炭粉是主要的扩散脱氧剂。用炭粉脱氧的产物是 CO 气体，不污染钢液。炭粉有焦炭粉、电极粉、石油焦粉、木炭粉等几种。焦炭粉是用冶金焦经破碎研磨加工而成的，由于价格便宜，是扩散脱氧用量最大的一种脱氧剂，但应注意某些冶金焦中硫含量较高的问题。电极粉、石油焦粉和木炭粉的含硫量与灰分量均低于焦炭粉，但价格较贵，使用范围受到限制。

炭粉一般都在还原初期加入，也可用作还原期保持炉内气氛陆续少量加入。炭粉要有合适的粒度，一般为0.5～1.0mm。使用前应干燥，去除水分。

（8）电石。电石的主要成分是碳化钙，用作还原初期强扩散脱氧剂。由于脱氧速度大于炭粉，因此可以缩短还原精炼时间。但电石有可能使钢液增碳和增硅，故应注意出钢终点碳、硅含量，防止出格。

电石极易受潮粉化，平时置于密封容器内保存，使用块度一般为20～60mm。

（9）稀土材料。稀土元素和氧以及硫的亲和力很强，因而含有稀土元素的合金是一种良好的脱氧剂和脱硫剂。同时它还能去气，改善夹杂物形态、大小及分布等作用。此外稀土合金还可作为钢液的净化剂和合金化材料，使钢材具有很好的力学性能。

三、增碳剂

在冶炼中用于钢液增碳的材料称为增碳剂。电炉常用的增碳剂有焦炭粉、电极粉和生铁块。

（1）焦炭粉。焦炭粉价格低廉而且容易获得，是最常用的增碳剂和还原剂。但其灰分含量高，硫的含量也高，在冶炼重要钢种时可选用电极粉作增碳剂。

焦炭粉密度较小，加入钢液后应及时推搅，使其很好地被钢液吸收，用焦炭粉增碳回收率一般波动在40%～60%之间。

（2）电极粉。电极粉具有碳含量高、灰分少、硫含量低、密度大、增碳作用强的优点，因而是较理想的增碳剂。

四、铁合金

铁合金是在炼钢过程中，为了脱氧或者为了改善钢的力学性能，以添加铁以外的成分为目的而采用的各种铁的合金。铁合金使用的目的是不仅赋予钢，也赋予铸铁或非铁合金特殊的性质。

在炼钢过程中，用于脱氧的主要铁合金是锰铁和硅铁；作用为进一步脱氧或净化用途的材料有钙、钛、锆系铁合金；改善钢性质的代表性铁合金有铬和镍系铁合金；加入微量就可以赋予材料特殊性质的有钒、铌、钼、钛和钽系铁合金。

五、电极

电极是短网中最重要的组成部分。电极的作用是把电流导入炉内，并与炉料之间产生电弧，将电能转化成热能。电极要传导很大的电流，电极上的电能损失约占整个短网上的电能损失的40%。电极工作时要受到高温、炉气氧化及塌料撞击等作用，这就要求电极能在冶炼的恶劣条件下正常工作。

对电极物理性能的要求是：

（1）导电性能良好、电流密度大（15~28A/cm²）、电阻系数小（8~10Ω·mm²/m），以减少电能损失。

（2）电极的导热系数大，热膨胀系数小，弹性模量小，以提高电极耐急冷急热性能。

（3）体积密度大，气孔率小，抗氧化性好，在空气中开始强烈氧化的温度就有所提高。

（4）在高温下具有足够的机械强度和抗弯强度。

（5）几何形状规整，以保证电极和电极夹头之间接触良好。

六、各种材料堆积密度与允许堆高

在设计堆存原材料的场地面积或容器容积时，应考虑各种材料的堆积密度和允许堆高以及储料方式，具体情况见表1-6。

表1-6　各种材料的堆积密度与允许堆高

材料名称		堆积密度/t·m⁻³	堆存高度/m		备　注
			半机械化仓库	机械化仓库	
生铁		3~3.5	1.5	3	
废钢	轻型	1.0~1.7	1.5	3	
	中型	1.7~2.5			
	重型	2.5~3.5			
返回钢		2~3.5	1.5	1.5~2	
铁合金		3~4	1.5	1.5~2	
铁屑		2.5~3	1.5	2~3	
焦炭		0.45~0.5	2	2.5~4	锻轧返回钢与炼钢车间返回钢堆积密度不同
无烟煤		0.7	2	2.5~4	
石灰		0.8			
萤石		1.7	2	3	
矿石		2.7	2	3	
生白云石		1.6	2	3	
熟白云石		1.5	2	3	
镁砂		1.5~1.8	2	3~5	
球团矿		1.8~2.0	1.5		

第五节　原料供应规模与消耗

一、铸坯（或钢锭）需要量的计算

在决定工厂各轧钢车间钢坯（或钢锭）需要量时，必须知道1t成品钢材的金属消耗系数。随着浇注、加热、轧钢技术的改进，金属消耗系数趋于下降。金属的消耗系数与生产的具体条件有关，如钢材的质量（沸腾钢、镇静钢）、浇注方法、钢锭质量、钢材品种以及在轧制过程中是否有中间加热等。表 1-7 为 1t 成品各种钢材总的金属消耗系数，供设计时参考运用。

表 1-7 1t 成品各种钢材总的金属消耗系数 (t)

项目	钢 材 名 称	金属消耗系数	钢 材 名 称	金属消耗系数
轨梁轧机	铁路钢轨	1.26 ~ 1.35	沸腾钢轧制成的 24 ~ 36 号钢梁	1.15 ~ 1.17
	电车钢轨	1.40 ~ 1.45	沸腾钢轧制成的 45 ~ 60 号钢梁	1.20 ~ 1.22
	钢桩	1.27 ~ 1.29	镇静钢轧制成的 24 ~ 36 号钢梁	1.29 ~ 1.31
	轧制角钢的沸腾钢	1.13 ~ 1.15	镇静钢轧制成的 45 ~ 60 号钢梁	1.33 ~ 1.35
	轧制角钢的镇静钢	1.28 ~ 1.30	沸腾钢钢坯	1.13 ~ 1.15
	管坯	1.26 ~ 1.33	镇静钢钢坯	1.28 ~ 1.30
大型轧钢机	矿山用钢轨	1.27 ~ 1.32	鱼尾板	1.22 ~ 1.28
	垫板	1.16 ~ 1.20	钢梁槽钢	1.15 ~ 1.18
型钢轧机	轧型钢的沸腾钢	1.15 ~ 1.18	汽车轮盘	1.41 ~ 1.47
	轧型钢的镇静钢	1.26 ~ 1.30	汽车弹簧	1.33 ~ 1.38
	汽车拖拉机用钢	1.35 ~ 1.40	薄板坯	1.09 ~ 1.11
	汽车用钢	1.32 ~ 1.38	槽钢及钢梁	1.15 ~ 1.18
	铬镍钢	1.32 ~ 1.35		
管坯轧机	管坯	1.15 ~ 1.18		
线材轧机	普通线材	1.15 ~ 1.16	高碳钢线材	1.30 ~ 1.32
钢板轧机	普通碳钢厚钢板			
	用沸腾钢轧成	1.33 ~ 1.40	用镇静钢轧成	1.50 ~ 1.65
	燃烧室用钢板	1.80 ~ 1.90		
	热轧薄钢板			
	用沸腾钢轧成	1.28 ~ 1.31	用镇静钢轧成	1.39 ~ 1.41
	汽车拖拉机酸洗钢板			
	用沸腾钢轧成	1.32 ~ 1.34	用镇静钢轧成	1.44 ~ 1.46
	合金钢板	1.70 ~ 1.80	酸洗钢板	1.36 ~ 1.38
	冷轧钢板	1.33 ~ 1.35	屋顶钢皮	1.34 ~ 1.36
开坯轧机	型钢用沸腾钢轧成	1.12 ~ 1.14	沸腾钢板坯	1.12 ~ 1.15
	型钢用镇静钢轧成	1.22 ~ 1.25	镇静钢板坯	1.27 ~ 1.32
	钢轨用初轧坯	1.23 ~ 1.28	合金钢板坯	约 1.55
成品钢管的坯料消耗	钻管	1.12 ~ 1.13	裂化用管	1.135
	钻探套管	1.09 ~ 1.14	石油管	1.09
	无咬口钻探管	1.08 ~ 1.13	不锈钢管	1.26
	容器钢管	1.06	蒸汽过热器用管	1.08
	压缩泵用管	1.085 ~ 1.11		

二、电弧炉炼钢厂的物料平衡

电弧炉炼钢厂的物料平衡，是指某一时期进入该厂的各项原材料的量，与同一时期生产出来的合格钢坯（钢锭）量，排出的炉渣、工业垃圾、废气以及可回收的烟尘等的量，所做的平衡计算。也就是一个炼钢厂生产的投入量与产出量的平衡关系。

物料平衡计算是以实际生产中统计的技术经济指标为依据，而各项指标又与不同的生产流程、设备的种类、大小以及所炼的钢种密切相关。

计算炼钢厂生产的物料平衡的意义在于：

（1）对一定规模的炼钢厂，显示出它的输入与输出任务的大小，即炼钢厂的吞吐量的定量概念。由此又可以选定各种原材料输入及成品与废品的输出应采用的运输方式。计算所得运输任务的大小也是进行总图运输设计的依据。

（2）由物料消耗量设计各种原材料的储存量与储存容器容积或存放场地面积。

（3）所选用指标的优劣直接反映设计流程的先进与否，特别是金属料的消耗与部分金属在生产流程中的循环往复更能显示所设计的流程先进与否，显示金属利用水平。

表 1-8 为电弧炉熔炼主要消耗指标。

表 1-8　电弧炉熔炼主要消耗指标（YB9058—1992《炼钢工艺设计技术规范》）

项　　目		单　　位	电弧炉功率水平	
			RP	HP、UHP
金属料	合　计	kg/t 钢水	1070~1120	1020~1120
	钢铁料	kg/t 钢水	1050~1080	
	合金料	kg/t 钢水	20~40	
石　灰		kg/t 钢水	40~70	
电　极		kg/t 钢水	5~7	3~5
炉衬耐火材料		kg/t 钢水	10~20	4~10
钢包耐火材料		kg/t 钢水	4~10	
氧　气		m³/t 钢水	15~45	
冶炼电耗		kW·h/t	550~650	380~530
车间动力电耗		kW·h/t	15~30（不包括除尘）	
冷却循环水		m³/t	15~20	15~30

三、电炉车间昼夜所需废钢量

电炉车间昼夜所需废钢量 $G(t)$ 计算如下：

$$G = nkT \tag{1-1}$$

式中　n——车间昼夜冶炼炉数；

　　　k——废钢金属收得率，一般取 $k = 0.90 \sim 0.92$；

　　　T——电炉平均出钢量。

四、废钢料筐的容积和数量

废钢料筐的容积计算如下：

$$V = \frac{g}{\rho\alpha} \tag{1-2}$$

式中 V——废钢料筐的容积，m^3；

g——每炉废钢加入量，t；

ρ——废钢堆密度，t/m^3，轻型 0.7~1.0t/m^3，中型 1.2~1.8t/m^3，重型 2.0~3.0t/m^3；

α——装满系数，一般取 $\alpha = 0.8$。

料筐数量计算如下：

$$料筐数量 = 车间周转料筐 + 备用料筐$$

五、电弧炉冶炼过程物料平衡与能量平衡

根据电弧炉炼钢物料与能量进出项进行作图分析，图 1-5 和图 1-6 所示分别为电弧炉炼钢过程的物料及能量衡算示意图。图 1-5 示出了电炉加入的废钢、石灰等炉料及产生的钢水、炉渣等。图 1-6 示出了废钢化学热等的输入及钢水物理热等的输出。

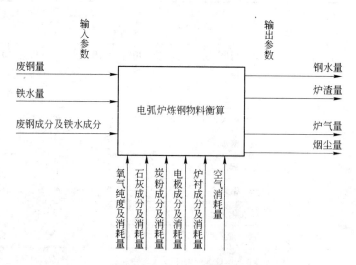

图 1-5 电弧炉炼钢过程的物料衡算示意图

计算所涉及的变量和参数分为三类，即工艺变量、输入变量或参数（分为物料输入变量和能量输入参数）和输出变量或参数（分为物料输出变量和能量输出参数）。参数及变量限于篇幅，在此不做赘述。

六、物料平衡计算模型

物料平衡计算模型建立在物质守恒的基础上，考虑了物质的转化、碱度的要求以及铁烧损、碳的二次氧化等，模型的特征为化学计量。模型是基于对电弧炉炼钢生产过程物料的系统分析，是生产工艺的确定及过程控制的基础条件。

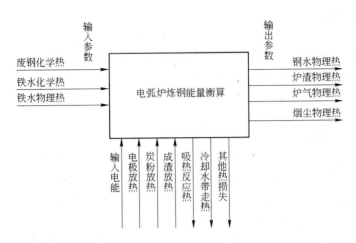

图 1-6 电弧炉炼钢过程的能量衡算示意图

(一) 单项物料平衡计算表达式

为计算方便,在不同原料条件下均可采用物料平衡计算式,每种含铁原料和辅助原料都以 1000kg 为标准,计算出的量的单位为 kg。

1. 废钢的计算

(1) 废钢中各元素氧化量的计算:

烧损的铁量为:$GO_{FeA} = 1000 \times a_{FeA}/100 \times Irb$

钢水中剩余的铁元素量为:$L_{FeA} = 1000 \times a_{FeA}/100 - GO_{FeA}$

钢水中剩余的碳量为:$L_{CA} = \dfrac{[C]_{stA}}{[Fe]_{stA}} \times L_{FeA}$

钢水中剩余的硅量为:$L_{SiA} = \dfrac{[Si]_{stA}}{[Fe]_{stA}} \times L_{FeA}$

钢水中剩余的锰量为:$L_{MnA} = \dfrac{[Mn]_{stA}}{[Fe]_{stA}} \times L_{FeA}$

钢水中剩余的磷量为:$L_{PA} = \dfrac{[P]_{stA}}{[Fe]_{stA}} \times L_{FeA}$

钢水中剩余的硫量为:$L_{SA} = \dfrac{[S]_{stA}}{[Fe]_{stA}} \times L_{FeA}$

钢液中碳的氧化量为:$O_{CA} = 1000 \times a_{CA}/100 - L_{CA}$

同理,钢液中硅的氧化量为:$O_{SiA} = 1000 \times a_{SiA}/100 - L_{SiA}$

钢液中锰的氧化量为:$O_{MnA} = 1000 \times a_{MnA}/100 - L_{MnA}$

钢液中磷的氧化量为:$O_{PA} = 1000 \times a_{PA}/100 - L_{PA}$

钢液中硫的脱除量为:$O_{SA} = 1000 \times a_{SA}/100 - L_{SA}$

总共去除的元素量为:$OE_{tolA} = O_{CA} + O_{SiA} + O_{MnA} + O_{PA} + O_{SA} + GO_{FeA}$

(2) 生成的钢水量:

废钢所生成的钢水量为:$G_{STA} = 1000 - OE_{tolA}$

（3）净耗氧量计算：

碳氧化生成 CO 耗氧量为：$(O)_{C1A} = O_{CA} \times (1 - BUC) \times 16/12$

碳氧化生成 CO_2 耗氧量为：$(O)_{C2A} = O_{CA} \times BUC \times 32/12$

硅氧化耗氧量为：$(O)_{SiA} = O_{SiA} \times 32/28$

锰氧化耗氧量为：$(O)_{MnA} = O_{MnA} \times 16/55$

磷氧化耗氧量为：$(O)_{PA} = O_{PA} \times 80/62$

铁进入渣中生成 FeO 耗氧量为：

$$(O)_{FeOA} = 1000 \times a_{FeA}/100 \times (IRb - IRb \times 0.8) \times 0.75 \times 16/56$$

铁进入渣中生成 Fe_2O_3 耗氧量为：

$$(O)_{Fe2SlA} = 1000 \times a_{FeA}/100 \times (IRb - IRb \times 0.8) \times 0.25 \times 48/112$$

铁被氧化成 Fe_2O_3 生成烟尘耗氧量为：

$$(O)_{Fe2gA} = [GO_{FeA} - 1000 \times a_{FeA}/100 \times (IRb - IRb \times 0.8)] \times 48/112$$

总耗氧量为：

$$(O)_{tolA} = (O)_{C1A} + (O)_{C2A} + (O)_{SiA} + (O)_{MnA} + (O)_{PA} + (O)_{FeOA} + (O)_{Fe2SlA} + (O)_{Fe2gA}$$

废钢中 S 还原 CaO 耗氧（实际上是供氧）量为：$(O)_{SA} = -O_{SA} \times 16/32$

石灰中 S 还原 CaO 供氧量为：$G_{OD} = -L_{WA} \times (\%SD)/100 \times 16/32$

（4）生成的炉气量：

碳氧化生成的 CO 量为：$G_{COA} = O_{CA} \times (1 - BUC) \times 28/12$

碳氧化生成的 CO_2 量为：$G_{CO2A} = O_{CA} \times BUC \times 44/12$

（5）生成的渣量：

硅氧化生成的 SiO_2 量为：$G_{SiO2A} = O_{SiA} \times 72/56$

锰氧化生成的 MnO 量为：$G_{MnOA} = O_{MnA} \times 71/55$

磷氧化生成的 P_2O_5 量为：$G_{P2O5A} = O_{PA} \times 142/62$

金属中硫和 CaO 反应生成 CaS 量为：$G_{CaSA} = O_{SA} \times 72/32$

金属中硫和 CaO 反应消耗的 CaO 量为：$G_{CaOA} = -O_{SA} \times 56/32$

铁氧化生成 FeO 进入渣中的量为：

$$G_{FeOA} = 1000 \times a_{FeA}/100 \times (IRb - IRb \times 0.8) \times 0.75 \times 72/56$$

铁氧化生成 Fe_2O_3 进入渣中的量为：

$$G_{Fe2O3A} = [GO_{FeA} - 1000 \times a_{FeA}/100 \times (IRb - IRb \times 0.8)] \times 160/112$$

（6）所需加入的石灰量：

碱度的计算公式为：$R = \dfrac{G_{limeA} \times (\%LCaO) + G_{CaOA}}{G_{SiO2A} + G_{limeA} \times \%SiO_2}$

则所需要加入的石灰量为：$G_{limeA} = \dfrac{R \times G_{SiO2A} - G_{CaOA}}{(\%LCaO) - R \times (\%LSiO_2)}$

（7）石灰带入的各物质计算：

石灰中 CaO 带入量为：$G_{LCaOA} = G_{limeA} \times (\%LCaO)/100$

石灰中 SiO_2 带入量为：$G_{LSiO2A} = G_{limeA} \times (\%LSiO_2)/100$

石灰中 MgO 带入量为：$G_{LMgOA} = G_{limeA} \times (\%LMgO)/100$

石灰中 Al_2O_3 带入量为：$G_{LAl2O3A} = G_{limeA} \times (\%LAl_2O_3)/100$

石灰中 Fe_2O_3 带入量为：$G_{LFe_2O_3A} = G_{limeA} \times (\% LFe_2O_3)/100$

石灰中 P_2O_5 带入量为：$G_{LP_2O_5A} = G_{limeA} \times (\% LP_2O_5)/100$

石灰中 CaS 生成量为：$G_{LCaSA} = G_{limeA} \times (\% LS) \times 72/32/100$

石灰中 CaO 消耗量为：$G_{LCaOGA} = -G_{limeA} \times (\% LS) \times 56/32/100$

（8）供氧量计算：

由氧气提供的氧量为：$G_{oxA} = R_{oxg} \times (O)_{tol}/R_{puo}$

其余的氧由空气提供，这部分空气量为：

$$G_{airA} = [(1 - R_{oxg}) \times (O)_{tol} - O_{SA} \times 16/32 - L_{WA} \times (\% LS)/100 \times 16/32]/0.23$$

（9）生成的钢水量：

生成的钢水量为：$G_{stA} = 1000 - OE_{tolA}$

（10）炉气量计算：

炉气中 CO 的质量为：$G_{gCOA} = G_{COA}$

炉气中 CO_2 的质量为：$G_{gCO_2A} = G_{CO_2A} + L_{WA} \times (\% LCO_2)/100$

炉气中 H_2O 的质量为：$G_{gH_2OA} = L_{WA} \times (\% LH_2O)/100$

炉气中氮气的质量为：$G_{gN_2A} = G_{oxA} \times (1 - R_{puo}) + G_{airA} \times 0.77$

炉气的总质量为：$G_{gtolA} = G_{gCOA} + G_{gCO_2A} + G_{gH_2OA} + G_{gN_2A}$

（11）炉渣量计算：

渣中 CaO 含量为：$G_{SLCaOA} = G_{LCaOA} + G_{CaOA} + G_{LCaOGA}$

渣中 SiO_2 含量为：$G_{SLSiO_2A} = G_{LSiO_2A} + G_{SiO_2A}$

渣中 MnO 含量为：$G_{SLMnOA} = G_{MnOA}$

渣中 P_2O_5 含量为：$G_{SLP_2O_5A} = G_{LP_2O_5A} + G_{P_2O_5A}$

渣中 CaS 含量为：$G_{SLCaSA} = G_{LCaSA} + G_{CaSA}$

渣中 FeO 含量为：$G_{SLFeOA} = G_{FeOA}$

渣中 Fe_2O_3 含量为：$G_{SLFe_2O_3A} = G_{LFe_2O_3A} + G_{Fe_2O_3A}$

渣中 MgO 含量（石灰带入）为：$G_{SLMgOA} = G_{LMgOA}$

渣中 Al_2O_3 含量为：$G_{SLAl_2O_3A} = G_{LAl_2O_3A}$

总炉渣量为：

$$G_{SLtolA} = G_{SLCaOA} + G_{SLSiO_2A} + G_{SLMnOA} + G_{SLP_2O_5A} + G_{SLCaSA} + G_{SLFeOA} + G_{SLFe_2O_3A} + G_{SLMgOA} + G_{SLAl_2O_3A}$$

（12）烟尘量计算：

生成的烟尘是 Fe_2O_3，由假定条件，其占被氧化铁量的 80%，烟尘量为：

$$G_{gFe_2O_3A} = GO_{FeA} \times 0.8 \times 160/120$$

2. 辅助燃料（炭粉）的计算

（1）1000kg 炭粉的元素氧化量、耗氧量及生成炉气量：

生成 CO 消耗的炭粉量为：$GO_{COF} = 1000 \times (\% CF) \times (1 - BUC)$

炭粉生成 CO 消耗的氧气量为：$(O)_{COF} = GO_{COF} \times 16/12$

生成的 CO 炉气量为：$G_{COF} = GO_{COF} \times 28/12$

生成 CO_2 消耗的炭粉量为：$GO_{CO_2F} = 1000 \times (\% CF) \times BUC$

炭粉生成 CO_2 消耗的氧气量为：$(O)_{CO_2F} = GO_{CO_2F} \times 32/12$

生成的 CO_2 炉气量为：$G_{CO_2F} = GO_{CO_2F} \times 44/12$

炭粉带入的 H_2O 量为：$G_{H_2OF} = 1000 \times (\% H_2OF)/100$

炭粉带入的挥发分为：$G_{VOLF} = 1000 \times (\% VOLF)/100$

（2）1000kg 炭粉带入的渣量为：

带入的 CaO 量为：$G_{CaOF} = 1000 \times (\% AshF) \times (\% ACaOF)/100/100$

带入的 SiO_2 量为：$G_{SiO_2F} = 1000 \times (\% AshF) \times (\% ASiO_2F)/100/100$

带入的 MgO 量为：$G_{MgOF} = 1000 \times (\% AshF) \times (\% AMgOF)/100/100$

带入的 Al_2O_3 量为：$G_{Al_2O_3F} = 1000 \times (\% AshF) \times (\% AAl_2O_3F)/100/100$

带入的 Fe_2O_3 量为：$G_{Fe_2O_3F} = 1000 \times (\% AshF) \times (\% AFe_2O_3F)/100/100$

所需要的石灰量为：$G_{limeF} = (R \times G_{SiO_2F} - G_{CaOF})/(\% LCaO - R \times \% LSiO_2)$

（3）加入石灰后的炉渣量及成分：

炉渣中 CaO 的量为：

$$G_{SLCaOF} = G_{CaOF} + G_{limeF} \times [(\% LCaO)/100 - (\% LS)/100 \times 56/32]$$

炉渣中 SiO_2 的量为：$G_{SLSiO_2F} = G_{SiO_2F} + G_{limeF} \times (\% LSiO_2)/100$

炉渣中 MgO 的量为：$G_{SLMgOF} = G_{MgOF} + G_{limeF} \times (\% LMgO)/100$

炉渣中 Al_2O_3 的量为：$G_{SLAl_2O_3F} = G_{Al_2O_3F} + G_{limeF} \times (\% LAl_2O_3)/100$

炉渣中 Fe_2O_3 的量为：$G_{SLFe_2O_3F} = G_{Fe_2O_3F} + G_{limeF} \times (\% LFe_2O_3)/100$

炉渣中 P_2O_5 的量为：$G_{SLP_2O_5F} = G_{limeF} \times (\% LP_2O_5)/100$

炉渣中 CaS 的量为：$G_{SLCaSF} = G_{limeF} \times (\% LS) \times 72/100/32$

炉渣总质量为：

$$G_{SltolF} = G_{SLSiO_2F} + G_{SLCaOF} + G_{SLMgOF} + G_{SLAl_2O_3F} + G_{SLFe_2O_3F} + G_{SLP_2O_5F} + G_{SLCaSF}$$

（4）由石灰带入的炉气量计算：

石灰带入的 CO_2 量为：$G_{LCO_2F} = G_{limeF} \times (\% LCO_2)/100$

石灰带入的 H_2O 量为：$G_{LH_2OF} = G_{limeF} \times (\% LH_2O)/100$

石灰中 S 反应生成的 O_2 量为：$G_{LO_2F} = G_{limeF} \times (\% LS) \times 16/32/100$

需要氧气量为：$G_{oxtolF} = [(O)_{COF} + (O)_{CO_2F} - G_{gLO_2F}]/R_{puo}$

带入的 N_2 量为：$G_{N_2F} = G_{oxtolF} \times (1 - R_{puo})$

（5）由于加入煤粉带入的炉气量计算：

炉气中 CO_2 量为：$G_{gCO_2F} = G_{gCO_2F} + G_{gLCO_2F}$

炉气中 CO 量为：$G_{gCOF} = G_{COF}$

炉气中 H_2O 量为：$G_{gH_2OF} = G_{H_2OF} + G_{LH_2OF}$

炉气中 N_2 量为：$G_{gN_2F} = G_{N_2F}$

炉气中挥发分量为：$G_{gVOLF} = G_{VOLF}$

炉气量为：$G_{gtolF} = G_{gCO_2F} + G_{gCOF} + G_{gH_2OF} + G_{gN_2F} + G_{gVOLF}$

3. 电极的计算

（1）1000kg 电极的元素氧化量、耗氧量及生成炉气量：

电极中氧化生成 CO 的碳为：$GO_{COE} = 1000 \times (\% CE)/100 \times (1 - BUC)$

电极中氧化生成 CO 需要的氧气为：$(O)_{COE} = GO_{COE} \times 16/12$

电极氧化生成 CO 的炉气量为：$G_{COE} = GO_{COE} \times 28/12$

电极中氧化生成 CO_2 的碳量为：$GO_{CO_2E} = 1000 \times (\%CE)/100 \times BUC$

电极中氧化生成 CO_2 需要的氧气量为：$(O)_{CO_2E} = GO_{CO_2E} \times 32/12$

电极氧化生成 CO_2 的炉气量为：$G_{CO_2E} = GO_{CO_2E} \times 44/12$

（2）1000kg 电极带入的渣量：

带入的 CaO 量为：$G_{CaOE} = 1000 \times (\%AshE) \times (\%ACaOE)/100/100$

带入的 SiO_2 量为：$G_{SiO_2E} = 1000 \times (\%AshE) \times (\%ASiO_2E)/100/100$

带入的 MgO 量为：$G_{MgO}E = 1000 \times (\%AshE) \times (\%AMgOE)/100/100$

带入的 Al_2O_3 量为：$G_{Al_2O_3E} = 1000 \times (\%AshE) \times (\%AAl_2O_3E)/100/100$

所需要的石灰量为：$G_{limeE} = (R \times G_{SiO_2E} - G_{CaOE})/(\%LCaO - R \times \%LSiO_2)$

（3）加入石灰后的炉渣量及成分：

炉渣中 CaO 的量为：$G_{SLCaOE} = G_{CaOE} + G_{limeE} \times [(\%LCaO)/100 - (\%LS)/100 \times 56/32]$

炉渣中 SiO_2 的量为：$G_{SLSiO_2E} = G_{SiO_2E} + G_{limeE} \times (\%LSiO_2)/100$

炉渣中 MgO 的量为：$G_{SLMgOE} = G_{MgOE} + G_{limeE} \times (\%LMgO)/100$

炉渣中 Al_2O_3 的量为：$G_{SLAl_2O_3E} = G_{Al_2O_3E} + G_{limeE} \times (\%LAl_2O_3)/100$

炉渣中 Fe_2O_3 的量为：$G_{SLFe_2O_3E} = G_{limeE} \times (\%LFe_2O_3)/100$

炉渣中 P_2O_5 的量为：$G_{SLP_2O_5E} = G_{limeE} \times (\%LP_2O_5)/100$

炉渣中 CaS 的量为：$G_{SLCaSE} = G_{limeE} \times (\%LS) \times 72/100/32$

炉渣总质量为：

$$G_{SltolF} = G_{SLSiO_2E} + G_{SLCaOE} + G_{SLMgOE} + G_{SLAl_2O_3E} + G_{SLFe_2O_3E} + G_{SLP_2O_5E} + G_{SLCaSE}$$

（4）由石灰带入的炉气量计算：

石灰带入的 CO_2 量为：$G_{LCO_2E} = G_{limeE} \times (\%LCO_2)/100$

石灰带入的 H_2O 量为：$G_{LH_2OE} = G_{limeE} \times (\%LH_2O)/100$

石灰中 S 反应生成的 O_2 量为：$G_{LO_2E} = G_{limeE} \times (\%LS) \times 16/32/100$

需要氧气量为：$G_{oxtolE} = [(O)_{COE} + (O)_{CO_2E} - G_{gLO_2E}]/R_{puo}$

带入的 N_2 量为：$G_{N_2E} = G_{oxE} \times (1 - R_{puo})$

（5）由于电极消耗带入的炉气量计算：

炉气中 CO_2 量为：$G_{gCO_2E} = G_{CO_2E} + G_{LCO_2E}$

炉气中 CO 量为：$G_{gCOE} = G_{COE}$

炉气中 H_2O 量为：$G_{gH_2OE} = G_{LH_2OE}$

炉气中 N_2 量为：$G_{gN_2E} = G_{N_2E}$

炉气量为：$G_{gtolE} = G_{gCO_2E} + G_{gCOE} + G_{gH_2OE} + G_{gN_2E}$

4. 炉顶耐火材料的计算

（1）炉顶带入的渣量：

炉顶带入的 CaO 量为：$G_{CaOH} = 1000 \times (\%CaOH)/100$

炉顶带入的 SiO_2 量为：$G_{SiO_2H} = 1000 \times (\%SiO_2H)/100$

炉顶带入的 MgO 量为：$G_{MgOH} = 1000 \times (\%MgOH)/100$

炉顶带入的 Al_2O_3 量为：$G_{Al_2O_3H} = 1000 \times (\%Al_2O_3H)/100$

炉顶带入的 Fe_2O_3 量为：$G_{Fe_2O_3H} = 1000 \times (\% Fe_2O_3H)/100$

（2）为了达到要求的碱度需要加入的石灰量：

加入的石灰量为：$G_{limeH} = (R \times G_{SiO_2H} - G_{CaOE})/(\% LCaO - R \times \% LSiO_2)$

（3）加入石灰后的渣成分：

炉渣中 CaO 的量为：$G_{SLCaOH} = G_{CaOH} + G_{limeH} \times [(\% LCaO)/100 - (\% LS)/100 \times 56/32]$

炉渣中 SiO_2 的量为：$G_{SLSiO_2H} = G_{SiO_2H} + G_{limeH} \times (\% LSiO_2)/100$

炉渣中 MgO 的量为：$G_{SLMgOH} = G_{MgOH} + G_{limeH} \times (\% LMgO)/100$

炉渣中 Al_2O_3 的量为：$G_{SLAl_2O_3H} = G_{Al_2O_3H} + G_{limeH} \times (\% LAl_2O_3)/100$

炉渣中 Fe_2O_3 的量为：$G_{SLFe_2O_3H} = G_{limeH} \times (\% LFe_2O_3)/100$

炉渣中 P_2O_5 的量为：$G_{SLP_2O_5H} = G_{limeH} \times (\% LP_2O_5)/100$

炉渣中 CaS 的量为：$G_{SLCaSH} = G_{limeH} \times (\% LS) \times 72/100/32$

炉渣总质量为：

$$G_{SltolH} = G_{SLSiO_2H} + G_{SLCaOH} + G_{SLMgOH} + G_{SLAl_2O_3H} + G_{SLFe_2O_3H} + G_{SLP_2O_5H} + G_{SLCaSH}$$

（4）由石灰带入的炉气量计算：

石灰带入的 CO_2 量为：$G_{LCO_2H} = G_{limeH} \times (\% LCO_2)/100$

石灰带入的 H_2O 量为：$G_{LH_2OH} = G_{limeH} \times (\% LH_2O)/100$

石灰中 S 反应生成的 O_2 量为：$G_{LO_2H} = G_{limeH} \times (\% SD) \times 16/32/100$

（5）由于炉顶消耗而产生的炉气量计算：

炉气中 CO_2 量为：$G_{gCO_2H} = G_{LCO_2H}$

炉气中 H_2O 量为：$G_{gH_2OH} = G_{LH_2OH}$

炉气中 O_2 量为：$G_{gO_2H} = G_{LO_2H}$

炉气量为：$G_{gtolH} = G_{gCO_2H} + G_{gH_2OH} + G_{gO_2H}$

5. 炉衬的计算

（1）炉衬带入的渣量：

炉衬带入的 CaO 量为：$G_{CaO I} = 1000 \times (\% CaO\,I)/100$

炉衬带入的 SiO_2 量为：$G_{SiO_2 I} = 1000 \times (\% SiO_2\,I)/100$

炉衬带入的 MgO 量为：$G_{MgO I} = 1000 \times (\% MgO\,I)/100$

炉衬带入的 Al_2O_3 量为：$G_{Al_2O_3 I} = 1000 \times (\% Al_2O_3\,I)/100$

炉衬带入的 Fe_2O_3 量为：$G_{Fe_2O_3 I} = 1000 \times (\% Fe_2O_3\,I)/100$

（2）为了达到要求的碱度需要加入的石灰量：

加入的石灰量为：$G_{lime I} = (R \times G_{SiO_2 I} - G_{CaO I})/(\% LCaO - R \times \% LSiO_2)$

（3）加入石灰后的渣成分：

炉渣中 CaO 的量为：$G_{SLCaO I} = G_{CaO I} + G_{lime I} \times [(\% LCaO)/100 - (\% LS)/100 \times 56/32]$

炉渣中 SiO_2 的量为：$G_{SLSiO_2 I} = G_{SiO_2 I} + G_{lime I} \times (\% LSiO_2)/100$

炉渣中 MgO 的量为：$G_{SLMgO I} = G_{MgO I} + G_{lime I} \times (\% LMgO)/100$

炉渣中 Al_2O_3 的量为：$G_{SLAl_2O_3 I} = G_{Al_2O_3 I} + G_{lime I} \times (\% LAl_2O_3)/100$

炉渣中 Fe_2O_3 的量为：$G_{SLFe_2O_3 I} = G_{lime I} \times (\% LFe_2O_3)/100$

炉渣中 P_2O_5 的量为：$G_{SLP_2O_5 I} = G_{lime I} \times (\% LP_2O_5)/100$

炉渣中 CaS 的量为：$G_{\text{SLCaS I}} = G_{\text{lime I}} \times (\% \text{LS}) \times 72/100/32$

炉渣总质量为：

$$G_{\text{Sltol I}} = G_{\text{SLSiO}_2 \text{ I}} + G_{\text{SLCaO I}} + G_{\text{SLMgO I}} + G_{\text{SLAl}_2\text{O}_3 \text{ I}} + G_{\text{SLFe}_2\text{O}_3 \text{ I}} + G_{\text{SLP}_2\text{O}_5 \text{ I}} + G_{\text{SLCaS I}}$$

（4）由石灰带入的炉气量计算：

石灰带入的 CO_2 量为：$G_{\text{LCO}_2 \text{ I}} = G_{\text{lime I}} \times (\% \text{LCO}_2)/100$

石灰带入的 H_2O 量为：$G_{\text{LH}_2\text{O I}} = G_{\text{lime I}} \times (\% \text{LH}_2\text{O})/100$

石灰中 S 反应生成的 O_2 量为：$G_{\text{LO}_2 \text{ I}} = G_{\text{lime I}} \times (\% \text{LS}) \times 16/32/100$

（5）由于炉衬消耗而产生的炉气量计算：

炉气中 CO_2 量为：$G_{\text{gCO}_2 \text{ I}} = G_{\text{LCO}_2 \text{ I}}$

炉气中 H_2O 量为：$G_{\text{gH}_2\text{O I}} = G_{\text{LH}_2\text{O I}}$

炉气中 O_2 量为：$G_{\text{gO}_2 \text{ I}} = G_{\text{LO}_2 \text{ I}}$

炉气量为：$G_{\text{gtol I}} = G_{\text{gCO}_2 \text{ I}} + G_{\text{gH}_2\text{O I}} + G_{\text{gO}_2 \text{ I}}$

（二）按工艺计算物料平衡表达式

（1）生成钢水量计算：

$$G_{\text{ST}} = \text{Rat}_\text{A} \times GT_\text{A} + \text{Rat}_\text{B} \times GT_\text{B}$$

（2）消耗的氧气总量计算：

$$G_{\text{OX}} = \text{Rat}_\text{A} \times G_{\text{OXA}} + \text{Rat}_\text{B} \times G_{\text{OXB}} + G_{\text{RF}} \times G_{\text{OXtolF}} + G_{\text{RE}} \times G_{\text{OXtolE}} - G_{\text{RH}} \times G_{\text{gO}_2\text{H}} - G_{\text{R I}} \times G_{\text{gO}_2 \text{ I}}$$

（3）卷吸的空气总量计算：

$$G_{\text{air}} = \text{Rat}_\text{A} \times G_{\text{airA}} + \text{Rat}_\text{B} \times G_{\text{airB}}$$

（4）所需要加入的石灰总量：

$$G_{\text{lime}} = G_{\text{limeA}} + G_{\text{limeB}} + G_{\text{limeF}} + G_{\text{limeE}} + G_{\text{limeH}} + G_{\text{lime I}}$$

（5）生成的炉气总量计算：

炉气中的 CO 总量为：

$$G_{\text{gCO}} = \text{Rat}_\text{A} \times G_{\text{gCOA}} + \text{Rat}_\text{B} \times G_{\text{gCOB}} + G_{\text{RF}} \times G_{\text{gCOF}} + G_{\text{RE}} \times G_{\text{gCOE}}$$

炉气中的 CO_2 总量为：

$$G_{\text{gCO}_2} = \text{Rat}_\text{A} \times G_{\text{gCO}_2\text{A}} + \text{Rat}_\text{B} \times G_{\text{gCO}_2\text{B}} + G_{\text{RF}} \times G_{\text{gCO}_2\text{F}} + G_{\text{RE}} \times G_{\text{gCO}_2\text{E}} + G_{\text{RH}} \times G_{\text{gCO}_2\text{H}} + G_{\text{R I}} \times G_{\text{gCO}_2 \text{ I}}$$

炉气中的 H_2O 总量为：

$$G_{\text{gH}_2\text{O}} = \text{Rat}_\text{A} \times G_{\text{gH}_2\text{OA}} + \text{Rat}_\text{B} \times G_{\text{gH}_2\text{OB}} + G_{\text{RF}} \times G_{\text{gH}_2\text{OF}} + G_{\text{RE}} \times G_{\text{gH}_2\text{OE}} + G_{\text{RH}} \times G_{\text{gH}_2\text{OH}} + G_{\text{R I}} \times G_{\text{gH}_2\text{O I}}$$

炉气中的 N_2 总量为：

$$G_{\text{gN}_2} = \text{Rat}_\text{A} \times G_{\text{gN}_2\text{A}} + \text{Rat}_\text{B} \times G_{\text{gN}_2\text{B}} + G_{\text{RF}} \times G_{\text{gN}_2\text{F}} + G_{\text{RE}} \times G_{\text{gN}_2\text{E}}$$

炉气中的挥发分总量为：

$$G_{\text{gVOL}} = G_{\text{RF}} \times G_{\text{gVOLF}}$$

由此，炉气的总质量为：

$$G_\text{g} = G_{\text{gCO}} + G_{\text{gCO}_2} + G_{\text{gH}_2\text{O}} + G_{\text{gN}_2} + G_{\text{gVOL}}$$

（6）生成的烟尘总量计算：

$$G_{\text{gFe}_2\text{O}_3} = \text{Rat}_\text{A} \times G_{\text{gFe}_2\text{O}_3\text{A}} + \text{Rat}_\text{B} \times G_{\text{gFe}_2\text{O}_3\text{B}}$$

（7）生成的炉渣总量计算：

生成的 CaO 总量为：

$$G_{SLCaO} = Rat_A \times G_{SLCaOA} + Rat_B \times G_{SLCaOB} + G_{RF} \times G_{gCaOF} + G_{RE} \times G_{gCaOE} + G_{RH} \times G_{gCaOH} + G_{RI} \times G_{gCaOI}$$

生成的 SiO_2 总量为：

$$G_{SLSiO_2} = Rat_A \times G_{SLSiO_2A} + Rat_B \times G_{SLSiO_2B} + G_{RF} \times G_{SLSiO_2F} + G_{RE} \times G_{SLSiO_2E} +$$
$$G_{RH} \times G_{SLSiO_2H} + G_{RI} \times G_{SLSiO_2I}$$

生成的 MnO 总量为：

$$G_{SLMnO} = Rat_A \times G_{SLMnOA} + Rat_B \times G_{SLMnOB}$$

生成的 P_2O_5 总量为：

$$G_{SLP_2O_5} = Rat_A \times G_{SLP_2O_5A} + Rat_B \times G_{SLP_2O_5B} + G_{RF} \times G_{SLP_2O_5F} + G_{RE} \times G_{SLP_2O_5E} + G_{RH} \times G_{SLP_2O_5H} +$$
$$G_{RI} \times G_{SLP_2O_5I}$$

生成的 CaS 总量为：

$$G_{SLCaS} = Rat_A \times G_{SLCaSA} + Rat_B \times G_{SLCaSB} + G_{RF} \times G_{SLCaSF} + G_{RE} \times G_{SLCaSE} + G_{RH} \times G_{SLCaSH} + G_{RI} \times G_{SLCaSI}$$

生成的 FeO 总量为：

$$G_{SLFeO} = Rat_A \times G_{SLFeOA} + Rat_B \times G_{SLFeOB}$$

生成的 Fe_2O_3 总量为：

$$G_{SLFe_2O_3} = Rat_A \times G_{SLFe_2O_3A} + Rat_B \times G_{SLFe_2O_3B} + G_{RF} \times G_{SLFe_2O_3F} + G_{RE} \times G_{SLFe_2O_3E} +$$
$$G_{RH} \times G_{SLFe_2O_3H} + G_{RI} \times G_{SLFe_2O_3I}$$

生成的 MgO 总量为：

$$G_{SLMgO} = Rat_A \times G_{SLMgOA} + Rat_B \times G_{SLMgOB} + G_{RF} \times G_{SLMgOF} + G_{RE} \times G_{SLMgOE} +$$
$$G_{RH} \times G_{SLMgOH} + G_{RI} \times G_{SLMgOI}$$

生成的 Al_2O_3 总量为：

$$G_{SLAl_2O_3} = Rat_A \times G_{SLAl_2O_3A} + Rat_B \times G_{SLAl_2O_3B} + G_{RF} \times G_{SLAl_2O_3F} + G_{RE} \times G_{SLAl_2O_3E} +$$
$$G_{RH} \times G_{SLAl_2O_3H} + G_{RI} \times G_{SLAl_2O_3I}$$

生成的总渣量为：

$$G_{SL} = G_{SLCaO} + G_{SLSiO_2} + G_{SLMnO} + G_{SLP_2O_5} + G_{SLCaS} + G_{SLFeO} + G_{SLFe_2O_3} + G_{SLMgO} + G_{SLAl_2O_3}$$

七、能量平衡计算模型

在物料平衡计算模型的基础上建立了能量平衡计算模型，模型也考虑了实际的工况，如反应热、热损失、冷却水带走的热量等，模型基于对电弧炉炼钢生产过程能量的系统分析，建立在能量守恒的基础上，是电弧炉炼钢能量输入量的基本依据。

（一）单项物料的热量计算表达式

（1）1000kg 废钢中元素氧化产生热量：

碳元素氧化生成 CO 放热为：$Q_{COA} = O_{CA} \times (1 - BUC) \times 11639 \times 2.773 \times 0.0001$

碳元素氧化生成 CO_2 放热为：$Q_{CO_2A} = O_{CA} \times BUC \times 34834 \times 2.773 \times 0.0001$

硅氧化生成 SiO_2 放热为：$Q_{SiO_2A} = O_{SiA} \times 29202 \times 2.773 \times 0.0001$

锰氧化生成 MnO 放热为：$Q_{MnOA} = O_{MnA} \times 6594 \times 2.773 \times 0.0001$

磷氧化生成 P_2O_5 放热为：$Q_{P_2O_5A} = O_{PA} \times 18980 \times 2.773 \times 0.0001$

铁氧化生成 FeO 放热为：$Q_{\text{FeOA}} = GO_{\text{FeA}} \times 0.2 \times 0.75 \times 4250 \times 2.773 \times 0.0001$

铁氧化生成 Fe_2O_3 放热为：

$$Q_{\text{Fe}_2\text{O}_3\text{A}} = (GO_{\text{FeA}} \times 0.8 + GO_{\text{FeA}} \times 0.2 \times 0.25) \times 3230 \times 2.773 \times 0.0001$$

废钢氧化后放出的总热量为：

$$Q_{\text{A}} = Q_{\text{COA}} + Q_{\text{CO}_2\text{A}} + Q_{\text{SiO}_2\text{A}} + Q_{\text{MnOA}} + Q_{\text{P}_2\text{O}_5\text{A}} + Q_{\text{FeOA}} + Q_{\text{Fe}_2\text{O}_3\text{A}}$$

（2）1000kg 炭粉氧化放出热量：

炭粉中碳氧化生成 CO 放热：$Q_{\text{COF}} = GO_{\text{COF}} \times 11639 \times 2.773 \times 0.0001$

炭粉中碳氧化生成 CO_2 放热：$Q_{\text{CO}_2\text{F}} = GO_{\text{CO}_2\text{F}} \times 34834 \times 2.773 \times 0.0001$

炭粉氧化放出的总热量为：$Q_{\text{F}} = Q_{\text{COF}} + Q_{\text{CO}_2\text{F}}$

（3）1000kg 电极氧化放出热量：

电极中碳氧化生成 CO 放热：$Q_{\text{COE}} = GO_{\text{COE}} \times 11639 \times 2.773 \times 0.0001$

电极中碳氧化生成 CO_2 放热：$Q_{\text{CO}_2\text{E}} = GO_{\text{CO}_2\text{E}} \times 34834 \times 2.773 \times 0.0001$

电极氧化放出的总热量为：$Q_{\text{E}} = Q_{\text{COE}} + Q_{\text{CO}_2\text{E}}$

（4）1000kg 铁水带入的物理热：

铁水熔点为：$T_{\text{meltB}} = 1536 - (a_{\text{CB}} \times 100 + a_{\text{SiB}} \times 8 + a_{\text{MnB}} \times 5 + a_{\text{PB}} \times 30 + a_{\text{SB}} \times 25) - 6$

铁水带入的物理热为：

$$Q_{\text{PHB}} = 1000 \times [C_{\text{SB}} \times (T_{\text{meltB}} - 25) + 218 + C_{\text{LB}} \times (T_{\text{IR}} - T_{\text{meltB}})]$$

（二）热收入及支出计算表达式

1. 物料的热收入

（1）物料的物理热及化学热：

$$Q_{\text{In1}} = 1000 \times [\text{Rat}_{\text{A}} \times Q_{\text{A}} + \text{Rat}_{\text{B}} \times (Q_{\text{B}} + Q_{\text{PHB}}) + G_{\text{RF}} \times Q_{\text{F}} + G_{\text{RE}} \times Q_{\text{E}}]/G_{\text{ST}}$$

（2）物料的成渣热计算：

SiO_2 的成渣热为：$Q_{\text{In21}} = G_{\text{STSLSiO}_2} \times 1620 \times 2.773 \times 0.0001$

P_2O_5 的成渣热为：$Q_{\text{In22}} = G_{\text{STSLP}_2\text{O}_5} \times 4880 \times 2.773 \times 0.0001$

2. 物料的热支出

（1）吸热反应耗热：

金属脱碳消耗的热量为：

$$Q_{\text{Out11}} = [(1000 \times \text{Rat}_{\text{A}} \times a_{\text{CA}}/100 + 1000 \times \text{Rat}_{\text{B}} \times a_{\text{CB}}/100) \times 1000/G_{\text{ST}} -$$
$$1000 \times [\text{C}]_{\text{ST}}/100] \times 6244 \times 2.773 \times 0.0001$$

金属脱硫消耗的热量为：

$$Q_{\text{Out12}} = [(1000 \times \text{Rat}_{\text{A}} \times a_{\text{SA}}/100 + 1000 \times \text{Rat}_{\text{B}} \times a_{\text{SB}}/100) \times 1000/G_{\text{ST}} -$$
$$1000 \times [\text{S}]_{\text{ST}}/100] \times 2143 \times 2.773 \times 0.0001$$

石灰烧减吸收的热量为：$Q_{\text{Out13}} = G_{\text{lime}} \times a_{\text{CO}_2\text{D}} \times 1000/G_{\text{ST}} \times 4177 \times 2.773 \times 0.0001$

水分挥发吸收的热量为：$Q_{\text{Out14}} = G_{\text{STgH}_2\text{O}} \times 1227 \times 2.773 \times 0.0001$

（2）钢水物理热：

设钢水的熔点为1450℃，则钢水的物理热为：

$$Q_{\text{PHST}} = 1000 \times [C_{\text{SST}} \times (T_{\text{meltST}} - 25) + H_{\text{mST}} + C_{\text{LST}} \times (T_{\text{ST}} - T_{\text{meltST}})] \times 0.0002773$$

（3）炉渣物理热：

$$Q_{SL} = G_{STSL} \times \left[C_{SL} \times (T_{SL} - 25) + H_{SL} \right] \times 2.773 \times 0.0001$$

（4）炉气物理热：

$$Q_g = G_{STg} \times C_g \times (T_g - 25) \times 2.773 \times 0.0001$$

（5）冷却水带走热量：

炉壁冷却水带走热量为：

$$Q_{W1} = V_{W1} \times t/60 \times 1000 \times C_{wat} \times (T_{outW} - T_{inW}) \times 2.773 \times 0.0001/G_{ST}$$

炉盖冷却水带走热量为：

$$Q_{W2} = V_{W2} \times t/60 \times 1000 \times C_{wat} \times (T_{outW} - T_{inW}) \times 2.773 \times 0.0001/G_{ST}$$

（6）烟尘物理热：

$$Q_{gFe_2O_3} = G_{STgFe_2O_3} \times (T_{gFe_2O_3} - 25) \times 2.773 \times 0.0001$$

（7）其他热损失：其他热损失 η_{heat} 包括炉体表面散热损失、开启炉盖热损失、供电线路热损失等，这部分热占总热收入的 6% ~ 9%，本章根据实际数据计算。

3. 所需供电量计算

根据能量平衡，热收入等于热支出，这样可以计算需供给的电能。

$$E_{el} = (Q_{out11} + Q_{out12} + Q_{out13} + Q_{out14} + Q_{PHS} + Q_{sl} + Q_g + Q_{W1} + Q_{W2} + Q_{gFe_2O_3})/$$
$$(1 - \eta_{heat}) - (Q_{In1} + Q_{In21} + Q_{In22})$$

八、单项物料平衡与热平衡计算

计算所用原始条件包括原料成分及参数等见表 1-9 ~ 表 1-12。

表 1-9　原料成分　　　　　　　　（%）

名　称	C	Si	Mn	P	S	Fe	H$_2$O	灰分	挥发分	合计
碳素废钢	0.18	0.25	0.55	0.030	0.030	98.96				100.00
铁水	4.20	0.8	0.6	0.200	0.035	94.17				
炼钢生铁	4.20	0.95	0.21	0.053	0.035	94.55				100.00
DRI	0.25				0.015	93.32		6.42		100.00
焦炭	86.00						0.58	12.00	1.42	100.00
炭粉	92.60						0.50	5.30	1.60	100.00
电极	99.00							1.00		100.00

表 1-10　辅料成分　　　　　　　　（%）

名　称	CaO	SiO$_2$	MgO	Al$_2$O$_3$	Fe$_2$O$_3$	CO$_2$	H$_2$O	P$_2$O$_5$	S
石灰	88.00	2.50	2.60	1.50	0.50	4.64	0.10	0.10	0.06
高铝砖	0.55	60.80	0.60	36.80	1.25				
镁砂	4.10	3.65	89.50	0.85	1.90				
焦炭灰分	4.40	49.70	0.95	26.25	18.55			0.15	
炭粉灰分	4.60	50.60	0.85	27.30	16.65				
电极灰分	8.90	57.80	0.20	33.10					
DRI 灰分	1.95	33.55	2.25	3.00	59.25				

表1-11 设定最终钢水成分 （%）

名 称	C	Si	Mn	P	S	Fe
钢水成分	0.15	0.01	0.10	0.015	0.025	99.70

表1-12 其他假设数据

项 目	参 数
钢铁料氧化的氧气来源	72%由氧气供给；28%由空气供给
氧气纯度和利用率	氧气纯度：99%，其余为氮气；氧气利用率为：100%
碳的二次燃烧率	15%
炉气二次燃烧率	35%
氧气过剩系数	1.05
炉渣碱度 R	2.5
铁的烧损率[①]	2.8%
焦炭及炭粉中 C 烧损率	100%（假设焦炭及炭粉的挥发分成分全部为 C_2H_2）

① 氧化的铁量中的80%生成 Fe_2O_3 变成烟尘，另外20%按 FeO : Fe_2O_3 =3:1 的比例成渣。即：2.2%的铁形成烟尘，0.6%的铁成渣，其中：0.45%的铁生成 FeO，0.15%的铁生成 Fe_2O_3。

(一) 单项物料平衡计算

对废钢、铁水、直接还原铁、焦炭、炭粉、电极、石灰、炉顶、炉衬等，各单项1000kg 物料平衡进行了计算，限于篇幅，仅列出废钢平衡计算过程，其余以小结形式列表。

1. 1000kg 废钢平衡计算

按照上述单项物料平衡表达式，对废钢中各元素氧化量、生产钢水量、净耗氧量、生成渣量、炉气量及其成分进行了计算，结果见表1-13～表1-15。

表1-13 废钢中各元素的氧化量 （kg）

名 称	C	Si	Mn	P	S	Fe	合计
碳素废钢	0.35	2.40	4.53	0.16	0.06	27.41	34.92

生成钢水量	965.08kg
废钢金属综合收得率	96.51%
每生产1t 钢水需消耗废钢	1036.18kg
石灰加入量	15.90kg
氧气供氧量	11.50kg
实际供氧量	11.61kg
空气供氧量	4.44kg
实际空气量	19.29kg

表 1-14 净耗氧量、渣量、炉气量（未进行二次燃烧） （kg）

项 目	反应产物	元素氧化量	净耗氧量	氧气体积	炉气量	渣量
C	CO	0.30	0.0	0.28	0.70	
	CO_2	0.05	0.14	0.10	0.19	
Si	SiO_2	2.40	2.75	1.92		5.15
Mn	MnO	4.53	1.32	0.92		5.85
P	P_2O_5	0.16	0.20	0.14		0.36
Fe	$FeO^{①}$	4.11	1.17	0.82		5.29
	$Fe_2O_3^{①}$	1.37	0.59	0.41		1.96
	$Fe_2O_3^{②}$	21.93	9.40	6.57		31.33
合 计			15.97			
石灰中 CaO 带入量						13.99
石灰中 SiO_2 带入量						0.40
石灰中 MgO 带入量						0.41
石灰中 Al_2O_3 带入量						0.24
石灰中 Fe_2O_3 带入量						0.08
石灰中 P_2O_5 带入量						0.02
石灰中 CaS 带入量						0.02
石灰中 H_2O 带入量					0.02	
石灰中 CO_2 带入量					0.74	
氧气带入 N_2 量					0.12	
空气带入 N_2 量					14.85	
石灰中 S 还原 CaO 供氧及 CaO 消耗量			0.00	0.00		-0.02
金属中 S 还原 CaO 供氧及 CaO 消耗量			-0.03	-0.02		-0.10
金属中 S 还原 CaO 生成 CaS						0.13
合 计		34.86	15.93	11.14	16.62	33.77

① 表示铁的氧化产物进入渣中；② 表示铁的氧化产物进入烟尘。

渣中全铁量　　　5.48kg

渣中含铁比　　　16.23%

表 1-15 炉渣量及成分

项 目	CaO	SiO_2	MnO	P_2O_5	CaS
炉渣渣量/kg	13.87	5.55	5.85	0.37	0.15
炉渣成分/%	41.07	16.43	17.33	1.10	0.45

项 目	FeO	Fe_2O_3	MgO	Al_2O_3	合 计
炉渣渣量/kg	5.29	2.04	0.41	0.24	33.77
炉渣成分/%	15.65	6.03	1.22	0.71	100.00

二次燃烧计算见表 1-16。

表1-16 二次燃烧计算

炉气吹氧后的二次燃烧率/%	35	所需氧气量/kg	-0.08
消耗 CO 量/kg	-0.14	产生 CO₂ 量/kg	-0.22
炉气 CO 量/kg	0.84	炉气 CO₂ 量/kg	0.71

理论总氧耗　　　12.02kg
实际总氧耗　　　12.62kg

二次燃烧后炉气成分及分压见表1-17。

表1-17 二次燃烧后炉气成分及分压

项　目	CO_2	CO	H_2O	N_2	$O_2$①	合　计
质量/kg	0.71	0.84	0.02	14.97	0.57	17.11
质量比/%	4.15	4.91	0.09	87.51	3.34	100.00
体积/m³	0.36	0.67	0.02	11.98	0.40	13.43
分压比/%	2.69	5.00	0.15	89.19	2.97	100.00

① 表示过剩的 O_2。

1000kg 废钢经物料平衡计算的物料平衡表见表1-18，收入与支出如图1-7所示。

表1-18 1000kg 废钢冶炼成合格钢水的物料平衡表（有二次燃烧）

收　入		支　出	
项　目	质量/kg	项　目	质量/kg
废　钢	1000.00	金　属	965.08
石　灰	15.90	炉　气	17.11
氧　气	12.11	炉　渣	33.77
空　气	19.29	烟　尘	31.33
合　计	1047.29	合　计	1047.29

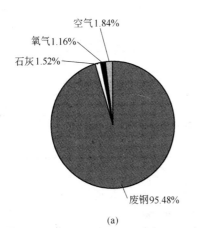
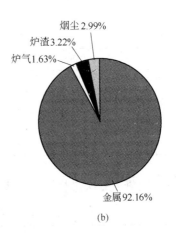

(a)　　　　　　　　　　(b)

图1-7 1000kg 废钢单项物料收入与支出
(a) 收入；(b) 支出

2. 单项物料平衡计算总表

按上述方法，分别计算1000kg不同炉料物料平衡，结果总结于表1-19。

表1-19 1000kg不同炉料的单项物料平衡计算总表

项目	钢水量/kg	炉渣量/kg	炉气量/kg	烟尘量/kg	耗氧量/kg	耗氧量/m³	耗空气量/kg	耗空气量/m³
废钢	965.08	33.77	17.11	31.33	12.11	8.46	19.29	14.95
生铁	922.10	88.59	199.28	29.93	75.33	52.60	102.58	79.52
铁水	918.32	84.39	200.21	29.81	76.42	53.37	104.15	80.74
DRI	908.72	132.66	19.02	29.54	10.73	7.49	14.52	11.26
焦炭		287.75	2528.12		1639.71	1145.05		
炭粉		128.36	2717.65		1766.87	1233.85		
电极		25.82	2880.59		1889.80	1319.69		
石灰		952.30	47.70					
炉顶		2766.50	88.48					
炉衬		1058.61	2.94					

（二）单项物料产生热量计算

对废钢、铁水、直接还原铁、焦炭、炭粉、电极各单项1000kg物料热量平衡进行了计算，限于篇幅，以铁水计算为例。

1. 铁水热量计算

按照单项物料的能量平衡计算模型，对1000kg铁水元素氧化热、成渣热、二次燃烧热、铁水物理热进行计算，结果见表1-20~表1-22。

首先对铁水中元素氧化热及成渣热进行计算，见表1-20。

表1-20 1000kg铁水中元素氧化热及成渣热（1600℃）

项目	氧化量/kg	化学反应产物	$\Delta H/kJ \cdot kg^{-1}$	放热量/kJ	折合电能/kW·h
C	34.53	CO	-9781.20	337736.43	93.82
	6.09	CO_2	-33038.72	201317.40	55.93
Si	7.91	SiO_2	-33874.72	267886.97	74.42
Mn	5.08	MnO	-7386.06	37533.58	10.43
P	1.86	P_2O_5	-24285.80	45226.28	12.56
Fe	3.91	FeO	-4380.64	17139.50	4.76
	22.17	Fe_2O_3	-7285.74	161533.23	44.87
合计	81.56			1068373.39	296.79

经过炉气中吹氧，二次燃烧计算见表1-21。

表1-21 二次燃烧热

二次燃烧率/%	35.00	产生热量	kJ	178979.78
CO_2 生成量/kg	28.22		kW·h	49.72

铁水带入炉内的物理热经计算见表1-22。

表1-22 铁水物理热

铁水温度/℃	1250.00	铁水比热容/kJ·(kg·K)⁻¹	0.837
铁水熔点/℃	1093.73	固态比热容/kJ·(kg·K)⁻¹	0.745
		熔化潜热/kJ·kg⁻¹	218
1000kg铁水带入炉内的物理热/MJ			1145.00
1000kg铁水入炉内物理热折算成电能消耗/kW·h			318.08

2. 单项物料产生热量计算总表

按照能量平衡计算模型，对1000kg单项物料产生的热量分别进行了计算，结果见表1-23。

表1-23 1000kg单项物料产生热量平衡总表 （kW·h）

项　目	元素氧化热及成渣热	二次燃烧	物理热	总热量
废钢	86.43	-0.39		86.04
生铁	293.16	49.19		342.35
铁水	296.79	49.72	318.08	664.59
DRI	53.37	6.23		59.6
焦炭	3170.27	1101.92		4272.19
炭粉	3413.57	1192.36		4605.93
电极	3649.49	1278.38		4927.87

九、不同原料配比下的物料平衡与热平衡理论计算

本计算考虑150t电炉，按照物料与能量模型对不同铁水比，其他原料结构下的物料及能量平衡进行计算，工艺设定见表1-24。

表1-24 冶炼工艺设定

吨金属料焦炭配入量/kg	5	变压器容量/MW	100
吨金属料炭粉喷入量/kg	10	炉容量/t	150
吨金属料电极消耗量/kg	1.7	电极直径/m	0.65
吨金属料炉顶高铝砖消耗量/kg	0.25	电极电流/kA	62
吨金属料炉衬镁砖消耗量/kg	5	电能输入强度/kW	400

（一）不同铁水比下的物料与能量平衡计算

以下分别计算了15%、30%、45%、60%、80%铁水比下的物料与能量平衡，以15%铁水为例。

1. 15%铁水

根据单项物料平衡计算结果，按照炉料加入量（金属料废钢和铁水按比例相加，所需

石灰、氧气、空气由金属料加入量决定，其他炉料加入量由工艺设定，固定不变），对应项相加，计算结果见表 1-25 ~ 表 1-28。

表 1-25 分项计算物料平衡的收入项 (kg)

项目	废钢	铁水	焦炭	炭粉	石灰	炉顶	炉衬	电极	氧气	空气	合计
Fe	841.16	141.25									982.41
C	1.53	6.30	4.30	9.26				1.68			23.07
Si	2.13	1.20									3.33
Mn	4.68	0.90		0.00							5.58
P	0.26	0.30		0.00							0.56
S	0.26	0.05		0.00	0.01						0.32
SiO_2			0.30	0.27	0.60	0.15	0.18	0.01			1.51
CaO			0.03	0.02	20.95	0.00	0.21				21.21
MgO			0.01	0.00	0.62	0.00	4.48				5.11
Al_2O_3			0.16	0.14	0.36	0.09	0.04	0.01			0.80
Fe_2O_3			0.11	0.09	0.12	0.00	0.10				0.42
P_2O_5			0.00	0.00	0.02						0.02
H_2O			0.03	0.05	0.02						0.10
CO_2					1.10						1.10
O_2									50.33	7.36	57.69
N_2									0.51	24.66	25.16
H											0.00
O											0.00
焦炭挥发分			0.07								0.07
炭粉挥发分				0.16							0.16
合计	850.00	150.00	5.00	10.00	23.81	0.25	5.00	1.70	50.84	32.02	1128.61

表 1-26 炉气成分

项目	废钢	铁水	焦炭	炭粉	电极	炉顶	炉衬	合计	质量分数/%	体积分数/%
H_2O	0.01	0.01	0.03	0.05	0.00	0.00	0.00	0.10	0.12	0.20
CO	0.71	9.39	6.54	14.06	2.55			33.26	37.23	42.17
CO_2	0.60	7.95	5.53	11.90	2.16	0.02	0.01	28.18	31.54	22.74
N_2	12.73	12.14	0.08	0.18	0.03			25.16	28.17	31.91
O_2	0.49	0.54	0.39	0.83	0.15	0.00	0.00	2.40	2.68	2.66
挥发分			0.07	0.16				0.23	0.26	0.32
合计	14.54	30.03	12.64	27.18	4.90	0.02	0.01	89.33	100.00	100.00

表 1－27　渣成分

项目	废钢	铁水	焦炭	炭粉	电极	炉顶	炉衬	合计	比例/%
CaO	11.79	6.84	0.80	0.72	0.03	0.41	0.48	21.06	42.03
SiO$_2$	4.72	2.74	0.32	0.29	0.01	0.16	0.19	8.43	16.81
MgO	0.35	0.20	0.03	0.03	0.00	0.01	4.48	5.11	10.19
MnO	4.98	0.98						5.96	11.89
Al$_2$O$_3$	0.20	0.12	0:17	0.16	0.01	0.10	0.05	0.80	1.60
Fe$_2$O$_3$	1.73	0.32	0.12	0.09	0.00	0.01	0.10	2.36	4.71
P$_2$O$_5$	0.32	0.65	0.00	0.00	0.00	0.00	0.00	0.97	1.93
FeO	4.49	0.75						5.25	10.47
CaS	0.13	0.05	0.00	0.00	0.00	0.00	0.00	0.19	0.37
合计	28.71	12.66	1.44	1.28	0.04	0.69	5.29	50.11	100

表 1－28　分项计算物料平衡的支出项　　　　　（kg）

项　目	钢　水	炉　渣	炉　气	炉　尘	合　计
Fe	955.19				955.19
C	1.44				1.44
Si	0.10				0.10
Mn	0.96				0.96
P	0.14				0.14
S	0.24				0.24
SiO$_2$		8.43			8.43
CaO		21.06			21.06
MgO		5.11			5.11
MnO		5.96			5.96
Al$_2$O$_3$		0.80			0.80
Fe$_2$O$_3$		2.36		31.10	33.46
P$_2$O$_5$		0.97			0.97
CaS		0.19			0.19
FeO		5.25			5.25
H$_2$O			0.10		0.10
CO$_2$			28.18		28.18
CO			33.26		33.26
N$_2$			25.16		25.16
O$_2$			2.40		2.40
焦炭挥发分			0.07		0.07
炭粉挥发分			0.16		0.16
合　计	958.07	50.11	89.33	31.10	1128.61

由表1-25~表1-28得15%铁水物料平衡总表,见表1-29,收入与支出如图1-8所示。

表1-29 物料平衡总表

收 入			支 出		
项 目	质量/kg	体积/m³	项 目	质量/kg	体积/m³
废钢	850.00		金属	958.07	
铁水	150.00		炉渣	50.11	
焦炭	5.00		炉气	89.33	63.08
电极	1.70		烟尘	31.10	
石灰	23.81				
炭粉	10.00				
炉顶	0.25				
炉衬	5.00				
氧气	50.84	35.50			
空气	32.02	24.82			
合 计	1128.61	60.32	合 计	1128.61	63.08

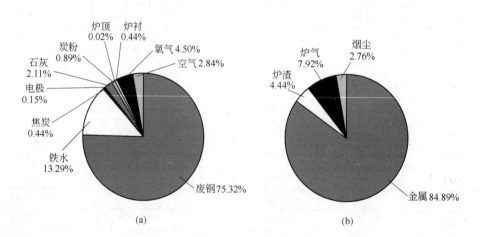

图1-8 15%铁水物料平衡收入及支出
(a) 物料收入;(b) 物料支出

根据单项物料热量平衡计算结果,以物料平衡为基础,做能量平衡计算。计算结果见表1-30~表1-35和图1-9。

表1-30 各项物料氧化产生的化学热

项 目	化 学 热		
	耗量/kg·t⁻¹	放热量/kJ·t⁻¹	折合电能/kW·h·t⁻¹
废 钢	887.20	276034.70	76.68
生 铁	0.00	0.00	0.00

项　目	化 学 热		
	耗量/kg·t⁻¹	放热量/kJ·t⁻¹	折合电能/kW·h·t⁻¹
铁　水	156.56	167269.79	46.47
焦　炭	5.22	59557.57	16.55
炭　粉	10.44	128256.53	35.63
电　极	1.77	23310.55	6.48
合　计	1061.20	654429.15	181.80

表 1-31 成渣热

项目	反应量/kg	化学反应	焓/kJ·kg⁻¹	放热量/kJ	折合电能/kW·h·t⁻¹
SiO₂ 成渣	8.79	$2(CaO) + (SiO_2) = (2CaO \cdot SiO_2)$	-1620	14246.78	4.13
P₂O₅ 成渣	1.01	$4(CaO) + (P_2O_5) = (4CaO \cdot P_2O_5)$	-4880	4923.92	1.43
合计					5.56

注：炉气二次燃烧产生热量：20.12kW·h/t。

表 1-32 铁水物理热

项　目	消耗量/kg·t⁻¹	物理热/MJ	折合电耗/kW·h·t⁻¹
铁水	156.56	179.27	49.80

表 1-33 吸热量计算

项目	温升范围/℃	消耗量/kg	焓/kJ·kg⁻¹或比热容/kJ·(kg·K)⁻¹	吸热量/kJ	吸热量/kW·h·t⁻¹
金属脱碳		6.67	6244/C	41664.27	11.57
金属脱硫		0.07	2143/CaS	152.06	0.04
石灰烧减		1.15	4177/CO₂	4815.82	1.34
水分挥发	25~1600	0.11	1227/H₂O	131.66	0.04
合计				46763.81	12.99

表 1-34 热支出项

项　目	热值/kW·h·t⁻¹	比例/%	项　目	热值/kW·h·t⁻¹	比例/%
钢水物理热	385.06	62.85	其他热损失	44.00	7.18
炉渣物理热	31.22	5.10	炉气物理热	46.38	7.57
吸热反应耗热	12.99	2.12	炉尘物理热	13.55	2.21
冷却水吸热	79.48	12.97	合计	612.68	100.00

表 1-35 能量平衡表

收　入	kW·h/t	比例/%	支　出	kW·h/t	比例/%
废钢	76.68	12.52	钢水物理热	385.06	62.85
铁水化学热	46.47	7.58	炉渣物理热	31.22	5.10

收 入	kW·h/t	比例/%	支 出	kW·h/t	比例/%
焦 炭	16.55	2.7	吸热反应耗热	12.99	2.12
炭 粉	35.63	5.81	冷却水吸热	79.48	12.97
电 极	6.48	1.06	其他热损失	44.00	7.18
铁水物理热	49.80	8.13	炉气物理热	46.38	7.57
成渣热	5.56	0.91	炉尘物理热	13.55	2.21
炉气二次燃烧	20.12	3.28			
电 能	355.41	58.01			
合 计	612.70	100.00	合 计	612.68	100.00

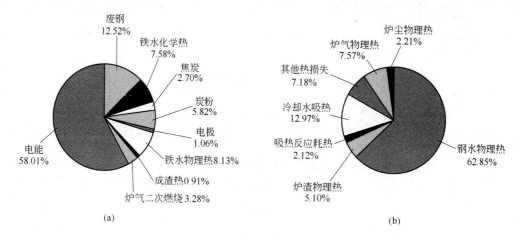

(a)　　　　　　　　　　　　　(b)

图 1 – 9　15% 铁水能量平衡收入及支出

（a）能量收入；（b）能量支出

2. 30% 铁水

30% 铁水的物料平衡计算结果见表 1 – 36 和图 1 – 10；能量平衡计算结果见表 1 – 37 和图 1 – 11。

表 1 – 36　30% 铁水物料平衡总表

收 入			支 出		
项 目	质量/kg	体积/m³	项 目	质量/kg	体积/m³
废 钢	700.00		金 属	951.05	
铁 水	300.00		炉 渣	57.71	
焦 炭	5.00		炉 气	116.79	82.73
电 极	1.70		烟 尘	30.87	
石 灰	29.24				
炭 粉	10.00				

收 入			支 出		
项 目	质量/kg	体积/m³	项 目	质量/kg	体积/m³
炉 顶	0.25				
炉 衬	5.00				
氧 气	60.48	42.24			
空 气	44.75	34.69			
合 计	1156.42	76.93	合 计	1156.42	82.73

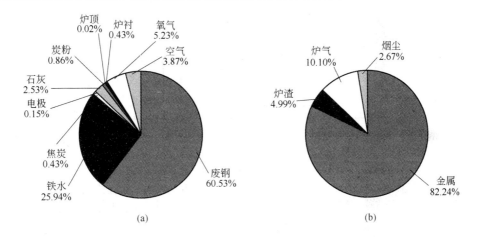

图 1 - 10 30%铁水物料平衡收入及支出

（a）物料收入；（b）物料支出

表 1 - 37 30%铁水能量平衡总表

收 入	kW·h/t	比例/%	支 出	kW·h/t	比例/%
废 钢	63.62	9.88	钢水物理热	385.06	59.82
铁水化学热	93.62	14.54	炉渣物理热	36.22	5.63
焦 炭	16.67	2.59	吸热反应耗热	24.42	3.79
炭 粉	35.89	5.57	冷却水吸热	79.48	12.35
电 极	6.52	1.01	其他热损失	44.00	6.84
铁水物理热	100.33	15.59	炉气物理热	61.09	9.49
成渣热	7.48	1.16	炉尘物理热	13.45	2.09
炉气二次燃烧	20.33	3.16			
电 能	299.26	46.49			
合 计	643.72	100.00	合 计	643.72	100.00

3. 45%铁水

45%铁水的物料平衡计算结果见表 1 - 38 和图 1 - 12；能量平衡计算结果见表 1 - 39 和图 1 - 13。

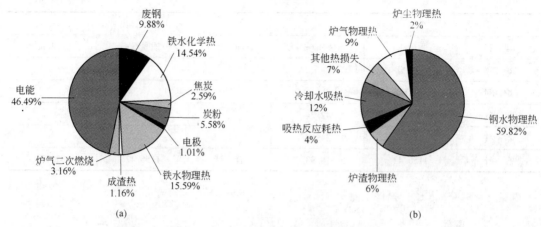

(a) (b)

图 1-11 30%铁水能量平衡收入及支出

（a）能量收入；（b）能量支出

表 1-38 45%铁水物料平衡总表

收 入			支 出		
项 目	质量/kg	体积/m³	项 目	质量/kg	体积/m³
废 钢	550.00		金 属	944.04	
铁 水	450.00		炉 渣	65.30	
焦 炭	5.00		炉 气	144.26	102.38
电 极	1.70		烟 尘	30.64	
石 灰	34.68				
炭 粉	10.00				
炉 顶	0.25				
炉 衬	5.00				
氧 气	70.13	48.97			
空 气	57.48	44.56			
合 计	1184.24	93.53	合 计	1184.24	102.38

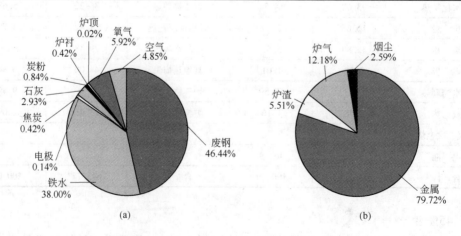

(a) (b)

图 1-12 45%铁水物料平衡收入及支出

（a）物料收入；（b）物料支出

表1-39　45%铁水能量平衡表

收　　入	kW·h/t	比例/%	支　　出	kW·h/t	比例/%
废　钢	50.36	7.46	钢水物理热	385.06	57.03
铁水化学热	141.47	20.95	炉渣物理热	41.28	6.11
焦　炭	16.79	2.49	吸热反应耗热	36.02	5.33
炭　粉	36.16	5.36	冷却水吸热	79.48	11.77
电　极	6.57	0.97	其他热损失	44.00	6.52
铁水物理热	151.61	22.45	炉气物理热	76.02	11.26
成渣热	9.45	1.40	炉尘物理热	13.35	1.98
炉气二次燃烧	20.54	3.04			
电　能	242.25	35.88			
合　计	675.20	100.00	合　计	675.21	100.00

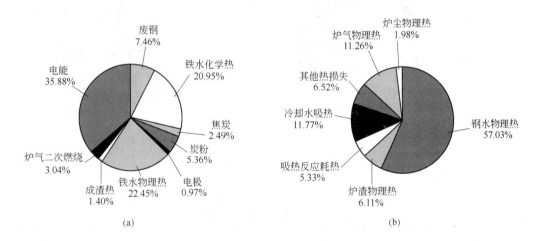

(a)　　　　　　　　　　　　　　(b)

图1-13　45%铁水能量平衡收入及支出

（a）能量收入；（b）能量支出

4. 60%铁水

60%铁水的物料平衡计算结果见表1-40和图1-14；能量平衡计算结果见表1-41和图1-15。

表1-40　60%铁水物料平衡总表

收　　入			支　　出		
项　目	质量/kg	体积/m³	项　目	质量/kg	体积/m³
废　钢	400.00		金　属	937.03	
铁　水	600.00		炉　渣	72.89	
焦　炭	5.00		炉　气	171.72	122.03
电　极	1.70		烟　尘	30.42	
石　灰	40.12				

收　入			支　出		
项　目	质量/kg	体积/m³	项　目	质量/kg	体积/m³
炭　粉	10.00				
炉　顶	0.25				
炉　衬	5.00				
氧　气	79.78	55.71			
空　气	70.21	54.43			
合　计	1212.06	110.14	合　计	1212.06	122.03

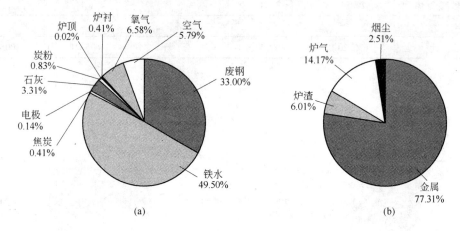

图 1 - 14　60% 铁水物料平衡收入及支出

(a) 物料收入；(b) 物料支出

表 1 - 41　60% 铁水能量平衡表

收　入	kW·h/t	比例/%	支　出	kW·h/t	比例/%
废　钢	36.90	5.21	钢水物理热	385.06	54.45
铁水化学热	190.04	26.87	炉渣物理热	46.43	6.57
焦　炭	16.92	2.39	吸热反应耗热	47.79	6.76
炭　粉	36.43	5.15	冷却水吸热	79.48	11.24
电　极	6.62	0.94	其他热损失	44.00	6.22
铁水物理热	203.66	28.8	炉气物理热	91.17	12.89
成渣热	11.48	1.62	炉尘物理热	13.26	1.87
炉气二次燃烧	20.76	2.94			
电　能	184.36	26.07			
合　计	707.17	100.00	合　计	707.19	100.00

5. 80% 铁水

80% 铁水的物料平衡计算结果见表 1 - 42 和图 1 - 16；能量平衡计算结果见表 1 - 43 和图 1 - 17。

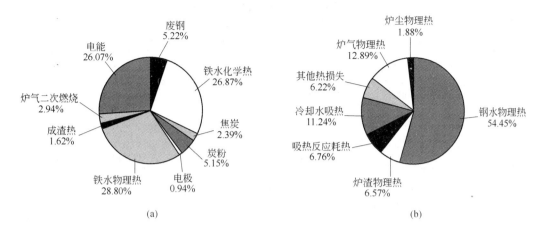

图 1-15　60%铁水能量平衡收入及支出

（a）能量收入；（b）能量支出

表 1-42　80%铁水物料平衡总表

	收　入			支　出	
项　目	质量/kg	体积/m³	项　目	质量/kg	体积/m³
废　钢	200.00		金　属	927.67	
铁　水	800.00		炉　渣	83.01	
焦　炭	5.00		炉　气	208.34	148.23
电　极	1.70		烟　尘	30.11	
石　灰	47.37				
炭　粉	10.00				
炉　顶	0.25				
炉　衬	5.00				
氧　气	92.64	64.69			
空　气	87.18	67.58			
合　计	1249.14	132.27	合　计	1249.13	148.23

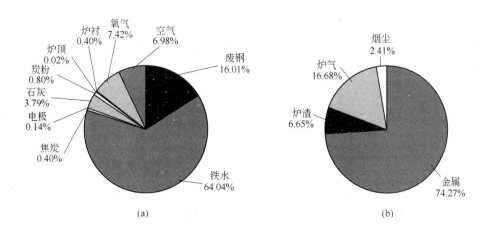

图 1-16　80%铁水物料平衡收入及支出

（a）物料收入；（b）物料支出

表 1-43　80%铁水能量平衡表

收　入	kW·h/t	比例/%	支　出	kW·h/t	比例/%
废钢	18.63	2.48	钢水物理热	385.06	51.30
铁水化学热	255.95	34.1	炉渣物理热	53.41	7.12
焦炭	17.09	2.28	吸热反应耗热	63.76	8.50
炭粉	36.80	4.9	冷却水吸热	79.48	10.59
电极	6.69	0.89	其他热损失	44.00	5.86
铁水物理热	274.28	36.54	炉气物理热	111.73	14.89
成渣热	14.29	1.90	炉尘物理热	13.12	1.75
炉气二次燃烧	21.05	2.8			
电能	105.77	14.09			
合　计	750.56	100.00	合　计	750.56	100.00

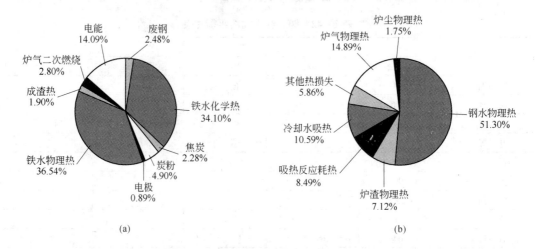

(a)　　　　　　　　　　　　　(b)

图 1-17　80%铁水能量平衡收入及支出

（a）能量收入；（b）能量支出

6. 不同铁水比下的电耗对比

根据以上计算结果，表 1-44 列出了不同铁水比下的电耗，并作图以供参考，如图 1-18 所示。

表 1-44　不同铁水比下的电耗

铁水比/%	电耗/kW·h·t^{-1}
0 铁水（全废钢）	410.72
15 铁水	355.41
30 铁水	299.26
45 铁水	242.25
60 铁水	184.36
80 铁水	105.77

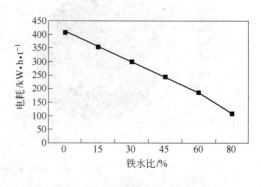

图 1-18　不同铁水比下的电耗

(二) 其他原料结构下的物料与能量平衡计算

按上述计算方式对全废钢、30%直接还原铁（70%废钢）、30%生铁（70%废钢）这几种原料结构下的物料与能量平衡进行了计算，计算结果见表1-45~表1-50，并作出图1-19~图1-24以供参考。

1. 全废钢

表1-45　全废钢物料平衡总表

收　入			支　出		
项　目	质量/kg	体积/m³	项　目	质量/kg	体积/m³
废　钢	1000.00		金　属	965.08	
焦　炭	5.00		炉　渣	42.52	
电　极	1.70		炉　气	61.86	43.44
石　灰	18.37		烟　尘	31.33	
炭　粉	10.00				
炉　顶	0.25				
炉　衬	5.00				
氧　气	41.19	28.76			
空　气	19.29	14.95			
合　计	1100.80	43.72	合　计	1100.79	43.44

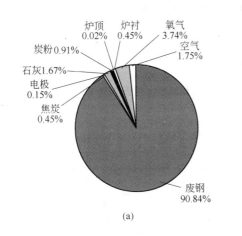
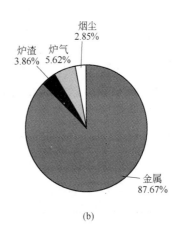

图1-19　全废钢物料平衡收入与支出

(a) 物料收入；(b) 物料支出

表1-46　全废钢能量平衡总表

收　入	kW·h/t	比例/%	支　出	kW·h/t	比例/%
废　钢	89.56	15.39	钢水物理热	385.06	66.15
焦　炭	16.42	2.82	其他热损失	44.00	7.56

续表 1 - 46

收　入	kW·h/t	比例/%	支　出	kW·h/t	比例/%
炭　粉	35.37	6.08	炉气物理热	31.89	5.48
电　极	6.43	1.1	炉尘物理热	13.65	2.35
成渣热	3.7	0.64	炉渣物理热	28.02	4.81
炉气二次燃烧	19.91	3.42	冷却水吸热	79.48	13.65
电　能	410.72	70.56			
合　计	582.11	100.00	合　计	582.10	100.00

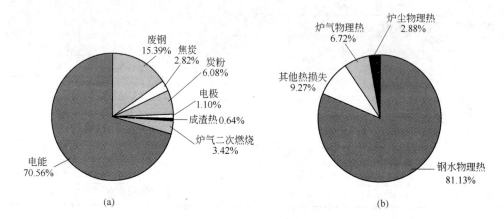

图 1 - 20　全废钢能量平衡收入与支出

(a) 能量收入；(b) 能量支出

2. 30% 直接还原铁 (70% 废钢)

表 1 - 47　30% 直接还原铁物料平衡总表

收　入			支　出		
项　目	质量/kg	体积/m³	项　目	质量/kg	体积/m³
废　钢	700.00		金　属	948.17	
DRI	300.00		炉　渣	72.19	
焦　炭	5.00		炉　气	61.89	43.23
电　极	1.70		烟　尘	30.79	
石　灰	33.01				
炭　粉	10.00				
炉　顶	0.25				
炉　衬	5.00				
氧　气	40.23	28.09			
空　气	17.86	13.84			
合　计	1113.05	41.94		1113.04	43.23

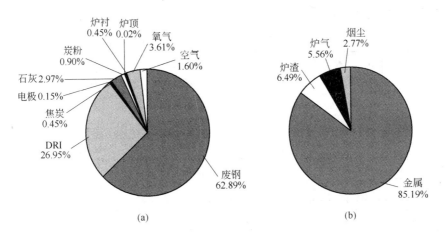

(a)　　　　　　　　　　　　(b)

图 1 - 21　30% 直接还原铁物料平衡收入及支出

（a）物料收入；（b）物料支出

表 1 - 48　30% 直接还原铁能量平衡表

收　入	kW·h/t	比例/%	支　出	kW·h/t	比例/%
废　钢	63.81	10.58	钢水物理热	385.06	63.87
DRI	16.89	2.8	炉渣物理热	45.44	7.54
焦　炭	16.72	2.77	吸热反应耗热	3.04	0.50
炭　粉	36.00	5.97	冷却水吸热	79.48	13.18
电　极	6.54	1.08	其他热损失	44.00	7.30
成渣热	6.33	1.05	炉气物理热	32.47	5.39
炉气二次燃烧	20.39	3.38	炉尘物理热	13.42	2.23
电　能	436.24	72.35			
合　计	602.91	100.00	合　计	602.91	100.00

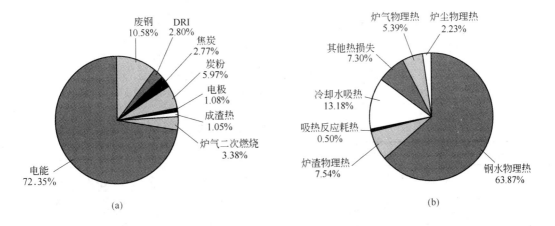

(a)　　　　　　　　　　　　(b)

图 1 - 22　30% 直接还原铁能量平衡收入及支出

（a）能量收入；（b）能量支出

3. 30%生铁（70%废钢）

表 1-49 30%生铁物料平衡总表

收　入			支　出		
项　目	质量/kg	体积/m³	项　目	质量/kg	体积/m³
废　钢	700.00		金　属	952.19	
生　铁	300.00		炉　渣	58.97	
铁　水	0.00		炉　气	116.51	82.50
DRI	0.00		烟　尘	30.91	
焦　炭	5.00				
电　极	1.70				
石　灰	32.19				
炭　粉	10.00				
炉　顶	0.25				
炉　衬	5.00				
氧　气	60.15	42.01			
空　气	44.28	34.32			
合　计	1158.57	76.33	合　计	1158.58	82.50

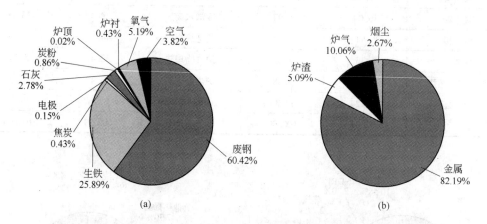

图 1-23 30%生铁物料平衡收入及支出

（a）物料收入；（b）物料支出

表 1-50 30%生铁能量平衡表

收　入	kW·h/t	比例/%	支　出	kW·h/t	比例/%
废　钢	63.54	9.86	钢水物理热	385.06	59.75
生　铁	92.36	14.33	炉渣物理热	36.96	5.74
焦　炭	16.65	2.58	其他热损失	44.00	6.83
炭　粉	35.85	5.56	炉气物理热	60.87	9.45

收　入	kW·h/t	比例/%	支　出	kW·h/t	比例/%
电　极	6.52	1.03	炉尘物理热	13.47	2.09
成渣热	6.47	1.00	吸热反应耗热	24.56	3.81
炉气二次燃烧	35.80	5.56	冷却水吸热	79.48	12.33
电　能	387.22	60.09			
合　计	644.41	100.00	合　计	644.40	100.00

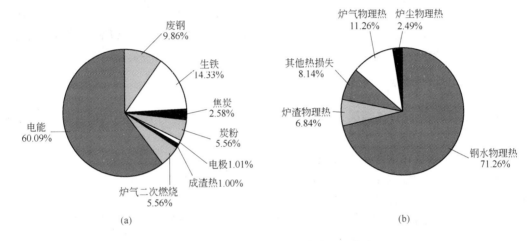

(a)　　　　　　　　　　　　　(b)

图 1 - 24　30% 生铁能量平衡收入及支出

（a）能量收入；（b）能量支出

十、电弧炉炼钢冶炼过程物理与化学热的利用

（一）电弧炉热装铁水工艺的发展

20 世纪 60 ~ 70 年代，部分国家钢铁联合企业在拆除平炉时，利用大型电弧炉代替，因而有条件部分采用高炉铁水作为电弧炉炼钢原料，如美国阿姆科公司休斯敦厂有一座日产生铁 2500t 高炉，将平炉拆除后，利用原炼钢厂房建设 4 台 175t 电弧炉（每台电弧炉变压器容量为 44000kV·A），以 40% 热铁水加废钢为原料，炉侧用天然气和氧气混吹，吨钢电耗降至 275kW·h。

较早从经济角度考虑电弧炉热装铁水炼钢的是南非伊斯科公司的比勒陀利亚厂和范德拜帕克厂，另外日本的室兰钢厂、大和钢厂和比利时的 Cockerill 厂也在铁水热装技术方面积累了丰富的经验。表 1 - 51 为部分国外铁水热装电弧炉情况。

表 1 - 51　部分国外铁水热装电弧炉情况

厂　家	投产年份	出钢量/t	变压器容量/MW	炉子形式	铁水比/%	制造厂商
Unimetal	1994	150	150	DC 双壳	25	Clcim
Cockerill	1996	140	100	DC 竖炉	35	Fuchs
Dofasco	1996	165	134	AC 双壳	30	Fuchs

续表 1-51

厂　　家	投产年份	出钢量/t	变压器容量/MW	炉子形式	铁水比/%	制造厂商
Nippon Deom	1996	180	99	AC 双壳	0~7	MDH
Saklamha	1998	170	115	AC 双壳	38	MDH
Severotal	1998	120	85	AC 竖炉	40	Fuchs

近年来由于我国废钢资源的短缺，同时用户对钢质量要求的不断提高，各电炉钢厂寻求扩大原料资源，有些电炉厂则配加部分 DRI、HBI，借以稀释电炉炉料中有害微量元素（如 As、Sn、Pb、Cu、Sb、Ni 等），从而提高钢的质量，满足用户需求。然而直接还原铁生产和技术在我国还处于较低水平，产量较少，进口直接还原铁也难以满足国内的需求，部分冶金企业开始使用热装铁水。电炉热装铁水已成为各电炉钢铁企业所关注的问题。

（二）铁水加入方式

根据电炉厂的车间具体情况，铁水热装有多种方式，每种方式有不同的优缺点。目前国内铁水加入方式主要有以下几种：

（1）旋开炉盖，用天车吊铁水包，从炉顶加入。

（2）使用专用的铁水车，通过铁水溜槽，从炉门加入铁水。

（3）从炉壁开孔，设计专用铁水加入通道。

（4）在电炉 EBT 区上部设置加铁水漏斗，由铁水包倾翻架控制，加入铁水。

（5）在水冷炉顶开孔，设置加料漏斗，加入铁水。

1. 炉顶加入方式

在电弧炉加铁水工艺使用初期，工艺尚处于摸索状态，没有专用的设备，大量电弧炉炼钢厂采用旋开炉盖，直接加入铁水的方式。现阶段，为了节约设备投资，多数企业采用此种铁水加入方式。

旋开炉盖，由炉顶加入铁水如图 1-25 所示。这种工艺方式的优点有：

（1）设备投资少，不需要对原有电弧炉进行改造；

（2）铁水加入速度可控范围大，能以较快的速度加入铁水。

这种简单的铁水加入方式存在以下不足：

（1）铁水加入过程中，炉盖旋开，无法进行通电冶炼，增加了非冶炼时间，降低生产效率。

（2）电弧炉留钢留渣操作，冶炼结束炉内氧化性气氛严重，随着铁水的加入，碳氧反应剧烈，产生大量泡沫渣，容易引发大沸腾，甚至造成铁水、炉渣涌出炉体，造成安全事故。

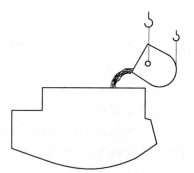

图 1-25　炉顶铁水加入
方式（侧视图）

（3）随着炉盖的打开，炉体内部完全敞开，造成热量散失严重。

（4）占用天车，影响其他操作。

江苏淮钢和南钢使用此种方法。淮钢在其 70t 超高功率电炉（UHPEAF，每炉钢实际容量为80t）上，废钢分两篮装入。热装铁水方法是：铁水包从炼铁车间运抵电炉车间后，在第一篮料穿井后停电，旋开炉盖，用行车吊起铁水包直接从炉顶倒入铁水。

2. 铁水车加入方式

铁水车加入方式使用专用铁水加入车，沿固定轨道运行，从电弧炉出渣口伸入铁水流槽，将铁水车倾翻，铁水沿铁水流槽进入炉体内，如图1-26所示。
该工艺的优点有：

（1）不需要对电炉进行改造；

（2）根据炉内情况，控制铁水的加入速度，能避免发生大沸腾；

（3）自动化、机械化程度高，能实现无人操作，改善工人操作环境。

但是这种工艺也存在以下不足：

（1）炉前设备拥挤，与炉门枪相互冲突，不利于吹氧快速冶炼；

（2）遮挡炉门视线，无法观察炉内情况；

（3）铁水流槽、出渣口容易结渣结瘤，清理困难，影响下炉操作；

（4）废钢也可能会堵住炉门或炉门积渣太多，因而只能在冶炼一段时间后才能开始加入铁水，影响了电炉的生产节奏。

天津钢管公司150t电弧炉采用这种铁水加入方式。新疆八钢70t直流电弧炉也采用此法，在第一批料入炉后立即兑入铁水，为此要求炉门附近尽可能加轻薄废钢，并减少炉门的布料量，以控制兑铁水时的飞溅。

3. 从炉壁开孔，设计专用铁水加入通道

不少电弧炉炼钢厂对电弧炉进行改造，在炉壁开孔，留有铁水加入专用通道，用天车由铁水漏斗注入铁水，如图1-27所示。此种方法完全克服了铁水从炉顶或炉门加入的缺点，是电炉兑铁水的较为理想的方法。根据不同钢厂的空间情况不同，开孔位置也不尽相同，主要有两种方式，一为在炉门口旁边炉壁开孔，二为在出钢口旁边炉壁开孔。

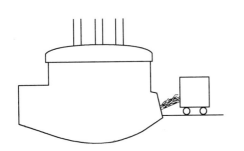

图1-26　铁水车铁水加入
方式（侧视图）

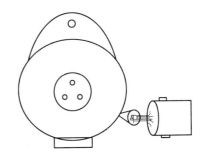

图1-27　炉壁开孔铁水
加入方式（顶视图）

部分企业电弧炉炼钢厂选择这种方式，其优势为：

（1）铁水加入速度适中；

（2）炉门枪使用不受限制，提高生产节奏；

（3）不影响炉门观察炉内情况，有利于控制冶炼。

其存在以下不足：

（1）用天车吊装铁水，倾斜倒入漏斗，对天车的操作要求较高，容易发生事故。

（2）装入过程铁花飞溅严重，对水冷电缆、电极有影响，应注意保护。如铁水加入口设在炉门口旁边，铁水加入过程中铁花飞溅，影响炉前人工操作。

（3）铁水通道没有水冷，寿命相对缩短。

（4）铁水通道的冷渣铁清理困难。

较前两种方式需要较大的固定投资，已建成的电炉车间改用此法可能会受到场地的限制。

沙钢润忠公司装有一台 Fuchs 公司制造的90t 竖炉，原设计为100%废钢料，第一批料直接加入炉内，其余废钢料从竖井加入炉内，3 篮加料，废钢预热率不到50%，冶炼周期为58min，年产量65 万吨。为了实现热装铁水，该公司对 90t 竖炉进行了改造，在电炉炉后壳体加一固定铁水流槽，设置一专用兑铁水装置，由回转机构、倾翻系统和称重系统组成。铁水包用行车吊放在此装置上后旋转，对准固定铁水流槽，倾翻，铁水经固定流槽进入电炉，铁水包的倾翻动作通过 PLC 自动控制，在铁水初加入时为避免产生激烈反应，速度较低，逐步增加至约5t/min，整个过程持续约12min。

4. EBT 区上部铁水加入方式

大冶东方钢铁、常州龙翔的炼钢厂，在 EBT 区域上部，接近出钢口上部设置加料位，由铁水倾翻装置将铁水包倾翻倒入铁水，如图 1－28 所示。

这种铁水加入方式有它特有的优势：

（1）设备简单，占地面积小，不影响冶炼；

（2）自动化程度高，控制简单；

（3）有利于降低 EBT 区冷区效应，加快废钢熔化。

不足之处为：

（1）铁水直接冲击 EBT 区域，造成 EBT 区域耐火材料寿命降低；

（2）占用 EBT 区域，不利于堵出钢口。

5. 炉顶铁水加入改进方式

在电弧炉水冷炉盖开孔，由天车直接加入铁水，如图 1－29 所示，这种铁水加入方式是对最初的旋开炉盖加入铁水方式的改进，目前仅限于试验阶段。

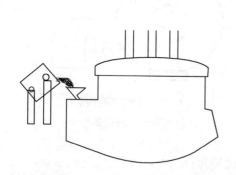

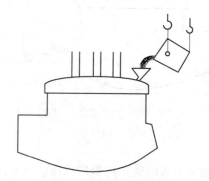

图 1－28　EBT 区上部铁水加入方式（侧视图）　　　图 1－29　炉顶铁水加入改进方式

这种方式避免了原有的不少缺点：

（1）加入铁水过程不影响电极供电，保持冶炼的连贯性；

（2）不用旋开炉盖，降低了热量的散失；

（3）铁水加入过程比较平缓，减少了大沸腾的发生。

不足之处为：

（1）铁水加入过程中铁花飞溅，水冷电缆和电极存在安全隐患；

（2）由天车控制加入铁水，准确率较低，危险性大。

铁水加入方式是由各个电弧炉炼钢厂，根据企业的实际情况，制定出来的，还没有统一的工艺流程可以参照，各自存在一定的优势，也存在不足，需在生产实践中不断加以改进并不断完善。

（三）最佳铁水比的确定

1. 影响铁水加入量的约束条件

在高铁水比原料条件下，要保证现冶炼节奏，必须提高电炉的供氧强度。电炉的供氧强度提高后，需考虑因此带来对电炉冶炼工艺及设备的影响：如化学能增加带来的供电供氧的配合，烟气量增加带来的除尘问题、供氧量增加带来的氧气管道阻损力增加、电炉热负荷增加等问题。

电炉炼钢的能量来源由电能和化学能组成。如何分配不同冶炼阶段电能和化学能的输入量，应根据模型计算进行判断。但受检测条件的限制，对冶炼节奏、终点的控制精度不高，通常是依靠经验进行操作，这样难以提高供电及用氧效率。

（1）热装铁水比例与电弧炉除尘能力的关系。随着电弧炉热装铁水比例的提高，供氧强度随之提高，经过激烈的化学反应和熔池搅拌，电弧炉炉气量和炉尘量大量增加。在提高电弧炉热装铁水比例的同时，必须充分考虑现阶段除尘系统的能力，以免超出系统的设计能力，造成难以弥补的环境问题。

比如：安阳100t竖式电炉的除尘采用竖井直排烟设计，排烟量（标态）为 $1 \times 10^4 \mathrm{m}^3 / \mathrm{h}$，屋顶罩 $2 \times 64 \times 10^4 \mathrm{m}^3 / \mathrm{h}$（含 LF 炉烟气除尘）。如按 80% 铁水、最大脱碳速度 0.10%/min 计算，考虑到竖井的抽气能力，炉内产生的烟气量（标态）为 $4.67 \mathrm{m}^3 / \mathrm{h}$，如按高温 1400℃ 的烟气计算，烟气量达到 $22 \times 10^4 \mathrm{m}^3 / \mathrm{h}$ 以上。采用竖井直排烟的除尘能力（$1 \times 10^4 \mathrm{m}^3 / \mathrm{h}$），竖井烟气除尘能力已不能满足新工艺。现考虑多余 $12 \times 10^4 \mathrm{m}^3 / \mathrm{h}$ 烟气（80% 铁水，脱碳速度 0.10%/min），高温卷吸周围空气按 5 倍计算，总气量估计在 $60 \times 10^4 \mathrm{m}^3 / \mathrm{h}$。现厂房有 $2 \times 64 \times 10^4 \mathrm{m}^3 / \mathrm{h}$（标态）的除尘能力，基本满足要求。但要保证除尘质量，需保证布袋完好。

（2）热装铁水比与冶炼电耗的关系。对某电弧炉进行供氧能力改造，由图 1 - 30 可知，吨钢电耗随着铁水热装比下降的趋势比改造前效果明显，吨钢电耗比改造前平均低了 25kW·h。这说明，较强的供氧能力能够实现较高的热装铁水比，进而能得到较低的冶炼电耗。

（3）热装铁水比与吨钢氧耗的关系。从图 1 - 31 可以看出，与全废钢相比，随着热装铁水比增加至 30% ，吨钢氧耗下降。全废钢冶炼时，氧气在炉中的行为较为复杂，在冶炼前期由于形成的熔池较小，氧气的利用率低；而兑入铁水后，加上炉内原有的留钢、留渣为炉内提前吹氧创造了条件，氧气的利用率提高，泡沫渣形成较早，废钢熔化加快。因此，当铁水加入比例小于 30% 时，随着热装铁水比的增加，吨钢氧耗不升反降，这是加铁水促使泡沫渣形成、氧的利用率提高所产生的结果。

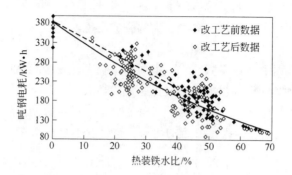

图 1-30 热装铁水比与吨钢电耗的关系

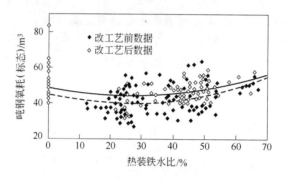

图 1-31 热装铁水比与吨钢氧耗的关系

但当热装铁水比超过30%时，氧耗开始上升。其原因在于铁水量增大后，钢中碳含量增加，供氧强度成为限制因素，提高供氧强度将加速脱碳反应的进行。由图 1-31 可知，使用改进供氧系统后，吨钢氧耗有所提高。考虑到电耗等指标，采用化学能置换电能从降低成本考虑是可取的。

（4）热装铁水比与冶炼周期的关系。提高电弧炉的供氧能力后，电弧炉冶炼周期有了很大的缩短，如图 1-32 所示。在热装铁水比例小于30%时，随着热装铁水比例的提高，电弧炉冶炼周期缩短明显，这是因为随着电弧炉热装铁水比例的提高，入炉的铁水物理热和化学能增加，它们在强化供氧的作用下，提高了电弧炉的能量输入强度，缩短了冶炼周期；热装铁水比例高于30%后，铁水带来的碳、硅、磷等元素超过了供氧系统供氧能力，电弧冶炼周期反而逐渐延长，熔池脱硅、脱磷、脱碳成为影响冶炼节奏的关键因素。

2. 铁水合理加入比计算

影响电弧炉合理热装铁水比例的条件比较多，本书从冶炼成本和冶炼节奏等角度进行计算。其中并未考虑不同铁水比例造成的其他成本的改变。

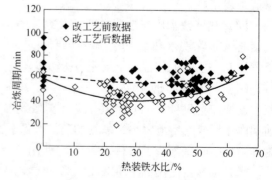

图 1-32 热装铁水比与冶炼周期的关系

在实际生产过程中，电弧炉合理的铁水加入量与电弧炉的实际工艺参数密切相关，本书假设两种供电及供氧强度，分别对其不同铁水加入量进行计算，判断合理的铁水加入量。电炉设备及冶炼参数见表1-52。

表1-52 冶炼工艺参数设定

项 目	炉况1号	炉况2号	项 目	炉况1号	炉况2号
变压器容量/MW	100	100	电极电流/kA	62	62
炉容量/t	150	150	电能输入吨钢功率/kW	400	350
电极直径/m	0.65	0.65	氧气输入强度/m³·min⁻¹	1.2	1.3

注：1. 电能输入吨钢功率为电弧炉有用功平均最高强度，即在全功率通电时能长时间保持的有用功率与电弧炉内钢水量的比值。

2. 氧气输入强度为电弧炉冶炼全程总供氧量与冶炼时间的比值，是在电弧炉安全运行的情况下，平均吨钢单位时间的氧气通入量。它与供氧设备有重要关系，也是操作水平的重要体现。

通过物料平衡计算，得出不同入炉铁水比下，吨金属料冶炼的各项原料消耗和能量消耗，见表1-53。

表1-53 不同铁水比下吨金属料冶炼原料消耗与能量消耗

铁水比/%	氧气/m³	石灰/kg	炭粉/kg	电极/kg	电耗/kW·h	总能耗/kW·h
全废钢	28.76	18.37	5	1.7	410.72	582.10
15	35.50	23.81	5	1.7	355.41	612.68
30	42.24	29.24	5	1.7	299.26	643.72
45	48.97	34.68	5	1.7	242.25	675.21
60	55.71	40.12	5	1.7	184.36	707.18
80	64.69	47.37	5	1.7	105.77	750.56

以物料平衡与热平衡为基础，根据不同铁水比例条件下的氧气消耗与电能消耗，分别得出电弧炉电能输入与氧气输入的时间。

按照不同电弧炉炉况，计算结果见表1-54。

表1-54 冶炼时间

铁水比/%	炉况1号			炉况2号		
	电弧炉供电时间/min	电弧炉吹氧时间/min	预计冶炼时间/min	电弧炉供电时间/min	电弧炉吹氧时间/min	预计冶炼时间/min
0	61.61	23.97	61.61	70.41	22.12	70.41
15	53.3	29.58	53.3	60.91	27.31	60.91
30	44.89	35.2	44.89	51.30	32.49	51.30
45	36.34	40.81	40.81	41.53	37.67	41.53
60	27.65	46.43	46.43	31.6	42.85	42.85
80	15.87	53.91	53.91	18.13	49.76	49.76

注：预计冶炼时间是冶炼必需的时间，实际电弧炉炼钢生产中，因为受到额外因素的影响，预计冶炼时间大于基本冶炼时间。

将表 1 - 54 用图表示，如图 1 - 33 和图 1 - 34 所示。

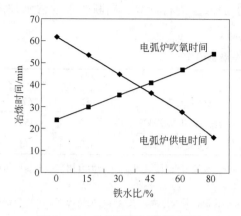

图 1 - 33 冶炼时间（炉况 1 号）

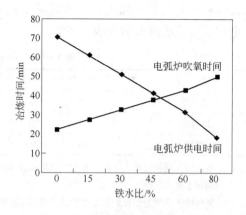

图 1 - 34 冶炼时间（炉况 2 号）

将两种炉况不同铁水比下的冶炼时间比较，结果如图 1 - 35 所示。

由图可知，相对于不同的电弧炉炉况，热装铁水工艺能起到不同的效果：较高的电弧炉铁水加入量能够发挥电弧炉强化供氧能力的优势，进而提高生产效率，从而弥补电弧炉设计初期变压器功率不足的问题，实现高效冶炼。

3. 国内实际铁水加入情况举例

我国现阶段已有很多厂使用电弧炉热装铁水工艺，现将部分厂的工艺情况简单介绍。2005 年我国一些电炉钢厂铁水热装主要指标见表 1 - 55。

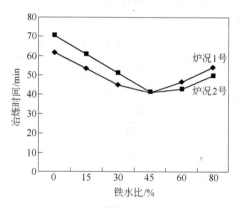

图 1 - 35 不同铁水比下冶炼时间比较

表 1 - 55 2005 年我国一些电炉钢厂铁水热装主要指标

企业名称	电炉配置	钢铁料消耗 /kg·t⁻¹	生铁块 /kg·t⁻¹	铁水 /kg·t⁻¹	生铁比 /%	铁水比 /%	综合电耗[①] /kW·h·t⁻¹	电极消耗 /kg·t⁻¹	冶炼时间 /h
杭钢	70t×1	1098	317	104	38.3	9.97	419	1.258	0.88
广钢	50t×1	1179	237	157		13.3	336	1.299	0.81
新疆八一	70t×1	1081	44	156	18.5	14.4	443	1.558	0.84
济钢		1108	466	307	69.76	27.7	286	3.223	1.21
南钢	100t×1	1116	173	314	43.6	28.13	390	1.544	0.83
天管	150t×1	1054	90	305	37.47	28.7	397	2.132	0.87
莱钢	50t×1	1032	92	329	40.8	31.28	334	2.473	0.95
沙钢	70t×1	1101	55	377	39.2	34.24	236	1.623	0.79
宝钢	150t×1	1096	7	389	36.13	35.5	416	0.844	0.89
韶钢	90t×1	1127	74	487	49.78	43.7	278	1.051	0.77
兴澄		1074	57	545	56	50.7	235	2.481	1.05

企业名称	电炉配置	钢铁料消耗 /kg·t⁻¹	生铁块 /kg·t⁻¹	铁水 /kg·t⁻¹	生铁比 /%	铁水比 /%	综合电耗① /kW·h·t⁻¹	电极消耗 /kg·t⁻¹	冶炼时间 /h
石钢	40t×1	1142		587		51.4		2.716	0.96
安钢	100t×1	1065	478		*44.88			2.27	1.41
平均		1090	123	311	39.8	28.5	387	2.606	1.4

① 综合电耗是将炼钢车间所有电耗与车间生产合格连铸坯的量的比值，其中包括电弧炉炼钢电耗、精炼工艺电耗、连铸工序电耗等。

由表 1 – 55 分析可知：

（1）排除不同钢铁厂电弧炉工艺参数的不同，随着电弧炉热装铁水比的提高，综合电耗逐渐降低，即电弧炉热装铁水为申弧炉炼钢带来了额外的物理热与化学热。实践证明，电弧炉热装铁水能够大幅度地降低电耗。

（2）从整体上来讲，大多数炼钢厂的热装铁水比为 25% ~ 35%。当然，实际影响电弧炉热装铁水比的因素比较多，如铁水来源情况等。

（3）随着电弧炉热装铁水比的提高，电弧炉冶炼的电极消耗逐渐升高。

实际各炼钢厂工艺参数有很大的差别，排除电弧炉本身设计的因素，现场操作水平是影响最大的因素。应该提高操作水平，进而挖掘原有设备的潜力，实现更大的进步。

第六节　传统老三期电弧炉炼钢过程简介

一、电弧炉炼钢流程

电弧炉炼钢一般是用废钢铁作为固体炉料，所以电弧炉炼钢过程首先是利用电能使其熔化及升温，然后在炉内进行精炼，去除钢中的有害元素、杂质及气体，调整化学成分到成品规格范围以及使钢液在出钢时达到适合浇注所需要的温度。也可归纳为"四脱（碳、氧、硫和磷）二去（去气和去夹杂物）二调整（成分和温度）"。

碱性电弧炉炼钢的工艺方法，一般可分为氧化法、不氧化法（又称装入法）及返回吹氧法。

（1）氧化法冶炼。氧化法冶炼操作由扒补炉、装料、熔化期、氧化期、还原期、出钢六个阶段组成。其特点是：在氧化期，用加矿石或吹氧进行脱磷和脱碳，使熔池沸腾，以降低钢中的气体和杂质，再经过脱氧还原和调整钢液的化学成分及温度，然后出钢。用这种方法冶炼，可以得到磷含量及气体、夹杂物含量都很低的钢，还可以利用廉价废钢为原料，因此一般钢种大多采用氧化法冶炼。其缺点是：如果炉料中有合金返回料，则其中的某些合金元素会被氧化而损失于炉渣中。

（2）不氧化法冶炼。不氧化法冶炼过程中没有氧化期，能充分回收原料中的合金元素。因此，可在炉料中配入大量的合金钢切头、切尾、废锭、注余钢、切屑和汤道钢等，减少铁合金的消耗，降低钢的成本。炉料熔清后，经过还原调整钢液成分和温度后即可出钢。冶炼时间较短，低合金钢、不锈钢、高速工具钢等均可以用此法冶炼。其缺点是不能去磷、去夹杂物和除气，因此对炉料要求高，须配入清洁无锈、含磷低的钢铁料，并在冶炼过程中要求采取各种措施防止吸气。同时钢液的化学成分基本上取决于配料的成分，这就要求炉料配料的化学成分和称量力求准确，致使这种冶炼方法用得比较少。

（3）返回吹氧法冶炼。返回吹氧法是在炉料中配入大量的合金钢返回料。依据碳和氧的亲和力在一定的温度条件下比某些合金元素和氧的亲和力大的理论，当钢液升到一定的温度以后，向钢液进行吹氧，强化冶炼过程，达到在脱碳、去气、去夹杂物的同时，又回收大量合金元素的目的。这样，既降低成本，又提高质量。返回吹氧法常用于不锈钢、高速工具钢等高合金钢的冶炼。这些高合金钢如果用氧化法冶炼，由于合金元素的烧损，在还原期要加入大量铁合金，特别是要加入低碳的铁合金；这样不仅使成本提高，而且使还原期操作极为困难。

本书仅把氧化法冶炼的工艺流程做一个概括的介绍。

二、装料

装料是指将固体炉料（按冶炼钢种要求配入的废钢铁料及少量石灰）装入炉膛内。目前多数电炉采用炉盖升起后旋开，用吊车吊起料篮将炉料一次加入炉膛内，也称顶装料。

（一）废钢炉料的加入方法

料篮（筐）顶装料是目前最常用的废钢装料方法。当炉料采用100%废钢炉料时，一般尽量采用二次加料。当采用一次加料时，料篮容积一般设计成和炉内容积相同，装料后炉料不能高出炉子上口。在炉盖旋开前，料篮已经吊运到炉子的上部等待加料，当炉盖旋开时，料篮随即跟入，炉料入炉速度快，只需1~3min就可完成，热量损失小，节约电能，能提高炉衬的使用寿命，缩短冶炼周期。

当采用二次加料时，第一次加入全部炉料的60%，第二次加入全部炉料的40%。第二次加入时间是在第一次加入的炉料已基本熔化后进行。

（二）DRI装料方法

DRI的密度介于钢渣（$2.5 \sim 3.5 t/m^3$）与钢液（$6.9 \sim 7.0 t/m^3$）之间。加入炉内后容易停留在钢–渣界面上，有利于钢–渣界面的脱碳反应，促进炉内传热的进行。DRI用于电炉炼钢，其中金属化率和含碳量不同，所加入的量也不相同。对于含碳量和金属化率较高的DRI，可以100%地作为电炉冶炼原料。

当DRI用量不大于30%炉料时，可以采用料篮装入。为防止DRI在炉内堤坡或炉墙上结块，料篮底部应先装一些轻薄料后再装重料和DRI，但通常是装在料篮的下部。两次加料时，每次加入一半即可。经验表明：当DRI一次装入量达到总量的35%时，熔池温度急剧下降，会出现难熔问题。这是由于当电弧从上部加热相当厚度的DRI料层时，熔化的金属便充填到各个DRI球团之间的空隙并凝结，不能渗入到球团内部，球团易烧结在一起，而且密度小，难以落入钢水中，延长了熔化时间。实践表明，当成批加入DRI用量大于30%炉料时，由于传热慢，会出现难以熔化的问题，恶化其技术经济指标。使用连续加料技术，会改善这种情况。连续加料，一般从炉顶的加料孔加入。炉顶开孔位置一般有两种情况：一是在炉顶中心位置开一个加料孔，使DRI垂直落入炉内；另一种方式是在炉顶半径中间开孔，经抛射进入炉内的中心区。炉顶上部的连续加料系统必须有足够高的高度，以保证 DRI 具有足够的动能，以快速穿过渣层。由于一般的 DRI 的含碳量较低，不利于熔池的快速形成。气基 DRI 能较好控制 DRI 中的含碳量，一般可做到其中的碳与未还原的 FeO 相平衡，即所谓"平衡的 DRI"，冶炼时无需额外配碳，DRI 也不会向熔池增碳；对于煤基的还原的 DRI，一般含碳量在 0.25% 左右，冶炼时需要配入一定量的碳（根据 DRI 金属化率和所炼钢种而定），以保证熔池合适的碳含量并使 DRI 中的 FeO 还原。在采用废钢预热的竖炉和连续加料的电炉，DRI 的加入主要关键步骤有：

（1）采用大量的留钢操作，使得 DRI 加入后一直在熔池存在的条件下，能够使吹氧和辅助能源的操作发挥最大效率。

（2）DRI 由高位料仓通过炉顶加入的原则是：在避免形成"冰山"的前提下，保持熔池较低温度，以最大速度加入，以减少炉衬侵蚀和热能损失，缩短冶炼时间。其具体工艺如下：

1）在加入最后一篮料待废钢熔化形成熔池后，单位质量能耗达到 100kW·h/t 时，开始加入 DRI，速度为 500kg/min；

2）电耗能耗达到 200kW·h/t 时，DRI 加入速度增加到 1000kg/min；

3）炉内废钢基本熔清时，DRI 加入速度增加到 2500kg/min；

4）当熔池温度达到 1560℃ 时，DRI 加入速度增加到 3000kg/min，每 5min 测温一次，保持熔池温度在 1560~1580℃ 之间，若温度低于此温度时，可适当降低加入速度；

5）DRI 最后 10t 的加入速度应降到 1500kg/min；

6）DRI 最后 5t 的加入速度应降到 500kg/min，使熔池升温，直至达到出钢温度为止。

据有关资料介绍，在一台 90t 电弧炉原料使用 30% 废钢和 70% DRI 的炼钢过程中，在加料、供电和熔池温度变化中，开始用较小功率供电约 5min 后，采用最大功率熔化废钢，第 10min 开始加入 DRI，其加入速率逐渐增加，当熔池温度达到 1550~1560℃ 时，其速度增加到 800kg/min，并依此速度一直到加料完毕。

一般情况下，当 DRI 加入量在 20%~30% 时，配碳量保持在 1.2%~1.8%；低于 20% 的 DRI 时，配碳量控制在 0.8%~1.5% 之间。利用配碳量可以促进脱碳、脱磷反应，缩短冶炼周期。

在热装铁水的情况下，加入 DRI 时，如果铁水加入量小于 20% 时，DRI 的加入量应在 10%~20% 之间，电耗将会增加 15~50kW·h/t；如果铁水加入量不小于 30% 时，DRI 的加入量应在 20%~30% 之间，以利于降低成本增加效益。

（三）铁水加入方法

采用铁水热装代替废钢原料，目前在国内已经成了越来越普遍的现象。加料时，兑入铁水时间在第一次加料后炉料熔化 20%~30%（起弧穿井约 3min）时加入最为有利，兑入时间过早会产生铁水喷溅，过晚不能充分利用铁水的物理热能，不利于缩短熔化时间。而熔化 60% 以上或出钢后兑入铁水由于铁水与钢渣反应强烈具有一定的危险性。

铁水加入方法一般有两种：一是先旋开炉盖后，在炉顶用盛钢桶直接加入；另一种方法是在炉体上加溜槽，通过溜槽方式把铁水加到炉内。

（四）造渣材料加入方法

造渣材料可以和炉料一起加入炉内，以利早期成渣脱磷。如果有条件，在熔化期从炉顶或炉壁喷入最好。

炉渣由以下部分组成：

（1）金属料内元素（如铝、硅、锰、磷、硫、钒、铬和铁等）的氧化反应物；

（2）被侵蚀的炉衬耐火材料；

（3）装料时混入的泥沙和铁锈；

（4）加入的造渣材料，如石灰、石灰石、萤石、黏土砖块和铁矾土等。

按化学成分，炉渣可分为氧化渣和还原渣；按化学性质可分为酸性渣和碱性渣。

（五）合金料加入方法

调整钢液成分的过程称为合金化。电炉冶炼的合金化可以在装料、氧化、还原过程中进行，也可在出钢时将合金加到钢包里。要求合金元素加入后能迅速熔化、分布均匀，收得率高而且稳定，生成的夹杂物少并能快速上浮，不得使熔池温度波动过大。

（1）根据合金元素与氧的结合能力大小，决定在炉内的加入时间。对不易氧化的合金元素（如钴、镍、铜、钼、钨等）多数随炉料装入，少量在氧化期或还原期加入。氧化法加钨元素时，一般随稀薄渣料加入。

对较易氧化的元素，如锰、铬（<2%）一般在还原初期加入。硅铁一般在出钢前5min加入。钒铁（钒含量小于0.3%）在出钢前8~15min加入。

对极易氧化的合金元素，如铝、钛、硼、稀土在出钢前或在钢包中加入。一般，合金元素加入量大的应早加入，加入量少的宜晚加入。

（2）难熔的合金宜早加入，如高熔点的钨铁、钼铁可在装料期或氧化期加入。

（3）采用返回吹氧法或不氧化法冶炼高合金钢时，可以提前与炉料一起装入合金料，并在操作中采取相应措施提高其回收率。

（4）钢中元素含量严格按厂标压缩规格控制，以利于消除钢的力学性能波动。在许可的条件下，优先使用高碳铁合金，合金成分按中下限偏低控制，以降低钢的生产成本。

为了准确地控制钢液成分，必须知道加入合金元素的回收率。炉渣的含氧量越高、黏度越大、渣量越大，均使合金回收率降低。此外，合金的熔点、密度、块度及合金加入时的钢液温度对回收率也有一定影响。

合金加入时间及回收率见表1-56。

表1-56　合金加入时间及回收率

合金名称	冶炼方法	加入时间	回收率/%
镍		装料加入	>95
		氧化期加入，还原期调整	95~98
钼铁		装料或熔末期加入，还原期调整	>95
钨铁	氧化法	氧化末或还原初	90~95
	返回吹氧法	装料加入	低钨钢85~90 高钨钢92~98
锰铁		还原初	95~97
		出钢前	约98

合金名称	冶炼方法	加入时间	回收率/%
铬铁	氧化法	还原初	95 ~ 98
	返回吹氧法	装料加入，还原期调整（不锈钢等）	80 ~ 90
硅铁		出钢前 5 ~ 10min	>95
钒铁		出钢前 8 ~ 15min（V < 0.3%）	约 95
		出钢前 20 ~ 30min（V > 1%）	95 ~ 98
铌铁		还原期加入	90 ~ 95
钛铁		出钢前	40 ~ 60
硼铁		出钢时	30 ~ 50
铝	含铝钢	出钢前 8 ~ 15min（扒渣加入）	75 ~ 85
磷铁	造中性渣	还原期	50
硫黄	造中性渣	扒氧化渣插铝后或出钢时加入包中	50 ~ 80
稀土合金		出钢前插铝后	30 ~ 40

三、熔化期

从通电开始到炉料全部熔清的阶段称为熔化期。其主要任务是迅速熔化全部炉料，并且要求去除部分的磷，并减少或防止钢液吸气和金属挥发。为了加速炉料的熔化和节省用电量，在熔化期一般采用吹氧助熔。

现代电炉炼钢，熔化期约占全部冶炼时间的一半以上，电能消耗约占总电耗的 2/3。因此保证熔化期的顺利进行、提高炉料熔化速度、缩短熔化时间，是改善电炉技术经济指标的重要环节。

（一）炉料的熔化过程

炉料的熔化过程大体上可分为以下四个阶段：

（1）第一阶段。这一阶段主要是起弧，空气虽为电的不良导体，但通电后由于热电子发射，会从阴极发出大量电子，高速电子可使中性的空气分子离解成为离子，因而使极下分子具有导电能力，产生电弧，并放出大量热和光。这一阶段的时间不长，约为 5 ~ 10min，电流不稳定，并经常出现瞬时短路电流。起弧后的一段时间内会发出极大的声响。

对起弧时所用二级电压数值，在起弧的初期 2 ~ 3min 内，电弧离炉盖很近，为减轻电弧对炉盖的热辐射或避免电弧击穿炉盖，应该使用较低的二级电压，输入较小功率。一旦电极穿井形成，便开始使用最高二次电压和最大电流以缩短熔化时间。

（2）第二阶段。这个阶段主要是电极穿井和电极下炉料的熔化。通电起弧后，电极下的炉料受热熔化。随着熔化的进行，电极不断向炉底移动，约经 10 ~ 20min，电极便降到了最低位置。在电极下降过程中，将在炉料中形成 3 个比电极直径大 20% ~ 30% 的小井。

已熔钢液向下流动时，小部分被冷料黏结，大部分流至炉底形成熔池。熔池形成以后，电弧的轰鸣声渐趋平稳，电流表和电压表的指针摆动幅度也会减小，这是因为熔池表面已经形成渣层，有稳定电弧的作用。渣层还可起到保温和防止钢液吸气的作用。

在此阶段中，电弧始终被炉料包围，电弧所放出的热量绝大部分用于加热和熔化炉料，对炉盖的热辐射很少，因此应该向炉内输送最大功率。

（3）第三阶段。这一阶段主要是电极四周炉料的熔化和电极的回升。随着熔化的进行，液面不断上升，电极也就相应地向上升起。在电极回升过程中，周围炉料逐渐熔化，当炉内只有炉坡和炉底还剩下少量未熔化炉料，即全部炉料已熔化约80%时，这一阶段即告结束。

在这个阶段中，电弧在大部分时间中仍被冷料包围，故仍应输入最大功率。

（4）第四阶段。这个阶段主要是低温区炉料的熔化。由于电弧是点热源，炉膛内温度分布不均匀，炉门附近、出钢口两侧以及靠1号电极炉坡处的炉料熔化较慢。为了加速这些部位炉料的熔化，应及时将这些地方的冷料推入熔池。

在此阶段中，钢液面仍缓慢上升，钢液温度也已升高，电弧开始暴露在液面上，对炉衬的热辐射加强，故可酌情适当降低输入炉内的功率和电压。

第二和第三阶段占全部熔化时间的70%~80%，因而是决定熔化期长短的主要因素。

（二）加速熔化的措施

熔化期大约占整个冶炼时间的一半以上，因此缩短熔化期对于提高生产率、降低电耗、提高钢质量和延长炉衬寿命都具有十分重要的意义。

1. 吹氧助熔

熔化期吹氧助熔可以收到如下效果：

（1）吹氧可以使钢中铁、硅、锰、碳等元素发生直接氧化，放出大量热，熔化炉料。

（2）如前所述，电弧炉中的电弧相当于3个点热源，虽然温度很高，但熔池加热不均匀，吹氧助熔相当于在炉中增加了一个活动的点热源，弥补了上述缺点。

（3）通过切割炉料，造成人工塌料，使远离高温区的冷料早些进入高温区，以加速熔化过程。

（4）吹氧还会引起熔池沸腾，有助于气体和非金属夹杂物的去除。

我国有些钢厂认为，采用吹氧助熔可以使熔化时间缩短20~30min，电耗降低80~100kW·h/t，钢的质量也有所提高。

吹氧时应该注意两个问题，一是开始吹氧助熔的时间，二是氧的压力。吹氧之所以能够助熔，是因为金属中各种元素直接氧化时放出大量的热。因此只有在炉料已经具备了发生强烈氧化的条件时，才能开始吹氧助熔。通常是在炉门口的炉料已经发红，而且炉内已经形成熔池时开始吹氧为宜。吹氧过早，不仅效果不佳，还会增加氧气和吹氧管的消耗；吹氧过晚则不能充分发挥吹氧助熔的作用，不能显著缩短熔化时间。但也要考虑吹氧早晚对合金元素烧损量的影响，如用返回法冶炼高钨钢时，在熔化末期钢温偏高时开始吹氧，钨的回收率要高些。

关于氧气的压力，根据经验，合适的氧压对小于5t的炉子为0.2~0.4MPa（2~4atm），对大于5t的炉子为0.4~0.6MPa（4~6atm）。压力太大，操作难以掌握，氧的利用率也低，还可能造成渣线和炉坡的损坏。

吹氧的方式有两种，一为炉门吹氧法，一为顶吹法。目前绝大多数电弧炉都采用炉门吹氧法。炉门吹氧法有消耗式和非消耗式两种方式。消耗式是从炉门插入一根或两根涂有耐火泥的钢管（泥料采取黏土：耐火砖粉：石英砂=2：2：1，用水玻璃作黏结剂，涂层厚度约为15mm)，然后送氧。这种方法的优点是设备简单，操作灵活，可以根据需要变换吹氧位置，但劳动条件较差；非消耗式为炉门水冷式氧枪，劳动条件好。顶吹法是从炉顶插入水冷氧枪，将氧气直接吹到电弧高温区的炉料上，大大加快熔化速度。

2. 燃料 – 氧气助熔

除电能外，向炉内引入第二热源以加速炉料熔化已引起人们的重视并且取得了一些效果。所使用的燃料有油（重油或柴油）和煤气等。

（1）油 – 氧气助熔。油 – 氧气助熔有两种方式，一种是将喷枪由炉门插入，另一种是在炉壁上渣线上方约150mm处开孔将喷枪插入。装料后即可喷油点火。

这种方法的主要设备就是喷枪，喷枪头部是喷嘴，喷嘴中心有较细的喷油嘴（内径2mm），油嘴外层通压缩空气，可以将油雾化，并将油送出一定距离，最外层通氧气，它可以使油比较完全地燃烧，提高火焰温度。

（2）煤气 – 氧气助熔。根据同样的道理，如果将煤气和氧气通入喷枪，就是所谓煤气 – 氧气助熔。

3. 充分利用和扩大变压器的能力

国内目前主要从以下几方面着手：

（1）变压器合理过载20%。此时将引起线圈发热，油温升高，因而对变压器采用风冷和强制油冷。

（2）合理使用高阻抗技术。熔化初期即熔化的第一、第二阶段，为了稳定电弧和限制短路电流，一般都使用外串电抗器，使电弧燃烧稳定。

近年来，电弧炉炼钢的一个重要发展趋势是超高功率高阻抗技术化。这项技术改革，在炉容量不变的条件下，可使电弧炉钢产量提高一倍以上。

四、氧化期

氧化期的主要任务是：

（1）去除钢液中的磷到规定的限度。在氧化末期扒除氧化渣时，钢液中的磷含量低于钢种成分规定的含量，但不是越低越好，否则要延长冶炼时间，增加电耗。

（2）去除钢液中的气体（氢气和氮气）。在氧化末期把溶解在钢液中的氢降到每100g 2.5~4.0mL，氮降低到0.004%~0.006%范围。在整个冶炼过程中只有氧化期能去除气体，还原期钢液是增加氢和氮的，所以应尽量按操作规程减少气体的数量。

（3）去除钢液中氧化物夹杂物。氧化期钢液中氧化物夹杂物来源于：

1）在熔化和氧化过程中，炉料中的锰、硅、铝、铬、钛和钒等被氧化生成的非金属夹杂物。

2）炉衬耐火材料因侵蚀而到钢液中的氧化物夹杂物，补炉材料 MgO 砂等。

3）炉料中含有或夹带的 SiO_2、Al_2O_3 等杂质。氧化期钢液沸腾时大部分夹杂物被炉渣吸收，在氧化期可以去除75%~90%，很小一部分留到还原期继续脱除。

（4）升高钢液温度。冶炼过程需要较高的温度，在氧化末期把钢液温度升高到高于出钢温度10~20℃。原因一是还原期一开始就需要高的温度才能更快地造还原渣，更好地完成还原期任务；二是氧化期炉渣因沸腾起泡有包住电弧的趋势，所以钢液的升温快，温度很均匀，炉衬所受辐射热较少，而还原期升温会降低炉龄增加热损失。

（5）调整钢液的碳含量。在氧化期去除多余的碳含量，目的是脱碳使钢液沸腾，在氧化末期扒除氧化渣之前，钢液含碳量加上还原期加入铁合金时增加的碳含量和还原期用炭粉还原炉渣时以及电极使钢液增加的碳，总和应达到钢种规定的中限为宜，在钢液碳含量低时可用喷粉增碳，但不宜过大。

在氧化期钢液进行氧化时，钢液中的硅、锰、铬、钒等元素都进行氧化，含量都在降低，当钢液中残余硅、钒等含量高时使碳的氧化速度降低，但是最终碳的氧化是主要的，应正确控制钢液的脱碳量和脱碳速度，以便更好地完成上述任务。

五、还原期

（一）还原期的任务

还原期的任务有：

（1）使钢液脱氧，尽可能地去除钢液中溶解的氧量（不大于 $0.002\% \sim 0.003\%$）和氧化物夹杂物。

（2）将钢中的硫含量去除到小于钢种规格要求，一般钢种 ［S］ < 0.045%，优质钢 ［S］ 为 0.02% ~ 0.03%。

（3）调整钢液合金成分，保证成品钢中所有元素的含量都符合标准要求。

（4）调整炉渣成分，使炉渣碱度合适，流动性良好，有利脱氧和去硫。

（5）调整钢液温度，确保冶炼正常进行并有良好的浇注温度。

这些任务相互之间有着密切的联系，一般认为脱氧是还原期的主要矛盾，温度是条件，以调整好炉渣作为解决主要矛盾的手段。

（二）还原期的温度控制

电炉冶炼各期都要进行合理的温度控制，但还原期的温度控制尤为重要。因为还原精炼操作要求在一个很窄的温度范围下进行，如温度过高使炉渣变稀，还原渣不易保持稳定，钢液脱氧不良且容易吸气；温度太低时，炉渣流动性差，脱氧、脱碳及钢中夹杂物上浮等都受到影响；温度还影响钢液成分控制，影响浇注操作与钢锭质量。

氧化末期钢液的合理温度，是控制好还原期温度的基础。在正确估算氧化末期降温、造还原渣降温、合金化降温的基础上，合理供电，能保证进入还原期后在 10 ~ 15min 内形成还原渣，并保持这个温度直到出钢。

在供电制度上，加入稀薄渣料后，一般用中级电压（2 ~ 3 级）与大电流化渣，当还原渣一旦形成，应立即减小电压（3 ~ 5 级电压），输入中、小电流的供电操作。如系变压器功率不够或超装严重时，在整个还原期宜采用低级电压，只做调整电流的操作。在温度控制上，应严格避免在还原期进行"后升温"。出钢温度取决于钢的熔点及出钢到注入（钢）锭模过程中的热损失。一般取高出钢种熔点 80 ~ 120℃。对于小炉子或连续铸钢可选取上限，20t 以上炉子可取下限。

六、出钢

（一）出钢温度

目前，钢包的连续测温既简便又准确，已为钢的浇注提供了重要的温度参数。尽管如此，人们还是没有完全放弃出钢温度的经验判断，也就是说出钢温度的经验判断仍然具有较大的参考价值。在冶金过程中，出钢温度一般只比其熔点温度高出 $100 \sim 170℃$。在熔池内部钢液沿着深度方向的温度梯度范围为 $0.5 \sim 1.5℃/cm$。

碳钢的出钢温度见表 1-57。

表 1-57　碳钢的出钢温度

钢的规格含碳量（质量分数）/%	出钢温度/℃	钢的规格含碳量（质量分数）/%	出钢温度/℃
0.20~0.30	1600~1620	0.40~0.50	1570~1590
0.30~0.40	1590~1610		

需要说明的是，根据冶炼钢种、冶炼工艺、浇注方式、产品的不同，出钢温度要求是不同的。

（二）留钢操作

留钢操作是现代电炉炼钢的一种主要方法，偏心底出钢就是要实现无渣出钢操作。无渣出钢必然会使炉内留一部分钢水（10%~15%）和几乎全部钢渣，这为下炉加速熔化，早期脱磷创造了有利条件。同时，由于液体熔池的存在，使熔化期电弧稳定性提高，平均输入功率增加，改善了控制并减小了对供电系统的干扰。

留钢操作并不是留钢量越多越好，图 1-36 示出了留钢量与熔化速度的关系，从图中可以看出，留钢量在 10% 附近可获得最佳效果。

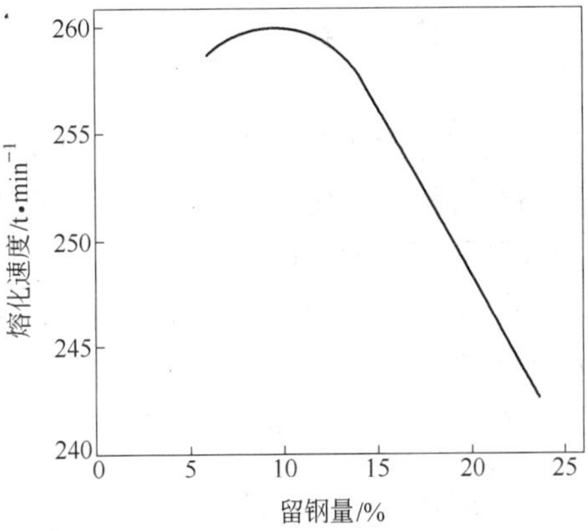

图 1-36　留钢量与熔化速度的关系

七、补炉

上一炉钢出完后,要立即检查炉况,并用工具重点探测、观察炉底、炉坡,检查工作层的厚薄,是否有坑洼、上涨等。就是采取留钢,留渣操作的电炉,这种例行检查也是周期进行的。

补炉是将补炉材料喷投到炉衬损坏的地方,并借用炉内的余热在高温下使新补的耐火材料和原有的炉衬烧结成为一个整体,而这种烧结需要很高的温度才能完成。新补的厚度一次不应大于 30mm,需要补得更厚时,应分层多次进行。

补炉方法可分为机械喷补和人工投补。根据选用材料的混合方式不同,又分为干补和湿补两种。目前在大型电炉上,机械喷补已获得广泛的应用,设备种类也比较繁多,但喷补原理基本相同;人工投补多用于小型电炉上。

第七节　现代电炉炼钢的特点与操作

现代电炉炼钢由于炉外精炼技术的快速发展，电炉仅作为熔化炉来使用，而将钢的精炼转移到炉外精炼炉中进行。传统的老三期冶炼法已不再适用，新的现代电炉炼钢工艺便取代了老式炼钢工艺。当然，在铸造行业或小型炼钢企业，老式炼钢工艺还仍然存在。但是，在大中型炼钢企业，老式炼钢工艺已经不再适用。

一、现代电炉炼钢的特点

现代电炉炼钢的特点有：

（1）电炉的大型化和单位功率的高功率化。现代电炉炼钢电炉的大型化、超高功率化，在节能降耗上已经取得了明显的经济效益。在国内，特别是最近几年，70~100t 电炉已经建成数十台。电炉变压器功率从 300~400kV·A/t 发展到近 1000kV·A/t。冶炼周期也从几个小时降到 1h 以内。

（2）辅助能源多。炉门氧枪、炉壁烧嘴、多功能集束氧枪的使用，不仅使吹氧量增加到 40~50m³/t 以上，而且还使用了天然气、轻油、喷碳等多项辅助能源。

（3）冶炼周期短。由于采用了多种现代炼钢技术，电炉的主要功能是快速熔化废钢，控制钢水中碳、磷含量，满足所需要的出钢温度，出钢过程粗调成分，按工序质量控制要求，向炉外精炼工位提供合格的钢水，因而，使得冶炼周期极大缩短。目前，有资料报道国外全废钢冶炼的最短冶炼周期达 27min。这一成果相当于同容量的顶底复吹转炉的水平，而普遍的冶炼周期在 50~70min 之间。

（4）冶金反应速率加快，界限不再明显。现代电炉炼钢过程中，冶金反应速率加快，脱磷、脱碳速度比普通功率的电炉有了成倍地提高。

冶炼过程中熔化期与氧化期界限不再明显，有时候成为熔氧合一，各阶段的冶金反应在不同阶段都在同时进行。

（5）对环境污染加剧。电炉炼钢的超高功率化及大量辅助能源的使用，既极大地缩短了电炉冶炼周期，又带来了噪声和烟气量的增大，而且也加大了谐波的产生，对电网的冲击更加严重。为此对环境污染的治理，也是现代电炉炼钢一项艰巨的任务。

二、现代电炉炼钢的基本工艺操作

现代电炉炼钢的典型工艺流程如图 1-37 所示。

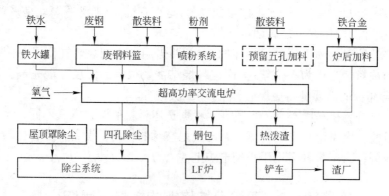

图 1-37 交流电弧炉的工艺流程

一座 150t 交流电弧炉的物料平衡流程图如图 1-38 所示。

现代电炉炼钢的基本工艺操作过程如下：

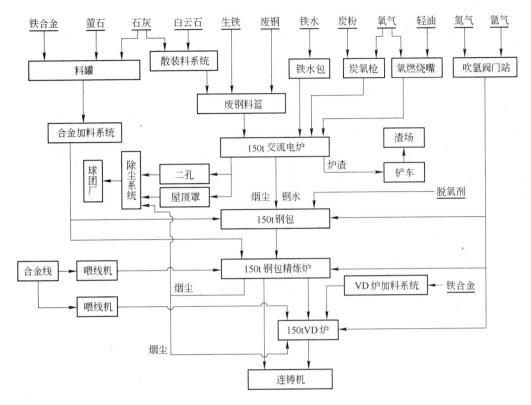

图 1-38　一座 150t 交流电弧炉的物料平衡流程

（1）装料操作：

1）提升电极；

2）提升旋转炉盖；

3）事先已经吊在炉上的料筐，随炉盖的旋转同步吊运到炉口正上方并在离炉口合适高度时打开料筐进行加料；

4）在随料筐移开炉盖的同时，旋回炉盖并下放炉盖盖在炉口上。

（2）冶炼操作：

1）下放电极的同时送电电弧开始冶炼；

2）按供电曲线，开始以较小电压，待 2~3min 形成穿井后改为高电压、大功率进行冶炼；

3）吹氧助熔，熔池形成后，喷炭粉造泡沫渣；

4）当炉料基本熔化后，进行第二次加料重复上述加料和冶炼动作；

5）待熔池形成后，根据钢种磷含量的要求及时进行倾炉放渣操作，确保脱磷效果；

6）氧化后期，当炉内温度达到 1560℃ 时，炉料基本全部熔清以后，取样分析钢水中的化学成分；

7）取样、测温和定氧使用专用的脱氧取样器沿炉门下角插入钢液面以下约 300mm，探头在钢中停留时间：测温 3~7s，取样 5~10s，定氧 6~10s；

8）根据取样分析结果和钢水中的氧、碳含量，按工艺要求配置脱氧剂、合金及辅料，并将操作指令发送到高位料仓，使脱氧剂、合金、辅料按顺序加入炉内；

9）当钢液成分和温度符合工艺要求，脱氧剂、合金、辅料及出钢车就绪后即可准备出钢。

（3）出钢操作：

1）脱氧剂、合金、辅料及钢包在出钢前已经就绪可准备出钢；

2）停电，提升电极到出钢位即可，炉子后倾3°~5°，将操作台操作改为炉后出钢操作台操作，解除出钢口锁定装置后打开出钢口，并逐渐增大倾炉角度；

3）待出钢量为总量的1/5时加入脱氧剂、合金、辅料；为保证无渣出钢，在出钢量接近要求时快速回倾炉子到水平位置，同时开出钢包车，离开冶炼工位。

（4）连续冶炼装料的准备操作：

1）炉子回倾到水平位置后，立即进行清理出钢口的冷钢残渣；关闭出钢口，用专用填料砂灌满出钢口并呈馒头凸起状；

2）检查炉子有无异常现象并进行炉衬修补准备下一炉冶炼。

第二章　电弧炉炼钢生产能力与电弧炉选型

第一节　电弧炉炼钢车间生产能力与技术经济指标

炼钢企业的生产能力，即指成品钢材的产量或合格钢坯的产量。这是一个新建（或扩建）企业，经过企业决策人员的多次论证、研究已经确定了的事。企业人员就是为如何落实完成产量而开展大量的工作。

一个企业必须以盈利为目的，为此要做到以最低的成本，达到最高的产量。短流程炼钢整个工艺过程是以连铸机为中心，以电炉为龙头的工艺过程。为了实现以最小的成本，得到最大的经济效益，要力求工艺路线先进，设备选型合理、匹配恰当，科学管理才能得到好的生产技术经济指标。

一、产量和效率

（一）电炉年产钢水量

电炉年产钢水量计算见式（2-1）：

$$A = G_a / \alpha \tag{2-1}$$

式中　A——年产钢水量，t；

G_a——年产合格钢坯量（企业规定的产量），t；

α——钢坯合格率，连铸机一般钢坯合格率为94%~96%。

（二）电炉日产钢水量

电炉日产钢水量计算见式（2-2）：

$$D = A / B \tag{2-2}$$

式中　D——日产钢水量，t；

B——年工作天数，一般取 B 为290~310天，对于超高功率电炉及其流程，为了实现高的效率，必须保证要有充足的维修时间，使设备始终保持良好的工作状态。

（三）电炉座数、冶炼周期与日产钢水量的关系

电炉车间的日产钢水量 D 与冶炼周期 τ 的关系如下：

$$D = \frac{1440GN}{\tau} \tag{2-3}$$

式中　G——电炉的平均出钢水量，t；

N——电炉车间的炉座数；

τ——冶炼周期（出钢至出钢），min。

一般在全废钢原料情况下：

（1）普通功率电炉（RP）：τ 为 180～240min；

（2）高功率电炉（HP）：τ 为 100～150min；

（3）超高功率电炉（UHP）：τ 为 70～90min；

（4）连续加料电炉：τ 为 50～60min；

（5）竖式电炉：τ 为 50～60min。

从式（2－3）中可以看出，在日产钢水量确定的情况下，电炉的平均出钢量和冶炼周期是决定电炉座数的重要参数。

冶炼周期长短反映生产率的高低，影响到年产钢量，一般来说，冶炼周期越短，吨钢成本越低。而冶炼周期又取决于变压器的功率、辅助能源、冶炼品种、冶炼工艺、装备水平及操作人员的素质等。对于"三位一体"短流程炼钢来说，冶炼周期的长短应以满足连铸的要求，以连铸节奏来确定，车间应以连铸为中心，努力实现多炉连浇。

目前，限于浇注系统耐火材料质量（软化温度等）、热损失导致钢水的温降以及冶炼工艺技术水平等条件，每炉钢水合理的浇注时间在 50～70min，而与钢水量的多少关系不大。

二、炉子容量与座数及选型的确定

（一）炉子容量与座数的确定

在电炉炉型选定之前，首先要根据企业的生产规模确定电弧炉的容量与座数。它主要与车间的生产规模、冶炼周期、作业率等因素有关。

在同一车间，所选电炉容量的类型一般认为以一种为好，不超过两种为宜。座数也不宜过多，一般设置一到两座电弧炉。这样做的目的，主要从有利于管理的角度上考虑。现代电弧炉炼钢车间，一般配置一座电弧炉、一套精炼炉和一台连铸机，组成"三位一体"一对一的生产作业线。这种配置方式具有生产管理方便、技术经济指标先进、相对投资较省等优点。

（二）电弧炉选型分类

电弧炉的分类介绍如下：

（1）根据炉衬耐火材料的不同，可以分成碱性电弧炉和酸性电弧炉。

（2）根据电弧炉的电源的不同，可分为交流电弧炉和直流电弧炉。

（3）按其结构方式分为炉盖旋开式、炉体开出式、水平连续加料式、竖式电弧炉，另外还有双炉壳电弧炉、转弧炉等。

（4）根据电弧炉功率水平的高低，将电弧炉划分为：（低功率、中等功率）普通功率（RP）、高功率（HP）、超高功率（UHP）电弧炉。电弧炉功率水平用变压器的额定容量（kV·A）与电炉公称容量（t）或实际出钢量（t）之比来表示。1981 年，对于大于 50t 的电弧炉，国际钢铁协会建议分类标准为：

1）低功率电弧炉：100～200kV·A/t；

2）中等功率电弧炉：200～400kV·A/t；

3）高功率电弧炉：400～700kV·A/t；

4）超高功率电弧炉：700～1000kV·A/t。

随着变压器容量的增加，电弧炉功率水平和电弧炉生产率随之提高。以 20 世纪 90 年代的 70t 电弧炉为例，说明不同功率下其经济、技术指标的变化，见表 2 - 1。

表 2 - 1　70t 电弧炉提高功率水平对生产率和电耗的影响

功率水平	输入功率 /MW	电弧功率 /MW	熔化时间 /min	电耗 /kW·h·t^{-1}	热效率 $\eta_\text{热}$	电效率 $\eta_\text{电}$	总效率 $\eta_\text{总}$	生产率 /t·h^{-1}	生产率 /%
普通功率	20	17.4	129	538	0.70	0.87	0.61	27	100
高功率	30	26	76	465	0.80	0.87	0.70	41	150
超高功率	50	40	40	417	0.895	0.87	0.78	62	230

一般来说，电弧炉容量越大，生产率就越高，单位能耗、电极消耗都会有下降，而且电弧炉高功率化对电弧炉容量也有一个下限要求，但这不是简单的线性关系。当电弧炉用变压器的最大容量超过 100MV·A，炉容量增大至 120t 以上时，要达到吨钢功率水平 1MV·A 就有困难；而炉容量过小时，即便输入功率很高，由于能量损失过大，炉衬寿命过低，操作有所不便，会影响生产率。根据目前各领域的技术水平，电弧炉容量的选择应以 70 ~ 120t 为宜。

三、炼钢电弧炉与连铸机的配合

为了实现以连铸为中心，充分发挥连铸机的生产能力，提高钢水收得率和降低成本，一切设备都要与连铸机相匹配，尽可能采用多炉连浇工艺。为了实现多炉连浇，电弧炉与连铸机的配合必须满足以下条件：

（1）电炉的冶炼周期和连铸机的浇注时间的确定。电炉的冶炼周期 $t_\text{电炉}$ 和连铸机的浇注时间 $t_\text{浇注}$ 的关系如下：

$$t_\text{电炉} = k t_\text{浇注} \qquad\qquad (2-4)$$

若一台电炉向一台连铸机供应钢水，则 $k = 1$；若两台电炉向一台连铸机供应钢水，则 $k = 2$；若一台电炉向两台连铸机供应钢水，则 $k = 1/2$。

当连铸周期确定之后，电炉的冶炼周期可以用式（2-5）近似求出：

$$t_\text{电炉} = t_\text{连铸} + t_\text{准备}/n \qquad\qquad (2-5)$$

式中　$t_\text{连铸}$——单炉钢水连铸周期，min；

　　　$t_\text{准备}$——连铸机准备时间，一般为 40 ~ 50min；

　　　n——连浇炉数。

例如：当 $n = 10$ 炉，$t_\text{准备} = 50$min，$t_\text{连铸} = 60$min 时，则电炉的冶炼周期 $t_\text{电炉} = 60 + 50/10 = 65$（min）。

（2）连铸机的生产能力的选择。连铸机的生产能力应适当大于电炉炼钢的生产能力，一般应有 10% ~ 20% 的富余，以满足冶炼设备生产能力的发挥。对于多流小方坯连铸机，一旦缺流，应仍能与电炉顺利配合。

第二节　电弧炉炼钢车间工艺设计与布置

一、电弧炉炼钢车间

（一）厂房跨度的确定

厂房跨度的确定，包括跨度的大小和跨度数目选择。跨度大小主要取决于厂房内设备的大小、布置方式与操作所需要的宽度；还取决于交通运输、物料堆放以及为生产流水作业线的组织、调动设备的检修、拆换等所必不可少的安全距离；同时，应与所采用的吊车跨度（用标准设计）相适应；而且还要保证设备基础和厂房结构不发生矛盾。跨度大小应按统一的模数（用 M 表示，$M=100mm$）要求确定。钢铁厂厂房的跨度多数采用 3m 为扩大模数，即采用 3m 的倍数（9m、12m、15m、18m 等）；但跨度在 18m 以上时，一般应采用 6m 的倍数（24m、30m、36m）；除工艺布置有明显的优越性外，一般不宜采用 21m、27m 和 33m 等跨度尺寸。目前，最常用的跨度有 9m、12m、15m、18m、24m、30m、36m 等几个尺寸。厂房的跨度数目根据工艺布置确定。

（二）厂房柱距及长度的确定

就设备安装的有效空间利用而言，大柱距比小柱距要好，考虑到实际效果，中国规定装配式钢筋混凝土结构的单层厂房 6m 柱距是基本柱距，它是与屋面板、吊车板、墙板等构件配套的。近年来钢铁厂的厂房也有采用 6m、12m、18m 的混合柱距，这有利于工艺布置和取得综合的经济技术效果，当工艺布置有明显优越性及施工技术可能的情况下，也可以采用 9m 的柱距。厂房柱子多为非标准件，当工艺有特殊要求时，也可将局部柱距扩大。适当扩大柱距有利于提高车间工艺布置的灵活性，有利于生产的发展和工艺的更新，但是，扩大柱距将使厂房造价提高。

厂房长度取决于车间工艺布置、设备大小、数量以及排列方式，备用设备的存放所占面积，柱距、空跨间的设置情况以及膨胀缝的宽度和数目。

（三）道路和通道

车间内设置道路、通道，主要用于搬运设备的零配件，巡视检修设备的场地，人员疏散等。通常通道净高不大于 2m，净宽不小于 1m，当需要用胶轮小车搬运配品配件时，其通道宽度不应小于 1.5m。在生产加工过程联系较多的楼层之间或平台之间应设通道。

楼梯是多层厂房楼层之间的垂直通道，进行车间工艺设计时应留出楼梯的位置。主楼梯倾斜角度应小于 45°，宽度不小于 0.8m；只供人员行进的楼梯倾斜角度不大于 50°，宽度不小于 0.6m；层高在 3.6m 以下可采用一般楼梯，层高超过 3.6m 则应增加楼梯段数，并在各段楼梯之间设置平台。特殊情况和不经常有人上下行走的平台或地坑，可设置爬梯。楼梯通常有钢筋混凝土梯、钢板梯和钢爬梯等。多层厂房各楼层应设置吊装孔和吊挂设施。吊装孔尽可能上下垂直布置，吊装孔或地沟都应设置活动栏杆。胶带机走廊斜度在 6°~12° 时应设防滑条的人行道，对于斜度大于 12° 时走廊应设置踏步。

二、电炉跨高度的确定

对电炉而言，操作维护时最大高度是出现在吊装电极上。装拆电极时，电极本身的最长长度是 3 根电极接在一起的长度。我国生产的电极长度规格一般有 1.5m 和 1.8m 两种规格。厂房的最小高度要保证天车轨道标高能满足装拆电极高度并留有 0.5m 的余量即可，但同时要满足电炉除尘设备安装的需要。

对于高位加料装置和电炉设在同一跨内的情况，满足高位加料装置与其上料时的高度就成为车间设计高度的最高高度了，但同样要留有一定的余量。

在新建、扩建电炉车间以前，电炉车间的标高一定要和设备厂家进行商榷后确定。或者参考已有的同类型电炉炼钢企业的电炉厂房来确定。

图 2-1 表明抽出和插入电极所需高度的位置。

吊车轨面标高 H(m) 为：

$$H = H_1 + H_2 + H_3 + H_4 + H_5 + H_6 \qquad (2-6)$$

式中　H_1——炉门槛平面与车间地坪（或电炉操作平台）间的距离，一般取 $0.6 \sim 0.7$m，若为高架式布置则还应加上电炉操作平台标高；

　　　　H_2——电极把持器降至最低位置时与炉门槛平面间的距离，m；

　　　　H_3——余量，取 $0.3 \sim 0.5$m，其具体尺寸与电炉结构有关；

　　　　H_4——电极的最大长度，m；

　　　　H_5——吊换电极用钩具长度，取 $0.7 \sim 1.0$m；

　　　　H_6——吊车副钩升高到极限位置与轨道之间的距离，m。

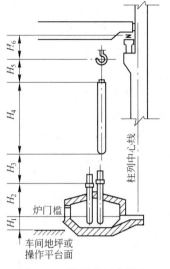

图 2-1　炉子跨厂房吊车轨面标高

三、电炉跨厂房长度的确定

电炉跨的长度要根据车间电炉座数、电炉布置方式、修砌炉体、炉盖、钢包的烘烤与维修摆放空间以及与电炉相匹配的炉外精炼设备的布置所需要的总长度，由此便可确定出电炉车间所需要的长度，没有一个固定模式。但是，最好留有 $1 \sim 2$ 个柱距的空间余量，以防止考虑不周，或作为备用。

四、电炉公称容量与配套的起重机能力

新系列电炉标准容量在选择浇注起重机时，不仅应考虑与炉容量配套的钢包容量，还应考虑真空精炼钢包的质量。表 2-2 为电炉公称容量与吊包起重机吨位的选择。

表 2-2　电炉公称容量与吊包起重机吨位的选择

项　目	炼钢主要设备质量与规格							
电炉公称容量/t	10	20	30	50	70	90	120	150
电炉平均出钢量/t	10	20	30	50	70	90	120	150
电炉最大出钢量/t	12	24	36	60	84	108	144	180
钢包容量/t	15	25	40	60	85	110	150	180
吊包起重机吨位/t	30/5	50/10	80/20	100/32	140/40/10	180/63/20	225/63/20	280/80/20

五、工艺设计与土建设计的关系

在钢铁厂设计中，土木建筑和钢结构占很大比重，作为冶炼工艺及冶炼设备的设计者，为了做好冶炼工艺或冶炼设备的设计，就应当了解一些土建设计的基本知识。在小型钢铁厂中，有些简单的土建工程和钢结构往往由冶炼工艺设计人员直接做出。在大型钢铁

厂中，由于分工较细，土建部分，如基础、地基的处理，厂房的结构等由土建专业人员做施工设计。但土建专业设计的基础资料，如基础和构件的动、静载荷，厂房的跨度、柱距、通风和照明的要求等则要由工艺设计人员提出，经协商确定设计方案。

土建设计一般指建筑设计和结构设计。车间建筑设计要解决平面布置和立面布置，使之符合生产工艺、采光、通风、环保、防火等的要求。建筑设计还要考虑美观、协调与整齐。结构设计解决如何建造具有足够的强度和稳定性的厂房或构件物，用以布置和安装生产设备、储存物料或成品。由此可见，车间工艺布置是土建设计的条件和依据。

车间设计必须先由工艺布置开始。冶炼工艺设计人员首先应考虑合理地布置车间内主要冶炼设备及其附属设备，在设备周围应适当留出操作维修场地。设备上方应留出必要的空间，并配备相应的检修用的起重设备等必要的检修用设施，同时还要考虑留出敷设各种管道和安装电器开关等的位置。由此可大体确定出车间厂房的长、宽、高等轮廓尺寸。在整个过程中，冶炼工艺设计人员和设备设计人员必须运用土建的基本知识，考虑厂房的梁、板、柱设备基础及楼梯等土建设施对车间工艺布置的影响，最后确定出柱网尺寸和厂房的层高或净高以及在已有的厂房中如何去合理地进行工艺布置。

确定车间建筑物主要构件位置及标志尺寸的基准线称为定位轴线。平行于厂房长度方向的定位轴线称为纵向定位轴线，垂直于厂房长度方向的定位轴线称为横向定位轴线。纵向定位轴线间距称为跨度，横向定位轴线间距称为柱距。定位轴线以细点画线画出，线端画一直径为 8mm 的圆圈，圆圈内注写定位轴线的编号，排列柱距用数字 1、2、3、…编号，跨度用字母 A、B、C、…编号。在工艺平面布置图、剖面图及有关的详图上都应注写定位轴线的编号，厂房中的柱、墙以及其他结构配件都由纵、横定位轴线确定位置，然后绘制柱网图。柱网是指厂房承重柱的纵向定位轴线和横向定位轴线在平面上排列所形成的网络，如图 2-2 所示。确定柱网尺寸既是确定柱的位置，同时也是确定屋面板、屋架吊车梁等构件的跨度，并涉及厂房结构构件的布置。

柱网布置的原则一般是要符合生产和使用要求，建筑平面和结构方案合理，厂房结构形式和施工方法先进，符合《厂房建筑统一化基本规则》的有关规定等。厂房柱网尺寸是以米计，柱网尺寸的确定应根据生产工艺、建筑材料、结构形式、施工技术水平、经济效果以及提高建筑工业化的程度和建筑处理上的要求等因素来确定。

层高是指楼层的高度，即指两层楼面的间距，单层厂房则指地坪至屋架下弦的距离；当有起重机或有悬挂起重机的单层厂房则指地面

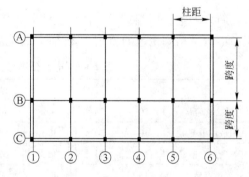

图 2-2　柱网排列网络

至柱顶的距离；当有桥式、梁式起重机的厂房则指地面至起重机轨顶面的高度。层高是根据生产需要，如设备的布置、安装、操作、检修所需要的空间，还应满足厂房内通风散热等需要的空间。

楼层净高指楼底板面至上一层的梁底面距离。

风向频率玫瑰图，简称风玫瑰图。所谓风向频率是统计风向频率及净风次数，在一定

时间内各种风向出现的次数占所有观察次数的百分数，表示为：

$$风向频率 = \left(\frac{该风向出现的次数}{风向总观察的次数}\right) \times 100\%$$

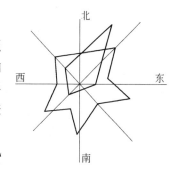

图 2 - 3　风玫瑰图

所谓风玫瑰图，是将风向分成 8 个或 16 个方位，按照各个方位风出现频率以相应的比例长度点在 8 个或 16 个轴线图的轴线上，再将各相邻方向的线端用直线连接起来形成的闭合折线。风玫瑰图最好是由所在地区的气象台站进行实测而提出。

设计中考虑风向的影响，主要是为了尽可能地避免因风向而引起的火灾和尽量减少因风向而造成的污染。

风玫瑰图如图 2 - 3 所示。

第三节　电弧炉在炼钢车间的工艺布置

一、电弧炉在车间的平面布置

(一) 电弧炉纵向布置

电弧炉的出钢槽（口）与炉门中心线与车间柱子纵向行列线相平行（即与车间长度方向相平行）的布置方式称为电弧炉纵向布置。这种布置方式，一般是把冶炼和浇注布置在同一跨内。

一般认为这种布置适用于生产能力不大而且电弧炉数量又不多的车间，否则车间延伸过长，生产干扰增加，无法充分发挥设备作用。

这种纵向布置的电弧炉炼钢车间是将浇注和脱模、整模都布置在炉子跨间内，钢锭的冷却和精整在精整跨间内进行。也有的纵向布置车间只将浇注和冶炼布置在炉子跨内，而另设脱模、整模跨间，以减轻炉子跨的操作负荷。

这种布置的特点在于不专门设置浇注跨间，可以共用吊换炉子及浇注用的大型吊车，投资省，上马快，出钢槽短，减少钢水二次氧化，便于低温出钢或事故后的钢水回炉。缺点是厂房狭长，吊车运行困难且干扰大，厂房内操作拥挤，劳动条件差。这种布置只适于电弧炉容量较小和炉座数不多的规模小的纵向布置电弧炉炼钢车间。若电弧炉容量稍大，但炉座数少，也可考虑采用此种布置方案。

(二) 电弧炉横向布置

电弧炉的出钢槽（口）与炉门中心线与车间柱子纵向行列线相垂直（即与车间长度方向相垂直）的布置方式称为电弧炉横向布置。当冶炼和浇注分别在两个跨时，宜采用横向布置。

这种布置是为了将冶炼和浇注分散在炉子跨和浇注跨间内进行，使电弧炉炉前操作区与浇注区分开。这种布置方式更能适合新设备和新工艺的采用。

这种炉子作横向布置的电弧炉炼钢车间，不仅炉子跨与铸锭跨是分开的，脱模、整模跨也与浇注跨间分开且与铸锭跨呈毗邻布置。在采用大车铸的大型电弧炉炼钢车间，应独立设置脱模、整模跨间，它应脱离主厂房而且应布置在铸锭跨和均热炉之间，甚至是更靠近均热炉的地方，以有利于热送钢锭。

炉子作横向布置的炼钢车间，使冶炼和出钢分别在不同的跨间内进行，这种布置的优点是场地宽敞，冶炼、浇钢操作互不干扰，吊车作业单一，既适于纵向车铸，也适于横向车铸，车间劳动条件得到改善。不足的是跨间多，投资大，出钢槽较长，钢水二次氧化程度大，处理回炉钢水较难一些。这种布置适合于规模大、电弧炉容量大或炉容量不太大但炉子座数较多的大、中型电弧炉炼钢车间。

电弧炉在车间布置方式如图2-4所示。

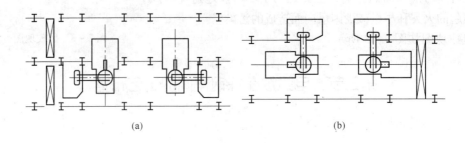

(a)　　　　　　　　　　　　　　(b)

图2-4　电弧炉在车间布置方式

(a) 横向布置；(b) 纵向布置

二、电弧炉在车间的立面布置

电弧炉在车间的立面布置方式有：

(1) 地坑式布置。电弧炉操作平台和地平面同在一个水平面上，或电弧炉操作平台虽然和地平面不在一个水平面上但是相差不大，出钢在地坑内进行。这种方式的优点是简单，可以降低厂房高度，但出钢条件差。这种布置方式一般在早期的小炉子上常见；在电弧炉改造扩容上，由于受到原有厂房高度的限制也会见到；但是，在新建厂房中极少采用。

(2) 高架式布置。电弧炉布置在高架操作平台上。采用装有盛钢桶的出钢车进行出钢，操作方便，劳动环境好，但厂房高度增加很多。现在大中型电弧炉和新建电弧炉采用较多。

(3) 半高架式布置。半高架式布置是介于高架式与地坑式布置之间的一种方式，具有两种布置的特点。

三、电炉跨的布置及尺寸确定

电炉跨是电弧炉炼钢车间的核心，其他各跨间的安置都取决于电炉跨。

跨间纵向列柱线的距离，应能满足电弧炉出钢车、除尘设备、散装料装置、加料装置等设备所需的宽度；同时还要考虑电弧炉车间其他设施的布置方式以及天车吊运物件、地面运输、人行道路等所需要的总计宽度；然后按国家规定建筑所规定的相近标准跨度选定。

（一）纵向布置

通常，冶炼和浇注在同一电炉跨内进行，适于小型电弧炉炼钢车间。电弧炉公称容量不大于5t，电弧炉座数不大于4座，采用坑铸或地坪铸时，以采用纵向布置为宜。当电炉座数较少时，容量较大的电弧炉车间也可采用纵向布置。为了缓解电炉跨场地拥挤和改善劳动条件，当采用小车铸时，也用纵向布置。

电炉沿车间纵向布置，按电炉方位可以把电炉排列为：炉门相对、出钢槽相对和出钢槽按同一方向排列的三种布置方式。炉门相对会使炉前温度偏高，常因喷溅造成相互操作干扰。出钢槽相对，炉前环境有改善，但同时出钢有一定干扰。出钢槽同一方向排列，电炉具有互换性，作业环境改善，操作干扰很少。无论何种排列方式，电炉间距离应保证炉前操作方便，有足够的场地面积堆放材料、工具等，特别是当炉门相对排列时留出适当的距离更为必要。因此，炉门相对则两炉中心距应不少于24m；出钢槽相对则两炉中心距不少于18m；出钢槽同一方向排列时两炉中心距不少于24m。

由于电弧炉冶炼与浇注在同一跨间内进行，浇钢与进料操作又在同一时间进行，电炉与铸锭坑至少要错开一台吊车宽度的距离，以免装料与浇注相互干扰。

（二）横向布置

横向布置是指冶炼和浇注分别布置在两跨内完成，电弧炉出钢方向与跨间垂直。这种布置方式适用于大、中型电弧炉车间。一般在电炉公称容量较大（≥20t）时，宜选用横向布置。对公称容量虽小（如5t），但电炉座数不小于3时，也宜采用横向布置。采用电弧炉横向布置时，在工艺布置上应注意以下方面：

（1）考虑电炉跨和铸锭跨吊车合理的极限位置。电炉跨的吊车应能吊装靠近出钢口一侧的电极，铸锭跨的吊车要能吊到钢包，以避免出钢槽过长。若在出钢槽下采用钢包车出钢方式时，则不论电炉的位置如何，出钢槽都可以大大缩短，从而减少出钢过程钢水降温和吸气。

（2）在横向布置时，电弧炉中心线至变压器房墙壁间距应力求缩短，以减少短网长度。但此间距应以能满足炉盖旋开加料时所必需的空间为决定因素。

（3）变压器外墙与对面柱间距应有合适的净空，以满足变压器拖出厂房的检修所需场地面积以及吊运炉体能顺利通过此空间。

（4）电炉沿车间横向布置时，变压器室与炉子相互排列位置有：两变压器室设在两座相邻电弧炉之间，变压器室设在两座相邻电弧炉外侧，变压器室与电弧炉同侧布置。变压器室排在两座电弧炉之间，虽可节约厂房建筑面积，但变压器之间散热与事故检修带来困难。变压器排在两电弧炉外侧，虽然有效操作面积增加，但环境温度高，操作上也有一定干扰。变压器室与电弧炉同侧布置，有利于变压器散热及事故检修，操作环境也得到了改善，而且电炉具有互换性，为设计部门推荐布置方式。

横向布置的车间，跨间宽度取决于电炉中心线与柱列线的距离、电炉直径、电炉操作区工作平台活动范围，变压器房外墙与对面柱子间要有一合适的净空。如车间里装设或使用悬挂式或地面行走式加料机则必须计算它们的运行回旋所必需的空间，并适当留出安全的通道。造渣材料、铁矿石和铁合金烘烤炉一般设于伸在原料跨的露台上。根据现有生产车间的经验推荐车间尺寸可参考表2－3。

表2－3 电炉跨间尺寸

电弧炉公称容量/t	跨度/m	吊车轨面标高/m	工作平台标高/m	柱间距/m
5	18～21	9	0	12（6、9）
10			4	
20		14	4	
30	21	14～16	4～5	
50	24	18～19	5～6	
90	24	25.5	7～7.5	
100	24～27	26	8～8.5	18
120		27		
150	30～36	28	9	
200		32		

（三）炼钢车间布置图实例

图2－5所示为某厂电弧炉炼钢车间厂房图。

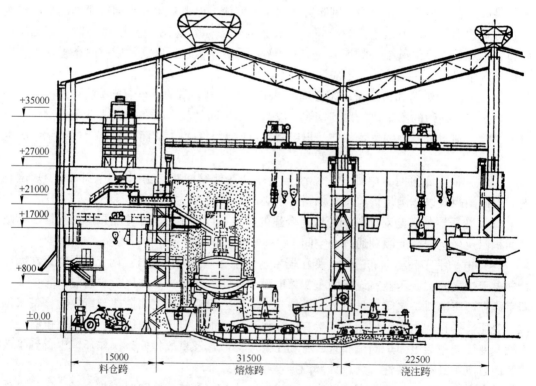

图2－5 某厂电弧炉炼钢车间厂房图

第二篇

现代电弧炉炼钢设备与设计

第三章　超高功率炼钢电弧炉

所谓超高功率电弧炉，目前一般是指电弧炉所配置的变压器功率在 $700kV \cdot A/t$ 以上的电弧炉。超高功率电弧炉主要优点是缩短熔化时间，提高生产率；提高电热效率，降低电耗；易于与炉外精炼、连铸机相配合，实现优质、高产、低能耗。

近年来，超高功率电弧炉在我国的发展相当迅速，效果明显，技术日趋完善。了解和掌握超高功率电弧炉技术特征及技术效果，对于电弧炉炼钢的使用者和电弧炉设计者，都是非常必要的。

第一节　超高功率电弧炉的技术特征

超高功率电弧炉与普通功率电弧炉相比，两者不仅在经济效益和工艺技术指标上的差异是明显的，而且，电弧炉的主体设备和附属设备的配置也同样发生了明显变化。最为明显的特点是要求超高功率电弧炉不仅变压器具备较高的单位功率水平，而且变压器利用率高，工艺及工艺流程也要优化，电弧炉产生的公害能得到有效的抑制。

一、超高功率电弧炉的技术特点

超高功率电弧炉具有以下技术特点：

（1）具备较高的单位功率水平。按照电弧的最大单位有效功率大小把电弧炉自然地分为普通功率（RP）、高功率（HP）和超高功率（UHP）电弧炉。实际上，电弧的最大单位有效功率表示很不直观，且随着电弧炉炼钢技术的进步，电弧炉的功率水平也在不断提高。世界各国关于各类电弧炉的划分和表示方法也不统一。1981 年，国际钢铁协会提议按电弧炉的额定容量分类电弧炉。对于 50t 以上的电弧炉分类如下：

1）低功率电弧炉：$100 \sim 200kV \cdot A/t$；

2）中等功率电弧炉：$200 \sim 400kV \cdot A/t$；

3）高功率电弧炉：$400 \sim 700 \text{kV} \cdot \text{A/t}$；

4）超高功率电弧炉：$700 \sim 1000 \text{kV} \cdot \text{A/t}$。

其中，变压器功率水平用变压器的额定功率（$\text{kV} \cdot \text{A}$）与电弧炉的额定容量（t）或实际平均出钢量（t）之比来表示。

（2）较高的电弧炉变压器最大功率利用率和时间利用率。超高功率电弧炉用变压器的最大功率利用率 C_2 和时间利用率 τ_u 均应不小于 0.7。C_2 和 τ_u 的表达式为：

$$C_2 = \frac{P_r \tau_2 + P_j \tau_3}{P_e (\tau_2 + \tau_3)} \tag{3-1}$$

$$\tau_u = \frac{\tau_2 + \tau_3}{\tau_1 + \tau_2 + \tau_3 + \tau_4} \tag{3-2}$$

式中　P_r——熔化期的平均输入功率，kW；

　　　P_j——精炼期的平均输入功率，kW；

　　　P_e——变压器的额定功率，kW；

　　　τ_1——上炉出钢至下炉通电的间隔时间，min；

　τ_2，τ_3——分别为熔化和精炼时间，min；

　　　τ_4——热停工时间，min。

以上两个技术特征应同时作为 HP 和 UHP 电弧炉所必备的标志，否则就得不到 HP 和 UHP 所应有的技术经济效益。

分析式（3-1）和式（3-2）可知，提高变压器利用率，缩短冶炼时间，提高生产率的措施如下：

1）减少非通电时间，如缩短补炉、装料、出钢以及过程热停工时间，均能提高时间利用率，缩短冶炼时间，提高生产率。

2）减少低功率的精炼期时间，如缩短或取消还原期，采取炉外精炼，缩短冶炼时间，提高功率利用率，充分发挥变压器的能力。

3）提高功率水平，提高功率利用率以及降低电耗，均能够缩短冶炼时间，提高生产率。

（3）较高的电效率和热效率。电弧炉的平均电效率应不小于 0.9；平均热效率应不小于 0.7。

（4）较低的电弧炉短网电阻和电抗，且短网电抗平衡。50t 以下的炉子，其短网电阻和电抗应分别不大于 $0.9 \text{m}\Omega$ 和 $2.6 \text{m}\Omega$，短网电抗不平衡度应不大于 10%。大于 75t 的电弧炉，其短网电阻和电抗应分别不大于 $0.8 \text{m}\Omega$ 和 $2.7 \text{m}\Omega$，短网电抗不平衡度应不大于 7%。

二、电弧炉炼钢工艺及其流程优化

（一）电弧炉的功能分化

超高功率电弧炉的核心是缩短冶炼周期，提高生产率。而超高功率电弧炉的发展也正是围绕着这一核心，在完善电弧炉本体的同时，注重与炉外精炼等装置相配合，真正使电弧炉成为"高速熔器"，而取代了"老三期"一统到底的落后的冶炼工艺，变成废钢预热（SPH）—超高功率电弧炉（UHP）—炉外精炼（SR），配合连铸（CC）或连轧，形成高效节能的"短流程"优化流程。其中相当于把熔化期的一部分任务分离出去,采用废钢预热;再把还原期的任务移到炉外,并且采用熔氧期合并的熔氧合一的快速冶炼工艺。

电弧炉作用的改变带来明显的效果,这一变革过程,日本人称之为"电弧炉的功能分化"。而其中扮演重要角色的是超高功率电弧炉,它的出现使功能分化成为现实,它的完善和发展促进了"三位一体"、"四个一"电弧炉流程的技术进步。

(二) 超高功率电弧炉的工艺操作

电弧炉的功能分化结果使超高功率电弧炉仅保留熔化、升温和必要的精炼功能(脱磷、脱碳),而其余的冶金工作都移至钢包炉中进行。钢包炉完全可以为初炼钢液提供各种最佳精炼条件,可对钢液进行成分、温度、夹杂物、气体含量等的严格控制,以满足用户对钢材质量越来越严格的要求。同时也对超高功率电弧炉提出了更高的要求,即要求尽可能把脱磷,甚至部分脱碳提前到熔化期进行,而熔化后的氧化精炼和升温期只进行碳的控制和不适宜在加料期加入的较易氧化而加入量又较大的铁合金的熔化。

超高功率电弧炉采用留钢操作,熔化一开始就有现成的熔池,辅之以强化吹氧和底吹搅拌,为提前进行冶金反应提供了良好的条件。从提高生产率和降低消耗方面考虑,要求电弧炉具有最短的熔化时间和最快的升温速度以及最少的辅助时间,以期达到最佳经济效益。

三、电弧炉产生公害的抑制

(一) 烟尘与噪声

电弧炉在炼钢过程中产生烟尘大于 $20000 mg/m^3$,占出钢量的 $1\% \sim 2\%$,即 $10 \sim 20 kg/t$,超高功率电弧炉取上限(由于强化吹氧等)。因此,电弧炉必须配备排烟除尘装置,使排放粉尘含量达到标准(标态下小于 $150 mg/m^3$)。目前最普遍的办法是采用炉顶第四孔排烟和屋顶罩相结合的除尘法。

超高功率电弧炉产生噪声高达 $110 dB$,要求设法降低,达到国家噪声标准要求。

(二) 电网公害

电弧炉炼钢产生的电网公害主要包括电压闪烁与高次谐波。

(1)电压闪烁(或电压波动)。电压闪烁实质上是一种快速的电压波动。它是由较大的交变电流冲击而引起的电网扰动。电压波动可使白炽灯光和电视机荧屏高度闪烁,电压闪烁也由此得名。

超高功率电弧炉加剧了闪烁的发生。当闪烁超过一定值(限度)时,如 $0.1 \sim 30 Hz$,特别是 $1 \sim 10 Hz$ 闪烁,会使人感到烦躁,这属于一种公害,要加以抑制。

对电压闪烁进行抑制的方法是采取无功补偿装置,如采用晶体管控制的电抗器(TCR)。

(2)高次谐波(或谐波电流)。由于电弧电阻的非线性特性等原因,使得电弧电流波形产生严重畸变,除基波电流外,还包含各高次谐波。产生的高次谐波电流注入电网,将危害共网电气设备的正常运行,如使发电机过热,使仪器、仪表、电器误操作等。

抑制的措施是:采取并联谐波滤波器,即采取 L、C 串联电路。

实际上，电网公害的抑制常采取闪烁、谐波综合抑制，即静止式动态无功补偿装置——SVC 装置。但 SVC 装置价格昂贵，使得投资成本大为提高。

第二节　超高功率电弧炉的技术难点及其克服措施

由于超高功率电弧炉所匹配的变压器容量比普通功率电弧炉的变压器容量高 1~2 倍，而二次最高电压约为普通功率电弧炉的 1.5 倍，最大二次电流为普通功率电弧炉的 1.6 倍，因此，电弧炉在运行过程中潜在的问题将随着电弧炉容量的扩大、变压器功率水平的不断提高而明显地表现出来。采用交流供电时就更为突出。

一、交流超高功率电弧炉的技术难点

技术难点有：

（1）交流电弧每秒过零点 100 次，在零点附近电弧熄灭，然后再在另一半周重新点燃，造成交流电弧燃烧及其输入炉内功率的不稳定性和不连续性。但短而粗（低电压大电流操作）的电弧，其输入功率相对的要比长而细的电弧（高电压低电流）稳定得多。

（2）冶炼中因为电弧频繁短路和断弧造成电压波动频繁，同时因为功率因数低，无功功率频繁波动，引起频繁而强大的电压闪烁，最终对前级电网产生剧烈的冲击。因此，当前级电网的短路容量小于电弧炉变压器容量的 60~80 倍时，就需要配备动态补偿装置。

（3）三相电弧弧长和功率的变化在时间上不一致，造成三相负载不对称。不仅对前级电网产生很大的干扰和冲击，且造成三相功率不平衡和严重的炉壁热点及废钢熔化不均衡。

上述 3 个技术难点是交流供电本身所不可避免的，大大限制了超高功率电弧炉的发展和电弧炉的进一步大型化。采用直流供电可以说是唯一的根本措施，也是直流电弧炉得以迅速发展的根本原因。

（4）炉内输入功率提高后，电弧长度增加，对炉衬的辐射增加，炉衬寿命大幅度下降。为此，应采用水冷炉壁（盖）和泡沫渣操作。

此外，由于超高功率电弧炉特别强调其功率水平的提高和变压器最大功率的利用率、时间利用率，对超高功率电弧炉的装备和工艺提出了更高的要求，以至于超高功率电弧炉必须辅助以偏心底出钢、炉外精炼、废钢预热、电极水冷技术、吹氧喷炭、喷补机械、导电横臂、冶炼过程的计算机控制以及自动加料系统等技术装备，这些已成为超高功率电弧炉的最基本配置。

二、克服措施

（一）改进技术与供电方式

提高电弧炉变压器功率水平，首先要求供电回路能够承受强大的供电电流；石墨电极要能承受大电流，而又不希望增大电极的极心圆直径，还不能增加电极消耗；尽可能降低三相功率的不平衡；同时要避免磁场强度的增加而引起构件的过热现象。其相关技术和措施有：

（1）采用大电流水冷（空心水冷）铜管、铜钢复合或铝质导电横臂；

（2）大电流超高功率用石墨电极并辅以水冷电极技术；

（3）改进短网布线，从而改善三相功率的平衡；

（4）在冶炼工艺允许的情况下，尽量采用高阻抗技术；

（5）在接近导电体附近的构件中采用水冷及隔磁措施，尽量避免产生涡流而发热。

（二）提高炉衬寿命

炉内输入功率提高后，电弧长度增加且其功率提高，对炉衬的辐射大大增加。同时，产生严重的炉壁热点，导致了炉壁和炉盖使用寿命大幅度下降。为改善电气运行特性又能提高炉衬寿命，采用的相关技术和措施有：

（1）使用水冷炉壁和水冷炉盖；

（2）采用泡沫渣操作。

这两项措施不仅大大提高了炉衬寿命，还为超高功率电弧炉由低电压大电流的短弧操作改为长弧操作提供了重要的技术保证。

（三）最大功率利用率和时间利用率

发展超高功率电弧炉的核心是提高电弧炉的生产率，降低操作成本。因此，要最大限度地提高变压器的最大功率利用率和时间利用率。由式（3-1）和式（3-2）可见，主要有3个途径：

（1）缩短非升温的还原期，把炉内的任务转移到炉外，分化电弧炉的冶金功能，提高电弧炉炼钢过程的连续性；

（2）增加除电能以外的其他能源及利用电弧炉废气余热加快废钢的熔化；

（3）缩短热停工时间。

在缩短非升温时间使电弧炉功能分化方面，采用偏心底出钢达到氧化性无渣出钢与炉外精炼双联的工艺流程；采用双炉壳电弧炉，也是很有效的措施之一。

在增加除电能以外的其他能源方面，采用强化供氧、氧-燃烧嘴助熔或煤-氧喷吹，是加快废钢熔化、强化冶炼的有效办法。

利用电弧炉废气的余热预热废钢，辅助以氧-燃烧嘴或煤-氧喷吹和二次燃烧（后燃烧）技术，以及竖炉、连续加料式电弧炉，是加快废钢熔化的又一有效的措施。

表3-1给出了部分超高功率电弧炉配套相关技术的功能和效果。

表3-1　部分超高功率电弧炉的配套相关技术的功能和效果

技术名称	功　能	效　果
导电横臂	铜钢复合或铝质导电横臂，代替大电流水冷铜管	降低电抗，提高输入功率，简化设备与水冷系统，减轻质量，便于维护
水冷电极	减少电极氧化损失	电极消耗降低20%~40%
水冷炉壁（盖）	代替炉壁和炉盖砌砖，测定炉壁热流量，控制最佳输入功率，大幅度提高炉衬寿命	是改短弧操作为长弧操作的基础，耐火材料消耗减少50%
长弧泡沫渣操作	取代短弧操作，提高功率因数，吹氧的同时喷炭造泡沫渣埋弧，以减轻电弧对炉衬的辐射	功率因数提高到0.85以上，提高电弧稳定性，大幅度提高炉衬寿命，缩短冶炼时间，节电

技术名称	功　能	效　果
偏心底出钢	代替出钢槽出钢，实现无渣出钢和留钢操作	炉子倾角减小 20°～30°，短网缩短 2m，输入功率提高，缩短冶炼时间 5～10min，出钢流紧密，减少二次氧化与温降，出钢温度可降低 30℃，节电 20～25kW·h/t
氧－燃烧嘴	消除炉内冷点，补充热能，也可往炉内供氧	是废气预热废钢的基础，使熔化均匀，缩短冶炼时间 10～25min，节电 35～65kW·h/t
炉门喷炭粉	吹氧的同时喷炭造泡沫渣埋弧	使电弧炉可采用高功率因数的长弧操作，提高输入功率，缩短冶炼时间，提高炉衬寿命
吹氧机械或煤－氧喷吹	吹氧助熔，提供碳、磷氧化所需氧源，造泡沫渣	加速熔化完成氧化期任务，吹氧 $1m^3/t$ 可节电 4～6kW·h/t，改善劳动条件
炉外精炼	加热、造渣、吹气、真空处理、合金化，完成炉内脱硫、脱氧合金化任务和去气去夹杂物	是缩短和取消还原期基础，电炉短流程必备技术。提高钢质量，可降低电弧炉出钢温度 50～70℃，缩短冶炼时间 10～25min，节电 32kW·h/t，节约电极 16.1%，减少耐火材料消耗，10%～30%
喷补炉衬机械	往炉内投加补炉料补炉	改善劳动条件，提高补炉质量，缩短补炉时间
机械化加料系统	往炉内和钢包内加料，实现自动化操作	缩短冶炼时间，改善劳动条件
第四孔加密闭罩除尘系统	净化一、二次烟尘，降低电弧炉的噪声危害	改善环境条件，排放气体含尘量（标态）不大于 $150mg/m^3$，电弧炉作业区噪声降到 90dB 以下
废钢预热	利用第四孔排出热烟气或连续加料预热废钢，回收热能	废钢预热温度可达 200～600℃，缩短冶炼时间 5～8min，节电 40～50kW·h/t
冶炼过程计算机控制	按热模型与冶金模型配料计算，热平衡计算，最佳输入功率控制，车间电负荷调节，合金计算，吹氧计算并同时控制各设备动作，与上位管理计算机联网进行生产管理	实现冶炼生产的最佳技术经济指标，节电 5%，降低吨钢生产成本 11%
无功功率静止式动态补偿装置	消除或减弱电弧炉冶炼中负荷波动造成的电压闪烁与谐波对电网的危害	将电弧炉对电网造成的污染控制在可接受的范围内
电弧炉底吹	电弧炉底吹惰性气体搅拌熔池	熔化期缩短 5min，节电 16kW·h/t；氧化期缩短 3min；还原期缩短 10min；节电 32kW·h/t；铬铁和硅铁烧损分别减少 1kg/t 和 4kg/t

三、对炉衬的要求

（一）耐火材料砌筑炉衬

耐火材料侵蚀（磨损指数），这一概念是 20 世纪 60 年代后期由 W. E. Schwabe 提出的，70 年代后被接受，以此来描述由于电弧辐射引起的耐火材料损坏的指标，并以耐火材料侵蚀指数的大小来反应耐火材料的电弧炉炉壁的损伤程度。

对于采用耐火材料砌筑炉衬的普通功率和中高功率的电弧炉来说，其表达式为：

$$R_E = \frac{P_a U_a}{d^2} \tag{3-3}$$

式中　R_E——耐火材料磨蚀指数，$kW·V/cm^2$；

P_a——电弧功率，kW；

U_a——电弧电压，V；

d——电极侧面到炉壁的最小距离（需考虑电极端变细部分的情况），cm。

现在这一概念已广泛用于表征炉衬耐火材料的热负荷及电弧对炉壁的损伤程度。电弧炉耐火材料磨蚀指数 R_E 的允许值为 $80 \sim 150 \text{kW} \cdot \text{V/cm}^2$，也有的取 $200 \text{kW} \cdot \text{V/cm}^2$。

这一概念考虑了炉壁与点状弧光电源的相对位置，而且包含了表征影响电弧辐射强度的重要参数：功率 P_a 和电弧长度的决定因素——电弧电压 U_a，因而能较好地反映炉壁的侵蚀程度。它较适合于电弧未被淹埋的情况，但未考虑熔化期及泡沫渣操作时电弧被废钢和炉渣包裹的情况以及炉壁的原始温度情况。

对于直流电弧炉，式（3-3）应修正为：

$$R_1 = \alpha \frac{P_a U_a}{d^2} \tag{3-4}$$

修正系数 α 的取值为：

（1）对于直流电弧炉，由于通常只有 1 根石墨电极，在偏弧不严重时，其电弧能量可视为均匀地分布在整个炉壁的四周，α 为 1/3 ~ 1/5。

（2）在直流炉内产生严重偏弧时，由于直流电弧比交流电弧长得多，且能量更集中，电弧的辐射大大增加，对炉壁的危害也比交流电弧大，则 α 为 1 ~ 2。

（二）超高功率管式水冷炉壁

对于超高功率管式水冷炉壁来说，耐火材料指数的概念已经再不适用，而是用电弧喷射指数 ABI（$\text{MW} \cdot \text{V/m}^2$）来衡量电弧对炉衬的损伤程度，则有：

$$ABI = \frac{P_{ABC} \cdot U_{ABC}}{3d^2} \tag{3-5}$$

对于 ABI 的取值范围，作者还没有查找到相关标准，仅有 5.8m 炉壳的电弧炉配 $50 \text{MV} \cdot \text{A}$ 变压器时，ABI 最大值是在最高二次电压 650V 时，$ABI = 111 \text{kW} \cdot \text{V/cm}^2$。

第三节　超高功率电弧炉配套相关技术

超高功率电弧炉工艺的基本指导思想是高效、节能、低消耗。而与超高功率电弧炉相配套的各项技术，都是在这种思想指导下开发出来的。综合应用这些技术，与计算机控制、管理和炉外精炼相配合，已经使得电弧炉的平均冶炼周期达到 70min 以下，平均冶炼电耗达到 $400 \text{kW} \cdot \text{h/t}$ 以下，平均电极消耗量达到 1.90kg/t 的高水平，见表 1-2。直流电弧炉、新式废钢预热、二次燃烧及兑铁水等技术的实施，又使电弧炉技术水平达到了一个新的高度，进一步缩短了冶炼周期，降低了冶炼电耗和电极消耗量，而且在电压闪烁、噪声、炉衬耐火材料消耗量方面都明显得到了改善。

一、水冷炉壁与水冷炉盖技术

超高功率电弧炉单位功率较高，电弧对炉壁和炉盖的热辐射强度极高，同时炉内温度分布的不平衡加剧，导致使用耐火材料砌筑的炉衬使用寿命大幅度地降低，这个问题严重影响了超高功率电弧炉性能的发挥。水冷炉壁和水冷炉盖技术解决了上述问题，这项技术已成为提高超高功率电弧炉炉衬寿命、促进超高功率电弧炉技术发展的关键技术之一。

现代电弧炉的平均水冷炉壁面积已达到 70% 以上，水冷炉盖面积达 85%。使用这项技术后，炉壁与炉盖寿命分别大于 3000 炉与 5000 炉。使用这项技术也带来了一个负面效应，即电弧炉的热损失增加了 5% ~ 10%。但是从总体效益来看还是非常有利的，可使耐火材料成本和喷补成本节省 50% ~ 75%，取消了渣线上部耐火材料的修补作业，大大降低了操作工人的劳动强度，同时也大幅度地减少了热停工时间，生产率提高了 8% ~ 10%，电极消耗降低 0.5kg/t，生产成本降低 5% ~ 10%。

二、无渣出钢技术

超高功率电弧炉的冶炼工艺一个最大的特点是将还原期转移到炉外精炼炉中进行。这样，氧化渣就不能进入精炼炉，以满足炉外精炼的还原条件。因此，无渣出钢十分必要。炉内液态钢水和高氧化性炉渣的存在，为下一炉冶炼的初期脱磷提供了极好的条件；同时，还改善了熔化初期电弧的稳定性，使平均输入功率增加，促使供电制度改善及减小了对供电系统的干扰。偏心炉底出钢（EBT）技术的应用使得无渣操作得以实现。而无渣出钢，必然导致留钢留渣操作。

偏心炉底出钢的效果有：

（1）出钢时不用大角度倾动，最大倾角 15°，从而缩短了短网的长度，减少了电能损失。

（2）可彻底地做到无渣出钢和留钢留渣操作，改变了传统的渣钢混出方式，提高了钢液的纯净度，并为钢包中合金化和钢包中造渣脱氧创造了有利条件。

（3）倾动角度小可使炉体大面积采用水冷炉壁，简化炉子设计成为可能，且减少电极折断几率。

（4）出钢快，钢流短，钢液降温少，吸气少，可使出钢温度降低（30℃），缩短出钢时间（约 75%），因而可缩短冶炼周期，降低电耗和电极消耗，提高生产率。

（5）钢渣与少量钢水留在炉中，为下一炉早期吹氧、早期脱磷造成了有利条件，还节约了大量能源。

EBT 的效果见表 3 – 2。

表 3 – 2 EBT 的效果

项　目		效　果	效果的主要原因
成　本	铁合金收得率	硅提高 15% ~ 100% 锰降低 2% ~ 5%	钢渣分离
	出钢收得率	铁提高 1.1%	钢渣分离、留钢
	功率单位消耗	降低 7 ~ 25kW·h/t	留钢
	电极消耗	降低 0.2 ~ 0.4kg/t	留钢、高功率化
	耐火材料单位消耗	炉壁降低 23% ~ 64% 钢包降低 9% ~ 54%	提高水冷面积 钢渣分离
	石灰单位消耗	节约 15% ~ 25%	留钢

项 目		效 果	效果的主要原因
生产率	出钢—开始给电时间	缩短 1.0 ~ 3.0min	热补时间缩短 出钢倾动时间缩短 电极单位消耗降低
	开始给电—出钢时间	缩短 1.0 ~ 7.2min	
质 量	脱硫能力	提高 16% ~ 28%	留钢
	夹杂物	总氧降低 $(1 ~ 3) \times 10^{-4}\%$	钢渣分离

三、泡沫渣埋弧技术

高电压长弧操作一方面可以提高功率因数，促进废钢熔化；另一方面则增加了电弧辐射热损失，同时加重炉壁的热负荷。正是泡沫渣技术的出现，使"高电压、大功率"供电操作成为最佳的选择。

所谓泡沫渣就是在不增加渣量的条件下，使炉渣厚度增加，渣呈泡沫状。泡沫渣实质上就是熔渣中存在着大量的微小气泡，而且气泡的总体积大于液渣的体积，液渣成为渣中小气泡的薄膜而将各个气泡隔开，气泡自由移动困难而滞留在熔渣中。

超高功率电弧炉采用泡沫渣操作后产生了明显效果，有文献介绍，60t 电炉（配 60MV·A 变压器，采用长弧操作）：使功率因数从 0.63 提高到 0.88；使热效率从 30% ~ 40% 提高到 60% ~ 70%；国内某普通电弧炉造泡沫渣后，降低电耗 20 ~ 70kW·h/t；缩短冶炼时间 30min/炉；提高生产率 15% 左右；使电流和电压波动明显减小；有利脱磷、脱硫和去气等。

四、电弧炉吹氧脱碳搅拌

在现代电弧炉上，用氧技术不断发展，氧气深刻地影响工艺冶金过程和能量、物料平衡，超声速吹氧脱碳效率非常高，因此吹氧设备由简单的自耗氧枪向水冷超声速喷枪转变。

电弧炉氧枪与转炉氧枪一样，在向熔池吹炼过程中，氧气射流使熔池钢液（含熔渣）产生运动，所不同的是电弧炉氧枪向熔池喷吹的氧量少、枪与熔池液面夹角小。

吹炼时熔池中钢液产生复杂的循环运动，在氧枪氧气入点与炉门方向的钢液向下流动；在入射点与远离炉门方向，即沿氧气反射角方向钢液向上流动。当然，钢液还有其他方向的运动，同时熔池的各部位运动不同。钢液运动方向、强度还要随着氧枪和位置的变化而变化。

引起熔池运动的主要因素是：氧气流的直接作用产生的搅拌功和一氧化碳气泡的上浮作用产生的搅拌功。

五、电弧炉底吹搅拌

用惰性气体，例如氩气，吹入钢液既有搅拌作用，也有清洗钢液的作用。氩气可以用喷嘴吹入液体金属，也可以用透气砖吹入液体金属。但实践证明，用透气砖吹入，氩气作用发挥得较充分，氩气利用率较高。为了充分发挥吹氩搅拌的作用，透气砖应安装于炉底底部的合适位置。

通常，熔化期可强烈搅拌，在废钢完全熔化后，为抑制电极的摆动所引起的输入功率的不稳定和钢水引起的电极熔损，宜将搅拌气体流量减少到 $1/2 \sim 1/3$；也有从均匀搅拌出发，采用在熔清后并不减流量而继续操作的方法，这对提高钢水收得率，降低电耗稍有利。

供气元件的寿命、炉底维护及风口更换困难程度等是电弧炉底吹搅拌技术的关键问题。

据报道：生产碳素钢的电弧炉采用底吹搅拌后电耗可降低 $10\% \sim 12\%$，冶炼时间缩短 $5 \sim 16min$。另外，在提高合金和钢水回收率，减少氧气消耗，降低电极消耗量以及改善脱磷和脱硫等许多方面均收到了明显效果。

目前，大多数电弧炉搅拌都采用气体（主要是氩气或氮气，少数也用天然气和 CO_2）作为搅拌介质，气体从埋于炉底的接触式或非接触式多孔塞进入电弧炉炉内。少数情况也采用风口形式。

六、炭氧喷枪、氧燃烧嘴技术

为提高现代电弧炉的冶炼强度，大幅度提高生产率，起初人们关注的是安装更高功率的变压器，但是受到电网能力的制约及意想不到的电磁现象，并且炉内冷区是必然存在的，同时投资成本也高。

近年来化学能对电弧炉能量平衡的贡献是明显的，越来越多地被采用。氧气、天然气、燃油、炭粉等在电弧炉中的应用范围包括废钢的切割、熔化、造泡沫渣、脱碳和二次燃烧等。众多的喷枪、烧嘴被用来满足这种需求，在同一台炉子上找出如氧喷枪、炭喷枪、氧-燃烧嘴、二次燃烧装置等四种设备并不是一件罕事。

近年来，传统的人工手持吹氧管和手提喷炭枪进行炉门吹氧切割废钢并将吹氧管插入熔池加速废钢熔化、脱碳及造泡沫渣的方法逐渐被炉门炭氧喷枪所取代。

在现代电弧炉上，为加速炉内废钢熔化、熔池脱碳和及时造泡沫渣，大量使用超声速氧枪，同时配有喷炭粉的炭-氧枪。炉门炭-氧枪分为两类：一类是消耗式炭-氧枪，另一类是水冷炭-氧枪。

吹氧的多少与氧气利用率有关，吹氧的效果与吹氧的时机、吹氧的位置及吹氧氧化的物质有关。生产 $1m^3$ 氧（标态）需要 $0.7 \sim 1.0kW \cdot h$，但吹 $1m^3$ 氧（标态）可代替 $3.5 \sim 4.5kW \cdot h$。

国际钢铁协会对不同时期，不同吹氧量、不同炭粉用量与电耗的预测示于表3-3中。

表3-3 不同时期，不同吹氧量、不同炭粉用量与电耗的预测

时 期	吹氧量（标态）/$m^3 \cdot t^{-1}$	炭粉用量/$kg \cdot t^{-1}$	冶炼电耗/$kW \cdot h \cdot t^{-1}$
现阶段	$40 \sim 50$	23	360
2010 年以后	70	60	240

七、二次燃烧技术

在典型的电弧炉氧化法炼钢中，CO 数量（标态）约为 $15 \sim 20m^3/t$。炉气分析表明：CO 总量的 $60\% \sim 70\%$ 未经炉内燃烧而排出炉子至除尘系统，进入除尘系统的 CO 同炉外

空气混合而燃烧。这样就造成热源损失、废气处理系统必须处理的热负荷增大（CO燃烧生成CO_2产生的热量（$\Delta H = 20880kJ/kg$），是碳燃烧生成CO产生热量（$\Delta H = 5040kJ/kg$）的4倍），从环保角度看造成CO排放量超标等不良效果。

二次燃烧技术就是相对电弧炉冶炼时，炉料中的碳与吹入的氧反应，部分生成CO的"一次燃烧"而言的。其基本原理是：采用向炉内的一定区域吹入额外的二次氧气，使炉内氧化反应已生成的CO中的大多数进一步同O_2反应而生成CO_2，反应生成的热量传到炉料或熔池。

二次燃烧技术是一项降低电耗，提高生产率的新技术，其主要作用有：

（1）降低电耗5%～15%；

（2）提高生产率5%～15%，通常出钢到出钢时间可缩短8%～15%；

（3）降低炉气排放中的CO含量；

（4）降低除尘布袋室中的温度。

目前，电弧炉二次燃烧技术用氧方法是：由多支炉墙二次燃烧喷嘴或炉门二次氧枪供二次燃烧氧；用一套炉气分析系统来分析炉内炉气成分与含量；用一套氧气流量控制装置来控制吹入炉内的氧气量及流速。

二次燃烧反应发生在炉内相对低的部位，接近于炉门线处，只有在这一部位才能保证最大地传递废钢熔池的热效率。

在多数情况下，二次燃烧技术的节能效果一般以吹入每立方米用于CO二次燃烧的氧气（标态），用电耗的降低值来表示。CO二次燃烧的理论节能值为每立方米氧气（标态）5.8kW·h。

八、废钢预热技术

废钢预热技术是一项重要的电弧炉强化冶炼技术。电弧炉在冶炼期间产生大量高温烟气（炉内排烟方式的排烟量为500～1200m^3/（h·t），排烟温度为1000～1400℃），它含有大量的显热和化学能，尤其是氧化期吹氧作业时，烟气量最大，充分回收利用这部分能量来预热废钢炉料，则可大大降低电耗，提高经济效益。

在对废钢进行预热时，热烟气通过废钢料柱把热量传递给废钢，由于热交换使废钢温度升高，同时烟气中的大量粉尘也被过滤下来，不但提高了钢的收得率，也减轻了废气处理系统的除尘负担。此外，由于废气离开预热器时的温度较低，热烟气对废钢预热还有缩短水冷烟管的长度等好处。近年来，二次燃烧技术也不断地被运用到了废钢预热中。

目前，世界上几种主要的新型废钢预热电弧炉有：竖炉电弧炉、连续加料电弧炉、双炉壳电弧炉、双电极直流电弧炉和转弧炉等。

第四章 高阻抗交流炼钢电弧炉

电弧炉高（超高）功率供电经过了"大电流、大功率"短弧操作到"高电压、大功率"长弧操作，后者是随着水冷炉壁（盖）和泡沫渣技术出现而得以实现的。长弧操作虽然能获得高的功率因数，但与短电弧相比，其稳定性差，而随着电弧炉容量的不断扩大，变压器功率水平的提高，对前级电网的冲击和噪声问题日益突出。为此，普遍采用昂贵的静止式动态补偿装置和同步补偿器，以及同电弧炉并联的所有在噪声发生后起补偿作用的其他设备，这些措施采用对电弧炉产生的冲击和噪声进行补偿的介入方法。

为了提高交流超高功率电弧炉的功率因数和减少对电网的干扰，意大利达涅利公司率先开发了高阻抗交流电弧炉技术，即很多文献中讲述的 Danarc 交流电弧炉技术。但实际上 Danarc 不是特指高阻抗（或变阻抗）交流电弧炉，它包括交流电弧炉、直流电弧炉等，同时也包括辅助系统。

第一节 高阻抗交流电弧炉概述

一、高阻抗交流电弧炉的工作原理

交流电弧炉大面积水冷炉壁的采用及泡沫渣埋弧操作技术的发展，使得长弧供电成为可能。长弧供电有许多优点，虽然高电压的长弧供电使功率因数大幅度提高，但是，使短路冲击电流大为增加，导致了电弧的不稳定，使输入功率降低。而高阻抗交流电弧炉是从改善电弧炉的动态行为，稳定电弧炉操作，从其产生的冲击源和噪声源入手，通过增加稳定操作所需的电感来选择合适的阻抗，以达到稳定电弧，减少对电网冲击，降低短网的电损失及降低石墨电极消耗的目的。其做法是在电弧炉变压器前一次侧串联一电抗器装置来稳定电弧，以便适应长弧供电的需要，为此又称为高阻抗电弧炉。

在电弧炉变压器的一次侧串联一电抗器，可以串联一铁心式电抗器或空心式电抗器。但因空心式电抗器通常需要做成 3 个单相的，其体积庞大并产生强大磁场而不被采用。大多数是串联带有几个抽头的铁心式电抗器使回路的电抗值提高到原来（同容量）的 1.5~2 倍左右。图 4-1 所示为低阻抗与高阻抗交流电弧炉的电气单线流程图。

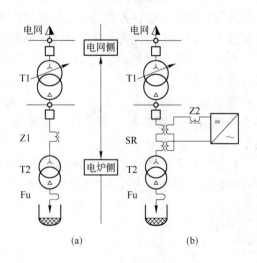

图 4-1 低阻抗与高阻抗交流
电弧炉的电气单线流程
（a）低阻抗；（b）高阻抗

二、高阻抗电弧炉的主要工作特点

高阻抗电弧炉的主要工作特点有：

（1）较低的电极电流降低了电极消耗；

（2）由于长弧操作，熔化期操作时废钢塌落损坏电极的危险减到很小；

（3）由于电弧稳定，可以输入高的综合功率；

（4）减少了短网的电流，就降低了横臂和水冷电缆所受的电动力，机械振动小、维修减少；

（5）由于电流波动减少，故电网上的闪烁和波形畸变的发生也少。

在高阻抗电弧炉基础上，达涅利公司又开发了带饱和电位器的电弧炉，即所谓的变阻抗交流电炉。用饱和电位器作为"电流限制器"，波动就可以减少。其原理是利用铁磁材料的非线性磁化特性。

铁芯的饱和度由一个直流电控制，当负荷电流达到非饱和电位器的设定值，在荷载线圈中就发生一个感应电压降，因此限制了电流。带一个饱和电抗器的交流电弧炉的荷载特性变得近似于可控硅整流器控制的直流电弧炉，如图 4 - 2 所示的曲线 1 和曲线 3。该电弧炉的主要特点为：

（1）载荷在大范围变动时，操作电流不变；

（2）由于有功功率负荷波动引起电网上的电压波动即闪烁，该电弧炉可使有功功率波动减少，从而电网中的电压波动也减少；

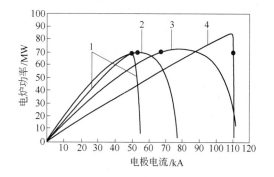

图 4 - 2　交流电炉的荷载特性

1—AC 可渗透电抗器 50kA；2—AC 高阻抗，固定电抗器 50kA；3—AC 低阻抗 65kA；4—DC 电源 110kA

（3）作用在电极、横臂、软电缆上的作用减少，因此机械磨损低；

（4）由于电抗是一个有效的荷载电流，故可即时反应；

（5）不需要电流控制环。

三、高阻抗交流电弧炉与普通阻抗交流电弧炉的区别

高阻抗超高功率电弧炉与普通阻抗超高功率电弧炉的主要区别是在电气主回路中的参数选择上的区别。主要表现在以下几个方面：

（1）电弧特性不同。由于在高阻抗电弧炉主回路中串联一台电抗值很大的电抗器，它能使电弧连续而稳定地燃烧；它还使运行短路电流倍数降低，从而减轻了电压闪烁及减少了谐波发生量。

（2）主回路电抗值相差很大。由于高阻抗电弧炉主回路的电抗值很大，使电弧燃烧稳定、电弧电流减小、电弧功率加大、电效率提高。但需要注意的是高阻抗也会带来一定的不良影响，使高压真空断路器的操作上出现严重的过电压。另外也因电感值非常大而产生很高的过电压。

（3）变压器二次电压选择上相差悬殊。高阻抗电弧炉变压器二次电压很高，据国外报道，目前已高达 1200V 以上。高阻抗电弧炉的基本设计思想是用提高电弧电压，即加大电弧的阻性负载来补偿电抗器的感性负载，使之达到一个理想的功率因数值。较高的变压器二次电压和电抗值较大电抗器的配合使用，是使功率因数保持在合适范围内所必需的。

总之，高阻抗电弧炉变压器二次电压和电抗器电抗值的选择，是高阻抗电弧炉设计的关键。如果二次电压选择不够高，而电抗值又偏大，反而其电耗指标还不如普通阻抗电弧炉。这一点非常重要，设计者对此必须要有明确的认识。但也不是说二次电压越高越好，当最高二次电压超过 1000V 时，电弧稳定性变差，带有导电物的灰尘也会造成设备因短路而损坏，建议一般不要轻易采用。

（4）高阻抗电弧炉与普通阻抗电弧炉各项指标的对比。以下就以 100t 电弧炉为例，对超高功率高阻抗电弧炉与普通阻抗电弧炉的各项指标进行对比。

表 4－1 给出了普通阻抗电弧炉与高阻抗电弧炉运行参数的对比。从表中可以看到，普通阻抗电弧炉变压器容量和钢液的比功率小，功率因数比较低；此外，短路阻抗、弧长等数值均较小，导致二次电流过大，因此必须采用大直径的石墨电极。

表 4－1　普通阻抗电弧炉与高阻抗电弧炉运行参数的对比

参　　数	普通阻抗电弧炉	高阻抗电弧炉
电极直径/mm	610	508
电极分布圆直径/mm	1400	1200
短路阻抗/MΩ	3.53	7.03
回路总阻抗/MΩ	5.19	14.40
变压器额定容量/kV·A	60	100
二次最高电压/V	558	1200
二次额定电流/kA	62.1	48.1
功率因数	0.70	0.84
有功功率/MW	42.1	84.0
电弧功率/MW	36.2	78.9
电弧长度/mm	150	500
电效率/%	86	94
电抗器容量/Mvar	—	16
电抗器电抗值/MΩ	—	2.3

表 4－2 给出了普通阻抗电弧炉与高阻抗电弧炉单耗指标对比。从表 4－2 中可以看到，普通电弧炉的电极消耗过高（由于大电流操作）和耐火材料消耗过高（由于缺少水冷炉壁和泡沫渣技术）。

表 4－2　普通阻抗电弧炉与高阻抗电弧炉单耗指标对比

单　耗　指　标	普通阻抗电弧炉	高阻抗电弧炉
电能消耗/kW·h·t^{-1}	520	300
石墨电极消耗/kg·t^{-1}	5.0	1.2

单 耗 指 标		普通阻抗电弧炉	高阻抗电弧炉
耐火材料消耗/kg·t^{-1}	耐火砖	22	0.5
	捣打料	12	2.5

表 4 - 3 给出 100t 普通阻抗电弧炉与高阻抗电弧炉生产指标对比。在普通阻抗电弧炉中，由于采用短电弧冶炼，使得电极同炉料频繁接触，因此电极折断率非常高，经常接电极也影响生产率指标。短电弧的另一负面效应是在穿井期间，运行电抗非常高，这也导致降低平均功率，延长冶炼时间。

表 4 - 3　普通阻抗电弧炉与高阻抗电弧炉生产指标对比

参　　数	普通阻抗电弧炉	高阻抗电弧炉
熔化时间/min	74	28
冶炼时间/min	144	45
日冶炼炉次/炉	10	32
日生产量/万吨	0.1	0.32
月生产量/万吨	2.8	9.2
年生产量/万吨	30	100
生产率/t·h^{-1}	42	133

（5）高阻抗电弧炉与几种电弧炉操作指标的比较。表 4 - 4 为普通低阻抗交流电弧炉、高阻抗交流电弧炉、变阻抗交流电弧炉和直流电弧炉的操作指标。从表中可知，与普通交流电弧炉相比，直流电弧炉在降低电网闪变和减少电极消耗方面的优势明显，但与 Danarc 变阻抗交流电弧炉相比，直流电弧炉在降低电网闪变方面的优势已不存在了。

表 4 - 4　几种电弧炉的典型操作指标

电弧炉类型	低阻抗交流电弧炉	高阻抗交流电弧炉	Danarc 变阻抗交流电弧炉	直流电弧炉
电耗/kW·h·t^{-1}	390 ~ 430	360 ~ 410	360 ~ 400	360 ~ 400
电极消耗量/kg·t^{-1}	2.5 ~ 3.0	1.9 ~ 2.4	1.7 ~ 2.2	1.2 ~ 1.7
功率因数	0.80 ~ 0.85	0.80 ~ 0.85	0.80 ~ 0.85	0.85 ~ 0.90
电流波动/%	40 ~ 50	34 ~ 36	25 ~ 30	28 ~ 32
电效率/%	92 ~ 94	95 ~ 97	95 ~ 97	95 ~ 97

四、高阻抗电弧炉操作原则

在熔化初期，为了防止电弧对炉盖的损伤和电弧不稳定，在刚开始送电的 1 ~ 3min 内，用较低的电压送电，当电极下降产生穿井后，开始增加电压，输入最大功率，原料不断地熔化，形成钢液，当废钢炉料进入基本熔化时，开始减小电压操作，这是超高功率、高阻抗电弧炉操作的基本思路，即为了提高效率，缩短熔化时间。对于电弧热在圆周上形成冷热不均的现象，在冷点有必要采用氧枪助熔，可进一步缩短熔化时间。熔清后进一步降低电压，以便不熔损炉盖、炉壁，进入氧化期。在钢液达到规定的温度后马上吹氧，在进行氧化精炼的同时将碳脱到目标值。

现代电弧炉冶炼过程供电基本可分为 5~6 个阶段（期），由于各阶段的情况不同，因此供电情况也不同。

第一阶段——起弧期。通电开始，在电弧的作用下，少部分元素挥发，并被炉气氧化生成红棕色的烟雾，从炉中逸出。从送电开始的 1~2min 内，称为起弧期。此时电流不稳定，电弧在炉顶附近燃烧辐射，二次电压越高，电弧越长，对炉顶辐射越厉害，电弧极易击穿炉盖，并且热量损失也越多。为了保护炉顶，在炉子的上部布置一些轻薄小料，以便让电极快速插入炉料中，以减少电弧对炉顶的辐射；供电上采用较低电压小电流供电。

第二阶段——穿井期。起弧完了至电极端部下降到炉底为穿井期。在此时期，虽然电弧被炉料所遮蔽，但因不断出现塌料现象，电弧燃烧不稳定，供电上采取较大的二次电压、大电流或采用高电压带电抗操作，以增加穿井的直径与穿井的速度。但应注意保护炉底，办法是：加料前采用石灰垫底，炉中部布大、重废钢以及合理的炉型。

第三阶段——主熔化期。电极下降至炉底后，开始回升时主熔化期开始。随着炉料不断的熔化，电极渐渐上升，至炉料基本熔化（不小于80%），仅炉坡、渣线附近存在少量炉料，电弧开始暴露给炉壁时主熔化期结束。主熔化期由于电弧埋入炉料中，电弧稳定、热效率高、传热条件好，故应以最大功率供电，即采用最高电压、大电流供电。主熔化期时间占整个熔化期的70%左右。

第四阶段——熔末升温期。电弧开始暴露给炉壁至炉料全部熔化为熔末升温期。此阶段因炉壁暴露，尤其是炉壁热点区的暴露受到电弧的强烈辐射，故应注意保护炉衬。在泡沫渣埋弧操作情况，供电上采取高电压、大电流，否则应采取低电压、大电流。

第五阶段——熔清后，氧化期。此阶段因炉壁暴露，受到电弧的强烈辐射，故应注意保护炉衬。在泡沫渣埋弧操作情况，供电上采取较高电压、大电流，否则应采取低电压、大电流。

第六阶段——出钢前期。此阶段不但炉壁暴露给电弧受到电弧的强烈辐射，而且渣较稀薄，故应注意保护。当钢水温度已符合要求，应采取保温供电，即采用低电压、低电流，电流一定要调整控制。

在以上的叙述中，虽然将电弧炉冶炼分为六个阶段，但是在现代电弧炉炼钢中，各阶段的区分是不明显的，时常会出现两个阶段同时在进行，也难以说清楚其分界点。

总之，钢水熔清后应根据泡沫渣埋弧情况，决定是否采取高电压，否则供电上应采取低电压。而电流的控制是根据钢水升温的需要，如磷已达到要求，此时可放手提温，快速去碳；如磷没有达到要求，则要控制升温速度（控制电流），调渣去磷，注意放渣、造新渣操作。

第二节 高阻抗电弧炉变压器参数的设计

高阻抗电弧炉设计主要是电弧炉变压器主要参数的确定和串接电抗器总容量及分档容量的确定。当电弧炉变压器的容量确定之后，主要是确定变压器的二次电压及其档位。

通常把变压器二次侧电压做成恒功率段和恒电流段。恒功率段的特点是：每档的电压与电流的乘积均为相同数值，并且其数值等于变压器额定功率。恒电流段的特点是：无论电压如何变化，电流为同一数值。

一、变压器二次侧段间电压的确定

(一) 确定原则

段间电压，即恒电流段的最高电压（或恒功率段最低电压）。其确定主要考虑以下两点：

(1) 不能太高，以满足非泡沫渣时的供电；

(2) 限制设备的最大载流量，而又不能太低。

(二) 确定方法

对于普通阻抗电弧炉，确定最高二次电压的方法有：

$$U_{p2} = 15 \sqrt[3]{P_n} \qquad\qquad (4-1)$$

式中　　U_{p2}——普通阻抗电炉最高二次电压，V；

　　　　P_n——变压器的额定容量，kV·A。

高阻抗电炉二次侧段间电压，以普通阻抗电炉二次侧最高二次电压值为设计准则，最好低于其 1~2 个档位。

二、变压器二次侧最高二次电压的确定

(一) 以计算来确定

对于高阻抗电弧炉，是以普通阻抗电弧炉的二次电压为基础，提高电抗和二次电压。根据冶炼工艺要求、操作水平通过计算来确定恒功率段与恒电流段电压范围。

(二) 以段间电压确定

通常，高阻抗电弧炉变压器最高二次电压是根据变压器容量来确定的，一般为：

(1) 变压器容量不大于 30MV·A，其最高二次电压为段间电压以上 3~5 级；

(2) 变压器容量为 30~50MV·A，其最高二次电压为段间电压以上 5~7 级；

(3) 变压器容量为 50~90MV·A，其最高二次电压为段间电压以上 7~9 级；

(4) 变压器容量不小于 90MV·A，其最高二次电压为段间电压以上 9~12 级。

三、变压器二次侧最低电压的确定

主要是满足电炉工艺要求，即钢液保温的要求，确定保温电压。现代电弧炉炼钢"三位一体"流程中，电弧炉仅作为高速熔化金属的容器，老三期冶炼工艺已经基本不存在，最低电压过低用处不大。可以说二次电压档数多是不可能全部都用到的，虽然级数多了压差就会小一些，有利于保证有载开关的使用性能，但变压器造价也相应会增加，综合考虑最低电压不要取得过低。对于高阻抗电弧炉最低电压的参考数据为：

(1) 变压器容量小于 25MV·A 时，最低电压在 200~300V 为宜；

(2) 变压器容量在 25~60MV·A 时，最低电压在 300~350V 为宜；

（3）变压器容量在 60 ~ 80MV·A 时，最低电压在 350 ~ 450V 为宜；

（4）变压器容量在 80 ~ 100MV·A 时，最低电压在 450 ~ 550V 为宜；

（5）变压器容量大于 100MV·A 时，最低电压在 500 ~ 570V 为宜。

四、恒功率段的确定

将段间电压到最高二次电压的区间称为恒功率段。恒功率段可满足熔化与快速提温期间不同阶段的大功率供电的需要，即在主熔化期或完全埋弧期采用高电压、小电流供电；在快速升温期埋弧不完全或电弧暴露期采用低电压、大电流供电。

五、恒电流段的确定

将段间电压到最低二次电压的区间称为恒电流段。恒电流段是满足精炼期的调温、保温的需要，即满足低电压、小电流供电。

六、二次侧电压级差的确定

（一）等级差确定

在变压器制造工艺允许的情况下尽量采用恒压差，通常二次侧电压级差是根据变压器容量来确定的，一般为：

（1）变压器容量不大于 30MV·A 时，采用恒级差为 15 ~ 20V，共计 7 ~ 13 级；

（2）变压器容量为 30 ~ 50MV·A 时，采用恒级差为 20 ~ 25V，共计 13 ~ 15 级；

（3）变压器容量为 50 ~ 90MV·A 时，采用恒级差为 25 ~ 30V，共计 15 ~ 17 级；

（4）变压器容量不小于 90MV·A 时，采用恒级差为 25 ~ 30V，共计 17 ~ 21 级。

（二）根据变压器容量按变压器制造工艺计算决定

变压器在制造工艺上采用恒级差往往是比较困难的，实际上，更多的是采用近似于恒级差的电压等级，这就需要和变压器制造单位的设计人员进行交流后确定各级实际级差值。这种做法是比较符合实际的。当然，根据变压器是三角形接法还是星形接法的不同，二次电压级差还会有其他不同情况。

大型变压器二次电压可多达几十级，使用时并不能全部用到，常用的仅占少数。较多的级数设置一则是为了适应性更强，二则是小的级差设置可延长变压器调压开关的使用寿命。

第三节 高阻抗电弧炉电抗器参数的设计

一、电抗器在高阻抗电弧炉中的作用

普通超高功率电弧炉的短网电抗值较小，造成功率因数过高，电弧燃烧不稳定，短路电流倍数过高，谐波和闪变值均严重超标。对电弧物理现象的研究表明，在交流电弧炉中只有在两个电极之间施加足够高的电压时，才有电弧产生。起弧后，在两个电极之间施加 50Hz 的交流电压，在每个半周期中，只当电极之间电压升高到某一数值时，才有电流通过。当电压再降到这一数值以下时，电弧熄灭，这就是说，在 50Hz 的交流电弧炉中，

在 1s 内有 100 次的起弧与熄弧，如图 4-3
所示。

为了消除上述弊端，必须在电弧炉主电路
中串联一只限流又稳弧的电抗器。当电路中串
联有足够的电抗时，电流滞后电压一个 φ 角，
在这种线路中，当外施电压为零时，电弧电流
借助于蕴藏在电抗中的能量继续流通。当电弧
电流接近零时，负半周的电压已经很高，已经
达到起弧电压值，使电弧点燃，使负半周电流

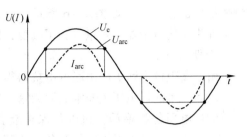

图 4-3 交流电弧简化波形
（在普通阻抗情况下）

及时接续，而不滞后、不间断，如图 4-4 所示。所以，只要在回路之中串有足够的电抗
值，就能使电流连续流动而不中断，从而使电弧连续稳定燃烧。这就是高阻抗电弧炉电弧
连续燃烧的理论依据。

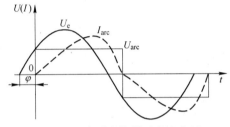

图 4-4 串联电抗器时交流电弧
简化波形（在高阻抗情况下）

为了满足不同冶炼工艺要求，电抗器应做成
带有几个抽头的挡位，可以遥控和本地操作。当
电抗器中流过工作短路电流时，要能经得住动稳
定和热稳定的考核。依靠电抗器限制电流变化的
动态特征和较高的燃弧电压能使电弧连续稳定
燃烧。

在设计高阻抗电弧炉时，为了获得好的技术
指标，通常采用较高的变压器二次电压和较大的

系统合成阻抗。图 4-5（a）所示为普通阻抗电弧炉运行的功率曲线，图 4-5（b）所示
为高阻抗电弧炉运行的功率曲线。

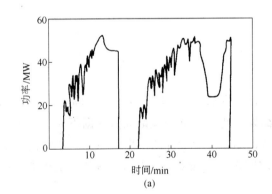 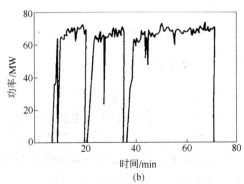

图 4-5 电弧炉运行功率曲线
（a）普通阻抗电弧炉；（b）高阻抗电弧炉

根据美国联合碳化物公司的论点，在合理设计的高阻抗电弧炉中，当电弧电压达到
300~400V 时，即能保证电弧电流连续燃烧而不断弧。

二、电抗器的连接方式

目前，在国内外的高阻抗电弧炉设计中，普遍采用铁芯式电抗器。该电抗器在高阻抗

电弧炉中的连接方式如图 4 – 6 所示。设计时把电抗器做成几个抽头，使电抗器的容量得到了改变，以便应用在不同的冶炼阶段。

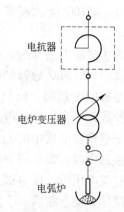

图 4 – 6 高阻抗电弧炉的电抗器连接图

由于高阻抗电弧炉所串联的电抗器很大，其电感值非常大，因而产生的过电压也非常高而频繁，因此必须采取特别有效的过电压保护措施。过电压保护装置是安装在高压柜中，其实施方法见电弧炉电气设备中的高压柜部分，在此不再赘述。

三、影响运行电抗大小的因素

电弧炉的运行电抗与冶炼工艺、炉子结构、短网结构、调节器等相关。影响运行电抗的诸因素可以归纳为以下几个方面：

（1）装入废钢类型；

（2）炉渣类型与数量；

（3）电极横臂与立柱的稳定性；

（4）电极调节系统；

（5）三相不对称情况；

（6）炉内熔化过程的不稳定性及产生的波动；

（7）熔化过程中电极位置的变化与波动造成的电流变化；

（8）电弧以及电源回路的非线性。

由于以上诸多因素的影响，相同变压器容量的高阻抗电弧炉所配置的电抗器参数会在一定范围内变化。

四、电抗器容量确定方法

（一）百分比法

百分比法即以电抗器容量占变压器容量的百分数值，如 10%、15%、20%、25% 等确定，这些百分数是国外高阻抗电弧炉的设计结果。此法电抗器容量取值依据不充分，更主要是电气量值不可知、不准确，只能作为参考，不能作为设计的依据。但是，通常情况下电抗器容量是在占变压器容量的 10% ~25% 之间选取，最常用是电抗器容量占变压器容量的 14% ~17%，这一区间更为适宜。

（二）功率因数法

功率因数法关系式为：

$$\cos\varphi = \sqrt{1 - (IX/U)^2}$$

根据功率因数法关系式，通过提高电压，降低电流，确定最合适的功率因数，据此计算需要选择的电抗器容量。因为高阻抗电弧炉的基本设计思想是利用提高电弧电压，即加大电弧的阻性负载来补偿电抗器的感性负载，使之达到一个理想的功率因数值。较高的二次电压和较大的电抗器的合理搭配，是使功率因数保持在合适范围内所必需的。参考国内外高阻抗电弧炉，合适的功率因数应在 $0.82 \sim 0.84$ 范围内。此法可以保证电弧的稳定性，虽然不能得到较佳的电气参数，也不能保证电弧功率的输入，但参考国外高阻抗电弧炉，选用此法设计却可以得到满意的效果。

功率因数法计算公式见表 $4-5$。

表 4-5　功率因数法计算公式汇总

参　数　名　称		单　位	计　算　公　式
已知条件	变压器视在功率	kV·A	P_s
	变压器一次电压	V	U_1
	变压器一次电流	A	I_1
	变压器二次最高电压	V	$U_2 (U_{2\text{ph}})$
	变压器二次电流（U_2时）	kA	$I_2 = P_s / (\sqrt{3} U_2)$
	联结组标号		Yd11
	变压器阻抗电压	%	$U_{k\%}$
	变压器负载损耗	kW	P_{cu}
	变压器空载损耗	kW	P_o
	运行电抗系数 K_{OP}（实测值）	mΩ	$K_{OP} = 1.1$（不大于 60t 的中等容量电炉） $K_{OP} = 1.1 \sim 1.2$（60~100t 的容量电炉） $K_{OP} = 1.2$（不小于 100t 的大型容量电炉）
变压器电阻 R_T		mΩ	$R_T = [P_{cu} \times 1000 / (3 \times I_1^2)] \times (U_2 / U_1)^2$
变压器电抗 X_T		mΩ	$X_T = \dfrac{U_2^2 \times U_{k\%}}{P_s}$
变压器阻抗 Z_T		mΩ	$Z_T = \sqrt{R_T^2 + X_T^2}$
短网电阻 R_{KC}		mΩ	可以根据同类型、同容量电弧炉的短网几何尺寸参数计算（或者按实际短网计算取值）
短网电抗 X_{KC}		mΩ	
短网阻抗 Z_{KC}		mΩ	
变压器和短网合成电阻 R_{TKC}		mΩ	$R_{TKC} = R_T + R_{KC}$
变压器和短网合成电抗 X_{TKC}		mΩ	$X_{TKC} = X_T + X_{KC}$
变压器和短网合成阻抗 Z_{TKC}		mΩ	$Z_{TKC} = Z_T + Z_{KC}$
主回路总阻抗 Z_{MAIN}		mΩ	$Z_{MAIN} = U_{2\text{ph}} / (\sqrt{3} I_2)$
功率因数 $\cos\varphi$	计算公式		$\cos\varphi = P_s / P$
	理想的功率因数 $\cos\varphi$ 设定值		$\cos\varphi = 0.82$（不大于 60t 的中等容量电炉） $\cos\varphi = 0.82 \sim 0.84$（60~100t 的容量电炉） $\cos\varphi = 0.84$（不小于 100t 的大型容量电炉）
主回路运行电抗 X_{OP}		mΩ	$X_{OP} = Z_{MAIN} \sin\varphi$
主回路短路电抗 X_{TKCL}		mΩ	$X_{TKCL} = X_{OP} / K_{OP}$
所需串联电抗器电抗值 X_{LLOW}		mΩ	$X_{LLOW} = X_{TKCL} - X_{TKC}$
折合到高压侧的电抗器电抗值 X_L		mΩ	$X_L = X_{LLOW} (U_1 / U_2)^2$
所需串联电抗器容量 Q_L		kvar	$Q_L = 3 I_1^2 X_L$

参 数 名 称	单 位	计 算 公 式
串联电抗器相对电抗值 $X_L\%$	%	$X_L\% = \dfrac{Q_L}{P_s} \times 100\%$
串入电抗器后总的短路电抗 X_{EAF}	mΩ	$X_{EAF} = X_T + X_{KT} + X_{LLOW}$
串入电抗器后总的短网阻抗 Z_{EAF}	mΩ	$Z_{EAF} = Z_T + Z_{KC} + Z_{LLOW}$
串入电抗器后总的短路电阻 R_{EAF}	mΩ	$R_{EAF} = R_{TKC}$
有功功率 P	kW	$P = P_s \cos\varphi = 3EI\cos\varphi$
损失功率 P_R	kW	$P_R = 3I_2^2 R_{TKC}$
电弧功率 P_{arc}	kW	$P_{arc} = P - P_R$
电效率 η_E	%	$\eta_E = \dfrac{P_{arc}}{P} \times 100\%$
电弧电压 U_{arc}	V	$U_{arc} = \dfrac{P_{arc}}{3I_2}$
电弧长度 L_{arc}	mm	$L_{arc} = U_{arc} - (35 \sim 40)$
短路电流 I_{2S}	kA	$I_{2S} = U_{2ph} / (\sqrt{3} Z_{EAF})$
短路电流倍数 K_S	倍	$K_S = I_{2S} / I_2$
电抗百分数	%	$X' = IX/E \times 100\%$
无功功率 Q	kW	$Q = T\sin\varphi = 3I^2 X$
电弧电流变化率	kA/V	dI/dU_{arc}

(三) 电弧功率恒定法

以同容量变压器普通阻抗电弧炉电弧功率不变为计算依据，以普通阻抗值的1.5~2倍不同的电抗值计算比较不同电抗值的电气参数，选取确定电抗器容量及相应的电气参数。

通常容量在50t以下的电弧炉，其短网电阻应不大于0.9mΩ，电抗应不大于2.6mΩ；大于75t的电弧炉，其短网电阻应不大于0.8mΩ，电抗应不大于2.7mΩ。

1. 计算公式

高阻抗电弧功率恒定法计算公式见表4-6。

表4-6 高阻抗电弧功率恒定法计算公式

计算项目	单 位	计算公式	备 注
最高二次电压	V	$U_2 = U_{p2}$	高阻抗 $U_{p2} = U_{2ph}$
短网电抗	mΩ	X_p	同类型普通功率电抗值（含变压器电抗值）
视在功率	MV·A	P_s	已知
二次电流	kA	$I_2 = P_s / (\sqrt{3}\, U_{p2})$	
电损功率	MW	$P_R = 3I_2^2 R_{TKC}$	
有功功率	MW	$P = P_s \cos\varphi$	

计算项目	单 位	计算公式	备 注
电弧功率	MW	$P_{arc} = P - P_R$	以普通阻抗电弧功率为恒定值计算
功率因数	$\cos\varphi$	$\sqrt{1 - \left(\dfrac{P_s X_p}{U_2^2}\right)^2}$	
电效率	%	$\eta_E = \dfrac{P_{arc}}{P} \times 100\%$	
电弧电压	V	$U_{arc} = P_{arc}/(3I_2)$	
电弧长度	mm	$L_{arc} = U_{arc} - 40$	
短路电流	kA	$I_{2S} = U_{2ph}/(\sqrt{3}Z_{EAF})$	
电弧电流变化	kA/V	dI/dU_{arc}	比值越小运行越稳定
电抗容量	kvar	$Q_L = 3I_1^2 X_L$	
电抗器占变压器百分数	%	$\dfrac{Q_L}{P_s} \times 100\%$	

2. 计算项目取值说明

根据电弧炉电气特性曲线中经济电流所对应的功率因数 $\cos\varphi = 0.86$，以相同容量变压器普通阻抗电弧炉电弧功率不变为计算依据，计算出普通功率对应于功率因数 $\cos\varphi = 0.86$ 时的 U_{p2} 值。并用普通阻抗值的 $1.5 \sim 2$ 倍计算不同的电抗值，比较不同电抗值的电气参数，选取确定电抗器容量及相应的电气参数，见表4-7。

表4-7 高阻抗电弧炉电气参数选取计算表

参 数	单位	普通阻抗参数设定值	高阻抗最高二次电压 U_{2ph} 对应的电气参数值与电抗器的配置				
			A	B	C	D	E
最高二次电压	V	U_{p2}	$a + n$ 级	$a + (n+1)$ 级	$a + (n+2)$ 级	$a + (n+3)$ 级	$a + (n+4)$ 级
短网电抗	mΩ	X_p					
视在功率	MV·A		P_s				
二次电流	kA						
电损功率	MW						
功率因数		0.86					
有功功率	MW						
电弧功率	MW		$P_{arc} = P - P_R$				
电效率	%						
电弧电压	V						
电弧长度	mm						
短路电流	kA						
短路电流	倍						
电流变化	kA/V						
电抗器容量	kvar						
电抗器占变压器百分比	%						

对表 4 - 7 中参数取值说明：

（1）a 为相同容量的普通阻抗变压器最高二次电压值，单位为 V，$a = 15\sqrt[3]{P_s}$。

（2）对于不同容量变压器 n 的取值，根据经验公式：

$$n = \frac{P_s}{10} \tag{4-2}$$

式中　n——级差数，误差为 ±1 级，对于每级级差取值大者则级差数为 $n-1$，对于每级
　　　　　级差取值小者则级差数为 $n+1$；

　　P_s——变压器视在功率，MV · A。

（3）对于 A、B、C、D、E…位数的选取：

1）一般取 A、B、C、D 到 A、B、C、D、E、F，4 ~ 6 位数字；

2）根据变压器容量选取位数的多少，小容量变压器取小值，大容量变压器取大值；

3）根据电抗器占变压器容量百分比选取位数的多少，一般是选取电抗器占变压器容量 14% ~ 17% 左右为 U_{2ph}；

4）功率因数一般在 0.82 ~ 0.84 之间选取；

5）对于变压器容量不小于 100MV · A 的大型变压器，虽然国外 U_{2ph} 已达到 1200V，但建议对于 $U_{2ph} > 1000V$ 时，要谨慎选择。

根据以上原则，可综合考虑选取 A、B、C、D、E…的位数。

（四）电抗器容量与抽头的关系

一般情况下电抗器抽头用电抗器百分数来表示，通常分为 4 ~ 6 级。常用的级别为 100%、90%、80%、70%、60%、0，而 50% 以下档位没有实际应用意义；以计算值选取电抗器抽头方法。

五、功率因数法计算举例

以某公司容量 50t、变压器 30MV · A 高功率电弧炉改造成高阻抗电弧炉为例计算。因改造后由于二次电流变小，允许在不改变短网的情况下变压器可增加到 40MV · A 的情况为例进行说明。

（一）电炉变压器各项参数及其计算

已知参数：

（1）变压器额定容量：$P_s = 40MV · A$；

（2）变压器一次电压：$U_1 = 35kV$；

（3）变压器一次电流：$I_1 = 659.8A$；

（4）变压器二次最高电压：$U_2(U_{2ph}) = 860V$；

（5）变压器二次电流：$I_2 = 26.85kA$（$U_2 = 860V$ 时）；

（6）联结组标号：Yd11；

（7）阻抗电压：$U_{k\%} = 6\% ~ 7\%$；

（8）负载损耗：$P_{cu} = 340kW$；

（9）空载损耗：$P_o = 52kW$；

（10）空载电流：$I_o\% = 0.6\%$；

（11）运行电抗系数：K_{OP}（实测值），一般 60t 中等级 $K_{OP} = 1.1$。

计算参数：

（1）变压器电阻 R_T 的计算。根据：

$$R_T = [P_{cu} \times 1000/(3 \times I_1^2)] \times (U_2/U_1)^2$$

则有：$R_T = [340000 \times 1000/(3 \times 659.8^2)] \times (860/35000)^2 = 0.156 \approx 0.16(m\Omega)$

（2）变压器电抗 X_T 的计算。根据：

$$X_T = \frac{U_2^2 \times U_{k\%}}{P_s}$$

则有：$X_T = \dfrac{860^2 \times 7}{40000 \times 100} = 1.29(m\Omega)$。

（3）变压器阻抗 Z_T 的计算。根据：

$$Z_T = \sqrt{R_T^2 + X_T^2}$$

则有：$Z_T = \sqrt{0.16^2 + 1.29^2} \approx 1.3(m\Omega)$。

（二）短网系统电参数的计算

短网电阻 R_{KC}、短网电抗 X_{KC} 及短网阻抗 Z_{KC} 的计算，可以根据同类型、同容量电弧炉的短网几何尺寸参数计算（或者按实际短网计算取值），结果如下：

（1）短网电阻：$R_{KC} = 0.63m\Omega$；

（2）短网电抗：$X_{KC} = 2.88m\Omega$；

（3）短网阻抗：$Z_{KC} = 2.94m\Omega$。

变压器和短网合成电阻 R_{TKC}、电抗 X_{TKC} 及阻抗 Z_{TKC} 的计算：

（1）变压器和短网合成电阻 R_{TKC}。根据：

$$R_{TKC} = R_T + R_{KC}$$

则有：$R_{TKC} = R_T + R_{KC} = 0.16 + 0.63 = 0.79(m\Omega)$。

（2）变压器和短网合成电抗 X_{TKC}。根据：

$$X_{TKC} = X_T + X_{KC}$$

则有：$X_{TKC} = X_T + X_{KC} = 1.29 + 2.88 = 4.17(m\Omega)$。

（3）变压器和短网合成阻抗 Z_{TKC}。根据：

$$Z_{TKC} = Z_T + Z_{KC}$$

则有：$Z_{TKC} = Z_T + Z_{KC} = 1.3 + 2.94 = 4.24(m\Omega)$。

（三）串联电抗器容量的计算

根据 $\cos\varphi = \sqrt{1 - (IX/U)^2}$，计算如下：

（1）在额定燃弧时，包括电弧在内的电弧炉设备主回路总阻抗 Z_{MAIN}。根据：

$$Z_{MAIN} = U_{2ph}/(\sqrt{3}I_2)$$

则有：$Z_{MAIN} = 860/(1.732 \times 26.85) = 18.49(m\Omega)$。

（2）理想的功率因数设定值为：$\cos\varphi = 0.82$，为了使电弧连续稳定地燃烧，参考国内外 60t 级中等容量高阻抗电弧炉的功率因数均设定在 0.82。

（3）主回路运行电抗 X_{OP} 的计算。根据：

$$X_{OP} = Z_{MAIN}\sin\varphi$$

则有：$X_{OP} = 18.49 \times 0.5724 = 10.58(m\Omega)$。

（4）主回路短路电抗 X_{TKCL} 的计算。根据：

$$X_{TKCL} = X_{OP}/K_{OP}$$

则有：$X_{TKCL} = 10.58/1.1 = 9.62(m\Omega)$。

（5）所需串联电抗器值 X_{LLOW} 的计算（低压侧）。根据：

$$X_{LLOW} = X_{TKCL} - X_{TKC}$$

则有：$X_{LLOW} = 9.62 - 4.17 = 5.45(m\Omega)$。

（6）折合到高压侧的电抗器电抗值 X_L 的计算。根据：

$$X_L = X_{LLOW}(U_1/U_2)^2$$

则有：$X_L = 5.45 \times (35000/860)^2 = 9027(m\Omega)$。

（7）所需串联电抗器容量 Q_L 的计算。根据：

$$Q_L = 3I_1^2 X_L$$

则有：$Q_L = 3 \times 659.8^2 \times 9.027 = 11789(kvar)$。

（8）串联电抗器相对电抗值 $X_{L\%}$ 的计算。根据：

$$X_{L\%} = \frac{Q_L}{P_s} \times 100\%$$

则有：$X_{L\%} = \dfrac{11789}{40000} \times 100\% = 29.5\%$。

（9）串入电抗器后总的短路电抗 X_{EAF} 的计算。根据：

$$X_{EAF} = X_T + X_{KT} + X_{LLOW}$$

则有：$X_{EAF} = 1.29 + 2.88 + 5.45 = 9.62(m\Omega)$。

（10）串入电抗器后总的短路阻抗 Z_{EAF} 的计算。根据：

$$Z_{EAF} = Z_T + Z_{KC} + Z_{LLOW}$$

而：

$$Z_{LLOW} \approx X_{LLOW}$$

则有：$Z_{EAF} = 1.3 + 2.94 + 5.45 = 9.69(m\Omega)$。

（11）串入电抗器后总的短路电阻 R_{EAF} 的计算。根据：

$$R_{EAF} = R_{TKC}$$

则有：$R_{EAF} = R_{TKC} = 0.79m\Omega$（因为电抗器的电阻为零）。

（四）运行参数的计算

（1）有功功率 P 的计算。根据：

$$P = P_s\cos\varphi$$

则有：$P = 40 \times 0.82 = 32.8(MW)$。

（2）损失功率 P_R 的计算。根据：

$$P_R = 3I_2^2 R_{TKC}$$

则有：$P_R = 3 \times 26.85^2 \times 0.79 = 1.7(MW)$。

（3）电弧功率 P_{arc} 的计算。根据：

$$P_{arc} = P - P_R$$

则有：$P_{arc} = 32.8 - 1.7 = 31.1 (MW)$。

（4）电效率 η_E 的计算。根据：

$$\eta_E = \frac{P_{arc}}{P} \times 100\%$$

则有：$\eta_E = \frac{31.1}{32.8} \times 100\% = 94.7\%$。

（5）电弧电压 U_{arc} 的计算。根据：

$$U_{arc} = \frac{P_{arc}}{3I_2}$$

则有：$U_{arc} = \frac{31100}{3 \times 26.85} = 385 (V)$。

（6）电弧长度 L_{arc} 的计算。根据：

$$L_{arc} = U_{arc} - 35$$

则有：$L_{arc} = 385 - 35 = 350 (mm)$。

（7）短路电流 I_{2S} 的计算。根据：

$$I_{2S} = U_{2ph} / Z_{TKCL}$$

而：

$$Z_{TKCL} = \sqrt{3} Z_{EAF}$$

则有：$I_{2S} = 860 / (1.732 \times 9.69) = 51.24 (kA)$。

（8）短路电流倍数 K_S 的计算。根据：

$$K_S = I_{2S} / I_2$$

则有：$K_S = 51.24 / 26.85 = 1.91$。

（五）改造前后参数对比

50t 普通高功率电弧炉改造成高阻抗电弧炉前后参数对比见表 4-8。

表 4-8 普通高功率电弧炉与高阻抗电弧炉参数对比

参 数 名 称	单 位	普通高功率电弧炉	高阻抗电弧炉
变压器额定容量	MV·A	30	40
变压器二次电压	V	430	860
变压器二次电流	kA	40.3	26.9
电抗器容量	Mvar	0	11.789
电抗器电抗（二次侧）	mΩ	0	5.45
炉子短路电抗	mΩ	3.08	9.62
主回路总阻抗	mΩ	6.16	18.49
电弧电压	V	194	386
电极直径	mm	500	400
功率因数		0.83	0.82
有功功率	MW	25.1	32.8
电弧功率	MW	22.6	31.1

参 数 名 称	单 位	普通高功率电弧炉	高阻抗电弧炉
电弧长度	mm	150	350
电效率	%	90.3	94.7
电极消耗	kg/t	2.6	1.9
冶炼时间	min	72	50

六、电弧功率恒定法的计算举例

例 1　以 45MV·A 变压器的 60t 电弧炉为例，按高阻抗电弧炉的定义，将 45MV·A 变压器的阻抗值与 60t 电弧炉短网阻抗值相加得出 60t 普通阻抗电弧炉的电阻、电抗分别为：0.65mΩ、3.7mΩ。计算不同电抗时的操作情况，以便确定电抗器容量及其性能参数，计算结果见表 4 - 9。

表 4 - 9　高阻抗电弧炉电气参数计算表

电气参数	单位	普通阻抗参数设定值	高阻抗电气参数的选择			
			A 组	B 组	C 组	D 组
最高二次电压	V	570.0	625.0	650.1	674.8	700.0
短路电抗值	mΩ	3.70	4.66	5.13	5.60	6.10
电弧电流	kA	45.58	41.57	39.97	38.50	37.12
表观功率	MV·A	45				
电弧功率	MW	34.591				
有功功率	MW	38.642	37.960	37.705	37.481	37.277
损失功率	MW	4.051	3.369	3.115	2.891	2.686
功率因数		0.859	0.844	0.838	0.833	0.828
电效率		0.895	0.911	0.917	0.923	0.928
电弧电压	V	253.0	277.4	288.5	299.5	310.7
电弧长度	mm	213.0	237.4	248.5	259.5	270.7
短路电流	kA	87.6	76.7	72.6	69.1	65.9
电流波动	kA/V	0.350	0.276	0.251	0.229	0.209
电抗器容量	kvar	0	2799	4600	6182	7645
电抗器容量占变压器容量比例	%	0	6.22	10.22	13.74	16.99

由高阻抗定义及其优越性，可选择表 4 - 9 中的 D 组。按表 4 - 9 中电抗与电压的关系，电抗器的容量与抽头的关系见表 4 - 10。

表 4 - 10　电抗器容量及抽头参数

电抗器型号	电抗器容量/Mvar	电抗器抽头	备　注
XKSSP - 7600/35	7.6	7.6/6.2/4.6/0	按计算值抽头
		7.6/6.8/6.1/5.3/4.6/0	按百分数抽头

例2　某厂设计安装一台50t超高功率高阻抗交流电弧炉，电炉变压器的容量 $P_s = 40MV\cdot A$，一次额定电压 $U_1 = 35kV$，二次最高电压 $U_{2ph} = 820V$，在820V时的阻抗电压 $U_{d\%} = 10\%$。计算介绍如下。

电炉变压器的电抗：$X_T = \dfrac{U_{d\%}}{100}\cdot\dfrac{U_2^2}{P_s} = \dfrac{10}{100}\cdot\dfrac{0.82^2}{40} = 1.68\times10^{-3}(\Omega)$

大电流线路（短网）的电抗经计算（略）为 $2.7\times10^{-3}\Omega$，系统短路容量为 $800MV\cdot A$。

串联电抗器前系统电抗：$X = \dfrac{U_2^2}{P_s} = \dfrac{0.82^2}{40} = 0.84\times10^{-3}(\Omega)$

所以，串联电抗器前电炉供电回路的总电抗为 $X = (0.84 + 1.68 + 2.7)\times10^{-3} = 5.22\times10^{-3}(\Omega)$。

串联电抗器前的功率因数：$\sin\varphi = \dfrac{P_s X}{U_2^2} = \dfrac{40\times5.22\times10^{-3}}{0.82} = 0.3105$，即 $\cos\varphi = 0.95$。

一般来说 $\cos\varphi > 0.85$ 时，电弧燃烧就会很不稳定，需要串联一个合适的电抗器，使功率因数降到一个合理的数值上，电弧才能稳定。对于50t中型电弧炉来说一般取 $\cos\varphi < 0.83$，这里取 $\cos\varphi = 0.83$ 时，则 $\sin\varphi = 0.5578$。

根据　　　　$X + \Delta X = \dfrac{U_2^2\sin\varphi_1}{P_s} = \dfrac{0.82^2\times0.5578}{40} = 9.4\times10^{-3}(\Omega)$

已知串联电抗器之前的总电抗器值为 $X = 5.22\times10^{-3}\Omega$，那么，$\Delta X = 9.4\times10^{-3} - 5.22\times10^{-3} = 4.18\times10^{-3}(\Omega)$。

将 ΔX 折算到变压器的一次侧时，则有：

$$\Delta X' = \Delta X\dfrac{U_1^2}{U_2^2} = 4.18\times10^{-3}\times\dfrac{35^2}{0.82^2} \approx 7.6(\Omega)$$

考虑谐波分量的影响，取 $\Delta X' = 1.2\times7.6 = 9.12(\Omega)$。

电抗器抽头位置取100%，85%，70%，55%，0。

七、国外部分不同容量的高阻抗电弧炉参数选取

为了能使高阻抗电弧炉设计者有一个合理的选择，在此给出国外已经运行良好的高阻抗电弧炉的二次电压和合成电抗值的选择参考数据，使其功率因数保持在0.82～0.84范围内。这些炉子本身的电抗值在3.0～3.5mΩ范围内，而在变压器一次侧串联电抗器后，合成总电抗值在4～6mΩ，大约比原普通阻抗值高出50%。

国外某些已运行的高阻抗电弧炉二次电压与附加电抗器总电抗值见表4-11。

表4-11　国外某些已运行的高阻抗电弧炉二次电压与附加电抗器总电抗值

炉容量(液态钢水)/t	变压器最高二次电压/V	总电抗/mΩ
66	850	5.0
75	1000	5.4
80	900	5.7
110	960	4.6
115	925	4.8

炉容量(液态钢水)/t	变压器最高二次电压/V	总电抗/mΩ
115	901	4.5
118	884	4.4
120	950	4.2
130	1070	6.3
140	960	3.6
170	1200	5.3

德国德马格公司的100t高阻抗电弧炉电弧电压达到了540V，其电抗器容量为16Mvar。表4 – 12为德马格公司的100t高阻抗电弧炉与普通阻抗电弧炉运行指标的比较。

表 4 – 12　德马格公司的 100t 高阻抗电弧炉与普通阻抗电弧炉运行指标比较

参数名称	单 位	普通电弧炉	高阻抗电弧炉	高阻抗与普通阻抗的比较
炉容量	t	100	100	
电耗	kW·h/t	520	300	降低50%
电极消耗	kg/t	5.0	1.2	仅是普通阻抗1/4
熔化时间	min	74	28	
全冶炼时间	min	144	45	仅是普通阻抗1/3
每天冶炼炉次	炉	10	32	
日产量	万吨	0.1	0.32	
月产量	万吨	2.8	9.2	
年产量	万吨	30	100	
生产率	t/h	42	133	提高3倍

表4 – 13为达涅利公司的90t高阻抗电弧炉与普通阻抗电弧炉运行指标的比较。

表 4 – 13　达涅利公司的 90t 高阻抗电弧炉与普通阻抗电弧炉运行指标比较

参数名称	单 位	普通电弧炉	高阻抗电弧炉
炉容量	t	90	90
变压器容量	MV·A	90	90
变压器二次电压	V	800	1100
系统总运行电抗	mΩ	4.0	8.2
电极电流	kA	65	50
有功功率	MW	74.4	72.8
电弧功率	MW	70.6	70.5
损耗功率	MW	3.8	2.3
功率因数		0.83	0.81
电弧电压	V	362	470
短路电流	kA	138	93
短路电流倍数	倍	2.132	1.86

八、交流、直流电弧炉和高阻抗电弧炉的比较

同容量的交流、直流电弧炉和高阻抗电弧炉的比较见表4-14。

表4-14　同容量的交流、直流电弧炉和高阻抗电弧炉的比较

项　目　名　称		供　电　方　式		
		DC炉	AC炉	高阻抗AC炉
供电效率	变压器损失/%	0.4~0.7	0.7~1.0	0.4~0.7
	电缆损失/%	0.5~0.6	0.5	0.5
	短网损失/%	0.7~0.9	0.6	0.6
	直流电抗损失/%	0.15		
	整流器损失/%	0.22		
	涡流损失/%		0.4	0.2
	电极损失/%	1.0	0.91	0.55
	总计损失/%	2.97~3.57	3.11~3.41	2.25~2.55
热效率	热效率/%	提高5~10	60~65	提高5
	炉壁冷点热损失/%	标准	增加5	增加2
	总计节电量/kW·h·t^{-1}	25~40	标准	10~20
电极效率	电极端部损失/kg·t^{-1}	0.84	0.95	0.721
	电极侧面损失/kg·t^{-1}	0.398	1.23	0.919
	折断/kg·t^{-1}	0.01	0.05	0.02
	电极总计损失/kg·t^{-1}	1.248	2.23	1.66
环境污染	电网闪烁值/%	减少50~60	标准	减少40
	熔化期噪声/dB	85~90	110	100

第五章 连续加料炼钢电弧炉

连续加料电弧炉包括水平连续加料电弧炉（Consteel furnace），实现炉料连续预热，也称炉料连续预热电弧炉（而竖炉仅为炉料半连续预热）。水平连续加料电弧炉（简称 Consteel），该形式电弧炉于 20 世纪 80 年代由意大利得兴（Techint）公司开发，1987 年最先在美国的纽柯公司达林顿钢厂（Nucor-Darlington）进行试生产，90 年代开始流行。获得成功后在美国、日本、意大利等推广使用。到目前为止，世界上已投产和待投产的 Consteel 电炉有二十几台；而我国就占有一半左右。到目前为止，国产化 Consteel 电弧炉已经投产运营，太行振动机械厂所产的百米耐高温传送机构能满足我国所有 Consteel 电弧炉对加料系统的技术要求。

第一节 水平连续加料电弧炉概述

一、水平连续加料电弧炉工作原理

把废钢从料场或铁路车皮运到电弧炉车间的加料段附近。把废钢用吊车的电磁吸盘将炉料装入传送机，通过加料传送机，自动、连续地从电弧炉 1 号和 3 号电极一侧的炉壳上部部位加入电弧炉内，并始终在炉内保持一定的钢水量。同时，电弧炉内的烟气逆向通过预热段不断地对炉料进行预热。

水平连续加料电弧炉具有独特的连续熔化和冶炼工艺。将预热的废钢和炉料连续加入到炉内的钢水中，并得到迅速的熔化。这可以保证恒定的平熔池操作，这是水平连续加料电弧炉的关键所在。电弧能够稳定地在平熔池上工作，由于电极的操作平稳，可以显著地降低电压闪烁和谐波，对前级电网的冲击小，降低电弧炉变压器容量，节约能源。同时又使废气较为均匀地排放，有利于除尘系统的配置和控制。水平连续加料电弧炉工作原理如图 5 - 1 所示。

二、设备组成特点

系统设备特征是连续加料系统由 3 ~ 4 段（2 ~ 3 段为加料段，最后 1 段为废钢预热段）传送机串联组成，其宽为 1.2 ~ 1.5m，深为 0.3m，长为 60 ~ 75m。也有的水平连续加料底宽为 2.2m，顶部宽为 2.7m，高为 1m，装入传送机的废钢高度为 0.7 ~ 0.8m，传送机速度为 2 ~ 6m/min 并可调。废钢由铁路车皮（或汽车）运输到炉子料场的加料区，由电磁吊把废钢吊到传送机上。全封闭的废钢预热段长为 18 ~ 24m，内衬以耐火材料并用水冷密封装置密封，以防封闭盖和预热段底漏气。预热段还可装置天然气烧嘴（因废气的化学热和显热已足够，现在已不设置）。废钢由废气和燃料加热到 600℃（设计加热温度）。

三、工艺的主要特征

电弧炉连续炼钢工艺的主要特征有：始终保持一定的留钢量（40% 左右）用作熔化废

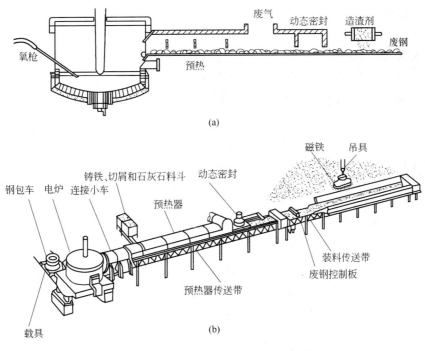

图 5-1　水平连续加料电弧炉示意图
(a) 机械结构原理简图；(b) 机械结构简图

钢的热启动；熔池温度保持在合适的范围内，以确保金属和熔渣间处于一恒定的平衡和持续的脱碳沸腾，使熔池内的温度和成分均匀；泡沫渣操作可连续、准确地控制，这对于操作过程的顺利进行非常重要；废钢传送机内废钢混合的密度、均匀性和均匀分布，对炉内熔池成分能否保持在规定的范围内及废气中可燃物质的均匀分布影响很大；炉内和预热段内废气量和压力的控制对废钢预热非常重要。

将废钢运输到炉子料场的加料区，由电磁吊把废钢吊到上大下小的梯形传送机上，通过预热段，进入一衔接小车（一可伸缩的输送设备，用于衔接预热段和炉子）并送入电弧炉内。预热装置的设计包括一用于控制排放 CO 的"炉后燃烧器"。设计的废钢预热温度为 600℃（国内实际使用预热温度在 300℃左右）。水平连续加料电弧炉系统废气出口温度为 900℃（无辅助烧嘴时），如为满足环保要求需把废气温度提高到 1000～1100℃，也只需在预热段加设一小烧嘴即可。废钢预热段的隔水密封装置的位置的安排是特别重要的。

水平连续加料电弧炉由于实现了废钢连续预热、连续加料、连续熔化，与传统的电弧炉比较，水平连续加料电弧炉连续炼钢工艺的主要优越性有：

（1）节约投资和操作成本。该工艺降低了生产规模和投资比，车间布置更紧凑。与直流电弧炉相比，变压器容量可减少 35%～40%，变压器利用率高达 90% 以上；而与双炉壳电弧炉相比可减少 20%～30%。一般不需静止式动态补偿装置（SVC）。此外，不需设置串联电抗器和氧燃烧嘴。废气以低速逆向流过预热段，废气中大量的烟尘在预热段沉降，因此布袋除尘量仅 10kg/t，比传统电弧炉减少 30%；且布袋的数量也可大大减少，布袋风机由 3 台减少到 2 台。对变电所、闪烁控制系统等要求均可大幅度降低。对于改造建设的情况，则用同样的变压器和除尘系统可大幅度提高生产率。

用连续预热了的废钢进行熔炼，电耗、电极消耗、耐火材料消耗等都可大大降低。电费至少降低 10% ~15%。

（2）金属收得率提高。渣中 FeO 含量降低，使从废钢到钢水的金属收得率提高约 2%。因为熔池始终处于脱碳沸腾的精炼阶段（废钢进入留在炉内的钢水时，熔池的温度为 1580~1590℃），熔池搅拌强烈，使碳/氧的关系更接近平衡，所以渣中 FeO 含量低，一般为 10% ~15%。

在预热废钢的过程中，烟气流速很低，烟气中的大量粉尘沉降（过滤）下来，重新进入炉内进行冶炼，从而提高了约 1% ~2% 的废钢铁料回收率。

（3）钢中气体含量低。因为原料进入熔池时，经预热段后其中的碳氢化合物已被完全燃烧，且一般不用氧燃烧嘴和天然气预热烧嘴，所以杜绝了氢的来源。而在整个熔炼中，熔池始终处于脱碳沸腾的精炼阶段，熔池搅拌强烈，且采用泡沫渣深埋电弧操作，减少了进入炉内的气体量及气体进入熔池的可能性。因此，可使钢中的［H］和［N］的含量保持在很低的水平。此外，钢水连续的脱碳沸腾，也保证了良好的脱硫和脱磷效果。

（4）对原料的适应性强。水平连续加料系统可以使用废钢、生铁、冷态或热装直接还原铁矿（DRI）和热球团矿（HBI）、铁水和 Corex 海绵铁。其中，铁水加入量可达 20% ~60%，一次性或连续地加入炉内。

（5）废气的处理简便。因有一段较长的预热段，确保了废气在靠近电弧炉的 2/3 长度的预热段进行充分反应，可方便地实现对释放的废气中的 CO、VOC 和 NO_x 进行严格地自动控制。因环保要求需提高废气温度时，也只需在预热段加一小烧嘴以提高废气温度，不像其他电弧炉那样需特设一专用的庞大的炉后处理系统。

四、国内外水平连续加料电弧炉的使用情况

（一）国外使用情况

表 5-1 为国外现已投产的部分水平连续加料电弧炉系统概况。

表 5-1　国外现已投产的水平连续加料电弧炉系统概况

投 产 厂	Ameristeel（美国）	东英制钢（日本）	纽柯（美国）	New Jersey（美国）	AFV BV（意大利）	NSM（泰国）
投产年份	1989	1992	1993	1994	1997	1997
生产率/t·h⁻¹	54	125	100	82	135	229
电弧炉类型	AC	DC	DC	AC	AC	AC
电弧炉额定容量/t	75	120				328
变压器功率/MW	30MV·A	83MV·A	42	40	56	130MV·A
炉壳直径/m		7.3	6.5		6.8	8.5
废钢预热温度/℃	700	600		600	600	600
电耗/kW·h·t⁻¹	373	345	325	390		
氧耗（标态）/m³·t⁻¹	22	35	33	23		
电极消耗/kg·t⁻¹	1.75	1.15	1	1.85		

投 产 厂	Ameristeel（美国）	东英制钢（日本）	纽柯（美国）	New Jersey（美国）	AFV BV（意大利）	NSM（泰国）
金属收得率/%	93.3	94	93	90		
出钢量/t	40					180
留钢量/t	30 ~ 35					
出钢时间/min	45					47

（二）国内使用情况

截止 2009 年 5 月，在全世界已经投产的 19 座水平连续加料电炉中，我国就有 9 台。表 5 – 2 为国内在 2010 年已投产的部分水平连续加料电弧炉系统概况。

表 5 – 2　国内 2010 年已投产的部分水平连续加料电弧炉系统概况

使用单位	出钢量/t	变压器容量/MV·A	冶炼时间/min	台数	使用时间	备　注
西宁特钢公司	60	36	60	1	2002 年 2 月	国外引进
贵阳特钢公司	55	25	60	1	2000 年 6 月	国外引进
韶关钢铁公司	90	60	51	1	2000 年 12 月	国外引进
无锡钢铁公司	70	36	55	1	2001 年 9 月	国外引进
石横钢铁公司	65	36	60	1	2002 年 2 月	国外引进
鄂城钢铁公司	61	25	58	1	2002 年 9 月	国外引进
通化钢铁公司	65	36	60	1	2003 年 1 月	国外引进
宁夏恒力钢铁	75	45	51	1	2004 年 6 月	国外引进
嘉兴钢铁公司	75	45	51	1	2004 年 12 月	国外引进
舞阳钢铁公司	90		45	2	2006 年以前	国内制造
邯郸永洋钢铁公司	75	45	55	1	2007 年 12 月	国内制造
芜湖新兴铸管	55	35	50	1	2010 年 7 月	国内制造

我国某厂引进的 60t Consteel 电弧炉主要技术参数与技术经济指标见表 5 – 3。

表 5 – 3　我国某厂引进的 60t Consteel 电弧炉主要技术参数与技术经济指标

技 术 参 数	数　值	经济指标	数　值
电弧炉出钢量/t	60	冶炼周期/min	60
变压器容量/MV·A	36	电耗/kW·h·t^{-1}	325
炉壳高度/mm	4650	电极消耗/kg·t^{-1}	1.7
电极直径/mm	550	氧气消耗/m^3·t^{-1}	35 ~ 37
输料带能力/t·min^{-1}	0.6 ~ 2.0	炭粉消耗/kg·t^{-1}	18

我国某钢铁集团公司引进的 Consteel 电弧炉（90t/60MV·A），2000 年 12 月试投产，截止 2001 年 6 月，共产钢水 18.9 万吨。6 个月的试生产证明，该座 Consteel 电弧炉工艺基本是成熟、稳定的。在全冷料的情况下，最短冶炼时间为 54min，冶炼电耗为 380kW·

h/t；在30%铁水的情况下，最短冶炼时间为48min，冶炼电耗为250kW·h/t。

（三）水平连续加料电弧炉与其他类型的电弧炉技术经济指标的比较

1. 水平连续加料电弧炉与普通电弧炉冶炼指标的比较

水平连续加料电弧炉与普通电弧炉冶炼指标的比较见表5-4。

表5-4 水平连续加料电弧炉与普通电弧炉冶炼指标的比较

技 术 参 数	水平连续加料电弧炉	普通电弧炉
冶炼时间/min	≤60	162
电能消耗/kW·h·t^{-1}	≤325	473
电极消耗/kg·t^{-1}	1.7	4.1
氧气消耗/m^3·t^{-1}	35~37	30
炭粉消耗/kg·t^{-1}	18	定性加入
烟尘量/kg·t^{-1}	11	16
溅渣方法	软件	定性加入
吹氧方式	单根水冷式炭氧枪	3根自耗式氧枪
废钢收得率/%	94	
电弧利用率/%	90~91	

2. 水平连续加料与双炉壳、单炉壳生产成本的比较

水平连续加料与双炉壳、单炉壳生产成本的比较见表5-5。

表5-5 水平连续加料与双炉壳、单炉壳生产成本的比较

生产成本因素	交流水平连续加料	双炉壳交流电弧炉	单炉壳交流电弧炉
总电能消耗/kW·h·t^{-1}	340	395	
电极消耗/kg·t^{-1}	1.75	2.2	2.2
节省时间/h·t^{-1}	0.22	0.25	0.25
电炉粉尘量/kg·t^{-1}	11	16	16
氧气消耗/m^3·t^{-1}	35	45	35
烧嘴燃料消耗（标态）/m^3·h^{-1}	0	9	7
除尘室电力消耗/kW·h·t^{-1}	14	17	17
功率利用率/%	93	83	72

3. 水平连续加料交流电弧炉与直流电弧炉操作结果比较

水平连续加料交流电弧炉与直流电弧炉操作结果比较见表5-6。

表5-6 水平连续加料交流电弧炉与直流电弧炉操作结果的比较

项 目	Consteel 交流电弧炉	UHP 直流电弧炉	双炉壳 直流电弧炉
总电耗/kW·h·t^{-1}	340	420	380
电极消耗/kg·t^{-1}	1.7	1.4	1.4

项 目	Consteel 交流电弧炉	UHP 直流电弧炉	双炉壳 直流电弧炉
氧气消耗（标态）/$m^3 \cdot t^{-1}$	35	35	40
氧燃烧嘴燃料消耗（标态）/$m^3 \cdot t^{-1}$	0	6.6	8.6
布袋收尘室粉尘处理量/$kg \cdot t^{-1}$	11	16	16
布袋功率消耗/$kW \cdot h \cdot t^{-1}$	14	17	17
人员配备/人 · 工时 · t^{-1}	0.22	0.25	0.25

第二节 水平连续加料电弧炉机械的结构形式与特点

一、水平连续加料电弧炉机械的结构形式

连续加料电弧炉机械结构形式有基础分开式（见图 5 - 2）和整体基础式（见图 5 - 3）两种结构形式。

和普通式电弧炉整体机械结构没有区别，都有这两种形式。就这两种结构来说，目前绝大多数连续加料电弧炉采用的是基础分开式。其原因是连续加料电弧炉绝大多数都是由其发明者设计制造的，其机械结构采用的就是基础分开式结构形式。目前在我国，这种结构形式的电弧炉占绝大多数。根据我国使用经验认为，该种结构不仅电弧炉基础施工量大，而且对电炉基础施工和安装要求严格，常常因为基础施工和安装质量，造成电弧炉在使用上存在着炉盖顶起定位精度不够等问题。而整体基础就可以避免此类问题的产生。

二、水平连续加料电弧炉机械的结构特点

水平连续加料电弧炉机械结构是根据连续加料工艺特点，在电炉的倾炉机构、炉体与炉盖的设计上与非连续加料电弧炉有所区别。

（一）倾动机构的特点

水平连续加料装置在和炉体衔接处，送料小车为了把炉料尽可能安全可靠地送进炉内，小车的送料斗伸入到炉膛内部。为了尽可能地缩短冶炼时间，同时保证电炉烟气不泄漏，希望在电炉的扒渣和出钢操作时不用将加料小车上的送料斗退出，又能保证烟气不泄漏，便可进行倾炉操作。为了满足这种冶炼工艺要求，倾炉机构采用了导轮定点（弧形架弧形半径原点）转动结构方式，很好地解决了这一问题。为此，不论是基础分开式还是整体基础式，都采用了这一相同的倾动机构机械结构原理。

（二）炉体与炉盖结构特点

为了能使废钢炉料从炉体加入，要求炉体在变压器的对面 1、3 号电极中间部位的适当处开一个既可以使加料小车上的加料料槽加料自如，又能保证扒渣、出钢倾炉操作时炉体不与送料斗相互碰撞。为此，炉体开口（见图 5 - 2 与图 5 - 3）高度 B、宽度 C 以及倾

炉半径中心位置到地面高度 A 之间的相互关系是经过计算才能确定的。由于开口位置的高度较高，开口尺寸较大，因此把开口开在了炉体的上部和炉盖上。

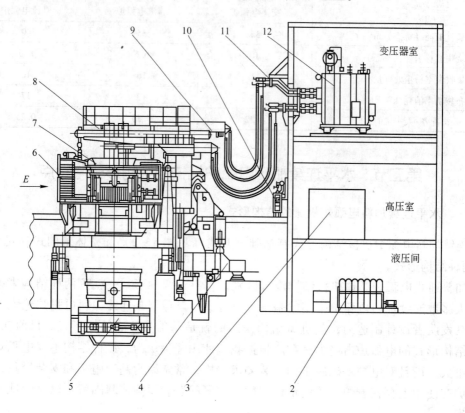

图 5-2 基础分开式连续加料电弧炉结构形式

1—倾炉机构；2—液压系统；3—高压系统；4—炉盖旋转机构；5—出钢车；6—炉体装配；
7—炉盖装配；8—炉盖提升机构；9—电极升降机构；10—水冷系统；
11—短网装配；12—变压器；13—出钢口维修平台

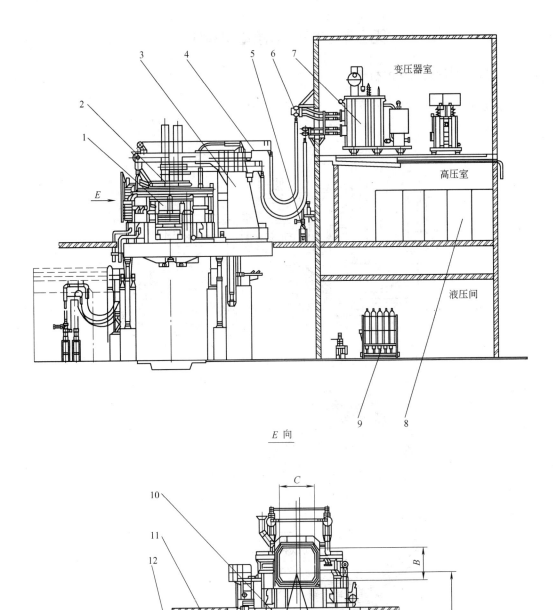

图 5 – 3　整体基础式连续加料电弧炉结构形式

1—炉体装配；2—炉盖装配；3—炉盖提升旋转机构；4—电极升降机构；5—水冷系统；
6—短网装配；7—变压器；8—高压系统；9—液压系统；10—倾炉机构；
11—出钢口维修平台；12—出钢车

第三节 炉体与倾动机构设计

一、废钢在炉内熔化的机理

电弧炉水平连续加料示意图如图 5-4 所示。

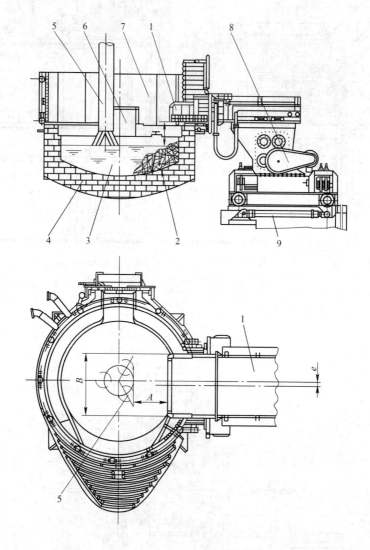

图 5-4 电弧炉水平连续加料示意图
1—加料槽；2—废钢堆积处；3—熔池；4—炉底；5—电极；6—炉门；
7—炉壁；8—加料小车；9—小车移动液压缸

水平连续加料时，先由小车移动液压缸 9 将加料槽 1 伸入炉膛内的适当位置，然后才可以进行加料操作。加料时，经过预热后的废钢炉料被连续不断地送入炉内进行冶炼。冶炼时，电极 5 不能直接对废钢加热，而是电极加热熔池内的钢液，钢液再对废钢进行熔化。废钢炉料进入炉内后，不可能全部立即熔化，必然会有一小部分堆积在加料槽的下面。废钢堆积处 2 的产生，也是水平连续加料电弧炉冷区的特点。针对水平连续加料的这一特点，在设备制造和冶炼工艺上就必须采取与其相适应的冶炼工艺。

二、炉体开口位置与尺寸的选择

(一) 炉体开口位置的选择

选择炉体开口位置时应考虑以下几点：

(1) 水平连续加料的电弧炉，对炉料的长度和质量是有一定要求的。炉体开口高度的选择，应大于最长炉料在加料槽竖立的高度并留有一定的余量，以防止一旦有炉料在入炉口处竖立后将加料口插住而使炉料堆积。

(2) 在加料槽的上方，烟气排放要有足够的截面积。

(3) 炉体开口下平面高度与钢液面距离尽可能要大一点，两者相差最小距离 $H >$ 800mm，使加料槽远离渣面。这样做的目的一则可以延长加料槽的使用寿命，二来避免飞溅钢渣糊住加料槽头部，阻挡炉料进入炉内，三来也避免飞溅的炉渣从加料口逸出。

(4) 在确定炉体开口高度时，要和倾炉弧形半径 R 的尺寸选择统一考虑，尽量能使倾动旋转中心与加料槽位置相适应。

(5) 考虑氧枪吹氧可能对加料槽的影响。

(6) 使加料槽尽量接近倾炉弧形半径的中心点，以便在倾炉时，炉体围绕加料槽转动，而又不使炉体与加料槽相碰撞且两者具有一定间隙。

(二) 加料槽插入炉内的深度的选择

选择加料槽插入炉内的深度时应注意：

(1) 加料槽插入炉内深度过短，炉料在熔池内堆积严重，炉料熔化速度慢。

(2) 加料槽插入炉内深度过长，减小了加料槽端部和电极之间的距离 A，块度较重的炉料就有可能把电极撞断；块度较长的炉料又可能会和电极搭接而导致加料槽带电。另外，加料槽插入炉内过长其寿命也会相对较短。为此，设计时要综合考虑。

(三) 加料槽高度与宽度的选择

加料槽内部废钢高度一般为 700mm 左右。加料槽的宽度 B 在保证规定的时间内，能把炉料加入炉内的情况下，希望尽量窄一点，因为窄的加料槽会使倾炉操作更加安全可靠；从预热效果方面考虑又希望宽一点，因为炉料与烟气接触面积大会增加预热效果。为此，设计时要综合考虑。

(四) 加料槽在炉体内部安装尺寸的选择

伸入炉体内部的加料槽中心线和炉体中心线会有一个偏心距 e。产生偏心距的主要原因有两个：一是由于出钢操作和扒渣操作的倾炉角度不同造成的；二是倾炉中心线与炉体中心线存在一个偏心距。另外，e 值的大小也与加料槽的宽度 B 有关。为此设计时应满足以下几点：

(1) 尽量使出渣倾动到最大角度和出钢倾动到最大角度时炉体开口不仅不能和加料槽

相碰撞，而且两侧的极限位置分别与加料槽侧面、底面距离尽量接近且不小于50mm。

（2）伸入炉体内部的加料槽的底面到炉体加料开口下平面的距离尽量小一点，以防止飞溅钢渣从该缝隙处溅出炉外。

（3）为了减小偏心距 e，使倾炉中心线与炉体中心线在满足倾炉重心要求的情况下，尽量减小该部尺寸。

三、倾动机构的设计

前面已经谈到，水平连续加料电弧炉的倾炉机构采用了支撑导轮定点（弧形架弧形半径为转动中心点）转动结构方式。支撑导轮分为主导轮与辅助导轮，主导轮是指支撑靠近变压器一侧弧形轨道的一组导轮；辅助导轮是指支撑远离变压器弧形轨道的另一组导轮。根据其结构特点，导轮设计时主要从以下几个方面考虑：

（1）主导轮。主导轮不仅起支撑作用，而且还要起到导向作用。为此，当主导轮使用平导轮时，必须用带有凹形槽定位的弧形轨道做定位；当主导轮使用带有凹形槽做定位时，弧形轨道则不必带有凹形槽。必须使用定位导向导轮。导轮材质常采用铸钢件或锻件，轴承也常采用滚动轴承。

（2）副导轮。副导轮只起支撑作用而不起导向作用。为此，副导轮只能使用平导轮，它不仅起到支撑作用，而且还可以修补两个弧形轨道间距的制造误差。导轮材质常采用铸钢件或锻件，轴承也常采用滚动轴承。

导轮用轴承是容易损坏的部件，除了设计上要给予足够的重视外，还要考虑维修时拆装的便利。

（3）称量装置。这种电炉，通常要求时时监测炉内钢水的质量，并能在计算机上显示。为此，就需要在倾动机构上设置称量装置。目前，称量装置多数是装在支撑导轮轴上。为了得到准确的测量数值，一般要求倾动平台处于水平位置时采集计量数据。当在支撑轮轴上设置称重装置时，要注意倾动平台水平支撑的过定位支撑。否则，会影响称重的准确性。当在炉体与倾动平台接触处设置称重装置时，则不用考虑水平支撑过定位的问题。

（4）弧形轨道。弧形轨道直接与导轮接触，不仅担负着倾炉平台及平台以上部件的全部重量，而且经常做倾炉动作。为此要求弧形轨道具有足够的强度，保持长期使用下不会变形。通常弧形轨道是由矩形钢板制作并进行热处理。在和主导轮接触的一侧，弧形轨道装有定位装置。实践证明定位装置装在弧形轨道上效果较好，但注意尽量不要在与导轮接触面两侧上设有过大的圆角，否则会使弧形轨道与导轮接触不良而损坏弧形轨道或导轮。弧形轨道回转半径尺寸的确定要合适，要从整体上考虑，特别要结合炉体加料开口尺寸位置上考虑。

第四节　连续加料预热系统

一、连续加料预热系统的主要工艺技术参数

以某厂70t、90t水平连续加料电弧炉为例说明主要工艺技术参数，见表5-7。

表 5-7 某厂 70t、90t 水平连续加料电弧炉主要工艺技术参数

名 称		单位	数 值		备 注
			70t	90t	
给料输送能力		t/min	2.5~3.0	3.2~3.8	
给料时间		min/炉	35		
废钢最大给进速度		m/min	约 3.5	约 4.5	
连接小车最大速度		m/min	约 5	约 6.5	
连接小车振动频率		Hz	4.5		
传送带最大速度		m/min	3~5	4~6.5	变频调速
传送带振动频率调节范围		mm	2.5~4.5	3~5.5	
水平振幅		mm	15~20	20~25	
垂直振幅		mm	0		
传送带振动电机功率		kW	90~110	110~135	变频调速
小车振动电机功率		kW	37	45	
动态密封	风压	Pa	1000~1500	1000~1500	变频调速
	风量（标态）	m³/min	约 1500	约 1500	
	电机功率	kW	45	45	
废钢加料高度		mm	700~800		

二、连续加料预热系统的结构组成与功能描述

加料系统结构组成如图 5-5 所示。主要由加料段（给料部分 1、连接小车 6）、支撑装置 2、密封装置 3、鼓风收烟装置 4 和预热装置 5 等组成。

（一）给料部分

给料段主要组成如图 5-6 所示。给料段主要由振动运输机 1、送料装置 2、支撑装置 3、走台与栏杆 4 和梯形料槽 5 等组成。

1. 振动运输机

振动运输机为非谐振式输送机，采用一台交流变频传动机，传动装置为齿轮连接，平行轴差动惯性传动，从而可通过一个传动转接器连在料槽/桁架装置的进料端，传动转接器从传动机构向料槽/桁架装置上传递带有惯性的负荷，以便能将运输机上的废钢较为均匀地运送，速度可调整至 6.5m/min 以上。由连杆/铰链/底座装配成的运输机由于承受传动装置施加的惯性作用力，从而会在水平面方向上产生差动振荡，而垂直振幅为零。如我国太行振动机械厂所产百米水平传动装置即可满足此技术要求。

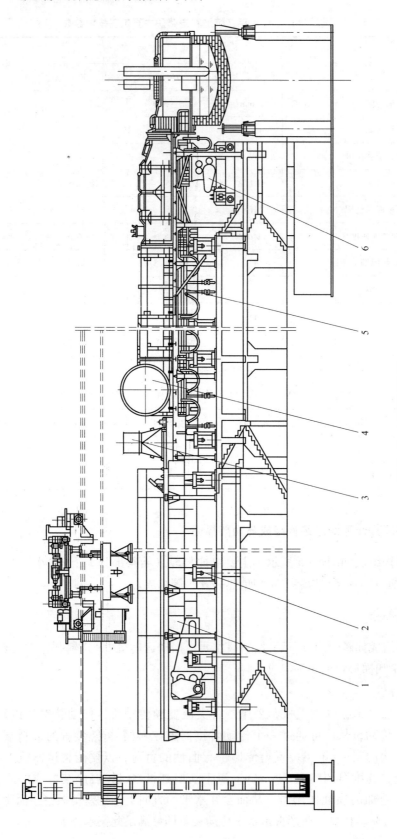

图 5 - 5 加料系统结构

1—给料部分; 2—支撑装置; 3—密封装置; 4—鼓风收烟装置; 5—预热装置; 6—连接小车

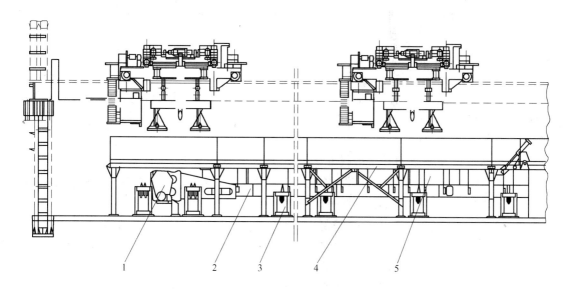

图 5-6　加料段结构示意图

1—振动运输机；2—送料装置；3—支撑装置；4—走台与栏杆；5—梯形料槽

2. 驱动装置

驱动装置由电动机、皮带、皮带轮、皮带轮防护罩、电动机底座等零部件组成，皮带轮防护罩固定在振动器上，随振动器一起振动。调整电动机底座座板的高度，使皮带获得适当的预紧力。

3. 给料部分

给料部分位于输送机的进料端，由输送槽、侧板、底板等零部件组成。由于加料时原料对槽体冲击，上料裙起到了导向作用。用天车的电磁吊上料，将废钢放入接收料槽上，料槽内的废钢炉料在振动运输机的作用下将炉料均匀地水平输送。

4. 传送带

传送带底盘由钢板加工而成，传送带底盘底部和侧边下部用最小硬度 HB360 的耐磨钢板 16Mn 材料制成。

传送带底盘用 H 型钢纵向加强支撑，这些 H 型钢由网状对角梁组支撑，支撑网络用铆接方式连接，它们可以防止由废钢冲击引起的变形。底部用螺栓连接，夹紧在橡胶"三明治"上，以缓冲废钢冲击产生的噪声。

废钢传送带是由强制振动型振动器产生的振动力驱动的，振动器偏心轴驱动机构产生一个非谐波惯性作用于传送带底盘上引起废钢移动。

（二）支撑装置

支撑装置由支架、凸面垫圈、凹面垫圈、双头螺柱等零部件组成。输送槽通过凸面垫圈、凹面垫圈、双头螺柱悬挂在支架上，工作时输送槽做往复摆动。所有的底盘支撑架驱动机构均单独悬挂在悬挂杆下，悬挂杆由刚性支座支撑。工作时悬挂杆做摆动运动，为此，又将此悬挂杆称为摆杆。摆杆既承受一定的重量，又要做摆动运动，为此摆杆为易损件，经常会出现摆杆的断裂现象。所以摆杆材料与尺寸选择显得非常重要，设计时一定给予足够的重视。

（三）密封装置

水平连续加料系统的密封主要表现在以下三处：一是废钢预热段同加料段连接处的密封；二是废钢预热段本体密封；三是预热段废钢加料与电弧炉加料开口连接处的密封。

1. 废钢预热段同加料段连接处的动态密封装置

动态密封装置如图 5-7 所示。它由圆柱体进料压料器 1、机架组装 2、机械手指 3、密封罩装置 4、轴流风机 5 等组成。

动态密封装置的原理是：动态密封系统中有一个封闭废钢输送带的罩子，与烟道连接，用一台风机抽吸动态密封罩中的空气，使罩中压力略低于预热段内除尘系统主风机产生的压力，以避免电炉的烟气进入外部空气以及外部空气被吸入除尘系统。

由于主风机造成的负压值根据电炉操作条件变化，同样动态密封负压处将由变频器和调节阀联合控制，动态密封控制系统由自动系统自动控制。

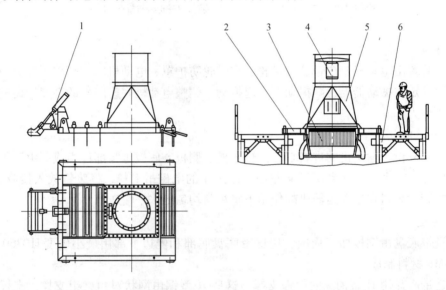

图 5-7 废钢预热段同加料段连接处的动态密封装置

1—圆柱体进料压料器；2—机架组装；3—机械手指；4—密封罩装置；5—轴流风机；6—走台

2. 废钢预热段的密封

如图 5-8 所示，预热段的密封目前多为迷宫式密封 1，设计形式为烟道下面和输送槽上面各有一个槽钢，在检修平台下面设有一个 U 形槽 2，U 形槽内通水冷却。

3. 预热段废钢加料与电弧炉加料开口连接处的密封

连接小车向炉内加料，开孔设在炉壳与炉盖上，加料小车可以伸向炉内，由于电炉出渣和出钢倾动角度较小，倾动时，连接小车可以不用向外移动，连接处采用水冷环管密封，缝隙小，可以保证缝隙不大于 50mm。

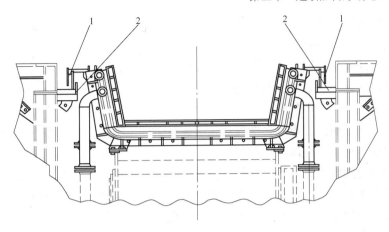

图 5 - 8　废钢预热段的密封装置
1—迷宫式密封；2—U 形水冷槽

（四）预热装置

　　预热装置主要由预热装置罩、水冷密封装置与连接小车等组成，如图 5 - 9 所示。预热部分位于输送机的出料端，底部由输送槽、侧板、底板等零部件组成。输送槽内设有冷

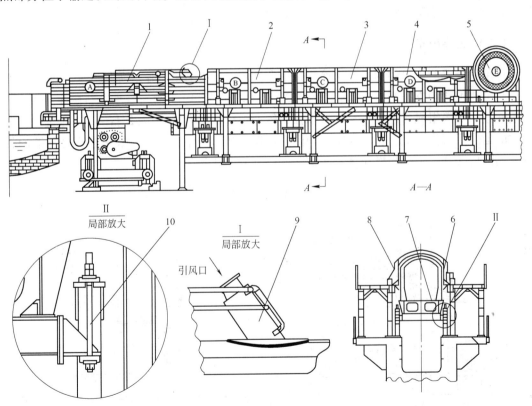

图 5 - 9　预热段结构示意图
1—1 号水冷管预热段烟罩；2—2 号耐火材料预热段烟罩；3—3 号耐火材料预热段烟罩；
4—4 号耐火材料预热段烟罩；5—5 号耐火材料预热段烟罩；6—测温装置；
7—水冷底盘；8—观察孔；9—引风装置；10—悬挂杆（摆杆）

却水路, 工作时通水冷却, 以防止输送槽受热变形。输送槽底板磨损严重, 输送槽的底板通常采用厚度25mm 的高强度耐磨钢板。

预热装置的外壳从伸缩式进料罩一直延伸到动态密封装置, 主要包括盖在运输机上方的衬有耐火材料 (耐火材料内衬预期寿命为2年) 的顶罩, 一般分为5个区。

高温气体从炉子进入预热装置, 经2~4区包括有空气喷嘴, 至第5区为出口管道的过渡区。在过渡区, 连接管道可将烟气从预热装置引到沉降室和集烟系统, 沿整个预热装置长度设置的水密封装置可以防止空气渗入预热室。

空气喷嘴的功能由预热装置燃烧控制系统 (PLC) 加以控制, 在正常运行条件下, 空气喷嘴处于工作状态。引入预热装置的助燃空气是从1号水冷管预热段烟罩的上方进气口引入的。引入空气的总量取决于预热装置出口处烟气中的氧气含量。

水冷底盘共有5套, 包括1号、2号、3号、4号、5号水冷底盘。

支撑架用于支撑预热区水冷罩。支撑架是由工字钢、槽钢、钢板、栏杆等组成。

预热区预热罩由$A-1$号、$B-2$号、$C-3$号、$D-4$号、$E-5$号水冷预热罩组成, 其中与电炉相邻的为1号水冷预热罩, 其余为耐火材料内衬预热罩, 水冷罩由无缝钢管焊接而成。在各段预热罩的上部分别设有观察孔和测温装置, 以便对预热段的监测和观察。在1号预热罩的顶部设有引风装置, 用来向预热通道内引入带有氧气的气体, 使氧气与CO反应, 以便形成二次燃烧。

(五) 连接小车

在预热装置的出口端为一台水冷连接小车装置, 并配有液压缸, 如图5-10所示。连接小车主要由移动支撑装置1、驱动装置2、小车振动器3、托架4、水冷料槽5、移动液压缸连接座6等组成。连接小车配有单独的传动系统, 带有轮子以及悬吊拉杆的底座。在正常的延伸运行位置上, 料槽应插入炉内, 当需要从炉子中退出时, 液压缸将可伸缩的料槽收缩到后端并锁定。当操作重新开始时, 将重复上述步骤。

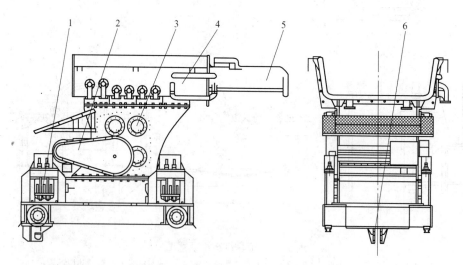

图5-10 加料连接小车结构示意图

1—移动支撑装置; 2—驱动装置; 3—小车振动器; 4—托架; 5—水冷料槽; 6—移动液压缸连接座

（1）水冷料槽。在正常工作条件下，水冷料槽的寿命一般为6个月，输送槽加料时进入炼钢炉内，环境温度较高，为防止出料端局部受热而焊缝开裂，出料端封口采用钢管密封，并在钢管内通入冷却水，料槽端部的水冷管寿命约为3个月。当更换料槽端部时，必须对料槽进行重新调整。

（2）支撑移动装置。支撑移动装置由移动台车、支撑装置、振动器支架、纵向阻尼装置、垂直阻尼装置、横向阻尼装置等零部件组成。移动台车在液压缸的活塞推动下，沿轨道纵向移动，完成输送槽进出炉内的作业。

（3）连接小车。预热区卸料末端安装一水冷连接小车，小车后部装有液压缸，小车上装有水冷底盘。在正常延伸动作的位置时，小车上的水冷底盘伸到炉子内。当水冷底盘需要从炉内抽出时，液压缸收缩，将小车移动到后面并锁定。

连接小车振动器的电机功率在45kW左右，电机为全封闭带风扇冷却型电机。

（4）小车振动器。小车振动器与尾部振动器结构及工作原理相同，为此不再重述。

（六）鼓风收烟装置

以70t水平连续加料为例进行鼓风收烟装置的叙述。

1. 鼓风系统

连续加料预热系统的特点就在于二次燃烧在连续加料预热段进行，而不是在电弧炉内部进行。这种方式可以高效地预热废钢。

喷吹入电弧炉中的氧和碳生成CO，在预热段内，喷吹入的新鲜空气含有的氧与CO反应形成二次燃烧。

新鲜空气沿整个预热段长度分布的不同点高压喷吹。一个计算机控制系统通过滑阀不断地控制新鲜空气流量，以便在预热运输机的始端产生还原性气氛，在预热运输机的末端形成氧化性气氛，从而确保排出的电弧炉烟气中存在的CO及其他的污染物完全燃烧。

通过两台三相电动风机进行鼓风，并全部密封。

通过安装在预热装置上的氧气分析检测氧含量，用以调节新鲜空气的流量。

调整进入喷吹系统空气流量的阀门的设计必须能够承受500℃的热风。

氧气分析仪特性参数：氧化锆质的氧气变送器；测量范围：0~25% O_2；探针材质：不锈钢；利用的基准空气：1L/min；使用寿命：2年。

风机特性参数（每一台）：类型：离心风机；空气流量：10000m^3/h；压力：1200kPa；电机功率：约55kW。配有滑阀和带变送器的气动制动器。

由于电炉冶炼烟气中CO浓度较高，在废钢预热段建议增加几个可调的开口，通过调整开口的大小吸入助燃空气来燃烧CO，以充分利用废气中CO在预热段内燃烧所产生的化学能，另外废钢中所携带的可燃物在预热段中燃烧，也有利于对废钢进行预热，并能使废气温度在沉降室内达到进一步除尘的要求。助燃空气的引入量可通过监控预热段内废气中的氧含量来控制，以避免引入过量的空气使废气温度降低。

2. 二次燃烧点火辅助烧嘴

点火辅助烧嘴安装在连续加料预热运输机预热段的开始端。其功能是启动EAF排出烟气中的 CO 与在连续加料预热段喷吹入的新鲜空气带入的氧气之间的二次燃烧反应。安全烧嘴的启动点火主要用于连续加料预热操作开始时，环境温度低于自燃温度的情况。为检测内部温度，将在预热装置内装设热电偶。

系统包括：烧嘴，支架，装有燃料、压缩空气和燃烧空气的控制和调节装置，以及助燃风机和电气控制盘。通过系统本身的 PLC 完成控制。

系统技术参数：最小装机容量：200kW；最大装机容量：1000kW；燃料发生炉煤气；供给燃料压力：最小 6kPa；供给压缩空气压力：5 ~ 6Pa；装配电能：6kW；燃烧空气流量（标态）：1200m^3；燃烧空气压力：400kPa。

3. 收烟装置

收烟装置设置在预热段的尾部，烟气经过集烟口与排烟除尘系统相连接。

（七）水冷设备

需要冷却的部位有：

（1）1 号、2 号、3 号、4 号、5 号预热罩；

（2）1 号、2 号、3 号、4 号、5 号水冷底盘及连接小车水冷底盘；

（3）水冷设备由压力仪表、流量仪表、温度仪表及软管、阀门法兰等组成。

（八）液压系统

液压系统包括：

（1）液压缸用液压阀块（包括在主液压装置中）2 个；

（2）移动连接小车用液压缸 1 个；

（3）用于压下辊的液压缸 1 个。

（九）其他设备

其他设备包括：

（1）支承结构；

（2）支承结构的装配式锚固材料；

（3）运输机轻便栈桥及栏杆；

（4）润滑系统；

（5）管道与软管及其他。

第五节　连续加料部分的电控装置

水平连续加料电弧炉是一种连续熔化冶炼工艺，用来对废钢预热和向电弧炉连续加料，其目的是在保持通电和喂料的同时，在预定的时间间隔出钢。

自动化控制系统自动跟踪电炉热平衡，保持熔池温度。熔池温度是根据输入功率、吹氧、废钢供给速率由自动化控制系统计算得出，通过调整废钢供给速度来调整熔池温度，人工测温隔一定时间测一次，并与计算机设定值比较，需要时，进行调节。根据需要，系统还可以监测连续上料的水冷及其他附属设备，并在同一台 PLC 上运行。

一、连续式上料机构的基础自动化和监视系统的功能

（一）传送带运动控制的逻辑

1. 传送带系统电机速度

传送带系统电机速度的系统控制与电机速度和传送带振动频率有直接关系。电机通过 PLC 的模拟输出信号控制变频器，使电机转速从 PLC 的模拟输入信号得到，指令在模拟输出电压间隔 4～20mA 分为 20 步（每步为电机转速 5%，从 0～100%）。

2. 传送机控制结构

传送机启动，设置自动/手动模式，可供选择。第一步是自动设置，按控制台命令，操作可以增加/减少：百分数值对应的传送机速度在控制台上显示。

3. 传送机速度的显示

在控制台显示器可显示装料传送机的速度，显示从 0～100% 范围内变化，并通过变换器控制传送机电机，给出以下两点确定值：

（1）给定最小转换器设定值；

（2）给定最大转换器设定值。

（二）连接小车运动控制的逻辑

小车配备电机仅用来控制启动/停止状态，电机速度是固定的，制造商规定连接小车的振动频率（参数可改变）。振动频率远大于传送机的最大值，因而不管前面部分的速度如何，小车可保证将炉料传输到电炉内，也避免了炉料的堆积。

在控制台有选择开关（向前或向后、停止）。

如果就地控制箱开关按钮设置在远程，小车由主控台按钮触发，即：压下按钮"进炉内"，液压缸活塞伸出，当延伸到（炉内）限位开关时，传送机电机被自动触发压下"停止"按钮，传送机停止，当压下"出炉外"按钮时，液压缸活塞缩回直到"在炉外"限位开关。

二、动态密封控制和操作逻辑

动态密封系统位于预热通道的入口处，少量的空气进入传送机内，用模拟量（1A。O）输出控制风扇电机的频率变量，通过 PID 回路执行外部的空气进口和烟雾出口压差变量（相关）测量过程。当腔内温度大于 1100℃，必须降低风机速度以便允许外部冷空气吸入。如果设定为负压，腔内温度将上升超过设置值（即烟雾抽吸不能正常工作），则必须降低电机速度甚至复位（报警信号之上）以便动态密封能够抽吸电炉烟气。

三、连续加料预热的基础自动化及过程控制系统

EAF 连续加料预热设备将配备现代化控制系统，可使设备在安全运行状态下执行所有的基础自动化和过程控制功能，并实现较好的生产性能。

（一）系统的主要构件

基础自动化和过程控制系统的主要构件有：

（1）2 套可编程逻辑控制器；

（2）1 套人机接口（MMI）设备，配有显示器、键盘、打印机；

（3）1 套过程控制系统（PCS）设备，配有用于过程控制系统的显示器、键盘、打印机；

（4）1 套控制台，用于 EAF 和连续加料预热设备动作的控制；

（5）1 套测量和保护盘，用于控制仪表的安装；

（6）1 套不间断电源（UPS）控制盘；

（7）1 套现场仪器、传感器、就地控制箱；

（8）1 套马达控制中心（MCC），MCC 配有带电抗器的逆变器，用于调速馈电装置。

（二）连续式上料电弧炉控制和监控系统配置

这个控制系统用于连续式上料电弧炉工艺控制，控制画面在一个专用 HMI 端上显示，PLC 和 HMI 与 LAN 一级联网以便于 EAF 自动系统信号通信。

系统配置组成如下：

（1）1 套 PLC，PLC 与下述设备有接口界面：传送带、连接小车、连续上料仪表；

（2）1 套 HMI2，HMI2 硬件与 EAF HMI1 相同；

（3）1 个 LAN 1 级接口。

（三）系统功能

基础自动化和过程控制系统的各个物理构件执行具体任务，根据功能级别可划分为以下几大类：

（1）连续加料预热设备：1 级；

（2）PLC 控制台、就地操纵台 MMI 装置；

（3）PCS(过程控制系统) 装置。

以下为对基础自动化和过程控制系统的组件主要功能的简要介绍。

1. 连续加料预热设备 PLC 功能

连续加料预热设备 PLC 执行的主要功能如下：

（1）数字和模拟 I/O 信号的管理；

（2）与 EAF、PLC 的通信；

（3）与 MMI 设备的通信；

（4）连续加料预热设备各个部件操作和连锁逻辑程序的管理；

（5）报警状态管理。

连续加料预热设备 PLC 执行的主要控制逻辑的简要介绍：

（1）运输机控制；

（2）连接小车控制；

（3）动态密封装置控制；

（4）预热装置燃烧控制；

（5）预热空气温度测量（进/出）。

2. 连续加料预热设备 MMI 功能：

MMI 设备执行的连续加料预热设备主要功能如下：

（1）设备状态的监控；

（2）通过键盘和鼠标控制设备；

（3）模拟信号趋势；

（4）调整模拟信号参数；

（5）手动方式设备控制用参考参数；

（6）报警记录和报告；

（7）风扇预热气温模拟；

（8）余热锅炉运行的预留位置（当装有余热锅炉时）。

将配备以下模拟：

（1）预热模拟；

（2）运输机控制模拟；

（3）运输机冷却水温度；

（4）运输机冷却系统流量开关。

四、电气设备

（一）连续式加料操作控制台

连续式加料操作控制台安装在电炉主控室内，不与电炉控制共用一台，但其外形应与电炉操作台一样，主要用于传送带和连接小车的启停、连接小车进出、传送带和连接小车速度的手动和自动调节、传送带和连接小车速度的设定显示及动密封装置自动调节。通过安装在主控台上的 HMI 画面显示，重要的测量采用数字显示。

（二）就地控制箱

就地控制箱安装在主驱动附近以就地控制运行部件，方便维修操作。控制箱防尘防水，带用于安全操作的按钮。

（三）低压电气控制系统

上料系统的振动电机通常选用变频器进行控制，振动电机由接触器进行控制。

配有称重传感器（经称量仪输出 4~20mA），所有信号全部送入加料 PLC 内，由上位机和加料 PLC 共同完成加料系统的自动监测和控制。

（四）低压系统主要设备组成

低压系统主要设备组成见表 5-8。

表 5 - 8　低压系统主要设备组成

名　　称	柜内主要电器元件	数量/个
上料控制柜	变频器、自动开关、接触器等	1
上料 PLC 柜	S7 - 300 PLC、中间继电器等	1
就地控制箱		1

第六节　连续加料电弧炉的新技术

一、目前水平连续加料电弧炉存在的问题

目前水平连续加料电弧炉存在的问题有：

（1）废钢预热温度低。多年来，电炉炼钢的专家们致力于废钢预热装置的研究，于是就产生了预热废钢炉料的多种方式和方法。从回收能量的多少（即废钢预热温度高低）来排队，从差到优的顺序应该是：水平通道预热电炉（Consteel）、竖炉预热（Fuchs）及带燃烧器的竖炉废钢预热技术。水平通道连续加料电弧炉的高温烟气单纯地从废钢炉料的上方通过，没有采用其他辅助措施，主要靠辐射将热量传给废钢并将废钢预热，较其他烟气穿过废钢料柱直接进行热交换的废钢预热方式，如竖炉式电弧炉的废钢预热效果差很多。虽然其发明者认为水平连续加料工艺可将废钢预热至 600℃ 左右，设备供应商也宣传可将废钢预热到 400 ~ 600℃，但生产实践表明，经预热后的废钢温度上下不均（上高下低），距表面 600 ~ 700mm 处的废钢温度小于 100℃，其吨钢节能效果仅为 25kW·h，基本与理论计算值相符。我国引进的多台 Consteel 电弧炉厂家普遍反映废钢预热效果不好，达不到供应商所宣传的指标，而一般只在 200 ~ 300℃，特别是对配加生铁炉料的电弧炉，生铁被预热的温度会更低。

（2）预热通道漏风量大。Consteel 电弧炉废钢预热装置的主要漏风点有：电炉与废钢预热通道的衔接处（此处是必不可少的），预热通道水冷料槽与小车水冷料槽的叠加处，上料废钢运输机与预热通道之间的所谓动态密封装置处。动态密封装置设计思路是好的，但要准确控制则比较困难，较多单位的动态密封起不到应起的作用反而成为最大的野风进入点。对于出钢量 65 ~ 70t 的 Consteel 电弧炉，供应商给出的烟气量（标态）为 7.8 万 ~ 12 万 m³/h。按说 10 万 m³/h 烟气量是没问题的，但却有不少厂家反映除尘抽风量偏小，除尘效果不好。产生过多抽风量的主要原因是系统漏风量大造成的，这不仅造成除尘效果不好，而且经常堵塞烟道，烟气余热的再次回收也会遇到困难。如某钢厂 65t Consteel 电炉，原设计烟气量为 10 万 m³/h，再次用于余热回收的余热锅炉实际平均蒸发量为 17t/h（设计蒸发量为 30t/h），因动态密封装置长期没有起到应有的作用，漏风量非常大，烟道堵塞，除尘效果差，因此进行了改造，将抽风量定为 20 万 ~ 23 万 m³/h，风机电机也由 800kW 更换为 1400kW。这样改造后，仅抽风电机一项年增加运行费用 200 多万元，余热锅炉的蒸发量降到 3t/h 左右。

（3）平面占地面积大。众所周知，Consteel 电弧炉的废钢预热通道加上废钢上料运输机的长度一般达到 50 ~ 60m，它的高度虽不太高但其长度太长，占地面积大。在旧的炼钢车间厂房内安装也非常困难，一次性投资较大，65 ~ 70t/h 电炉及其附属设施投资近亿

元人民币。

（4）料跨吊车作业率非常高。料跨吊车至少 2 台的双吸盘电磁吊车给废钢运输机上料，吊车作业率相当高，这不但要求吊车司机要有熟练的操作技能，而且经常会因上料问题影响电炉生产。

电弧炉炼钢期间产生的高温烟气中含有大量的显能和化学能，随电弧炉用氧不断强化，产生大量高温烟气使热损失增加，吨钢废气带走热量超过 150kW·h/t。这是电弧炉冶炼过程中最大的一部分能量损失，充分回收这部分能量来预热废钢铁料可以大幅度地降低电能消耗。理论上废钢预热温度每增加 100℃，可节约电能 20kW·h/t。若考虑到能量的有效利用率，一般来讲，废钢预热温度每增加 100℃ 可节约电能 15kW·h/t 左右。因此，利用烟气所携带的热量来预热废钢原料是电弧炉钢节能降耗的重要措施之一。

（5）炉体连续加料槽的寿命与堵塞。连续加料和炉体连接小车送料槽虽然是水冷构件，但是寿命较短。要延长使用寿命，要从选材、结构和工艺上进行综合考虑。

水平连续加料，尽量不要采用在连续加料通道加入石灰等造渣炉料，而应采用在炉盖上单独开口进行加料，以防止因石灰集结在送料槽的头部，造成炉料在入口处的堆积，而不得不停炉处理。停炉处理炉料的堆积，需要打开与炉体衔接处的密封通道，是一件很困难的事情。

（6）对环境的污染尚待解决。金属废料不可避免地带有油污等可燃性物质，这些可燃性物质与通过预热通道的热废气产生的不完全燃烧而生成的 CO 和 NO_x 等有害气体会污染环境。

二、连续加料电弧炉设计应注意的事项

（一）炉型的选择

众所周知，Consteel 电弧炉的水平连续加料装置占地面积大。加料时，即使采用 2 台天车进行加料也很忙碌。在结构设计上尽量减小占地面积和减少天车台数。图 5-11 所示就是一种对 Consteel 电弧炉的改进方式。

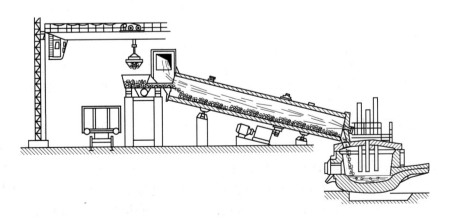

图 5-11　BBC 结构的连续加料电弧炉系统

根据我国使用水平连续加料电弧炉经验可知，炉盖旋开独立基础型的水平连续加料电

弧炉，对电弧炉基础及安装精度要求比较严格，在长期使用中不可避免的变形等，都会影响电弧炉在提升炉盖过程中是否会出现故障。为此，在电弧炉选型上建议采用整体平台基础、滚轮支撑式电弧炉。这种结构的水平连续加料电弧炉在国内已有使用。

（二）电弧炉容量的选择

连续加料电弧炉对炉料尺寸长度和块重限制比较严格。过长的炉料在加料时会有和石墨电极相碰的可能，而过重的炉料不仅预热效果差，同样存在造成石墨电极折断的危险性。

加料活动槽要伸入炉内一定距离，倾炉操作时活动料槽一般不需要退出即可做倾炉操作。尺寸过小的炉体不能满足以上工艺要求，为此，水平连续加料式电弧炉不太适合出钢量小于50t以下的电炉。

三、新型废钢预热装置

针对 Consteel 电弧炉废钢预热温度低、通道漏风量大、余热回收量少、占地面积大、废钢上料紧张等问题，山东石横钢厂李振红老先生开发了一种新型的废钢预热装置，它不仅可与新建电弧炼钢炉配套，而且也可在投资很少的情况下对现有的 Consteel 电弧炉的废钢预热装置进行改造，把它命名为 HCⅡ型电弧炼钢炉水平连续加料废钢预热装置。"H"（horizontal）代表水平，"C"（concatenate）代表连续，同时"H"也是"弧"字的汉语拼音字头，代表电弧炉。

图5-12所示为 HCⅡ型电弧炉废钢预热装置立面示意图，图5-13所示为 HCⅡ型电弧炉废钢预热装置剖面示意图。

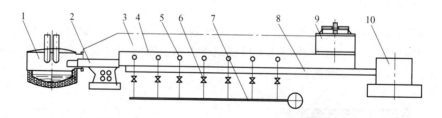

图 5-12　HCⅡ型电弧炉废钢预热装置立面示意图

1—电弧炉；2—小车振动给料装置；3—废钢预热通道；4—双侧壁水冷料槽；5—烟气抽风管道；
6—烟气流量调节阀；7—主烟道；8—振动机架；9—箱式液压废钢加料机；10—通道驱动器

电弧炉新型废钢预热装置由小车式振动给料装置、烟气罩、废钢预热通道、烟气（抽风）管道和烟气流量调节装置、驱动系统、助燃烧嘴与二次风系统、冷却水系统、控制系统等组成。驱动系统采用四轴非谐激振器使预热通道内安装在桁架上的双侧壁水冷料槽产生水平方向振动，废钢在料槽内靠惯性力前进。虽然在外形上与 Consteel 电弧炉的废钢预热装置的预热段有些相似，但却与 Consteel 电弧炉的废钢预热装置有着本质的不同。

HCⅡ型电弧炼钢炉水平连续加料废钢预热装置与 Consteel 电弧炉的废钢预热装置根本区别在于：

（1）烟气流动方向和热交换方式不同。Consteel 电弧炉工艺的高温烟气主要从废钢预

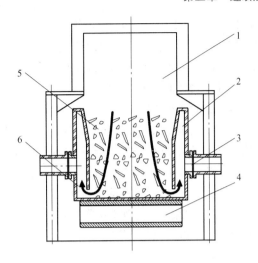

图 5 – 13　HCⅡ型电弧炉废钢预热装置剖面示意图
1—废钢预热通道；2—双侧壁水冷料槽；3—烟气抽风管道；
4—振动机架；5—废钢料层；6—烟气流动方向

热通道内废钢料层的上部通过，靠辐射将热量传递给废钢，从而将废钢预热，其传热效率低，废钢预热效果不好。而 HCⅡ型废钢预热装置的高温烟气是自上而下穿过废钢料层，与废钢直接进行热交换，所以废钢预热温度高，且上下较均匀，底层废钢预热温度大于 400℃，上层废钢预热温度会超过 600℃，可节约电能 65 ~ 100kW·h/t。

（2）预热通道内水冷料槽的结构不同。Consteel 电弧炉工艺的水冷料槽是单一结构，烟气是从尾部烟气罩侧出烟口流出，而 HCⅡ型废钢预热装置的水冷料槽是双侧壁结构。内层侧壁接触废钢，下有排烟口；外层侧壁中下部安装有抽风烟道，在抽风烟道的中间安装有烟气流量调节装置。靠此特殊结构来实现上述烟气流动方向和烟气余热与废钢的热交换。

（3）通道内废钢料层高度不同。Consteel 电弧炉工艺预热通道内废钢料层高度约 0.7m，HCⅡ型废钢预热装置通道内废钢料层高度可在 1.2 ~ 1.5m 左右，较 Consteel 电弧炉工艺料层高度高，通道内存储的废钢量大，从而延长了废钢在预热通道内停留的时间，有助于废钢预热温度的提高。

据有关专家计算和日本大同特钢公司试验结果，轻型废钢（轻薄料、通料）在电弧炉出口烟气温度条件下，至少要经过 20min 才可预热到 400℃以上，对于切头、生铁块、重型废钢还需要更长的预热时间。尽管国内废钢品种复杂，各类规格的废钢混杂，但 HCⅡ型废钢预热装置内的废钢预热时间大大超过 20min，达到废钢预热的预期温度应该没有问题。

（4）废钢上料方式不同。HCⅡ型废钢预热装置去掉了 Consteel 电弧炉工艺大约 30m 长的废钢运输机，采用的是箱式液压废钢加料机加料，从而缩短了设备长度，减少了占地面积，使车间废钢跨平面得以充分利用。HCⅡ型采用废钢料斗（料筐）向箱式液压废钢加料机加料，相对加料次数较少，避免了电磁吊频繁操作，节省了时间和操作费用，避免了因废钢上料而影响炉前生产的现象。

（5）废钢预热通道密封方式不同。Consteel 电弧炉工艺的动态密封是最大的野风进入点，HCⅡ新型废钢预热装置去掉了动态密封装置而改为直接密封。箱式液压废钢加料机与通道水冷槽上方采用密封罩直接封闭，箱式液压废钢加料机侧后方与通道料槽尾部之间采用非常简单的软密封，从而大大降低了漏风量。

（6）因 HCⅡ型废钢预热装置漏风量少，烟气出口温度高，烟气量适当，为再一次余热回收（如加余热锅炉）提供了可能。正常情况下余热锅炉蒸发量可达 23t/h 左右。

HCⅡ型废钢预热装置可以在工作量很少的情况下对现有 Consteel 电弧炉的废钢预热装置进行改造，提高废钢预热效果。日本新日铁采用类似的方法，对 Consteel 电弧炉工艺设备改造，使烟气自上而下预热废钢，从而使距表面 600~700mm 处的废钢温度由原来小于 100℃提高至大于 400℃，其吨钢节能效果达到 65kW·h/t。同时，降低吊车作业率，因装料而影响电弧炉生产的问题也可以得到彻底解决。

第六章 直流炼钢电弧炉

当今世界上，电弧炉炼钢设备主要有交流电弧炉与直流电弧炉两大类。在我国，目前主要是交流电弧炉，直流电弧炉很少采用。而在国外，直流电弧炉与交流电弧炉并驾齐驱，特别是在日本，直流电弧炉被广泛采用。

第一节 直流电弧炉的优越性

直流电弧炉和交流电弧炉相比具有在资金、设备、环保，特别是操作结果等方面的一系列优越性，具体介绍如下：

(1) 石墨电极消耗大幅度降低。大幅度降低石墨电极消耗是直流电弧炉最大的优越性之一。交流电弧炉的石墨电极成本占总成本的 10% ~15%，尽管经过近几十年的研究采取了许多措施取得了较好的效果，但石墨电极消耗平均仍为 2.95kg/t，而直流电弧炉的生产指标平均为 1.4kg/t。因此，大幅度降低石墨电极消耗的优点成了发达国家发展直流电弧炉的重要原因之一。

理论和实践都表明，与交流电弧炉相比，直流电弧炉石墨电极消耗可降低 40% ~60%。其原因有：

1) 石墨电极作阴极，不存在因发射电子而形成的"阳极斑点"，因而电极端温度低，且直流电弧稳定地在电极端垂直地燃烧，并始终处于熔池的上方，消除了交流电弧偏斜燃烧而产生的电极端龟裂现象。

2) 单电极直流电弧炉一般采用与同容量的三相交流电弧炉相同的电极直径，因此直流电弧炉内石墨电极的侧面积比交流电弧炉减少近 2/3。

3) 交流电弧炉内每根石墨电极的侧面受其他两根电极的电弧辐射，侧面温度高。

4) 直流电弧燃烧稳定，熔化时大大减少了塌料及电极振动现象，机械性电极折断损失减少。

(2) 电压波动和闪变小，对前级电网的冲击小。直流电弧炉对前级电网造成的电压波动（即电压闪烁效应）为可比交流电弧炉的 30% ~50%；同时直流电弧本身也比交流电弧稳定，因此无功功率的变化比交流电弧炉小。直流电弧炉的无功电流分量的变化仅为交流电弧炉的 50%，无功电压也同样。

为了保证电网用电的质量，要求电网的短路容量要大于电弧炉的额定容量一定值。必要的电网短路容量（功率）与电弧炉的闪烁值的平方根有关。电网的短路容量至少为交流电弧炉变压器额定容量的 60~80 倍，而直流电弧炉所需电网的短路容量仅为直流炉变压器额定容量的 32 倍。对于大容量超高功率交流电弧炉，电网往往难以满足要求，为此需增设相当于建设电弧炉的全部投资 10% ~30% 的静止式无功功率动态补偿装置。而采用直流炉在大多数情况下无需设置动态补偿装置。直流电弧炉的这一优越性，特别适用于电网容量普遍偏小的发展中国家和对电网用电质量要求严格的国家。

（3）电极升降机构机械结构简单。直流电弧炉只有一根中心炉顶石墨电极和相应的炉底电极，且直流电不存在集肤效应、邻近效应及周期性变化的磁场，从而作用在横臂、立柱、电极升降机构和大电流线路支架上的电磁力很小，即使采用普通钢材，也不会感应发热。因而，可以减少冷却水用量和非磁性材料的用量。由于电极横臂、夹持器和立柱及其相应的电极升降控制装置也只有一套，这些部分的结构因而可大大简化，这些部件的尺寸和质量可减小，炉子损耗降低，短网压降也会减小。同时，因只有一个电极孔，可相应增加炉盖水冷面积。因为直流电不存在集肤效应和邻近效应，所以导体和石墨电极截面上的电流分布均匀。直流电弧炉的这些特点，非常有利于电弧炉的计算机控制和新型电弧炉的开发。

（4）缩短冶炼时间，可降低熔炼单位电耗。虽然直流电弧炉的直流供电装置的电损耗大于三相交流电弧炉变压器，但由于直流电弧炉无电磁感应，大电流线路和炉子构件中的附加电损耗降低；只有一根电极，电极及电极夹持器等的热损失减少；直流炉内石墨电极接阴极、金属炉料接阳极，在相同的输入功率下，由于阳极效应使直流电弧传给金属炉料的热量比交流电弧大，直流炉的熔化期实际输入功率比交流电弧炉要高 2% ~ 5%；由于熔池强烈的循环搅拌，温度均匀，加快传热，熔化时间缩短；功率因数高，无功功率损耗低，因此，直流炉内废钢熔化快且均匀、穿井快、金属熔池易于形成，可缩短熔化时间5% ~ 10%，降低熔炼单位电耗 5% ~ 10%。直流电弧炉吨钢电耗一般都可以降低到400kW·h 以下。

（5）降低噪声。废钢熔化穿井时，直流电弧炉产生的最大噪声与交流电弧炉处于同一水平，但以后很快减小并低于交流电弧炉，噪声水平平均可降低 10 ~ 15dB。直流电弧炉的噪声频带稍宽于交流电弧炉，但比交流电弧炉易于隔音。直流电弧稳定，燃烧稳定平稳；没有重新点燃和熄灭的倾向，不产生 100Hz 的噪声；直流电弧炉产生的噪声频率较高（在300Hz 以上），100Hz 以下噪声的能量比交流电弧炉低得多，易于隔音消除；直流电弧炉只有一根炉顶电极产生电弧及一个电极孔，且电弧比交流电弧炉内的电弧更快地埋入废钢中，噪声的大部分能量被废钢吸收，使噪声水平下降很快。

在输入相同功率情况下，直流电弧炉比交流电弧炉的噪声降低 15dB，熔化期不超过90dB，穿井后炉料形成的有效屏障，炉内噪声不超过 80dB。

（6）降低耐火材料消耗。单电极直流电弧炉内电弧始终处在炉子的中心燃烧，一般无炉壁热点现象，炉壁的热负荷均匀，且电弧距炉壁远，因此炉壁，特别是渣线部分的热负荷比交流电弧炉小。底电极的寿命一般很高，一般可与炉衬同步，不至于引起耐火材料消耗的增加。

（7）金属熔池始终存在强烈的循环搅拌。实际生产表明，直流电弧炉内金属熔池始终存在强烈的循环搅拌，其搅拌效果与交流电弧炉采用底部中心吹 100L/min 的氮气的效果相同（20t 炉）。这可加快废钢的熔化，缩短熔化时间，加速炉内的冶金反应，均匀钢液温度和成分。

（8）投资回收快。与交流电弧炉相比，直流电弧炉增加了整流设备和底电极，因此一般新建直流电弧炉的一次投资要比交流电弧炉高，一般要高 30% ~ 50%。但交流电弧炉如需要动态补偿装置，则此部分投资较大；而直流电弧炉需要动态补偿装置容量较小，此部分投资较小。因此，直流电弧炉总的一次投资与交流电弧炉相当，或比交流电弧炉低

20%。但由于直流电弧炉在电极消耗、电耗、耐火材料消耗及生产率等其他方面的优越性，实际上在一次投资上所增加的费用可以在很短的时间内收回。日本130t直流电弧炉在整流设备和底电极方面所增加的投资，仅靠石墨电极消耗降低一项，在一年内即可收回。

（9）操作稳定，生产率提高。由于直流电弧炉采用可控硅调节器，能迅速控制电流，同时直流电弧本身的稳定性要比交流电弧好，因此直流电弧比交流电弧稳定得多，很少出现断弧的情况。即便发生断弧或短路，操作工一般不需调整炉子的控制。

在相同的输入功率时，直流电弧炉在熔化期的实际输入功率要比交流电弧炉高2%～3%，缩短了冶炼时间。同时直流电弧炉因废钢类型不同而引起的实际输入功率的差异要比交流电弧炉小，因此其生产率提高。加上直流电弧炉内固有的钢液强烈的循环搅拌，不会出现交流电弧炉内常在炉壁附近有3个废钢未熔区而不得不用氧枪切割的现象，因此，直流电弧炉内废钢的熔化是均匀和快速的。

直流电弧炉炉顶只有一个电极孔，排出的烟尘量减少，其排放烟气设备的能力只有交流电弧炉的60%～70%。此外，由于直流电弧炉只有一套电极升降和夹持机构，因此炉盖水冷面积大大提高，可达90%以上。同时，对电弧炉的控制系统和过程控制都是十分有利的。

直流电弧炉的上述优越性随着直流电弧炉技术水平的日益提高和不断完善，还会进一步突出地表现出来。但与此同时，随着交流电弧炉技术的不断发展，相关技术的不断完善，直流电弧炉和交流电弧炉之间在一些操作结果和指标上的差距也会逐渐缩小。将来电弧炉的发展将充分利用直流电弧稳定、对电网容量要求低和对电网冲击小、电极消耗低及只需一套电极系统的优势来选用炉型或开发新型的电弧炉，以达到真正的"高效、高产、低耗、优质、低污染"的目标。目前，在国外几种新型的电弧炉多采用直流供电。

第二节　国内外直流电弧炉使用情况

一、我国引进的大型直流电弧炉情况

我国引进的大型直流电弧炉情况见表6-1。

表6-1　我国引进的大型直流电弧炉情况

引进企业名称	电弧炉容量/t	变压器容量/MV·A	连铸机	投产年份	备　注
上海浦东钢铁公司	100	76×2	单流板坯	1995	2台
上海宝钢	150	33×3	六流圆坯	1996	双壳炉
上钢五厂	100	48×2	五流方坯	1996	
江阴兴澄钢铁公司	100	90	五流方坯	1997	
大冶钢铁公司	60	56	四流方坯	1997	
苏州苏兴特钢公司	100	100	五流方坯	1998	
杭州钢厂	80	60	五流方坯	1998	
长城特钢公司	100	90	四流方坯	1998	未使用
新疆八一钢厂二炼钢厂	70	60	四流方坯	1999	
兰州钢厂	70	45	弧形连铸机	2000	
北满特钢公司	90	85	四流方坯	2002	

二、我国引进的部分大型直流电弧炉使用情况

我国引进的部分大型直流电弧炉使用情况见表6-2。

表6-2 我国引进的部分大型直流电弧炉使用情况

工艺技术参数	上钢三厂	上钢五厂	上海宝钢	江阴兴澄	苏钢	浦钢	苏兴特钢
电炉容量/t	100	100	150	100	100	100	100
炉壳直径/m	6.6	6.0	7.3	6.6	6.6		6.6
变压器容量/MV·A	76×2	48×2	33×3	90	100	73	100
最大二次电压/V			638				
二次电流/kA				4×25			
冶炼周期/min	80	78	60	49	75	92	
电极消耗/kg·t^{-1}	1.4	1.5	1.3	0.92			
电耗/kW·h·t^{-1}	410	450	290	281	456	518	
日产炉数/炉		18.5	22.8/24.5				
底电极冷却形式	空冷	空冷	水冷棒式	水冷棒式			
底电极寿命/炉	2000	850	1500				
底电极根数/根			3	4			2
氧气消耗(标态)/m^3·t^{-1}	35	25	35	52	15.6	27.27	
炉子数量/台	2	1	1	1	1	2	2
其 他			30%铁水双炉壳	集束氧枪			
进口厂商	ABB	MAN GHH	Clecim				

三、我国研制的直流电弧炉

我国研制的直流电弧炉统计情况见表6-3。

表6-3 我国研制的直流电弧炉情况

使用单位	底电极形式	吨位/t	数 量	投产年份
太原重型机械厂	2根顶电极，无底电极	10	1	1991
成都无缝钢管厂	风冷式底电极	5	1	1991
重庆特钢	水冷棒式底电极	5	1	1992
鞍山特钢	水冷棒式底电极	1.5	1	1992
鞍山特钢	水冷棒式底电极	10	1	1992
南京三炼钢新建和改造	水冷棒式底电极	0.5~15	27	1992
成都无缝钢管厂	风冷式底电极	30	1	1993
涟源钢铁公司	风冷式底电极	60	1	1995
武汉471厂	不详	30	1	1994
首钢特钢	水冷棒式底电极	15	1	1994
首钢特钢	水冷棒式底电极	30	1	1994

使用单位	底电极形式	吨位/t	数量	投产年份
阿城钢厂	水冷棒式底电极	30	1	1994
首钢特钢	风冷与导电炉底	30	1	1995
合　计			39	

四、部分已运行的国外直流电弧炉情况

部分已运行的国外直流电弧炉情况见表6-4。

表6-4　部分已运行的国外直流电弧炉情况

序号	电炉容量/t	变压器容量/MV·A	炉壳内径/mm	投产年份	制造商	使用国家
1	25	11	4500	1978	ABB	瑞典
2	25	15	4000	1989	Clecim	日本
3	30	17.2	3800	1985	GHH	美国
4	30	22	4300	1987	Itaimpia	意大利
5	30	20	3800	1992	ABB	土耳其
6	32	9	4300	1976	ABB	瑞典
7	35	10	5000	1966	ABB	美国
8	35	15	4600	1988	GHH	日本
9	40	25	4300	1993	ABB	意大利
10	50	53	5200	1994	ABB	捷克
11	55	18	5000	1983	ABB	瑞典
12	55	53	5200	1992	ABB	新加坡
13	60	42	5100	1991	DVAI	美国
14	60	52	6100	1994	GHH	日本
15	70	42	5200	1991	ABB	美国
16	70	70	6700	1992	GHH	日本
17	70	46	5800	1994	GHH	美国
18	75	83	5800	1985	Clecim	法国
19	75	68	6100	1991	Clecim	日本
20	80	67	5500	1992	ABB	马来西亚
21	80	75	5500	1993	ABB	马来西亚
22	100	107	5800	1992	ABB	韩国
23	100	65	6700	1992	GHH	韩国
24	100	60	7000	1992	GHH	日本
25	100	45	6500	1993	GHH	美国
26	100	92	6100	1994	ABB	日本
27	120	65	7000	1992	GHH	韩国

序号	电炉容量/t	变压器容量/MV·A	炉壳内径/mm	投产年份	制造商	使用国家
28	120	85	7000	1992	Clecim	日本
29	130	100	7000	1989	GHH	日本
30	150	80	7300	1992	GHH	美国
31	150	160	7300	1993	GHH	印度
32	150	70	7000	1992	GHH	日本

第三节   直流电弧炉的总体设计

一、总体布置

30～200t 直流电弧炉总体布置参考图如图 6-1 所示。

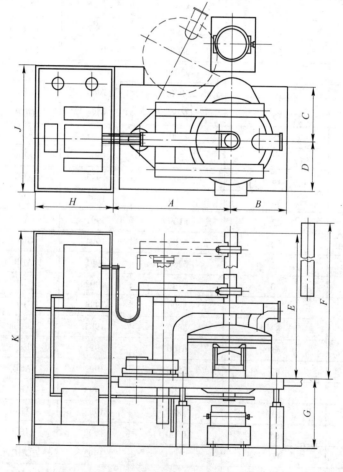

图 6-1   30～200t 直流电弧炉总体布置参考图

不同吨位各部尺寸详见表 6-5。

表6-5　不同吨位各部尺寸

炉容量/t	A	B	C	D	E	F	G	H	J	K
30	8.0	3.5	4.5	3.0	9.8	11.6	6.5	10.0	15.0	15.5
40	8.5	3.7	4.5	3.2	10.6	12.6	6.5	10.0	15.5	15.5
50	9.0	3.9	4.7	3.4	10.9	12.9	7.0	12.5	16.0	16.5
60	9.5	4.2	4.7	3.6	11.2	13.4	7.0	12.5	16.5	16.5
70	10.0	4.4	5.0	3.8	11.4	13.6	7.5	18.0	20.0	17.0
80	10.5	4.6	5.0	4.0	11.5	13.8	7.5	18.0	21.5	18.0
100	11.0	4.8	5.2	4.2	11.8	14.1	8.0	20.0	22.0	18.0
120	11.5	5.0	5.2	4.4	13.0	15.4	8.0	20.0	23.0	19.0
150	12.0	5.3	5.5	4.6	13.2	15.7	8.5	20.0	24.0	19.0
170	12.5	5.5	5.5	4.8	13.3	15.8	8.5	20.0	25.0	20.0
200	13.0	5.8	6.0	5.0	13.4	15.9	9.0	20.0	25.0	20.0

二、炉体各部分尺寸设计

直流电弧炉炉体各部分尺寸设计如图6-2所示。

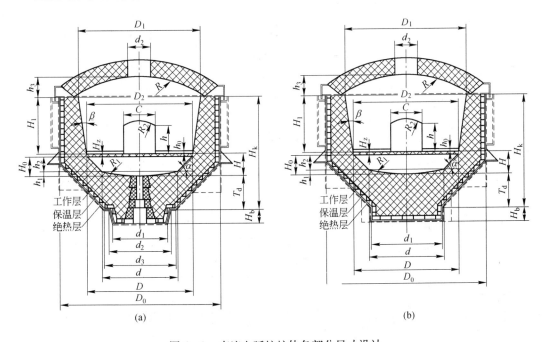

图6-2　直流电弧炉炉体各部分尺寸设计

（a）棒式水冷底电极炉体设计；（b）多针式（多触片式）底电极与导电炉底炉体设计

表6-6为熔炼室各部分尺寸参数。

表 6 - 6 熔炼室各部分尺寸参数设计

名称与代号	计算公式	备注
钢水容积 V/m^3	$V = G/7$	G——额定容量，t
钢液面直径 D/m	$D = \sqrt[3]{1.29G}$	
钢液深度 H_0/mm	$H_0 = (0.25 \sim 0.30)D$	不锈钢除外
	$H_0 = kD = (0.18 \sim 0.20)D$	不锈钢（k：大炉子取小值）
	$H_0 = h_1 + h_2$	
炉底球缺高度 h_1/mm	$h_1 = H_0/5$	
钢液锥体高度 h_2/mm	$h_2 = H_0 - h_1$	
渣层厚度 H_z/mm	$H_z = 400$	较好泡沫渣钢种
	$H_z = 120$	难以造泡沫渣的钢种
熔池深度 H/mm	$H = H_0 + H_z$	
锥台下口直径 d/mm	$d = D - 2h_2$	
熔炼室下口直径 D_2/mm	$D_2 \geqslant D$	
熔炼室高度 H_1/mm	$H_1 = (0.5 \sim 0.6)D$	为了减少加料次数，近年来有加大趋势
熔炼室上口直径 D_1/mm	$D_1 = D_2 + 2H_1\tan\beta$	砌砖炉衬 β 为 $0° \sim 10°$
	$D \geqslant D_0$	管式水冷炉壁内径
炉盖拱高 h_3/mm	$h_3 = (1/6 \sim 1/9)D$	高铝砖炉盖衬
	$h_3 = (1/7 \sim 1/8)D$	镁铬砖、镁铝砖炉盖衬
	$h_3 = (1/9 \sim 1/10)D$	箱式水冷炉盖
	$h_3 = (1/12 \sim 1/14)D$	非连续加料管式水冷炉盖
	$h_3 = 1/16D \sim$ 趋于平顶	连续加料管式水冷炉盖
炉门宽度 C/mm	$C = (0.2 \sim 0.3)D$	
炉门高度 h/mm	$h = (0.75 \sim 0.85)C$	
出钢口直径 D_c/mm	$D_c = 150 \sim 200$	槽出钢
	$D_c = 120 \sim 250$	偏心底出钢（大炉子取大值）
炉底衬厚度 T_d/mm	$T_d = 600 \sim 900$	电炉容量越大，取值越大
炉衬厚度 T_q/mm	$T_q \approx 2T_d/3$	设计取 T_q 为 $450 \sim 500$
炉壳内径 D_0/mm	$D_0 = D + 2T_q$	
炉壳钢板厚度 t/mm	$t = D_0/200$	
炉衬总高度 H_k/mm	$H_k = H_1 + H + T_d$	
当炉坡倾角为45°时 钢液体积计算：V/m^3	$V = \dfrac{\pi}{12}h_2(D^2 + Dd + d^2) + \dfrac{\pi}{6}h_1\left(\dfrac{3d^2}{4} + h_1^2\right)$	偏心底结构电炉将计算值加15%
当炉坡倾角为45°时 熔池体积计算：V_r/m^3	$V_r = V + \dfrac{\pi D^2}{4}H_z$	
电极直径 d_j/mm	由电流决定	设计时决定
电极水冷圈厚度 t_q/mm	$t_q = 45 \sim 60$	或为耐火材料

名称与代号	计 算 公 式	备 注
电极孔直径 d_2/mm	$d_2 = d_j + 2t_q + (40 \sim 60)$	砌砖炉盖、箱式炉盖
	$d_2 = d_j + (40 \sim 60)$	耐火材料预制中心小炉盖
炉坡倾角 α/（°）	45	
炉墙倾角 β/（°）	$0 \sim 10$	
炉门槛高度 h_0/mm	$0 \sim 100$	
炉底衬弧半径 R_1/mm	以 d 两端点与 h_1 确定	
凸台高度 H_b/mm	$300 \sim 500$	水冷棒式
	$200 \sim 300$	针式与导电炉底
凸台顶直径 d_1/mm	$d_1 \approx D_d + (900 \sim 1200)$	用于水冷棒式底电极
	$d_1 \approx D_d + 600$	用于触针式与导电炉底
D_d/mm	n 根棒式底电极分布圆	$n = 1 \sim 4$（用于水冷棒式）
	触针底电极外圆直径	用于触针式与导电炉底
凸台底直径 d_2/mm	设计时决定	用于水冷棒式底电极，
炉底直径 d_3/mm	设计时决定	有时存在 $d_2 = d_3$ 的现象

三、熔炼室尺寸确定的说明

直流电弧炉熔炼室尺寸的确定基本上与交流电弧炉相同。其主要区别有以下几点，设计时应予以注意：

（1）由 $H_0 \geqslant 0.25D$ 可知，直流电弧炉熔池深度要比交流电弧炉深，其主要原因是直流电弧炉自身具有搅拌能力。

（2）直流电弧炉炉壳直径要比同容量交流电弧炉炉壳直径小一些，才能使熔化更加均匀。

（3）凸台高度 H_b，采用水冷棒式底电极与采用针式底电极或导电炉底时的数值是有区别的，其凸台形状也有梯形和桶形之分。设计时，要根据底电极形式的不同，而采用相应的不同方式。

（4）凸台 d_1 处炉壳底部钢板厚度，对于采用棒式水冷底电极时，一般取 $80 \sim 100$mm 之间；而其他形式 d_1 的厚度可以薄一些。

第四节　直流电弧炉机械设备

从机械结构方面看，直流电弧炉与交流电弧炉具有许多相同之处，如炉体与水冷炉壁、偏心炉底出钢装置、炉盖、倾炉机构、炉盖提升旋转机构、电极升降机构、底吹氩系统、除尘设备、废钢预热设备、氧-燃烧嘴、水冷氧枪等。所以，交流、直流电弧炉的主体设备和其附属设备两者基本上是相同的。其主要不同点是直流电弧炉通常只有一个顶电极并配有炉底电极，而且炉底电极为阳极，炉顶电极为阴极；而交流电弧炉只有三根顶电极而没有底电极。由于直流电弧炉只有一根顶电极，其机械结构比起交流电弧炉又较为简单，炉上的附属设备更容易布置，直流电弧炉整体设备如图 6-3 所示。

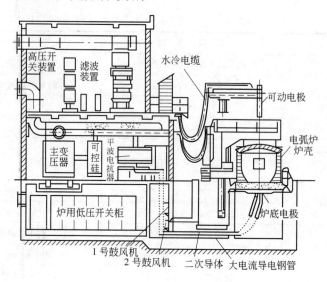

图 6-3 直流电弧炉整体设备

一、直流电弧炉设备的特点

(一) 直流电弧炉的结构特点

直流电弧炉的结构特点为:

(1) 直流电弧炉炉顶中心通常只有一根石墨电极 (负极)、电极横臂、把持器、立柱和电极升降控制装置等均为一套,使电极升降机构大为简单。

(2) 因作用在立柱、线路支架上的磁场力非常小,可使横臂冷却水消耗和炉衬损耗降低。

(3) 增加了炉底电极、冷却与测温系统,底电极结构形式与二次导体的设置是直流电弧炉的关键部件和技术发展最为关注的焦点。

(4) 炉盖顶部空间大,炉子顶部附属设施容易布置,便于电极接长及维护操作。

(二) 直流电弧炉的电弧特性

直流电弧炉的电弧具有以下显著特点:

(1) 直流电弧不通过零点,没有周期性的点燃和熄灭现象,所以电弧较交流电弧稳定。

(2) 直流电弧炉的石墨电极作为阴极,底电极作为阳极,极性固定不变,电弧产生的热大部分集中在阳极 (即炉料上)。

(3) 直流电弧炉一般为单根顶电极,电弧在炉子中心垂直燃烧,没有三相之间的干扰和功率转移。

(4) 直流电弧炉的石墨电极主要是端头受侵蚀,形成圆形凹坑。

(5) 直流电弧没有集肤和邻近效应。

(6) 可以比较准确地测出各段电压降。

(7) 直流电弧炉的电极效应对炉料加热是非常有利的,在同一电流的情况下,阳极效应产生的热几乎是阴极效应的 3 倍。

(8) 直流电弧炉搅拌钢液的效果远比交流电弧炉好,使钢液成分更加均匀。

（9）直流电弧炉对炉衬侵蚀均匀，炉衬寿命较交流电弧炉长。

（10）在偏弧控制较好的情况下，炉内冷区现象不明显。

二、直流电弧炉的短网结构

从电弧炉变压器二次侧出线端开始到电极下端，这段大电流线路称为短网。它包括补偿器、铜母线、挠性电缆、导电横臂、电极以及各段之间的固定连接座、活动连接座和电极夹持器等几部分。

单根顶电极只有一相短网。由于短网不存在集肤效应和邻近效应，在铜排、铜管、水冷电缆、电极上电损失较小，故周围不需要采取非磁性材料。相应地，其石墨电极的上下窜动也要比交流小得多。也因没有集肤效应，电极的电流密度要比交流电弧炉的高得多。为了减少短网电阻和电抗，一般可采用下列措施：

（1）尽量减短短网长度，特别是软电缆的长度要恰到好处；

（2）按经济电流密度来选择铜导体截面；

（3）改善接触连接，减少接触电阻；

（4）采用大截面水冷电缆；

（5）电气连接可靠，漏水几率大大减少；

（6）要求拆装方便，水冷电缆的弯曲半径要合适。

三、直流电弧炉的底电极

对于直流电弧炉来说，底电极作为电弧电流的正极，炉底端子是必不可少的，形态的大小和结构的差别不但对钢液搅拌效果影响较大，而且给整个电弧炉操作的稳定控制也带来极大的影响。

（一）底电极的类型

底电极是直流电弧炉的关键设备。尽管目前国内外采用了多种形式的底电极，但总体上可分为四大类别：

（1）导电耐火材料底电极，原设计为瑞典 ABB 公司。

（2）钢质多触针型底电极，原设计为德国 GHH 公司。

（3）水冷钢棒型底电极，原设计为法国 Clecim 公司以及德国 Demag 公司。

（4）多触片型底电极，原设计为奥地利 Alpine 公司。

各种类型底电极在炉底布置如图 6-4 所示。

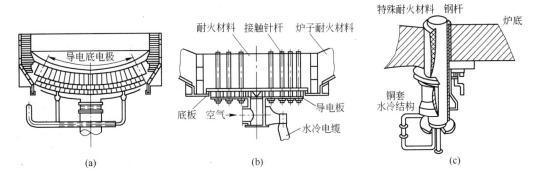

(a)　　　　　　　　　(b)　　　　　　　　　(c)

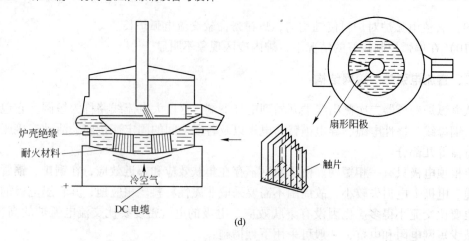

图 6 - 4 各类型底电极结构示意图

（a）导电底电极；（b）多触针型底电极；（c）水冷钢棒型底电极；（d）多触片型底电极

不同形式的底电极综合比较与评价见表 6 - 7。

表 6 - 7 不同形式底电极的综合比较与评价

评价项目	评价角度	底 电 极 形 式			
		水冷钢棒式	多触针式	多触片式	导电炉底式
安全性	漏钢的可能性	无	无	无	无
	漏钢后的安全性	最危险	较危险	较危险	较危险
导电性	导电的保证	金属棒导电	金属触针导电	金属触片导电	耐火材料导电
绝缘问题	铅对策	铅可通过设在炉壳与炉底之间的沟槽流出，绝缘材料不与铅接触	采用隔板阻止铅对绝缘材料的破坏，同时在炉底增加排铅小孔	绝缘材料设在炉壳的中下部，铅无法与之接触	绝缘材料设在靠近炉壳，铅会向炉底中心聚积，不与绝缘材料接触
搅拌	熔池搅拌状况	较好	较好	较好	最好
电弧偏弧	偏弧对策	不同二次导体供给大小不同的电流（最有效）	改变二次导体布线方式（较有效）	不同二次导体供给大小不同电流（最有效）	改变二次导体布线方式（较有效）
炉子吨位	最大吨位/t	190	180	120	160
冷却方式及允许电流密度	冷却方式	水冷	空冷	空冷或自然冷	空冷
	允许电流密度/A·cm^{-2}	50	100	100	0.5 ~ 1.8
砌筑与修补	砌筑复杂度	简单	复杂	复杂	简单
	是否修补	可以	研制中	研制中	可以
	更换电极难易	易	易	易	易
启动方式	冷（重新）启动方式	金属棒接在底阳极上，使之突出耐火材料	碎废钢铺在底阳极上	新炉使金属触片突出耐火材料；碎废钢铺在底阳极之上	ABB 公司推荐：从其炉子倒入一部分钢水；烧嘴先熔化部分钢水

评价项目	评价角度	底电极形式			
		水冷钢棒式	多触针式	多触片式	导电炉底式
炉衬寿命	耗速/mm·炉$^{-1}$	1.0	0.5	0.3~0.6	1.0
	最高寿命/炉	>2000	约2000	约1500	4000
炉底电极费用	成本维修费用/美元·t^{-1}	适中 <0.3	适中 0.15~0.20	适中 0.25	较高 <0.6

（二）底电极应具备的功能

底电极应具备的功能见表6-8。

表6-8　底电极的基本功能及要求

基本功能	功能要求
导电功能	电阻小；保证导电性；保证电绝缘性
钢液保持功能	不发生钢液渗漏（即使发生渗漏,也要保证绝对安全）；寿命长；维修方便,易更换；热损失少
其他有关功能	钢液搅拌力大；偏弧小

（三）底电极消耗机理

对于直流电弧来说，底电极作为电弧电流的正极，石墨电极为负极。而底电极由固定在钢板上钢针（或钢棒）与其周围的耐火材料构成（导电炉底是用导电耐火材料砌筑而成的）。随着炉料熔化的进行，钢针（或钢棒）的顶端处于熔融状态，随着炉底耐火材料损耗，炉底下降，导电的钢针（或钢棒）变短，其下降幅度与耐火材料消耗同步，同时与底电极冷却也有一定的关系。

（四）底电极寿命

底电极寿命在直流电弧炉开发初期为500炉左右，后由于改进操作、改善耐火材料等使底电极寿命得到了很大的提高，现在已经达到1500~2000炉。导电炉底最高使用寿命可达4000炉。

底电极寿命主要由以下几点决定：

（1）电流大小；

（2）电极电流密度；

（3）熔池温度；

（4）底电极冷却效果；

（5）底电极结构形式；

（6）耐火材料的消耗；

（7）冶炼周期。

四、直流电弧炉底电极的绝缘装置

直流电弧炉的炉底和整流器的正极相连，它是电弧炉的一个高效导电部位，因此应与接地的炉壳绝缘。合理的炉底绝缘和长的使用寿命是提高电弧炉性能指标的保证。特别是废钢炉料中含有一定量的铅，在炼钢过程中，铅会聚集到炉底，对绝缘造成破坏。在直流炉底电极设计时，一定要充分考虑对绝缘部位的保护，以防止铅对绝缘部位的破坏。

第五节　底电极结构形式

一、风冷多触针型底电极

多触针型底电极结构示意图如图6-5与图6-6所示。在炉壳底部有一个大圆孔，在孔的上面是一个圆形法兰，通过绝缘的连接件水平固定在炉底底部作为底阳极上固定板。底阳极下固定板和上固定板之间有一定的距离（一般不应小于300mm）并形成一个风冷空腔，将各底阳极钢棒焊接在上、下固定板上，使底阳极钢棒固定可靠。空腔内装有空气导向叶片，冷却空气沿轴向流入空气腔，靠导向叶片径直向电极柱流动冷却底电极后沿径向向外流出。按炉容量不同，底电极由80～200根圆形低碳钢钢棒组成，钢棒直径在30～50mm之间。钢棒末端加工成螺纹以固定在炉底下固定板的集电板上，同时与阳极短网导体连接构成炉子的阳极电极。炉底触针

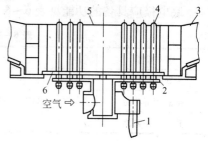

图6-5　多触针型底电极结构示意图(一)
1—水冷电缆；2—导电板；3, 5—耐火材料；
4—触针；6—炉底板

的布置按螺旋形分布。电流由接电板流入，经集电板进入触针底电极之后，流入钢水熔

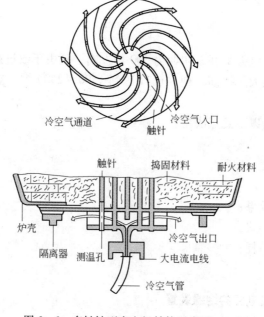

图6-6　多触针型底电极结构示意图（二）

池。炉底由 MgO 混合料捣固成形。为监控底电极温度，在底电极下部内孔安放热电偶监控底电极温度（正常时温度在 300~600℃之间）。这种底电极的通电电流密度一般小于 $100A/cm^2$。

当底电极烧损到一定程度时，要更换底电极。钢水出完后，将带有吊耳的钢板投放到炉底上。冷却后即进行清理炉底（主要是清理集电板和炉壳的连接部位）。卸去连接导电接头后，用液压缸顶起底电极将它吊走，重新换新底电极。

多触针型底电极的危险性在于起弧阶段，由于各触针导电性存在差异，导电不良者会出现不导电，而导电良好的却被熔化而有烧穿炉底的危险性。在炉底衬为 700mm 时，一般触针熔化深度为 80~90mm。当炉底衬耗损到 300mm 厚时，触针熔化深度为 40~50mm。

二、钢片型风冷底电极

钢片型风冷底电极由多块排列成扇形的低碳钢薄板直立于炉底镁质干式捣打整体耐火材料中。由低碳钢薄板组成 4 个扇形体等距离配置在炉子底部，各扇形体分别与阳极大电流短网导体连接。

这种炉底电极的优点有：

（1）4 根阳极短网导体的进线端分别位于炉底四周，这一位置的功率输出点与电弧的距离非常近。同时，底电极各扇形体导体的电流大小可以单独控制，有利于控制偏弧。

（2）通过合理地选择底电极钢板的厚度和表面积之比，可节省炉底电极的冷却系统。

奥钢联开发的触片型底电极采用 12 块厚度为 1.7~3mm 的矩形薄钢片围成 12 边直筒，十几个不同的直筒外套筒套垂直焊在可重复使用的集电板上，从而形成"蜂窝形状结构"形式的炉底导电电极，如图 6-7 所示。各圈导电片间距约为 90mm，用镁砂捣打料充填。

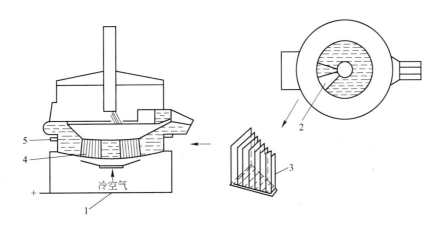

图 6-7 钢片型风冷底电极结构安装示意图
1—DC 电缆；2—扇形阳极；3—触片；4—底壳绝缘；5—普通不导电整体耐火材料

为保证炉底电极与接地的炉壳绝缘，空冷多触针型（见图 6-5），将绝缘材料的位置放在炉壳与底电极交接处。同时，触针型采用隔离板来阻止铅与绝缘材料接触，同时在炉底增加排铅小孔。多触片型将绝缘材料放在炉壳中部和下部某个位置，确保"铅"沉淀对绝缘材料不会产生影响。

电炉触片底端部通压缩空气进行冷却，以便通过热传导保持底电极有安全的温度。这种导电炉底对耐火材料的要求不高，上部的钢片熔融后，与耐火材料烧结在一起，阻止了钢片的漂浮，从而保证了导电的可靠性，这种炉底不能进行热修补，因为修补会造成导电不良。炉底衬寿命决定了底电极的寿命。一般炉底衬每炉平均消耗在1mm左右，底电极厚度为600~700mm，其寿命为600~1500炉。

三、导电炉底

导电炉底是一个独立的可拆卸的球形炉底结构。外壳由耐热钢板辊压制成形。钢板内侧由圆形的分割成四块扇形的紫铜板制成。铜板用螺栓固定在球形炉底钢板上。每块铜板都焊有导电座，并通过炉底开出的孔洞伸出炉底。导电座通过螺栓与铺设在炉子下部的阳极铜排连接。球形炉底通过环形法兰被支撑在炉壳的环形沟槽内，在它们之间由绝缘材料充填。炉底进行强制风冷，由轴流式风机将冷风通过炉底下的风道分别分散风冷。导电炉底耐火材料（优质、高密度导电镁炭砖，含碳量为10%~15%，电阻率一般为10^{-3}~$10^{-4}\Omega \cdot m$，要求不易受温度变化的影响、电阻均匀、热传导较低、热化学与物理稳定性极好等）的砌筑与普通电炉砌筑方法没有区别，与钢水接触面积的电流密度可达$6.5kA/m^2$。

这种导电炉底电流分布面广，电流密度小，一般为0.7（小炉子）~1.8（大炉子）A/cm^2。钢液被磁场搅拌效果明显，操作方便，炉役寿命也比较理想。据国外报道炉底阳极寿命可达4000炉。

（一）导电炉底电极的特点

导电炉底电极的特点有：
（1）导电接触面积大，电流负荷较小，只有$5kA/m^2$。
（2）炉底冷或热启动性能好。
（3）沿用传统修砌工艺便于掌握。

（二）导电炉底结构

导电炉底结构形式如图6-8所示。

该导电式炉底电极（ABB型），炉底有一个垂直的环形法兰，它由焊到炉壳上的环形槽支撑着。在法兰下面垫着间隔相等的纤维强化陶瓷块。槽、陶瓷块和法兰之间的空隙用一种耐火捣打料填充。周边位置高出炉衬最低点，避免金属渗漏（铅）引起的短路。

四、水冷棒式底电极

钢棒（铜钢复合）水冷电极的上半部是低碳钢钢棒，下半部是通水冷却的紫铜棒，铜钢结合部分是焊接而成，铜和钢的焊接是水冷棒式底电极关键技术之一，焊接质量不好，就会出现裂纹。也有的裂纹会出现在使用期间。水冷棒式底电极由三部分组成，其结构如

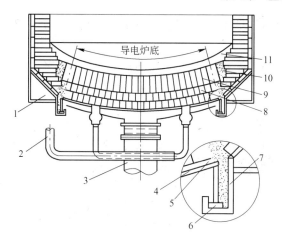

图 6-8　导电炉底结构形式

1—炉壳；2—导电母线；3—冷却风管；4—炉底钢板；5—紫铜板；6—绝缘材料；7—U 形支撑环；
8—永久衬砖；9—工作衬砖；10—填充料；11—捣打料

图 6-9 所示。

第一部分是一个圆形钢棒，导电钢棒焊接在铜棒上；第二部分是套在钢棒上的袖砖（一般为套砖、碱性镁质耐火材料，有特殊质量要求）；第三部分是绝缘材料，将炉底钢板和水冷铜套绝缘开。该装置止"铅"的对策是在厚度约 100mm 且带有斜度炉底板和炉底电极之间安装环状的沟槽，在沟槽上多开透气孔，使铅可以从沟槽孔流出，而不破坏炉体绝缘。一般在水冷棒上设有深度不同的两个位置的测温装置。远离钢水点的测温装置设在水冷腔的上部，最大允许温度不超过 450℃；而接近钢水测温点设在铜钢结合面附近，最大允许温度不超过 650℃。底电极的损耗主要取决于电流密度和炉底耐火材料的厚度，从某种意

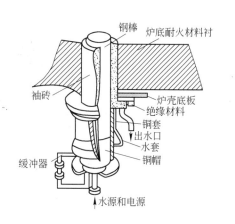

图 6-9　水冷棒式底电极结构与
安装示意图

义上讲，炉底的侵蚀速度，也就是炉底电极消耗的速度和使用寿命。这种底电极炉底可以进行热修补，为保证炉底厚度，在补炉时先将钢水全部出净后，立即在底电极孔处插入与电极直径相等的钢棒，钢棒长度要高出补炉厚度 100mm 以上。补炉时，在新插入的钢棒周围用热补料捣实，以修补损坏的炉底热表面。每周进行 1~2 次，每次约 10~30min。注意不能把钢棒埋在耐火材料下面，补炉后即可加料冶炼，如图 6-10 所示。这样可以延长炉底使用寿命。另外，这种底电极可以在热修补时进行接长，一般炉底每炉平均消耗在 1mm 左右。

不论是哪一种形式的底电极结构，底电极的温度和出钢温度、冶炼时间存在着直接的关系，尤其是冶炼时间，是决定底电极温度的关键。在生产中，因直流电弧炉出现脱碳、脱硫困难造成冶炼周期的延长，使底电极温度大幅度升高，导致电弧炉停炉等待底电极降

温的现象多有发生。所以，直流电弧炉的冶炼周期是降低底电极温度和保证底电极的安全的关键。

图6-11所示为一种从底部更换炉底的方法。

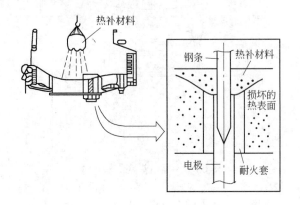

图6-10 炉底热修补方法示意图

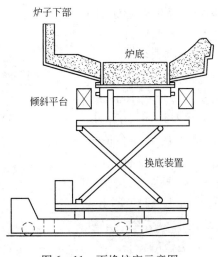

图6-11 更换炉底示意图

第六节 水冷棒式底电极电能和热能计算

棒式底电极的设计是根据底电极电能和热能计算后确定其结构尺寸的。根据电流量确定底电极的根数和直径。铜钢复合棒式底电极通常选用1~4根，直径为150~280mm的低碳钢钢棒。底电极在炉内部分外径套有耐火材料套管，以减少对底电极的烧损，并适当提高底电极在高温下的强度。这种钢棒底电极可以按每根分开单独供电分别控制电流，也可以集中控制，但通过分别控制电流可以更好地控制电弧的偏弧。

铜钢复合棒式水冷底电极，钢棒部分通电电流密度一般为50~100A/cm^2。钢棒中配备连续测温热电偶。超过预定温度时，发出警报。当温度超出设定极限时，断电，同时排除冷却件中的冷却水并立即改为压缩空气（或氮气），确保在半小时内无危险。

由于水冷棒式底电极具有使用寿命长、更换方便、可根据不同容量设计出不同根数的底电极等优点，因此该类型的底电极应用较为普遍。

为了说明问题，现以国内某钢厂直流电弧炉水冷棒式底电极为例说明其计算过程。

一、计算目的

通过理论计算，确定底电极的基本尺寸、热负荷和冷却水的耗量、温度场和热电偶安装位置以及各点的温度的设定。

二、已知数据

已知原始数据见表6-9。

表6-9 已知原始数据

指 标 名 称		单 位	数 值	备 注
每根底电极供电情况	供电电源额定电流	A	20000	
	电极头部钢的最大电流密度	A/mm²	≤1	
底电极各段直径	钢棒头部直径 d_1	mm	160	
	钢棒中部直径 d_2	mm	220	
	钢棒尾部直径 d_3	mm	290	与紫铜连接处
	紫铜部分直径 d_3	mm	290	
底电极各段长度	钢棒头部长度 L_1	mm	150	不含炉内长度50
	钢棒中部长度 L_2	mm	135	
	钢棒尾部长度	mm	50	与紫铜连接处
	紫铜部分长度	mm	524	
	紫铜部分与钢棒尾部总长度 L_3	mm	574	
	底电极总长度	mm	909	含炉内长度50
冷却腔部横截面面积 f		m²	0.00304	有效断面
冷却腔截面周长（湿周）U		m	0.344	
冷却水	冷却水进水口温度 t_1	℃	30	
	冷却水出水口温度 t_2	℃	<50	
	冷却水进水流速 v	m/s	0.5	
冷却管道到上下热电偶顶端距离	上部的热电偶 L_4	mm	260	
	下部的热电偶 L_5	mm	210	
	水冷腔筋高度 L_6	mm	50	
	水冷腔筋高度 L_7	mm	70	

三、电极的基本形状

底电极结构如图6-12所示。

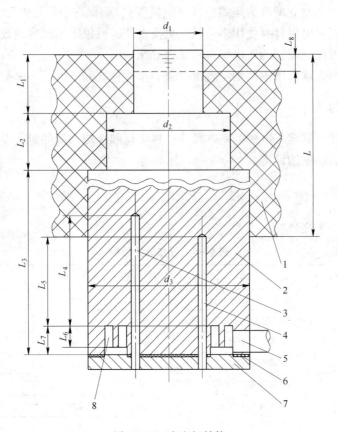

图 6 – 12　底电极结构

1—炉衬；2—底电极；3，4—测温孔；5—进出水管；6—橡胶密封垫；7—端盖；8—水冷腔

四、计算条件

在计算时，做以下假设：

（1）电极的温度场是固定的、一维的，并且仅仅依赖于底电极轴线坐标方向变化。

（2）在炉衬中的电极表面，在规定的绝热范围内，熔化温度是首要条件；在冷却水方面，对流换热是第三类条件。

（3）从紫铜外壳排出的焦耳热忽略不计。

（4）底电极内部筋骨侧表面参与冷却，充分向水转移热量。冷却水的冷却热量由冷却散热面积传出。

（5）电极的计量有两种状态：正常的热负荷和可允许的热负荷的计量。无论哪一种状态，都要保证胶质材料密封盖的温度不大于90℃。如果密封盖处的温度接近90℃时，就要切断电源。

计算涉及的参数表有：

（1）常用材料的导热系数见附录中附表2；

（2）几种碳钢与铜 T2 的电阻率见附录中附表3。

五、计算过程

(一) 底电极各段直径的计算

已知：电流密度 $\sigma = 1A/mm^2$，额定电流为 20000A。

那么，根据

$$S = \frac{额定电流}{电流密度} = \frac{20000}{1} = 20000(mm^2)$$

又根据

$$d_1 = \sqrt{\frac{4S}{\pi}} = \sqrt{\frac{4 \times 20000}{\pi}} = 159.577(mm)$$

设计取：$d_1 = 160mm$。

(二) 钢棒部分各段截面积的计算

钢棒部分各段截面积的计算汇总见表 6-10。

表 6-10 钢棒部分各段截面积的计算汇总

各段直径	各段面积	计算公式	计算值/m²
d_1	S_1		0.0201
d_2	S_2	$S_i = \frac{\pi d_i^2}{4}$	0.0380
d_3	S_3		0.0660

(三) 被冷却的表面面积

被冷却的表面面积计算如下：

$$S = \sum_{i=1}^{n} S_i = 0.1742(m^2)$$

(四) 冷却腔截面积 (有效断面)

冷却腔截面积 $f = 0.00304m^2$（已知）。

(五) 冷却腔截面周长 (湿周)

冷却腔截面周长 $U = 0.344m$（已知）。

(六) 槽的当量水利直径

根据当量水利直径公式：

$$d_d = \frac{4f(有效截面积)}{U(湿周)} \qquad (6-1)$$

则有：

$$d_d = \frac{4f(有效截面积)}{U(湿周)} = \frac{4 \times 0.00303}{0.344} = 0.0353(m)$$

(七) 雷诺数

根据：

$$Re = \frac{vd_d}{\eta} \qquad (6-2)$$

式中　v——水的流速，已知 $v = 0.5 \text{m/s}$；

　　d_{d}——当量水利直径，$d_{\mathrm{d}} = 0.0353 \text{m}$；

　　η——水的黏性运动系数，m^2/s，当进水温度 $t_1 = 30 ℃$ 时，$\eta = 7.98 \times 10^{-7} \text{m}^2/\text{s}$。

则有：

$$Re = \frac{v d_{\mathrm{d}}}{\eta} = \frac{0.5 \times 0.0353}{7.98 \times 10^{-7}} = 22093$$

（八）耗水量

根据：
$$Q_0 = \frac{\pi}{4} d_{\mathrm{d}}^2 v \tag{6-3}$$

则有：
$$Q_0 = \frac{\pi}{4} d_{\mathrm{d}}^2 v = \frac{\pi}{4} \times 0.0353^2 \times 0.5 \times 3600 = 1.762 (\text{m}^3/\text{h})$$

取安全系数 $n = 3.1$ 时，则有 $Q = 1.762 \times 3.1 = 5.472 (\text{m}^3/\text{h})$。

（九）水的努塞尔数

根据水的紊流：
$$Nu = 0.023 Re^{0.8} Pr^{0.4} \tag{6-4}$$

式中　Re——雷诺数；

　　Pr——普朗特数。

按出水温度 $t_2 = 40 ℃$ 计算时，取 $Pr = 4.3$，$Re = 26967$。

则有：$Nu = 0.023 Re^{0.8} Pr^{0.4} = 0.023 \times 26967^{0.8} \times 4.3^{0.4} = 144.4$。

（十）槽侧面对水的对流散热系数

根据努塞尔准则：
$$Nu = \frac{\alpha L}{\lambda} \tag{6-5}$$

式中　α——槽侧面对水的对流散热系数，$\text{W}/(\text{m}^2 \cdot ℃)$；

　　L——当量直径。

则有：
$$\alpha = \frac{Nu \lambda}{L}$$

当 $Nu = 144.4$ 时，$\lambda = 0.543$，$L = 0.0353$。所以有：
$$\alpha = \frac{Nu \lambda}{L} = \frac{144.4 \times 0.543}{0.0353} = 2221$$

由于弯管状态，因此换热有所增加。那么，α 值必然增大。即：
$$\alpha_R = \varepsilon_R \alpha$$

对于螺旋状管：
$$\varepsilon_R = 1 + 1.77 \frac{L}{R}$$

因为 $R = \frac{138 + 52}{2} = \frac{190}{2} = 95$，所以有：

$$\varepsilon_R = 1 + 1.77 \frac{L}{R} = 1 + \frac{35.3}{95} = 1.658$$

即
$$\alpha_R = \varepsilon_R \alpha = 1.658 \alpha = 1.658 \times 2221 = 3682$$

又因为这里弯管部分中心线与进水直管入口中心线不同心，存在一个偏心距 e（见图6-13）。那么，将中心柱体看成一个流体横向冲刷。如果取入口水管中心为代表研究整体水流束，在没有横向冲刷状态下水流和管壁交角为45°，但由于有横向冲刷状态，必然向外侧倾斜，此处呈31°交角（即斜向冲刷状态），那么，这里还要增加一个角度系数，以便使它既不是螺旋状水流，又不完全是横向冲刷状态，更为接近于实际状态。为此有：

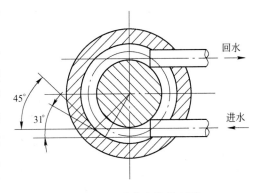

图6-13　进出水管截面图

$$\alpha_\beta = \alpha_R c_\beta = 3682 c_\beta$$

式中　c_β——斜向冲刷角度修正系数。

当 $\beta = 31°$ 时，根据水力学及水利机械资料，查表得 $c_\beta = 0.6853$。

所以有：$\alpha_\beta = 3682 c_\beta = 3682 \times 0.6853 = 2524(W/(m^2 \cdot ℃))$。

（十一）底电极电阻的计算

钢棒部分各段电阻计算汇总见表6-11。

表6-11　钢棒部分各段电阻计算汇总

各段直径	各段电阻	计算公式	计算值/Ω
d_1	R_1		8.952×10^{-6}
d_2	R_2	根据电阻公式：$R = \dfrac{\rho L}{S}$	2.132×10^{-6}
d_3	R_3		0.015×10^{-6}

（十二）电极各段热阻计算

电极各段热阻计算汇总见表6-12。

表6-12　电极各段热阻计算汇总

各段直径	各段电阻	计算公式	计算值/℃·W^{-1}
d_1	R_1		0.249
d_2	R_2	根据水热阻公式：$R_r = \dfrac{\delta}{\lambda S}$	0.085
d_3	R_3		0.021
水冷表面	R_s	$R_s = \dfrac{1}{\alpha S}$	0.002
底电极	R_r	$R_r = R_1 + R_2 + R_3 + R_s$	0.36

（十三）热功率的计算

各段功率计算汇总见表6-13。

表 6 - 13　各段功率计算汇总

各段直径	各段电阻	计算公式	计算值/kW
d_1	R_1		3.58
d_2	R_2	根据功率计算公式：$P = I^2 R$	0.85
d_3	R_3		0.006

（十四）由于熔化传到电极上的热量

根据公式：
$$Q = \alpha F \Delta t \qquad (6-6)$$

式中　α——钢液与底电极在传热中的散热系数，$\alpha = 542$（估计值）。

由前计算可知：$F = 0.0201 \mathrm{m}^2$，$\Delta t = 1550 - 1450 = 100$（℃）。则：

$$Q = \alpha F \Delta t = 542 \times 0.0201 \times 100 = 1.09 (\mathrm{kW})$$

（十五）由电极传给水的热量

电极的热功率和熔化传给电极上的热量总和就是冷却水所带走的热量 Q_s。即：

$$Q_s = P_1 + P_2 + P_3 + Q = 3.58 + 0.85 + 0.006 + 1.09 = 5.53 (\mathrm{kW})$$

（十六）槽内侧面温度

根据公式：
$$Q = \alpha F \Delta t$$

由前计算可知：$F = 0.1742 \mathrm{m}^2$，$Q_s = 5.53 \mathrm{kW}$，$\alpha = 2524$，槽内侧面温度与进水温差 $\Delta t =$ 槽内侧面温度 t_{c4} - 进水温度 t_1。而：

$$\Delta t = \frac{Q}{F\alpha} = \frac{5.53 \times 1000}{0.1742 \times 2524} = 12.6 (℃)$$

则有：槽内侧面温度 $t_{c4} = \Delta t + t_1 = 12.6 + 30 = 42.6$（℃）。

（十七）钢体和铜体结合处的温度

铜钢结合处的热量 $Q_{c3} \approx Q_s = 5.53 \mathrm{kW}$。

根据：
$$Q = \frac{\lambda F \Delta t}{\delta} \qquad (6-7)$$

得：
$$\Delta t = \frac{Q\delta}{\lambda F}$$

由前面计算可知，$\delta = 0.524 \mathrm{m}$，$\lambda = 380$，$F = 0.066 \mathrm{m}^2$，则有：

$$\Delta t = \frac{Q\delta}{\lambda F} = \frac{5530 \times 0.524}{380 \times 0.066} = 115.5 (℃)$$

则有：
$$t_{c3} = t_{c4} + \Delta t = 42.6 + 115.5 = 158 (℃)$$

（十八）d_1 段和 d_2 段交接处温度

根据导热公式：
$$Q = \frac{\Delta t}{R} \qquad (6-8)$$

得
$$\Delta t = QR$$

其中 $Q = Q_R + q$，根据黑体理论 $q = \dfrac{P_1}{2}$，又 $t_{c2} = t_{c1} - \Delta t$，钢水温度 $t_{c1} = 1550℃$，$R_{r1} = 0.249℃/W$。所以有：

$$\Delta t = QR = \left(1.09 \times 1000 + \frac{3.58 \times 1000}{2}\right) \times 0.249 = 717.5(℃)$$

$$t_{c2} = t_{c1} - \Delta t = 1550 - 717.5 = 832.5(℃)$$

（十九）底电极熔化深度

根据

$$Q_R = \frac{\Delta t}{R}$$

得：

$$R = \frac{\Delta t}{Q_R}$$

又因为

$$R = \frac{\delta}{\lambda F}$$

将两式联立则有：

$$L_8 = \delta = \frac{\Delta t \lambda F}{Q_R} \qquad\qquad (6-9)$$

其中 $\Delta t = 1550 - 1450 = 100(℃)$，$F = 0.0201 m^2$，$Q_R = 1.09 kW$，根据表 $6-9$，当钢液温度 $t = 1550℃$ 时，$\lambda = 30 W/(m \cdot ℃)$（估计值见附录），所以有：

$$L_8 = \delta = \frac{\Delta t \lambda F}{Q_R} = \frac{100 \times 30 \times 0.0201}{1.09} = 55.3(mm)$$

（二十）从 L_2 上端面点到铜钢结合处任意点处温度计算

按一维坐标温度线性变化关系计算，任意一点温度为：

$$t_{x_i} = \frac{(t_{c2} - t_{c3}) x_i}{L_2}$$

由前面计算可知：$t_{c2} = 832.5℃$，$t_{c3} = 177.8℃$，$L_2 = 135 mm$。

如 $x_i = 0.5 L_2$ 时，则 $t_{0.5L_2} = \dfrac{832.5 - 177.8}{135} \times \dfrac{135}{2} + 177.8 = 505.15(℃)$。

（二十一）电极中冷却水温升

根据 $Q = \dfrac{\Delta t}{R}$，可知 $\Delta t = QR$。

由前计算可知 $Q = Q_s = 5.53 kW$，$R = 0.36℃/W$。

所以，$\Delta t = QR = 5.53 \times 0.36 = 2(℃)$。

（二十二）冶炼时固体钢体长度

冶炼时固体钢体长度为：

$$L_g = L_1 + L_2 - L_8 = 150 + 135 - 55.3 = 230(mm)$$

（二十三）热电偶测温点温度

热电偶测温点温度计算步骤为：

（1）计算热阻。

热阻公式为：

$$R_r = \frac{\delta}{\lambda S} \qquad\qquad (6-10)$$

对于上面热电偶：$\delta_1 = 524 - 260 = 264(\text{mm})$。

对于下面热电偶：$\delta_1 = 524 - 210 = 314(\text{mm})$。

估计两热电偶测温点的温度在 $90 \sim 110\text{℃}$ 之间，那么，$\lambda \approx 380$。所以有：

$$R_{r1} = \frac{\delta_1}{\lambda S} = \frac{0.264}{380 \times 0.066} = 0.0105(\text{℃/W})$$

$$R_{r2} = \frac{\delta_2}{\lambda S} = \frac{0.314}{380 \times 0.066} = 0.0125(\text{℃/W})$$

（2）计算所测点的温度。

根据：$\Delta t = QR$，有：

$$\Delta t_{cs} = QR_{r1} = 5530 \times 0.0105 = 58(\text{℃})$$

$$\Delta t_{cx} = QR_{r2} = 5530 \times 0.0125 = 69(\text{℃})$$

又，上面的测温点 $t_s = t_{c3} - \Delta t_{cs} = 158 - 58 = 100(\text{℃})$。

下面的测温点 $t_x = t_{c3} - \Delta t_{cx} = 158 - 69 = 89(\text{℃})$。

（二十四）允许负荷

允许负荷具体如下：

（1）电极橡胶密封件允许热负荷。由于冷却水与铜体和橡胶垫之间是对流传热，那么根据 $Q = \alpha S \Delta t$，由前计算可知：$\alpha = 2524$，$F = 0.1742\text{m}^2$，$\Delta t = t_{橡胶} - t_1 = 90 - 30 = 60(\text{℃})$，则：

$$Q = \alpha S \Delta t = 2524 \times 0.1742 \times 60 = 26.4(\text{kW})$$

（2）槽侧面。由于橡胶密封件 $t_{max} \leqslant 90\text{℃}$，因此槽侧面下部水冷槽侧面温度也必须不大于 90℃。

（3）L_2 和 L_3 交接处 $t_{c30max} = t_{c30}$。

根据：

$$\Delta t = \frac{Q}{R} = \frac{QL}{\lambda S}$$

则：$t_{c30max} = t_{c30} = 600 \sim 650\text{℃}$（估计值），此时 $\lambda \approx 170 \sim 185$。当取 $\lambda \approx 184$ 时：

$$\Delta t_{c30} = \frac{Q}{R} = \frac{QL}{\lambda S} = \frac{26400 \times 0.254}{184 \times 0.066} = 551(\text{℃})$$

$$t_{c30} = \Delta t_{c30} + 90 = 551 + 90 = 641(\text{℃})$$

（4）下面的热电偶温度 t_{xmax} 和上面的热电偶温度 t_{smax}。由于热电偶插入铜体深度未进入炉体，因此，该处底电极处于空气冷却中。那么，它的温度梯度 $G > g$，这里 $G = 1.1$，则：

$$t_{smax} = G(L_5 + h) = 1.1 \times (260 + 70) = 363(\text{℃})$$

$$t_{xmax} = G(L_4 + h) = 1.1 \times (210 + 70) = 308(\text{℃})$$

（5）允许电极熔化深度：

1）求 L_2 段温度梯度 g_2。

由前计算可知：$t_{c2} = 832.5\text{℃}$，$t_{c3} = 158\text{℃}$。

则：
$$g_2 = \frac{\Delta t}{L_2} = \frac{832.5 - 158}{135} = 5$$

2）求 $t_{c2max} = t_{c20}$：
$$t_{c20} = 641 + 5 \times 135 = 1316(\,^\circ\!C\,)$$

3）允许熔化深度。设允许熔化深度为 L_{8y}，那么 $L_1 - L_{8y} = x$ 时，在 x 上点温度为 $t_x = 1450\,^\circ\!C$。则有：
$$1450 = 1316 + gx = 1316 + 5x$$

则：L_1 剩余长度 $x = \frac{1450 - 1316}{5} \approx 27(\,mm\,)$；$L_{8y} = 150 - x = 150 - 27 = 123(\,mm\,)$。

六、计算汇总

计算结果汇总见表 6-14。

表 6-14　计算结果汇总

指标名称		单位	数值	备注
底电极各段直径	钢棒头部直径 d_1	mm	160	
	钢棒中部直径 d_2	mm	220	
	钢棒尾部直径 d_3	mm	290	与紫铜连接处
	紫铜部分直径 d_3	mm	290	
底电极各段长度	钢棒头部长度 L_1	mm	150	不含炉内长度
	钢棒中部长度 L_2	mm	135	
	钢棒尾部长度	mm	50	与紫铜连接处
	紫铜部分长度	mm	524	
冷却部分	冷却水管孔直径	mm	50	
	水冷腔内径 D_1	mm	138	
	水冷腔外径 D_2	mm	242	
冷却筋	数量 b	根	1	
	厚度	mm	12	
	高度 L_6	mm	50	
	管道孔高度 L_7	mm	70	
冷却管道到上下热电偶顶端距离	上部的热电偶 L_4	mm	260	
	下部的热电偶 L_5	mm	210	
各段横截面面积	钢棒头部直径 d_1 横截面面积	m²	0.0201	
	钢棒中部直径 d_2 横截面面积	m²	0.0380	
	紫铜部分直径 d_3 横截面面积	m²	0.0660	
冷却表面面积 S		m²	0.1742	
冷却腔部横截面面积（有效断面）f		m²	0.00304	
冷却槽截面周长（湿周）U		m	0.344	
冷却槽的当量水利直径 d_d		m	0.0353	

指　标　名　称		单　位	数　值	备　注
雷诺数 Re			22093	
耗水量 Q_0		m^3/h	5.472	
努塞尔数 Nu			144.4	
槽侧面对水的对流散热系数 α_β		$W/(m^2 \cdot ℃)$	2524	
电极各部电阻	R_1	Ω	8.952×10^{-6}	
	R_2	Ω	2.132×10^{-6}	
	R_3	Ω	0.015×10^{-6}	
电极各部热阻	R_{r1}	$℃/W$	0.249	
	R_{r2}	$℃/W$	0.085	
	紫铜体（外壳）的热阻 R_{r3}	$℃/W$	0.021	
	水冷却表面层边界的热阻 R_s	$℃/W$	0.002	
	底电极的全部热阻 R_r	$℃/W$	0.36	含水冷层边界热阻
热功率 P（额定负载）头部区段焦耳热功率	P_1	kW	3.58	
	P_2	kW	0.85	正常的负荷
	P_3	kW	0.006	
熔体向电极传输的热量 Q_R		kW	1.09	
电极向水流逝的热流 Q_s		kW	5.53	
管壁温度 t_{c4}		℃	42.6	
铜钢接合点温度 t_{c3}		℃	158	
d_1 段和 d_2 段接合点温度 t_{c2}		℃	832.5	
熔化深度 L_8		mm	55.3	冶炼周期约 65min
在 L_2 上任一点的温度 $t_{L_2}(x)$：例如 $x = 0.5L_2$ 处时		℃	505.15	
电极中冷却水的温升 Δt		℃	2	
冶炼初始固体钢棒部分长度 L_g		mm	230	
热电偶温度	上部的热电偶温度 t_s	℃	100	
	下部的热电偶温度 t_x	℃	89	
电极底部胶质密封圈的允许负荷 Q		kW	26.4	
最大允许熔化深度 L_{8y}		mm	123	
电极各点处的允许温度	水冷腔壁	℃	90	
	L_1 和 L_2 边界处最大温度 t_{c20}	℃	1316	
	L_2 和 L_3 边界处最大温度 t_{c30}	℃	641	
	下部热电偶最大温度 t_{xmax}	℃	308	
	上部热电偶最大温度 t_{smax}	℃	363	

七、底电极理论温度曲线

底电极理论温度曲线如图 6 - 14 所示。

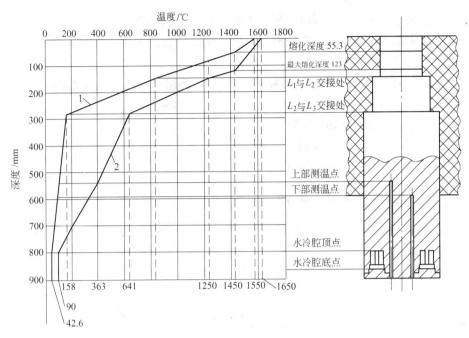

图 6 - 14　底电极理论温度曲线

1—理论最低温度曲线；2—理论允许最高温度曲线

八、棒式水冷底电极结构设计

棒式水冷铜钢复合底电极，在直流电弧炉几种底电极中，由于其具有结构简单、制造较容易、使用寿命长等特点，因而被最广泛采用。在设计、安装、维护上要注意以下几点：

（1）底电极电流密度为 $0.5 \sim 1A/mm^2$。假设电极材料的平均电阻率为 $80 \times 10^{-6}\Omega \cdot cm$，则电极平均单位长度的电压降为 $(50 \sim 100) \times 80 \times 10^{-6} = (4 \sim 8) \times 10^{-3}V/cm$；若电极长度为 700mm 时，则电压降为 $(4 \sim 8) \times 10^{-3} \times 70 = 2.8 \sim 5.6V$，对于 100kA 的电弧炉来说，就会产生 $(2.8 \sim 5.6) \times 100 = 280 \sim 560kW$ 的热量。

（2）钢棒部分最好分成 3 个台阶，每个台阶直径相差约 60mm，不能太小。这样做的好处是一则对于防止从底电极与套砖间隙中漏钢起到保护作用，二则对减小电阻及散热起到良好作用。

（3）被水冷的表面积尽可能大一些，这样可以增加冷却效果。

（4）铜钢结合处的焊接质量是棒式水冷底电极的关键技术之一。焊接质量不好，在使用中会出现裂纹现象，造成底电极导电效果不好、使用寿命降低，焊接后消除焊接应力很有必要。

（5）底电极在炉底安装时，其水冷层顶面最好不要进入炉底内部，以防止漏钢时发生爆炸事故。

（6）底电极冷却水的出水要采取无压开式回水，回水温度要能够测量并能在计算机上显示出来。

（7）进水要并联压缩空气或氮气接口，在断水的情况下能自动打开通入冷却气体对底电极进行短时间的保护。

（8）底电极测温点最好设置上下两个不同深度点，一个是在冷却水层顶部 10 ~ 20mm

位置，用来监视冷却水部位的温度；另一个设在距离铜钢交界面越近越好，用来监测该处温度，防止铜体温度过高。测温点距离底电极下端部越远，其加工难度越大，设计时一定要考虑加工工艺性。

（9）铜钢复合底电极的数量一般为 1 ~ 4 根，上部钢棒最小直径为 100mm，最大直径为 280mm，材质为低碳钢钢棒；下部是通水冷却的紫铜棒。

铜钢复合底电极的数量确定原则一般为：

1）当电流不大于 40 ~ 45kA 时，一般采用一根；

2）当电流大于 45kA 时，一般采用多根。

九、底电极熔化深度与通电时间的关系

根据有关资料统计表明，底电极熔化深度与通电时间成正比例关系，其具体数值见表 6 – 15。

表 6 – 15　底电极熔化深度与通电时间关系

连续通电时间/h	1	2	3	4	5	6	9
熔化深度/mm	50	120	200	250	300	350	450

第七节　底电极的偏弧计算

一、设计思想

偏弧是直流电弧炉特有的问题，偏弧又是直流电弧炉难以解决的问题，要想精确地计算是难以做到的。因为影响偏弧的因素非常复杂，它涉及电弧炉的结构、冶炼工艺、电控等多方面的问题。电弧炉冶炼初期（熔化期），电流的通路是随机的，所以偏弧方向也是随机的，而且这时偏弧在穿井时期被废钢原料所包埋，对电弧炉影响不太明显。在炉料的熔化进行到后期以后的冶炼过程中，这时的偏弧角度和方向不仅显得十分重要，而且偏弧方向基本比较稳定，也有利于计算，所以，就以此时为计算依据。既然影响偏弧的因素很多，有时是随机的、不确定的，精确计算是难以做到的，因此计算偏弧只能是近似的。但是，它可以满足设计上的要求，所以计算是必要的。

对于直流电弧炉来说，短网包括顶电极大电流线路、底电极大电流线路和整流线路三个部分。但是，底电极大电流线路设计要比顶电极大电流线路的设计重要得多。它关系到电能消耗多少，关系到电弧偏弧方向、角度的大小，从而也关系到炉衬寿命等诸多问题。因此，底电极大电流线路设计，是直流电弧炉设计中一项特别重要的问题。

合理的底电极大电流线路设计是：

（1）减少短网材料的消耗，减少电损失；

（2）减少电磁力对电弧偏弧角度的影响，使偏弧角度较小；

（3）当无法消除偏弧时，设法使偏弧方向偏向炉内冷区。

二、偏弧的计算过程

以安装在炉底中心位置一根底电极为例，说明计算过程。

（一）顶电极线路电磁场强度和电磁力的计算

（1）已知条件：

1）电炉变压器额定容量为 20000kV·A，数量为 1 台；

2）底电极数量为 1 根；

3）变压器二次电压为 444.4 – 415 – 249V，共 7 级；

4）变压器二次额定点电压为 415V；

5）变压器二次额定电流为 34000A；

6）石墨电极直径为 450mm；

7）石墨电极根数为 1 根；

8）供电线路电流为 34000A。

（2）假设和可计算的已知条件：

1）顶阴极石墨电极安装在炉体中心。

2）当设炉料全部熔化后，按直流电弧炉电弧长度是电弧电压的 1.1 倍计算其弧长，设计计算时取电弧长度 $L = 400mm$。

3）钢液面为底电极上平面。

4）最大冶炼电流 $I_{max} = 1.2I = 1.2 \times 34000 = 40800A$。

5）设计电流取 $I = 40000A$。

（3）建立三维坐标系。以石墨电极下端面中心点为坐标原点 $O(0, 0, 0)$，以石墨电极中心线为 Z 轴并且以向上为 Z 轴的正方向，以炉门方向为 Y 轴的正方向，以远离变压器方向为 X 轴的正方向建立三维坐标 $OXYZ$。以 i、j、k 为 X、Y、Z 轴方向的单位向量。供电线路如图 6 – 15 所示。

各点坐标见表 6 – 16。

表 6 – 16　各点坐标

坐标点	坐标值/mm			坐标点	坐标值/mm		
	X_i	Y_i	Z_i		X_i	Y_i	Z_i
O	0	0	0	E	– 8400	0	5900
A	0	0	4350	F	– 9000	0	5900
B	– 5400	0	4350	S	– 6900	0	3193
C	– 5400	0	3830	G	– 5400	0	3193
D	– 8400	0	3830	H	– 8400	0	3193

（4）求出各线段的方向数 a_i，b_i，c_i 与各线段到原点 $O(0,0,0)$ 的距离 d：

1）方向数 a_i，b_i，c_i 的计算。设一段导线 AB 且电流由 A 流向 B。已知 AB 两端点坐标为 $A(X_a, Y_a, Z_a)$，$B(X_b, Y_b, Z_b)$，则方向数为：$a = (X_b - X_a)$，$b = (Y_b - Y_a)$，$c = (Z_b - Z_a)$。

2）直线到点 O 的距离 d 公式为：

$$d^2 = \frac{\begin{vmatrix} O_X - A_X & O_Y - A_Y \\ a & b \end{vmatrix}^2 + \begin{vmatrix} O_Y - A_Y & O_Z - A_Z \\ b & c \end{vmatrix}^2 + \begin{vmatrix} O_Z - A_Z & O_X - A_X \\ c & a \end{vmatrix}^2}{a^2 + b^2 + c^2} \quad (6-11)$$

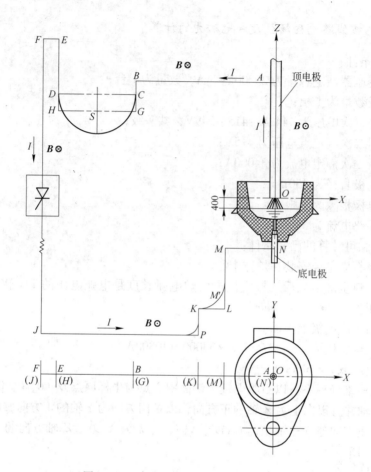

图 6 – 15　直流电弧炉供电线路布置简图

3）S 点到 O 点两点距离公式为：

$$d = \sqrt{S_X^2 + S_Y^2 + S_Z^2} \tag{6–12}$$

各线段到 O 点距离 d_i 计算汇总见表 6 – 17。

表 6 – 17　各线段到 O 点距离 d_i 计算汇总

d_i	线段名称	方向数/m			d_i 计算值/m
		a_i	b_i	c_i	
d_1	OA	0	0	4. 35	0
d_2	AB	−5.4	0	0	4. 35
d_3	BG	0	0	− 1. 157	5. 4
d_4	GH	−3.0	0	0	3. 193
d_5	HE	0	0	2. 707	8. 4
d_6	EF	−0.6	0	0	5. 9

（5）计算各线段在 $O(0,0,0)$ 点的磁感应强度 $\boldsymbol{B}$ 与 $\boldsymbol{B}$ 的方向。

根据磁场强度公式：

$$\boldsymbol{B} = \frac{\mu_0 I}{4\pi d}(\cos\alpha_1 - \cos\alpha_2) \qquad (6-13)$$

式中 $\boldsymbol{B}$——磁场强度，T；

μ_0——空气中的磁导率，T·m/A，$\mu_0 = 4\pi \times 10^{-7}$T·m/A；

I——导体通过的电流，A；

d——各线段到 O 点的距离，m；

α_1——线段初端（电流流入端）到 O 点所组成的夹角，（°）；

α_2——线段终端（电流流出端）到 O 点所组成的夹角，（°）。

当设计电流 $I = 40000$A 时：

$$\frac{\mu_0 I}{4\pi d} = \frac{4\pi \times 10^{-7} \times 40000}{4\pi d} = \frac{4 \times 10^{-3}}{d}(\text{T·m})$$

这里需要注意的是，α_1 与 α_2 是由电流 I 的方向决定的，如图 6-16 所示。

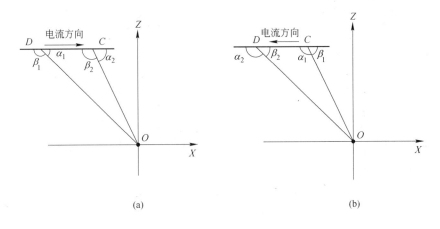

图 6-16 电流方向图解

（a）电流从 D 流向 C 的情况；（b）电流从 C 流向 D 的情况

由图可知，对于线段 DC 来说，电流是从 D 点流入，从 C 点流出的，$\alpha_1 < 90°$，$\alpha_2 < 90°$；对于线段 CD 来说，电流是从 C 点流入，从 D 点流出的，$\alpha_1 > 90°$，$\alpha_2 > 90°$。α_1 是 CD 与 CO 的交角，$\alpha_1 = 180° - \beta_1$；$\alpha_2$ 是 CD 与 DO 的交角，$\alpha_2 = 180° - \beta_2$。

根据交角公式： $$\cos\alpha_i = \frac{aa_i + bb_i + cc_i}{\sqrt{a^2 + b^2 + c^2}\sqrt{a_i^2 + b_i^2 + c_i^2}} \quad (i = 1, 2) \qquad (6-14)$$

图 6-17 所示为弗来明左手定则的图解。图中，中指所指方向为电流方向，食指所指方向为磁场方向，拇指所指方向为磁场力方向。根据弗来明左手定则确定磁场强度 $\boldsymbol{B}$ 的方向。

顶电极大电流线路各段线路走向如图 6-18 所示。

各段磁场强度 $\boldsymbol{B}_i$ 计算汇总见表 6-18。

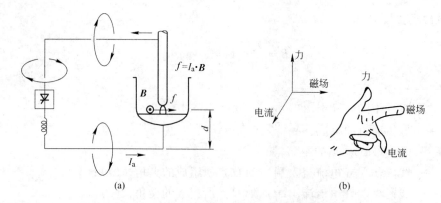

图 6-17　弗来明左手定则图解

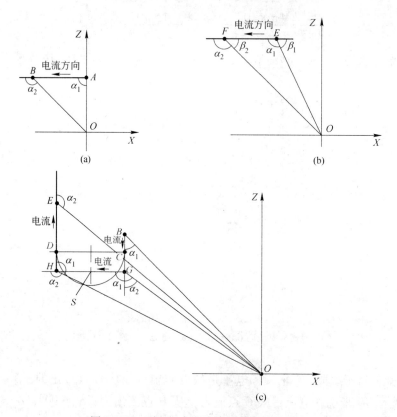

图 6-18　顶电极大电流线路各段线路走向

表 6-18　各段磁场强度 B_i 计算汇总

各线段名称	计　算　公　式	$\alpha_1/(°)$	$\alpha_2/(°)$	B_i 计算值/T
OA		0	0	0
AB	$B_i = \dfrac{\mu_0 I}{4\pi d}(\cos\alpha_1 - \cos\alpha_2)$	90	141.2	$0.717 \times 10^{-3}j$
BG		51.15	59.4	$0.088 \times 10^{-3}j$
GH	$\cos\alpha_i = \dfrac{aa_i + bb_i + cc_i}{\sqrt{a^2+b^2+c^2}\ \sqrt{a_i^2+b_i^2+c_i^2}}$	149.4	159.19	$0.092 \times 10^{-3}j$
HE		110.8	125.08	$-0.105 \times 10^{-3}j$
EF		144.9	146.8	$0.013 \times 10^{-3}j$

（6）计算顶电极电流线路在 O 点所产生磁场对运动电荷施加的力 F 的大小和方向。根据弗来明左手定则（见图 6-17（b））有：

1）计算线段 OA 的 $\boldsymbol{F}_1$（N）：

$$\boldsymbol{F}_1 = I \times 0 = 0$$

2）计算线段 AB 的 $\boldsymbol{F}_2$（N）：

$$\boldsymbol{F}_2 = -40000i \times 0.717 \times 10^{-3}j = -28.68k$$

3）计算线段 BG 的 $\boldsymbol{F}_3$（N）：

$$\boldsymbol{F}_3 = -40000k \times 0.088 \times 10^{-3}j = 3.52i$$

4）计算线段 GH 的 $\boldsymbol{F}_4$（N）：

$$\boldsymbol{F}_4 = -40000i \times 0.092 \times 10^{-3}j = -3.68k$$

5）计算线段 HE 的 $\boldsymbol{F}_5$（N）：

$$\boldsymbol{F}_5 = 40000k \times (-0.105 \times 10^{-3})j = 4.2i$$

6）计算线段 EF 的 $\boldsymbol{F}_6$（N）：

$$\boldsymbol{F}_6 = -40000i \times 0.013 \times 10^{-3}j = -0.52k$$

各段磁场强度 $\boldsymbol{B}_i$ 在 O 点对运动电荷施加的力 $\boldsymbol{F}_i$ 计算汇总见表 6-19。

表 6-19　各段磁场强度 $\boldsymbol{B}_i$ 在 O 点对运动电荷施加的力 $\boldsymbol{F}_i$ 计算汇总

段　名	$\boldsymbol{F}_i$	数值/N
OA	$\boldsymbol{F}_1$	0
AB	$\boldsymbol{F}_2$	$-28.68k$
BG	$\boldsymbol{F}_3$	$3.52i$
GH	$\boldsymbol{F}_4$	$-3.68k$
HE	$\boldsymbol{F}_5$	$4.2i$
EF	$\boldsymbol{F}_6$	$-0.52k$
顶电极总作用力	$\boldsymbol{F}_{顶}$	$7.72i - 32.88k$

（二）底电极线路电磁场强度和电磁力的计算

（1）已知条件：同顶电极。

（2）假设和可计算的已知条件：同顶电极。

（3）建立三维坐标系与线路图如图 6-15 所示。各点的坐标见表 6-20。

表 6-20　各点坐标

坐标点	坐标值/mm			坐标点	坐标值/mm		
	X_i	Y_i	Z_i		X_i	Y_i	Z_i
J	-9000	0	-5200	L	-1900	0	-4200
P	-2900	0	-5200	M	-1900	0	-1900
K	-2900	0	-4200	N	0	0	-1900

(4) 求出各线段的方向数 a_i、b_i、c_i 与各线段到原点 $O(0,0,0)$ 的距离 d_i。根据直线到点 O 的距离公式（式（6-11））及两点距离公式（式（6-12）），各线段到 O 点距离 d_i 计算汇总见表 6-21。

表 6-21 各线段到 O 点距离 d_i 计算汇总

线 段 名 称	方向数/m			d_i 计算值/m
	a_i	b_i	c_i	
JP	6.1	0	0	5.2
PK	0	0	1.0	2.9
KL	1.0	0	0	4.2
LM	0	0	2.3	1.9
MN	1.9	0	0	1.9
NO	0	0	0	0

(5) 计算各线段在 $O(0,0,0)$ 点的磁感应强度 $\boldsymbol{B}$ 与 $\boldsymbol{B}$ 的方向。同顶电极计算一样，这里需要注意的是，α_1 与 α_2 是由电流 I 的方向决定的。

当设计电流 $I = 40000\mathrm{A}$ 时，则：$\dfrac{\mu_0 I}{4\pi d} = \dfrac{4\pi \times 10^{-7} \times 40000}{4\pi d} = \dfrac{4 \times 10^{-3}}{d}(\mathrm{T \cdot m})$。

各段磁场强度 $\boldsymbol{B}_i$ 计算汇总见表 6-22。

表 6-22 各段磁场强度 $\boldsymbol{B}_i$ 计算汇总

各线段名称	计 算 公 式	$\alpha_1/(°)$	$\alpha_2/(°)$	$\boldsymbol{B}_i$ 计算值/T
JP		30	61	$-2.93 \times 10^{-3}j$
PK	$\cos\alpha_i = \dfrac{aa_i + bb_i + cc_i}{\sqrt{a^2 + b^2 + c^2}\sqrt{a_i^2 + b_i^2 + c_i^2}}$	29	35	$-0.077 \times 10^{-3}j$
KL		55	66	$-0.159 \times 10^{-3}j$
LM	$\boldsymbol{B}_i = \dfrac{\mu_0 I}{4\pi d}(\cos\alpha_1 - \cos\alpha_2)$	24	45	$-0.435 \times 10^{-3}j$
MN		45	90	$-1.49 \times 10^{-3}j$
NO		0	0	0

(6) 计算底电极电流线路在 O 点所产生磁场对运动电荷施加的力 F 的大小和方向。同顶电极计算，根据弗来明左手定则，对于导线 JP 来说有：

1) 计算线段 JP：

$$\boldsymbol{F}_{JP} = 40000i \times (-0.293 \times 10^{-3})j = -11.72k(\mathrm{N})$$

2) 计算线段 PK：

$$\boldsymbol{F}_{PK} = 40000k \times (-0.077 \times 10^{-3})j = 3.08i(\mathrm{N})$$

3) 计算线段 KL：

$$\boldsymbol{F}_{KL} = 40000i \times (-0.159 \times 10^{-3})j = -6.36k(\mathrm{N})$$

4) 计算线段 LM：

$$\boldsymbol{F}_{LM} = 40000k \times (-0.453 \times 10^{-3})j = 18.12i(\mathrm{N})$$

5) 计算线段 MN：

$$\boldsymbol{F}_{MN} = 40000i \times (-1.49 \times 10^{-3})j = -59.6k(\text{N})$$

各段磁场强度 $\boldsymbol{B}_i$ 在 O 点对运动电荷施加的力 $\boldsymbol{F}_i$ 计算汇总见表 6–23。

表 6–23　各段磁场强度 $\boldsymbol{B}_i$ 在 O 点对运动电荷施加的力 $\boldsymbol{F}_i$ 计算汇总

段　名	$\boldsymbol{F}_i$	数值/N
JP	$\boldsymbol{F}_1$	$-11.72k$
PK	$\boldsymbol{F}_2$	$3.08i$
KL	$\boldsymbol{F}_3$	$-6.36k$
LM	$\boldsymbol{F}_4$	$18.12i$
MN	$\boldsymbol{F}_5$	$-59.6k$
底电极总作用力	$\boldsymbol{F}_底$	$21.2i - 77.68k$

（三）整流线路电磁场强度和电磁力的计算

同样可知整流线段 FJ 磁场强度与磁场力为：
$$\boldsymbol{B} = 0.464 \times 10^{-3}j$$
$$\boldsymbol{F}_{FJ} = -40000k \times 0.464 \times 10^{-3}j = 18.57i(\text{N})$$

（四）偏弧方向与角度

根据前面计算可知：

（1）顶电极电流线路在 O 点所产生的力 $\boldsymbol{F}_顶$ 的大小与方向为：
$$\boldsymbol{F}_顶 = 7.72i - 32.88k(\text{N})$$

（2）底电极电流线路在 O 点所产生的力 $\boldsymbol{F}_底$ 的大小与方向为：
$$\boldsymbol{F}_底 = 21.2i - 77.68k(\text{N})$$

（3）整流线路在 O 点所产生的力 $\boldsymbol{F}_{FJ}$ 的大小与方向为：
$$\boldsymbol{F}_{FJ} = 18.57i(\text{N})$$

（4）顶电极、底电极与供电线路在 O 点所产生的合力 $\boldsymbol{F}$ 的大小与方向为：
$$\boldsymbol{F} = (7.72 + 21.2 + 18.57)i - (32.88 + 77.68)k = 47.49i - 110.56k(\text{N})$$

（5）偏弧方向。从计算结果可知偏弧方向为 X 轴正方向，偏弧角度 $\gamma \approx 23°$，如图 6–19 所示。

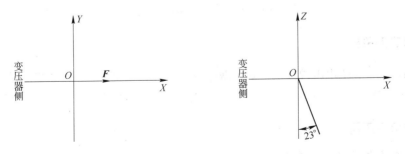

图 6–19　偏弧方向示意图

三、结论

（1）计算表明，当采用一根底电极时，要使底电极线路布置得最短，则偏弧方向为 X

轴正方向，也即远离变压器方向。

（2）计算说明电弧偏弧方向和偏弧角度的大小可以通过底电极大电流线路的布置去得到较好的解决。特别是底电极大电流线路的布置，是影响偏弧问题的关键所在。虽然本例不是底电极线路的最佳布置，但是根据举例计算，对于底电极线路的布置可以得到一定的启发。

（3）电炉炉体对于炉外磁场存在铁皮屏蔽效应（有资料介绍铁皮减磁效果在 50% 左右），因而炉内的实际磁场强度较计算值要小。

第八节　直流电弧炉的电气设备

一、电源设备

直流电弧炉的电源设备是指从高压交流电网供电开始，经变压、整流后转变成稳定的 200 ~ 800V 的直流电的设备，到给直流电弧炉的电极供以直流电为止的整个电气设备。直流电弧炉的主电路如图 6 – 20 所示，包括整流变压器、整流装置、直流电抗器、高次谐波滤波器等电气设备。其中电源系统是直流电弧炉中最重要的电气设备，而整流装置又是电源系统的关键设备。

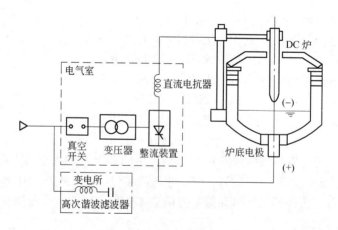

图 6 – 20　直流电弧炉主电路

二、真空开关柜

在炼钢过程中，供电电源按工艺要求需进行通电、断电操作，当由于塌料等原因造成的短路不能及时调整时，短路保护要求及时断电，因而，供电系统内应设有真空高压开关柜。

三、整流变压器

（一）直流电弧炉整流变压器的特点

直流电弧炉的整流变压器与交流电弧炉的炉用变压器是不同的。当可控硅（晶闸管）整流供电时，将吸收大量变动的无功功率，并使电网中含有大量的高次谐波，对电网供电质量不利。故大容量的整流变压器原边可接成三角形或星形；副边有两个绕组，一组接成三角形，一组接成星形，两个线圈的相位角相差30°。这样可避免供电电压波形畸变和负载不平衡时中点的浮动，尤其是对消除三次谐波有很大的作用，可限制无功功率消耗，使平均功率因数高于0.7倍。以12倍数为脉冲数的整流用变压器，仅需一组高频滤波器便可吸收电网中存在的高次谐波。

（二）对直流电弧炉用的整流变压器要求

对整流变压器的具体要求有：
（1）大的二次电流。
（2）能承受谐波电流成分所产生的附加涡流损耗和局部过热。
（3）变压器的二次绕组一般采取多相式或复合式布置。
（4）较宽的二次电压调节范围。
（5）连续的满负荷电流。

（三）整流变压器的结构形式

在直流电弧炉用的变压器设计中，通常采用芯式和壳式两种基本结构。这两种结构形式的主要区别是：变压器绕组相对于铁芯的布置位置不同。

目前，世界上直流电弧炉用变压器多数采用壳式；而整流变压器，一般都采用芯式结构。整流变压器的结构具体介绍如下：

（1）双层结构，如图6-21所示。

一般整流变压器为12脉冲，通常被设计成具有一个公用铁芯和两个二次绕组的结构形式，其中一个绕组在上面，另一个绕组在下面，这种结构被称为双层结构。其中一个二次绕组被接成星形，另一个则接成三角形时，两个低压绕组的匝数比应该尽可能接近$1:\sqrt{3}$。

（2）带有中间轭铁的双层结构，如图6-22所示。当两个一次绕组分别连接成星形和三角形时，在同一铁芯柱中感应出的磁场矢量将被移位。为了克服这个问题，两个绕组应布置在各自的铁芯柱上，或者采用中间轭铁结构。但是这种形式结构复杂，制造成本高，对于超大容量来说，高度将受到限制。

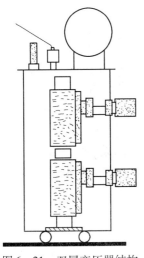

图6-21　双层变压器结构

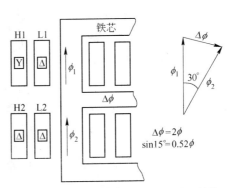

图6-22　带有中间轭铁的双层铁芯结构

（3）两个独立的双铁芯结构，如图6-23所示。根据前面所述的单铁芯局限性，当超过一定的功率范围时将不宜采用此结构，取而代之采用双铁芯结构。通常制成背靠背的形式，两个壳式结构变压器相互上下两层布置，结构紧凑，占地面积小。

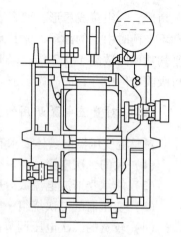

图6-23　两个独立的双铁芯结构

（四）直流电弧炉整流变压器的电压调节

自晶闸管元件应用到整流器中以来，整流变压器的电压调节就变得非常简单。在晶闸管整流器中，借助于改变晶闸管的控制角，就可实现电压的无级连续调节。为了不使谐波成分太大，通常应避免在最大的控制角下运行。鉴于此，为了扩大功率调节范围，整流变压器的一次绕组必须备有多个抽头。因此，当该变压器的二次电压要求大幅度调节时，还必须借助手动无载分接开关或感应调压器（直接调压）来完成。

（五）谐波电流产生的附加损耗

变压器绕组的负载损失可细分为电阻损失和由杂散磁场引起的涡流损失。涡流损失常以电阻损失的百分数给出，通常在小于20%的范围内，它取决于变压器的形式和使用场合。

在整流变压器中，负载电流是非正弦型，可将它分解成基波分量和谐波分量。变压器的绕组中涡流损耗正比于频率的平方，即使很小的谐波电流振幅值，也会造成很大的附加涡流损耗。

对于晶闸管整流器来说，涡流损耗可用放大因数 F 来表示。一般情况下，F 为 4~7。当整流器运行时，其涡流损耗也可用放大因数乘50Hz或60Hz下的涡流损耗。这有可能使 $F > 7$。为避免"发热"问题的产生，就要缩小单根导线的尺寸，如采用连续式变径电缆（CTC）制成绕组。

（六）过电压保护和监控

由于高压开关频繁动作，特别是真空开关切换速度快，将引起严重的操作过电压问题；电弧炉变压器频繁地承受电路切换时的浪涌冲击，将引起变压器绕组产生一系列外部和内部过电压。因此，大多数变压器都装有 RC 吸收电路和吸收浪涌冲击的放电器组，如图6-24所示。

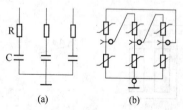

图6-24　电弧炉变压器的过电压保护
（a）RC 电路；（b）6 个电泳放电器

过电压保护装置的设计要根据供电系统参数和变压器参数来进行，即参数数值的选取是非常重要的。

（七）目前国内外大钢厂一般变压器简介

目前国内外大型直流电弧炉的变压器一般均是根据最现代化的规范设计和制造的，以确保使用寿命长和效率高。

整流变压器系统由两台单独的变压器组成。

二次套管安装在两侧壁内，由抗磁钢制成。侧壁安装套管使变压器的二次绕组和整流器之间连接线变得非常短，从而减少了无功功率和有功功率损耗。

二次绕组分别为三角形和星形接法。电流控制是通过粗调用的卸载抽头和微调用的可控硅进行的。二次绕组利用交叉的单根导线组成，从而使这些导线中的电流分配均匀，杂散损失低。

高压套管安装在变压器箱的顶部。配置有支撑托架，以安装站级浪涌放电器。高电流的二次接线柱安装在侧面，以便与整流器紧密联结。

四、整流设备

直流电弧炉供电方式有两种基本方式：二极管整流和可控硅（晶闸管）整流。前者利用变压器的抽头来调压，为限制短路电流，在变压器的高压侧接有限流电抗器。因其在技术上存在许多缺点，而在经济上与采用晶闸管整流比较，节省的投资很少（约 0.6%），因此很少采用。后者在低压侧串有直流电抗器来抑制动态短路电流。虽然其价格较高，但因在技术先进性和平滑连续可调性方面有突出的优点，所以直流电弧炉一般都采用晶闸管整流。

采用晶闸管整流，可利用其动态负载特性来稳定电弧的工作点。它可直接控制电弧电流。这种电弧电流和电弧电压能独立控制的优点，可将工作短路电流限制在设备额定值或预选的电流值内。因为对电流控制时，晶闸管响应时间极短，在 3ms 内，所以仅在低压侧直流回路内串入直流电抗器即可。晶闸管整流供电几乎不需变压器抽头切换来调压，仅安装线圈切换或无励磁电动调压装置即可。变压器的二次电压最高值至少比交流电弧炉提高 20%。

大型直流电弧炉供电系统要求整流器具有非常高的额定功率值。其中能用 6 脉冲桥式接线作为整流器的基本电路（也可两台 6 脉冲桥式基本电路并联运行，得到 12 脉冲）。

现代整流器大都采用挤压空心铝材作导体。铝导体同时也用于冷却，能很好地适应电弧炉操作的苛刻条件。在循环回路中使用去离子水冷却晶闸管和熔断器，可以使用水－水或水－空气换热器散发热量。借助于加泵式换热器得到一个备用冷却系统，可以进一步提高设备的利用率。

典型的直流电弧炉供电系统图，如图 6-25 所示。

(一) 一般整流器的结构

由三相基本单元构成 6 脉冲接线，根据整流器的设备布局，12 脉冲接线由两个双层或 4 个基本单元组成。每个基本单元的支路含有两个互相绝热的并联散热器，安在前面的是半导体元件，背面装着相应的专用熔断器。将圆盘形半导体元件安在散热器的两侧，圆盘形半导体元件位于同一水平，并有一个共用的固定装置。由于在两侧的圆盘元件需要冷却，在散流器相反侧上发出的热由冷却箱散发。

采取合适的半导体框架表面处理，来保证并联元件之间良好的电流分布。

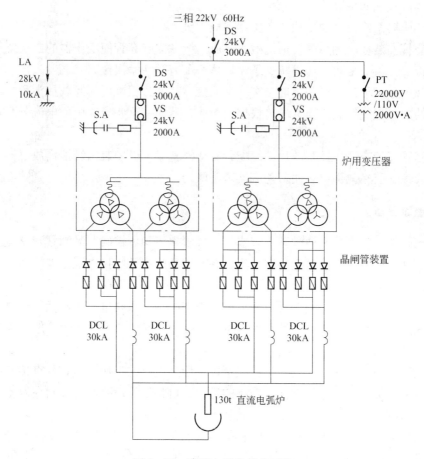

图 6-25 直流电弧炉供电系统

(二) 冷却

每个散热器的冷却都是根据逆流原理工作的，即冷却液先从底部到顶部，然后再向下流过散热器。这种结构布置保证了散热器横向平均温度恒定，并可以将所有冷却水管道放到散热器的底端。支路的冷却箱串联放置，水的入口和出口也在底部。

分开安装的冷却装置散发整流器的热损失，使用无泄漏损失的自润滑无密封垫的泵在循环管路系统内循环冷却水。在冷却管路支管上安装一个软化器来保持最合适的冷却水低电导率，可保证不发生电腐蚀，而且绝缘能力足够高。

采用合适的换热器，可用淡水或空气做二次冷却整流器的冷却液。换热器都装有所需的监控装置，如流量、液面、电导率的监测器。

(三) 整流器的保护装置

保护装置共分三大部分：

(1) 保护内部短路。半导体元件的阻塞能力下降，会产生整流变压器中相到相的完全短路。与半导体元件串联的 HRC 熔断器能够在晶闸管元件达到机械短路强度之前截断这个破坏电流。

（2）保护过电压。由于半导体元件的空穴蓄电效应，会周期出现过电压，由配给每个晶闸管元件的电容性电网来抑制这种过电压。另外，因开关操作、接地损坏或雷击，在供电系统中会出现过电压，经过变压器进入整流器。这些过电压均可由合适的 RC 电网吸收。

（3）接线保护。在冷却装置中，监控冷却液的温度和流量。此外在每个装配晶闸管的散热器和每条冷却管路的每个冷却箱上都装有热动开关，当达到温度极限时断开装置。

（四）目前国内钢厂使用情况简介

在国内，一般转换成直流是通过两台整流器进行的，这两台整流器并联，以便进行 12 脉冲操作。它们的设计适合于使用圆片形可控硅。整流器完全用铝制成，所有的进线接线柱和出线接线柱均为焊接。螺钉式接头专用于保险丝。

整流器的几何形状和半导体元件的位置的合适表面处理，确保了并联元件之间的极佳电流分配。基本装置的每个分支包括两块平行的散热片，相互之间是绝缘的。安装在正面散热片的是半导体元件，后背散热片上装有合适的专用保险丝。安装散热片的一侧产生的热通过水箱散发，各个元件和散热片之间的均匀接触压力是通过特殊设计的支持装置来确保的。

每个散热片的冷却是根据对流原理进行的，每一分支的冷却箱是串联的。冷却水在闭路系统中，通过无泄漏的自润滑无密封盖泵循环，冷却装置的位置可以任意选择。它们配置了所有必需的监控装置，例如流量、液位及温度监控器，两台整流器共用一个控制柜。同时，整个整流器装置将配备有冷却水泵、扩展容器、过滤器阀、仪表和热交换器。

（五）带有中性点的续流二极管和移相控制系统

法国阿尔斯通公司为我国新疆八一钢铁股份公司电炉炼钢厂 70t 超高功率直流电弧炉安装了一套新型整流器系统。新的整流器系统具有"带中性点的续流二极管"和"移相控制"两项新技术，可以同时控制电弧电流和电网公共连接点处的无功功率，具有能显著地减少闪变对电网的影响和降低无功消耗的特点，非常适合在弱电网的情况下运行。

1. 整流器的工作原理

移相控制技术

移相控制由两组晶闸管整流桥组成，它采用两种不同触发角度 α_1 和 α_2，连接成并联方式，通过两组整流桥相互交叉的半桥之间，以同种的触发角度 α_1 和 α_2 来控制，在输出侧得到一个相等的直流电压。每个桥路产生的偶次谐波，通过两个桥之间的交替触发和二次绕组绕在同一个铁芯柱上的变压器，可以全部抵消。产生的特征谐波 5 次、7 次、9 次、11 次、13 次可以被显著减小。

这种技术最大的优点就是能将输出的直流电流 I_d 和消耗的无功功率 Q 控制在一定的范围之内。当触发角 $\alpha_1 = \alpha_2$ 时，即无相移模式，无功功率 Q 值为最大。当 $|\alpha_1 - \alpha_2|$ 为最

大时，即最大相移模式，无功功率 Q 值为最小。
图 6-26 所示的 $Q = f(P)$ 曲线中，I_d 电流为常数
时，可以看到两个边界处的曲线，在实际工作
中，利用两条曲线中间的点来进行工作。

续流二极管技术

续流二极管技术有两种变化形式。一种是
直接将二极管并联于整流桥的输出侧，形成不
带中性点的形式；另一种是将两个二极管串联
后并联于整流桥的输出侧，并将串联后二极管
的中间点接至变压器副边绕组的中性点上，形
成带中性点的形式。

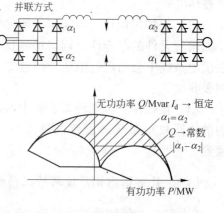

图 6-26 移相控制原理

用二极管代替晶闸管做续流，排除了逆变操
作的可能性，另外，利用二极管消除了不必要的换流风险，并且极大地降低了直流纹波电
流。此外，当 E_d 减小时，二极管的导通时间增加了，可控硅导通时间减少了，对于一定
容量的晶闸管和变压器，就可以增加输出的直流电流 I_d，或者使输出的直流电流 I_d 不变，
来降低晶闸管和变压器的容量。不带中性点的形式如图 6-27 所示。

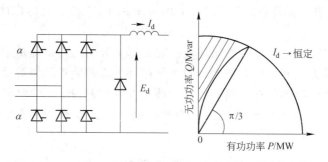

图 6-27 不带中性点的续流二极管原理

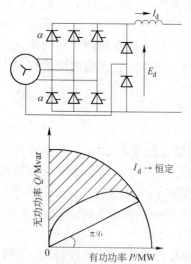

图 6-28 带中性点的续流二极管原理

带中性点的形式如图 6-28 所示。

从两种形式上可以明显看出，带中性点方式的无功
功率变化率是较小的。这也为时常处在短路运行状态的
电弧炉降低电网闪变提供了条件。

续流二极管加移相技术

对于负载要求低电压、大电流来说，整流器将并
联移相技术和带中性点连接的续流二极管技术结合起
来运用，可以获得较高的可靠性，不会产生负面效应，
即可以消除换流的风险，同时晶闸管和变压器的容量
也可减小。移相控制产生的偶次谐波和直流分量可以
通过两台整流桥触发角 α_1 和 α_2 的交叉完全消除。

电流 I_d 为常数时，如图 6-29 所示的 $Q = f(P)$ 曲线
中，$\alpha_1 = \alpha_2$ 和 $|\alpha_1 - \alpha_2|$ 为最大条件下，可以获得两条极

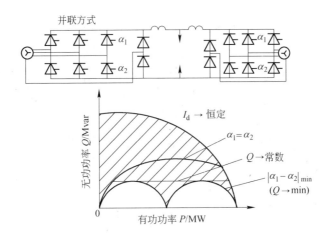

图 6 - 29　带中性点的续流二极管加移相原理

端曲线。曲线之间的区域为工作区间，即在低闪变值上进行控制工作。当忽略某些重叠因素时，可以用以下公式进行表述：

（1）在 $0° < \alpha_1 < 30°$ 和 $0° < \alpha_2 < 30°$ 范围内：

有功功率：
$$P = I_d \cdot E_{do} (\cos\alpha_1 + \cos\alpha_2)$$

无功功率：
$$Q = I_d \cdot E_{do} (\sin\alpha_1 + \sin\alpha_2)$$

（2）在 $30° < \alpha_1 < 150°$ 和 $0° < \alpha_2 < 30°$ 范围内：

有功功率：
$$P = I_d \cdot E_{do} \frac{1 + \cos(\alpha_1 + 30°)}{\sqrt{3} + \cos\alpha_2}$$

无功功率：
$$Q = I_d \cdot E_{do} \frac{\sin(\alpha_1 + 30°)}{\sqrt{3} + \sin\alpha_2}$$

（3）在 $30° < \alpha_1 < 150°$ 和 $30° < \alpha_2 < 150°$ 范围内：

有功功率：
$$P = I_d \cdot E_{do} \frac{2 + \cos(\alpha_1 + 30°) + \cos(\alpha_2 + 30°)}{\sqrt{3}}$$

无功功率：
$$Q = I_d \cdot E_{do} \frac{\sin(\alpha_1 + 30°) + \sin(\alpha_2 + 30°)}{\sqrt{3}}$$

控制方法

当采取对弧压 U_d、直流电流 I_d 和无功功率 Q 同时控制的方式时，控制方法如图 6 - 30 所示。

弧压 U_d 的控制是由一个闭环回路控制的，它是通过液压升降缸，根据机械特性调节电极的位置来实现的。

直流电流 I_d 和无功功率 Q 是以一种单独的方式进行快速控制的。直流电流 I_d 由一个闭环回路进行控制，它类似于一般整流器的控制回路，而电流的加速则是通过反馈量 U_d 来实现的。无功功率 Q 由一个预实时处理器，以开环方式进行直接控制。计算框的功能主要是解决含 α_1 和 α_2 未知量的两个方程式：$E_d / E_{do} = e(\alpha_1, \alpha_2)$，$Q / I_d E_{do} = q(\alpha_1, \alpha_2)$。触发角 α_1 和 α_2 起着平衡作用，通过两个触发角的计算来满足两个独立的函数（P, Q），以达

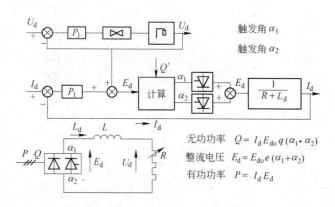

图 6-30 控制方法

到同时控制无功功率和电弧电流的目的。

2. 整流器的优点

（1）降低闪变值。在电弧波动的情况下，这种整流器除可以通过调节两组触发角 α_1 和 α_2 来维持电流恒定之外，还可以调节无功功率，使无功功率在最小范围内波动，也可以采用维持闪变在最小模式下来改变工作点。短路条件下，可使整流器过载，增大电弧电流，使无功功率维持不变，从而可以达到使闪变在最小模式下进行控制，在实际运用中，闪变值比普通的整流器近乎要小一半。

（2）降低谐波干扰。一般，采用晶闸管整流桥都要产生特征谐波，普通的 6 脉冲整流器产生 $6K \pm 1$ 次谐波（ $K = 1，2，3，4，\cdots$ ），采用续流二极管和移相控制技术降低了这些次数的特征谐波。一方面，在 $\alpha_1 \neq \alpha_2$ 的情况下，由于谐波是来自各半桥上的矢量和，因此，由整流器各半桥触发角 α_1 和 α_2 引起的同一次谐波总是可以相互抵消的，使总的谐波畸变有显著的改变。

（3）提高功率因数。普通整流器，一般随着有功消耗降低时，无功消耗加大，功率因数随之下降。故普通整流器通常采取变压器加装有载分接开关的方式。而采用此种整流器后，功率因数可达到 0.85。这样就可避免电压减小时，功率因数也随之减小的情况。同时，省去了有载分接开关。

3. 整流器的应用

（1）配置特点。每个整流器单元输出的额定直流电流是 40A，由一个 6 脉冲全控晶闸管整流桥，带两个二极管臂构成。两个二极管臂的中点连接到供电整流器相应二次绕组的中性点上。每个晶闸管臂由 12 个晶闸管并联组成。每个二极管臂也由 12 个二极管并联组成。每个晶闸管和二极管都装有一个限定电流的微动开关并联一个电阻作保护。这些保护串联起来，当发生故障的时候，微动开关跳开，它并联的电阻自动加进串联回路，控制系统通过监视电流即可非常方便地知道故障点所在的位置。为了可能连续地运行，每个晶闸管和二极管臂都有冗余的晶闸管和二极管，在一个晶闸管和二极管出现故障时，整流器仍能输出最大电流。

每个整流器单元由同样设计的两个框架重叠组成，上部框架是整流器的 2、4、6、8

臂，下部框架是整流器的 1、3、5、7 臂，上下框架是通过支撑绝缘子隔开的。

整流器框架是带自身支撑的，它是采用特殊工艺挤压成形的矩形空心铝母线（柱子）制成的，这种铝母线有三个功能：传导大电流、分配去离子水和冷却半导体的作用。铝母线框架的独特设计，既考虑到了两个框架的几何对称、最小的互感效应和桥路阻抗的动态效应，又考虑了电流分配平衡的问题，因此框架的电流分配是最优化的。上下两个框架叠加在一起，一个出线是晶闸管整流桥的阳极，另一个出线是阴极，中间的 N 极出线接头是由续流二极管中间的点引出来的，它直接与变压器二次绕组的中性点相连接。

（2）安装和接线方法。采用两套整流器单元，分别安装在带两个副边绕组的每一台变压器侧出线端和两侧。每个单元通过软铝母带和变压器的侧出线端进行连接。每个整流器单元的阳极出线，通过 400mm×100mm 大截面直流铝母带和一个 0.6mH 平波电抗器相连接，电抗器由两个空心水冷铝绕组构成，电抗器的出线通过大截面直流铝母带和水冷母线，和炉子底部的两个底阳极相连接。这样，两套整流器单元的阳极出线，就通过两个电抗器和 4 个底阳极相连接。两套整流器单元的阴极出线，通过大截面直流铝母带和水冷母线及电极臂夹头，直接和石墨电极连接。这样布置和连接，充分做到了结构紧凑、布局合理、节约空间、减小一次性投资。大电流通过的距离最短，母带截面大，线路电能损失小，有效利用了能源。采用底阳极方式，对炉衬的侵蚀小，也提高了炉衬的寿命。

（3）整流器控制系统。整流器的控制系统，是由法国阿尔斯通公司提供的一套 SYCO-NUM 系统进行监视和控制的。该系统 CPU 由 4 个主处理器组成，外带部分模拟量和数字量 SYCONUM 模卡。其中两个处理器 SCN825A（−UJ44，−UJ51）分别用来监视和控制两个整流器单元；另一个处理器 SUN824C（−UJ02）通过液压比例伺服阀控制石墨电极的位移，来进行弧压调节；第 4 个处理器 SCN825A（−UJ16）用于 MODBUS 通信，和外界 PLC 通过 MODBUS 进行数据通信。它是一种机架安装式的特殊控制系统，能长期在恶劣的环境下工作。全部的监控调节系统都是通过软件编程实现的。该系统提供了一套具有强大功能的 COGITO80−MT 软件包，它可以时时动态监控和在线编辑修改，可以捕捉瞬间的故障信息，进行故障诊断，存储历史记录，设有变量词典，并提供了大量的逻辑和数学以及较复杂特殊的彩色功能模块，可以直接调用，也可以任意组态，随意设定参数。整流器的控制系统就是通过 SYCONUM 软件的各种彩色功能块进行组态做成特殊的弧流控制器块、触发脉冲块和一些辅助的监控功能块进行连接、参数调整后来实现控制的，其彩色编程界面比较直观，容易阅读。

（4）补偿系统。由于整流器采用了续流二极管和移相技术，明显降低了电网上闪烁，减小了无功功率的损耗，降低了谐波含量。为了能使各项指标都能达到国家标准的要求，并且取得较好的结果，它只在 33kV 母线侧加装了一套固定的 LC 滤波补偿系统，用了较少容量的电容器组，省去了一套价格较贵的无功功率动态补偿装置。

经使用后测试结果为：功率因数 $\cos\varphi = 0.916$，电压变化率为 1.11%，电压闪变 $\Delta U_{10} = 0.31$（<0.4），谐波电压畸变为 0.97（<1.2），谐波电流畸变也在标准之内。

五、电抗器

直流电抗器（DCL）主要用于两个目的：

（1）在电弧炉发生短路时，将短路电流限制到整流器可接受的数值，从而保护晶闸管整流器，避免过载。

（2）减轻电弧负荷的波动以降低对供电系统的影响，可使直流电流平滑。一般直流电抗器多采用干式空心型，并大多采取纯水直接冷却绕组。

目前，国内外大钢厂均在每个并联的整流装置上安装有独立的电抗器。电抗器用中空导体构成，并采用水冷。在两端设置有接线端子或焊接垫，冷却回路与相互连接的母线管或电缆相连接。

六、高次谐波滤波器

因为直流电弧炉使用大容量整流装置，所以必须消除整流器产生的高次谐波。一般在供电线路上装有可改善功率因数的高次谐波滤波器。

由于电弧炉的负荷特性是功率因数低，负荷波动剧烈，产生大量的谐波电流和三相不平衡而引起的负序电流必然会对电网产生电压波动和电压畸变。如果它们在公共连续点处超过规定的允许值时，就必须采取相应措施加以抑制。静止式的动态无功装置是目前最普遍采用的一种有效方式。它不仅可以改善电网质量，带来社会效益；还可以提高功率因数，降低炼钢电耗和增加钢的产量。

经过滤波后，一般能达到短路容量的无功冲击所引起的电压波动值在规定的 1.6% 以内，或高压线母线在电弧炉炼钢时综合电压总畸变率小于 2%。

由于晶闸管整流装置和其他种种外界因素的影响，实际上谐波的发生是比较复杂的，假如注入结点的谐波分量值超过一定的规定值，则在高压侧需设滤波装置加以限制。至于 LF 炉所产生的谐波电流分量，也同时利用此装置加以限制。

一般来讲，滤波器并联在变压器的一次侧，高频滤波器可保证电流、电压波形畸变系数小于 1%。一个谐波滤波电路调成为一个 3 个谐波的滤波器。它包括一个电容器组、电抗线圈、电阻器、高压断路器和控制设备。

七、电极调节装置

直流电弧炉的电极调节装置有两种形式：可控硅（晶闸管）的交流电动机式电极调节器和液压式电极调节器。

对于 20t 以上的直流电弧炉，宜采用液压式电极调节器。其信号测量环节基本与可控硅交流电动机式电极调节器相同，其余部分与交流电弧炉使用的液压式电极调节器类同。

由于单电极直流电弧炉只有一根电极，故只需一相调节器，其电气线路及执行机构均比三相交流炉的调节器要简化得多。由于直流电弧炉在电流控制时，其电极调节器的应答速度比交流电弧炉快 50 倍，因此电流非常稳定，基本不会发生交流电弧炉常见的过电流跳闸现象。但因电弧电压的控制实行与交流电弧炉同样的电极升降，相对应答速度较慢，所以，在控制上应优先利用电流控制，而电压控制作为二次控制，如图 6 - 31 所示。

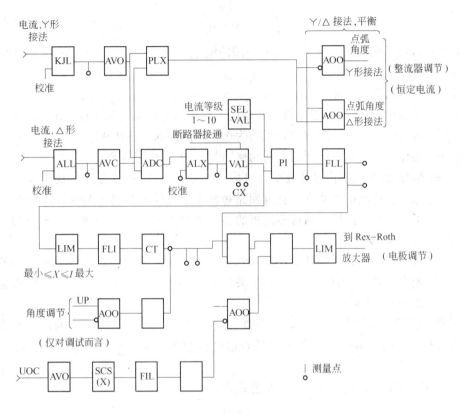

图 6-31　电极调节方块图

第九节　直流电弧炉主要电参数的确定

一、概述

直流电弧炉的电气设备主要由整流变压器、整流电源和电抗器组成。整流电源是保证直流电弧炉稳定、可靠运行的关键设备，通常采用晶闸管整流电路以取得较好的稳流和控制效果。根据功率的大小和电压的高低可采用 6 脉波的电路，大功率的可采用 12 脉波和 24 脉波。直流电压低于 300V 的可采用三相桥电路。对于大功率电源，为减少整流柜内电磁场的干扰和对柜体的发热作用、改善桥臂并联晶闸管的均流、降低线路电抗，通常采用同相逆并联电路。

直流电弧炉的主要电设计参数是整流变压器的额定容量和最高空载直流电压以及由此确定的变压器二次最高电压、直流额定电压和直流额定电流。

二、整流变压器的额定容量

整流变压器的额定容量 $P(kV \cdot A)$，以电炉熔化期的能量平衡为基础由式（6-15）确定：

$$P = \frac{QG}{t_r \cos\varphi_n \eta_d \eta_r} \qquad (6-15)$$

式中　Q——熔化每吨钢并升温到1650℃所需的能量（包括炉渣），一般取 420~440kW·
　　　　　 h/t；

　　　G——电炉出钢量，t；

　　　t_r——净熔化时间，h，指装料后开始送电到炉料全部熔化时间减去添加炉料、换电
　　　　　 极等停电时间，净熔化时间约为熔化时间的 0.85~0.90；

　$\cos\varphi_n$——熔化期变压器一次侧的平均功率因数，约为 0.7~0.8；

　　　η_d——熔化期炉子的平均电效率，可取 0.85，该电效率考虑了在变压器、整流电
　　　　　 源、直流电抗器和交、直流回路短网上的电阻总损耗，与交流电弧炉相比多
　　　　　 了一个整流损耗，通常整流柜的整流效率大于98%，考虑直流电抗器后，则
　　　　　 大于96%；

　　　η_r——熔化期炉子的平均热效率，可取 0.65~0.8，对于小容量炉子取较小值，对
　　　　　 大容量的炉子取较大值，对于采用水冷炉壁和水冷炉盖以及具有排烟装置的
　　　　　 炉子应酌情降低。

　　考虑到电弧炉频繁短路的恶劣运行条件，变压器设计时应留有20%的过载能力。此
外，熔炼过程中的吹氧量的多少和炉料是否进行预热等，对变压器容量的选择都会产生
影响。

　　通常，额定容量 $P(MV\cdot A)$ 的经验公式为：

$$P = kG \qquad (6-16)$$

式中　k——系数，一般取 $k = 0.8~1.2$；

　　　G——电炉出钢量，t。

　　从理论上讲，直流电弧炉与交流电弧炉相差无几，因此一般不进行计算，参照同容量
交流电弧炉系列直接选定直流电弧炉变压器即可，并且一般又高于交流电弧炉变压器的
容量。

三、最高空载直流电压及相应变压器二次电压的确定

（一）最高空载直流电压的确定

　　最高空载直流电压 $U_{do\,max}$ 和相应的变压器二次最高电压 U_{2max} 是直流电弧炉的重要电
参数。

　　对于广泛使用的三相桥整流电路：

$$U_{do\,max} = 1.35 U_{2max} \qquad (6-17)$$

　　在确定 $U_{do\,max}(U_{2max})$ 时，应考虑以下因素：

　　（1）电弧长度。直流电弧炉的电弧电压和弧长之间存在着某种线性关系（阳极和阴
极压降一般在 15V 左右）：

$$u_b \approx kl_h \qquad (6-18)$$

式中　u_b——电弧电压，V；

  k——常数，$k = 0.8 \sim 1.3$，小炉子取小值，大炉子取大值；

  l_h——电弧长度，mm。

（2）交、直流炉电弧长度：

1）交流电弧炉电弧长度为：1mm/V；

2）直流电弧炉电弧长度为：1.1mm/V；

3）直流电弧炉电极穿井直径为 1.5 ~ 2 倍电极直径。

（3）炉壳直径。$U_{do\,max}$ 与炉壳直径成正比，炉壳直径越大，最高空载直流电压也就越高，取值范围如图 6 – 32 所示。

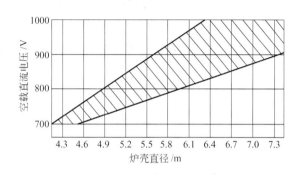

图 6 – 32　空载直流电压与炉壳直径的关系

（二）变压器二次电压的分档

  炼钢各阶段对电功率需求是不同的，尽管晶闸管整流电源可通过调节直流电压来大范围改变输出功率，但却要以降低电网功率因数为代价。因此，直流电弧炉用整流变压器的二次电压仍大多设计成多级可调，以保证在各级功率下都能运行在较高的功率因数下。由于在每档电压下可再借助整流电源对直流输出电压进行细调，因此直流电弧炉变压器的电压分档数应少于相应的交流电弧炉。

  分档数及最低电压档的容量大小可视整个生产工艺而定。当不配 LF 炉时，可有较多级分档，最低档电压的容量约为 $0.5P$，可供精炼用；当配置 LF 炉时，可用较少分档电压。最低档电压的容量约为 $(0.7 \sim 0.8)P$。

四、直流额定电流与额定电压的确定

（一）直流额定电流与额定电压的计算

  对于三相桥整流电路，直流电流 I_d（A）可按式（6 – 19）计算：

$$I_d = \frac{I_2}{0.816} = \frac{P}{\sqrt{3}\,U_2 \times 0.816} \qquad (6-19)$$

式中　P——变压器额定容量，V·A；

  I_2——变压器的二次线电流，A；

  U_2——变压器的二次线电压，V。

(二) 交、直流电弧炉电压与电流关系

交流电弧炉：$\qquad\qquad U_2 = 4.12I_2 + 40$

直流电弧炉：$\qquad\qquad U_2 = 9.4I_2 + 20$

式中，U_2 的单位为 V，I_2 的单位为 kA。

五、直流电抗器

直流电源的输出回路中串联一个电感量 L_d 极大的直流空芯电抗器，起限制短路电流、限制电流脉动和保持电流连续的作用。其中以限制短路电流为主，其所需要的电感量也最大。电感量 L_d 的大小可这样考虑：即使直流电弧炉发生短路至整流电源过流保护动作，转入逆变工作状态并最终自动停机这段时间内，直流回路的最大短路电流不超过额定电流 I_{de} 的 2 倍。

直流电抗器的感抗 X_d 为：

$$X_d = c\omega L_d \qquad\qquad (6-20)$$

式中　c——直流电压脉波数；

ω——电网角频率。

由于直流电弧炉的直流回路中，X_d 远大于直流电阻 $R_d (U_d/I_d)$，因此，可把整流电源的负载视为感性负载 ($L_d = \infty$) 来处理。这样对三相桥整流电路，其直流输出电压 U_d 为：

$$U_d = U_{do}\cos\alpha = 1.35U_2\cos\alpha \qquad\qquad (6-21)$$

式中　α——整流电路的触发延迟角。

从式 (6-21) 可知，直流输出电压与 α 间存在余弦关系。考虑到电网电压的波动和为整流电源的恒流控制宜有一定的移相触发的调节余量，以及考虑换相电压降的损失，整流电源直流输出端间的额定直流电压 U_{de} (V) 可以近似按式 (6-22) 计算：

$$U_{de} = 1.35BU_2(\cos\alpha_{min} - 0.5e) \qquad\qquad (6-22)$$

式中　B——电网波动系数，可取 0.95；

U_2——额定档的二次电压，V；

α_{min}——正常工作的最小触发延迟角，通常取 25°，相应 $\alpha_{min} = 0.906$；

e——变压器的阻抗电压，%。

若考虑整流电源内部压降和直流电抗器的压降，输出直流电压将略有降低。前者可忽略不计，后者约为 2% U_{de}。

整流变压器的阻抗电压较大，一般为 12% 左右，这样按式 (6-22) 计算可知，额定直流电压 U_{de} 应为相应空载直流电压 (1.35U_2) 的 0.8 倍。

直流电弧炉的整流电源通常采用恒流控制，以维持电弧电流的稳定，因为直流电弧炉的诸多优点来自于稳定的电弧电流。而直流电弧炉的直流电压 (弧压)，也即电弧长度由电极升降来调节。

在某一设定工作电流下，提升电极，增加弧长，则弧阻增加，为维持设定电流，整流电源自动减小 α 角，把直流输出电压提高到某一值。此时，直流电压高了，$\cos\alpha$ 大了，电网输入端的功率因数也高了，但 $\alpha < 25°$ 后，随着 α 的变小，稳流作用就越差。当电极提升到某一高度时，若晶闸管已全开放，$\alpha = 0°$，此时直流电压已升到最高值，则工作电流

将降低，达不到原设定值，同时整流电源也无稳流作用了。

六、其他参数的确定

（一）电极载流量的确定

直流电弧炉炉顶石墨电极最大载流量可达到 $40A/cm^2$，相同直径电极直流炉大于交流炉最大允许电流的 30%。

（二）排烟量的确定

由于直流电弧炉只有一个顶电极，排烟量比交流电弧炉要少得多，一般仅为同容量交流电弧炉的 60% ~ 70%。

按脱碳速度法计算炉内产生的烟气量（m^3/h，标态）时则有：

$$Q = VGv_C \times (22.4/2) \times 60 \times 1000 \qquad (6-23)$$

式中　V——CO 完全燃烧时生成的烟气容积数，取 4.07；

　　　G——炉料装入量，t；

　　　v_C——最大脱碳速度，吹氧冶炼时取 $v_C = 0.065\%/min$。

（三）石墨电极

直流电弧炉石墨电极允许导电能力，与同直径交流电弧炉相比可增加 20% 左右，见表 6-24。

表 6-24　石墨电极允许导电能力

电极直径/mm	交流允许量/kA	直流允许量/kA	有效导电面积/m^2
400	34	46	1.216
500	47	56	1.702
600	60	80	2.188
700	74	110	2.675
800	87	140	3.156

（四）直流电弧作用于钢液的推力

直流电弧作用于钢液的推力 T（N）计算如下：

$$T = I^2 \ln\left[1 + \left(\frac{L}{R}\right)^{0.5}\right] \times 10^{-7} \qquad (6-24)$$

式中　I——电弧电流，A；

　　　L——弧长，m；

　　　R——阴极点直径，m。

各参数值可由表 6-25 得出。

表 6 – 25　计算直流电弧作用于钢液的推力的参数值表

电弧电流 I/kA			1	10	100
阴极点直径 R/m			2.69×10^{-3}	8.51×10^{-3}	26.9×10^{-3}
弧长/mm	100	r/m	19.6×10^{-3}	37.7×10^{-3}	
		T/N	0.196	14.9	
		P_T (P_s)	171	3.337	
		H_b/mm	2.4	47	
	200	r/m	25.9×10^{-3}	49.1×10^{-3}	100×10^{-3}
		T/N	0.226	17.7	1.316
		P_T (P_s)	107	2.337	41.89
		H_b/mm	1.5	33	591
	300	r/m		59.1×10^{-3}	117×10^{-3}
		T/N		19.4	1.468
		P_T (P_s)		1.768	34.14
		H_b/mm		25	48
	400	r/m		66.8×10^{-3}	131×10^{-3}
		T/N		20.6	1.58
		P_T (P_s)		1.469	29.31
		H_b/mm		21	413

注：r—冲撞位置的电弧等离子半径，m；T—总推力，N；P_T—平均单位面积上的推力，P_s；H_b—钢液的理想下压量，m。

（五）铁皮的去磁作用

由于电极在炉内，那么炉外的磁场被炉壳铁皮产生去磁效果，一般假设去磁效果为 50%，为此在做计算后应对计算值进行修正。

七、直流电弧炉的耐火材料指数与喷溅指数

（一）直流电弧炉的耐火材料指数

仿效交流电弧炉，用式(6–25)定义直流电弧炉的耐火材料指数 R_E(kW·V/cm^2)。

$$R_E = k \frac{P_a V_a}{d^2} \qquad (6-25)$$

式中　k——偏弧系数，通常取 $k = 0.3 \sim 1.0$，无偏弧的理想状态下，$k = 0.2$；

　　　P_a——电弧功率，MW；

　　　V_a——电弧电压，V；

　　　d——电极侧面到炉壁距离，cm。

一般情况下 R_E 的极限值为 $R_E \leqslant 200$kW·V/cm^2。

(二) 喷溅指数

电弧喷射的冲击而产生的总喷溅量正比于钢液受到的总推力 T。表示因为喷溅而损失的铁损耗量的喷溅指数为 SI（N/m^2）：

$$SI = k \frac{T}{d^2} \tag{6-26}$$

式中　k——偏弧系数，通常取 $k = 0.3 \sim 1.0$，无偏弧的理想状态下，$k = 0.2$；

　　　T——电弧功率，N；

　　　d——电极侧面到炉壁距离，m。

一般情况下 SI 的极限值为 $SI \leqslant 200 N/m^2$。

直流电弧炉的 SI 及 R_E 计算见表 6-26。

表 6-26　直流电弧炉的 SI 及 R_E 的计算

项　　目		例 1				例 2				例 3			
电弧电流 I_a/kA		80				100				120			
电极直径 d_e/mm		710(20.1A/cm²)				710(25.2A/cm²)				710(30.2A/cm²)			
电弧阻抗 $Z_a/m\Omega$		3	4	6	8	3	4	6	8	3	4	6	8
电弧电压 V_a/V		240	320	480	640	300	400	600	800	360	480	720	960
电弧功率 P_a/MW		19.2	25.6	38.4	51.2	30	40	60	80	43.2	57.6	86.4	115.2
电弧长度 L/mm		225	305	465	625	285	385	585	785	345	465	705	945
阴极斑点半径 R_c/mm		24.1				26.9				29.5			
电弧总推力 $T = K_T I_a^2 / N$		897	971	1079	1157	1148	1565	1734	1857	2140	2310	2555	2732
适用炉	炉壳/水冷炉壁内径/m	6.7/6.3											
	电极侧面-炉壁距离/m	2.89（考虑笔尖化）											
耐火材料指数 $\left(R_E = k \dfrac{P_a V_a}{d^2}\right)$ /kW·V·cm^{-2}	$k = 1$	55	98	221	392	108	192	431	766	186	331	745	1324
	$k = 0.5$	28	49	110	196	54	96	215	383	93	166	372	662
	$k = 0.2$	11	20	44	79	22	38	86	153	37	66	149	265
喷溅指数 $\left(SI = k \dfrac{T}{d^2}\right)$ /N·m^{-2}	$k = 1$	107	116	129	139	178	187	208	222	256	277	306	327
	$k = 0.5$	52	58	65	69	89	94	104	111	128	138	153	164
	$k = 0.2$	21	23	26	28	35	37	42	45	51	55	61	65

八、交流电弧炉改造成直流电弧炉的电参数

(一) 交流电弧炉改造成直流电弧炉的电参数的选取

设交流电弧炉原变压器二次相电压为 U_2、二次电流为 I_2，则改造后的直流电弧炉直流电压 U_d、直流电流 I_d、直流阻抗 k_d 分别为：$U_d = 2.34 U_2$，$I_d = 1.22 I_2$，$k_d = 1.91 U_2/I_2$。

应当指出的是，当交流电弧炉改造成直流电弧炉时，整流电路只能采用三相桥式电路。改造后，变压器的铁耗和铜耗将增加。为此，应降低变压器的容量，至少不能过载使用。

（二）直流电弧炉供电装置示例

直流电弧炉供电装置示例见表6-27。

表6-27 直流电弧炉供电装置示例

参 数 名 称	数 值						
炉子容量/t	25	40	75	80	100	130	150
变压器容量/MV·A	15		20×3	24×3	33.4×3	50×2	80×2
一次电压/kV		45	63	63	33	22	
二次电压/V	465~265	560~320				731~575	
直流空载电压/V			660	600	985		1170
最大电弧电压/V	450						
炉壳内径/mm	4000	5000	5800	5800	6700	7000	7300
整流器/kA				20×6	33.4×3		
晶闸管装置输出/MW						66	
脉动数	12	12	12	24	24	24	24
最大直流电流/kA	40	50				120	额定130
最高直流电压/V						987	
直流电抗器						30kA	
电感量/μH						300	
石墨电极直径/mm	350	508	508	710	710	700	711~812
冶炼周期/min			80			58	
熔化时间/min						38	
精炼时间/min						8	
电能消耗/kW·h·t^{-1}			485			350	
电极消耗/kg·t^{-1}	1.2		1.8			1.1	
底电极类型						触针式	
底电极寿命/炉						850	
耗氧量(标态)/m³·t^{-1}			15				
每根底电极冷却水耗量/t·h^{-1}	20						

第十节　直流电弧炉的检测及其控制

一、检测和控制装置

采用电流、电压互感器以测量线路中实际的电流、电压并用于整流器和电极升降的自动控制，形成直流电弧炉功率输入控制系统，如图6-33所示。弧流控制，通过改变晶闸管的触发角满足设定要求。弧压控制，则通过电极升降调节弧长使弧压满足设定值要求。对直流电弧炉来说，弧功率即为弧流和弧压的乘积。因而，如果弧压和弧流都满足了设定要求，输入到电炉中的电功率就自然能满足熔炼要求。

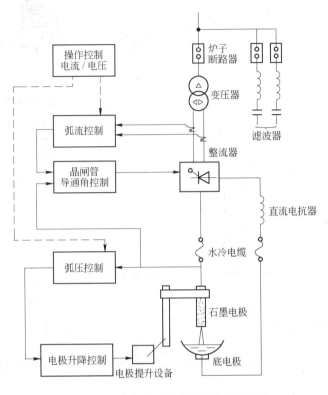

图 6-33 直流电弧炉功率输入控制系统

二、直流电弧炉的控制

(一) 控制项目

直流电弧炉控制系统一般是以可编程序逻辑控制（PLC）为基础，具有对下列各项进行全面控制和检查的基本功能：高压开关装置、整流变压器、整流器、冷却水系统及炉子其他冷却部位的温度、炉子的移动、液压站、底电极温度和绝缘等、安全联锁装置、报警系统以及各类有关工艺参数的采集。同时，包括以电极定位装置为控制单元的电压控制回路和以可控硅整流器为控制单元的电流控制回路。

(二) 控制方式

各种控制设备的设置均在控制室的主控制台及面板内进行。

一般来说，一个操作台设置 2 个彩色监控器，键盘（或鼠标）安装在操作台上。通过监控器和键盘（或鼠标）对电弧炉的运行及各环节主要参数进行全面的控制和监控。

向辅助装置供电的低电压系统放置在炉子控制室内。

炉后控制台位于出钢口旁，用于控制炉子的出钢及出钢车的控制操作。其他操作的炉前操作台，一般放在炉门一侧，这样便于观察和冶炼操作。直流电弧炉控制模式如图 6-34 所示。

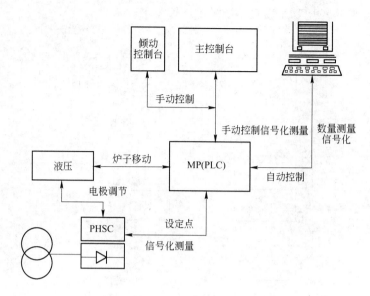

图 6 - 34　直流电弧炉控制模式

（三）弧流和弧压控制

直流电弧炉的弧流和弧压控制方式与交流电弧炉基本相同，仅是控制元件有所区别，此处不再重述。

三、直流电弧炉的炉底电极温度监控

直流电弧炉由于炉底充当导电阳极，为了保障炉子安全正常运行，炉底电极温度监测是十分重要的。通过炉底电极温度的监测，可以判断炉底的熔损情况，实现故障的诊断和预警。不同的炉底结构，其测量方式也不一样，以下以三种不同形式的底电极为例，说明炉底电极的温度监测。

（一）空气冷却触针式底电极

图 6 - 35 所示底电极，在炉底的中央打一个圆形孔，在孔的下面装有封闭式的法兰，在法兰上面固定两块水平放置的板，在板之间装有透平机样的空气导向叶片，大量的触针固定在底板上，并垂直向上延伸，穿过两板之间的空气，穿过炉底衬，直至金属熔池。

为了监测底电极，有些接触针中有孔，用于装热电偶，它位于空气腔上部一定的高度。由于耐火炉底衬是捣打料，接触销与其同样受侵蚀，但不允许侵蚀到与空气腔的距离小于 300mm，因而热电偶不会损坏，在重

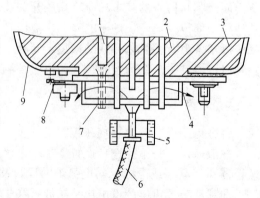

图 6 - 35　底电极监测

1—接触销；2—捣打衬；3—耐火材料；4—冷空气出口；
5—大电流电缆；6—冷却空气管；7—插热电偶孔；
8—绝缘；9—炉壳

筑炉底衬时能够再用。所测量的温度（包括极限温度监测）数据周期地显示，并在可调整的时间间隔内打印。根据炉子的操作程序和炉衬条件，温度调整范围为200～600℃，当炉子操作中出现任何不正常，如有些接触针被耐火材料或冷渣覆盖，温度监测装置就可验证是否还有一定数量的接触针依然通过电流，这样就可避免在不利环境下个别销子被熔化。

（二）空气冷却导电炉底

图6-36所示为ABB公司直流电弧炉炭砖导电炉底，对一具体的炉子，即可根据炉底钢水温度和炉底各层导热性计算出实际冶炼时的温度。底电极温度监测元件采用镍铬热电偶，图6-37所示为某一时刻监测结果。当超过预定的温度极限时，即进行报警，以保护炉子安全正常运行。

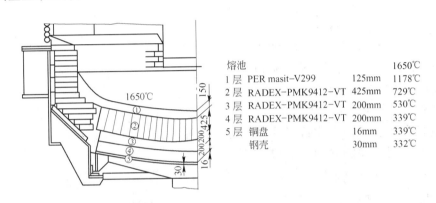

图6-36 ABB公司直流电弧炉炭砖导电炉底及底电极温度分布

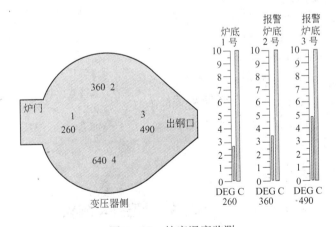

图6-37 炉底温度监测

预定的温度极限与炉底电极耐火材料的材质有关，且主要依赖于碳的成分，图6-38所示为构成导电炉底的镁炭砖的热导性能。

（三）水冷式棒状底电极

水冷式棒状底电极，钢棒1安装在炉底衬中用于导电，然后钢棒与铜体3相连并与直

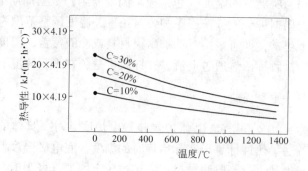

图 6 - 38　镁炭砖的热导性能

流供电系统相连。此底电极温度监测系统基于铜体温度和铜体中冷却水温度的测量。底电极测温设在两处，一处设在冷却水顶部 5；另一处设在铜钢接合处 4 附近。设在冷却水顶部的测温用来监测冷却水顶部铜体温度，防止漏钢将铜体烧损而产生冷却水爆炸事故，同时可以起到预测冷却水温度过高现象。设在铜钢接合处的热电偶可以监测该部温度是否超过设定温度，以防止铜体因温度过高而熔化。同时通过统计分析即可估计出电极长度并监视电极损耗情况，从而保证底电极安全操作和运行。图 6 - 39 所示为水冷式棒状底电极在炉内安装示意图。

图 6 - 39 中，L 为炉底衬厚度，L_1 为水冷腔深度，L_2 为水冷腔上部测温孔深度，L_3 为铜钢结合处测温孔深度，L_4 为铜钢结合面长度，这几个参数设计是保证底电极正常工作的重要因素。

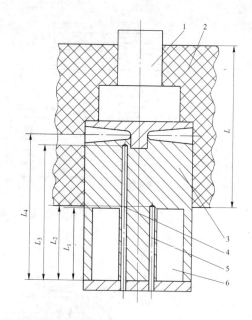

图 6 - 39　水冷式棒状底电极在炉内安装示意图
1—钢棒部分；2—炉底衬；3—铜体部分；
4—测温孔 1；5—测温孔 2；6—水冷腔

第十一节　直流电弧炉炉衬及耐火材料

一、直流电弧炉炉盖及耐火材料

以前我国炉盖一直采用高铝砖砌筑，随着直流电弧炉的发展，国外纷纷用扩大刚玉质捣打料来提高炉盖使用寿命，再加上 UHP 的应用，要求耐火材料必须具有良好的高温力学性能、耐侵蚀、抗热震性好以及体积稳定等特点，更促使炉盖耐火材料使用要求的提高。目前，我国的炉盖中心三角区域都采用了刚玉浇注料（其 Al_2O_3 含量不小于 92%），取得了较好的效果，寿命高达 120 炉以上。

二、直流电弧炉炉墙及耐火材料

进入 20 世纪 90 年代，UHP 的电弧炉炉墙几乎全部采用镁炭砖砌筑，以解决渣线上的炉渣侵蚀和炉体上部墙的高温热蚀。直流电弧炉也同样如此，这是因为镁炭砖在当代超高功率的直流电弧炉上体现了高的抗热震性，极好的抗渣性，高热导率有助于水冷，可控制的气孔尺寸和分布（显气孔率较低）等优越性。

当然，决定镁炭砖质量水平的关键因素仍是砖中的镁砂纯度和晶体结合状态、石墨的纯度和结晶程度以及结合剂的选用。

目前，国内一般在炉墙上部采用沥青结合镁炭砖，炉墙下部采用树脂结合镁炭砖。

三、直流电弧炉炉底及耐火材料

前面已经介绍直流电弧炉炉底电极有四种形式，因而带来的耐火材料有导电耐火材料炉底和非导电型捣打耐火材料炉底两大类。

（一）导电耐火材料炉底

从导电耐火材料炉底来看，其主要特点为：使用导电耐火材料作为正阳极的炉底电极，然后再由此炉底电极传导直流电流。

其炉型特点是：用普通的砌砖衬技术，将三层导电的镁炭耐火砖砌筑在炉底的一块铜板上面（该铜板是炉子的正极），然后用石墨膏抹平任何不平整之处。导电镁炭砖砌筑下面的两层砖，应保持水平，砖与砖要求紧密。至于炉底镁炭砖砌好后，上面可覆盖一层 150mm 捣打导电的耐火材料。

导电耐火材料应该具备下列性能：电阻应尽可能小（约 $10^{-3} \sim 10^{-4} m\Omega$），均匀稳定，即比电阻不随温度变化；热传导率低；抗热化学和热物理学的蚀损系数高；寿命长；消耗低。其优点有：实现大面积电接触；可采用普通砌砖方法和维修制度；能保证质量稳定，不出事故。

（二）非导电型捣打耐火材料炉底

非导电型以捣打耐火材料为炉底的直流电弧炉的炉底耐火材料（捣打料），其炉底电极分别采用金属触针、水冷金属棒或网状。

该炉型的特点是：无论是金属触针，还是金属棒，其材质是用低碳钢，并分别连接在炉底的集电板上。炉底用捣打自密型耐火材料打结。随着使用过程中耐火材料的熔损，导电金属材料也相应缩短。

此类耐火材料必须具有下列性质：能在适当的温度下，烧结成坚实的整体；具有良好的高温结构强度；具有最佳粒度组成；能控制烧结炉底的气孔率大小和气孔径分布，从而确保最低的渗透。

（三）炉底的砌筑

直流电弧炉炉底的结构一般分为三层：绝热层、保护层和工作层。绝热层是炉底最下层，其作用是降低电弧炉的热损失，并保证降低熔池上下钢液的温度差距。一般是铺一层石棉板，再平砌一层绝热砖。保护层的作用是保护熔池的坚固性，防止漏钢，通常保护层用烧成镁砖砌筑。工作层直接与钢液接触，热负荷高，化学侵蚀和机械冲刷严重，须使用优质耐火材料。该层可分打结、振动（适合散状捣打料）及砌筑（适合导电耐火砖）。

无论采用何种底电极形式的直流电弧炉的炉底衬都不能采用像交流电弧炉那样传统的修补料，即使处于高温时的炉底也是不足的，因为这种材料的电阻过大。针对这种困难，开发了干式、无碳的含金属粉末的导电热补料，该热补料是由 70% 氧化镁和 30% 铁粉组成的混合料。

四、水冷式棒状底电极用耐火材料

我国的铜钢复合水冷式棒状底阳极电极，一次性使用寿命已经超过 1000 炉以上。为了增加工作端的钢棒的导电量，在铜钢连接周围砌筑导电耐火材料镁炭砖，底阳极为圆形时，用特制导电镁炭质套砖，方形时用交错咬合镁炭砖直接砌筑。无论是镶砌或用套砖（包括导电钢棒），总面积应为顶电极截面积的 2 倍。实践中证明在电炉的熔化期，水冷点上 25mm 处温度为 100～150℃ 之间，出钢前为 200～250℃。如果精炼时间长，氧化期最高温度可达 300℃。一般更换底电极方法十分简单，只要把底阳极上部钢砧吊走，再安装一根同样的底电极，周围套上导电镁炭砖，在镁炭砖周围用高铁合成镁砂干打平整，即可投入使用。如果在修砌炉衬时不需要更换底阳极时，可不拆除底阳极而采用修复底阳极钢棒即可，这样更加会延长底阳极的使用寿命。

第十二节　直流电弧炉冶炼工艺

直流电弧炉的冶炼工艺与交流电弧炉比较并无明显的区别，基本上也能生产交流电弧炉所能生产的所有品种，其基本工艺也与交流电弧炉类似。但由于直流电弧及直流电弧炉本身结构上的特点，直流电弧炉的冶炼工艺和操作又有其特殊性。由于其结构上一般采用 1 根石墨电极（接整流器的负极），需和炉底导电电极（接整流器的正极）一起才能构成通电回路，因此须考虑每炉钢刚开始通电时固体炉料与底电极的良好接触以及导电起弧问题。此外，由于在相同功率条件下，直流电弧要比交流电弧长得多，因此要充分重视长电弧对炉盖和炉壁的辐射侵蚀的问题。

一、烘炉和起弧

由于直流电弧炉有炉底电极，且大都采用水冷炉壁，因此一般不专门进行烘炉，而采用不烘炉直接炼钢烘烤技术。其要求与交流电弧炉类似。

与交流电弧炉相比，直流电弧炉的起弧操作比较特殊。直流电弧炉通电时，电流从整流电源的正极通过底电极穿过金属熔池或金属炉料，流向石墨电极和电极夹持器，通过软电缆流向整流器的负极。那么每炉钢刚通电时，需要保证固体金属料与底电极的良好接触，以顺利起弧熔化废钢。直流电弧炉的起弧可按以下方法进行：

（1）新炉第一炉的起弧。最好的办法是兑入同车间的其他炉子的热钢水进行起弧。如无热钢水可用，只要能细心地在底电极上堆放一筐细碎的导电良好的废钢或小块废钢，虽起弧稍微困难些，仍有好的效果。

（2）留钢起弧。连续生产时，可采用残留一部分上一炉钢水，以使冷废钢与底电极有良好的接触而顺利地起弧。一般留钢量为出钢量的 10% ~ 15%。为此，采用偏心底出钢有很大的优越性。现在已广泛采用此办法起弧。

（3）换钢种的第一炉的起弧。当换钢种时，为防止前一炉钢水对下一炉钢水成分产生重大影响，不宜采用留钢操作以供下一炉起弧，且应出净残留钢水。生产实践表明，即便不留钢水而采用装入预先准备好的第一筐料进行热启动，也是可行的，但要求从上一炉出钢算起，必须在 10min 内装完第一筐料，而第一筐料底部的 1/3 应放些细碎的导电良好的废钢或小块废钢。

为便于电弧炉停炉后重新进行冷启动，在熔炼最后一炉钢水后应做好必要的准备工作。对于单极水冷式底电极，可在底电极位置上插入一根尺寸适当的废小钢坯。而多触针式底电极，可在炉底装入少量细碎的导电良好的废钢。

二、熔化特性

（一）熔化特点

废钢熔化由电弧炉的中心开始按同心圆方向向外扩展在炉底形成一个比电极直径大 1.5 ~ 2 倍的孔。熔化过程中，电极顶端靠近炉底并保持一定距离。随着炉料的熔化，在中心区形成球形。于是，炉子上部的废钢逐渐下沉、降落，并不断熔化。这样的熔化过程，废钢降落平缓，中心电极周围产生均匀搅动，避免了像交流电炉熔化时所出现的 3 个未熔化区和在炉壁上出现的 3 个热点。在熔化期，直流电弧炉被废钢包围的时间比交流电弧炉时间长，因而减少了向炉壁和炉盖的传热损失，热效率增高，不产生冷区，一般不用依靠氧燃烧器等冷区对策。

（二）电弧特性

直流电弧炉的电弧射流通常面对着钢液，与电极轴成平均为 10° ~ 30° 的锥角。由于电磁作用的影响，直流电弧在一秒钟内要旋转几次（或无规律向四周发射）。直流电弧的形状很复杂，钢水平稳时，可呈现直的、弯的和分散的各种形状。而在交流电弧炉中，它相电弧与电磁的作用，使电弧偏向炉壁侧，电弧射流偏斜角度在 30° ~ 45° 以上。正因为如此，交流电弧炉电极顶端的损耗为尖形，而直流电弧炉电极顶端成扁平形。直流电弧炉和交流电弧炉的电弧形状如图 6 - 40 所示。

直流电弧炉与交流电弧炉相比其电弧为长弧。电弧电压与电弧长度的关系一般为 1.1mm/V，而交流电弧炉的弧长为直流电弧炉的 $1/\sqrt{3}$。直流电弧炉热效率较交流电弧炉热效率约高 10%。

大容量直流电弧炉易于产生偏弧，主要是由于底阳极短网导体配置不当，形成磁场的电磁力对电弧的影响造成的。由于偏弧总是偏向一个方向，这样会产生"热区"增加耐火材料消耗，甚至引起水冷炉壁的损坏，也会使电极端部产生一个偏斜的烧损。偏弧现象可以通过底电极线路特殊布置的电流输出、输入装置或者采用分别控制电流的输电装置减小或避免。

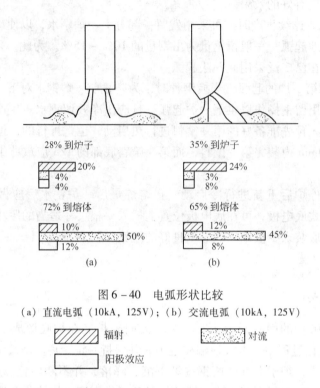

图 6-40 电弧形状比较
(a) 直流电弧 (10kA, 125V)；(b) 交流电弧 (10kA, 125V)

辐射　　　　对流

阳极效应

三、冶金反应特点

电弧炉炼钢由交流供电改用直流供电后，因直流电流贯穿整个熔池，从金属熔池流向石墨电极，这不仅造成了设备构成的变化，获得了许多比交流供电优越得多的技术经济指标，而且也会对直流电弧炉内的流体流动、传热和传质及渣/金间的冶金反应产生影响。

（一）钢液的循环搅拌

直流电弧炉内，强大的直流电流定向地从炉底电极贯穿整个金属熔池流向石墨电极，产生一个强大的方向恒定的电磁力。在电磁力和摩擦力及气体上浮力等力的综合作用下，钢水在炉子中心区向下流动，达到炉底后向炉壁四周流动，再向上流向表面，并流回炉子表面中心。在冶炼过程中，钢水始终存在强烈的定向循环流动。根据有关资料介绍，在一台 $20t/9MV \cdot A$ 变压器，电流为 40kA 的直流电弧炉内，钢水的均匀混合时间只需 4min。而同容量的交流电弧炉内，10min 后仍不能完全混合，需采用 100L/min（标态）的底吹氮气搅拌才能达到直流电弧炉同样的效果。即使不采用其他的搅拌措施，在 130t 单电极直流电弧炉内也不必担心废钢不能很好地均匀熔化。

直流电弧炉内钢液的循环搅拌方式和速度除了上面所述的各种力的影响外，还与底电极的形式、底电极的面积及熔池的形状（高径比 H/D）有很大关系。当电弧冲击区直径小于底电极直径时，只产生炉子中心区钢水向下流动的单一循环方式；当电弧冲击区直径与底电极直径大约相等时，产生上下两层流动方向不同的循环区。上层循环区，炉子中心区钢水向下流动；下层循环区，钢水循环方向恰好相反。熔池形状，高径比 H/D 越大，即熔池越深，则钢水循环速度越快。

而熔渣在电弧的冲击下，炉子中心区熔渣向下流动，在渣/金界面上与逆向流动的钢水交错，再加上直流电弧炉都采用泡沫渣操作，这些因素都有利于渣/金间的接触，并加快渣/金反应。

（二）渣/金界面反应

直流电弧炉内采用泡沫渣埋弧操作时，当渣层（或渣/金界面）有强大的外加直流电流通过时，会形成一电解系统，其中炉底电极为阳极，石墨电极为阴极。多数情况下，熔渣本质上是一个离子化了的溶液，因此，除了传统的纯化学反应外，还会有附加的电解反应参加到冶金反应中。电解时，在阳极（渣/金界面）发生失电子的反应，而在阴极（渣/气界面）则发生得电子的反应。因此，电解反应的参与，会加速钢中元素的烧损，从而使合金收得率和钢铁料收得率降低，同时不利于钢液的脱硫和脱氧，但有利于钢液的脱磷。

四、供电特点

由于直流电弧和交弧电弧的特性不同，由电弧燃烧稳定性所决定的许用电弧阻抗值也不同。直流电弧无每秒 100 次的点燃与熄灭现象，因此，直流电弧始终能保持稳定燃烧，其稳定性比交流电弧要好，直流电弧的阻抗值可选择得大些，交流电弧约 $4 \sim 5m\Omega$，直流电弧一般为 $6 \sim 9m\Omega$。图 6 - 41 所示为交流、直流电弧炉主熔化期操作电流和电压的关系。

直流电弧可在较高的电弧阻抗下稳定燃烧；在相同的功率下，直流电弧可在较高的电压和较小的电流下稳定操作。换句话说，在相同的功率下，直流电弧要比交流电弧长得多。由于工作电流较小，直流电弧炉石墨电极的端部消耗要比交流电弧炉小。

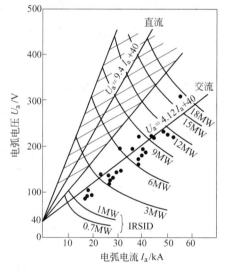

图 6 - 41　交流、直流电弧炉主熔化期操作电流和电压的关系

表 6 - 28 为使用全废钢冶炼的 80t 直流电弧炉（Danieli 型直流电弧炉）的供电制度。其废钢铁装入量为 89t（其中生铁 18t），分三次装料，通电时间共 39min，出钢—出钢时间为 47min，出钢量为 80t。

表 6 - 28　80t Danieli 直流电弧炉的供电制度

操作步骤	第一篮料 48.3t	第二篮料 28.7t	第三篮料 12.0t	精　炼
通电时间/min	15	9	13	2
最大电弧功率/MW	43	43	43	43
最大电流/kA	76	76	76	76
工作电压/V	813	813	813	813
电能/kW·h	9160	5580	8180	1380

五、造渣特点

由于直流电弧炉有底电极，要考虑废钢和底电极间良好的导电性；且因设计上的原因，相同的电弧功率时，直流电弧的电压要比交流电压大得多；同功率下直流电弧要比交流电弧长得多且功率集中。因此，直流电弧炉的造渣制度与交流电弧炉相比有一定的差别和要求，主要表现在3个方面：

（1）装料时不允许在炉底用石灰垫底，以保证废钢和底电极间保持良好的导电性。为提前造渣加强脱磷，可在炉料熔化约30%～50%时向炉内陆续加入石灰等造渣料。

（2）在直流电弧炉的整个冶炼过程中，必须采用泡沫渣操作以埋弧，大幅度减轻大功率的长电弧对炉衬的辐射。为保证泡沫渣能完全覆盖住电弧并真正起到其良好的作用，要求泡沫渣厚度应在电弧燃烧长度的两倍以上。因此，直流电弧炉对泡沫渣操作的要求要比交流电弧炉高得多。

（3）由于直流电弧要比交流电弧长、功率集中，冶炼过程中炉渣的温度很高，炉渣的流动性要比交流电弧炉好得多。在操作过程中需引起足够的注意。

六、交流电弧炉与直流电弧炉技术经济指标的比较

（一）炉顶电极单位消耗比较

直流电弧炉炉顶电极比交流电弧炉炉顶电极消耗降低50%左右，其损耗以前端为主。这是由于将上部电极作为阴极，在阳极上由于电子撞击的"阳极辉点"消失，因此前端消耗减少了，而电极从三根变成一根，表面积变小，是侧面消耗减少的原因。表6-29是直流电弧炉与交流电弧炉石墨电极消耗的比较。

表6-29　直流电弧炉与交流电弧炉石墨电极消耗的比较　　　　　（kg/t）

炉　型	端部消耗	侧面消耗	合　计
直流电弧炉	0.72（60%）	0.48（40%）	1.20（100%）
交流电弧炉	1.2（38%）	2.0（62%）	3.20（100%）

（二）交流电弧炉和直流电弧炉的技术指标的综合比较

直流电弧炉各种消耗量与交流电弧炉相比较，主要是功率消耗、耐火材料消耗、石墨电极消耗等多项比较。表6-30为直流电弧炉与交流电弧炉技术指标的综合比较。

表6-30　直流电弧炉与交流电弧炉技术指标的综合比较

项　　目		交流电弧炉	直流电弧炉	备　　注
生产率		100	100～105	
单位消耗	总能量	100	95～100	
	石墨电极	100	60～80	
	修炉耐火材料	100	70～90	
电弧偏向		100	0～10	直流电弧炉可以控制
钢液电磁搅拌效果		小	大	直流电弧炉也不充分

续表6-30

项　目	交流电弧炉	直流电弧炉	备　注
电压闪烁	100	50	直流电弧炉减半
电路损失	约4%	无	绝对值小，可忽略
感应加热	有	5%~6%	直流电弧炉操作容易
必要变压器容量	100	无	对相同功率输入
二级电压	100	105~110	
电器室必要的空间	100	100~110	
设备总成本	100	150~200	与闪烁有关
保修成本	100	80~120	与技术水平有关
功率单位耗量		约80%	直流电弧炉可降低10kW·h/t，但多数无差别
能损耗	大		直流电弧炉能损耗少（无电弧偏斜，电极损失少）
电损耗	小		损耗绝对值小，可忽略
电极　端部损耗	大	稍小	与 I^2 成正比，差别不大
电极　侧面损耗	大	小	依据氧化面积的差
电极　总损耗	大	小	直流电弧炉是交流电弧炉减少一半，但是与带 SR 的交流电弧炉比约减少30%。炉子越大，直流电弧炉的单位耗量优势下降，50~100t 约减30%，150t 约减20%。700mm 以上的电极有30%的增加。用大电极电流过大时，剥落及端部连接部的损伤增大
功率输入时的电流波动	大	小	直流电弧炉没有交流电弧炉的中性点移动及由于用可控硅整流器直接控制电流，电流波动减少
闪　烁	大	小	直流电弧炉可控硅整流器电流限制作用减少；比交流电弧炉改善了50%~60%，比带 SR 的交流电弧炉改善40%，直流电弧炉的闪烁对策费用减少

第七章 其他类型电弧炉设备

近年来电弧炉炼钢技术发展相当迅速，新炉型、新工艺层出不穷，技术经济指标大幅度提高，吨钢电耗已经降到 300kW·h/t 以下，吨钢电极消耗也降到了 1kg/t 多一点，出钢—出钢时间降到 40min，每炉通电时间仅 30min。之所以能获得如此大的经济技术效果，不是靠单一的技术改进所能实现的，而是多项技术的综合应用，既有设备方面，也有工艺方面，特别是替代能源的大量应用。就炉型而言，现在既不是直流炉时代，也不是交流炉时代，而是交、直流并存的时代，或者说是交、直流电炉转炉化的时代，电能与化学能（替代能源）综合应用的时代。所以当前研究炼钢电弧炉，不能局限于某一个方面，而是要全方位地进行研究。特别是对于电弧炉设计人员，需要掌握一定的冶炼工艺，根据冶炼不同钢种、不同的冶炼工艺设计不同的炉型，否则我国的电炉炼钢水平与国外的差距就会越拉越大。

第一节 双炉壳炼钢电弧炉

一、双炉壳电弧炉的工作原理及其主要特点

从 20 世纪 90 年代中期，双炉壳电弧炉已成为电弧炉发展的又一个热点。其本质上类似于传统的废钢预热技术，只不过用炉壳来代替废钢预热的料篮。双炉壳电弧炉工作原理如图 7-1 所示。

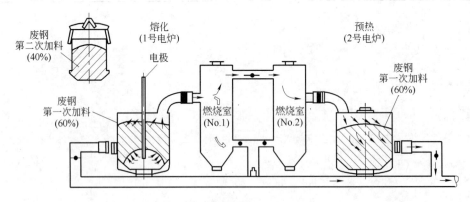

图 7-1 双炉壳电弧炉工作原理

当 1 号炉进行冶炼时，所产生的高温废气由炉顶排烟孔排出，进入 2 号炉中进行预热废钢，预热后废气由出钢箱顶部排出、冷却与除尘。每炉钢的第一料篮（相当于炉料的60%）炉料可以得到预热。

目前，世界上几家著名的电弧炉设备制造商都开发了双炉壳电弧炉，并投入工业应

用，有交流供电的，也有直流供电的双炉壳电弧炉，但直流供电占多数。

一般双炉壳电弧炉包括一套电极臂及其提升系统，一套常规的电弧炉变压器，两套由上炉壳和下炉壳及炉盖组成的炉体。可采用交流供电，也可采用直流供电。但因直流供电时，只有一根顶电极，当电极从一个炉壳工位旋转到另一个炉壳工位时，只有一套单电极的电极臂在旋转，显然整个机构可大大简化。

废钢加入炉内后并不是立即就通电熔化废钢，而是先用另一正在熔炼的炉壳内所产生的废气进行预热。也可增设辅助的烧嘴来辅助废气加强对废钢进行预热，在装入的炉料中开一个垂直孔，把加热器装在炉顶，把燃烧气体导入该孔中对炉料进行预热。

二、双炉壳电弧炉可以达到的效果

采用双炉壳电炉可以达到如下效果：

（1）预热时间 35~50min；

（2）平均预热温度约700℃；

（3）预热效率50%；

（4）单位电耗降低30%；

（5）电极单耗降低15%；

（6）耐火材料单位电耗降低15%；

（7）熔化时间缩短15%；

（8）熔化能力（t/月）提高30%；

（9）当一个炉体维修时，另一个炉体仍可照常工作，因此能保证车间不停产，且两炉体可同时生产不同的品种。

日本钢铁公司的双炉壳电弧炉冶炼不锈钢的效果如下：

（1）电耗降低32%，冶炼用电成本降低24%；

（2）电极消耗降低40%；

（3）熔炼时间缩短57%；

（4）电极折断次数减少60%。

表7-1为各种类型的单炉壳和双炉壳交流电弧炉和直流电弧炉的比较。比较条件为：生产能力130t/h，冶炼时间60min，炉料配比为90%废钢+10%生铁。

表7-1　各种类型的单炉壳和双炉壳交流电弧炉和直流电弧炉的比较

项　目	常规交流电弧炉		常规直流电弧炉		Fuchs交流竖式电弧炉		Fuchs直流竖式电弧炉	
	单炉壳	双炉壳	单炉壳	双炉壳	无指条	带指条	无指条	带指条
变压器容量/MV·A	100	85	120	102	77	70	92	84
通电时间/min	46	54.5	47.5	55	48	48.5	48.5	49
断电时间/min	14	5.5	12.5	5	12	11.5	11.5	11
电耗/kW·h·t⁻¹	380	385	385	330	290	330	330	290
电极消耗/kg·t⁻¹	1.8	1.8	1.44	1.44	1.5	1.3	1.2	1.04
氧气消耗（标态）/m³·t⁻¹	40	46	40	46	34	35	34	35

续表 7 – 1

项　目	常规交流电弧炉		常规直流电弧炉		Fuchs 交流竖式电弧炉		Fuchs 直流竖式电弧炉	
	单炉壳	双炉壳	单炉壳	双炉壳	无指条	带指条	无指条	带指条
燃料消耗（标态）/m³·t⁻¹	4	7	4	7	7	8	7	8
焦炭消耗/kg·t⁻¹	10	10	10	10	8	8	10	10
喷炭粉/kg·t⁻¹	4	4	4	4	4	4	4	4
耐火材料消耗/美元·t⁻¹	3	3	2.55	2.55	2	2	1.7	1.7
石灰消耗/kg·t⁻¹	37	37	40	40	37	37	40	40
金属收得率/%	90	90	90	90	92	92	92	92

三、双炉壳直流电弧炉

(一) 双炉壳的概念

1. 目的

任何电弧炉都由机械部分和电源系统组成，电源系统的使用时间仅占 65% ~75%。双炉壳概念的主要用途是使电弧炉电源系统的使用时间增加约 20%，因此，对同样的电气系统，能获得更高的生产力。

实际上，按给定的生产能力，双炉壳直流电弧炉技术是节省总投资费用很有效的方案。

除上述优点外，双炉壳电弧炉技术能在给定的电源容量下达到最高的生产率。例如，法国联合冶金公司出钢量 150/170t 的双炉壳直流电弧炉的生产率达 215t/h。同样，也可对给定的生产率，缩小所需变压器的容量。

2. 组成

双炉壳直流电弧炉的组成主要有：

(1) 相同的两个炉体，每个炉体由一只下炉壳和一只上炉壳加一只水冷炉盖组成；

(2) 一根可旋转的电极夹持器及其提升支架；

(3) 一套常规的直流电源；

(4) 一套直流电源开关。

3. 废钢预热

双炉壳电弧炉的优点是可以在等待的炉壳中预热废钢。有两种方法可供使用：

(1) 在一只炉壳通电熔炼的同时，能把其炽热的烟气通入第二只炉壳用来预热已装好的炉料。在这种情况下，每吨钢液可节省电能约 25 ~30kW·h，在不用任何燃烧器的情况下，每吨钢液的电耗将降至 350 ~370kW·h，新日铁提供的双炉壳大都为这种形式。

(2) 在炉壳上安装氧燃烧嘴或助燃氧枪来直接加热废钢。这种方法只在炉壳断电预热废钢时有效，当直流电弧炉送电时点燃烧嘴没有任何优势。当使用这种燃烧器时，与废钢组合在一起的各种原料所产生的挥发气体可完全烧掉，不会产生有害烟气。采用这种炉壳预热装置可缩小供电系统容量约 30%。双炉壳直流电弧炉预热废钢炉料如图 7 –2所示。

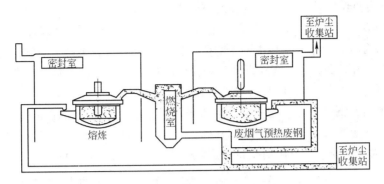

图 7-2 双炉壳直流电弧炉预热废钢炉料

4. 缩短冶炼周期

对一座电弧炉炉用变压器的输送电流和切断电流时间的分析表明，在出钢至出钢时间内，变压器输送电流时间约占 72%，切断电流时间约占 28%。使用双炉壳可使输电时间达到 92%，而断电时间仅为 8%。断电时间从 28% 降到 8%，是因为断电时间仅仅是电极提升、旋转、下降或滑移所需的时间。

例如，如果一座正常的普通电弧炉原先每炉的冶炼周期需要 60min，或两炉的冶炼周期为 120min。那么，如果是一座双炉壳电弧炉，则第一炉是在约 58min 后出钢，而第二炉在 79min 后就可以出钢；如果中间有一座钢包炉，则每炉的平均冶炼周期就可达到约40min。而且，采用氧燃烧嘴或助燃喷枪（输入功率一般为 3~15MW）替代一次能源就可达到较高的生产率或降低电耗水平。如果取较高生产率的目标，那么，根据同样的供电条件，理论上就可达到 29min 这样短的平均冶炼时间。然而，如果不要求较高的生产率，也可利用该系统来降低变压器的装机容量，即使电网容量较低，电弧炉也仍然能够运行。

（二）双炉壳直流电弧炉的应用情况

现在，国外采用这种电弧炉，冶炼周期不超过 50min。因此，这种电弧炉冶炼时间达到氧气转炉炼钢厂的指标，年产量可达 150 万吨。近年来，欧洲一些钢铁公司陆续采用双炉壳直流电弧炉代替传统的高炉—转炉生产线。例如，法国联合冶金公司冈德朗热钢厂1994 年 7 月用一座生产为 215t/h 的现代化双炉壳直流电弧炉代替原有 2 台 240t 氧气顶吹转炉，用来生产线材、棒材、钢梁和钢轨。1994 年 11 月，卢森堡阿尔贝德公司年产量145 万吨的 190/155t 的双炉壳直流电弧炉投产，这座双炉壳直流电弧炉采用 4 支 5MW 烧嘴及前一炉剩留钢渣来预热炉料，冶炼周期 46min，最终将取代原有转炉炼钢设备生产全部钢梁产品。

近年来，美国、日本等还新建成一些这种双炉壳直流电弧炉炼钢车间用来生产板材。1992 年，新日铁为日本关西钢坯中心建造一座 120t，100MV·A 双炉壳直流电弧炉。在新日铁的双炉壳和一套供电系统的设计中，采用了炉壳本身代替废钢料罐预热废钢技术。新日铁双炉壳所使用的直流电弧炉采取炉底吹气搅拌熔池，缩短了废钢熔化时间和降低了单位电耗，所以，采用的电弧炉熔池比普通熔池深，以便有效利用吹气搅拌能。大同特殊钢公司曾在 25t 直流试验炉上进行了钢液流速模拟解析，结果表明，最佳熔池深度（熔池深度/熔池直径）$H/D = 0.3 \sim 0.4$。深熔池的实际搅拌时间比传统熔池缩短 40%，搅拌效果明显提高。因为所有配套设施均由两个炉壳共同使用，双炉壳系统比单炉壳系统额外增加约 5% 的投资。为减少炉气温度降，两个炉壳之间的距离在保证维修要求的前提下缩至最短。该系统可达到的预热温度很高，能够解决低温预热系统带来的环境问题，还可降低熔炼电耗。日本关西钢坯中心，在相应给定的变压器容量下，生产率提高了 22%，冶炼周期比传统型设计缩短 43%，预热时间约 25min，可降低电耗 $40 \sim 50 \mathrm{kW \cdot h/t}$。

表 7-2 为印度新日登罗伊斯帕特钢厂双炉壳电弧炉的技术参数。

表 7-2 印度新日登罗伊斯帕特钢厂双炉壳电弧炉的技术参数

生 产 参 数		数　　值
年产量/万吨		270 ~ 450（2 座双炉壳电弧炉）
生产钢种		板材、中碳钢、碳钢、管材
出钢量/t		2 × 180
冶炼时间		取决于炉料构成
原　料	废钢/%	0 ~ 100
	热、冷直接还原铁/%	0 ~ 100
	铁水/%	0 ~ 70
	生铁/%	0 ~ 50
机械参数	出钢量/t	180
	电弧炉容量/t	210
	炉壳直径/mm	下炉壳：7500　上炉壳：7600
	出钢形式	偏心炉底出钢
	过程特征	转炉—电弧冶炼
电气参数	电源类型	交流电
	变压器功率/MV·A	110
	二次电流/kA	最大：76.4

当送入电弧炉中的主要炉料为铁水和直接还原铁时，可以使用顶吹氧枪，顶吹氧枪具有极高的效率。在这种情况下，吨钢所需电能低于 $200 \mathrm{kW \cdot h}$，并且变压器只用了其功率的 50% 左右。

使用这种双炉壳的经济效益非常明显。在一个炉壳内进行采用顶吹氧枪的转炉工艺过程，而在另一个炉壳内进行电弧炉工艺过程，两种工艺过程生产线均能达到最佳化。

在国内，宝钢公司引进的 150t 双炉壳电炉运行情况上看，废钢的堆密度与废钢在电炉中的布料位置对废钢预热效果影响较大。其废钢预热温度可达 300℃ 左右，总电耗降低 $30 \mathrm{kW \cdot h/t}$ 左右，冶炼周期 45min。据介绍，这种预热方式的电炉使用的最大问题是烟道内部的积灰将发生会周期性的堵塞现象，影响预热效果。

（三）双炉壳式电炉与转炉—电炉

由于电弧炉配置的功率越来越大，再加上替代能源（同时向炉内喷入固体燃料或气体燃料、液体燃料等），使每炉的通电时间越来越短（小于 30min），而辅助时间（出钢水、补炉、装料等）由于受各方面条件的限制，总要维持在 10min 左右。为了进一步缩短出钢—出钢时间，充分利用炉子的能源供给系统，提出了双炉壳交替电弧加热作业方式。最近几年，世界上各著名的电炉公司都推出了双炉壳电弧炉技术。双炉壳电炉，就是一套电源，两座炉壳的配置方案：在一个炉壳内进行熔化和精炼的同时，另一个炉壳进行出钢以及随后的加料，通电炉壳内一旦达到要求的钢水成分和出钢温度，电极就转到另一个炉壳上，然后开始新的冶炼周期，而停电时间还不到 3min。双炉壳电弧炉，主要有两种结构形式：德马格公司、克鲁西姆公司的双炉壳都是共用一套电极升降系统，电极升降系统通过转轴和导轨在两个炉壳间轮流作业，克鲁西姆的炉子没有支撑导轨；奥钢联的双壳炉机械部分完全是两个独立的系统，只不过共用一套供电系统罢了。

ABB 公司最新推出的双壳炉采用深炉壳结构。它可一次装料加够足量废钢，即使使用低密度废钢（$0.6t/m^3$）也可以一次加够。采用深壳式结构的另一个目的是便于在炉壳的一定高度水平安装一定数量的二次燃烧氧枪，以便对炉壳底部熔化时产生的一氧化碳气体进行再燃烧，对炉壳上部的炉料进行预热。显然深炉壳结构势必要使用长电极，这对电极升降装置提出了更高的要求，以克服由此而引起的断电极和电极消耗增加现象。

（四）设计双炉壳电弧炉时应注意的事项

设计双炉壳作业时，有一个重要的设想是当一台炉壳在熔炼时，用该炉的废气来预热另一台炉壳内的废钢。但由于废气温度达不到废料中可燃性物质的燃烧温度，由此产生的节能效果并不显著，反而把废钢中的有机物带出，这是环保所不允许的，所以这一功能基本都未用，但可以在装料后未通电前用燃料烧嘴来预热炉料。所以采用双炉壳作业方式，在下列条件下才是合理的：

（1）通电时间：辅助作业（出钢、补炉、加料）时间小于 4 : 1，加热时间小于 30min。

（2）当应用电弧加热中的废气预热另一个装入废钢的炉料时，要采用燃料烧嘴进行辅助加热以解决环保问题。

（3）最好采用混合加料法，即在装入废钢前先加入 35% ~ 40% 的铁水，以缩短加热时间，也就是说在具有炼铁车间的联合钢铁企业更为有利。

第二节　竖式炼钢电弧炉

一、竖式电弧炉

对降低输入电弧炉内功率的要求，促进了 Fuchs 竖式电弧炉（简称竖炉）的开发。其想法是把废钢加入竖井，并用从电弧炉释放出的废气来预热。废钢置于与炉膛连通的竖井内，当炉底的废钢熔化时，不断进入炉内。

1992 年英格兰谢尔尼斯钢铁公司安装了 Fuchs 公司的出钢量为 100t，留钢量为 11 ~ 17t 为偏心底出钢竖式电弧炉。竖井预热系统由一上小下大、坐在炉顶上的竖井所组成。废气由炉子的上方进入竖井内。此外，竖井水冷、内衬耐火材料的截面积为炉顶表面的

35%。竖井内气流速度慢,因此,传热效果好。竖井顶部废钢温度为276～310℃。因为炉尘被竖井内废钢"过滤",竖式电弧炉带出的炉尘比传统的电弧炉少11%。在精炼期,输入的热量有52%进入废气。该炉采用导电横臂,电极直径为610mm,变压器功率为80MV·A,功率因数为0.83,可节电22kW·h/t。

炉壳安装在炉架上,并由安装在炉架上每个角的4个液压缸倾动。这样,能使炉壳下降300mm,并移到第一篮料的加料位置,或移到出钢或除渣位置。炉底在4条轨道上运行,其中两条在中心,两条在外侧。由于炉顶水冷,竖井和电极臂固定且不能倾动。

通过3个途径把能量输入炉内:(1) 80MV·A电弧炉变压器;(2) 有6个容量为6MW的氧燃烧嘴,可分别独立控制并按预定的方案进行操作。烧嘴喷吹的氧燃比为1.5:1～4:1,并可只进行吹氧操作;(3) 水冷炭氧喷枪,最大能喷吹38.3m³/min的氧(标态)和50kg/min的炭。它是强泡沫渣操作所必不可少的装备。一旦炉内形成足够的钢水量和渣量就用消耗式吹氧管吹入每吨钢水37.4～38.5m³的氧气(标态)来造泡沫渣。

一炉钢的大致运行过程为:炉子下降300mm坐在缓冲器上,炉子车平移到加料工位。第一篮料坐在支承构架上,通过爪式机构打开料篮,第一篮料约44t废钢。加料完毕,将炉子开回到炉顶正对的下方,并回升到炉子的上位。然后把第二篮料加入到竖井内,第二篮料约35t。一般前两篮料的装料时间不到2min。开始通电熔化废钢,约4min后提升电极并把最后一篮料(第三篮料)加入竖井内。然后一直通电熔化。出钢温度为1638℃,平均通电时间为34min。

Fuchs竖式电弧炉因炉尘黏附在竖井内的废钢上,使其炉尘量减少,且废气量减少,从而降低了排气风机的要求。与传统80MV·A的偏心底出钢电弧炉相比,Fuchs竖式电弧炉生产率提高20%。通过竖井的废气流将有相当于82kW·h/t的能量传到竖井内,而放热反应放出的能量约相当于154kW·h/t的电能。表7-3为各种类型Fuchs竖式电弧炉的操作结果。

表7-3 各种类型Fuchs竖式电弧炉的操作结果

项 目	单壳竖式电弧炉	双壳竖式电弧炉		带指条(托架)的单壳竖式电弧炉	
使用原料类型	100%废钢	100%废钢		50%废钢+50%DRI	65%废钢+35%铁水
炉容量/t	95	95	72	135	140
电耗/kW·h·t⁻¹	320～340	330～360	290～320	430	200
电极消耗/kg·t⁻¹	1.6～2.0	1.4～1.8	1.4	1.0	1.0
氧耗(标态)/m³·t⁻¹	25～30	25～30	25～30	30	25
燃料消耗(标态)/m³·t⁻¹	6～8	6～8	6～8	4	6～8
装料炭/kg·t⁻¹	10～15	10～15	8～10	10	0
喷炭粉/kg·t⁻¹	5～7	5～7	3～7	5	3
通电时间/min	33～40	35～37	25～30	48	39
冶炼周期/min	51～60	37～39	35～40	63	48
生产率/t·h⁻¹	96～112	146～154	108～123	128	175
年产量/万吨	80	110	85	92	125
技术特点	OBT出钢、炉顶预热、底吹搅拌	OBT出钢、炉顶预热、底吹搅拌		OBT出钢、炉顶预热、底吹搅拌	OBT出钢、炉顶预热、底吹搅拌

1995年，我国张家港沙钢投产了一座90tUHP Fuchs竖炉电弧炉。该炉采用圆形底出钢（OBT）技术，铜钢复合导电横臂，自支承型水冷炉盖，氧-油燃烧嘴，惰性气体底吹搅拌，超声速炭-氧枪机械手，在炉盖安装用于过热点保护的石灰喷粉装置，通过炉顶第5孔自动进料，带自动调节废气系统的连续式炉压监控装置，配备钢包精炼炉及计算机控制和7m半径的5流连铸机（具有结晶器电磁搅拌、液面自动控制、保护浇注等技术）。

二、竖式电弧炉的优越性

竖式电弧炉有以下的优越性：

（1）因渣中（FeO）降低，使液态钢水的收得率提高，可达93.5%。

（2）烟道粉尘量减少20%（竖式电弧炉为14.24kg/t，而传统电弧炉为18.14kg/t）。

（3）烟道内炉尘的化学成分随着竖炉的操作工艺不同而变化。氧化锌含量从22%上升到30%。此外，石灰的含量从13%降到5%。

（4）因产生的废气量降低，对排烟风机的功率要求从19.3kW·h/t降到10kW·h/t。

（5）电耗降低17%，电极消耗降低20%，生产率提高15%。现在新建的竖式电弧炉，其配备的氧燃烧嘴能力已大幅度提高。由于火焰长时间始终和冷废钢接触，CO的二次燃烧率比传统电弧炉大大提高。此外，通过调节烧嘴的氧流量，可控制废气内CO的含量，并促进了竖井底部的CO二次燃烧。带CO二次燃烧的竖式电弧炉，电耗可达350kW·h/t，电极消耗达1.8kg/t，氧耗（标态）为30m³/t，天然气消耗（标态）为8.5m³/t。

三、竖式电弧炉的结构

除了传统的单竖井（单炉壳）结构的电弧炉，福克斯公司还开发了几种其他形式的竖式电弧炉。这些类型竖式电弧炉既有用交流供电的，也有用直流供电的。单电极直流供电显然具有明显的优越性。此外还具有以下特点：

（1）竖井带水冷指条（托架）的单炉壳竖式电弧炉。如图7-3所示。第一篮料可承托在竖井内，并用精炼期的废气进行预先加热。这样可回收精炼期产生的废气热量。

（2）双炉壳竖井式电弧炉。有两套竖井式电弧炉炉壳，一套电极系统，可从一竖炉替换到另一竖炉。来自一个竖井的热废气可用于另一个竖炉的竖井内的第一篮料的预热。这样，能量回收率更高，并进一步减少电弧炉产生的炉尘。现已有两座此型的竖井式电弧炉分别在法国和卢森堡投产。其中，法国一台90t炉，投产两周，每天冶炼达25炉。其中最好一天的操作结果为：电耗351kW·h/t，电极消耗达1.4kg/t，氧耗

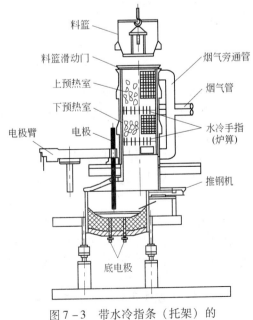

图7-3　带水冷指条（托架）的
单炉壳竖式电弧炉

（标态）为 $25m^3/t$，天然气消耗（标态）为 $6.5m^3/t$。

（3）带水冷指条的双炉壳竖井式电弧炉。它综合了前两种竖炉的特点。国外开发的竖炉中的竖炉部分主要用来预热废钢，它一般安装在炉盖之上，电炉变压器的对面。在当炉次生产时，预热下一炉次所用的废钢，从而达到节能的目的。

目前生产竖炉较多的是德国的福克斯公司（已与奥钢联合并）和卢森堡的保尔·沃特公司，其容量从 90t 到 170t。福克斯公司已有 18 套竖式电炉在世界各地运行。

竖式电炉的结构形式和应用场合多种多样，有用全部废钢为炉料的，也有用 55% 海绵铁的，也有用 35% 的热铁水的（如我国的安阳钢铁公司 100t 竖炉）；在竖炉结构上，有让废钢自然落下的，也有带托料机构的；在电炉结构上，有单炉壳的，也有双炉壳的；在炉体运动方式上，有竖炉旋开式，也有电炉炉体开出式；在供电方式上，有直流供电的，也有交流供电的。

竖炉结构形式的选择：由于采用废钢自然落下式竖炉结构，在精炼期，竖炉必须处于倒空状态，此阶段的热废气依然未能得到充分利用，而带托料机构的竖式电炉在整个冶炼周期废热均得以充分利用，就连向电炉内热装铁水时也能有效地进行预热。托料机构是水冷的，其工作过程是：在上一炉的精炼期加入下一炉的第一篮料之前托料机构必须处于关闭状态；当上一炉出钢操作完成之后，炉体开回至熔炼位置（或炉盖与安装在它上面的竖炉旋回到炉体上），打开托料机构，使预热的废钢落入炉膛，然后立即将第二篮废钢加入竖炉。采用这种办法可以使加料时间和能量损失减至最小。

竖式电炉运行指标确实令人鼓舞，如保尔·沃特公司新生产的一台 160t 由直流供电、带托料机构的单炉壳式竖式电炉，当用 100% 废钢炉料时，每吨钢能耗降至 $310kW \cdot h$ 及 $26 \sim 28m^3$ 氧气；当加入 30% 铁水时，吨钢电耗降低至创纪录的 $200kW \cdot h$，供电时间缩短为 30min。

竖炉除可以预热炉料外，还对电炉排出的气体有一定的过滤作用，与传统电炉相比粉尘量降低了 25%，同时使金属收得率提高约 2%。

四、竖式电弧炉的缺点和应用条件

竖式电弧炉的缺点和应用条件如下：

（1）它的高度比其他炉型高得多，不可能在旧有的炼钢车间装设，一次性投资较大，特点是基建投资较大。

（2）要考虑对环保造成的影响，位于竖炉中金属废料不可避免地带有油污等可燃性物质，这些可燃性物质与通过竖炉的热废气产生的不完全燃烧而生成的 CO 和 NO_x 等有害气体会污染环境。为了克服这一缺点，一是向电弧炉吹氧及可燃物质（炭粉、可燃气体或液体）以提高排入竖炉的废气温度，实践证明，当竖炉中的废料预热到 800℃ 以上，即可以使废钢中掺杂的非金属物质所产生的 CO 和 NO_x 等的排放量满足现行的环保要求；再就是设置符合要求的除尘净化设施，这就更增加了设备的一次性投资。

五、几种废钢预热式电弧炉技术特点

几种废钢预热式电弧炉技术特点见表 7-4。

表7-4 几种废钢预热技术特点

项 目	Consteel	双壳炉	手指竖炉
开发时间	1989 年	1992 年	1988 年
国内样板	贵钢60t，涟钢70t	宝钢150t	珠钢150t，安钢100t
预热装置	加长烟道内传送带预热废钢	两个炉体交替熔炼和预热	与炉盖一体竖炉可升降和移动
关键技术	废钢传送带、电炉倾动、二次燃烧和废气急冷技术	公用电极机械与短网系统、废气系统切换技术	竖炉移动机械、手指技术、氧燃烧嘴及二次燃烧技术
预热炉气温度/℃	1200~1500	700~800	1200~1500
废钢预热温度/℃	400~600	250~300	500~800
废钢预热比例/%	100	60	100
节电效果/kW·h·t^{-1}	40~50	25~30	80~100

六、辅助能源利用

现代电弧炉技术进展的另一特点是电能不再是熔化废钢的唯一能源。氧燃烧嘴、炭氧枪、二次燃烧等辅助能源喷吹技术形成电炉的燃烧控制中心，对电炉节能越来越起到重要作用；而引入辅助能源的关键是如何提高能量的有效利用率。手指竖井式电弧炉成功利用了炉内喷吹和余热回收技术，实现了能量最优控制。

（一）氧油烧嘴

传统交流电弧炉使用氧油烧嘴主要用于3个固定冷区，以实现炉料均匀熔化。直流电弧炉为使废钢包围单根电极，实现长弧操作，一般不宜使用烧嘴。此外，烧嘴还用于熔化炉门区废钢，便于炭氧枪提前吹氧助熔和造泡沫渣。

竖井式电弧炉内，废钢布料侧重于竖井侧，在竖井侧布置氧油烧嘴，依靠烧嘴与电弧供电的合理匹配，实现废钢均衡熔化，同时可避免废钢塌料。烧嘴使用效率一方面取决于废钢温度与受热面积，熔化初期或废钢温度和受热面积大，烧嘴效率可达80%；另一方面，烧嘴完全燃烧取决于在不同时间温度阶段合适氧油比例；竖井式电弧炉废钢受热面积大，为提高烧嘴能量利用率创造了极为有利的条件。

（二）二次燃烧

对任何炉型电弧炉，均发生如下反应：

$$2C + O_2 \xrightarrow{\quad\quad} 2CO \quad\text{——} 2.85kW \cdot h/kg \tag{7-1}$$

$$2CO + O_2 \xrightarrow{\quad\quad} 2CO_2 \quad\text{——} 6.55kW \cdot h/kg \tag{7-2}$$

可以看出，化学能的充分利用主要取决于反应式（7-2）CO的二次完全燃烧反应。但对传统电弧炉，炉内二次燃烧受到如下条件的限制：

（1）由于炉内温度较高，在有铁存在下，产物CO_2不稳定，主要是铁的氧化；

（2）二次燃烧反应发生在炉内熔池液面上，燃烧产物CO_2在炉内与电极反应导致电极消耗增加；

（3）传统电炉中废气流速很大，反应气体在炉内停留时间很短，反应热量大部分随炉气排出，甚至二次燃烧反应发生在燃烧室或水冷烟道，不仅造成能源浪费，增加了除尘系统负担且控制困难。

手指竖井式电弧炉对系统二次燃烧极其有利。由竖炉手指风机吹入空气，使竖炉内CO燃烧反应自竖炉底部开始进行。根据输入电能功率和工艺情况控制风机转速，提高了二次燃烧率，并控制竖炉出口CO含量低于安全值。

竖炉内二次燃烧反应产生的CO_2气流在废钢料柱间以较低流速形成逆向流动，反应产生的能量有较长时间传给废钢，从而大大提高了二次燃烧的能量回收率。

二次燃烧反应在温度相对较低的竖炉内完成，而炉膛内CO_2含量较低，避免了CO_2与电极间发生反应导致电极消耗的增加，同时避免了传统电炉二次燃烧反应造成的铁损增加。

（三）炉内供氧

电炉供氧带来的节能效果是通过C、Fe氧化放热来实现的。炉内氧化反应促进了熔池搅拌和温度成分均匀化，为炉中各种冶金反应提供了动力学条件；同时采用炭氧枪造泡沫渣对保护炉衬、稳定长电弧、增加热效率起重要作用。一般电弧炉氧气用量为 $28 \sim 35m^3/t$，超过此量则带来钢水收得率的明显损失。

竖井式电弧炉供氧除氧油烧嘴和炭氧枪用氧外，为确保二次燃烧效果和安全环保要求，竖炉系统设置辅助风机。手指风机吹入空气，使竖炉内废气中CO充分二次燃烧预热废钢，并控制竖炉出口CO含量低于安全值。竖炉出口辅助稀释风机促使废气中CO在燃烧室进一步燃烧，并控制废气氧含量高于特定值。另外，基于环保要求，利用辅助风机和二次燃烧烧嘴实现废气成分、温度自动调节和监控。

（四）国内运行情况

于1999年11月18日投产的安钢100t手指竖井式电弧炉设计采用超高功率供电、35%热装铁水、100%废钢预热、辅助能源优化利用等先进技术，与同期建设的炉外精炼、板坯连铸机和已建成投产的2800中板轧机形成了一条完善的短流程生产线。在设备设计上，充分考虑了现代电炉先进的技术成果，对竖炉系统、RBT出钢、兑铁水方式、水冷炉壁、氧油烧嘴、水冷炭氧枪、石灰喷吹、短网设计、电极系统、自动控制及除尘系统等方面单元设计方案均进行了优化选择。电炉主体技术装备达到20世纪90年代国际先进水平。

基于电炉炼钢的原料条件、钢质量、钢成本等多方面的考虑，安钢100t竖井式电弧炉炼钢原料结构常规采用65%废钢和35%铁水。100%废钢（含生铁）和65%废钢+35%铁水两种工艺条件下连续6炉实际生产测试结果见表7-5。

表7-5　安钢100t手指竖井式电弧炉实际运行结果

项　　目	100%废钢		65%废钢+35%铁水	
	设计值	测试值	设计值	测试值
统计炉数/炉	6		6	
废钢装入量/t	108.7	109.5	70.7	73.5
铁水装入量/t	0	0	36.4	35.4

项　　目	100% 废钢		65% 废钢 + 35% 铁水	
	设计值	测试值	设计值	测试值
出钢量/t	100.0	95.0	100.0	101.1
通电时间/min	44.0	44.3	36.0	32.0
电耗/kW·h·t^{-1}	320.0	315.0	220.0	209.2
电极消耗/kg·t^{-1}	1.60	1.54	1.10	1.14
耗氧量/m^3·t^{-1}	32.0	34.0	35.0	36.5
耗油量/kg·t^{-1}	6.0	6.4	5.0	5.6
钢中氮含量/%	80.0×10^{-4}	50.3×10^{-4}	60.0×10^{-4}	48.3×10^{-4}
变压器容量/MV·A	72			
二次电压/V	550~990			
二次电压级数/级	12			
电极直径/mm	610			
最大炉容量/t	125			
留钢量/t	25			
氧枪氧流量/m^3·h^{-1}	3000~5500			
氧枪炭粉流量/kg·min^{-1}	5~50			
氧油烧嘴/MW	5×3.0			
油耗/L·t^{-1}	6~7			
冶炼周期/min	41			
平均冶炼电耗/kW·h·t^{-1}				222

从表 7 - 5 可以看出，两种工艺条件下的冶炼电耗、电极消耗、通电时间及相关指标均基本达到或超过设计水平；该指标与国内同类电炉相比，具有较大优势。同时，电炉主原料高配碳工艺（热装铁水或生铁），保证了冶炼过程较大脱碳速度，从而控制钢中氮含量达到较低水平，这将对电炉流程钢品种开发具有重要意义。

七、双电极竖井式直流电弧炉

（一）结构形式

建立在几种成功的废钢预热技术诸如 Consteel 电炉、Fuchs 竖炉和最佳节能炉的基础上，日本石川岛播磨重工研制了又一种建立在双电极直流技术基础上的竖炉预热炉——IHI 炉，如图 7 - 4 所示。

第一座 IHI 工业设备，是在日本东京钢公司的宇都宫厂投产。这种直流炉是椭圆形的，采用两支石墨电极和两支由导电的炉膛砖组成的炉底电极（按 ABB 工业公司的直流炉设计）。有两个单独控制的直流电源，供电母线的布置，要使两个电弧都向炉子中心偏移。这样，电弧的能量就会集中在中心，与普通炉子相比，炉壁的热负荷是低的。因此，可采用耐火材料炉壁代替水冷炉壁，因而可减少热损失。废钢从电极之间加入炉中。该炉子容量达到 250t（留钢 110t，出钢量 140t），因此能够保持均匀的操作条件（与 Consteel

概念相似）。钢水定期地通过炉子的炉底出钢口排出。

第二座炉子已在东京钢公司的高松厂投产，出钢量为66t（留钢54t）。该炉仅采用一支石墨电极。废钢加料系统由两个主要部分组成：预热室和装料设备。废钢从受料斗装入到预热室的上部。从炉子来的废气向上流经预热室，将废钢预热。在中间试验设备上，废钢预热温度达到800℃之高。从预热室出来的废气出口温度为200℃之低。在预热室的底部设有两排推料杆。推料杆可使废钢均匀地加入炉中。废气离开预热室顶部，流入袋式滤尘器。一部分废气返回到炉中，用来调节进入预热室的进口废气温度。该炉节电30%，提高生产率30%左右。

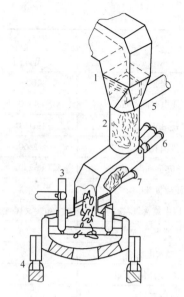

图7-4 日本IHI电弧炉机械结构示意图
1—料斗；2—预热炉；3—电极；4—电炉底座；
5—排烟管道；6—上推料机；7—下推料机

（二）IHI炉的操作

废钢连续地喂入IHI炉，直到达到要求的熔池质量为止。接着是为出钢做准备的短时间的精炼或加热期。在整个熔炼期间，电力输入几乎是均匀的。绝大部分的炉子操作将是全自动的。根据预热室中的废钢高度，向预热室中装入废钢也将是全自动的。炭和氧的喷射，将根据泡沫渣的深度进行控制。这种设计的每吨钢水预计消耗指标为：电耗260kW·h/t；吹炭25kg/t；吹氧（标态）30m³/t。

（三）IHI炉设计的优点

与普通直流电弧炉操作比较，电力消耗降低30%，生产率提高40%。此外，由于供电系统和煤气净化设备较小，因此投资费用较低。

表7-6为石川岛播磨重工根据理论计算及中间试验厂预热装置试验，预计的热平衡。

表7-6 石川岛播磨重工根据理论计算的热平衡 (kW·h/t)

输　　入		输　　出	
电　力	260	钢	387
炭燃烧	218	渣	39
小　计	478	炉子损失	42
化学反应	112	电损失	30
废钢预热	138	废　气	238
其　他	8		
合　计	736	合　计	736

技术经济指标见表7-7。

表7-7 技术经济指标

技 术 参 数	宇都宫厂	高松厂
出钢至出钢时间/min	60	45
通电时间/min	55	40
每吨钢水电耗/kW·h	260	260
每吨钢水电极消耗/kg	1.1	1.1
每吨钢水氧耗（标态）/m³	31	29
每吨钢水炭耗/kg	30	28

第三节 转炉型炼钢电弧炉

德马格公司综合了转炉和电弧炉的功能而开发了转炉型电弧炉（也称"转弧炉"），如图7-5所示。其主要的技术特征是在电弧炉内大量使用铁水，以优化能量的回收和最大限度提高电弧炉的生产率。电弧炉内使用的铁水量受最大供氧量和电弧炉的内型尺寸限制。其基本思想是在电弧炉的一个炉体内用氧枪吹氧进行脱碳，而在另一炉体内则用电弧进行废钢的熔化。它由以下部件组成：两套炉壳，一套可用于两套炉体的可旋转的电极系统，一套可供两套炉体的电弧炉变压器，一套可供两套炉体的可旋转的顶吹氧枪系统。炉体的形状类似于转炉，与传统的电弧炉炉体相比，其炉体耐火材料内衬要砌筑得更高。在运行时，一炉内按转炉模式用顶枪进行操作，而另一炉内则按电弧炉模式进行操作。冶炼到半个冶炼周期后，旋转顶枪与电极系统对调，因而两炉体的冶炼模式对调。两种模式——"电弧炉"和"氧气顶吹转炉"，在同一炉体内彼此紧挨着地完成一炉钢的冶炼。两个炉体的出钢是交替完成的。

工业生产用转炉电弧炉已于1997年在印度伊斯帕特有限公司投产（2台）。使用铁水（约50%）、废钢、直接还原铁（DRI）和生铁，出钢量为180t。当使用铁水和DRI时，其电耗低于200kW·h/t。图7-5为该炉的主要结构形式。

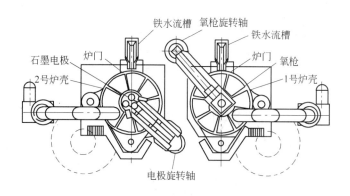

图7-5 德马格公司的转炉电弧炉

1998年也有一台转炉电弧炉在南非萨尔德赫纳钢厂建成投产，它使用45%铁水和55% DRI。铁水加入一个炉体内，并用顶氧枪脱碳，同时加入DRI以回收脱碳期间产生的热量。一旦脱到目标碳量，则提枪并旋入电极进行电弧熔炼，同时加入DRI以平衡炉子的热量。在转炉型电弧炉吹氧脱碳期间产生大量的热，因此，此间必须加入 DRI 以回收能量，并可起到防止因过热而造成对炉衬的侵蚀。

这 3 台转炉电弧炉后都有薄板坯连铸机，这是选择转炉电弧炉的重要原因。该炉型除具有优化炉料配比带来经济上的利益外，更具有很高的生产率和对原料的适应性。使用铁水作为"纯净"的炉料，可满足对钢的各种质量要求，且可根据废钢及其他原料的变化相应地调整炉料配比和固体炉料与铁水比。

把传统的转炉工艺和电炉工艺相结合应用于双炉座作业，于是就产生了新型的转炉—电炉式双壳炉。这一新炉型是德国德马格公司首先推出的。

炉子只配一套电弧加热装置，但可轮流旋转到两个炉壳上使用；同样也只有一套顶吹氧枪系统，可轮流旋转到两个炉壳上使用。

工艺过程要分为两个阶段：

（1）转炉工艺用顶吹式氧枪对铁水进行脱碳；

（2）电炉工艺用于冷料（废钢或海绵铁）的熔化和过热铁水，使其达到出钢温度。

操作程序为先向"留钢"兑入铁水，即前炉留下的少量留钢，随即插入顶吹氧枪，氧气在到达枪位之前已经打开。在转炉阶段，熔池内的碳、硅、锰、磷元素含量已经减少，此为放热反应，产生热量。在吹氧过程中加入冷料如废钢或海绵铁可利用这部分热能并防止铁水过热。

脱碳反应完成之后，旋开顶枪，并旋入电极，开始电炉阶段的作业。在电炉阶段，加入剩余的固体料如废钢或海绵铁，直至达到所要求的出钢量，再提高钢水温度到要求值，即可向钢水包出钢。

转炉—电炉双壳式作业有两个显著的特点：一是入炉原料的灵活性，用户可按当地可能提供的原料和能源以其价格来合理配料，以降低生产成本；二是可提高成品钢的质量，因为在传统用废钢作炉料的电炉作业中，废钢中不可避免地带入一些残余元素，例如铜，但却不可能在炼钢工艺中去除，而在转炉—电炉作业中，可用部分由矿石直接提炼的原料，例如海绵铁和铁水，大大提高了原料的纯净度，从而可提高成品钢的质量。

ABB 公司也开发了转炉电弧炉。它也由两个类似于转炉的炉体组成，如图 7-6 所示。它能在废钢、DRI、HBI、生铁、铁水等原料不同比例配比的条件下操作，适应性很强。

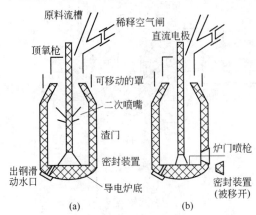

图 7-6　ABB 公司的 Arcon 转炉电弧炉
（a）转炉操作；（b）直流电弧炉操作

两个炉体交替执行转炉和电弧炉的功能。转炉模式时，炉壁操作孔关闭，用炉顶氧枪冶炼。电弧炉模式时（直流供电），则打开炉壁操作孔，从炉门插入喷枪进行传统的直流电弧炉操作，采用 ABB 公司开发的导电炉底。

第四节　环保型高效电弧炉

为适应今后以强化环保的需要，日本 NKK 公司从 1997 年开始了新一代环保型高效电弧炉的开发。这种电弧炉的电耗低于 200kW·h/t（目标值是 150kW·h/t）。此次，通过 5t 试验炉的验证，成功地开发出一种新的环保型高效电弧炉（ECOARC），如图 7-7 所示。

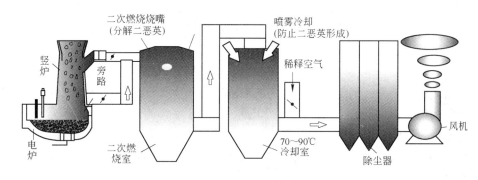

图 7-7　新的环保型高效电弧炉

一、结构形式及其操作概况

ECOARC 由熔化室和与熔化室连接在一起的预热竖炉所构成。由于熔化室和预热竖炉是完全连接在一起的，且预热竖炉和熔化室一起倾动，因此空气不会从连接处侵入竖炉。另外，熔化室周围空气的侵入也极少，整个炉子呈半密闭结构。熔化室吹入焦炭和氧作为辅助热源，竖炉下部装有吹氧装置，用于废钢加速熔化。另外，废钢采用连续式或间歇式方法从预热竖炉上部装入竖炉内。而且，炉内产生的烟气出预热竖炉后，经烟气燃烧塔、急冷塔和除尘装置除尘后再放散。

废钢的熔化操作开始熔化时以外，一般熔池都是平稳的，从熔化室到预热竖炉的废钢都是处于连续保有的状态。在熔化过程中，被预热的废钢在熔化室内进行熔化时，竖炉内的废钢量会减少，因此采用连续式或间歇式方法从竖炉上部装入新废钢，使熔化室和预热竖炉一直处于连续有废钢的状态中。在熔化过程中，由于钢水和未熔化废钢在熔化室内共存，因此钢水温度低，为 1500~1530℃。基于此，当一炉的废钢熔化完毕时，在熔化室和预热竖炉连续保有废钢的状态下，将炉子向出钢口侧倾动，进入升温期。在升温期，由于炉子的倾动，熔化室内的钢水与未熔化废钢的接触面积减少，钢水的温度升至 1600℃，升温后，留下热金属，然后将炉子摇到水平，再开始下一炉的熔炼。

二、ECOARC 的特征

ECOARC 将熔化室与预热竖炉直接连接，并在熔化室和预热竖炉连续保有废钢的状态下进行熔化，其特征和优点如下：

（1）由于吹入熔化室的氧和焦炭所发生的 CO 和 CO_2 气体会与竖炉下方熔化室内的废钢瞬时接触进行热交换，因此热效率极高。在熔化速度为 150t/h、竖炉高度为 6.7m、使用的氧量（标态）为 $33m^3/t$ 和竖炉内烟气的氧气度（$CO_2/(CO + CO_2)$）为 0.7 的条件下，预热温度为 850℃、电耗为 210kW·h/t。如果采用前述的其他预热方式，由于用烟气预热的废钢远离熔化室，因此在烟气到达废钢之前，烟气的显热就已损失了，结果电耗达到了 270kW·h/t。

（2）由于熔化室和预热竖炉是直接连接的，因此将废钢从预热竖炉装入熔化室的钩爪或推料杆等硬件设备可以省去。这样，可以增加氧的使用量，进一步提高废钢的预热温度。例如，在氧量（标态）为 $45m^3/t$ 的情况下，预热温度可超过 1000℃，电耗有望降为 150kW·h/t。如果采用前述的其他预热方式，由于烟气预热的废钢远离熔化室，因此将废钢装入熔化室的硬件设备则不可少，这样，由于氧量增大后的热负荷有可能使废钢装料系统发生热变形等，因此使用的氧量受限制。

（3）由于熔化室和预热竖炉是直接连接的，因此竖炉内的空气侵入极少。另外，由于整个炉子为半密闭结构，因此炉内气氛中的氧浓度可确保低于 5%，废钢在预热竖炉内不会出现氧化问题。如果氧浓度低于 5%，即使预热温度为 1000℃，也几乎不会发生废钢氧化。如果采用前述的其他预热方式，由于熔化室与预热室分离，是单独倾动的，因此熔化室和预热室之间必然存在间隙，空气会由此侵入，使预热室内的氧化度接近 1，氧浓度也有可能超过 10%。

采用 ECOARC 可以抑制空气的侵入，总烟气量是以往电弧炉的 1/3 ~ 1/4，因此烟气内的氧化度可保证在 0.6 ~ 0.7，大约 30% 的未燃 CO 经设置在炉下部的燃烧塔的燃烧，可使预热温度超过 900℃，是防止白烟、恶臭等二恶英产生的有效措施。由于排出烟气量少，因此仅用大约 30% 的未燃 CO 就完全能使预热温度达到 900℃。

（4）由于能对竖炉内废钢层的粉尘进行有效清除，因此炉内产生的粉尘量有望减少。由于是半密闭操作，因此有望得到低氮含量的钢水。

（5）由于熔池操作平稳，因此有望降低噪声，减少闪烁。

（6）为适应强化环保的需要，日本 NKK 公司成功地开发出了具有划时代意义的 ECO-ARC。这种电弧炉能大大降低电耗，这是以往电弧炉无法做到的。ECOARC 是将熔化室与预热竖炉连接在一起，并在熔化室和预热竖炉连续预热、熔化。通过 5t 规模试验炉的确认试验，在实机上取得了电耗为 150kW·h/t 的效果，同时取得了实机应用所需的数据。

第三篇

电弧炉的机械设备与设计

第八章　炼钢电弧炉的总体设计

炼钢电弧炉是短流程炼钢厂的龙头设备，炼钢电弧炉的设计直接影响到炼钢生产的操作、维护、技术经济指标等一系列问题。如果炼钢电弧炉设计得不符合工艺要求或不利于操作，一旦投产就很难进行改动，有的根本就无法改动，所以对于电弧炉工艺、设计人员必须给予高度重视。

炼钢电弧炉机械设备主要由炉体装配、炉盖、倾炉机构、炉盖提升机构、炉盖旋转机构、电极升降机构、水冷系统、气动系统、液压系统、润滑系统等组成。

炼钢电弧炉的机械设计是在电炉的炉型、容量、冶炼品种、变压器额定容量、变压器二次侧电压等级与数值、变压器二次侧额定电流等基本工艺技术参数都已确定后进行的。新设计的电弧炉应操作方便，机械化、自动化程度高，使用寿命长，维修量少，环境污染小；并具有较高的生产率，电能、耐火材料和电极消耗低，满足用户多种冶炼时冶金反应的要求。

在电炉的总体设计时，在尊重用户的意见基础上，根据用户的产品、产量、冶炼工艺等的实际情况，综合考虑各种炉型的优缺点进行设计，力争较好地完成总体设计。

第一节　电弧炉设备的初步设计

电弧炉设备的初步设计，是在已经和用户通过技术交流后，需要进一步深入进行的工作。根据用户提供了电弧炉设计所必须具备的资料（如所选炉型、出钢方式、平均出钢量、冶炼周期、原料情况、供电情况、冶炼工艺等）进行初步设计。目前，电弧炉炉型主要有两种，即整体基础式和基础分体式。图 8 - 1 所示为常用的一种整体基础式电弧炉机械结构图，图 8 - 2 所示为常用的一种基础分体式电弧炉机械结构图。

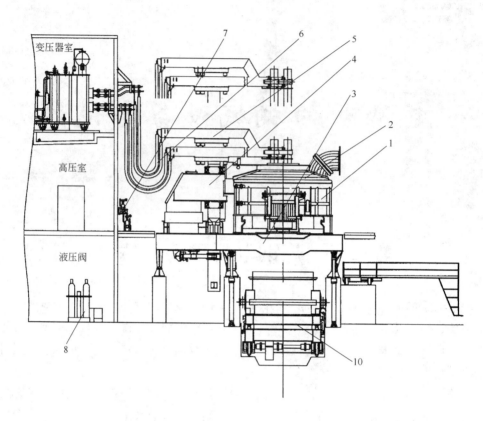

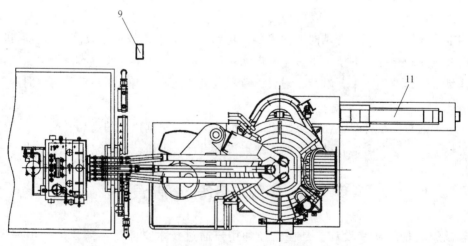

图 8-1 整体基础式电弧炉

1—炉体装配；2—炉盖装配；3—倾动机构；4—炉盖提升旋转机构；5—电极升降机构；6—短网；
7—水冷系统；8—液压系统；9—气动系统；10—出钢车；11—出钢口维修平台

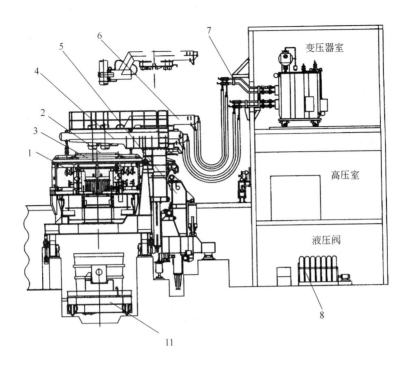

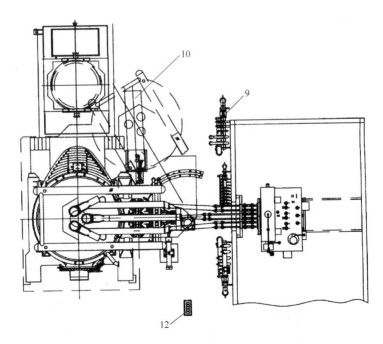

图 8 - 2　基础分体式电弧炉

1—倾动机构；2—炉体装配；3—炉盖装配；4—炉盖吊臂；5—炉盖提升旋转机构；6—电极升降机构；
7—短网；8—液压系统；9—水冷系统；10—出钢口维修平台；11—出钢车；12—气动系统

一、主要工艺、技术参数设计的内容

（1）确定炉壳内径（详见炉体装配设计）；

（2）确定变压器功率、二次侧电压等级、二次侧额定电流（详见变压器参数设计）；

（3）确定电极直径与其分布圆直径（详见炉体装配设计）；

（4）确定电极行程（详见电极升降机构设计）；

（5）确定倾炉角度（详见倾炉机构设计）；

（6）确定炉盖提升高度（详见炉盖提升机构设计）；

（7）确定炉盖旋转角度（详见炉盖旋转机构设计）；

（8）确定电炉需要的水、电、气等介质参数（详见水冷系统与气动系统设计）；

（9）其他需要确定的参数。

二、工艺布置图设计

（一）工艺布置图设计的首要条件

工艺布置图设计是根据用户所提供的炼钢车间电弧炉安装位置的平面图、柱距图、立面图、天车轨面标高、天车最大起吊重量、天车吊钩最大起吊高度及其极限位置、电炉出钢方向、变压器安装位置、高压电气室位置、低压控制室位置、液压间位置、水、电、气接点位置以及电炉附属设备的布置情况等，凡是工艺布置图设计所涉及的资料必须在用户提供齐全的情况下才能进行的。

（二）工艺布置图设计需要确定的内容

（1）确定电炉在车间的安装位置；

（2）确定电炉中心线距变压器墙距离；

（3）确定电炉操作平台高度；

（4）确定天车吊钩最大起吊高度；

（5）确定短网铜管（排）在变压器墙的出线方式、位置；

（6）确定出钢形式、出钢方向与出钢车轨道间距；

（7）确定变压器安装位置尺寸及变压器室空间尺寸；

（8）确定高压柜安装位置尺寸及高压柜室空间尺寸；

（9）确定操作室位置尺寸及操作室空间尺寸；

（10）确定液压设备安装位置尺寸及液压间空间尺寸；

（11）确定电炉操作平台的外形尺寸及其梯子、栏杆的设置；

（12）确定水、电、气接点位置等；

（13）考虑电炉附属设备安装位置，对电炉安装、操作的影响；

（14）确定出渣方式与空间尺寸；

（15）确定其他相关需要确定的事项等。

三、几种常见电弧炉工艺布置图

（一）国外某公司不同容量主轴旋转式交流电弧炉

不同容量交流电弧炉参考工艺布置如图 8 - 3 所示。

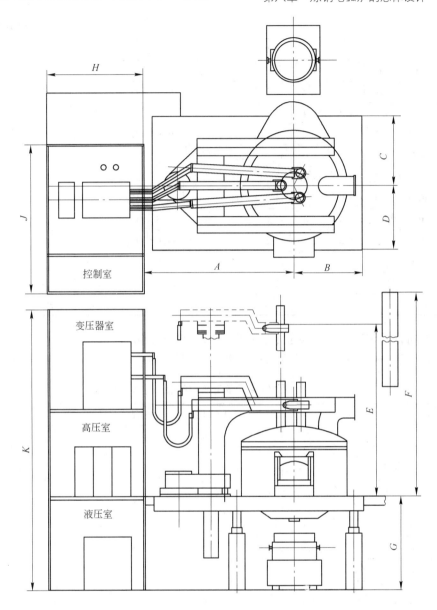

图 8 - 3 不同容量交流电弧炉工艺布置图（一）

图 8 - 3 所示电弧炉各部尺寸参考见表 8 - 1。

表 8 - 1 图 8 - 3 所示电弧炉各部尺寸参考表

电炉容量 /t	各部尺寸/m										天车吊重/t	
	A	B	C	D	E	F	G	H	J	K	钢包	料筐
10	6.2	3.5	7.0	4.0	7.1	8.3	5.1	7.0	8.5	12.1	20	15
15	6.4	3.5	7.3	4.5	7.8	9.0	5.3	7.5	9.0	12.8	25	20
20	7.3	4.3	3.6	2.9	8.4	9.9	5.5	8.5	10.0	13.5	40	30
25	7.5	4.5	3.7	3.0	8.9	10.6	6.0	8.8	10.5	14.0	40	40

电炉容量 /t	各部尺寸/m										天车吊重/t	
	A	B	C	D	E	F	G	H	J	K	钢包	料筐
30	8.0	4.7	3.9	3.2	9.6	10.8	6.0	9.0	11.0	14.5	60	40
40	8.5	4.9	4.0	3.4	10.0	11.3	6.5	9.0	11.5	15.5	60	60
50	9.0	5.2	4.1	3.7	10.5	11.8	6.5	9.5	12.0	16.5	80	60
60	9.5	5.5	4.7	4.0	11.0	12.1	7.0	9.5	12.5	17.5	100	80
70	9.5	5.7	4.7	4.0	11.3	12.2	7.0	10.0	12.5	18.0	120	80
80	10.0	6.0	5.0	4.1	11.5	12.5	8.0	10.0	13.0	19.0	150	100
100	10.3	6.2	5.0	4.8	11.8	13.1	8.5	10.5	13.0	19.5	180	120
120	10.5	6.4	5.0	5.1	12.5	13.8	8.5	11.0	13.0	19.5	200	120
150	11.0	6.6	5.0	5.2	12.6	14.0	9.0	11.0	13.0	21.0	250	150
170	11.0	6.7	5.2	5.3	12.7	14.2	9.0	12.0	13.5	21.0	250	150
200	11.5	6.8	5.4	5.4	13.0	14.4	9.0	12.0	13.5	21.0	300	180

另一不同容量交流电弧炉参考工艺布置图如图 8 - 4 所示。

图 8 - 4 所示电弧炉各部尺寸参考见表 8 - 2 和表 8 - 3。

表 8 - 2　图 8 - 4 所示电弧炉各部尺寸参考表

内径/m	容量/t	炉子和变压器室主要尺寸/m							
		A	B	C	D	E	F	G	N
2.10	2	1.50	3.0	1.5	1.0	4.5 ~ 5.0	6.0	7.0	2.68
2.50	3	1.7	3.2	1.6	1.4	5.0 ~ 5.5	6.5	7.5	3.25
2.70	5	1.7	3.2	1.6	1.4	5.0 ~ 5.5	6.5	7.5	3.25
3.00	8	1.7	3.9	1.7	1.9	5.5 ~ 6.0	7.0	8.0	4.0
3.20	10	1.7	3.9	1.7	1.9	5.5 ~ 6.0	7.5	8.5	5.1
3.50	15	2.6	5.1	2.7	3.0	6.0 ~ 6.5	8.0	9.0	5.3
3.90	20	2.8	5.3	2.8	3.2	6.5 ~ 7.0	10.0	12.0	5.5
4.10	25	2.8	5.5	2.8	3.2	7.0 ~ 8.0	10.0	12.0	6.0
4.60	30	3.2	5.9	2.9	3.4	7.5 ~ 8.5	10.0	12.0	6.0
5.0	40	3.25	6.4	3.2	3.6	8.0 ~ 9.0	10.0	12.0	6.5
5.2	50	3.5	6.5	3.3	3.95	8.0 ~ 9.0	10.0	12.0	6.5
5.5	60	3.55	7.2	3.6	4.25	8.5 ~ 9.5	10.0	12.0	7.0
5.8	70	3.7	7.2	3.8	4.45	9.0 ~ 10.0	10.0	12.0	7.0
6.1	80	3.9	7.4	4.0	4.65	9.5 ~ 10.0	11.0	12.0	8.0
6.3	100	4.1	7.5	4.1	4.75	10.0 ~ 10.5	11.0	12.0	8.5
6.8	125	4.3	7.6	4.2	4.85	10.0 ~ 11.0	11.0	12.0	8.5
7.6	200	4.5	8.5	4.5	5.45	10.5 ~ 12.0	12.0	13.0	9.0

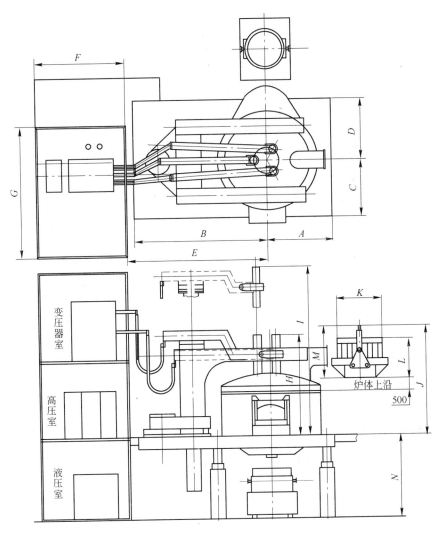

图8-4　不同容量交流电弧炉工艺布置图（二）

表8-3　图8-4所示电弧炉各部尺寸与天车、料篮参考表

内径 /m	炉子和变压器室 主要尺寸/m			料篮/m				天车/t					
								浇注		装料		炉体吊装（含炉衬）	
	H	I	J	容积/m³	K	L	M	主	副	主	副	下炉体	整体
2.10	8.20	9.3	5.4	2	1.25	2.35	3.05	5	2	5	3	上下一体	9
2.50	8.28	9.37	5.91	4	1.5	2.55	3.45	7.5	2.5	8	3	上下一体	18
2.70	8.32	9.4	6.27	5	1.7	2.75	3.7	10	3	10	4	上下一体	21
3.00	8.37	9.54	6.43	7	2.0	2.75	3.85	20	7.5	12.5	5	上下一体	24
3.20	8.39	9.7	6.94	10	2.25	2.9	4.3	20	7.5	16	7.5	上下一体	28
3.50	8.4	9.98	7.35	14	2.5	3.2	4.6	30	10	25	7.5	上下一体	44

续表 8 – 3

内径/m	炉子和变压器室主要尺寸/m			料篮/m				天车/t					
								浇注		装料		炉体吊装(含炉衬)	
	H	I	J	容积/m³	K	L	M	主	副	主	副	下炉体	整体
3.90	8.51	10.1	7.6	16	2.65	3.25	4.75	40	15	31.5	10		50
4.10	8.3	10.1	7.91	19	2.85	3.4	5.0	50	15	31.5	10	46	53
4.20	8.6	10.4	8.02	20.7	2.85	3.4	5.0	52	16	33	11	48	55
4.30	9.0	10.7	8.13	21.5	2.9	3.45	5.1	54	17	35	12	60	65
4.60	9.94	11.8	8.48	23	3.0	3.55	5.4	60	20	40	15	81	96
5.0	9.94	11.9	8.81	29	3.4	3.7	5.65	80	20	50	20	92	106
5.2	9.99	11.9	9.1	35	3.7	3.8	5.9	100	30	63	25	99	120
5.5	10.0	12.0	9.51	41	3.95	3.95	6.2	120	30	80	25	108	125
5.8	10.1	12.1	9.87	47	4.2	4.05	6.45	150	40	80	30	128	153
6.1	10.1	12.2	10.18	55	4.5	4.2	6.65	150	40	100	40	150	180
6.3	11.0	13.3	10.7	63	4.6	4.35	7.0	200	50	125	50	170	205
6.5	11.2	13.3	10.7	68	4.7	4.37	7.1	200	50	125	50	185	222
6.8	11.4	13.5	10.9	72	5.0	4.4	7.3	200	50	125	50	240	300
7.6	12.1	14.4	11.79	100	5.6	4.7	8.15	300	80	160	60		

（二）转盘轴承旋转式不同容量交流电弧炉

整体基础转盘轴承旋转式不同容量交流电弧炉参考工艺布置图如图 8 – 5 所示。

表 8 – 4 图 8 – 5 所示电弧炉各部尺寸参考表

炉壳内径/m	各部尺寸/m									
	A	B	C	D	E	F	G	H	J	K
5.0	10.00	3.20	2.23	3.30	8.48	12.03	5.80	9.00	12.00	17.00
5.2	10.00	3.35	2.40	3.45	8.90	12.20	5.80	10.00	12.00	18.00
5.5	10.65	3.70	2.70	3.55	9.50	12.50	6.00	11.50	12.50	19.00
5.6	10.80	3.80	2.80	3.60	9.80	12.60	6.00	12.00	12.50	19.00
5.8	11.00	4.00	3.00	3.73	10.20	12.80	6.00	12.50	12.50	20.00
6.0	11.20	4.00	3.05	3.75	10.40	13.40	6.30	12.65	12.65	20.50
6.2	11.20	4.00	3.05	3.75	10.60	14.00	6.60	12.80	12.80	21.00
6.5	11.50	4.05	3.10	3.80	10.87	14.85	7.00	13.00	13.00	21.30
6.7	11.80	4.30	3.35	4.1	11.50	15.50	7.50	13.00	13.00	21.50
6.8	12.00	4.45	3.50	4.20	12.00	16.00	8.00	13.00	13.00	21.50

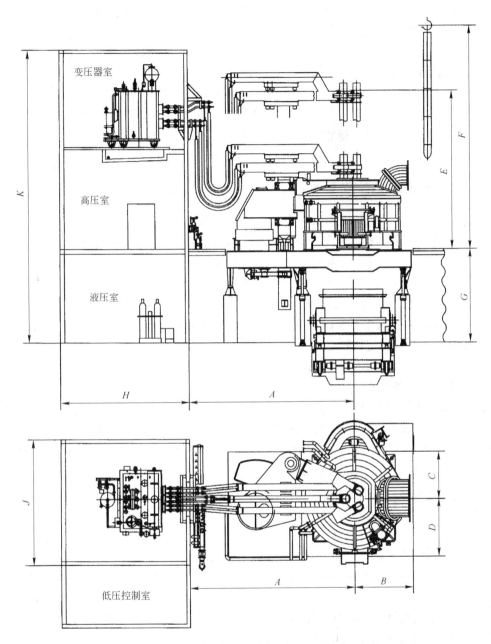

图 8-5 整体基础转盘轴承旋转式不同容量交流电弧炉参考工艺布置图

第二节 电弧炉工艺布置主要尺寸的确定

一、电弧炉对主厂房建筑及安全设施的要求

电弧炉车间主厂房是高温及重型吊车作业的厂房建筑，主厂房要求通风散热良好，宜采用钢结构厂房。厂房屋面应考虑风、雨、雪、灰等动静负荷，并应有较好的清灰条件。

主厂房各跨吊车两侧与山墙处应设置贯通的安全走道，并在合适高度配置能连通各跨间和主要操作平台的参观走道。各跨厂房屋架上应适当配置吊车检修设备。在电炉、精炼炉、浇注处等热源点上应设置气楼。设计炉子跨的门洞尺寸时应考虑便于废钢料篮、炉壳、变压器等大型设备的吊运通过。

车间地坪采用混凝土地坪，但出坯（出锭）跨宜采用碎石铺盖的形式。

电弧炉和连铸机钢包回转台上空的吊车梁、出钢口及渣门附近的平台梁、炉下出钢线、出渣线上空的平台梁及相邻的平台柱，凡车间内靠近热源的土建结构与建筑物，均应采取隔热防护措施。

二、电弧炉布置方式与位置的确定

确定电炉布置方式与位置需要以下几个主要参数：

（1）电弧炉布置方式的确定。电弧炉在车间布置方式是指电弧炉在车间是纵向布置方式还是横向布置方式。这一点在同用户技术交流时已经基本确定，根据用户要求和车间实际情况进行初步布置，并对有异议之处及时与用户沟通，商榷解决的办法和是否改变电弧炉在车间的布置方式。

（2）电弧炉位置及主要参数的确定。在电弧炉布置方式确定以后，就该确定电弧炉在车间的安装位置。其确定原则是：

1）电炉布置应靠近加料跨一侧，以缩短向电弧炉上加料的距离，缩短冶炼的辅助时间，以利于减少设备投资和提高生产效率。

2）根据电弧炉结构要求，确定电弧炉炉体中心到柱子纵向行列线之间的距离。

3）对于炉盖旋开加料电弧炉，根据炉盖旋开最大角度，校核炉盖最外侧、电缆及其他部位到墙、柱的最短距离，应保证炉盖旋开最大角度时，电炉所有运动部件不与墙、柱相碰，并留有检修、安全等必要的距离。

4）校核吊车吊钩极限位置，保证吊车在安装、检修电弧炉时都能顺利进行安装与拆卸。特别是要注意不能将电炉安装在车间两跨度中间的梁柱下，使电炉无法进行安装和检修。

5）一般做法是将电炉炉体中心布置在两柱距连线的垂直中心线附近。

6）变压器墙在靠近炉体一侧的墙体平面，尽量和柱子成一个平面，使短网做得更短一些。

7）操作平台高度是确定电炉操作高度的主要参数，操作平台高度确定以后，变压器室外顶棚高度、电炉的横臂与电极最高点以及吊装电极、料筐时的最高天车吊钩高度便可随之确定。

8）兼顾电弧炉附属设备的有利安装与维修。特别是对带有散装料加料装置的电弧炉，因其加料装置所占空间较大且高度较高，对于电弧炉整体布置影响较大，必须考虑周到细致。

（3）出钢车的确定。根据用户要求，已经知道出钢车是在线布置还是离线布置。在车间厂房高度允许的情况下，出钢车轨道上平面高度尽量要和车间地面保持一致。

出钢车高度尺寸是确定操作平台高度的依据。出钢车在装有钢包的情况下，钢包上口高度尺寸是确定操作平台高度的重要参数。相同容量的电弧炉，不同工艺流程（LF、VD、

VOD）所用钢包高度不同，操作平台高度就不会相同。

出钢车的电源电缆安装方式（滑线电缆、卷筒电缆等），要根据用户现场实际情况和用户意见进行选择。

（4）电炉操作平台高度的确定。平台的高度是以出钢车轨道上平面（通常为地平面）到钢包上口高度尺寸为平台高度设计的主要依据。通常操作平台与电炉倾动平台上平面为同一个水平面。

1）对于槽出钢的电炉，以出钢倾动最大角度时，出钢槽槽头最低位置到钢包上口距离 200～400mm 为宜，由此可确定出操作平台的高度。

2）对于偏心底出钢的电炉，以出钢倾动最大角度时，偏心区最外侧的最低位置到钢包上口距离 200～300mm 为宜，由此可确定出操作平台的高度。

3）对于新建厂房，通常采用高架式布置方式。一般是出钢车轨道上平面和地平面处在同一个水平面上，那么其操作平台相对就高一些。对于已有厂房，当厂房高度受到限制时，则采用半高架式较多，那么其操作平台相对就矮一些。

4）倾炉液压缸下部底座最好处于地平面以上，以利于倾炉液压缸的安装和维护。

5）对于已有厂房，要考虑到吊车吊钩的最大起吊高度应保证电炉操作与维护时的必要高度。

（5）电炉炉渣处理。通常电炉出渣有渣罐车和水抛渣出渣两种方式。

当电炉采用炉下电动渣罐车出渣方式时，应在主厂房附近设独立的中间渣场，根据地区气象条件可为露天栈桥或部分带房盖的栈桥进行翻渣、渣块破碎、废钢分选等作业。其内应设碎渣坑和小钩可带磁盘与抓斗的吊车，并有足够的面积存放渣罐、堆集废钢和转运炉渣。对于电炉出渣侧，对渣罐车的外形尺寸要清楚。应对装有渣罐（盘）的渣罐车接渣和运输留有足够的空间。

当电炉采用抱罐汽车出渣方式时，应在周围无建筑物区域设置堤坝式中间渣场。对炉渣做热泼处理，渣场中应设置轮换使用的热泼坑、喷水设施及下水通道、炉渣堆集与运输设施及分选废钢的电磁盘。当回收的炉渣需进一步破碎、磨细、分级、磁选时，一般不在中间渣场进行，应另行设置炉渣加工系统。

对于电炉出渣侧，通常要设置喷水装置和水流通道。对运渣车的外形尺寸、工作空间要清楚，留有足够的渣车操作空间。

三、变压器室的布置

变压器室布置在靠近电炉电极横臂尾部，进出变压器室的大门，最好开在正对炉子安装位置的外侧。这样可使变压器进出变压器室方便，有利于变压器的运输、安装和维护。

四、高压柜室的布置

根据电炉形式及用户要求不同，高压柜的数量不同。对于一次进线 6kV、10kV、35kV、110kV 的高压线来说，一般需要 2～5 面高压柜。高压柜的柜型都已标准化，并具有确定尺寸的柜型，如 KYN 柜型、JYN 柜型等。根据高压柜的进、出线布置方式，一般分为顶进、顶出线方式，顶进、底出线方式和底进、顶出线三种结构方式：

（1）顶进、顶出线方式即高压进线从高压柜的上顶面（或上部侧面）接入，出线也是从高压柜的上顶面（或上部侧面）接出。

（2）顶进、底出线方式即高压进线从高压柜的上顶面接入，出线是从高压柜的下底面接出。

（3）底进、顶出线方式即高压进线从高压柜的下底面接入，出线是从高压柜的上顶面接出。

采用哪一种接线方式，主要取决于用户高压柜室高压进线位置的实际情况与变压器（或电抗器）接线的合理性来决定，而没有固定的模式。

高压柜室的安装位置原则是离变压器室越近越好，这样做的好处是线路短，安装、维护方便。根据高压柜进出线方式的不同，其布置原则是：

（1）高压柜室和变压器室在同一楼层上，仅和变压器为一墙相隔；

（2）高压柜室在变压器室之上的楼层上；

（3）高压柜室在变压器室之下的楼层上；

（4）无论采用哪种布置方式，柜子都不能靠墙放置，都要和墙壁离开一定距离，以便于高压柜的安装、操作、观察和维护，特别是断路器更换所需的空间，一定要留足够的操作空间；

（5）高压室的开门方向要方便高压柜的搬运，开门大小要满足高压柜搬运空间尺寸；

（6）值得注意的是，高压柜最好不要和变压器同室，如果变压器和高压柜同处一室，其中一个设备出现事故，就有可能会对另一设备造成损坏。

五、低压控制室的布置

控制室是用来控制电炉冶炼操作的地方。用户电炉车间形状各不相同，控制室位置选择要根据用户实际情况选择，但控制室布置原则是一样的，应当把控制室安放在便于观察、操作电炉的地方，尽量不要离电炉太远。

六、液压间的布置

冶金设备的液压系统比较复杂，占地面积较大，一般都需要单独设置液压间。液压间的位置要求离电炉近一点为好，多数厂家都把液压间设在地平面上的变压器室的正下方。这样布置方式可以使液压系统管路短一些，也有利于布置管路的走向。

常见电炉布置方式如图 8-6 所示。

七、附属设备的布置

附属设备包括吹氧设备、出钢口维修平台、电极接长与存放装置、散装料加料装置、除尘设备、测温取样装置、炉衬修补设备等。在进行电炉布置时，要通盘考虑到它们之间相互关系。一切附属设施都要以电炉为核心，合理、有序地布置在电炉周围，又不能相互影响操作。

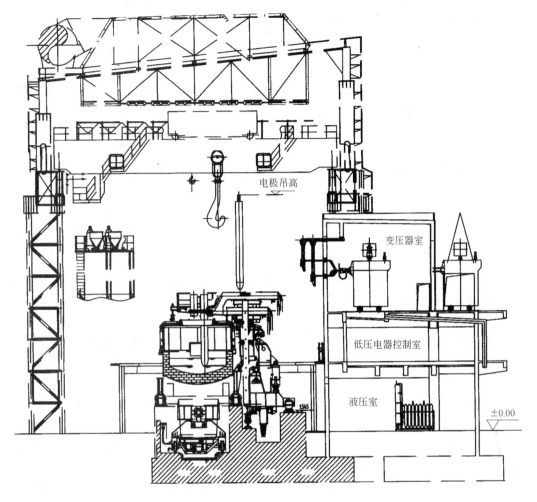

图 8-6 电炉操作平台、变压器室、高压室、低压电器控制室及液压室常见布置方式

第三节 电弧炉土建用资料设计要点

电弧炉土建用资料一般是指电弧炉平、立面布置图，设备基础图，操作平台电炉开口图，水、电、气等介质走向及在操作平台上需要的供应接点三维坐标图，变压器室空间尺寸及变压器布置图，高压室空间尺寸及高压柜布置与线路走向图，液压室空间尺寸及液压系统布置图，控制室空间尺寸及箱、柜布置图，附属设备布置图，设备基础预埋件图，介质用量参数等。

土建设计资料是在买卖双方设备订货合同签订后，卖方根据买方提供的电弧炉设备在车间安装工艺布置图及其他土建用资料后，需要向买方提供的第一批设计资料。一般买方对这部分资料的提供时间要求比较紧，甚至希望越快越好。在设计时要从整体上去综合考虑，该部分资料初步设计完成后交买方审查，经双方初步设计、审查、修改后，买方设计部门才能以此为依据进行土建施工用资料设计。

一、电弧炉基础图的设计要点

在电弧炉布置方式及安装位置确定以后，电炉安装基础就可以进一步进行实施设计了。

电弧炉基础是用来固定和支撑电弧炉设备所需要的设施。设计时在所提供的基础图中需要明确标明以下内容：

（1）用来固定设备的每一个基础点所用的地脚螺栓的规格、型号、尺寸、数量、埋入深度、露出基础面以上高度以及各螺栓三维坐标位置。

（2）标明每一个基础点在三维坐标下的受力大小与方向，特别是要留有可靠的安全系数。

（3）标明每一个基础点在三维坐标图上所占空间形状图。

（4）标明每一个基础点在三维坐标图上所需预埋管、板、线件走向及预埋件的材质规格、型号、数量等。

（5）在靠近高温区的炉子倾动平台底座基础内部要用耐火材料附面，以防止漏钢或高温烘烤对设备基础及操作平台等设施的损坏。

（6）标明预埋件提供方、施工单位等内容。

（7）标明其他附属设施基础及与电炉基础相关联的需要特别注明的其他事项等。

二、操作平台的设计要点

在电弧炉操作平台上布置的设备一般除有电炉本体和其控制台柜（炉前操作台、炉后操作台）外，还有电极接长存放装置、供氧装置、散装料、除尘设备等。为了布置这些设备并进行操作和维护，以便于进行冶炼操作、氧枪操作、散装料加入的操作、烟气净化设备的操作等，需要满足平台设置的原则：

（1）合理布置。由于电炉及其附属设备较多、占地面积较大，需要把平台上的所有设备进行精心的布置。不仅有利于操作，也要考虑相互不能影响。

（2）便于操作。从操作和维修的角度上考虑，平台设置尽可能大一些。具有整体性，可以方便地从炉前走到炉后（可以通过设置过桥）以及到达平台上面的各设备处。

（3）结构坚固稳定。操作平台要安装各种附属设备，为此要求操作平台坚固耐用。特别是安装在操作平台上的较重的设备，其设备的基础一定要和地面立柱的支撑连接在一起。另外，也经常在平台上临时放置一些较重物件，都要求操作平台的坚固及稳定性。

电炉操作平台一般有混凝土和钢平台两种结构。电炉工作平台设计的平均分布负荷为 $2 \sim 3 t/m^2$，并应尽可能采用钢结构平台。原料跨各层平台设计的平均分布负荷为 $0.5 \sim 0.8 t/m^2$。

（4）防止高温对操作平台的损害。电炉出钢、扒渣时，高温钢水与钢渣烘烤平台，对操作平台的损害极其严重。为此，对于处于高温区的操作平台的墙柱等要进行防高温损害处理。

（5）梯子栏杆的设置。为了上、下平台方便，在方便之处要安装上、下平台的梯子。一般平台的上、下梯子不是一个而是几个，主要是从安全、方便角度上考虑，可以从平台的几个方向上、下平台。从安全角度考虑，一旦发生事故时，在平台上的工作人员可以迅速撤离危险区域。另外，在平台周围的边缘处一定要设有栏杆，以防止在平台上的人员不慎从平台上滑落下来，发生人身伤亡事故。

（6）平台上的开口。对需要在平台上开口的地方，特别是电炉倾动平台开口处，其开口与设备之间的间隙不要过大，因为过大的开口间隙对平台上的人员安全不利。在保证不影响设备运转的前提下，间隙在 30～50mm 即可。在必须开大的地方，如旋转架的旋转开口处，要设置栏杆，以防止人员在不注意的情况下从平台上滑落而造成人员伤亡事故。

（7）平台上操作台柜的设置。冶金设备现场环境恶劣，当电炉冶炼时，即使人在对面大声呼叫，也可能听不到对方在说什么。为此，要把关键的操作阀门、按钮、仪表放在利于观看和操作之处。这样做的结果不仅有利于操作，而且在发生事故时能以最快的速度进行控制。

（8）附属设施的基础。安装在平台上的较重的附属设备（如散装料加料装置）的基础，其基础支撑要和地面基础连成一体，以增加其平台和基础的可靠性。

附属设备基础在平台上安装位置、基础以及基础的预埋件要和电炉主体设备一并考虑，一起提供给用户。这样才能使用户在做设备基础时考虑周到，也利于基础施工操作。

对于不在平台上布置的其他附属设施（如在隔跨布置的散装料加料装置）的单独操作平台与基础，随同电炉基础同时进行设计并和电炉主体设备的土建资料一起提供给用户。

三、变压器室设计要点

变压器安装在变压器室内，是电炉设备一个重要的组成部分。它与大电流线路连在一起，向电炉提供供电，是电炉短网的一部分。对变压器室设计有以下几点需要说明：

（1）既然变压器是电炉短网的一部分，那么，变压器距离电炉设备越近越好，常规做法都是在电极横臂尾部通过水冷电缆、导电铜管、补偿器与变压器相连。因变压器与短网安装和维护操作上的需要，变压器距离变压器墙一般要留有 800～1000mm 的空间。

（2）变压器室开门的位置设计，应从车间实际情况出发，要以变压器的安装、检修方便及吊运变压器有利去设计。在条件允许的情况下，一般变压器室门都开在正对变压器轨道，这样做的结果是，可以使变压器从变压器室外面吊放在变压器轨道上后，直接推运到安装位置。变压器门的大小，在保证变压器主体进出空间就可以了。但是，当厂房天车轨道过低，天车无法从变压器顶棚通过时，除非采用汽车吊，否则就不能把变压器室门开在正对炉子安装的外侧，而只有采用在变压器室的侧面开门。使变压器轨道和墙体平行布置，在变压器室外面设有变压器基础平台，并使之和变压器安装位置基础成一体，变压器轨道一直延长到变压器室的外面平台上。这样在安装变压器时，可以先把变压器吊运到变压器室的外面平台后，采用人工运输方法，将变压器安装到位。

（3）对于有的用户，变压器无法从门进出，而是先把变压器吊运到变压器室后砌门。安装、检修变压器要在变压器室制作活动顶棚；也有在变压器室顶梁上设置起重电葫芦或手动葫芦来安装、检修变压器。对于这样的用户，变压器门仅是供操作、检修人员进出用，这时门可以设计的小一些，但要保证变压器换油搬运油桶等操作的空间。

（4）合理确定变压器附件安装位置、冷却水管进出开孔位置，同样要考虑检修的方便。

（5）变压器及其附件安装位置要和变压器室的墙壁保持足够的安装、维修及安全距离。

（6）变压器进、出线在墙壁和板上的开口位置要得当。在提供土建资料时，一定要标明其具体尺寸与要求（例如，变压器室墙上短网开孔区 $2 \sim 4m^2$ 墙内的土建结构中不能有钢筋及铁磁材料存在，以防止因电磁感应而导致变压器功率的损耗和对土建结构寿命的影响），以及需要预埋件等要求。

（7）明确变压器轨道的材质、规格型号、安装位置、受力状况等要求。

（8）为了防止变压器油的泄漏，在变压器基础上设有集油槽、排油孔，以利于对变压器漏油的处理。

（9）变压器和高压柜之间的连线布置要尽量短，一般在变压器室设有隔离开关，检修变压器时需要把隔离开关断开。隔离开关的位置，要设在明显、操作安全、方便之处。

（10）变压器室要有足够的安装、检修空间，高度过低安装、检修就成了问题，为此要考虑周到。

（11）对于带有电抗器的电炉，电抗器和变压器可以同处一个房间内，并要合理布置两者的位置，不仅使两者连线短，还要使各自维护方便。

（12）变压器室要有足够的照明、通风等设施。

（13）其他需要说明事项。

四、高压柜室设计要点

高压柜室设计要点有以下几点：

（1）高压柜室尽可能单独设置，高压柜室和变压器室尽量靠近为好。一般变压器室和高压柜室做成上下两层或同层相邻仅一墙相隔。这样做不仅使两者线路短，而且便于维护。

（2）高压柜室开门的位置设计以方便为好，门的大小要保证高压柜搬运时进出空间。如果能在高压室开门或通过梯子直接通往变压器室，更方便于工作的需要。

（3）合理确定高压柜安装位置，不仅有利于观察仪表，同样要考虑检修的方便，即安装位置要和墙壁保持足够的安装、维修及安全距离。特别是在装有真空断路器的高压柜，一定要保证更换真空断路器手车所需要的空间。

（4）进、出线在墙壁和板上的开口位置要得当，进、出线的走线布置要合理，进线隔离开关便于操作。明确高压柜外形尺寸、规格型号、安装位置、受力状况等要求，在提供土建资料时，要将应该标明的尺寸与要求提供齐全。

（5）高压室要有足够的照明、通风、保温设施，并保持室内的清洁。这是各种仪表的使用及操作和维护上的需要。

（6）其他需要说明事项。

五、低压控制室设计要点

控制室内除装有低压柜以外，还有操作台的摆放，控制室设计要点有以下几点：

（1）控制室要单独设置，在条件允许的情况下，内部设有更衣间。控制室要设在便于观察、操作，视野开阔的位置，以便于控制人员对电炉冶炼的操作。

（2）控制室开门的位置以方便为好，门的大小要保证室内各种台、柜搬运时进出空间。

（3）合理确定低压台、柜安装位置，要考虑检修的方便，即安装位置要和墙壁保持足够的安装、维修及安全距离。操作台一定要放在最有利于操作的位置，以方便操作人员对电炉的操作。

（4）控制室地面要进行防静电处理，地板和地面高度一般在 300mm 左右。这样做的目的可以使控制线路从地板下面铺设电缆，同时也起到防止因产生静电而影响各种仪表控制精度。

（5）控制室是控制电炉设备操作的地方，需要对一切相关设备进行控制。为此控制连接线路较多，到达各相关设备线路分散，需要设置的线路支架、预埋管线较多，在需要设置线路支架、预埋管线的地方必须明确注明，进、出线在墙壁和板上的开口位置要得当。在提供土建资料时，一定要标明其具体尺寸与要求。

（6）明确低压柜、控制台的外形尺寸、规格型号、安装位置、受力状况等要求。

（7）电控室要有足够的照明、通风、保温设施，并保持电控室内的清洁。这是各种仪表的使用及操作和维护上的需要。

（8）总的装机容量等其他需要说明事项。

六、液压室设计要点

液压室内装有液压储液箱、蓄能器、泵站、阀台、冷却设备、电气控制柜等，液压室设计要点有以下几点：

（1）液压室要单独设置，一般都把它放在地平面一层变压器室的正下方位置。

（2）液压室开门的位置设计以方便为好，门的大小要保证室内各种设备搬运时进出空间。但也经常会有先把油箱等大件运到液压室后再砌门窗的。

（3）合理布置各种箱、柜、台安装位置，同样要考虑检修的方便，安装位置要和墙壁保持足够的安装、维修需要的空间，使操作维护方便，管路走向合理。在条件允许时，可在安装检修时需要搬动的较重部件的上方增设简易起吊设备。

（4）油箱下面要设置集油槽，以防止油箱漏油时便于收集。

（5）各种设备基础、相互安装位置要明确标明，预埋件、地脚螺栓材质、规格数量、埋入深度、留出高度、供方单位、施工单位等都要一一明确注明。

（6）进、出线管在墙壁、板上的开口位置要得当。在提供土建资料时，一定要标明其具体尺寸与要求。

（7）提供液压管道走向布置图，特别是需要在设备基础或墙壁上安装支架、开槽孔时，要明确标明其外形尺寸、安装位置等项要求。

（8）液压间的上下水要保持畅通，便于对地面油脂的洗刷。要保持液压间的清洁，防止灰尘等对油液、液压泵及阀块的污染。

（9）其他需要说明事项。

七、介质设计要点

介质包括液压系统用介质、冷却水、压缩空气、氧气、氩气、氮气等。在提供设计资料时，要明确以下几点：

（1）提供国家标准或行业标准对介质规定的有关参数。

（2）明确设备用介质的系统压力、流量、温度及用量和各工作点的压力、流量、温度及用量等。

（3）提供介质接点的空间坐标位置及需要预埋管件土建资料。

（4）如果对某一项介质有特殊要求时，一定要进行说明，提醒用户给予注意，以满足设备正常运行和安全性的要求。

（5）其他需要说明的事项。

八、附属设备基础设计要点

电炉的附属设备有出钢车、出渣车、供氧装置、电极接长存放装置、散装料加料系统、测温取样装置、出钢口维修装置、加料筐及平车、铁水加入装置以及排烟除尘设备等。由于用户情况不同，所配置的附属设备的多少、要求也不尽一样，只能根据用户实际情况和要求去确定附属设备的基础。但是，不论附属设备的多少，其设计要点有以下几点：

（1）在电炉周围合理布置附属设备的安装位置，要从安装位置合理及便于安装、操作、维护的角度考虑。

（2）在操作平台上安装的附属设备，要在提供设备平台上标明其安装基础位置、受力大小与方向以及预埋件等项要求。特别是对于较重的设备，在平台上安装时，其基础一定要和地面基础连在一起，以保证设备基础的可靠性。

（3）对于设在地面上独立基础的附属设备，其安装基础同电炉设备基础一起提供给用户，其要求同电炉设备基础。

（4）对于有特殊要求的附属设备基础，一定要附有明确的说明。

（5）其他需要说明的事项。

第九章 炉体装配

炉体装配是用来装冶炼原料及原料熔化后的钢水的。炉体装配组成包括炉体（上炉体、下炉体）、炉门、出钢槽（底出钢或偏心底出钢机构）、炉体平台、梯子栏杆、炉衬（或水冷炉壁）等。

第一节 炉体装配的总体设计

炉体总体设计时，要根据用户提供的冶炼钢种、冶炼工艺进行设计。不同的冶炼钢种、不同的冶炼工艺、乃至不同的用户，其炉型各部尺寸设计是有区别的，这一点对于设计者来说一定要心中有数。

在实际生产中，随着冶炼炉数的增加，炉衬耐火材料逐渐地消耗，炉内钢水量也随着炉衬的消耗而增加。根据行业规定，最大出钢量为公称容量（额定容量）的 1.2 倍，为此平均出钢量为公称容量的 1.1 倍。所以设计时，按公称容量进行炉体的各部分尺寸设计更为符合实际情况。但是，如果额定容量与平均出钢量相差很大，则以平均出钢量为设计依据。

在国内实际生产中，企业在不断地追求单炉出钢量，总是希望把出钢量搞得越多越好。有的厂家甚至采用垫高炉门槛的办法来增加出钢量，超装在中国是较为普遍的现象。超装现象是一个不好的做法，超装固然可以增加单炉出钢量，但是不一定能获得最佳的经济效益。超装也给设备带来严重的隐患，甚至会引起严重的事故。为此，电炉设计人员在和用户确定电炉出钢量时，一定要提醒用户遵守设计规定。

炉体总体设计步骤一般为：

（1）求出炉内钢液和熔渣的体积；

（2）计算熔池的深度和直径；

（3）确定熔炼室空间高度和直径；

（4）确定炉盖顶的拱高和炉盖的厚度；

（5）确定炉衬尺寸和炉壳直径；

（6）确定炉门与出钢口（或出钢槽）位置与尺寸；

（7）确定电极分布圆直径。

在确定炼钢电弧炉炉型尺寸的时候，应该考虑的问题是比较多的，譬如：超高功率炼钢电弧炉配备着大功率的变压器，熔炼室的尺寸必须满足冶炼操作的要求，并使炉衬具有较高的寿命；熔化室必须具有足够的容积，使全部炉料能够 1~2 次装入；出钢时能够顺利地把全部钢液倒净；炉子的容量与浇铸设备、吊车的起重能力相匹配等。

图 9-1 所示为一偏心底出钢炉体装配结构简图。

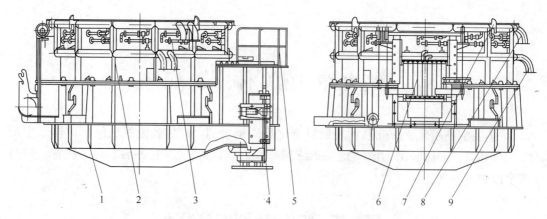

图 9-1 偏心底出钢炉体装配结构简图

1—下炉体；2—上炉体；3—水冷炉壁；4—出钢口开闭机构；5—炉体平台、栏杆；6—炉门装配；
7—炉盖定位块；8—出水管；9—进水管

一、熔池的形状与尺寸参数的确定

电炉机械设计是以炉体设计为中心，一切都是围绕炉体进行设计的，而熔池形状和尺寸的设计又是炉体设计的中心。

（一）熔池的形状

熔池是指容纳钢液和钢渣的那部分容积。熔池的容积应能有足够容纳设计规定的钢液和炉渣，并留有一定的余量。

熔池的形状应有利于冶炼反应的顺利进行，气体和夹杂物易于从金属中排除，容易砌筑，修补方便。在过去使用较多的是锥球形熔池，即熔池的上部为倒置的截锥形，下部为球冠形。目前较多的是熔池上部为圆柱形，中部为倒置的截锥形，下部为球冠形。球冠形电炉炉底使得熔化了的钢液能积蓄在熔池底部，迅速形成金属熔池，加快炉料熔化并及早造渣去磷。截锥形炉坡倾角为45°，45°角称为自然锥角，沙子等松散材料堆成后的自然锥角正好是45°。当用镁砂补炉时，利用镁砂自然滚落的特性，可以很容易地使被侵蚀后的炉坡得到修复。

现在，特别是偏心底出钢的电炉熔池的形状上部为圆柱形，中部为倒置的截锥形，下部为球冠形。截锥形炉坡倾角多数在 32° ~ 33° （见图 9-4 偏心炉底炉体设计参数图）。

对于槽出钢的电炉炉衬来说，在连接出钢槽处的炉衬倾角一般不要大于 35°，以保证出钢顺利进行。

（二）熔池尺寸计算与说明

（1）对于渣层为圆柱形，钢液的上部为倒置的45°截锥形、下部为球冠形的炉衬。既然熔池是指容纳钢液和钢渣的那部分容积，那么就需要计算出钢液容积和炉渣容积。对于钢液容积有两种情况：一种情况是不留钢操作；另一种情况是留钢操作。对于留钢操作，一般设计取留钢量约为公称容量的15%。如果是槽出钢电炉采用留钢操作，则需要在额定容量的基础上，增加15%的容量作为设计依据；如果是偏心底出钢电炉，由于偏心底部所容纳的那部分钢水近似于15%的容量，为此设计时仍然采用额定容量即可。

对于钢渣容积来说，由于现代炼钢泡沫渣技术的不断成熟和提高，很难确定其容积，为此以泡沫渣渣层厚度来确定钢渣的容积更为符合实际情况。

1）钢液容积 V_S：

$$V_S = G_S/\rho_S$$

式中　G_S——公称容量，t（如果平均出钢量在 $1.2G_S$ 以上，则改用平均出钢量计算）；

ρ_S——钢水密度，$6.9 \sim 7.0 \text{t/m}^3$，一般计算时取 7.0t/m^3。

在计算熔池尺寸时，钢水的比容采用 $0.14 \text{m}^3/\text{t}$。

2）钢渣容积 G_Z：

$$V_Z = G_Z/\rho_Z$$

式中　G_Z——按氧化期最大渣量计算，钢液质量的7%，即 $G_Z = 0.07G$（碱性）；

ρ_Z——$2.5 \sim 3.5 \text{t/m}^3$，（泡沫渣造得越好相对密度就较轻一些）。

在计算熔池尺寸时，由于炉渣的密度变化范围较大，因此很难准确地确定钢渣的体积。用渣层厚度 H_Z 确定熔池的容积更为接近实际情况。现代电弧炉炼钢除难以造泡沫渣的钢种（如不锈钢，渣层厚度约120mm）外，普遍采用高阻抗技术。高阻抗电炉的重要特点之一是电弧长度明显大于普通阻抗电炉的电弧长度。泡沫渣技术的实现，是实现高阻抗技术的前提条件。泡沫渣渣层厚度一般在 $400 \sim 600 \text{mm}$ 之间，特别是对于泡沫渣造得较好的钢厂，渣层厚度还会有所增高。采用泡沫渣技术以后，钢渣的质量约为钢液质量的7%，这一数据不会有大的变化，但是钢渣体积密度已由过去的 $3 \sim 3.5 \text{t/m}^3$，减少到 $2.5 \sim 3 \text{t/m}^3$ 甚至还会更小。渣层的厚度还会随着用户造渣技术水平而变化，为此难以给出具体数据，而按泡沫渣渣层厚度 $H_Z = 400 \text{mm}$ 去确定熔池尺寸比较接近大多数用户的情况。在此给出渣层厚度是要引起设计者的注意，作为熔池容积设计时的参考。如果渣层厚度设计得过薄，在造泡沫渣时，大量炉渣就会从炉门流出来，无法实现埋弧操作。所以，在设计时要根据冶炼钢种和造泡沫渣技术的情况，一定要留够渣层厚度，以满足冶炼要求。这一点也是现代电炉熔池深度与过去电炉熔池深度区别的重要所在。

电压与弧长对泡沫渣高度要求见表9－1。

表9－1　电压与弧长对泡沫渣高度要求

电炉形式	交流电弧炉	直流电弧炉
电弧电压 V 与弧长 $L(\text{mm})$ 的关系	$L = V$	$L = (1.1 \sim 1.3)V$
泡沫渣的高度 H_Z 要求	$H_Z \geqslant 1.5L$	$H_Z \geqslant 2L$

3）钢液上口直径 D，即钢液面直径。根据钢液上口直径 D，就可确定钢液深度。合理的钢液深度 H_0 与钢液面上口直径 D 的比值，即 D/H_0。在钢液容积确定以后，D/H_0 数值大，则熔池浅；D/H_0 数值小，则熔池深。熔池浅，有利于钢渣之间的反应。但熔池浅会增大炉壳直径，导致炉体散热面积增大，电耗增加，所以，D/H_0 数值又不能太大。熔池深，钢液加热困难，不利钢渣反应和温度及成分的调整。特别是在冶炼不锈钢钢种时，由于不锈钢钢液温度梯度大，表现得极为明显。在熔池内部钢液沿着深度方向的温度梯度

为：碳钢约为 $0.5℃/cm$；不锈钢约为 $1.5℃/cm$。

4）钢液深度 H_0：

$$H_0 = h_1 + h_2$$

式中 h_1——球冠高度，mm；

$\quad\quad h_2$——倒置截锥高度，mm。

对于冶炼碳钢： $\quad\quad\quad\quad H_0 = 0.2D$

对于冶炼不锈钢： $\quad\quad\quad\quad H_0 = kD$

式中 k——系数，一般取 $k = 0.14 \sim 0.17$，小炉子取大值，大炉子取小值；不加铁水时取小值，加铁水时取大值；但加铁水也要根据加铁水量的不同而取值不同，铁水加入量越多取值越大。

熔池深度： $\quad\quad\quad\quad H = H_0 + H_z$

（2）对上部为圆柱形，中部为倒置的 $32° \sim 33°$ 截锥形和下部为球冠形的炉衬。详见本章第二节中的下炉体部分。

二、熔炼室尺寸的确定

熔炼室是指熔池以上至炉壳上口部分的容积。其大小在包括熔池体积后，至少应能一次装入堆积密度中等的全部炉料的 60%。现代电炉为了减少加料次数，熔炼室有加大的趋势。加大炉壳直径的好处是：增加炉内容积、有利废钢的加入，增加电极到炉衬距离、降低耐火材料磨损指数、有利于炉衬寿命的提高。但加大炉壳直径也将带来一些不利因素，如钢液表面积散热增加、炉子热效率降低、冶炼周期延长、电耗提高，炉体质量增加导致炉体吊装质量增加，投资成本提高；同样如此，当增加熔炼室高度也会带来电极行程增大、电极稳定性差、电极折断几率增加等问题。为此，设计时必须综合考虑。

（一）熔炼室下口直径

熔炼室下口直径 D_2 是炉坡与炉壁交接处的直径，也即渣液面的直径。该处是钢液沸腾时炉渣冲刷炉壁砖最严重处，也是炉衬最薄弱处。所以，该处炉衬要比炉墙厚度相对厚一些。当炉坡倾角选定 $45°$ 角时，炉坡应高于炉门槛（渣面与炉门槛平齐）约 100mm，即 $h_0 = 100mm$。

（二）熔炼室高度

一般熔炼室高度 H_1 设计原则为：应保证堆积密度 $0.7t/m^3$ 的废钢能两次装入，第一次按 60%（如同时考虑加 2% 石灰，可按 55% 加入），第二次加 40%（或 45%）。

现场的废钢堆积密度不能保证时，就只好增加加料次数；否则，要适当提高炉壳高度。

熔炼室高度的经验值为： $\quad\quad H_1 = (0.5 \sim 0.6)D$

（三）熔炼室上口直径

熔炼室上口直径 D_1 一般设计是 $D_1 > D_2$，即炉壁衬上大下小成为倾斜状。这种形状的熔炼室不仅增加了熔炼室的容积，而且也增加了炉壁衬的稳定性，延长了炉壁衬的使用寿命，并且便于修补炉壁衬。

（四）炉门宽度

80t 以下的炉子一般只有一个炉门，它的位置正对出钢口。大于 80t 的炉子有的炉子设两个炉门，一个正对着出钢口，另一个与出钢口成 90°角，炉门作为装料、扒渣、观察炉况之用。炉门槛距操作平台的高度一般为 550~700mm，以便于加料、扒渣等操作。炉门宽度 C 必须满足以下要求：

（1）能清楚地看见工作室的炉衬、炉顶中心和便于观察炉况。

（2）能方便地修补炉墙和炉底。

（3）便于加入造渣料与合金料、扒渣、测温取样、吹氧等操作。

（4）熔炼过程中电极折断时，可以将电极从炉门取出。

（5）炉门拱高度为炉门宽度的 0.1 倍。

（五）炉门高度

炉门高度 h 为：

$$h = (0.75 \sim 0.85)C$$

为了密封，炉门框应向内倾斜 8°~12°为好。

（六）炉门槛下平面

炉门槛下平面的确定，简单地说在钢液面（不包括炉渣）高度基础上增加 400mm 即可定为炉门槛下平面。

（七）出钢口直径

对于槽出钢，出钢槽宽度 $D_c = 150 \sim 200mm$。大炉子取大值，小炉子取小值。

槽出钢出钢口位置为：出钢口下缘与炉门槛平齐或高出炉门槛 100~150mm。出钢口为一个长圆形孔洞。

出钢槽外壳用钢板焊接成槽形，固定在炉体上。内衬一般采用凹形预制砖（称为流钢槽砖）。

对于偏心底出钢，出钢口内径 $D_c = 120 \sim 250mm$。大炉子取大值，小炉子取小值。

偏心底出钢出钢口位置为：出钢口设在偏心区下部，出钢口为一个圆形孔洞，在保证出钢口填料的加入和对出钢口维护的前提下，出钢口距炉体中心越近越好。

（八）炉底衬厚度

炉底耐火材料的厚度，应保证炉壳在使用期间，外表面温度不大于 150℃，以防止钢结构发生变形，并可减少热损失。为了保证冶炼顺利进行以及维修方便，炉底由绝热层、永久层和工作层三层组成，总厚度为：$T_d = 600 \sim 900mm$。大炉子取大值，小炉子取小值。近年来，由于耐火材料质量提高，炉衬有减薄的趋势。

（九）炉墙厚度

炉墙厚度是对砌砖炉衬的电弧炉而言。炉墙厚度，应能保证炉壳外部温度不大于 100～150℃（即前期不大于100℃，后期不大于150℃）。炉墙倾斜度大约为10%，即炉墙每高1m，倾斜约100mm。

炉墙的厚度应根据炉子的大小来确定，对于小于10t的炉子，炉衬厚度可采用一砖厚（230mm）；10～50t的炉子可采用一块半砖厚（345mm）；大于50t的炉子可以采用两块砖厚（460mm）或更厚一些。

一般要求炉墙下部（熔池）的厚度等于炉底厚度的2/3，即：$T_q \approx 2T_d/3$。

设计时，当电炉小于100t时，取 $T_q = 450mm$；当电炉不小于100t时，取 $T_q = 500mm$。

（十）电极分布圆直径

电极分布圆小，电极距离炉壁远，对炉壁寿命有利；但是，炉内冷区明显造成炉料熔化困难。熔池加热不均，对于用耐火材料制造的炉顶中心强度差，容易损坏，并且因各相电极夹头体距离过小容易发生空气导电现象，并增加横臂机械震动力。反之，如果电极分布圆过大又会造成炉衬损坏严重，为此要合理确定电极分布圆直径。经验认为，对于采用耐火材料砌筑的普通功率、高功率电炉取：

$$d_0 = (0.25 \sim 0.30)D$$

对于采用管式水冷炉壁水冷炉盖的超高功率电炉取：

$$d_0 = (0.2 \sim 0.25)D$$

对于采用炉壁烧嘴（氧枪）的电炉，电极分布圆可适当减小一点。

实践表明，炉顶的中央部分和电极孔周围以及炉壁下部对着电极部位的耐火材料损坏最快。弧光对炉壁的均匀辐射，与电极的分布有密切的关系，因此合理确定电极极心圆直径和熔化室直径的恰当比例是很重要的。

电极直径 d 与电极分布圆直径 d_0 的关系式为：

$$d_0 = (2.5 \sim 3.0)d$$

对于石墨电极：

$$d_0 \approx 2.5d$$

三、炉盖的厚度

对于砌砖炉盖，炉盖的厚度应随炉子容量的增大而增加，其厚度与砖型有关：直径小于1500mm的炉子可采用高度为230mm的砖为厚度；直径为1500～4500mm的炉子可采用高度为300mm的砖为厚度；直径大于4500mm的炉子可采用高度为350mm的砖为厚度。箱式水冷炉盖和管式水冷炉盖详见炉盖装配部分。

四、炉壳直径与高度

炉壳直径 D_0 可由钢渣面处耐火材料炉衬厚度确定。

炉壳高度可根据耐火材料炉底厚度及炉内容积确定。

炉壳底部形状有锥台、球缺形，前者用于小型电弧炉或砌砖炉底，后者用于大型电弧炉或打结炉底。

炉壳钢板材质采用 Q235、20、20g、16Mn 等。钢板厚度为炉壳内径的 1/200。

熔炼室的形状和尺寸的确定如图 9-2 所示。

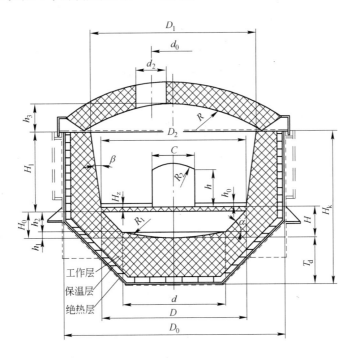

图 9-2 熔炼室的形状和尺寸

熔炼室各部分尺寸参数汇总见表 9-2。需要说明的是，表 9-2 中所有计算公式并不是唯一的、不可改变的，因为相同容量的电弧炉由于冶炼钢种和冶炼工艺的不同，各部尺寸参数就会不同；技术和工艺在不断进步和发展，炉型设计也在不断变化。计算公式只是近似的，仅供设计者参考使用。

表 9-2 熔炼室各部分尺寸参数设计

名称与代号	计算公式	备注
钢水容积 V/m^3	$V = G/7$	G——额定容量，t
钢液面直径 D/m	$D = \sqrt[3]{1.48G}$	
钢液深度 H_0/mm	$H_0 = 0.2D$	不锈钢除外
	$H_0 = kD = (0.14 \sim 0.17)D$	不锈钢（k：大炉子取小值）
	$H_0 = h_1 + h_2$	
炉底球缺高度 h_1/mm	$h_1 = H_0/5$	
钢液锥体高度 h_2/mm	$h_2 = H_0 - h_1$	
渣层厚度 H_Z/mm	$H_Z = 400$	较好泡沫渣钢种
	$H_Z = 120$	难以造泡沫渣的钢种
熔池深度 H/mm	$H = H_0 + H_Z$	

名称与代号	计 算 公 式	备 注
锥台下口直径 d/mm	$d = D - 2h_2$	
熔炼室下口直径 D_2/mm	$D_2 \geqslant D$	
熔炼室高度 H_1/mm	$H_1 = (0.5 \sim 0.6)D$	为了减少加料次数，近年来有加大趋势
熔炼室上口直径 D_1/mm	$D_1 = D_2 + 2H_1\tan\beta$	砌砖炉衬 β 为 $0° \sim 10°$
	$D_1 \geqslant D_0$	管式水冷炉壁内径
炉盖拱高 h_3/mm	$h_3 = (1/6 \sim 1/9)D$	高铝砖炉盖衬
	$h_3 = (1/7 \sim 1/8)D$	镁铬砖、镁铝砖炉盖衬
	$h_3 = (1/9 \sim 1/10)D$	箱式水冷炉盖
	$h_3 = (1/12 \sim 1/14)D$	非连续加料管式水冷炉盖
	$h_3 = 1/16D \sim$ 趋于平顶	连续加料管式水冷炉盖
炉门宽度 C/mm	$C = (0.2 \sim 0.3)D$	
炉门高度 h/mm	$h = (0.75 \sim 0.85)C$	
出钢口直径 D_c/mm	$D_c = 150 \sim 200$	槽出钢
	$D_c = 120 \sim 250$	偏心底出钢（大炉子取大值）
炉底衬厚 T_d/mm	$T_d = 600 \sim 900$	电炉容量越大，取值越大
炉衬厚度 T_q/mm	$T_q \approx 2T_d/3$	设计取 T_q 为 $450 \sim 500$
炉壳内径 D_0/mm	$D_0 = D + 2T_q$	
炉壳钢板厚度 t/mm	$t = D_0/200$	
炉衬总高度 H_k/mm	$H_k = H_1 + H + T_d$	
当炉坡倾角为45°时，钢液体积计算: V/m³	$V = \dfrac{\pi}{12}h_2(D^2 + Dd + d^2) + \dfrac{\pi}{6}h_1\left(\dfrac{3d^2}{4} + h_1^2\right)$	偏心底结构电炉将计算值加 15%
当炉坡倾角为45°时，熔池体积计算: V_r/m³	$V_r = V + \dfrac{\pi D^2}{4}H_Z$	
电极分布圆直径 d_0/mm	$d_0 = (0.25 \sim 0.30)D$	普通功率、高功率电炉
	$d_0 = (0.2 \sim 0.25)D$	超高功率电炉
电极直径 d_j/mm	按工作电流的 1.2 倍查石墨电极样本后确定	设计时决定
电极水冷圈厚度 t_q/mm	$t_q = 45 \sim 60$	或为耐火材料
电极孔直径 d_2/mm	$d_2 = d_j + 2t_q + (40 \sim 60)$	砌砖炉盖、箱式炉盖
	$d_2 = d_j + (40 \sim 60)$	耐火材料预制中心小炉盖
炉坡倾角 α/(°)	45	
炉墙倾角 β/(°)	$0 \sim 10$	
炉门槛高度 h_0/mm	$0 \sim 100$	
炉底衬弧半径 R_1/mm	以 d 两端点与 h_1 确定	

五、超高功率电弧炉炉型及其结构设计

现代电弧炉炼钢绝大多数采用超高功率、高阻抗电弧炉技术，其炉壁和炉盖基本上都是采用管式水冷炉壁和管式水冷炉盖技术，为此，炉体设计也随之发生了一定的变化。

（一）铸管式水冷挂渣炉壁

铸管式水冷挂渣炉壁的上炉体和砌砖炉衬上炉体的区别在于前者炉体外部不设水冷外套，而将铸管式水冷挂渣炉壁块直接固定在炉体上，冷却水管通过在炉体开孔直接与进出水管连接。水冷铸块厚度一般为270mm左右，炉壁热工作面附设100mm厚度的耐火材料打结或镶耐火砖槽。整个炉墙为圆桶状，不需设有倾斜角度。

（二）管式水冷挂渣炉壁

现代超高功率电弧炉绝大多数采用管式水冷挂渣炉壁，上炉体为鼠笼式框架，鼠笼式框架既可固定水冷炉壁，又是冷却水的进出通道。为了增加炉内容积，通常的做法是装有管式水冷炉壁的内直径就是上炉体的内径也即炉壳内径（也有该直径大于炉壳内径的设计情况）。电弧炉距渣面300~400mm以上炉壁全部采用管式水冷（挂渣）炉壁技术，水冷块厚度小于100mm。

（三）槽出钢电炉

近年来，由于偏心底出钢技术已经成熟，新建电弧炉设备，不管炉型采用何种结构，其偏心底方式已被广泛采用。但是，当电炉冶炼不锈钢产品时，为了实现钢－渣混合出钢，通常还是选用槽出钢式电炉。对于选择槽出钢式电炉，一般不采用留钢操作，所以电炉出钢后采用快速回倾，不仅没有实际意义，而且对电炉设备也没有好处。为此，回倾速度不作特殊要求。

近些年来，不但新建的电炉采用偏心底出钢技术，而且许多槽式出钢的电炉也改造成偏心底出钢电炉。当槽出钢式电炉改造成偏心底出钢电炉时，熔池中钢水量增加了10%~15%，基本上和留钢量相等，所以，圆桶部分的熔池容积不需要改动即可满足出钢量和留钢量的要求。

（四）偏心底出钢电炉

偏心底出钢技术在我国已经有二十几年的历史了，由于其优点多、技术成熟被广泛采用。新建电炉设备，只要是冶炼工艺允许，采用偏心底出钢技术已经是很平常的事。

偏心底出钢技术最明显的特点是无渣出钢和留钢操作。留钢操作的目的是为了留渣，是实现无渣操作所必须的，或者说无渣出钢是通过留有一定钢水而实现的，同时还具有提前成渣早去磷的优越性。

对于炉顶加料电炉来说，从无渣出钢角度来说，留钢为出钢量的10%~15%时，就可以将95%以上的炉渣留在炉内而实现无渣出钢。另外，EBT出钢电炉与传统槽出钢电炉相比，其熔池钢水量多出约10%~15%，这样也使得电炉熔化室结构尺寸确定方法及原则基本不变。

为了实现无渣出钢、减少下渣量,一是出钢口水平面的高度距炉底要合适、出钢口不宜过大,二是出钢后的回倾速度要快,要达到 3.5°~4°/s;否则将因虹吸现象而卷渣下渣。

第二节　炉　体

电弧炉炉体除了要承受炉衬和金属的重量外,还要抵抗部分炉衬砖与热膨胀时产生的膨胀力、装料时产生的强大冲击力,还要考虑工作中的整体吊运。因此,炉体应具有足够的强度。大中型普通功率电弧炉的炉体的炉身四周焊有加固筋或加固圈,为了防止炉体受热变形,在炉体上部都采用箱式通水冷却的加固圈,水冷加固圈随着炉子容量的加大其高度也不断增大。渣线以上约 400mm 的部分均通水冷却,使上炉体变成一个夹层的箱式水冷炉壳。在炉口的加固圈的上部设有沙封槽,使炉盖圈插入槽内,并填入镁砂使之上炉口在冶炼中处于密封状态,以防止烟气外逸。

为了防止炉子倾动时炉盖滑落,炉壳上口安装炉盖定位销或挡板。

若炉底装有电磁搅拌装置时,炉壳底部钢板应采用非磁性耐热不锈钢或弱磁性钢制造。

现在,在高功率、超高功率电炉上采用管式水冷炉壁鼠笼管式炉壳,内挂管式水冷炉壁。

电弧炉的炉体构造主要是由冶炼钢种与冶炼工艺决定的,同时又与电炉的容量、功率水平和装备水平有关。

一、上炉体

上炉体为了加工方便一般都做成圆筒形,也有少数做成锥形和梯形以利于延长炉衬寿命,竖炉炉体则做成椭圆形。

对于 30t 以上的电弧炉,炉体一般都做成分体式,即上炉体和下炉体是分开的、可拆卸的。其目的主要是为了方便运输。

目前,电弧炉向大型化、高功率和超高功率方向发展,高功率和超高功率电弧炉基本上都采用管式水冷炉壁和管式水冷炉盖。由于要和管式水冷炉壁相配套,上炉体一般都做成鼠笼框架式,其结构形式如图 9-3 所示。

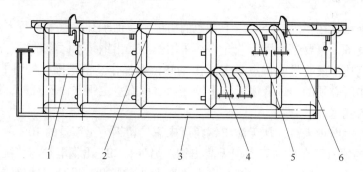

图 9-3　鼠笼框架式上炉体

1—框架;2—上炉口;3—下炉体连接板;4—进水管;5—出水管;6—炉盖定位块

（一）鼠笼框架式上炉体结构设计

鼠笼框架式上炉体的内壁是安装水冷炉壁所用。为了保证水冷炉壁安装、维修的方便，鼠笼框架式上炉体都做成圆筒形结构。

如图 9－3 所示，为了使上炉体和炉盖接触严密，防止烟气外逸，上炉口一般制作成一个法兰平面，如能把上口做成砂封槽形则更好，一则防止烟气外逸，二则又可起到炉盖导向、定位作用。

上炉体和下炉体的连接是通过下炉体连接板由几个销钉斜铁固定来实现的。

水冷炉壁块固定在鼠笼框架内表面上，水冷炉壁块的进出水与鼠笼框架水路通过金属软管连在一起。鼠笼框架的进水管设置在下部，出水管设置在上部。

（二）设计时的注意事项

（1）鼠笼框架水管内径应能保证全部水冷炉壁冷却水用量的需要，应经过计算后得出。

（2）所有框架用管均通水冷却。

（3）鼠笼框架管子的壁厚通常在 10～15mm 范围内选取，材质为 20g。

（4）保证有足够的机械强度。

（5）使水冷炉壁进、出水管连接方便，水冷炉壁安装、维修简单，定位可靠。

（6）进水管位置应设置在上炉体的下方，出水管位置应设置在上炉体的上方。

（7）水冷炉壁块的进、出水管设计、管路走向布置合理有序、安装维修管路方便。

（8）上炉体与下炉体的连接一般采用销钉斜铁连接方式比较简单适用。

（9）在需要每个水冷块都带有测温装置时，要考虑其测温元件连接导线的走向和导线保护装置的合理设计，以避免测温导线被高温烘烤和加料时损坏。

二、下炉体

下炉体主要用于盛钢水，它不仅承受钢水的重量也要承受上炉体和全部耐火材料的重量，炉体工作环境恶劣，高温烘烤、急冷急热现象频繁，为此下炉体要有足够的强度和刚度。

炉底又是下炉体的关键部位。炉底形状有平底、锥形炉底和球形炉底。球形底结构较合理，它的刚度大，所用耐火材料最少，所以许多大型电炉都采用球形底，但球形底制造比较困难，成本高。锥形底虽刚度比球形的差，但较易制造，所以目前应用较普遍。平底最易制造，但刚度较差，易变形，耐火材料消耗较大，已很少采用。炉底钢板厚度与炉体钢板厚度相同或稍大于炉体钢板厚度。为了使烘烤炉衬和炼钢时产生的废气、沥青、焦油以及卤水之类的废液顺利排出，防止炉衬崩裂和钢液吸气，在炉壳底部上每隔 400～500mm 钻有直径约 20mm 的小孔。

若炉底装有电磁搅拌装置时，则炉底必须采用非磁性钢质材料制造，否则炉底会严重发热。

下炉体钢板用材料一般是 Q235－A、15Mn 或 20g。一般情况下，下炉体内径和上炉体水冷炉壁内径是同一个尺寸。为了防止装料时把下炉体砌筑炉衬损坏，下炉体与上炉体结合处在砌筑炉衬时，要砌筑成一个自然过渡斜度。

三、偏心底下炉体

(一) 偏心炉底炉体设计参数

偏心炉底出钢炉体结构不同于槽出钢电炉。在出钢一侧有一凸腔部分，断面为鼻状椭圆形。在凸腔部分的底部布置出钢口，用以完成电炉的出钢。偏心底出钢一般要留钢留渣操作。在装料时，预先装入超过出钢量所需 10% ~ 15% 的废钢（指第一炉或出净后的头一炉），当出钢时，将这 10% ~ 15% 的钢水同钢渣一同留在炉内。这样就防止了氧化渣进入出钢包中。

偏心炉底炉体设计参数如图 9 - 4 所示。

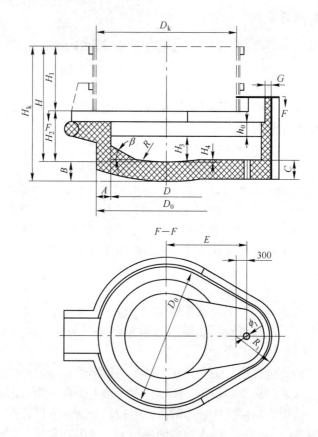

图 9 - 4　偏心炉底炉体设计参数图

偏心炉底炉体各部尺寸参数见表 9 - 3。

表 9 - 3　偏心炉底炉体各部尺寸参数

出钢/t	25	35	45	55	60	70	80	90	100	120	150	170	190
下炉壳内径 D_0/m	3.8	4.0	4.3	4.6	4.8	5.2	5.5	5.8	6.1	6.4	6.8	7.0	7.2
E/m	2.25	2.3	2.4	2.5	2.6	2.8	2.9	3.0	3.15	3.35	3.5	3.6	3.7

续表 9 - 3

出钢/t	25	35	45	55	60	70	80	90	100	120	150	170	190
R/m	5.5						5.75			6.0			
H_1/m	1.40	1.83	2.05	2.19			2.21	2.24	2.26	2.48	2.76	2.98	3.16
H_2/m	1.30	1.44	1.54	1.62	1.65	1.69	1.71	1.76	1.82	1.88	2.03	2.11	2.19
H/m	2.70	3.27	3.59	3.81	3.84	3.88	3.92	4.00	4.08	4.36	4.79	5.09	5.19
H_k/m	3.25	3.82	4.14	4.41	4.44	3.48	4.57	4.65	4.78	5.06	5.49	5.89	6.15
H_3/m	0.60	0.74	0.84	0.92	0.943	0.984	1.007	1.058	1.113	1.18	1.32	1.41	1.489
H_4/m	0.15						0.2			0.25			
A/mm	425									475			
B/mm	550			600			650			700		800	
C/mm	550			600						650		750	
G/mm	350									400			
β/(°)	32 ~ 33												
h_0/mm	约 400												
ϕ_1/mm	120 ~ 140			140 ~ 150			150 ~ 160			180 ~ 200		200 ~ 250	
D/mm	2.95	3.15	3.45	3.75	3.95	4.35	4.65	4.95	5.15	5.45	5.85	6.05	5.25
管式水冷炉壁内径 D_k	$D_k = D_0 \sim D_0 + 0.1$												
钢水总质量/t	30	42	54	66	72	84	96	108	120	144	180	204	228
炉内容积 /m³	25.2	34.6	44.2	54	58.4	68.9	78.7	88.6	98.6	117	146	165	184

注：A 按废钢密度 $0.8t/m^3$ 计算。

（二）偏心底出钢下炉体设计

偏心底出钢下炉体结构如图 9 - 5 所示。

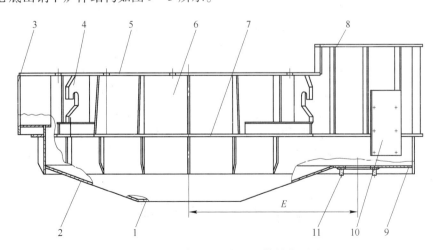

图 9 - 5 偏心底出钢下炉体结构图

1—炉底底板；2—炉底锥板；3—炉门连接板；4—下炉体吊装板；5—上炉体连接板；6—围板；
7—炉体座板；8—偏心区上盖板；9—偏心区出钢口底板；10—出钢口开闭机构连接座板；11—出钢口楔轴

偏心底出钢下炉体设计应该根据用户冶炼钢种、冶炼工艺、留钢量的不同，其炉型设计而有所区别。其设计要点应注意以下几点：

（1）出钢口偏心距（或称偏心度），即出钢口中心到炉体中心的距离，用 E 表示。出钢口偏心距的确定：在满足出钢口填料和维护操作方便的条件下，应尽量小。这主要出于两点考虑：一是减少出钢箱内（小熔池）与炉体内（大熔池）钢水的温度与成分的不均匀性，减小冶炼时冷区对熔化速度的影响，有利于冶炼操作；二是减少了炉体的质量与偏重。

（2）如图 9 - 5 所示，偏心区上盖高度不宜过矮，否则钢液面离偏心区上盖板 8 上面的水冷盖板因距离过矮而过热，特别是在出钢时，如果出钢口打开时间过慢，而倾炉速度过快或因出钢口堵塞而不能出钢时，此时，电炉已经倾斜了一定角度，钢水就可能会与偏心区上盖接触，而造成偏心区盖板的上部冷却水管损坏漏水产生爆炸事故。

（3）偏心区的立面外围板和圆筒结合处焊接质量要可靠，以防止因偏心区过重造成焊口开裂，如果能在此处外部贴焊一定宽度附板则会更好。在设计时，最好在偏心区与圆桶结合的立面围板处躲开焊接接口，将接口移到偏心部位。

（4）偏心区出钢口底板 9 与炉底底板 1 高度位置要合适，它的高低应能保证出完钢炉子摇正后，炉内留下的炉渣（约95%）与钢水（约10%～15%）均不在偏心区，但又不能使剩余部分钢水过深。使出钢口水平面的高度应尽量小，以使出钢箱内钢水深度 h 足够大（静压力大，$pg = hd$），提高自动开浇率及改善卷渣现象。偏心区出钢口底板与炉底底板二者高度距离过大，也会因静压力不足在一定程度上造成出钢口堵塞而影响出钢口的开浇率。反之，又不能保证具有一定的留钢量。

（5）偏心区上盖板 8 的上面大多数是采用管式水冷盖板，水管内径在 25～40mm，管壁厚度一般取 8～10mm，材质为 20g。偏心盖板与偏心区用销子斜铁联结较为方便安装、维修。在正对出钢口的上方偏心区盖板上开孔并设有孔盖，以便对出钢孔添加填料和清理出钢孔。

（6）出钢口开在出钢箱的底部。出钢孔开孔在炉门与出钢槽位置的中心线上，出钢口内径根据电炉容量、出钢时间的不同而不同，一般在 120～250mm 之间选取，严格地说，要根据出钢时间与速度要求计算得出，其开孔大小不仅要能保证钢水有一定的流速，在规定的时间内将钢水出完，而且不能把钢渣过多地带入钢包中。

（7）偏心区半径 R_1 的大小与出钢口套砖外径有关，在不影响出钢口套砖装、拆的情况下，R_1 值希望小一些为好。

（8）对于连续加料式电炉，因其废钢的加热熔化方式发生变化，整个冶炼过程是电弧加热钢水、钢水熔化废钢。它要求留钢量大，一般要求保证留有出钢量的 30%～40% 的钢水。此时，金属熔池的设计就要考虑所增加的 20%～25% 的钢水量对熔池体积的影响。

（9）对于非炉料连续预热电炉，多留钢反而会影响操作、恶化炉形、增加热量损失、降低炉子热效率。

第三节　水　冷　炉　壁

一、采用水冷炉壁的意义

电弧炉设备与工艺在向大型化、超高功率化和快速熔炼（缩短炉内熔炼工艺过程）方向发展。开发出各种氧－燃助熔技术，提高了炉料熔化速度，具有较高的时间利用率和变压器功率利用率。单位时间内向炉内输入的热能（主要是电弧电热）大大提高，以致炉衬所接受的热负荷也相应增大。因此，水冷挂渣炉壁技术也成为发展高功率、超高功率电炉不可缺少的一部分。

由于电弧炉三相功率的不平衡性，也由于三根电极分布于等边三角形的三个顶点，使炉壁圆周上与电弧的距离不等，造成传统的耐火材料炉衬的损蚀情况有如下特征：

（1）整个环形炉壁耐火材料被侵蚀得很不均匀，有的部位耐火材料仍很厚，而有的地方耐火材料的工作层脱落严重，露出保温层砖衬。

（2）炉内形成的高温区（热区）与低温区（冷区）使炉料熔化速度不均匀。同一水平面上炉壁接受的热负荷也极不均匀，于是便产生了炉壁上的"热点"与"冷点"。

（3）炉壁热点耐火材料平均残留厚度小于冷点，其厚度差可达100mm以上。通常被称做2号电极（中相电极）所对的炉壁上热点部分残留部分比其他两个热点处都薄，其厚度相差约为40~60mm。

以上耐火材料炉壁损耗特征说明，炉壁损蚀极不均匀，2号电极炉壁热点处损坏最为严重，有时该处炉壳会被烧穿造成漏钢事故，所以2号电极炉壁热点是热点中的"热点"，其次是靠近至出钢口的3号电极炉壁热点，再次是靠近炉门的1号电极炉壁热点，炉壁热点如图9-6所示。

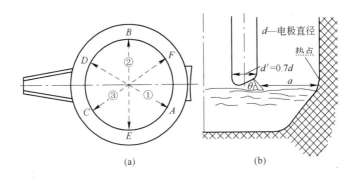

图9-6　炉壁热点示意图

针对上述情况，改善炉壁工作条件，提高炉衬使用寿命的措施是：

（1）在电弧炉供电方面，从设备结构上设法解决三相电弧功率的不平衡性，如增大中间相（2号电极导电线路）的阻抗值，变压器二次电压分别调压；适当选择三相电极心分布圆（节圆）直径等，可以在一定程度上减少炉壁热点与冷点上热负荷的差异，从而提高炉衬的使用寿命。

（2）在提高炉壁耐火材料质量方面，研制与采用高性能耐火材料和改进炉壁及炉坡的砌筑方法，导热系数大的镁碳砖砌筑炉衬的热点区，其热点温度相应比镁砖要低。因此，镁碳砖的炉壁寿命高于镁砖炉壁。然而电弧炉供电功率不断提高，大量使用氧气或采用氧－燃助熔技术，使电弧炉耐火砖衬的使用条件更加恶劣，应该对耐火材料进一步采取措施，降低其消耗。UHP出现后，逐渐扩大水冷炉壁的使用面积，水冷面积可达渣线以上直到炉壁整个内表面（受热面）的60%~70%，而底出钢（CBT型）与偏心底出钢电炉

（EBT 型电炉）的水冷面积比普通电弧炉有更高的比率，约达到 80% ~ 90%。

根据炉壁承受热流强度的大小，常用电弧炉水冷炉壁分为：普通功率电弧炉、高功率电弧炉和超高功率电弧炉水冷挂渣炉壁：

(1) 普通功率电弧炉炉壁热流强度为 $0.056 \times 10^6 W/m^2 (0.2 \times 10^6 kJ/(m^2 \cdot h))$；

(2) 高功率电弧炉炉壁热流强度为 $0.22 \times 10^6 W/m^2 (0.8 \times 10^6 kJ/(m^2 \cdot h))$；

(3) 超高功率电弧炉炉壁热流强度超过 $1.1 \times 10^6 W/m^2 (4 \times 10^6 kJ/(m^2 \cdot h))$。

二、水冷炉壁使用效果

近年来，随着电炉功率的不断加大，水冷化率逐渐提高，现在在国外钢液面的上方的 100 ~ 150mm 以上部位几乎 100% 实现了水冷化。在国内，由于超装现象较为普遍，致使钢液面的上方 300 ~ 400mm 以上部位实现了水冷化。

在普通功率的电弧炉，用耐火材料砌筑的炉衬可以将它的散热损失降到很低的状态。但是，采用水冷炉壁散热损失与耐火材料炉衬相比，其差别约为 20kW · h/t。若输入功率超过该值，生产率就可维持，而能在降低耐火材料费用和补炉费用等方面达到综合优势的就是水冷化方案。尤其是大型电弧炉，越追求高的生产率，输入的功率、电流就越大，水冷炉壁化的优越性就越明显。在水冷炉壁上巧妙地粘着耐火材料，发挥自动挂渣的绝热效果，是降低散热损失和延长水冷炉壁寿命所必须的。

现代电炉的平均水冷炉壁面积已达到 70% 以上，水冷炉盖面积达 85%。使用这项技术后，炉壁与炉盖寿命分别大于 4000 炉与 6000 炉。然而，这项技术也带来了一个负面效应，即电炉的热损失增加了 5% ~ 10%。但是从总体效益来看还是非常有利的，它可使耐火材料成本和喷补成本节省 50% ~ 75%，取消了渣线上部耐火材料的修补作业，大大降低了操作工人的劳动强度，同时也大幅度地减少了热停工时间，生产率提高了 8% ~ 10%，电极消耗降低 0.5kg/t，生产成本降低 5% ~ 10%。

三、水冷炉壁的结构

水冷炉壁的结构分为铸块式、焊接箱式和管式等几种形式。各种形式的水冷炉壁都有一定的散热能力和相应的挂渣能力，可以成倍地提高电炉炉衬的使用寿命。

在国外，在接近钢液面处采用导热性好的铜制管式水冷，除此以外部位采用钢制管式水冷炉壁。而在国内铜制水冷炉壁则很少采用。

（一）铸造块式水冷炉壁

1. 结构形式

铸造块式水冷炉壁一般有两种，一种是铸钢件块式水冷炉壁，另一种是内埋无缝钢管铸铁块式水冷炉壁。为避免水冷炉壁漏水和增加电耗，在水冷炉壁的热表面设有挂渣筋。由于水冷炉壁的表面温度远远低于炉内温度，因此炉渣与烟尘和水冷炉壁表面接触就会迅速凝固，在炉壁表面挂起由渣层组成的保护层（挂渣层）。挂渣层既减少了热损失又有助于防止固体炉料与炉壁表面打弧，使炉壁的寿命大大增加，甚至可达到几千次。实践证明，电耗又无明显增加，从而降低了生产成本。为保证安全，减少热损失和提高耐久性，必须选择合适材料和结构形式。

铸造块式水冷炉壁可以在炉墙热点和易损坏的局部使用，也可以扩大到整个炉墙，制成全水冷炉壁。

图9-7所示为铸管式水冷挂渣炉壁。其铸块内部铸有无缝钢管做的水冷却管，在炉壁热工作面上附设耐火材料打结槽或镶耐火砖槽。

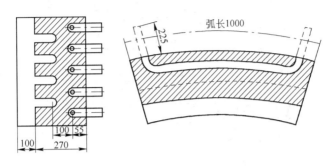

图9-7　铸管式水冷挂渣炉壁

2. 结构特点

（1）具有与炉壁所在部位的热负荷相适应的冷却能力，适用于炉壁热流强度在 $0.56 \times 10^5 W/m^2$ 的条件，即普通功率与较高功率电弧炉的热点区的热负荷。

（2）结构坚固，具有较大的热容量。能抗击炉料撞击和因搭料打弧以及吹氧操作不当造成的局部过热。

（3）具有良好的挂渣能力，易于形成挂渣层，适应炉内热负荷变动，通过挂渣层厚度的变化调节炉壁的散热能力与炉内热负荷相平衡。

（4）内部为管式水冷，冷却水流速度快，不易结垢。

（二）箱式水冷炉壁

1. 结构形式

箱式水冷炉壁采用20mm厚的锅炉钢板焊接成整体厚度在150mm，每块面积大约为 $0.5 \sim 0.8 m^2$，水冷壁内部由导流板分割成冷却水道，水道截面积可根据炉壁热负荷来确定，在热工作面镶挂渣钉或焊上挂渣板（形成挂渣槽，筋板厚度约15～20mm，筋板间距为60～80mm），其结构形式如图9-8所示。

2. 结构特点

（1）适用于炉壁热流强度在 $(0.056 \sim 0.22) \times 10^6 W/m^2$ 的条件，即较高功率与高功率电弧炉的热点区的热负荷。

（2）结构坚固，具有较大的热容量。能抗击炉料撞击和因搭料打弧以及吹氧操作不当造成的局部过热。

（3）具有良好的挂渣能力，易于形成挂渣层，适应炉内热负荷变动，通过挂渣层厚度的变化调节炉壁的散热能力与炉内热负荷相平衡。

（4）冷却水流速度较慢，易产生冷却死区，寿命较短，维修量大。

箱式水冷炉壁虽然有报道称其使用寿命可达几千炉，但因其焊缝较长，存在漏水现象较多，应用上受到限制，而不被推荐。

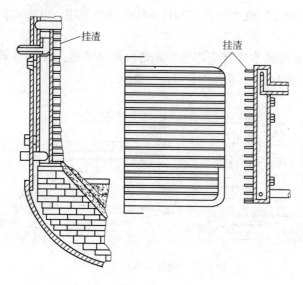

图9-8 箱式水冷炉壁结构示意图

（三）焊接管式水冷炉壁

1. 结构形式

焊接管式水冷炉壁可以在炉墙热点和易损坏的局部使用，也可以扩大到整个炉墙，制成全水冷炉壁。

焊接管式水冷炉壁一般有两种，一种是用20g无缝钢管制成的块式水冷炉壁，管壁厚度不宜过薄，过薄的管壁不仅使用寿命较短，而且在出现搭料打弧时容易漏水而使维修量增大，一般管壁在10~15mm之间较好。两钢管之间最好留有10~15mm空隙，以便使用时挂渣牢靠。相邻两根钢管用锅炉钢铸弯头或用锅炉钢模制弯头相连接，最好在水冷炉壁的内表面上设有50~60mm长、直径在30~40mm、壁厚4~5mm半管，且弧面朝下的挂渣钉。水冷块的大小一般在0.8~1.2m²之间比较合适，面积过大会使冷却不均及维修困难。在大中型电炉上，一般从上到下分成2~3块，这样设计，便于调节水流量而使冷却效果更好。由于管式水冷炉壁冷却效果好，质量轻，制造方便，维护简单，使用寿命长等诸多优点，而被广泛采用。使用寿命可达到5000次以上。

另一种是用T₂铜管制成的块式水冷炉壁，一般在炉壁接近钢液面的部位上使用，寿命较高。

管式水冷炉壁在炉体上安装形式有两种，如图9-9所示。图9-9（a）安装方式与图9-9（b）相比，前者不如后者。其原因不仅是后者冷却水可以做到从下面进、从上面出，而且挂渣后挂渣层不易脱落。

2. 结构特点

（1）适用于炉壁热流强度在$(0.22~1.26)×10^6 W/m^2$的条件，高功率、超高功率电弧炉。

（2）结构坚固，能抗击炉料撞击和因搭料打弧以及吹氧操作不当造成的局部过热。

（3）挂渣能力逊于铸造块式水冷炉壁，建议在使用前能先涂上厚度在30~50mm的耐

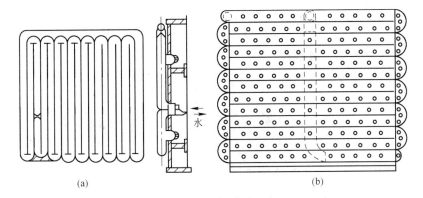

图9-9 管式水冷挂渣炉壁
(a) 密排垂直管；(b) 密排水平管

火材料，效果会更好一些。

(4) 内部为管式水冷，冷却水流速度快，不易结垢。

(5) 采用上下炉体分离的结构易于水冷炉壁的安装和维修。

（四）水冷炉壁块进出水管的连接

为了控制、检修或更换水冷炉壁块的需要，每块水冷炉壁的进、出水管都要单独设置阀门，并且经金属软管与上炉体进、出水路相接。经验认为采用焊接方式连接的阀门，较螺纹连接的阀门漏水点少、维修量小。

四、水冷炉壁主要参数的计算

（一）水冷炉壁的传热模型

水冷炉壁受到的热负荷即炉壁所接受的热流 $q_入$ 主要取决于电弧功率、电弧电压、炉壁与电弧的距离以及电弧被炉渣和炉料遮蔽的程度。对于冶炼不同钢种，不同操作工艺，不同的炉内部位是不相同的。但不论在何部位上，热流的瞬间输入和输出应当相同才能维护炉壁（包括挂渣层）不被侵蚀。也即为 $q_入 = q_出$。

这说明水冷炉壁接受的热量通过水的冷却而将热量散失。水冷挂渣炉壁的传热均采用多层圆筒壁的传热模型，如图9-10所示。

设炉内环境温度为 t_f，挂渣层表面温度 t_1，热流过挂渣层传至水冷炉壁水箱（或水管）受热面，再传至冷却水。热流计算如下：

$$q = \frac{t_1 - t_0}{\frac{1}{\alpha_{Fe}} + \frac{L_{Fe}}{\lambda_{Fe}} + \frac{L_s}{\lambda_s}} \quad (9-1)$$

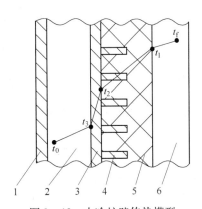

图9-10 水冷炉壁传热模型
1—水冷管壁外侧面；2—冷却水；
3—水冷炉壁受热面；4—挂渣钉；
5—挂渣层；6—炉内；
t_f—炉膛温度，℃；t_1—挂渣层表面温度，℃；
t_2—挂渣层与冷却水管接触面温度，℃；
t_3—冷却水与冷却水管内表面接触温度，℃；
t_0—冷却水平均温度，℃

式中 q——通过水冷炉壁散失的热流，kW/m^2；

$\quad \alpha_{Fe}$——水冷炉壁的水冷却对流换热系数，$kW/(m^2 \cdot ℃)$（详见附录）；

$\quad L_{Fe}$——水冷壁钢板（或钢管）厚度，m；

$\quad L_s$——挂渣层厚度，m；

$\quad \lambda_{Fe}$——水冷炉壁钢板（或钢管）的导热系数，$kW/(m \cdot ℃)$（详见附录）；

$\quad \lambda_s$——挂渣层的导热系数，$kW/(m \cdot ℃)$（此处忽略了挂渣层表面高温熔融渣和高温固体渣的导热系数的差异）。

（二）水冷挂渣炉壁主要参数的确定

水冷挂渣炉壁主要参数有：水冷炉壁的热流、水冷炉壁的面积、冷却水流量和流速、冷却水通道的尺寸（冷却水管直径）以及计算过程中必需的对流换热系数、综合传热系数和最大热流等参数值。

1. 电弧炉炉壁的热流

电弧炉炉壁承受的热流主要来自电弧辐射热，其大小与电弧功率、电弧与炉壁间距等因素有关。炉壁所接受热流强度直接影响炉壁寿命，所以必须首先确定炉壁热流强度，以便正确地选择水冷炉壁的结构、材质和冷却条件。炉壁热流强度是不均匀的，欲知实际数值，可以使用各种热流计实测；可以测定炉壁热面与冷面的表面温度，再应用相应的热流数学模型计算出炉内各部位的热流分布；也可以应用炉壁"热点"与"冷点"区接受电弧功率的计算式来计算炉壁热流强度。

电炉炉壁热流强度因不同炉型、不同工艺是不同的。表9-4列出不同条件下具有的炉壁热流强度。

表9-4 不同条件下炉壁热流强度

炉壁所处状态	与炉渣接触	与钢水接触	吹氧助熔误操作	吹氧脱碳高温CO气流	钢水溅至炉壁
最大热流强度/$MW \cdot m^{-2}$	0.19~0.33	1.62	0.32	0.161	0.063

根据炉壁"热点"与"冷点"都接受三相电弧辐射热的条件，H. B. 奥柯罗柯夫提出的冷、热点处单位面积上电弧辐射功率的计算式如下：

$$q_{热点} = \frac{0.9P_H}{12\pi R^2}\Big[\frac{1}{(1-K)^2} + \frac{2+K}{(1+K+K^2)^{3/2}}\Big] \qquad (9-2)$$

$$q_{冷点} = \frac{0.9P_H}{12\pi R^2}\Big[\frac{1}{(1+K)^2} + \frac{2-K}{(1-K+K^2)^{3/2}}\Big] \qquad (9-3)$$

式中 $q_{热点}$——炉壁热点表面单位面积上接受的辐射功率，kW/m^2；

$\quad q_{冷点}$——炉壁冷点表面单位面积上接受的辐射功率，kW/m^2；

$\quad P_H$——平均每相电弧功率，kW；

$\quad R$——熔池面半径，m；

$\quad K$——电极分布圆直径与熔池直径的比值。

2. 根据热平衡关系计算所需冷却水量

根据电弧炉水冷炉壁（或炉顶）的热流全部被冷却水吸收的热平衡关系得：

$$qS = Gc_{ps}(t_c - t_j) \qquad (9-4)$$

式中 q——炉壁热流，kJ/（m²·h）；

S——水冷炉壁的受热面积，m²；

G——冷却水流量，kg/h（或 m³/h）；

c_{ps}——水的比热容，$c_{ps}=4186$J/（kg·℃）（不同温度下水的比热容 c_{ps} 数值见附录）；

t_c——出水温度，℃；

t_j——进水温度，℃。

冷却水进出温差 $\Delta t = t_c - t_j$，通常冬季取 4~15℃，夏季取 3~8℃。提高进出温差，可以节约用水，但降低冷却水的冷却能力。出水温度应避免达到 60℃，以防止出现水垢降低水冷壁的寿命。

$$G = \frac{\pi}{4}d^2 u\rho \times 3600 \tag{9-5}$$

式中 d——冷却水管直径，m；

u——水管中水的流速，m/s；

ρ——水的密度，$\rho = 1000$kg/m³。

将式（9-4）与式（9-5）联立，得：

$$u = \frac{1}{3600 \times \frac{\pi}{4}\rho c_{ps}} \times \frac{qS}{\Delta t d^2} \tag{9-6}$$

取水的密度 $\rho = 1000$kg/m³，$B = qS$，则式（9-6）简化为：

$$u = \frac{8.4 \times 10^{-11}B}{\Delta t d^2} \tag{9-7}$$

式（9-7）是在一定水流量下水流速与管径的关系。为确定管径则需先确定必要的水流速 u，水流速 u 应大于产生局部沸腾时的 $u_沸$。

经验认为，对于管式水冷炉壁在温升 15~25℃时，最大耗水量为 7~10m³/（h·m²）。

3. 水冷炉壁产生局部沸腾的水流速 $u_沸$

应用 Dittus-Boelters 式和对流传热方程导出水冷炉壁产生局部沸腾的水流速：

$$Nu = 0.023Re^{0.8}Pr^{0.4} \tag{9-8}$$

$$q = \alpha(t_3 - t_0) \tag{9-9}$$

$$Nu = \frac{\alpha d}{\lambda} \tag{9-10}$$

$$Pr = \frac{\nu}{\alpha} \tag{9-11}$$

$$Re = \frac{\rho u d}{\eta} \tag{9-12}$$

式中 α——管壁与水的对流传热系数，W/（m²·℃）（不同温度下的数值见附录）；

t_3——冷却水管壁温度，℃；

t_0——冷却水平均温度，℃；

ν——水的运动黏度，m²/s；

λ——水的导热系数，W/（m·℃）（不同温度下的数值见附录）。

查表 9-3 得水的 20℃物性指数如下：$\lambda = 0.598$W/（m·℃），$\nu = 1 \times 10^{-6}$m²/s，$Pr=$

7.06，$t_3 = 100℃$，$t_0 = 20℃$。

将物性指数代入式（9-8）~式（9-10）整理后得：

$$u_{沸} = \left(\frac{qd^{0.2}}{10^5}\right)^{1.25} \tag{9-13}$$

式（9-13）即为管壁温度达100℃而产生局部沸腾时的水流速，亦即为避免局部沸腾产生气泡、增大热阻、降低水冷能力的临界水流速。故冷却水通道中水流速应大于$u_{沸}$，即$u > u_{沸}$。水流速u的实际选用值与冷却水通道结构关系很大。实际上，对一般腔式（水冷箱结构）水流速较低，很难大于0.7m/s；水冷箱内采用导流板后，可达约1.2m/s；管式水冷炉壁中为1.2~2.5m/s。

4. 管径d与壁厚

水流速确定之后，根据所需水流量即可计算管径d。式（9-4）与式（9-5）中冷却水流量G为流经整个水冷面积S的流量，即全炉水冷块流过的总水流量，若S面积分为N块，单块水流量与管径关系计算如下：

$$\frac{G}{N} = \frac{\pi d_支^2}{4} u\rho \times 3600 \tag{9-14}$$

式中　$d_支$——通入单块水冷炉壁的水管直径，m；

　　　G——流经整个水冷面积S的流量，m/s。

目前，50t以上电弧炉的单块水冷炉壁管径绝大多数为$d_支 = 0.05m$，管壁厚度又多在$L_{Fe} = 0.010 ~ 0.012m$上选择。

5. 平衡挂渣厚度

平衡挂渣厚度计算如下：

$$L_s = \left(\frac{t_1 - t_0}{q} - \frac{1}{\alpha_{Fe}} - \frac{L_{Fe}}{\lambda_{Fe}}\right)\lambda_s \tag{9-15}$$

式中，$\lambda_{Fe} = 44.99W/(m·℃)$；$\lambda_s = 3.48W/(m·℃)$；$L_{Fe}$为水冷管壁厚度。

为计算L_s，式（9-15）中需求出水冷管内对流传热系数α_{Fe}。按式（9-8）和式（9-10）计算管内对流传热系数：

$$\frac{\alpha_{Fe}d}{\lambda} = 0.023Re^{0.8}Pr^{0.4}$$

即：

$$\alpha_{Fe} = 0.023Re^{0.8}Pr^{0.4}\lambda/d \tag{9-16}$$

式中　λ——水在平均温度约30℃时的导热系数，$\lambda = 0.598W/(m·℃)$。

根据式（9-15）可估算出挂渣层厚度L_s，为了保证其厚度，水冷壁表面设有挂渣钉或挂渣筋板，约占水冷面积的1/3。

例如：水冷炉壁热流$q = 0.13 \times 10^6 W/m^2（0.47 \times 10^6 kJ/(m^2·h)）$，冷却水平均温度$t_0 = 30℃$，管径$d = 0.07m$，水流速$u = 1.6m/s$。将30℃水的物性指数代入式（9-16），得$\alpha_{Fe} = 5157W/(m^2·℃)$。若已知管壁厚10mm，计算挂渣层厚度，得$L_s = 0.033m$。

6. 综合传热系数

水冷壁的综合传热系数U计算如下：

$$U = \frac{1}{\frac{1}{\alpha_{Fe}} + \frac{L_{Fe}}{\lambda_{Fe}}} \tag{9-17}$$

综合传热系数标志着水冷炉壁的散热能力强弱，当 U 大时，可保证挂渣层的稳定，保持一定厚度。图 9-10 所示传热模型中 t_2 温度不应过高。

上例中，若 $\alpha_{Fe} = 5157W/(m^2 \cdot ℃)$，$L_{Fe} = 0.010m$，$\lambda_{Fe} = 44.99W/(m \cdot ℃)$，计算得：$U = 2402W/(m^2 \cdot ℃)$。设挂渣钉长 0.04m，其综合传热系数 $U = 923.36W/(m^2 \cdot ℃)$。

为提高水冷壁的可靠性，要求在最恶劣条件下必须保证水冷壁的表面温度 t_2（对碳素钢）应小于 500℃。因此计算临界的综合传热系数 U'，要求实际的水冷炉壁 $U > U'$。U' 计算如下：

$$q = \frac{t_2 - t_0}{\dfrac{1}{U'}}$$

式中 t_2——挂渣层与冷却水管接触面温度，$t_2 < 500℃$；

t_0——冷却水平均温度，$t_0 \approx 30℃$。

即：

$$U' = \frac{q}{t_2 - t_0}$$

若 $t_2 - t_0 = 500 - 30 = 470$（℃），则：

$$U' = 2.13 \times 10^{-3} q \tag{9-18}$$

当 $q = 0.13 \times 10^6 W/m^2$ 时，$U' = 277W/(m^2 \cdot ℃)$。

挂渣钉长度为 0.04m，热流 $0.31 \times 10^6 W/m^2$，计算得 $U = 659W/(m^2 \cdot ℃)$。比较计算的 U 与 U'，$U > U'$（657 > 277）。

7. 临界热流量与最大热流量

当各项主要参数计算确定之后，即水流量、流速、水流通道尺寸及对流传热系数已确定。此时所设计的水冷炉壁就可以承受给定的热负荷，传递热流强度为 q 的热流，并保持一定的挂渣层厚度。若炉壁热负荷波动，或者挂渣层脱落、熔蚀，则水冷壁将承受较大的热流量，如继续增大以致产生局部沸腾，则此时的热流强度称做局沸热流，为热流的临界值。此值可以使用对流传热方程估算：

$$q_{临} = \alpha(t_3 - t_0)$$

如用前边计算得到的 $\alpha_{Fe} = 5157W/(m^2 \cdot ℃)$ 与 $t_3 - t_0 = 100 - 30 = 70$（℃），计算得：$q_{临} = 5157 \times 70 = 0.36 \times 10^6 W/(m^2 \cdot ℃)$。

当热流超过临界热流值并继续增大时，水冷板或水管中的水由泡状沸腾转为膜状沸腾，此时，热阻急剧增大恶化了传热条件而引起水冷壁烧毁，此时的热流称做最大热流。若使用软水循环冷却，或者用较大的冷却水流速以防止局部沸腾，则水冷壁的临界热流就是最大热流，为水冷壁的烧毁点。可应用麦克亚当斯经验式估计最大热流值：

$$q_{最大} = 3.19[4 \times 10^6 u^{1/3} + 4800(t_3 - t_0)u^{1/3}] \tag{9-19}$$

若 $t_3 = 100℃$，$t_0 = 30℃$，$u = 1.6m/s$；则 $q_{最大} = 1.62 \times 10^7 W/m^2$。

五、水冷炉壁的试压检验

水冷炉壁在使用前，必须经过水压实验，试验压力为使用压力的 1.5 倍，在试验压力下稳压 10min，再降至工作压力，保压 30min，以压力不降、无渗漏为合格。通水试验，进、出水应畅通无阻，连续通水时间不应少于 24h，无渗漏。使用时，随时注意水压和水流情况。

第四节　炉门装配

炉门装配由炉门框、炉门、炉门槛及炉门升降机构几部分组成，如图9-11所示。

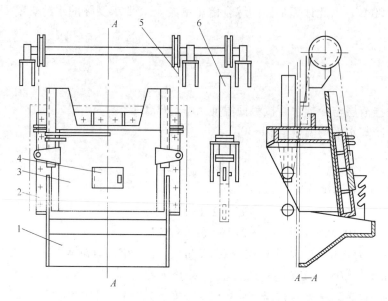

图9-11　炉门装配结构
1—炉门槛；2—"∏"形焊接水冷门框；3—炉门；4—窥视孔；5—链条；6—炉门升降机构

一、炉门

炉门供观察炉内情况及扒渣、吹氧、测温、取样、加料等操作用。通常只设一个炉门，与出钢口相对。大型电弧炉为了便于操作，常增设一个侧门，两个炉门的位置互成90°。

炉门高度一般为熔池直径的0.25~0.3倍，炉门的宽度为炉门高度的0.8倍。对于3t以下的电炉，炉门用钢板焊成，在炉内面可以做成砌筑耐火材料的炉门。3~30t普通电炉炉门可以做成内部通水的夹层式的炉门。对于大中型超高功率的电炉炉门采用水冷管式炉门比较多见。水冷管式炉门其厚度不用做得太厚，一般选用内径20~25mm，壁厚5mm的无缝钢管，材质为20g，内衬厚度为8~12mm的普通碳钢钢板即可。同时使门内衬比门框内边大50~100mm。炉门的进、出水管与冷却水接口处，尽量避开炉门高温处和防止炉门向外喷火烧坏水冷管，同时要考虑维护水冷管路的方便。

对炉门的设计要求是：在靠炉门框的一面要平整能贴紧门框，长期使用不变形，升降简便、灵活，牢固耐用，各部件便于装卸与维护。

二、炉门框

中小型普通功率电炉的炉门框是用钢板焊成上面带有拱形的"∏"形水冷箱。其上部伸入炉内，用以支承炉门上部的炉墙。炉门框的前壁与炉门贴合面一般做成倾斜的，与垂直线成 5°~12°夹角，以保证炉门与炉门框贴紧，防止高温炉气、火焰大量喷出，减少热量损失和保持炉内气氛。为防止炉门在升降时摆动，在炉门框上应设有导向装置。

对于采用耐火材料为炉衬时，门框上部伸入炉内的长度较耐火材料为炉衬的厚度少 50~100mm，用以支持炉门上部耐火材料的炉衬，使之不易塌陷。小型普通功率电炉炉门框采用板式夹层水冷式。

对于采用管式水冷炉壁作为炉衬时，炉门框也应采用管式水冷式。门框上部伸入炉内的长度和炉壁装入炉内的厚度相等即可。

水冷门框的高度不可做得过高，以防止用户超装或扒渣时，钢水进入到炉门框的下部而烧坏炉门框，使冷却水进入钢液中发生爆炸事故。

对于箱式水冷炉门框，水冷层厚度在 30~60mm，采用普通碳钢钢板焊接即可。对于管式水冷门框，一般选用内径 30~50mm，壁厚 8~10mm 的无缝钢管，材质为 20g 即可。

从使用效果上看，管式水冷门框寿命较长，维修量较少；而箱式水冷门框寿命较短，维修量较大。

三、炉门槛

炉门槛连接在炉壳上，上面砌有耐火材料，作为出渣用。一般把炉门槛做成斜底，以增加炉衬的厚度，用来防止在炉门槛下面发生漏钢事故。多数厂家在炉门槛端部横放一短电极，这样不仅会保护炉门槛，而且使扒渣操作更加方便，使用寿命较长。

四、炉门提升装置

炉门升降要求灵活、稳重、不被卡住，并能停留在任何位置上。炉门上升靠外力，下降靠自重或外力。开启的外力应留有足够的潜力，以克服炉门、炉门框受热变形后的附加阻力。炉门沿炉门框的对称轴上升和下降灵活，不能存在卡阻现象。

小于 3t 的电炉，炉门一般用手动升降，它是利用杠杆原理进行工作的。大于 3t 的电炉炉门升降采用液压或气动。气动的炉门升降机构其炉门悬挂在链轮上，压缩空气通入气缸带动链轮转动而打开炉门，在要关闭时将压缩空气放出，炉门依靠自重下降而关闭。液压传动的炉门升降比气动的构造复杂，但能使炉门停在任一中间位置，而不限于全开、全闭两个极限位置，有利于操作并可减少热损失。

炉门升降缸由于处在高温区，一般应采用冷却水进行冷却，以防止温度过高而使密封件寿命过短或使液压介质温度过高。炉门升降缸的进、出水管接口处尽量避开炉门高温处和防止炉门向外喷火烧坏管路，同时要考虑拆装管路的方便。如能使升降缸安装位置避开高温区或加保护则更好。

第五节 出 钢 机 构

电弧炉出钢机构是随着出钢方式不同而有多种结构方式。出钢方式根据电炉工艺要求不同有槽出钢、偏心底出钢、虹吸出钢和底出钢等。

10t 以下小型电炉和冶炼不锈钢品种的电炉，一般采用槽出钢方式。冶炼时，要求不带渣出钢的电炉一般采用偏心底出钢、虹吸出钢方式。也有采用炉底出钢方式，但是应用最广的是槽出钢和偏心底出钢。

一、槽出钢

传统的槽式出钢方法是在用渣覆盖钢液的状态下出钢的。其主要目的是防止钢液温度降低、提高脱硫率、防止钢液氧化。出钢槽开在炉门的对面，一般比炉门口高 100～150mm。出钢槽的长度，在保证倒清钢水的前提下越短越好，以减少出钢时钢液的二次氧化和吸收气体。但对于采用天车吊包出钢时，一定要注意出钢槽过短则会使天车吊钩钢丝绳与电极及炉体相干涉。对于横向布置异跨出钢的电炉出钢槽应长一些，一般都在 2m 以上。出钢口直径在 120～200mm 之间，冶炼时用镁砂或碎石灰块堵塞，出钢时用钢钎打开。出钢时，钢液随着出钢槽的倾斜流出，所以钢液点的位置会有很大的变化，调整承接钢液钢包的位置是很浪费时间的。

出钢槽由钢板焊成（梯形状），连接在炉壳上，槽内砌有大块耐火砖。出钢槽目前大多数厂采用预制整块的流钢槽砖砌成，使用寿命长，拆装也方便。为了防止出钢口打开后钢水自动流出及减少出钢时对钢包衬壁的冲刷作用，出钢槽与水平面成 5°～12°的倾角，出钢槽结构示意图如图 9－12 所示。出钢槽是一个易损件，特别是头部经常与钢水接触，很容易损坏，为此，常把出钢槽设计成体部和头部两段。当头部损坏时，只要更换出钢槽头部即可，这样既省时又经济。

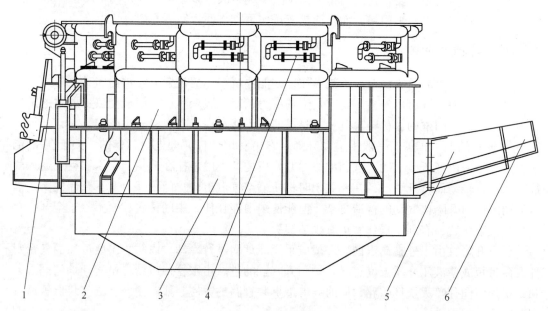

| 1 | 2 | 3 | 4 | 5 | 6 |

图 9－12　出钢槽结构示意图

1—炉门装配；2—上炉体；3—下炉体；4—水冷炉壁；5—出钢槽；6—出钢槽槽头

二、偏心底出钢

（一）偏心底出钢结构特点

偏心炉底（EBT）出钢系统结构不同于槽出钢电炉。在出钢一侧有一凸腔部分，断面为鼻状椭圆形。在凸腔部分的底部布置出钢口，用以完成电炉的出钢工作，如图9-13所示。冶炼时，出钢孔用耐火材料充填后埋在钢液下面，出钢时打开出钢口后在钢水自重的作用下，冲开出钢孔使钢液自动流出。

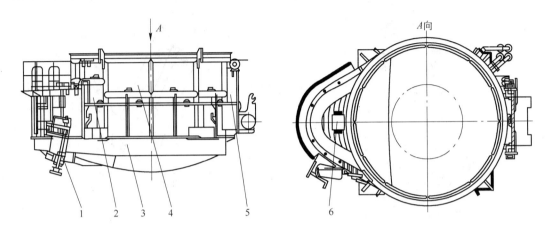

图9-13　偏心底出钢电炉炉体装配图

1—出钢口开闭机构；2—上炉体；3—下炉体；4—水冷炉壁；5—炉门装配；6—填料口盖板

（二）出钢口开闭方式

偏心底出钢口的开闭机构有翻板式、旋开式和插板式三种。

1. 翻板式

翻板式偏心底出钢的开闭机构结构如图9-14所示。

翻板式偏心底出钢开闭机构虽然结构较为简单、可靠，但在出钢打开时，翻板下垂距离钢水较近，受高温烘烤程度相对较强，寿命较短。翻板式出钢口开闭机构会增加钢包上口与出钢口距离，会延长出钢时间，降低钢水温度，影响钢水质量。因此，该种结构方式很少被采用。

2. 旋开式

旋开式偏心底出钢的开闭机构结构如图9-15所示。

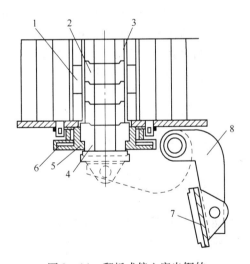

图9-14　翻板式偏心底出钢的
开闭机构结构示意图

1—出钢口砖；2—损耗砖；3—可浇注的耐火材料；
4—尾砖；5—防松法兰；6—水冷底环；
7—石墨板；8—翻板式盖板

旋开式偏心底出钢的开闭机构由于结构简单、可靠，距离钢包上口相对较远，受高温烘烤程度相对较弱，使用较多。该种结构方式的设计注意点是：

（1）由于水平旋转臂处于高温环境下工作，最好通水冷却以防止受热变形，如果不能通水冷却也要做好防热保护。

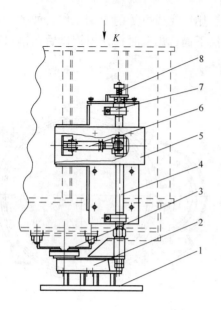

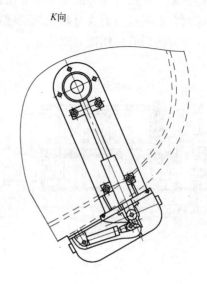

图 9 - 15 旋开式偏心底出钢的开闭机构结构示意图

1—挡火板；2—转臂；3—石墨盘；4—旋转轴；5—液压缸罩；6—液压缸；7—轴承座；8—弹簧

（2）要有足够的机械强度。

（3）托盘的上下位置应能调整且方便可靠，以保证托盘的托砖与出钢口托砖接触良好。

（4）旋转灵活、可靠，既可自动又可手动。

（5）自动打开控制要有连锁装置，用以防止误操作。

3. 插板式

插板式偏心底出钢的开闭机构结构如图 9 - 16 所示。

三、炉底中心出钢

炉底中心出钢（CBT）电炉结构简单，如图
9 - 17 所示。扩大了炉壁的水冷面积，能最大限度地输入电能，但不能无渣出钢。

图 9 - 16 插板式偏心底出钢的
开闭机构结构示意图

四、偏位炉底（OBT）出钢

OBT 椭圆炉壳类似于 EBT 炉，但无偏心区，又类似于 CBT 炉。该法出钢孔的角度大，离炉底中心距离也大。该结构电炉结构简单、维修方便、经济、生产率高。炉底的出钢系统偏置于长轴一侧，出钢用滑动水口控制。

五、RBT 底出钢方式

RBT 是圆形底出钢方式。出钢口位置在炉底周围附近，既无低温区又减少出钢时的卷渣量。出钢过程中有出钢量的连续称量和炉子倾动角度的连续测定，可全自动出钢操作。

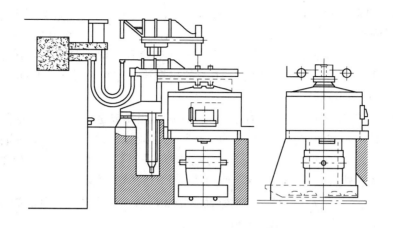

图 9 - 17 炉底中心出钢电炉结构

RBT 出钢方式可使等高度水冷炉壁备件量减少，炉壁水冷面积增大，炉壁和渣线耐火材料砌筑方便。出钢孔填料的操作可完全由遥控控制。出钢孔采用滑板系统，用水冷夹套外加喷涂料的防热设计。

六、水平无渣出钢（HT）及水平旋转（HOT）出钢

该方法的优点是：关闭出钢口的横板横向移动，总高度低，使出钢口至钢包顶端距离缩短到最短程度，这样出钢使钢水流程更短，并便于给钢包加盖出钢。

七、滑动水口式出钢

滑动水口式出钢装置类似于钢包的滑动水口，如图 9 - 18 所示。

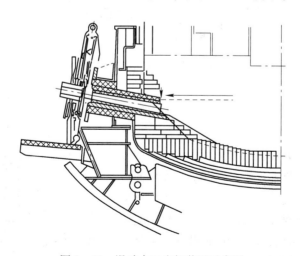

图 9 - 18 滑动水口出钢装置示意图

滑动水口出钢口在电炉和转炉上均可使用。其结构和钢包滑动水口相似，只是比较大，操作也基本相同。与滑动水口机构配合的出钢口系统，由 MgO - C 质内管和座砖组

装而成，与滑动水口同心并紧密配合，优点是改善了工作环境，免去了频繁的出钢槽修补工作，使出钢控制容易，且使炉内钢液残留量减少到最小，而滑板的使用寿命可达30 次以上。同时，由于固定的钢液面减少了渣线的修补，耐火材料也明显降低。

英国的 1280 型滑动水口装置代替了传统的出钢槽，水口直径为 200mm，最高浇注速度为 20t/min，对于 100t 电炉出钢时间为 4～5min。

该装置阻止炉渣在出钢时留入钢包。在操作中，当排放至钢包的钢水达到需求量（由称重计量设备显示）或者看到有渣出现时，由液压系统操作，将耐火材料滑板关闭，切断时间仅 1s，能非常精确地控制钢水流量，并能防止任何炉渣被带出，从而改善了钢的性能，能生产出硫、磷含量低的纯净钢。使用滑动水口取得的效果如下：

（1）任意排渣，不仅能做到无渣出钢而且增加产量、降低电耗、电极消耗；

（2）增加合金回收率，出钢温度损失减少；

（3）一套耐火材料滑板最高使用寿命可浇注次数达到 48 次，炉内的耐火材料也随之降低；

（4）投资可在 6 个月内收回。

八、低位出钢

图 9 - 19 所示为低位出钢电炉结构示意图。电炉出钢口在钢水底部，这种电炉可以做到无渣出钢，操作简单，易于维护。

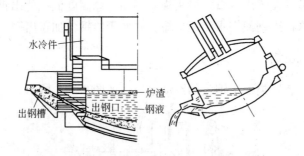

图 9 - 19 低位出钢电炉结构示意图

九、塞棒出钢口

塞棒出钢口如图 9 - 20 所示。

塞棒出钢即炉底侧面出钢（STB），即为低位出钢加塞棒开关的出钢口。电炉出钢口塞棒和钢包塞棒操作一样，易于维护，据称美国在 200t 电弧炉上使用，可使带渣量控制在 250kg 以下。用这一装置配以留钢操作，用 5～6kg/t 脱硫渣，脱硫率可达 70%～80%；用 2kg/t 的 Ca - Si 粉，脱硫率可达 90%；Al 需要量减少 0.5kg/t；Si 收得率提高 10%。

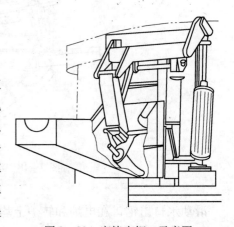

图 9 - 20 塞棒出钢口示意图

第六节　电弧炉炉衬的砌筑

电弧炉炉衬是指电弧炉熔炼室的内衬，包括炉底和炉壁。炉衬有碱性炉衬和酸性炉衬两种，绝大多数电弧炉都采用碱性炉衬。电弧炉炉衬形状如图 9 - 21 所示。

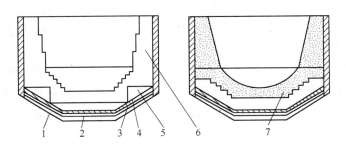

图 9 - 21　电弧炉炉衬形状砌筑示意图

1—炉壳；2—石棉板；3—硅藻土粉；4—黏土砖；5—镁砖；6—沥青镁砂砖；7—镁砂打结层

一、炉底衬的结构与砌筑

对电弧炉的炉底结构的要求是：耐高温，导热系数小，抗热震性能好，抗渣性好，高温下有足够的机械强度，结构严密不会渗漏钢液和熔渣等。

（一）早期的电弧炉砌筑法

电弧炉的炉底结构在过去自下而上分为绝热层、永久层（砌砖层）和工作层三部分。

（1）绝热层。10 ~ 30mm 厚，一般由石棉板作为绝热层。

（2）永久层。15 ~ 20t 电炉永久层厚度为 295mm，25 ~ 30t 电炉永久层厚度为 360mm，30t 以上电炉永久层厚度可适当增加一定厚度，一般由黏土砖作为永久层。

（3）工作层。1 ~ 5t 电炉工作层为 200mm 左右，10 ~ 30t 电炉工作层为 300mm 左右，30 ~ 50t 电炉工作层为 400mm 左右，50 ~ 80t 电炉工作层为 500mm 左右，100t 以上电炉工作层可适当增加一定厚度，一般由镁碳砖或镁砂打结作为工作层。

（二）近期的电弧炉砌筑法

近年来，电弧炉炉底砌筑通常有两层，即永久层和工作层，但是，这样做的结果使热量散失得更多一些。

（1）永久层（也称绝热层）。永久层是炉底最下层，它的作用是减少电炉的热损失，并保证熔池上、下钢水的温差小。通常的砌筑法是在炉壳上先铺一层 10 ~ 20mm 厚的硅藻土粉或石棉板（近年来也常有不被采用，但是石棉板是绝缘材料，用它可以减少钢液向外散热，同时也起到防止钢板受热变形的作用），上面再平砌一层厚度为 65mm 的绝热砖（镁砖），砖缝应小于 2mm，永久层的总厚度一般为 65 ~ 80mm。

（2）工作层。永久层上面是工作层，它直接与钢水接触。热负荷高，化学侵蚀严重，机械冲刷作用强烈，极易损坏，因此，必须保证它的质量。

工作层成形方法有打结、振动和砌筑三种。目前用得最多的是炉底镁砂打结及炉壁用镁碳砖砌筑。

（1）打结成形。打结用镁砂的粒度应有恰当的配比，打结要分层进行。第一层 30 ~ 40mm 为宜，以后各层要小于 20mm。炉底打结层总厚度（炉底中心处）约为 500 ~ 800mm。

（2）振动成形。振动成形的原理在于材料在较高的频率和小振幅的振动作用下，小粒和细粉会像液体一样钻到大颗粒间隙中，从而提高材料的密度。所用原料与人工打结相似，但配比应有所区别。

（3）砌筑成形。各种原材料按比例均匀混合后，制成炉衬砖，然后根据图纸要求尺寸砌筑。炉底用沥青、镁砂砖。无碳炉衬用卤水、镁砂砖。砌筑时砖缝要错开，缝隙要小于2mm，用填料填紧。在炉坡处以均等阶梯距离环砌熔池深度，熔池各圈直径误差必须保证不大于 20mm。

对于超高功率电弧炉，炉底一般采用烧制成的白云石 - 炭砖砌筑，也有采用镁砂和白云石散装料捣打成形的。

为避免电极穿井到炉底时电弧直接烧坏炉坡，熔池底部直径应大于电极极心圆直径300 ~ 500mm。

不用电磁搅拌钢液的电炉，其炉底厚度约等于熔池深度。

对于槽出钢的炉底，一般最大倾动角度在 40°左右才能出尽钢水。为此，出钢口侧处炉坡角度不能大于 35°，否则会出现钢水倒不净的现象。

二、炉壁的结构与砌筑

在冶炼过程中，炉壁（墙）除承受高温、急冷急热作用外，还承受炉气、烟尘、弧光辐射作用和料筐的碰撞与振动等；又由于渣线部位与熔渣和钢液直接接触，化学侵蚀、渣钢的冲刷相当严重。因此，砌筑的炉墙在高温下应具有足够的强度及抵抗冲刷与冲击的能力。炉墙与炉底炉坡紧密相接，也分为绝热保温层和工作层。绝热保温层紧靠炉壳，是由10 ~ 20mm 的石棉板和里面竖砌一层砖缝不大于 1.5mm 的 65mm 厚的镁砖组成。砌砖层的作用主要是加强炉壁的坚固性。炉壁的工作层常见的用镁碳砖砌筑。

三、水冷炉壁衬

水冷炉壁衬是指水冷挂渣炉壁与水冷挂渣炉盖所采用的内衬。

水冷挂渣炉壁使用开始时，挂渣块表面温度远低于炉内温度，炉渣、烟尘与水冷块表面接触就会迅速凝固。结果就会使水冷块表面逐渐挂起一层由炉渣和烟尘组成的保护层。当挂渣层的厚度不断增长，直至其表面温度逐渐升高到挂渣的熔化温度时，挂渣层的厚度保持相对稳定状态。如果挂渣壁的热负荷进一步增加，挂渣层会自动熔化、减薄直至全部脱落。由于挂渣块的水冷作用，致使挂渣层表面温度迅速降低，炉渣和烟尘又会重新在挂渣块表面凝固增厚。由于水冷块受热面的挂渣层受它自身的热平衡控制，自发地保持一定的平衡厚度，从而使水冷炉壁寿命较长。

但应注意，热应力会导致水冷箱钢板变形或焊缝开裂漏水，所以对于热负荷高的挂渣炉壁，在挂渣面上尽量不要出现焊缝，而且在使用之前最好向水箱表面涂抹一层耐火材料。

四、EBT 出钢口结构与砌筑

出钢口套砖分内外两层，外层为套砖，内层为套管。

（1）套砖。出钢口外层由 3 ~ 4 节长约 203mm 的镁质或电熔镁砂的镁质套砖（袖砖）砌筑而成。

（2）管砖。管砖孔径尺寸应根据炉子容量、出钢时间等因素决定，一般内径为 120 ~ 250mm，出钢口管砖主要为镁碳质。在管砖与套砖之间使用镁质干式捣打料充填。

（3）尾砖。位于出钢口下部的尾砖（端砖）使用石墨质或镁碳质。尾砖下面是出钢口托盘盖板，盖板材质是石墨质材料。

在电炉装料之前，先用石墨质盖板封住出钢口后，将出钢口填入干状耐火颗粒料（镁橄榄石砂等）的引流砂后再装料进行冶炼。

偏心区出钢口用耐火材料示意图如图9-22所示。

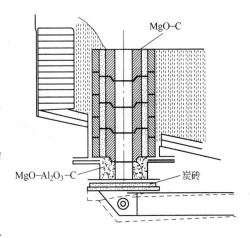

图 9 – 22　偏心区出钢口用耐火材料示意图

五、出钢槽的砌筑

对于槽出钢的电弧炉出钢槽的砌筑方法有：

（1）砌砖出钢槽。采用锆质砖辅以抗钢水冲刷的氧化硅进行砌筑，使之对钢水的黏附、冲刷和对熔渣侵蚀具有良好的抗侵蚀作用。

出钢槽的质量好坏对出钢过程中钢液的二次氧化、钢液的降温以及钢的内在质量均有严重的影响。目前出钢槽有三种砌筑方法：

1）工作层用与出钢槽形状相似的异型砖砌筑，底部和周围用卤水镁砂填实。

2）工作层用黏土砖砌筑，底部和周围用卤水镁砂填实。

3）采用耐火混凝土直接成形。

出钢槽的工作面应该平整、结实、密缝，保证出钢的顺利进行。

（2）预制出钢槽。采用预制大块砌筑出钢槽砖缝最小，对延长出钢槽寿命有利，同时减少施工时间，能机械吊装，安装后即可使用。

预制出钢槽的浇注料是以氧化铝为骨料，碳化硅与鳞片石墨为主要原料，并加特殊超细粉、分散剂。用低水泥浇注料、铝碳质预制块砌出钢槽，使用寿命已达 120 炉左右。

（3）整体出钢槽。出钢槽普遍采用不定形耐火材料制作，整体性好、寿命高、成本低。所用材料有采用酚醛树脂作结合剂的捣打料或用非水泥系作结合剂的振动浇注料，一般可在现场配置和施工。

（4）出钢口的砌筑。图9-23所示为槽出钢电弧炉炉体砌筑简图。炉体出钢口的砌筑，通常情况是出钢口下部为矩形，上部为半圆形。该口砌筑尺寸的大小通常由炉子大小决定，但无论炉子大小，其出钢时间是差不多的。所以，大炉子开口就大一些，而小炉子开口相对就要小一些。一般情况下取 $150 \leqslant R \leqslant 250$，$R \geqslant H \geqslant 0.5R$。

正对于出钢口的炉体下部炉衬坡度 Q，对于新炉衬通常要求 $Q \leqslant 35°$，以保证炉底消耗后，炉体倾动到最大角度以前钢液已经全部出尽。

（5）其他部位的砌筑。炉底与炉体等其他部位的砌筑，对于槽出钢电弧炉炉衬与偏心底炉衬的砌筑是一样的，这里就不再重述了。

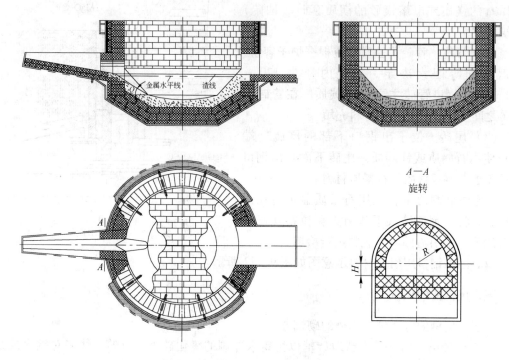

图 9 – 23　槽出钢电弧炉炉体砌筑简图

第十章 炉盖装配

目前，炉盖根据电弧炉功率不同分为砌砖式炉盖圈、箱式水冷炉盖、管式水冷炉盖及雾化炉盖。炉盖的种类、使用场合特点见表10-1。

表10-1 炉盖的种类、使用场合和特点

种 类	使用场合	特 点
砌砖式炉盖圈	普通功率电弧炉	制造简单，易变形，使用寿命短，挨着炉盖衬的下部盖圈容易开裂，热量损失小；需要用耐火材料砌筑成整体炉盖，电极孔处安放水冷环
箱式水冷炉盖	高功率电弧炉	制造复杂，易变形，容易出现冷却死点，造成冷却不均，易开裂，使用寿命较长，热量损失较小，三个电极孔处需要用耐火材料及内附耐火材料
管式水冷炉盖	超高功率电弧炉	制造复杂，冷却效果好，使用寿命长，热量损失大，需要在电极孔处预制整体中心小炉盖及内附耐火材料
雾化炉盖	所有功率	它是在炉盖外表面采用雾化冷却通水部位，采用未加压的水，即便产生裂纹，由于水的泄漏量小危险性小

第一节 炉盖圈与电极水冷圈

一、炉盖圈

炉盖圈要承受全部炉盖砖的重量，要有足够的强度，为防止变形，采用箱式通水冷却。箱体内圈和耐火砖接触面要做成倾斜形炉盖圈（见图10-1），其倾斜与底边夹角理论上为 $\alpha = 22.5°$，这样在砌筑炉盖时可不用拱脚砖（也称托砖），但实际上，其倾斜与底边夹角通常 $\alpha > 22.5°$。

炉盖圈的外径尺寸应比炉壳外径稍大些，以使炉盖全部重量支承在炉壳上部的加固圈上，而不是压在炉墙上。炉盖圈与炉壳之间必须有良好的密封，否则高温炉气会逸出，不仅增加炉子的热损失和使冶炼时造渣困难，而且容易烧坏炉壳上部和炉盖圈。在炉盖圈外沿下部设有刀口，使炉盖圈能很好地插入到加固圈的砂封槽内。这就要求炉盖环的外径要大于炉体外径，两者间隙要在 30~50mm。这样不仅能保证炉体与炉盖密封，而且使炉盖打开与关闭容易。

经验认为，炉盖圈在挨着炉盖衬的内环下部一圈因其受冷热变化频繁，在此处产生的应力变化较大，容易开裂。为此，此处是设计者应当引起重视的部位。经验认为，将此处改为环管与上下板焊在一起使用寿命较长。

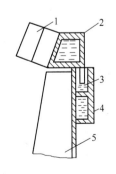

图10-1 倾斜形炉盖圈
1—砌砖炉盖；2—炉盖圈；
3—炉体砂槽；4—炉体水冷
加固圈；5—炉墙

二、电极水冷圈

对于采用炉盖圈的耐火材料砌筑的炉盖，必须在三根电极孔处砌筑电极圈砖。同时必须在电极和电极圈砖之间加电极水冷圈进行密封，否则会使大量的烟气从电极孔处冒出。由于此处氧化反应激烈，不仅会使炉盖砖损坏严重，而且使电极在此处变细。电极水冷圈一般用 5~10mm 厚度钢板焊接成凸台箱（也有用细无缝钢管缠绕而成，但使用效果不好），内径比电极直径大 40~60mm，高度为电极直径的 0.5~1 倍。大电极取小值，小电极取大值。为了减少电能的损失，电极水冷圈不宜做成一个整环（整环会产生涡流），而是在圆环上留有 20~40mm 的间隙，以避免造成回绕电极的闭合磁路。对于大型电炉的电极水冷圈，是用无磁性钢制成的。电极水冷圈结构示意图如图 10-2 所示。

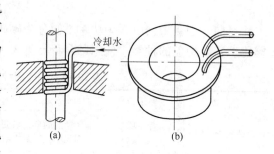

图 10-2　电极水冷圈
(a) 蛇形管式；(b) 环形水箱式

通常电极水冷圈嵌入炉盖砖内，仅留一个凸台在炉盖砖上面，凸台高度为 80~100mm，这样可以提高炉盖衬使用寿命。电极水冷圈及其进出水管应与炉盖环绝缘，以免导电起弧使密封圈击穿。如果炉盖砖在高温下电阻不够（尤其是在中心部位），或者水冷圈对地绝缘性不好，则在水冷圈与电极之间有可能产生电弧，击穿水冷圈。密封圈的设计应综合考虑电耗和冷却效果。为了得到更好的密封性，常在电极与水冷圈之间通惰性气体强制密封，其结构形式如图 10-3 所示。

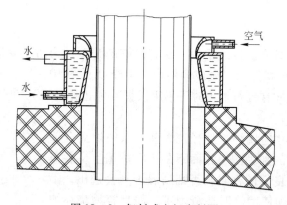

图 10-3　气封式电极密封圈

第二节　箱式水冷炉盖

一、箱式水冷炉盖的结构形式

箱式水冷炉盖有全水冷炉盖和半水冷炉盖两种。但是，半水冷炉盖由于很少采用，这里就不做介绍。箱式全水冷炉盖如图 10-4 所示。

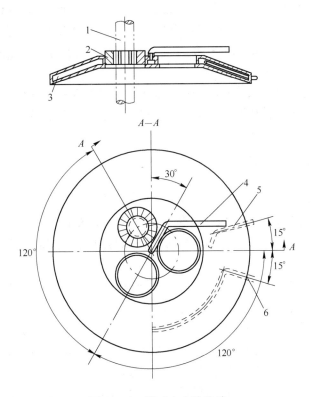

图 10 - 4　箱式全水冷炉盖
1—石墨电极；2—耐火砖；3—炉盖体；4—出水管；5—进水管；6—进水管

　　水冷炉盖由上盖板和下盖板两部分用锅炉钢板焊接而成。箱式水冷炉盖是在水冷环炉盖的基础上，增加两层拱形钢板焊接而成的全水冷炉盖。根据受热程度不同，上盖钢板可以薄一些，一般钢板的厚度为 8 ~ 10mm。下表面工作条件恶劣，钢板厚一些，一般钢板的厚度为 12 ~ 16mm。炉盖拱高在炉壳内径的 1/6 ~ 1/8 之间（或熔池上口直径的 1/9 ~ 1/10）。水冷炉盖的厚度为 220 ~ 250mm。但其顶部中心较平，也有的采用球缺体状冷压成形，然后对焊在一起，有的在上下层钢板之间采用撑筋的增强措施，所有的焊缝尽量采用双面焊。焊好后应进行消除内应力的热处理及水压试验，水压为 0.6MPa，并要求保持 30min 不渗漏。以压力不降、无渗漏为合格。通水试验，进、出水应畅通无阻，连续通水时间不应少于 24h，无渗漏。使用时，随时注意水压和水流情况。

　　进水管设在炉盖圈下部，冷却水由炉盖圈里侧钢板处的均匀分布的进水孔进入炉盖，而由中央部位最高点的出水口流出。

　　水冷炉盖下层钢板上焊有挂渣钉，并不砌筑耐火材料，而是靠炉渣飞溅结壳保护。如果能在冶炼之前用 10mm 厚的石棉泥或水玻璃做成保护层，再在上面用卤水镁砂或其他耐火材料打结成厚度在 60mm 来保护炉盖效果更好。

　　如果在炉盖使用前，先在受热面均匀焊有直径 50mm、壁厚 5mm、高度为 50mm 左右的钢管，并使管间距离在 10 ~ 20mm，这种管群就是所谓的衬骨。然后用镁砂和耐火泥以及卤水混合组成衬料打结捣固，自然干燥 48h 以上即可使用，则炉盖的使用寿命会更长。

为防止电极与炉盖钢板碰撞而将炉盖击穿，在电极孔处预制耐火材料套管。使用效果证明这种炉盖使用寿命可达到 2000～3000 炉。若进出水温差控制得当，这种炉盖对冶炼指标并无明显影响。耗电量增加也不多，制作时应焊接牢固，使用时经常检查。这种炉盖一般在中高等级功率的电弧炉上使用。

由于箱式水冷炉盖的出水是从炉盖上端溢出，如果炉盖内部水流不畅，就会造成整个炉盖冷热不均，使炉盖局部应力过大造成焊缝经常开裂，增加了维修量，减少了炉盖使用寿命。

二、箱式水冷炉盖设计时的注意事项

箱式水冷炉盖设计时应注意以下几点：

（1）进水点要处于炉盖的下部位，进水点尽量均匀布置在炉盖的四周，经验证明用 20g 无缝钢管做成圆环形骨架，把它做成进水管并焊接在靠近炉内侧斜板与底板的连接部位效果很好。

（2）在水冷腔内部均匀布置支架，使上下板连接可靠，以防止水冷箱的变形；同时要考虑支架不能影响水的流通性。

（3）出水点要设在炉盖的最高位置。

（4）箱式水冷炉盖的电极孔都要安装用耐火材料预制的凸台式绝缘套管，用来防止水冷炉盖与电极之间有可能产生电弧，击穿水冷炉盖。套砖厚度不小于 50mm。

（5）在箱式水冷炉盖的内弧形面尽量避免出现焊接接口焊缝，以减少漏水现象。

第三节 管式水冷炉盖

一、炉盖结构形式

管式水冷炉盖是用 20g 无缝钢管制造成上下两个环形支架为框架，同时兼做水分配器和集水器，悬挂一块或几块扇形排管式水冷块构成水冷炉盖。其中心部分由一排倒锥管式水冷环中间镶嵌耐火材料中心炉盖组成。中心部件外侧有一平面，用于安装水冷排烟管道。管式水冷炉盖结构形式如图 10-5 所示。

每块水冷块内表面都设有挂渣钉，以便挂耐火材料。水冷炉盖中心部位设有三个电极孔，此外合金料加入孔也在炉盖上。水冷炉盖还包括炉盖上所有必要的管路、软管、连接件和阀门等。

二、管式水冷炉盖的设计

管式水冷炉盖的设计时要注意以下几点：

（1）管式水冷炉盖的框架既可固定水冷块又可做进、出水的通道。为此框架内径通过水流量的计算决定，常用 20g 无缝钢管，壁厚一般为 15～18mm。

（2）水冷块的数量可根据炉子容量的大小不同而不同。常用 20g 无缝钢管，壁厚一般为 8～12mm。

（3）水冷块的进出水布局一定要合理，进、出水管的数量要根据不同部位而定，对于

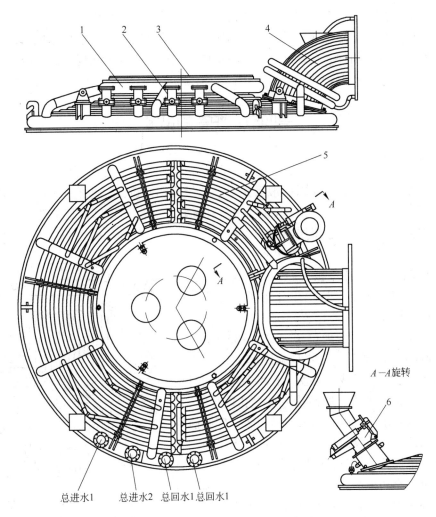

图 10 - 5　管式水冷炉盖结构示意图

1—水冷框架；2—进、回水蝶阀；3—耐火材料中心炉盖；4—排烟管道；5—水冷块；6—加料斗

处于高温区的部位一路冷却面积，要比处于相对温度较低部位一路冷却面积小一些。各路进、出水管布置有序，不得互相干扰，安装、维修方便。

（4）水冷炉盖下部直边高度一般为 250 ~ 350mm，以防止因炉料装得过高而使炉盖不能盖严。管式水冷炉盖拱高为炉壳内径的 1/12 ~ 1/14。炉盖拱高过矮而炉料过高，就会在冶炼初期常因打弧造成炉盖的损坏。

（5）水冷炉盖下部与炉体上口接触处要和炉体配合严密，防止烟气外逸。

（6）管式水冷炉盖的各水冷块的进、出水管，在管式水冷炉盖开始使用的早期是由金属软管加阀门组成。后来经实践证明，由于水冷炉盖使用寿命较长，而且当出现漏水时容易发现和处理，为此各水冷块的进、出水管直接用无缝钢管连接而不需设置阀门，更为简便、可靠，同时也降低了成本。

（7）管式水冷炉盖的排烟管道是水冷炉盖设计的重要之处。一是烟道截面积要根据电弧炉容量、冶炼周期不同而不同，需要经过计算后确定，特别是对于超高功率冶炼周期短的电弧炉，其排烟管道的截面积一定不要设计得过小，否则就会出现因排烟不畅带来的许多意想不到的问题；二是排烟管道处于高温区，高温炉气很容易造成烟道损坏，因此，排烟管道是炉盖上的易损件。在设计时，要注意增强该部分的冷却强度，保证冷却效果是很关键的。

第四节 炉盖的砌筑

一、砌砖炉盖

碱性电弧炉砌砖炉盖的材料一般采用一、二级高铝砖砌筑，也有采用铝镁砖砌筑的。铝镁砖主要用在炉盖的易损部位（如电极孔、排烟孔、中心部位），其余部位仍用高铝砖构成复合炉盖，其砌筑示意图如图 10-6 所示。

高铝砖炉盖采用 T 字形砌砖和环形砌砖两种砌法。T 字形砌砖法又有带电极孔砖、不带电极孔砖及带 Y 形水箱等多种砌法，这里仅介绍 T 字形不带电极孔砖的砌砖操作。

高铝砖炉盖厚度一般大炉子为 300~350mm，小炉子为 230mm。砌制前，先将炉盖圈套在拱形模子上，保持水平并拉线及找出炉盖中心和拱高，同时用样板校正、放正电极孔、加料孔或排尘孔内径管胎。由于高铝砖砍磨困难，因此均采用异型砖。砌制前要预选砖，以使同行砖厚薄相同、几何尺寸无扭曲。砌砖时，先砌电极孔、加料孔或排尘孔，再砌中心部分砖，然后砌大梁和小梁。为使炉盖砌筑结实，砌筑过程中，各部位均要提起 1~2 块砖，先高出砖面 30~50mm，当炉盖砌好后，再用手锤垫木板打入，该砖称为提锁砖。

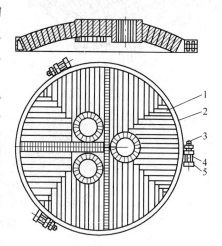

图 10-6 炉盖砌筑示意图
1—耐火砖；2—炉盖水冷套圈；3—销轴；
4—炉盖吊座；5—销轴支架

砌好的炉盖至少要风干两个星期以后才能使用，条件允许时，可在小于 600℃ 的温度下缓慢长期烘烤，以便消除砌制应力和去除水分，又可在使用时降低急热对炉盖的不利影响。

二、水冷炉盖

对于管式水冷炉盖是在炉盖内表面钢管上焊有挂渣钉，并不砌筑耐火材料，而是靠炉渣飞溅结壳保护。如果能在冶炼之前用 10mm 厚的石棉泥或水玻璃做成保护层，再在上面用卤水镁砂或其他耐火材料打结成厚度在 60mm 来保护炉盖效果会更好。自然干燥 48h 以上即可使用，则炉盖的使用寿命会更长。管式水冷炉盖的中心炉盖是用耐火材料预制成倒锥形并有定位孔，使用时只要吊装到炉盖上即可。管式炉盖的使用寿命可达到 5000 炉以上。

第十一章　倾　炉　机　构

第一节　倾炉机构的作用与摇架结构形式

一、倾动机构的作用与特点

在电弧炉冶炼中，倾动机构用来承载装在倾动平台上的炉体等部分的重量并做扒渣、出钢用。倾动机构的工作特点是负荷重。特别是对于整体基础式电炉来说，在倾动平台上除了安装炉体以外，炉盖提升旋转机构和电极升降机构都要安装在倾动平台上。冶炼时还要经常做倾炉动作，为了倾炉时的安全、可靠，对倾动机构的要求是：

（1）倾炉速度应当低而平稳，倾炉速度可以根据需要而调整。对于槽出钢电炉，出钢与扒渣倾炉速度一般在 $0.7° \sim 1.2°/s$ 之间，对于偏心底出钢电炉，扒渣与出钢倾炉速度在 $0.7° \sim 1.2°/s$ 之间，而出钢最大回倾速度在 $3° \sim 4°/s$ 之间。

（2）有足够的倾动角度，保证能将钢水倒净。

（3）倾动到最大角度时不至于使炉子倾翻。

（4）摇架坚固耐用，保证长期使用而不变形。

（5）出钢时，电炉水平方向移动距离越小越好，以避免出钢时盛钢桶移动距离过大。

（6）倾动设备的布置要安全、可靠，应考虑到漏钢和扒渣时不被钢液或炉渣损坏，在接近钢包的高温区要对摇架进行隔热保护。

二、倾动机构的驱动方式

倾动机构的驱动方式可分为液压驱动和机械驱动两大类。

液压驱动由于其结构简单、可以实现无级变速、维修方便等优点而被广泛应用，但必须单独设置液压站。

机械驱动的倾动机构有电机减速器齿轮副式、电机减速器齿条副式、电机减速器垂直丝杆式、电机减速器侧面水平丝杠式等几种方式。它们的结构比较简单，但其运动平稳性较差，维修保养较为困难，同时还应注意炉子加料时，不要把碎炉料掉进传动机构中卡住传动机构的啮合处。

在过去，液压驱动倾动方式和机械驱动的倾动方式近乎各占一半，而现在除了冶炼不锈钢的电炉使用槽出钢以外，几乎已经全部采用 EBT 出钢方式了。而 EBT 出钢要求出钢过程短，特别是出钢后需要变速高速回倾，机械驱动就难以做到，而液压驱动就较容易实现。另外，从维修、安全等方面上考虑，几乎已经不采用电动机驱动方式了，为此这里对机械驱动不作介绍。

三、摇架

摇架也称弧形架。摇架是电弧炉倾动机构中的主体部分，处于重要地位。不仅是因为它承载着电炉主体的大部分重量，而且还要在长期使用过程中保持不变形。这就要求摇架要有足够的机械强度和刚度，还要考虑漏钢时对摇架的损坏和出钢时钢水对摇架的烘烤等恶劣环境的考验。尤其对于整体平台结构的电炉，除炉体固定在摇架平台上以外，电极升降机构、炉盖提升旋转机构都安装在摇架上。除了摇架本身要做倾炉动作以外，电极升降和炉盖提升旋转也要完成相应的动作。如果摇架在使用过程中，在较短时间内就出现了变形，使炉盖旋转不灵，甚至不能旋转而造成电炉不能使用，就会给用户带来严重的经济损失。为此摇架设计要注意以下几点：

（1）要充分考虑到电炉冶炼时的恶劣环境和可能出现的不利情况，对摇架高温烘烤区要采取防热保护。

（2）要有足够的强度和刚度以防止在使用中变形。

（3）从倾动时间上考虑希望倾炉操作时间短一些，这就要求倾动弧形半径 R 在数值上小一点。从电炉稳定性上考虑又希望倾动弧形半径 R 在数值上要大一点。在保证电炉稳定的前提下，两者尽量要兼顾。

（4）对于整体平台结构的电炉，旋转机构要安装在摇架平台上，尽量使旋转角度小一些，又要使结构尽量紧凑。

（5）对于电极升降机构需要在摇架平台上开孔时，要注意开孔处是摇架强度和刚度的薄弱环节之处，在结构设计上尽量避免应力集中。

（6）摇架和底座接触面要有可靠的定位装置，以防止倾炉过程中出现滑动现象。

（7）为了保证炉盖旋转加料或更换炉体时炉子摇架不产生侧翻现象，两底座到炉体中心距离是不一样的，靠近变压器一侧的底座到炉体中心的距离一般要大于另一底座到炉体中心的距离，其具体尺寸需要计算后确定。

四、摇架在支撑底座上的定位方式

摇架也称弧形架。常见的摇架与支撑底座定位方式如图 11 - 1 所示。

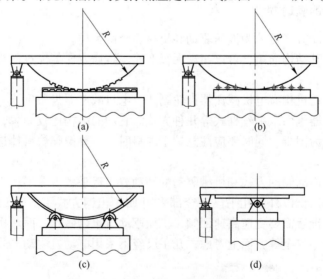

图 11 - 1 常见的摇架与支撑底座定位方式
(a) 扇形齿轮与齿条定位结构；(b) 弧形板与平板形倾动底座销孔定位结构；
(c) 定心转动结构；(d) 铰接式结构

（一）扇形齿轮与齿条结构方式

图 11-1（a）所示为扇形齿轮与齿条定位结构。在大、中型电炉上，将两个大扇形齿轮固定在弧形架弧形板的外侧面上，弧形架座在水平倾动底座上。扇形齿轮与底座的直形齿条相啮合。倾动时，采用液压缸来完成倾炉工作。这种结构的优点是由于齿轮齿条只做传动定位而不承受炉体及弧形架等重力，齿轮齿条传动增加了倾动定位的准确性和稳定性，使用寿命长，维修量少，但制造难度大、质量也较大。由于优点明显而被广泛使用。

（二）弧形板与平板形倾动底座销孔定位结构方式

图 11-1（b）所示为弧形板与平板形倾动底座销孔定位结构。这种结构与扇形齿轮相似，区别只是去掉扇形齿轮和齿条，而将摇架直接丛在两个平直形底座上。在每个平直底座上用一排或两排圆柱形定位销（或定位孔），而在弧形板上相对做成定位孔（或定位销），倾动时采用液压传动来完成倾炉工作。这种结构优点较齿轮齿条传动定位的电炉来说，制造相对简单；缺点是长期使用，定位销被磨损严重，定位精度会降低。

（三）弧形板滚轮式底座定位结构方式

液压传动的弧形板滚轮式底座定位结构方式如图 11-1（c）所示。这种结构是将整个摇架座在 4 组（4 个或 8 个）滚轮上。承受较重的一侧滚轮称为主导轮，另一侧导轮称为副导轮。主导轮两侧做成带定位的凹槽（保证炉体在倾动时不发生横向位移，起到固定支座的支撑和导向作用），副导轮做成平形轮（弧形架在横向可做小距离的位移，起到游离支座的作用）。倾动时采用液压传动来完成倾炉工作。这种结构优点是，倾炉时炉子绕弧形半径中心做定位转动，这意味着倾炉时炉体位移量小，电缆及水冷软管长度可做得短一些。但是，面对旋转中心，重心的位置往往在前后方向上移动，倾炉液压缸需要控制推拉两个方向的力，为此，应采用活塞式液压缸。

常用的另一种结构是把主导轮和副导轮都制作成平导轮，而把主导轮侧弧形板制作成带有凹形槽结构。

这种结构方式尤其适用于水平连续加料式电炉，因为可将炉体开口设计在炉体定轴转动中心附近，使偏心底出钢电炉在密封状态下进行倾炉操作。缺点是炉子容量越大，其导轮直径越大，加工和安装要求较高，轴承损坏时维修困难。

（四）铰接式倾动方式

铰接式倾动方式如图 11-1（d）所示，是奥钢联的 Comelt 竖式电炉的倾动机构的结构。

这种结构是将整个摇架座在两组铰接轴上。无论是电炉处于正常冶炼还是做倾炉扒渣、出钢，电炉重心始终处于支撑铰接垂直中心线的倾炉缸一侧。冶炼时在铰接支撑和倾炉缸之间设有水平支撑，扒渣倾炉时先脱开后倾炉。倾动时采用液压传动来完成倾炉工作。

这种结构的优点是，倾动时炉子绕铰接轴做定位转动，这也意味着倾炉时炉体位移量小，电缆及水冷软管长度短一些。

综上所述，不论采用哪种支撑方式，为了使炉子倾动时不至于翻倒，都必须保证在倾动到最大角度时，其炉子整体重心最好低于其弧形半径中心，而且重心不能位移到弧形板与支撑接触点之外。

第二节 整体基础式电炉的倾炉机构

一、整体基础式电炉倾炉机构的结构组成

图 11－2 所示为一种常见的整体基础式（槽出钢）电炉倾动机构的机械结构简图。该倾动机构主要由倾动平台与摇架 1、出钢口维修平台 2、旋转架旋转导轨 3、平台防侧翻支撑 4、旋转架缓冲装置 5、旋转液压缸 6、隔热装置 7、炉体定位销轴 8、炉体顶紧装置 9、倾炉液压缸 10、平台水平支撑 11、倾动限位装置 12、底座 13 等部分组成。其中平台防侧翻支撑 4 和平台水平支撑 11 在正常冶炼时是不支撑的，否则就会影响倾炉的操作。装料时支撑是为了增加炉子的稳定性，更换炉体时支撑是防止炉子侧翻，停炉检修时支撑是便于更换零部件和其安全性的需要。

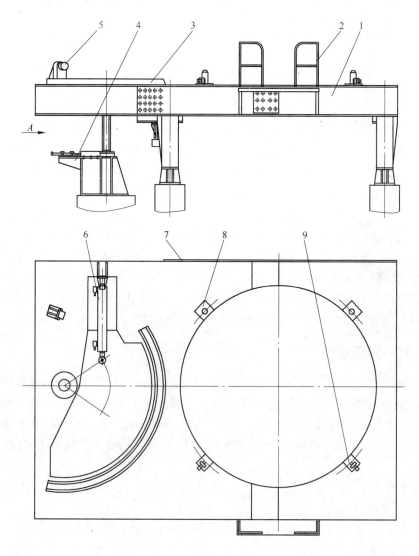

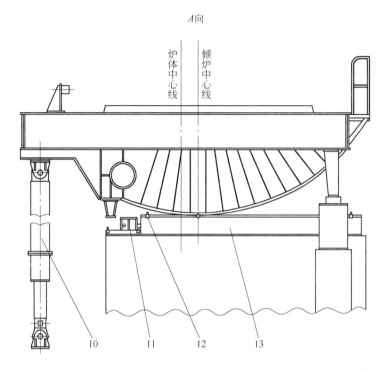

图 11 - 2 整体基础式（槽出钢）电炉倾动机构示意图

1—平台与摇架；2—出钢口维修平台；3—旋转导轨；4—平台防侧翻支撑；5—旋转架缓冲装置；
6—旋转液压缸；7—隔热装置；8—炉体定位销轴；9—炉体顶紧装置；10—倾炉液压缸；
11—平台水平支撑；12—倾动限位装置；13—底座

二、整体基础式电炉倾炉机构的特点

对于整体基础式电弧炉来说，在倾动平台上除了安装炉体以外，炉盖提升与旋转机构通过旋转轴承与平台连成一体，并通过旋转液压缸和支撑在平台上的旋转轮在倾动平台的旋转轨道上做炉盖旋转运动。电极升降机构安装在旋转架的框架内，使倾动平台承受着炉体、炉盖提升与旋转、电极升降机构等的全部重量。不仅倾动机构本身要完成倾炉工作，而且电极升降、炉盖提升旋转也要在倾动平台上完成它们各自需要完成的工作。为此，倾动平台承受着沉重的负担，所以对于整体基础的平台的强度和刚度设计显得格外重要。特别是坐在平台上的炉体与电极升降机构的开口处是平台的最为薄弱环节。平台上、下面板的厚度，根据炉子的大小其厚度范围在 20~60mm 之间不等。同样，弧形架的两个弧形板与支撑立板厚度也在 20~100mm 之间选取。平台内部的筋板厚度一般为上、下面板厚度的 2/3，并在与上面板焊接时采用双面焊接，与下面板的焊接采用塞焊。摇架与平台不仅承受的重量大，而且工作环境恶劣。出钢时，钢水对平台的烘烤、漏钢时钢水对平台的冲刷，都可能对平台与摇架造成破坏，而平台与摇架的变形与损坏直接导致坐落在平台上的炉盖提升旋转与电极升降机构运动的破坏，因而，导致整个炉子不能运转。这样说的目的是为了说明平台设计的重要性，而不是说平台设计得越坚固越好，任何结构的设计都要考虑其技术与经济的最佳匹配。

焊接在平台上的旋转轨道，一是本身要进行机械加工并进行热处理以增加表面的强度和耐磨性，二是在与平台焊接时保证其水平度是很重要的。因为轨道的水平度关系到旋转滚轮在轨道运动是否能够顺利进行的大问题。如果水平度达不到要求，炉盖就有可能无法进行旋转工作。

整体基础式电炉最突出的一个特点是倾动平台外形尺寸较大，为此也称为大平台结构。其另一个突出的特点是由于电炉所有运动部件基本上都安装在摇架平台上，各运动部件相对独立运动，互不干涉，为此，定位精度要求较低，基础整体下沉后，对各部运动部件运动精度影响较小。

第三节　基础分体式电炉的倾动机构

一、基础分体式电炉倾炉机构的结构组成

基础分体式电炉倾炉机构的结构组成如图 11 - 3 所示。

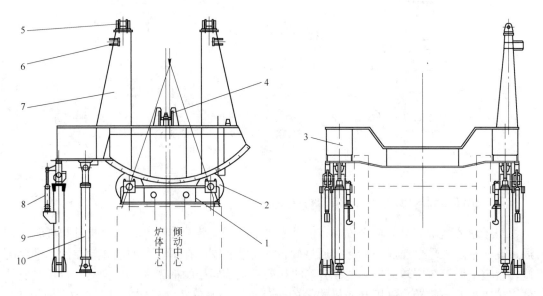

图 11 - 3　基础分体式电炉（偏心底出钢）倾动机构结构组成示意图
1—倾炉底座；2—滚轮；3—倾动平台；4—立柱框架下定位装置；5—炉盖提升臂框架挂轮
（左右对称）；6—立柱框架侧面定位块（左右对称）；7—炉盖提升臂框架支撑；
8—平台水平支撑装置；9—支架；10—倾炉液压缸装配

基础分体式电弧炉的整体结构参看图 8 - 2，炉盖提升臂详见第 12 章图 12 - 6 所示。由于基础分体式电炉炉盖提升旋转装置的基础与倾炉机构的基础是分开的、相互独立的，因此炉盖提升旋转装置不安装在倾炉平台上而是独立的。详见第 12 章图 12 - 7 所示，炉盖提升臂框架悬挂在倾动平台上部的挂轮 5 上（左右对称悬挂）；炉盖提升臂框架侧面定位块 6 装在炉盖提升臂框架支撑 7 上，且左右对称安装；炉盖提升臂框架下部定位装置 4 设置在倾炉平台上。在炉盖提升臂框架内部安装电极升降机构，并与炉盖提升臂一起悬挂在摇架平台上。倾炉时，安装在倾炉摇架上的炉盖提升臂、炉盖和电极升降机构随倾炉摇

架一起做倾炉运动，而炉盖提升旋转装置不动。

二、基础分体式倾炉机构的特点

基础分体式倾炉机构由于炉盖提升旋转装置不安装在倾动平台上，因此倾动平台外形尺寸较小。平台上只有炉体开口而无电极升降机构的开口，为此倾动平台的强度要比整体基础式电炉的倾动平台强度高，设计难度相对较小。

基础分体式倾炉机构正是由于炉盖提升与旋转装置单独设置，给电炉的倾炉机构与炉盖提升旋转机构的安装增加了难度。因为这种结构的特点，它要求炉盖提升装置与炉盖提升臂的顶起定位精度较高，安装误差和基础下沉以及长期使用该部分的变形都可能造成炉盖提升定位的误差加大给炉盖提升带来了困难。目前，这种炉型在水平连续加料电炉应用较多，而非水平连续加料式电炉，这种结构被采用的较少。

第四节 倾炉机构的其他部分

倾炉机构的其他部分包括水平支撑装置、平台锁定装置、倾炉液压缸、底座、限位装置等。

一、水平支撑装置

电炉倾炉机构的水平支撑有前支撑、后支撑和侧支撑几种方式，根据电炉实际情况而设置，有的电炉设有三项支撑，有的设置一项或两项支撑。水平支撑装置常见的是由液压缸和支撑架组成。冶炼时使支撑脱开，设计时应保证在炉子倾动到最大角度时也不能和各支撑相干涉。水平支撑装置的作用有：一个是炉子在装料时减少振动、增加炉子的稳定性，以避免装料时的冲击和振动传给倾动机构而使装在平台上的所有部件产生晃动；另一个是在吊装炉体时，为了防止摇架由于重心发生较大变化而产生倾翻现象。另外在电炉检修和停炉不用时也需要支撑，以增加电炉的稳定性。

二、锁定装置

锁定装置常见的是由液压缸和支撑架组成，一般为自动锁定，也有手动锁定式。设计时应保证在炉子倾动时不能和该支撑相干涉。冶炼时不锁定，而在炉子进行炉盖提升旋转、加料和更换炉体时必须锁定，以防止炉子由于重心产生变化时而侧翻。

三、倾炉液压缸

在采用液压驱动作倾炉动力的电弧炉上，倾炉液压缸是必不可少的。

对于槽出钢的电炉，倾炉液压缸通常采用柱塞缸且头尾倒置，即将封闭端安装在上面。在倾动过程中，柱塞固定在基础上，缸体沿柱塞移动而柱塞又要摆动，因此缸体与摇架铰接，柱塞与基础铰接。为充分发挥其推力，使液压缸的摆动角度变化小，柱塞与基础的铰接点应稍移向炉子为好。

在偏心底出钢的电炉上，由于出钢后需要快速回倾，常采用双向活塞缸。在电炉出钢后除了靠自重回倾外，为了增加回倾速度，还要通入带有压力的液压介质以实现快速回倾。

液压缸内径尺寸是根据倾炉速度和推力的计算后确定的。油缸缸体、柱塞或活塞缸的活塞通常采用 20 号无缝钢管。柱塞缸的柱塞和活塞缸的活塞杆的加工精度要求较高，一般都需要进行热处理及渗碳（或渗氮）处理，以增加耐磨性。液压缸的密封，对于中高压液压缸常采用 Y_x 形密封圈，而对于低压液压缸常采用 O 形密封圈密封，也有两种方式的组合应用。

液压缸的行程是根据扒渣和出钢角度的计算后确定的。

四、底座

底座是支撑摇架及摇架平台上安装的所有电炉部件的构件，底座下部坐在电炉基础上。

对底座要求主要有两点：一是具有足够的强度和刚度，长期使用不变形；二是使底座与基础固定的连接螺栓或连接板连接定位准确、可靠且调整方便，以便于安装上的需要。对于底座采用销孔定位的底座，其定位孔一定要大于定位销尺寸并留有足够的间隙。定位孔又不能过大，大了定位精度差，倾炉时弧形板就会产生滑动，不仅导致倾炉时电炉发生抖动，而且会使弧形板上的定位销磨损严重而减低使用寿命。

五、限位装置

限位装置也是倾炉机构必不可少的部件。电弧炉无论是出钢还是扒渣操作，为了防止误操作而使电炉倾动角度过大而发生事故，就必须设置倾炉角度限位装置。倾动限位装置一般采用限位开关来限制倾炉角度，也有使用倾角仪做限位的。限位开关的质量和安装位置的精确性非常重要，必须给予高度重视，以保证电炉倾动时的安全。

第五节　倾　炉　计　算

倾动机构的计算是电弧炉设计不可缺少的重要组成部分，也是电弧炉设计中计算较为复杂、烦琐的事。它影响着电弧炉的出钢、出渣等运行操作的安全和平稳，炼钢车间的布置，电弧炉短网（从而影响到电弧炉的能耗）。所以安全而又合理地决定其结构参数是十分必要的。倾动计算包括倾动力矩的计算、倾动液压缸推力的计算、倾动液压缸行程的计算和倾动重心位移的计算。

一、空炉重心的计算

众所周知，当电弧炉容量、炉型一定时，组成电弧炉的各个部分的位置等均可相应地通过计算进行确定。空炉重心的计算是检验组成电弧炉的各个部分的位置确定得是否合理的理论根据。

炼钢倾炉操作时，虽然电极提升高度距钢水面 1m 左右即可，但在计算时，电极的位置应按提升至极限位置。主要是考虑到操作人员的素质、经验的不同和误操作等，从绝对安全的角度去考虑问题，炉衬最好是以炉役出尽最后一炉钢时的质量为炉衬的计算质量，因为此时的炉衬质量最轻。

（一）建立二维坐标系

设电弧炉处在水平位置时，以弧形板弧形半径中心点 O 为坐标原点，以过原点 O 的水平线为 X 轴线，以出钢槽（或出钢口）方向为 X 轴的正方向；以弧形板弧形半径中心作垂直线为 Y 轴线，以向上方向为 Y 轴的正方向，建立二维坐标系 XOY。

（二）求出空炉重心点的位置

根据组成炉子的倾动部位的各个部件对于坐标系所处位置的不同，分别求出各个倾动部件的重心位置 E_i（X_i，Y_i）。

对于对称的部件如电极升降机构，首先求出中相重心位置后，根据两边相与中相对称的原理只要再求出其中一个边相重心后就可确定另一个边相的重心。

空炉重心 E_{XY} 的确定方法为：根据已经求出的各个倾动部件的重心位置 E_i（X_i，Y_i）和各倾动部件的质量 G_i，应用重心公式确定空炉倾动重心。

$$G_0 = \sum_{i=1}^{n} G_i \tag{11-1}$$

$$X = \frac{\sum_{i=1}^{n} G_i X_i}{G_0} \qquad Y = \frac{\sum_{i=1}^{n} G_i Y_i}{G_0} \tag{11-2}$$

式中　G_0——空炉倾炉部分的总质量，t；

　　　G_i——空炉倾炉第 i 部分的质量，t；

　　　X——空炉重心在 X 轴坐标上的位置，m；

　　　Y——空炉重心在 Y 轴坐标上的位置，m；

　　　n——倾炉运动部件总数；

　　　i——第 i 个倾炉运动部件。

应当注意的是，在计算空炉重心时不要忘记把电极的全部及电缆的一半、炉衬和炉盖衬的质量和重心的计算包括在内，同时还要考虑冷却水的质量。

二、倾动力矩的计算

在倾炉时，由于钢液不断地倒出，因此倾动部分的质量和重心与倾动力矩是随着倾角的变化而变化的。为了方便计算，把倾动力矩分为空炉和钢液两部分分别计算。

（一）空炉的倾动力矩的计算

空炉的倾动力矩 M_0 的计算，是指电弧炉完全具备冶炼的条件，只是炉内没有装入炉料或存有钢水及炉渣的情况下，在倾动过程中，其质量始终保持不变，如图 11-4 所示。

图 11-4 中 R 为弧形半径，则空炉倾动力矩为：

$$M_0 = -G_0 A_0 \cos(\alpha_0 - t) \tag{11-3}$$

式中 G_0——空炉的质量，t；

    A_0——电炉处于水平位置时，在 XOY 坐
标系中，空炉重心点 E 与坐标原
点的距离，m；

    α_0——电炉处于水平位置时，在 XOY 坐
标系中，空炉重心点 E 与坐标 X
轴的夹角；

    t——倾动角度。

显然，对于确定结构的电炉，M_0 的大小只
取决于倾动角度 t。

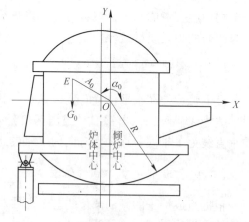

（二）钢液在倾炉时的倾动力矩

图 11-4 空炉的倾动力矩计算示意图

在倾炉过程中，钢液的质量和重心相对于力矩中心的位置是随倾角而变化的。所以，
计算钢液的倾动力矩包括两个部分内容：一是熔池中钢液质量与倾角的关系；二是钢液相
对于力矩中心的重心位置及其与倾角的关系。为了使问题简化，可近似地将熔池折合成一
等容积的球罐体，而使球罐底直径等于熔池直径 D，并规定倾炉到 θ 角时钢水完全倒净
（一般 θ 为 38°~40°），如图 11-5 所示。

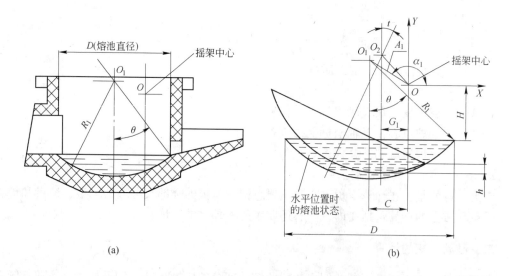

图 11-5 钢液相对于力矩中心的重心位置及其与倾角的关系
(a) 等效熔池上口直径；(b) 水平与倾炉状态时熔池与倾炉中心关系

由于上述简化，在倾动过程中钢液重心始终在炉子球冠的垂直中心线上。设该中心线
与力矩中心 O 点的水平距离为 X_{G1}，则有：

$$X_{G1} = A_1 \cos(\alpha_1 - t) \tag{11-4}$$

式中 A_1——弧形架中心 O 与熔池球冠中心 O_1 的距离，m；

    α_1——A_1 与 x 轴的夹角；

    t——倾动角度。

$$A_1 = \sqrt{\left(\frac{D}{2}\cot\theta - H\right)^2 + C^2} \tag{11-5}$$

$$C = A_1\cos\alpha_1 \tag{11-6}$$

式中 H——倾炉弧形架中心到熔池面的距离，m；

D——钢液面直径，m。

球冠中钢液体积 $V(\mathrm{m}^3)$：

$$V = \pi h^2\left(R_1 - \frac{h}{3}\right) \tag{11-7}$$

$$h = R_1[1 - \cos(\theta - t)] \tag{11-8}$$

设钢液的密度为 ρ，则倾炉时钢水质量 G_1 与倾角的关系为：

$$G_1 = \rho V = \frac{\pi}{3}\rho R_1^3[1 - \cos(\theta - t)]^2[2 + \cos(\theta - t)] \tag{11-9}$$

一般设计时以后期倾炉 40° 为钢水倒完，即为设计倾炉最大角度。

如果水平时钢液质量为 G_1^0，这样则有：

$$G_1^0 = \rho V = \frac{\pi}{3}\rho R_1^3(1 - \cos40°)^2(2 + \cos40°) = 0.1513 \times \frac{\pi}{3}\rho R_1^3$$

因此式（11-9）可以写为：

$$G_1 = 6.61G_1^0[1 - \cos(40° - t)]^2[2 + \cos(40° - t)] \tag{11-10}$$

而钢液对弧形架中心的倾动力矩 M_1 为：

$$M_1 = G_1 X_{G1} \tag{11-11}$$

（三）倾炉时弧形板与导轨间的滚动摩擦力矩

弧形板与导轨间的滚动摩擦力矩计算简图如图 11-6 所示。

设装满钢液的炉子倾动部分的总质量为 G，两导轨的支反力分别为 F_1、F_2，由图 11-6 中可知：

$$F_1 = \frac{GL_2}{L_1 + L_2}, \quad F_2 = \frac{GL_1}{L_1 + L_2} \tag{11-12}$$

倾炉时，弧形板与导轨间的滚动摩擦力矩 M_m 由盖茨定理可以推出：

$$M_\mathrm{m} = 0.504\sqrt{\frac{2R}{bE}}(\sqrt{F_1^3} + \sqrt{F_2^3}) \tag{11-13}$$

式中 b——弧形板与导轨接触面宽度，如果两个弧形板宽度不同 $b = (b_1 + b_2)/2$，m；

E——弹性模量，对于钢板取 $E = 2 \times 10^6\mathrm{Pa}$；

R——弧形板半径，m。

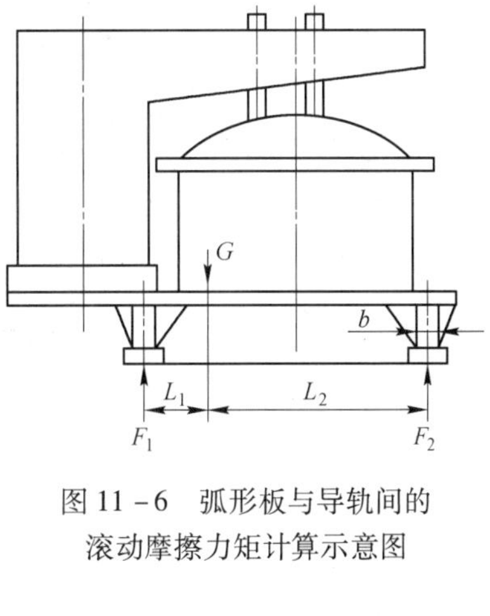

图 11-6 弧形板与导轨间的
滚动摩擦力矩计算示意图

（四）总倾动力矩

总倾动力矩 M_Σ 计算如下：

$$M_\Sigma = M_0 + M_1 + M_\mathrm{m} \tag{11-14}$$

三、倾炉液压缸推（拉）力的计算

倾炉液压缸推（拉）力的计算如图 11 – 7 所示。

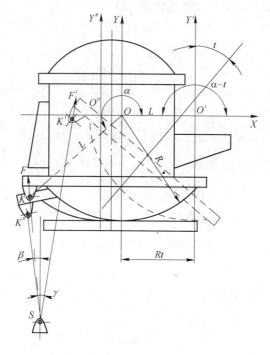

图 11 – 7 倾炉液压缸推（拉）力的计算示意图

（这里所标的数值正负号要按坐标来取）

O—水平位置时弧形架弧形半径中心位置，该点定为坐标原点；O'—倾炉到 t 角时弧形架中心的位置；
K，K'—在弧形架上的推（拉）力作用点；L—推力作用点到弧形架中心的距离；α—电炉在水平位置
时 L 与 X 轴的夹角；β—倾炉推力作用线的起始角；γ—倾炉推力作用线在倾炉过程中的摆角；
R—弧形架半径；S—倾炉缸推（拉）力在基础上的支点；F，F'—作用于弧形架上的推（拉）力

对弧形架与基础的接触点取矩，在静力平衡时有：

$$F\cos(\gamma+\beta)\cdot L\cos(\alpha-t)+F\sin(\gamma+\beta)\left[R+L\sin(\alpha-t)\right]+M_\Sigma=0$$

所以有：

$$F=\frac{-M_\Sigma}{(X_K-Rt)\cos(\gamma+\beta)+(Y_K+R)\sin(\gamma+\beta)} \tag{11-15}$$

因为

$$\cos(\gamma+\beta)=\frac{Y_K-Y_S}{\sqrt{(X_K-X_S)^2+(Y_K-Y_S)^2}}$$

$$\sin(\gamma+\beta)=\frac{X_K-X_S}{\sqrt{(X_K-X_S)^2+(Y_K-Y_S)^2}}$$

代入式（11 – 15）得：

$$F=\frac{-M_\Sigma\sqrt{(X_K-X_S)^2+(Y_K-Y_S)^2}}{(X_K-Rt)(Y_K-Y_S)+(Y_K+R)(X_K-X_S)} \tag{11-16}$$

式（11 – 16）是求倾炉推（拉）力的一般公式。

四、倾炉液压缸行程的计算

(一) 计算法

由电弧炉前倾至极限位置 K' 点的坐标及后倾至极限位置 K'' 点的坐标，可以计算出液压缸的行程 A：

$$A = \overline{SK'} - \overline{SK''} = \sqrt{(X_{K'} - X_S)^2 + (Y_{K'} - Y_S)^2} - \sqrt{(X_{K''} - X_S)^2 + (Y_{K''} - Y_S)^2} \qquad (11-17)$$

(二) 作图法

在过去没有计算机绘图的年代只能用铅笔绘图。用铅笔绘图不仅效率低，而且质量差、误差大。要确定倾炉液压缸的行程，只能靠计算法才能得到准确的数值。在今天由于使用计算机绘图，效率高，而且质量好、基本无误差，确定倾炉液压缸的行程，多数采用作图法。如图 11-7 所示，采用作图法的步骤如下：

(1) 设 K 点为水平时倾炉缸与倾动平台连接的铰接点，K' 点为出钢到最大设计倾炉角度时倾炉缸与倾动平台连接的铰接点，K'' 为扒渣时最大设计倾炉角度时倾炉缸与倾动平台连接的铰接点。

(2) 在图上分别测量出 SK、SK'、SK'' 的数值，则倾炉缸的行程 $A = SK' - SK''$。

说明：

(1) 在设计中，液压缸的行程 A 应按计算时前倾加约 30mm，后倾加约 20mm 的余量，为此液压缸的实际行程 $A_s = (A+50)mm$。

(2) 液压缸的推力和行程与液压缸轴线与垂直线间的夹角 γ 的大小有关。γ 值大则推力大，而行程短；γ 值小则推力小，而行程长。设计时，两者兼顾。如果安装时推力够而行程不够，可将液压缸下支座移近中心；反之，可将液压缸下支座移远中心。

五、倾动机构设计时应注意的事项

(一) 倾炉时炉上零件的位置与倾角的关系

倾炉时，炉上零件的位置与倾角的关系如图 11-8 所示。

设 P 点为电炉上任一点（图 11-8 设为电极最外点），当电炉在水平位置时，它的坐标是 $P(X_{PO}, Y_{PO})$，它到坐标中心点 O 的距离是 $OP = r$，OP 与 X 轴的夹角是 α_0，则 P 点在倾炉时的轨迹方程为：

$$X_P = Rt + r\cos(\alpha_0 - t) \qquad (11-18)$$
$$Y_P = r\sin(\alpha_0 - t) \qquad (11-19)$$

式中　t——倾炉角度；

R——摇架弧形半径。

通常，在设计图纸上标注的是电炉水平位置时，该点的坐标 $P(X_{PO}, Y_{PO})$，因此，

$\sin\alpha_0 = \dfrac{Y_{PO}}{r}$，$\cos\alpha_0 = \dfrac{X_{PO}}{r}$。代入式（11-18）和式（11-19），展开后可以写成：

$$X_P = Rt + X_{PO}\cos t + Y_{PO}\sin t \qquad (11-20)$$
$$Y_P = -X_{PO}\sin t + Y_{PO}\cos t \qquad (11-21)$$

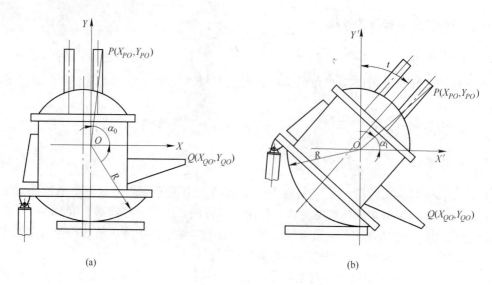

图 11 - 8　倾炉时炉上零件的位置与倾角的关系
（a）水平状态；（b）出钢倾炉状态

所以，自水平位置（即 $t=0$）倾动到 t 角后，P 点的位移是：

$$\Delta X_P = X_P - X_{PO} = Rt - X_{PO}(1 - \cos t) + Y_{PO}\sin t$$

$$\Delta Y_P = Y_P - Y_{PO} = -X_{PO}\sin t - Y_{PO}(1 - \cos t) \qquad (11-22)$$

如果当出钢槽端点 Q 的坐标为 $X_{QO}=6530$，$Y_{QO}=-800$，若 $R=4000$，$t=42°$，则 Q 点位移是：

$$\Delta X_{QO} = 4000 \times \frac{42\pi}{180} - 6530(1 - \cos 42°) - 800\sin 42° = 1010(\mathrm{mm}), \quad \Delta Y_{QO} = -6530\sin 42°$$

$+800(1 - \cos 42°) = -4164(\mathrm{mm})$。

假若 P 点是出钢侧一项电极最外侧的顶点，Q 点是出钢槽头点，在倾炉时要求：$X_Q - X_P \geqslant 0$，也即：$(X_{QO} - X_{PO})\cos t + (Y_{QO} - Y_{PO})\sin t \geqslant 0$。所以有：

$$X_{QO} - X_{PO} \geqslant (Y_{PO} - Y_{QO})\tan t \qquad (11-23)$$

对于出钢用天车吊包接钢水的情况下，在设计时一般要遵守式（11-23）的关系。如果不满足式（11-23），则要加长出钢槽的长度使之符合关系式（11-23）。这样做的目的是防止天车吊钩钢丝绳和电极互相干涉。以上介绍的是用计算法，同样也可以用作图法确定，作图法可参照倾炉缸行程作图法，这里不再作介绍。

对于出钢用出钢车接钢水的情况下，在设计时就不需要考虑式（11-23）的关系。

（二）电炉重心和倾动中心相对位置的选择

在倾炉过程中，倾炉机构所做的功的大小主要决定于倾动部分的质量及其在倾炉过程中重心上移的高度。设想如果倾动部分的重心位置正好在弧形架中心上，这时倾炉机构只要克服倾动过程中的摩擦阻力就行。但是由于计算重心位置不能十分精确，再者实际使用时和计算的理想情况不同，因此设计时总是偏安全方面去考虑。

大多数电弧炉是由倾炉缸驱动向出钢槽（口）方向倾动，而依靠电弧炉本身的自重回倾。就是说，倾动部分的重心对于倾动中心来说是偏于炉门那一侧的。尤其是对于液压倾炉机构，这样的设计可考虑采用柱塞式液压缸，容易制造。所以，在确定倾动部分重心位置时，总是希望在倾炉过程中力矩方向不改变。

对于靠自重回倾的电弧炉，自重产生的力矩必须具有克服回倾过程中机械摩擦和其他阻力的能力。假设电炉向出钢侧最大倾角是 $40°$（此时钢水已经出尽），这时的倾动力矩为：$M_{40°} = M_0 + M_m$，为使电炉不向出钢侧自行倾翻，必须是 $M_{40°} < 0$，所以 $\alpha_0 > 132°$。为使电炉在水平位置时，空炉自行向炉门方向倾动 $-15°$，所以要求：$M_{-15°} = M_0 + M_m < 0$，亦即 $\alpha_0 < -105°$。那么则有：

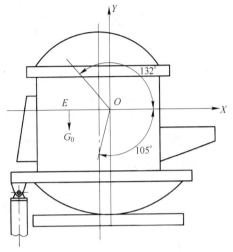

图 11-9　电炉倾动角度与重心关系示意图

$$132° < \alpha_0 < -105° \qquad (11-24)$$

电炉倾动角度与重心关系如图 11-9 所示。

实际上，考虑到自重回倾需克服摩擦和其他阻力以及安全运行等因素，在大多数情况下，初算时取 $\alpha_0 = 180°$，而在进一步校核时再修正。

第十二章　炉盖提升旋转机构

要实现炉顶装料，就必须使炉盖与炉体能产生相对水平位移，将炉膛全部露出，用车间天车将装满废钢炉料料筐吊运到炉子的正上方后将废钢装入炉内。为此有两种办法：一是炉盖提升旋开后装料；二是炉盖提升后炉体开出装料。炉盖提升旋转式加料电炉由于具有明显优势被广泛采用，而炉体开出式加料式电炉使用较少。为此，本书更多的是介绍炉盖提升旋转加料式电炉，而对炉体开出式电炉仅作简单介绍。

第一节　炉盖提升旋转机构的概述

一、炉盖提升高度和提升与旋转速度

炉盖提升旋转机构是由炉盖提升装置和炉盖旋转装置两部分组成的。根据炉子整体结构的不同，炉盖提升旋转机构的提升与旋转装置可分为两个独立结构装置，也可两个装置合并成一个不可分割的整体结构。

炉盖提升与旋转装置的驱动方式有机械驱动和液压驱动两种方式。炉盖提升结构方式常见的有链条提升、连杆提升和液压缸顶起三种方式。

炉盖提升高度：5t 以下电炉约为 200mm，5～15t 电炉约为 300mm，20～80t 电炉约为 400mm，100t 以上电炉约为 450mm。

炉盖提升或下降、旋开或旋回时间，一般都是在 15～20s 之间。炉盖的旋转速度通常是变化的、可调整的，炉盖旋转开始与接近旋转结束时，要求慢速；而炉盖旋转中间段是快速进行的。这样做的目的，主要是为了节约加料时间。

二、机械驱动式炉盖提升旋转机构

机械驱动式炉盖提升旋转机构的结构简图如图 12-1 所示。图 12-1 中 c 为炉盖提升机构，它是由提升链条 19、吊梁 20、链轮 21、拉杆 22、蜗轮丝杆减速器 23 和电动机 24 等组成的。图 12-1 中 d 为炉盖旋转机构，它是由旋转立轴 25、旋转框架 26、轴承 27 与 28、扇形齿轮 29、减速器 30 和电动机 31 等组成的。

炉盖提升时由链条分三点或四点悬挂，链条绕过链轮，通过调节螺栓连接在一块三角板上。传动系统装在炉盖提升桥架的立柱上，然后通过电机减速器带动钢丝绳和滑轮组，带动三角板上下移动，从而使炉盖升降。平衡锤 13 的作用是为了减少传动功率。采用链条传动主要是因为链条挠性好，同时炉顶温度高，链条比钢丝绳安全可靠，使用寿命长。

炉盖旋转时，电动机带动减速器的输出齿轮与扇形齿轮一起转动，从而驱动旋转立柱带动整个旋转框架和炉盖一起转动，从而完成炉盖的旋开和旋回动作。

机械驱动式炉盖提升旋转机构，因其结构复杂、维修量大，现在很少被采用。

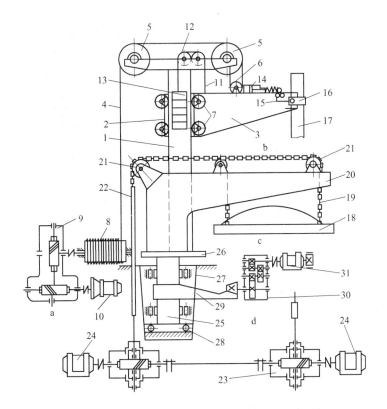

图 12 - 1　机械驱动式炉盖提升旋转机构结构简图

a—电极升降机构；b—电极夹持机构；c—炉盖提升机构；d—炉盖旋转机构；
1—固定式立柱；2—电极升降台车；3—电极横臂；4—钢丝绳；5，6—滑轮；7—车轮；8—卷筒；
9—二级蜗轮减速器；10，24，31—电动机；11—链条；12—链轮；13—平衡锤；14—气缸；
15—杠杆系统；16—卡箍；17—电极；18—炉盖；19—链条；20—吊梁；
21—链轮；22—拉杆；23—蜗轮丝杆减速器；25—旋转立轴；
26—旋转框架；27，28—轴承；29—扇形齿轮；30—减速器

三、液压驱动式炉盖提升旋转机构

图 12 - 2 所示为液压驱动式炉盖提升旋转机构的一种常用的结构方式。液压驱动的炉盖提升旋转机构同样由旋转装置 1、旋转锁定装置 2、旋转架 3、支撑导轮装置 4、炉盖吊架 5 和炉盖提升装置 6 等组成。

炉盖提升装置由提升液压缸的活塞杆与链条链接，通过链轮装置吊挂炉盖。炉盖提升液压缸为双向液压缸，通过活塞的伸长和缩回实现炉盖的提升和下降。

炉盖旋转是通过装在倾炉平台上的液压缸（见图 11 - 2 中 6）实现的。

液压驱动式炉盖提升旋转机构，由于其结构简单、运动平稳、维修量小、安装维护方便等优点，被广泛使用。目前，几乎所有电炉都采用液压驱动的炉盖提升与旋转机构。

无论是整体基础式还是基础分开式电弧炉，其旋转方式都是一样的。基本上有轴承旋转式（交叉滚子轴承旋转式、主轴旋转式、转盘轴承旋转式）、立柱旋转式（四连杆旋转式、齿轮旋转式）、炉体悬挂旋转式等几种。在过去 50t 以下电炉，交叉滚子轴承旋转式

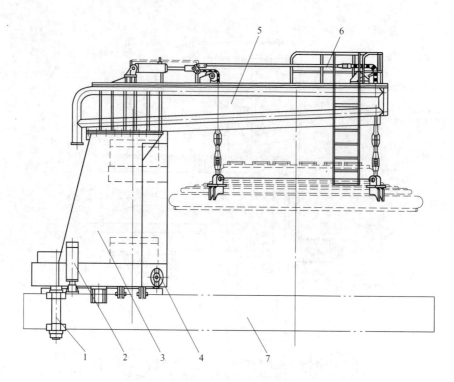

图 12 - 2 液压驱动式炉盖提升旋转机构结构简图
1—旋转装置；2—旋转锁定装置；3—旋转架；4—支撑导轮装置；
5—炉盖吊架；6—炉盖提升装置；7—倾炉摇架平台

和四连杆旋转式较为常见；现在，主轴承旋转式和转盘轴承旋转式更为多见。

四、炉盖提升与旋转机构的润滑

在炉盖提升装置中，特别是当采用链条提升结构时，由于链条和链轮长期处于高温区，加之灰尘的污染，其工作条件十分恶劣，为此该部分的润滑问题显得很棘手。无论是采用润滑油还是润滑脂，由于温度高，环境恶劣而使润滑困难。对于链轮采用自润滑设计效果较好一些，链条就要人工经常润滑。

在旋转机构中，旋转主轴和轴承的润滑是不可忽略的。旋转主轴安装在摇架平台内部，无法看到主轴润滑的情况，需要把润滑点用油管接到外部。特别是交叉滚子轴承和转盘轴承因其直径较大，旋转角度较小，会有润滑盲点。要保证它的润滑，最好在内圈设有润滑点通过油管接到外部与主轴一起，进行集中润滑。同时要防止润滑装置被灰尘污染或被掉下的重物损坏。

第二节 炉盖提升装置

炉盖提升结构方式一般有链条提升、连杆提升、柱塞缸顶起式提升几种结构方式。以下对不同结构的组成和各自的特点进行叙述。

一、链条提升装置

(一) 结构形式与特点

链条提升方式如图12－3所示。

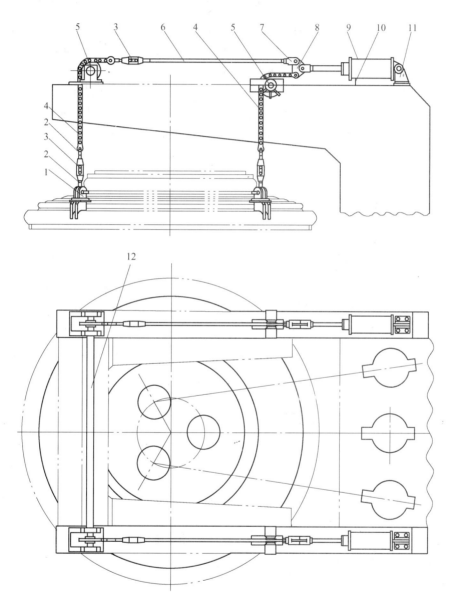

图12－3　链条提升方式示意图

1—连接座；2—接头；3—调整螺母；4—板式链；5—链轮装置；6—拉杆；7—接头；8—三角形连接板；
9—提升缸；10—提升缸支撑板；11—提升缸支座；12—同步轴

链条提升装置由连接座1、接头2、调整螺母3、链条4、链轮5、拉杆6、接头7、三角形连接板8、提升缸9和同步轴12等组成。将提升装置安装在炉盖的吊臂的上面。

两个双作用提升缸 9 的活塞杆通过链条 4 与三角形连接板 8 连接,三角形连接板 8 的另外两点与两条链条、连杆相连。链条的下部连接着调整螺母 3 和炉盖连接座 1。安装时将调整好的炉盖连接座 1 焊接在炉盖的相应位置上即可。

链条提升所采用的链条有板式链、套筒链、锁链环等几种链条。锁链环一般不多见,板式套筒链一般在 10t 以下电炉上,最常用的是板式链条。这三种链条都已标准化,使用时按其相应标准选取即可。值得注意的是,在选取链条规格型号时,一定要重视炉盖在使用中吊起炉盖时的安全性。除了要定期更换链条外,在使用过程中决不能出现由于链条的断裂造成炉盖脱落而出现人员伤亡事故。

链条提升方式的特点是:由于炉盖和提升装置是柔性连接具有缓冲性,对炉盖、炉体或提升装置损坏性较小,即使长期使用炉盖整体变形量也很小,安装、调整、维修都很方便适用。

链条提升装置工作在炉盖的正上方,处于高温和烟气的烘烤之中,灰尘污染严重,工作环境极其恶劣,润滑效果差。

(二) 设计时应注意的事项

(1) 液压缸必须是双作用的,这样才能保证炉盖无论上升还是下降都能停留在任何想要停留的位置上,而且速度可调整。

(2) 设计时液压缸尽量避开高温区以减小高温对液压缸的烘烤,如果无法避开高温区就要采取水冷液压缸或对液压缸加罩进行保护。

(3) 链条的安全系数一定要按相应的国家标准选取,以保证炉盖吊装的安全性。

(4) 链轮的润滑是炉盖提升机构的薄弱环节,无论是采用润滑油还是润滑脂其效果都不好,但润滑油比润滑脂效果更差。采用自润滑设计定期更换不仅可以改善润滑效果,而且维护量大为减少。

(5) 炉盖的升降要装有定位装置以防止炉盖在升降和旋转过程中产生晃动。

(6) 为保证炉盖升降几个吊点同步动作,应设有同步装置。

二、连杆式提升方式

连杆提升方式如图 12-4 所示。

连杆提升式和链条提升式的区别是将链条改为连杆,无需链轮。连杆与连杆的连接是通过三角板连接在一起的,合理设计每个连杆的运动轨迹而达到炉盖升降的目的。

这种炉盖升降方式并不多见,对于炉盖升降行程较小的电炉尚可,对于炉盖升降行程较大的电炉,由于连接连杆的三角板所占空间较大,使用中出现故障不易查找,一般不被采用。

三、柱塞缸顶起提升式

(一) 结构形式

柱塞缸顶起提升式(炉盖与炉盖吊臂一体式)结构形式如图 12-5 所示。液压缸立装在炉盖提升旋转框架上,利用液压缸柱塞头部的升降顶起和下放炉盖。当液压缸柱塞头部上升进入到吊架定位孔后,顶起吊架而带动炉盖的上升。当液压缸柱塞下降时,炉盖便随

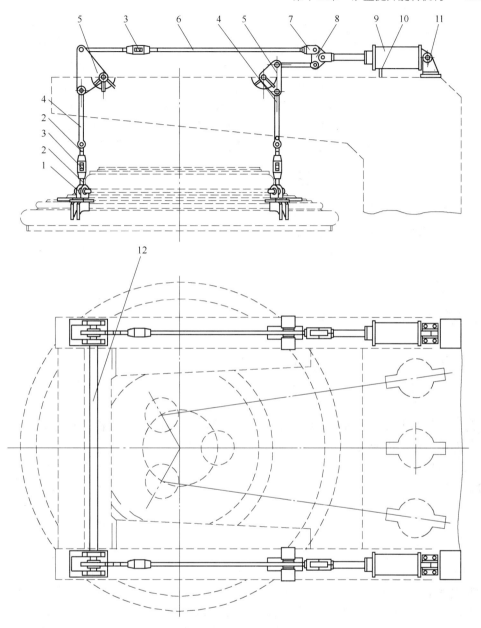

图 12 - 4 连杆提升方式示意图

1—连接座；2—接头；3—调整螺母；4—连杆；5, 8—三角形连接板；6—拉杆；
7—接头；9—提升缸；10—提升缸支撑板；11—提升缸支座

着一起下降直到炉盖盖在炉体为止。此时，炉盖与吊架被固定在炉体和旋转架的定位装置上。

（二）结构特点

这种结构的优点是炉盖上部结构简单，便于排烟除尘、辅助加料装置等附属设备的布置。同时炉盖上部没有运动部件，无须考虑运动零部件的润滑问题。炉盖安装更换简单、方便。

这种结构为整体基础式电弧炉的一种炉盖提升旋转方式。在出钢和扒渣操作时，炉盖

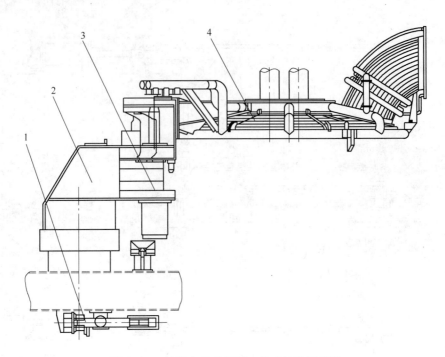

图 12 - 5 炉盖与炉盖吊臂一体式结构示意图
1—炉盖旋转液压缸；2—炉盖旋转升降框架；3—炉盖升降装置；4—炉盖

提升旋转机构和电极升降机构随倾动摇架一起做倾动，顶起液压缸的柱塞锥顶可不需从炉盖定位孔中退出，因而液压缸的行程相对较短。

对于炉盖和吊架一体式结构，由于炉盖提升处于悬臂状态，长期使用容易产生炉盖与悬臂的变形，特别是在较大容量的电炉上使用，变形更加明显。为此，炉盖与吊臂整体强度与刚度设计是一个重点。

（三）锥顶锥度计算法

炉盖顶起式电弧炉在完成装料操作后，炉顶随即下落于炉体上端面上，接着应使顶头自动脱离炉盖顶座锥孔。为了做到这一点，液压缸柱塞顶头应具有适当的锥度（或 φ 角）。锥度过小则不能顺利脱离锥孔；锥度过大，固然较容易脱离锥孔，但会造成柱塞顶头直径过大，外伸段过长，给结构上带来一系列的不利。因此，如何正确选择炉盖顶头锥孔的锥度（或 φ 角）就显得十分重要了。

一般撑脚有两种形式：一种是撑在顶头圆柱面上（见图 12 - 6 （a））；另一种是撑在顶头圆锥面上（见图 12 - 6 （b））。

现在就按以上两种不同的撑脚形式进行分析。

第一种情况：当撑脚撑在顶头圆柱面上时，由图 12 - 6(a) 可见，由于炉盖等自重施加于顶头的倾翻力矩的作用，及顶头与炉盖顶座锥孔之间存在的锥度误差（制造与安装造成），从而可以设想炉盖顶座锥孔与柱塞顶头应在 a、b 两点接触，炉盖座并于 a、b 两点向柱塞顶头施加法向力，在 a 点为 N，在 b 点为 H。a 点的法向力 N 又可分解为垂直方向的分力 Q（这个分力使顶头脱离炉盖顶座锥孔）和水平方向的分力 H'（这个分力与 b 点处

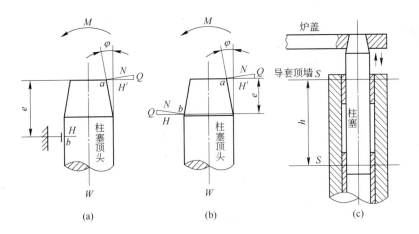

图 12 - 6　炉盖顶头锥孔的锥度（或 φ 角）计算简图

（a）撑脚的第一种形式；（b）撑脚的第二种形式；（c）活塞及导套载荷计算简图

的法向力或水平力 H 形成使炉盖倾翻的力偶）。其次是柱塞顶头的自重也是使顶头脱离炉盖顶座锥孔的力。

由此可见，使柱塞顶头脱离炉盖顶座锥孔的总载荷为：

$$P = W + Q = W + N\sin\varphi \tag{12 - 1}$$

式中　　W——柱塞顶头自重；

　　　　N——倾翻力矩 M 对顶头锥面产生的法向压力；

　　　　Q——N 的垂直分力。

阻止柱塞顶头下落的总阻力为 T：

$$T = Hf_1 + Nf_2\cos\varphi + S(f_3 + f_4) \tag{12 - 2}$$

式中　　H——N 的水平分力；

　　　　f_1——撑脚与圆柱段柱塞顶头的摩擦系数；

　　　　f_2——柱塞顶头与炉盖顶座锥孔的摩擦系数；

　　　　f_3——活塞与液压缸的摩擦系数；

　　　　f_4——柱塞顶头与导套顶部的摩擦系数；

　　　　e——a、b 两点间的作用力的距离；

　　　　h——活塞与顶部导套的距离，当柱塞顶头开始脱离炉盖顶座锥孔前，h 达到最大值；

　　　　S——由于倾翻力矩的作用，柱塞顶头对活塞与导套的压力。

由图 12 - 6(a)、(b)、(c) 可以计算出 H、S：

$$H = \frac{M}{e} \tag{12 - 3}$$

$$S = \frac{M}{h} \tag{12 - 4}$$

为使柱塞顶头能顺利脱离炉盖顶座锥孔，应满足以下条件：

$$P \geqslant T \tag{12 - 5}$$

所以
$$W + N\sin\varphi \geqslant Hf_1 + Nf_2\cos\varphi + S(f_3 + f_4)$$

整理后得：

$$\tan\varphi \geqslant \frac{Hf_1}{N\cos\varphi} + f_2 + \frac{S(f_3 + f_4)}{N\cos\varphi} - \frac{W}{N\cos\varphi}$$

所以
$$\varphi \geqslant \tan^{-1}\left[f_1 + f_2 + \frac{e}{h}(f_3 + f_4) - \frac{We}{M}\right] \tag{12-6}$$

式（12-6）便是计算撑脚在圆柱面上时柱塞顶头锥度（或 φ 角）的公式。

第二种情况：当撑脚不是撑在圆柱面上，而是撑在柱塞顶头圆锥面上时，由图 12-6（b）可见：
$$Hf_1 = 0$$

所以
$$W + 2N\sin\varphi \geqslant 2Nf_2\cos\varphi + S(f_3 + f_4)$$

整理后得：

$$\tan\varphi \geqslant f_2 + \frac{S(f_3 + f_4)}{2N\cos\varphi} - \frac{W}{2N\cos\varphi}$$

所以
$$\varphi \geqslant \tan^{-1}\left[f_2 + \frac{e}{2h}(f_3 + f_4) - \frac{We}{2M}\right] \tag{12-7}$$

式（12-7）便是计算撑脚在圆锥面上时柱塞顶头锥度（或 φ 角）的公式。

由式（12-6）和式（12-7）两式可以看出如下几点：

（1）增大 e 值，对减小 φ 角可起到一定程度的作用，因为在炉盖顶座锥孔与柱塞顶头锥度段具有相同结合长度的条件下，撑在柱塞顶头圆柱面上的 e 值较撑在圆锥面上的 e 值要大，因而仅仅从这一点看，似乎撑在柱塞顶头圆柱面上比撑在柱塞顶头圆锥面上对减小 φ 角更有利。但是由于撑在柱塞顶头圆锥面上时，可使 $Hf_1 = 0$，以及括号中的后两项计算值减半，所以按式（12-7）计算出的 φ 角仍然比按式（12-6）计算出的 φ 角要小。所以从总的效率来看，仍然是撑在柱塞顶头圆锥面上比撑在柱塞顶头圆柱面上对减小 φ 角的作用要大。其次还要看到，柱塞顶头自重 W 起着减小 φ 角的作用。因此，柱塞顶头应该做成实心的，以便增加柱塞顶头的自重，不宜只是为了单纯追求减轻设备质量而将柱塞顶头设计成空心的。

（2）倾翻力矩 M 值越大，则括号内最后一项的值越小，因而 φ 角就越大。炉盖刚度也是影响 M 值的一个因素，炉盖刚度越大，炉盖下落与炉体端面接触后的变形越小，则 M 值越大，这对减小 φ 角是不利的。当然，炉盖的刚度过小也不好，这虽然对减小 φ 角有利，但炉盖在上升时其自由端的下垂量就会过大。这样一来不仅影响其使用性能，而且要求油缸的柱塞加长而造成液压缸行程加大，从而使整个柱塞顶头，特别是柱塞顶头的外伸段加长，这对柱塞顶头也是不利的。

（3）增大摩擦系数（$f_1 \sim f_4$）的值，也会增大 φ 角，而要使摩擦系数保持较低值，就只有提高活塞、液压缸、导套、柱塞顶头锥面及炉盖顶座锥孔面的加工粗糙度，最好是 R_a 不要低于 $1.25\mu m$。

倾翻力矩 M 值的确定如下：当炉盖下落归位直到与炉体上端面接触前，炉盖与顶头的载荷形式相当于一个悬臂梁，而当炉盖自由端已与炉体上端面首先在一点接触时，其载荷形式又变为近似于一端固定，一端自由支撑的梁。在这种情况下，后者在固定端（即柱塞顶头锥度段与炉盖顶座锥孔结合处）产生的力矩只相当于前者的 1/4 左右，即 $M = M_总/$

4，而 $M_总$ 为炉盖处于悬臂状态下，整个油缸顶起部分的自重对固定端产生的力矩。但当炉盖下落与炉体上端面的接触状态改变时，将直接影响 M 值的大小。例如，不是在一点接触，而是在一段弧长上接触，就会使 M 值减小。随着炉盖的继续下落，炉盖的接触弧段不断增大，M 值也将不断减小。当炉盖与炉体上端面的接触弧长达其炉盖直径的 1/3 时，\ $M = M_总/10$；若接触弧长进一步增加达到其炉盖直径的 1/2 时，则 $M = M_总/15$，故一般可取为：

$$M = \left(\frac{1}{15} \sim \frac{1}{10}\right)M_总 \qquad\qquad (12-8)$$

通常上限值用于刚度较大的炉盖，下限值用于刚度较小的炉盖。

四、滚轮式炉盖顶起式

（一）结构形式

图 12-7 所示为滚轮式炉盖顶起式（基础分体式电炉的炉盖升降吊臂）结构简图。图 12-8 为与图 12-7 相配合的炉盖升降及旋转装置简图。

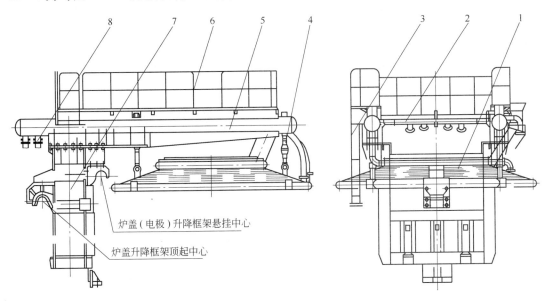

图 12-7 基础分体式电炉的炉盖升降吊臂结构示意图

1—炉盖；2—水冷平台；3—梯子；4—炉盖提升连杆；5—炉盖吊臂；6—栏杆；

7—炉盖提升与电极升降立柱框架；8—炉盖升降臂冷却装置

（二）结构特点

这种结构的炉盖提升吊臂与炉盖是分体式，它们是通过连杆链接在一起的。该结构与炉盖和吊臂一体式相比，炉盖变形量较小。炉盖升降具有一定的缓冲，因而可减少炉盖损坏几率。

对于基础分体式电炉，炉盖升降与炉体是两个分开的独立基础，要求两个独立基础牢固；炉盖提升臂与提升顶起滚轮接触定位虽然可以起到导向作用，但是由于采用了基础分体式而使制造、安装精度要求较高，否则会因升降缸上部顶起轮与炉盖吊臂定位弧同心度差而造成炉盖顶起定位困难。当采用同心度可调装置时，炉盖升降定位精度现象则会得到

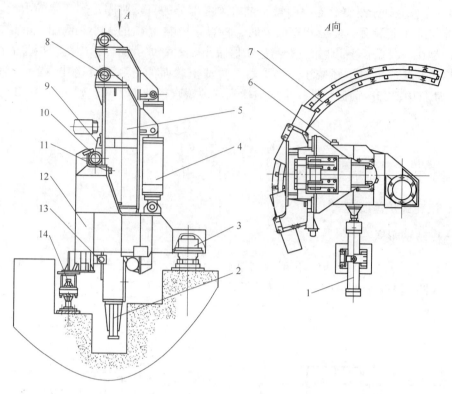

图 12 - 8　基础分体式电炉的炉盖提升与旋转结构示意图

1—旋转液压缸；2—炉盖升降支架；3—旋转装置；4—炉盖升降柱塞缸；5—炉盖升降立柱；6—旋转缓冲装置；
7—旋转轨道；8—炉盖顶起滚轮；9—炉盖定位装置；10—升降立柱导向轮；11—立柱侧面导向装置；
12—旋转框架；13—旋转框架缓冲装置；14—旋转支撑滚轮

一些改善。

第三节　交叉滚子转盘轴承旋转装置

一、交叉滚子转盘轴承旋转装置工作原理与特点

（一）交叉滚子转盘轴承旋转装置的工作原理

交叉圆柱滚子转盘轴承旋转式是回转轴承旋转式的其中之一，其旋转机构结构简图如图 12 - 9 所示。它是由交叉圆柱滚子转盘轴承与旋转架连接螺栓组件 1、交叉滚子轴承与摇架连接螺栓组件螺栓 2、润滑油接管 3、十字滑块 4、半联轴节 5、压环 6、交叉滚子轴承与螺栓组件 7~11、旋转轴 12、轴承座 13、轴套 14 与 16、托板 17、曲柄 18、压盖 19、旋转液压缸 20 和油杯 21 组成。

此机构的特点是使用了交叉圆柱滚子转盘轴承，它由外圈 10、内下圈 7、内上圈 8 及交叉配置的滚柱 9 所组成。轴承组装好后，用双头螺栓组件 2 把内圈固定在摇架平台 22 上，双头螺栓组件 1 把外圈固定在旋转架 23 的下面。旋转架下面用十字滑块 4 和半联轴节 5 与旋转轴 12 相连，此转轴由固定在摇架上的旋转液压缸 20 驱动。当液压缸动作时，

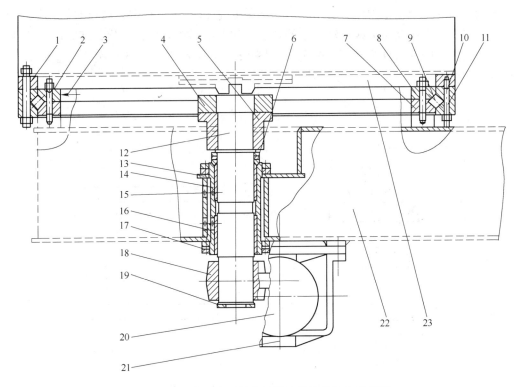

图 12 – 9 交叉滚子转盘轴承炉盖旋转机构示意图

1—交叉圆柱滚子转盘轴承与旋转架连接螺栓组件；2—交叉滚子轴承与摇架连接螺栓组件螺栓；
3—润滑油接管；4—十字滑块；5—半联轴节；6—压环；7—轴承内下圈；8—轴承内上圈；
9—滚柱；10—轴承外圈；11—交叉滚子轴承螺栓组件；12—旋转轴；13—轴承座；
14，16—轴套；15—润滑接管；17—托板；18—曲柄；19—压盖；
20—旋转液压缸；21—油杯；22—摇架平台；23—旋转架

经由曲柄 18 使转轴转动，从而使旋转框架带着炉盖、电极转动。

（二）交叉滚子转盘轴承旋转装置的特点

交叉圆柱滚子转盘轴承旋转装置由于交叉圆柱滚子转盘轴承外径较大，作用在交叉圆柱滚子转盘轴承上的力和力矩的承受能力较强，即使不用辅助支撑导轮，工作寿命仍然较长。但缺点是结构尺寸与旋转角度较大，电缆长度较长，润滑容易出现死角。

二、轴承选型计算

转盘轴承由于其工作条件的不同绝大多数都是在偏心负荷下工作的，轴承除承受轴向负荷、径向负荷外，还必须克服倾覆力矩的作用。因此，轴承的选型计算以负荷－力矩图的承载曲线作为转盘轴承的选择方法是目前各大厂家所普遍采用的方法。但对于交叉滚子转盘轴承的计算，又有其特殊的计算方法。

对于采用交叉圆柱滚子转盘轴承作旋转的电弧炉，旋转架及其安装旋转架上的电极升降机构、炉盖提升装置、炉盖、三根电极、电缆的一半以及通水冷却部件内部的冷却水等部件的质量和其所产生的力矩都由交叉圆柱滚子转盘轴承承担，为此交叉圆柱滚子转盘轴承所承受的力和力矩是很大的。在冶炼时，电炉扒渣和出钢的操作、加料时炉盖的旋开、旋回等操作，使作用在交叉滚子轴承上的各点力和力矩不断地发生变化，其数值上差别也很大，为此轴承的受力分析显得十分重要。图 12 - 10 所示为交叉圆柱滚子转盘轴承在水平位置时的受力图。

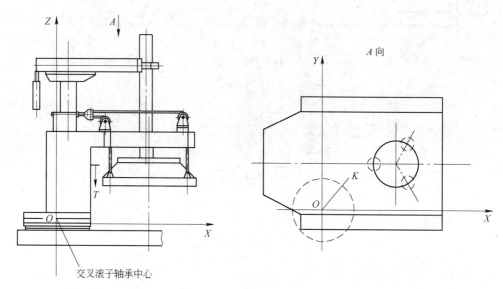

图 12 - 10　转盘轴承受力分析示意图

在图 12 - 10 中，$K(X_K、Y_K)$ 点为交叉圆柱滚子转盘轴承所承受力的重心所在位置，T 为所承受力的大小。

（一）计算所需原始资料

（1）主机装配图、轴承安装位置图；

（2）以轴承安装位置几何中心点为圆点 O 建立三维坐标系；

（3）作用于轴承上的轴向载荷及位置坐标、径向载荷 R 与位置坐标及倾覆力矩 M；

（4）主机工作情况，如轴承的转速、工作温度、润滑方式、设备利用率、寿命要求等。

（二）轴承负荷计算

1. 计算滚道 1 和滚道 2 承受的轴向力 F_r 和径向力 F_a

轴承承受的倾覆力 F_M 为：

$$F_M = \frac{2M}{d_m} \tag{12-9}$$

式中　M——倾覆力矩，$M = T \cdot \overline{OK}$，而 $\overline{OK} = \sqrt{X_K^2 + Y_K^2}$；

　　　d_m——滚道直径，m。

由 T、R、F_M 并利用表 12 - 1 则可以求出滚道 1、2 承受的径向力 F_{r1}、F_{r2} 和轴向力 F_{a1}、F_{a2}。表 12 - 1 为滚道 1、2 承受的径向力 F_{r1}、F_{r2} 和轴向力 F_{a1}、F_{a2} 的计算。

表 12-1 交叉滚子转盘轴承受力计算

负荷关系	负荷作用在外圈上		负荷作用在内圈上		代号	公式	代号	公式
负荷图					1	$F_{r1} = (R + F_M)/2$ $F_{r2} = (R - F_M)/2$ $F_{a1} = T + (R - F_M)/2$ $F_{a2} = (R - F_M)/2$	4	$F_{r1} = (R + F_M)/2$ $F_{r2} = (F_M - R)/2$ $F_{a1} = T + (F_M - R)/2$ $F_{a2} = (F_M - R)/2$
$F_R > F_M > F_T$	6	2	2	6	2	$F_{r1} = (R + F_M)/2$ $F_{r2} = (R - F_M)/2$ $F_{a1} = (R + F_M)/2$ $F_{a2} = (R + F_M)/2 - T$	5	$F_{r1} = (F_M - R)/2$ $F_{r2} = (F_M + R)/2$ $F_{a1} = T + (F_M + R)/2$ $F_{a2} = (F_M + R)/2$
$F_R > F_T > F_M$	6	1	1	6				
$F_M > F_R > F_T$	5	3	3	5	3	$F_{r1} = (R + F_M)/2$ $F_{r2} = (F_M - R)/2$ $F_{a1} = (R + F_M)/2$ $F_{a2} = (R + F_M)/2 - T$	6	$F_{r1} = (R - F_M)/2$ $F_{r2} = (F_M + R)/2$ $F_{a1} = T + (F_M + R)/2$ $F_{a2} = (F_M + R)/2$
$F_M > F_T > F_R$	5	4	4	5				
$F_T > F_R > F_M$	6	1	1	6				
$F_T > F_M > F_R$	5	4	4	5				

2. 轴承当量负荷的计算

当量动负荷 P_i：

$$P_i = \overline{X} F_{ri} + \overline{Y} F_{ai} \tag{12-10}$$

式中 i——滚道 1 或滚道 2。

当 $\dfrac{F_{ai}}{F_{ri}} \le 1.5$ 时，$\overline{X} = 1.5$，$\overline{Y} = 0.67$；当 $\dfrac{F_{ai}}{F_{ri}} > 1.5$ 时，$\overline{X} = 1$，$\overline{Y} = 1$。

当量静负荷 P_j：

$$P_{j1} = 2.3 F_{r1} + F_{a1} \tag{12-11}$$

$$P_{j2} = 2.3 F_{r2} + F_{a2} \tag{12-12}$$

额定动负荷 $C(\text{kg})$ 的计算：

$$C = f_C E_f^{7/9} Z^{3/4} d^{29/27} \tag{12-13}$$

式中 f_C——系数，按表 12-2 取值；

E_f——滚子有效长度，与滚道接触较好的情况下，可取滚子总长度的 70% 左右，mm；

Z——同一方向的滚子数，当一对一交叉排列时为滚子总数的 1/2；

d——滚子直径，mm。

表 12-2 f_C 系数取值

$\dfrac{d\cos\alpha}{d_m}$	f_C	$\dfrac{d\cos\alpha}{d_m}$	f_C	$\dfrac{d\cos\alpha}{d_m}$	f_C	$\dfrac{d\cos\alpha}{d_m}$	f_C
0.01	7.964	0.06	11.709	0.12	13.087	0.22	13.302
0.02	9.298	0.07	12.054	0.14	13.259	0.24	13.173
0.03	10.159	0.08	12.312	0.16	13.388	0.26	13.044
0.04	10.805	0.09	12.570	0.18	13.388	0.28	12.829
0.05	11.279	0.10	12.785	0.20	13.388	0.30	12.570

注：α 为接触角，取 $\alpha = 45°$。

额定静负荷 $C_0(\mathrm{kg})$ 的计算：

$$C_0 = 0.7071 E_\mathrm{f} Z d \tag{12-14}$$

（三）轴承寿命的计算

滚道 1、2 的寿命 L_i（转）计算如下：

$$L_i = (C/P_i)^{10/3} \times 10^6 \tag{12-15}$$

式中 i——表示滚道 1 或滚道 2；

C——额定动负荷；

P_i——当量动负荷。

轴承的寿命 L（转）：

$$L = f_\mathrm{H} \left[(1/L_1)^{9/8} + (1/L_2)^{9/8} \right]^{-8/9} \times 10^6 \tag{12-16}$$

式中 f_H——滚道硬度系数，见表 12-3。

表 12-3 滚道硬度系数 f_H 的取值

硬度值 RC	61	60	58	56	54	52	50
f_H	1	0.94	0.83	0.74	0.65	0.57	0.51

以小时表示轴承的寿命 $L_\mathrm{h}(\mathrm{h})$ 为：

$$L_\mathrm{h} = \frac{10^6 \times L}{60n} \tag{12-17}$$

式中 n——轴承每分钟的转数，r/min。

三、按静负荷选型计算

安全系数计算如下：

$$S_0 = \frac{f_\mathrm{H} C_0}{P_j} \tag{12-18}$$

式中 S_0——安全系数，见表 12-4；

C_0——额定静负荷；

f_H——滚道硬度系数，见表 12-3；

P_j——当量静负荷，kg，取 P_{j1}、P_{j2} 中较大者。

表 12-4 安全系数 S_0 的取值

使 用 要 求	S_0
对旋转精度和平稳度要求较高或受强大冲击载荷情况	1.2 ~ 2.5
正常使用	0.8 ~ 1.2
对旋转精度和平稳度要求不高，没有冲击载荷和振动情况	0.5 ~ 0.8

四、按接触应力选型核算

对于工作转速低或缓慢摆动并承受重负荷的轴承，除进行上述计算外，需计算接触应力，并使其在允许范围之内。

（1）最大负荷时滚子上的总负荷为：

$$P_{max} = \left(\frac{\sqrt{2}}{Z_m}\right)\left(T + 2.5R + \frac{4M}{d_m}\right) \qquad (12-19)$$

式中　Z_m——同一方向的滚子数，当一对一交叉排列时为总数的 $1/2$，当考虑倾炉时实际负荷约为滚子总数的 $1/4$。

（2）最大接触应力 σ_{max}（kgf/mm^2，$1kgf/mm^2 = 10MPa$）为：

$$\sigma_{max} = \frac{91.5 \times \sqrt{P_{max}}}{d} \leq [\sigma] \qquad (12-20)$$

式中　d——滚子直径，mm；

[σ]——材料的许用接触应力。

表 12-5 中给出几种常用材料 [σ] 值。

表 12-5　几种常用材料 [σ] 值　　　　　　（kgf/mm^2）

材　料	50	65	50Mn	5CrMnMo	GCr15SiMn
[σ]	120	135	130	180	380

值得说明的是，在选取轴承时也可根据厂家提供的样本计算并选取相应型号的轴承。

五、轴承型号和规格的选取

在完成轴承的受力分析以后，选择轴承的规格型号就比较容易了。目前，在我国生产这种型号的轴承厂家主要有洛阳轴承集团有限公司和徐州轴承厂等。其规格型号按额定动载荷与静载荷等计算选取。

六、轴承安装位置的设计

这种结构的电弧炉由于其所采用的交叉滚子轴承外径较大，安装位置的设计选择显得很重要。旋转中心不能选择在炉体的中心线上，因为那样做不仅会使旋转中心远离炉体中心，增大旋转轴承的承受力，而且会造成电炉整体平台加大以及给电极升降布置带来困难等诸多问题。通常做法是旋转中心偏向炉门侧布置，在保证炉盖旋开后能使炉体整体吊离的情况下，尽量能使结构紧凑一些。

七、旋转油缸推力的计算

（1）交叉滚子轴承的摩擦主力矩 M_m 为：

$$M_m = \mu\frac{d_m}{2}\left(\sum P_T M + \sum P_R\right) \qquad (12-21)$$

式中　μ——摩擦系数，$\mu \approx 0.01$；

　　　d_m——滚道直径，m。

$$\sum P_T M = \frac{2.828}{\pi}\left[\frac{4M}{d_m}\sin\varphi_0 + T\left(\varphi_0 - \frac{\pi}{2}\right)\right]$$

$$\sum P_R = \frac{5.656R}{\pi}$$

$$\varphi_0 = \pi - \cos^{-1}\frac{Td_m}{4M}$$

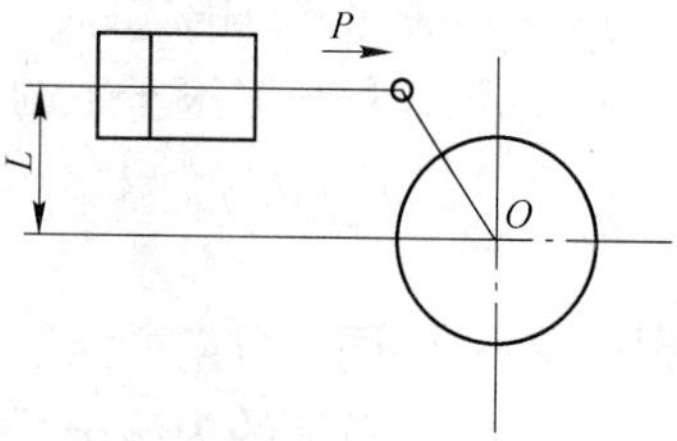

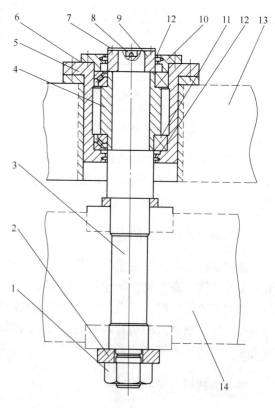

（2）油缸推力：

启动时阻力矩： $\quad M_z = (1.5 \sim 2)M \qquad (12-22)$

油缸所需推力为： $\quad P = \frac{M_z}{L} \qquad (12-23)$

图 12-11 油缸到转动中心的力臂示意图

式中 L——油缸到转动中心的力臂，m，如图 12-11 所示。

第四节 调心轴承旋转装置

一、调心轴承旋转装置的工作原理与特点

调心轴承旋转装置是与交叉滚子转盘轴承不同的另一种结构方式，如图 12-12 所示。主要由大螺母 1、垫块 2、主轴 3、轴套 4、轴承座 5、调整垫圈 6、盖板 7、油杯 8 及旋转液压缸（图中未画出）等组成。大螺母 1 将主轴固定在摇架平台 14 上，旋转轴承的轴承座 5 与旋转架 13 连接成一体。

工作时，在倾动平台上安装一旋转液压缸推动旋转架绕主轴旋转。因为调心滚子轴承在球面滚道外圈与双滚道内圈之间装有球面滚子，由于外圈滚道的圆弧中心与轴承中心一致具有调心性能，可以自动调整因轴或外壳的挠曲或不同心引起的轴心不正，可承受径向负荷与轴向负荷。径向负荷能力较大，适用于承受重负荷与冲击负荷。一般情况下，调心滚子轴承所允许的工作转速较低，调心滚子轴承在正常载荷及工作条件下，内圈转动时允许存在一定的角度偏差，能否完全达到给定值依轴承配置的设计、安装精度及密封类型等条件决定。

由于轴承外径较小而弯曲力矩大，因此需要增设辅助滚轮支撑。这种结构的电弧炉其旋转角度较小，电缆长度较短。缺点是倾动平台尺寸较大，旋转轴承距离电缆较近，容易受到电磁感应的作用而发热，为此，在设计时该处应选用非磁性材料进行防磁

图 12-12 回转主轴旋转装置

1—螺母；2—垫块；3—主轴；4—轴套；5—轴承座；
6—调整垫圈；7—盖板；8—油杯；9—螺母；10—透盖；
11—调心滚子轴承；12—密封圈；13—旋转架；
14—摇架平台

处理。

　　轴承的润滑是通过安装在主轴上端面的油杯 8，经轴上油孔对轴承进行润滑。

二、轴承选型计算

（一）轴承受力分析

轴承受力分析如图 12 - 13 所示。

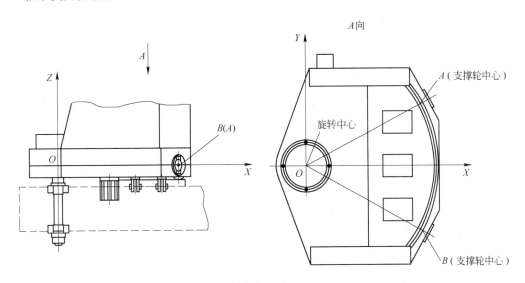

图 12 - 13　带有支撑轮回转主轴受力分析示意图

　　如图 12 - 13 所示，以旋转轴承中心点为圆点 O 建立三维坐标 XYZ。图中 A、B 两点为支撑轮在倾动平台旋转轨道上的支撑点。同交叉滚子轴承受力分析一样，分析轴承和两个支撑轮的受力情况，由于该结构支撑点为三点，与交叉滚子轴承受力相比该轴承受力较小，详细分析参照交叉滚子轴承受力分析即可，此处不作详细介绍。

　　根据轴承受力分析结果，选择相应的调心滚子轴承规格型号。

（二）轴承安装位置的设计

　　对于整体基础结构的电弧炉旋转装置，一般平台尺寸较大，设计时尽量结构紧凑一些为好，特别是要尽量远离水冷电缆，同时考虑防止涡流的产生，以减少磁场对旋转部分的涡流发热影响。

　　摇架平台安装旋转轴承的法兰上平面与旋转轨道上平面的平行度是旋转轴承良好受力状况的保证。为此，制造时一定要重视两者的平行度控制在设计要求范围内。除此之外，摇架平台上的旋转轨道表面要经过热处理加工，以保证其表面硬度和耐磨性。

三、调心轴承旋转装置与交叉滚子轴承旋转装置的比较

　　（1）两者相比，外径尺寸相差较大。

　　（2）安装位置不同，交叉滚子轴承一般安装在偏于炉门一侧，而调心轴承一般安装在炉体中心线附近。

（3）旋转角度差别很大，一般交叉滚子轴承旋转角度较大，而调心轴承旋转角度较小。

（4）调心轴承旋转需要设置支撑滚轮，而交叉滚子轴承旋转则不需要设置支撑滚轮。

（5）调心轴承具有一定的自动调心功能，而交叉滚子轴承不具有自动调心功能。

第五节　四连杆旋转装置

一、四连杆旋转装置的工作原理与特点

图 12-14 所示为四连杆机构旋转装置结构简图。该旋转装置主要由三排滚柱转盘轴承 1、转盘轴承固定盘 2、约束杆 3、转筒支架 6、旋转液压缸 7 和主轴 8 等组成。转盘轴承下部安装在摇架平台上，上面与转筒支架连接成一体。旋转架 5 通过主轴 8 与转筒支架铰接。约束杆 3 一端与摇架平台 4 铰接，另一端与旋转架 5 铰接。旋转时，液压缸推动转筒支架曲柄带动旋转架进行摆转运动。

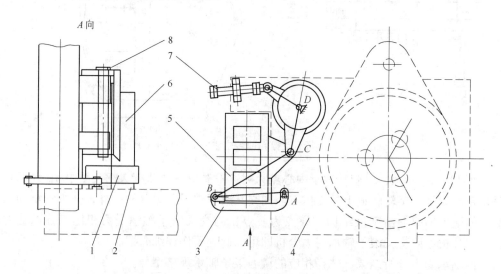

图 12-14　四连杆机构旋转装置结构示意图

1—三排滚柱转盘轴承；2—转盘轴承固定盘；3—约束杆；4—摇架平台；
5—旋转架；6—转筒支架；7—旋转液压缸；8—主轴

四连杆旋转装置的最大优点是：可以在有限空间内实现旋开炉盖工作，从而缩小了旋转部分所占的空间，结构更加紧凑，进而有效地缩短短网的长度。但这种结构的不足之处是由于旋转架铰接吊装在摇架上，受力状态不佳。长期使用变形量较大，电炉容量越大，这种缺点显现越明显。

二、四连杆旋转装置的连杆设计

（一）结构设计

四连杆机构示意图如图 12-15 所示。四连杆机构由机架杆和 3 个连杆组成，设计适当的连杆长度，杆 BC 可以按照规定的运动方式和轨迹运动。在这里称连杆 AD 为机

架，连杆 AB 为约束杆，DC 连杆成为摇杆，BC 为运动杆。

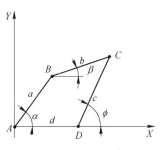

图 12－15　四连杆机构

整个电炉炉盖旋转装置必须和 BC 杆，即运动杆固定在一起，以完成炉盖旋转动作，节点 D 根据电弧炉具体结构布置在平台上，节点 A 则在平台的另外一侧。问题是如何确定 4 个连杆的长度才能保证炉盖旋转机构对 3 个关键位置的要求。图 12－16 所示为四连杆旋转机构炉盖旋转示意图。

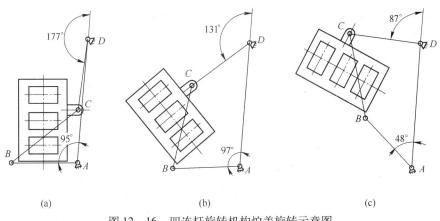

图 12－16　四连杆旋转机构炉盖旋转示意图

（a）冶炼状态；（b）装料状态；（c）吊换炉体状态

（二）运动分析

图 12－15 所示的四连杆机构，设计时以 AB 杆的长度 a 为基准，则有：

$$\frac{a}{a}=1,\ \frac{b}{a}=m,\ \frac{c}{a}=n,\ \frac{d}{a}=k \tag{12-24}$$

则从动件的运动规律可用下列函数表示：

$$\varphi=f(m,n,k,\alpha) \tag{12-25}$$

式（12－25）表明，当原动件运动规律已知时，可通过选择不同的机构参数，从而使从动件实现不同的运动规律。但是，此机构可供选择的参数只有 3 个，因此只能够在不超过 3 个位置要求时，可以精确地实现，否则只能是近似地实现预期的位置要求。

根据各连杆构成的矢量封闭图形，可以写出以下矢量方程：

$$a+b=c+d$$

根据各构件在 X 轴、Y 轴的投影，可以写出以下矢量方程式：

$$\left.\begin{array}{l}a\cos\alpha+b\cos\beta=d+c\cos\varphi\\a\sin\alpha+b\sin\beta=d+c\sin\varphi\end{array}\right\} \tag{12-26}$$

将式（12－26）移项整理后，根据各构件长度的相对关系，消去 β 项得到：

$$\cos\alpha=n\cos\varphi-\frac{n}{k}\cos(\varphi-\alpha)+\frac{k^2+n^2-m^2+1}{2k} \tag{12-27}$$

为简化式（12 - 27），令：

$$p_0 = n, \quad p_1 = -\frac{n}{k}, \quad p_2 = \frac{k^2 + n^2 - m^2 + 1}{2k} \qquad (12 - 28)$$

则得到：

$$\cos\alpha = p_0\cos\varphi + p_1\cos(\varphi - \alpha) + p_2 \qquad (12 - 29)$$

式（12 - 28）就是用机构参数来表达连杆 AB 和 CD 运动关系的方程式。这样就可根据给出的 3 组 α、φ 的值，应用式（12 - 27）和式（12 - 28）计算出各连杆的相对长度。最后根据需要决定连杆 AB 长度 a 的值，最终确定其他构件 b、c、d 的长度。

如图 12 - 16 所示，已知 3 组值如下：$\alpha_1 = 95°$，$\varphi_1 = 177°$；$\alpha_2 = 97°$，$\varphi_2 = 131°$；$\alpha_3 = 48°$，$\varphi_3 = 87°$。代入式（12 - 27）和式（12 - 28）中，计算得到：$m = 1.2622$，$n = 1.0622$，$k = 1.8282$。

由于受到电弧炉实际结构的限制，如图 12 - 15 所示，约束杆 AB 的长度最终确定为 $a = 1560\text{mm}$，则根据式（12 - 24）可得到其他杆件的长度：$b = 1969\text{mm}$，$c = 1657\text{mm}$，$d = 2852\text{mm}$。

这样就可根据计算结果，布置各连杆在电弧炉平台的具体位置。图 12 - 17 所示为最终尺寸确定后，炉盖旋开 90°的示意图。

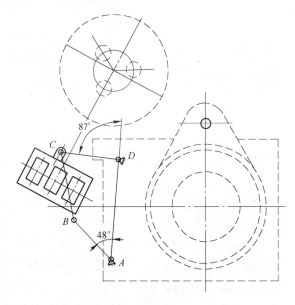

图 12 - 17　炉盖旋开 90°的示意图

三、旋转机构设计

四连杆旋转机构虽然具有电弧炉结构紧凑、短网长度短等优点，但是，由于整个旋转架上所承受的质量较大且又是悬挂在旋转臂上，受力状态不佳，长期使用容易产生机构变形，轴承局部磨损严重等现象发生，从而造成旋转困难。为此设计时应注意以下几点：

（1）旋转机构的强度和刚度的设计，是保证零部件在使用过程中不变形的重要因素；

（2）轴承选型时，其安全系数要有可靠的保证，轴承润滑效果良好；

（3）设计适当的连杆长度，特别是 CD 杆不仅长度要合适而且要有足够的强度；

（4）根据旋转架的运动轨迹，考虑增设支撑滚轮装置可大大改善使用效果，延长使用寿命。

第六节　其他旋转方式的电弧炉

一、三排圆柱滚子组合转盘轴承旋转装置

图12－18是图8－5所示整体基础式电炉的旋转装置结构简图。用螺栓将转盘轴承3的内圈固定在摇架平台法兰上，转盘轴承3的外圈与旋转架2用螺栓连接成一体。电极升降吊架8安装在旋转架上，旋转推臂4的一端直接与电极升降吊架8相铰接，另一端通过支架与摇架平台7下面铰接。旋转液压缸5直接推动旋转推臂带动电极升降吊架与旋转架2一起进行旋转，从而实现炉盖的旋开旋回动作。

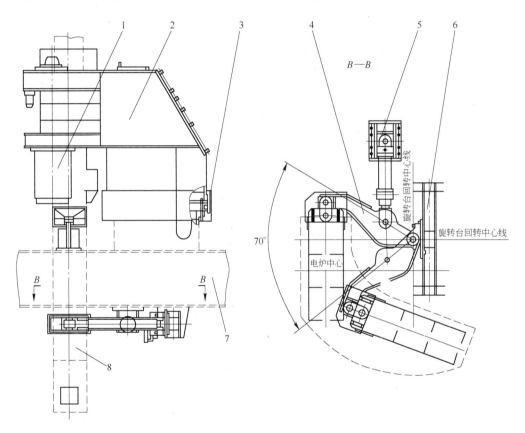

图12－18　转盘轴承旋转装置简图

1—炉盖升降液压缸；2—旋转架；3—转盘轴承；4—旋转推臂；5—旋转液压缸；
6—固定支座；7—摇架平台；8—电极升降吊架

三排圆柱滚子组合转盘轴承既能承受较大的径向力，又能承受较大的轴向力。在同等受力条件下，其轴承的外形尺寸可以大大缩小。采用三排圆柱滚子组合转盘轴承不仅使炉盖旋转角度较小，而且使旋转结构更加紧凑，从而使倾动平台外形尺寸减小，短网长度缩短。目前，国内外大型电炉，这种旋转结构方式比较常见。

在选择轴承规格型号时，同样要根据电炉工作特点进行计算后确定。

转盘轴承的润滑，在设计时要保证润滑充分、可靠，不能出现润滑盲点。

二、立柱回转式

立柱回转式是炉盖旋开式电炉的又一种结构。炉盖旋转装置装在摇架上，与前一种形式不同之处是整个旋开部分支承在旋转立柱上，此立轴安装在摇架平台的轴承组中，立轴上固定着扇形齿轮，驱动机构固定在摇架平台上，推动立轴上固定的扇形齿轮转动，即可实现炉盖旋转。

此种结构的电炉与主轴旋转结构相似，它的不同之处是，整个炉盖旋转部分不是在轴承或环形轨道上旋转，而是用一旋转立柱，Γ形旋转架固定在旋转立柱上。刚性固接着一个扇形齿轮，炉盖旋转的驱动机构固定在摇架上，当需要旋开炉盖时，先提升炉盖与电极，然后开动炉盖旋转机构，通过扇形齿轮带着立轴及整个炉盖旋转部分转动。由于整个炉盖旋转部分通过立柱安装在摇架上，因此炉盖、电极能与炉体一起倾动。

根据这一方案可以设计制造出一个结构十分紧凑的电炉来。若将一个电极立柱及相应的升降液压缸配置在旋转立轴中心位置上，则可使结构更加紧凑，所以这种形式的电炉占地面积小。另一个优点是缩短了旋转中心到炉子中心的距离，因而短网较短，电极横臂缩短，改善了电参数，提高了电极装置的刚性。缺点是装料时产生的震动会波及炉盖和电极，电机传动不如液压传动那样灵活轻便。目前，这种结构的电炉已有 300 ~ 400t 设计方案。

三、炉体悬挂旋转式

炉体悬挂旋转式，是炉盖提升旋转机构和电极升降机构都固定在炉体上。这种电炉结构简单，但装料时的冲击和震动会直接影响悬吊着的炉顶。这种结构仅适用于 3t 以下小容量电炉，对大中型电炉完全不适用。因炉壳承受不了如此笨重而又庞大的结构。这种电炉的炉盖提升旋转常用一个带有 S 形槽的油缸来完成炉盖的提升和旋转，但也有用两个油缸分别完成提升和旋转工作。这种结构的电炉优点是横臂较短。这种液压传动的炉盖升降旋转是利用支座上的 S 形导槽，连接了顶头的柱塞上装有滚轮，滚轮沿 S 形槽滚动，当工作缸推动柱塞向上运动时，滚轮处在 S 形槽下端的直线段时，炉盖就上升，而当滚轮进入 S 形槽内时，再运动炉盖就会一边旋转一边上升。

总之，炉盖旋转中心位置及旋转角度是炉盖旋开式电炉的重要结构参数。确定它们时需要综合考虑以下因素：

(1) 使短网、电极横臂越短越好。

(2) 炉盖旋开后，不但要使炉膛全部露出，还要使炉体能整体吊出。

(3) 旋转角度相对较小。

(4) 结构紧凑，占地面积小。

第七节　常用的基础分体式炉盖提升、旋转式电弧炉

常用的基础分体式炉盖提升、旋转式电弧炉炉盖的提升都是采用柱塞缸柱塞顶起炉盖方式，旋转时用另外一个液压缸，分别完成炉盖提升、旋转工作，并且由单独基础支撑，

与炉子的摇架没有直接关系。下面介绍一种炉盖提升与旋转结构比较紧凑的基础分体式
电炉。

一、炉盖提升、旋转结构方式

图 12－19 所示为基础分体式炉盖提升、旋转式电弧炉的一种结构简图。

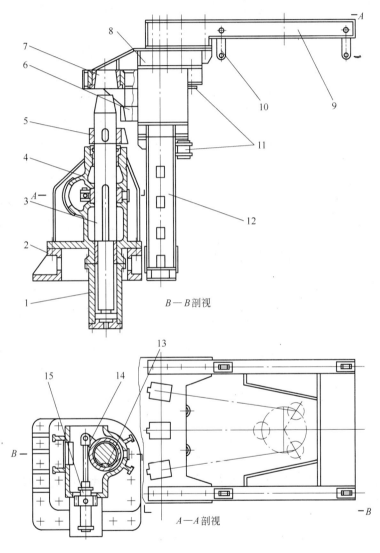

图 12－19　基础分体式电弧炉炉盖升降旋转机构
1—升降液压缸；2—底座；3—立轴；4—壳体；5—凹形托块；6—凸形托块；
7—锥形钢套；8—Γ形旋转框架；9—吊梁；10—炉盖吊具；11—支承座；
12—电极立柱支架；13—键；14—推杆；15—旋转液压缸

此系统由两部分组成：旋转框架和炉盖升降旋转机构。Γ形旋转框架 8 经由吊梁 9 上
的吊杆 10 吊着炉盖。旋转框架的下方刚性连接着电极立柱支架 12，三套电极装置的立柱
就放置在此支架中。此框架通过 3 个不同水平面、垂直面的支承座 11，放置在摇架的塔形

立柱上。

炉盖升降旋转机构有两个液压缸：升降液压缸 1 和旋转液压缸 15。升降液压缸固定在壳体 4 的下部，其柱塞即为立轴 3 的下段，立轴的上段为顶头，并装有凹形托块 5，顶头与凹形托块分别与旋转框架上的锥形钢套 7 及凸形托块 6 相配。立轴的中段上开有长键槽。壳体 4 通过底座固定在基础上，其上有两个轴承，立轴在此两个轴承内既能升降，又能旋转。旋转液压缸水平地铰接在壳体中部，其活塞杆与推杆 14 铰接，推杆上固定着滑键 13。

炉盖提升时柱塞在液压驱动下升起进入固定导槽后将炉盖顶起，一般当炉盖提升高度为 400 ~ 500mm 时开始旋转打开炉盖。

需旋开炉盖时，首先升降液压缸动作，立轴上升，立轴通过顶头、凹形托块将旋转框架顶起，从而带着炉盖、电极装置一起上升，上升至一定高度（20 ~ 75t 电炉的上升高度为 420 ~ 450mm）后，炉盖、整个电极装置与炉体脱离，旋转框架也脱离了摇架上的塔形立柱。然后旋转液压缸动作，活塞杆通过推杆、键使立轴带着旋转框架转动。当旋转角度达 75° ~ 78°时，炉膛全部露出。旋回时，旋转液压缸首先复位，然后升降液压缸回复原位，即旋转框架支承在摇架的 3 个塔形立柱上，并与立轴脱离，炉盖盖在炉体上。当倾动液压缸动作时，支承在摇架上的炉体、炉盖、旋转框架及整个电极装置随摇架一起倾动。

二、调心轴承在基础分体式旋转装置上的应用

图 12 - 8 所示为基础分体式电炉的炉盖提升与旋转装置的又一种结构简图。炉盖提升时，柱塞缸 4 在液压驱动下带动升降立柱 5 上升。立柱在升降立柱导向轮 10 与立柱侧面导向装置 11 的导向下垂直上升，使安装在立柱上部的顶起滚轮进入炉盖升降框架顶起中心弧，并顶起安装在倾动平台上的炉盖吊臂和炉盖，使升降框架与摇架完全脱离，直到炉盖再提升到设计高度便完成炉盖提升动作。

当炉盖旋开时，旋转液压缸 1 动作，活塞杆便推动旋转框架使支撑滚轮 14 在旋转轨道 7 上转动。其中旋转装置 3，即为调心轴承式旋转装置。当旋转到设计角度时便停止旋开动作。旋回时，旋转液压缸首先复位，然后升降液压缸的柱塞下降。待升降框架安放在摇架上并使炉盖盖在炉体上后，立柱上面的顶起滚轮开始脱离提升框架回复原位。当倾炉液压缸动作时，安装在摇架上的炉体、升降框架与炉盖和电极升降机构随摇架一起倾动，而炉盖提升旋转机构不动。

三、炉盖提升旋转的特点

这种结构的特点是：炉盖旋开后，炉盖、电极装置与炉体无任何机械联系，所以装料时的冲击震动不会波及炉盖和电极，因而它们的使用寿命较长；炉盖旋开后，整个旋开部分有其自身的基础，所以电炉的稳定性问题就显得比较简单，即旋开后所产生的较大偏心载荷与摇架无关。但由于此基础是独立的，而又要求与旋转框架间有较准的距离，因此对电炉的设计、施工安装要求较高。

这种形式的电炉为全液压式，应用较广，在国外其容量已达 200t。但这种旋开方式结构的电弧炉结构复杂，占地面积较大。

第八节 旋转架与吊臂

一、旋转架

图 12-20 所示为常见的一种旋转架结构。

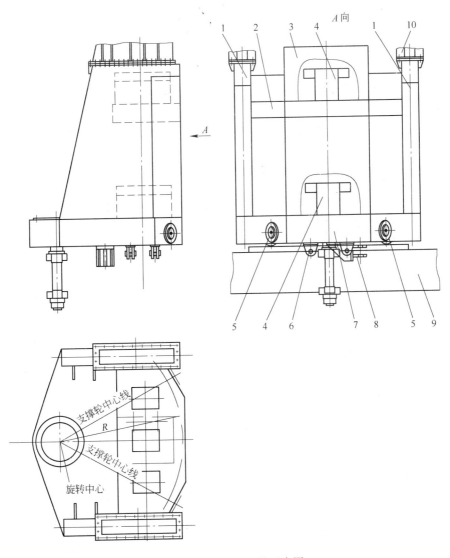

图 12-20 旋转架结构示意图

1—吊架支撑臂；2—二层平台；3—挡火板；4—中相立柱支架；5—支撑滚轮；6—立柱吊架连接支架；
7—旋转架平台；8—旋转缸连接支架；9—倾动摇架平台；10—炉盖吊架

旋转架由吊架支撑臂 1、二层平台 2、挡火板 3、中相立柱支架 4、支撑滚轮 5、立柱吊架连接支架 6、旋转架平台 7、旋转缸连接支架 8 和炉盖吊架 10 等组成。

旋转架是用来旋开炉盖的，其上部吊架支撑臂 1 和炉盖吊架用刚性连接或用螺栓（或销轴）连接在一起，下部通过安装在旋转架平台 7 上部的旋转机构与摇架平台 9 相连。旋转架也是安装、固定电极升降立柱的部件。在旋转架旋转平台 7 和二层平台 2 的电极升降立柱孔处，安装立柱导向轮，用来支撑和固定电极升降立柱并起到立柱升降导向作用。旋转架工作的特点是承载力大，长期受高温烘烤和烟尘污染，又处在强大磁场之下，所处环境十分恶劣。为此，旋转架的强度和刚度是旋转架设计的重点，尤其是旋转平台，通常其内部安装旋转轴承和支撑滚轮 5，一旦产生变形就会给旋转带来困难，严重时就无法完成旋转动作。

为了防止旋转架变形和安装在旋转架平台上的部件受到损坏，以及导向轮受热而失去润滑功能等，在靠近炉体一侧一般常常加装挡火板 3，以防止高温的烘烤。

在旋转架的下面设有电极升降立柱吊架的连接支架 6，用来固定电极升降缸。旋转缸连接支架 8 和旋转缸铰接在一起，以便完成旋转动作。

二、炉盖吊架

炉盖吊架的作用不仅是用来吊装炉盖之用，而且在炉盖吊架上还设有操作平台、梯

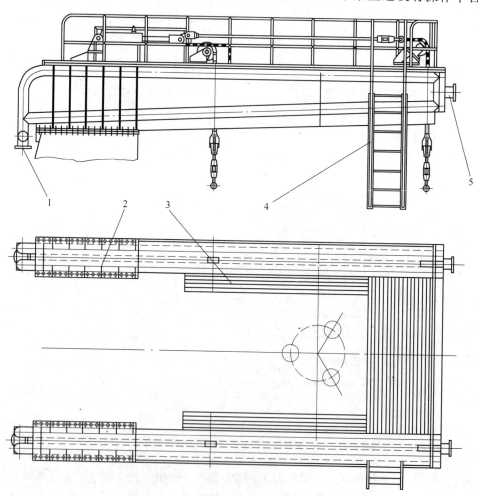

图 12-21　管式水冷吊架

1—进、出水管；2—与旋转架连接的法兰；3—管式水冷操作平台；

4—梯子、栏杆；5—连接炉盖进、出水管

子、栏杆等，以供操作人员在炉上接装电极及其他操作与维护。

早期普通功率的电弧炉炉盖吊架一般都是由钢板焊接成枪体箱形。但是，在超高功率电炉出现以后，使炉盖顶部环境更加恶劣，造成吊架使用寿命大大缩短，因而不得不进行改进吊架的设计，现在多数采用管式水冷吊架，如图 12 - 21 所示。它是由进、出水管 1、与旋转架连接的法兰 2、管式水冷操作平台 3、梯子与栏杆 4 和通往炉盖串接的进、出水管 5 等组成。吊架的改进不仅延长了使用寿命，也使操作人员的工作环境得到了很大的改善。

在进行炉盖吊架的设计上，严防吊架的变形，在保证使用寿命的前提下，要考虑吊装点的受力的合理性以及吊架的经济性和整体的美观性。同时要把吊架进、出水管的设计和炉盖进、出水管路设计作为整体考虑，使冷却水进、出管路尽量减少，以减少维修量。

第九节　炉盖旋转装置设计计算

炉盖旋转装置的计算与炉体倾动重心计算一样重要，它关系到电弧炉正常冶炼操作的安全可靠性，是电弧炉设计中又一个关键计算部位。炉盖旋转装置的设计除了进行各零部件的机械结构设计之外，就是对炉盖旋转角度和旋转重心的计算。

一、炉盖旋转角度的计算

（一）旋转角度计算的目的

对于炉盖旋开顶加料电炉来说，装入废钢炉料时，首先要先提升电极与炉盖，而后炉盖旋开到露出整个炉膛为止，然后才能把料筐放到炉膛正上方进行加料操作。特别是当更换炉体时，需要把炉盖旋转到不影响吊换整个炉体为止，其旋转角度会更大。为了满足加料和更换炉体的需要，就必须进行炉盖旋转角度的计算。

（二）确定旋转角度时应当注意事项

如图 12 - 22 所示，在确定炉盖最大旋转角度时，应当注意的事项主要有以下几点：

（1）首先要考虑的是当炉盖旋转到最大角度时，炉盖的最大旋转外径到炉体最近点的距离 E，一般应在 100 ~ 150mm 为宜。

（2）对于偏心底出钢的电弧炉炉盖的最大旋转外径到炉体最近点，一般存在两种情况，一是在炉体最大外径上的某一处；另一种情况是在偏心区的某一点。最近点究竟会发生在哪处，决定于炉盖旋转中心位置与旋转方式。

（3）当炉盖旋开与炉体最近点确定后，设计时对于炉盖应以炉盖最大旋转外径为最外点，但同时要注意不要在该点附近设置炉体吊钩、进出水管、炉盖定位块等，以防止增加不必要的旋转外径。

（4）对于在操作平台上面的炉体连接法兰等位置较低的部件，即使其外边缘较大，如果在吊运炉体时，炉底吊出已经超过操作平台一定高度了，而炉体的该外边缘和炉盖仍有一段距离时，此时可通过平移炉体即可将炉体吊出。对于这种情况可以不必考虑该超出部分对炉盖旋转角度的影响。

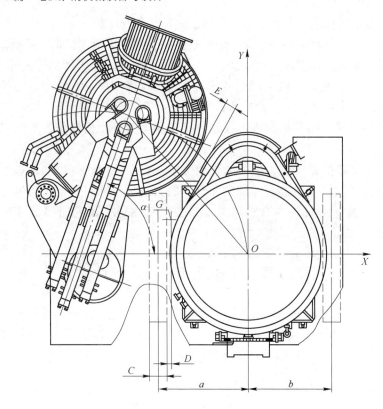

图 12 - 22　炉盖旋转角度示意图

二、旋转重心的计算

（一）旋转重心计算的目的

电弧炉冶炼操作时，经常需要旋开炉盖进行加料及兑入铁水等操作。旋开炉盖首先要提升电极、提升炉盖的操作，然后才能进行炉盖旋转的操作。炉盖在旋转过程中，安装在倾炉平台上的所有部件的整体重心是在随旋转角度变化而变化的。一个好的设计是要保证即使炉盖在旋开最大的角度之后，其倾动平台上的所有部件的整体重心仍然处在其两个弧形板支撑中心线的内部。只有这样，才能保证电炉冶炼操作的安全性。

（二）旋转重心的确定

1. 建立二维平面坐标系

设电弧炉处在旋开最大角度位置时，以炉体中心点 O 为坐标原点，以水平线为 X 轴线，向右方为 X 轴的正方向；以炉门和出钢口中心线为 Y 轴线，以出钢口（或出钢槽）方向为 Y 轴的正方向；建立二维平面坐标系 XOY，如图 12 - 22 所示。

2. 求出空炉重心点的位置

（1）根据组成炉子在倾动平台上的各个部件对于坐标系所处位置的不同，分别求出各个部件的重心位置 $G_i(X_i，Y_i)$。

（2）根据已经求出的各个倾动部件的重心位置 $G_i(X_i，Y_i)$ 和各倾动部件的质量 G_i，应用重心公式确定空炉倾动重心：

$$G = \sum_{i=1}^{n} G_i \tag{12-30}$$

$$X = \frac{\sum_{i=1}^{n} G_i X_i}{G}, Y = \frac{\sum_{i=1}^{n} G_i Y_i}{G} \tag{12-31}$$

1）在计算空炉重心时不要忘记电极、炉衬和炉盖衬、水冷电缆一半的质量和重心的计算，同时要考虑冷却水的质量。

2）在计算炉衬质量时，应以炉役最后一炉的炉衬为计算依据且为钢水出尽的情况。

三、重心位置在倾炉底座上位置的确定

如图 12-22 所示，a、b 分别为炉体中心线到两弧形架中心线的距离，C 为靠近变压器一侧弧形架（摇架）弧形板的宽度，D 为靠近变压器一侧弧形架弧形板内边到重心位置 G 点的水平距离。

设计时，为了保证电炉冶炼操作的安全性，一般取 $D > 100mm$。这样在冶炼时电炉就不会发生侧翻现象，但不能保证更换炉壳时也不发生侧翻。为此，在更换炉壳时还是需要增加侧支撑。通常取 $a > b$，也使结构更为紧凑一些。

对于较大容量的电弧炉，为了安全起见，也有把倾炉摇架设计成图 12-23 所示带有辅助弧形板形式的电弧炉。这种结构形式只要设计得当，不仅能够增加倾炉平台的强度，减少旋转侧面支撑，更主要的是防止了电弧炉旋转侧倾翻现象的产生。

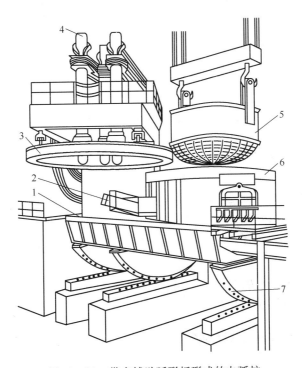

图 12-23　带有辅助弧形板形式的电弧炉

1—摇架平台；2—出钢槽；3—炉盖；4—电极；5—加料筐；6—炉体；7—弧形架的弧形板

第十节 炉体开出式电弧炉简介

炉体开出式电弧炉是将炉盖、电极提升后，炉体用台车开离炉盖并把炉体上口完全暴露出来，用加料筐进行加料，加完料后再将台车开回原来位置，炉盖下降盖在炉体上。此种电弧炉称为炉体开出式电弧炉，如图12－24所示。

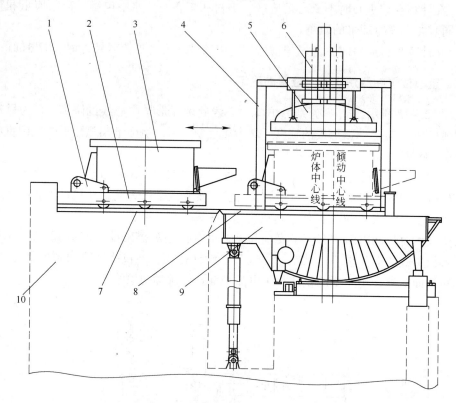

图12－24 机械传动式的炉体开出式电弧炉

1—电机减速器驱动装置；2—炉体台车；3—炉体；4—电极升降框架；5—炉盖；6—电极升降机构；
7—台车加料基础轨道；8—倾动平台台车轨道；9—倾动机构；10—电弧炉（含加料台车）基础

炉体开出式电弧炉的基础是由两个独立基础组成。一个基础作为炉子基础，另一个基础作为台车加料基础。当然，也可以做成一个连体的整体基础（见图12－24）。

而炉体平台上设有炉体开出轨道和装有炉体的台车。炉体在台车上沿轨道在炉门和出钢口中心线开进、开出完成加料。

炉体开出式电弧炉的开出的驱动方式有机械和液压两种。近年来，由于很少采用炉体开出式电弧炉，在此只作简单介绍。

一、机械驱动式炉体开出式装料系统

机械传动就是在装有炉体的台车上装一套电动机齿轮减速器传动装置。电动机经减速器驱动车轮沿倾炉摇架上的轨道开至炉前基础轨道上，进行加料。为了使炉体平稳地通过摇架和基础轨道接缝处，台车最好是除了装有 4 个车轮外，应在车体中间处增加两个辅助车轮，以增加车轮与两轨道接缝处接触时运动的平稳性。

二、液压炉体开出式装料系统

图 12 - 25 所示为一液压炉体开出式电弧炉加料结构简图。液压传动的炉体开出机构是炉体支撑在活动架 3 上，当液压缸 1 的活塞推动辊道 4 沿固定梁 5 滚动，而活动架连同炉体一起在辊道上移动。由于相对运动关系，炉体行程为活塞行程的 2 倍，炉体开出速度一般为 $10 \sim 15 \mathrm{m/min}$。

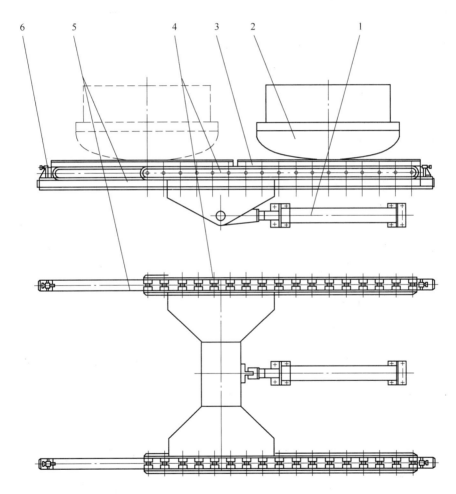

图 12 - 25　液压传动的炉体开出机构

1—液压缸；2—炉体扇形架；3—活动架；4—辊道；5—固定梁；6—炉体运动限位

这种炉体开出加料方式虽然有装料时冲击震动不会波及炉盖、电极以及水冷电缆较短的优点，但因炉体开出速度不可能快，所以装料时间较长，其结构庞大复杂，因此已很少被采用。

表 12 - 6 为炉盖旋开式和炉体开出式电弧炉优缺点的比较。

表 12 - 6 炉盖旋开式和炉体开出式优缺点的比较

名 称	优 点	缺 点
炉盖旋开式	旋转部分质量较轻；炉子的金属结构质量也较轻；炉前操作平台不需移动	炉子中心与变压器的距离较长；短网较长
炉体开出式	短网较短；龙门架可以和倾动弧形架连在一起	开出部分质量较大，且承受进料的机械冲击，因而要加强进料处的地基和加大炉体开出机械功率；炉前操作平台需要移动；炉子的金属结构质量大

第十三章 电极升降机构

电极升降机构是电弧炉的重要组成部分，电极升降机构担负着向炉内输送电弧功率，熔化炉料的重要任务。每座交流电弧炉都装有 3 套电极升降机构。它们都装在电极升降框架中，依电炉的装料系统不同，此框架可以是旋转的、移动的或固定的。有的小容量电弧炉则将电极装置直接固定在炉壳上。电极通过装于炉盖中央部位的 3 个电极孔而伸入炉膛内。电极在炉膛内的分布既要能均匀地加热熔化炉料，又不致使炉衬产生过热。通常把它们布置在炉体中心电极分布圆等边三角形的三个顶点上，且中间电极处于距电炉变压器最近的那个顶点上。三角形的外接圆称为电极分布圆，其直径一般为熔池上口直径的 0.25 ~ 0.30 倍。

电极升降横臂随废钢的熔化而进行高度的调整，并能将电极位置调整到合适且可以输入最大功率的位置，使电极在冶炼过程中灵活而稳定地工作。在废钢熔落或塌料等急剧变化中，维持合适的电弧的电极控制方法。有关电极控制方法详见第五篇电弧炉电气设备，这里仅介绍电极升降机构的机械部分。

电极升降机构是由电极夹持器、电极夹紧松放装置、横臂（或导电横臂）与导电管、升降立柱、液压缸（或机械传动）立柱导向轮组、绝缘件、限位装置等组成。交、直流电弧炉的电极升降机构仅是电极根数不同而已，在结构上没有大的差别。但是，正是由于直流电弧炉只有一套电极升降装置而使结构更加简化，更加便于炉子的整体布置。

第一节 电极升降机构及其结构形式

电极升降机构的工作条件是极其恶劣的，横臂长期受高温烟气的烘烤，强大的交流电流使铁磁体构件受到感应磁场的强烈影响，同时受短网电流的冲击，使整个电极装置产生强烈的振动。因此，电极升降机构的设计更加显得格外重要。

一、电极升降机构的设计要求

电极升降机构的设计要求有：
（1）系统应具有很高的刚度与强度。
（2）系统应具有可靠而又合理的绝缘部位，且电磁感应最少。
（3）易于安装、调整，维修方便。
（4）某些零部件应通水冷却。
（5）合适的升降速度，且能自动调节。自动提升速度一般要求在 9 ~ 12m/min，目前也有做到 18m/min 的。下降速度要慢一些，一般在 6 ~ 9m/min 即可，以避免电极插入炉料或钢液中造成短路。

（6）电极升降不灵敏区要小，它是衡量灵敏性的指标。以额定电流的百分数表示，不灵敏区越小越好，但与机构本身的响应特性（导轮摩擦、液压传动时，由液压缸的阻力损失、液压元件泄漏和本身特性等因素所决定；机械传动时，由机械传动部分的摩擦与效率、传动副本身的机械特性等因素所决定）关系很大，一般不灵敏区在 ±10% 以内。

（7）过渡性时间。这是衡量电极调节装置对电流变化反映速度快慢的一个指标，它与不灵敏区的大小、系统的惯性等有关，一般为 0.1~0.2s，目前在 20~100ms 之间。

（8）稳定性。系统应处于稳定调节，但因系统的弹性产生振荡（停位不准），设计时应使其振荡为阻尼振荡，且它的次数在两次以内。

（9）系统的质量应尽量小，刚性好，润滑性好。

（10）为了减少电磁感应而使零部件发热，横臂上的连接螺栓要用非磁性材料制造，要求连接螺栓有足够的强度以保证连接的可靠性。

（11）各导轮转动灵活，使其与立柱松边的间隙不大于 0.5mm，导轮直径要适当，上、下导轮组间距尽可能大一些，以提高立柱的稳定性。

常见电极升降形式有两种，即小车升降式和立柱升降式。

二、小车升降式结构形式与工作原理

（一）结构形式

图 13-1 所示为齿条传动小车升降式电极升降机构。它主要由升降小车 4、横臂 8、导电管 3、电极夹持器 9、拉杆装配 7、动滑轮组 6、电极夹紧松放装置 2、电缆连接座 1、绝缘件 5、立柱 10、横臂配重 11、立柱下固定支座 12、立柱上固定板 14、立柱上固定支座 15、电机与减速器 17、齿条导向轮 18、齿条导轮支架 13 和齿条传动装配 16 等组成。

（二）工作原理

用立柱上、下固定支座，将立柱固定在旋转架的上、下平台上。横臂与升降小车用螺栓连接成一体，小车下面安装着齿条传动装置。工作时，力矩电机驱动减速器的输出齿轮，带动齿条和升降小车沿立柱轨道上下运动，从而实现电极升降。

调整导轮的偏心轴和立柱自身转动角度，以及调整横臂与电极夹持器连接垫板的厚度，可以调整电极的位置。

一般小车升降式有齿条传动和钢丝绳传动两种结构形式。图 13-2 所示为钢丝绳传动小车升降式电极升降机构简图。它与齿条传动相比仅是把齿条换成钢丝绳，把齿轮换成滚筒，其他结构基本不变。

小车升降式电极升降机构的优点是升降部分质量轻，结构简单。但因使用了动滑轮及增加了配重使固定立柱高度增高，增加了厂房高度。这种传动形式结构，在电极直径 350mm 以下的炉子上使用较多。

无论用齿条传动还是用钢丝绳传动，为了减少电机功率，一般在立柱内部装有配重。对于装有动滑轮组的横臂，其配重质量 W 为：

$$W = (横臂装配质量 + \frac{1}{2} 连接横臂水冷电缆的质量 + 3 根电极的质量) \times 85\%$$

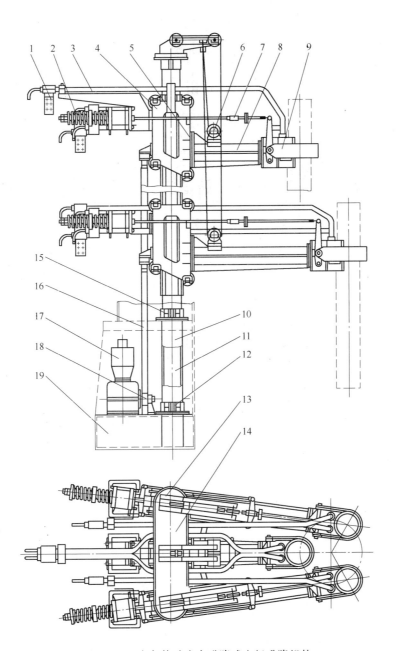

图 13-1 齿条传动小车升降式电极升降机构

1—电缆连接座；2—电极夹紧松放装置；3—导电管；4—升降小车；5—绝缘件；6—动滑轮组；
7—拉杆装配；8—横臂；9—电极夹持器；10—立柱；11—横臂配重；12—立柱下固定支座；13—齿条
导轮支架；14—立柱上固定板；15—立柱上固定支座；16—齿条传动装配；
17—电机、减速器；18—齿条导向轮；19—旋转架

（三）齿条传动与钢丝绳传动的比较

表 13-1 是齿条传动与钢丝绳传动各项指标的比较。

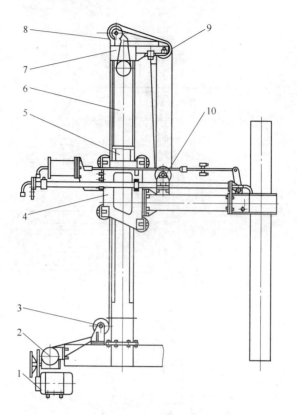

图 13 – 2 钢丝绳传动小车升降式电极升降机构

1—电动机；2—钢丝绳卷筒；3—定滑轮；4—升降小车；5—立柱；6—配重；
7—立柱上固定板；8—钢丝绳；9—固定导轮支架；10—动滑轮组

表 13 – 1 齿条传动与钢丝绳传动各项指标的比较

比 较 项 目	齿条传动	钢丝绳传动
减速器蜗轮副使用寿命	半年左右	2 年以上
齿条（钢丝绳）使用寿命	长	3 个月
安装调试情况	严格	简单易调
维修量	小	大
限位要求	有	无
缓冲性	无	有
电极折断情况	较多	较少

三、立柱升降式

立柱升降式是将横臂和立柱用螺栓连接件把两者连接成一体，用液压或机械方式驱动立柱沿立柱导向轮做上下垂直运动，从而实现了电极升降运动。

（一）机械驱动式

机械驱动式结构如图 13-3 所示。横臂 1 和立柱 7 用螺栓连接件连接在一起，在立柱的下端安装了动滑轮 8。动滑轮在电机、减速器 4 及钢丝绳卷筒 2 的作用下使立柱在立柱导向轮 5 的内部垂直运动。采用这种方式也要利用装在立柱内部的配重 6 来减轻立柱与横臂的质量，以减轻电动机的功率。这种结构由于结构复杂、维修不便，现在很少采用。

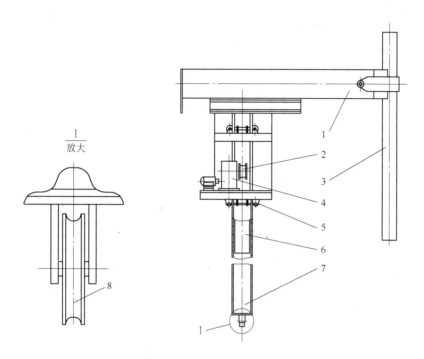

图 13-3 机械驱动式立柱升降机构简图

1—横臂装配；2—钢丝绳卷筒；3—电极；4—电机、减速器；5—导向轮装配；
6—配重；7—升降立柱；8—动滑轮

（二）液压驱动式

将液压缸安装在立柱内部，利用液压缸柱塞的伸缩而带动立柱做上升和下降运动。它较之机械传动更为简单地实现了立柱升降运动，使电极升降机构可以做得更为紧凑，液压升降反应速度快且可较容易地实现速度的调整，因而被广泛采用。这种结构如图 13-4 所示。

在设计时要注意以下几点：

（1）液压缸缸体材料常选用 20 号钢，厚度计算要保证有足够的强度和刚度；

（2）柱塞通常选用 20 号钢，表面加工精度、形位公差要求较高，用以保证其可靠的密封性；

（3）柱塞要进行渗碳、氮或镀铬等处理，以保证其具有好的耐磨性和抗腐蚀性；

（4）选择密封性、耐磨性好的密封件；

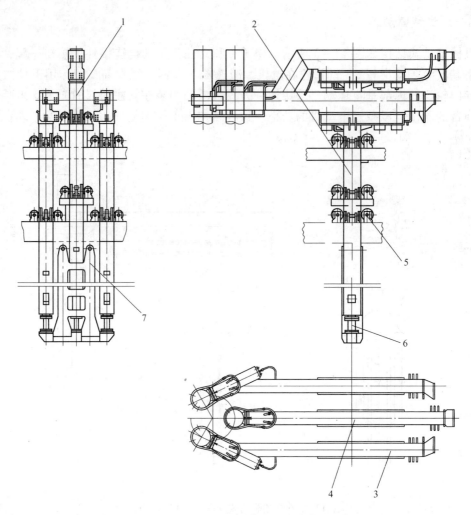

图 13 - 4　立柱升降液压驱动式

1—中相立柱；2—边相立柱；3—边相横臂；4—中相横臂；5—导向轮装配；6—升降缸；7—吊架

（5）为保证升降速度的要求，一定要进行缸体油液进、出速度的计算来确定液压缸内径，以满足升降速度的要求。

该电极升降机构的导电横臂和立柱采用预紧螺栓连接，绝缘部位在立柱和导电横臂连接处。电极夹紧、放松装置安装在横臂内靠近电极部位，整个横臂通水冷却。

升降液压缸 6 装在立柱 1（2）的内部，升降液压缸的下端固定在立柱吊架 7 上。立柱可沿装在框架上的 2 层导向轮 5 内升降。因而把这种形式的立柱称为升降式立柱。此种形式的横臂可以在立柱上面进行前、后和摆动任一方向上调节，以实现横臂长度及水平偏角的调整，使电极处于所需的位置。

四、电极升降速度

电极升降机构在冶炼过程中，随炉况变化需频繁地调节电极与炉料间的相对位置，以缩短熔化时间，减少电能和电极损耗，使电弧炉在高效率下工作。为此，对电极升降机构提出以下要求：

（1）快的升降速度，且能自动调节。在熔化期炉料塌料时，能迅速提起电极，减少电器跳闸次数。目前，液压控制的提升速度已经达到 9 ~ 12m/min，更有高者为 18m/min。下降速度要慢一些，一般为 4 ~ 6m/min。对于用机械传动的升降机构，电极上升速度控制在 4 ~ 6m/min，下降速度为 3 ~ 5m/min。虽然电机传动具有控制系统较为简单、可靠的优点，但因结构比较笨重，控制精度不高，因此已很少采用。

（2）启动、制动快，过渡时间短。这是衡量调节装置对电流变化反应快慢的一个指标，此系统的惯性越小越好。启动、制动时间一般在 30ms 以下。

（3）系统应处于稳定调节。为减小系统弹性振荡，系统应具有较小的质量、良好的刚性。电极升降机构现多采用液压传动，液压缸多为柱塞缸。为使密封不易损坏，便于检修，此液压缸的柱塞固定在框架的下端，而缸体通过铰链与立柱连接。它具有系统惯性小、启动、制动快，运转灵活，操作方便等优点。

五、电极升降行程的确定

如图 13 - 5 所示，从电极能够烘烤炉底衬角度出发，电极升降的行程 $L_Z(\mathrm{mm})$ 的确定可按式（13 - 1）计算：

$$L_Z = h_1 + h_2 + h_3 + h_4 + 200 \qquad (13 - 1)$$

式中　h_1——从炉衬底部到炉口高度；

　　　h_2——炉盖高度（含炉盖顶部耐火材料或上部冷却部分）；

　　　h_3——电极夹持器体与电极喷淋装置总高度；

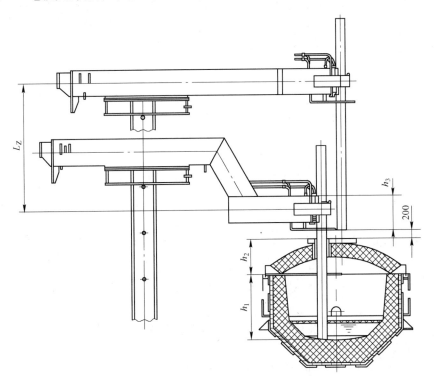

图 13 - 5　电极升降行程计算简图

h_4——冶炼 2~3 炉时电极消耗高度；

200——电极最低位置时，电极夹持器体（含电极喷淋装置）到炉盖顶部最高点之间的最小距离。

第二节 小车升降导电管式横臂

小车升降导电管式横臂如图 13-6 所示，用于小车式电极升降机构中。由于小车升降式电炉通常用于电极直径在 350mm 以下的小型电炉中，导电管式横臂是小车升降式电极升降机构的最佳选择。但是，导电横臂用于小车升降式电极升降机构中并不可取，其原因在于变压器的额定容量较小，导电横臂的优势不仅不明显，相反使结构变为复杂化。

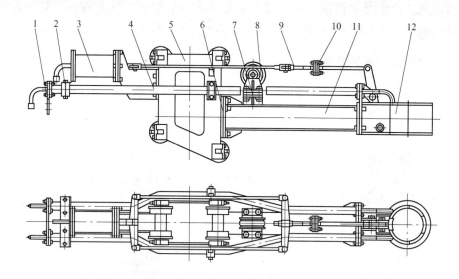

图 13-6 导电管式横臂结构示意图

1—电缆连接座；2—导电管绝缘连接；3—电极夹紧松放装置；4—导电管；5—升降小车；
6—横臂绝缘连接；7—滑轮座绝缘连接；8—滑轮；9—拉杆装配；10—拉杆绝缘连接；
11—横臂；12—电极夹持器装配

升降小车 5 由升降框架和 4 组导向轮组成。框架前面与横臂 11 连接，后面与电极夹紧松放装置 3 连接。每组导向轮中装有一对滚动轴承，导向轮材质一般为铸钢件或锻钢件。

横臂前端与电极夹持器 12 连接，两者之间装有几块厚度不等的钢板，可用来调整电极前后位置。在横臂上布置着两根（或两根以上）导电管 4。导电管前部和电极夹持器相连接，导电管后部装有电缆连接座 1，使它能和电缆相连接。导电管的作用就是将电流传送到电极上。

电极夹紧松放装置 3 安装在升降小车后部并与拉杆装配 9 连接，通过电极夹持器的拉抱（或顶紧）装置夹紧或松放电极。

在 20 世纪 80 年代以前的普通功率电弧炉上普遍采用导电管式横臂，现在，在小型电炉上仍然可以见到，而 10t 以上电炉基本上全部采用了导电横臂。

一、横臂的结构设计和材质选择

横臂不仅是承受电极重量的部件，横臂上还要承担着电流冲击所引起的电动力、上升与下降的惯性力以及受强大电流所引起的感应磁场的影响，而且横臂处于高温及烟气的熏烤，工作环境十分恶劣。所以对它的结构强度、刚度，材料的选择，绝缘的设计，导电管的布置等均应予以全面的考虑。横臂的形状一般由普碳钢钢板焊接成矩形或用钢管制作。

二、绝缘部位的设计

绝缘部位的设计是电炉设计必不可少的。横臂上的导电部分和其支持部分必须要有很好的绝缘性，以防止设备损坏和人身事故的发生。其设计的注意事项有以下几点：

（1）尽量减少绝缘部位。因为任何连接面间的绝缘都会降低连接刚度，还可能引起漏电或其他电器事故发生的可能性。

（2）尽量使绝缘部位远离高温区。绝缘部位远离高温区，可以延长绝缘件的使用寿命。同时不应使其处在闭合磁场的结构内，避免因交变磁场感应引起的涡流发热对绝缘件和其连接件的破坏。根据横臂结构和绝缘部位的不同，横臂可分为带电和不带电两种：

1）带电横臂的主要绝缘部位是在横臂与升降小车的连接处。其他绝缘部位还有导电管与其支架的绝缘、拉杆与电极夹头的绝缘以及横臂上面的动滑轮与横臂的绝缘等。横臂带电不仅增加电能损耗，而且也会造成零部件因通电发热影响其使用寿命和工作的可靠性。

2）不带电横臂主要绝缘部位设在电极夹头与横臂连接处。与带电横臂相比，此布置避免了横臂带电的缺点，但绝缘部位处于高温区易于损坏。

三、导电管的设计与布置

导电管负载着数以万计安培的强大的电流，当电流通过时，在它的周围将产生强大的交变磁场，同时呈现较为明显的集肤效应和邻近效应。这不但加大了导电管的电阻，而且加大了二次回路的感抗，并使三相电路的感抗不平衡。在炉用变压器容量选定后，减少感抗可以用较低的电压、较大的电流和较大的电弧功率，从而使电炉能在短电弧的情况下稳定地工作。相间功率转移现象对于小容量普通功率供电的电炉是没有意义的。但随着炉子容量的增大，高功率、超高功率供电技术的采用，必须研究短网的功率转移现象。短网的各个部分均有感抗产生，而其中的挠性水冷电缆和导电铜管两段的感抗极不平衡。所以导电管的布置必须给予足够的重视。

目前，减少感抗的方法有：

（1）缩短二次回路的长度，在条件允许的情况下，使电炉尽量靠近变压器，将弧形板半径适当减小，以减小倾动时的电缆长度。减小电炉装料时的旋转角度，以减小旋转时的电缆长度。

（2）在电气和操作上允许的情况下，使三相电缆和导电管尽量靠近。

（3）使变压器二次出线中心线和炉子中心线偏离一个合适的距离。

（4）合理安排导电管的布置，减少电损失。注意和其他机构保持足够大的距离，导电管支架不应形成封闭的磁路，绝缘件固定用连接螺栓要采用非磁性材料，以避免在这些构件中产生感应涡流损失。

中相导电管一般布置在横臂正上方，两根导电管距离较近。边相导电管布置在横臂靠近中相侧的一面，两根导电管距离较远。这种布置方式是根据短网阻抗不平度要求决定的。至于距离远近的确定，应当从短网的阻抗不平度计算中得到。根据交流电集肤效应的理论，导电铜管的壁厚最好不大于 10mm。导电铜管的最大壁厚尽量不要超过 15mm，管壁过厚对于交流电来说是没有意义的。水冷导电铜管电流密度在 $4.5 \sim 6A/mm^2$ 之间选取。

四、电极夹持器

对于电极直径小于 350mm 的小型电炉来说，在电极夹头和抱带（或颚板）材质的选择上，对于小于 3t 以下的电炉采用普碳钢制造即可，对于 3~10t 的电炉则应选择不锈钢为好。

第三节 导电横臂

一、导电横臂的特点与组成

（一）导电横臂的特点

导电横臂是现代电弧炉电极升降机构必不可少的部件。其在电弧炉上的布置情况如图 13-7 所示。

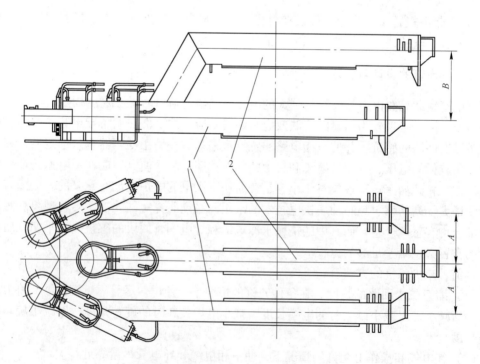

图 13-7 交流电弧炉导电横臂布置图
1—1、3 号边相导电横臂；2—中相导电横臂

从图中可以看出，导电横臂取消了导电铜管结构，使横臂既可作为支撑部件又可作为

导电部件，简化了短网结构。在布置上，两边相1（3）号导电横臂相对于2号（中相）导电横臂是对称布置的。其间距A在允许的条件下，尽可能小一些，这样做可以减小炉子结构尺寸，但是也必须考虑到立柱导向轮安装调整的方便等，所以尺寸不可能做得太小。中相比边相抬高是根据短网布置需要的，其抬高尺寸B的数值是从短网三相平衡计算中得到的。

使用导电横臂的优点是：高的功率输入提高了生产率；改善了阻抗和电抗指标；电弧对称性和稳定性好，节圆直径小，降低了耐火材料消耗；电极横臂刚性大，电极可快速调节而不会造成较大的系统振动；电极横臂有效冷却和绝缘；减少了维修工作量。

导电横臂有铜钢复合臂与铝合金臂两种，而近来国内铜钢复合导电横臂居多，在日本几乎全部由铝合金臂所取代。特别是由于直流供电没有集肤效应，因而铜钢复合板导电横臂是不适合的。在直流电弧炉中使用铝合金导电横臂有许多优越性。铝合金臂由于质量轻，进一步提高了电极升降的速度和控制性能。由于振动衰减可改善电弧的稳定性，又使电弧功率越发增大，这就是选用铝合金臂的理由。

导电横臂是电炉的重要部件。一个好的导电横臂应具有导电性能优良、工艺加工性好、各部件使用寿命长、检查与更换易损件方便等优点。以边相导电横臂为例说明导电横臂的结构，如图13-8所示。

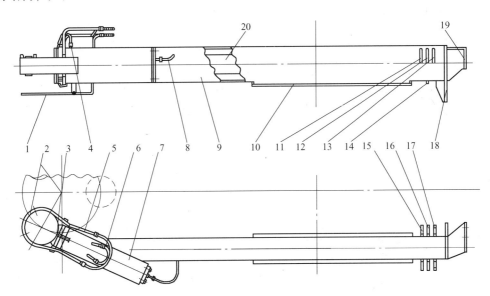

图13-8　导电横臂的结构

1—电极喷淋环；2—电极抱带；3—电极夹头；4—电极喷吹装置；5—电极抱带进、出水金属软管；
6—电极夹头进、出水金属软管；7—电极夹紧松放装置；8，14—电极松放液压缸进油管；
9—横臂体；10—连接板；11—电极抱带出水管；12—电极夹头出水管；13—横臂体出水管；
15—电极抱带进水管；16—电极夹头进水管；17—横臂体进水管；
18，19—水冷电缆连接板；20—内层无缝钢管

（二）导电横臂的组成

导电横臂是由电极喷淋环1、电极抱带2、电极夹头3、电极喷吹装置4、电极夹紧松

放装置 7、横臂体 9、出水管 11~13、进水管 15~17、进油管 14、金属软管 5~6 及立柱连接板 10 和水冷电缆连接板 18、19 等零部件组成。

二、导电横臂体

(一) 导电横臂的形状

导电横臂体一般是一个高大于宽的矩形体，冷却方式有空心夹层水冷和整体水冷两种，而大多数做成内外夹层整体水冷式。

在导电横臂发明的初期，空心夹层水冷导电横臂内部和外部形状都设计成矩形。由于有焊缝的存在，在高温和强大的水的压力下、在频繁上下无规律的运动和振动作用下，经常发生漏水。而一旦出现内部漏水不仅很难找到漏水点，即使找到漏水点修复也非常困难。而且横臂内部存在磁场，也导致装在横臂内部的电极松放缸的密封件，由于涡流现象存在导致过热而容易损坏。后来改用无缝钢管做内层后，基本解决了漏水和涡流现象存在的问题，不仅使用寿命得到了很大的提高，而且减少了维修量。

整体水冷导电横臂的内部都充满了冷却水，为了使冷却效果更好一点将横臂做成上下隔层，冷却水从下层进入，从上层流出。

(二) 导电横臂体的材料

导电横臂材料采用铜钢复合板：外层是 4~15mm 厚的铜板，一般厚度不宜大于 10mm；内层是 10~20mm 厚的钢板，二者经爆炸焊接在一起。

导电横臂的外部通常制作成矩形，外面的铜板用来导电，内部的钢板用作支撑臂。用铜板代替导电管，可大幅度地增加导电面积，又大幅度地降低了电抗、电阻值，使有功功率提高了 3%~6%。

铝合金横臂体全部采用铝合金制造，使横臂整体质量大为减轻。

(三) 导电横臂设计

1. 外形结构

外部矩形体一般是高度比宽度尺寸要大，高度与宽度的比值一般为 1.5。这是机械结构强度和刚度的要求。焊接时有两种方式：一种是只把矩形 4 个角上的内层钢板焊接在一起，而铜板不进行焊接，如图 13-9（a）所示。这种方法的优点是制作简单，横臂漏水点容易检查。图 13-9（b）所示为另一种制作方法，它是先把 4 个角上的内层钢板焊接在一起，然后在外层铜板用相同厚度的长条包角铜板 7 包裹后进行焊接。这种制作方法的好处是能使导电横臂的导电铜板成为一个整体，对导电很有利，但制作较为复杂且漏水点不易查找。

2. 横臂内部结构

空心夹层水冷导电横臂的内部采用无缝钢管时，除了拐弯处需要焊接以外尽量采用整根无缝钢管，以减少接口处漏水点。内部无缝钢管制成以后先经水压试验合格后才能装入横臂体内，如图 13-9（a）所示。对钢板 4 进行上、下双面断续焊接，将无缝钢管与下面的复合板连在一起。同样将两根圆钢 3 与无缝管和立板焊接成一体，通过这样的工艺，

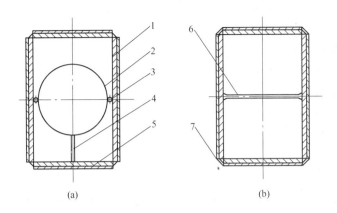

图 13 – 9　横臂体截面简图

（a）无缝钢管在横臂体内安装；（b）钢板在横臂体内安装

1—侧面铜钢复合板；2—无缝钢管；3—圆钢；4—钢板；5—上下面铜钢复合板；

6—隔水支撑板；7—长条包角铜板

增加了横臂整体强度和刚度。这种结构的另一种方法是没有圆钢 3，而是将钢板 4 对称焊接在无缝钢管的上、下处，以增加横臂的强度。图 13 – 9（b）所示是导电横臂体截面的另一种结构简图。它与图 13 – 9（a）的区别仅仅是将无缝钢管换成了普通钢板 6 作为隔水与支撑作用，这种内部结构更为简单，也便于制造。

3. 横臂内部管路设置

为了使横臂外部美观、简洁，电极夹头和抱带冷却水管路以及电极松放液压缸油管一般都要装在横臂内部。这些管路的材质要采用不锈钢管，各路进、回水管要单独设置，当出现水路不畅时，能及时发现。

用以连接液压缸、抱带、导电体的外部的连接金属软管布置要尽量远离高温区。

横臂尾部的进出水、液压软管接头位置设计要给予足够的重视，否则，因设计不当在使用中出现各种管路相互缠绕现象。

4. 较小的接触电阻

导电横臂与导电体连接端面以及横臂后部与电缆连接板处，要求表面光滑、平整且无划痕，连接孔要进行倒角加工，以保证导电的可靠性和较小的接触电阻。

三、电极夹持器

电极夹持器是由电极夹头（也称导电体）和抱带（或颚板）组成。电极夹持器有两个作用：一是固定电极，二是把电流传送到电极上。它是影响电弧炉二次回路电参数的重要部件，同时对电弧炉的安全运行也极为重要。实验指出，一般电弧炉的电极夹持器的导电体功率损耗约占整个短网功率损耗的 20% ~ 40%，约占炉子总有效功率的 2% ~ 6%，对于大功率电弧炉可达上百千瓦，接触处电抗占短网电抗的 2% ~ 4%，这不但影响了电炉的电效率，而且还会在电极装置上产生局部过热。如结构设计的不合理，冷却效果不好，就会使处于导电体处的电极温度升高，电极的氧化速度加快，进而使电极松动，甚至脱落。而电极的松动，一方面影响着电流的输送，另一方面还使电极和导电体之间的微电弧加剧，从而使导电体过早地损坏。为此，电极夹持器设计时必须解决这些问题。因此，对电极夹持器的要求是：

（1）能够牢固地夹紧电极，避免因电极自重而滑落，与电极接触表面要光滑，以减少电能的损失。使用过程中，它和电极之间不能因接触不良而起弧。

（2）有足够的机械强度，耐高温，抗氧化，使用寿命长。

（3）电极夹头的导电性能要好。

（4）更换电极时操作方便。

（一）电极夹头

电极夹头一般由碳钢、不锈钢、黄铜（牌号为 ZHZn96 - 4）、纯铜、铬青铜（牌号为 ZQCr0.5）制造。

用碳钢制造的电极夹头优点是：制造容易，强度高，电极不易脱落。缺点是：接触电阻是铜的 3 倍，电能损耗多。为此，在大中型电炉上用不锈钢代替碳钢效果得到很大的改善。

用铜制造的电极夹头的优点是：制造较容易，导电性好，电阻小，电能损耗较少。缺点是：强度较低，线膨胀系数大，电极易脱落，造价高。

与其他几种材料相比铬青铜材料较好。它具有耐急冷急热性、电阻率低，制造也较容易；在 20℃时，电阻率为 $0.019\Omega \cdot mm^2/m$；导热系数高，为纯铜的 0.8 倍；机械强度较高且耐热。

导电体要通水冷却，这样既可保证强度、减少热膨胀，又可减少氧化性和降低电阻，增加导电能力。

经验认为，导电体与电极不是面接触，而是线接触。这使得接触的区段，电流密度相当集中，也即电流密度相当大。这时如果导电体和电极接触不实或其他原因，往往发生电弧打火，造成击坏夹头体，将圆弧面击成鸭蛋形，甚至击穿漏水，只好更换新的电极夹头。

（二）抱带

抱带属于"拉抱式"电极夹持器专有的部件，如图 13 - 10 所示。抱带用非磁性材料制造，通过连杆，把它和电极夹紧与松放装置连接在一起。在抱带与电极的接触面上装有几条竖直可拆卸的弧形抱瓦 3，在抱瓦与电极接触表面喷涂一层陶瓷材料，而与抱带体 1 接触面用绝缘材料 4、5 隔开，当抱瓦损坏时可旋开螺母 6 进行更换抱瓦，而不必更换抱带体。这种结构的电极夹持器的特点是：电极与抱带接触面不易起弧打火，拉杆不易变形，所以夹紧力大，夹紧可靠，寿命长，使用广泛。

（三）颚板

颚板是电极"顶紧式"的电极夹持器专用部件。把它和电极夹紧与松放装置通过连杆连接在一起。这种结构的电极夹持器的特点是：与"拉抱式"的不同之处是以推力将颚板顶紧在电极夹头体上。带动颚板的杠杆在工作时受压，易变形，故其工作可靠性不如"拉

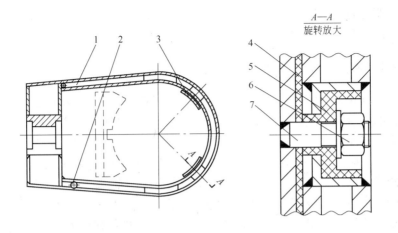

图 13 – 10　抱带装配结构示意图

1—抱带体；2—进、出水管；3—抱瓦；4—绝缘垫；5—绝缘套管；6—螺母与垫圈；7—螺柱

抱式"。

（四）设计中应注意的问题

1. 材质的选择与制造

夹头材料的选择主要取决于电流的大小。在小型电炉上，电极夹头采用铸钢或钢板焊接而成。但普通铁磁性材料比电阻大，电极夹头的感应涡流大，因此电效率降低，并因其身大量发热，从而降低了夹头的连接刚度及工作可靠性。不锈钢焊接的电极夹头要比铸钢或钢板焊接而成的电极夹头更好一些。特别是随着电炉容量的加大，超高功率供电技术的采用，使传输的电流也越来越大。所以，大中型电炉的夹头均采用非磁性材料制造。不论何种材料的夹头，其与电极接触表面一定要进行良好的加工，否则由于表面不平或有凸凹之处，将在与电极接触面上产生微电弧而打坏夹头。夹头与电极接触表面的清洁与否也是影响导电效果的一个因素，为此设置清灰装置是必要的。

2. 夹头的结构尺寸

夹头的内径决定于电极直径，径向壁厚由结构强度而定。高度一般与电极直径相近。它与电极的接触面积取决于所允许的电流密度，这也影响着接触电阻。非磁性材质夹头与石墨电极接触面间的电流密度取 $10A/cm^2$，而铁磁性材质夹头与石墨电极接触面间的电流密度取 $6A/cm^2$。一般使夹头与电极的接触弧长为电极周长的 1/3 左右。为了降低电极夹头与抱带的使用温度，通常将其通水冷却。无论是夹头还是抱带，由于长期处于高温及烟尘条件下，使用寿命较短，都是易损件，需要经常更换。为了更换方便，设计时要保证拆装方便、维护简单，最好是三相可以互换，以减少用户备件数量。

3. 夹紧方式的选择

夹紧电极的方式有"拉抱式"和"顶紧式"两种，实践证明拉抱式好。设计时最好选择拉抱式为好，无论采用哪种夹紧方式，都必须选择合适的夹紧力。

四、电极夹紧松放装置

电极夹紧松放装置的作用，是使电极牢固地固定在电极夹头上，并能做到夹紧、松放自如，受高温恶劣环境的影响小。夹头的夹持件（抱带或颚板）的行程在 20~50mm，以保证更换电极的需要。

（一）电极夹紧松放装置的种类

电极夹紧松放装置的种类主要有钳式、楔式、液动或气动几种方式。目前，前两种方式已被淘汰。液动与气动因其操作方便，劳动强度小，可靠性高等优点被广泛采用。采用碟式弹簧或圆柱式弹簧，利用弹簧的张力拉（顶）紧电极。放松时，则用液动或风动压缩弹簧去松开电极。这种电极夹紧松放装置又分为拉杆式和顶杆式两种。一般认为拉杆式为好，因为顶杆式的顶杆受压容易变形，同时在高温下夹头前部易受热变形，影响夹紧力。图 13-11 所示为一种采用碟簧式电极夹紧松放装置结构简图。它是由孔用卡键组件 1、调整垫 2、压套 3、电极放松液压缸 4、套筒 5、连杆轴 6、碟形弹簧 7、调整螺母 8、调整环 9、绝缘组件 10 等组成。安装时，弹簧的初始长度可以通过连杆轴 6 中间的调整螺母 8 以及调整垫 2 加以调整，并以此来调整拉（顶）紧力的大小。

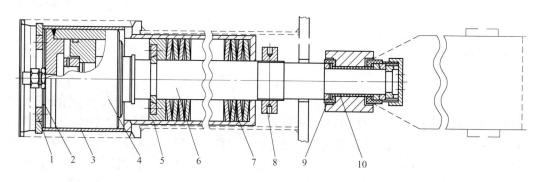

图 13-11 碟簧式电极夹紧松放装置结构示意图

1—孔用卡键组件；2—调整垫；3—压套；4—电极放松液压缸；5—套筒；
6—连杆轴；7—碟形弹簧；8—调整螺母；9—调整环；10—绝缘组件

对电极夹紧松放装置的要求是：

（1）具有足够的夹紧力和松放力，保证电极在使用过程中不会自行窜动或脱落；

（2）电极夹紧力可以在一定范围内调整，且调整方便；

（3）液（汽）压缸和夹紧装置尽量采用分体式，并且能较方便地拆装液（汽）压缸的活塞，以便更换密封件；

（4）在和电极抱带连接处要采取绝缘措施，以避免电极夹紧松放装置在电磁场的作用下，产生涡流发热而使密封件过早损坏；

（5）液（汽）压缸进出油（汽）管一定要采用非磁性材料，以防止因在电磁场的作用下，产生涡流发热而使连接管过早损坏。

（二）夹紧力

图 13-12（a）所示为一个 7 个弧段夹紧情况的受力图，图 13-12（b）所示为一个 4 个弧段夹紧情况的受力图。电极受力情况根据电极夹头和抱带与电极接触弧段的数量及夹角位置不同，各弧段夹紧分力大小不等，但其总夹紧力 $P = \sum |N|$ 应该是一样的。其

夹紧力 $P(\text{t})$ 取值可按以下各式计算：

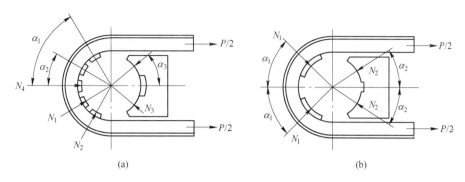

图 13 - 12 7 个（a）和 4 个（b）弧段夹紧情况的受力图

（1）对于钢质电极夹头：

$$P = (0.01d)^2 \tag{13-2}$$

式中 d——电极直径，mm。

例如：直径为 500mm 的钢质电极其夹紧力为 $P = (0.01 \times 500)^2 = 5^2 = 25\text{t}$。

（2）对于铜质电极夹头：

1）当电极直径 $d < 400\text{mm}$ 时：

$$P = 1.5(0.01d)^2 \tag{13-3}$$

2）当电极直径 $d \geqslant 400\text{mm}$ 时：

$$P = 1.25(0.01d)^2 \tag{13-4}$$

3）石墨电极与铜质夹头电极夹紧力范围见表 13-2。

表 13-2　石墨电极与铜质夹头电极夹紧力范围

电极直径/mm	200	250	300	350	400	450
夹紧力 P/t	5 ~ 12	6.5 ~ 14	9.5 ~ 17.5	13 ~ 21	16 ~ 25	21 ~ 30
电极直径/mm	500	550	600	650	700	
夹紧力 P/t	26 ~ 35	32 ~ 42	38.5 ~ 48.5	46.5 ~ 56.5	55 ~ 65	

以上各式虽然为经验公式，但经验计算值处于理论计算取值范围的中间值。实践证明此经验计算值，简单有效，很有实用价值。

（三）电极夹紧松放装置的安装

根据以往使用经验证明，液压缸（或汽缸）最好安装在横臂的后端远离高温区，通过杠杆和拉杆作用夹紧电极。要注意拉杆设计时要躲开高温区，以防止拉杆长期受高温火焰烘烤而弯曲变形，从而造成电极夹紧力不够而使电极下滑或自动脱落。

对于小型普通功率导电管式电炉，汽缸是铰接在横臂支架上的，导电管与横臂应有绝缘装置。这种结构的优点是：

（1）结构轻巧。

（2）夹紧力大。杠杆系统、卡箍和水冷电缆连接架的螺栓要采用不锈钢制造，不易产生涡流。拉杆受拉不易产生变形，夹紧可靠。

（3）导电铜管布置在操纵机构的上面，并在距导电管较近的封闭构件（如弹簧、汽缸）的上面设置屏蔽板，这种布置一方面避免了在这些机构内产生涡流发热的弊病，减少了电能损失；另一方面，有足够的空间考虑导电管的布置。

对于大中型电炉，一般情况下，较好的设计是用较小的液压缸和电极夹紧松放装置，并把它们安装在横臂内部。这样做的好处不仅使整个电极夹紧松放装置放在了冷区，而且装在由无缝钢管做成的水冷横臂的内部，既躲开了高的磁场，又避免液压缸的密封圈因产生涡流发热而过早损坏，延长了使用寿命。

五、电极喷淋技术

采用电极喷淋技术，是降低电极表面温度和电极消耗的一项有效措施。当冷却水直接与石墨电极接触后，在电极表面形成了均匀的水膜，在降低电极温度的同时，又能减少电极侧壁的氧化，从而降低了电极消耗。喷在电极表面的水顺电极侧壁而下，下降过程中与炽热电极进行热交换，当水流到炉盖处，就已经完全汽化。

电极喷淋技术结构简单、投资少，操作方便、易于维护，可以节约电极20%，且使炉盖中心部位的耐火材料的寿命提高3倍。虽然电极喷淋结构简单，但是如果设计得不好会经常损坏，达不到使用效果。喷淋水冷管材质应采用壁厚8~10mm不锈钢管。图13-13所示是把喷淋环做成后直接和电极抱带焊接在一起。R为喷淋环半径，e是偏心距，e的尺寸一般取电极行程的1/2。该系统水环的孔径、孔数的设计及水流量的控制是此项技术的关键。

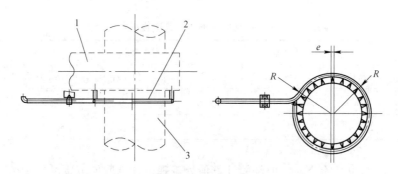

图13-13 电极喷淋水冷圈的设计与连接
1—电极抱带；2—喷淋环；3—电极

第四节 电极升降立柱及其固定装置

前面已经讲到立柱的形式有固定式和升降式两种。固定式立柱使横臂小车沿着立柱导轨升降，一般用于小型电弧炉中；升降式立柱在立柱内部装有液压缸，在液压缸的作用下，立柱带动横臂升降，升降式立柱常常用于10t以上电弧炉。

一、立柱的种类

(一) 固定式立柱

固定式立柱如图 13-1 中 10 所示。固定式立柱的下部用立柱下固定支座固定在旋转架的下平台上。立柱的中部用立柱上固定支座固定在旋转架的上层平台上，为增加立柱的刚度，3 根立柱的上端是用立柱上固定板连在一起的。立柱上焊有轨道，装有电极横臂的小车可在轨道上做上、下运动。通常固定式立柱使用无缝钢管制造，并在其上焊有升降小车轨道。在立柱内部装有横臂配重。

(二) 升降式立柱

图 13-14 所示为升降式立柱装配结构简图。升降式立柱用螺栓将横臂与立柱连接在一起。通过调整装在立柱上部的螺栓，可进行横臂的前进与后退和水平方向转动的调整，加上横臂本身的升降，因而它也具有三向转动和三向平移的调整性能。

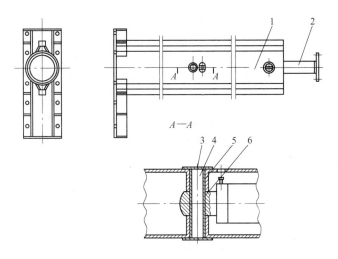

图 13-14 升降式立柱装配结构示意图

1—立柱；2—液压缸；3—压盖；4—轴；5，6—套

升降式立柱的优点是升降部分的整个系统刚度性好，在其他相同的情况下，可做得比固定式立柱低。三根立柱不相连，导电管较容易布置，又没有闭合磁路，所以电损失少。因此，大中型电弧炉多数采用升降式立柱。缺点是质量较重，特别是当采用机械驱动升降的立柱，为了减少驱动力而增加配重装置，更增加了结构的复杂性。

二、升降式立柱设计

(一) 立柱形状

常见的立柱的形状有圆形立柱和矩形立柱两种形状。圆形立柱如图 13-15 (a) 和 (b) 所示，圆形立柱是在无缝钢管上焊有 2 个矩形轨道 1 或 V 形轨道 4，圆形立柱所用的导向轮所占空间较小，立柱稳定性较矩形立柱相对较差，一般应用在空间位置较小的情况。矩形立柱如图 13 – 15（c）所示，矩形立柱是将钢板 6、7 用焊接方式把 4 个方形轨道 5 焊接成一体，所用的导向轮所占空间较大，立柱稳定性较好，在大中型电弧炉上应用较为广泛。

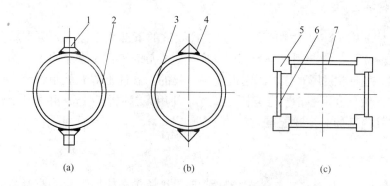

图 13 – 15   立柱形状示意图

（a），（b）圆形立柱；（c）矩形立柱

1—矩形轨道；2，3—无缝钢管；4—V 形轨道；5—方形轨道；6，7—钢板

（二）对立柱的要求

（1）立柱的长度应确保电极有足够的行程，但又不宜过长。

（2）立柱应有一定的提升和下降速度，目前在大型电炉上立柱上升速度已经达到 18m/min。

（3）立柱要有足够的强度和刚度，在使用中不得变形。

（4）立柱导轨一般采用中碳钢并且表面要进行热处理，以增加耐磨性。

（5）对于固定式立柱，在固定点要有调整立柱旋转装置。

（6）对于升降式立柱，为了检修的需要，在立柱高度方向的适当部位要开有几个圆孔。

（三）连接座

连接座是指立柱和横臂连接部位，连接座的下部与立柱焊接在一起，上部和横臂用螺栓相连接。对于交流电弧炉变压器功率小于 15MV·A 的连接座，一般采用空气冷却的普通碳素结构钢即可。对于变压器功率在 15~20MV·A 的连接座，一般采用空气冷却的非磁性钢制造。对于变压器功率在 20MV·A 以上的连接座，由于磁场强度较大，需要采用通水冷却的非磁性钢。而变压器功率在 40MV·A 以上时，立柱上部和连接座相连接段，在强大的电磁场的作用下也会很热，特别是中相立柱发热更加严重，通常要通水冷却。而连接座采用普碳钢通水冷却的做法，虽然也可以达到冷却的目的，但是，并不能减少变压器的功率的损耗，为此，此种做法是不可取的。

三、横臂的调节与立柱固定方式

（一）横臂在立柱位置上的调节

炉盖上的电极孔一般是用耐火材料预制而成，由于制作上的误差会使电极与电极孔壁相碰或使电极在其孔内位置偏向某一方向，这样就需要调整电极在炉盖电极孔内的位置。要调整电极就要调整横臂在立柱上的位置。设计上，要使横臂在立柱上既能做一个小角度的旋转，又能在前后方向上移动一定的距离（一般能保证前后移动约 50mm 即可）。

（二）横臂与立柱固定方式

目前，横臂与立柱固定方式常见的有抱箍连接式、法兰连接式、预紧长螺杆连接式。

1. 抱箍连接式

抱箍连接式如图 13-16 所示。把导电横臂 6 用抱箍 1 固定在立柱 4 上，在抱箍处、横臂的四周用绝缘板衬垫，抱箍上的长螺杆 5 穿过立柱连接孔，将横臂固定在立柱上。这种结构方式，调整横臂前后左右位置比较容易，但其绝缘和连接的可靠性较差，因而使用者较少。

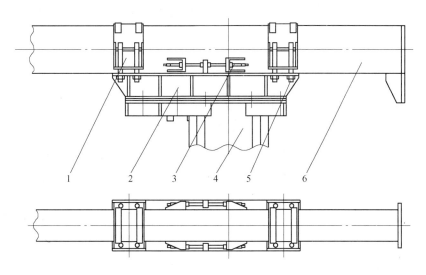

图 13-16　抱箍连接式连接结构示意图
1—抱箍；2—连接座；3—横臂位移调整螺栓；4—立柱；5—抱箍连接件；6—导电横臂

2. 法兰连接式

法兰连接式如图 13-17 所示。在导电横臂 7 的下面和立柱连接处焊有矩形法兰板 1。法兰板两侧开有长槽孔。在横臂与立柱接触面之间装有绝缘板 6，将横臂与立柱绝缘。通过连接螺栓 2 把横臂固定在立柱 5 上。这种结构方式，调整横臂前后左右位置比较有限，其绝缘和连接的可靠性较差，目前较少被采用。

3. 预紧长螺杆连接式

预紧长螺杆连接式如图 13-18 所示。在横臂的下面和立柱连接处设有 3 个直径较大的长拉杆螺栓 3，在横臂下面加工 3 个螺纹孔，在立柱连接座的相应位置上加工出 3 个通孔。横臂与立柱接触面之间装有绝缘板 1，而在长螺杆上装有绝缘件 2、4、6、11、13，使带电的长螺杆与立柱绝缘。通过预紧长螺杆把横臂固定在立柱上。这种结构方式，调整横臂前后位置比较有限，但其绝缘和连接的可靠性较好，目前使用较多，紧固时需要专用工具。

总之，无论采用哪种连接方式，其连接螺栓都要选用非磁性材料制造。同时，横臂位移调整螺栓直径选择不能太小，否则调整困难。

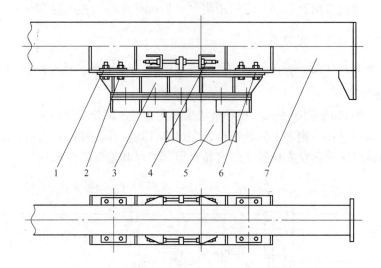

图 13-17 法兰连接式连接结构示意图

1—矩形法兰板；2—连接螺栓；3—连接座；4—横臂位移调整螺栓；5—立柱；6—绝缘板；7—导电横臂

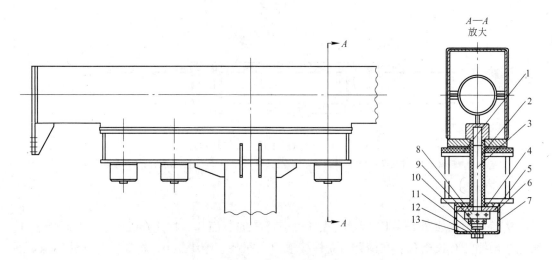

图 13-18 预紧长螺杆连接式连接结构示意图

1—绝缘板；2,6,11—绝缘套；3—长拉杆螺栓；4,13—绝缘垫；5—垫板；7—护罩；
8—圆螺母；9—紧固圆螺母；10—内六角螺钉；12—垫圈

四、导向轮

导向轮是电极升降机构中的一个组成部分。它是用来对立柱起导向作用，使立柱在其内做上、下垂直运动的部件。

(一) 导向轮结构形式

导向轮的结构形式是由立柱形状决定的。对于带有 V 形轨道圆形立柱，其 V 形导向轮组如图 13-19 所示；对于带有矩形轨道的圆形立柱，其导向轮组如图 13-20 所示。

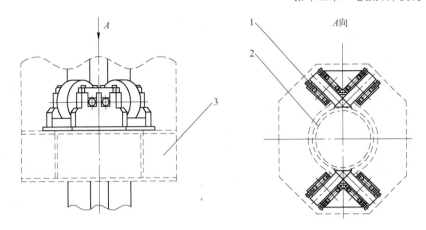

图 13-19 圆形立柱的 V 形导向轮结构简图
1—导向轮组；2—立柱；3—旋转架

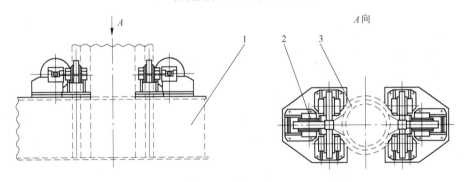

图 13-20 圆形立柱的矩形导向轮结构示意图
1—旋转架；2—导向轮组；3—立柱

对于矩形立柱，立柱上有 4 个矩形轨道，为此，导向轮也有 4 个轮组，如图 13-21 所示。矩形立柱导向轮组有主导向轮和副导向轮之分，一般将承受力量大的两个导向轮组 1 称为主导向轮组，而将承受力量小的两个导向轮组 2 称为副导向轮组。通常主导向轮组外径较副导向轮组外径要大一些。

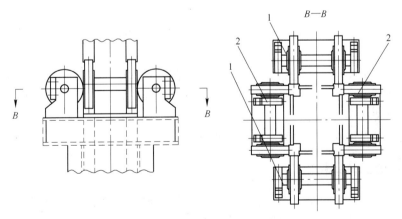

图 13-21 矩形轨道用导向轮
1—主导向轮组；2—副导向轮组

（二）导向轮的安装

在交流电弧炉中，由于 3 根立柱其相对位置比较紧凑，导向轮组的安装空间位置较小。在设计时既要考虑导向轮的结构设计，又要注意其安装空间。导向轮一般都是安装在立柱升降的框架的一、二层平台上。多数安装在平台的上面，也有安装在平台下面的；还有的把上导向轮组安装在平台的上面，下导向轮组安装在平台的下面；为了安装、调整方便以及从受力角度去考虑，常有把中相导向轮安装位置抬高的情况；有的为了节省空间，便把立柱框架作导向轮的支座，将导向轮轴直接安装在框架上。总之，无论采用何种结构形式，既要使结构紧凑，又要使导向轮的安装、调整、维修方便。

（三）导向轮设计要点

（1）要分析电极处于最高位置和倾动到最大位置时，导向轮的受力情况，正确选择轴承规格和型号以及轴的直径。

（2）导向轮的外径在保证强度和刚度的情况下，因为安装位置的限制不要过大，其外径一般呈圆弧形状。

（3）导向轮支座要牢固，设计上要便于安装、调整导向轮的操作。

（4）导向轮的润滑是必不可少的，由于所处环境恶劣加之人工润滑困难，多数采用集中润滑装置，进行定期润滑。

（5）导向轮座在立柱框架上的安装既要保证其安装、调整及维护空间，又要使结构紧凑。实际上，导向轮组设计主要是由立柱安装位置与立柱框架平台大小决定的，为此设计时需要和其关联因素统一考虑。

五、电极升降立柱框架与吊架

从电气角度出发，希望在电极行程的上、下极限位置上设有极限开关，以便于掌握电极位置及实现与其他机构的连锁。但是，在实际使用中出现电极处于极限位置的几率很少，设置极限行程开关意义并不大，而用电极最大行程作为工作行程反而更具有实际使用意义。

在过去，经常会看到在立柱框架上部设有横臂下极限位支撑装置，现在也因作用不大而被取消。

对于顶装料炉盖旋开式电弧炉来说，电极升降立柱框架和旋转架组合成一整体。在旋转架内设有两层平台，在每层平台上开有 3 个电极升降立柱通孔，用来安装 3 根立柱。立柱导向轮便安装在平台立柱开孔处。在旋转架的立柱下面装有升降缸支座吊架，整个电极升降机构的质量都落在电极升降缸支座吊架上。

（一）平台上的立柱开孔

平台上立柱开孔的大小、形状和其位置的设计，要从多方面去考虑。开孔形状，要和立柱形状一致。开孔大小，在保证装拆立柱较易的情况下尽量不要过大，以保证立柱导向轮座与平台的焊接牢固性。电炉在工作时，导向轮承受的倾覆力矩是很大的，特别是电炉在倾炉过程中立柱的倾覆力矩更大。经常出现由于导向轮座与平台焊接质量不好或焊接面积过小，而使导向轮座与平台焊接的焊口开裂现象。

（二）立柱吊架

立柱吊架如图13－22所示。立柱吊架常用在液压升降立柱中，它是用作电极升降缸支座。立柱吊架与旋转架连接方式一般有两种，一种是用螺栓连接，另一种是用铰接方式连接。铰链连接不仅制作简单，而且安装也较为容易，因而被广泛采用。

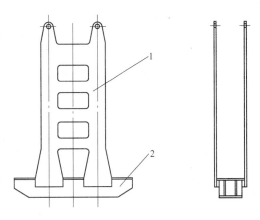

图13－22　电极升降立柱吊架
1—立柱吊架；2—电极升降缸托架

第五节　导电体的固定与绝缘设计

由于电极上承载着数以万计安培强大的电流和高达上千伏的电压，而电极上的电流是通过短网与横臂输送的。因此，大电流线路导体与支架、横臂与立柱以及电极夹紧、松放装置与抱带（或颚板）等部位都需要进行绝缘。绝缘不好，轻者会使设备损坏，重者会造成人员伤亡事故。为此，绝缘的设计是电炉设计中一个重要环节。

绝缘的可靠与否，不仅与所采用的绝缘件的材质、外形尺寸有关，而且与连接绝缘部件的连接方法、连接件的材质、固定方法及紧固力等有关。

一、导电体的固定

在整个短网中，需要将其载有强大的电流载体进行固定。在交流电导体周围存在着磁场，电流越大，其载体周围磁场越强。这一点在超高功率的大型电弧炉上表现得尤为明显。为此，不仅要求用来固定电流载体的部件必须用非磁性材料制作，而且处于电流载体附近的部件也要考虑用非磁性材料制造。一般常用不锈钢材质制作的螺栓、螺母作连接件和其支撑件，以防止因局部产生涡流发热而损坏绝缘件或造成紧固件的松动。在强大的电流作用下，导电体会产生电磁振动，加之频繁的电极升降产生的机械振动，都会造成紧固件的松动，为此，紧固件的选择要牢固、可靠并带有锁紧装置。各相之间要留有足够的安全距离，最小距离不仅不能小于空气的介电常数，还要考虑粉尘污染等以保证相间的绝缘可靠。

二、绝缘件的选择

大电流线路导体一般由铜管或铜排制造，其固定用绝缘块通常采用环氧酚醛层压玻璃布厚板作绝缘件。

横臂和立柱之间的绝缘隔板以及各部位连接螺栓用绝缘套管、垫圈等，通常选取密度大、机械强度高、耐高温（800～1000℃）、不怕水、不易起层的耐高温云母粉压制而成的板件及管件作绝缘件。

　　电极与抱带之间的绝缘，通常在活动抱瓦与抱带体之间用一层较薄的耐高温云母粉板或高铝钎维作绝缘件。在可拆卸绝缘瓦的表面喷涂一层陶瓷作为绝缘件，会使电极与抱带之间的绝缘性能更好。

　　总之，绝缘部位的合理设计和绝缘材料的选择是绝缘效果好坏的关键所在。

第十四章 机械设备的其他部分

第一节 水冷与气动系统

由于炼钢电弧炉工作在极其恶劣的环境和高温状态下，电弧炉的很多部件需要通水冷却。通常电弧炉水冷部位有变压器、电抗器、补偿器、导电铜管、水冷电缆、导电横臂、电极夹持器、炉盖、炉体、炉壁、炉门、炉门框等诸多部位。所以水冷系统是炼钢电弧炉必不可少的一个组成部分。但是，很多时候对水冷系统的设计，往往因重视程度不够，经常出现一些不应该出现的问题，所以，这里提醒设计者要给予足够的重视。

流体流过温度不同的固体表面时的传热过程称为对流传热。由于流体存在温差引起的热对流称为自然对流。借助于机械外力推动的热对流称为强制对流。由于流体的黏附作用，在壁面处存在着速度边界层和热边界层，壁面和流体间的传热要靠导热。因此，对流传热是包括导热和热对流的综合现象。工业应用的冷却器，其器壁两侧与不同的流体接触，传热过程属于对流传热。

单相流体的水冷却器，按冷却水流速划分为普通水冷却（水流速小于3m/s）和高速水冷却（水流速大于6m/s）两大类。

一、水冷系统的组成

水冷系统一般由总进水管、进水分配器、回水集水器、管路、各种阀门、支架、连接软管、温度检测仪表、压力检测仪表、流量检测仪表等构成，电炉水冷系统原理如图14-1所示。电炉水冷系统通常的做法是把水冷系统分成3个单独部分，第一部分是炉体水冷系统，如图14-2所示；第二部分是炉盖水冷系统，如图14-3所示；第三部分是其他部分水冷系统，如图14-4所示。图中标有进、回水交接点，是指买方向卖方购买电炉设备时，卖方不承担买方工厂设计与施工的情况。此时，买方（用户）根据设备设计（一般为卖方）单位提出的水冷系统进水温度、压力、单位时间用水量等参数，把水冷系统的总进、回水管道按要求接到指定位置。

应当说明的是，水冷系统设计方案是针对具体设备而言，即使具体设备结构已定，水冷系统设计方案可以有多种方案。图中给出的设计方案是针对具体设备而言，仅为其中的一种方案的情况。不一定是最佳方案，仅是为了对水冷系统构成进行说明。

图14-1~图14-4中各种符号意义见表14-1。

二、水冷系统的总体设计

水冷系统的总体设计，是根据电弧炉设备冷却部位的用水量、流速、压力等要求的不同进行合理分配，根据电弧炉整体情况进行合理布局水冷系统的管路走向、安装位置，既方便操作又经济实用，而且具有审美感。为此，设计时要注意以下几点：

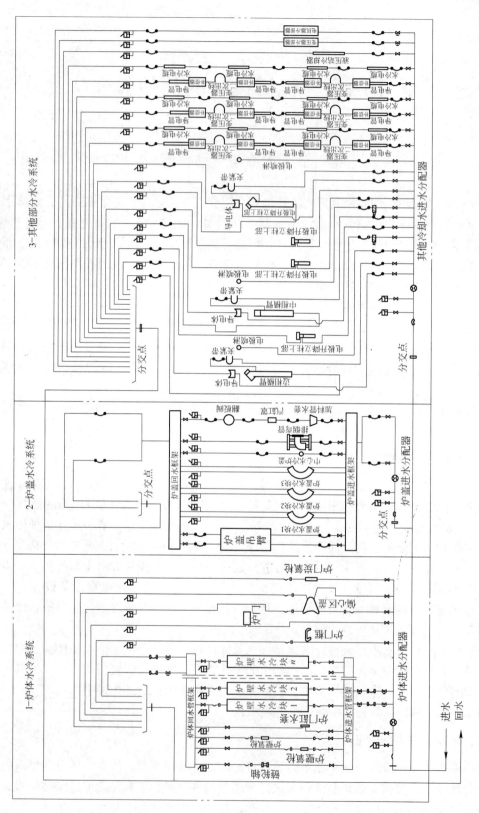

图 14 – 1 水冷系统原理图

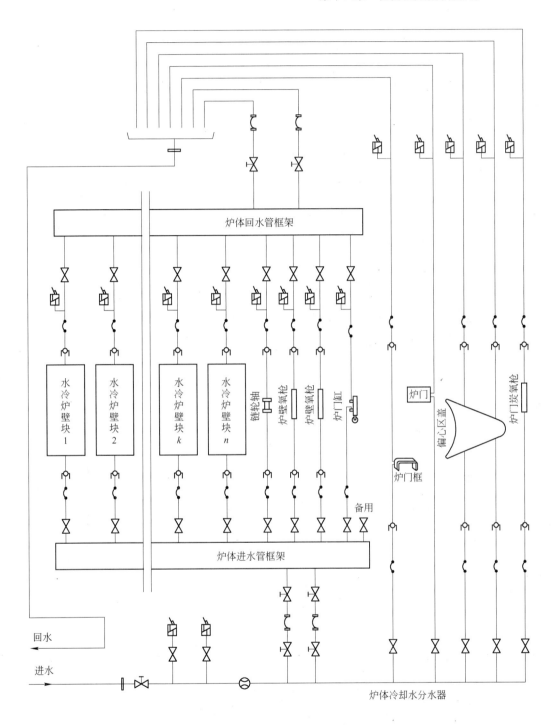

图 14-2 炉体水冷系统原理图

（1）在进水总管道上应设置检测用流量、压力、温度等仪表，并能传送到计算机上实时显示，出现异常情况及时报警。

（2）水冷炉壁与水冷炉盖是水冷系统中的重要部分。不是因为它们的用水量大，而是

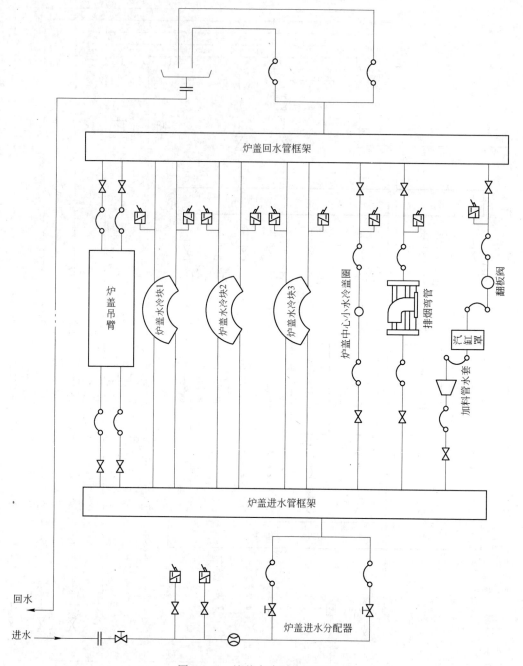

图 14-3 炉盖水冷系统原理图

它们所处的位置非常重要。冷却效果的好坏不仅关系到它们的使用寿命，更重要的是这里
出现事故，严重时会造成人员伤亡。为此，一般把水冷炉盖和炉体（含水冷炉壁）都分别
作为一个单独的进水和回水线路，并且在进水管路上设置检测用流量、压力、温度等仪
表。在每个水冷块的进、回水管路上都要装有阀门，并在其每个水冷块的回路上装有温度
检测仪表，实现对关键部位的检测。

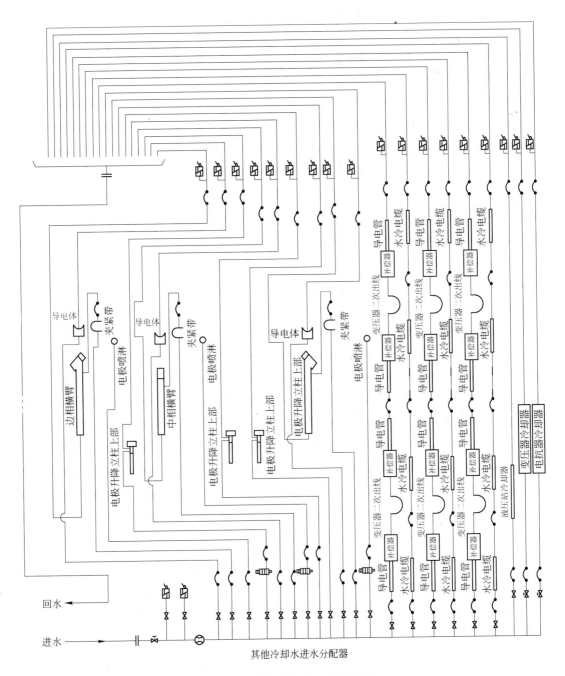

图 14-4　其他部分水冷系统原理图

（3）对于各路进、回水管路的走向布置要合理，在倾炉和炉盖旋转时不能相互干涉，要连接可靠，不能漏水。

（4）对于无压回水的回水箱应安装在便于操作和观察的位置，便于及时发现各路回水异常现象。

（5）进、回水管路尽量远离导电部件，以避免水冷部件带电或处于强大磁场下使水冷

表 14 -1　图 14 -1 ~ 图 14 -4 中各种符号意义

符　　号	名　　称	符　　号	名　　称
∽	金属软管	⋈	手动单夹式蝶阀
Ⱶ⊣	钢丝胶管	⋈	球　阀
∽	胶　管	▬▯▯▯▬	电磁阀
⌐⌐	快换接头	⊣⊢	配对法兰
⌼	一体化温度变送器	⌼	压力变送器
⊖	电磁流量计		

构件发热。

（6）对于无压回水的集水箱的总回水管截面积，一般取进水管截面积的 2.5 ~ 3 倍以上。否则会产生回水不畅，甚至使回水从集水箱中大量溢出。

（7）水冷系统的进、回水总管道的位置设计，一般是炉体进水、回水管道设置在炉体远离变压器墙的对侧。其他部分用水管道设置在靠近变压器墙附近。

（8）近年来，全部采用有压回水设计的现象比较普遍。但是从电炉设计理论上来说，水冷炉壁和水冷炉盖两部分采用有压回水较好；而其余部分，还是采用无压回水为好。因为无压回水可以减少水冷构件与管路的漏水点，延长水冷构件及管路的使用寿命，减少维修量。

（9）在磁场较大的部位（例如横臂尾部进、回水管与软管接头处）的进、出水管尽量采用不锈钢管为好，以避免因水管过热而损坏连接胶管。

（10）对于带电部位的冷却水管，如果人员较易与其接触，就一定不要用金属软管和水冷系统相连接，即使采用非金属软管，其长度也不能低于 2m，以防止水冷管路带电伤人。

三、冷却水有关参数

（一）冷却水主要参数

国标 GB 10067.1—88 规定的电炉设备冷却水有关参数见表 14 -2。

表 14 -2　冷却水参数

名　　称	单　　位	数　　值	备　　注
进水温度	℃	5 ~ 35	
回水温度	℃	≤55	
允许温升	℃	<20	
进水压力	MPa	0.2 ~ 0.3	无压回水
进水压力	MPa	0.3 ~ 0.7	有压回水
对水质的一般要求			
pH 值		7 ~ 8.5	
总硬度（CaO）	mg/L	对带电体 <10 对不带电体 <60	

名　称	单　位	数　值	备　注
悬浮性固体	mg/L	<10	
碱度	mg/L	<60	
氯离子	mg/L	平均<60；最多200	
硫酸离子	mg/L	<100	
全铁	mg/L	<2	
可溶性 SiO_2	mg/L	<6	
溶解性固体	mg/L	<300	
电导率	μS/cm	500	

（二）冷却水的流速

1. 最低流速

水冷构件在使用过程中，对冷却水的水质和最低流速也必须提出一定的要求。最低水流速度与沉淀的悬浮物粒度的关系见表 14 – 3。

表 14 – 3　不产生沉淀时水的最低流速

悬浮物粒度/mm	0.1	0.3	0.5	1.0	3.0	4.0	5.0
最低流速/m·s^{-1}	0.02	0.06	0.10	0.2	0.3	0.6	0.8

2. 经济流速

不产生沉淀的最低流速一般是在不得已的情况下采用的，而经常被采用的是经济流速。推荐经济流速为 1.2～1.5m/s。在电弧炉设计中，一般都要满足经济流速的要求或超过推荐的经济流速值。

四、系统的阻力

（一）水在管路中的流量

水在管路中的流量计算如下：

$$G = 3600vp\frac{\pi d^2}{4} \tag{14 – 1}$$

式中　G——流量，kg/s；
　　　v——流速，m/s；
　　　p——水的密度，t/m^3；
　　　d——管道内径，m。

由流量公式可知，流量的大小在 v、p 一定时，只取决于管径 d 的大小。但是当 v 大时，管径可以选小一些，不过这时的流动阻力增大；反之，当 v 小时，管径可以选大一些，这时的流动阻力变小。

根据水力学的分析，水在管道中流动所需要克服的阻力包括两个方面，一是管壁间的摩擦阻力（长度阻力）h_c；二是当水流经管道接头零件（如弯头、三通、阀门等）时产生的涡流现象而引起的局部阻力 h_j。水在流动时，克服这两项阻力，造成了本身压力的降低。

（二）比摩擦阻

水通过单位长度的管道所产生的摩擦阻力称为比摩擦阻，用 R 表示。那么，长度为 l m 的管道，其长度阻力 h_c 为：

$$h_c = Rl \tag{14-2}$$

由水力学公式可以导出：

$$R = \lambda \frac{v^2 p}{2gd} \tag{14-3}$$

式中　g——重力加速度，m/s^2；

　　λ——沿程摩擦系数，其取值见表 14-4。

表 14-4　工程计算中 λ 的经验取值

管道材料	砌砖管道	金属光滑管道	金属氧化管道	金属生锈管道
λ	0.05	0.025	0.035 ~ 0.04	0.045

在热水系统中，式（14-3）可转换为：

$$R = 6.37 \times 10^{-9} \frac{\lambda G^2}{d^2 p} \tag{14-4}$$

（三）管道接头零件的局部阻力

管道接头零件的局部阻力 $h_j(kg/m^2)$ 计算如下：

$$h_j = \sum_{\xi=1}^{n} \xi \frac{v^2 p}{2g} \tag{14-5}$$

式中　ξ——局部阻力系数，其取值见表 14-5 和表 14-6。

表 14-5　管径突然变化时的局部阻力系数 ξ

A_1/A_2	1	0.9	0.8	0.7	0.6	0.5	0.4	0.3	0.2	0.1	0
ξ_1	0	0.01	0.04	0.09	0.16	0.25	0.36	0.49	0.64	0.81	1
ξ_2	0	0.0123	0.0625	0.184	0.444	1	2.25	5.44	36	81	∞

表 14-6　90°弯头的局部阻力系数 ξ

R/D	0	0.1	1	2	4	>4
ξ	1.5	1.0	0.3	0.15	0.12	0.1

注：1. R 为弯管曲率半径，m；D 为管内径，m。

　　2. 对于活接头、管接头、阀门等各种局部阻力系数可查阅专门的手册。

这样，水在管道中的流动阻力 h 为：

$$h = h_c + h_j \tag{14-6}$$

（四）泊肃叶定律

泊肃叶定律如下：

$$Q = \frac{\pi}{8} \frac{R}{\eta} \frac{p_1 - p_2}{L} \tag{14-7}$$

式中　Q——流量；

$\qquad R$——管道内半径；

$\qquad p_1$——流体进管压力；

$\qquad p_2$——流体出管压力；

$\qquad \eta$——流体的黏滞系数，20℃时，$\eta = 1$；

$\qquad L$——管道长度。

根据泊肃叶定律可知，当管道内半径 R 减少一半时，流量 Q 则为原来的 1/16。根据这一原理在设计分水器的直径时，如果要求 $Q_进 = Q_出$ 时，则进、出水管总截面积 $S_出 \leqslant S_进$ 即可满足。当 $p_1 = p_2$ 时，则 $Q_进 > Q_出$。

五、对水冷构件的设计要求

（一）进出水管位置的确定

水冷构件的出水口要设在该部件在炉子安装位置的最高点，而进水口要设在该部件在炉子安装位置的最低点。使冷却水从水冷构件的最下部流入，从最上部流出。如果出水管在下面或低于构件的最高水平面时，就会出现空气和水蒸气带，使热气不能顺利排出，冷却水也不能顺利进入，产生气堵。不仅会使构件上部容易损坏而且使冷却效果大大下降，严重时会造成事故。

所有的冷却构件都必须安装在钢液面以上，并和钢液面保持一定的距离。同时也必须考虑到当炉体做倾动时，也不能使水冷构件与钢液接触，以避免漏水时产生爆炸事故。

（二）水冷构件连接方式

（1）进出水管接头位置要尽量远离高温区。

（2）便于安装与维护。

（3）接管两端水冷件的水管接头朝向要符合正确的连接方式，常见的有"U"形和"Γ"形较好，这种连接能避免连接管因受扭曲而损坏。

（4）合理布置进出水管，使其连接软管长度较短。

（5）对活动或经常需要拆装的水冷件的连接，一般都要采用金属软管连接。

（6）对于需要拆装更换的水冷件，如果拆装频率不高而且有处于高温区（如水冷炉盖的水冷块进出水管），用硬管连接的做法也是可取的。

（7）对于带电部位的冷却水与进水总管、回水箱的连接，要采用一段橡胶软管过渡，而不能选用金属管连接，其目的是防止进、回水管路带电。即使是选用橡胶软管连接，其橡胶软管的长度不能小于2m。

（三）炉体部分与水冷炉盖的冷却

炉体部分与水冷炉盖的冷却如图14-2和图14-3所示。水冷挂渣炉壁和水冷炉盖是电炉冷却的重要部位，水冷挂渣炉壁和水冷炉盖的冷却制度是指冷却水的流量和流速。而冷却水的流量取决于进出水的温度差和炉壁的热流。进水温度与地域、季节和水源有关，出水温度一般不超过55℃，以防止水中碳酸盐等沉淀析出；此外，为了防止水中悬浮物沉淀，冷却水还要有一定的流速。水的沸腾能使水中镁与钙的盐类发生沉淀而形成水垢，将引起挂渣炉壁的散热能力减弱或出现挂渣面过热，因而要尽量避免局部沸腾的产生。炉壁热流的大小取决于冶炼各期，变化较大。因此，其冷却制度应按热流最大情况选取。根据各水冷块所处的位置、大小不同，为了节约用水，有必要按照不同的情况，来调节冷却水的供给量。要合理地调节每个水冷块的用水量，就要在每个水冷块的回水处安装测温装置，并能进行监控。由于水冷炉壁和炉盖处于高温区，测温元件的耐高温导线的保护显得十分重要，合理布置耐高温导线不仅要躲避高温烘烤，还要保护高温导线不被外来物料损坏。

（四）其他水冷部位的设计

其他水冷部位是指除水冷炉壁和水冷炉盖以外的其他部分水冷，如图14-4所示。除了包括电炉的机械设备，还包括电气设备（变压器、电抗器、短网部分）、液压设备（液压介质、液压缸）的冷却。

在对电炉的导电横臂的水冷设计时，最好不要把电极夹头和抱带的回水直接接到横臂内部，由横臂集中回水。这样做的结果不仅无法知道电极夹头或抱带冷却水路是否畅通，更无法对其冷却水进行调节。

对液压系统的冷却要给予足够的重视，油温过高就会带来一系列的问题，直接影响到电炉使用效果。南北方地域之差往往会被设计者忽略，特别是在赤道附近，炎热的夏天气温高达四十多摄氏度，液压介质的冷却显得格外重要。此时，冷却设计不当，设备就有可能无法使用。

变压器与电抗器的冷却要根据变压器和电抗器对冷却水参数的要求进行设计。有的变压器和电抗器对冷却水参数要求与电炉对冷却水参数要求会出现不同，此时必须满足两者各自的要求。

六、汽化冷却

汽化冷却技术在国外已经应用，汽化冷却的最大优点是冷却水消耗量明显减少并且安全可靠。

在单相冷却器中为保持单相流体传热，工业用水允许温升10~20℃，软水冷却允许温升20~50℃，则水能吸收的热量为40~210kJ/kg。但是，在常压下水变成蒸汽，可以吸收大量的热，即汽化潜热达2256kJ/kg，则冷却过程中水吸收的总热量达2500kJ/kg。比较说明，汽化冷却吸热量为水冷却的12~60倍。

七、压缩空气系统

压缩空气系统一般称为气动系统。在电弧炉设备中，一般应用在需要用气体进行喷吹或不便于用液压缸而采用汽缸作动力源的高温区。

气动系统的气源，一般都是与车间其他设备共用而不需单独设置。只要在设计中给出电炉设备所需要的气体压力、流量等参数即可。使用时用户根据要求，把气体用管道接到所要求的位置即可。有时，为了使所供气体压力稳定，在设备附近设有专用储气罐。

（一）气动系统的组成

气动系统一般是由气动三联件、压力表、阀门、管路、支架等组成，如图14-5所示。除了电极汽化喷淋用气体需要连续使用以外，其他部位用气体一般都是间歇式。

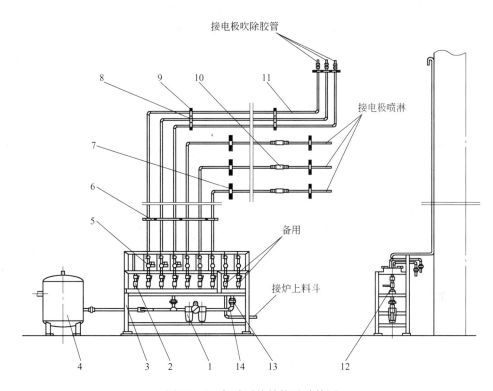

图14-5 气动系统结构设计简图

1—气动三联件；2—球阀；3—支架；4—储气罐；5—电磁阀；6~8—管夹；
9—膨胀螺栓；10—单向阀；11—管路；12—管箍；13—活接头；14—弯头

气动系统一般是安放在炉门侧便于操作的地方。气动系统的安装，一般根据用户现场实际情况进行配管并选择管路走向。在配置管路中，要求走向合理、排列有序、美观、整洁和便于操作。管夹安装位置要合理，管路固定要牢靠、拆装管路方便等。

（二）参数的选择

（1）电弧炉用气动系统的压力一般在0.4~0.6MPa。

（2）气动系统的用气量是根据用气点的数量和用气量的多少来确定的，一般用气量不大且间歇式用气。

（3）如果设备对气体的气源有其他特殊要求，则必须单独加以说明。

第二节 润 滑 系 统

润滑指在机械设备摩擦副的相对运动的两个接触面之间加入润滑剂，从而使两摩擦面之间形成润滑油膜，将直接接触的表面分隔开来，变干摩擦为润滑剂分子之间的内摩擦。

润滑的使用可以起到降低摩擦阻力、减少表面磨损、降温冷却、防止腐蚀、减震及密封等作用。

电弧炉设备长期工作在高温和大量烟尘环境下，润滑显得更加重要。根据电弧炉机械设备各运动部件间歇周期运动的规律，可以采用经济的定期润滑系统来实现，这种润滑方式使系统定量地润滑介质，按预定的周期时间对润滑点持续供油，使摩擦副保持适量的油膜。但必须懂得，过多或过少的润滑介质对摩擦副是同样有害的。在电炉设备中多数部位是采取集中润滑的，只有少数不便采用集中润滑的部位是进行单独润滑的。

集中润滑系统常用的有手动、电动集中润滑和智能润滑三种装置。

一、电动集中润滑系统

集中润滑指的是可以使用成套供油装置同时或按需要对设备润滑点进行定时或不定时供油。

（一）系统组成

润滑系统一般由 4 个部分组成，其润滑系统原理如图 14 – 6 所示。

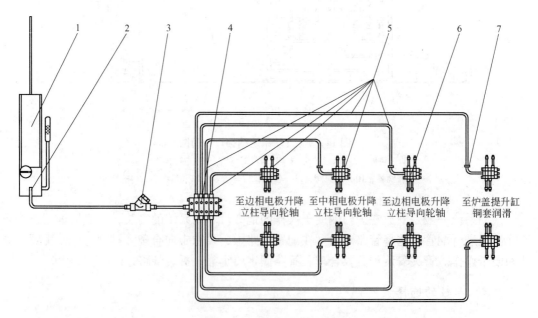

图 14 – 6 润滑系统原理

1—润滑泵（手动或电动）；2—管接头；3—滤脂器；4，6—递进式分配器；5—管路；7—管夹

（1）润滑泵 1，按需要要求提供润滑介质，润滑泵一般有手动或电动两种供油方式；

（2）分配元件 4、6，按需要定量分配润滑介质；

（3）附件由管接头 2、柔性软管 5（或刚性金属硬管）、管夹 7 分配块等组成。

（4）控制系统由电子程控器和压力开关、液位开关等控制元件组成。

润滑泵按预定要求周期工作，对润滑泵及系统的开机、关机时间进行控制，对系统压力、油罐液位进行监控和报警，并对系统的工作状态进行显示等功能。

（二）系统分类

集中润滑系统根据润滑介质的不同，可以分为润滑油润滑和润滑脂润滑；根据系统分配元件的不同，可以分为单线阻尼系统、容积式润滑系统、递进式润滑系统、双线润滑系统、喷雾润滑系统、油气冷却润滑系统；根据系统应用情况的不同，又可以分为常规润滑和重型润滑，其中重型润滑主要指应用于重型机械的润滑，如钢铁、冶金、矿山、港口机械、发电设备、锻压设备和造纸机械等。电弧炉设备集中润滑系统一般采用重型润滑系统。

（三）几种重型机械集中润滑系统简介

1. 单线递进式润滑系统

单线递进式润滑系统是由润滑泵、递进式油量分配器、管路附件和控制部分组成。系统供油时，递进式油量分配器中一系列活塞按一定的顺序差动往复运动，各出油点按一定顺序依次出油，出油量主要取决于递进式油量分配器中活塞行程与截面积。

系统用脂范围一般在 NLGI 000～2 号，工作压力为 1～25MPa，排量范围为 0.08～20mL/次，过滤精度为 150μm，可设有润滑点 1～200 个，管路长达 150m，递进式油量分配器最多可接三级。

系统可配备给油指示杆和堵塞报警器，实现对各点注油状况的监控，一旦系统堵塞或某一点不出油，指示杆便停止运动，报警装置立即发出报警信号。

特点：

（1）注油量精确；

（2）可独立区域的操作与监控；

（3）检查故障简明；

（4）易于测定故障点。

产品种类包括：手动脂类润滑泵、电动脂类润滑泵、高压集中润滑泵站、高压气动桶泵等。

2. 单线多点式润滑系统

单线多点式润滑系统是指有多条供油主管路同时供油的系统，最多可达十几条。每条主管路可直接向润滑点供油，也可通过分配器向润滑点供油。系统由多点润滑泵、递进式油量分配器、管路及附件等组成。

系统用脂范围一般在 NLGI 000～2 号，工作压力为 1～20MPa，排量范围为 0～1.2mL/次，润滑点 1～36 个，管路长达 40m。

特点：

（1）多点润滑泵各出油口的排量可调；

（2）独立管路，供油量精确；

（3）可由需要润滑的设备驱动。

产品种类包括：各种电动脂类润滑泵。

3. 双线润滑系统

双线润滑系统是指供油主管路有两根，一个工作循环内两根主管路通过换向阀交替供油，使双线分配器两侧的出油口向润滑点定量输送润滑油的系统。该系统由润滑泵、滤油器、换向阀、双向分配器、压差开关、控制器、管路及附件等组成。

系统用脂范围一般在 NLGI 000 ~ 3 号，工作压力为 1 ~ 40MPa，排量范围为 0 ~ 15mL/次，润滑点可达上千个，管路长达 150m。

特点：

（1）出油量可以根据需要连续调节；

（2）系统检测比较方便；

（3）可以根据需要增加或减少润滑点的数量；

（4）某一点的堵塞不影响整个系统的工作。

产品类型包括：手动润滑泵、电动脂类润滑泵、高压集中润滑泵站、高压气动桶泵。

二、智能润滑系统

根据各润滑部位润滑周期和润滑量，经在计算机上设定后能定期、定量自动对润滑部位进行给油，及时检测到润滑管路是否堵塞并报警。

（一）系统说明

智能润滑系统可适应不同设备工作制度、现场环境温度等条件；可根据设备润滑部位的不同要求，采用不同油脂；一套系统可满足单台设备或多台设备。

智能润滑系统能够克服传统的润滑方式运行不可靠、计量不准确、不易调整、设备运行故障率高且不宜检修等缺点。采用 PLC 作为主要控制元件，应用显示器及上位计算机作为显示与操作系统，使整个润滑系统的工作状态一目了然。现场供油分配直接受 PLC 的控制，供油量大小，供油循环时间的长短都由主控系统自动控制，并可通过显示器或主机监控操作系统远程方便地调整供油参数，以适应设备的不同润滑要求，从而使设备得到合理、可靠的润滑。流量传感器实时检测每个润滑点的运行状态，如有故障及时报警，且能准确判断出故障点所在，便于操作工的检查与维护。

（二）系统的工作原理

润滑系统可进行手动、自动运行。

（1）手动运行。主控面板上的按钮对应现场的相应润滑点。开启油泵后，润滑脂被压注到主管路中。按下润滑点按钮，电磁给油器得到信号，开始供油，润滑脂压注到相应的润滑点；松开润滑点按钮，电磁给油器失去信号，停止供油。各点供油量可根据润滑点的需要人为控制。

（2）自动运行。系统自动运行时，首先启动电动润滑泵，待主给油管道压力升至设定值后，依次打开现场各电磁给油器，按照事先设定的值逐个给各润滑点供油，供油同时流量传感器进行检测，如有故障及时报警。所有润滑点给油结束，系统进入循环等待时间，循环等待时间到后开始下一个给油过程。自动运行时文本显示器和上位计算机显示给油状态及各参数值。

（三）工艺技术条件

适宜环境温度：年平均温度为 0 ~ 28℃；极端最高温度约为 80℃；最热月平均温度约为 35℃；极端最低温度为 - 40℃；最冷月平均温度为 - 26℃。

（四）智能集中润滑系统主要特点

（1）系统采用可编程控制器和文本显示器，设定对话式中/英文菜单，给油量调节方便，可实现整机自动化控制要求。

（2）与主控室微机通信，可实现远程实时监控、控制和操作。

（3）采用专为润滑脂设计的电磁给油器控制给油，给油量调整范围大，精度高。

（4）采用高灵敏流量传感器，实时检测各润滑点给油状况，如有故障，及时报警，方便检查维修。

（5）每个电磁给油器箱装一个精密过滤器，确保给油元件工作可靠，并保证润滑点能得到洁净润滑脂。

（6）每一润滑点的给油量和给油间隔时间单独控制，避免润滑油脂的浪费，减少环境污染，适应不同的润滑制度要求。

（7）逐点供油，逐点检测，给油和检测可靠性大大提高。

（8）系统压力设有机械、电器三重安全保护，保证设备运行可靠。

三、润滑部位耗脂量的计算

以下计算式用于手动润滑，自动润滑时耗量减半。如果以润滑脂密封防止粉尘或水侵入为目的的给油部位，其耗量则增加到 4 ~ 6 倍。

（1）滚动轴承：

$$Q = D^2 RK \times 10^{-5} \qquad (14-8)$$

式中　Q——耗量，cm^3/h；

　　　D——轴径，mm；

　　　R——轴承列数；

　　　K——修正系数，阻尼系统，高温、粉尘条件下取 0.4；容积系统，高温、粉尘条件下取 2.5。

（2）滑动轴承：

$$Q = \pi DLK \times 10^{-5} \qquad (14-9)$$

式中　Q——耗量，cm^3/h；

　　　D——轴径，mm；

　　　L——轴承宽度，mm。

（3）滑动面：

$$Q = WLK \times 10^{-5} \qquad (14-10)$$

式中　Q——耗量，cm^3/h；

W——接触面宽度，mm；

L——接触面长度（当接触面为几段时，为其各个接触面长度的总和），mm。

（4）齿轮副：

1）当 $D_1 < D_2$ 时：

$$Q = \pi(D_1 + D_2)WK \times 10^{-5} \tag{14-11}$$

2）当 $D_1 > D_2$ 时：

$$Q = \pi D_2 WK \times 10^{-5} \tag{14-12}$$

式中 Q——耗量，cm^3/h；

W——齿面宽度，mm；

D_1——主动轮节径，mm；

D_2——被动轮节径，mm。

（5）蜗轮副：

$$Q = \pi(D_1 + D_2)WK \times 10^{-5} \tag{14-13}$$

式中 Q——耗量，cm^3/h；

W——齿面宽度，mm；

D_1——蜗轮节径，mm；

D_2——蜗杆节径，mm。

四、润滑介质的选择

轴承的润滑根据使用润滑剂的不同分为脂润滑和机油润滑两种。对于电弧炉产品来说，适用于脂润滑。脂润滑与机油润滑相比，具有不需特殊的供油系统可有效地防止杂质水分和水汽侵入，可保证轴承长期运转而不需更换润滑剂，结构简单等优点而被广泛应用；不足的是当轴承转速高时摩擦损失较大，会使轴承温升增加，因而在使用中对轴承的转速和工作温度有一定的限制。

最常用的润滑脂有钙基润滑脂、锂基润滑脂、铝基润滑脂和二硫化钼润滑脂等不同的润滑脂。在物理力学性能及适应温度等方面存在较大的差异，应根据不同的工况条件，选择适宜的润滑脂种类，以满足其使用要求。

选择润滑脂时，主要应按工作温度、轴承负荷和转速三个方面考虑。若按工作温度选择时，由于润滑脂的黏度与温度间关系密切，一般润滑脂的黏度对轴承不应低于 $13mm^2/s$。在具体选择润滑脂时，应重点考虑润滑脂的滴点、针入度和低温性能。一般通则为：轴承的工作温度须低于润滑脂滴点 $10 \sim 20℃$。当选用合成润滑脂时，其工作温度应低于滴点温度 $20 \sim 30℃$；若按轴承负荷选择时，轴承的负荷越大润滑脂的黏度也应越高，即选用针入度小的润滑脂类型。

保证在负荷作用下，在接触面间可有效地形成润滑油膜。当按轴承工作转速选用润滑脂时，由于轴承的转速越高，套圈滚动体和保持架运动中引起的摩擦发热也越大，故宜选用适应于其具体使用工况的各种应用性能的润滑脂。往往由于轴承使用场合的特殊需要，还应按不同润滑脂所具有的其他性能进行选用。如在潮湿或水分较多的工况条件下，钙基脂因不易溶于水应为首选对象，钠基脂易溶于水则应在干燥和水分少的环境条件下使用。

五、润滑部位的保养

电弧炉各运动部位应定期加注润滑油脂。

电弧炉设备润滑部位及注油周期推荐值见表14－7。

表14－7　电弧炉设备润滑部位及注油周期推荐值

润　滑　部　位	润滑方式	注油时间
炉门提升轴	润滑脂	每周一次
倾动液压缸铰链轴	润滑脂	每周一次
炉盖旋转油缸铰链、炉盖转臂铰链	润滑脂	每周一次
升降立柱导向轮、炉盖提升缸铜套	润滑脂	每天一次
炉盖旋转轴承	润滑脂	每2天一次
电极升降缸底座	润滑脂	每月一次
各种支撑、锁定缸铰接、轴套及运动部位	润滑脂	每月一次
维修平台支承轮	润滑脂	每周一次
转盘轴承	润滑脂	每3天一次

注：1. 润滑脂采用合成复合钙基润滑脂（SY 1415—80）或锂基润滑脂（SY 1412—75）皆可，但在高温工作环境下，推荐采用锂基润滑脂。

2. 注油周期可根据实际使用情况进行增减。

3. 转盘轴承在安装投入使用100h后，应全面检查安装螺栓的预紧力矩是否符合要求，以后每连续运转500h重复上述检查一次。

第四篇

液压与气动设备的设计

第十五章　炼钢设备的液压传动

在冶金工业中，液压系统能灵活地完成复杂的动作，以代替人类做频繁而笨重的劳动，并能在人无法忍受的高温、有害气体等恶劣的环境中工作；而且它具有传动平稳，能在大范围内实现无级调速，便于实现复杂动作等优点。在炼钢设备中，无论是电弧炉、精炼炉，还是连铸机设备中液压传动都被广泛采用。

第一节　液压传动系统概论

一、液压传动中的压力与传递

在图 15-1 所示的液压传动模型中，在密闭容器中液体受到挤压，就会产生一定压力，液体压力又作用在活塞上。活塞 1 单位面积上受到的压力为：

$$p_1 = \frac{F}{A_1}$$

而活塞 5 受到的液体压力为：

$$p_2 = \frac{W}{A_2}$$

式中，A_1、A_2 分别是活塞 1、5 的面积。压力 p 的单位为 N/m^2，即 Pa，而目前工程上常用 MPa 作为压力单位，$1MPa = 10^6 Pa$。我国曾经长期采用过单位 kgf/cm^2。它们的换算关系是：$1MPa = 1MN/m^2 = 10.2kgf/cm^2 \approx 10kgf/cm^2$。

根据流体力学中的帕斯卡定律"平衡液体内某一点的液体压力等值地传递到液体内各处"，则有：

$$p_1 = p_2 = p = \frac{F}{A_1} = \frac{W}{A_2} \tag{15-1}$$

或

$$\frac{W}{F} = \frac{A_2}{A_1} \tag{15-2}$$

也就是说输出端的力和输入端的力之比等于两活塞面积之比。

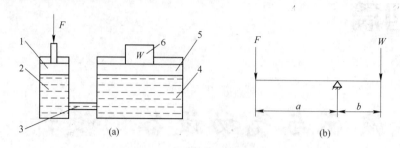

图 15 - 1　液压传动模型

1，5—活塞；2，4—液压缸；3—管路；6—重物

二、液压传动中的流量

在图 15 - 1 中，如果活塞 1 向下移动一段距离 L_1，则液压缸 2 内被挤出的液体体积为 A_1L_1。这部分液体进入液压缸 4，使活塞 5 上升距离为 L_2，其上升的部分体积为 A_2L_2。在不考虑泄漏和液体可压缩性时，二者体积是相等的，即：

$$A_1L_1 = A_2L_2$$

或

$$\frac{L_2}{L_1} = \frac{A_1}{A_2} \tag{15-3}$$

如果这一动作是在 t s 内完成，活塞 1 的速度 $v_1 = L_1/t$；活塞 5 的速度 $v_2 = L_2/t$，则有：

$$\frac{v_2}{v_1} = \frac{A_1}{A_2} \tag{15-4}$$

或

$$A_1v_1 = A_2v_2 \tag{15-5}$$

这在流体力学中称为液流连续性原理。将式（15 - 2）和式（15 - 4）相乘得：

$$Wv_2 = Fv_1 \tag{15-6}$$

式（15 - 6）左边和右边分别代表输出和输入的功率，这说明能量守恒也适用于液压传动。

通过以上分析可以看到，上述模型中两个不同面积的活塞和液压缸相当于机械传动中的杠杆，其面积比相当于杠杆比，即 $A_1/A_2 = b/a$（见图 15 - 1（b））。因而采用液压传动可以达到传递动力、增力、改变速比等目的，并在不考虑损失的情况下保持功率不变。

令式（15 - 5）中流量 $Q = A_1v_1 = A_2v_2$，则有：

$$v_2 = \frac{Q}{A_2} \tag{15-7}$$

即从动活塞 5 的运动速度决定于进入液压缸内的流量，简单地说，速度决定于流量。这是和压力决定于负载同样重要的一个概念。流量的单位为 m^3/s，过去在工程上用 L/min。

利用式（15 - 1）、式（15 - 6）、式（15 - 7）可得：

$$Wv_2 = pA_2\frac{Q}{A_2} = pQ \tag{15-8}$$

式（15 - 8）左边是输出功率，右边压力 p 和流量 Q 的乘积也代表功率。所以压力 p 和

流量 Q 是液压传动中最重要的参数，前者代表力，后者代表速度，而二者的乘积则是功率。

三、液压系统中的压力损失

液压传动是靠有压液体来传递动力的。和电气系统类似，当电流沿导体和电气元件流动时，就要产生一定的电压降，油液在系统中流动时也会产生一定的压力损失。

液体流动时由于黏性而产生的内摩擦力，以及流体流过管道、弯头或突然变化的管道截面时，因碰撞或旋涡等现象，都会在管路中产生液压阻力，造成能量损失，这些损失表现为压力损失。

液压系统的压力损失使功率损耗，降低系统性能和传动效率。因此，在设计和安装时要尽量注意减小液压系统的压力损失，常见的措施有：

（1）尽量缩短管道，减少截面变化和管道的弯曲。

（2）管道截面要合理，以限制流速，一般情况下的流速为：吸油管小于 $1m/s$，压力油管为 $2.5\sim5m/s$，回油管小于 $2.5m/s$。

由于液压系统十分复杂，难以将整个系统装置画在图纸上。为了简化液压系统原理图的绘制，使分析问题更方便，采用液压元件与系统符号的国家标准。液压系统的图形符号是液压传动的工程语言，是设计和分析液压系统的工具。在弄清楚它们的结构及工作原理的基础上，要熟练掌握其图形符号的意义。

第二节　液压系统的组成与特点

一、液压系统的组成

液压传动系统主要由以下五个部分组成：

（1）动力元件。即液压泵，它是将原动机输入的机械能转换为液压能装置，其作用是为液压系统提供压力介质，是系统的动力源。

（2）执行元件。包括液压缸和液压马达，两者统称为液动机。它是将液压能转换为机械能的装置，其功用是在压力介质的作用下实现直线运动或旋转运动等。

（3）控制元件。如溢流阀、节流阀、换向阀等各种液压控制阀。其功用是控制液压系统中介质的压力、流量和流动方向，以保证液压系统的执行元件能完成预定的工作。

（4）辅助元件。如油箱、管路、滤油器、蓄能器、加热器、冷却器、仪表等，在液压系统中起储油、连接、过滤、储存压力能等作用，以保证液压系统可靠稳定地工作。

（5）工作介质。即液压传动液体，液压系统就是以液体作为工作介质来实现运动和动力的传递。

一个液压系统无论是多么复杂，都是由上述四种液压元件和液压介质组成，缺少任何一种，液压系统就不能工作。

二、液压传动的特点

（一）液压传动的优点

液压传动具有以下优点：

（1）液压传动可以输出很大的推力或转矩，可以实现低速大吨位运动，这是其他形式的传动所不能比的。

（2）在功率相同的情况下，液压传动装置体积小、质量轻、结构紧凑。

（3）在机械设备中越来越多地需要实现直线运动，这对机械传动和电气传动来说，都是相当困难的，而在液压传动中，借助液压缸可以轻而易举地实现直线运动。

（4）液压传动能很方便地实现无级调速，且调速范围大，而且低速性能好。

（5）由于通过管道传递动力，执行机构及控制机构在空间位置上便于安排，易于合理布局及统一操纵。对于工程机械、运输机械、冶金机械等体积大、工作机构多且分散的机械设备，可以把液压缸、液压马达安装在远离原动机的任意方便位置，不需要中间的机械传动环节。

（6）操作方便且省力。液压传动与电气或气压传动相配合易于实现自动控制和远距离控制。

（7）易于实现过载保护。当动力源发生故障时，液压系统可借助蓄能器实现应急动作。

（8）液压传动的运动部件和各种元件都在油液中工作，能自行润滑，工作寿命长。各运动副表面发热后，热量被油液带走，便于散热。

（9）液压元件已经实现了系列化、标准化、通用化，便于设计和安装，维护也较为方便。

（二）液压传动的缺点

任何事物都是一分为二的，液压传动也不例外，它也有明显的缺点：

（1）各液压元件的相对运动表面不可避免地产生泄漏，同时油液也不是绝对不可压缩的，加上管道的弹性变形，液压传动难于得到严格的传动比，不宜用于定比传动。

（2）液压油液黏度受温度变化的影响较大，从而影响传动精度和机器性能。

（3）空气渗入液压系统后容易引起系统工作的不正常，如机器发生振动、爬行和噪声等不良现象。

（4）液压系统发生故障时不易检查和排除，要求检修人员具有较高的技术水平和丰富的经验。

三、液压介质的污染与控制

从工作实践中可以看到，液压系统的故障80%来源于液压油和液压系统的污染，为此，必须高度重视液压油和液压系统的污染问题。

使液压油污染的物质有液压系统制造件的机械加工的切屑、铸造砂、灰尘、焊渣等固体污染物，有水分、清洗油等液体污染物，还有从大气混入空气或从液压油中分离出来的空气等气体污染物。这些污染物往往是液压元件或油箱在制造、运输和组装中以及清洗不当而存留在系统中的。针对这些污染原因，可采用以下措施对液压油的污染加以控制：

（1）液压管路和油箱在使用前，应当用煤油或其他溶剂进行清洗，然后用系统液压油液进行清洗。

（2）液压元件在制造和组装中应注意清洗和保洁，尤其是拆卸维修后重装时，特别要注意防止切屑等杂质进入元件内部。

（3）采用过滤方法滤掉加入油箱和吸入油泵从而进入系统的液压油液中的杂质。

（4）为避免或减少油液使用中再次被污染，要保证液压系统良好的密封性以防止灰尘进入，要避免油温过高以防止油液老化变质，以及要注意油位不可过低以防止因吸油困难而造成气蚀等。

（5）要定期更换油箱中的油液。

第三节　液压传动在电弧炉设备上的应用

电弧炉炼钢，长期以来一直使用机械和液压两种传动方式。近年来，由于液压传动技术工艺的进步，液压元件的性能越来越好，液压元件的泄漏基本上得到了控制，使液压传动在冶金设备的优点更为突出，为此，应用越来越广泛，在大、中型电炉上基本上取代了机械传动。

电弧炉及其附属设备的种类很多，液压设备较为复杂。由于每一设备的组成都有其各自的特点，对液压系统的压力、流量等的要求不可能都相同，但在其所完成的功能上区别不是很大。一般电弧炉主体设备都要完成炉门的升降、电极升降、炉盖提升与旋转和出钢、扒渣倾炉等操作。

一、电弧炉液压系统的工作特点

电弧炉结构复杂，控制对象较多，而且各部分的运动速度、压力、控制精度等要求又不尽相同，为此电炉液压系统是一个属于多缸操作较为复杂的液压系统。

液压系统由于控制对象较多，因此结构复杂，占地面积较大。但因组成设备结构的各个部分工作的独立性较强，而且工作时基本上是在分步进行，所以正常冶炼时，基本上不存在两个部分同时工作的状态。

电弧炉长期在高温下工作，烟气量大、粉尘量多，而且三相交流电存在着强大的交变磁场，环境十分恶劣，所以液压缸的油液温度高且易于污染，密封件使用寿命短等现象较为突出。

二、电弧炉对液压系统的基本要求

为确保电弧炉液压系统的工作，对电炉的液压系统的要求是：

（1）液压系统的设计制造遵循简单、实用、可靠的原则，具有较高的集成度，同时又便于维护。

（2）系统油泵在电弧炉设备上一般采用恒压变量泵，其数量根据需要设定并备用一台。

（3）电极升降、炉体倾动、炉盖旋转通常采用比例阀控制，其中电极升降比例阀（也有采用伺服阀的情况）一般在线备用一台，其余选用滑阀控制。比例阀、滑阀采用可靠独立的24V电源，并设有电路保护系统。

（4）在突发性停电状态下，蓄能器储存的高压液不仅能将三相电极抬起完成出钢操作，而且能在出钢后使炉体摇架倾回到水平位置。

（5）在失去动力源的情况下，炉体倾动回路、电极升降回路均具有锁定功能。

（6）确保电极遇到不导电物体时，能够自动上抬，以防电极折断的功能。

（7）液压系统配置冷却、过滤循环回路，确保系统正常运行，介质温度能够自动调节（配置冷却和加热装置）。要根据用户所在地区的气温情况设计冷却系统，保证整个液压系统的冷却效果。

（8）要求电极的升降的速度是变化的、可调整的。当炉料发生塌料时要求电极能够快速提升。为此，要求电极上升速度快、灵敏度高。电极下降一般靠自重力，为此电极升降缸一般采用柱塞缸。

（9）炉门需要经常开、闭操作，并且要求炉门能够在任意位置停留。

（10）为了使炉盖旋转时保持炉盖的稳定性，希望炉盖做旋转动作时，速度可调。

（11）根据出钢和扒渣等操作的需要，电炉在做倾炉动作时要求平稳且速度可调。

（12）为了保证电炉操作的安全，设有电炉的旋转支撑与锁定缸、水平支撑及锁定缸等。

（13）要求电炉各机构之间有可靠的连锁，以防止因误操作而发生事故，这些都要靠液压和电气之间的配合和连锁来实现。

（14）电炉设备的液压系统是一个复杂而庞大的系统，组成的部件较多，占地面积较大，一般都要设立一个独立的液压室。

（15）要根据电炉工作特点进行液压系统设计。

在以后各章节中，将分别叙述各组成部分液压元件的功能与液压系统回路的组成，以供选用。

三、电弧炉液压系统主要控制对象

电弧炉液压系统主要控制对象是液压缸（常称为油缸）。液压缸是液压传动系统中的执行元件，是电弧炉液压系统主要控制的对象。它是将油液的压力能转变为直线往复运动的机械能的能量转换装置。液压缸是液压传动中用得最多的一种工作机构。

常见的电炉主体设备液压系统主要控制对象见表 15 - 1。

表 15 - 1　电炉主体设备液压系统主要控制对象

序　号	液压缸名称	数量/台	动　作	备　注
1	炉门	1	打开与关闭	
2	EBT 出钢	1	出钢口开与闭	
3	EBT 出钢锁定	1	锁定与打开	
4	炉体倾动	2	出钢、出渣与回倾	
5	倾动平台锁定	1	锁定与打开	
6	倾动平台水平支撑	1 ~ 3	支撑与脱开	数量由结构决定
7	炉盖升降	1 ~ 2	上升与下降	数量由结构决定
8	炉盖旋转	1	旋开与旋回	
9	旋转锁定	1	锁定与打开	
10	电极升降	3	上升与下降	
11	电极松开	3	松开	
12	出钢口维修平台	1	旋开、旋回（或伸出与缩回）	

四、液压系统原理

液压系统原理针对具体设备而言，虽然其液压系统的组成部分不会发生变化，但是，实现对电炉的控制可以有多种方案。图 15 - 2 和图 15 - 3 为某厂 80t 电弧炉液压系统原理图和装配图。

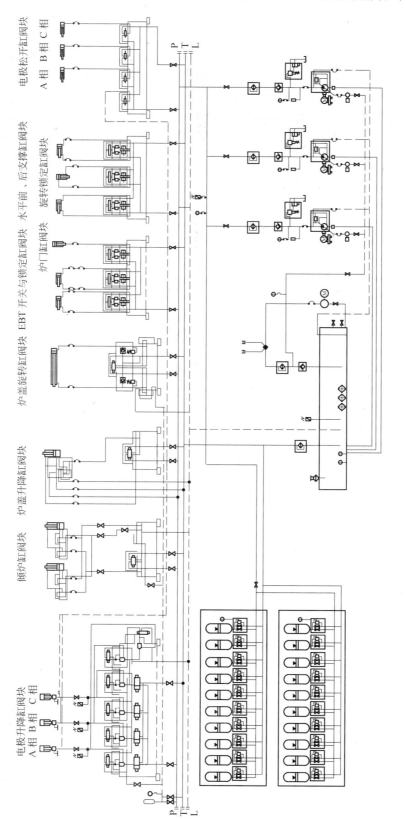

图 15 - 2　电弧炉液压系统原理图

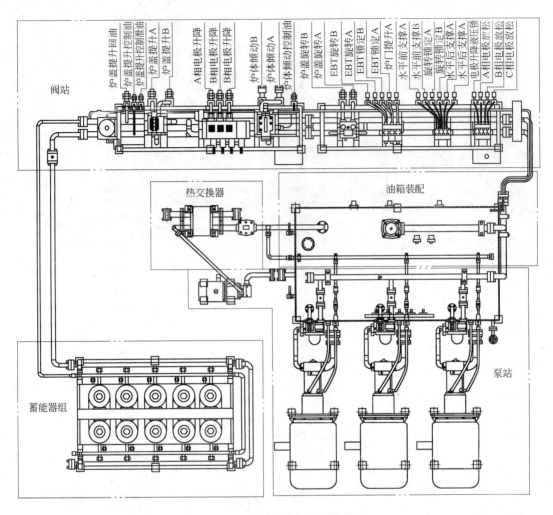

图 15 – 3　电弧炉液压系统装配图

第十六章 泵 站

第一节 泵站的概述

一、泵站的组成

泵站的组成如图16-1所示。泵站包括电动机1（7）、联轴器与钟形罩2、主泵3、吸油管路4、排油管路5、冷却泵6、阀件8、液压泵支座与管路附件9等组成。

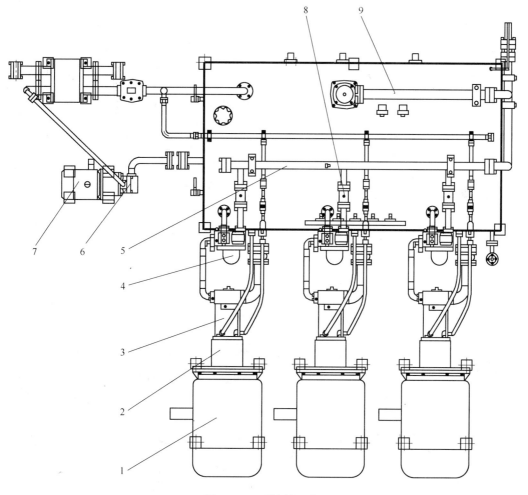

图 16-1 泵站的组成

1—主泵电动机；2—联轴器与钟形罩；3—主泵；4—吸油管路；5—排油管路；
6—冷却泵；7—冷却泵电动机；8—阀件；9—液压泵支座与管路附件

泵站是液压系统动力的来源。液压泵是液压系统的动力元件，是压力和流量的发生器。在原动机（电动机）的驱动下，液压泵将输入的机械能转换为液体的压力能，向液压系统提供一定压力和流量的压力油，通过控制元件（液压阀）推动执行元件（液压缸或液压马达）实现直线或回转运动。液压泵是液压系统的能量转换装置。

主泵的规格、型号、数量等参数是根据设备要求确定的。主泵主要有齿轮泵、叶片泵、柱塞泵和螺杆泵等，目前，在电炉设备上采用恒压变量柱塞泵较为普遍。主泵通常要求备用一台，这样当一台工作泵出现故障时，通过电气控制系统及时将故障泵切除，将备用泵接入，可保证液压系统始终处于正常工作状态。为延长主泵的使用寿命，通过采用定时（每 2~4h）轮换备用泵的方法使工作泵得到轮流停泵休息。

冷却泵的规格、型号、数量等参数是根据设备要求确定的，冷却泵多数选用叶片泵并且常常要求备用一台。

（一）泵站的工作原理

泵站的工作原理如图 16-2 所示。图 16-2（a）为油箱与泵站装配原理图，图 16-2（b）为泵站装配原理图。

（二）泵站用液压元件

泵站用液压元件见表 16-1。

表 16-1 泵站用液压元件

名 称	单夹球阀	截止阀	高压胶管	可挠曲橡胶接管	主泵电动机
代 号	1	2	3	4	5
名 称	变量柱塞泵	电磁溢流阀	压力继电器	测压点接头	测压软管
代 号	6	7	8	9	10
名 称	耐震压力表	S形单向阀	压力管路过滤器	压力传感器	冷却用叶片泵
代 号	11	12	13	14	15
名 称	冷却泵电动机	流量监控器	节流阀		
代 号	16	17	18		

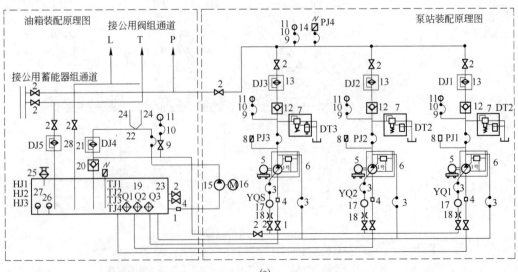

(a)

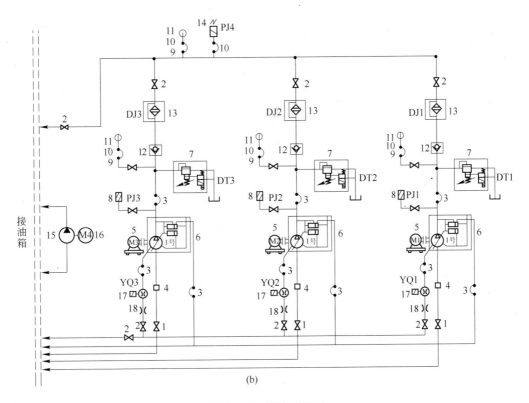

图 16 - 2 泵站原理图

（a）油箱与泵站装配原理图；（b）泵站装配原理图

二、控制方式

泵站电器控制动作见表 16 - 2。

表 16 - 2 泵站电器控制动作表

电器元件名称	代号	1号主泵	2号主泵	3号主泵	冷却泵	1号主泵故障	2号主泵故障	3号主泵故障	滤油器堵塞	1号主泵正常	2号主泵正常	3号主泵正常	液流信号Q
电动机	M1	+											
	M2		+										
	M3			+									
	M4				+								
电磁铁	DT1					+							
	DT2						+						
	DT3							+					
压力继电器	PJ1									+			
	PJ2										+		
	PJ3											+	

续表 16 - 2

电器元件名称	代号	1号主泵	2号主泵	3号主泵	冷却泵	1号主泵故障	2号主泵故障	3号主泵故障	滤油器堵塞	1号主泵正常	2号主泵正常	3号主泵正常	液流信号Q
滤油器发信器	DJ1									+			
	DJ2										+		
	DJ3											+	
流液信号器	YQ1												+
	YQ2												+
	YQ3												+

注：1. 主泵两台泵同时工作，一台泵备用，设定时间进行轮换备用。

　　2. 当工作泵出现故障时，启动备用泵的同时进行报警。

　　3. 冷却泵自动启动，由电接点温度计控制。

三、液压泵的主要参数

液压泵的主要参数有：

（1）工作压力和额定压力。液压泵的工作压力（用 p 表示）是指实际工作时输出的压力，它是由负载和各种阻力损失决定的，并随负载的变化而变化，而与泵的流量无关。泵的铭牌上标出的额定压力是根据泵的强度、寿命、效率等使用条件而规定的正常工作的压力上限，超过此数值就是过载运行。

（2）排量和流量。液压泵的排量（用 V 表示）是指泵在无泄漏情况下每转一周，由其密封油腔几何尺寸变化而决定的排出液体的体积。

若泵的转速为 n，则泵的理论流量 $q_t = nV$。泵的铭牌上标出的额定流量，是泵在额定压力下所能输出的实际流量。

（3）效率。液压泵在能量转换过程中必然存在功率的损失，功率损失可分为容积损失和机械损失两部分。容积损失是因泵的内泄漏造成的流量损失。随着泵的工作压力的增大，内泄漏增大，实际输出流量 q 比理论流量 q_t 减少。泵的容积损失可用容积效率 η_V 表示，即：

$$\eta_V = q/q_t \tag{16 - 1}$$

各种液压泵产品都在铭牌上标明了在额定工作压力下的容积效率 η_V。

液压泵在工作中，由于泵内轴承等相对运动零件之间的机械摩擦，以及泵内转子和周围液体的摩擦和泵从进口到出口间的流动阻力也产生功率损失，这些都归结为机械损失。机械损失导致泵的实际输入转矩 T_i 总是大于理论上所需要的转矩 T_t，两者之比称为机械效率，以 η_m 表示，即：

$$\eta_m = T_t/T_i \tag{16 - 2}$$

液压泵的总效率等于容积效率与机械效率的乘积，即：

$$\eta = \eta_V \eta_m \tag{16 - 3}$$

（4）液压泵的驱动电动机的功率。液压泵由电动机驱动，输入的是机械能，而输出的是液体压力和流量，即压能。由于容积损失和机械损失的存在，在选定电动机功率时，要大于泵的输出功率，用式（16-4）计算：

$$P = pq/\eta \tag{16-4}$$

式中　P——驱动液压泵的电动机的功率；

　　　p——液压泵的工作压力；

　　　q——液压泵的流量；

　　　η——液压泵的总效率。

若压力 p 以 Pa 为单位，流量 q 以 m^3/s 为单位，则式（16-4）的功率单位为 W（即 $N \cdot m/s$）；若压力 p 以 MPa 为单位，流量 q 以 L/min 为单位，则式（16-4）的功率单位为 kW，可用式（16-5）计算：

$$P = pq/60\eta \tag{16-5}$$

第二节　液压泵简介

一、液压泵的分类

在液压传动中，液压泵作为动力元件向液压系统提供液压能。液压泵的分类如图 16-3 所示。

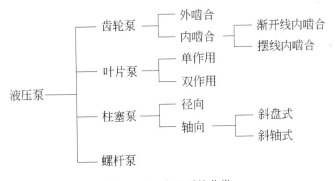

图 16-3　液压泵的分类

二、典型液压泵的工作原理及主要结构特点

典型液压泵的工作原理及主要结构特点见表 16-3。

表 16-3　典型液压泵的工作原理及主要结构特点

类型		结构和原理示意图	工作原理	结构特点
齿轮泵	外啮合	A　　　　B　吸油　　　排油	当齿轮旋转时，在 A 腔，由于轮齿脱开使容积逐渐增大，形成真空从油箱吸油，随着齿轮的旋转充满在齿槽内的油被带到 B 腔，在 B 腔，由于轮齿啮合，容积逐渐减小，把液压油排出	利用齿和泵壳形成的封闭容积的变化，完成泵的功能，不需要配流装置，不能变量。结构最简单、价格低、径向载荷大

类型		结构和原理示意图	工作原理	结构特点
齿轮泵	内啮合		当传动轴带动外齿轮旋转时，与此相啮合的内齿轮也随着旋转。吸油腔由于轮齿脱开而吸油，经隔板后，油液进入压油腔，压油腔由于轮齿啮合而排油	典型的内啮合齿轮泵主要由内齿轮、外齿轮及隔板等组成。利用齿和齿圈形成的容积变化，完成泵的功能。在轴对称位置上布置有吸、排油口。不能变量，尺寸比外啮合式略小，价格比外啮合式略高，径向载荷大
叶片泵			转子旋转时，叶片在离心力和压力油的作用下，尖部紧贴在定子内表面上。这样两个叶片与转子和定子内表面所构成的工作容积，先由小到大吸油后再由大到小排油，叶片旋转一周时，完成两次吸油和两次排油	利用插入转子槽内的叶片间容积变化，完成泵的作用。在轴对称位置上布置有两组吸油口和排油口，径向载荷小，噪声较低，流量脉动小
柱塞泵	斜盘式轴向柱塞泵		将数个柱塞均匀地布置在多孔缸体圆周上，当柱塞随缸体转动时，由于端部斜盘的存在，使柱塞在缸体内做往复运动，在工作容积增大时吸油，在工作容积减小时排油	径向载荷由缸体外周的大轴承所平衡，以限制缸体的倾斜，利用配流盘配流，传动轴只传递转矩，轴径较小。由于存在缸体的倾斜力矩，制造精度要求较高，否则易损坏配流盘
	恒压变量轴向柱塞泵		它的变量机构有控制油口，工作时压力油进入变量活塞上腔，使变量活塞处于最下面位置，此时流量最大。当压力油进入变量活塞下腔，推动变量活塞上升，使液压泵输出流量减小	工作时，当控制油压力大于控制阀弹簧压力时，滑阀移至右端，使控制油进入变量活塞下腔。因而无论流量如何变化，输出压力值始终为恒定值。这种泵可以代替高低压组合泵使用

类型		结构和原理示意图	工作原理	结构特点
柱塞泵	轴配流式径向柱塞泵		工作时配流轴不动，转子转动。配流机构是利用配流轴将转子的内孔分隔为上下两个油室 c 和 d，两油室分别经由配流轴上的轴向孔 a 和 b 与泵的吸、压油口相通	由于定子与转子中心存在一个偏心距 e，当转子转动时柱塞在离心力的作用下柱塞头紧贴定子上，缸孔内密封容积增大，实现吸油。同时当柱塞受定子内表面约束缩回时，实现排油。转子每转一周完成一次吸油和排油过程
螺杆泵			1 根主动螺杆与 2 根从动螺杆相互啮合，3 根螺杆的啮合线把螺旋槽分割成若干个密封容积。当螺杆旋转时，这个密封容积沿轴向移动而实现吸油和排油	利用螺杆槽内容积的移动，产生泵的作用。不能变量，无流量脉动，径向载荷较双螺杆式小、尺寸大、质量大

三、液压泵的技术性能

液压泵的技术性能见表 16-4。

表 16-4 液压泵的技术性能和应用范围

性能参数	齿轮泵			螺杆泵	叶片泵		柱塞泵				
	外啮合	内啮合			单作用	双作用	轴 向			径向轴配流	卧式轴配流
		楔块式	摆线转子式				直轴端面配流	斜轴端面配流	阀配流		
压力范围/MPa	≤25.0	≤30.0	1.6~16.0	2.5~10.0	≤6.3	6.3~32.0	≤10.0	≤40.0	≤70.0	10.0~20.0	≤40.0
排量范围/mL·r⁻¹	0.3~650	0.8~300	2.5~150	25~1500	1~320	0.5~480	0.2~560	0.2~3600	≤420	20~720	1~250
转速范围/r·min⁻¹	300~7000	1500~2000	1000~4500	1000~2300	500~2000	500~4000	600~2200	600~1800	≤1800	700~1800	200~2200
最大功率/kW	120	350	120	390	30	320	730	2660	750	250	260
容积效率/%	70~95	≤96	80~90	70~95	85~92	80~94	88~93	88~93	90~95	80~90	90~95
总效率/%	63~87	≤90	65~80	70~85	64~81	65~82	81~88	81~88	83~88	81~83	83~88
功率质量比（kW/kg）	中	大	中	小	小	中	大	大	大	中	中
最高自吸能力/kPa	50	40	40	63.5	33.5	33.5	16.5	16.5	16.5	16.5	16.5
流量脉动/%	11~27	1~3	≤3	<1	≤1	≤1	1~5	1~5	<14	<2	≤14
噪声	中	小	小	小	中	中	大	大	大	中	中
污染敏感度	小	中	中	小	中	中	大	中、大	小	中	小
变量能力	不 能				能		好				
价格	最低	中	低	高	中	中低	高	高	高	高	高
应用范围	机床、工程机械、农业机械、航空、船舶、一般机械			精密机床、精密机械等	机床、注塑机、液压机、起重运输机械、工程机械		工程机械、锻压机械、运输机械、矿山机械、冶金机械、船舶、飞机等				

第十七章　阀　　站

第一节　阀站的组成

在液压传动中，用液压阀控制或调节液体的压力、流量和液体流动的方向，使执行元件达到预定的运动。按液压阀的功能，可分为压力控制阀、流量控制阀和方向控制阀三种类型。

全液压电弧炉的运动部件基本上都是由液压系统控制的。为此，每一部分都有其相应的控制阀组。阀站的控制阀组常见有集成式布置（见图 17 - 1）和分块式（见图 17 - 2）布置两种安装方式，也有两者兼有的布置方式。分块布置方式经常应用在中、高压系统中，油孔通径相对较小一些，在液压介质使用水-乙二醇时，通常选用滑阀。分块布置方式出现故障时容易查找，但所占空间较大，管路较长，泄漏点也较多。集成式布置方式经常采用插装阀，比较适用于对于大流量的回路，所需传动液体量较大而多采用高水基传动液作为工作介质（如乳化液的工作介质）。其优点是所占空间较小，管路较短，泄漏点也较少，但出现故障时不易查找。

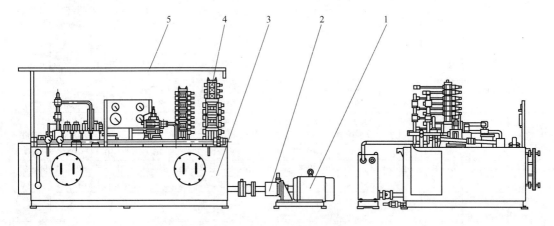

图 17 - 1　控制阀组集成式布置阀站

1—电动机；2—液压泵；3—油箱；4—集成阀块；5—电缆支架

由于电弧炉的结构形式有很多种，各种形式的电炉液压系统组成虽然大体上相同，但由于电炉机械结构上存在着差别，其液压系统在具体结构形式上是有区别的。从整体上来说，除了压力控制阀块是必需之外，控制阀组基本上分为炉体控制阀组、倾动机构控制阀组、炉盖提升旋转控制阀组、电极升降控制阀组和辅助控制阀组。

以某厂 80t 顶加料式电弧炉为例，简述电弧炉液压系统采用分块式布置阀站的组成与各部分功能，其结构示意图如图 17 - 2(a) 和 (b) 所示。

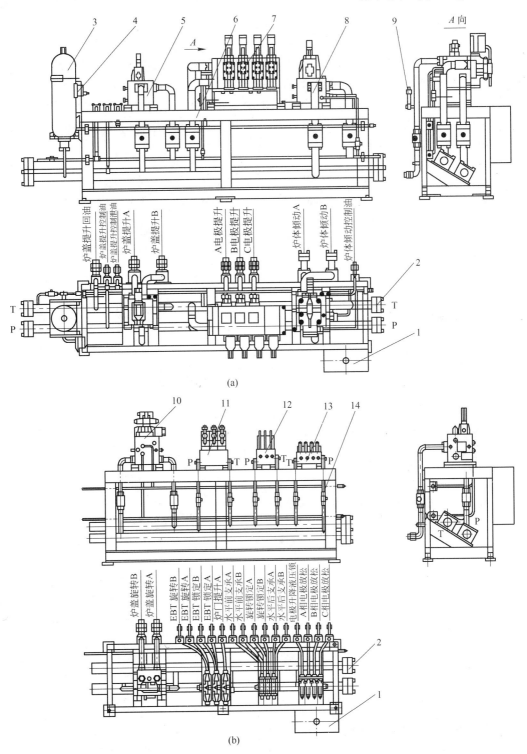

图 17-2　分块式布置阀站装配示意图

1—端子箱；2—管路装配；3—囊式蓄能器；4—耐震压力表；5—炉盖提升阀组装配；6—支架；
7—电极升降阀组装配；8—炉体倾动阀组装配；9—压力传感器；10—炉盖旋转阀组件；
11—EBT 控制阀组件；12—旋转锁定与摇架水平支承阀组件；13—电极放松阀组件；14—阀件与附件

一、各阀组公用通道与控制元件

如图 17-3 所示，从泵站输入的压力油通过公用部分的公共通道 P 分别与电炉各个部分的控制阀组相连接。同样每个阀组的回油和泄油，通过公共回油通道 T 和泄油通道 L 流回到油箱。在公共压力进油通道中，统一设有公共用的测压点接头 G1、连接软管 G2、耐震压力表 G3、皮囊蓄能器 G4 和 S 形单向阀 G5，用来检测液压管道压力、控制液流流向和向阀组提供可靠的换向压力。

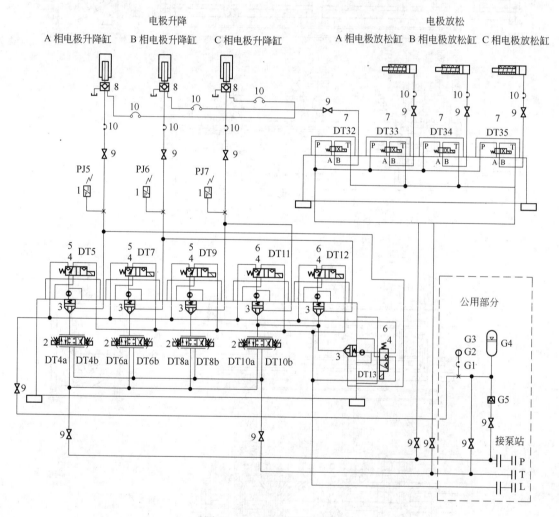

图 17-3 电极升降控制阀组

二、电极升降机构控制阀组

（一）电极升降缸控制阀组

电极升降采用柱塞式液压缸。电极升降控制阀组如图 17-3 所示。电极升降采用了 4 台比例方向阀 2（3 台工作，1 台在线备用），分别对三相电极升降进行单独自动控制及手动控制，当一相出现故障，备用相手动投入使用。在电极升降缸的下部装有液控单向阀8，保证电极升降控制在失去动力源情况下的具有自锁功能。每相电极升降控制回路还配有压力传感器1，当电极遇到不导电的物体时系统压力突然下降，压力传感器及时发出信号使电极自动上抬，以防电极折断。

（二）电极放松缸控制阀组

电极夹紧松放采用弹簧夹紧，液压放松式液压缸。电极放松控制采用二位四通电磁换向阀7控制，结构简单、动作可靠。

（三）电极升降与电极放松控制阀组用液压元件

电极升降与电极放松控制阀组用液压元件见表17-1。

表17-1 电极升降与电极放松控制阀组用液压元件表

液压元件名称	压力传感器	比例方向阀	方向插件	方向盖板	电磁换向阀
代 号	1	2	3	4	5
液压元件名称	电磁换向阀	电磁换向阀	液控单向阀	球 阀	高压胶管
代 号	6	7	8	9	10
液压元件名称	测压点接头	测压软管	耐震压力表	皮囊式蓄能器	S形单向阀
代 号	G1	G2	G3	G4	G5

（四）液压元件动作的控制

1. 电极升降比例阀动作的控制

电极升降比例阀动作的控制见表17-2。

表17-2 电极升降比例阀动作的控制

电极动作相	比例阀1 DT4ab	比例阀2 DT6ab	比例阀3 DT8ab	比例阀4 DT10ab
A相电极自动上升与下降（备用相）	±0~10V			±0~10V
B相电极自动上升与下降（备用相）		±0~10V		±0~10V
C相电极自动上升与下降（备用相）			±0~10V	±0~10V
A相电极手动上升与下降（备用相）	±0~10V			±0~10V
B相电极手动上升与下降（备用相）		±0~10V		±0~10V
C相电极手动上升与下降（备用相）			±0~10V	±0~10V

2. 电极升降电磁阀动作控制

电极升降电磁阀动作的控制见表17-3。

表17-3 电极升降电磁阀动作的控制

电极动作相	电磁阀						
	DT5	DT7	DT9	DT11	DT12	DT13	DT32
A 相电极自动上升与下降（备用相）	+					+	+
B 相电极自动上升与下降（备用相）		+			+		+
C 相电极自动上升与下降（备用相）			+	+			+
A 相电极手动上升与下降（备用相）	+					+	+
B 相电极手动上升与下降（备用相）		+			+		+
C 相电极手动上升与下降（备用相）			+	+			+

3. 电极放松电磁阀及压力传感器动作控制

电极放松电磁阀及压力传感器动作控制见表17-4。

表17-4 电极放松电磁阀及压力传感器动作控制

电极动作相	电磁阀			压力传感器			备注
	DT33	DT34	DT35	PJ5	PJ6	PJ7	
A 相电极松开	+						
B 相电极松开		+					
C 相电极松开			+				
A 相电极压力传感器				+			4~20mA
B 相电极压力传感器					+		4~20mA
C 相电极压力传感器						+	4~20mA

三、炉盖提升旋转控制阀组

炉盖提升旋转控制阀组是顶装料电弧炉特有的一组阀块。其作用是将炉盖提升后旋开，以便于加废钢及其他炉料或兑入铁水的操作，如图17-4所示。

（一）炉盖升降缸控制阀组

炉盖升降采用插装阀控制，选用比例方向阀3使炉盖提升速度可调，同时装有液控单向阀7使炉盖提升时可停留在任意位置并具有自锁功能。当炉盖采用链条提升时，一般采用2个提升液压缸，通过链轮同步轴实现2个提升液压缸同步提升炉盖运动；而当炉盖提升采用液压缸顶起时，则只需一个液压缸即可完成炉盖的升降动作。

（二）炉盖旋转缸控制阀组

炉盖旋转采用比例方向阀9，使炉盖在旋转过程中实现慢速启动—快速运行—慢速停止，以减小炉盖旋转启、制动过程中的冲击、震动，以避免由此造成的电极折断，从而也避免了由于电极折断所造成的热停工。

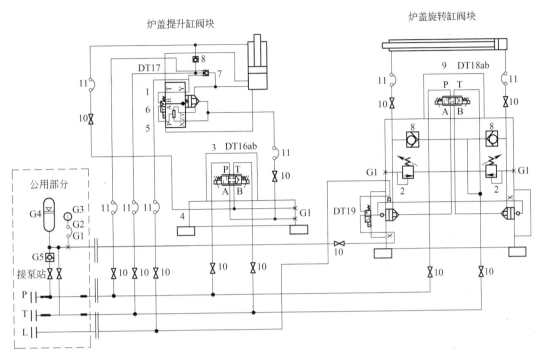

图 17 - 4　炉盖提升旋转阀组

（三）炉盖提升与旋转控制阀组用液压元件

炉盖提升与旋转控制阀组用液压元件见表 17 - 5。

表 17 - 5　炉盖提升与旋转控制阀组用液压元件

液压元件名称	电磁换向阀	直动溢流阀	比例方向阀	方向盖板	方向插件	方向盖板
代　号	1	2	3	4	5	6
液压元件名称	液控单向阀	单向阀	比例方向阀	球　阀	高压胶管	
代　号	7	8	9	10	11	

（四）炉盖提升旋转液压元件动作控制

电弧炉炉盖提升旋转控制阀动作控制见表 17 - 6。

表 17 - 6　电弧炉炉盖提升旋转控制阀动作控制

炉盖动作	比例阀 6	比例阀 7	电　磁　阀	
	DT16ab	DT18ab	DT17	DT19
炉盖下降	0 ~ 10V		+	
炉盖上升	0 ~ -10V		+	
炉盖旋开		0 ~ 10V		+
炉盖旋回		0 ~ -10V		+

四、倾炉液压缸控制阀组

电弧炉倾炉控制阀组如图17-5所示。炉体倾动控制采用了比例方向阀2，以满足出钢后快速回倾的要求，同时采用插装阀3、4作为液压锁，使电炉出钢和扒渣倾炉能够停留在任意位置，并能保证倾动控制具有在失去动力源情况下的自锁功能。炉体倾动有2个液压缸，由于电炉摇架是一个整体刚性结构，而且质量很大，因此可以实现2个液压缸刚性同步运动要求。

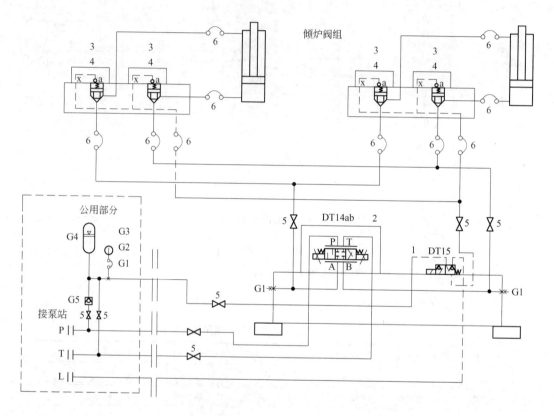

图17-5 倾炉控制阀组

（一）倾炉控制阀组用液压元件

倾炉控制阀组用液压元件见表17-7。

表17-7 倾炉控制阀组用液压元件

液压元件名称	电磁换向阀	比例方向阀	方向插件	方向盖板	球阀	高压胶管
代　号	1	2	3	4	5	6

（二）倾炉液压元件动作控制

倾炉液压元件动作控制见表17-8。

表 17 −8 倾炉液压元件动作控制

动 作 项 目	比例阀 6	电 磁 阀
	DT14ab	DT15
出钢倾炉	0 ∼ 10V	+
出渣倾炉	0 ∼ −10V	+
出钢后快速回倾	0 ∼ −10V	+

五、炉体部分控制阀组

电弧炉炉体部分控制阀组如图 17 −6 所示。

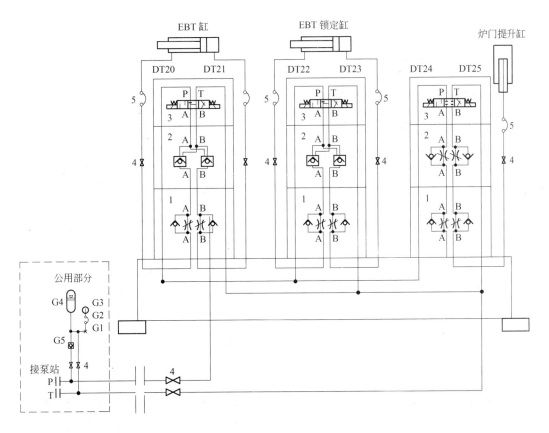

图 17 −6 炉体部分控制阀组

（一）炉门升降液压缸控制

炉门升降采用普通滑阀控制，采用叠加式单向节流阀 1 实现速度可调，利用液控单向阀 2 可使炉门停留在任意位置，采用电磁换向阀 3 实现炉门打开和关闭的操作。

（二）出钢口开闭液压缸控制

出钢口开闭控制是在出钢时能及时打开出钢口使钢液从出钢口自动流出，出钢后关闭出钢口。出钢口的开闭采用普通滑阀控制，即可实现出钢口的打开和关闭的操作。

（三）出钢口开闭锁定液压缸控制

出钢口开闭锁定是防止误操作时出钢口被打开，因跑钢而发生设备损坏或人身伤亡事故而设立。

（四）炉体控制阀组用液压元件

炉体控制阀组用液压元件见表 17－9。

表 17－9　炉体控制阀组用液压元件

液压元件名称	叠加式单向节流阀	叠加式液控单向阀	电磁换向阀	球　阀	高压胶管
代　号	1	2	3	4	5

（五）炉体液压元件动作控制

炉体液压元件动作控制见表 17－10。

表 17－10　炉体液压元件动作控制

动作项目	电磁阀					
	DT20	DT21	DT22	DT23	DT24	DT25
EBT 关闭	+					
EBT 开启		+				
EBT 锁定关闭			+			
EBT 锁定开启				+		
炉门下降					+	
炉门上升						+

六、辅助动作液压缸控制阀组

电弧炉其他部分控制阀组如图 17－7 所示。电炉在冶炼时，倾动平台要求处于水平状态，为此，一般在倾动平台的下面设置倾动平台的水平前、后支承液压缸。在电炉做倾炉操作前先把水平支承撤掉，然后才允许做倾炉操作。在电炉冶炼和倾炉操作时是不允许电炉做炉盖提升与旋转操作的，为此需要设立炉盖旋转锁定装置，只有在电炉做炉盖提升旋转动作时，才能将旋转锁定解除。电炉水平支承缸与旋转锁定缸的控制均采用滑阀控制，并根据动作要求进行控制。

（一）辅助控制阀组用液压元件

辅助控制阀组用液压元件见表 17－11。

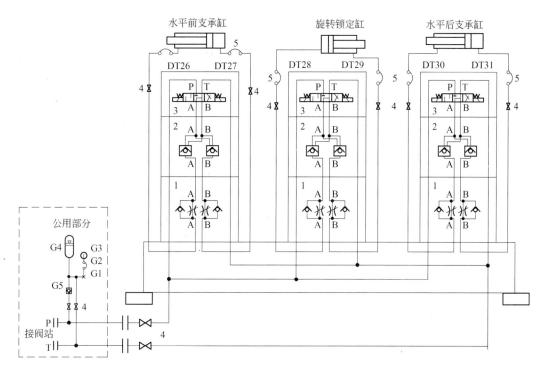

图 17－7　辅助部分控制阀组

表 17－11　辅助控制阀组用液压元件

液压元件名称	叠加式单向节流阀	叠加式液控单向阀	电磁换向阀	球　阀	高压胶管
代　号	1	2	3	4	5

（二）辅助液压元件动作控制

辅助液压元件动作控制见表 17－12。

表 17－12　辅助液压元件动作控制

动作项目	电　磁　阀					
	DT26	DT27	DT28	DT29	DT30	DT31
水平前支承解锁	+					
水平前支承锁定		+				
旋转锁定			+			
旋转解锁				+		
水平后支承解锁					+	
水平后支承锁定						+

第二节　压力控制阀

在液压传动中，液体压力的建立和压力大小是由外载荷决定的。若液体压力大小不能控制，则液压系统就不能正常工作。压力控制阀就是用于控制液压系统中液体压力的范围，通过压力控制阀的调整，使液压系统的工作压力控制在人为设定的范围之内。在液压系统中，各种不同工作机构的支油路的工作压力，也可以用压力控制阀来设定不同压力等级范围。

常见的压力控制阀分为溢流阀、减压阀、顺序阀、压力继电器等几类。

一、溢流阀

溢流阀的作用是限制所在油路的液体压力。当液体压力超过溢流阀的调定值时，溢流阀口会自动开启，使油液溢流回油箱。

（一）溢流阀的结构、工作原理及符号表示

1. 直动式溢流阀

图 17-8 所示为直动式溢流阀的结构与图形符号。图中 P 是进油口，O 是回油口。这种阀是利用进油口的液压力与弹簧力相平衡来进行压力控制的。当压力油从进油口 P 进入阀体内时，流经阀心中间的小孔 C 进入阀心底部，当作用于阀心底部端面的液压力较小时，阀心在弹簧预紧力作用下处于下端位置，油口 P 与 O 相通，油液经油口 O 溢回油箱，使油口 P 压力稳定在溢流阀的调定值。弹簧预紧力由螺母调定。

2. 先导式溢流阀

图 17-9 所示为先导式溢流阀结构与符号。图中阀心 5 为主阀阀心，锥形阀心 3 为先导阀阀心。这种阀工作原理是利用主阀阀心上、下两端的压力差与弹簧相平衡来进行压力

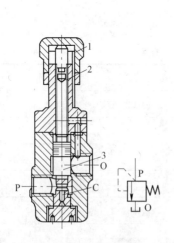

图 17-8　直动式溢流阀的结构与图形符号

1—螺母；2—弹簧；3—阀心

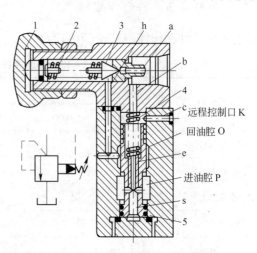

图 17-9　先导式溢流阀结构与符号

1—螺母；2，4—弹簧；3—锥形阀心；5—阀心

控制。当压力油从进油腔 P 进入时，油液经主阀小孔 s 流入主阀下端，同时经阻尼小孔 e 进入阀心上腔，再流入孔 b 和 a 作用于先导阀的锥形阀心右端，当液体压力不能克服先导阀弹簧时，主阀阀心上、下两端压力相等，进油腔 P 和回油腔 O 不通，溢流口处于关闭状态。当液体压力升高克服先导阀的弹簧力时，会顶开锥形阀心，主阀阀心的上、下端存在压力差，此时主阀阀心被顶起，使得进油腔 P 与回油腔 O 相通，实现溢流。先导式溢流阀中，先导阀负责调整压力（弹簧预紧力），主阀负责溢流。

图 17 - 9 中远程控制口 K 与主阀上腔和先导锥阀下腔相通。当该孔与远程调压阀（其结构与先导阀相同）接通时，可实现液压系统的远程调节，当该孔与油箱接通时，可实现系统卸荷。

3. YF 型高压溢流阀

图 17 - 10（a）所示为 YF 型高压溢流阀的结构，其工作压力可达 31.5 ~ 35MPa，流量达 1200L/min。

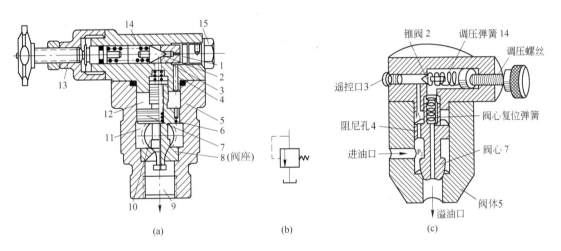

图 17 - 10　YF 型高压溢流阀
（a）结构图；（b）图形符号；（c）立体图

此溢流阀同样由两部分组成：一部分是由阻尼孔 6 和阀心 7 组成的主阀部分；另一部分是由锥阀 2 及弹簧 14 组成的压力调节部分。当高压油从进油口 10 流入油腔 1 的压力超过弹簧 14 的预调压力时，油腔 11 经阻尼孔 6、油腔 12 进入油腔 1 的高压油将锥阀 2 顶开，油液经阀心 7 中心孔流出，油腔 11 和 12 之间由于阻尼孔 6 的作用产生压力差，阀心 7 上移，将进油腔 11 和回油腔 9 沟通，主阀开始溢流。若将堵头 15 取下，使它与远程调压阀连接，则可进行远程调压，但必须注意，此时应把调压弹簧 14 调到最紧状态。遥控口如果与油箱连接，此时油泵处于卸荷状态，即油泵处于空载运转。从工作原理上看，高压溢流阀与中压溢流阀（即 Y_1 型溢流阀）是相同的。但高压溢流阀在强度和密封方面比 Y_1 型溢流阀要求更高，在材料、结构、工艺和性能上与 Y_1 型溢流阀有所不同。图 17 - 10（b）所示为溢流阀的职能符号。图 17 - 10（c）所示为其立体图。

（二）电磁溢流阀

YF 型电磁溢流阀（也称电控卸荷溢流阀）是由电磁阀和溢流阀组合而成，用于液压系统的卸荷。结构装配如图 17 – 11（a）所示，原理图如图 17 – 11（b）所示。

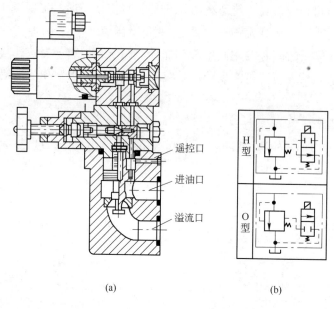

（a）　　　　　　　　　　　　（b）

图 17 – 11　YF 型电磁溢流阀

（a）结构装配图；（b）原理简图

电磁溢流阀根据用途不同可分为 H 型（常开式）和 O 型（常闭式）两种。根据溢流口背压的不同可分为内泄式和外泄式。另外阀用电磁铁又可分为交流 220V、380V 以及直流 24V 等。

对 H 型电磁阀，当电磁铁断电时，电磁阀开启，先导阀不起作用，则溢流阀卸荷。当电磁铁通电时，电磁阀关闭，先导阀起作用，则溢流阀在调压值下工作。将 H 型（常开式）电磁阀阀心调头装配即可构成 O 型（常闭式）电磁阀。这种叠合式电磁溢流阀不仅具有结构紧凑、空间位置小、减少管路连接、装配容易等优点，而且能改善系统和回路的性能，抗震和抗冲击性能强，并能减少管路的振动等现象。

（三）溢流阀的用途

溢流阀的用途主要有：

（1）作为安全阀时阀常闭。当阀前压力小于某一调定值时，阀不溢流。当阀前压力超过极限值时，阀立即打开，油液即流回油箱（或低压回路），因此能防止液压系统过载，保护油泵和系统的安全。

（2）作为溢流阀时阀常开溢流。该阀与节流元件及负载并联，随着工作机构需油量的不同，阀的溢油量时大时小，以调节及平衡进入液压系统中的流量，使液压系统中压力保持恒定。板式中压溢流阀有进、出口各一个，但管式中压溢流阀有两个进油口及一个出油口。管式、板式中压溢流阀都带有一个卸荷口，平时关闭，也只有在关闭状态时才起到溢流的作用。

（3）远程调压。将远程调压阀进油口和溢流阀遥控口连接，在主溢流阀设定压力范围内实现远程调压。

（4）高低压多级控制。用换向阀将溢流阀遥控口和几个远程调压阀连接，能在主溢流阀设定压力范围内实现高压多级控制。

（5）作卸荷阀。用换向阀将溢流阀卸荷口和油箱连接，可使油路卸荷。

（6）在液压元件试验时，溢流阀也可当作节流阀进行加载。在溢流阀图中，P 为进油，O 为回油，L 为卸荷，K 为远程调压，P 为测量压力接口。

（7）低压溢流阀用途与中压溢流阀相同，但由于无卸荷口，故不能用于远程调压与卸荷。

二、减压阀

减压阀的减压口实质上是节流口，但是为了和节流阀的节流口相区别，把它们称做减压口。因此，流经阀的液流在减压口上必然产生压力降，也就是说减压阀的出口压力，永远低于其进口压力。这也是减压阀正常工作的前提。

根据出口压力的性质不同，减压阀分为以下三类：

（1）定差减压阀。此类阀的出口压力和进口压力保持一定的差值。

（2）定比减压阀。此类阀的出口压力和进口压力保持一定比例。

（3）定值输出减压阀。此类减压阀的出口压力基本保持恒定值。

定差和定比减压阀用量很少。定值输出减压阀用量很大。通常，人们把定值输出减压阀称做减压阀。一般提到的减压阀，除去特别声明外，都是指的定值输出减压阀。

（一）减压阀的结构与工作原理

定值输出减压阀是最常用的一种减压阀，它可以使出口压力低于进口压力，并使出口压力基本保持恒定，而不受进口压力变化及通过阀门流量变化的影响。一般不做特别说明的减压阀都属于这一种。减压阀也有直动型和先导型之分，但采用先导型的较多。

图 17-12 所示为先导型减压阀的结构与图形符号。它与溢流阀的结构很相似，所不同的是进出油口与溢流阀相反，阀心形状不同，而且由于减压阀的进出油口都有压力，因此通过先导阀泄漏要从阀的外部单独引回油箱（称为外部泄油），而溢流阀的泄漏是在阀体内部直接与回油通道接通（称为内部泄油）。

减压阀的工作原理如下：高压油（称为一次压力油）从油口 c 进入，低压油（称为二次压力油）从油口 e 引出。低压油口 e 通过沟槽 g 与阀心底部接通，并通过阻尼孔 f 流入阀心的上腔，又通过端盖上的通孔 b 和 a 作用在先导阀锥阀 1 上。当二次压力小于调整压力时，先导阀口关闭，阻尼孔 f 中没有油液流动，主阀心上、下两端的油压相等，这时主阀心在弹簧力的作用下处于最下端位置，节流口 h 全开。当 e 处的二次压力超过调整压力时，低压油经过阻尼孔 f 从先导阀 1 和泄油孔 2 流出，由于存在阻尼，主阀心下端压力大于上端压力，当这个压力差所产生的作用力大于弹簧力时，阀心上移，使节流口 h 关小，从而降低了出油口的二次压力，并使作用在阀心上的油压和弹簧力在新的位置上重新达到

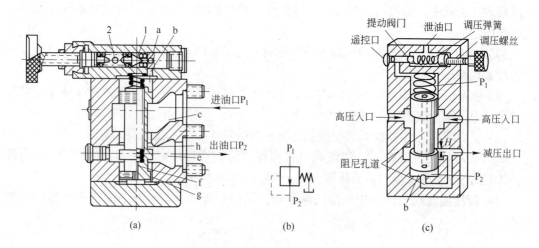

图 17 - 12 先导型减压阀的结构与图形符号

(a) 结构图；(b) 图形符号；(c) 立体图

1—先导阀；2—泄油孔

平衡。因此，当进油口压力或经减压阀的流量变化时，其出口油压仍可维持在调定的压力附近。

（二）减压阀的用途

减压阀的用途有：

（1）减压阀是一种可将高的进口压力（一次压力）降低为所需要的出口压力（二次压力）的压力调节阀。根据不同的要求，减压阀可将油路分成不同的减压回路，以得到各种不同的工作压力。

减压阀的开口缝隙随进口压力变化而自行调节，因此能自动保证出口压力基本恒定，可作为稳定油路压力之用。

将减压阀与节流阀串联在一起，可使节流阀前后压力差不随负载变化而变化。

管式减压阀有一个进口，两个出口；板式减压阀有进、出口各一个。减压阀的职能符号如图 17 - 13 所示。P_1 为进口，P_2 为出口，L 为泄油口（L 应单独接回油箱）。管式减压阀开有远程调压管口（以 K 表示）。

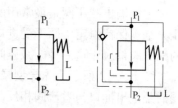

图 17 - 13 减压阀的职能符号

（2）单向减压阀由单向阀和减压阀并联组成，其作用与减压阀相同。液流正向通过时，单向阀关闭，减压阀工作。液流反向时，液流经单向阀通过，减压阀不工作。

三、顺序阀

顺序阀是利用系统压力变化的信号来控制油路的通断，从而可以使两个被控执行元件自动地按先后顺序动作。为了防止液动机的运动部分因自重下滑，有时采用顺序阀使回油保持一定的阻力，这时顺序阀称做平衡阀。当系统压力超过调定值时，顺序阀还可以使液压泵卸荷，这时称做卸荷阀。

（一）顺序阀的结构与工作原理

顺序阀的结构原理如图 17 - 14 所示，它也由阀心、阀体、调压弹簧等组成。和溢流阀不同的是，顺序阀的出油口 P_2 输出的油液不是回油箱，而是推动下一个液压缸 Ⅱ 实现与液压缸 Ⅰ 的顺序动作。因此，通过阀心间隙泄漏到弹簧腔的油液必须通过单独的泄油孔 L 回油箱。液压泵 1 输出的油液一路通往液压缸 Ⅰ，另一路通往顺序阀进油口 P_1。当液压泵出油口压力低于顺序阀的调定压力时，作用于顺序阀阀心底部向上的液压力小于弹簧力，阀心被压向下端，顺序阀口关闭，出油口 P_2 没有压力油输出，此时液压泵输出的油液全部进入液压缸 Ⅰ 的左腔推动活塞 Ⅰ 右行。液压缸的活塞运动到极限位置停止后，液压泵继续供油，系统压力升高，当系统压力高于顺序阀调定压力时，滑阀阀心下端的液压力大于弹簧力，使阀心上移，出油口 P_2 打开，压力油即进入液压缸 Ⅱ 左腔推动活塞 Ⅱ 右行。由此可见，由于液压缸 Ⅰ 和液压缸 Ⅱ 之间串联了顺序阀 3，利用压力变化作为信号实现了两者的顺序动作。在这个系统中，为了保证液压缸 Ⅰ 和液压缸 Ⅱ 的动作程序可靠，防止因压力冲击产生误动作，顺序阀 3 的调定压力要高于液压缸 Ⅰ 的最大工作压力 0.5 ~ 0.8MPa，溢流阀 2 的调定压力要能保证液压缸 Ⅱ 最大载荷的需要。

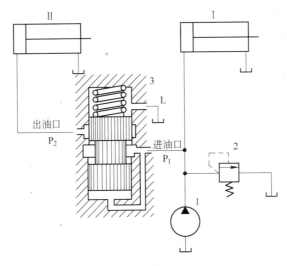

图 17 - 14　顺序阀的结构原理
1—液压泵；2—溢流阀；3—顺序阀

（二）中低压顺序阀

1. 直动顺序阀

图 17 - 15 所示为直动式顺序阀结构和符号。工作原理是：压力油从进油口 P_1 通过阀心的小孔流入其底部。如液压力大于弹簧预紧力时，阀心上移，进、出油口 P_1、P_2 相通，压力油从出油口 P_2 输出，操纵另一级执行元件的动作，同时弹簧腔内的油液可从泄油口 L 流入油箱。如进油口 P_1 的液压力低于弹簧预紧力时，阀心处于最下端，进出油口不通。

2. 先导式顺序阀

图 17 – 16 所示为先导式顺序阀结构及符号。它的结构与先导式溢流阀的结构基本相同。但先导式顺序阀采用单独的泄油口 L。它的工作原理是：当进油口通入压力油，其液压力超过弹簧力，使进出油口相通，操纵另一级执行元件。

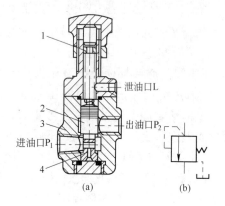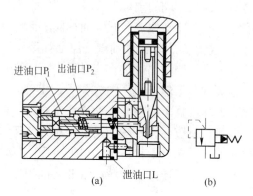

图 17 – 15　直动式顺序阀结构和符号

（a）结构图；（b）图形符号

1—弹簧；2—阀心；3—阀体；4—小孔

图 17 – 16　先导式顺序阀结构及符号

（a）结构图；（b）图形符号

（三）高压顺序阀

图 17 – 17（a）所示为直动式内控高压顺序阀。阀的进口油压较高（可达 32MPa），为避免弹簧 1 设计得过于粗硬，所以不使控制油与阀心 2 直接接触，而是使它作用在阀心下端处直径较小的控制活塞 4 上，以减小油压对阀心 2 的作用力。该阀的工作原理为：当进口油压低于调压弹簧的调定值时，控制活塞 4 下端的油压作用力小于弹簧 1 对阀心 2 的作用力，阀心处于图示的最低位置，阀口封闭。当进口油压超过弹簧的调定值时，活塞才有足够的力量克服弹簧的作用力将阀心顶起，使阀口打开，进出油口在阀内形成通道，此时油液经出油口流出。

图 17 – 17（c）所示为先导式内控高压顺序阀的结构。其工作原理与图 17 – 16 所示的相同。图示位置控制油来自阀的内部。若如图 17 – 17（b）所示将底盖旋转 90°安装即可成为外控式，即顺序阀的进油口 P_1 的通和断不由其进油口的油压控制，而是由单独的外部油源来控制，外控式顺序阀也称做液控顺序阀，其图形符号如图 17 – 17（d）所示。如图 17 – 17（a）所示，也可将底盖旋转 90°安装，改为液控顺序阀。同理，中低压顺序阀中也有专用的液控顺序阀。先导式顺序阀因采用了先导阀，所以启闭特性好，且扩大了顺序阀的压力范围，使其工作压力可达 31.5MPa。该结构的最大问题是外泄漏量过大，严重时可达 $1.7 \times 10^{-4} \, \mathrm{m^3/s}$ 以上。故在小流量液压系统中不宜采用此种结构。

当把外控式顺序阀的出油口接通油箱，且外泄改内泄后，即可构成所谓卸荷阀，其图形符号如图 17 – 17（e）所示。当压力油从 P_1 流入，从 P_2 流出时，单向阀关闭，顺序阀工作。当油液反向由 P_2 流入，从 P_1 流出时，单向阀开启，顺序阀关闭。单向顺序阀也有内、外控之分。当将出油口接通油箱，且外泄改内泄后，单向顺序阀即可作平衡阀使用。

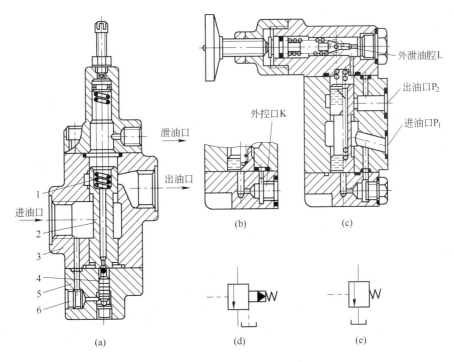

图 17－17　高压顺序阀

(a) 直动式内控；(b) 先导式外控；(c) 先导式内控；(d) 液控顺序阀符号；(e) 卸荷阀符号

1—弹簧；2—阀心；3—阀体；4—活塞；5—阀座；6—螺堵

（四）中低压顺序阀的用途

顺序阀直接利用进口油路本身的压力来控制液压系统中两个执行元件动作的先后顺序，以实现油路系统的自动控制。

当进口油路的压力未达到顺序阀所预调压力之前，此阀关闭；当超过顺序阀所预调压力之后，此阀开启，油流自出口进入二次压力油路，使下一级液压元件动作。如将出口压力油路通回到油箱，则作卸荷阀用。

单向顺序阀由单向阀和顺序阀并联组成，其作用与顺序阀相同。当液流正向通过时，单向阀关闭，顺序阀工作，当液流反向时，液流经过单向阀而顺序阀不工作。

此阀可用以防止垂直机构因其本身重力而自行下沉，使油缸下腔保持一定的压力，起到平衡锤的作用，故又称为平衡阀。此时应将油缸下腔中的压力油接入此阀的进油口。液动顺序阀是由外来液流压力信号控制开启的顺序阀。当控制压力未达到液动顺序阀所预调压力之前，此阀关闭。当超过顺序阀所预调压力之后，此阀开启，起到顺序阀的作用，用途与顺序阀相同。

液动单向顺序阀由单向阀和液动顺序阀并联组成，其作用与顺序阀相同。当液流正向通过时，单向阀关闭，顺序阀工作；当液流反向时，液流经过单向阀而顺序阀不工作。

单向顺序阀中 P_1 为进口，P_2 为出口，K 为控制油进口，L 为泄油口（L 应单独接回油箱）。

四、压力继电器

（一）压力继电器的工作原理

压力继电器是利用液体压力来启闭电气触点的液电信号转换元件。当系统压力达到压力继电器的调定压力时，压力继电器发出信号，控制电气元件（如电动机、电磁铁、电磁离合器、继电器等）的动作，实现泵的加载和卸荷、执行元件的顺序动作、系统的安全保护和连锁等。

压力继电器由两部分组成。第一部分是压力－位移转换器，第二部分是电气微动开关。按压力－位移转换器的结构将压力继电器分类，有柱塞式、弹簧管式、膜片式和波纹管式四种，其中以柱塞式最为常用。若按微动开关将压力继电器分类，有单触点式和双触点式，其中以单触点式应用最多。

柱塞式压力继电器的工作原理如图17－18所示。当系统的压力达到压力继电器的调定压力时，作用于柱塞1上的液压力克服弹簧力，顶杆2上移，使微动开关4的触头闭合，发出相应的电信号。调节螺帽3可调节弹簧的预压缩量，从而可改变压力继电器的调定压力。

此种柱塞式压力继电器适用于高压系统。因位移较大，反应较慢，不宜用在低压系统。

膜片式压力继电器的原理如图17－19所示。

控制口K和系统相连。当系统压力达到压力继电器的调定压力时，承压的膜片11变形，柱塞10上升，心杆4上升。心杆4的突肩和套筒3之间的轴向间隙就是膜片11最大的位移，此位移量很小。

柱塞10上升时利用其锥面，一方面通过钢球7压缩弹簧9，另一方面通过钢球6推动杠杆13，使其绕销轴12做反时针方向转动。杠杆13压下微动开关14的触头，发出电信号。

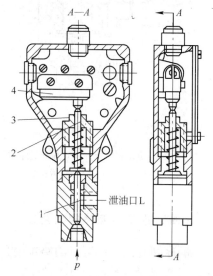

图17－18 柱塞式压力继电器
1—柱塞；2—顶杆；3—调节螺帽；
4—微动开关

调节螺钉1可改变弹簧2的预压缩量，从而可以改变压力继电器的调定压力。

当油口K的压力下降到一定数值时，弹簧2和9通过钢球5和7将柱塞10压下，同时钢球6进入柱塞10的锥面槽内，微动开关的触头复位，并将杠杆13推回原位，电路断开。弹簧9的弹簧力作用在柱塞10向上的锥面上，其轴向分力使柱塞下行，其径向分力使柱塞贴紧柱塞孔的内壁，从而使柱塞运动时产生摩擦力。摩擦力的方向永远和柱塞的运动方向相反。柱塞上行时，压力油除要克服弹簧2的弹簧力外，还要克服摩擦力。柱塞下行时，弹簧力要克服油压力和摩擦力。所以，开启微动开关的压力小于闭合微动开关的压力。调节螺钉8，可以改变弹簧9的预压缩量，从而可以改变微动开关闭合力和开启压力的差值。

膜片式压力继电器的位移很小，反应快，重复精度高，但易受压力波动影响，不能用

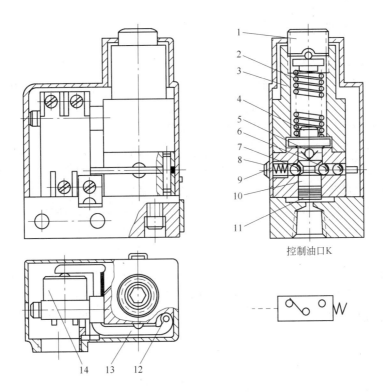

控制油口K

图 17 - 19 膜片式压力继电器
1, 8—调节螺钉；2, 9—弹簧；3—套筒；4—心杆；5, 6, 7—钢球；
10—柱塞；11—膜片；12—销轴；13—杠杆；14—微动开关

于高压，只能用于低压。

（二）对压力继电器的性能要求

对压力继电器的性能要求有：

（1）调压范围。压力继电器能够发出电信号的最低工作压力和最高工作压力的差称为调压范围。

（2）灵敏度。系统压力升高时，压力继电器能发出电信号的压力称为闭合压力。系统压力降低时，压力继电器能切断电信号的压力称为开启压力。闭合压力与开启压力之差称为压力继电器的灵敏度，差值越小，则灵敏度越高。

（3）通断调节区。为避免系统压力波动时，压力继电器时通时断，要求闭合压力和开启压力必须保持一定的差值。若此差值是可调的，则把这个差值的调节范围称为通断调节区间。

（4）重复精度。在一定的调定压力下，多次升压（或降压）过程中闭合（或开启）压力本身的差值越小说明闭合（或开启）压力的重复精度越高。

（5）升压（或降压）动作时间。压力继电器从卸荷（调定）压力升（降）至调定（卸荷）压力，微动开关发出（切断）电信号的时间，称为升压（或降压）时间。当然希望这个时间短些为好。

（三）压力继电器的应用

压力继电器的应用主要有：

（1）构成卸荷回路。例如系统达到压力继电器的调定压力时，压力继电器发出信号控制二位二通阀的电磁铁，使二位二通阀处于通路状态。二位二通阀使溢流阀的远程控制口通油箱，则泵卸荷。

（2）构成保压回路。系统压力达到压力继电器的调定压力时，压力继电器发出信号，使泵停机，此时靠蓄能器使系统保压。当系统压力低到一定程度时，压力继电器使泵重新启动，一方面向系统提供压力油，一方面使蓄能器充压。

（3）构成顺序回路。第一个液压缸运动到位后压力继续升高，当达到压力继电器的调定压力时，压力继电器发出电信号控制第二个液压缸的电磁换向阀，使第二个液压缸动作。这样，就保证了两个液压缸的顺序动作。

（4）由压力继电器发出指示信号、报警信号或利用压力继电器发出的电信号使两个电路连锁，从而使两个油路连锁而实现两个机械动作的连锁。也可利用压力继电器发出的电信号使电路接通或切断，从而构成油路的沟通或断路，进而对系统起到保护作用。

第三节　流量控制阀

流量控制阀在液压系统中可控制执行元件的输入、输出流量的大小，从而控制执行元件的运动速度快慢。流量控制阀主要有节流阀和调速阀等。

节流阀是利用阀心与阀口之间缝隙的大小来控制流量的。缝隙越小，节流处的过流面积越小，通过的流量也就越小，其速度就越慢。反之，缝隙越大，通过的流量越大，速度越快。

一、L 型节流阀

L 型节流阀的结构如图 17 - 20（a）所示，油液从进油口进入，经孔道和阀心 1 左端的节流沟槽进入孔 a，再从出油口流出。调节流量时可以转动手柄 3，利用推杆 2 使阀心做轴向移动；弹簧 4 的作用是使阀心始终向右压紧在推杆上改变节流口的大小，可调节通往液压缸 Ⅲ 的流量以实现调速的要求。定量泵排出的多余油液则通过溢流阀 Ⅱ 分流，同时，溢流阀可对泵的出口进行调压。图 17 - 20（b）所示为节流阀的符号。

L 型节流阀属中低压系列，负载变化小时，流量稳定，可实现低速稳定进给。

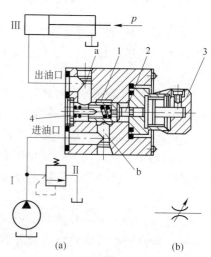

(a)　　　　　　　　(b)

图 17 - 20　L 型节流阀的结构（a）
及节流阀符号（b）

1—阀心；2—推杆；3—手柄；4—弹簧

二、高压节流阀

图 17-21 所示为高压筒式节流阀的结构图。该阀阀心 3 的锥台上开有三角形槽。转动调节手轮 1，阀心 3 产生轴向位移，节流口的开量即发生变化。阀心越上移开口量就越大。这种节流阀进油腔压力油直接作用在阀心下端承压面积上，所以在油液压力较高时，手轮的调节就很困难。当需要在高压下使用节流阀时，可采用图 17-22 所示的 LFS 型节流阀。这种节流阀可以通过阀心上的中间通道使进油腔压力油同时作用在阀心上下端承压面积上，使阀心两端液压力平衡。所以，此阀即使在高压下工作，也能轻便地调节开口度。

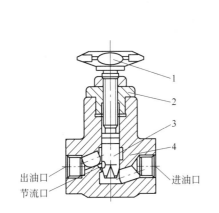

图 17-21 高压筒式节流阀的结构

1—调节手轮；2—螺盖；3—阀心；
4—阀体

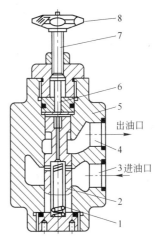

图 17-22 LFS 型节流阀

1—弹簧；2—阀心；3—进油口；4—出油口；5—阀体；
6—顶杆；7—调节螺钉；8—调节手轮

三、调速阀

图 17-23 所示为应用调速阀进行调速的工作原理图。调速阀的进口压力 p_1 由溢流阀调定，油液进入调速阀后先经过减压阀 1 的阀口 h 将压力降至 p_2，然后再经节流阀 2 的阀口使压力由 p_2 降至 p_3。减压阀 1 上端的油腔 b 经孔 a 与节流阀 2 后的油液相通（压力为 p_3）。它的肩部油腔 c 和下端油腔 e 经孔 f 及 d 与节流阀 2 前的油液相通（压力为 p_2），使减压阀 1 上作用的液压力与弹簧力平衡。调速阀的出口压力 p_3 是由负载决定的。当负载发生变化，则 p_3 和调速阀进口压力差（$p_1 - p_3$）随之变化，但节流阀两端压力差（$p_2 - p_3$）却不变。例如负载增加使 p_3 增大，减压阀心弹簧腔液压作用力也增大，阀心下移，减压阀的阀口开大，减压作用减小，使 p_2 有所提高，结果压差（$p_2 - p_3$）保持不变，反之亦然。调速阀通过的流量因此就保持恒定了。

从工作原理图中可知，减压阀心下端总有效作用面积和上端有效作用面积相等，若不考虑阀心运动的摩擦力和阀心本身的自重，阀心受力的平衡方程式为：

$$p_2 A = p_3 A + F_h$$

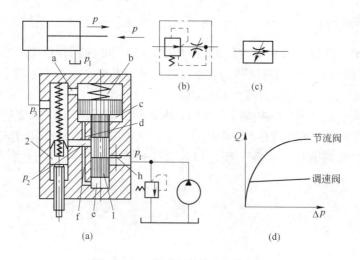

图 17 - 23　调速阀结构和工作原理

（a）结构图；（b）调速阀符号；（c）简化符号；（d）节流阀和调速阀的特性曲线

1—减压阀；2—节流阀

即
$$\Delta p = p_2 - p_3 = F_h/A$$

式中　A——阀心的有效作用面积，m^2；

　　　F_h——弹簧力，N；

　　　p_2——节流阀前的压力，Pa；

　　　p_3——节流阀后的压力，Pa。

因为减压阀上端的弹簧设计得很软，而且在工作的过程中阀心的移动量很小，所以 F_h/A 可以视为常量，因此节流阀前后的压力差 $\Delta p = p_2 - p_3$ 也可视为不变，从而通过调速阀的流量基本上保持定值。

由上述分析可知，不管调速阀进、出压力如何变化，由于定差减压阀的补偿作用，节流阀前后的压力降将基本上维持不变。故通过调速阀的流量基本上不受外界负载的变化的影响。

由图 17 - 23（d）中可以看出节流阀的流量随压力差变化较大，而调速阀在压力差大于一定数值后，流量基本上保持恒定。当压力差很小时，由于减压阀阀心被弹簧压在最下端，不能工作，减压阀的节流口全开，起不到节流作用，故这时调速阀的性能与节流阀相同。所以，调速阀的最低正常工作压力降应保持在 0.4 ~ 0.5MPa 以上。图 17 - 23（b）和（c）均为其图形符号。

四、分流集流阀

分流集流阀是分流阀、集流阀和分流集流阀的总称。

分流阀的作用是使液压系统中的同一个能源向两个执行元件供应相同的流量（等量分流）或按一定比例向两个执行元件供应流量（比例分流），以实现两个执行元件的速度保持同步或一定比例关系。

集流阀的作用则是从两个执行元件收集等流量或按比例的液流量，以实现其间的速度同步或定比例关系，单独完成分流（集流）作用的液压阀称分流（集流）阀，能同时完成上述分流和集流的阀称为分流集流阀。

分流阀的工作原理和与图形符号如图 17 – 24 所示。图中左阀心 2 和右阀心 4 采用挂钩式结构。

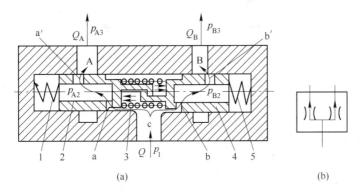

图 17 – 24 分流阀的工作原理（a）和与图形符号（b）
1，5—对中弹簧；2—左阀心；3—中间弹簧；4—右阀心

分流阀的工作原理为：流量为 Q 的液流进入阀的进油口 c 后，分成两路：一路油流经固定节流口 a，可变节流口 a′自出油口 A 到液压缸的工作腔，输出流量为 Q_A；另一路油流经固定节流口 b，可变节流口 b′，出油口 B 到另一液压缸的工作腔，流量为 Q_B。

用分流集流阀的系统采用恒压能源，故阀的进口压力 p_1 基本上是定值。压力 p_1 作用于左阀心 2 的右端和右阀心 4 的左端。经过固定节流孔 a 和 b 后，压力分别降为 p_{A1} 和 p_{B2}。p_{A2} 作用于左阀心 2 的左端面 s；p_{B2} 作用于右阀心 4 的右端面。因 $p_1 > p_{A2}$，$p_1 > p_{B2}$，加上中间弹簧 3 的作用，使互相挂钩的左右两阀心张开，成为一个整体。经过可变节流口 a′和 b′后，压力 p_{A2} 降为 p_{A3}，压力 p_{B2} 降为 p_{B3}。p_{A3} 和 p_{B3} 即阀的出口压力，也即两个液压缸工作腔中的压力。当两个液压缸负载相同时，$p_{A3} = p_{B3}$，阀心在对中弹簧的作用下居于中位，可变节流口 a′和 b′的开口量相等，$p_{A2} = p_{B2}$。固定节流口上的压力差相等，即 $p_1 - p_{A2} = p_1 - p_{B2}$。流过固定节流口的流量因为是串联，并无其他支路，因此就是流过可变节流口的流量，也就是阀出口的流量，即 $Q_A = Q_B$。

分流集流阀的关键是保持固定节流口 a、b 上的压力差相等。只要这个条件成立，分流阀出油口的流量 $Q_A = Q_B$。若通过分流阀带动的两个液压缸的负载不相等时，则分流阀的两个出口压力也不相等。例如，$p_{A3} < p_{B3}$ 时，如果阀心仍停留在中间位置，必然使 $p_{A2} < p_{B2}$，这时连成一体的阀心将向左移动。因此，可变节流孔 a′减小，导致 p_{A2} 上升，可变节流孔 b′略有增加，导致 p_{B2} 下降。直到 p_{B2} 与 p_{A2} 接近相等时，阀心停止运动。由于两固定节流 a = b，因此在 $p_{A2} \approx p_{B2}$ 时，通过它们的流量 $Q_A \approx Q_B$，而不受出口压力 p_{B3} 和 p_{A3} 变化的影响。图 17 – 24（b）所示为分流阀的图形符号。

集流阀的工作原理和图形符号如图 17 – 25 所示。使用集流阀的系统也采用恒压能源。压力恒定的液流分别进入两个缸的工作腔。从缸排出的油分别进入集流阀的进油口 A 和 B，再分别经过两个可变节流口和两个固定节流口，经阀的出油口 c 汇集成一股液流后

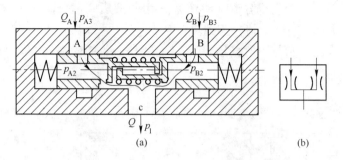

图 17 - 25　集流阀的工作原理（a）和图形符号（b）

排出。

　　从两个液压缸排出的油，压力分别为 p_{A3} 和 p_{B3}，经过两个可变节流口后分别降为 p_{A2} 和 p_{B2}，再经过两固定节流口后，均降为压力 p_1。在集流阀后串接背压阀，以保证 p_1 不会为零。因 p_{A2} 和 p_{B2} 均大于 p_1，所以挂钩脱开，左右阀心互相压紧靠拢。由于有中间弹簧，使左右阀心成为整体。

　　集流阀的工作原理与分流阀相同，只不过油流的方向相反，由两股液流合成一股液流。

　　当 $p_{A3} \neq p_{B3}$ 时，靠阀心的调节作用也可使 $Q_A \approx Q_B$。图 17 - 25（b）所示为集流阀的图形符号。若同时完成分流和集流功能的阀称分流集流阀，其图形符号如图 17 - 26 所示。

图 17 - 26　分流集流阀图形符号

　　该阀因有固定和可变两重节流口，故阀的进出油口之间的压差损失较大，不宜用在低压系统。阀心的轴线只宜处于水平位置，若垂直安放则影响同步精度。分流集流阀在过渡过程中不能保证同步精度，故不宜用在频繁换向的系统。

　　分流集流阀的同步精度约在 2% ~ 5% 范围内。分流集流阀本身和由它组成的液压系统都比较简单，但受温度影响较大。

第四节　方向控制阀

　　方向控制阀的作用是控制油液的通、断和流动方向的一种液压阀。它分为单向阀和换向阀两类。

一、单向阀

（一）普通单向阀

　　普通单向阀的作用是只允许油液流过该阀时单向通过，反向则截止。普通单向阀的阀心有钢球阀心和锥面阀心，钢球阀心仅适用于压力低或流量小的场合。普通单向阀按油口相对位置可分为直通式和直角式两种。图 17 - 27 所示为普通单向阀的简单结构。

　　普通单向阀工作原理是：当压力油从进油口 P_1 流入时，液压推力克服弹簧力的作用，顶开钢球或锥面阀心，油液从出油口 P_2 流出构成通路。当从出油口 P_2 进入时，在弹簧和

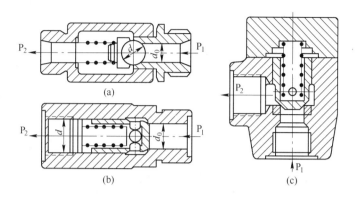

图 17 - 27 普通单向阀的简单结构
（a）球阀式；（b）锥阀式（直通式）；（c）锥阀式（直角式）

液体压力的作用下，钢球或锥面阀心压紧在阀座孔上，油口 P_1 和 P_2 被阀心隔开，油液不能通过。由于锥面阀心密封性好，使用寿命长，在高压和大流量时工作可靠，因此得到广泛应用。

（二）液控单向阀

液控单向阀比普通单向阀多一个可控反向接通功能。图 17 - 28 所示为液控单向阀结构与图形符号。图中的控制活塞用于控制反向接通时顶开单向阀锥面阀心。液控单向阀工作原理是当控制油口 K 不流入控制油液时，液控单向阀的作用与普通单向阀相同。如果控制油口 K 输入压力油液时，则可推动控制活塞，通过顶杆顶开单向阀锥面阀心，使油口 P_1 和 P_2 连通，油液既可从 P_2 流入 P_1，也可以从 P_1 流入 P_2。控制油口 K 的接入油压最小为主油路压力的30%。

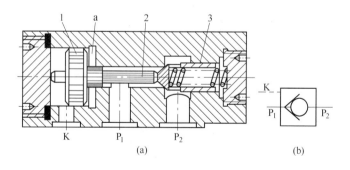

图 17 - 28 液控单向阀结构（a）与图形符号（b）
1—控制活塞；2—顶杆；3—单向阀

（三）双向液压锁

由于单向阀具有很好的密封性，因此液控单向阀还广泛应用于保压、锁紧和平衡回路中，另外，将两个液控单向阀分别接在执行元件两腔的进油路上，连接方式如图 17 - 29

（a）所示，可将执行元件锁紧在任意位置上。这样连接的液控单向阀称做双向液压锁，其结构原理如图 17-29（b）所示。不难看出，当一个油腔正向进油时（A→A′），由于控制活塞 2 的作用，另一个油腔就反向出油（B′→B），反之亦然。当 A、B 两腔都没有压力油时，两个带卸荷阀的单向阀靠锥面的密封将执行元件双向锁住。

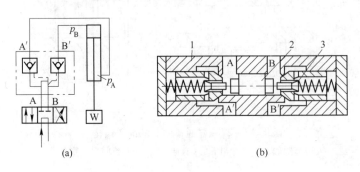

图 17-29　液压锁的应用

（a）连接方式；（b）结构原理

1—阀体；2—控制活塞；3—顶针

（四）双向液压锁与 Y 型换向阀的配合使用

在许多冶金机械液压系统中，广泛采用双向液压锁实现执行机构的锁紧。双向液压锁常与 Y 型换向阀配合使用（见图 17-30）。当 Y 型换向阀 4 的阀心向右移动时，压力油经换向阀 4 进到液压锁小活塞 1 的左腔，一方面顶开阀心 2 进入油缸 5 的 A 室，推动活塞向右移动，与此同时推动小活塞向右移动，将单向阀 3 开启，使油缸 B 室中的油反向流过单向阀 3，经 Y 型换向阀 4 排回油箱。双向液压锁采用与 Y 型换向阀串联的目的是使油缸在停止运动后，利用中位 Y 型职能，把控制液压锁开启的小活塞的两个油腔都与回油口接通

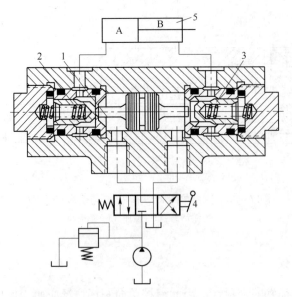

图 17-30　双向液压锁与 Y 型换向阀的配合使用

1—小活塞；2—阀心；3—单向阀；4—换向阀；5—油缸

而完全卸压，从而保证两个单向阀的可靠密封，确保液压缸处于锁紧状态。如果采用 O 形密封圈，则有可能因换向阀的泄漏造成小活塞某一腔在停住时油压升高而误开液压锁，造成液压缸的误动作而使锁紧失灵。

二、滑阀式换向阀

(一) 滑阀式换向阀的工作原理

滑阀式换向阀通过改变阀心在阀体内的相对工作位置，使阀体诸油口连通或断开，从而改变油流方向控制执行元件的启、停或换向。

换向阀的结构与工作原理如图 17 – 31 所示。当电磁铁不通电时（见图 17 – 31 (a)），阀心在弹簧作用下处于左端位置，压力油口 P 与 B 接通，接液压缸左腔，液压缸右腔接 A 与回油口 O 通，推动油缸活塞右移。当电磁铁通电时（见图 17 – 31 (b)），吸衔铁向右，衔铁通过推杆使阀心右移，P 与 A 通，B 与 O 通，实现了换向，活塞左移。这种换向阀称做二位阀。

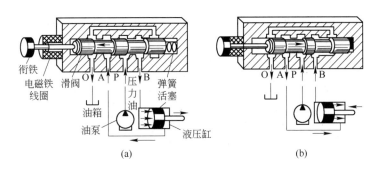

图 17 – 31　二位通电磁换向阀原理图

上述换向阀阀心仅有两种工作状态。当工作机构要求液压缸在任一位置均可停留时，则要求阀心有三种工作状态，如图 17 – 32 所示。当左端电磁铁通电时，阀心右移，P 与 A 通，B 与 O 通（见图 17 – 32 (a)）；当左、右两电磁铁都不通电时，阀心在两端弹簧力的作用下处于中间状态，此时 A、B、P、O 均不通（见图 17 – 32 (b)）；当右端电磁铁通电时，阀心左移，P 与 B 接通，A 与 O 通，实现了油路换向（见图 17 – 32 (c)）。这种换向阀称做三位阀。

换向阀工作原理绘制时应注意：

(1) 用方框表示阀的工作位置，有几个方框就表示有几个工作位置。

(2) 每个换向阀都有一个常态位，即阀心未受外力时的位置。字母应标在常态位，P 表示进油口，O 表示回油口，A、B 表示工作油口。

(3) 常态位与外部连接的油路通道数表示换向阀通道数。

(4) 方框内的箭头表示该位置时油路接通情况，并不表示油液实际流向。

(5) 换向阀的控制方式和复位方式的符号应画在换向阀的两侧。

二位二通阀相当于一个油路开关，可用于控制一个油路的通和断。

二位三通阀可用于控制一个压力油源 P 对两个不同的油口 A 和 B 的连接，或控制单作用液压缸的换向。

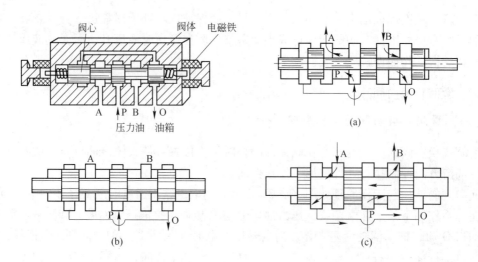

图 17 - 32　三位四通电磁换向阀原理图

二位或三位四通阀和二位或三位五通阀都广泛应用于使执行元件换向。其中二位阀和三位阀的区别在于三位阀具有中间位置，利用这一位置可以实现多种不同的控制作用，如可使液压缸在任意位置上停止或使液压缸卸荷；而二位阀则无中间位置，它所控制的液压缸只能在运动到两端的终点位置时停止。四通阀和五通阀的区别在于五通阀具有 P、A、B、O_1 和 O_2 五个油口，而四通阀因为 O_1 和 O_2 两个油口在阀内相通，故对外只有四个油口 P、A、B、O。四通阀和五通阀用于使执行元件换向，其作用基本相同，但五通阀有两个回油口，可在执行元件的正反向运动中构成两种不同的回油路。如在组合机床液压系统中，广泛采用三位五通换向阀组成快进差动连接回路。

（二）滑阀式换向阀的主要控制方式

滑阀式换向阀的主要控制方式分为五种，具体介绍如下。

1. 手动换向阀

手动换向阀用于手动杠杆来操纵阀心在阀体内移动，以实现液流的换向。它同样有各种位、通和滑阀机能的多种类型，按定位方式的不同又可分为自动复位式和钢球定位式两种。图 17 - 33 （a）所示为三位四通自动复位式手动换向阀。扳动手柄，即可换位，当松手后，滑阀在弹簧力的作用下，自动回到中间位置，所以称为自动复位式。这种换向阀不能在两端位置上定位停留。

如果要使阀心在 3 个位置上都能定位，可以将右端的弹簧 5 改为如图 17 - 33 （b）所示的结构。在阀心右端的一个径向孔中装有一个弹簧和两个钢球，与定位套相配合可以在 3 个位置上实现停留和定位。图 17 - 33 （c）所示为这两种手动换向阀的图形符号。定位式手动换向阀可以制成多位的形式，如图 17 - 33 （c）中的四位四通手动换向阀。手动换向阀常用在起重运输机械、工程机械等行走机械上。

2. 机动换向阀

机动换向阀用来控制机械运动部件的行程，故又称为行程阀。这种阀必须安装在液压缸附近，在液压缸驱动工作的行程中，装在工作部件一侧的挡块或凸轮移动到预定位置时

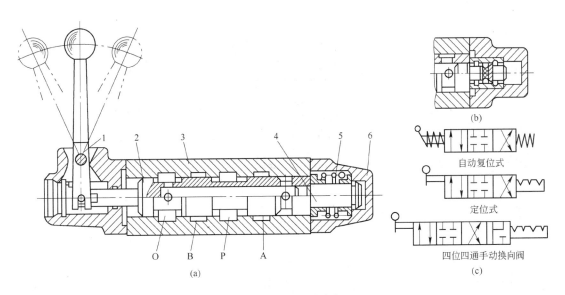

图 17 – 33　手动换向阀

(a) 自动复位式结构；(b) 钢球定位式；(c) 图形符号

1—杠杆手柄；2—滑阀；3—阀体；4—套筒；5—弹簧；6—法兰盖

就压下阀心，使阀换位。图 17 – 34 所示为二位四通机动换向阀的结构原理和图形符号。

机动换向阀通常是弹簧复位式的二位阀。它结构简单，动作可靠，换向位置精度高，改变挡块的迎角 α 或凸轮外形，可使阀心获得合适的换位速度，以减小换向时的冲击。但这种阀不能安装在液压站上，因为连接管路较长，使整个液压装置不够紧凑。

3. 电磁换向阀

电磁换向阀是利用电磁铁吸力推动阀心换位的方向阀。它是电气系统与液压系统之间的信号转换元件，它的电气信号由液压设备的按钮开关、限位开关、行程开关、压力继电器等发出，从而可以使液压系统方便地实现各种操作及自动顺序动作。图 17 – 35 所示为三位四通电磁换向阀的结构原理和图形符号。阀的两端各有一个电磁铁和一个对中弹簧，阀心在常态时处于中位。当右端电磁铁通电吸合时，衔铁通过推杆将阀心推至左端，换向阀就在右位工作；反之，左端电磁铁通电吸合时，衔铁通过推杆将阀心推至右端，换向阀就在左位工作。

图 17 – 36 所示为二位四通电磁换向阀的符号。图 17 – 36 (a) 所示为单电磁铁复位式，图 17 – 36 (b) 所示为双电磁铁钢球定位式。二位电磁阀一般都是单电磁铁控制的，但无复位弹簧双电磁铁二位阀，由于电磁铁断电后仍能保留通电时的状态，从而减少了电

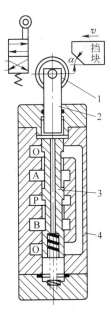

图 17 – 34　二位四通
机动换向阀的结构
原理和图形符号

1—滚轮；2—顶杆；
3—阀心；4—阀体

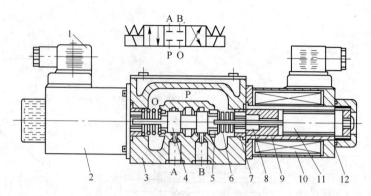

图 17 - 35　三位四通电磁换向阀的结构原理与图形符号

1—插头组件；2—电磁铁；3—阀体；4—阀心；5—定位套；6—弹簧；7—挡圈；

8—推杆；9—隔磁环；10—线圈；11—衔铁；12—导套

磁铁的通电时间，延长了电磁铁的寿命，节约了能源；此外，当电磁铁因故断电时，电磁阀的工作状态仍能保留下来，可以避免系统失灵或出现故障。

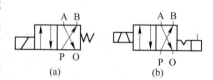

图 17 - 36　二位四通电磁
换向阀的符号

（a）单电磁铁复位式；

（b）双电磁铁钢球定位式

电磁阀上采用的电磁铁有交流和直流两种基本类型。交流电磁铁反应速度快、启动力大，但换向时间短（0.01 ~ 0.07s）、换向冲击大、噪声大、换向频率低（约 30 次/min），而且当阀心被卡住或由于电压低等原因吸合不上时，线圈容易烧坏。直流电磁铁需直流电源或整流装置，但换向时间长（0.1 ~ 0.5s），换向频率允许较高（最高可达 240 次/min），而且有恒电流特性，当电磁铁吸合不上时，线圈不会烧坏，故工作可靠性高。还有一种本机整流型电磁铁，其上附有二极管整流线路和冲击电压吸收装置，能把接入的交流电整流后自用，因而兼备了前述两者的优点。

在中低压电磁铁换向阀的型号中，交流电磁铁用字母 D 表示，而直流电磁铁用 E 表示。例如，23D-25B 表示流量为 25L/min 的板式二位三通交流电磁换向阀；34E-25B 则表示流量为 25L/min 的板式三位四通直流电磁换向阀。

电磁铁换向阀由电气信号操纵，控制方便，布局灵活，易于实现自动控制。但由于电磁铁吸力有限，动作急促，因此在对于换向时间要求能调节或流量大、行程长、移动阀心阻力较大的场合，采用电磁铁换向阀是不适宜的。

4. 液动换向阀

液动换向阀是依靠控制油路的压力油来推动阀心进行换位的换向阀。液动阀也有二位、三位两种类型。二位液动阀的一侧通压力油，另一侧有弹簧；三位液动阀两侧都可通入压力油，阀心换位。图 17 - 37 所示为三位四通液动换向阀的结构和图形符号。在两端均设有压力油通入时，阀心在两边弹簧作用下，处于中间位置。当控制油口 K_1 通入压力油而 K_2 回油时，阀心向右运动，这时油口 P 与 A 通，B 与 O 通。当控制油口 K_2 通入压力油而 K_1 回油时，阀心向左运动，这时油口 P 与 B 通，A 与 O 通，实现了油路的换向。

液动换向阀操纵力可以很大，适合控制高压大流量的阀门换向。当对液动阀换向平稳

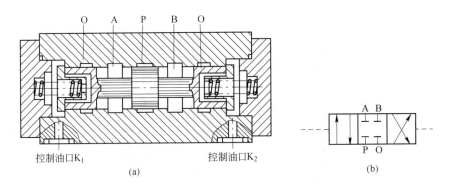

图 17-37　三位四通液动换向阀的结构（a）和图形符号（b）

性有较高要求时，可在液动阀两端 K_1、K_2 控制油路上加装阻尼调节器（见图 17-38）。阻尼调节器由一个小型的单向阀和一个节流阀并联组成。单向阀用来保证滑阀端面进油畅通，而节流阀用于滑阀端面的回油节流，调节节流阀的开度可调整换向速度，以避免换向冲击。此外，液动换向阀可以在较紧凑的体积中得到较大的液压推动力。所以在大流量油路中均采用液动换向阀。

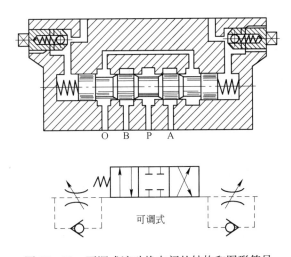

图 17-38　可调式液动换向阀的结构和图形符号

5. 电液换向阀

由于电磁吸力的限制，电磁换向阀不能做成大流量的阀门。在需要大流量时，可使用电液换向阀。图 17-39 所示为电液换向阀的结构原理和图形符号。它由电磁先导阀和液动主阀组成，用小规格的电磁先导阀控制大规格的液动主阀工作。其工作过程如下：当电磁铁 4、6 均不通电时，P、A、B、O 各口互不相通。当电磁铁 4 通电时，控制油通过电磁阀左位经单向阀 2 作用于液动阀阀心的左端，阀心 1 右移，右端回油经节流阀 7、电磁阀右端流回油箱，这时主阀左位工作，即主阀 P、A 口畅通，B、O 口连通。同理，当电磁铁 6 通电，电磁铁 4 断电时，电磁先导阀右位工作，则主阀右位工作。这时主油路 P、B 口畅通，A、O 口连通（主阀中心通孔）。阀中的两个节流阀 3、7 用来调节液动阀阀心的

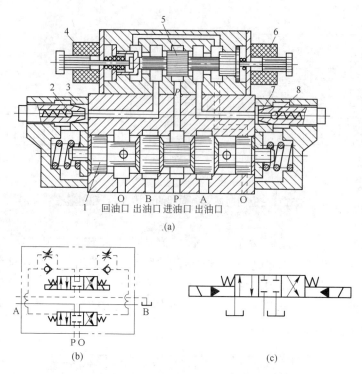

图 17－39　电液换向阀的结构原理和图形符号

（a）结构图；（b）原理图；（c）图形符号

1—液动阀阀心；2，8—单向阀；3，7—节流阀；4，6—电磁铁；5—电磁阀阀心

移动速度，并使其换向平稳。

电液换向阀控制油的进油和回油方式

若进入先导电磁阀的压力油（即控制油）来自主阀的 P 腔，这种控制油进油方式称为内部控制，即电磁阀的进油口 P_1 与主阀的 P 腔是相通的。其优点是油路简单，但因泵的工作压力通常较高，故控制部分能耗大，只适用于电液换向较少的系统。

若进入先导电磁阀的压力油来自主阀的 P 腔以外的油路，如专用的低压泵系统的某一部分，这种控制油进油方式称为外部控制。

若先导电磁阀的回油口 O′单独接油箱，这种控制油回油方式称为外部回油。

若先导电磁阀的回油口 O′与主阀的 O 腔相通，这种控制油回油方式称为内部回油。内回油的优点是无需单独设置回油管路，但先导阀回油允许背压较小，主回油背压必须小于它才能采用，而外回油式不受此限制。

先导阀的进油和回油可以有外控外回、外控内回、内控外回、内控内回四种方式。在阀的使用中，四种方式如何调整转换详见产品说明书。

电液换向阀的附加装置

电液换向阀的附加装置有：

（1）主阀心行程调节机构。有些电液换向阀设有主阀阀心行程调节机构，如图 17－40 所示。调节主阀阀盖两端螺钉，则主阀阀心换位移动的行程和各阀口的开度即可改变，通过主阀的流量便随之改变，因而可对执行元件起粗略的速度调节作用。若无此需要，则用封闭阀盖，如图 17-39（a）所示。

（2）预压阀。以内控方式供油的电液换向阀，若在常态位使泵卸荷（具有 M、H、K 型中位机能），为克服阀在通电以后因无控制油压而使主阀不能动作的缺陷，常在主阀的进油孔中插装一个预压阀（即具有硬弹簧的单向阀），使在卸荷状态下仍有一定的控制油压，足以操纵主阀心换向。图 17-41 所示为一具有 M 型中位机能的内控外回式电液换向阀的符号，装在油口 P 内的阀 f 即为预压阀。

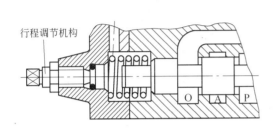

图 17-40 电液换向阀的行程调节机构

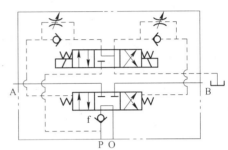

图 17-41 预压阀的作用

电液换向阀的特点及规格型号的标注

电液换向阀综合了电磁换向阀和液动滑阀的优点，它一方面发挥了电气控制操作方便，能远距离实现自动控制的优势；另一方面又发挥了液动控制能调节换向时间、增加换向平稳性的长处，避免了换向过快的压力冲击，因此适用于大流量的高压系统。

在中低压阀型号中，电液控制一般用 DY（交流液动）或 EY（直流液动）表示。例如，34EY-63BZ 表示流量为 63L/min 的三位四通板式直流电液换向阀，Z 表示液动阀两端带有阻尼调节器。

6. 换向阀的中位机能

三位换向阀的中位机能是指三位换向阀常态位置时，阀中内部各油口的连通方式，也可称为滑阀机能。

各种三位换向阀的中位机能和符号见表 17-13。

表 17-13 各种三位换向阀的中位机能和符号

机能代号	结构原理图	中位图形符号		机能特点和作用
		三位四通	三位五通	
O		A B ⊤⊤ P T	A B ⊤⊤ T₁ P T₂	各油口全部封闭，缸两腔封闭，系统不卸荷。液压缸充满油，从静止到启动平稳，制动时运动惯性引起液压冲击较大，换向位置精度高。在气动中称为中位封闭式
H		A B ⊥⊥ P T	A B ⊥⊥ T₁ P T₂	各油口全部连通，系统卸荷，缸成浮动状态。液压缸两腔接油箱，从静止到启动有冲击；制动时油口互通，故制动较 O 型平稳；但换向位置变动大

机能代号	结构原理图	中位图形符号		机能特点和作用
		三位四通	三位五通	
P		A B P T	A B T₁ P T₂	压力油口 P 与两腔连通，可形成差动回路，回油口封闭。从静止到启动较平稳；制动时缸两腔均通压力油，故制动平稳；换向位置变动比 H 型的小，应用广泛。在气动中称为中位加压式
Y		A B P T	A B T₁ P T₂	油泵不卸荷，缸两腔通回油，缸成浮动状态。由于液压缸两腔接油箱，从静止到启动有冲击；制动性能介于 O 型与 H 型之间。在气动中称为中位泄压式
K		A B P T	A B T₁ P T₂	油泵卸荷，液压缸一腔封闭一腔接回油箱。两个方向换向时性能不同
M		A B P T	A B T₁ P T₂	油泵卸荷，液压缸两腔封闭，从静止到启动较平稳；制动性能与 O 型相同；可用于油泵卸荷液压缸锁紧的液压回路中
X		A B P T	A B T₁ P T₂	各油口半开启接通，P 口保持一定的压力；换向性能介于 O 型与 H 型之间

换向阀中位性能对液压系统有较大的影响，在分析和选择中位性能时，一般作如下考虑：

（1）系统保压问题。当油口 P 堵塞时，系统保压，此时泵还可以使系统中其他执行元件动作。

（2）系统卸荷问题。当 P 和 O 相通时，整个系统卸荷。

（3）换向平稳和换向精度问题。当油口 A 或 B 均堵塞时，易产生液压冲击，换向平稳性差，但换向精度高。相反，当油口 A 和 B 都与 O 接通时，工作机构不易制动，换向精度低，但换向平稳性好，液压冲击小。

（4）启动平稳性问题。当油口 A 或 B 有一个油口接通油箱，启动时该腔因无油液进入执行元件，所以会影响启动平稳性。

第五节　电液伺服阀

电液伺服阀既是电液转换元件，也是功率放大元件，它能够将小功率的电信号输入转换为大功率的液压能输出。电液伺服阀具有控制灵活、精度高、输出功率大等优点，因此在液压控制系统中得到广泛的应用。

一、电液伺服阀的分类与特点

(一) 电液伺服阀的分类

根据输出量不同，可将电液伺服阀分为电液流量伺服阀和电液压力伺服阀两大类。

按照电－机转换器的结构形式，可将电液伺服阀分为动圈式和动铁式两种。

根据液压前置放大器的结构形式，电液伺服阀通常有滑阀式、喷嘴挡板式和射流管式三种。

此外，电液伺服阀根据放大器的串联级数，常有单级、二级和三级之分。

(二) 电液伺服阀的特点

电液伺服阀是一种将小功率电信号转换为大功率液压能输出，并实现对流量和压力进行控制的转换装置。它将电信号传递速度快、便于遥控和反馈、容易检测和校正的优点，与液压传动输出力大、惯性小及反应快的优点有效结合起来，是电液伺服阀系统中必不可少的控制元件，可用于电液位置伺服控制系统，电液速度、加速度、力伺服控制系统及伺服振动系统。

与电液比例阀相比，电液伺服阀具有更优越的静态特性和动态特性。电液伺服阀是所有阀中性能最好、精度最高的液压控制阀。

二、电液伺服阀的工作原理

电液伺服阀的工作原理如图 17－42 所示。它由电磁和液压两部分组成，电磁部分是一个动铁式力矩马达，液压部分是一个两级液压放大器。液压放大器的第一级是双喷嘴挡板阀，称前置放大级；第二级是四边滑阀，称功率放大级。当线圈中没有电流通过时，力矩马达无力矩输出，挡板处于两喷嘴中间位置。当线圈通入电流后，衔铁因受到电磁力矩的作用偏转角度 θ，由于衔铁固定在弹簧管上，这时弹簧管上的挡板也偏转相应的 θ 角，使挡板与两喷嘴的间隙改变，如果右面间隙增加，左喷嘴腔内压力升高，右腔压力降低，主阀心（滑阀心）在此压差作用下右移。由于挡板下端的球头是嵌放在滑阀的凹槽内，在阀心移动的同时，带动球头上的挡板向右移动，使右喷嘴与挡板的间隙逐渐减小。当滑阀上的液压作用力与挡板下球头因移动而产生的弹性反作用力达到平衡时，滑阀便不再移动，并使其阀口一直保持在这

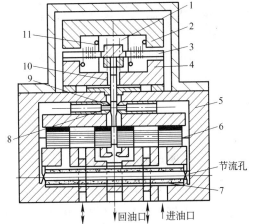

图 17－42 电液伺服阀的工作原理
1—永久磁铁；2，4—导磁体；3—衔铁；5—阀座；
6—滑阀；7—滤油器；8—喷嘴；9—挡板；
10—弹簧；11—线圈

一开度上。通过线圈的控制电流越大，衔铁偏转的力矩、挡板挠曲变形、滑阀两端的压差以及滑阀的位移量越大，伺服阀输出的流量也就越大。

三、电液伺服阀的应用

电液伺服阀目前广泛应用于要求高精度控制的自动控制设备中，用以实现位置控制、速度控制和力控制等。

图 17-43 所示为用电液伺服阀准确控制工作台位置的控制原理图。要求工作台的位置随控制电位器触点位置的变化而变化。触点的位置由控制电位器转换成电压。工作台的位置由反馈电位器检测，可转换成电压。当工作台的位置与控制触点的相应位置有偏差时，通过桥式电路即可获得该偏差值的偏差电压。若工作台位置落后于控制触点的位置时，偏差电压为正值，送入放大器，放大器便输出一个正向电流给电液伺服阀。伺服阀给液压缸一正向流量，推动工作台正向移动，减小偏差，直至工作台与控制触点相应位置吻合时，伺服阀输入电流为零，工作台停止移动。当偏差电压为负值时，工作台反向移动，直至消除偏差时为止。如果控制触点连续变化，则工作台的位置也随之连续变化。

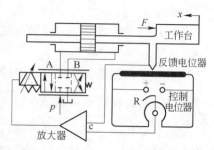

图 17-43 电液伺服阀位置控制原理图

第六节 电液比例控制阀

电液比例控制阀简称比例阀。它是一种按输入的电气信号连续地、按比例地对油液的压力、流量或方向进行远距离控制的阀。与手动调节的普通液压阀相比，电液比例控制阀能够提高液压系统参数的控制水平；与电液伺服阀相比，电液比例控制阀在某些性能上稍差一些，但它的结构简单、成本低，所以广泛应用于要求对液压参数进行连续控制或程序控制，但对控制精度和动态特性要求不太高的液压系统中。在电弧炉的电极升降、炉盖旋转、炉体倾动中通常选用电液比例控制阀，足以满足控制精度的要求。

一、电液比例控制阀的分类与特点

（一）电液比例控制阀的分类

电液比例控制阀的构成，相当于在普通液压阀上装上一个比例电磁铁，以代替原有的控制部分。根据用途和工作特点的不同，电液比例控制阀可以分为电液比例压力阀、电液比例流量阀和电液比例方向阀三大类。

（二）电液比例控制阀的特点

电液比例控制阀的特点为：

（1）可将电气信号的快速传递与液压大功率传动特点结合起来，实现自动控制、远程控制和程序控制。可连续、按比例地控制液压执行元件的输出力、速度和方向，可避免系统压力或流量变化或元件的换向时引起的冲击现象。

（2）输入量是控制它的信号，输出量是与输入量成正比的压力或流量，主要用于开环系统，也可组成闭环系统。

（3）使用条件与普通液压阀基本相同，可使系统简化，减少元件的使用量；电液比例控制阀制造简单，价格介于伺服阀与普通液压阀之间。

（4）具有优良的静态性能和适当的动态性能，其动态性能低于伺服阀，但可满足一般冶金工业控制要求，其效率比伺服阀高。

（5）采用电液比例控制阀的液压系统中，须在输入信号与比例阀之间设置直流比例放大器，使系统费用增高。

（6）电液比例控制阀用于模拟控制，是介于普通开关控制与伺服控制之间的控制方式，它特别适用于设备的革新或改造，使设备自动化控制水平提高。

二、电液比例压力阀及其应用

用比例电磁铁代替溢流阀的调压螺旋手柄，构成比例溢流阀。图 17-44 所示为先导式比例溢流阀。其下部为溢流阀，上部为比例先导阀。比例电磁铁的衔铁 4 通过顶杆 6 控制先导锥阀 2，从而控制溢流阀心上腔压力。使控制压力与比例电磁铁输入电流成比例。其中手动调整的先导阀 9 用来限制比例压力阀最高压力。远控口 K 可以用来进行远程控制。用同样的方式，也可以组成比例顺序阀和比例减压阀。

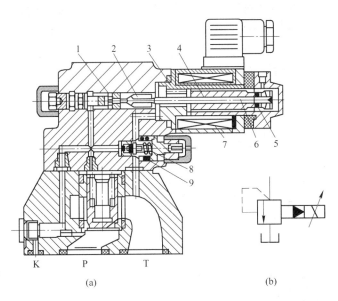

图 17-44　先导式比例溢流阀

（a）结构图；（b）图形符号

1—先导阀座；2—先导锥阀；3—极靴；4—衔铁；5，8—弹簧；

6—顶杆；7—线圈；9—手调先导阀

图 17-45 所示为利用比例溢流阀和比例减压阀的多级调压回路。图中 2 和 6 为电子放大器，改变输入电流 I 即可控制系统的工作压力。用它可以替代普通多级调压回路中的若干个压力阀，且能对系统压力进行连续控制。

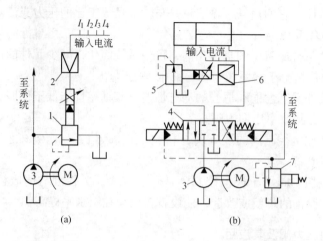

图 17 – 45　利用比例阀和比例减压阀的多级调压回路

（a）比例溢流阀调压回路；（b）比例减压阀调压回路

1—比例溢流阀；2，6—电子放大器；3—液压泵；4—电液换向阀；5—比例减压阀；7—溢流阀

三、电液比例换向阀

用比例电磁铁取代电磁换向阀中的普通电磁铁，便构成直动型比例换向阀，如图 17 – 46 所示。由于使用了比例电磁铁，阀心不仅可以换位，而且换位的行程可以连续地或按比例变化，因而连通油口间的通流面积也可以连续地或按比例变化，所以比例换向阀不仅能控制执行元件的运动方向，而且能控制其速度。

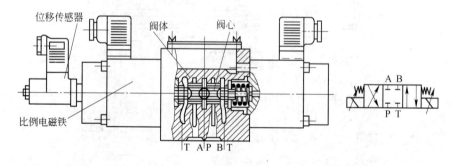

图 17 – 46　直动型比例换向阀

四、电液比例调速阀

用比例电磁铁取代节流阀或调速阀的手调装置，以输入电信号控制节流口开度，便可连续地或按比例地远程控制其输出流量，实现执行部件的速度调节。图 17 – 47 所示为电液比例调速阀的结构原理及图形符号。图中的节流阀心由比例电磁铁的推杆操纵，输入的电信号不同，则电磁力不同，推杆受力不同，与阀心左端弹簧力平衡后，便有不同的节流口开度。由于定差减压阀已保证了节流口前后压差为定值，因此一定的输入电流就对应一定的输出流量，不同的输入信号的变化，就对应着不同的输出流量的变化。

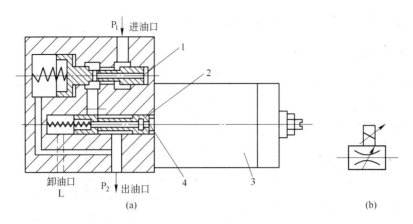

图 17-47 电液比例调速阀的结构原理及图形符号

(a) 结构原理图；(b) 图形符号

1—定差减压阀；2—节流阀阀心；3—比例电磁铁；4—推杆

第七节 插 装 阀

由于传统液压元件受压力、流量及与之相应的阀体体积等因素的限制，已不能满足液压技术向高压、大流量和集成化方向发展的需求，20 世纪 70 年代出现的插装阀为液压集成化技术开辟了新的途径。

一、插装阀的特点、基本结构及工作原理

（一）插装阀的特点

插装阀的特点为：

（1）一般来说，液压系统的功能越复杂，所需控制阀的数量越多，对于实现同样的系统功能，采用插装阀可使阀类元件数量减少。但对于简单液压系统，插装阀的优势不明显。

（2）当液压回路的正反向功能不同时，使用普通液压阀控制时，需要增加较多单向阀配合，而采用插装阀，可省去这些单向阀。

（3）对于普通液压阀控制的回路，组装完毕后，很难改变整个回路的结构，如采用插装阀控制，可便于调整系统结构。

（4）插装阀的结构要素相近，便于实现集成化，可将多个插装组件装于一个阀体上，使插装具有多项功能。

（5）对于大流量的回路，所需传动液体量较大而多采用高水基传动液作为工作介质，而插装阀适合于使用高水基工作介质。

（6）插装阀多用座阀结构，其静态特性和动态特性优于采用滑阀结构的普通阀。

插装阀利用"通"和"断"两种信号实现对液压系统的主要控制，与二通阀相似，因而常称为"二通插装阀"，以前也称其为逻辑阀。插装阀是一种阀座，其结构简单、切换响应快、冲击小、泄漏小、稳定性好、制造工艺性好、便于维修和更换。它的出现为高

压、大流量液压系统操纵部分的集成化创造了有利条件。

（二）基本结构

插装阀通常由插装组件、控制盖板和先导阀组成，图 17－48 所示为锥阀组件及控制盖板部分的基本结构和图形符号。

主阀组件也称功率组件，主要包括锥阀、阀套、弹簧和阀体，它的功能是控制油路的液流流量、压力及其通断。主阀组件有两个主油口 A 和 B，一个控制油口 K。阀心结构有滑阀或锥阀，通常采用锥阀，因而也称为锥阀组件。阀心与阀套配合较精密，工艺要求高。而阀套和阀体间在工作时没有相对运动，依靠橡胶密封圈来密封。阀的功能不同，如控制压力、流量和方向，其插装组件的结构也不相同。

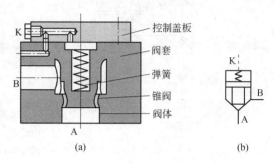

图 17－48　锥阀组件及控制盖板部分的
基本结构（a）和图形符号（b）

控制盖板的作用主要是在其上安装先导阀和插装组件，并沟通先导阀与插装组件之间的油路。此外，也可在其上安装节流阀、传感器或行程开关等零部件。阀的功能不同，控制盖板的结构也不相同，一般将具有两种以上功能的盖板称为复合控制盖板。

阀体可由使用者自行加工，同一阀体可装入若干具有不同机能的锥阀组件。

先导阀（图中未画出）的作用是对插装组件的动作进行控制，先导阀一般选用小通径的标准阀，常用通径为 $\phi6mm$ 或 $\phi10mm$。

（三）工作原理

在插装阀中，如果主油口 A 和 B，控制油口 K 三个油口流经的油液压力分别为 p_A、p_B、p_K，有效工作面积分别为 A_A、A_B、A_K，且有 $A_A + A_B = A_K$，弹簧作用力为 F_s，如果忽略阀心质量、液动力和摩擦力等因素的影响，插装阀阀口的通断可有三种情况：

（1）当 $p_A A_A + p_B A_B < p_K A_K + F_s$ 时，锥阀闭合，油口 A 与 B 不通。

（2）当 $p_A A_A + p_B A_B > p_K A_K + F_s$ 时，锥阀打开，油口 A 与 B 导通。即当 p_A、p_B 一定时，油口 A 与 B 的通断可由控制油口的油液压力 p_K 来控制，并且 A 腔或 B 腔的压力都有可能单独使阀门打开。

当控制油口 K 接油箱 $p_K = 0$，而锥阀下部的液压力超过弹簧力时，锥阀打开，使油路 A、B 连通。此时，如果 $p_A > p_B$，则油液由 A 流向 B；若 $p_B > p_A$，则油液由 B 流向 A。

（3）当 $p_K \geqslant p_A$，$p_K \geqslant p_B$ 时，锥阀关闭，A、B 不通。

有时，为了改善阀的动态性能，还可根据需要在插装阀锥阀心上开阻尼孔，或在端部开节流三角槽，也可以将锥阀阀心制成 A_K 与 A_A 的不同面积比。将插装阀进行适当组合，并利用小流量方向阀、压力阀作为先导阀，对插装阀组合油路进行相应调控，可实现不同控制功能。

二、插装式方向控制阀

插装式方向控制阀可根据控制口 K 的通油方式来控制主阀心的启闭，如果 K 口通油箱，则主阀阀口开启；若 K 口与主阀进油路相通，则主阀口关闭。插装方向阀的先导阀一般采用二位二通电磁阀、二位四通电磁阀或三位四通电磁阀。控制盖板中带有节流器，用图形符号表示时，通常省略盖板。插装方向控制阀常可分为插装单向阀和插装换向阀。

（一）插装式单向阀

插装式单向阀可分为普通插装单向阀与插装式液控单向阀两种。

1. 普通插装单向阀

将插装阀的 A 口或 B 口与控制口 K 直接接通时，即构成大流量插装式单向阀。在图 17 - 49（a）中，当阀的 B 口通压力油时，A 口无油压。压力油顶开插装组件的阀心自 A 口流出，阀单向导通。若 A 口通压力油时，压力油还同时到达插装组件的控制口 K，压力油作用于插装组件阀心的上端面上，阀心的上端面面积大于下端面面积，故阀心不开启，B 口与 A 口不同，油液不能反向流动。同样在图 17 - 49（b）中的 B 口与 K 口相连，可以阻断油液从 B 口流向 A 口。

2. 插装式液控单向阀

在控制盖板上接入一个二位三通液动换向阀，用以控制锥阀上腔的通油状态，即可构成插装式液控单向阀，如图 17 - 50 所示。当 K 口无控制油输入时，其功能相当于单向阀。如果 K 口通入控制油液时，二位三通液动换向阀右位接入回路使 B 口与锥阀上腔油路断开，上腔通油箱，则油液可从 B 流向 A。

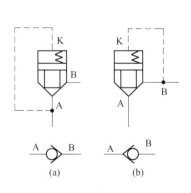

图 17 - 49 插装式单向阀

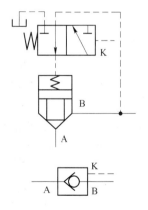

图 17 - 50 插装式液控单向阀

（二）插装式换向阀

1. 插装式二位二通换向阀

实际上，图 17 - 51 所示插装式液控单向阀就是一个可实现单向切断的二位二通换向阀，即在图示二位三通液动换向阀断电的位置上可以阻断 B 口向 A 口的油液流动，但不能阻断 A 流向 B。如果需要使阀在两个方向上都能起到阻断作用，则可在辅助回路中增加一个梭阀，如图 17 – 51 所示。当二位三通电磁换向阀断电时，梭阀可以保证 A 或 B 油路中压力较高者经梭阀和先导阀进入 K 腔，使主阀可靠地关闭，实现液流的双向切断。如果供给电磁先导阀的辅助压力独立于 A 腔和 B 腔且高于 A 腔和 B 腔，则可省去梭阀，同样可实现双向切断。

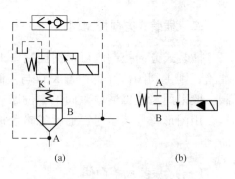

图 17 – 51 插装式二位二通换向阀
(a) 回路简图；(b) 图形符号

2. 插装式二位三通换向阀

如图 17 – 52 所示，利用两个插装组件和一个二位四通电磁换向阀组成插装式二位三通换向阀。当电磁铁断电时，二位四通阀左位工作，插装组件 1 的控制腔通压力油，主阀阀口关闭，即 P 封闭。插装组件 2 的控制腔通油箱，主阀阀口开启，A 与 T 相通。当电磁铁通电时，电磁换向阀右端接入回路，插装组件 1 的控制腔接通油箱，主阀口开启，P 与 A 相通。而插装组件 2 的控制腔通压力油，主阀阀口关闭，T 封闭。这种阀相当于一个二位三通换向阀。

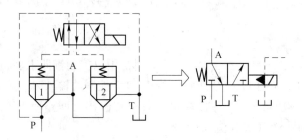

图 17 – 52 插装式二位三通换向阀

3. 插装式二位四通换向阀

利用一个小规格先导二位四通电磁换向阀，控制 4 个锥阀上腔的通油状态，可构成二位四通换向阀，如图 17 – 53 所示。当电磁铁不通电时，插装锥阀 1 和 3 因上腔通油箱，使主油路可互通，实现 A 与 T 相通，P 与 B 相通；锥阀 2 和 4 因上腔通控制压力油而关闭，保证 A 不通 P，B 不通 T。当电磁铁通电时，实现 A 通 P，B 通 T。

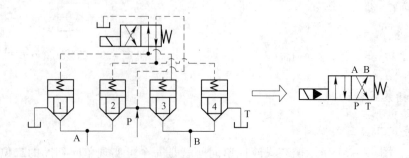

图 17 – 53 插装式二位四通换向阀

4. 插装式三位四通换向阀

利用一个三位四通换向阀作先导阀，控制四个插装组件可构成一个插装式三位四通换向阀，如图 17-54 所示。当电磁阀处于中位时，四个插装组件的控制腔通压力油，2 和 4 的控制腔通油箱。此时，P 通 A，B 通 T。当三位四通电磁阀右位接入回路时，插装组件 1 和 3 的控制腔通油箱，2 和 4 的控制腔接入控制油，可使 P 与 B 相通；A 与 T 相通。这种插装式三位四通换向阀相当于一个具有 O 型中位机能的三位四通电液换向阀。

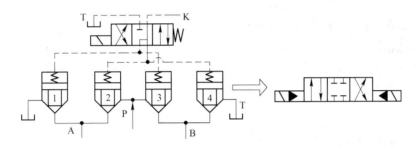

图 17-54　插装式三位四通换向阀

可见，选用不同先导换向阀或用不同个数先导换向阀与插装阀组合，可以得到不同工作状态的插装换向阀。所以，采用插装换向阀时，可供选择的范围更广、更灵活。

三、插装式压力控制阀

如图 17-55 所示，利用一个直动式溢流阀作为先导阀，对插装式锥阀的控制油腔的油液压力进行控制，即可构成插装式压力控制阀。这种插装阀的控制盖板中装有节流器，插装组件和方向阀的插装组件大同小异，只是阀心上多了一个阻尼孔。插装压力阀主要用来控制高压大流量液压系统的工作压力，通常可分为插装式溢流阀、插装式减压阀和插装式顺序阀等。

（一）插装式溢流阀

插装式溢流阀工作原理如图 17-56 所示。当插装组件进油口 A 的压力小于先导阀的

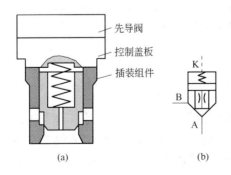

图 17-55　插装式压力控制阀
（a）结构原理；（b）图形符号

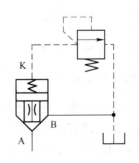

图 17-56　插装式溢流阀

调定压力时，先导阀不开启，插装组件阻尼孔上、下腔的压力相等，插装组件的阀心不上升，进油口 A 和出油口 B 断路。当插装组件 A 腔的压力升高至先导阀的调定压力时，先导阀打开，油液流经主阀心阻尼孔时造成阀心上、下端产生一定压力差，使主阀心抬起，A 腔的压力油经主阀口由 B 口流回油箱，实现稳压溢流。当阀进入稳态后，阀心保持一定开口，使 A 口的压力基本上保持常数。其维持进口为恒压的工作原理与先导式溢流阀完全相同，可实现的功能也相同。

（二）插装式减压阀

如图 17 - 57 所示，插装组件采用常开式阀心，出油口接后续压力回路，而将先导阀出口直接接油箱，即构成插装式减压阀。其中，B 为一次压力 p_1 进口，A 为出口，A 腔的压力油经节流小孔与控制腔相通，B 与先导阀进口相通。由于控制油取自 A 口，因而能获得恒定的二次压力 p_2。这种减压阀的工作原理与先导式减压阀相同，相当于定压输出减压阀。

（三）插装式顺序阀

插装式顺序阀的工作原理如图 17 - 58 所示。当 A 口压力小于先导阀的调定压力时，插装组件的阀心不开启，油口 A 和油口 B 断路。当 A 口压力接近先导阀的调定值时，阀心上升，油口 A 和油口 B 互通。从油口 B 排出的油液不回油箱，通向其他回路。

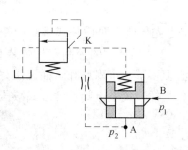

图 17 - 57 插装式减压阀

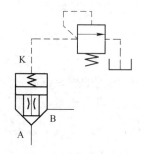

图 17 - 58 插装式顺序阀

如果用比例流量阀作先导阀代替直动式溢流阀，还可构成插装式比例溢流阀或插装式比例减压阀，用于高压大流量系统的多级控制和连续控制。

四、插装式流量控制阀

（一）插装式节流阀

图 17 - 59 所示为插装式节流阀结构原理图及图形符号。锥阀单元尾部带有节流窗口，锥阀开启高度可由调节螺母来控制，进而控制通过阀口的流量。该阀中的弹簧与压力阀中的弹簧作用不同，它只在阀心开启过程中起缓冲作用，而不参加阀心力的平衡，阀心所受全部外力在其到位后全部由控制杆承受。有时，根据需要还可在控制口 K 与阀心上腔之间加设固定阻尼孔。

（二）插装式调速阀

插装式节流阀可以作为独立元件使用，也可以和其他插装组件联合使用，例如和具有圆柱形双套筒的减压阀组合，即可构成插装式调速阀，如图 17-60 所示。定差减压阀阀心两端分别与节流阀进、出口相通，从而保证节流阀进、出口压差不随负载变化。

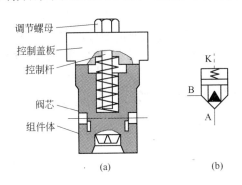

图 17-59　插装式节流阀结构原理（a）
及图形符号（b）

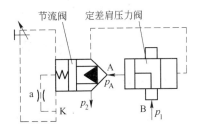

图 17-60　插装式调速阀

五、插装阀的应用

图 17-61 所示为采用插装阀控制的液压回路。三位四通电磁换向阀阀心处于中位时，4 个锥阀 C、D、E、F 的上腔均通入控制压力油，阀口均关闭，使主油路各油口被封闭。1YA 通电时，换向阀左位接入回路，使 C、E 锥阀上腔通入压力油，D、F 阀上腔接通油箱。这时，D、F 阀开启，主油路压力油经 D 阀进入液压缸有杆腔，活塞右行，回油经 F 阀进入油箱。1YA 断电、2YA 通电时，换向阀右位工作。控制油进入 D、F 阀上腔，使其关闭，而 C、E 阀上腔接通油箱，此时，C 阀开启，E 阀开至调定的节流开口度，主油路压力油经 E 阀节流后进入液压缸无杆腔，活塞以调定速度左行，回油经 C 阀排入油箱。

一般控制油路或主阀心上有阻尼孔的为压力阀单元，而无阻尼孔的为方向阀单元，而流量控制单元的图形符号通常具有明显的特点。

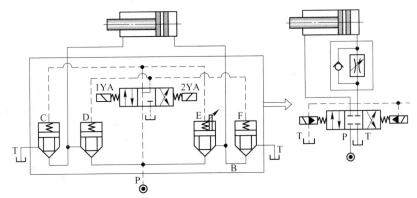

图 17-61　采用插装阀控制的液压回路

第十八章 液压缸与液压马达

液压缸常称为油缸，是液压传动系统中的执行元件。它是将油液的压力能转变为直线往复运动的机械能的能量转换装置。液压缸也是液压传动中用得最多的一种工作机构。

第一节 液压缸的分类及结构

一、液压缸的分类与特点

液压缸的分类与特点见表 18-1。

表 18-1 液压缸的分类与特点

分类	名称	简图	特点
单作用液压缸	柱塞式液压缸		柱塞在油液压力作用下仅能单向伸出，对工作机构输出单向力，返程依靠自重或相应负载
	单活塞杆液压缸		活塞杆在油液压力作用下仅能单向伸出，对工作机构输出单向力，返程依靠自重或相应负载
	双活塞杆液压缸		双活塞杆在油液压力作用下可以实现一侧伸出，另一侧缩回，伸出侧可对工作机构输出推力，缩回侧可对工作机构输出拉力，返程依靠弹簧或相应负载
	伸缩式液压缸		若干节活塞在油液压力作用下可由大到小逐节推出，既可获得较长的行程，又可对工作机构输出相应的推力，返程需靠适当的外力使其由小到大缩回
双作用液压缸	单活塞杆液压缸		单活塞杆在双向油液压力作用下可以实现伸出和缩回，分别对工作机构输出推力和拉力，该推力和拉力大小以及伸出和缩回速度不等
	双活塞杆液压缸		双活塞杆在油液压力作用下可同时实现伸出、缩回，分别向工作机构输出相等的推力和拉力，并输出速度相等地往复直线运动
	伸缩式液压缸		若干节活塞在双向油液压力作用下可由大到小逐节推出并由小到大逐节缩回，可获得较长的行程，向工作机构输出相应的推力和拉力

续表 18-1

分类	名 称	简 图	特 点
组合式液压缸	弹簧复位液压缸		实现单向液压驱动，活塞向外伸出，对工作机构输出推力，返程靠弹簧反力
	串联液压缸		油液压力同时作用在两个活塞有效工作面积上，可获得较大的推力
	增压液压缸		油液压力驱动大活塞运动将推力通过小活塞，在较小液压缸内产生较大压力，向系统提供高压油源
	齿轮齿条液压缸		液压缸两端驱动使活塞做往复直线运动，利用活塞杆上齿条与外接齿轮之间的啮合，向工作机构输出往复回转运动

　　液压缸按照其工作目的和使用条件虽有多种形式，但基本上是由缸体、活塞（柱塞）、活塞杆、缸盖和密封件等组成。

　　缸体要求具有较好的耐压性和耐磨性，一般用钢和优质铸铁制成，高压时采用冷拔无缝钢管。当用钢管时，为使耐磨性增加和防止密封件的损伤，可镀上 0.05mm 厚的硬铬层。

　　活塞用钢或铸铁制造，当缸体为钢质时，最好用优质铸铁作活塞。

　　活塞杆可以与活塞做成整体的，但大多数是分开的。活塞杆（柱塞）要选用经过热处理的拉伸强度高的碳素钢或特殊钢制造。为了防止密封件损伤，最好镀上硬铬。

二、液压缸的辅助装置

　　液压缸的辅助装置主要包括密封装置、缓冲装置和排气装置等。

（一）液压缸的密封装置

　　液压缸的密封装置有间隙密封、活塞环密封和密封圈密封，在电炉液压系统中应用最多的是密封圈密封。密封圈密封的种类有：

　　（1）O 形密封圈。O 形密封圈通常装于外圆或内孔的矩形环槽内，用来进行动配合密封。O 形密封圈通常由橡胶或塑料制成，其横截面为圆形，如图 18-1 所示。O 形密封圈的内、外侧面及端面都可起到密封作用，由于在装配时密封圈被压缩，因而靠其装配后的反向胀力可以实现较好的密封性能。

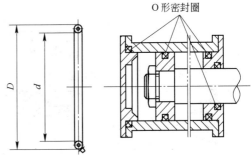

图 18-1　O 形密封圈及其应用

对于静态密封或动压力较小的情况下，可将 O 形密封圈置入相应的密封位置，如图 18-2（a）所示。对于动密封，当压力大于 10MPa 时，为防止 O 形密封圈被高压油液挤入配合间隙内造成损坏，常在 O 形密封圈的低压侧置入挡圈，如图 18-2（b）所示。挡圈通常由聚氯乙烯或尼龙制成，厚度为 1.25~2.5mm。如果 O 形密封圈两侧承受高压油作用，则应在 O 形密封圈的两侧均置入挡圈，如图 18-2（c）所示。

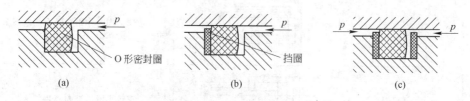

图 18-2 密封挡圈的放置示意图
（a）无挡圈密封；（b）单侧挡圈密封；（c）双侧挡圈密封

O 形密封圈摩擦阻力较小，安装方便，但密封处要求精度较高，启动阻力较大，使用寿命较短。一般适用于温度范围为 -40~120℃，并且要求运动零件的运动速度在 0.005~0.3m/s 范围内。

（2）V 形密封圈。V 形密封圈由带夹织物的橡胶压制而成，其形状结构如图 18-3 所示，主要由压紧环、密封环及支撑环三部分组成。其中，压紧环的作用是压紧密封环，支撑环使密封环变形而起密封作用，只有密封环起密封作用。使用时，这三部分必须组合安装，使密封环的开口面向压力油腔。当工作压力高于 10MPa 时，应增加密封环的数量，以保证 V 形密封圈的密封质量。

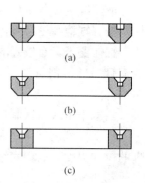

V 形密封圈的密封可靠，可承受较高的压力，如在 50MPa 的高压下工作。由于密封接触面积较长，摩擦阻力大，组装后体积较大，多用于相对运动速度不高的场合。V 形密封圈不宜在过高温度下工作，通常工作温度为 -40~80℃。并且根据活塞的运动速度不同，应选用不同材质的 V 形密封圈，丁腈橡胶制 V 形密封

图 18-3 V 形密封圈
（a）压紧环；（b）密封环；
（c）支撑环

圈适用速度范围为 0.02~0.3m/s；带夹织物橡胶制 V 形密封圈可用于 0.005~0.5m/s 的速度范围。

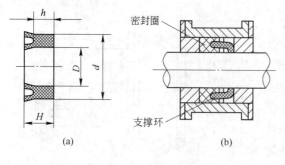

图 18-4 Y 形密封圈

（3）Y 形密封圈。Y 形密封圈是典型的唇形密封圈，其截面形状呈 "Y" 形，如图 18-4（a）所示。Y 形密封圈利用唇边对配合表面的过盈量实现密封，安装时使唇口端面向压力较高的一侧。工作时，在压力油的作用下两唇张开，分别贴在外圆表面和内孔壁上实现密封。这种密封圈内、外唇对称，两个唇边都能起到密封作用，对孔和轴的密

封都适用。当缸内压力较大，活塞运动速度较高时，应加设金属支撑环，以防止密封圈翻转，如图 18 - 4 （b）所示。Y 形密封圈具有随压力升高而密封能力增强的特点，且在磨损后因有良好的外胀力而产生一定的自动补偿。

Y 形密封圈摩擦力小，密封可靠，并能自动补偿磨损，密封稳定性能较好。Y 形密封圈的工作温度为 - 30 ~ 100℃，可用于运动速度小于 0.5m/s、工作压力小于 20MPa 的场合。

（二）液压缸的缓冲装置

为了避免活塞在到达行程终点时液压缸端盖或缸底发生碰撞而产生冲击和振动噪声甚至损坏液压缸，一般液压缸都要设置缓冲装置。缓冲装置主要有两种方式：一种是在缸的出油口以外设置缓冲回路；另一种则是在缸的端部设置缓冲装置。液压缸缓冲装置的原理基本相同，即在活塞或缸筒运动将至终端之前的一段距离内，使活塞排出的油液不能经出油口回流，而使其必须通过某一节流口或节流缝隙排出。这样使缸内回油形成对活塞或活塞筒的运动阻力，降低其运动速度，形成一种缓冲力，避免活塞与缸筒冲撞。常用的缓冲方式有固定缓冲和可变节流槽式缓冲。

1. 固定缓冲

固定缓冲可分为：

（1）圆柱形环隙式节流缓冲装置。圆柱形环隙式节流缓冲装置结构如图 18 - 5 所示，缓冲柱塞与缸盖缓冲孔设有一径向尺寸为 δ 的环形缓冲间隙。缓冲柱塞进入缓冲孔时，孔内油液只能经环形间隙排出，产生一个与活塞运动相反的阻力，使活塞减速缓冲。该装置结构简单，但缓冲效果相对较差一些。

（2）圆锥形环隙式节流缓冲装置。如图 18 - 6 所示，将圆柱形环隙缓冲结构中的缓冲柱塞和缸盖缓冲孔均改成圆锥形后，可以提高缓冲效果。缓冲柱塞进入缸盖缓冲孔时其环形间隙随活塞前行而变化，即缓冲节流面积随活塞行程增大而减小，可获得相对稳定的持续缓冲效果。

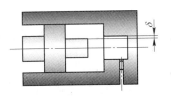

图 18 - 5　圆柱形环隙式节流
缓冲装置

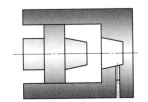

图 18 - 6　圆锥形环隙式节流
缓冲装置

2. 可变节流槽式缓冲

可变节流槽式缓冲是指在缓冲制动过程中保持压力不变，这样，可获得更加稳定的缓冲效果。图 18 - 7 所示即为可变节流槽式缓冲装置。由于在缓冲柱塞沿其轴向开出多条由深至浅的三角节流沟槽，其沟槽横截面积随缓冲行程增大而逐渐减小，因而使缓冲力变化更加平缓。

（三）液压缸的排气装置

液压系统在安装或工作中难免进入空气，油液中渗入的气体具有很大的可压缩性，可导致系统工作不稳定，使液压泵产生气蚀，液压缸产生爬行，或引起振动和噪声等。因此，在设计液压缸时应设有排气装置，以排出积留在缸内的气体。

液压缸的排气装置有多种形式，如图 18 - 8 所示。排气装置为设置在液压缸端头上面的排气孔，当松开排气塞螺钉后，在低压状态下，使活塞往复运动几次，带有气泡的油液就会排出，之后拧紧螺钉即可。对于要求运动精度不是很高的液压缸，往往不设置排气装置，而是将进出油口设在最高处，利用空气较轻的特点，将空气随管路带进油箱，从油箱中将空气排出。

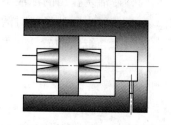

图 18 - 7　可变节流槽式缓冲装置

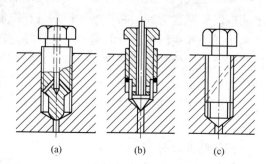

(a)　　　　　　(b)　　　　　　(c)

图 18 - 8　液压缸的排气装置

第二节　液压缸的一般计算与选用

同其他多数液压元件一样，液压缸已经是系列化产品，并且由专业厂家生产。在许多情况下，它的结构形式及相关辅件均可查阅工具书选用而不必重新计算。这里介绍一般计算仅是为了帮助我们掌握液压缸的性能。

液压缸是实现往复直线运动的执行机构，其工作参数主要有两个，即缸体（或活塞杆）的运动速度和输出作用力。液压缸的运动速度等于输入的流量与活塞有效作用面积之比，而输出作用力等于工作压力与有效作用面积的乘积。本书仅讨论单活塞杆双作用液压缸的计算，其他类型液压缸的计算不难解决。

单活塞杆液压缸仅一端带有活塞杆，活塞两侧有效面积不同，在图 18 - 9 中的三种进、出油的情况下，活塞杆的运动速度和作用力各不相同。

一、无杆腔进油，有杆腔回油

无杆腔进油，有杆腔回油也称大进小回，如图 18 - 9（a）所示。此时有效作用面积为活塞大端面积，活塞向右的运动速度为：

$$v_1 = \frac{q}{A_1} = \frac{4q}{\pi D^2} \qquad (18-1)$$

式中　q——输入液压缸的流量；

　　　D——活塞直径。

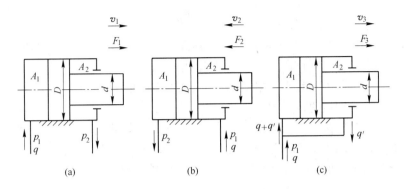

图 18 - 9　单活塞杆液压缸计算简图

（a）无杆腔进油，有杆腔回油；（b）有杆腔进油，无杆腔回油；（c）两腔连接，同时进油而无回油

活塞输出作用力为：

$$F_1 = p_1 A_1 - p_2 A_2 = \frac{\pi}{4} \left[D^2 p_1 - (D^2 - d^2) p_2 \right] \qquad (18-2)$$

式中　p_1，p_2——液压缸的进、回油的压力；

　　　　A_1，A_2——无杆腔、有杆腔的有效作用面积；

　　　　　d——活塞杆直径。

若背压（回油腔压力）很小，可略去不计，则：

$$F_1 = p_1 A_1 = \frac{\pi}{4} D^2 p_1 \qquad (18-3)$$

二、有杆腔进油，无杆腔回油

有杆腔进油，无杆腔回油也称小进大回，如图 18 - 9（b）所示。此时有效作用面积为活塞大端面积减去活塞杆面积，活塞向左运动速度为：

$$v_2 = \frac{q}{A_2} = \frac{4q}{\pi(D^2 - d^2)} \qquad (18-4)$$

活塞输出作用力为：

$$F_2 = p_1 A_2 - p_2 A_1 = \frac{\pi}{4} \left[(D^2 - d^2) p_1 - D^2 p_2 \right] \qquad (18-5)$$

若背压略去不计，则：

$$F_2 = \frac{\pi}{4} (D^2 - d^2) p_1 \qquad (18-6)$$

三、两腔连接同时进油而无回油

两腔连接同时进油而无回油即两进无回，如图 18 - 9（c）所示。此时大小腔同时进油，压力相同，但因油压作用面积不等，可产生差动，此时活塞向右的运动速度为：

$$v_3 = \frac{4q}{\pi d^2} \qquad (18-7)$$

差动时的作用力为：

$$F_3 = \frac{\pi}{4}d^2 p_1 \qquad\qquad (18-8)$$

式（18-7）和式（18-8）表明，差动液压缸的运动速度等于泵的流量与活塞杆面积之比，而其作用力等于工作压力与活塞杆面积的乘积。

比较以上三种情况不难看出，单杆液压缸"大进小回"产生的推力最大，而运动速度最慢，适用于执行机构慢速重载的工作情况；"小进大回"产生的推力较小，而运动速度较快，适用于执行机构快速轻载的返回情况；"两进无回"的差动连接所产生的推力最小，但运动速度最快，适用于实现快速空载运动。有时为了实现差动液压缸快速进（两进无回）、退（小进大回）速度相等，常取活塞杆的面积等于活塞面积的一半，即 $d = 0.7D$，此时 $v_2 = v_3$。

四、液压缸的设计选用

在设计和选用液压缸结构时通常需要考虑的问题和采用方法有如下几点：

（1）液压缸主要参数的选定。额定压力 P_N 一般取决于液压系统，因此液压缸的主要参数就是缸筒内径 D 和活塞杆直径 d 的确定。必须指出的是，在缸筒内径 D 和活塞杆直径 d 确定后，必须修正到符合国家标准 GB/T 2348—1993 的数值，这样才便于选用标准密封件和附件。

（2）液压缸的使用工况及安装条件：

1）工作中有剧烈冲击时，液压缸筒、端盖不能采用脆性材料，如铸铁。

2）排气阀需安装在液压缸油液空腔的最高点，以便排出空气。

3）当行程 S 超过缸筒内径 D 的 8 倍时，不仅需要综合考虑选用足够刚度的活塞杆，还要安装中隔圈。

4）当工作环境污染严重，如较多的灰尘、砂、水分等杂质时，需采用活塞杆防护套。当环境温度较高时，还要增加水冷外套等保护措施。

5）安装方式与负载导向会直接影响活塞杆的弯曲稳定性，其具体要求如下：

① 耳环安装。作用力处在一个平面内，如耳环带有球铰，则可在 ±4°圆锥角内变向。

② 耳轴安装。作用力处在一个平面内，通常较多采用的是前端耳轴和中间耳轴，后端耳轴只用于小型短行程液压缸，因其支承长度较大，影响活塞弯曲稳定性。

③ 法兰安装。作用力与支承中心处在同一轴线上，法兰与支承座的连接应使法兰面承受作用力，而不应使固定螺钉承受拉力。

④ 脚架安装。前端底座需用定位螺钉或定位销，后端底座则用较松螺孔，以允许液压缸受热时，缸筒能伸长，当液压缸的轴线较高，离开支承的距离较大时，底座螺钉及底座刚性应能承受倾覆力矩的作用。

⑤ 负载导向。液压缸活塞不应承受侧向负载力，否则，必然使活塞杆直径过大，导向套长度过长，因此通常对负载加装导向装置。

第三节　液压马达

一、概述

液压马达是将液压能转换成机械能，并能输出旋转运动的液压执行元件。向液压马达通入压力油后，由于作用在转子上的液压力不平衡而产生扭矩，使转子转动。它的结构与液压泵相似，从工作原理上看，任何液压泵都可以作液压马达使用，反之亦然。在液压泵中，泵由外力驱动在排出腔推动液体做功，而在液压马达中，则由有压液体推动马达做功，所以两者受力情况基本相同，只是惯性力和内部的摩擦力是反向的，即液压泵与液压马达具有可逆性。但有时为了更好地改善它们的性能，往往分别采取特殊的结构措施使之不能通用。另外，液压马达与液压泵技术要求的侧重点也有所不同，液压泵一般要求具有较高的容积效率，减少泄漏；而液压马达则希望具有较高的机械效率，得到较大的输出转矩。在实际使用时，液压泵通常为单向旋转，而液压马达多为双向旋转。液压泵的工作转速都比较高，而液压马达往往需要很低的转速，这就使得它们在结构上有所区别。

　　液压马达按结构分类与液压泵基本相同，有齿轮液压马达、叶片液压马达、轴向柱塞马达、径向柱塞马达等。液压马达作为驱动机械旋转运动的元件，与电动机相比有很多优点。如体积小、质量轻、功率大、调速比大、可无级变速、转动惯量小、启动和制动迅速等优点，特别适用于自动控制系统。

　　液压马达的图形符号如图 18 – 10 所示。

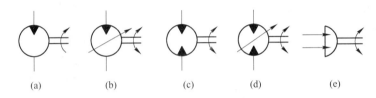

(a)　　　　　(b)　　　　　(c)　　　　　(d)　　　　　(e)

图 18 – 10　液压马达的图形符号

（a）单向定量马达；（b）单向变量马达；（c）双向定量马达；
（d）双向变量马达；（e）摆动式液压马达

二、齿轮液压马达

　　齿轮液压马达的结构和工作原理如图 18 – 11 所示。图中 p 为两齿轮的啮合点。设齿轮的齿高为 h，啮合点 p 到两齿根的距离分别为 a 和 b，由于 a 和 b 都小于 h，因此当压力油作用在齿面上时（如图中箭头所示，凡齿面两边受力平衡的部分都未用箭头表示），在两个齿轮上都有一个使它们产生转矩的作用力 $pB(h-a)$ 和 $pB(h-b)$，其中 p 为输入油液的压力，B 为齿宽，在上述作用力下，两齿轮按图示方向旋转，并将油液带回低压腔排出。

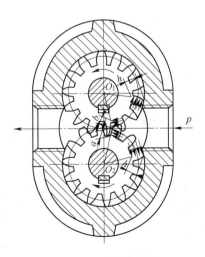

　　和一般齿轮泵一样，齿轮液压马达由于密封性较差，容积效率较低，因此输入的油压不能过高，因而不能产生较大转矩，并且它的转速和转矩都是随着齿轮的啮合情况而脉动的。齿轮液压马达一般多用于高转速低扭矩的情况。

图 18 – 11　齿轮液压马达的
结构和工作原理

齿轮马达的结构与齿轮泵相似，但有以下的特点：

（1）进出油道对称，孔径相等，这使齿轮马达能正反转。

（2）采用外泄漏油孔，因为马达回油腔压力往往高于大气压力，采用内部泄油会把轴端油封冲坏。特别是当齿轮马达反转时，原来的回油腔变成了进油腔，情况将更加严重。

（3）多数齿轮马达采用滚动轴承支撑，以减小摩擦力而使马达启动。

（4）不采用端面间隙补偿装置，以免增大摩擦力矩。

（5）齿轮马达的卸荷槽对称分布。

三、叶片液压马达

（一）工作原理

常用的叶片液压马达为双作用式，所以不能变量，其工作原理如图 18 - 12 所示。压力油从进油口进入叶片之间，位于进油腔的叶片有 3、4、5 和 7、8、1 两组。分析叶片受力情况可知，叶片 4 和 8 两侧均受高压油作用，作用力互相抵消不产生扭矩。叶片 3、5 和叶片 7、1 所承受的压力不能抵消，产生一个顺时针方向转动的力矩 M，而处在回油腔的 1、2、3 和 5、6、7 两组叶片，由于腔中压力很低，所产生的力矩可以忽略不计，因此，转子在力矩 M 的作用下按顺时针方向旋转。若改变输油方向，液压马达即反转。

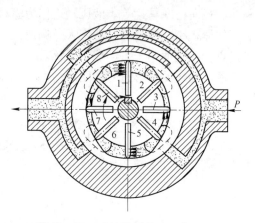

图 18 - 12 叶片液压马达工作原理

（二）YM 型叶片马达结构

图 18 - 13 所示为 YM 型双作用叶片马达的结构图。与相应的 YB 型叶片泵相比，叶片马达有以下几个特点：

（1）叶片底部有弹簧。为了在启动时能保证叶片紧贴在定子内表面上，在叶片底部设置了扭力弹簧 5（燕式弹簧），以防止高、低压油腔串通。

（2）叶片槽径向安放。为适应液压马达能正反两个方向旋转，叶片马达的叶片在转子上径向安放，叶片倾角 $\theta = 0°$，同时，叶片顶部对称倒角。

（3）壳体内设有两个单向阀。为了保证叶片底部在两种转向时都能始终通压力油，以使叶片顶端能与定子内表面压紧，同时又能保证变换进出油口（反转）时不受影响。在叶片马达的壳体上设置了两个类似菱形阀的单向阀，以使叶片底部与进出油口连通，这样可保证高压油在两种转向时都能作用于叶片底部。图 18 - 13（d）为其工作原理示意图。

四、轴向柱塞马达

轴向柱塞马达的工作原理如图 18 - 14 所示。当压力油输入时，处于高压腔中的柱塞

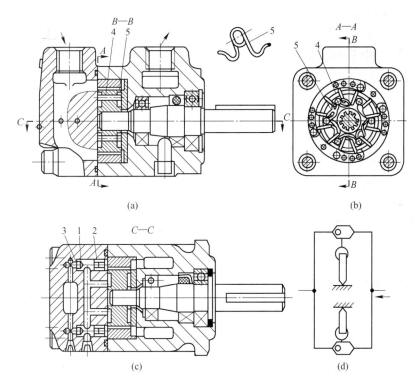

(a)　　　　　　　　　　(b)

(c)　　　　　　　　　　(d)

图 18 – 13　叶片马达的结构图

1—单向阀的钢球；2，3—阀座；4—销；5—燕式弹簧

被顶出，压在斜盘上。设斜盘作用在柱塞上的反力为 F。F 的轴向分力 F_x 与柱塞上的液压力平衡；而径向分力 F_y 则使处于高压腔中的每个柱塞都对转子中心产生一个转矩，使缸体和马达轴旋转。如果改变液压马达压力油的输入方向，马达轴则反转。

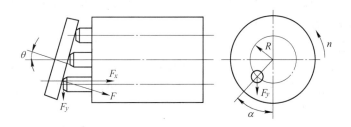

图 18 – 14　轴向柱塞马达的工作原理图

五、液压马达的选用

（一）确定液压马达的主要参数

液压马达的主要参数有排量、工作压力、输出转矩和调速范围等。

（1）各种液压马达实际输出转矩 T：

$$T = \frac{\Delta p \eta_{\mathrm{m}}}{2\pi}$$

$$(18 – 9)$$

式中 T——输出转矩，N·m；

Δp——马达进出口压力差，MPa；

η_m——马达机械效率，%。

（2）转速 n：

$$n = \frac{q\eta_V}{V} \tag{18-10}$$

式中 n——转速，r/min；

q——马达输入流量，L/min；

η_V——马达容积效率，%；

V——马达排量，L/r。

（3）液压马达的排量：

$$V = \frac{T}{\Delta p \eta_m} \tag{18-11}$$

（4）马达输入流量：

$$q = \frac{V\omega_{max}}{\eta_V} \tag{18-12}$$

式中 ω_{max}——液压马达的最大旋转角速度，rad/s。

（二）确定液压马达的工作性能

液压马达的工作性能的确定主要有：

（1）启动性能。液压马达由静止到开始转动的启动状态，其输出的转矩要比运行中的转矩小，这给马达启动造成了困难，所以，启动性能对液压马达来说非常重要。考虑到各种类型的液压马达具有一定的结构差异，其启动性能也不相同，如齿轮马达的机械效率只有 0.6 左右，而高性能低速大扭矩马达的机械效率可达 0.9。因此需要根据系统的工作性质，具体选用具有相应启动机械效率的液压马达，特别是需要液压马达带载启动时，必须注意选择启动性能较好的液压马达。

（2）转速及低速稳定性。液压马达的转速取决于泵的供油量和液压马达本身的排量，输入马达的流量是根据系统执行工作需求确定的，不是马达自身的参数。特别是马达在低速下运转时，往往无法保持稳定的转速，而出现时转时停的所谓爬行状态。因此，在选择低速马达时，应注意它的低速稳定性。

（3）调速范围。负载从低速到高速在很宽的速度范围内工作时，要求液压马达必须能在较大的速度范围内正常工作，否则，需要配置相应的变速机构。因此，在选择马达时，应尽可能选用调速范围较大的马达。一般马达的调速范围采用允许的最大转速和最小转速之比 $i = n_{max}/n_{min}$ 表示，调速范围大的马达应具有较好的高速性能和低速稳定性。

六、液压马达使用注意事项

（1）液压系统的回油一般具有一定的压力，因此，不允许将液压马达的泄油口与其他回油管路连在一起，防止引起马达轴封损坏，导致漏油，即不允许液压马达的泄油腔有压力。

（2）当驱动大惯性负载时，不应简单地用关闭换向阀的方式使马达停车。因为马达突然停车时，由于惯性作用会使马达回油路上的压力大幅度升高，造成管路上的薄弱环节受到冲击损坏，严重时甚至导致马达本身的零部件断裂。为了防止这种现象发生，通常需在马达的回油管路上设置适当的安全阀，以保证系统正常启闭。

（3）应为液压马达配置具有相应黏度的液压油，以防止马达启动时黏度过低、过高，使马达的润滑性降低。

（4）由于液压马达总会存在一定的泄漏，因此，依靠关闭马达的进、出油口来保持其制动状态是不可靠的。通常，当仅仅关闭马达进、出油口时，马达的转轴仍会持续轻微的转动，如果需要较长时间保持制动状态，就需要给马达设置相应的制动装置。

第十九章 液压系统的辅助装置

液压系统中的附属装置包括油箱、蓄能器、滤油器、加热器和冷却器及仪表和显示装置等，是液压系统不可缺少的组成部分。在液压系统中，液压附属装置的数量多（如油管、接头）、分布广（如密封装置），对液压系统和液压元件的正常运行、工作效率、使用寿命等影响极大，是保证液压系统有效地工作的重要元件。因此，在设计、选择、安装、使用和维护时，应给予足够的重视。

第一节 油 箱 装 配

一、油箱装配的组成

油箱装配的组成如图 19 - 1 所示。

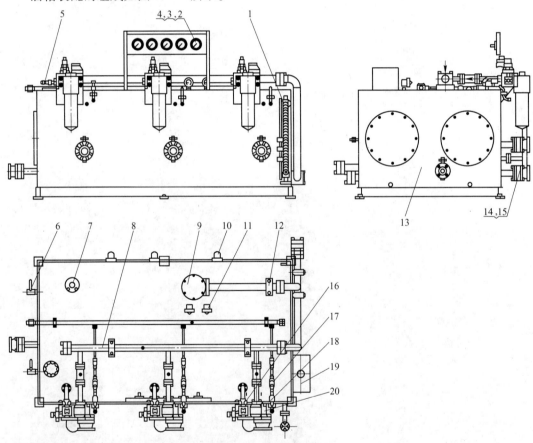

图 19 - 1 油箱装配示意图

1—液位控制指示器；2—耐震压力表；3—测压点接头；4—测压软管；5—空气滤清器；6—球阀；7—回油管；8—管路装配；9—直回式回油过滤器；10—加热器；11—双金属温度计；12—塑料管夹；13—油箱；14—碟阀；15—可挠曲橡胶接管；16—回油过滤器；17—节流阀；18—流量控制器；19—端子箱；20—电接点温度计

油箱装配由液位控制指示器1、耐震压力表2、测压点接头3、测压软管4、空气滤清器5、球阀6、回油管7、管路装配8、直回式回油过滤器9、加热器10、双金属温度计11、塑料管夹12、油箱13、碟阀14、可挠曲橡胶接管15、回油过滤器16、节流阀17、流量控制器18、端子箱19和电接点温度计20等组成。各种液压元件分别安装在油箱的内部和外部油箱上面及四周。油箱还要与泵站的进油管、回油管以及阀站的回油、泄油管路等相连接。

二、油箱装配用液压元件控制原理

油箱装配用液压元件控制原理如图19-2所示。

油箱装配用液压元件见表19-1。

表19-1 油箱装配用液压元件表

液压元件名称	单夹碟阀	球阀	高压胶管	可挠曲橡胶接管
代 号	1	2	3	4
液压元件名称	测压点接头	测压软管	耐震压力表	电加热器
代 号	9	10	11	19
液压元件名称	单向阀	回油过滤器	板式冷却器	油箱
代 号	20	21	22	23
液压元件名称	碟阀	空气滤清器	双金属温度计	液位控制指示器
代 号	24	25	26	27
液压元件名称	直回式回油过滤器	电接点温度计		
代 号	28	29		

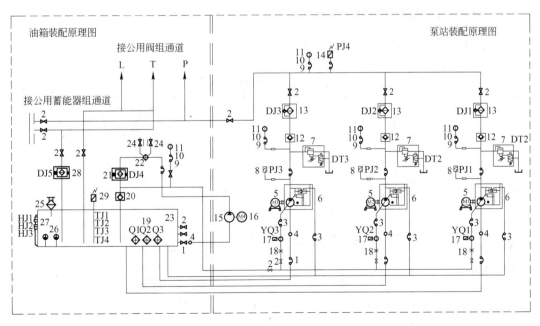

(a)

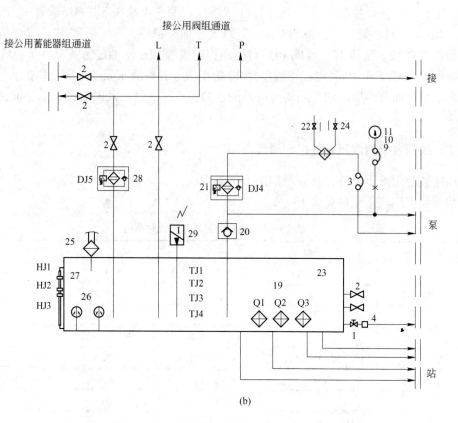

(b)

图 19 - 2　油箱装配用液压元件控制原理

（a）油箱与泵站装配原理图；（b）油箱装配原理图

三、油箱装配用液压元件的控制

油箱装配用液压元件的控制见表 19 - 2。

表 19 - 2　油箱装配用液压元件的控制

电器元件名称	代号	低于10℃	30℃	50℃	55℃	高液位	低液位	超低液位	滤油器堵塞	加热器
电接点温度计	TJ1	+								
	TJ2		+							
	TJ3			+						
	TJ4				+					
液位控制器	HJ1					+				
	HJ2						+			
	HJ3							+		
滤油器发信器	DJ4								+	
	DJ5									+

电器元件名称	代号	低于10℃	30℃	50℃	55℃	高液位	低液位	超低液位	滤油器堵塞	加热器
加热器	YQ1									+
	YQ2									+
	YQ3									+

注：1. 当油温低于10℃，报警，泵不能启动；

　　2. 当油温低于30℃，冷却泵自动停止；

　　3. 当油温高于50℃，冷却泵自动启动；

　　4. 当油温高于55℃，冷却泵自动启动并报警；

　　5. 液位指示器指示超低位置时，所有泵不能启动并报警。

第二节　油　　箱

　　油箱在液压系统中除了储油外，还起着散热、分离油液中的气泡、沉淀杂质等作用。油箱中安装有很多辅件，如冷却器、加热器、空气过滤器及液位计等。

　　油箱可分为开式油箱和闭式油箱两种。开式油箱，箱中液面与大气相通，在油箱盖上装有空气过滤器。开式油箱结构简单，安装维护方便，液压系统普遍采用这种形式。闭式油箱一般用于压力油箱，内充一定压力的惰性气体，充气压力可达 0.05MPa。如果按油箱的形状来分，还可分为矩形油箱和圆筒形油箱。矩形油箱制造容易，箱上易于安放液压器件，所以被广泛采用；圆筒形油箱强度高，质量轻，易于清扫，但制造较难，占地空间较大，在大型冶金设备中经常采用。

一、油箱的功能、分类与特点

功能：

（1）储存系统所需的足够的油液。

（2）散发系统工作中产生的一部分热量。

（3）分离油液中的气体及沉淀污物。

分类：

（1）按油箱液面与大气是否相通分为开式油箱和闭式油箱。

（2）按油箱形状分为矩形油箱和圆筒形油箱。

（3）按液压泵与油箱相对安装位置分为上置式（图 19 - 3（a）、（b）液压泵装在油箱盖上）、下置式（图 19 - 3（d）液压泵装在油箱内浸入油中）和旁置式（图 19 - 3（c）液压泵装在油箱外侧旁边）三种油箱。

特点：

（1）对于上置式油箱，泵运转时由于箱体共鸣引起振动和噪声，对泵的自吸能力要求较高，因此只适合于小泵。

（2）下置式油箱有利于泵的吸油，噪声也较小，但泵的安装、维修不便。

（3）对于旁置式油箱，因泵装在油箱一侧，且液面在泵的吸油口之上，最有利于泵的

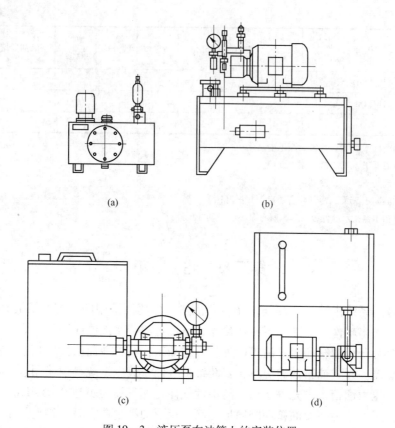

图 19-3 液压泵在油箱上的安装位置

（a）上置式液压站（立式）；（b）上置式液压站（卧式）；（c）旁置式液压站；（d）下置式液压站

吸油、安装及泵和油箱的维修，此类油箱适合于大泵。

二、开式油箱结构设计要点

开式油箱的典型结构如图 19-4 所示。

油箱由钢板焊接而成，大的开式油箱往往用角钢作骨架，蒙上薄钢板焊接而成。油箱的壁厚根据需要确定，一般不小于 3mm，特别小的油箱例外。油箱要有足够的刚度，以便在充油液状态下吊运时，不至于产生永久变形。其设计要点有：

（1）油箱必须有足够大的容积。一方面尽可能地满足散热的要求，另一方面在液压系统停止工作时应能容纳系统中的所有工作介质，而工作时又能保持适当的液位。

（2）吸油管 2 及回油管 4 应插入最低液面以下，以防止吸空和回油飞溅产生气泡。管口

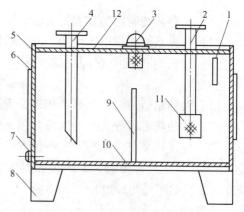

图 19-4 开式油箱结构示意图

1—液位计；2—吸油管；3—空气滤清器；
4—回油管；5—侧板；6—入孔盖；7—放油塞；
8—地脚；9—隔板；10—底板；
11—吸油过滤器；12—盖板

与箱底、箱壁距离一般不小于管径的 3 倍。吸油管可安装 $100\mu m$ 左右的网式或线隙式过滤器，安装位置要便于装卸和清洗过滤器。回油管口要斜切 $45°$ 角并面向箱壁，以防止回油冲击油箱底部的沉积物，同时也有利于散热。回油管至少应伸入最低液面之下 $500mm$，以防止空气的混入。为了减少油管的管口数目，可将各回油管汇总成为回油总管后再通入油箱。回油总管的尺寸应大于各个回油管。

（3）吸油管和回油管之间的距离要尽可能地远些，两者之间应设置隔板 9，以加大液流循环的途径，这样能提高散热、分离空气及沉淀杂质的效果。隔板高度为液面高度的 $2/3 \sim 3/4$。小的油箱可使油经隔板上的孔流到油箱的另一部分。较大的油箱有几块隔板，隔板宽度小于油箱的宽度，使油经过曲折的路径才能缓慢地到达油箱的另一部分。这样来自回油管的油液有足够的时间沉淀污垢并散热。有的隔板上带有 60 目（$0.246mm$）的滤网，它们既可阻留较大的污垢颗粒，又可使油中的空气泡破裂。

若油箱中装的不是油而是乳化液，则不应设置隔板，以免油水分离。此种油箱应使乳化液在箱内流动时能充分搅拌（一般专设搅拌器），才能使油、水充分混合。即便是这种油箱，吸油管也应远离回油管。

（4）为了保持油液清洁，油箱应有周边密封的盖板，盖板上装有空气过滤器，注油及通气一般都由一个空气过滤器来完成。为便于放油和清理，箱底要有一定的斜度，并在最低处设置放油阀。对于不易开盖的油箱，要设置清洗孔，以便于油箱内部的清理。

（5）油箱底部应距地面 $150mm$ 以上，以便于搬运、放油和散热。在油箱的适当位置要设吊耳，以便吊运，还要设置液位计，以监视液位。

（6）泄油管必须和回油管分开，不得合用一根管子。这是为了防止回油管中的背压传入泄油管。一般泄油管段应在液面之上，以利于重力泄油和防止虹吸。

（7）不管何种管子穿过油箱上盖或侧壁时，均靠焊接在上盖或侧壁上的法兰和接头使管子固定和密封。

（8）油箱上盖最好是可拆卸的，但对于可拆卸的油箱上盖需要密封，以防止灰尘等杂物侵入油箱。油面要保持大气压，这就需要使油箱和大气相通，于是在油箱上设置空气滤清器 3 并应兼有注油口的职能。

（9）箱底应略有倾斜，并在最低点设有放油塞 7，以利放净油箱内的油液。

（10）为了便于清洗，较大油箱应在侧壁上设清洗入孔盖 6。应在易于观察的部位设置液位计 1，同时还有测温装置。对于液位计和温度测量装置的信号一般都要进入计算机进行监控。为了控制油温还应设置加热器和冷却器。若油箱装石油基液压油，油箱内壁应涂耐油防锈漆以防生锈。

（11）对油箱内表面的防腐处理要给予充分的注意。常用的方法有：

1）酸洗后磷化。适用于所有介质，但受酸洗磷化槽限制，油箱不能太大。

2）喷丸后直接涂防锈油。适用于一般矿物油和合成液压油，不适合含水液压液。因不受处理条件限制，大型油箱较多采用此方法。

3）喷砂后热喷涂氧化铝。适用于除水－乙二醇外的所有介质。

4）喷砂后进行喷塑。适用于所有介质，但受烘干设备限制，油箱不能过大。

考虑油箱内表面的防腐处理时，不但要顾及与介质的相容性，还要考虑处理后的可加工性、制造到投入使用之间的时间间隔以及经济性，条件允许时采用不锈钢板制成的油箱无疑是最理想的选择。

三、油箱的容量计算

液压泵站的油箱公称容量系列（JB/T 7938—1995）分别为：4L、6.3L、10L、25L、40L、63L、100L、160L、250L、315L、400L、500L、630L、800L、1000L、1250L、1600L、2000L、3150L、4000L、5000L、6300L。

油箱容量与系统的流量有关，一般容量可取最大流量的 3~5 倍。另外，油箱容量大小可从散热角度去设计。计算出系统发热量与散热量，再考虑冷却器散热后，从热平衡角度计算出油箱容量。不设冷却器，自然环境冷却时计算油箱容量的方法如下：

（1）系统发热量计算。在液压系统中，凡系统中的损失都变成热能散发出来。每一个周期中，由于每一个工况其效率不同，因此损失也不同。一个周期发热的功率计算公式为：

$$H = \frac{1}{T} \sum_{i=1}^{n} N_i (1 - \eta_i) t_i \qquad (19-1)$$

式中　H——一个周期的平均发热功率，W；

　　　T——一个周期时间，s；

　　　N_i——第 i 个工况的输入功率，W；

　　　η_i——第 i 个工况的效率；

　　　t_i——第 i 个工况持续时间，s。

（2）散热量计算。当忽略系统中其他地方的散热，只考虑油箱散热时，显然系统的总发热功率 H 全部由油箱散热来考虑。这时油箱散热面积 A 的计算公式为：

$$A = \frac{H}{k\Delta t} \qquad (19-2)$$

式中　A——油箱的散热面积，m^2；

　　　H——油箱需要散热的热功率，W；

　　　Δt——油温（一般以 55℃ 考虑）与周围环境温度的温差，℃；

　　　k——散热系数，与油箱周围通风条件的好坏而不同，通风很差时 $k = 8~9$，良好时 $k = 15~17.5$，风扇强行冷却时 $k = 20~23$，强迫水冷时 $k = 110~175$。

（3）容量的设计。油箱容量的确定，是设计油箱的关键。油箱应有足够的容量，以保证一定的液面高度，防止液压泵吸空。为保证系统中油液全部回流到油箱时不至于溢出，油箱液面不应超过油箱高度的 80%。

油箱的有效容积可按下列数值概略确定：

1）在低压系统中，油箱容量为液压泵公称流量的 2~4 倍。

2）在中压系统中，油箱容量为液压泵公称流量的 5~7 倍。

3）在高压系统中，油箱容量为液压泵公称流量的 6~12 倍。

4）在行走机械中，油箱容量为液压泵公称流量的 1.5~2 倍。

四、油箱装配的其他附件

（一）液位指示和液位发信

在油箱设有液位计和液位发信器，用于对上、下（最高和最低）两个极限液位进行报警和发信。同时还可参与系统 PLC 控制。

（二）温度控制器

油箱设有两个温度控制器，用于对允许的极限温度报警和发信，同时也可参与系统 PLC 控制。液压系统中油液的工作温度一般在 40～60℃ 为宜，最高不能超过 65℃，最低不低于 15℃。油温过高或过低都会影响系统的正常工作。为控制油液温度，油箱上安装冷却器和加热器。油箱要配有单独的循环过滤系统，在规定的设计时间内可将油箱的介质按照控制要求过滤精度冷却一次，以满足液压系统对介质的要求，确保系统在正常范围内运行，介质温度保证自动调节。

（三）空气滤清器

油箱还配有空气滤清器、排污口等油箱必备的管路与其他附件。

（四）检测仪表

为了检查和控制液压系统的工作运行情况，需要对系统及各回路中液压油的工作参数进行必要的监控，需要配有油液的压力表、流量计、温度计。

（1）压力表。压力表通常选用管形弹簧压力表，一般压力表的量程为最高压力的 1.5 倍，对于压力波动比较大的系统，压力表的量程为最高压力的 2 倍，并配有带阻尼耐振压力表。

通常为了检测多点压力时，常常选用带压力表开关的压力表，用一个压力表可检测多点压力。

当需要对压力远程监控时，则采用压力传感器来进行测量。

（2）流量计。在液压系统中，常需要测量并调节液压油的流量，用来控制执行元件的运动速度或定位精度。这时，就需要使用流量计。流量计有许多种类，如涡轮流量仪、齿轮流量仪及测量带等流量测量仪器。

（五）管路

液压系统中使用的油管主要有硬管和软管两大类，其中包括金属软管、橡胶软管、尼龙管及塑料管等，需根据系统的工作压力、使用环境及安装位置正确选用。

1. 硬管

硬管主要包括各种钢管、铜管及尼龙管等，用于连接相对位置不变化的固定元件。

液压系统用管件，应尽量选用硬管，因为硬管耐高压，压力损失相对小，相同压力下比软管体积小，成本低，布置整齐。其中，钢管耐高温、耐腐蚀性和刚性较好，但配管时弯曲比较困难。尼龙管易于成形，其在油液中加热到 60～170℃ 后可弯曲或扩口，冷却后形状可固定不变。耐压能力为 2.5～8MPa。

2. 软管

液压系统中使用的软管主要有橡胶管和塑料管，通常用于两个做相对运动的元件之间的连接。对于金属硬管无法弯曲、难以安装或需要吸收压力脉动、压力冲击以及为补偿油管因热膨胀而产生伸长或安装时容易变形等场合下使用软管。

橡胶软管可分为高压和低压两种。高压橡胶软管由棉纱、金属编织网和耐油橡胶多种夹层硫化而成，其承压能力可达35MPa，可用于高压系统。低压橡胶软管由棉纱层和耐油橡胶层交替硫化而成，低压软管承压能力小于3.5MPa，通常只能做回油管，橡胶软管的工作温度为 -55~150℃。橡胶软管应用较广泛，但寿命较短。

塑料管的内管是塑料，而外管是钢丝编织层。其特点是耐高温，液压阻力小，化学稳定性好，能承受脉动压力。价格便宜、安装方便，但易老化，通常作回油管或泄油管。

3. 管件参数的选择

（1）油管内径 d：

$$d = 2\sqrt{\frac{q}{\pi v}} \tag{19-3}$$

式中　d——油管内径，m；

q——管路中油液的流量，m^3/s；

v——管路中油液的平均流速，m/s。

不同压力流速取值范围不同，高压时，吸油管取 $v=0.5~1.5m/s$，回油管取 $v=0.5~2.5m/s$；压力 $p<3MPa$ 时，取 $v=2.5~3m/s$；$p=3~6MPa$ 时，取 $v=4m/s$；$p\geq6MPa$ 时，取 $v=5m/s$；短管及局部收缩处，取 $p=5~7MPa$。

（2）金属油管的壁厚 δ：

$$\delta = n\frac{pd}{2[\sigma]} \tag{19-4}$$

式中　p——管壁最大工作压力，MPa；

d——油管内径，m；

$[\sigma]$——油管材料的抗拉强度，MPa；

n——安全系数，对于钢管 $p\leq7MPa$ 时，取 $n=8$；$7MPa\leq p\leq17.5MPa$ 时，取 $n=6$；$p>17.5MPa$ 时，取 $n=4$。

（六）管接头

管路用管接头的类型见表 19-3。

表 19-3　管路用管接头的类型

类型	结构图	特点	标准号
焊接式管接头		利用接管与管子焊接。接头体和接管之间用O形密封圈端面密封。结构简单，易制造，密封性好，对管子尺寸精度要求不高。要求焊接质量高，装拆不便。工作压力可达31.5MPa，工作温度为 -25~80℃，适用于以油为介质的管路系统	JB 966~1003—1977

类型	结　构　图	特　　点	标准号
卡套式管接头		利用卡套变形卡住管子并进行密封，结构先进，性能良好，质量轻，体积小，使用方便，广泛应用于液压系统中。工作压力可达 31.5MPa，要求管子尺寸精度高，需用冷拔钢管。卡套精度也高。适用于油、气及一般腐蚀性介质的管路系统	GB 3733.1～3765—1983
扩口式管接头		利用管子端部扩口进行密封，不需其他密封件。结构简单，适用于薄壁管件连接。适用于油、气为介质的压力较低的管路系统	GB 5625.1～5653—1985
插入焊接式管接头		将需要长度的管子插入管接头直至管子端面与管接头内端接触，将管子与管接头焊接成一体，可省去接管，但要求管子尺寸严格适用于油、气为介质的管路系统	JB 3878—1985
锥密封焊接式管接头		接管一端为外锥表面加 O 形密封圈与接头体的内锥表面相配，用螺纹拧紧。工作压力可达 16～31.5MPa，工作温度为 -25～80℃。适用于油为介质的管路系统	JB/T 6381～6385—1992
扣压式胶管接头		安装方便，但增加了一道收紧工序。胶管损坏后，接头外套不能重复使用，与钢丝编织胶管配套组成总成。可与带 O 形圈密封的焊接管接头连接使用。适用于油、水、气为介质的管路系统。介质温度：油 -30～80℃；空气 -30～50℃；水 80℃以下	JB/ZQ 4427～4428—1986
三瓣式胶管接头		装配时不需剥去胶管的外胶层。对胶管外径稍有不同的胶管，靠接头外套对胶管的预压缩量来补偿。胶管的预压缩量在 31%～50% 范围内能保证在工作压力下无渗漏，不会拔胶，外胶层不断裂。可与焊接式管接头，快换接头，卡套式管接头连接使用，适用于油、水、气为介质的管路系统，其工作压力、介质温度按连接的胶管限定	JB/ZQ 4429～4431—1986
快换接头（两端开闭式）		管子拆开后，可自行密封，管道内液体不会流失，因此适用于经常拆卸场合。结构比较复杂，局部阻力损失较大。适用于油、气为介质的管路系统，工作压力低于 31.5MPa，介质温度为 -20～80℃	JB/ZQ 4434—1986
快换接头（两端开放式）		适用于油、气为介质的管路系统，其工作压力介质温度按连接的胶管限定	JB/ZQ 4435—1986

第三节 过 滤 器

过滤器的作用是过滤掉油液中的杂质，降低液压系统中油液污染度，保证系统正常工作。

一、对过滤器的要求

液压油中往往含有颗粒状杂质，会造成液压元件相对运动表面的磨损、滑阀卡滞、节流孔堵塞，以致影响液压系统正常工作和寿命。一般对过滤器的基本要求是：

（1）能满足液压系统对过滤精度的要求，即能阻挡一定尺寸的机械杂质进入系统。

（2）通流能力大，即全部流量通过时，不会引起过大的压力损失。

（3）滤芯应有足够的强度，不会因压力油的作用而损坏。

（4）易于清洗或更换滤芯，便于拆装和维护。

过滤器的过滤精度是指滤芯能够滤除的最小杂质颗粒的大小，以直径 d 作为公称尺寸表示，按精度可分为粗过滤器（$d \leqslant 100\mu m$）、普通过滤器（$d \leqslant 10\mu m$）、精过滤器（$d \leqslant 5\mu m$）、特精过滤器（$d \leqslant 1\mu m$）。

二、过滤器的主要性能参数

过滤器的主要性能参数：

（1）过滤精度（μm）。是指过滤器滤除一定尺寸固体污染物的能力，是选取过滤器首先要考虑的一个重要参数。

（2）压力损失（MPa）。工作介质流经过滤器时，主要是滤芯对介质流动造成阻力，使过滤器的油口两端产生一定的压差（压力降），即压力损失。压力损失在系统设计中应加以考虑，如安装在压力管路上会造成压降，在回油管路上会造成背压。

三、过滤器的类型及特点

常用过滤器的种类及结构特点见表 19 - 4。

表 19 - 4 常用过滤器的种类及结构特点

类型	名称	特 点 说 明
表面型	网式过滤器	（1）过滤精度与金属丝层数及网孔大小有关，在压力管路上常采用 100 目（0.147mm）、150 目（0.104mm）、200 目（0.07mm）的铜丝网，在液压泵吸油管路上常采用 20 ～ 40 目（0.833 ～ 0.370mm）的铜丝网； （2）压力损失不超过 0.004MPa； （3）结构简单，通流能力大，清洗方便，但过滤精度低
	线隙过滤器	（1）滤芯的一层金属依靠小间隙来挡住油液中杂质的通过； （2）压力损失为 0.003 ～ 0.06MPa； （3）结构简单，通流能力大，过滤精度高，但滤芯强度低，不易清洗； （4）用于低压管道口，在液压泵吸油管路上时，它的流量规格宜选得比泵大

类型	名称	特 点 说 明
深度型	纸芯式过滤器	(1) 结构与线隙式相同，但滤芯用平纹或波纹的纸芯增大过滤面积，纸芯制成折叠形； (2) 压力损失约为 0.01 ~ 0.04MPa； (3) 过滤精度高，但堵塞后无法清洗，必须更换纸芯； (4) 通常用于精过滤
	烧结式过滤器	(1) 滤芯由金属微孔杂质通过，改变金属粉末的颗粒大小，就可以制出不同过滤精度的滤芯； (2) 压力损失约为 0.03 ~ 0.2MPa； (3) 过滤精度高，滤芯能承受高压，颗粒易脱落，堵塞后不易清洗； (4) 适用于精过滤
吸附型		(1) 滤芯由永久磁铁制成； (2) 常与其他形式的滤芯结合起来制成复合式过滤器； (3) 对加工钢铁件的机床液压系统特别适用

四、带堵塞指示发信装置的滤油器

为了观察滤油器在工作中的过滤性能，及时发现问题，上述的线隙式和纸芯式等滤油器上装有如图 19 – 5 所示的堵塞指示装置和发信报警装置。当滤芯被杂质堵塞时，流入和流出滤芯内外层的油液压差增大，使堵塞指示发信装置动作，发出指示信号。

堵塞指示发信装置有电磁干簧管式与滑阀式两类。图 19 – 5 (a) 为电磁干簧管式，因污垢积聚而产生的滤芯压差作用在柱塞 1 上，使它和磁钢 2 一起克服弹簧力右移，当压差达到一定值（如 0.35MPa）时，永久磁钢将干簧管 3 的触点吸合，于是电路闭合，发出（灯亮或蜂鸣器鸣叫）信号。图 19 – 5 (b) 为滑阀式堵塞指示装置，当滤油器 4 的滤芯被污垢堵塞时，压差 $(p_1 - p_2)$ 增大，活塞 5 克服弹簧 6 的弹簧力右移，带动指针 7，由指针位置可知滤芯堵塞情况，从而决定是否需要清洗或更换滤芯。

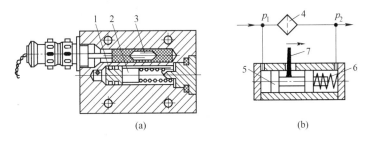

图 19 – 5 堵塞指示发信装置的结构原理
（a）电磁干簧管式；（b）滑阀式
1—柱塞；2—磁钢；3—干簧管；4—滤油器；5—活塞；6—弹簧；7—指针

五、过滤器的选择

选择过滤器时应考虑如下几个方面：

(1) 根据使用目的（用途）选择过滤器的种类，根据安装位置情况选择过滤器的安装形式。

（2）过滤器应具有足够大的通油能力，并且压力损失要小。

（3）过滤精度应满足液压系统或元件所需清洁度要求。

（4）滤芯使用的滤材应满足所使用工作介质的要求，并且有足够强度。

（5）过滤器的强度及压力损失是选择时需重点考虑的因素，安装过滤器后会对系统造成局部压降或产生背压。

（6）滤芯的更换及清洗应方便。

（7）应根据系统需要，考虑选择合适的滤芯保护附件（如带旁通阀的定压开启装置及滤芯污染情况指示器或信号器等）。

选用过滤器的通油能力时，一般应大于实际通过流量的 2 倍以上。过滤器通油能力可按式（19 – 5）计算：

$$Q = \frac{kA\Delta p \times 10^{-6}}{\mu} \tag{19-5}$$

式中　Q——过滤器通油能力，m^3/s；

μ——液压油的动力黏度，$Pa \cdot s$；

A——有效过滤面积，m^2；

Δp——压力差，Pa；

k——滤芯通油能力系数，网式滤芯 $k = 0.34$，线隙式滤芯 $k = 0.17$，纸质滤芯 $k = 0.006$，对于烧结式滤芯：

$$k = \frac{1.04D^2 \times 10^3}{\delta}$$

D——粒子平均直径，m；

δ——滤芯的壁厚，m。

六、过滤器的安装

根据过滤器性能和液压系统的工作环境不同，过滤器在液压系统中有不同的安装位置。具体介绍如下：

（1）过滤器安装在液压泵的吸油管路上。在液压泵吸油管路上安装过滤器（图 19 – 6 中的 1）可使系统中所有元件都得到保护。但要求滤油器有较大的通油能力和较小的阻力（不大于 $10^4 Pa$），否则将造成液压泵吸油不畅，或出现空穴现象，所以一般都采用过滤精度较低的网式过滤器。而且液压泵磨损产生的颗粒仍能进入系统，所以这种安装方式实际上主要起保护液压泵的作用。

（2）过滤器安装在进油管路上。这种安装方式可以保护除泵以外的其他元件（图 19 – 6 中的 2）。由于过滤器在高压下工作，滤芯及壳体应能承受系统的工作压力和冲击压力，压降应不超过 $3.5 \times 10^5 Pa$。为了防止过滤器堵塞而使液压泵过载或引起滤芯破裂，过滤器应安装在溢流阀的分支油路之后，也可与滤油器并联一旁通阀或堵塞指示器。

（3）过滤器安装在回油管路上。由于回油路压力低，这种安装方式可采用强度较低的过滤器，而且允许过滤器有较大的压力损失。它对系统中的液压元件起到间接保护作用。为防备过滤器的堵塞，也要并联一个安全阀（图 19 – 6 中的 3）。

（4）过滤器安装在旁路上。主要装在溢流阀的回路上，并有一安全阀与之并联（图

19-6 中的 4）。这时过滤器通过的只是系统的部分流量，可降低过滤器的容量，这种安装方式还不会在主油路造成压力损失，过滤器也不承受系统的工作压力，但不能保证杂质不进入系统。

（5）单独过滤系统。这是用一个液压泵和过滤器组成的独立于液压系统之外的过滤回路（图 19-6 中的 5）。它与主系统互不干扰，可以不断地清除系统中的杂质。它需要增加单独的液压泵，适用于大型机械的液压系统。

在液压系统中为获得很好的过滤效果，上述这几种安装方式经常综合使用。特别是在一些重要元件（如调速阀、伺服阀等）的前面，安装一个精过滤器来保证它们的正常工作。

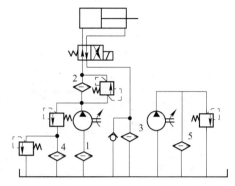

图 19-6　过滤器的安装位置
1~5—过滤器

第四节　热 交 换 器

液压系统中的油温一般应控制在 30~50℃ 范围内，最高不应高于65℃，最低不应低于15℃。油温过高，将使油液迅速老化变质，同时使油液的黏度降低，造成元件内泄漏量增加，系统效率降低；油温过低，使油液黏度过大，造成泵吸油困难。油温的过高或过低都会引发系统工作不正常，为保证油液能在正常的范围内工作，需对系统油液温度进行必要的控制，即采用加热或冷却方式。

一、冷却器

冷却器一般有水冷式和风冷式两种。水冷式冷却器又有蛇形管冷却器和板式冷却器两种。图 19-7 所示为最简单的蛇形管冷却器，它直接安装在油箱内并浸入油液中，管内通水冷却。这种冷却器的冷却效果较好，耗水量大。

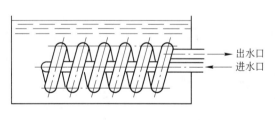

图 19-7　蛇形管冷却器结构示意图

液压系统中用得较多的是一种强制对流式多管冷却器，如图 19-8 所示。油从油口 c 进入，从油口 b 流出；冷却水从右端盖 4 中部的孔 d 进入，通过多根水管 3 从左端盖 1 上的孔 a 流出，油在水管外面流过，三块隔板 2 用来增加油液的循环距离，以改善散热条件，冷却效果较好，散热系列可达 350~580W/(m^2·℃)。

波纹板式冷却器是利用板式人字或斜波纹结构叠加排列形成的接触点，使液流在流速不高的情况下形成紊流，提高散热效果，散热系数可达 230~815W/(m^2·℃)。

液压系统中也可用风冷式冷却器进行冷却。风冷式冷却器由风扇和许多带散热片的管子组成，油液从管内流过，风扇迫使空气穿过管子和散热片表面，使油液冷却。风冷式冷却器结构简单，价格低廉，但冷却效果较水冷式差，散热系数为 116~175W/(m^2·℃)。

冷却器一般都安装在回油管路及低压管路上，图19-9所示为冷却器常用的一种连接方式。安全阀1对冷却器起保护作用；当系统不需要冷却时截止阀2打开，油液直通油箱。

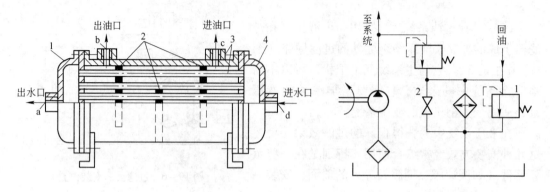

图19-8　对流式多管冷却器

1—左端盖；2—隔板；3—水管；4—右端盖

图19-9　冷却器的连接方式

1—安全阀；2—截止阀

二、冷却器的选择及计算

在选择冷却器时应首先要求冷却器安全可靠、压力损失小、散热效率高、体积小、质量轻等，然后根据使用场合、作业环境情况选择冷却器类型，如使用现场是否有冷却水源，液压站是否随行走机械一起运动，当存在以上情况时，应优先选择风冷式，而后是机械制冷式。具体计算介绍如下：

（1）水冷式冷却器的冷却面积计算：

$$A_s = \frac{N_h - N_{hd}}{k\Delta T_{av}} \qquad (19-6)$$

式中　A_s——冷却器的冷却面积，m^2；

　　　N_h——液压系统发热量，W；

　　　N_{hd}——液压系统散热量，W；

　　　k——散热系数，见表19-5；

　　　ΔT_{av}——平均温差，℃：

$$\Delta T_{av} = \frac{(T_1 + T_2) - (t_1 + t_2)}{2}$$

T_1，T_2——进口和出口油温，℃；

t_1，t_2——进口和出口水温，℃。

表19-5　冷却器的种类及特点

冷却方式	种　类	散热系数 $k/W \cdot (m^2 \cdot ℃)^{-1}$
水冷却方式	管式水冷	350~580
	板式水冷	230~815
风冷却方式	各种方式的风冷	116~175

（2）系统发热量的估算：

$$N_h = N_p(1 - \eta_c) \qquad (19-7)$$

式中　N_p——输入泵的功率，W；

　　　η_c——系统的总效率，合理、高效的系统为 70%～80%，一般系统仅达到 50%～60%。

（3）液压系统散热量的估算：

$$N_{hd} = k_1 A \Delta t \qquad (19-8)$$

式中　k_1——油箱散热系统，W/（$m^2 \cdot ℃$），取值范围见表 19-6；

　　　A——油箱散热面积，m^2；

　　　Δt——油温与环境温度之差，℃。

表 19-6　油箱散热系数

油箱散热情况	散热系数 k_1/W·($m^2 \cdot ℃$)$^{-1}$	油箱散热情况	散热系数 k_1/W·($m^2 \cdot ℃$)$^{-1}$
整体式油箱，通风差	11～28	上置式油箱，通风好	58～74
单体式油箱，通风较好	29～57	强制通风的油箱	142～341

（4）冷却水用量的计算：

$$Q_s = \frac{c_\gamma(T_1 - T_2)}{c_s \gamma_s(t_2 - t_1)}Q \qquad (19-9)$$

式中　Q_s——冷却水用量，m^3/s；

　　　c_γ——油的比热容，一般 $c_\gamma = 2010 J/（kg \cdot ℃）$；

　　　c_s——水的比热容，一般 $c_s = 4187 J/（kg \cdot ℃）$；

　　　γ_s——油的密度，kg/m^3，一般 $\gamma_s = 900 kg/m^3$；

　　　Q——油液的流量，m^3/s。

（5）风冷式冷却器的面积计算：

$$A_f = \frac{N_h - N_{hd}}{k \Delta T_{av}}\alpha \qquad (19-10)$$

式中　α——污垢系数，一般 $\alpha = 1.5$；

　　　ΔT_{av}——平均温差，℃：

$$\Delta T_{av} = \frac{(T_1 + T_2) - (t_1' + t_2')}{2}$$

　　　t_1'，t_2'——进口和出口空气温度，℃：

$$t_2' = t_1' + \frac{N_p}{Q_p \gamma_p c_p} \qquad (19-11)$$

　　　Q_p——空气流量，m^3/s，$Q_p = \dfrac{N_h}{c_p \gamma_p}$；

　　　γ_p——空气密度，kg/m^3，一般 $\gamma_p = 1.4 kg/m^3$；

　　　c_p——空气比热容，$J/（kg \cdot ℃）$，一般 $c_p = 1005 J/（kg \cdot ℃）$。

三、加热器

液压系统中油温过低时可使用加热器，一般常采用结构简单，能按需要自动调节最高最低温度的加热器。电加热器的安装方式如图 19 – 10 所示。电加热器水平安装，发热部分应全部浸入油液中，安装位置应使油箱内的油液有良好的自然对流，单个加热器的功率不能太大，以避免其周围油液过度受热而变质。加热器不一定在每个用户都需要设置，在我国的长江以南地区加热器使用几率非常小，相反在这些地区，需要加大冷却效果，否则由于油温过高使液压系统不能正常工作。冷却器和加热器的图形符号如图 19 – 11 所示。

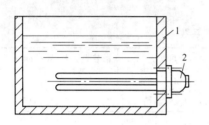

图 19 – 10 加热器安装示意图
1—油箱；2—电加热器

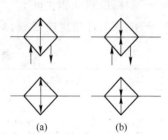

图 19 – 11 热交换器图形符号
（a）冷却器；（b）加热器

（一）油的加热及加热器的发热能力

油液的加热可采用电加热或蒸汽加热等方式，为避免油液过热变质，一般加热管表面温度不允许超过 120℃，电加热管表面功率密度不应超过 3W/cm²。

加热器的发热能力可按式（19 – 12）估算：

$$N \geqslant \frac{c\gamma V \Delta Q}{t} \tag{19 – 12}$$

式中　N——加热器发热能力，W；

　　　c——油的比热容，取 $c = 1680 \sim 2094 J/(kg \cdot ℃)$；

　　　γ——油的密度，取 $\gamma = 900 kg/m^3$；

　　　V——油箱内油液体积，m^3；

　　　ΔQ——油加热后温升，℃；

　　　t——加热时间，s。

（二）电加热器的计算

电加热器的功率 P：

$$P = N/\eta \tag{19 – 13}$$

式中　η——热效率，取 $\eta = 0.6 \sim 0.8$。

液压系统中装设电加热器后，可以较方便地实现液压系统油温的自动控制。

第五节 蓄 能 器

在液压系统中蓄能器占有重要的地位，当系统有多余能量时，蓄能器将液压油的压力能转换成势能储存起来；当系统需要时又能将势能转换成油液的压力能释放出来。图19－12为电炉蓄能器组结构和原理图。

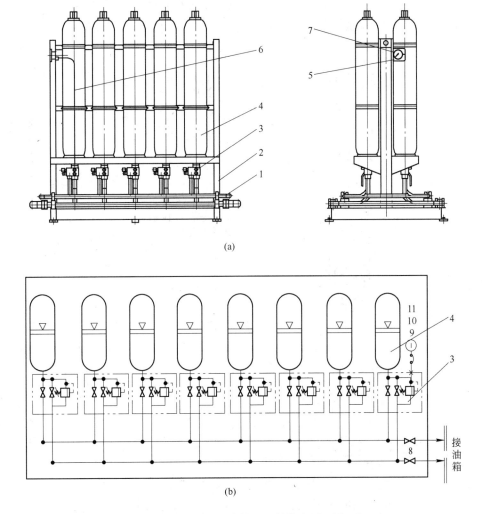

图19－12 电炉蓄能器组结构和原理图

（a）蓄能器组；（b）蓄能器原理图

1—塑料管夹；2—支架；3—囊式蓄能器控制阀组；4—囊式蓄能器；5—测压点接头；6—测压管；
7—耐震压力表；8—球阀；9—测压点接头；10—测压软管；11—压力表

一、蓄能器的类型及特点

蓄能器主要有弹簧式和气体隔离式两种类型，它们的结构简图和特点见表19－7。目前气体隔离式蓄能器应用比较广泛。

表 19 – 7 蓄能器的种类及特点

种 类		结 构 简 图	特 点	用 途	安装要求
气体加载式	气囊式		油气隔离，油不易氧化，油中不易混入气体，反应灵敏，尺寸小，质量轻；气囊及壳体制造较困难，橡胶气囊要求温度范围为 – 20 ~ 70℃	折合型气囊容量大，适于蓄能；波纹型气囊用于吸收冲击	一般充惰性气体（如氮气）。油口应向下垂直安装。管路之间应设置开关（为充气、检查、调节时使用）
	活塞式		油气隔离，工作可靠，寿命长，尺寸小；但反应不灵敏，缸体加工和活塞密封性能要求较高，有定型产品	蓄能、吸收脉动	
	气瓶式		容量大，惯性小，反应灵敏，占地小，没有摩擦损失；但气体易混入油内，影响液压系统运行的平稳性，必须经常灌注新气；附属设备多，一次投资大	适用于需大流量中、低压回路的蓄能	
重锤式			结构简单，压力稳定；体积大，笨重，运动惯性大，反应不灵敏，密封处易漏油，有摩擦损失	仅作蓄能用，在大型固定设备中采用。轧钢设备中仍广泛采用（如轧辊平衡等）	柱塞上升极限位置应设安全装置或信号指示器，应均匀地安置重物
弹簧式			结构简单，压力稳定；体积大，笨重，运动惯性大，反应不灵敏，密封处易漏油，有摩擦损失	仅作蓄能用，在大型固定设备中采用。轧钢设备中仍广泛采用（如轧辊平衡等）	柱塞上升极限位置应设安全装置或信号指示器，应均匀地安置重物

二、蓄能器在液压系统中的作用

蓄能器在液压系统中的作用见表 19 – 8。

表19-8　蓄能器在液压系统中的作用

用　途	系　统　图	用　途	系　统　图
对于间歇负荷，能减少液压泵的传动功率。当液压缸需要较多油量时，蓄能器与液压泵同时供油；当液压缸不工作时，液压泵给蓄能器充油，达到一定压力后液压泵停止运转		保持系统压力：补充液压系统的漏油，或用于液压泵长时期停止运转而要保持恒压的设备上	
在瞬间提供大量压力油		驱动二次回路：机械在由于调整检修等原因而使主回路停止时，可以使用蓄能器的液压能来驱动二次回路	
紧急操作：在液压装置发生故障和停电时，作为应急的动力源		稳定压力：在闭锁回路中，由于油温升高而使液体膨胀，产生高压可使用蓄能器吸收，对容积变化而使油量减少时，也能起补偿作用	
缓和冲击及消除脉动用			
吸收液压泵的压力脉动		缓和冲击：如缓和阀在迅速关闭和变换方向时所引起的水锤现象	

注：1. 缓和冲击的蓄能器，应选用惯性小的蓄能器，如气囊式蓄能器、弹簧式蓄能器等。

　　2. 缓和冲击的蓄能器，一般尽可能安装在靠近发生冲击的地方，并垂直安装，油口向下。如实在受位置限制，垂直安装不可能时，再水平安装。

　　3. 在管路上安装蓄能器，必须用支板或支架将蓄能器固紧，以免发生事故。

　　4. 蓄能器应安装在远离热源地的地方。

三、蓄能器的性能和用途

蓄能器的性能和用途见表19-9。

表 19 – 9 各种蓄能器的性能和用途

类 型				性 能						用 途		
				响应	噪声	容量的限制	最大压力/MPa	漏气	温度范围/℃	蓄能用	吸收脉动冲击用	传递异性液体用
气体加载式	隔离式	可挠型	气囊式	良好	无	有(480L左右)	35	无	–10~120	可		
			隔膜式	良好		有(0.95~11.4L)	7	无	–10~70			
			直通气囊式	好		有				不可	很好	不可
			金属波纹管式	良好		有	21			可		
		非可挠型	活塞式	不太好	有	可作成较大容量		小量	–50~120		不太好	可
			差动活塞式				45	无				
	非隔离式			良好	无		5	有	无限制	可	可	不可
	重力加载式			不好	有	有	45	—	–50~120		不好	可
	弹簧加载式						1.2	—			不太好	可

四、蓄能器的容量计算

蓄能器的容量计算见表 19 – 10。

表 19 – 10 蓄能器的容量计算

应用场合	容积计算公式	说 明
作辅助动力源	$$V_0 = \dfrac{V_x (p_1/p_0)^{\frac{1}{n}}}{1 - (p_1/p_2)^{\frac{1}{n}}}$$	V_0—所需蓄能器的容积，m^3； p_0—充气压力，Pa，按 $0.9p_1 > p_0 > 0.25p_2$ 充气； V_x—蓄能器的工作容积，m^3； p_1—系统最低压力，Pa； p_2—系统最高压力，Pa； n—指数，等温时取 $n = 1$；绝热时取 $n = 1.4$
吸收泵的脉动	$$V_0 = \dfrac{AkL (p_1/p_0)^{\frac{1}{n}} \times 10^3}{1 - (p_1/p_2)^{\frac{1}{n}}}$$	A—缸的有效面积，m^2； L—柱塞行程，m； k—与泵的类型有关的系数：单缸单作用 $k = 0.60$，单缸双作用 $k = 0.25$，双缸单作用 $k = 0.25$，双缸双作用 $k = 0.15$，三缸单作用 $k = 0.13$，三缸双作用 $k = 0.06$； p_0—充气压力，按系统工作压力的 60% 充气
吸收冲击	$$V_0 = \dfrac{0.4 m v^2}{2 p_0} \left[\dfrac{10^3}{\left(\dfrac{p_2}{p_0} \right)^{0.285} - 1} \right]$$	m—管路中液体的总质量，kg； v—管中流速，m/s； p_0—充气压力，Pa，按系统工作压力的 90% 充气

注：1. 充气压力应按应用场合选用。

   2. 蓄能器工作循环在 3min 以上时，按等温条件计算，其余均按绝热条件计算。

五、蓄能器的安装和使用

蓄能器的安装和使用应注意：

（1）充气式蓄能器应将油口向下垂直安装，以使气体在上，液体在下；装在管路上的蓄能器要有牢固的支持架装置。

（2）液压泵与蓄能器之间应设单向阀，以防止压力油向液压泵倒流；蓄能器与系统连接处应设置截止阀，供充气、调整、检修使用。

（3）应尽可能将蓄能器安装在靠近振动源处，以吸收冲击和脉动压力，但要远离热源。

（4）蓄能器中应充氮气，不可充空气和氧气。充气压力一般为系统最低工作压力的85% ～90%。

（5）蓄能器在充油状态下不能拆卸。

（6）在蓄能器上不能进行焊接、铆接、机械加工。

（7）备用气囊应存放在阴凉、干燥处。气囊不可折叠，而要用空气吹到正常长度后悬挂起来。

（8）蓄能器上的铭牌应置于醒目位置，铭牌上不能喷漆。

蓄能器一般都已标准化、系列化，在选用时可直接选型并向生产厂家直接购买。

第六节　液 压 介 质

一、液压介质的种类

液压介质的种类主要有石油基液压油和阻燃液压油两大类，见表 19 – 11。

表 19 – 11　液压介质分类

类型	种类	成分	牌号
石油基液压油	普通液压油	以汽轮机油分馏为基础油，添加了抗氧剂、抗腐剂、抗磨剂、消泡剂及防锈剂等调和而成	YA – N32、YA – N46、YA – N68
	抗磨液压油	在普通液压油的基础上增添了抗磨剂，提高了高压高速工作条件下的耐磨性	N22、N32、N46、N68
	低温液压油	利用低凝点的机械油或汽轮机油，添加了抗氧剂、抗腐剂、抗磨剂、消泡剂、防锈剂、防凝剂和增黏剂等调和而成。具有较好的黏温特性、低温工作性能和抗剪切性能，适用于 –25 ～ –35℃低温地区使用	YC – N32、YC – N46、YC – N68
	高黏度指数液压油	将低黏度的变压器油分馏后加增黏剂、抗磨剂、油性剂、消泡剂、抗氧剂等调和而成。其黏温特性比低温液压油好，适用于高精密度机床	冬季用牌号：YD – N22、YD – N32；夏季用牌号：YD – N46
	专用液压油		
	机械油		
	汽轮机油		
阻燃液压油	合成型　水-乙二醇液	含有35% ～55%的水，其余为能溶于水的乙二醇、丙二醇或其聚合物，加入水溶性的增黏剂、抗磨剂、防锈剂、消泡剂等调和而成。具有良好的抗燃性、低温流动性以及黏温特性，使用寿命长，适用于要求防火的工作环境，使用温度为 –20 ～50℃。缺点为润滑性差，汽化压力高，易产生气泡，与石油基液压油混合使用时易生成淤泥，黏度随水含量减少而显著增加	

类型	种类		成 分	牌 号
阻燃液压油	合成型	磷酸酯液压液	在磷酸酯中加入抗氧剂、抗腐蚀剂、酸性吸收剂、消泡剂等调而而成。具有良好的润滑性、阻燃性及抗氧化性，不易挥发，对大多数金属不产生腐蚀作用。使用温度为 – 6 ~ 65℃，适用于高压系统。缺点是混入水分时会发生水解并生成磷酸使金属腐蚀，对环境污染严重，有刺激性气味和轻度毒性	
	油水乳化型	水包油乳化液	含油量仅为 5% ~ 10%，其余为水及各种添加剂。润滑性差，仅适用于水压机系统	
		油包水乳化液	由 40% 的水和 60% 的精制矿物油，再加乳化剂等调制而成的以油为连续相、水为分散相的乳化剂。具有矿物油优点：润滑性、防锈性及抗燃性等较好，在冶金液压系统应用较多。缺点是使用温度不能高于 65℃，乳化稳定性差	
	高水基型工作液	含 5% 矿物油	以 95% 的水为基体，加入 5% 的精制矿物油及各种添加剂调制而成的乳化液。适用中低压系统	
		不含油	由 95% 的水和 5% 含有多种水溶性添加剂调制的浓缩液混合而成的乳化液，适用中低压系统	
		含 5% 高级润滑油	由 95% 的水和 5% 含有高级润滑油与多种添加剂调制的浓缩液混合而成，适用中低压系统	

二、液压介质的 ISO 分类法

国际标准化组织（ISO）将液压介质分为矿油型液压油和抗燃型液压油两大类，各类液压介质的组别代号以及和我国组别代号对照见表 19 – 12。

表 19 – 12 国际标准化组织各类液压介质的组别代号和我国组别代号对照

名 称		我国代号	ISO 代号	特 性
矿油型液压油	汽轮机油	HU	HH	无添加剂
	普通液压油	YA	HL	有添加剂
	抗磨液压油	YB	HM	
	低温液压油	YC	HV	
	高黏度指数液压油	YD		
抗燃型液压液	水包油乳化液	YRA	HFA	HFAL 无抗磨性；HFAM 有抗磨性
	油包水乳化液	YRB	HFB	HFBL 无抗磨性；HFBM 有抗磨性
	水-乙二醇液压液	YRC	HFC	HFCL 无抗磨性；HFCM 有抗磨性
	磷酸酯液压液	YRD	H（F）DR	不含水
	卤代烃液压液		H（F）DS	不含水
	磷酸酯和卤代烃混合液		H（F）DT	不含水
	其他合成液压液		H（F）DU	不含水

三、液压油的密度

液压油的密度见表 19 – 13。

表 19 – 13　液压油的密度

介质种类	矿油型液压油	水包油乳化液	油包水乳化液	水-乙二醇液压液	脂肪酸酯液压液	高水基液压液
密度/kg·m^{-3}	850~960	990~1000	910~960	1030~1080	1120~1200	1000

第二十章 液压系统基本回路与液压系统的设计

冶金机械的工作机构和工作部件，为了完成工作任务和规定的动作，必须克服一定的工作阻力和力矩、速度的大小和相应的变化、运动方向按规定的变换以及实现所要求的工作循环等，当采用液压传动时，上述功能则由液压基本回路或其组合来完成的。所以液压基本回路是由液压元件组成并能完成特定功能的油路。应当指出的是，要实现某一种功能的液压系统可以由多种基本回路构成。因此，熟悉并掌握基本液压回路的原理和特点，对于分析和设计液压系统是十分重要的。以下讨论的液压系统中较常用的一些液压基本回路，主要有压力控制回路、速度控制回路和方向控制回路等。

第一节 压力控制回路

压力控制回路是用来控制液压系统或系统中某一部分的压力，以满足执行机构对力或扭矩的要求。

一、调压回路

（一）限压回路

图 20 - 1 所示为变量泵与溢流阀组成的限压回路。系统正常工作时，溢流阀关闭，系统压力由负载决定；当负载压力超过溢流阀的开启压力时，溢流阀打开，这时系统压力为最大值。此溢流阀起限压、安全作用。

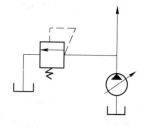

图 20 - 1 限压回路

（二）多级调压回路

当液压系统调压范围较大或工作机构需要两种以上不同的工作压力时，需要采用多级调压回路。图 20 - 2 所示为多级调压回路。图 20 - 2 （a）为二级调压回路，当两个压力阀的调定压力值满足 $p_A > p_B$ 时，液压系统可通过二位二通阀得到 p_A、p_B 两种压力；图 20 - 2（b）中溢流阀 A、B、C 的流量都应与泵的流量一致；而图 20 - 2 （a）中，溢流阀 A 与泵的流量一致，B 为小流量溢流阀。

二、保压回路

有些执行机构在某一工作阶段需要液压泵卸荷，或当系统压力变动时，为保持执行机构稳定的压力，可在液压系统中设置保压回路。图 20 - 3 所示为由液控单向阀 4 和电接点式压力表 5 实现自动补油的保压回路。换向阀 3 的 1YA 通电，压力油进入液压缸 6 的上腔。当上腔压力达到电接点式压力表预定的上限值时，电接点式压力表发出信号，使换向阀 3 换成中位，这时泵 1 卸荷，液压缸由液控单向阀保压；由于回路存在泄漏，经过一段

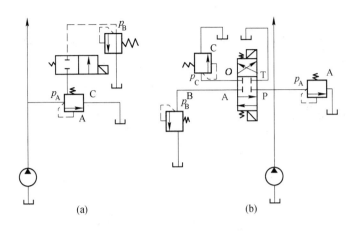

图 20 – 2　多级调压回路

（a）二级调压；（b）三级调压

时间后，液压缸上腔的压力将下降到预定的下限值，这时电接点式压力表又发出信号，使 1YA 通电，压力油对液压缸上腔补油，使其压力回升。如此反复，直到保压过程结束。这种回路的保压时间长，压力稳定性好。

三、减压回路

当多执行机构系统中某一支油路需要稳定或低于主油路的压力时，可在系统中设置减压回路。一般在所需的支路上串联减压阀即可得到减压回路，如图 20 – 4 所示。图 20 – 4（a）所示为单向减压阀组成的单级减压回路，换向阀 1 左位工作时，液压泵同时向液压缸 3、4 供压力油，进入缸 4 的油压由溢流阀调定，进入缸 3 的油压由单向减压阀 2 调定，缸 3 所需的工作压力必须低于缸 4 所需的工作压力。图 20 – 4（b）所示为二级减压回路，主油路压力由溢流阀 5 调定，压力为 p_1，减压油路压力为 p_2·（$p_2 <$ p_1）。换向阀 8 为图示位置时，p_2 由减压阀 6 调定；当换向阀在下位工作时，p_2 由阀 7 调定。阀 7 的调定压力必须小于阀 6 的调定的压力。一般减压阀的调定压力至少比主系统压力低 0.5MPa，减压阀才能稳定地工作。

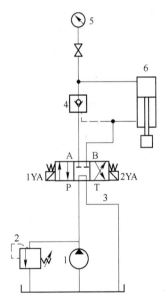

图 20 – 3　自动补油保压回路

1—液压泵；2—溢流阀；3—换向阀；

4—液控单向阀；5—电接点式

压力表；6—液压缸

四、卸荷回路

当液压系统的执行机构短时间停止工作或者停止运动时，为了减少能量损失，应使泵在空载（或输出功率很小）的工况下运行。这种工况称为卸荷，这样既能节省功率损耗，又可延长泵和电动机的使用寿命。

图 20 – 5 所示为几种卸荷回路。图 20 – 5（a）采用具有 H 型（或 M 型、K 型）滑阀

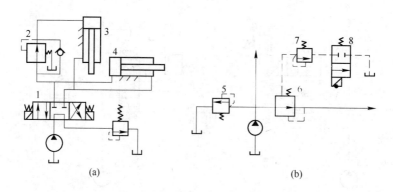

图 20 - 4 减压回路

（a）单级减压回路；（b）二级减压回路

1—换向阀；2—单向减压阀；3，4—液压缸；5，7—溢流阀；6—减压阀；8—二位二通换向阀

中位机能的换向阀构成卸荷回路，其结构简单，但不适用于一泵驱动两个或两个以上的执行元件系统。图 20 - 5（b）是由二位二通电磁换向阀组成的卸荷回路，该换向阀的流量应和泵的流量相适应，宜用于中小流量系统中。图 20 - 5（c）是将二位二通电磁换向阀安装在溢流阀的远控油口处。卸荷时，二位二通阀通电，泵的大部分流量经溢流阀流回油箱，此处的二位二通阀为小流量的换向阀。

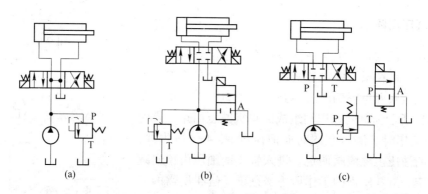

图 20 - 5 卸荷回路

（a）换向阀式卸荷回路；（b）二位二通阀式卸荷回路；（c）先导溢流阀式卸荷回路

五、顺序动作回路

机器和机构在一个工作循环中，常有几个工序，其动作由几个液压缸来完成，尽管工序繁多、动作复杂，但是在各个动作之间都有一定的次序关系。如果回路中各个液压缸都按规定动作的顺序依次动作，称为顺序控制。实现顺序控制的回路，则称为顺序动作回路。顺序控制配合电气控制一起即可实现操作过程的自动化。

（一）压力控制顺序动作回路

图 20 - 6 所示为由顺序阀构成的压力控制顺序回路。换向阀 1 在图示位置时，液压缸

6 左腔进油，这时顺序阀 4 关闭，液压缸 6 右行到位后，遂使系统压力升高，顺序阀 4 开启，液压缸 7 的活塞右行直至到位；当换向阀 1 电磁铁通电时，液压缸 7 左行到位后，这时系统压力升高，顺序阀 2 开启，液压缸 6 活塞左行直至到位。这样完成了从①→②→③→④工序顺序动作。

为了保证顺序阀动作的可靠性，顺序阀的调定压力比前一动作所需最大压力高出 1MPa 左右。压力冲击和运动部件的卡死都会引起顺序阀的误动作，因此这种回路只适用于缸数不多、负载变化不大的场合。

图 20 - 7 所示为压力继电器控制的压力顺序回路。1YA 通电，液压缸 5 右行到位后，系统压力升高，压力继电器 3 发出信号，使 3YA 通电；液压缸 6 活塞右行直至到位；当 1YA、3YA 断电，4YA 通电时，液压缸 6 活塞先左行到位，遂使系统压力升高，压力继电器 4 发出信号，使 2YA 通电，液压缸 5 活塞左行直至到位，这样实现了从①→②→③→④工序顺序动作。为了防止继电器误发信号，一般压力继电器的调定压力比先一动作的最高压力高出 0.3 ~ 0.5MPa，且应比溢流阀的调定压力值至少低 0.3 ~ 0.5MPa，压力继电器控制的顺序回路可靠性差，只宜用于负载变化不大的场合，且同一系统中压力继电器不宜用得过多。

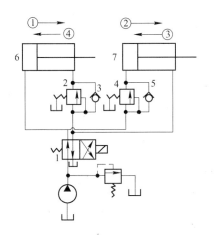

图 20 - 6　顺序阀构成的压力控制顺序回路
1—换向阀；2，4—顺序阀；
3，5—单向顺序阀；6，7—液压缸

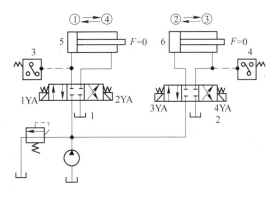

图 20 - 7　压力继电器控制的压力顺序回路
1，2—换向阀；3，4—压力继电器；5，6—液压缸

（二）行程控制顺序动作回路

图 20 - 8 所示为用电磁换向阀进行行程控制的顺序动作回路。系统工作时，先开动油泵，使二位四通电磁换向阀 1 通电；压力油进入液压缸 4 的右腔，使活塞按箭头①所示方向向左移动，活塞运动达到要求位置时，挡铁压下行程开关，而使电磁换向阀 2 通电，压力油进入液压缸 5 的右腔，使活塞按箭头②所示方向向左移动；活塞运动达到要求位置时，挡铁压下行程开关，而使电磁换向阀 3 通电，压力油进入液压缸 6 的右腔，使活塞按箭头③所示方向向左移；活塞运动达到要求位置时，挡铁压下行程开关，而使电磁换向阀 1 断电，压力油进入液压缸 4 的左腔，使活塞按箭头④所示方向向右移动；活塞运动达到要求位置时，挡铁压下行程开关，而使电磁换向阀 2 断电，压力油进入液压缸 5 的左腔，使活塞按箭头⑤所示方向向右移，活塞运动达到要求位置时，挡铁压下行程开关，而使电

磁换向阀 3 断电，压力油进入液压缸 6 的左腔，使活塞按箭头⑥所示方向向右移动。活塞运动达到要求位置时，挡铁压下行程开关，而使油泵停止工作（或进行下一个顺序动作）。根据电磁铁状态，可以做出电磁铁动作表，见表 20 - 1。

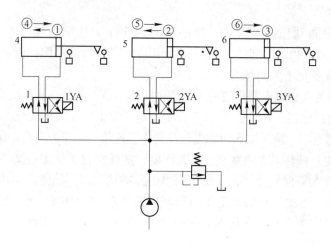

图 20 - 8　用电磁换向阀进行行程控制的顺序动作回路

1 ~ 3—换向阀；4 ~ 6—油缸

表 20 - 1　电磁铁动作顺序表

动　作	电　磁　铁　状　态			动　作	电　磁　铁　状　态		
	1YA	2YA	3YA		1YA	2YA	3YA
←①	+	−	−	④→	−	+	+
←②	+	+	−	⑤→	−	−	+
←③	+	+	+	⑥→	−	−	−

　　行程控制的动作可靠，调整行程也比较方便，改变电路后还可以改变动作顺序，调整灵活，所以这种回路应用较广。

六、平衡回路

　　为了防止立式液压缸及其随行工作部件在悬空停止期间因自重而自行下滑，或在下行运动中由于自重造成失控、超速、不稳定运动，可在液压缸下行的回路上设置能产生一定的背压液压元件，构成平衡回路。

　　图 20 - 9（a）所示为采用单向顺序阀的平衡回路。单向顺序阀的调定压力应能平衡因工作部件自重在液压缸下腔所形成的压力。当换向阀左位工作时，活塞下行，由于单向顺序阀产生的背压能平衡运动部件的自重，因此不会产生超速现象，但活塞下行时有较大的功率损失。为减少功率损失可采用远控式单向顺序阀，如图 20 - 9（b）所示，当换向阀右位接入回路时，油液经单向阀进入液压缸有杆腔，活塞上升，无杆腔回油至油箱；当换向阀左位接入回路时，只有当进油压力达到远控顺序阀的调定压力时，活塞才能下降，有杆腔回油经顺序阀的节流口回油箱。这时若下降速度超过了设计速度，则无杆腔由于油泵供油不足而压力下降（或出现真空），顺序阀心在弹簧力的作用下，自动关小（或关

闭）节流口，以增大回油阻力，消除超速现象。这种回路背压较小，提高了回路效率，但是由于顺序阀的泄漏，悬停时运动部件总要缓慢下降。对要求停止位置准确或停留时间较长的液压系统，可采用液控单向阀的平衡回路，如图20-10所示，当换向阀3处于中位时，液控单向阀4关闭，缸6活塞停止运动并被锁紧，同图20-9（b）中的液控顺序阀一样，当换向阀右位切入回路时，压力油进入液压缸上腔，同时打开液控单向阀，活塞下行。回路中的液控单向阀可以克服活塞下行时因自重而超速运动，但短时超速运动可能出现，这种超速运动会引起液压缸上腔压力变化，使液控单向阀时开时闭，造成运动不平稳，设置单向节流阀5可以控制流量起到调速作用，同时还可以改善运动平稳性。溢流阀2可调节泵1的工作压力。

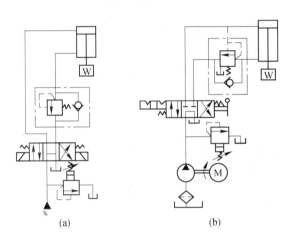

图 20-9 顺序阀平衡回路
（a）单向顺序阀的平衡回路；
（b）远控式单向顺序阀的平衡回路

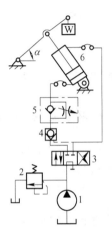

图 20-10 液控单向阀平衡回路
1—可调节泵；2—溢流阀；3—换向阀；
4—液控单向阀；5—单向节流阀；6—液压缸

第二节　速度控制回路

在很多液压装置中，要求能够调节液动机的运动速度，这就需要控制液压系统的流量，或改变液动机的有效作用面积来实现调速。

一、节流阀调速回路

在采用定量泵的液压系统中，利用节流阀或调速阀改变进入或流出液动机的流量来实现速度调节的方法称为节流调速。采用节流调速，方法简单、工作可靠、成本低，但它的效率不高，容易产生温升。

（一）进口节流调速回路

进口节流调速回路如图20-11所示。节流阀设置在液压泵和换向阀之间的压力管路上，无论换向阀如何换向，压力油总是通过节流之后才进入液压缸的。通过调节节流口的大小，控制压力油进入液压缸的流量，从而改变它的运动速度。

（二）出口节流调速回路

出口节流调速回路如图 20 – 12 所示。节流阀设置在换向阀和油箱之间，无论怎样换向，回油总是经过节流阀流回油箱。通过调节节流口的大小，控制液压缸回油的流量，从而改变它的运动速度。

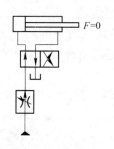

图 20 – 11　进口节流调速回路

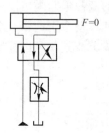

图 20 – 12　出口节流调速回路

（三）旁路节流调速回路

旁路节流调速回路如图 20 – 13 所示。节流阀设置在液压泵和油箱之间，液压泵输出的压力油的一部分经换向阀进入液压缸，另一部分经节流阀流回油箱，通过调节旁路节流阀开口的大小来控制进入液压缸压力油的流量，从而改变它的运动速度。

（四）进出口同时节流调速回路

图 20 – 14 所示为进出口同时节流调速回路，它在换向阀前的压力管路和换向阀后的回路油管各设置一个节流阀，同时进行节流调速。

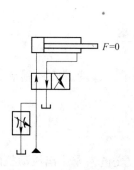

图 20 – 13　旁路节流调速回路

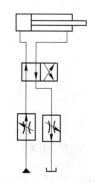

图 20 – 14　进出口同时节流调速回路

（五）双向节流调速回路

在单活塞杆液压缸的液压系统中，有时要求往复运动的速度都能独立调节，以满足工作的需要，此时可采用两个单向节流阀，分别设在液压缸的进出油管路上。

图 20 – 15 所示为双向进口节流调速回路。当换向阀 1 处于图示位置时，压力油经换向阀 1、节流阀 2 进入液压缸左腔，液压缸向右运动，右腔油液经单向阀 5、换向阀 1 流

回油箱。换向阀切换到右端位置时，压力油经换向阀 1、节流阀 4 进入液压缸右腔，液压缸向左运动，左腔油液经单向阀 3、换向阀 1 流回油箱。

图 20 - 16 所示为双向出口节流调速回路，它的工作原理与双向进口节流调速回路基本相同，只是两个单向阀的方向恰好相反。

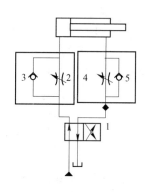

图 20 - 15　双向进口节流调速回路

1—换向阀；2，4—节流阀；3，5—单向阀

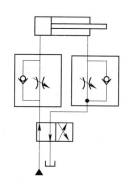

图 20 - 16　双向出口节流调速回路

二、容积调速回路

通过改变液压泵的流量来调节液动机的运动速度的方法称为容积调速。采用容积调速的方法，系统效率高、发热少，但它比较复杂、价格较贵。

（一）开式容积调速回路

图 20 - 17 所示为液压缸直线运动的开式容积调速回路。改变变量泵的流量可以调节液压缸的运动速度，单向阀用以防止停机时系统油液流空，溢流阀 1 在此回路作安全阀使用，溢流阀 2 作背压阀使用。

（二）闭式容积调速回路

图 20 - 18 所示为采用双向变量泵的闭式容积调速回路，改变变量泵的输油方向可以改变液压缸的运动方向，改变输油流量可以控制液压缸的运动速度。图中两个溢流阀 1、2

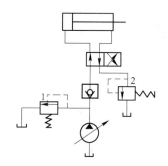

图 20 - 17　开式容积调速回路

1，2—溢流阀

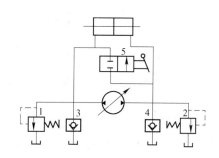

图 20 - 18　闭式容积调速回路

1，2—溢流阀；3，4—单向阀；5—手动滑阀

作安全阀使用，单向阀 3、4 在液压缸换向时可以吸油以防止系统吸入空气，手动滑阀 5

的启闭可以控制液压缸的开停。

三、速度换接回路

有些工作机构，要求在工作行程的不同阶段有不同的运动速度，这时可采用速度换接回路。速度换接回路的作用是将一种运动速度转换成另一种运动速度。

图 20 – 19 所示为用行程阀实现速度换接回路。在图示位置时，液压缸右腔回路经行程阀 3 流回油箱，活塞快速向右运动。当达到预定位置时，活塞上的挡块压下行程阀 3，使液压缸右腔回油必须通过节流阀 2 流回油箱，活塞慢速向右运动；当换向阀换至左位工作时压力油经单向阀 1 进入液压缸右腔，活塞向左运动。当活塞挡块脱离行程阀 3 后压力油经行程阀 2 进入液压缸右腔，活塞快速向左运动。

图 20 – 20 所示为两调速阀串联两工进速度换接回路，通过控制电磁换向阀实现速度的换接。当 1YA 通电，活塞向右快进；当 3YA 通电为一工进，调速阀 A 控制速度；当 4YA 同时也通电时，为二工进，调速阀 B 控制速度，该回路中调速阀 B 的通流面积必须小于调速阀 A。当一工进换接为二工进时，因调速阀 B 中始终有压力油通过，定差减压阀处于工作状态，故执行机构的速度换接平稳性较好。

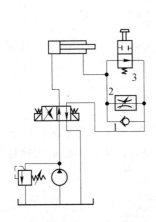

图 20 – 19　用行程阀实现速度换接回路
1—单向阀；2—节流阀；3—行程阀

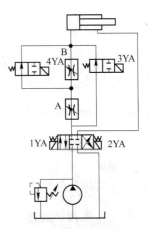

图 20 – 20　两调速阀串联两工进速度换接回路
A，B—调速阀

第三节　方向控制回路

在液压系统中，执行元件的启动、停止、改变运动方向是通过控制元件对液流实行通、断改变流向来实现的，这些回路称为方向控制回路。

一、换向回路

图 20 – 21 所示为启停回路。二位二通换向阀控制液流的通和断，以控制执行机构的运动与停止。图示位置时，油路接通。当电磁铁通电时，油路断开，泵的排油经溢流阀流回油箱。

图 20 – 22 所示为换向阀换向回路。当三位四通换向阀左位工作时，液压缸活塞向右

运动；当换向阀中位工作时，活塞停止运动；当换向阀右位工作时，活塞向左运动。同样，采用 O 型、Y 型、M 型等换向阀也可实现油路的通与断。

图 20-23 所示为差动缸回路。当二位三通换向阀左位工作时，液压缸活塞快速向左运动，构成差动回路。当换向阀右位工作时，活塞向右运动。

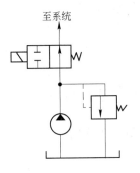

图 20-21　启停回路

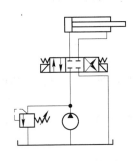

图 20-22　换向阀换向回路

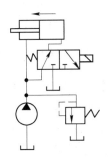

图 20-23　差动缸回路

二、锁紧回路

为了使油泵处于卸荷状态时，液压缸活塞能停在任意位置上，并防止其停止后因外界影响而发生漂移或窜动，采用锁紧回路。锁紧回路的功能是切断执行元件的进出油路，要求切断动作可靠、迅速、平稳、持久。通常把能将活塞固定在液压缸的任意位置的液压装置称为液压锁。锁紧锁在电炉中常在电极升降液压缸和倾炉液压缸中用到，目的是防止油路出现压力不足或管路突然爆裂而使液压缸中的油液自动泄漏而带动液压缸失控造成事故。锁紧回路常见的有以下几种：

（1）滑阀机能为 O 型或 M 型的三位换向阀的锁紧回路。图 20-24 所示为三位四通 M 型滑阀机能的电磁换向阀 1 对液压缸 2 进行锁紧。当电磁阀换向阀 1 的两电磁铁断电时，滑阀恢复中位，液压缸被锁住。

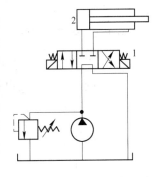

图 20-24　换向阀锁紧回路
1—电磁换向阀；2—液压缸

这种锁紧回路活塞在其行程的任何位置上锁紧。但因它是依靠阀心堵住液压缸进出油口来锁紧的，不可避免有泄漏现象，故锁紧精度较差。

（2）用液控单向阀的锁紧回路。图 20-25 所示为在液压缸的进出油路上都装有液控单向阀 2 和 3 来对液压缸进行锁紧的。当电磁阀 1 的左电磁铁通电时，液压泵来的压力油经液控单向阀 2 进入液压缸右腔，同时经控制油路将液控单向阀 3 打开，使液压缸 4 左腔的油液能流回油箱，活塞便向左运动。同理，当电磁阀 1 的右电磁铁通电时，油路换向，活塞右行。

应当指出，这种锁紧回路所采用的换向阀必须是 Y 型或 H 型滑阀机能，否则，在锁紧精度上会受到影响。

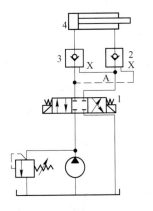

图 20-25　液控单向阀的锁紧回路
1—电磁阀；2，3—单向阀；4—液压缸

这种锁紧回路可以使活塞在其行程的任何位置上锁紧，其锁紧精度高，一般只受油缸内部漏损的影响。

三、多缸控制回路

多缸控制回路就是用一个压力油源来控制几个液压缸同时动作或单个动作，这种控制回路分串联和并联两种。

（一）串联控制回路

图 20 - 26 所示为用 M 型滑阀机能的换向阀将各液压缸油路串联起来的回路。这种回路有如下缺点：

（1）同一时间内只宜一个液压缸工作，因为在这种回路中，同时工作的液压缸油压之和等于油泵供油的压力。

（2）所有换向阀都要适应油泵的供油量，型号必须加大。

（3）3 个或更多个的换向阀串联地配置，阻力增大，使液压系统效率降低。

（4）回油背压随着液压缸位置不同是不一样的。

综合上述情况，应尽量少用这种回路。

（二）并联控制回路

图 20 - 27 所示为在主油路上并联多个支油路，通过换向阀来控制液压缸动作。这些液压缸可以同时工作，也可以单独工作，但是当各液压缸均不工作时，需要采取措施使液压泵卸荷。液压泵的供油量必须满足在同一时间内几个液压缸同时工作所需的总流量，其油压必须满足液压缸最高压力要求。

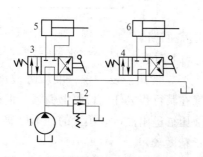

图 20 - 26　串联控制回路

1—油泵；2—溢流阀；3，4—换向阀；5，6—液压缸

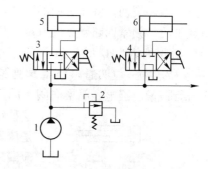

图 20 - 27　并联控制回路

1—油泵；2—溢流阀；3，4—换向阀；5，6—液压缸

第四节　同 步 回 路

多个液压缸带动同一个构件运动时，它们的动作应该保持一致。这在电炉液压系统中常见的有两个炉盖提升液压缸共同提升一个炉盖，在倾炉中使用两个倾炉液压缸推动弧形架做倾炉工作等，都需要使两个液压缸保持同步进行。但是有很多因素影响执行机构运动

的一致，这些因素是负载、摩擦、泄漏、制造精度和结构变形上的差异。同步回路的功能
是尽管存在着这些差异而仍能使各缸的运动一致，也就是运动同步，即指各缸的运动速度
和最终达到的位置相同。

一、液压缸机械连接的同步回路

液压缸机械连接的同步回路是用刚性梁、齿
轮、齿条等机械零件在两个液压缸的活塞杆间建
立刚性连接，由此来实现位移的同步。图 20-28
（a）所示为刚性梁连接的同步回路；图 20-28
（b）所示为采用齿轮齿条连接的同步回路。这些
同步方法较为简单经济，能基本上保证位置同步
的要求。但由于连接的机械零件在制造和安装上
的误差，因此不易获得较高的同步精度。此外，
用刚性梁的机械连接，当两缸的负载差别较大时，
常会发生卡死现象。

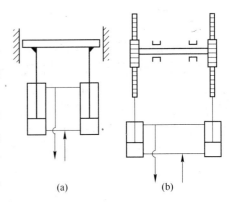

图 20-28　机械连接的同步回路
（a）刚性梁连接的同步回路；
（b）齿轮齿条连接的同步回路

二、串联液压缸的同步回路

图 20-29 所示为两个液压缸油路串联的同步回路。如果这两个串联油腔的有效断面
积相等，便可以实现两个液压缸的位移同步。这种同步回路的缺点是对密封性的要求较
高，同时由于液压缸制造的误差，内部泄漏和混入空气等原因均能影响同步精度。为了提
高同步精度，消除同步失调的毛病，就要对两液压缸连接油路采取补油措施。如图 20-30
所示的回路中，液压缸 1 和 2 是单活塞杆的，液压缸 2 右侧有杆腔的有效断面积和液压缸
1 左端无杆腔的断面积相等，所以能够得到相同的运动速度。当两个活塞每一往复运动后
相对位置产生误差时，可以用液压缸上的特殊结构来加以消除，以免下一次往复运动时产
生误差的积累。例如操纵换向阀使活塞换向后，液压缸 2 的活塞比液压缸 1 的活塞先到达
左端，这时液压缸 2 左端盖上的小顶杆 b 推开单向阀 3，使液压缸 1 的左腔的油液能从液

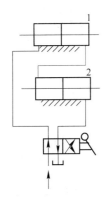

图 20-29　串联液压缸的同步回路
1，2—液压缸

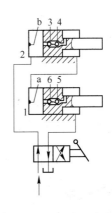

图 20-30　采用补油措施的串联液压缸的同步回路
1，2—液压缸；3~6—单向阀

压缸 2 活塞杆的单向阀 4 和 3 流回油箱，这样液压缸 1 中的活塞也能到达左端。同样如果液压缸 1 中的活塞先到达左端，则小顶杆 a 将单向阀 6 顶开，压力油就能经单向阀 5 和 6 继续进入液压缸 2 右腔，使液压缸 2 的活塞继续运动到达左端。

三、并联液压缸的同步回路

两个液压缸并联，在每个液压缸相对应油路上串联节流阀或调速阀，调节节流阀，便可使经过两个并联液压缸的流量相等。在这种同步运动中，如果所应用的流量控制阀是节流阀，则由于通过节流阀的流量受高温和负载的影响较大，因而同步精度较差，一般只用于油温变化小的情况。若所应用的是调速阀（即带压力、温度补偿的调速阀），就可使通过此阀的流量不受负载和油温变化的影响，而只受泄漏等因素的影响，因而可获得较高的同步精度，其适应的油温变化和负载变化都比使用节流阀为大。应用流量控制阀的并联液压缸同步回路的结构简单，造价低，所以应用较为普遍。流量控制阀可安装在各液压缸的进油路上，也可安装在各液压缸的回油路上。

图 20 – 31 所示为进油节流控制的同步回路。从油泵来的压力油经调速阀 1 和 2 分别到达液压缸 6 和 7 上腔，调节流量阀就能使这两液压缸同步升降。手动换向阀 3 是控制液动阀动作的，液动阀 4 和 5 是操纵液压缸换向的。图 20 – 32 所示为液压缸单侧进出节流控制的同步回路，其中几个单向阀的作用是使通过流量阀的流向一定，以适应流量阀的流向要求。当调节流量阀 2 和 3 时，可以使液压缸 4 和 5 实现同步。

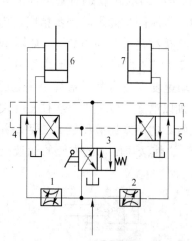

图 20 – 31 进油节流控制的同步回路
1，2—调速阀；3—手动换向阀；
4，5—液动阀；6，7—液压缸

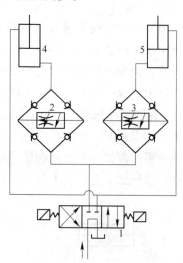

图 20 – 32 单侧进出油节流控制的同步回路
1—换向阀；2，3—流量阀；4，5—液压缸

四、用分流阀（同步阀）的同步回路

当两个油缸的负载发生偏差时，一般的流量阀不能随之自动做相应的变化，就会出现较大的同步误差，此时应用分流阀的同步回路就可解决这个问题。图 20 – 33 所示为高炉液压炉顶采用的分流阀的同步回路。压力油经分流阀 4 流到液压缸 5 和 6，使这 4 个液压

缸同步上升。当把油液接到油箱时，液压缸在自重的作用下，实现同步下降。

五、用流量控制阀的同步回路

在两个并联液压缸的进油或回油路上分别接两个完全相同的调速阀，仔细调整调速阀的开口大小，可实现两缸在同方向上的速度同步。该回路不易调整，遇到偏载或负载变化大时，同步精度不高。在图 20－34 中，用分流集流阀代替调速阀控制进入或流出两液压缸的流量，实现两缸两个方向的速度同步。遇有偏载时，同步作用靠分流集流阀自动调整，使用方便。回路中的单向节流阀 2 用来控制活塞的下降速度；液控单向阀 4 是防止活塞停止时，因两缸负载不同而通过分流集流阀的内节流孔窜油。此回路压力损失大，不宜用于低压系统中。

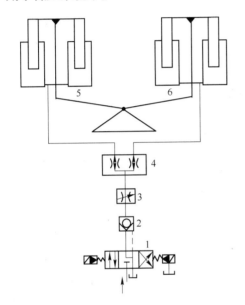
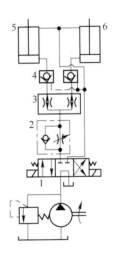

图 20－33　分流阀的同步回路
1—换向阀；2—单向阀；3—节流阀；
4—分流阀；5，6—液压缸

图 20－34　分流集流阀的同步回路
1—三位四通换向阀；2—单向节流阀；3—分流集流阀；
4—液控单向阀；5，6—液压缸

第五节　液压系统的设计

一、液压系统的设计步骤与设计要求

液压传动系统是液压机械的一个组成部分，液压传动系统的设计要同主机的总体设计同时进行。着手设计时，必须从实际情况出发，有机地结合各种传动形式，充分发挥液压传动的优点，力求设计出结构简单、工作可靠、成本低、效率高、操作简单、维修方便的液压传动系统。

（一）设计步骤

液压系统的设计步骤并无严格的顺序，各步骤间往往要相互穿插进行。一般来说，在明确设计要求之后，大致按如下步骤进行：

（1）确定液压执行元件的形式；

（2）进行工况分析，确定系统的主要参数；

（3）制定基本方案，拟定液压系统原理图；

（4）选择液压元件；

（5）液压系统的性能验算；

（6）绘制工作图，编制技术文件。

（二）明确设计要求

设计要求是进行每项工程设计的依据。在制定基本方案并进一步着手液压系统各部分设计之前，必须把设计要求以及与该设计内容有关的其他方面了解清楚。

（1）主机的概况：用途、性能、工艺流程、作业环境、总体布局等；

（2）液压系统要完成哪些动作，动作顺序及彼此连锁关系如何；

（3）液压驱动机构的运动形式，运动速度；

（4）各动作机构的载荷大小及其性质；

（5）对调速范围、运动平稳性、转换精度等性能方面的要求；

（6）自动化程序、操作控制方式的要求；

（7）对防尘、防爆、防热、安全可靠性等的要求；

（8）对效率、成本等方面的要求。

二、制定基本方案和绘制液压系统图

（一）制定基本方案

1. 制定调速方案

液压执行元件确定之后，其运动方向和运动速度的控制是拟定液压回路的核心问题。

方向控制用换向阀或逻辑控制单元来实现。对于一般中小流量的液压系统，大多通过换向阀的有机组合实现所要求的动作。对高压大流量的液压系统，现多采用插装阀与先导控制阀的逻辑组合来实现。

速度控制通过改变液压执行元件输入或输出的流量或者利用密封空间的容积变化来实现。相应的调整方式有节流调速、容积调速以及二者的结合——容积节流调速。

节流调速一般采用定量泵供油，用流量控制阀改变输入或输出液压执行元件的流量来调节速度。此种调速方式结构简单，由于这种系统必须用闪流阀，故效率低，发热量大，多用于功率不大的场合。节流调速又分别有进油节流、回油节流和旁路节流三种形式。进油节流启动冲击较小，回油节流常用于有负载荷的场合，旁路节流多用于高速。

容积调速是靠改变液压泵或液压马达的排量来达到调速的目的。其优点是没有溢流损失和节流损失，效率较高。但为了散热和补充泄漏，需要有辅助泵。此种调速方式适用于功率大、运动速度高的液压系统。

容积节流调速一般是用变量泵供油，用流量控制阀调节输入或输出液压执行元件的流量，并使其供油量与需油量相适应。此种调速回路效率也较高，速度稳定性较好，但其结构比较复杂。

调速回路一经确定，回路的循环形式也就随之确定了。节流调速一般采用开式循环形式。在开式系统中，液压泵从油箱吸油，压力油流经系统释放能量后，再排回油箱。开式回路结构简单，散热性好，但油箱体积大，容易混入空气。容积调速大多采用闭式循环形式。在闭式系统中，液压泵的吸油口直接与执行元件的排油口相通，形成一个封闭的循环回路。其结构紧凑，但散热条件差。

2. 制定压力控制方案

液压执行元件工作时，要求系统保持一定的工作压力或在一定压力范围内工作，也有的需要多级或无级连续地调节压力。一般在节流调速系统中，通常由定量泵供油，用溢流阀调节所需压力，并保持恒定。在容积调速系统中，用变量泵供油，用安全阀起安全保护作用。

在有些液压系统中，有时需要流量不大的高压油，这时可考虑用增压回路得到高压，而不用单设高压泵。液压执行元件在工作循环中，某段时间不需要供油，而又不便停泵的情况下，需考虑选择卸荷回路。

在系统的某个局部，工作压力需低于主油源压力时，要考虑采用减压回路来获得所需的工作压力。

3. 制定顺序动作方案

主机各执行机构的顺序动作，根据设备类型不同，有的按固定程序运行，有的则是随机的或人为的。

4. 选择液压动力源

液压系统的工作介质完全由液压源来提供，液压源的核心是液压泵。节流调速系统一般用定量泵供油，在无其他辅助油源的情况下，液压泵的供油量要大于系统的需油量，多余的油经溢流阀流回油箱，溢流阀同时起到控制并稳定油源压力的作用。容积调速系统多数是用变量泵供油，用安全阀限定系统的最高压力。

为节省能源提高效率，液压泵的供油量要尽量与系统所需流量相匹配。对在工作循环各阶段中系统所需油量相差较大的情况，一般采用多泵供油或变量泵供油。对长时间所需流量较小的情况，可增设蓄能器作辅助油源。

油液的净化装置是液压源中不可缺少的。一般泵的入口要装有粗过滤器，进入系统的油液根据被保护元件的要求，通过相应的精过滤器再次过滤。为防止系统中杂质流回油箱，可在回油路上设置磁性过滤器或其他形式的过滤器。根据液压设备所处环境及对温升的要求，还要考虑加热、冷却等措施。

（二）绘制液压系统图

整机的液压系统图由拟定好的控制回路及液压源组合而成。各回路相互组合时要去掉重复多余的元件，力求系统结构简单。注意各元件间的连锁关系，避免误动作发生。要尽量减少能量损失环节，提高系统的工作效率。

为便于液压系统的维护和监测，在系统中的主要路段要装设必要的检测元件（如压力表、温度计等）。设备的关键部位要附设备用件，以便意外事件发生时能迅速更换（如电弧炉的电极升降在线设置备用阀），保证主要连续工作。各液压元件尽量采用国产标准件，在图中要按国家标准规定的液压元件职能符号的常态位置绘制。对于自行设计的非标准元件可用结构原理图绘制。系统图中应注明各液压执行元件的名称和动作，注明各液压元件的序号以及各电磁铁的代号，并附有电磁铁、行程阀及其他控制元件的动作表。

三、液压元件的选择与专用件设计

（一）液压泵的选择

（1）确定液压泵的最大工作压力 p_{max}：

$$p_{max} \geq p_1 + \sum \Delta p \tag{20-1}$$

式中　p_1——液压缸或液压马达最大工作压力，MPa；

$\sum \Delta p$——从液压泵出口到液压缸或液压马达入口之间总的管路损失，$\sum \Delta p$ 的准确计算要待元件选定并绘出管路图时才能进行，初算时可按经验数据选取：管路简单、流速不大的，取 $\sum \Delta p = 0.2 \sim 0.5$ MPa；管路复杂，进口有调压阀的，取 $\sum \Delta p = 0.5 \sim 1.5$ MPa。

（2）确定液压泵的流量 Q_p。多液压缸或液压马达同时工作时，液压泵的输出流量应为：

$$Q_p \geq k \sum Q_{max} \tag{20-2}$$

式中　k——系统泄漏系数，一般取 $k = 1.1 \sim 1.3$；

$\sum Q_{max}$——同时动作的液压缸或液压马达的最大总流量，对于电弧炉来说最大流量可能会出现在倾炉、电极升降或炉盖提升三种情况中的其中一种。对于在工作过程中用节流调速的系统，还须加上溢流阀的最小溢流量，一般取 0.5×10^{-4} m³/s。

系统使用蓄能器作辅助动力源时：

$$Q_p \geq \sum_{i=1}^{n} \frac{k V_i}{T_i} \tag{20-3}$$

式中　k——系统泄漏系数，一般取 $k = 1.2$；

T_i——液压设备工作周期，s；

V_i——每一个液压缸或液压马达在工作周期中的总耗油量，m³；

n——液压缸或液压马达的个数。

（3）选择液压泵的规格。根据以上求得的 p_{max} 和 Q_p 值，按系统中拟定的液压泵的形式，从产品样本或选型手册中选择相应的液压泵。为使液压泵有一定的压力储备，所选泵的额定压力一般要比最大工作压力大 25% ~ 60%。

（4）确定液压泵的驱动功率。在工作循环中，如果液压泵的压力和流量比较恒定，即 $p-t$、$Q-t$ 图变化较平缓，则：

$$P = \frac{p_p Q_p}{\eta_p} \tag{20-4}$$

式中　p_p——液压泵的最大工作压力，Pa；

Q_p——液压泵的流量，m³/s；

η_p——液压泵的总效率，参考表 20-2 选择。

表 20 - 2　液压泵的总效率

液压泵类型	齿轮泵	螺杆泵	叶片泵	柱塞泵
总效率 η_p	0.6 ~ 0.7	0.65 ~ 0.80	0.60 ~ 0.75	0.80 ~ 0.85

限压式变量叶片泵的驱动功率可按流量特性曲线拐点处的流量、压力值计算。一般情况下，可取 $p_p = 0.8 p_{p_{max}}$，$Q_p = Q_n$，则：

$$P = \frac{0.8 p_{p_{max}} Q_n}{\eta_p} \qquad (20 - 5)$$

式中　$p_{p_{max}}$——液压泵的最大工作压力，Pa；

$\quad\quad Q_n$——液压泵的额定流量，m^3/s。

在工作循环中，如果液压泵的流量和压力变化较大，即 $Q - t$、$p - t$ 曲线起伏变化较大，则须分别计算出各个动作阶段内所需功率，驱动功率取其平均功率 P_{pc}：

$$P_{pc} = \sqrt{\frac{P_1^2 t_1 + P_2^2 t_2 + \cdots + P_n^2 t_n}{t_1 + t_2 + \cdots + t_n}} \qquad (20 - 6)$$

式中　t_1，t_2，$\cdots$，t_n——一个循环中每一动作阶段内所需的时间，s；

$\quad\quad P_1$，P_2，$\cdots$，P_n——一个循环中每一动作阶段内所需的功率，W。

按平均功率选出电动机功率后，还要验算一下每一阶段内电动机超载量是否都在允许范围内。电动机允许的短时间超载量一般为 25%。

（二）液压阀的选择

液压阀的选择主要有以下几方面：

（1）阀的规格。根据系统的工作压力和实际通过该阀的最大流量，选择有定型产品的阀件。溢流阀按液压泵的最大流量选取。选择节流阀和调速阀时，要考虑最小稳定流量应满足执行机构最低稳定速度的要求。

控制阀的流量一般要选得比实际通过的流量大一些，必要时也允许有 20% 以内的短时间过流量。

（2）阀的形式。按安装和操作方式选择。

（3）蓄能器的选择。根据蓄能器在液压系统中的功用，确定其类型和主要参数。

1）液压执行元件短时间快速运动，由蓄能器来补充供油，其有效工作容积为：

$$\Delta V = \sum k A_i L_i - Q_p t \qquad (20 - 7)$$

式中　A_i——液压缸有效作用面积，m^2；

$\quad\quad L_i$——液压缸行程，m；

$\quad\quad k$——油液损失系数，一般取 $k = 1.2$；

$\quad\quad Q_p$——液压泵流量，m^3/s；

$\quad\quad t$——动作时间，s。

2）作应急能源，其有效工作容积为：

$$\Delta V = \sum k A_i L_i \qquad (20 - 8)$$

式中　$\sum A_i L_i$——要求应急动作液压缸总的工作容积，m^3。

有效工作容积算出后，根据有关蓄能器的相应计算公式，求出蓄能器的容积，再根据其他性能要求，即可确定所需蓄能器。

（4）管道尺寸的确定。管道内径 d 的计算：

$$d = \sqrt{4Q/\pi v} \qquad (20-9)$$

式中　Q——通过管道内的流量，m^3/s；

　　　v——管内允许流速，m/s，见表 20-3。

表 20-3　允许流速推荐值

管　道	推荐流速 $v/m \cdot s^{-1}$
液压泵吸油管道	0.5～1.5，一般常取 1 以下
液压系统压油管道	3～6，压力高，管道短，黏度小取大值
液压系统回油管道	1.5～2.6

计算出内径 d 后，按标准系列选取相应的管子。

管道壁厚 δ 的计算：

$$\delta = \frac{pd}{2[\sigma]} \qquad (20-10)$$

式中　p——管道内最高工作压力，Pa；

　　　d——管道内径，m；

　　$[\sigma]$——管道材料的许用应力，Pa；

$$[\sigma] = |\sigma_b/n|$$

　　　σ_b——管道材料的抗拉强度，Pa；

　　　n——安全系数，对钢管来说，$p < 7MPa$ 时，取 $n = 8$；$p < 17.5MPa$ 时，取 $n = 6$；$p > 17.5MPa$ 时，取 $n = 4$。

（5）油箱容量的确定。初始设计时，先按经验公式（式（20-11））确定油箱的容量，待系统确定后，再按散热的要求进行校核。

油箱容量 V 的经验公式为：

$$V = \alpha Q_V \qquad (20-11)$$

式中　Q_V——液压泵每分钟排出压力油的容积，m^3；

　　　α——经验系数，见表 20-4。

表 20-4　经验系数 α

系统类型	行走机械	低压系统	中压系统	锻压机械	冶金机械
α	1～2	2～4	5～7	6～12	10

在确定油箱尺寸时，一方面要满足系统供油的要求，还要保证执行元件全部排油时，油箱不能溢出，以及系统中最大可能充满油时，油箱的油位不低于最低限度。

四、设计液压装置，编制技术文件

（一）液压装置总体布局

液压系统总体布局有集中式和分散式。

集中式结构是将整个设备液压系统的油源、控制阀部分独立设置于主机之外或安装在某一房间，组成液压站。电弧炉等炼钢设备是有强烈热源和烟尘污染的冶金设备，一般都是采用集中供油方式。

分散式结构是把液压系统中液压泵、控制调节装置分别安装在设备上适当的地方。机床、工程机械等可移动式设备一般都采用这种结构。

（二）液压阀的配置形式

1. 板式配置

板式配置是把板式液压元件用螺钉固定在平板上，板上钻有与阀口对应的孔，通过管接头连接油管而将各阀按系统图接通。这种配置可根据需要灵活改变回路形式。液压实验台等普遍采用这种配置。

2. 集成式配置

目前液压系统大多数都采用集成形式。它是将液压阀件安装在集成块上，集成块一方面起安装底板作用，另一方面起内部油路作用。这种配置结构紧凑、安装方便。

3. 集成块设计

（1）块体结构。集成块的材料一般为铸铁或锻钢，低压固定设备可用铸铁，高压强振场合要用锻钢。块体加工成正方体或长方体。

对于较简单的液压系统，其阀件较少，可安装在同一个集成块上。如果液压系统复杂，控制阀较多，就要采取多个集成块叠积的形式。相互叠积的集成块，上下面一般为叠积接合面，钻有公共压力油孔 P、公用回油孔 T、泄漏油孔 L 和 4 个用以叠积紧固的螺栓孔。液压泵输出的压力油经调压后进入公用压力油孔 P，作为供给各单元回路压力油的公用油源。各单元回路的回油均通到公用回油孔 T，流回到油箱。各液压阀的泄漏油，统一通过公用泄漏油孔 L 流回油箱。

集成块的其余 4 个表面，一般后面接通液压执行元件的油管，另 3 个面用以安装液压阀。块体内部按系统图的要求，钻有沟通各阀的孔道。

（2）集成块结构尺寸的确定。外形尺寸要求满足阀件的安装、孔道布置及其他工艺要求。为减少工艺孔，缩短孔道长度，阀的安装位置要仔细考虑，使相通油孔尽量在同一水平面或是同一竖直面上。对于复杂的液压系统，需要多个集成块叠积时，一定要保证 3 个公用油孔的坐标相同，使之叠积起来后形成 3 个主通道。

各通油孔的内径要满足允许流速的要求，一般来说，与阀直接相通的孔径应等于所装阀的油孔通径。

油孔之间的壁厚 δ 不能太小，一方面防止使用过程中，由于油的压力而击穿；另一方面避免加工时，因油孔的偏斜而误通。对于中低压系统，δ 不得小于 5mm，高压系统应更大些。

4. 分块式布置

将液压系统按其功能不同进行分块设计，公用压力油管 P、公用回油管 T 和泄漏油管 L。这种设计使查找故障和检修方便。

5. 绘制正式工作图, 编写技术文件

液压系统完全确定后, 要正规地绘出液压系统图。除用元件图形符号表示的原理图外, 还包括动作循环表和元件的规格型号表。图中各元件一般按系统停止位置表示, 如特殊需要, 也可以按某时刻运动状态画出, 但要加以说明。

装配图包括泵站装配图、阀站装配图、管路布置图、操纵机构装配图和电气系统图等。

技术文件包括设计任务书、设计说明书和设备的安装、使用、维护说明书等。

五、进行工况分析, 确定液压系统的主要参数

通过工况分析, 可以看出液压执行元件在工作过程中速度和载荷变化情况, 为确定系统及各执行元件的参数提供依据。

液压系统的主要参数是压力和流量, 它们是设计液压系统、选择液压元件的主要依据。压力决定于外载荷。流量取决于液压执行元件的运动速度和结构尺寸。

(一) 载荷的组成和计算

图 20 - 35 所示为一个以液压缸为执行元件的液压系统计算简图。各有关参数标注于图上, 设 F_w 是作用在活塞杆上的外部载荷, F_m 是活塞与缸壁以及活塞杆与导向套之间的密封阻力。作用在活塞杆上的外部载荷包括工作载荷 F_g、导轨的摩擦力 F_f 和由于速度变化而产生的惯性力 F_a。

(1) 工作载荷 F_g。常见的工作载荷有作用于活塞杆轴线上的重力、切削力、挤压力等。这些作用力的方向如与活塞运动方向相同为负, 相反为正。

(2) 导轨摩擦载荷 F_f:

对于平导轨: $\qquad F_f = \mu(G + F_N)$ $\qquad$ (20 - 12)

对于 V 形导轨: $\qquad F_f = \mu(G + F_N)/\sin\dfrac{\alpha}{2}$ $\qquad$ (20 - 13)

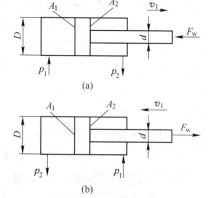

图 20 - 35 液压系统计算简图
(a) 活塞杆受压状态;
(b) 活塞杆受拉状态

式中 G——运动部件所受的重力, N;

$\qquad F_N$——外载荷作用于导轨上的正压力, N;

$\qquad \mu$——摩擦系数, 见表 20 - 5;

$\qquad \alpha$——V 形导轨的夹角, 一般为 90°。

(3) 惯性载荷 F_a:

$$F_a = \frac{G\Delta v}{g\Delta t} \qquad\qquad (20 - 14)$$

式中 g——重力加速度; $g = 9.81\text{m/s}^2$;

$\qquad \Delta v$——速度变化量, m/s;

$\qquad \Delta t$——启动或制动时间, s, 一般机械 $\Delta t = 0.1 \sim 0.5\text{s}$, 对轻载低速运动部件取小值, 对重载高速部件取大值; 行走机械一般取 $|\Delta v/\Delta t| = 0.5 \sim 1.5\text{m/s}^2$。

表 20 – 5　摩擦系数 μ

导轨类型	导轨材料	运动状态	摩擦系数 μ
滑动导轨	铸铁对铸铁	启动时	0.15 ~ 0.20
		低速（$v < 0.16\text{m/s}$）	0.1 ~ 0.12
		高速（$v > 0.16\text{m/s}$）	0.05 ~ 0.08
滚动导轨	铸铁对滚柱（珠）		0.005 ~ 0.02
	淬火钢导轨对滚柱		0.003 ~ 0.006
静压导轨	铸铁		0.005

以上三种载荷之和称为液压缸的外载荷 F_w。

启动加速时：

$$F_w = F_g + F_f + F_a \qquad (20 - 15)$$

稳态运动时：

$$F_w = F_g + F_f \qquad (20 - 16)$$

减速制动时：

$$F_w = F_g + F_f - F_a \qquad (20 - 17)$$

工作载荷 F_g 并非每阶段都存在，如该阶段没有工作，则 $F_g = 0$。

除外载荷 F_w 外，作用于活塞上的载荷 F 还包括液压缸密封处的摩擦阻力 F_m。由于各种缸的密封材质和密封形成不同，密封阻力难以精确计算，一般估算为：

$$F_m = (1 - \eta_m) F \qquad (20 - 18)$$

$$F = \frac{F_w}{\eta_m} \qquad (20 - 19)$$

式中　η_m——液压缸的机械效率，一般取 $\eta_m = 0.90 \sim 0.95$。

（二）液压马达载荷力矩的组成与计算

（1）工作载荷力矩 T_g。常见的载荷力矩有被驱动轮的阻力矩、液压卷筒的阻力矩等。

（2）轴颈摩擦力矩 T_f：

$$T_f = \mu G r \qquad (20 - 20)$$

式中　G——旋转部件施加于轴颈上的径向力，N；

　　　μ——摩擦系数，参考表 20 – 5 选用；

　　　r——旋转轴的半径，m。

（3）惯性力矩 T_a：

$$T_a = J\varepsilon = J\frac{\Delta\omega}{\Delta t} \qquad (20 - 21)$$

式中　ε——角加速度，rad/s^2；

　　　$\Delta\omega$——角速度变化量，rad/s；

　　　Δt——启动或制动时间，s；

　　　J——回转部件的转动惯量，kg·m^2。

启动加速时：

$$T_w = T_g + T_f + T_a \qquad (20 - 22)$$

稳定运行时：

$$T_w = T_g + T_f \qquad (20 - 23)$$

减速制动时：

$$T_w = T_g + T_f - T_a \qquad (20 - 24)$$

计算液压马达载荷转矩 T 时还要考虑液压马达的机械效率 η_m（$\eta_m = 0.9 \sim 0.99$）。

$$T = \frac{T_\mathrm{w}}{\eta_\mathrm{m}} \tag{20-25}$$

根据液压缸或液压马达各阶段的载荷，绘制出执行元件的载荷循环图，以便进一步选择系统工作压力和确定其他有关参数。

（三）初选系统工作压力

压力的选择要根据载荷大小和设备类型而定，还要考虑执行元件的装配空间、经济条件及元件供应情况等的限制。在载荷一定的情况下，工作压力低，势必要加大执行元件的结构尺寸，对某些设备来说，尺寸要受到限制，从材料消耗角度看也不经济；反之，压力选得太高，对泵、缸、阀等元件的材质、密封、制造精度也要求很高，必然要提高设备成本。一般来说，对于固定的尺寸不太受限的设备，压力可以选低一些，行走机械重载设备压力要选得高一些。具体选择可参考表 20-6 和表 20-7。

表 20-6 按载荷选择工作压力

载荷/kN	<5	5~10	10~20	20~30	30~50	>50
工作压力/MPa	<0.8~1	1.5~2	2.5~3	3~4	4~5	≥5

表 20-7 各种机械常用的系统工作压力

机械类型	机 床				农业机械 小型工程机械 建筑机械 液压凿岩机	液压机 大中型挖掘机 重型机械 起重运输机械
	磨床	组合机床	龙门刨床	拉床		
工作压力/MPa	0.8~2	3~5	2~8	8~10	10~18	20~32

（四）计算液压缸的主要结构尺寸和液压马达的排量

1. 计算液压缸的主要结构尺寸

液压缸有关设计参数如图 20-35 所示。图 20-35（a）为液压缸活塞杆工作在受压状态，图 20-35（b）活塞杆工作在受拉状态。

活塞杆受压时：

$$F = \frac{F_\mathrm{w}}{\eta_\mathrm{m}} = p_1 A_1 - p_2 A_2 \tag{20-26}$$

活塞杆受拉时：

$$F = \frac{F_\mathrm{w}}{\eta_\mathrm{m}} = p_1 A_2 - p_2 A_1 \tag{20-27}$$

式中 A_1——无杆腔活塞有效作用面积，m^2，$A_1 = \pi D^2/4$；

A_2——有杆腔活塞有效作用面积，m^2，$A_2 = \pi(D^2 - d^2)/4$；

p_1——液压缸工作腔压力，Pa；

p_2——液压缸回油腔压力，Pa，即背压力，其值根据回路的具体情况而定，初算时可参照表 20-8 取值，差动连接时要另行考虑；

D——活塞直径，m；

d——活塞杆直径，m。

表 20 - 8　执行元件背压力

系　统　类　型	背压力/MPa
简单系统或轻载节流调速系统	0.2 ~ 0.5
回油路带调速阀的系统	0.4 ~ 0.6
回油路设置有背压阀的系统	0.5 ~ 1.5
用补油泵的闭式回路	0.8 ~ 1.5
回油路较复杂的工程机械	1.2 ~ 3
回油路较短，且直接回油箱	可忽略不计

一般，液压缸在受压状态下工作，其活塞面积为：

$$A_1 = \frac{F + p_2 A_2}{p_1} \tag{20 - 28}$$

运用式（20 - 28）须事先确定 A_1 与 A_2 的关系，或是活塞杆径 d 与活塞直径 D 的关系，令杆径比 $\phi = d/D$，其比值可按表 20 - 9 和表 20 - 10 选取。

表 20 - 9　按工作压力选取 d/D

工作压力/MPa	≤5.0	5.0 ~ 7.0	≥7.0
d/D	0.5 ~ 0.55	0.62 ~ 0.70	0.7

表 20 - 10　按速比要求确定 d/D

v_2/v_1	1.15	1.25	1.33	1.46	1.61	2
d/D	0.3	0.4	0.5	0.55	0.62	0.71

注：v_1—无杆腔进油时活塞运动速度，m/s；v_2—有杆腔进油时活塞运动速度，m/s。

$$D = \sqrt{\frac{4F}{\pi[p_1 - p_2(1 - \phi^2)]}} \tag{20 - 29}$$

采用差动连接时，$v_1/v_2 = (D^2 - d^2)/d^2$。如果求往返速度相同时，应取 $d = 0.71D$。

对行程与活塞杆直径比 $L/d > 10$ 的受压柱塞或活塞杆，还要做压杆稳定性验算。

当工作速度很低时，还须按最低速度要求验算液压缸尺寸：

$$A \geqslant \frac{Q_{min}}{v_{min}} \tag{20 - 30}$$

式中　A——液压缸有效工作面积，m^2；

Q_{min}——系统最小稳定流量，m^3/s，在节流调速中取决于回路中所设调速阀或节流阀的最小稳定流量，容积调速中决定于变量泵的最小稳定流量；

v_{min}——运动机构要求的最小工作速度，m/s。

如果液压缸的有效工作面积 A 不能满足最低稳定速度的要求，则应按最低稳定速度确定液压缸的结构尺寸。

另外，如果执行元件安装尺寸受到限制，液压缸的缸径及活塞杆的直径须事先确定时，可按载荷的要求和液压缸的结构尺寸来确定系统的工作压力。

　　液压缸直径 D 和活塞杆直径 d 的计算值要按国标规定的液压缸的有关标准进行圆整。如与标准液压缸参数相近，最好选用国产标准液压缸，免于自行设计加工。常用液压缸内径及活塞杆直径见表 20 – 11。

表 20 – 11　常用液压缸内径 D 及活塞杆直径 d　　　　（mm）

速　比	缸　　径						
	40	50	63	80	90	100	110
1. 46	22	28	35	45	50	55	63
3			45	50	60	70	80
速　比	缸　　径						
	125	140	160	180	200	220	250
1. 46	70	80	90	100	110	125	140
2	90	100	110	125	140		

　　2. 计算液压马达的排量

　　液压马达的排量为：

$$q = \frac{2\pi T}{\Delta p} \tag{20 – 31}$$

式中　T——液压马达的载荷转矩，N·m；

　　　　Δp——液压马达的进出口压差，Pa，$\Delta p = p_1 - p_2$。

　　液压马达的排量也应满足最低转速要求：

$$q \geqslant \frac{Q_{min}}{n_{min}} \tag{20 – 32}$$

式中　Q_{min}——通过液压马达的最小流量；

　　　　n_{min}——液压马达工作时的最低转速。

（五）计算液压缸或液压马达所需流量

　　液压缸工作时所需流量：

$$Q = Av \tag{20 – 33}$$

式中　A——液压缸有效作用面积，m^2；

　　　　v——活塞与缸体的相对速度，m/s。

　　液压马达的流量：

$$Q = qn_m \tag{20 – 34}$$

式中　q——液压马达排量，m^3/r；

　　　　n_m——液压马达的转速，r/s。

（六）绘制液压系统工况图

　　工况图包括压力循环图、流量循环图和功率循环图。它们是调整系统参数、选择液压泵、阀等元件的依据。

（1）压力循环图——$p-t$图。通过最后确定的液压执行元件的结构尺寸，再根据实际载荷的大小，倒求出液压执行元件在其动作循环各阶段的工作压力，然后把它们绘制成 $p-t$图。

（2）流量循环图——$Q-t$图。根据已确定的液压缸有效工作面积或液压马达的排量，结合其运动速度，算出它在工作循环中每一阶段的实际流量，把它绘制成 $Q-t$图。若系统中有多个液压执行元件同时工作，要把各自的流量图叠加起来绘出总的流量循环图。

（3）功率循环图——$P-t$图。绘出压力循环图和总流量循环图后，根据 $P=pQ$，即可绘出系统的功率循环图。

第二十一章 液压系统的安装与维护

第一节 液压系统的安装

一、安装前的准备

液压系统的工作是否稳定可靠，一方面取决于设计是否合理，另一方面也取决于安装的质量。精心的、高质量的安装，会使液压系统运行良好，减少故障的发生。

在安装液压系统之前，首先应备齐各种技术资料，如液压系统原理图、电气原理图、系统装配图，液压元件、辅助元件及管件清单和有关样本。安装人员需要对各种技术文件的具体内容和技术要求逐项熟悉与了解。其次，再按图纸要求做好物质准备，备齐管道、接头及各种液压元件，并检查其型号、规格是否正确，质量是否达到要求，对有缺陷和损坏的应及时更换。

有些液压元件由于运输或库存时侵入了砂土、灰尘或锈蚀，如直接装入液压系统可能会对系统的工作产生不良影响，甚至引发故障。所以，对比较重要的元件在安装前要进行测试，检验其性能，若发现有问题的要拆开清洗，然后重新装配、测试，确保元件工作的可靠性。液压元件属精密机械，对它的拆、洗、装一定要在清洁的环境中进行。拆卸时要做到熟知被拆元件的结构、功用和工作原理，按顺序拆卸。清洗时可用煤油、汽油或和液压系统牌号相同的油清洗。清洗后，不要用棉纱擦拭，以防再次污染。装配时禁止猛打、硬搬、硬拧。如有图纸应参照图纸进行核对。在拆洗过程中对已损坏的零件，如老化的密封件等要进行更换。重新装配好的元件要进行性能和质量的测试。

有油路块的系统要检查油路块上各孔的通、断是否正确，并对通道进行清洗。另外，油箱内部也要清理或清洗。

已清洗干净的液压元件，暂不进行总装时，要用塑料塞子将它们的进、出口都堵住，或用胶带封住以防止脏物侵入。

液压系统的安装包括管道的安装、液压元件安装和系统清洗。

二、管道的安装

管道安装应分两次进行。第一次是预安装，第二次为正式安装。预安装以后，要用20%的硫酸或盐酸的水溶液对管子进行酸洗 30～40min，然后再用 10% 的苏打水中和15min，最后用温水清洗，并吹干或烘干，这样可确保安装质量。管道安装要做到：

（1）管道必须按图纸及实际情况合理布置。大口径的管子或靠近配管支架里侧的管子，应考虑优先敷设。

（2）整机管道排列要整齐、有序、美观、牢固，并便于拆装和维护。管子尽量成水平或垂直两种排列，注意整齐一致，避免管路交叉。管路敷设位置或管件安装位置应便于管子的连接和检修，管路应靠近设备，便于固定管夹。

（3）两条平行或交叉管的管壁之间，必须保持一定距离。当管径不大于 $\phi42$mm 时，最小管距离应不小于 35mm；当管径不大于 $\phi75$mm 时，最小管壁距离应不小于 45mm；当管径不大于 $\phi127$mm 时，最小管壁距离应不小于 55mm。防止互相干扰、振动。

（4）在弯曲部位，管道及软管都要符合相应的弯曲半径，参考图 21 - 1、图 21 - 2 和表 21 - 1、表 21 - 2。弯曲部位不准使用管子焊接而成的直角接头。敷设一组管线时，在转弯处一般采用 90°及 45°两种方式。

（5）为防止管道振动，每相隔一定的距离要安装管夹，固定管子。管夹之间的距离可参考表 21 - 3。

（6）整个管线要求尽量短，转弯处少，平滑过渡，减少上下弯曲，保证管路的伸缩变形，管路的长度应能保证接头及辅件的自由拆装，又不影响其他管路。

（7）管路不允许在有弧度部分内连接或安装法兰。法兰及接头焊接时，须与管子中心线垂直。

（8）管路敷设后，不应对支承及固定部件产生除重力之外的力。

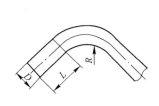

图 21 - 1　弯管

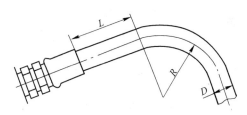

图 21 - 2　软管的弯曲（$L = 6D$）

表 21 - 1　钢管最小弯曲半径　　（mm）

管子外径 D		8	10	14	18	22	28	34	42	50	63	75	90	100
最小弯曲半径 R	热弯	—	—	35	50	65	75	100	130	150	180	230	270	350
	冷弯	25	35	70	100	135	150	200	250	300	360	450	540	700
最短长度 L		20	30	45	60	70	80	100	120	140	160	180	200	250

表 21 - 2　钢丝编织胶管的弯曲半径　　（mm）

层数	胶管内径	6	8	10	13	16	19	22	25	32	38
Ⅰ	胶管外径	15	17	19	23	26	29	32	36	43.5	49.5
	最小弯曲半径	100	110	130	190	220	260	320	350	420	500
Ⅱ	胶管外径	17	19	21	25	28	31	34	37.5	45	51
	最小弯曲半径	120	140	160	190	240	300	330	380	450	500
Ⅲ	胶管外径	19	21	23	27	30	33	36	39	47	53
	最小弯曲半径	140	160	180	240	300	330	380	400	450	500

表 21 - 3　管夹支架距离　　（mm）

管子外径	12	15	18	22	28	34	42	48	60	75	90	120
支架最大距离	300	400	500	600	700	800	900	1000	1200	1800	2500	3500

三、管路的焊接

管路的焊接一般分三步进行：

（1）管道在焊接前，必须对管子端部开坡口，当焊缝坡口过小时，会引起管壁未焊透，造成管路焊接强度不够；当坡口过大时，又会引起裂缝、夹渣及焊缝不齐等缺陷。坡口角度应根据国标要求中最利于焊接的种类执行。坡口的加工最好采用坡口机，采用机械切削方法加工坡口既经济，效率又高，操作又简单，还能保证加工质量。

（2）焊接方法的选择是关系到管路施工质量最关键的一环，必须引起高度重视。目前广泛使用氧气-乙炔焰焊接、手工电弧焊接、氩气保护电弧焊接三种，其中最适合液压管路焊接的方法是氩弧焊接，它具有焊口质量好，焊缝表面光滑、美观，没有焊渣，焊口不氧化，焊接效率高等优点。另两种焊接方法易造成焊渣进入管内，或在焊口内壁产生大量氧化铁皮，难以清除。实践证明：一旦造成上述后果，无论如何处理，也很难达到系统清洁度指标，所以不要轻易采用。如遇工期短、氩弧焊工少时，可考虑采用氩弧焊焊第一层（打底），第二层开始用电焊的方法，这样既保证了质量，又可提高施工效率。

（3）管路焊接后要进行焊缝质量检查。检查项目包括：焊缝周围有无裂纹、夹杂物、气孔及过大咬肉、飞溅等现象；焊道是否整齐、有无错位、内外表面是否突起、外表面在加工过程中有无损伤或削弱管壁强度的部位等。对高压或超高压管路，可对焊缝采用射线检查或超声波检查，提高管路焊接检查的可靠性。

四、液压件的安装

对于冶金用液压系统，由于其体积较大，一般都需要单独设置液压间。对于液压间的空间要求是，保证所有液压系统用零部件的搬运时进、出方便，有足够的吊运空间及吊运设施，有足够的安装、维修操作面积。保持室内空气清洁，上、下水道畅通等。

（一）油箱的安装

（1）按图纸规定和要求进行安装。

（2）油箱安装的位置，对于容积较大的油箱，最近离墙距离应大于 800～1000mm，以便于对油箱上的管道、阀件的安装和维修，箱体和所靠近的墙体要保持等距离。

（3）放油口放油操作方便，油位显示易于观察。

（4）油箱尽量保持水平安放，以保证油液面的水平及便于油箱上的零部件的安装。

（5）油泵是和油箱相连接的部件，由于其体积、质量大，是不易安装的部件且有更换的可能，为此在油箱的该处要留有足够的安装吊运空间。

（6）油箱放正，按上述要求调整好位置后，拧紧油箱的地脚螺栓将油箱固定。

（二）液压泵的安装

首先熟悉图纸，按图纸规定和要求进行，根据各类泵的特点进行安装。

（1）齿轮泵的安装：

1）齿轮泵在更换安装时，首先要分清油泵的进油口和出油口方向，不能装反。传动电动机（或柴油机）的主轴和油泵的主轴中心高度与同心度应当相同，其安装偏差不应大于 0.1mm。同时轴端应留有 2 ~ 3mm 的轴向间隙，以防止轴向窜动后引起电动机轴与齿轮轴相互碰撞，一般应采用挠性联轴器。

2）泵的安装位置，相对油箱的高度不得超过规定的吸油高度，一般应在 0.5m 以下。泵的吸油管不能漏气，吸油管不能过长、过细，弯头也不宜过多。

3）油液的黏度和温度按样本或规定的牌号选用。工业油温一般在 35 ~ 55℃为好。

4）油泵启动时，先空载点动数次，如果空气没有排净，泵就会产生振动与噪声，这时应将出油口连接处稍微松开一些，使泵内气体完全排除。待运动平稳后，再从空载慢慢加载运行，直到平稳后才能投入正常工作。

5）油泵进入工作后，还要经常检查泵的运行情况，发现异常应立即查明原因，排除故障。

6）齿轮泵工作油液要定期化验检查，通常每 3 个月化验一次油质性能变化情况。一般容积小于 1m³ 的油箱可一年更换一次液压油。对于容积较大的油箱，可依据油质化验结果确定更换时间。为保持油液的清洁，要按样本或规程的规定定期清洗或更换过滤器。

（2）叶片泵的安装。叶片泵是一种较为精密的设备，在安装、更换时应注意以下事项：

1）叶片泵安装时，吸油管高度一般应小于 500mm。

2）更换泵时吸油管接头处一定要拧紧，且密封件的放置要正确无损，保证不漏气。否则油气一起吸入泵内会产生噪声，降低效率，缩短使用寿命。

3）在泵的吸入端可以装上精度为 100 ~ 200 目（0.147 ~ 0.074mm）的过滤器，其流量应大于泵输出流量的 2 倍。

4）叶片泵所用的油箱，最好为封闭式，且内表面最好涂上防锈油漆。油箱的容积应是叶片泵流量的 5 倍以上，如果受到条件限制达不到 5 倍以上也应加上强制性冷却器。

5）叶片泵滑动件间的间隙很小，脏物吸入很容易使泵磨伤或卡塞，这就要求元件或系统拆装时，必须按防污染规程操作。回油管必须插入油箱油液面以下，以防止回油飞溅产生气泡。

6）安装时注意泵上进、出油口转向标记，转向不得反接。泵轴与电机轴的偏心在 0.05mm 以内，两轴的角度误差应在 1°以内。否则，易使泵端密封损坏，引起噪声。

7）不准随意拧动泵端盖上的螺栓，以保证泵出厂的调试间隙，拧得过松或过紧都将改变泵的性能。只有在有试验台测试的条件下，才宜做检修处理。传动液应采用样本说明书推荐选择的用油牌号。泵的工作油温最好保持在 35 ~ 55℃之间，超过 60℃应加冷却器进行冷却或停机。

8）经常校对系统的工作压力是否与泵的额定压力相符，不允许长时间让泵超载运行。

9）泵安装前，要先从吸入腔口注入一些清洁的工作油液，同时用手扳动油泵，感觉转动轻松不别劲后再装机。

（3）轴向柱塞泵的安装。轴向柱塞泵的安装应注意以下事项：

1）安装泵的支架或基础座要有足够的刚性，以减少振动，防止噪声。

2）安装时泵与电动机轴的不同心度要小，允差为 0.1mm。

3）从泵轴上拆装联轴器时，不允许用锤子敲打，应使用专用工具。

4）安装时，如 CY14-1 型轴向柱塞泵不能逆转，转向按箭头标记。

5）采用自吸时，吸油真空度不大于 0.16MPa。如工作油黏度高，吸入口不宜加过滤器，在补加新油时要过滤。

6）维护中要注意油箱中油温的控制，使其保持在规定的范围内。

7）油泵出厂到装机，库存周期超过一年以上的，最好进行一次清洗检查。

（三）液压缸的安装

（1）按图纸规定和要求进行安装。

（2）位置准确、牢固可靠。

（3）配管时要注意油口。

（4）安装时要让液压缸的排气口处于最高部位。

（四）液压阀的安装

（1）按图纸规定和要求进行安装。

（2）安装阀时要注意进油口、出油口、回油口、控制油口、泄油口等位置及相应连接管口，严禁装错。换向阀以水平安装较好，压力控制阀类的安装在可能情况下不要倒装。

（3）紧固螺钉拧紧时受力要均匀，防止拧紧力过大使元件产生变形而造成漏油或某些要求能够相对滑动的零部件不能滑动。

（4）注意清洁，不准戴着手套进行安装，不准用纤维织品擦拭安装结合面。

（5）调压阀调节螺钉应处于放松状态，调速阀的调节手轮应处于节流口较小开口状态。

（6）检查该接的油口是否都已接上，该堵的油孔是否都堵上了。

五、系统的清洗

液压系统安装完毕后，要进行循环清洗，单机或自动线均可利用设备上的泵作为供油泵，并临时增加一些必要的元件和管件，就可以进行清洗。

管道酸洗方法目前在施工中均采用槽式酸洗法和管内循环酸洗法两种。

（一）槽式酸洗法

就是将安装好的管路拆下来，分解后放入酸洗槽内浸泡，处理合格后再将其进行二次安装。此方法较适合管径较大的短管、直管及容易拆卸、管路施工量小的场合，如泵站、阀站等液压装置内的配管及现场配管量小的液压系统，均可采用槽式酸洗法。

槽式酸洗工艺流程及配方：

（1）脱脂。脱脂液配方为：氢氧化钠为 8% ~ 10%，碳酸氢钠为 1.5% ~ 2.5%，磷酸钠为 3% ~ 4%，硅酸钠为 1% ~ 2%，其余为水。操作工艺要求为：温度 60 ~ 80℃，浸泡 4h。

（2）水冲。压力为 0.8MPa 的洁净水冲干净。

（3）酸洗。酸洗液配方为：盐酸为 12% ~ 15%，乌洛托品为 1% ~ 2%，其余为水。操作工艺要求为：常温浸泡 4 ~ 6h。

（4）水冲。用压力为 0.8MPa 的洁净水冲干净。

（5）二次酸洗。酸洗液配方与（3）同。操作工艺要求为：常温浸泡 5min。

（6）中和。中和液配方为：氨水为 8% ~12%，pH 值在 10 ~11 的溶液。操作工艺要求为：常温浸泡 2min。

（7）钝化。钝化液配方为：亚硝酸钠为 1% ~2%，氨水为 1% ~2%，pH 值在 8 ~10 的溶液，其余为水。操作工艺要求为：常温浸泡 10 ~15min。

（8）水冲。用压力为 0.8MPa 的净化水冲净为止。

（9）快速干燥。用蒸汽、过热蒸汽或热风吹干。

（10）封管口。用塑料管堵或多层塑料布捆扎牢固。

按以上方法处理的管子，管内清洁、管壁光亮，可保持 2 个月左右不锈蚀；若保存好，还可以延长时间。

（二）管内循环酸洗法

在安装好的液压管路中将液压元器件断开或拆除，用软管、接管、冲洗盖板连接，构成冲洗回路。用酸泵将酸液打入回路中进行循环酸洗。该酸洗方法是近年来较为先进的施工技术，酸洗速度快、效果好、工序简单、操作方便，减少了对人体及环境的污染，降低了劳动强度，缩短了管路安装工期，解决了长管路及复杂管路酸洗难的问题，对槽式酸洗易发生装配时的二次污染问题，从根本上得到了解决。已在大型液压系统管路施工中得到广泛应用。

循环酸洗工艺流程及配方：

（1）试漏。用压力为 1MPa 压缩空气充入试漏。

（2）脱脂。脱脂液配方为四氯化碳。操作工艺要求为：常温连续循环 30min 左右。

（3）气顶。用压力为 0.8MPa 压缩空气将脱脂液顶出。

（4）水冲。用压力为 0.8MPa 的洁净水冲出残液。

（5）酸洗。酸洗液配方为：盐酸为 10% ~15%，乌洛托品为 1%，其余为水。操作工艺要求为：常温断续循环 2 ~4h。

（6）中和。中和液配方为：氨水为 1%，pH 值为 10 ~12 的溶液。操作工艺要求为：常温连续循环 15 ~30min。

（7）钝化。钝化液配方为：亚硝酸钠为 10% ~15%，氨水为 1% ~3%，pH 值为 10 ~15，其余为水。操作工艺要求为：常温断续循环 25 ~30min。

（8）水冲。用压力为 0.8MPa，温度为 60℃ 的净化水连续冲洗 10min。

（9）干燥。用过热蒸汽吹干。

（10）涂油。用液压泵注入液压油。

（三）系统清洗

系统清洗主要有以下几个方面：

（1）清理环境场地。

（2）用低黏度的专用清洗油，清洗时将油加入油箱并加热到 50 ~80℃。

（3）启动液压泵，让其空运转。清洗过程中要经常轻轻地敲击管子，这样可收到除去管子附着物的效果。清洗 20min 后要检验滤油器的污染情况，并清洗滤网，然后再进行清洗，如此反复多次进行直到滤网上无大量污物为止。清洗时间一般为 2 ~3h。

（4）对于较为复杂的液压系统，可按工作区域分别对各区进行清洗；也可接上液压缸，让液压缸往复运动进行清洗。

（5）清洗后，必须将清洗油尽可能排尽，要清洗油箱的内部。然后拆掉临时清洗线路，使系统恢复到正常的工作状态，加入规定的油液并使油液进行多次循环后将油液排尽去除，重新加入新油液即可。

（四）各类液压系统清洁度指标

液压系统工作介质的清洁度或称污染度达到什么等级时可以使用，应有统一的标准。

1. 国际 ISO 4406 油液污染度等级标准

工作介质中含有杂质颗粒数越少，清洁度就越高，液压系统工作越可靠，因此控制液压介质内污染颗粒的大小和数量是衡量系统清洁度的一种方法（见表 21-4）。根据该标准国际 ISO 还规定了不同类型液压系统应达到的污染度等级（见表 21-5）。如果杂质微粒在显微镜下计数的数值介于两个相邻密集度之间，则污染度代号应取最大值。

表 21-4　ISO 4406 油液污染度等级标准（摘录）

密集度（即每毫升微粒数，微粒尺寸 5～15μm）	污染度代号	密集度（即每毫升微粒数，微粒尺寸 5～15μm）	污染度代号
40000	22	80	13
20000	21	40	12
10000	20	20	11
5000	19	10	10
2500	18	5	9
1300	17	2.5	8
840	16	1.3	7
320	15	0.64	6
160	14	0.32	5

例： 如果每毫升油液中有大于 $5\mu m$ 的颗粒数为 4000 和大于 $15\mu m$ 的颗粒数为 90 时，则相应的污染度代号为 19 和 14。因此，国际标准化组织的污染度等级代号为 19/14。

表 21-5　液压系统应用的污染度等级

系统类型	污染度等级指标（5μm/15μm）	每毫升油液中大于给定尺寸的微粒数目	
		5μm	15μm
污垢敏感系统	13/9	80	5
伺服和高压系统	15/11	320	20
一般机器的液压系统	16/13	640	80
中压系统	18/14	2500	160
低压系统	19/15	5000	320
大余隙低压系统	21/17	20000	1300

2. 美国 NAS 1638 油液污染度等级标准

美国 NAS 油液等级标准采用颗粒计数法，已被较多国家推荐使用，它对油液内污染颗粒的大小规定得更加详细，见表 21 – 6。

表 21 – 6　**NAS1638 污染度等级**（100mL 油中允许粒子数）（摘录）

NAS 等级	不同粒子直径（μm）允许的个数				
	5 ~ 15	15 ~ 25	25 ~ 50	50 ~ 100	> 100
1	500	89	16	3	1
2	1000	178	32	6	1
3	2000	256	63	11	2
4	4000	712	126	22	4
5	8000	1425	253	45	8
6	16000	2850	506	90	16
7	32000	5700	1012	180	32
8	64000	11400	2025	360	64
9	128000	22800	4050	720	128
10	256000	45600	8100	1440	256
11	512000	91200	16200	2880	512
12	1024000	182400	32400	5760	1024
13	2048000	364800	64800	11520	2050

NAS1638 等级标准限定各类液压系统油液允许的污染度等级，见表 21 – 7。目前国外制造出厂的液压系统，开始使用时的油液污染度等级都控制在 NAS7 级以上，当使用后降到 NAS9 级时，液压系统一般不会出现故障，当污染度等级降到 NAS10 ~ 11 级时，液压系统会偶尔出现故障。当油液的污染度等级降到 NAS12 级以下时，则会经常出现故障，此时必须对液压油进行循环过滤。

表 21 – 7　**液压系统油液允许污染度等级**

液压系统类型	NAS1638 计数法等级										
	3	4	5	6	7	8	9	10	11	12	13
精密电液伺服系统	←										
伺服系统（应装有 10μm 以下过滤器）			←								
电液比例系统					←						
高压液压系统						←					
中压液压系统							←				
普通机床液压系统								←			

第二节　液压系统的调试

一、调试的目的

无论是新制造的液压设备还是经过大修后的液压设备，都要进行工作性能和各项技术指标的调试。在调试过程中排除故障，从而使液压系统达到正常、稳定、可靠的工作状态。同时，调试中积累的第一手资料可整理纳入技术档案，可有助于设备今后的维护和故障诊断及排除。

二、调试的主要内容及步骤

调试前要仔细阅读有关技术文件，了解被调试设备的工作特性、工作循环及各项技术参数，认真分析所有液压元件的结构、作用及调试方法，搞清每个液压元件在设备上的实际位置。了解机械、电气、液压的相互关系，制定出调试方案和工作步骤。

（一）外观检查

外观检查是指系统未开车前，检查系统的元件质量及安装质量是否存在问题。

主要内容有：

（1）需调试的液压系统必须在循环冲洗合格后，方可进入调试状态。

（2）液压泵、液压缸（液压马达）、油路块等各液压元件的管路安装是否正确、可靠。

（3）液压泵是否按标明的方向转动，液压泵和电动机的旋转方向是否一致。

（4）电磁阀的电气接线是否正确，阀心用手推动后能否迅速复位，各手动阀是否搬动自如。

（5）熟悉调试所需技术文件，如液压原理图、管路安装图、系统使用说明书、系统调试说明书等。根据以上技术文件，检查管路连接是否正确、可靠，选用的油液是否符合技术文件的要求，油箱内油位是否达到规定高度，根据原理图、装配图认定各液压元器件的位置。

（二）空载试验

空载试验是让液压系统在空载条件下运转，检查系统的每个动作是否正常，各调节装置工作是否可靠，工作循环是否符合要求，同时也为带载试验做准备。

空载试验的步骤：

（1）泵站空运转。用换向阀或节流阀将通往执行元件的油路关闭，使泵排出的油只能通过泵出口的溢流阀流回油箱，松开溢流阀的调节螺钉，在首次启动液压泵之前，要打开出油口向泵内灌入纯净的工作油液，并用手搬动联轴器使之转动 2 ~ 3 圈，这样可使液压泵各运动副表面建立润滑油膜，防止首次启动因干摩擦而将泵研坏。对于轴向柱塞泵，还要从上泄漏口向泵的壳体内灌油以使滑靴和斜盘间充满润滑油，然后点动液压泵驱动机 3 ~ 5 次，待油泵电动机组件运转正常后，再正式启动，听泵的工作声音是否正常，检查油箱液面高度是否在规定的范围内。

（2）调节压力。首先从泵出口的溢流阀开始，缓慢调节溢流阀分档升压（每档 3～5MPa，每档时间 10min）至设计要求的调定压力，然后将调节螺钉背帽紧固牢靠。在这个过程中，要密切注意液压泵的运行状态，是否出现异常的噪声、振动，并检查压力升高后所有部位是否泄漏，如有以上情况出现应立即关闭电动机，进行处理。

调压时应注意以下几点：

1）不准在执行元件运动状态下调节系统工作压力。

2）调压前应检查压力表是否有异常现象，若有异常，待压力表更换后，再调压力。无压力表系统不准调压。

3）在调压过程中可能会出现系统无压力或压力上升达不到设定值，这时应停泵仔细检查，排除故障后再继续调节，切不可不问原因硬性调节。

4）调压大小按照设计要求或实际使用要求的压力值调节，不要超过规定的压力值。

5）压力调节后应将调节螺钉锁住，防止松动。

（3）依次调试各执行元件的各个动作。启动控制阀，使液压缸（或液压马达）在规定的速度范围内连续运转。使执行元件在全行程内快速运动，可排除系统内积存的气体，并判定换向、换接的性能；低速运动可观察运动的平稳性。接着，检查外泄漏、内泄漏是否在允许范围内。工作部件试运动之后，由于液压油充满了管道和液压缸，油箱中液面会下降，甚至可能使吸油管口或吸油管的滤油网露出液面使系统不能正常工作。所以，必须给油箱加油到规定液面高度。

（4）调整整个系统的工作顺序、工作循环。检查执行元件的动作是否符合设计的顺序，各动作之间是否协调。

（5）检验液压缸行程距离的正确性。

（6）检验互锁装置工作的可靠性。

（7）在系统空载运行过程中，使执行元件的速度分别在低速、高速和正常工作速度下运转一定时间，观察速度的稳定性和油温的变化情况。

（三）带载试验

带载试验的目的是：

（1）检验最大负载能力和消耗功率情况。

（2）将液压系统各个动作的各项参数，如力、速度、行程的始点与终点以及各动作过程的时间和整个工作循环的总时间等，均调整到原设计所要求的水平。应及时检查系统的工作情况是否正常，对压力、噪声、振动、速度、温升、液位等进行全面检查，并根据试车要求做出记录。

（3）调整全线和整个液压系统，使工作性能达到稳定可靠。

（4）观察带载情况下的速度稳定性和温升情况。

（四）卸荷

关于卸荷，可以是载荷，也可以是模拟加载。连续运转时间为 2～4h。

（五）液压系统的验收

在液压系统试车过程中，应根据设计内容对所有设计值进行检验，根据实际记录结果判定液压系统的运行状况，由设计、用户、制造厂、安装单位进行交工验收，并在有关文件上签字。

三、液压控制系统的安装、调试

液压控制系统与液压传动系统的区别在于前者要求其液压执行机构的运动能够高精度地跟踪随机的控制信号的变化。液压控制系统多为闭环控制系统，因而就有系统稳定性、响应和精度的需要。为此，需要有机械、液压和电气一体化的电液伺服阀、伺服放大器、传感器，高清洁度的油源和相应的管路布置。液压控制系统的安装、调试要点如下：

（1）油箱内壁材料或涂料不应成为油液的污染源，液压控制系统的油箱材料最好采用不锈钢。

（2）采用高精度的过滤器，根据电液伺服阀对过滤精度的要求，一般为 $5 \sim 10 \mu m$。

（3）油箱及管路系统经过一般性的酸洗等处理过程后，注入低黏度的液压油或透平油，进行无负荷循环冲洗。循环冲洗须注意以下几点：

1）冲洗前安装伺服阀的位置应用短路通道板代替；

2）冲洗过程中过滤器阻塞较快，应及时检查和更换；

3）冲洗过程中定时提取油样，用污染测定仪器进行污染测定并记录，直至冲洗合格为止；

4）冲洗合格后放出全部清洗油，通过精密过滤器向油箱注入合格的液压油。

（4）为了保证液压控制系统在运行过程中有更好的净化功能，最好增设低压自循环清洗回路。

（5）电液伺服阀的安装位置尽可能靠近液压执行元件，伺服阀与执行元件之间尽可能少用软管，这些都是为了提高系统的频率响应。

（6）电液伺服阀是机械、液压和电气一体化的精密产品，安装、调试前必须具备有关的基本知识，特别是要详细阅读、理解产品样本和说明书。注意以下几点：

1）安装的伺服阀的型号与设计要求是否相符，出厂时的伺服阀动、静态性能测试资料是否完整；

2）伺服放大器的型号和技术数据是否符合设计要求，其可调节的参数要与所使用的伺服阀匹配；

3）检查电液伺服阀的控制线圈连接方式，串联、并联或差动连接方式，哪一种符合设计要求；

4）反馈传感器（如位移、力、速度等传感器）的型号和连接方式是否符合设计需要，特别要注意传感器的精度，它直接影响系统的控制精度；

5）检查油源压力和稳定性是否符合设计要求，如果系统有蓄能器，需检查充气压力。

（7）液压控制系统采用的液压缸应是低摩擦力液压缸，安装前应测定其最低启动压力，作为日后检查液压缸的根据。

（8）液压控制系统正式运行前应仔细排除气体，否则对系统的稳定性和刚度都有较大的影响。

（9）液压控制系统正式使用前应进行系统调试，可按以下几点进行：

1）零位调整，包括伺服阀的调零及伺服放大器的调零，为了调整系统零位，有时加入偏置电压；

2）系统静态测试，测定被控参数与指令信号的静态关系，调整合理的放大倍数，通常放大倍数愈大静态误差愈小，控制精度愈高，但容易造成系统不稳定；

3）系统的动态测试，采用动态测试仪器，通常需测出系统稳定性、频率响应及误差，确定是否能满足设计要求，系统动、静态测试记录可作为日后系统运行状况评估的根据。

（10）液压控制系统投入运行后应定期检查以下记录数据：油温、油压、油液污染程度，运行稳定情况，执行机构的零偏情况，执行元件对信号的跟踪情况。

第三节　液压系统的运转与维护

对液压设备正确使用、精心保养、认真维护可以使设备始终处于良好的状态，减少故障发生，延长使用寿命。为此，经常对液压系统的维护是十分重要的。

一、运转

液压系统运转时应注意以下问题：

（1）液压设备的操作者必须熟悉系统原理，掌握系统动作顺序及各元件的调节方法。

（2）在开动设备前，应检查所有运动机构及电磁阀是否处于原始状态，检查油箱液位，若油量不足，不准启动液压泵。

（3）一般油温应控制在 35～55℃ 范围内。冬季当油箱内温度未达到15℃时，不准开始执行元件的顺序动作，应先打开加热器进行加热，或者启动油泵使泵空转。夏季油温高于60℃时，应采取冷却措施，密切注意系统工作状况，一旦有问题要及时停泵。

（4）停机超过 4h 的液压设备，在开始工作前，应先使泵空转 5～10min，然后才能带压工作。

二、维护

液压系统的维护主要有以下内容：

（1）定期紧固连接件。液压设备在运行中由于振动、冲击，管接头及螺钉会慢慢松动，如果不及时紧固，就会引起漏油，甚至造成事故。所以要定期对受冲击影响较大的螺钉、螺帽和接头等进行紧固。

（2）定期更换密封件。密封在液压系统中是至关重要的，密封效果不好会造成漏油、吸空等故障。

1）间隙密封多使用在液压阀中，如阀体和阀心之间。间隙量应控制在一定范围内，间隙量的加大会严重影响密封效果。因此要定期对间隙密封进行检查，发现问题要及时更换、修理有关元件。

2）密封件的密封效果与密封件的结构、材料、工作压力及使用安装等因素有关。目前弹性密封件材料，一般为耐油丁腈橡胶和聚氨酯橡胶。这类橡胶密封件经过长期使用，将会自然老化，且因长期在受压状态下工作，还会产生永久变形，丧失密封性，因此必须定期更换。

（3）定期清洗或更换滤芯。滤油器经过一段时间的使用，滤芯上的杂质越积越多，不仅影响过滤能力，还会增大流动阻力，使油温升高，泵产生噪声。因此要定期检查，清洗或更换滤心。

（4）定期清洗油箱。液压系统油箱有沉淀杂质的作用，随工作时间的延长，油箱底部的脏物越积越多，有时又被液压泵吸入系统，使系统产生故障。因此要定期清洗油箱，特别要注意在更换油液时必须把油箱内部清洗干净。

（5）定期清洗管道。油液中脏物同样也会积聚在管子和油路块中，使用年限越久，聚积的脏物越多，这不仅增加了油液的流动阻力，还可能被再次带入油液中，堵塞液压元件的阻尼小孔，使元件产生故障。因此，要定期清洗。清洗方法有两种：一种是将管道各件拆下来清洗，一般对油路块，胶、软管及拆装方便的管道采用这种方法；另一种是利用清洗回路进行清洗。

（6）定期更换过滤器和油液。油液的过滤是一种强迫滤除油液中的杂质颗粒的方法，它能使油液的杂质控制在规定范围内，对各类设备要制定强迫过滤的间隔时间，定期对油液进行强迫过滤。液压油除了变脏外，还会随使用时间的增加氧化变质、颜色加深、发臭或变色等，这种情况要换油。

液压系统需要更换的项目及更换时间见表 21 - 8。

表 21 - 8　液压系统需要更换的项目及更换时间

更 换 项 目 名 称		周 期 时 间
紧固连接件紧固周期	10MPa 以上	1 个月
	10MPa 以下	2 - 3 个月
更换密封件周期		18 个月
清洗过滤器周期	一般环境下	2 个月
	多尘环境下	1 个月
清洗油箱周期		4 ~ 6 个月
清洗管道周期		12 个月
更换过滤器周期		4 ~ 6 个月
更换油液周期		2000 ~ 3000h

第二十二章 气 动 系 统

在短流程炼钢设备中，气动系统的应用是比较多见的，尤其是应用在不便于采用液压传动的地方，如电弧炉、LF 炉炉门开闭、炉盖上的加料斗落料开闭汽缸，测温孔、喂丝孔盖板的开闭汽缸以及清扫喷吹和电极汽化喷淋等处经常使用。

第一节　气压传动的概述

一、气压传动的特点

由于气压传动具有许多独特的特点，因而近年来得到快速发展，但同样具有一些不足和缺点。

气压传动的优点：

（1）气压传动的工作介质是空气，成本低。

（2）传动过程对环境无污染，同时不存在工作介质的变质、补充和更换等问题。

（3）系统阻力小，压力损失小，便于集中供气和远距离输送。

（4）反应快，动作迅速，一般气体流速可大于 10m/s（而液压油在管道内的流速仅有 1~5m/s），因此，通常在 0.02~0.03s 内，即可达到系统所要求的工作压力和速度。

（5）气压传动具有较好的自保能力，在关闭气源阀门的情况下即使失去动力源，系统仍可维持一定的稳定压力。

（6）空气具有可压缩性，使系统具有自动过载保护功能。

（7）长时间运转很少发生过热现象。

（8）气动系统对工作环境适应性强，特别是在易燃、易爆、多尘埃、强磁、辐射及振动等较差工作环境时，安全可靠性优于液压、电子和电气系统。

（9）气动系统结构简单，制造容易，便于实现标准化、系列化和通用化。

气动系统的缺点：

（1）工作压力低（一般为 0.4~0.8MPa），输出推力一般不宜大于 10~40kN，因而仅适用于小功率场合。在输出相同力时，其结构尺寸比液压传动装置大。

（2）由于空气的可压缩性较大，气压传动输出速度和稳定性较差，使系统的位置和速度控制精度相对降低。特别是同时存在可压缩性和泄漏，使得气压传动无法保证严格的传动比。

（3）空气介质本身不具有润滑性，因而系统需要另外配置油雾器。

（4）气动元件排气时，噪声较大，需要配置消声器。

二、气压传动系统的基本组成

将液压传动中的工作液体介质换成气体，并使相应的系统元件适应于气体传动特性，即可构成气压传动系统。因此，除去工作介质外，与液压传动同样，气压传动系统主要也由能源装置、执行元件、控制元件及辅助元件四个部分组成。

（一）能源装置

气动系统中的能源装置是指获得压缩空气的气源发生装置，它的主体是空气压缩机，另外包括特殊的气源净化装置。

空气压缩机的功能是将原动机（如电动机）提供的机械能转化为空气的压力能，输送给气动系统去实现各种传动和控制。对于大、中型气压传动系统，通常将气源装置集中设置为空气压缩机站，统一向各系统供气。

气源净化装置则负责将进入空气压缩机的空气和排出的压缩空气气体进行净化，除去空气中的污染杂质、水分和油分等，并降低压缩空气的温度，以向系统提供具有良好的传递和控制特性的压缩空气。

（二）执行元件

执行元件是以压缩空气为工作介质，将其压力能转变为机械能的装置，主要包括气缸、气动马达等。其中，气缸可以输出直线往复运动，摆动气缸可以输出不连续的回转运动，而气动马达则可以输出连续回转运动，此外，还有可输出不连续回转运动的气动手爪等。

（三）控制元件

控制元件是指在气动系统中用来控制压缩空气的压力、流量及其流动方向的元件。通过控制元件可以操纵执行机构按照系统设计要求输出相应功能，并实现预定运动。气动系统的控制元件种类比较多，主要包括各种压力阀、流量阀、方向阀、行程阀、逻辑元件、射流元件及传感器等。

（四）辅助元件

气动系统的辅助元件是指使压缩空气净化、润滑、消声以及装置之间连接所用元件的统称。其中包括分水滤气器、油雾器、消声器、必要的压力计、流量计以及各种管路附件等。

第二节 气源装置及辅助设备

一、空气

自然界的空气是由若干种气体混合而成的，主要成分是氮和氧，此外还含有一定量的氩、二氧化碳、氢及其他气体。其中，氮气属于稳定性较好的惰性气体，不会自燃。因此，利用空气作为工作介质可用于易燃、易爆的场所。此外，空气中还含有少量的水蒸气，通常将含有水蒸气的空气称为湿空气，而将完全不含有水蒸气的空气称为干空气。在温度 $t = 0℃$，压力 $p = 0.1013MPa$ 的标准状态下，干空气的主要组成成分见表 22 – 1。

表 22 – 1 干空气的主要组成成分

成 分	氮（N_2）	氧（O_2）	氩（Ar）	二氧化碳（CO_2）	其他气体
体积分数/%	78.09	20.05	0.93	0.03	0.078
质量分数/%	75.3	23.14	1.28	0.045	0.075

二、压缩空气的污染

空气中含有一定量的水分、油污和灰尘杂质，如净化不当，这些污染物一旦进入气动系统，将给系统造成诸多不良的影响。因此，气动系统中使用的压缩空气，必须经过干燥、净化处理后才能使用。所以，需要根据系统的具体情况，合理控制压缩空气中所含固体尘埃颗粒、含水率和含油率等污染指标。表 22-2 列出了 ISO 8573.1 压缩空气质量等级，可供使用参考。

表 22-2　压缩空气质量等级（ISO 8573.1）

等　级	最　大　颗　粒		压力露点（最大值）/℃	最大含油量/mg·m^{-3}
	尺寸/μm	浓度/mg·m^{-3}		
1	0.1	0.1	-70	0.01
2	1	1	-40	0.1
3	5	5	-20	1.0
4	15	8	3	5
5	40	10	7	25
6			10	
7			不规定	

三、空气压缩机

（一）空气压缩机的分类

空气压缩机通常被称做空压机，其种类很多，按工作原理可分为容积型和速度型两大种类。容积型空压机包括往复式和回转式两种类型，其中往复式空压机主要有活塞式和膜片式；而回转式则有滑片式、螺杆式及转子式三种。所谓速度型空压机主要有轴流式、离心式和混流式三种类型。

在气压传动系统中，一般是用容积型空压机。容积型空压机可按输出压力高低分类，见表 22-3。

表 22-3　容积型空压机的分类

名　称	输出压力 p 范围/MPa	用　途
鼓风机	≤0.2	
低压空气压缩机	0.2～1.0	用于小型气压传动系统
中压空气压缩机	1.0～10	用于工厂空压机站
高压空气压缩机	10～100	
超高压空气压缩机	>100	

有时也可按空压机的输出流量分类。一般，微型空压机流量 $q \leqslant 1\text{m}^3/\text{min}$；小型空压机 $q = 1 \sim 10\text{m}^3/\text{min}$；中型空压机 $q = 10 \sim 100\text{m}^3/\text{min}$；大型空压机 $q > 100\text{m}^3/\text{min}$。

(二) 空压机的选用

在设计一个气压传动系统时，首先应确定系统工作压力和流量，然后根据这两个主要参数选用空压机。在确定空压机输出压力时，应考虑到系统中各执行元件机构所需要的最大压力值，同时还要考虑管路及气动元件的泄漏损失。空压机的额定排气量是指标准大气压下自由空气排量，通常可按如下经验公式计算空压机的排量 $q(\mathrm{m^3/s})$：

$$q = \psi k_1 k_2 \sum q_i \qquad (22-1)$$

式中　ψ——气动设备利用系数，参照图 22-1 选取；

　　　k_1——漏损系数，通常取 1.15~1.5；

　　　k_2——备用系数，通常取 1.3~1.6；

　　　q_i——单台设备所需要的自由空气耗量，$\mathrm{m^3/s}$。

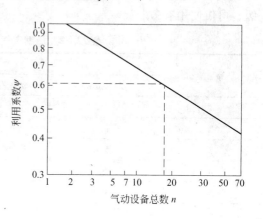

图 22-1　气动设备利用系数

式（22-1）中的气动设备利用系数 ψ 是考虑到气动设备较多的情况，通常不会同时开动。因此，可根据现场状况参考图 22-1 选取。该系数值与气动设备数量有关，当系统使用风动工具时，由于长期磨损使泄漏较为严重，漏损系数 k_1 可取较大值。备用系数 k_2 是考虑到系统开动率较高时，需要的最大耗气量增加，另外还应考虑到可能新增的设备。

气动传动系统内具有多个执行机构且有不同工作压力要求时，应按其中最高压力选取空压机的工作压力。根据国家标准，一般用途的空压机排气压力为 0.7MPa，空压机的实际输出压力应大于系统工作压力 0.15~0.2MPa。

排气量是空压机的另一个主要参数。确定空压机排气量时，应根据所需要的排气量进行匹配，通常留有 10% 左右的余量。输出流量可根据系统工作平均耗气量选取，同时考虑管路泄漏及新增气动设备的因素，一般输出流量按 1.6~3.3 倍的平均耗气量选取空压机的排气量。

(三) 空压机的附件

气源空压机的组成如图 22-2 所示。

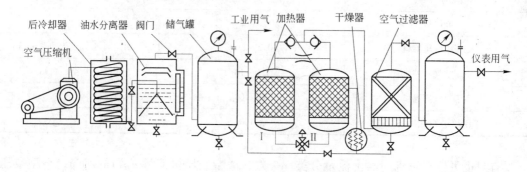

图 22-2　气源空压机的组成

1. 后冷却器

空压机输出的压缩空气温度可达120℃以上，并且空气中的水分完全呈气态。将后冷却器安装在空压机输出管道上，可使空压机输出的高温气体降至40~50℃，同时使压缩空气中的大部分水汽、油气冷凝成滴状，以便经油水分离器处理后析出。所以后冷却器底部一般都装有手动或自动排水装置，可及时排放冷凝水和油滴等杂质。

2. 油水分离器

油水分离器安装在后冷却器之后的管路上，用以分离压缩空气中所含油分、水分和灰尘等，使压缩空气得到净化。按照压缩空气进入分离器后产生运动及分离方式，可分为环形回转式、撞击折回式、离心旋转式、水浴式及它们的组合形式。

3. 储气罐

空压机输出的压缩空气经一次净化后进入储气罐储存，以备空压机发生故障或电动工具作间歇时能够向系统供气；压缩空气在储气罐中可被消除压力的波动，保证输出工业用气具有一定的稳定流量，也可为后续仪表用气实施二次净化储备压缩空气。

储气罐容积 V_c 的大小，可根据系统用气量与空压机供气能力进行设计和选用，为使两者平衡，可参考式（22-2）计算：

$$V_c \geq Tp_0(q - q_z)/(p_1 - p_2) \tag{22-2}$$

式中　T——系统运行周期（一个工作循环所用时间），s；

　　　p_0——大气压力，0.1013MPa；

　q，q_z——系统耗气量、空压机供气量，m^3/s；

p_1，p_2——储气罐内气体允许的最高、最低压力，MPa。

在系统一个工作循环周期内，$q < q_z$ 时，空压机向储气罐充气；当 $q > q_z$ 时，储气罐向系统供气，以保证系统用气量与空压机输出气量的平衡。

如果设置储气罐是以消除压力波动为目的时，通常可参考经验确定法，如 $q_z < 0.1 m^3/s$ 时，取 $V_c = 12q_z$；$q_z = 0.1 \sim 0.5 m^3/s$ 时，取 $V_c = 9q_z$；当 $q_z > 0.5 m^3/s$ 时，取 $V_c = 6q_z$。

设计储气罐时，通常首先确定其容量 V_c，然后按照储气罐高度 $H = (2 \sim 3)D$ 的关系来确定储气罐的内径 D。

第三节　气动辅助元件

气压传动系统中的辅助元件主要包括过滤器、油雾器、消声器、管道及管路附件等。

一、过滤器

为了滤除空气中所含的杂质，气压传动系统的前置设备中必须安装过滤器。通常可将过滤器分为一次过滤器、二次过滤器和高效过滤器。一次过滤器也称简易过滤器，装于空压机吸气口前。二次过滤器也称为分水滤气器，安装在气动系统进气口处，用来将压缩空气的水分、杂质、灰尘滤除。

二、油雾器

以压缩空气为工作介质的气压传动系统中，不能采用普通的方法对气动元件进行润滑。因此，在气源装置中，它以压缩空气为动力，将润滑油喷射成雾状后卷带一起进入回路中实现气压元件的自动润滑。采用这种方法注油，具有润滑均匀、稳定、耗油量少等优点。

安装时，要按照滤气器、减压阀、油雾器的安装顺序安装在进气管路上。现在，将分水滤气器、减压阀、油雾器这三个元件插装在一起的组合件，称为气动三联件，这种组合件结构紧凑，使用、安装及更换都很方便。

三、消声器

气动系统工作时，通常产生的噪声都比较大，特别是当压缩空气气体直接从气缸或换向阀排向大气时，由于阀内的气路复杂又狭窄，压缩空气以接近声速的流速从排气口挤出后，气体体积急剧膨胀，引起气体振动，而产生强烈的排气噪声。排气速度和功率越大，产生的噪声也越大，有时可达到 100～120dB，危害人身健康及破坏周围环境。为消除或减轻这种危害，需要在启动装置的排气口安装相应的消声装置。

通常，常用的气动消声器主要有吸收型、膨胀干涉型和膨胀干涉吸收型三种类型。一般情况下，消声器的主要选择依据是排气口直径的大小及噪声频率范围。

四、其他附件

气动系统中，除去上述介绍的辅助元件外，还有许多转换器、延时器、程序器、仪表、管道及各种管接头等。在此不作详细介绍。

第四节　气动执行元件及其应用

气动执行元件是将系统中压缩空气的压力能转换为机械能的能量转换装置，主要包括气缸和气动马达两大类。

一、气缸

气缸主要利用压缩空气的压力实现直线往复运动，特殊气缸也可实现相对转动。

（一）气缸的分类、工作原理及特点

气缸的种类及其分类方法比较多，按压缩空气压力对活塞作用方式可分为单作用气缸和双作用气缸；按气缸的结构特征可分为活塞缸、柱塞缸、膜片缸及摆动缸等；按安装方式不同可分为脚座式、法兰式、耳环式和耳轴式气缸等；此外，按气缸的功能应用还可分为普通气缸和特殊气缸等。

1. 普通气缸

普通气缸是指常用活塞缸或柱塞缸等，用于安装、功能或动作等无特殊要求的场合。

结构及工作原理

普通气缸与液压缸结构相似，图 22 - 3 所示为典型普通气缸的基本结构。主要由缸体、前端盖、后端盖、活塞、活塞杆等组成。两端盖上设有进、排气口，通常在端盖内设有缓冲机构。为了防止活塞杆伸出、缩进时漏气或外部灰尘带入缸内，在前端盖处内孔与

活塞杆之间加设了防尘圈和密封圈。在前端盖内孔处安装了由耐磨材料制成的导向套，以减少活塞与端盖之间产生的磨损，延长气缸使用寿命，并保证活塞杆中心与缸体中心重合。

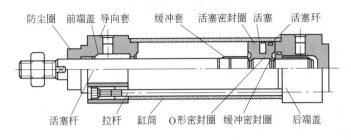

图 22 - 3   典型普通气缸的基本结构

除去工作介质不同以外，气缸的工作原理与液压缸完全相同。

速度特性

由于气体具有较大的可压缩性，因此，气缸活塞的运动速度通常是指其平均速度。一般气缸活塞的运动速度在 50~500mm/s 之间，当速度小于 50mm/s 时，受摩擦阻力增大和气体可压缩性的影响，使运动平稳性大为降低，甚至会导致活塞运动出现时走时停的"爬行"现象。如果速度高于 500mm/s，活塞高速运动产生的摩擦热急剧上升，使气缸密封件受损、行程末端的冲击力增大，会降低气缸使用寿命。

输出力

气缸的输出力的计算与液压缸完全相同，但考虑到活塞等运动部件的惯性力、摩擦力及负载的动态特性等因素的影响，实际输出力要小于理论计算输出力。以单位活塞杆气缸为例，通常可按经验公式计算如下：

$$F_1 = \eta p \pi D^2 / 4 \tag{22-3}$$

$$F_2 = \eta p \pi (D^2 - d^2) / 4 \tag{22-4}$$

式中 F_1，F_2——作用于气缸无杆腔、有杆腔活塞上的压缩气体的推力，N；

   D，d——活塞、活塞杆直径，m；

   p——气缸工作压力，Pa；

   η——考虑各种运动阻力及负载动态特性等因素的效率系数。

效率系数 η 与负载压力和活塞运动速度有关，其值随负载压力增大而增大，随活塞运动速度增大而减小。单纯从负载压力变化来看，当负载力在 0.16~1MPa 之间变化时，η 则在 0.1~0.7 之间取值。当气缸低速运动，如气动夹紧、低速压铆、压焊等，活塞运动速度 $v<50$mm/s 时，$\eta \le 0.7$；当活塞运动速度 $v=50~500$mm/s 时，$\eta \le 0.5$；而当活塞运动速度 $v>500$mm/s 时，$\eta \le 0.3$。

耗气量

与液压系统不同，气缸工作排气通常将气体排出系统之外，因而需要计算耗气量。比如气缸活塞以最大速度运动时所需空气量称为最大耗气量，而计算最大耗气量，是为了选用空气处理元件、控制元件及配管直径等。气缸平均耗气量则是指气缸在大气系统中一个工作循环周期内所消耗的空气流量，计算平均耗气量，用于选用空压机、计算运转成本等。显然，计算得出最大耗气量与平均耗气量之差值，即为选用储气罐容积的参考依据。

实际上，气缸耗气量与缸体结构、运动时间和相应的管路容积等有关。由于一般连接管路容积比气缸容积小得多，可以忽略，因此，活塞一个工作行程所需压缩空气量为：

$$q = \pi(2D^2 - d^2)l/4\eta_V t \tag{22-5}$$

式中 D，d——活塞、活塞杆直径，m；

      l——气缸有效工作行程，m；

      η_V——气缸容积效率，一般取 $0.9 \sim 0.95$；

      t——活塞一个工作往复行程所需时间，s。

由于每台气动设备所需工作压力不同，通常把不同压力下的压缩空气流量换算成标准大气压下的自由空气流量：

$$q_z = [1 + (p/p_0)]/q \tag{22-6}$$

式中 p，p_0——气缸工作压力、标准大气压力，MPa；

      q，q_z——气缸一个往复工作行程耗气量、空压机供气量，m^3/s。

2. 特殊气缸

所谓特殊气缸是指气缸结构特殊，或用于具有特殊运行功能、方式等场合下的气缸。常用特殊气缸的分类简图、工作原理及特点见表 22 - 4。

表 22 - 4 各种特殊气缸的工作原理和特点

名 称	简 图	工作原理及特点
差动气缸		活塞两侧有效工作面积差值较大，利用压力差原理使活塞往复运动，工作时有杆腔始终通入压缩空气，气推力和速度均较小
双活塞气缸		可以操纵两个活塞同时向相反方向运动，也可控制活塞同向运动，但输入同样压力和流量的气体，两向运动输出的力和速度不同
多位气缸		使活塞杆固定时，活塞沿行程长度方向可占有 4 个位置；当气缸的任一空腔接通气源时，活塞杆即可占有 4 个位置中的一个
串联气缸		在一根活塞杆上串联多个活塞，由于各活塞有效工作面积之和增大，因而可以增加输出推力
伸缩气缸		下一级活塞杆是上一级活塞的缸体，使活塞总行程增大，适用于翻斗车气缸；小活塞伸出速度快、推力小；大活塞伸出速度慢、但推力大
冲击气缸		压缩空气通过固定中盖的喷嘴口作用在活塞左端较小面积上，当左腔充气压力足以克服活塞运动阻力推动活塞右行时，聚集在左腔内压缩空气通过喷嘴口突然作用于活塞左端全面积上，产生压力可为气源压力的几倍至几十倍，喷嘴口气流速度可达声速，使活塞产生 10m/s 的运动速度

续表 22－4

名 称	简 图	工作原理及特点
增压气缸		由于活塞杆两端活塞有效作用面积不同，当左腔输入一定压力气体时，连体活塞左端产生的作用力与右端相同，但由于右活塞有效工作面积小，由压力与面积乘积不变的原理，使得右端小活塞腔可以输出高压气体
气液－增压缸		也称气压油缸，可将气压直接转换成油压输出；根据液体不可压缩和力的平衡原理，利用两个连体活塞有效工作面积之差，使压缩空气推动大活塞，而小活塞输出高压液体，液压缸工作油液压力等于压缩空气压力，只适用于传递功率较小的场合
气液－阻尼缸		压缩空气推动活塞右行，液压缸活塞右腔油液只能通过节流阀缓慢流入其左腔，对活塞右行运动起阻尼作用，调节节流阀开口度，可以调节活塞右行速度；活塞回程左行时，右腔油液可通过单向阀顺利流向右腔；以压缩空气为动力源，利用液体可压缩性小的特点，输出可调且稳定的运动速度
挠性气缸		气缸本身为挠性管材，当左端通入压缩空气时，挠性缸体推动滚轮向右滚动，可带动外接机构向右移动；反之，向左移动；常用于所需压力、速度不大的门窗开关
膜片气缸		当压缩空气进入缸左腔时，膜片在压力作用下产生变形，并克服弹簧使活塞杆向右伸出做功；活塞位移不超过40～50mm，输出力随行程增大而减小；可用于汽车刹车装置、调节阀、自锁机构或夹具启动系统

（二）气缸的选用

气缸的选用有以下步骤：

（1）确定气缸的种类。根据工作目的、方式对机构的要求，以及使用场合、负载特点、输出能量特征选择气缸的种类。

（2）确定气缸的承载能力。在留有一定裕度的情况下计算负载率，按照工作负载大小、承载形式选定相应气缸。

（3）确定活塞有效行程。根据工作机构所需运行范围，通常需增加10mm左右的行程余量。

（4）确定活塞运动速度。尽可能在普通气缸运动速度范围0.5～1mm/s内选用气缸，为增加系统刚性和防止产生爬行现象，在确定气缸输出运动速度时，应适当考虑在系统中增设节流调速、快速排气等措施。

（5）选择气缸安装方式。根据系统结构布置情况选用气缸安装方式，但应保证负载作用力方向始终与气缸轴线方向一致，为了防止偏载，应尽可能使负载作用力中心与活塞中心重合。

二、气动马达

气动马达是将空气的压力能转换成回转机械能的气动执行元件。气动马达工作时，输入压缩空气的压力和流量，输出转矩和转速以使工作机构产生回转运动。

（一）气动马达的分类

气动马达可分为连续回转式和摆动式两大类，此外，还有滑片式和膜片式等。其中，连续回转式气动马达又可分为容积式和透平式两种。气压传动系统中最常用的多为容积式气动马达。

1. 容积式气动马达

容积式气动马达主要有齿轮式、活塞式和叶片式等。

（1）齿轮式气动马达。这种马达分为双齿轮式和多齿轮式（径向布置多齿轮与主传动齿轮啮合工作）两种形式，转速范围为 1000～10000r/min，输出功率为（1～50）×735W，结构简单，噪声和振动较大，效率低。

（2）活塞式气动马达。主要有径向活塞式和轴向活塞式两种。其中，径向活塞式气动马达多为径向连杆式，结构复杂，转速范围为 100～1300r/min，输出转矩非常大，输出功率为（1～25）×735W，其效率较齿轮式马达高。轴向活塞式气动马达是所有容积式气动马达中效率最高的马达，其转速范围低于 3000r/min，功率范围小于 5×735W，结构紧凑但较复杂。活塞式气动马达在低速时具有较大的功率输出和较好的转矩特性，启动准确，适用于负载较大且要求低速转矩较高的机械，如起重机、绞车及拉管设备中的气压传动系统。

（3）叶片式气动马达。可分为单向回转、双向回转和双作用三种类型。叶片式气动马达转速可达 500～50000r/min，功率范围为（0.25～25）×735W，结构简单、维修容易。叶片式气动马达低速启动转矩小，低速性能较差，适用于中、低功率机械，如手提风动工具、升降装置和拖拉机等。

2. 摆动式气动马达

摆动式气动马达主要有齿轮齿条式和单、双叶片式等。齿轮齿条式气动马达是利用齿轮齿条啮合传动，将气缸活塞的往复直线运动转换成旋转运动。单叶片式气动马达的摆动角小于 360°，而双叶片式气动马达的摆动角度则小于 180°，但输出转矩比单叶片式马达提高一倍。

（二）工作原理及特点

1. 工作原理

气动马达的工作原理与同类液压马达的工作原理基本相同，结构也相似。其主要区别在于工作介质不同，另外，做完功的气体排至外界空间。如叶片式气动马达工作时，做完功的气体经排气口排出，而残余气体还需经另一排气口进行二次排气。

2. 特点

气动马达的优点是可以长时间满负荷工作，温升较小，可在较大范围内实现无级调速，转速范围为 0～50000r/min，功率可高达几千千瓦；具有较高的启动力矩，可以直接带动负载启动，由于工作安全可靠，可用于具有爆炸性瓦斯存在的工作场合，不产生引火爆炸危险；气动马达工作时，不受高温、粉尘及振动的影响，适应性比较强。

气动马达的缺点主要是输出转矩随转速增大而降低，特性较软，工作时噪声大、效率低、输出速度不易控制。

（三）气动马达的选用

气动马达多用于工作条件较差的矿山机械和气动工具中，因此，马达的选用应视负载状态及工作条件而定。特别是在变载荷工作条件下，应考虑速度范围与输出转矩之间的关系。而在均衡载荷条件下工作时，主要考虑输出速度。

第五节　气动控制元件及其应用

气动控制元件是用来控制和调节气压传动系统中各部分压缩空气的压力、流量、流动方向和发送动作信号的元件。根据在系统中的作用和功能，气动控制元件主要可分为压力控制阀、流量控制阀及方向控制阀三大类。此外，还有一些能够实现特殊功能的组合阀类。

一、压力控制阀

压力控制阀的主要作用是控制系统中气体的压力，满足系统各部分的压力要求，使整个系统工作协调。气动压力控制阀主要有减压阀、安全阀和顺序阀等。

（一）减压阀

减压阀的功用是按照系统工作压力需求，将气源设备提供的较高且波动的气体压力减压至调定值，并保持系统压力稳定。按照压力调节方式，可将减压阀分为直动式减压阀和先导式减压阀两大类。

1. 直动式减压阀

气压传动系统用直动式减压阀是通过调节旋钮改变调压弹簧的预紧量来调整减压阀出口气体压力的。直动式减压阀也有两种形式，一种是带溢流阀的减压阀，因被减压部分气体直接从溢流口排出而被称为溢流式减压阀；另一种是不带溢流阀的减压阀，常称做普通减压阀。

2. 先导式减压阀

先导式减压阀的工作原理与直动式减压阀基本相同，不同点在于先导式减压阀利用了小型直动式减压阀提供的调压弹簧来调整输出压力。如果把小型直动式减压阀与主减压阀一同装在阀体内，称为内部先导式减压阀。若将小型直动式减压阀置于主阀体之外，则称之为外部先导式减压阀。

3. 减压阀的应用

在气压传动系统中，减压阀是必不可少的压力控制元件，首先在气源装置中需要将空压机输出的不稳定压缩空气降低为相应的稳定压力。其次，在需要定位、夹紧、分度、控制等支路上往往应提供稳定、压力较低的压缩空气，因此，在这些支路上需要串联一个减压阀构成减压回路。有时，为了保证减压回路正常工作，防止系统压力降低时减压阀出口气体倒流，常在减压阀后串联一个单向阀，并可起到短时保压作用。

（二）顺序阀

气压传动系统中，通常将顺序阀与单向阀组合成单向顺序阀使用，在回路中根据气体压力的大小控制各种执行元件按照预定顺序动作。

图 22-4 所示为单向顺序阀的工作原理及符号。当压缩空气由 P 口输入时，气压力与弹簧预紧力作用方向相同，单向阀关闭，当作用于活塞下表面的气体压力大于阀心上端弹簧预紧力、活塞自重及其滑动摩擦力之和时，活塞被顶起向上移动，使阀口开启，如图 22-4（a）所示，压缩空气经阀腔内通道从 A 口输出。当气源换气时，由于活塞下腔气体压力迅速下降，在上端弹簧力作用下，活塞下行将阀口关闭。此时活塞下端右腔压力高于左腔压力，在压力差作用下，克服单向阀预紧力将单向阀打开，反向的压缩空气经 A 口、单向阀由 T 口排出，如图 22-4（b）所示。调节上端旋钮，可以调节顺序阀的开启压力。

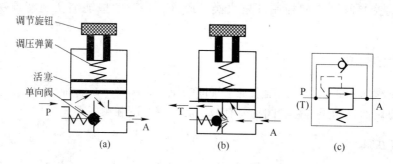

图 22-4 单向顺序阀的工作原理及图形符号
（a）开启状态；（b）关闭状态；（c）图形符号

（三）安全阀

气动系统中的安全阀主要用于储气罐或回路中，当压力超过某一测定值时，安全阀打开，将储气罐或气动系统中的一部分气体排入大气，起到过压保护作用。安全阀又称溢流阀，通常有活塞式、钢球式和膜片式，它们都是靠弹簧提供控制力，调节弹簧预紧力可改变安全阀调定值大小，称为直动式安全阀。图 22-5 所示为球阀阀心安全阀的工作原理及图形符号。当系统压力低于安全阀调定值时，阀处于关闭状态，如图 22-5（a）所示。如果系统压力大于安全阀调定压力时，如图 22-5（b）所示，气体压力克服调压弹簧的预紧力推动球阀阀心向上移动，打开阀口使系统内的一部分压缩空气排向大气，直到系统压力降至安全阀调定值时，球阀阀心回落，阀口又重新关闭。安全阀的开启压力可以通过调节旋钮改变弹簧被压缩量来调整。

气动安全阀也有先导式结构，这种阀由小型制动阀提供控制压力，利用膜片上的硬芯作为阀心控制阀口的开启或闭合。先导式安全阀的压力特性较好，动作灵敏，但其最大开启力较小。

二、流量控制阀

流量控制阀通过改变节流口通流面积的大小或通流通道的长短来改变局部阻力的大

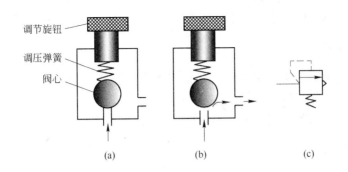

图 22 - 5　安全阀的工作原理及图形符号

（a）关闭状态；（b）开启状态；（c）图形符号

小，实现压缩空气流量的控制。通过流量控制阀的调节，进而控制气动执行元件的运动速度、信号的延迟时间及气体缓冲能力等。常用的流量控制阀主要有节流阀、单向节流阀、排气节流阀及柔性节流阀等。

（一）节流阀

节流阀的基本结构及图形符号如图 22 -6 所示，压缩空气由进气口 P 进入节流阀，经节流口节流后从 A 口输出。调节旋钮可以改变节流口开度大小，从而控制压缩空气的节流量。常用的节流阀主要有针阀形、三角沟槽形和斜切圆柱形。

（二）单向节流阀

单向节流阀是由单向阀和节流阀并联而成的组合流量控制阀，其基本结构及图形符号如图 22 -7 所示。当压缩空气由 P 口进入时，单向型密封圈起密封作用将环向通道隔断，气体经节流阀口节流后，从 A 口输出；反向流动，即由 A 口进入压缩空气时，由于单向型密封圈不起密封作用，气流可经单向密封圈流向 P 口，节流阀不节流。

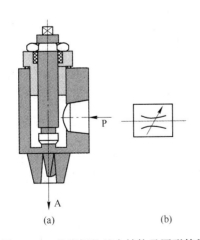

图 22 - 6　节流阀的基本结构及图形符号

（a）基本结构；（b）图形符号

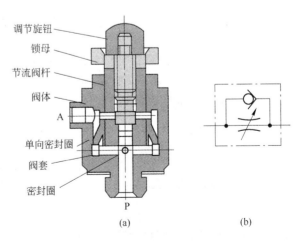

图 22 - 7　单向节流阀的基本结构及图形符号

（a）基本结构；（b）图形符号

节流口的开度大小，可由调节旋钮调节。单向节流阀常用于气缸的调速，如进、排气节流回路中，或在延时回路中，利用调节节流口开度的方法来调节延时换向时间。

（三）排气节流阀

排气节流阀与普通节流阀具有同样的流量控制功能，不仅能控制执行元件的运动速度，而且还可减轻排气噪声。排气节流阀只能安装在气动装置的排气口处，调节排入大气中的压缩空气流量，以此来调节执行元件的运动速度。

（四）柔性节流阀

所谓柔性节流阀是指利用刚性压力直接压缩橡胶软管，使之内孔通流截面面积减小，进而使通过软管的气体被节流的节流阀。

三、方向控制阀

方向控制阀是用来控制压缩空气的流动方向或气流通断的控制阀。气动方向控制阀与液压方向控制阀的工作原理及分类方法基本相同，按照气流在阀内的作用方向，通常可分为单向型控制阀和换向型控制阀。

（一）单向型方向控制阀

气动单向型方向控制阀只允许气流沿一个方向流通，主要包括单向阀、梭阀、双压阀和快速排气阀。

（二）换向型方向控制阀

换向型方向控制阀简称换向阀，是通过改变通道使气流流动方向发生变化，进而控制执行元件运动方向的控制阀。换向阀分类方法较多，根据阀心的结构形式不同，可分为截止式、滑阀式和膜片式等；按阀的控制方式又可分为气压控制、电磁控制、机械控制、人力控制和时间控制；还可按阀心切换位置和阀体进出管接口数分为几位几通阀。

第六节　气压传动基本回路

所有气压传动系统都是由具有各种功能的基本回路所构成。气动基本回路主要有压力控制回路、速度控制回路、方向控制回路，此外，还包括一些如气液联动回路、位置控制回路、同步运动回路等基本回路。

一、压力控制回路

为了调节和控制系统的压力，使系统能够在一定压力值范围内正常运转，需要在系统中设置压力控制回路。常用的主要有一次压力控制回路、二次压力控制回路及高、低压控制回路等。

（一）一次压力控制回路

一次压力控制回路也称气源压力控制回路，主要用于控制储气罐的压力，是保证气源装置输出稳定压力气体的最简单压力控制回路,如图22-8所示。回路压力通常采用电接点压力表或外控溢流阀来控制。系统工作时,电动机带动空压机运转,压缩空气经单向阀向储气罐充气,使罐内气体压力不断上升。当压力达到电接点压力表设定值时,电接点压力表发出电信号使电动机停机,空压机即停止运转,罐内气体压力保持在规定范围内。当储气罐内压力降低至电接点压力表的最低调定值时,又重新向电动机发出启动电信号,空压机重新工作,向储气罐充气。

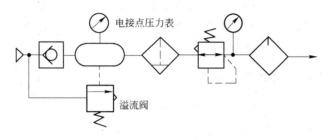

图22-8 一次压力控制回路

(二) 二次压力控制回路

二次压力控制回路实际上就是由气动三联件,按照分水滤气器、减压阀、油雾器顺序接成的回路,如图22-9所示。经二次压力控制后的压缩空气可供普通气动系统使用,但当系统中有逻辑回路时,为保证逻辑元件动作的精度,应将油雾器之前的压缩空气接入逻辑回路。

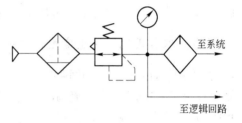

图22-9 二次压力控制回路

(三) 多级压力控制回路

所谓多级压力控制回路,是指在系统中各输出所需气体压力不同时,通常将气源提供的压缩空气经减压阀调节后分别供给不同回路使用。图22-10所示为提供两种不同压力的压力控制回路。图22-10(a)的回路中,两个减压阀分别将气源压力减为 p_1、p_2($p_1 \neq$

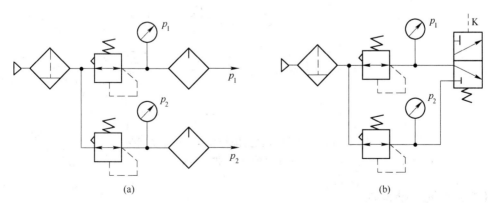

(a)   (b)

图22-10 提供两种不同压力的压力控制回路

(a) 减压阀控制高、低压力; (b) 换向阀控制高、低压力

p_2）后，提供给两个不同的回路。图 22 – 10（b）的回路中，两个减压阀分别减压后，由一个气控换向阀控制在不同情况下输出不同压力的压缩空气。

二、速度控制回路

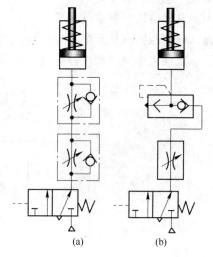

速度控制回路用来调节气动执行元件的运动速度或实现气缸的缓冲等。由于气动系统的功率较小，通常采用节流方法来控制执行元件的运动速度。但是由于气体的可压缩性较大，经节流调速后活塞的运动速度平稳性难以控制，即速度负载特性较差。

（一）单作用气缸的速度控制回路

图 22 – 11 所示为两种单作用气缸调速回路，图 22 – 11（a）为采用两个反接的单向节流阀分别控制单作用气缸活塞的上升和下降速度，调节节流阀的开度，可调节活塞上、下运动速度。图 22 – 11（b）所示回路中，活塞上升速度由节流阀控制，下降时，压缩空气通过快速排气阀排出，可加快其返程速度。

图 22 – 11 单作用气缸的速度
控制回路

（二）双作用气缸的速度控制回路

双作用气缸的速度控制回路如图 22 – 12 所示，图 22 – 12（a）为采用两个单向节流阀构成的气缸往复运动的双向节流调速回路。图 22 – 12（b）所示的回路中，在气缸排气管路上分别设置了两个快速排气阀，利用快速排气来实现活塞运动速度的控制。这两个回路均采用排气节流调速方式来控制气缸运动速度，具有气阻力小、负载变化对速度影响小的优点。

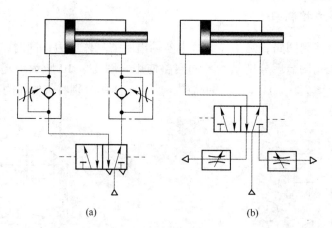

(a) (b)

图 22 – 12 双作用气缸的排气节流速度控制回路
(a) 单向节流阀调速；(b) 排气节流阀调速

（三）快速运动回路

图 22 – 13 所示采用快速排气阀的快速运动回路，为了提高气缸的运动速度，在换向

阀与气缸之间设置了快速排气阀，使气缸在左右两个方向上的排气速度加快，从而提高了活塞的往复运动速度。

（四）速度换接回路

气压传动系统通常需要适应工作机构的要求，图 22-14 所示为利用行程开关、二位二通换向阀及单向节流阀组成的速度换接回路。当活塞右行时，排气经单向节流阀使速度受到调节。当撞块触及行程开关时发出电信号，使右端二位二通换向阀阀心切换位置，气体可经二位阀右端快速排出，即切换成高速运动。如果将二位二通换向阀换成行程阀，同样可以实现速度换接。

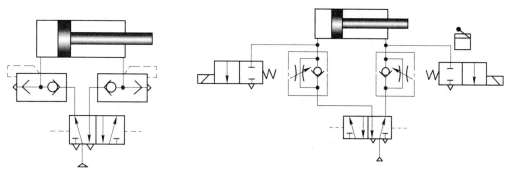

图 22-13　快速运动回路　　　　　图 22-14　速度换接回路

（五）缓冲回路

为了保证系统的平稳性，往往在气缸运动速度较快的系统中设置缓冲回路，以减小因活塞运动惯性所造成的运动冲击现象。图 22-15 所示为两种常用的缓冲回路，图 22-15（a）为使由单向节流阀和行程阀配合组成的缓冲回路，当活塞向右运动时，气缸右腔气体经二位二通机控阀、三位五通换向阀排出，活塞右行接近终点时压下机控阀使之阀心切换成下位，气缸右腔剩余气体只能经单向节流阀、三位换向阀排出，使活塞运动速度降低，达到缓冲的目的。活塞返程时，气缸右腔进气通过单向阀，从而实现快进、缓冲慢进、定止和快退的循环工作过程。

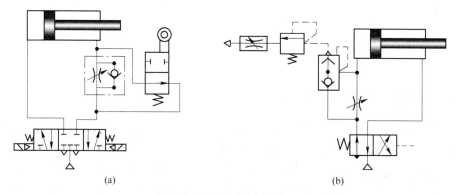

(a)　　　　　　　　　　　　　　　(b)

图 22-15　缓冲回路
（a）用行程阀的缓冲回路；（b）快速排气阀、顺序阀和节流阀组成的缓冲回路

图 22 – 15（b）所示为由快速排气阀、顺序阀和节流阀共同组成的缓冲回路。图示状态，气缸活塞左行，气缸左腔气体经快速排气阀、顺序阀、左端节流阀排入大气，调节左端节流阀的开度，可以调节活塞左行速度。活塞行至接近左端终点前，排气压力逐渐降低，当其压力不足以打开顺序阀时，剩余气体只能通过下端节流阀、二位四通换向阀排出，使活塞在行至左端终点时实现了缓冲。

上述回路都是单向缓冲回路，如果在气缸两侧设置同样的回路，即可实现双向缓冲。

三、换向控制回路

换向控制回路是控制气缸活塞按预定程序改变运动方向的回路，根据系统具体情况，采用相应的换向阀和行程阀等即可实现。

（一）单作用气缸的换向回路

图 22 – 16 所示为两种单作用气缸的换向回路，图 22 – 16（a）为利用二位三通电磁换向阀使单作用气缸换向，图示状态活塞靠弹簧力和自重下行，排气经换向阀。二位三通电磁换向阀通电时，左位接入回路，活塞向上运动，换向简单可靠，但活塞运动过程中途不能停止。采用图 22 – 16（b）所示三位五通电磁换向阀构成换向回路，利用断电时三位阀的中位机能，可使活塞停止在运动中途的任意位置。但由于元件不可避免地存在泄漏，因而定位精度的稳定性较差。

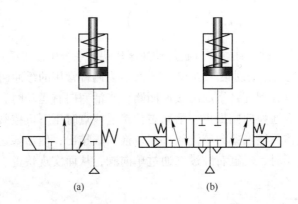

(a)　　　　　　　　　(b)

图 22 – 16　单作用气缸的换向回路
(a) 二位阀控制换向；(b) 三位阀控制换向

（二）双作用气缸的换向回路

双作用气缸的换向回路种类较多，图 22 – 17 中给出了四种不同形式的换向回路。图 22 – 17（a）的回路中利用手动换向阀与二位五通气控换向阀构成换向回路，由手动换向阀输出的压力气体切换二位五通阀阀心的工作位置，进而控制气缸活塞的运动方向。图 22 – 17（b）直接利用二位五通双电控换向阀控制气缸活塞的运动方向。图 22 – 17（c）采用两个手动换向阀操纵二位五通双气控换向阀使气缸换向。图 22 – 17（d）

直接采用三位五通双电控先导式换向阀，利用三位阀的中位机能可以使气缸停止在任意位置上。

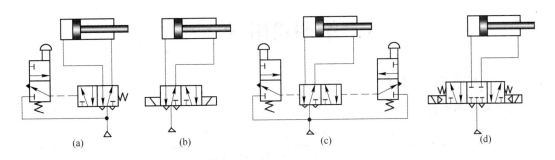

图 22－17 双作用气缸换向回路

第四篇附录

一、常用液压元件符号

常用液压图形符号见附表1。

附表1 常用液压图形符号（摘自 GB/T 786.1—1993）

名 称	符 号	说明	名 称	符 号	说明
液压泵（液压泵）		一般符号	液压马达 双向变量液压马达		双向流动，双向旋转，变排量
液压泵 单向定量液压泵		单向旋转，单向流动，定排量	液压马达 摆动马达		双向摆动，定角度
液压泵 双向定量液压泵		双向旋转，双向流动，定排量	泵与马达 定量液压泵-马达		单向流动，单向旋转，定排量
液压泵 单向变量液压泵		单向旋转，单向流动，变排量	泵与马达 变量液压泵-马达		双向流动，双向旋转，变排量，外部泄油
液压泵 双向变量液压泵		双向旋转，双向流动，变排量	泵与马达 液压整体式传动装置		单向旋转，变排量泵，定排量马达
液压马达 液压马达		一般符号	单作用缸 单活塞杆缸		详细符号
液压马达 单向定量液压马达		单向流动，单向旋转	单作用缸 单活塞杆缸		简化符号
液压马达 双向定量液压马达		双向流动，双向旋转，定排量	单作用缸 单活塞杆缸（带弹簧复位）		详细符号
液压马达 单向变量液压马达		单向流动，单向旋转，变排量	单作用缸 单活塞杆缸（带弹簧复位）		简化符号

名　称		符　号	说明	名　称		符　号	说明
单作用缸	柱塞缸			双作用缸	可调双向缓冲缸		详细符号
	伸缩缸						简化符号
双作用缸	单活塞杆缸		详细符号		伸缩缸		
			简化符号	压力转换器	气－液转换器		单程作用
	双活塞杆缸		详细符号				连续作用
			简化符号		增压器		单程作用
	不可调单向缓冲缸		详细符号				连续作用
			简化符号		蓄能器		一般符号
	可调单向缓冲缸		详细符号	蓄能器	气体隔离式		
			简化符号		重锤式		
	不可调双向缓冲缸		详细符号		弹簧式		
			简化符号		辅助气瓶		

名　称	符　号	说明	名　称	符　号	说明
气罐			电动机	M	
能量源 液压源	▲	一般符号	能量源 原动机	M	电动机除外
气压源	△	一般符号			

（2）机械控制装置和控制方法

名　称	符　号	说明	名　称	符　号	说明
机械控制件 直线运动的杆		箭头可省略	人力控制		一般符号
旋转运动的轴		箭头可省略	按钮式		
定位装置			拉钮式		
锁定装置	*	*为开锁的控制方法	按-拉式		
弹跳机构			手柄式		
机械控制方法 顶杆式			单向踏板式		
可变行程控制式			双向踏板式		
弹簧控制式	W		加压或卸压控制		
滚轮式		两个方向操作	差动控制	2 1	
单向滚轮式		仅在一个方向上操作，箭头可省略	内部压力控制	45°	控制通路在元件内部

名　称	符　号	说明	名　称	符　号	说明
直接压力控制方法 外部压力控制		控制通路在元件外部	单作用电磁铁		电气引线可省略，斜线也可向右下方
先导压力控制方法 液压先导加压控制		内部压力控制	电气控制方法 双作用电磁铁		
液压先导加压控制		外部压力控制	单作用可调电磁操作（比例电磁铁、力矩马达等）		
液压二级先导加压控制		内部压力控制，内部泄油			
气－液先导加压控制		气压外部控制，液压内部控制，外部泄油	双作用可调电磁操作（力矩马达等）		
电－液先导加压控制		液压外部控制，内部泄油	旋转运动电气控制装置		
液压先导卸压控制		内部压力控制，内部泄油	反馈控制		一般符号
		外部压力控制（带遥控泄放口）	反馈控制方法 电反馈		由电位器、差动变压器等检测位置
电－液先导控制		电磁铁控制、外部压力控制，外部泄油	内部机械反馈		如随动阀仿形控制回路等
先导型压力控制阀		带压力调节弹簧，外部泄油，带遥控泄放口			
先导型比例电磁式压力控制阀		先导级由比例电磁铁控制，内部泄油			

（3）压力控制阀

名 称	符 号	说 明	名 称	符 号	说 明
溢流阀		一般符号或直动型溢流阀	减压阀 · 先导型比例电磁式溢流减压阀		
	先导型溢流阀			定比减压阀	减压比 1/3
	先导型电磁溢流阀	（常闭）		定差减压阀	
溢流阀 · 直动式比例溢流阀			顺序阀 · 顺序阀		一般符号或直动型顺序阀
	先导比例溢流阀			先导型顺序阀	
	卸荷溢流阀	$p_2 > p_1$ 时卸荷		单向顺序阀（平衡阀）	
	双向溢流阀	直动式，外部泄油	卸荷阀	卸荷阀	一般符号或直动型卸荷阀
减压阀 · 减压阀		一般符号或直动型减压阀		先导型电磁卸荷阀	$p_1 > p_2$
	先导型减压阀		制动阀	双溢流制动阀	
	溢流减压阀			溢流油桥制动阀	

续附表1

（4）方向控制阀						
名　称		符　号	说明	名　称	符　号	说明
单向阀	单向阀		详细符号	二位三通电磁阀		
			简化符号（弹簧可省略）	二位三通电磁球阀		
液压单向阀	液控单向阀		详细符号（控制压力关闭阀）	二位四通电磁阀		
			简化符号	二位五通液动阀		
			详细符号（控制压力打开阀）	二位四通机动阀		
			简化符号（弹簧可省略）	三位四通电磁阀		
	双液控单向阀			三位四通电液阀		简化符号（内控外泄）
梭阀	或门型		详细符号	三位六通手动阀		
			简化符号	三位五通电磁阀		
换向阀	二位二通电磁阀		常断	三位四通电液阀		外控内泄（带手动应急控制装置）
			常通	三位四通比例阀		节流型，中位正遮盖

名 称		符 号	说明	名 称		符 号	说明
换向阀	三位四通比例阀		中位负遮盖	换向阀	四通电液伺服阀		二级
	二位四通比例阀						带电反馈三级
	四通伺服						

（5）流量控制阀

名 称		符 号	说明	名 称		符 号	说明
节流阀	可调节流阀		详细符号	调速阀	调速阀		详细符号
			简化符号		调速阀		简化符号
	不可调节流阀		一般符号		旁通型调速阀		简化符号
	单向节流阀				温度补偿型调速阀		简化符号
	双单向节流阀				单向调速阀		简化符号
	截止阀			同步阀	分流阀		
	滚轮控制节流阀（减速阀）				单向分流阀		

续附表 1

名　称		符　号	说明	名　称		符　号	说明
同步阀	集流阀	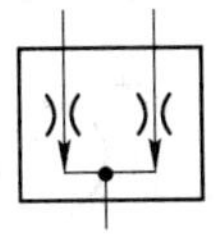		同步阀	分流集流阀	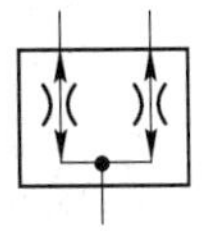	

（6）油箱

名　称		符　号	说明	名　称		符　号	说明
通大气式	管端在液面上	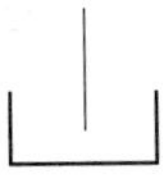		油箱	管端在油箱底部		
					局部泄油或回油		
	管端在液面下	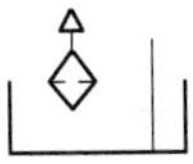	带空气过滤器		加压油箱或密闭油箱	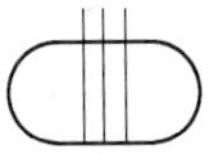	三条油路

（7）流体调节器

名　称		符　号	说明	名　称		符　号	说明
过滤器	过滤器	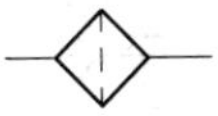	一般符号		空气过滤器	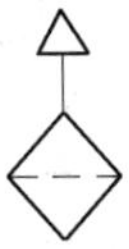	
	带污染指示器的过滤器	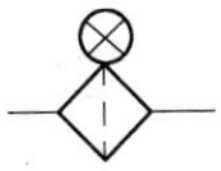			温度调节器		
	磁性过滤器	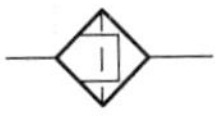		冷却器	冷却器	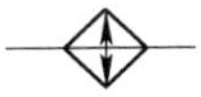	一般符号
	带旁通阀的过滤器	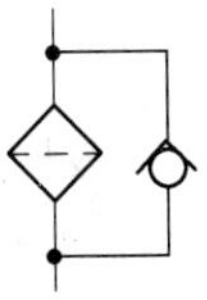			带冷却剂管路的冷却器	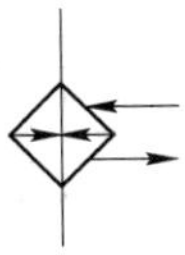	
	双筒过滤器	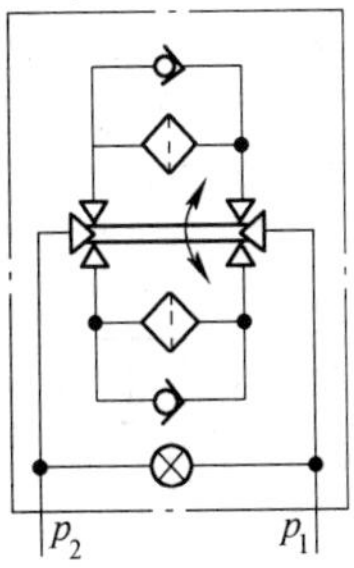	P_1：进油　P_2：回油		加热器		一般符号

（8）检测器，指示器

名　称		符　号	说明	名　称		符　号	说明
压力检测器	压力指示器			流量检测器	检流计（液流指示器）		
	压力表（计）				流量计		
	电接点压力表（压力显控器）				累计流量计		
	压差控制表				温度计		
	液位计				转速仪		
					转矩仪		

（9）其他辅助元器件

名　称		符　号	说明	名　称		符　号	说明
压力继电器（压力开关）			详细符号	压差开关			
			一般符号	传感器	传感器		一般符号
行程开关			详细符号		压力传感器		
			一般符号		温度传感器		
联轴器	联轴器		一般符号	放大器			
	弹性联轴器						

(10) 管路、管路接口和接头

名称		符号	说明	名称		符号	说明
管路	管路	——	压力管路 回油管路	管路	交叉管路		两管路交叉 不连接
	连接管路		两管路相 交连接		柔性管路		
	控制管路	-----	可表示泄 油管路		单向放气 装置（测 压接头）		
快换接头	不带单向 阀的快换 接头			旋转接头	单通路旋 转接头		
	带单向阀 的快换 接头				三通路旋 转接头		

二、常用液压术语

（一）基本术语

基本术语见附表 2。

附表 2　基本术语（摘自 ISOR 1219）

术语	解释	术语	解释
液压回路	由各种液压元件组成的具有某种机能的液压装置构成部分	滑阀式阀心（圆柱阀心）	与圆柱形滑动面配合，当它沿轴向移动时，进行流路开闭的零件
液压站	由液压泵、驱动用电动机、油箱、溢流阀等构成的液压源装置或包括控制阀在内的液压装置	泄油	从液压元件中的通道（或管道），向油箱或集流器等返回的油液或这种油液返回现象
回路图	用液压图形符号表示的液压回路图	漏油	从正常状态下应该密封的部位流出来的少量油液
额定压力	能连续使用的最高压力	动密封	用于相对滑动部分的密封
背压	在液压回路的回油侧或压力作用面的相反方向所作用的压力	静密封	用于静止部分，防止液体泄漏
旁路节流方式	将流向执行元件的一部分流量通过装在旁通管路中的节流阀流回油箱，以调节执行元件动作速度的方式	流体卡紧现象	在滑阀式阀等的内部，由于流动的不均匀性，产生对中心轴的压力分布不平衡，将阀心压向阀体（或阀套），使它不能动作的现象

术 语	解 释	术 语	解 释
开启压（力）	如单向阀或溢流阀等，当压力上升到阀开始打开，达一定流量时的压力	气穴现象	流动液体的压力，在局部范围内，下降到饱和蒸汽压或空气分离压，出现由于蒸汽的产生和溶解空气等的分离而生成气泡的现象，即为气穴现象。当气泡在流动中溃灭时，会在局部范围内出现超高压，并产生噪声等
关闭压（力）	如单向阀或溢流阀等，当阀的进口压力下降到阀开始关闭，流量减少到某规定量以下时的压力		
额定流量	在一定条件下，确保的流量	冲击压（力）	在过渡过程中上升压力的最大值
流量	一般指液压泵在单位时间内输出液体的体积	颤振	为减少摩擦和流体卡紧现象等对滑阀式阀的影响，改善其特性，所加的较高频率的振动
排量	容积式液压泵（或马达）每转输出（或输入）的液体体积	液压平衡	用液压力来平衡负载（包括设备自身）
流体功率	流体所具有的功率，对液压来说实际是用流量和压力的乘积表示	流体传动装置	用流体作介质传递动力的装置
主管路	包括吸油管路、压力管路和回油管路	进口节流方式	节流阀装在执行元件进口侧管路中，通过节流调节动作速度的方式
泄油管路	指泄油的回油管，或将它导入油箱的管路	出口节流方式	节流阀装在执行元件出口侧管路中，通过节流调节动作速度的方式
稳定流与非稳定流	在流体的运动空间内，任一点处流体的速度、压力、密度等运动要素不随时间而变化的称为稳定流，反之是非稳定流	流量跳跃现象	在调速阀（带压力补偿的流量控制阀）中，当流体开始流过时，出现流量瞬时超过设定值的现象
理想流体与实际流体	没有黏性的流体是理想流体，有黏性的流体是实际流体	电 - 液方式	将电磁铁等电气元件组合到液压操纵器中的方式
油口，连接口	元件上传导流体的通道的开口处	先导控制方式	由先导阀等导入的压力进行控制的方式
节流	减少流通断面积，使管路或通道内部产生阻力的机构，有长孔道节流和薄刃节流	液压传动	利用流体的压力能传递动力的装置。在这种装置中使用容积式液压泵和液压执行元件（液压缸或液压马达）
通道	通过元件内部或在其内部的用机加工方法或铸出的传导流体的通道	有效断面	与流束或总流的速度相垂直的断面称为有效断面
湿周	在有效断面上与固体边界接触的周长称为湿周	水力半径	有效断面与湿周之比称为水力半径

（二）液压阀的术语

液压阀的术语见附表3。

附表 3　液压阀的术语

术 语	解 释	术 语	解 释
控制阀	改变流动状态，对压力或流量进行控制的阀的总称	弹簧复位阀	在弹簧力的作用下，返回正常位置的阀
压力控制阀	控制压力的阀的总称	手动操纵阀	用手动操纵的阀
流量控制阀	控制流量的阀的总称	凸轮操纵阀	用凸轮操纵的阀

续附表3

术　语	解　释	术　语	解　释
方向控制阀	控制流动方向的阀的总称	先导阀	为操纵其他阀或元件中的控制机构，而使用的辅助阀
顺序阀	在具有2个以上分支回路的系统中，根据回路的压力等来控制执行元件动作顺序的阀	液动换向阀	用先导流体压力操纵的换向阀
		三位阀	具有3个阀位的换向阀
平衡阀	为防止负荷下落而保持背压的压力控制阀	液控单向阀	依靠控制流体压力，可以使单向阀反向流通的阀
油口数	阀与管路相连接的油口数量	二位阀	具有两个阀位的换向阀
卸荷阀	在一定条件下，能使液压泵卸荷的阀	电-液换向阀	与电磁操纵的先导阀组合成一体的液动换向阀
节流换向阀	根据阀的操作位置，其流量可以连续变化的换向阀	阀的位置	用来确定换向阀内流通状态的位置
调速阀	与背压或因负荷而产生的压力变化无关并能维持流量设定值的流量控制阀	正常位置	不施加操纵力时阀的位置 正常位置
带温度补偿的调速阀	能与液体温度无关并能维持流量设定值的调速阀	中立位置	确定的换向阀的中央位置 中立位置
分流阀	将液流向两个以上液压管路分流时，应用这种阀能使流量按一定比例分流，而与各管路中的压力无关	偏移位置	换向阀中除中立位置以外的所有阀位 偏移位置　偏移位置 中立位置
伺服执行元件	使用于自动控制系统的伺服阀和执行元件的组合体	锁定位置	由锁紧装置保持的换向阀的阀位
遮盖（或搭接）	滑阀式阀的阀心台肩部分和窗口部分之间的重叠状态，其值称为遮盖量	底板	与管道的连接口集中在一面，控制阀用密封件安装在它上面，进行配管的辅助板
正遮盖	当滑阀式阀的阀心在中立位置时，要有一定位移量（不大），窗口才可打开	二通阀	具有两个油口的控制阀
		四通阀	具有4个油口的控制阀
		电磁操纵阀	用电磁操纵的阀
零遮盖	当滑阀式阀的阀心在中立位置时，窗口正好完全被关闭，而当阀心稍有一点位移时，窗口即打开，液体便可通过	溢流阀	当回路的压力达到这种阀的设定值时，流体的一部分或全部经此阀流回油箱，使回路压力保持在该阀的设定值的压力阀
负遮盖	当滑阀式阀的阀心在中立位置时，就已有一定开口量	增压器	能将输入压力变换，以较高压力输出的液压元件
伺服阀	控制流量或压力，使之为电信号（或其他输入信号）的函数	油路板（集成块）	内部有起管路作用的通道，外部安有液压件，还有很多连接口的安装板
滑阀式阀（或滑阀）	采用圆柱滑阀式阀心的阀	台肩部分	滑阀心移动时的滑动面
梭阀	具有一个出口两个以上入口，出口具有选择压力最高侧入口的机能的阀	弹簧对中阀	正常位置为中立位置的三位换向阀，属于弹簧复位阀的一种
电磁阀	这是电磁操纵阀和电磁先导换向阀的总称	弹簧偏置阀	正常位置为偏移位置的换向阀，属于弹簧复位阀的一种

第五篇

电弧炉的电气设备与设计

第二十三章　电弧炉的主电路

第一节　电弧炉主电路的组成

　　电弧炉炼钢是靠电能转变为热能使炉料熔化并进行冶炼的，电弧炉的电气设备就是完成这个能量转变的主要设备。

　　电弧炉的电气设备主要分两大部分，即主电路和电气控制与自动调节系统。主电路的任务是将高压电转变为低电压大电流后输送给电弧炉，并以电弧的形式将电能转变为热能。

一、电弧炉主电路

　　由高压电缆至电极的电路称为主电路，如图23-1所示。它由隔离开关2、高压断路器3、电抗器4、电炉变压器7及低压短网等几部分组成。

　　电弧炉通过高压电缆供电，电压在3kV以上，电弧炉变压器的一次侧（高压侧）有隔离开关和高压断路器。断路器的作用是保护电源，当电弧电流超过设定电流的某一数值时，断路器会自动跳闸，把电源切断。

　　在线路上串联电抗器是用来缓和电弧电流的剧烈波动和限制短路电流。

　　电弧炉变压器是一种降压变压器，一般具有过载20%的能力。在变压器的高压侧配有电压调节装

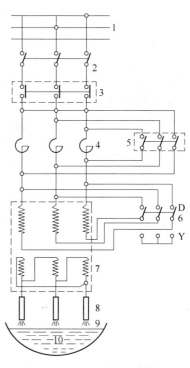

图23-1　电弧炉主电路简图

1—高压电缆；2—隔离开关；3—高压断路器；
4—电抗器；5—电抗器短路开关；6—电压
转换开关；7—电炉变压器；8—电极；
9—电弧；10—金属

置，调节电炉的输入电压。电压调节装置有无励磁调压和有载调压两种，有载调压装置在结构上比较复杂，是在不切断电源的情况下进行电压调节的。

为了监视电弧炉变压器的运行情况和掌握电力情况，供电线路上装有各种测量仪表。由于电弧炉一次侧电压高、二次侧电流大，必须配置电流互感器和电压互感器，以保证各种测量仪表正常工作及操作人员的安全。

为避免发生事故，电弧炉还必须设置信号装置和保护装置。信号装置是在发生故障前就发出信号，使操作人员注意或通过自动调节来改正；保护装置则在发生故障时，能使变压器与供电线路分开，切除故障，防止设备损坏。

电极升降自动调节系统的任务是根据冶炼工艺的要求，通过调整电极和炉料之间的电弧长度来调节电弧电流和电压的大小。

电弧炉除电极升降自动调节装置外，还有一些电气控制装置来控制其他机械设备，如按钮、电阻器及限位开关等。

二、电弧炉电气设备

电弧炉电气设备组成如图23-2所示。

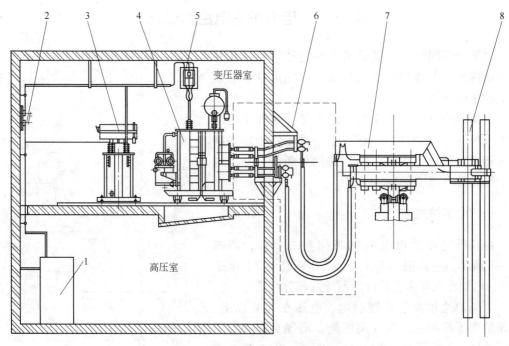

图23-2 电弧炉电气设备组成简图
1—高压柜；2—电抗器断接开关；3—电抗器；4—变压器；5—变压器隔离开关；
6—短网（虚线框内部）；7—导电横臂；8—电极

电弧炉的电气设备是将主电路转化为实现主电路功能的具体电气设备。它是由高压进线电缆接入高压柜1，高压柜出线后分两路，一路直接和电抗器相连接；另一路经电抗器断接开关2和变压器相接，以实现电抗器的接通和断开的切换。变压器在和高压柜出线相连接时，在变压器室内应设置变压器隔离开关5，以便变压器检修时断开此开关。短网

（常被称为大电流线路）6 在图中为虚线框以内部分，该部分是从与变压器出线相连接的补偿器开始，经导电铜管一直到和导电横臂相连接的水冷电缆为止。导电横臂 7 已经在第三篇中做了详细介绍，这里就不再叙述。此处主要是通过图 23 – 2，使读者对电炉电气线路设备组成有一个整体概念。

第二节　电弧炉的主要技术参数

一、工作短路电流

电弧炉的工作短路电流按规定要限制在变压器二次侧额定电流的 2.5 ~ 3.5 倍以内。这是由于电弧炉在熔化期（有时为氧化期）内，工作短路状态是不可避免的，在一炉钢整个冶炼期间内的短路次数可达数十次，甚至上百次。而电弧炉主电路中所有电气设备都要在这一状态下运行，为了使设备安全、正常地运行，工作短路电流必须予以限制；其次，由于工作短路电流是一个很大的无功冲击电流，会引起电源电网严重的电压波动和电压闪变，产生很多的高次谐波，使电网交流正弦波发生畸变，为此也需要限制短路电流。限制电弧炉工作的短路电流的措施是加大电路的总阻抗，主要是总感抗。

二、主电路总感抗

主电路总感抗为电炉电抗器、电炉变压器、补偿器、铜管或铜排、挠性电缆、导电横臂、石墨电极和电源系统的感抗之和。通常他们都是以变压器额定容量为基准值的相对值表示。

当电弧炉工作短路电流为变压器电流的 2.5 ~ 3.5 倍时，则相应的总感抗相对值就等于电流倍数的倒数，即：工作短路电流倍数为 2.5 ~ 3.5；相应的总感抗相对值为 40% ~ 28.6%。

主电路总感抗的另一个作用是能稳定电弧燃烧。从这个观点出发，要求总感抗在 35% 左右。

电弧炉短网的电参数除了通过计算求出外，还可以用工业短路试验的方法或模拟试验的方法求出。电弧炉的工业短路试验就是在已经运行的电弧炉上，当炉料化清以后，选用适当的电压等级，将电极插入钢液中，人为地形成短路，测量有关的电压、电流及功率，根据测量值计算求出各相短网阻抗值。由于变压器二次侧有很强的磁场和感应电势，因此测量是在变压器一次侧进行，然后折算到二次侧。根据三相短路试验数据，可以求得三相短网阻抗的平均值；根据单相短路试验数据，可以求得各相短网阻抗值及阻抗不平衡系数。

三、三相电弧功率不平衡度

三相电弧功率不平衡度可表示为：

$$K_{ABC} = \frac{P_{max} - P_{min}}{P_c} \times 100\% \qquad (23-1)$$

式中　P_c——平均功率。

因为 $P_{ABC} = I(\sqrt{U^2 - I^2 X^2} - Ir)$，所以有：$K_{ABC} = f(I, U) \propto \dfrac{I}{U}$，当功率一定时，低电

压、大电流将使三相电弧功率不平衡度加大，而高电压、小电流将使三相电弧功率不平衡度减小。

四、功率因数

电弧炉的功率因数可表示为：

$$\cos\varphi = \sqrt{1 - \sin^2\varphi} = \sqrt{1 - (XI/U)^2} = \sqrt{1 - (X/Z)^2} = \sqrt{1 - (X\%)^2} \qquad (23-2)$$

由式（23-2）可以看出，当 X 一定时，低电压、大电流，使 $X\%$ 增加，$\cos\varphi$ 降低；反之，$\cos\varphi$ 提高。

第三节 电弧炉的电气特性

一、短网等值电路

从电路的角度来看，电弧炉主电路中的电抗器、变压器与短网等都用一定的电阻和电抗来表示，而把每相电弧看成一个可变电阻，炉中的三相电弧对电弧炉变压器来说，是构成 Y 形接法的三相负载，其中点是钢液。假设：电炉变压器空载电流可略去不计；三相电路的阻抗值相等，电压和电流值相等；电压和电流均视作正弦波形；电弧可用一可变电阻表示。依此假设，便可作出电弧炉三相等值电路图，如图 23-3（a）所示。设三相情况相同，考察其中一相，能得到如图 23-3（b）所示的等值电路，以表示整个电弧炉的电路特性。

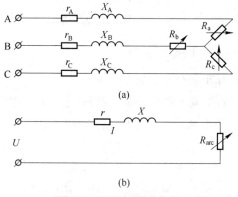

图 23-3 短网等值电路
（a）电弧炉三相等值电路；（b）电弧炉单相等值电路
U—单相等值电路的相电压，$U = U_2/\sqrt{3}$；
r—单相等值电路电阻，$r = r_抗 + r_变 + r_网$；
X—单相等值电路电抗，$X = X_抗 + X_变 + X_网$；
I—电弧电流；R_{arc}—电弧电阻

二、电弧炉的电气特性

（一）电气特性曲线

由图 23-3（b）所示的单相等值电路可以看出，它是一个由电阻、电抗和电弧电阻三者串联的电路。按此电路，根据交流电路定律，可以作阻抗、电压和功率三角形，如图 23-4 所示。

由图 23-4 可以写出电路各有关电气量值表达式，见表 23-1。

表 23-1 电路各有关电气量值表达式

参 数 名 称	计 算 公 式	备 注
相电压/V	$U = U_2/\sqrt{3}$	
二次电压/V	U_2	
总阻抗/mΩ	$Z = \sqrt{(r + R_{arc})^2 + X^2}$	

续表 23 - 1

参 数 名 称	计 算 公 式	备 注
电弧电流/kA	$I = U/Z$	
表观功率/kV·A	$S = \sqrt{3}UI = 3I^2Z$	三相
无功功率/kW	$Q = 3I^2X$	三相
有功功率/kW	$P = \sqrt{S^2 - Q^2} = 3I\sqrt{U_\varphi^2 - (IX)^2}$	三相
线路损失功率/kW	$P_r = 3I^2r = P - P_{arc}$	三相
电弧功率/kW	$P_{arc} = 3I^2R_{arc} = 3IU_{arc} = 3I[\sqrt{U^2 - (IX)^2} - Ir]$	三相
电弧电压/V	$U_{arc} = IP_{arc}/3 = IR_{arc}$	
电效率/%	$\eta_E = P_{arc}/P$	
功率因数/%	$\cos\varphi = P/S$	
耐火材料磨损指数/MW·V·m^{-2}	$R_E = U_{arc}^2 I/d^2$	

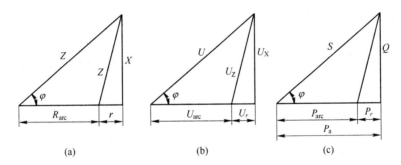

(a)　　　　　　　(b)　　　　　　　(c)

图 23 - 4　阻抗、电压、功率三角形

（a）阻抗三角形；（b）电压三角形；（c）功率三角形

由表 23 - 1 可以看出，上述各电气量值在某一电压下（X、r 一定）均为电流 I 的函数，即 $E = f(I)$。将它们表示在同一个坐标系中，得到理论电气特性曲线。如图 23 - 5 所示。

（二）特殊工作点

1. 空载点（用下标"0"表示）

空载点相当于电极抬起成"开路"状态，没有电弧产生，此时，$R_{arc} \to \infty$，$I_0 = 0$，$P_0 = 0$。

虽然 $U_{arc} = U$，$\cos\varphi = \eta = 1$，但因无任何热量放出，因此，研究此点无任何意义。

2. 电弧功率最大点（用下标"1"表示）

电弧功率是进入炉内的热源，研

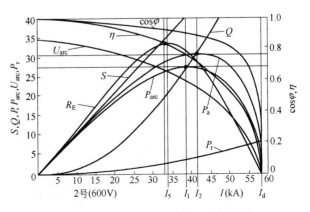

图 23 - 5　电弧炉的理论电气特性曲线

究电弧功率最大点很有意义。电弧功率与电弧电流的函数关系为：

$$P_{arc} = f(I) = f[\psi(R_{arc})] \tag{23-3}$$

对该复合函数求导，并令导数等于零，解得，当 $R_{arc} = \sqrt{r^2 + X^2} = Z$ 时，电弧功率有最大值。将式（23-3）代入表 23-1 中电弧电流的计算公式中得：

$$I_1 = \frac{U}{\sqrt{(r + \sqrt{r^2 + X^2})^2 + X^2}} = \frac{U}{\sqrt{2Z(r+Z)}} \tag{23-4}$$

对应的最大电弧功率为：

$$P_{arc} = 3I_1^2 R_{arc} = \frac{3}{2} \frac{U^2}{r+Z} \tag{23-5}$$

分析：

（1）I_1 对应的电弧功率最大，此点对应的 $\cos\varphi$、η 值比较理想；

（2）当 $I_{工作} > I_1$ 时，P_{arc} 减少，同时 $\cos\varphi$、η 值降低；

（3）工作电流的选择一般为：$I_{工作} \leqslant I_1$；

（4）为了提高 P_{arc}，可提高 I_1，通过提高变压器的二次电压 U 或降低回路的电抗 X 与电阻 r，可使所选工作电流大些。

3. 有功功率最大点（用下标"2"表示）

用上述类似方法可求出，当 $R_{arc} = X - r$ 时，有功功率有最大值，此时电流为：

$$I_2 = \frac{\sqrt{2}}{2} \frac{U}{X} \tag{23-6}$$

相应的最大有功功率为：

$$P_a = 3I_2^2(R_{arc} + r) - 3I_2^2 X = Q \tag{23-7}$$

分析：

（1）只有满足 $R_{arc} = X - r > 0$，即 $X > r$ 时，才能出现有功功率最大值；

（2）U 与 I 相位差 φ 为 45°，$\cos\varphi = 0.707$，为一常数；

（3）$I_2/I_1 = f(X/r) > 1$，即 $I_2 > I_1$，I_2 总是在 I_1 的右边，而选择 $I_{工作}$ 时，主要考虑 I_1。

4. 短路点（用下标"d"表示）。

当石墨电极与金属炉料接触或插入钢水中，即发生短路，此时，$R_{arc} = 0$，短路电流为：

$$I_d = \frac{U}{\sqrt{r^2 + X^2}} = \frac{U}{Z} \tag{23-8}$$

分析：

（1）因为 $R_{arc} = 0$，$P_{arc} = 0$，所以 $P_a = P_r = 3I^2 r$，即有功功率全部消耗在装置电阻上，炉内无热量输入；

（2）$P_{arc} = 0$，$\eta = 0$，但 $\cos\varphi \neq 0$；

（3）$R_{arc} = 0$，使短路电流很大，$I_d/I_n \geqslant 2 \sim 3$，极易损坏电器设备。因此，要求短路电流要小，短路时间要短。

短路分为人为短路与操作短路。人为短路如送电点弧，短路的目的是要起弧，这要求短路时间短，即瞬间短路；短路试验要求电极插入钢水中，为避免损坏电器，试验中采用最低档电压,使短路电流尽量小些,且短路时间尽量短。对操作短路应加以限制,通过提高电路的电抗可以限制短路电流,同时使电弧燃烧连续、稳定。

5. 耐火材料最大磨损指数(用"$R_{E,max}$"表示)。

耐火材料磨损(侵蚀)指数(R_E,$MW \cdot V/m^2$)是表征炉衬耐火材料的热负荷及电弧辐射对炉壁的损坏程度。其表达式为:

$$R_E = \frac{P'_{arc} U_{arc}}{d^2} = \frac{I U^2_{arc}}{d^2} \qquad (23-9)$$

式中 P'_{arc}——单相电弧功率;

I——电弧电流;

U_{arc}——单相电弧电压;

d——电极侧面至炉壁衬最短距离。

用以上类似方法可求出,当 $R_{arc} = (r + \sqrt{9r^2 + 8X^2})/2$ 时,耐火材料磨损指数有最大值,此时电流为:

$$I_{re} = \frac{U}{\sqrt{(1.5r + 0.5\sqrt{9r^2 + 8X^2})^2 + X^2}} \qquad (23-10)$$

对应的最大耐火材料磨损指数为:

$$R_{E,max} = \frac{I^2_{re} R^2_{arc}}{d^2} \qquad (23-11)$$

式中 d——电极侧面至炉壁衬最短距离,m。

通过上述对几个特殊工作点的分析,将各特殊工作点的有关电气参数值列于表23-2中。

表 23-2　几个特殊的工作点各有关电气参数值表达式

特殊工作点	空载点	短路点	有功功率最大点	电弧功率最大点
R_{arc}/Ω	∞	0	$R_{arc} + r = X$	$R_{arc} = Z$
I/A	0	$U/\sqrt{3}Z$	$0.707U/X$	$U/\sqrt{2Z(r+Z)}$
P/W	0	ΔP	$1.5U^2/X$	—
P_{arc}/W	0	0	—	$3U^2/2(r+Z)$
U_{arc}/V	$U/\sqrt{3}$	0	—	—
$\cos\varphi$	$\to 1$	$\neq 0$	0.707	>0.707
η	$\to 1$	0	—	—

三、电弧炉运行工作点的选择与设计

电弧炉运行时主要是确定一个合理的工作点,而确定一个合理的工作点主要在于确定一个合理的电极工作电流。

目前,较为常用的确定运行工作点方法是根据已知的二次工作电压 $U(V)$、操作电抗 $X_{op}(\Omega)$ 和线路电阻 $r(\Omega)$,设定合理的 $\cos\varphi$ 值(0.70~0.84),然后求出各项参数和指标。电弧炉运行工作点的工程分析计算公式见表23-3。

表 23 - 3　电弧炉运行工作点的工程分析计算公式

参数和指标	计算公式	参数和指标	计算公式
操作电阻（每相）/Ω	$R_{op} = \sqrt{\dfrac{\cos^2\varphi X_{op}}{1 - \cos^2\varphi}} = \dfrac{X_{op}}{\tan\varphi}$	表观功率（初级）/V·A	$S = \sqrt{P^2 + Q^2}$
操作阻抗（每相）/Ω	$Z_{op} = \sqrt{R_{op}^2 + X_{op}^2}$	电弧功率/W	$P_{arc} = P - 3rI^2$
工作电流（每相）/A	$I = U/(\sqrt{3}Z_{op})$	电弧电阻（每相）/Ω	$R_{arc} = R_{op} - r$
有功功率（初级）/W	$P = 3R_{op}I^2$	电弧电压（每相）/V	$U_{arc} = IR_{arc}$
无功功率（初级）/var	$Q = 3X_{op}I^2$	电弧弧长/mm	$L_{arc} = U_{arc} - (35 \sim 40)$

第四节　电弧炉供电制度的确定与优化

电弧炉供电制度是指电弧炉冶炼各阶段所采取的电压与电流。供电制度的严格定义为某一特定的电弧炉，当能量供给制度确定之后，在确定的某一电压下工作电流的选择；而电气特征是制定供电制度的基础。

从供电曲线表面上看，当能量供给制度确定之后，供电制度实际上就变成了在某一电压下工作电流的确定。在传统的确定方法中，以"经济电流"概念来确定工作电流，这种确定方法也适用于超高功率电弧炉。

一、经济电流的确定

从电气特性曲线图（见图 23 - 5）中可以发现：在电流较小时，电弧功率随电流增长较快（即 $\mathrm{d}P_{arc}/\mathrm{d}I$ 大），而电损功率随电流增长缓慢（即 $\mathrm{d}P_r/\mathrm{d}I$ 小）；当电流增加到较大区域内时，情况恰好相反。这说明在特性曲线上有一点处电弧功率与损耗功率随电流的变化率相等，即 $\mathrm{d}P_{arc}/\mathrm{d}I = \mathrm{d}P_r/\mathrm{d}I$，而这一点所对应的电流称为"经济电流"，用 I_5 表示。

电流小于 I_5 时，电弧功率小，炉料熔化得慢；电流大于 I_5 时，电弧功率增加不多，电损功率却增加不少，所以，电流 I_5 得名为"经济电流"。另外，在经济电流 I_5 附近 $\cos\varphi$、η 值也比较理想。

由表 23 - 1 中的电弧功率、电损功率及电弧电流表达式，得出如下关系：

$$P_{arc} \text{ 或 } P_r = f(I) = f(\psi(R_{arc})) \tag{23-12}$$

式中，将 P_{arc}、P_r 分别对 R_{arc} 求复合函数的导数，并联立求解得：$R_{arc} = r + \sqrt{4r^2 + X^2}$，此时对应的电流即为经济电流 I_5：

$$I_5 = \frac{U}{\sqrt{(2r + \sqrt{4r^2 + X^2})^2 + X^2}} \tag{23-13}$$

将 I_5/I_1 比值同除以 r 可得：$I_5/I_1 = f(X/r) < 1$，即 I_5 在 I_1 的左边，此时 $\cos\varphi$、η 仅与 X/r 比值有关。

分析：

（1）$I_5 < I_1$，只有当 X/r 很大时，I_5 才能接近 I_1；

（2）实际设计中，$X/r = 3 \sim 5$，对应 $\cos\varphi = 0.83 \sim 0.88$，$\eta = 0.82 \sim 0.86$。而 $I_5/I_1 =$

$0.81 \sim 0.89$，应该说比较理想，这比 I_1 时还要好。

二、工作电流的确定

由 $I_{工作} \leqslant I_5 = (0.8 \sim 0.9)I_1$，并将耐火材料磨损指数 $R_E = U_{arc}^2 I/d^2 = f(I)$ 表示在图 23-5 所示的电气特性曲线中，可以看出 $I_{工作} = I_5$ 时的点恰好在 R_E 最大值附近。

对于小型普通功率电炉，R_E 较低（$R_E < 400MW \cdot V/m^2$）。一般情况下，$R_E < 400 \sim 450MW \cdot V/m^2$ 为安全值，此时炉壁热点损耗不剧烈；但对于大型超高功率电弧炉，炉壁热点损耗极为严重，R_E 的峰值不小于 $800MW \cdot V/m^2$。此时工作电流的选择必须避开 R_E 的峰值（这也是初期的超高功率电弧炉采用低电压、大电流的原因），所选择的工作电流不再是 I_1 左面接近 I_5 的区域，而应在接近 I_1 或者超过 I_1 的区域（当然是在 $1.2I_n$ 的范围内）。此种情况下 P_{arc} 增加了，虽然 P_r 有所增加，$\cos\varphi$ 略有降低，但由于低电压、大电流电弧的状态发生了变化，成为"粗短弧"，使电弧炉传热效率提高，更主要是炉衬寿命得到保证，R_E 减小。

采用泡沫渣时，可以实现埋弧操作，此时不用考虑 R_E 的影响，而采用低电流、高电压的"细长弧"供电（操作）。那么，确定工作电流的原则不变，仍为 $I_{工作} \leqslant I_5 < I_1$。

$I_{工作} \leqslant I_5$ 是有条件的，必须考虑变压器额定电流 I_n 的允许值，即设备允许的最大电流 $I_{max} = 1.2I_n$。在电弧炉变压器选择正确时，应能保证 I_{max} 接近 I_5，否则将出现以下情况均对设备不利：

（1）$I_{max} \gg I_5$，说明变压器选大了（电流大了），因为受经济电流概念要求：$I_{工作} \leqslant I_5 \leqslant I_{max}$，使得变压器能力得不到充分发挥，否则工作点不合理；

（2）$I_{max} \ll I_5$，说明变压器选小了（电流小了），因为若满足经济电流确定原则：$I_{max} \leqslant I_{工作} \leqslant I_5$，使得变压器长时间超载运行，这些对设备都是不利的，而且也不经济。

综合考虑，工作电流选择的原则为：$I_{工作} \leqslant I_{max} \leqslant I_5 < I_1$。

当能量供给制度确定之后，可根据工艺、设备及炉料等条件选择各阶段电压，然后再根据工作电流确定原则来选择工作电流。

三、供电对功率因数的影响

（一）供电与电弧状态

电弧炉供电时，电弧长度与电弧电压的关系为：

$$L_{arc} = U_{arc} - 40 \qquad (23-14)$$

式中　L_{arc}——电弧长度，mm；

　　　U_{arc}——电弧电压，V。

这说明 $L_{arc} \propto U_{arc}$。故当电弧炉采取低电压、大电流供电时，电弧的状态为粗短弧；而当电弧炉采取高电压、小电流供电时，电弧的状态为细长弧。

（二）电流与回路电抗的关系

由阻抗三角形可知，电弧电流与短路电流的表达式分别如下：

$$I = U/[(R_{arc} + r)^2 + X^2]^{1/2} \qquad (23-15)$$

$$I_d = U/(r^2 + X^2)^{1/2} \qquad (23 - 16)$$

即电压一定时，增加电抗值有利于电弧稳定燃烧，同时，能限制短路电流。

(三) 电抗百分数与功率因数

电抗百分数与功率因数的表达式分别如下：

$$X\% = X/Z = I_X/U = \sin\varphi \qquad (23 - 17)$$

$$\cos\varphi = [1 - (I_X/U)^2]^{1/2} \qquad (23 - 18)$$

(四) 影响功率因数的因素

X 一定时，$\cos\varphi \propto U/I$；I/U 一定时，$\cos\varphi \propto 1/X$。

不同电抗百分数对应的功率因数值见表 23 - 4。

表 23 - 4 不同电抗百分数对应的功率因数值

$X/\%$	40	50	60	70	80
$\cos\varphi$	0.916	0.866	0.8	0.71	0.60

第五节 三相 AC 电弧的特征

一、作用于三相 AC 电弧的电磁力

三相 AC 电弧的电弧电流如图 23 - 6 所示，将两道平行的电弧电流假定为 $I_1(A)$、$I_2(A)$，其间距为 $d(m)$，作用在每 1m 长的电弧的电磁力 $f(N/m)$ 由下式给出：

$$f = \frac{\mu I_1 I_2}{2\pi d} \qquad (23 - 19)$$

式中 μ——磁导率，$\mu = \mu_0\mu_s$，$\mu_0 = 4\pi \times 10^{-7} H/m$，$\mu_s = 1H/m$。

电流为相同方向时为吸力，反方向时为斥力。

式 (23 - 19) 适用于由平衡的三相 AC 电弧，求作用于电弧的电磁力。

由图 23 - 6 可知，三相 AC 电弧的电流

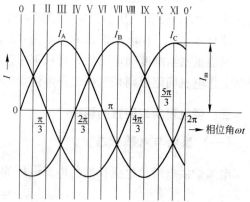

图 23 - 6 三相 AC 电弧的电弧电流

有 $120°\left(\frac{2\pi}{3}rad\right)$ 的相滞后，相序为 A→B→C 的电流可表示如下：

$$I_A = I_m \sin\omega t \qquad (23 - 20a)$$

$$I_B = I_m \sin\left(\omega t - \frac{2}{3}\pi\right) \qquad (23 - 20b)$$

$$I_C = I_m \sin\left(\omega t - \frac{4}{3}\pi\right) \qquad (23 - 20c)$$

式中　I_m——电流最大值。

如果将这些电弧置于相互距离为 d 的磁场中，每一个电弧都同时接受相位差为120°的另外两个电弧产生的电磁力。因此，对时刻变化的电弧起作用的电磁力，可根据这些矢量的合成求出。

图23-7所示为作用在平衡三相 AC 电弧各时期电磁力矢量的变化。作用于 A、B、C 各电极电弧每米长度上的电磁力 f_A、f_B、f_C 的轨迹形成一个圆，各电极电弧的中心为以 f 的最大值为直径的圆周上的点，其旋转方向与各电极电流的旋转方向一致，在电流的半周波内电磁力矢量旋转一周。

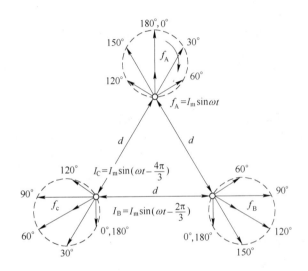

图23-7　作用于平衡三相 AC 电弧各时期的电磁力矢量的变化

电磁力通常向电极分布圆的外侧起作用，在本相电流为最大值 I_m 时最大。此时，作用在每米长度电弧上的瞬时最大电磁力可由式（23-21）求出：

$$f_{max} = \sqrt{3}\frac{I_m^2}{d} \times 10^{-7} \qquad (23-21)$$

而平均电磁力可由式（23-22）求出：

$$f = \frac{\sqrt{3}}{2}\frac{I_m^2}{d} \times 10^{-7} \qquad (23-22)$$

电弧柱受到时刻变化的电磁力的作用，常常向炉壁方向弯曲。如用高速照相机研究，就可观察到如下状态，并从形式上取得证据。

即电极为阴极的周波内时，在已消耗为斜锥状的电极的最下端，电弧最初几乎为垂直形状，在1/4周波内，电弧沿电极前端的边缘移动至靠近炉壁一侧，接着虽然去往发源处的方向，但电弧会熄灭。这样，电弧柱在电极为阴极的周波内，电弧等离子喷射流向炉壁侧折弯，向钢液面倾斜冲撞，失去电荷并传递能量；其后，电弧喷射流又因剩余相当的动能和热能，折转后直接侵蚀炉壁，成为产生炉壁热点的原因，这时还伴随着渣和钢液的喷溅。

在电极为阳极的周波内，钢液面产生的阴极点受电磁力作用远离电极投影点的位置，由于朝向已成为阳极的上部电极没有电弧柱轮廓，其立体性广泛扩展而不侵蚀炉壁。

另外电极间残留废钢时，由于磁屏蔽效果可减小来自其他相的电磁力。

电弧电磁力的计算：在三相平衡 AC 电弧电路中，当电弧电流为 50kA，电极长度为 1.3m（电极间距离 $d = 1.3 \times \sin60° = 1.13$m）时，作用于电弧柱的平均电磁力 f 为 $100 \sim 192$N/m。

在电弧点的平均磁力密度 B 为：

$$B = f/I = 192 \times 10^4 / 50000 = 38.2 \times 10^{-4} \ （\text{T}）$$

实验式电弧偏向角 θ 为：

由于　　　　　　　$X/L = \sin\theta = 0.016B = 0.016 \times 38.2 = 0.612$

因而 $\theta = 37.3°$。

二、AC 电弧的推力

首先考虑电极为阴极的周波。从形成电弧的阴极出发的强大的电弧等离子体喷射流高速冲撞阳极。这时的电弧推力可由 Maecker 公式求出，这个公式是简单的，但与实测值吻合较好，一般情况下经常使用。

对于 DC 炉，电弧推力 $T(\text{N})$ 为：

$$T = \frac{\mu}{4\pi} I_a^2 \ln \frac{d_c}{d_k} \tag{23-23}$$

式中　$\mu = \mu_0 \mu_r$，$\mu_0 = 4\pi \times 10^{-7}$；

d_c——电弧柱直径，cm；

d_k——阴极点直径，cm。

对于 AC 电弧必须省略电极为阳极的半周期，因此 AC 炉电弧的推力 T_{AC}（N）变为式（23-24）：

$$T_{AC} = \frac{1}{2} \times 10^{-7} I_a^2 \ln \frac{d_c}{d_k} \tag{23-24}$$

式中　$\dfrac{1}{2}$——由于省略了阳极半周波。而且 AC 电弧中 I_a、$\ln\dfrac{d_c}{d_k}$ 需要进行均方根处理。

电弧推力的计算：电弧电流 $I_a = 50$kA，电弧长 $L = 200$mm，求钢液所受的最大推力：

由于　　　　$d_k = \sqrt{\dfrac{50}{4.4} \times \dfrac{4}{\pi}} = 3.8 \ （\text{cm}）$（阴极点电流密度 4.4kA/cm²）

$$d_c = d_k \left(1 + \frac{L}{r_k}\right)^{0.5} = 3.8 \times \left(1 + \frac{20}{1.9}\right)^{0.5} = 12.9 \ （\text{cm}）\ （r_k \text{ 为阴极点半径}）$$

因而　　　　$T_{AC_{max}} = \dfrac{1}{2} \times 10^{-7} \times 5^2 \times 10^8 \times \ln\dfrac{12.9}{3.8} = 153 \ （\text{N}）$

假设钢液密度为 7200kg/m³，钢液最大凹下量 H_r：

$$H_r = \frac{153}{9.8 \times 7200S} = 0.167 \ （\text{m}）$$

式中　S——冲撞面积，$S = \dfrac{\pi}{4} \times 12.9^2 \times 10^{-4} = 0.013 \ （\text{m}^2）$。

此时 H_r（16～17cm）是电弧电流最大，因而倾斜角也最大时的值。

钢液流动的时间常数根据 B. Bowman 将为 0.18s 左右，与电弧柱的移动相比相差悬殊，因而由 AC 电弧产生的钢液凹下量，与 DC 电弧相比常常大为减少。

假定电弧的移动范围为 ϕ550mm 电极的端面的面积上，钢液平均凹下量不过数毫米。可是电弧等离子体喷射的动量和电弧轴朝向炉壁方向的倾斜（见图 23 - 8）伴随着渣和钢液的飞溅，成为形成炉壁热点的原因。

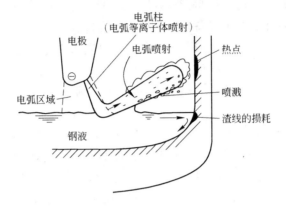

图 23 - 8　三相电弧喷射的特征（电极为阴极周波内）

第二十四章 高压供电系统

在电炉设备中，高压供电系统是指从高压供电柜进线端开始到变压器一次侧进线端结束。在这一段供电线路中，主要设备是高压供电柜设备。

高压供电系统基本功能是接通或断开主回路及对主回路进行必要的计量和保护。

第一节 高 压 柜

用来接受电能、分配电能的电气设备称为配电装置。成套配电装置是以断路器为主体，根据其他各种电器元件根据主接线的要求和控制对象及主要电气元件的特点，将高压电器、测量仪表、保护装置及其附属设备按一定的接线方式组合为一个整体，构成的配套电装置（又称高压开关柜），其用于发电、输电、配电和电能转换等系统中。高压开关柜是由一次电器元件，二次控制，保护、测量、调整元件和电器连接，再加上辅件、柜体（壳体）等组成的整体。高压开关柜是由专业制造厂定型设计，并进行标准化、系列化生产。

一、高压开关柜的分类

（一）按断路器安装方式

按断路器安装方式分为移开式（手车式）和固定式。

（1）移开式或手车式。移开式或手车式（用 Y 表示）表示柜内的主要电器元件（如断路器）是安装在可抽出的手车上的，由于手车柜有很好的互换性，因此可以大大提高供电的可靠性，常用的手车类型有：隔离手车、计量手车、断路器手车、PT 手车等，如 KYN28A - 12 柜型。

（2）固定式。固定式（用 G 表示）表示柜内所有的电器元件（如断路器或负荷开关等）均为固定式安装的，固定式开关柜较为简单经济，如 XGN2 - 10、GG - 1A 柜型等。

（二）按安装地点

按安装地点分为户内和户外。

（1）用于户内（用 N 表示）：表示只能在户内安装使用，如 KYN28A - 12 型等开关柜；

（2）用于户外（用 W 表示）：表示可以在户外安装使用，如 XLW 等开关柜。

（三）按柜体结构

按柜体结构可分为金属封闭铠装式开关柜、金属封闭间隔式开关柜、金属封闭箱式开关柜和敞开式开关柜四大类。

（1）金属封闭铠装式开关柜（用 K 来表示）主要组成部件（如断路器、互感器、母线等）分别装在接地用金属隔板隔开的隔室中的金属封闭开关设备，如 KYN28A－12 型高压开关柜。

（2）金属封闭间隔式开关柜（用 J 来表示）与铠装式金属封闭开关设备相似，其主要电器元件也分别装于单独的隔室内，但具有一个或多个符合一定防护等级的非金属隔板，如 JYN2－12 型高压开关柜。

（3）金属封闭箱式开关柜（用 X 来表示）外壳为金属封闭式的开关设备，如 XGN2－12 型高压开关柜。

（4）敞开式（半封闭型）开关柜无保护等级要求，外壳有部分是敞开的开关设备，如 GG－1A（F）型高压开关柜。

二、对高压柜功能的要求

高压开关柜无论由几面柜组成，都应满足 IEC298、GB3906 等标准要求。

高压柜应具有"五防"功能：

（1）高压开关柜内的真空断路器小车在试验位置合闸后，小车断路器无法进入工作位置（防止带负荷合闸）。

（2）高压开关柜内的接地刀在合位时，小车断路器无法进合闸（防止带接地线合闸）。

（3）高压开关柜内的真空断路器在合闸工作时，盘柜后门用接地刀上的机械与柜门闭锁（防止误入带电间隔）。

（4）高压开关柜内的真空断路器在合闸工作时，合接地刀无法投入（防止带电挂接地线）。

（5）高压开关柜内的真空断路器在合闸工作时，无法退出小车断路器的工作位置（防止带负荷拉刀闸）

高压供电系统对主回路所能进行的保护有：过电流速断和过负荷保护；欠压和失压保护；变压器轻、重瓦斯；调压开关重瓦斯、油温极限及冷却器故障等。可在主控制室显示各数据和保护动作的状态。

真空断路器具有"就地"和"远程"操作功能，即能够在主控室操作台和高压柜两地操作。合分闸采用弹簧（或永磁）操作机构。合分闸电源采用带储能的 DC220V 电源，确保在断电状态下可靠分闸。

对于只配有一台高压真空断路器的选型，一般都要求配备一台真空断路器手车，使其一工一备。其断路器应满足 IEC56、GB1984、JB3855 等标准要求。当工作高压真空开关发生故障（或所有次数到极限值时），可将真空手车拉出（进行维护或更换），将备用手车式真空开关投入，以缩短故障停工时间。

高压真空断路器规格、型号的选择根据所选制造单位不同而不同，其使用寿命也不同。

三、高压柜计量的参数

高压供电系统所计量的主要技术参数有：高压侧电压、高压侧电流、功率因数、有功功率、有功电度及无功电度，每炉钢的有功电度和无功电度可在电炉的 HMI 界面 LCD 上查阅。

高压柜上有进线电压、一次电流表，并设有来电指示器。高压供电系统对主回路所能进行的保护有：过电流速断和过电流保护；欠压保护；变压器轻、重瓦斯；调压开关重瓦斯、油温极限及冷却器故障等。其系统保护采用微机综合保护进行可靠保护。

四、高阻抗电弧炉电抗器的过电压保护措施

真空断路器的操作过电压是由于电路中存在着电感、电容等储能器件，在开关操作瞬间放出能量，在电路中产生电磁振荡而形成的。在电感性负载电路中，真空断路器的操作会产生严重的高频振荡波形，其最高值约为电源峰值的 4.5 倍。高阻抗电弧炉由于所串联的电抗器很大，其电感值非常大，因而产生的过电压也非常高、非常频繁，因此必须采取特别有效的过电压保护措施。

常用的过电压保护措施有阻容吸收装置和避雷器保护装置，但效果最好的是四极式 RC 过电压保护器。在四极式 RC 装置中，R_1C_1 主要用于保护相间过电压，而 R_2C_2 主要是保护对地过电压。对于用来吸收相间电路存储能量 C_1 值，应选用 $0.05 \sim 0.1\mu F$ 的电容器，R_1 为 100Ω 比较合适。R_2C_2 的接入既能消除相对地的过电压，同时又能解决常规三组 RC 吸收装置中对地电流过大而烧毁电阻 R_1 的缺陷。

第二种方案是用三相组合式氧化锌避雷器组截止操作过电压。它能够抑制和投切真空断路器所引起的相间和相对地操作过电压，达到保护变压器和防止真空断路器相间和相对地闪络的目的。三相组合式金属氧化锌避雷器能够实现相间和相对地同时保护，因此一台三相组合式金属氧化锌避雷器可代替四台普通避雷器。

对于高阻抗电弧炉而言，必须采取三相组合式金属氧化锌避雷器和四极式阻容过电压吸收器的双重保护措施。

高阻抗电弧炉的电抗器所承受的操作过电压与其真空断路器的距离有关，一般来说，电抗器所承受的过电压与其距真空断路器的距离成反比例关系，距离越远，过电压越低；距离越近，过电压越高。当其距离小于 6m 时，则必须在电抗器的进线侧重复加装阻容吸收器和氧化锌避雷器。

切断电弧炉变压器所产生的过电压值还取决于真空断路器"关合和断开"操作之间的保持时间长短。就是说当关合真空断路器之后，紧接着马上断开该断路器（在 1s 左右），产生的过电压非常高，其过电压倍数可高达 5.8 倍。因此，当利用真空断路器来关合和断开空载电炉变压器时，关合和断开之间的间隔时间必须大于 10s；另外，第一次断开到第二次关合之间的间隔时间必须大于 180s，才能再次合闸。依此循环操作。

五、高压开关柜的组成及元器件

（一）高压开关柜的组成

高压开关柜由柜体、电器元件（包括绝缘件）、各种机构、二次端子及连线等组成。对于电弧炉设备的高压柜来说，进线在 10kV 以下一般由 1 ~ 2 面高压柜组成；进线在

35kV 以上一般由 3～5 面高压柜组成，各种组成的高压柜结构示意图分别如图 24－1～图 24－3 所示。

高压开关柜的柜体材料和柜体功能单元分别介绍如下：

（1）柜体的材料：

1）冷轧钢板或角钢（用于焊接柜）；

2）敷铝锌钢板或镀锌钢板（用于组装柜）；

3）不锈钢板（不导磁性）；

4）铝板（不导磁性）。

（2）柜体的功能单元：

1）主母线室（一般主母线按"品"字形或"1"字形两种结构布置）；

2）断路器室；

3）电缆室；

4）继电器和仪表室；

5）柜顶小母线室；

6）二次端子室。

（二）高压开关柜内电器元件

高压开关柜内电器元件主要有一次电器元件和二次元件（又称二次设备或辅助设备），是指对一次设备进行监察、控制、测量、调整和保护的低压设备。

常见的有如下设备：

（1）柜内常用一次电器元件常见的设备有：主母线和分支母线、隔离开关、高压熔断器、绝缘件（如穿墙套管、触头盒、绝缘子、绝缘热缩（冷缩）护套）、高压电抗器、高压断路器、高压接触器、高压带电显示器、负荷开关、避雷器、高压单相并联电容器（阻容吸收器）、接地开关等。

（2）柜内常用的主要二次元件（又称二次设备或辅助设备，是指对一次设备进行监察、控制、测量、调整和保护的低压设备）。常见的设备有：空气开关、电流表、电压表、继电器、电度表、功率表、功率因数表、频率表、转换开关、信号灯、电阻、按钮、微机综合保护装置等等。常见的仪表多数为电压表和电流表，而常将其他仪表装在电控室的主操作台上。

图 24－1 所示为三面高压柜结构，这种结构是将进线柜与 PT 柜合并为一个柜，而真空断路器柜和高压保护柜不变。这种结构方式比较紧凑，可以节省一个柜体，减少了占地面积，使用广泛。

图 24－2 所示为四面高压柜结构，这种结构是一种比较规范的形式，每个柜子功用分明，维修方便。

图 24－3 所示为五面高压柜结构，这种结构是在图 24－2 结构形式的基础上，增加了一面在线备用断路器柜，其目的是在断路器发生故障时直接将在线备用柜投入使用。这样可以保证电弧炉设备的连续冶炼，维修或更换断路器时不影响电弧炉设备的生产，对提高电弧炉的经济效益比较明显。

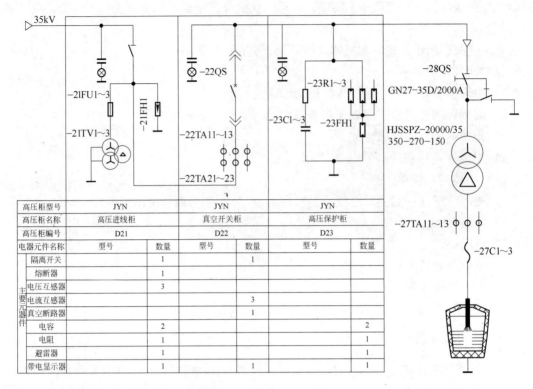

高压柜型号	JYN		JYN		JYN	
高压柜名称	高压进线柜		真空开关柜		高压保护柜	
高压柜编号	D21		D22		D23	
电器元件名称	型号	数量	型号	数量	型号	数量
隔离开关		1		1		
熔断器		1				
电压互感器		3				
电流互感器				3		
真空断路器				1		
电容		2				2
电阻		1				1
避雷器		1				1
带电显示器		1		1		1

（左侧纵排：主要元器件）

图 24-1 某炼钢厂××吨 LF 炉三面高压柜结构示意图

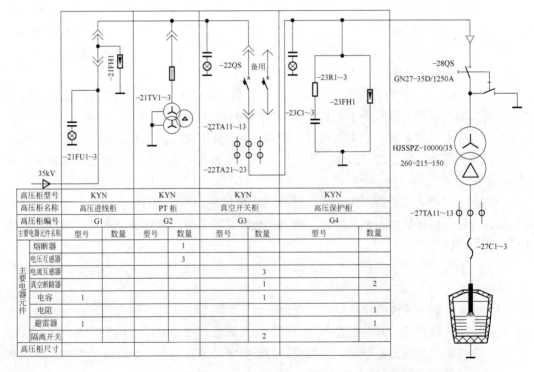

高压柜型号	KYN		KYN		KYN		KYN	
高压柜名称	高压进线柜		PT 柜		真空开关柜		高压保护柜	
高压柜编号	G1		G2		G3		G4	
主要电器元件名称	型号	数量	型号	数量	型号	数量	型号	数量
熔断器				1				
电压互感器				3				
电流互感器						3		
真空断路器						1		2
电容		1				1		
电阻								1
避雷器		1						1
隔离开关						2		
高压柜尺寸								

（左侧纵排：主要电器元件）

图 24-2 某炼钢厂××吨 LF 炉四面高压柜结构示意图

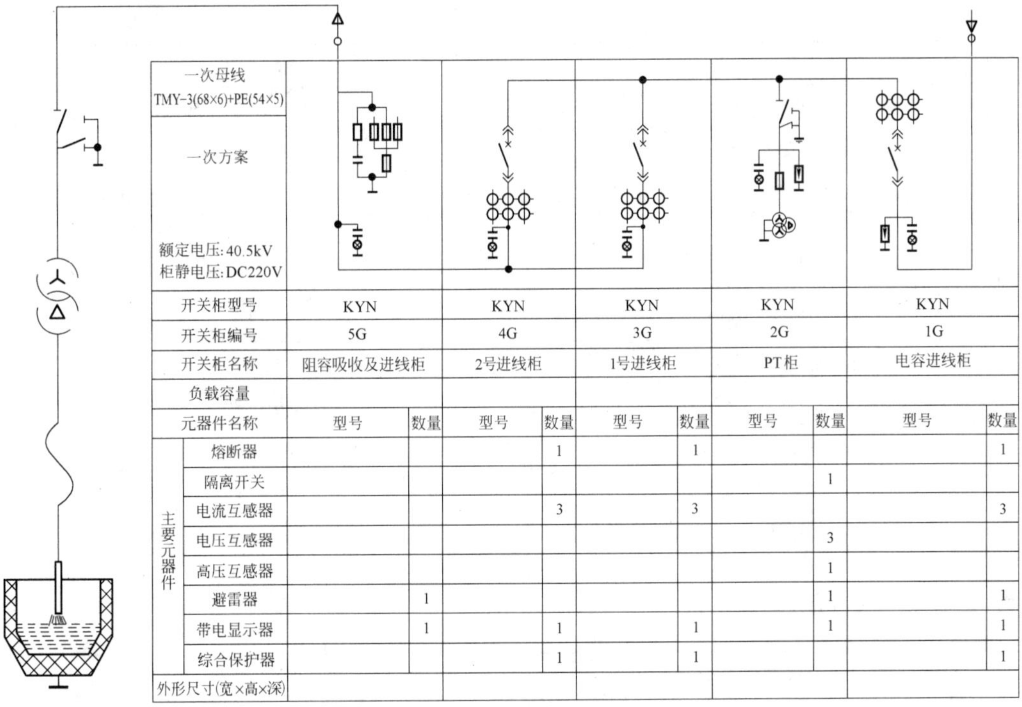
一次母线
TMY-3(68×6)+PE(54×5)
一次方案
额定电压:40.5kV
柜静电压:DC220V

开关柜型号	KYN		KYN		KYN		KYN		KYN	
开关柜编号	5G		4G		3G		2G		1G	
开关柜名称	阻容吸收及进线柜		2号进线柜		1号进线柜		PT柜		电容进线柜	
负载容量										
元器件名称	型号	数量	型号	数量	型号	数量	型号	数量	型号	数量
主要元器件 熔断器				1		1				1
主要元器件 隔离开关								1		
主要元器件 电流互感器				3		3				3
主要元器件 电压互感器								3		
主要元器件 高压互感器								1		
主要元器件 避雷器		1						1		1
主要元器件 带电显示器		1		1		1		1		1
主要元器件 综合保护器				1		1				1
外形尺寸(宽×高×深)										

图 24－3　某炼钢厂××吨电弧炉五面高压柜结构示意图

六、电弧炉设备常用高压柜柜型的选取

电弧炉用高压开关柜经常选用的有 GBC、JYN、GG1A、KYN 等柜型。目前，GBC 柜型已很少被采用，而 KYN 柜型由于封闭性好、检修方便而被广泛采用，其规格有：10、12、28、61 等多种规格，主要是根据配置情况进行选择。下面介绍几种最常见的柜型。

（一）KYN61B—40.5 型铠装移开式交流金属封闭开关设备

1. 使用环境

使用环境包括：

（1）海拔高度 2000m；

（2）环境温度上限 +40℃，下限 －15℃；

（3）相对湿度日平均值不大于 95%，月平均值不大于 90%；

（4）地震烈度不超过 8 度；

（5）没有火灾、爆炸危险，没有剧烈震动及化学腐蚀等严重污秽场所。

2. 主要技术参数

主要技术参数见表 24－1。

表 24－1　主要技术参数

名　　称	数　　值
额定电压/kV	40.5
额定频率/Hz	50

续表 24 – 1

名 称		数 值	
主母线额定电流/A		1250、1600、2000、2500、3150	
分支母线额定电流/A		630、1250、1600、2000	
额定绝缘水平	1min 工频耐受电压(有效值)/kV	相间、相对地	一次隔离断口
	雷击冲击耐受电压(峰值)/kV	95	115
		185	215
	辅助控制回路/V	2000	
	额定短路开路电流/kA	25、31.5	
	额定短路关合电流(峰值)/kA	63、80	
	额定短时耐受电流(4s)/kA	25、31.5	
	额定峰值耐受电流/kA	63、80	
	辅助控制回路额定电压/V	–110、–220	
外壳防护等级		外壳 IP4X 隔室间、断路器门打开时 P2X	
外形尺寸(宽×深×高)/mm×mm×mm		1400×2800(3000)×2800	
质量/kg		约 2300	

3. 真空断路器技术参数

真空断路器主要技术参数见表 24 – 2。

表 24 – 2 真空断路器主要技术参数

名 称		数 值
额定电压/kV		40.5
额定频率/Hz		50
额定绝缘水平	工频耐受电压(有效值)/kV	95
	雷击冲击耐受电压(峰值)/kV	185
额定电流/A		630、1250、1600、2000、2500、3150
额定短路开断电流/kA		25、31.5
额定短路关合电流(峰值)/kA		63、80
额定短时耐受电流(4s)/kA		25、31.5
额定峰值耐受电流/kA		63、80
额定电容器组开断电流/A		630
额定短路电流开断次数/次		20
额定操作顺序		0—0.3s—CO—180s—CO
分闸时间/ms		35~60
合闸时间/ms		45~100
机械寿命/次		10000

名　　称	数　　值
触头开距/mm	20±2
超行程/mm	6±2
触头允许磨损累积厚度/mm	3
平均合闸速度/m·s⁻¹	0.5～0.8
平均分闸速度（刚分10mm）/m·s⁻¹	1.6～2.0
触头合闸弹跳时间/ms	≤2
三相触头合闸不同期/ms	≤2
每相回路直流电阻/μΩ	≤50
合闸状态额定触头弹簧压力/N	3100±200
相间中心距/mm	300

（二）KYN□—40.5（Z）间隔式交流金属封闭开关设备

1. 使用环境

使用环境分为：

（1）周围空气温度上限＋40℃，下限－10℃，高寒地区－25℃；

（2）相对湿度日平均值不大于95%，月平均值不大于90%；

（3）饱和蒸汽压日平均值不大于 2.2×10^{-3} MPa，月平均值不大于 1.8×10^{-3} MPa；

（4）海拔高度1000m；

（5）没有火灾爆炸危险及严重污秽足以腐蚀金属和破坏绝缘气体等恶劣场所；

（6）没有剧烈震动颠簸及垂直斜度不超过5°的场所。

2. 型号意义

KYN□—40.5（　）□/□□—□表示的型号意义从左至右为：

K	铠装式交流金属封闭开关设备
Y	移开式
N	户内型
□	设计序号
40.5	额定电压，kV
（　）	断路器类型（Z表示真空断路器，少油断路器不标注）
□	母线类型（P表示单母线带旁路母线，单母线不标注）
□	操作机构类型（D为电磁操作机构；T为弹簧操作机构）
□	额定电流，A
□	短路开断电流，kA

3. 基本参数及主要性能指标

基本参数及主要性能指标见表24－3。

表 24 - 3 基本参数及主要性能指标

名 称	数 值	备 注
额定电压/kV	40.5	
额定电流/A	1250、1600	
额定短路开路电流/kA	31.5	
额定短路关合电流/kA	80	
额定短时耐受电流/kA	31.5	
额定短路持续时间/s	4	
额定峰值耐受电流/kA	80	
配用断路器	ZN12 - 40.5	真空断路器
配用机构	弹簧蓄能机构	
1min 工频耐受电压/kV	95	相间、相对地
	145	隔离断口
额定雷电冲击耐受电压/kV	185	相间、相对地
	218	隔离断口
外壳防护等级	IP2X	
开关柜外形尺寸/mm×mm×mm	1400×2600×2375	宽×高×深
	1818×2900×3205	宽×高×深

注：1818mm 宽柜和 1400mm 宽柜柜型主要区别：（1）1818mm 宽柜的柜内均采用空气绝缘，绝缘性能稳定、可靠，手车实验位置及工作位置均在柜内，试验位置可以关柜前门；（2）1400mm 宽柜的合柜内采用复合绝缘，手车实验位置在柜外，手车工作位置手车门就是柜前门，空间尺寸及占地面积小，柜体外面可采用喷漆及喷涂两种工艺方式，主母线及下引母线宽不应超过 50mm。

4. 真空断路器技术参数

真空断路主要技术参数见表 24 - 4。

表 24 - 4 真空断路主要技术参数

名 称	数 值	名 称	数 值
额定电压/kV	40.5	储能电动机额定功率/W	275
额定电流/A	1250、1600、2000	储能电动机额定电压/V	约 110、约 220
额定短路开路电流/kA	25、31.5	储能时间/s	<15
额定峰值耐受电流/kA	63、80	合闸电磁铁额定电压/V	约 110、约 220
4s 短时耐受电流/kA	25、31.5	分闸电磁铁额定电压/V	约 110、约 220
额定短路开断电流/kA	25、31.5	过流脱扣器额定电流/A	5

（三）JYN—40.5（Z）间隔式交流金属封闭开关设备

1. 使用环境

使用环境包括：

（1）周围空气温度上限 +40℃，下限 -10℃，高寒地区 -25℃；

（2）相对湿度日平均值不大于95%，月平均值不大于90%；

（3）饱和蒸汽压日平均值不大于 2.2×10^{-3} MPa，月平均值不大于 1.8×10^{-3} MPa；

（4）海拔高度1000m；

（5）没有火灾、爆炸危险及严重污秽足以腐蚀金属和破坏绝缘气体等恶劣场所；

（6）没有剧烈震动、颠簸及垂直斜度不超过5°的场所。

2. 型号意义

JYN□—40.5（ ）□／□ □—□表示的型号意义从左至右为：

J	间隔式交流金属封闭开关设备
Y	移开式
N	户内型
□	设计序号
40.5	额定电压，kV
（ ）	断路器类型（Z表示真空断路器，少油断路器不标注）
□	母线类型（P表示单母线带旁路母线，单母线不标注）
□	操作机构类型（D表示电磁操作机构；T表示弹簧操作机构）
□	额定电流，A
□	短路开断电流，kA

3. 基本参数及主要性能指标

基本参数及主要性能指标见表24-5。

表24-5 基本参数及主要性能指标

名 称	数 值	备 注
额定电压/kV	40.5	
额定电流/A	1250、1600	
额定短路开路电流/kA	31.5	
额定短路关合电流/kA	80	
额定短时耐受电流/kA	31.5	
额定短路持续时间/s	4	
额定峰值耐受电流/kA	80	
配用断路器	ZN□-40.5	真空断路器
配用机构	弹簧蓄能机构	
1min工频耐受电压/kV	95	相间、相对地
	145	隔离断口
额定雷电冲击耐受电压/kV	185	相间、相对地
	218	隔离断口
外壳防护等级	IP2X	
开关柜外形尺寸/mm × mm × mm	1400 × 2700 × 2500	宽 × 高 × 深
	1600 × 2700 × 2500	宽 × 高 × 深
	1818 × 2925 × 3205	宽 × 高 × 深

4. 真空断路器技术参数

真空断路器主要技术参数见表24 - 6。

表 24 - 6　真空断路器主要技术参数

名　称	数　值	名　称	数　值
额定电压/kV	40.5	储能电动机额定功率/W	275
额定电流/A	1250、1600、2000	储能电动机额定电压/V	约110、约220
额定短路开路电流/kA	25、31.5	储能时间/s	<15
额定峰值耐受电流/kA	63、80	合闸电磁铁额定电压/V	约110、约220
4s 短时耐受电流/kA	25、31.5	分闸电磁铁额定电压/V	约110、约220
额定短路开断电流/kA	25、31.5	过流脱扣器额定电流/A	5

（四）KYN28—12 铠装式交流金属封闭开关设备

1. 使用环境

使用环境包括：

（1）周围空气温度上限 +40℃，下限 -10℃，允许 -25℃储运；

（2）相对湿度日平均值不大于95%，月平均值不大于90%；

（3）海拔高度1000m；

（4）地震烈度为8度；

（5）没有火灾、爆炸危险及严重污秽足以腐蚀金属和破坏绝缘气体等恶劣场所；

（6）没有剧烈震动、颠簸及垂直斜度不超过5°的场所。

2. 型号意义

KYN28□—12（　）□／□—□表示的型号意义从左至右为：

K	铠装式交流金属封闭开关设备
Y	移开式
N	户内型
28	设计序号
□	柜体材质代号（F表示敷铝锌板柜体；L表示冷轧钢板喷涂柜体）
12	额定电压，kV
（　）	断路器类型（Z表示真空断路器，少油断路器不标注）
□	母线类型
□	功能单元额定电流，A
□	额定短路电流，kA

3. 技术参数

开关柜主要技术参数见表24 -7。

表 24 - 7　开关柜主要技术参数

名　称	数　值	名　称	数　值
额定电压/kV	12	4s 额定短时耐受电流/kA	20、25、31.5、40
主母线额定电流/A	1600、2000、2500、3150	额定峰值耐受电流/kA	50、63、80、100
功能单元额定电流/kA	600、1200、1600、2000、2500	防护等级	外壳 IP4X，断路器室门打开为 IP2X

4. VD4 真空断路器技术参数

VD4 真空断路器技术参数见表 24 - 8。

表 24 - 8　VD4 真空断路器技术参数

名　称	数　值	名　称	数　值
额定电压/kV	12	3s 短时耐受电流/kA	25、31.5、40、50
1min 工频耐受电压/kV	42	额定操作顺序	0—0—3s—CO—180s—CO
雷电冲击耐受电压/kV	75	合闸时间/s	约 70
额定频率/Hz	50	分闸时间/s	<45
额定电流/A	630、1250、1600、2500、3150	燃弧时间/s	<15
额定对称短路开断电流/kA	25、31.5、40、50	开断时间/s	<60
额定峰值耐受电流/kA	63、80、100、125		

第二节　高压隔离开关与高压熔断器

一、高压隔离开关

(一) 高压隔离开关的作用

高压隔离开关又称进户开关，主要用于电弧炉设备检修时断开高压电源以保证安全检修，因此其结构特点是断开后具有明显可见的断开间隙。高压隔离开关的另一个结构特点是没有专门的灭弧装置，因此它不能带负荷操作，但它允许通断一定的小电流，如励磁电流不大于 2A 的空载变压器、充电电容电流不大于 5A 的空载线路以及电压互感器回路等。

常用的高压隔离开关是三相刀闸开关，如图 24 - 4 所示，其基本结构由绝缘子、刀闸、拉杆、转轴、手柄和静触头组成。由于隔离开关没有灭弧装置，必须在无负载时才可接通或切断电路，因此隔离开关必须在高压断路器断开后才能操作。电弧炉停电、送电时的开关操作顺序是：送电时先合上隔离开关，后合上高压断路器；停

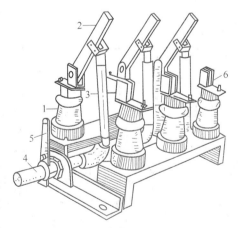

图 24 - 4　三相刀闸式隔离开关
1—绝缘子；2—刀闸；3—拉杆；
4—转轴；5—手柄；6—夹子

电时先断开高压断路器，后断开隔离开关。否则刀闸和触头之间将产生电弧烧坏设备、引起短路或人身伤亡事故等。为了防止误操作，常在隔离开关与高压断路器之间设有连锁装置，使高压断路器闭合时隔离开关无法操作。

高压隔离开关的操作机构有手动、电动和气动三种。当进行手动操作时，应戴好绝缘手套，并站在橡皮垫上以保证安全。

(二) 高压隔离开关的型号与主要技术参数

高压隔离开关型号（如 GN19-10C/400），由六个部分组成，从左到右分别代表：

G	隔离开关
N	该设备的使用环境，N 代表户内，W 代表户外
19	设计序号
10	工作电压等级，kV
C	其他特征，如 G 代表改进型、T 代表统一设计、D 代表带接地刀闸、K 代表快分式、C 代表瓷套管出线
400	额定电流，A

例如，型号 GN19－10C/400 的含义是设计序号为 19 的户内型，工作电压 10kV，额定电流 400A 的瓷套管出线的隔离开关。

又如型号 GW9－10/600 的含义是设计序号为 9 的户外型，工作电压 10kV，额定电流 600A 的隔离开关。

电炉设备用高压隔离开关为户内型，常用部分户内型高压隔离开关的主要技术参数见表 24－9。

表 24－9 常用部分户内型高压隔离开关的主要技术参数

型　　号	额定电压/V	额定电流/A	动稳定电流峰值 /kA	热稳定电流有效值 /kA	配用操作机构型号
GN2－40.5/630－Ⅰ	40.5	630	40	16 (6s)	CS6－2
GN2－40.5/630－Ⅱ					
GN2－40.5/1250－Ⅰ		1250	70	25 (6s)	
GN2－40.5/1250－Ⅱ					
GN2－40.5/2000	40.5	1000	80	31.5 (10s)	
		2000	85	36 (10s)	
GN2－12/2000	12	2000	80	36 (10s)	
GN19－12	12	630	50	20 (4s)	CS6－1
		1000	80	31.5 (4s)	
		1250	100	40 (4s)	
		1600			
		2000			

续表 24－9

型　　号	额定电压/V	额定电流/A	动稳定电流峰值/kA	热稳定电流有效值/kA	配用操作机构型号
GN19－35	35	630	50	20（2s）	CS6－2
		1250	80	31.5（2s）	
GN22－12	12	2000	100	40（4s）	
		3150	125	50（4s）	
GN24－12	12	400	31.5	12.5（4s）	
		630	50	20（4s）	
		1000	80	31.5（4s）	
		1250	100	40（4s）	
GN27－40.5	40.5	630	50	20（4s）	CS6－2
		1250	80	31.5（4s）	
		2000	100	40（4s）	

二、高压熔断器

（一）高压熔断器的作用

高压熔断器是一种保护电器，当系统或电气设备出现过负荷或短路时，故障电流使熔断器内的熔体发热熔断，切断电路，起到保护作用。

（二）户内型高压熔断器的型号与主要参数

高压熔断器型号（如 RN1－10 20/10），由六个部分组成。从左到右分别代表：

R	熔断器
N	该设备的使用环境，N 代表户内，W 代表户外
1	设计序号，如 1、2、3、4、5 等
10	（横线后第一位）代表额定工作电压等级，kV
20	（空格后、斜线前）代表熔断器的额定电流，A
10	熔体的额定电流，A

为此，型号 RN1－10 20/10 的含义是设计序号为 1 的户内型，额定工作电压 10kV，熔断器额定电流 20A，熔体额定电流 10A 的熔断器。

电炉高压柜设备用高压熔断器为户内型，仅用在电压互感器上，而 RN2、RN4、RN5 型则是电压互感器的专用熔断器。表 24－10 为部分户内型电压互感器用熔断器主要参数。

表 24 – 10　部分户内型电压互感器用熔断器主要参数

型　号	额定电压/V	熔管额定电流/A	熔体额定电流/A	最大三相断流容量/MV·A	最大分断电流有效值/kA	最小分断电流为额定电流倍数	熔管电阻/Ω
RN2 – 10/0.5	6	0.5	0.5	1000	50	0.6~1.8A，1min 内熔断	100 ±7
	10						
RN2 – 35/0.5	35						
RN4 – 6/0.5	6						
RN4 – 10/0.5	10						
RN5 – 10/1	10	1	1	500	25		14.5

第三节　高压断路器与操动机构

高压断路器用于高压电路在负载下接通或断开，并作为保护开关在电气设备发生故障时自动切断高压电路。高压断路器具有完善的灭弧装置和足够大的断流能力。

在电弧炉冶炼的开始和终了，在冶炼过程中调压、扒渣、接长电极等操作时，都需操作断路器使电弧炉停电或通电。为此，高压断路器的操作是极其频繁的。电弧炉对高压断路器的要求是：断流容量大、允许频繁操作、工作安全可靠、便于维修和使用寿命长。

电弧炉使用的断路器主要有真空断路器和六氟化硫断路器。

一、真空断路器

真空断路器是一种比较先进的高压电路开关，可以较好地满足电炉功率不断增大的要求，在电弧炉上已被广泛使用。

真空断路器的绝缘介质和灭弧介质是高真空，当触头切断电路时，触头间产生电弧，在电流瞬时值为零的瞬间，处于真空中的电弧立即被熄灭。

（一）特点

真空断路器的特点如下：

（1）开关触头在高真空（气压为 10^{-2} ~ 10^{-6}Pa）的容器内闭合和断开；

（2）灭弧能力强，燃弧时间短（一般不大于半周 0.01s），属高速断路器；

（3）触头不受外界有害气体的侵蚀，电磨损小，使用寿命长；

（4）结构简单、体积小、重量轻，且可采用积木式结构，系列性强；

（5）无易燃易爆介质，无易燃易爆危险。

（二）结构

真空断路器的外形如图 24 – 5 所示。它通常采用落地式

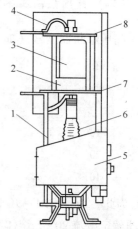

图 24 – 5　真空断路器

1—绝缘杆；2—绝缘碗；3—真空灭弧室；4—绝缘隔板；5—外罩；6—绝缘子；7—绝缘撑板；8—压板

结构，上部装有真空灭弧室，下部装有操作机构，操作机构通过一套连杆使 3 个真空弧室同时接通或断开。真空灭弧室由动触头、静触头、屏蔽罩、动导电杆、静导电杆、波纹管和玻璃外壳等组成。

真空泡具有开断电流作用，里面是真空，使电弧快速熄灭。真空断路器在运行时，应特别注意观察真空灭弧室的真空度是否下降。当灭弧室内出现氧化铜颜色或变暗失去光泽时，就可间接判断真空度已下降。通过观察分闸时的弧光颜色，也可判断真空度是否下降，正常情况下电弧呈蓝色，真空度降低后则呈粉红色。当发现真空度降低时，应及时停电检查、处理。真空断路器的常见型号有 ZN 型。

二、六氟化硫断路器

（一）特点

六氟化硫断路器的特点如下：

（1）开关触头在 SF_6 气体中闭合和开断；

（2）SF_6 气体兼有灭弧和绝缘功能；

（3）灭弧能力强，也属于高速断路器；

（4）SF_6 气体本身无毒，但在电弧的高温作用下会产生氟化氢等有强烈腐蚀性的剧毒物质，检修时应注意防毒；

（5）结构简单，且可采用积木式结构；

（6）无燃烧爆炸危险。

（二）应用范围

六氟化硫断路器适用于频繁操作及要求高速开断的场合，性能可靠；但寿命较短，维修不便，而且不适用于高寒地区。常见型号有 LN 型，其主要参数见表 24 - 11。

表 24 - 11　六氟化硫断路器主要技术参数

名　　称		参　　数	
		LN2 - 12	LN2 - 40.5
系统电压/kV		10	35
额定电压/kV		12	40.5
额定绝缘水平	雷电冲击耐压（全波）/kV	75	185
	1min 工频耐压/kV	42	95
额定电流/A		1250	1600
额定短路开断电流/kA		31.5	25
额定操作顺序		分—0.3s—合分—180s—合分	
额定短路关合电流（峰值）/kA		80	63
额定峰值耐受电流/kA			
额定短时耐受电流/kA		31.5	25
额定短时持续时间/s		4	4

名 称			参 数	
			LN2 - 12	LN2 - 40.5
电寿命/次		开断额定电流	2000	—
		开断额定短路开断电流	10	—
合闸时间/s	操作电压	最 低	≤0.15	≤0.15
		额 定		
		最 高		
分闸时间/s		最 低	≤0.10	≤0.10
		额 定		≤0.06
		最 高		
SF_6 额定气压 (20℃)/MPa	表 压		0.55	0.65
闭锁气压 (20℃)/MPa			0.50	0.59
补气气压 (20℃)/MPa			0.50	0.59
年漏气率/%			≤1	
水分含量 (体积分数)/%			≤150×10^{-4}	
配用 CT12 型弹簧操作机构	合闸线圈		AC110V、220V、380V DC48V、110V、220V	
	分闸线圈			
	储能电动机		AC110V、220V、380V DC110V、220V	

三、ZN107 - 40.5 系列永磁式户内高压真空断路器

（一）结构形式

ZN107 系列永磁型高压真空断路器采用落地式手车，根据开关柜不同，分为固定式和移开式两种，移开式由固定式与运输车及触头、触臂、传动部件、主导电回路、绝缘筒、框架等部分组成，前四部分都装在框架内。控制电路为永磁操动机构提供控制电源，永磁操动机构通过传动部件及绝缘子，推动主导电回路的合、分动作。永磁操动机构上装有手动分闸装置，可达到与电动分闸相同的分闸速度，可完成紧急情况下的分闸操作。

移开式 ZN107 结构图如图 24 - 6 所示。

（二）断路器技术参数

断路器技术参数见表 24 - 12。

表 24 - 12 断路器技术参数

名 称	数 值
额定电压/kV	40.5
额定频率/Hz	50

名　　称		数　　值	
额定绝缘水平	1min 工频耐受电压(有效值)/kV	95	
	雷击冲击耐受电压(全波)/kV	185	
额定电流/A		630、1250、1600、2000	2500、3150
额定短路开断电流/kA		31.5	40
额定短路关合电流(峰值)/kA		80	100
额定热稳定时间/s		4	
额定操作顺序		分—0.3s—合分—180s—合分	
额定单个电容器组开断电流/A		630	
额定背对背电容器组开断电流/A		400	
灭弧室机械寿命/次		30000	
额定短路电流开断次数/次		20	
触头磨损允许厚度/mm		3	
永磁操动机构与传动控制部分机械寿命/次		120000	60000
真空灭弧室内气体压力/Pa		< 1.33 × 10⁻³	
额定失步开断电流/kA		7.9	10
额定电缆充电开断电流/A		50	
合、分闸操作电压/V		220(AC/DC)	

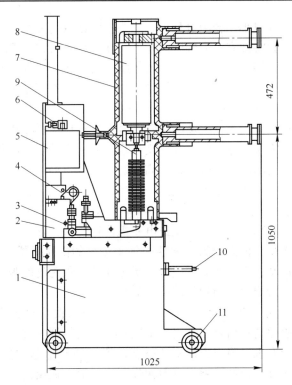

图 24 – 6　ZN107 系列永磁型高压真空断路器结构示意图

1—运输车；2—框架；3—传动部件；4—输出轴；5—永磁机构；6—手动分闸装置；

7—绝缘筒；8—主导电回路；9—操作绝缘子；10—导向杆；11—定位轮

四、断路器的操动机构

断路器的操动机构目前最常见的有液压操动机构、电磁操动机构、气动弹簧操动机构、全弹簧操动机构、电磁操动机构、永磁操动机构、全气动操动机构和液压弹簧操动机构等。由于在电弧炉设备中真空断路器使用得最为广泛，而真空短路器的操动机构主要是弹簧式和永磁式两种使用较多。

(一) 弹簧操动机构

弹簧操动机构采用小功率电动机或手动储能，依靠储能弹簧释放的能量完成断路器合闸。释能开始出力大，逐渐减小，这与断路器的反力特性正好相反，为使其较好匹配，必须通过凸轮和连杆的转换。因此结构复杂、零部件总数多、运动部件及滑动摩擦面也多，且多在关键部位，在长期运动过程中，这些零部件的磨损、锈蚀以及润滑剂的流失、固化等都会导致操作失误。

(二) 永磁操动机构

使用条件：

(1) 环境温度不高于 +80℃，不低于 -40℃；

(2) 无火灾、爆炸、严重污秽、化学腐蚀场所。

工作原理：

真空断路器触头行程很小，合闸过程中在触头接触前只需要很小的驱动力，一旦触头闭合，瞬间断路器的反力特性有一大幅度的正向突变，操动机构需要很大的驱动力来压缩储能弹簧以使触头获得足够的压力。分闸时要求操动机构不给运动系统附加过多的负载以利于提高分闸初始加速度。因此，操动机构与真空灭弧室的匹配至关重要，影响着断路器的关合、开断特性。

永磁操动机构通过永磁场与电磁场的特殊结合来实现传统操动机构的全部功能，其结构上的根本区别在于无需脱、锁扣装置即可实现合、分闸终端位置的保持，因而零部件数目少，工作时仅有一个运动部件，极大地提高了断路器的机械可靠性。由于传动链短，极大地减小了动作时间的分散性，能够通过电子方式和微机监控系统对合分闸线圈进行控制，可实现开关的智能化。

永磁操动机构的合闸特性的初始阶段与电磁机构很相似，在最后阶段由于永磁场的作用，使吸合力上升得更快，因而合闸匹配性能优于传统的操作机构。但在分闸特性方面，由于动衔铁参与分闸运动，不仅增大了惯量，更主要的是永磁场的吸力在分闸的初始阶段起着阻碍分闸的作用，影响着分闸初始加速度的提高。

永磁机构由分、合闸一体化线圈，内、外磁轭，动衔铁及永磁体组成。其工作原理是：合闸时电磁场与永磁场正向叠加，驱动衔铁到达合闸终端位置，完成合闸触头弹簧和分闸弹簧的储能，并依靠永磁吸引力来实现稳态保持（即双稳态的合闸稳态保持）；分闸时电磁场与永磁场反向叠加，使合闸保持力骤降到临界值，在反向电动力、分闸弹簧和触头弹簧共同作用下，驱动动衔铁到达分闸终端位置，永磁吸合力又将动衔铁稳定保持在分闸位置（即双稳态的分闸稳态保持）。该机构设有手动分闸装置，用于二次操作电源故障情况下的紧急分闸操作。

　　永磁机构配装断路器，方式十分灵活，无论采用正装、倒装、卧装都不会对产品特性产生影响。

　　操作电源配置：

　　永磁机构所需电源交、直流兼容，配置电源为直流屏可直接与机构接口。交流电源采用电容器储能并能应用传感技术，采用先进的电子式控制，还可采用传统继电器控制。

　　特点：

　　永磁机构体积小、结构简单、安装方便、工作时仅有一个运动部件，大大减少了故障点，实现免维护。

　　主要技术参数：

　　CDY-I~ CDY-Ⅲ主要技术参数见表24－13。

表24－13　CDY-I~ CDY－Ⅲ主要技术参数

项　　目	数　　值		
	CDY－I	CDY－Ⅱ	CDY－Ⅲ
额定短路开断电流/kA	20　　　　25	31.5	40
合闸位置静态吸合力/kN	6.9±0.1　　7.6±0.1	8.6±0.2	10.5±0.2
合闸线圈电阻/Ω	5　　　　4.4±0.1	4(3.3)±0.1	2.6±0.1
合闸电流/A	23（90）　　26（90）	28（34）（100）	52（100）
分闸位置静态吸合力/kN	1.1±0.1　　1.3±0.1	1.7±0.2	2±0.2
分闸线圈电阻/Ω	88±2		
分闸电流/A	2（3）		
合、分闸额定工作电压/V	DC220		
机械寿命/次	100000		

　　CDY-Ⅳ和CDY－V主要技术参数见表24－14。

表24－14　CDY－Ⅳ和CDY－V主要技术参数

项　　目	数　　值	
	CDY－Ⅳ	CDY－V
对应断路器额定电流/A	630、1250、1600、2000	2500、3150
合闸电流/A	110	120
分闸电流/A	5	
合、分闸额定工作电压/V	DC220	
机械寿命/次	120000	60000

第四节　电压互感器与电流互感器装置

　　在电炉供配电系统中，大电流、高电压不能直接用电流表和电压表来测量，必须通过互感器按比例减小后测量。

　　互感器和变压器的工作原理相同，都是运用电磁感应原理来工作的。变压器的作用是将一种等级的电压变换成另一种等级的同频率的电压，它只能实现电压的变换，不能实现功率的变换。

互感器分为电压互感器和电流互感器。

电压互感器的作用是供给测量仪表、继电器等电压，从而正确地反映一次电气系统的各种运行情况。使测量仪表、继电器等二次电气系统与一次电气系统隔离，以保证人员和二次设备的安全。将一次电气系统的高电压变换成同一标准的低电压值（100V、100/1.732V、100/3V）。

电流互感器的作用与电压互感器的作用基本相同，不同的就是电流互感器是将一次电气系统的大电流变换成标准的5A或1A供给继电器、测量仪表的电流线圈。

一、电压互感器

电压互感器的工作原理相当于二次侧开路的变压器，用来变压，在二次侧接入电压表测量电压（可以并联多个电压表）。电压互感器的二次侧不能短路。

电压表相当于电压互感器大负载（阻抗大）测量装置。电压互感器在正常运行中，二次负载阻抗很大，电压互感器是恒压源、内阻抗很小、容量很小、一次绕组导线很细，当互感器二次发生短路时，一次电流很大，若二次熔丝选择不当，保险丝不能熔断时，电压互感器极易被烧坏。

如果电压互感器的二次侧运行中短路，二次线圈的阻抗大大减小，就会出现很大的短路电流，使副线圈因严重发热而烧毁。因此在运行中互感器不允许短路。一般电压互感器二次侧要用熔断器，只有35kV及以下的互感器中，才在高压侧有熔断器，其目的是当互感器发生短路时，把它从高压电路中切断。

二、电流互感器

电流互感器的工作原理相当于二次侧短路的变压器，用来变流，在二次侧接入电流表测量电流（可以串联多个电流表），电流表相当于电流互感器小负载（阻抗小）测量装置。

电流互感器的二次侧不能开路。当运行中电流互感器二次侧开路后，一次侧电流仍然不变，二次侧电流等于零，则二次电流产生的去磁磁通也消失了。这时，一次电流全部变成励磁电流，使互感器铁芯饱和，磁通也很高，将产生以下后果：

（1）由于磁通饱和，其二次侧将产生数千伏高压，且波形改变，对人身和设备造成危害。

（2）由于铁芯磁通饱和，使铁芯损耗增加，产生高热，会损坏绝缘。

（3）将在铁芯中产生剩磁，使互感器比差和角差增大，失去准确性，所以电流互感器二次侧是不允许开路的。

第五节 避雷器、微机中保与直流屏

一、避雷器

避雷器是用来限制过电压幅值的保护电器，并联在被保护电器与地之间。在打雷时，当雷电波沿线路侵入时，过电压的作用使避雷器动作（放电），使导线通过电阻或直接与大地

相连接,雷电流经避雷器泄入大地,从而限制了雷电过电压的幅值,使避雷器上的残压(避雷器流过雷电流时的电压降)不超过被保护的冲击放电电压。在过电压作用之后,能够迅速截断工频续流(即避雷器放电时形成的放电通道在工频电压下所通过的工频电流)所产生的电弧,使供电系统恢复正常工作。所以避雷器就是用来防止架空线引进的雷电对变配电装置所起的破坏作用。在电弧炉供电系统中,避雷器除了安装在高压柜的进线柜以外,在保护柜内也常常安装避雷器,其目的是防止因电弧炉操作产生的过电压而损坏高压设备。

避雷器种类主要有保护间隙、管型避雷器、阀型避雷器和氧化锌避雷器等几种,电弧炉高压柜用避雷器多数采用氧化锌避雷器。

氧化锌避雷器的工作原理是:正常工作在工频电压下,具有极高的电阻,呈绝缘状态;在电压超过启动值(雷电压或内过电压)时,阀片"导通"呈低阻状态,泄放电流;待有害的过电压消失后,阀片"导通"终止。迅速恢复高电阻,呈绝缘状态。氧化锌避雷器动作迅速、通流量大、残压低、无续流,对大气过电压和内过电压都能起到保护作用,具有体积小、结构简单、可靠性高、寿命长、维护简单等特点。

二、微机中保

微机中保的作用是保护变压器或者线路等电气设备,控制断路器迅速切除电气故障,控制故障影响范围。10kV、35kV 系统常用的原理有过流、速断、反时限等,变压器保护常见的原理有差动、过流等。

三、直流屏

直流屏就是一个电池的充放装置,在上边加一个装置对电池均浮充转换控制,然后还能与电脑和开关柜装置通信。

工作原理:一般直流屏都有高频开关直流电源。高频开关直流电源模块采用三相三线 380VAC 平衡输入,无相序要求,无中线电流损耗,在交流输入端,采用先进的尖峰抑制器件及 EMI 滤波电路。高频开关直流电源由全桥整流电路将三相交流电整流为直流,经无源功率因数校正(PFC)后,再由 DC/DC 高频变换电路把所得的直流电逆变成稳定可控的直流电输出。

作用:直流屏输出的直流用于变电站作为控制、信号、保护、自动重合闸操作、事故照明、直流油泵、各种直流操作机构的分合闸,二次回路的仪表等电源。

直流屏主要应用在高压系统中,为高压操作提供可靠的电源。实际上,直流屏跟 UPS 差不多,只不过 UPS 输出的是不间断交流电源而直流屏输出的是不间断直流电源。根据事故负载的大小,可以配置 7 ~ 3000A·h 等各种不同容量,输出母线电压也有 110V 和 220V 之分,具体根据高压开关柜的合闸线圈电压来定。直流屏主要用在高压柜的分合闸、微机保护装置的工作电源和事故情况下所提供的后备电源。

第六节　测量、保护及信号装置

一、测量仪表装置

为了监视变压器的运行,在电弧炉变压器的一次侧,设有电流表、电压表,二次侧每相各设一只电流表和电压表。在一次侧还装有有功功率表、有功电度表和无功电度表等指示和记录仪表。

测量仪表装置是保证电弧炉运行中各种电气设备安全、经济、合理运行的监测装置。通过仪表的指示，值班人员可以监视各种电气设备的运行情况，了解电运行参数（如电压、电流、功率因数以及用电量等）；同时，可以及时发现系统的异常现象，在电气设备发生故障的情况下，通过测量仪表、继电保护来了解事故的范围和事故的性质；此外，还可以通过各种仪表的记录数值，掌握生产技术指标，从而制定用电计划去指导电弧炉设备运行工作。

为了与高压和大电流的主电路相隔离，测量仪表都要经电压、电流互感器与主电路相连，其目的是扩大仪表的量程和使用的安全性。

二、保护装置

在电弧炉的运行中，必须考虑到产生各种故障及出现非正常工作现象的可能性。最普遍和最危险的故障就是各种原因引起的短路。在遇到故障时，防止事故发生与扩大的方法是迅速地使设备断电。但是，在这样短的时间内，操作人员无能力去发现和消除故障，因此，电源设备均配备有专用的继电保护装置。

在电弧炉线路上常用的保护装置有：过电流保护、瓦斯保护、油保护等。为防止工人误操作而发生的事故，电弧炉上一般还装有下述连锁保护装置。

（1）隔离开关连锁装置：防止隔离开关带负荷操作。

（2）换电压挡位连锁装置：对于无载调压，应保证调压是在变压器无负荷情况下进行。

（3）炉体倾动连锁装置：在供电和炉体提升与旋转的情况下是不能进行倾炉操作的；在炉体水平支撑未脱开的情况下也是不能进行倾炉操作的。

（4）炉盖旋转连锁装置：在供电和炉体倾动以及电极、炉盖未提升的情况下是不能进行旋转操作的。在炉盖旋转锁定未脱开的情况下也是不能进行旋转操作的。

（5）出钢口开闭连锁装置：在非出钢操作中是不允许打开出钢口操作的。

三、信号装置

信号装置的作用是指示电源设备的工作状态。操作人员根据指示信号进行操作，以避免误操作。另外，当设备不正常运行时，发出警告（如变压器油温过高而发出声、光报警信号），通知操作人员，采取措施，及时处理。

指示信号装置：有电度表、电流表、电压表、功率表、功率因数表、频率表等。

预告信号装置：有信号灯，声光报警装置等。

第七节 高阻抗电弧炉的供电主电路与保护措施

一、高阻抗电弧炉的主电路

高阻抗电弧炉主电路与传统电弧炉主电路的主要区别在于前者的主电路中串联一台很大（同容量的 1.5～2 倍左右）的电抗器。它使电弧连续、稳定地燃烧，电弧电流减小、电弧电压提高、电弧功率加大、电效率提高、谐波发生量及对供电电网的冲击减小。

电抗器分为固定电抗器和饱和电抗器两种。前者的缺点是不能自动调节电抗值,当工艺改变,需要改变电抗时,要提起电极、断电,然后才能改变电抗;而饱和电抗器则能根据炉况,自动地改变电抗值,基本上达到了恒电流电弧炉操作。

下面对带有不同电抗器的高阻抗电弧炉分别进行讨论。

(一) 带固定电抗器的高阻抗电弧炉

在高阻抗电弧炉中,采用高电压、低电流、长电弧作业时,选择合适的功率因数,并有合适的系统电抗以达到稳定操作是至关重要的。在大多数情况下,必须采用电抗器与电弧炉变压器串联。带有固定电抗器的高阻抗电弧炉主电路如图 24 - 7 所示。

这种高阻抗电弧炉的设计特点如下:

(1) 因电抗器电感的储能效应和高起弧电压的动态特性所获得的稳定起弧条件,导致高集成功率输入;

(2) 短路电流小,当废钢塌陷时,电极、电极臂和电缆上的电流小,因此,电极损坏的危险性小,机械磨损也少;

(3) 电极电流波动小,因而对电网的干扰也小;

(4) 电抗器线圈常做成抽头式,以便根据不同工艺需要改变电抗值;

(5) 串联电抗器和变压器一样,都是在重负荷情况下运行,因此,对其热稳定性和机械强度要求较高;

(6) 对现有电弧炉变压器及短网系统稍加改进,即可实现高阻抗化。

图 24 - 7 带固定电抗器的高阻抗电弧炉主电路

为了说明不同的系统总电抗对电弧炉操作的影响,表 24 - 15 给出了达涅利公司 3 台同样容量(90MV·A)、不同电抗器的电弧炉的运行实例。

表 24 - 15 达涅利公司 3 台同样容量(90MV·A)、不同电抗器的电弧炉的运行实例

项 目 名 称	参 数 值		
	传统电弧炉设计	较高电抗电弧炉设计	高阻抗电弧炉设计
变压器二次电压/V	800	1025	1100
系统总运行电抗[①]/mΩ	4.0	6.8	8.2
电极电流/kA	65	50	50
有功功率/MW	74.4	72.7	72.8
电弧功率/MW	70.6	70.4	70.5
损耗功率/MW	3.8	2.3	2.3
功率因数 $\cos\varphi$	0.83	0.82	0.81
电弧电压/V	362	469	470
短路电流[②]/kA	138	104	93
短路电流倍数	2.123	2.08	1.86

① 系统总运行电抗:$X_{OP} = 1.2 X_{SC}$,其中 X_{SC} 为短路电抗。

② 根据短路电抗的计算值。

（二）带饱和电抗器的高阻抗电弧炉

饱和电抗器是一种在同时有恒定磁场与交变磁场作用下工作的电抗器。饱和电抗器的电抗因其恒定磁场的改变而发生变化的这一特性，被广泛地应用于各种电力调整设备中。利用饱和电抗器的下坠特性来限制短路电流，在真空电弧炉上曾经有成功的应用范例，为了达到这个目的而使用的电抗器有时被称为电流补偿电抗器。

当高阻抗电弧炉正常工作时，主电路中的电流为额定值，此时饱和电抗器受到最大的磁化作用，它在特性曲线上的工作点如图 24-8 中的 a 点所示，饱和电抗器的电压降较小。当炉子一旦发生工作短路时，流经电抗器的交流电流增加了，而直流电流却保持不变，这时的工作点移到同一曲线上的 b 点，由图 24-8 可看出，这时饱和电抗器的电压降很大，从而限制了短路电流，即饱和电抗器的磁化作用自动地随着主电路所要求的电压而改变。

带有饱和电抗器的高阻抗电弧炉主电路如图 24-9 所示。饱和电抗器是利用铁磁材料的非线性磁化曲线进行工作的。每相饱和电抗器可被视为具有两个绕组的单相变压器，其中 NL 线匝与负荷（电炉变压器）串联称作负荷绕组；另一个 NC 线匝与 NL 电气隔离，并通以直流电流（I_{DC}），称作控制绕组。

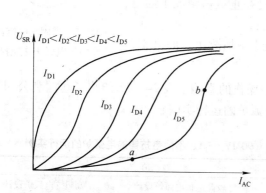

图 24-8　饱和电抗器的伏安特性

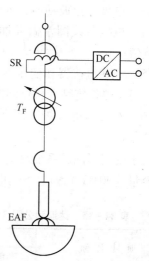

图 24-9　带有饱和电抗器的
高阻抗电弧炉主电路

饱和电抗器通过控制绕组的安匝数调节铁芯的饱和度，只要负荷绕组的安匝数比控制绕组的低（相当于图 24-8 中的 a 点），则负荷绕组产生的电压降很低，甚至可忽略不计。

如果负荷电流 $I_{L_{max}} \geq I_{DC} NC/NL$，铁芯将会减小饱和度，而负荷电流的任何增量将产生大的磁通量变化，结果在负荷绕组中产生较大的电压降（相当于图 24-8 中的 b 点）。这就是产生下坠式伏安特性的理论依据。

通过改变控制电流 I_{DC}，就可能在由零至最大允许电流的范围内控制负荷电流。当负荷电流趋向于超过 $I_{L_{max}}$ 时，饱和电抗器将产生较大的电压降，将电流限制在 $I_{L_{max}}$ 值之内。通过选择控制电流，饱和电抗器即能以全电流控制模式或作为峰值限流器进行工作。

(三) 应用实例

意大利 Ferriere Nord 钢厂的 80t DANARC 交流电弧炉是采用饱和电抗器控制的高阻抗电弧炉, 该电弧炉的主要数据见表 24 – 16。

表 24 – 16 带有饱和电抗器控制的 80t 高阻抗电弧炉

项 目	参数值	备注	项 目	参数值	备注
炉壳直径/mm	5300		最大有功功率/MW	43	
电极直径/mm	600		最大次级电压/V	985	
电极分布圆直径/mm	1150		饱和电抗器容量/MV·A	76	
电炉变压器/MV·A	55	+20%	饱和电抗器励磁系统/MV·A	0.4	

二、电抗器的过电压保护措施

真空断路器的操作过电压是由于电路中存在着电感、电容等储能元件, 在开关操作瞬间放出能量, 在电路中产生电磁振荡而出现的。在电感性负载电路中, 真空断路器的分断操作会产生严重的高频振荡波形, 曾测到过的最高值约为电源峰值的 4.5 倍。高阻抗电弧炉变压器原方串联一个很大的电抗器, 其电感值非常大, 因而产生的分断过电压非常高, 已运行的高阻抗电弧炉现场也确实证明了这一点, 因此, 必须采取特别有效的过电压保护措施。

常用的过电压保护措施有阻容保护和避雷器保护。前者也有几种不同方案, 效果最好的方案如图 24 – 10 所示。

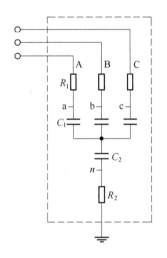

图 24 – 10 双路式 RC 过电压吸收装置

这种双路式 RC 过电压保护器的运行结果表明能够消除分断过电压振荡, $R_1 C_1$ 主要保护相间过电压, $R_2 C_2$ 主要保护对地过电压。对于用来吸收相间电路存储能量的 $R_1 C_1$ 值应选用 0.1μF 的电容器比较合适。根据《电机工程手册》第三篇高压开关设备所述, 对于频繁进行投切操作的电弧炉变压器的真空断路器, 过电压保护装置选 $C_1 = 0.1 \sim 0.2 \mu F$, $R_1 = 100 \Omega$。

组合式 RC 装置中的 C_2 的接入是为了消除相对地的过电压, 同时又能解决常规三组 RC 吸收装置中对地电流过大而烧毁电阻 R_1 的缺陷。

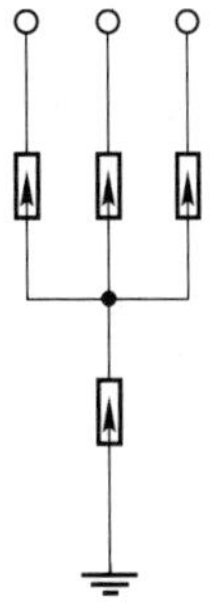

用氧化锌避雷器截止操作过电压也有不同方案, 效果最好的是三相组合式金属氧化锌避雷器, 如图 24 – 11 所示。它能够抑制分断真空断路器时引起的相间和相对地操作过电压, 达到保护变压器和防止真空断路器相间和相对地闪络的目的。三相组合式金属氧化物避雷器能实现相间和相对地同时保护, 因而一台三相组合式避雷器可代替 4 台普通型避雷器。对 35kV 电压, 可选用

图 24 – 11 三相组合式金属氧化物避雷器

Y0. 1W ~ 41/127 × 41/140 型避雷器。

　　用真空断路器切断电弧炉变压器，通常都是在无载情况下进行操作（保护装置动作除外）。经验证，真空断路器切断空载变压器时，产生的过电压最高，必须采取加强型的过电压抑制措施。因此，对于高阻抗电弧炉设备来说，采用阻容吸收器（RC）和避雷器双重保护措施是需要的。其工作原理是用电容器减缓过电压波头，用避雷器限制过电压峰值。因为后者是由放电间隙和氧化锌非线性压敏电阻串联而成的。在产生过电压时，放电间隙被击穿，过电压加在氧化锌非线性电阻上，其阻值迅速减小，流过的电流迅速增大，这样就限制了过电压。

　　真空断路器与电抗器之间的连线类型和长度与过电压值也有关系。如果真空断路器和电抗器之间用电缆连接，由于电缆本身的电感及较大的分布电容，连接电缆长度与过电压倍数成反比例关系，即连接电缆越长，电抗器承受的过电压倍数越低。当连接电缆长度小于 6m 时，在电抗器的原方必须重复加装 RC 吸收器和氧化锌避雷器。

第二十五章　电弧炉变压器与电抗器

第一节　电弧炉变压器的主要参数

电弧炉变压器是电弧炉的主要电气设备之一，其作用是将输入的高达 10 ~ 110kV（甚至更高）的高压，降低到 100 ~ 1200V 后输出，产生大电流供电弧炉使用。

一、电弧炉变压器的特点

电弧炉变压器负载是随时间变化的，电流的波动很厉害，特别是在熔化期，电弧炉变压器经常处于冲击电流较大的尖峰负载。电弧炉变压器与一般电力变压器比较，具有如下特点：

（1）变压比大，一次电压很高而二次电压又较低。

（2）二次电流大，高达几千至百万安培。

（3）二次电压可以调节，以满足冶炼工艺的需要。

（4）过载能力大，要求变压器有 20% 的短时过载能力，不会因一般的温升而影响变压器寿命。

（5）有较高的机械强度，经得住冲击电流和短路电流所引起的机械应力。

（6）变压器工作时最高温度小于 95℃。

（7）电弧炉变压器的一次（高压）线圈规定既可接成 Y 形又可接成 △ 形，而二次（低压）线圈只能接成 △ 形。当接成 Y – △ 形时，$I_e = I$；当接成 △ – △ 形时，$U_e = U$。

二、电弧炉变压器的结构

电弧炉变压器主要由铁芯、线圈、油箱、绝缘套管和油枕等组成。电弧炉变压器的铁芯大多采用三相芯式结构，芯式结构消耗材料较少，制造工艺又较简单。变压器的铁芯骨架由铁柱、铁轭和夹紧机构组成。导磁体是一个垂直的框架，它由三个铁芯、下铁轭和上铁轭组成，线圈放在铁芯上。铁轭把铁芯连接起来，并且和铁芯一起形成一个三铁芯磁路，如图 25 – 1 所示。铁芯的作用是导磁，由硅钢片叠集而成。硅钢片磁导率高，较大的电阻率能减少涡流引起的能量损失。为了减少硅钢片内的涡流损失，而在硅钢片的两面涂漆或者覆以纸质绝缘物。

为了使铁芯与铁轭牢固地连接，导磁体采用交叉地堆积硅钢片，以保证有半数铁芯片子进入两个铁轭内。同时，又能使一层的硅钢片盖住相邻一层硅钢片的缝隙，图 25 – 2 所示为三相导磁体安装图。

在放置线圈前，上铁轭先打开，即将上轭的硅钢片从原位置上取下来，等装好线圈之后，再把硅钢片插放到原来的位置上。

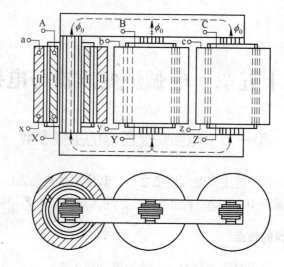

图 25 - 1 三相电弧炉变压器内部结构图

铁芯的硅钢片借助于夹件并且用螺杆机构夹紧，螺杆穿过整个铁芯并与夹件绝缘。

变压器的线圈分为高压线圈（一次线圈）和低压线圈（二次线圈）。根据线圈在铁芯上的安装位置，分为同心式（见图 25 - 3（a））和交叠式（见图 25 - 3（b））。电弧炉变压器多数采用交叠式。交叠式线圈的特点是高压线圈和低压线圈的半径大小一样，平均直径也一样，它是沿着铁芯高度方向，将高压线圈和低压线圈相互交替配置。交叠式线圈具有结构简单、焊接方便、机械强度高、接线方便等优点；同心式线圈，由于低压线圈内电流大，把它安装在外面，而将高压线圈装在低压线圈的里面。

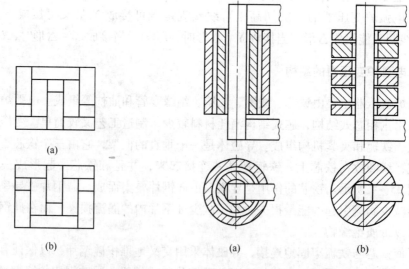

图 25 - 2 三相导磁体安装图
（a）第一层；（b）第二层

图 25 - 3 线圈形式
（a）同心式；（b）交叠式

二次线圈接成△形，这样可减小短路时线圈的机械应力；一次线圈为方便调压可接成

Y形或△形。装配好的线圈和铁芯浸在油箱内的油中，变压器油起绝缘和散热作用。线圈的引出线接到油箱外部时要穿过瓷质绝缘套管，以便将导电体与油箱绝缘。油箱上部还有油枕，起储油和补油作用，油枕上还设有油位计和防爆管。

　　早期的变压器进、出线方式，一般采用顶进线、顶出线外封口结构方式，如图25-4所示。近年来，由于电弧炉的大型化，并且采用超高功率供电的高阻抗电弧炉得到普遍应用，因此，电弧炉变压器也普遍采用顶进线、管式侧出线内封口结构，如图25-5所示，以及顶进线、板式侧出线内封口变压器结构，如图25-6所示。

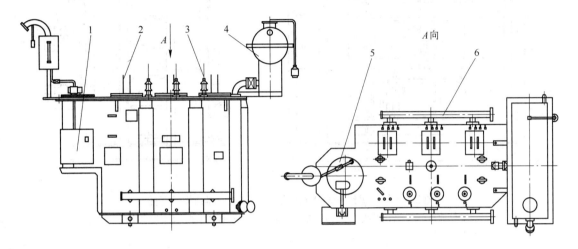

图25-4　顶进线、顶出线外封口变压器结构示意图

1—操纵机构；2—低压板式出线；3—高压进线端子；4—储油柜；5—有载分接开关；6—油水冷却器

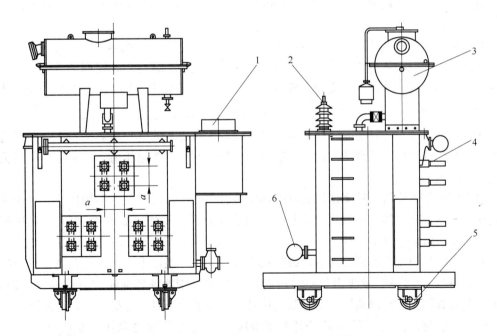

图25-5　顶进线、管式侧出线内封口变压器结构示意图

1—电动油压开关；2—高压进线端子；3—储油柜；4—管式出线；5—小车；6—油水冷却器

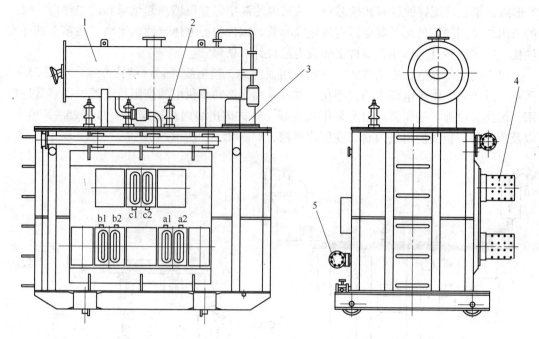

图 25-6 顶进线、板式侧出线内封口变压器结构示意图
1—储油柜；2—高压进线端子；3—电动分接开关；4—板式出线；5—油水冷却器

三、电弧炉变压器的调压

电弧炉变压器调压的目的是为了改变输入功率，满足不同冶炼阶段对电功率的不同需要。

电弧炉变压器的调节是通过改变线圈的抽头（线圈匝数）和接线方法（Y 形或△形）来实现的。由于二次侧电流很大，导线截面也相应很大，不容易实现线圈的改变，因此调压只在一次侧进行。变压器一次线圈既可接成 Y 形，也可接成△形，改变它的接线方式就可方便地进行调压。例如，将一次线圈由△形改成 Y 形时，二次电压将变为原来的 $1/\sqrt{3}$。改变变压器的接线方法只能获得两级电压调节。为获得更多的电压级数，一次线圈带有若干抽头，利用这些抽头可改变一次线圈的匝数，从而改变二次电压值。二次电压的最低值可达到最高值的 1/3。

中小型电弧炉变压器较多使用无励磁调压装置，变压器的 Y-△形切换常借助于换压隔离开关进行。变压器的抽头切换常使用无载分接开关，调压级数为 4~6 级。调压操作装置有手动、电动、气动三种。

大中型电弧炉变压器因二次电压级数较多（可达十几级以上，多的甚至高达二十级以上），为了提高生产率，减少电炉热停电时间，减少变压器频繁通断对电网的不利影响，要求采用有载调压，有载调压使用有载分接开关，并借助于电力传动装置自动进行。

有关标准规定：变压器容量不超过 5500kV·A 时为无励磁调压；变压器容量大于 5500kV·A 时为有载调压。

无励磁调压（也称无载调压）则必须在冶炼时停电用人工进行转换二次电压档次，因而影响生产。有载调压是利用转换开关自动切换，无需停电，能连续冶炼，所以效率高，但价格也贵一些。现代电弧炉炼钢追求效益最大化，为了缩短冶炼时间变压器多数都采用有载调压。

四、电弧炉变压器的冷却

变压器在运行中，一部分电能转变为热能，引起铁芯和线圈发热。如果温度过高，会使绝缘材料变质老化，降低变压器的使用寿命。当线圈严重过热，绝缘损坏厉害时，可造成线圈短路，使变压器烧损。因此，对变压器的最高允许温升有一明确标准。所谓温升，就是变压器的工作温度减去它周围环境温度的差，当环境温度为35℃时，最热时铜线的最高平均温度不得超过95℃，而在一般情况下，其允许温升为：线圈55℃，油顶层45℃。

为降低变压器的温升值，需要对变压器进行冷却，冷却的方式有两种：油浸自冷式和强迫油循环水冷式，如图25-7所示。

图25-7（a）所示的油浸自冷式的线圈和铁芯浸在油箱中，油受热上浮进入油管，被空气冷却，然后再从下部进入油箱。

图25-7（b）所示的强迫油循环水冷式变压器的铁芯和线圈也浸在油箱中，用油泵将变压器热油抽至水冷却器的蛇形管内，强制冷却，然后再将油泵入变压器油箱内。为了保证冷却水不至于因油管破裂而渗入管内，油压必须大于水压。

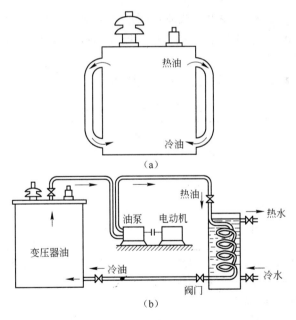

图25-7　电弧炉变压器的冷却方式示意图
(a) 油浸自冷式；(b) 强迫油循环水冷式

五、电弧炉变压器的主要参数

电弧炉变压器的主要参数如下：

（1）一次额定电压。该电压是供电网络加在变压器一次线圈上的电压，也即供电网络的标准电压，主要有 6kV、10kV、35kV 和 110kV，称为 $U_1(V)$。

（2）二次电压。二次电压也称为低压侧电压 $U_2(V)$。其大小及其级数主要取决于炼钢工艺的要求，其范围一般在 100~1200V 之间。

（3）额定电流。不论变压器为何种连接方式，其低压侧线圈中的额定电流 I_2 是保持不变的；而高压线圈中的电流 I_{1e} 随着二次电流的改变而改变。

（4）额定容量。二次电压最高时的容量定义为电弧炉变压器的额定容量 S_e，其表达式如下：

$$S_e = \sqrt{3} U_e I_e \times 10^{-3} \quad (kV \cdot A) \qquad (25-1)$$

但必须注意的是：

1）当变压器一次为星形（Y）连接时：

$$U_e = \sqrt{3} U, \ I_e = I \qquad (25-2)$$

2）当变压器一次为三角形（△）连接时：

$$U_e = U, \ I_e = \sqrt{3} I \qquad (25-3)$$

式中 U_e，U——分别为变压器空载时的线电压和相电压；

$\quad\quad I_e$，I——分别为线电流和相电流。

（5）供电电源频率。在我国，电源频率 $f = 50Hz$，但在国外，电源频率各国的规定是不同的。

（6）线圈的连接线路和连接组。线圈连接成 Y-△形或 △-△形时，连接组标号为 Yd11（11 表示初级和次级相位角相差 11°）或 Dd0（0 表示初级和次级相位角相差 0°）。

（7）变压器性能数据。变压器性能数据见表 25-1。

表 25-1 变压器性能数据

项 目	输 出 电 压		
	二次侧最高电压/V	二次侧段间电压/V	二次侧最低电压/V
负载损耗/kW			
空载损耗/kW			
短路阻抗/%			
空载电流/%			

注：1. 负载损耗：代表一次、二次线圈的电阻热损失的大小；还代表由于线圈漏磁在油箱和铁制品上产生的附加损耗。其数值是上述两项之和，其数值越小越好，前者占大部分。

2. 空载损耗：是描述磁路的热特性（磁滞损），其数值越小越好。

3. 空载电流：是描述磁路磁性能的好坏，其数值越小越好。也代表硅制钢片的好坏，以及一次线圈的匝数设计得是否合理，数值小代表硅钢片质量好，线圈匝数合理。

4. 第 2、3 项代表磁路的特性。

5. 短路阻抗：是一次、二次线圈由于漏磁产生的电抗（变压器阻抗就是短路阻抗）的数值，该数值不一定越小越好。

（8）效率。一般中小型变压器 $\eta = 95\% \sim 98\%$，大型变压器 $\eta = 99\%$。

（9）变压器铭牌数据：

1）变压器铭牌数据。变压器铭牌数据见表 25 - 2。

表 25 - 2 变压器铭牌数据

名　　称	数　　值	名　　称	数　　值
型号		绝缘水平	
额定容量/kV·A		互感器电流比	
额定电压/V		器身重/t	
相数		油重/t	
频率/Hz		油箱总重/t	
连接组标号		附件重/t	
调压方式		总重/t	
使用条件		运输重/t	
冷却方式		出厂编号	
冷却装置		外形尺寸（长×宽×高） /mm×mm×mm	

2）接线图。在变压器铭牌上标有变压器接线方式，接线时应按其接线图接入线路中。

（10）电弧炉变压器允许过载能力。在熔化期内通常允许过载 20% 运行。总的允许过载能力为：

冶炼周期 T	允许过载持续时间
$T \leqslant 2h$	$100\%T$
$2h < T \leqslant 3h$	$75\%T$
$3h < T \leqslant 4.5h$	$55\%T$
$T > 4.5h$	2.5h

第二节 电弧炉变压器功率及电气参数的确定

一、变压器容量的确定因素

电弧炉变压器容量确定的目的，是为了选择与电弧炉容量及冶炼时间等相匹配的变压器。电弧炉变压器的容量的确定是一个比较复杂的问题，它受电弧炉出钢量、冶炼时间、炉料情况、炉衬材质、电效率、热效率等许多因素的影响，必须全面综合加以考虑。由于电弧炉向大型化与超高功率发展，为此要求与之相匹配的变压器容量也在不断增大，二次电压不断提高。一般来说，变压器与电弧炉容量的匹配应考虑以下因素：

（1）电弧炉仅仅是作为熔化炉使用还是作为熔炼装置；

（2）原料情况及冶炼的钢种；

（3）产品产量与冶炼周期；

（4）采用何种熔炼工艺及辅助能源使用情况；

（5）当变压器采用高功率或超高功率时，电弧炉炉体结构和其他相关技术是否配套；

（6）选择不同功率水平要考虑电弧炉的作业制度，是间断生产还是满负荷的连续性

生产;

（7）选用何种功率水平还要考虑到车间或工厂的供电条件是否满足要求等。

二、变压器容量的确定

（一）理论计算公式

在电弧炉的整个熔炼过程中，各个阶段所需要的能量不同，应根据炉内温度的情况以及冶炼时期的特点来确定功率的大小。

在确定变压器功率的时候，应考虑以下两个方面，即炉子的生产率最大，而吨钢电能消耗最小，即：

$$P_n = \frac{WG60}{t_{on}\cos\varphi C_2} \quad (kV \cdot A) \tag{25-4}$$

式中　t_{on}——总通电时间，min；

$\cos\varphi$——功率因数，一般为 0.8 ~ 0.85；

C_2——变压器功率利用率，一般为 0.65 ~ 0.75（普通功率 ~ 超高功率）；

W——电能单耗，kW·h/t；

G——出钢量，t。

由式（25-4）可知：当电弧炉的出钢量、功率因数、变压器利用率及通电时间确定后，变压器额定容量仅与电能单耗有关。

（二）耶德聂拉尔公式

根据耶德聂拉尔推荐的公式来计算变压器的容量：

$$P_n = \frac{100D_k^{3.32}}{\tau} \quad (kV \cdot A) \tag{25-5}$$

式中　P_n——变压器的视在功率，kV·A；

τ——额定装料量的熔化时间，h；

D_k——炉壳外径，m。

一般熔化期的平均功率 P_c 为：

$$P_c = 0.8P_n \tag{25-6}$$

熔化期的有功功率 P_y（用于炼钢过程本身的功率）为：

$$P_y = P_c\cos\varphi\eta_r \tag{25-7}$$

式中　$\cos\varphi$——熔化期的平均功率因数；

η_r——熔化期的电效率。

三、二次电压的确定

在实际工作中为了熔炼的正常进行，在熔炼的各个时期中，应输入不同的功率及不同长度的电弧，这一目的可以通过改变二次侧电压来达到，为此二次侧电压应设置成多级电压。电压的级数因炉子的大小而异，小炉子采用 5 ~ 7 级，中等炉子采用 9 ~ 15 级，大炉子采用 17 ~ 23 级以上。

利用较高的二次电压便于向炉中输入大功率，现代化高阻抗电弧炉的二次电压已达到1200V 左右。

（一）普通阻抗电弧炉最高二次电压的确定

普通阻抗电弧炉最高二次电压的确定可由式（25-8）计算得出：

$$U_2 = K \sqrt[3]{P_n} \ (\text{V}) \tag{25-8}$$

式中　K——系数，普通功率取 $K = 13 \sim 15$，高功率、超高功率取 $K = 15 \sim 17$，为适应埋弧
　　　　期操作常采用后者，也是近年发展趋势；

　　　P_n——变压器额定容量，kV·A。

经验公式：在实际应用中，大中型炉子的最高二次电压可以近似地用下面两个公式
计算：

（1）对于碱性电弧炉：

$$U_2 = 180 + 9.4 P_n \ (\text{V}) \tag{25-9}$$

（2）对于酸性电弧炉：

$$U_2 = 184 + 15 P_n \ (\text{V}) \tag{25-10}$$

式中　P_n——变压器的额定容量，MV·A。

（二）最低二次电压的确定

最低二次电压的确定主要是满足电弧炉工艺要求，即钢液保温的要求，确定保温电
压。另外，适当低的电压有利于短路实验，以确定短网电参数。

还原期使用较低的电压，小型电弧炉一般不超过 $150 \sim 160$V，大中型电弧炉一般不超
过 $180 \sim 230$V。

（三）二次电压级差

（1）对于变压器三角形接法。当设定二次侧最高电压为 U_{21}（V）时：

$$1 \text{级}：U_{21}$$
$$2 \text{级}：U_{22} = 0.85 U_{21}$$
$$3 \text{级}：U_{23} = U_{22} \times 0.85$$
$$\vdots \qquad \vdots$$
$$N \text{级}：U_{2n} = U_{2(n-1)} \times 0.85$$

（2）对于变压器星形接法。当设定二次侧最高电压为 U_{21}（V）时：

$$1 \text{级}：U_{21}$$
$$2 \text{级}：U_{22} = U_{21}/\sqrt{3}$$
$$3 \text{级}：U_{23} = U_{22}/\sqrt{3}$$
$$\vdots \qquad \vdots$$
$$N \text{级}：U_{2n} = U_{2(n-1)}/\sqrt{3}$$

（3）恒级差。国外电弧炉变压器大多采用恒级差，恒级差有利于计算分析与操作显示
等，其范围为 $15 \sim 30$V。一般对于小于 35MV·A 的电弧炉变压器，级差取 $15 \sim 20$V；大于

35MV·A 时，级差一般取 25～30V。

（四）恒功率段与恒电流段电压范围

现在，变压器一般都设有恒功率段与恒电流段。恒功率段与恒电流段电压范围应根据冶炼工艺要求、操作水平加以确定：

（1）恒功率段是满足炉料熔化与快速提温期间不同阶段均能满足大功率供电，即主熔化期或完全埋弧期采用高电压、低电流，又能满足快速升温期埋弧不完全或电弧暴露期的低电压、大电流供电。

（2）恒电流段是满足精炼期的调温、保温的需要，即满足低电压、小电流供电。

（3）段间（分档）电压，即恒电流段的最高电压或恒功率段最低电压，其确定主要考虑两点：

1）为满足非泡沫渣时的供电，不能太高；

2）限制设备的最大载流量，而不能太低。

现代电弧炉炼钢"三位一体"流程，电弧炉仅作为高速熔化金属的容器，没有还原期，氧化期也很短，可以说二次电压级数太多意义不大，当然级数多一些，即压差小些，也有利于延长有载开关的使用寿命。

为了缩短电炉的冶炼周期，必须提高吨钢输入功率（包括表观输入电功率、电效率及功率因数）、化学热和物理热、降低电耗和减少热停工时间，这就是电弧炉冶炼周期的综合控制理论。

四、二次侧额定电流的确定

电弧炉变压器二次侧额定电流是变压器二次侧额定电压时的电流。在较低二次侧电压工作时，其额定电流保持不变，即恒电流输出。一般大型电弧炉变压器都设有恒功率段与恒电流段，而把恒电流输出段的最高电压称为额定（分档）电压。

输入炉子的电流大小必须随着炉子尺寸的增加而增加，关于额定电流的计算也可按下式进行：

$$I_2 = \frac{1000P_n}{\sqrt{3}U_2} \quad (A) \tag{25-11}$$

式中　P_n——变压器的额定容量，kV·A；

　　　U_2——变压器二次侧分档电压，V。

第三节　电　抗　器

一、电抗器的作用

电抗器串联在变压器的高压侧，其作用是使电路中感抗增加，以达到稳定电弧和限制短路电流值的目的。

在电弧炉炼钢中的熔化期，经常由于塌料而引起电流波动，甚至发生短路。电弧也因电流的波动而不稳定，短路电流常超过变压器额定电流的许多倍，导致变压器寿命降低。

接入电抗器后，使短路电流不高于 2.5 ~ 3 倍的额定电流，整定时间不超过 6s。在这个范围内，电极的自动调节装置能保证提升电极降低负载，而不至于跳闸停电，同时使电弧保持连续而稳定；但是，因为其电感量大，使无功功率消耗增加，降低了功率因数，从而影响变压器的输出功率。因此，电抗器不能总是接在线路上，要很好地掌握它的接入、断开时机，并控制使用时间，以减少无功功率的消耗。

变压器容量不大于 5500kV·A 的电弧炉，电抗器安装在变压器箱体内，称为内附电抗器；变压器容量大于 5500kV·A 的电弧炉电抗器与变压器箱分开，串联安装在高压柜后变压器一次侧进线前，称为外附电抗器；而更大的电炉（变压器容量大于 9MV·A）则由于电路本身的电抗相当大，一般就不需要另加电抗器了；但是，对于高阻抗的电弧炉，为了稳定电弧则需要在变压器一次侧串联一台电抗器，使用的时间也较长。

二、电抗器的结构形式

常用电抗器为铁芯式。铁芯式电抗器的结构与变压器基本相同，不同之处是电抗器每相只有一个线圈，结构的主要差别是在铁芯上。铁芯式电抗器的铁柱由若干个铁饼叠装而成，铁饼间用绝缘板隔开，形成间隙。其铁轭结构与变压器一样，铁饼与铁轭由压紧装置通过螺杆拉紧，形成一个整体。通常，拉紧螺杆穿过铁饼的孔，上、下夹紧，固定。拉紧螺杆一般采用非磁性材料（如不锈钢管）制成，以避免产生涡流而发热。

电抗器器身浸在油箱中，冷却方式采用强迫油冷循环装置，冷却效果好。高阻抗电弧炉电抗器和变压器一样也是处于重负荷状态下，经常超载 10% ~ 20%。起弧时还要产生工作短路，工作短路电流在高阻抗电弧炉中通常为额定电流的 2 倍左右。因此，在选择电抗器绕组截面时，应按 2 倍变压器高压侧额定电流来考虑。

高阻抗电弧炉由于所串联的电抗器很大，其电感值非常大，因此产生的过电压也非常高，而且频繁，所以必须采取特别有效的过电压保护措施。过电压保护装置安装在高压柜中，其实施方法见电弧炉电气设备中的高压柜部分，在此不再重叙。电抗器外形结构如图 25 - 8 所示。

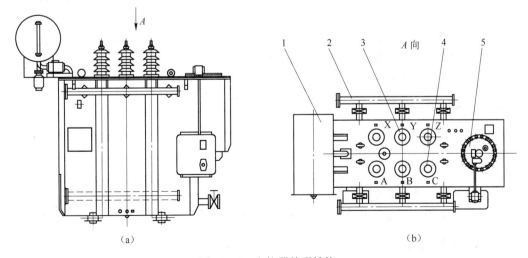

图 25 - 8　电抗器外形结构

1—储油柜；2—冷却器；3—进线端子；4—出线端子；5—分档开关

　　串联电抗器和变压器一样，都是处于重负荷情况下运行，因此，其热稳定性和机械强度要求较高。

　　电抗器线圈通常做成多个抽头，以便根据需要改变电抗值。也有不带抽头的，不带抽头的电抗器运行时要么全部接入，要么全部切除，而不能根据需要改变电抗值。

　　当电抗器线圈做成多个抽头时，不论在任何情况下，严禁用连线或任何其他阻抗极小的导线将电抗器的一部分线圈短接，因为这部分线圈将成为一个自耦变压器的短路副线圈，结果会因内部的感应电流过强将其烧毁。

三、电抗器的主要参数

（一）阻抗值

　　电抗器阻抗值的表达式如下：

$$Z_K = \frac{U_K}{I_K} \tag{25-12}$$

式中　U_K——电抗器的相电压，V；

　　　I_K——电抗器的相电流，A。

（二）额定容量

　　电抗器额定容量系根据已确定的阻抗 Z_K 数据，以及电抗器铭牌上所标示的额定电流来确定，即：

$$Q_K = Z_K I_K^2 \tag{25-13}$$

式中　Z_K——阻抗值；

　　　I_K——电抗器铭牌上的额定电流，A。

（三）电阻值

　　电抗器电阻值的表达式如下：

$$r_K = \frac{P_K}{I_K^2} \tag{25-14}$$

式中　P_K——瓦特表测量值；

　　　I_K——电流表测量值，A。

　　电抗器内电阻值非常小，计算时可以忽略。

（四）感抗

　　电抗器感抗的表达式如下：

$$x_K\% = \frac{Q_K}{S_e} \times 100\% \tag{25-15}$$

式中　Q_K——电抗器额定容量，kvar（1var = 1W）；

　　　S_e——电炉变压器额定容量，kV·A。

四、电抗器在线路上的接法

　　电抗器可以串联接在线电压回路，即供电线接到变压器高压线圈引出端，也可以接在相电压回路，即同变压器相线圈串联连接。

当电抗器串联接在线电压回路时，其额定电压为：

$$U_{KL} = \frac{U_K U_{le}}{100\sqrt{3}} \qquad (25-16)$$

额定电流为：

$$I_{KL} = I_{le} \qquad (25-17)$$

当电抗器串联接在相电压回路时，其额定电压为：

$$U_{KL} = \frac{U_K U_{le}}{100} \qquad (25-18)$$

额定电流为：

$$I_K = \frac{I_{le}}{\sqrt{3}} \qquad (25-19)$$

注：上面两种接法的电抗器的容量均为：

$$Q_K = \frac{U_K S_e}{100} \qquad (25-20)$$

式中　U_K——在额定电流状态下，用额定供电电压百分数表示的电抗器电压降，%；
I_{le}，U_{le}，S_e——分别为变压器高压线圈额定电流、线电压和额定容量。

由于电抗器的电阻同它的电抗值相比，可以忽略不计，所以在计算电抗器的电压降时，取 $U_K \approx U_Z$。

将电抗器电抗值折合到低压侧电压时的阻抗值时，其额定电压为：

$$U_{K_2} = Z_K \times \left(\frac{U_{2e}}{U_{le}}\right)^2 \qquad (25-21)$$

五、电抗器的性能数据

电抗器的性能数据见表 25-3。

表 25-3　电抗器的性能数据

开关（挡位）位置	1	2	3	...	n
电抗器容量/kvar					
电抗器压降/V 或%					
短路阻抗/%					
电抗器总损耗/kW					

六、电抗器的铭牌

(一) 电抗器的铭牌数据

电抗器的铭牌数据见表 25-4。

表 25 - 4 电抗器的铭牌数据

名 称	数 值	名 称	数 值
型号		冷却方式	
额定容量/kvar		绝缘水平	
额定电流/A		器身重/t	
相数		油箱及附件重/t	
频率/Hz		油重/t	
使用条件		总重/t	

(二) 接线图

在电抗器铭牌上标有电抗器接线方式，接线时应按其接线图接入线路中。

第二十六章 电弧炉短网

第一节 短网的组成及特点

一、短网的组成

电弧炉的短网是主电路设备中的重要组成部分，如图 26 - 1 所示。短网也称为大电流线路，是指从电弧炉变压器低压侧出线端到石墨电极末端为止的二次导体的总称。但在实际叫法上，常常把与变压器出线相连接的补偿器到与横臂尾部相连接的大截面集成水冷电缆这一段线路称为短网（或大电流线路）。

由于变压器采用了顶进、侧出线方式，该部分的导电铜管的根数与变压器出线根数相同（一般每相为 2 ~ 4 个 U 形管，出 4 ~ 8 根线），并且一一对应。大电流线路导电铜管空间布置，一般情况下与变压器连接段，布置形式与变压器出线保持一致；而在和水冷电缆连接段，将中相抬高后，三相多呈正三角形（或等腰三角形）布置方式，其具体布置尺寸应由计算后确定。

大电流线路的固定是采用不锈钢（或其他非磁性材料）作支架，常以酚醛玻璃布板作为绝缘件，用不锈钢螺栓作为连接件将铜管固定在支架上。安装时，补偿器一端与变压器出线相连，另一端和水冷导电铜管相连。水冷电缆的一端固定在铜管连接板上，另一端与

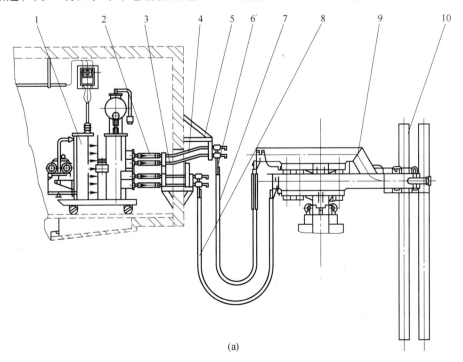

(a)

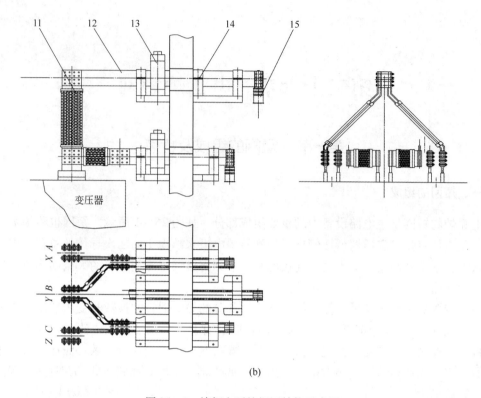

图 26 - 1 炼钢电弧炉短网结构示意图

（a）变压器内封口管式侧出线短网结构示意图；（b）变压器外封口板式顶出线短网结构示意图

1—电炉变压器；2—补偿器；3—绝缘件；4—管式铜排；5—短网支架；6—连接铜板；

7，8—大截面集成水冷电缆；9—导电横臂；10—石墨电极；11—风冷软电缆补偿器；

12—铜排；13—电流互感器；14—支架；15—大截面集成水冷电缆

横臂尾部相连。

（一）补偿器

补偿器是用来防止母线束受热后把膨胀力和短网在通过强大电流时产生的机械振动传给变压器出线处油密封。因此，除 1000 ~ 1500kV·A 容量以下的变压器外，都装有温度补偿器，也就是说补偿器是用来保护变压器而设立的。补偿器概括起来主要有以下几种结构：

（1）水内冷补偿器。水内冷补偿器示意图如图 26 - 2 所示，与大截面水冷电缆类似，把多股铜绞线组成圆簇状，两端与铜接头压成一体，铜接头的内孔为圆爪形锥套，通过特制的接头使之与变压器出线铜管及出墙铜管压紧连接，外部用橡胶管做外套，用钢制卡箍紧压在补偿器接头上。这种补偿器既通水又导电，直接将两边的电路和水路相连，无需再外接水管，从外部看更为简洁。这种结构的补偿器在超高功率电弧炉上运行，效果良好，使用广泛。

（2）风冷式铜皮补偿器。这种补偿器是将多个厚度为 0.5mm，宽度为 80 ~ 100mm，长度约为 0.5m，材质为 T_2 的薄铜皮叠成一组，并带有 1 ~ 2 个折弯形成挠性，两端为铜接

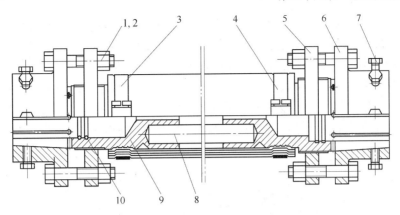

图 26 – 2　内水冷补偿器示意图

1，2—螺栓、螺母；3—胶管；4—卡箍；5—法兰；6—锥套；7—螺栓；
8—软电缆；9—补偿接头；10—O 形密封圈

头加工件，薄铜皮组与两端的铜接头焊成一体。根据两端需要连接对象的形状，铜接头有圆形、半圆形和平板形三种结构。这种补偿器只用于导电，水路由另外的橡胶管连接，因此使用不如上一种简单。另外，由于采用风冷，因此导体数量多、截面大，但安装、拆卸比较方便。

（3）风冷式软电缆补偿器。这种补偿器不用铜皮，而是用多股铜绞线，其两端分别与两个铜接头压制成一体。铜接头可以是平板形，也可以是圆形。这种补偿器的优点是在任意方向都有挠性，对两端被连接物的位置尺寸要求不高，安装方便；其次，长度可以任意长，可以减少中间连接点长度；另外，由于补偿器的两个端头采用加工件，使接触良好，减小了接触电阻。

（二）导电铜管（或铜排）

通常管式补偿器一端和变压器出线端连接，另一端和导电铜管连接。导电管一般用紫铜管制造，导电铜管的外径一般等于或大于变压器出线管外径，管壁厚度一般取 10 ~ 15mm。当然，对于大容量变压器，管壁厚度也有近 20mm。

铜排也称组合母线束，它主要应用于电炉变压器为板式出线且多为外封口的情况。目前的做法是把一相中来去电流的导体交替并排排列，即所谓的双线制排列；还有三相导体 A、B、C 依次交替排列，即所谓的三相组合排列。

（三）固定集电环

导电铜管或铜排一端与补偿器连接，另一端和固定集电环连接。集电环仅是在电炉短网三相阻抗出现严重不平衡且又难以解决的情况下才设置的。集电环有铸造黄铜 ZHZn96 – 4 和用 T_2 铜板两种材料制造，而应用较多的是 T_2 铜板。

（四）水冷电缆

1. 水冷电缆的结构形式

大截面水冷电缆结构示意图如图 26 – 3 所示。大截面水冷电缆将每股 300 ~ 500mm² 的铜绞线电缆压接成一根，一般每根电缆截面积在 $1200 \sim 6000 \text{mm}^2$ 之间，每相用 $2 \sim 4$ 根电缆，使短网的布置和结构大大简化，由于每根电缆中的铜绞线经过几何换位，使铜绞线的电流均匀；铜绞线之间有绝缘隔开，相互位置被固定，整根电缆之间位置拉开，并且受重力的影响，不再相互摩擦；铜绞线与铜接头压接成一体，铜接头面积大，而且是加工面，因此，接触面接触性能好；电缆及接头均通水冷却，冷却效果好。所以，大截面水冷电缆大大提高了运行的可靠性；另外，电缆束之间位置固定，使电抗值变化小，也起到了稳定电弧的作用。由于其优越性非常突出，目前国内外普遍应用。

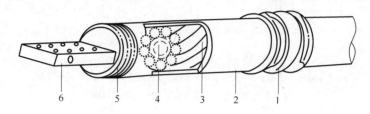

图 26 - 3　大截面水冷电缆结构示意图

1—保护套；2—橡胶绝缘管；3—铜线电缆；4—中心管；5—不锈钢箍；6—导电接头

2. 挠性电缆的长度与选型

挠性电缆的长度与选型包括：

（1）根据炉体倾动至极限位置时，从电极横臂的电缆可动连接座到变压器二次铜母排末端之间距离而定。

（2）满足炉盖旋转时所需要的软电缆长度。对于偏心底出钢电炉，旋转到极限位置时所需要的电缆长度，会比倾动时电缆长度更长。

（3）当炉体倾至极限位置时，变压器室外墙上硬母排高度与横臂电缆连接座高度相适应，这样就可使挠性电缆长度缩短。同时，要兼顾电极升降时横臂最低点、最高点与变压器出墙上硬母排高度尽量保持对称。

（4）有的电炉为了减少电缆长度，变压器出线中心线和炉体中心线错开一定距离，两者不在一条线上，这样可以使电缆缩短。

（5）电弧炉的炉体中心与变压器之间距离尽量缩短，但对于软电缆两端距离不能小于其所采用的电缆最小弧形半径的 2 倍，否则会影响电缆的使用寿命。各种型号大截面集成水冷电缆的载流量与最小弯曲半径见表 26 - 1。

表 26 - 1　各种型号大截面集成水冷电缆的载流量与最小弯曲半径

型　号	载流/A	最小弯曲半径/mm	型　号	载流/A	最小弯曲半径/mm
WCCB1200	5400	350	WCCB3600	16200	580
WCCB1600	7200	400	WCCB4000	18000	650
WCCB2000	9000	415	WCCB4400	19800	660
WCCB2400	10800	430	WCCB4800	21600	700
WCCB2800	12600	480	WCCB5200	23400	750
WCCB3200	14400	525	WCCB6000	27000	900

（6）在电缆根数选择时，总是希望根数越少越好。但是，电缆截面变大，不仅弯曲半径会增大，而且增加了电缆的长度。在电缆电流密度相同的情况下，截面大的电缆寿命会比截面小的电缆寿命短。

（五）大电流线路水冷管路的连接

大电流线路水冷管路的连接方式一般是将水冷电缆、导电铜管与变压器出线端串联在一起。也可以有不同的进、回水线路，但是，总的原则是在保证冷却效果的前提下，结构越简单越好。

对于大型电弧炉，由于电流强度大，连接铜板发热严重，有时也采用水冷结构。例如，我国舞阳钢铁公司从奥钢联引进的90t超高功率电弧炉，与补偿器连接的水冷连接座为厚度38mm的铸铜件，与水冷电缆连接的水冷连接座为厚度35mm的铸铜件。水冷连接座中间通以水冷却，其与补偿器及水冷电缆的连接面均为加工面，保证了导体间的良好接触。

（六）对大电流线路的要求

对大电流线路的要求包括：

（1）各绝缘件安装时，保证绝缘性能可靠，对地电阻不小于 $0.5M\Omega$；

（2）与支架相连接的非磁性钢板要预埋在墙体内部，预埋钢板外平面和墙体表面处在同一平面位置，以便于支架与预埋板的焊接；

（3）所有连接表面要光滑平整，连接螺孔要有倒角，不允许有飞边毛刺的存在；

（4）连接螺栓要有防松动措施，在工作一周后，重新拧紧一遍，以后每隔两个月再检查一次；

（5）尽量减少接触面的接触电阻；

（6）在墙体进、出口墙面上要装有防灰尘盖板，经常检查并及时清除灰尘。

二、短网的工作特点

短网的工作特点是电流大、长度短、结构复杂、工作环境恶劣，不能按通常电气装置载流导体进行选择。当几百万安培的大电流流过时，会引起很强的交变磁场，使导体具有很大的电感。它的电抗远大于有效电阻，加之互感系数的不均匀，会产生功率转移现象。因此，短网的结构、几何尺寸、电气参数、运行温度等都将直接影响到电弧炉各相的经济指标。如何选择合理的短网、改进短网的导电性能、节能降耗、提高电炉效率等，一直是电炉设计人员所要研究的重要课题。

（一）电流大

目前，世界上容量最大的电弧炉已达400t以上，流过短网的电流近百万安培。由于在短网导体中流过如此巨大的电流，短网导体的电阻势必消耗数量可观的有功电能，使电弧功率降低；同时，由于该电流在导体周围建立起强大的交变磁场，交变磁通必然在短网导体中产生自感电势及互感电势，使短网导体及其周围的铁磁体构件中，产生非常大的功率损耗，引起铁磁体构件的发热。

另一方面，由于短网导体不可避免地存在不对称性，使得电流沿各个导体分布不均，各导体之间以及相与相之间产生功率转移等现象，使三相电弧功率不等，严重影响整个电弧炉的运行指标。

由于电流大，使短网导体间存在的与电流平方成正比的电动力很大，特别是在熔化期电流波动大，短网导体间相互吸引、排斥的冲击力很大，使短网导体抖动，接触处容易松动，接触电阻发热使接触处氧化以至损坏，电缆摆动和相互摩擦使电缆绝缘损坏。由于短网工作环境温度高、导电尘埃多，使得短网导体与炉体之间的绝缘容易损坏。一旦短网发生故障，必然造成电弧炉热停工，使热损失增加，生产率下降。

（二）长度短

整个短网长度，大型电弧炉不超过 30m，小型电弧炉仅为 10m 左右。由于短网损耗非常大，在设计短网时，必须尽量缩短整个短网长度，特别是挠性电缆的长度，以便最大限度地降低短网的损耗。研究表明短网每增加 0.5m，功率因数就下降 0.5% 左右。短网电缆长度减少 1m，可使电抗减小 5% ~ 8%。

（三）结构复杂

由于短网各段导体的结构、形状不同，并联导体的根数不同、排列方式不同，因此，在进行短网设计时，既要考虑集肤效应和临近效应的影响，又要注意导体的合理配置，最佳换位，使有效电感尽量减少，各导体电流均衡及各参数值尽量接近。

（四）工作环境恶劣

短网导体是在温度特别高、导电尘埃非常多的恶劣环境下工作。为此，必须注意短网的冷却问题，具体的如抗腐蚀性问题、绝缘的防污问题，并重视短网导体及其绝缘物的清洁工作。

实践证明，短网的电参数对炉子正常运行起着决定性作用，炉子的生产率、炉衬寿命及功率损耗、功率因数数值在很大的程度上取决于短网的电参数的选择。

从短网的电阻、电抗两个电参数来看，短网电抗不论在绝对值上还是在重要性上都要比短网电阻重要得多，短网电抗是主要矛盾，要减少短网阻抗首先要减少短网电抗，要使三相阻抗平衡，首先要解决三相电抗平衡问题。同样容量的炉子，短网连接线路及其导体布置不一样，其短网电阻和电抗的数值也不一样。一般来说，炉子容量越大，短网电抗就越大。短网设计应使其阻抗在 $(2 \sim 4) \times 10^{-3} \Omega$ 范围内。短网电抗约为短网电阻的 $3 \sim 7$ 倍，炉子容量越大，这个倍数就越高。

此外，由于变压器线圈匝间及线圈与铁芯之间不可能没有间隙，即不可能消除漏磁通，所以很难将变压器的阻抗电压相对值降低至 6% 以下。由此可知，要降低整个电炉主回路的电抗，只能依靠降低短网电抗来达到。

三、短网导体允许负荷

（一）导体允许温度

短网导体的截面大小主要取决于导体中的电流大小。由于导体本身存在着电阻 R，当

流过电流 I 时,就将放出一定的热量,并向四周大气散放,因为导体的温度高于周围空气的温度。为了避免导体温度过高而影响其机械强度和附近其他设备,通常是按着规定的电流密度来决定所需导体总截面。而对相同截面的导体,则应使其周长加大,从而使其散热表面加大。

规定短网导体允许负荷的标准是导体的极限温度和电气功率损失。电气装置中,规定导体极限温度是 70℃,这个温度是从经济合理的角度出发规定的,电炉短网也是按此温度条件来选择导体。

(二) 短网导体允许负荷

当交流电流流经导体时,导体截面上电流的分布是不均匀的。由于集肤效应和邻近效应的影响,导体截面上距离中心越远的地方或者某一外侧的电流密度就大一些,因而在实际设计中,对于流过特大电流的大截面导体,往往采用宽厚比为 10 ~ 20 的矩形截面导体,或者采用管状或槽形截面的导体,而很少采用圆形或方形截面的导体。无水冷却的硬铜母排及板式补偿器导体中的电流密度规定为 $1.5 \sim 1.6 A/mm^2$,而厚度小于 10mm 硬铜母排的电流密度可达 $1.9 \sim 2.0 A/mm^2$;硬铝母排的电流密度规定为 $0.8 \sim 0.9 A/mm^2$,而厚度小于 10mm 硬铝母排的电流密度可达 $1.28 \sim 1.3 A/mm^2$。

1. 无水冷却多片母线束的允许负荷

对于多片母线束的片间净距,母线高度在 250mm 以下时,片间净距为 20mm;母线高度在 250mm 以上时,片间净距为 30mm。

在无水冷却时,各种情况下铜、铝母线的允许负荷见表 26-2 ~ 表 26-5。

表 26-2 硬铜、铝母线的允许负荷 ($t_0 = 20℃$)

铜					铝				
带子尺寸 /mm×mm	断面 /mm²	1m 长损失/W	允许电流 /A	平均电流密度 /A·mm⁻²	带子尺寸 /mm×mm	断面 /mm²	1m 长损失/W	允许电流 /A	平均电流密度 /A·mm⁻²
100×10	1000	118	2200	2.20	100×10	1000	78	1380	1.38
120×10	1200	140	2570	2.14	120×10	1200	92	1630	1.36
140×10	1400	161	2925	2.09	140×10	1400	106	1860	1.33
160×10	1600	183	3265	2.04	160×10	1600	120	2095	1.31
180×10	1800	204	3600	2.00	180×10	1800	134	2330	1.29
200×10	2000	226	3970	1.985	200×10	2000	148	2560	1.28
225×10	2250	258	4425	1.97	200×12	2400	150	2800	1.17
250×10	2500	289	4840	1.94	200×20	4000	155	3580	0.895
275×10	2750	305	5290	1.93	250×20	5000	191	4360	0.87
300×10	3000	333	5750	1.92	300×20	6000	226	5030	0.84

表 26 – 3 单向往复交错组合束铜母线允许负荷（$t_0 = 20℃$）

带子尺寸 /mm × mm	一个极母线断面/mm²	1m长损失/W	允许电流/A	平均电流密度 /A·mm⁻²	一个极母线断面/mm²	1m长损失/W	允许电流/A	平均电流密度 /A·mm⁻²
	2 片				4 片			
100 × 10	1000	201	2000	2.00	2000	367	3280	1.91
120 × 10	1200	235	2325	1.94	2400	426	4410	1.84
140 × 10	1400	270	2635	1.88	2800	486	5000	1.79
160 × 10	1600	304	2930	1.83	3200	545	5500	1.72
180 × 10	1800	338	3230	1.80	3600	604	6100	1.70
200 × 10	2000	372	3550	1.78	4000	665	6700	1.68
225 × 10	2250	415	3930	1.75	4500	740	7420	1.65
250 × 10	2500	457	4320	1.73	5000	811	8150	1.63
275 × 10	2750	504	4740	1.72	5500	900	8970	1.63
300 × 10	3000	547	5150	1.72	6000	975	9720	1.62
	6 片				8 片			
100 × 10	3000	532	5620	1.88	4000	698	7450	1.86
120 × 10	3600	616	6500	1.81	4800	807	8600	1.79
140 × 10	4200	703	7360	1.76	5600	920	9720	1.74
160 × 10	4800	787	8160	1.70	6400	1028	10800	1.69
180 × 10	5400	871	8980	1.67	7200	1137	11850	1.65
200 × 10	6000	958	9870	1.64	8000	1250	13000	1.62
225 × 10	6750	1065	10900	1.62	9000	1389	14400	1.60
250 × 10	7500	1166	11950	1.60	10000	1520	15750	1.58
275 × 10	8250	1295	13180	1.60	11000	1690	17400	1.58
300 × 10	9000	1402	14250	1.58	12000	1830	18800	1.57
	12 片				16 片			
100 × 10	6000	1039	11100	1.85	8000	1360	14700	1.84
120 × 10	7200	1188	12770	1.77	9600	1569	16950	1.76
140 × 10	8400	1353	14450	1.72	11200	1788	19200	1.71
160 × 10	9600	1512	16000	1.67	12800	1994	21200	1.66
180 × 10	10800	1671	17600	1.63	14400	2204	23300	1.62
200 × 10	12000	1835	19300	1.61	16000	2420	25600	1.60
225 × 10	13500	2038	21300	1.58	18000	2668	28250	1.57
250 × 10	15000	2230	23330	1.56	20000	2930	31000	1.55
275 × 10	16500	2482	25750	1.56	22000	3272	34150	1.55
300 × 10	18000	2682	27900	1.55	24000	3544	37000	1.54

表26-4 单向往复交错组合束铝母线允许负荷（$t_0 = 20℃$）

带子尺寸 /mm×mm	一个极母线 断面/mm²	1m长 损失/W	允许电流 /A	平均电流密度 /A·mm⁻²	一个极母线 断面/mm²	1m长 损失/W	允许电流 /A	平均电流密度 /A·mm⁻²
	2 片				4 片			
100×10	1000	149	1330	1.33	2000	293	2640	1.32
120×10	1200	176	1550	1.29	2400	344	3070	1.28
140×10	1400	203	1790	1.27	2800	397	3540	1.26
160×10	1600	229	1990	1.24	3200	449	3940	1.23
180×10	1800	256	2225	1.24	3600	501	4400	1.22
200×10	2000	284	2460	1.23	4000	553	4850	1.21
200×12	2400	286	2690	1.12	4800	559	5310	1.11
220×12	2640	313	2925	1.11	5280	611	5800	1.10
200×20	4000	298	3450	0.86	8000	583	6830	0.85
250×20	5000	365	4160	0.83	10000	714	8250	0.83
300×20	6000	431	4850	0.81	12000	843	9570	0.80
	6 片				8 片			
100×10	3000	436	3940	1.31	4000	580	5250	1.31
120×10	3600	514	4600	1.28	4800	682	6100	1.27
140×10	4200	591	5300	1.26	5600	758	7050	1.26
160×10	4800	669	5900	1.23	6400	888	7850	1.23
180×10	5400	745	6580	1.22	7200	991	8750	1.22
200×10	6000	823	7260	1.21	8000	1093	9670	1.21
200×12	7200	831	7940	1.10	9600	1104	10560	1.10
220×12	7920	909	8650	1.09	10560	1207	11500	1.09
200×20	12000	869	10100	0.85	16000	1154	13600	0.85
250×20	15000	1062	12300	0.82	20000	1411	16400	0.82
300×20	18000	1254	11300	0.80	24000	1665	19020	0.80
	12 片				16 片			
100×10	6000	866	7850	1.30	8000	1154	10480	1.31
120×10	7200	1020	9150	1.27	9600	1355	12200	1.27
140×10	8400	1175	10540	1.25	11200	1561	14050	1.25
160×10	9600	1327	11750	1.22	12800	1766	15650	1.22
180×10	10800	1478	13100	1.21	14400	1969	17460	1.21
200×10	12000	1630	14450	1.20	16000	2173	19260	1.20
200×12	14400	1650	15800	1.10	19200	2195	21060	1.10
220×12	15840	1803	17220	1.09	21120	2400	22950	1.09
200×20	24000	1725	20350	0.85	32000	2296	27100	0.85
250×20	30000	2108	24500	0.82	40000	2806	32700	0.82
300×20	36000	2189	28500	0.79	48000	3315	38000	0.79

表 26 - 5　单向往复交错组合束铜母线允许负荷（$t_0 = 20℃$）

带子尺寸 /mm × mm	一个极母线 断面/mm²	1m 长 损失/W	允许电流 /A	平均电流密度 /A · mm⁻²	一个极母线 断面/mm²	1m 长 损失/W	允许电流 /A	平均电流密度 /A · mm⁻²
		3 片				6 片		
100 × 10	1000	284	1940	1.94	2000	532	3755	1.88
120 × 10	1200	330	2240	1.87	2400	616	4330	1.81
140 × 10	1400	378	2550	1.82	2800	703	4910	1.76
160 × 10	1600	425	2830	1.77	3200	787	5450	1.70
180 × 10	1800	471	3120	1.73	3600	871	6000	1.67
200 × 10	2000	519	3425	1.71	4000	958	6580	1.64
225 × 10	2250	578	3790	1.68	4500	1065	7240	1.62
250 × 10	2500	634	4150	1.66	5000	1166	7960	1.60
275 × 10	2750	702	4750	1.66	5500	1295	8780	1.60
300 × 10	3000	761	4960	1.65	6000	1402	9510	1.58
		9 片				12 片		
100 × 10	3000	780	5560	1.85	4000	1039	7410	1.85
120 × 10	3600	902	6420	1.78	4800	1188	8510	1.77
140 × 10	4200	1028	7280	1.73	5600	1353	9640	1.72
160 × 10	4800	1140	8050	1.68	6400	1512	10680	1.67
180 × 10	5400	1270	8860	1.64	7200	1671	11720	1.63
200 × 10	6000	1397	9740	1.62	8000	1835	12860	1.61
225 × 10	6750	1552	10740	1.59	9000	2038	14200	1.58
250 × 10	7500	1697	11780	1.57	10000	2230	15560	1.56
275 × 10	8250	1888	12970	1.57	11000	2482	17200	1.56
300 × 10	9000	2041	14050	1.56	12000	2682	18600	1.55
		18 片				24 片		
100 × 10	6000	1525	11000	1.83	8000	2024	14620	1.83
120 × 10	7200	1760	12700	1.76	9600	2333	16900	1.76
140 × 10	8400	2002	14330	1.71	11200	2652	19100	1.70
160 × 10	9600	2235	15900	1.66	12800	2961	21120	1.65
180 × 10	10800	2470	17470	1.62	14400	3270	23200	1.61
200 × 10	12000	2715	19200	1.60	16000	3588	25450	1.59
225 × 10	13500	3014	21200	1.57	18000	3990	28200	1.57
250 × 10	15000	3291	23200	1.55	20000	4361	30800	1.54
275 × 10	16500	3667	25600	1.55	22000	4854	34000	1.54
300 × 10	18000	3962	27650	1.54	24000	5245	36750	1.53

2. 电缆导体的允许负荷

软电缆束中各电缆布置有矩形和圆形两种形式。在电炉短网中，通常是使用 TRJ 型软电缆，其数据见表 26 - 6。

表 26 - 6　铜芯裸软电缆 TRJ 规格（$t_0 = 20℃$，允许温度 $t_y = 70℃$）

项　　目	数　　据			
标称截面/mm²	240	300	400	500
股数 × 根数 × 单线直径/mm	61 × 7 × 0.75	27 × 19 × 0.85	37 × 19 × 0.85	37 × 19 × 0.95
电缆外径/mm	23	26.1	29.8	33.3

项　目	数　据			
电缆质量/kg·m^{-1}	2.28	2.745	3.76	4.7
直流电阻（20℃）/Ω·m^{-1}	81×10^{-6}	69×10^{-6}	49×10^{-6}	39×10^{-6}
允许电流/A	500	600	740	850
电流密度/A·mm^{-2}	2.08	2	1.65	1.7

注：1. 对于无水冷却裸软电缆电流密度为 $1 \sim 1.5 A/mm^2$；

　　2. 对于有水冷却裸软电缆电流密度为 $3 \sim 4 A/mm^2$；

　　3. 软铜带束电流密度为 $1 \sim 1.2 A/mm^2$。

3. 铜管导体的允许负荷

导电铜管中间通水冷却，水冷铜管的电流密度规定为 $3 \sim 4 A/mm^2$，对于电炉导电水冷铜管由于铜管长度一般较短，电流密度可按 $6 \sim 7 A/mm^2$ 选择，但管壁厚度取小于 10mm 为宜。

四、短网的安装

（一）矩形导体母线束的固定

矩形导体母线束通常有矩形导体单相往复交错组合母线束、矩形导体三相组合母线束和导体单级母线束三种。矩形导体母线束的固定和吊挂如图 26 - 4 所示。

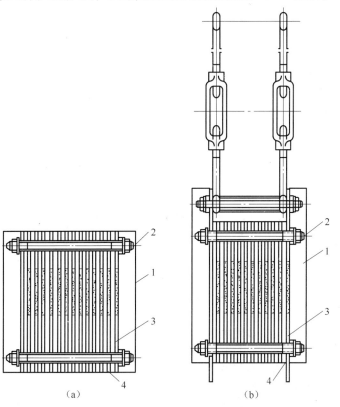

图 26 - 4　矩形导体母线束的固定和吊挂

（a）母线束的固定；（b）母线束的吊挂

1—夹板；2—双头螺栓；3—夹紧垫片；4—夹紧垫铁

在图 26 - 4 中，夹紧装置夹板 1 为环氧树脂玻璃布板（$\delta = 15$mm），用双头螺栓 2 拉紧，矩形导体间用夹紧垫片 3 为 3240 环氧酚醛玻璃布板（$\delta = 12$mm），夹紧垫块 4 为石棉水泥板。当束中片间距离过大时，母线束固定采用图 26 - 5 所示的形式，梳子 1 为石棉水泥板，母线 2 嵌到梳槽内，框用铸铜铝合金 ZL2，框肩有两个吊挂铜钩环。

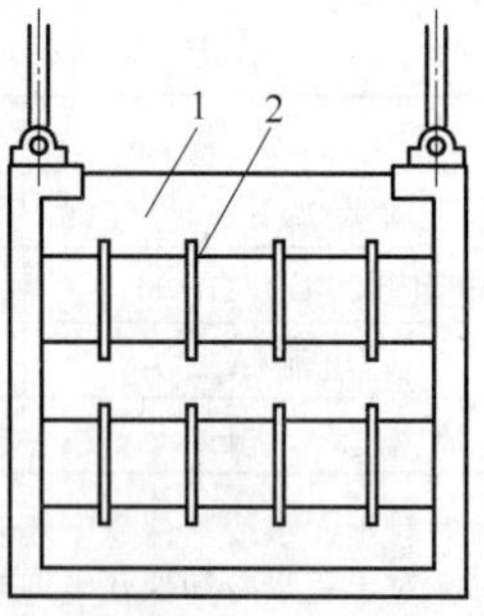

图 26 - 5　单级母线束的吊挂

1—石棉水泥板梳子；2—母线

（二）夹板安装距离

矩形导体母线束固定夹板沿整个长度方向等距装设，母线间距离 20 ~ 30mm，每经 600mm 左右装设一个。

矩形母线束吊挂夹板，在直线段上每 2m 悬挂一次，凡过渡接触连接地点都应吊挂一次。

管状母线束约 1.5m 左右固定和吊挂一次。

吊挂负荷按母线束，检修工具和人的质量来考虑。

建标 25 - 61 未浸渍石棉水泥板参数见表 26 - 7。

表 26 - 7　建标 25 - 61 未浸渍石棉水泥板参数

指　　标		未浸渍石棉水泥板牌号		
		250	300	400
抗弯强度/kPa，≥		24500	29400	39200
抗冲击强度/kPa，≥	厚度 3 ~ 6mm		196	
	厚度 8 ~ 10mm		294	
	厚度 12 ~ 20mm		490	
	厚度 25mm 以上		588	
击穿强度/kV·mm^{-1}，≥			1.5	
吸水率（相对于干燥时的质量）/%			15 ~ 25	
单位质量/g·cm^{-3}			1.7 ~ 1.8	
耐弧性			耐弧	

第二节　短网线路的空间布置方式

一、变压器低压线圈封口位置的确定

短网设计首先要解决的问题是变压器低压线圈在什么地方接成三角形，即确定变压器低压线圈的封口点放在短网的哪一个段上。

电弧炉变压器的低压线圈都采用三角形连接。采用该种连接的原因是：当两相电极与炉料发生短路时，短路电流将分配在所有的三相线圈上。同星形接线相比，可以减少线圈所承受的机械力，可以降低它的发热程度，另外还可以减少铜的消耗量。

通常根据具体炉子的需要，在短网适当的地方将变压器低压线圈封口，即接成三角形的顶点汇合点。电弧炉变压器低压线圈在短网上的封口点一般有以下四种方案：

（1）在变压器低压出线端接成三角形（即内封口），如图 26 - 6（a）所示；

（2）在铜排母线末端接成三角形，如图 26 - 6（b）所示；

（3）在可挠性电缆末端接成三角形，如图 26 - 6（c）所示；

（4）在电极夹头上接成三角形，如图 26 - 6（d）所示。

除图 26 - 6（a）以外，在其余连接线路的变压器线电路中，不仅包括变压器的低压线圈，而且还不同程度地接有铜排、挠性电缆和水冷铜管。这种连接线路可使流过相反方向相电流的短网导体互相靠近，组成所谓"双线制"短网接线，实现磁通补偿，结果可使短网导体的感抗减少很多。因此，在选择短网连接线路时，应考虑下面几条原则：

（1）变压器低压线圈连接点越往电极方向移动，即越往后移动，载有相反方向相电流的短网导体越长，磁通补偿效果越好，可使每相的有效电感越小，有利于减少短网导体的电抗。

（2）三角形连接点越往后移，导体根数越多，铜的消耗量越多，短网占据空间的位置也越大，电极横臂的重量也相反会增加，这不仅给短网的结构设计和制造工艺带来困难，还给炉子的维修、保养增添了麻烦。

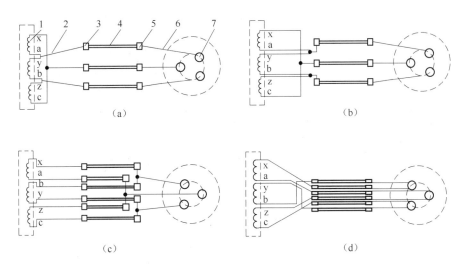

图 26 - 6　短网连接线路图

（a）在变压器低压出线端接成三角形（内封口）；（b）在铜排末端接成三角形；
（c）在可挠性电缆末端接成三角形；（d）在电极夹头上接成三角形
1—电炉变压器；2—铜母线排；3，5—接头；4—挠性电缆；6—水冷铜管；7—电极

近年来，由于高阻抗电弧炉的普及，高阻抗电弧炉不仅不需要降低电抗，反而还要接入电抗器。所以在设计上常常采用在变压器低压出线端接成三角形内封口，如图 26 - 6（a）所示的接线方式。

当变压器在内部封口接成三角形以后，输出端直接输出线电流，各相短网直接与变压器输出端相连，不再需要跨接铜排或跨接弯曲铜管，这样可以大大简化短网的结构，不利的一面是变压器必须考虑出线对箱体盖板部分的磁通感应发热，而采用非导磁材料。由于

变压器采用内部封口，给变压器的制造增加一定难度，但这是可以解决的，总的来说还是合算的。尤其是对于大型电弧炉，变压器采用侧面铜管出线，在内部封口接成三角形这一方案在我国已被广泛应用。

二、短网导体的空间布置方式

短网电参数不仅取决于连接线路的选择，而且还与短网导体的空间布置方式及其几何尺寸有很大关系。

电弧炉设备的配置应尽量缩短电弧炉变压器与所连接电弧炉的距离，减少短网长度，以降低电能损耗。在三角形连接点之后，流过线电流的短网导体空间配置形式如图 26 - 7 所示。

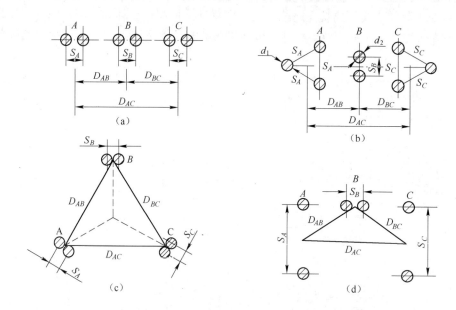

图 26 - 7 短网导体空间布置图

(a) 普通平面布置；(b) 修正平面布置；(c) 正三角形布置；(d) 修正三角形布置

S_A，S_B，S_C—自几何均距；D_{AB}，D_{BC}，D_{AC}—互几何均距

(一) 普通平面布置

两侧边相导体相对于中相导体来说为对称布置，各相导体的数量及布置形式完全相同（见图 26 - 7 (a)），$S_A = S_B = S_C$，$D_{AB} = D_{BC} = D_{AC}/2$。各相导体的惯量中心在空间位于同一平面，结构简单，设计容易。但三相阻抗不平衡度一般均超过 20%，因而导致各相负荷分布不均匀。因此对于小型电弧炉来说，应当采用正三角形布置方式。

(二) 修正平面布置

由于普通平面布置的三相电抗差别太大，必然导致炉内三相电弧功率分配的严重不平衡，因此应当设法使三相导体的电抗趋于一致。如果将中间相导体的直径取得比外侧相导体的直径小一些，将中间相各并联导体的距离加以缩小，而外侧相各并联导体之间的距离加以扩大，就构成了"修正平面布置"方式（见图26-7（b））。其布置特征是：边相导体相对于中相导体为对称布置，各相导体的惯性中心在空间上位于同一水平面内。中相导体的数量及间距减少；边相导体的数量及间距增大，$S_A = S_C \neq S_B$；$D_{AB} = D_{BC} = D_{AC}/2$；$d_2 = d_1/4$。这种布置方式结构简单，可实现三相电抗平衡。

（三）正三角形布置

三相导体在空间位于等边三角形的三个顶点上，布置完全对称，各相导体的数量及间距、几何位置完全相同，因而三相导体的电抗完全相等（见图26-7（c）），$S_A = S_B = S_C$；$D_{AB} = D_{BC} = D_{AC}$。其缺点是：提高中相导体高度会受到厂房高度的限制；另外，为了便于安装挠性电缆，需要加大变压器到电炉之间的距离，当车间作业面积受到限制时，该方案也不易实现。

（四）修正三角形布置

修正三角形布置的特点是：三相导体的惯量中心在空间位于一个锐角三角形的三个顶点上，各相导体的数量相同，中相导体的间距缩小，边相导体的间距加大（见图26-7（d）），$S_A = S_C \neq S_B$；$D_{AB} = D_{BC} \neq D_{AC}$。这种布置形式结构紧凑，能实现三相电抗平衡。

（五）等腰三角形布置

研究发现，在正三角形布置中，只要有任何一相电极在垂直方向上处于不同位置时，就会带来比修正平面更为严重的不平衡，研究还发现只要中相导体位于等边三角形中垂线的中点以上，三角形布置就具有平衡化作用。最好的横臂布置方式是采用等腰三角形，而且底边高度一定要大于腰边高度，如图26-8（a）所示，$S_A = S_B = S_C$；$D_{AB} = D_{BC} > D_{AC}$。采用这样布置方式后，在冶炼时由于中相熔化速度较边相快，因而其横臂下降速度快，使原本等腰三角形的布置方式趋于等边三角形布置，使三相电抗更加平衡。

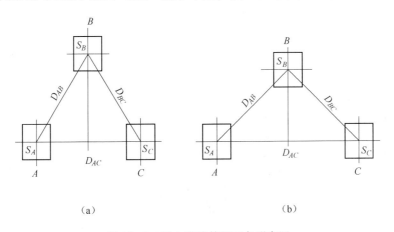

图26-8 导电横臂等腰三角形布置

在实际应用中，中相横臂的抬高不仅会增加厂房高度，而且也增加了中相立柱的长度，立柱的高度增加又带来横臂稳定性等问题，在设计中采用得较少，更多的却是采用如图26-8（b）所示的布置形式（$S_A = S_B = S_C$；$D_{AB} = D_{BC} < D_{AC}$）。

(六) 平衡电抗器

对于普通平面布置的短网结构，或者因结构限制而不能使三相电抗平衡的短网参数，均为中相电抗值小。因此，可以在中相短网的适当位置，一般在中相出墙钢管或铜排上，套装一个平衡电抗器，使中相电抗值增大，从而使三相电抗平衡。

平衡电抗器是由硅钢片叠成一个断面为口字形的长方形铁芯，但在磁路上留有两个可调的空气隙，用以微调其等效电抗值的大小。根据短网导体的尺寸、电流大小、三相电抗不平衡度的多少来确定平衡电抗器的尺寸和参数，一般其电抗值在 $0.3 \sim 1 m\Omega$ 之间。

另一种做法是把在变压器二次出线中相铜管（或铜排）段加长成集电环（又称电抗环），以增加中相电抗，改善三相平衡。

加装平衡电抗器，对电弧炉的短网电抗平衡具有投资小、见效快的优点。

第三节　功率转移现象

在三相电弧炉中，电极的工作条件是不相同的。边相的两根电极工作也不一致，其中有一根电极所形成的电弧很快地在炉料中熔成井，而另一根电极的电弧却缓慢地在炉料中熔成井。则在炉内发生严重的温度不均衡现象，使得一根电极下部的钢液在精炼时期过热，并损坏炉顶和炉墙。尽管电源电压和电流大小在所有三相中相等，但上述现象仍然发生。这表明，在同样的负荷电流下，每相的相阻抗是不相同的。

一、功率转移现象产生的原因

感抗数值不同是由于短网导体的结构和配置造成的。通常，所有三相的配置不是对称于一条中心轴线，而是在同一水平面内。三相电弧炉电路的矢量图如图 26－9 所示。

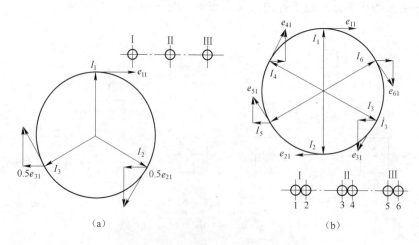

图 26－9　三相电弧炉电路的矢量图
(a) 普通接线制；(b) 双线制

中间相距两个边缘相有相同的距离 d，而两个边缘相相互距离则是 $2d$。这样配置的短网母线就引起各相之间具有不同的电感。

自磁通在本相短网母线中感应出电动势，与此同时，此磁通还在邻近的相内感应出电动势。每一感应电动势均落后于本身电流90°。当中间 B 相同其他两相距离相同时，中间相的合成电动势低于由自磁通感生的电动势，并且在相位上落后于自磁通感生的电动势。

A 相中的固有磁通感应出落后于该相电流90°的电动势，其他两相也在 A 相中感生电动势。由于 A 相与 B 相和 A 相与 C 相之间的距离不相等，B 相对 A 相的影响较大，并且在 A 相中感应出合成电动势，其方向使 A 相电流减小。这就是增大该相母线电阻的原因。由于 A 相母线电阻增大了，在负载电流相同的条件下，A 相功率比其他两相功率就小了。相反，在 C 相中，由 A 相和 B 相作用而产生的合成电动势使母线电阻减小，由于它与电流同相，因此 C 相的功率增加了，该相称为增强相，而 A 相称为减弱相。这样一来，A 相功率的降低，使得 C 相增加同样大小的功率。

功率从一相转移到另一相的现象，在大容量的炉子上，特别是当炉子工作在最大电流时表现得最严重，因为功率的转移正比于电流的平方。

下面从三相电弧炉电路矢量图出发，来讨论功率转移现象。

由图 26-9 可以看到，第一相感应电动势 e_{21} 和 e_{31} 的水平分量可引起此相中的感应电压降，这些水平分量各等于 $\frac{1}{2}I_2\omega M_{21}$ 和 $\frac{1}{2}I_3\omega M_{31}$。

这些感应电动势也有垂直分量，其大小分别为：

$$e_{21}' = 0.867 I_2\omega M_{21} \tag{26-1}$$

$$e_{31}' = 0.867 I_3\omega M_{31} \tag{26-2}$$

两者符号相反。

在这种情况下，假设三相是对称排列的，即布置在等边三角形的三个顶点上，则任意两相间的互感彼此相等，因此它们的代数和等于零，即：

$$e_{21}' - e_{31}' = 0.867 I_2\omega M_{21} - 0.867 I_3\omega M_{31} = 0 \tag{26-3}$$

这时，第一相中互感电势的垂直分量互相抵消而不显任何作用。

在各种距离不相等的情况下，则其互感也不相等，即中间相与每一外侧相的互感要比外侧相与外侧相间的互感大。于是垂直分量 e_{21}' 和 e_{31}' 的差也就不再等于零。即：

$$e_{21}' - e_{31}' > 0 \tag{26-4}$$

因此，由于第二相和第三相的互感作用，将在第一相中产生额外的电动势，其方向与电流 I_1 的方向相反：

$$e_{r1}' = 0.867 I\omega (M_{21} - M_{31}) \tag{26-5}$$

这个与电流方向相反的电动势，就其影响来说则相当于一个电阻压降，就是说由于第二相和第三相的互感不相等，在第一相中造成一附加的电阻压降，和在第一相中增加电阻一样，也在第一相中产生一额外的功率损失 P_{r1}：

$$P_{r1} = 0.867 I^2\omega (M_{21} - M_{31}) \tag{26-6}$$

由于这一原因，结果就会使在各相为同一电流时，第一相电弧上的功率要比别的相低，这就是为什么要将这一相称为减弱相的原因。假如我们再来仔细观察中间相，在所示情况下来观察第二相，则由于 $M_{32} = M_{12}$，其中附加的有功电压降 $e_{r2} = 0$。

在三相中也有一额外的有功电压降：

$$e_{r3} = 0.867 I\omega (M_{23} - M_{13}) \tag{26-7}$$

但它并不与第三相的电流 I_3 相反，而是与 I_3 的方向一致，即在第三相中不但不增加电阻，结果反而像减少了电阻一样，而这就使第三相的电弧功率提高一个数值：

$$P_{r3} = 0.867I^2\omega(M_{23} - M_{13}) \tag{26-8}$$

因此，把这一相称为增强相。

二、功率转移现象的结果

P_{r1} 和 P_{r3} 的数值彼此相等。因为实际上发生了功率从减弱相转移到了增强相的现象。

虽然减弱相的现象在理论上并没有减少三相电弧发生的总能量，但对电弧炉炼钢有很大影响：

（1）事实上，在电弧炉中，从减弱相熔炼出的金属量的减少比从增强相熔炼出的金属量的增加要多些，所以其结果还是使炉子的生产率降低。

（2）增强相增加的功率，加快附近炉衬的磨损，结果造成工作的停歇时间和修理时间的增加。

在炼钢电弧炉中，增强相电弧附近的炉壁和炉盖磨损最快，特别是在低电压、大电流情况下更为严重。

三、防止功率转移的方法

防止功率转移的方法如下：

（1）将三相不运动的导体（变压器出线和铜管）布置在等边三角形的三个顶点上，而将运动的导体（导电横臂或导电管）布置在长等腰三角形的三个顶点上，或采用三相导体双线法。

（2）分别调节变压器各相的二次电压，使加到各相的电压分别为不同的数值，这样就可以提高减弱相的电压，并相应地降低增强相的电压。

（3）按不同的电弧阻抗，各相以不同的电流和电压操作。

第四节 短网的优化设计

一、短网设计应注意的事项

短网设计中如果结构设计得不合理，会导致电参数三相不平衡、三相电弧功率不平衡，就会影响电弧炉炼钢生产。因此，短网中的水冷铜管、水冷电缆、导电横臂的空间布置直接影响着三相电弧功率的平衡。

如何取得横臂的最佳空间布置来尽量减少三相电弧功率的不平衡，是短网设计的一个中心问题。

理论上讲，三相等长的导体在空间等边三角形布置中可以达到完全平衡，但实际上三相导体的实际长度并不相等，生产中运动的电缆和导电横臂等边三角形布置经常处于被破坏的状态，从而造成各相自感和互感不相等，因而等边三角形布置仍然存在电抗不平衡的问题。因此在确定导体长度后，三根导体间的相间距离的确定成为关键问题。由于一般等腰三角形布置可以将边长设为两个变量，然后带入电抗计算式中，根据设计要求反复估算校核，得到最佳设计尺寸。

　　由于水冷电缆在实际状况中是悬索形的，而且在生产中其前端随电极升降而不断变化位置，而在计算中是把电缆简化为分段直线来算，而且相间距离的变化也取其平均值，在复杂工程计算中，这样的简化计算是允许的，和实际值必然要有一定的偏离，但影响不大。

　　水冷铜管、水冷电缆、导电横臂间的连接部分的接触电阻，因固定螺栓的紧力和接触面积等因素，随实际情况来确定其常数，只能对其进行大致范围内的估算；另外，电极夹头和电极之间也存在不确定的接触电阻。这些都是造成计算与实际测量有差距的因素。

　　在短网设计时应注意以下几个问题：

　　(1) 应根据允许电流密度、透入深度、导体所承受的机械强度来选择短网导体材料，并设计其截面尺寸。

　　(2) 由于短网导体通过强大电流时，会产生自感和互感，从而影响整个短网的阻抗不平衡，这样必然导致三相功率不平衡。因此一定要进行反复计算，并调整几何空间结构，来选择最佳导体空间布置。

　　(3) 现今电弧炉大部分采用超高功率电弧炉，即高电压、低电流供电。所以不需要大大降低电抗，而在于调整电抗三相平衡，尽可能降低电抗不平衡度，使三相功率平衡。

　　(4) 电抗不平衡主要由两个因素决定，一个是自几何均距，另一个是互几何均距。而自几何均距可视为定值。那么，电抗不平衡度就只与互几何均距有关。而一般导体的空间布置均为等腰三角形布置，设两腰边长为 x，底边长为 y，并且使 $x > y$。那么，电抗不平衡度的计算，简单地可以由函数 $k = f(x, y)$ 来表示。所以在选择最佳空间布置时，根据炉子吨位、变压器容量、几何尺寸，经过计算确定大致数据后，再由短路试验确定最佳空间布置。

　　(5) 短网设计时，在允许范围内要尽可能缩短短网导体长度，这样不仅可以节省材料，还由于短网长度的缩短，减小了短网电阻，从而可以节约能源。

　　(6) 短网设计一定要符合现今水冷炉壁、水冷炉盖、水冷电缆、氧燃助熔等一些辅助设备的先进技术的发展而进行设计，这样对增产、提高效益都有很多益处。

　　(7) 由于短网导体通过强大电流必然会伴随共振现象。在各个连接部位要以较大的接触紧力固定好，避免出现脱落、接触不良现象。

　　(8) 短网导体的绝缘要绝对可靠，防止整个炉体带电现象或由于绝缘不良而烧损电炉零部件。

二、短网的优化设计

　　短网的优化设计也要适应电弧炉技术的发展。高阻抗超高功率电弧炉采用的是高电压、低电流供电。这样带来以下优点：电损失功率降低，电耗减少；电极消耗减少；三相电弧功率平衡改善；功率因数提高。

　　在设计中，不但单体设备要优化，更重要的是设备的匹配优化及电参数的优化。就短网的电参数而言，电阻直接消耗有功功率；而电抗一方面是增加无功功耗，降低功率因数，另一方面起到稳定电弧、限制短路电流的作用。由于电抗与电阻的比值 $X/R = 3 \sim 7$（大炉子取大值），以及对三相电弧功率平衡的影响也以电抗为主，因此，对短网电参数中电抗的研究更为重要。正确的短网设计应使阻抗在 $(2 \sim 4) \times 10^{-3}\Omega$ 范围内。

实践证明，短网的电参数对炉子的正常运行起着决定性的作用。炉子的生产率、炉衬寿命、电效率及功率因数数值，在很大程度上取决于短网电参数的选择。如果三相阻抗设计得不平衡，必将导致三相电弧功率不平衡，从而造成炉料的熔化速率不相同，熔化时间延长，更为严重的是造成炉壁的热负荷不均匀，使炉衬局部过热，降低了炉衬寿命。

三、导电横臂的优化设计

导电横臂的优化设计主要包括导电横臂材料的选择、导电横臂结构与布置。

(一) 导电横臂材料的选择

导电横臂材料的选择主要是导电横臂导电材料的选择。目前，导电横臂导电材料主要有铜钢复合板和整体铝板两种材料，两者相比见表 26 - 8。

表 26 - 8　铜钢复合导电横臂与整体铝板导电横臂的比较

比较项目	铜 钢 复 合 板	整 体 铝 板
质量	重	轻（约为铜钢复合横臂的一半）
电极响应性	标准	电极控制的响应性提高
电极升降速度	标准	电极升降速度可能高速化
电阻损失	损失大　由于导电面积增大，复合铜板的厚度一般只有 4~6mm，而电流在铜导体中的透入深度为 9.5~10mm，因而使部分电流流过钢材，电阻损失增加	损失小　电流在铝导体中的透入深度为 17mm，电流全部在铝导体（厚度为 20~50mm）内部流动，电阻损失较小
振动衰减性	低	高　铝材在物理性质上，振动衰减性大；由于电弧稳定，输入功率增加
其他	设备可靠性、机械强度、耐腐蚀性、维修大体相同，阻抗对大型炉两者都能充分降低	

铝导电横臂所采用的 Al - Mg 系合金为 A5083 或 A5052。一般铝给人们的印象是强度较弱，但实际上 Al - Mg 系合金的比强度（见表 26 - 9）比钢强，其焊接性和耐腐性能优良。这也是在日本导电横臂全部采用铝导电横臂的原因所在。

表 26 - 9　Al - Mg 系合金和钢的比强度比较

比 较 项 目		铝合金 A5083	钢 SS41（普碳钢）
密度/kg·m^{-3}		2710	7850
比强度/kg·mm^{-2}	抗 拉	27/2.71 = 9.96	41/7.85 = 5.22
	屈 服	11/2.71 = 4.06	24/7.85 = 3.06

(二) 导电横臂的结构与布置

从电力损失上讲，铝合金的电阻率约为纯铜的 3 倍。可是铝臂的导体形状和截面积由机械强度来决定，将横臂作为导体时，截面积的富裕极大，因而铝臂电流密度极低，即使考虑集肤效应和邻近效应，实质性的电阻损失也比铜钢复合臂小。图 26-10 所示为已考虑到三角形配置的三相铝臂的电流分布。大电流导体要注意电流集中在导体拐角部位和接近于其他相的部位。

图 26-10　铝导电横臂的电流分布（三角形配置）

（三）电极分布圆

电极分布圆对各种电极直径都有一个适当的范围，而电极分布圆尽可能小的看法是不正确的。为了确定电极分布圆，应当注意以下几点：

（1）与导体导电部位的间隔——电绝缘性有关。

（2）防止电极夹持器附近飞弧（与最大二次电压和周围气体有关），特别是对于变压器容量较大的高阻抗电弧炉，在二次最高电压较高的情况下，更为明显。

（3）炉盖电极孔的绝缘的可靠性与最高电压和有无电极喷水有关。

（4）防止熔池平展时期在电极前端的渣面上电极间飞弧（与最大电压、周围气体、电极前端的振动有关）。

导电横臂特别是铝导电横臂，因为从导体形状和尺寸结构上已经充分降低了电抗，没有必要进一步缩小电极分布圆。另外电磁力也作用于电弧之间，如果电极分布圆过小的话，电弧特性就变得不稳定。

因此，电极分布圆必须从电极直径、与炉壳内径的平衡、最高电压、电流、所要求炉子侧的电抗以及机械系统的刚度、固有振动频率等方面进行综合考虑。对于铝导电横臂电极直径为 500mm 时，电极分布圆直径为电极直径的 2.5 倍，即 1250mm。600mm 的电极比例要低一些。

第五节　电　极

电极是短网的重要组成部分。据统计，电极中的电气功率损失约占主回路全部电气功率损失的 40%。因此，在设计和选择电极时要给予特别关注。

为了保证电弧炉正常工作，电极应具有足够高的机械强度，能经得起炉料在冶炼中崩塌时可能发生的对电极侧面的撞击。电极还应具有较低的电阻率和良好的高温抗氧化性能。

炼钢电弧炉用电极直径一般在 100～700mm 之间。每根电极长度一般有 1.5m、1.8m、2.0m、2.5m、2.8m 等几种规格，由专业厂家制造。目前在我国主要制造厂家分布在吉林、南通、大同、兰州等地。相接的两根电极是由石墨电极接头连接而成，安装时需要 2～4 根接在一起使用。接长电极时，两电极端头越紧密接触，其接触电阻就越小，结合处在电极运行时松动的危险性就越小；若拧得不紧密时，接头就会担负起全部负荷的电流，会引起电功率损失增加，接头过分发热而折断。因此，保证电极连接的可靠性是提高炉子工作的可靠性和生产率的主要条件之一。

一、炭素、石墨、自焙电极的物理机械性能

各种电极的物理机械性能见表 26－10。

表 26－10 各种电极的物理机械性能

参 数	电 极 种 类		
	炭 素	石 墨	自 焙
电阻率/$\Omega \cdot mm^2 \cdot m^{-1}$	42～55	8～14	50～70
允许电流密度/$A \cdot cm^{-2}$	5～11	13～28	5～6
单位质量/$t \cdot m^{-3}$	1.5～1.7		
抗拉强度/kPa	6860～9800	4900～7350	1980～3920
抗压强度/kPa	19600～29400	15680～27440	17400～19600

二、电极直径的选择计算

$$D = \sqrt{\frac{0.406I_m^2\rho}{K}} \qquad (26-9)$$

式中 D——电极直径，cm；

I_m——最大电流 $I_m = 1.2I_2$，A；

ρ——石墨电极在 500℃时的电阻率，$\Omega \cdot cm$；

K——系数，石墨电极为 2～2.1，W/cm^2。

在实际运用中，很少去进行计算电极直径，而是按电极生产厂家提供的电极样本中的各种不同规格的电极直径，以及推荐使用的电流密度去选择电极直径，这样既直观又准确。下面将不同规格的国产石墨电极允许通过的电流数值列于表 26－11 中。

表 26－11 不同规格的国产石墨电极允许通过电流的数值

公称直径/mm	允许电流/A			
	浸渍石墨电极	普通功率（RP）	高功率（HP）	超高功率（UHP）
75	1300～2000	1000～1400		
100	1800～3000	1500～2400		

公称直径/mm	允许电流/A			
	浸渍石墨电极	普通功率（RP）	高功率（HP）	超高功率（UHP）
130	2800 ~ 4200	2200 ~ 3400		
150	4000 ~ 5000	3000 ~ 4500 3500 ~ 4900		
200	4800 ~ 9000	5000 ~ 6900 5500 ~ 9000	5500 ~ 9000 8500 ~ 10000	
250	8000 ~ 12000	7000 ~ 10000 8000 ~ 13000	8000 ~ 13000 12500 ~ 16000	
300	11000 ~ 16000	10000 ~ 13000 13000 ~ 17400	13000 ~ 17400 13600 ~ 18000	15000 ~ 22000
350	15000 ~ 22000	13500 ~ 18000 17400 ~ 24000	17400 ~ 24000 19000 ~ 28000	20000 ~ 30000 23000 ~ 32000
400	20000 ~ 28000	18000 ~ 23500 21000 ~ 31000	21000 ~ 31000 23000 ~ 35000	25000 ~ 40000 28000 ~ 41000
450	24000 ~ 34000	22000 ~ 27000 25000 ~ 40000	25000 ~ 40000 30000 ~ 42000	32000 ~ 45000 34000 ~ 48500
500	28000 ~ 42000	25000 ~ 32000 30000 ~ 48000	30000 ~ 48000 45000 ~ 50000	38000 ~ 55000 40000 ~ 58000
550		28000 ~ 36000	34000 ~ 55000	45000 ~ 65000 46000 ~ 65000
600		35000 ~ 41000	38000 ~ 61000	50000 ~ 75000 52000 ~ 75000
700		39000 ~ 48000	45000 ~ 75000	60000 ~ 100000

注：1. 同一规格的电极出现两组不同数据的原因是电极制造商不同所致。

2. 在电弧炉上使用，电流负荷建议减少10%；在精炼炉上使用，电流负荷建议增加10%。

三、电极的连接

电极连接的可靠性决定于拧紧电极的扭矩大小，对于不同直径的石墨电极，推荐扭矩见表26－12。

表26－12　不同直径石墨电极的推荐扭矩

电极直径/mm	200	250	300	350	400	450	500	550	600
旋紧扭矩/kN·m	0.49	0.74	1.18	1.97	2.46	3.24	4.12	5.2	6.5

连接电极时最好不要在炉子上面进行，而是在操作平台上用专用电极接长装置进行。

矿热炉上用的电极有成型的石墨电极（或炭素电极）和自焙电极两种。自焙电极是一种用无烟煤、焦炭和沥青煤焦油拌和成的电极料，在矿热炉工作过程中自己焙烧成的电极。大多数矿热炉上用的电极都是自焙电极，其外径可达到2m左右。

四、电极的电弧

(一) 电弧的形成

电弧炉是利用电弧产生的高温去熔化和冶炼金属的。当带电的电极与废钢炉料瞬间接触后，就拉开一定的距离，电弧便开始起弧并燃烧。实际上，当电极与炉料接触时会产生非常大的短路电流（相当于 2~4 倍的额定工作电流），当两极拉开一定的距离后就形成了气体导电场。由此可见，电弧产生过程大致分为四步：

(1) 短路热电子放出；

(2) 两极分开形成气隙；

(3) 电子加速运动，气体电离；

(4) 带电质点定向运动，气体导电，形成电弧。

整个过程是在瞬间完成的。对于交流电电极与炉料交换极性，电流以 50 次/s 改变方向。

(二) 电弧的压缩效应

电弧是利用气体导电。当电弧燃烧时，电弧电流便在弧体周围的空间建立起磁场，弧体则处于磁场包围之中，受到磁场力的作用沿轴向方向产生一个径向压力，并由外向内逐渐增大。这种现象称为电弧的压缩效应。径向压力将推开渣液使电弧下的金属液呈现弯月面状，从而加速钢液的搅动和传热过程。

(三) 电弧的偏弧现象

在三相交流电弧炉中，三个申弧轴线各自不同程度地向炉衬一侧偏斜，这个现象称为电弧的偏弧现象。产生这一现象的原因是一相电弧受到其他两相电弧磁场作用的结果；另外，电弧一侧存在着铁磁体物质，如靠近中间相是电极升降机构等钢结构，因而中间相的电弧向炉壁偏斜较大。

电弧的压缩效应和外偏现象，改变了电极下面的金属液面形状，加强了钢液和炉渣的搅动，弯月形钢液面直接从电弧吸热的比例增大，加速了熔池的传热过程。

电弧的压缩效应和外偏现象称为电弧的电动效应。电弧电流越大，电弧的电动效应也就越显著。

电弧的电动效应既有利于冶炼过程的一面；也有不利的一面，例如偏弧加剧了炉衬的侵蚀损坏，尤其对于中相电极最为严重。

第二十七章 短网阻抗的计算

电炉设备的短网阻抗是短网电阻与电抗的总称，它决定于短路电流的大小，而短路电流又决定设备的电气特性。在炼钢电弧炉中，整个设备的阻抗由三部分组成，即电抗器阻抗、变压器阻抗和短网阻抗。在大中型电弧炉中，设备的短网阻抗 Z 主要是短网电抗 X。

电弧炉短网是由一系列不同导体段组成，因此，在计算电弧炉短网电阻和电抗时只能分段计算，然后将各段相加，得出总电阻与电抗。

第一节 短网电阻的计算

短网的截面大、形状复杂，因此短网的计算非常繁琐和复杂，并且这种复杂性由于短网连接线路和空间布置的多样化而更加复杂。因此短网的计算还只能是近似的，如果想得到更精确的值，应采用微积分计算，但此计算更为复杂。虽然短网计算仅能确定电阻和电抗的数值范围，然而这种计算却又异常重要，因为它能帮助我们分析和比较各种不同的短网结构，选择一种最佳结构；还能帮助我们事先了解和估计所设计电弧炉设备的电气参数；除此之外，还能帮助我们预先估计短网各个区段在电能平衡中所起的作用。

交流电流在流过导体时，其电流密度在导体内部的分布是不均匀的。其原因是因为交流电流存在着集肤效应和邻近效应。所以，在计算交流电弧炉短网电阻时，就必须考虑集肤效应和邻近效应的影响。

一、导体交流电阻

导体的交流电阻由式（27-1）确定：

$$R = R_0 K_1 K_2 = RK = \rho_{20}(1 + \alpha \Delta t)\frac{l}{S}K \tag{27-1}$$

式中　R——导体交流电阻，Ω；

R_0——母线温度在70℃时的直流电阻，$R_0 = \dfrac{\rho l}{S}$，Ω；

　l——导体长度，对于电极则为卡头到电极下端头的长度，m；

　S——导体截面积，mm^2；

　K_1——集肤效应系数；

　K_2——邻近效应系数；

　K——综合效应系数，$K = K_1 K_2$；

ρ_{20}——电阻率，$\Omega \cdot mm^2/m$，不同温度下，不同材料的电阻率见表27-1；

　α——电阻温度系数，铜为0.0043，铝为0.0036；

Δt——母线允许温升，环境温度 20℃时为 50℃。

表 27-1　不同温度下，不同材料的电阻率　　　　$(\Omega \cdot \text{mm}^2/\text{m})$

温度	ρ_{20}（20℃）		ρ_{70}（70℃）	ρ_{1000}（1000℃）		
材料	铜	铝	ZQAl9-4	石墨电极	炭质电极	自焙电极
数值	0.0175	0.029	0.15	12	50	64

在 $\Delta t = 50℃$ 时，1m 长导体直流电阻为：

铜导体：$\qquad R_0 = 0.0175(1 + 0.0043 \times 50)\dfrac{1}{S} = \dfrac{21}{S} \times 10^{-3}(\Omega/\text{m})$

铝导体：$\qquad R_0 = 0.029(1 + 0.0036 \times 50)\dfrac{1}{S} = \dfrac{35}{S} \times 10^{-3}(\Omega/\text{m})$

二、集肤效应

集肤效应是由导线自感引起的。通过导线的交变电流在导线表面处密度最大，而在导线中心处密度最小。

（一）集肤效应的影响因素

集肤效应的影响因素为：

（1）导线截面尺寸。截面越大，电流分布越不均匀。

（2）电源频率。随着频率的增加，集肤效应加强。

（3）磁导率。集肤效应随着导线材料的磁导率增加而增大。

（4）电阻率。集肤效应随着电阻率的增加而减小。

当交流电沿着导体流过时，在导体截面内产生磁场。由于磁场本身是交变的，因此在该导体内就引起自感电势。由于这些内部电动势的影响，则沿着导体流过的电流即被排挤到表面，引起电流在导体截面上分布不均。因此当直径很大时，往往不采用实心铜导体，而以铜管来代替，当频率很高时，实际导电层的厚度并不大，一般只有 9.5～10mm，所以此时导线的阻抗不是依截面面积来决定，而是决定于它的周边长度。在明显的集肤效应作用下，当频率很高时，电流在导线中的实际分布，只用厚度等于透入深度的空心导线来代替实心导线，并认为在此层内电流密度是均匀分布的。透入深度可用式（27-2）表示。

$$\delta = \frac{1}{2\pi}\sqrt{\frac{\rho}{\mu f}} \qquad\qquad (27-2)$$

表 27-2 为不同导电材质的透入深度。

表 27-2　不同导电材质的透入深度

材　质	铜	铝	钢
透入深度 δ/mm	9.5	17	1.8

（二）集肤效应系数

集肤效应系数 K_1 的值与电阻率、磁导率、电流频率、导体截面大小及形状等有关，因此，不能用一个公式表示，而是通过图 27 - 1 中曲线查出。

1. 圆形截面导体的集肤效应系数 K_1

圆形截面导体的集肤效应系数 K_1 可在图 27 - 1 中的各曲线上查出。

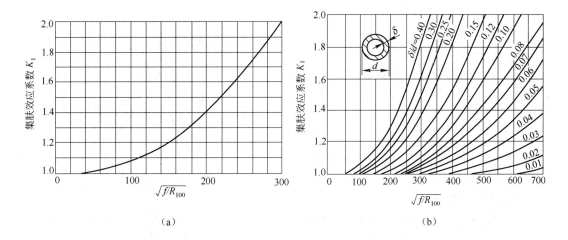

（a） （b）

图 27 - 1　圆形截面导体的集肤效应系数 K_1 曲线

（a）实心圆形导体的集肤效应系数 K_1；（b）空心圆形导体的集肤效应系数 K_1

其中，$\sqrt{f/R_{100}}$ 中的 f 为交流电的频率，Hz；R_{100} 为长度 100m 的导体通以直流电的电阻，即 $R_{100} = 100R_0$。

2. 矩形截面导体的集肤效应系数 K_1

在矩形截面中，集肤效应不仅与导体截面大小有关，而且与其边长比有关；在截面积一定时，宽/厚的比值越大，集肤效应系数越小。

矩形截面导体的集肤效应系数 K_1 可在图 27 - 2 中的各曲线上查出。

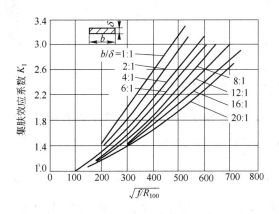

图 27 - 2　矩形截面导体的集肤效应系数 K_1 曲线

3. 空心矩形断面管导体的集肤效应系数 K_1

空心矩形断面管导体的集肤效应系数 K_1 与参数 $0.0080\sqrt{f\gamma t(d-2t)}$ 有关。

式中 γ——电导率，S/m；铜在70℃时，$\gamma = \dfrac{1}{0.021 \times 10^{-4}}$ S/m，石墨电极在1000℃时，γ

$= \dfrac{1}{12 \times 10^{-4}}$ S/m；

t——断面导体壁厚，cm；

f——频率，Hz；

d——矩形断面宽度，cm。

空心矩形断面管导体的集肤效应系数 K_1 可由图27-3查得。

三、邻近效应

磁通除了对流有电流的导体本身电阻产生影响外，当多根导体平行布置时，它们的磁通还互相影响。

一导体对另一导体的影响称为邻近效应。用邻近效应系数 K_2 来计算邻近效应，K_2 就是一导体处在另一导体磁场中时的电阻与该导体单独存在时的电阻之比，因此邻近效应系数总是大于（或等于）1。

邻近效应系数 K_2 的确定，见表27-3。

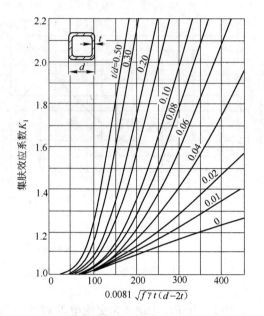

图27-3 空心矩形断面管导体的
集肤效应系数 K_1 曲线

表27-3 邻近效应系数 K_2 的确定

矩形单相往复交错组合母线	矩形三相组合母线	用软电缆组成的软编线束	石墨电极	导电横臂	横臂导电铜管
1.03	1.03	1.3	1.0	1.0	1.07

（一）单极母线束的邻近效应系数 K_2

如片间距离不大于母线厚度的2倍时，则把单极束看成一个整导体，来求得 K_2 值，然后再求出束中一片导体的值，两个值相除后，即得一片母线的最大 K_2 值。

（二）圆管及实心圆导体的邻近效应系数 K_2

从图27-4及图27-5中查得。图中，R_{100} 为70℃时，导体长度为100m的直流电阻，f 为频率。如同一电流方向有几根平行的圆形导体时，则某一导体的邻近效应系数为该导体与其相邻导体邻近效应系数的乘积。

圆管邻近效应系数曲线如图27-4所示。

实心圆导体邻近效应系数曲线如图27-5所示。

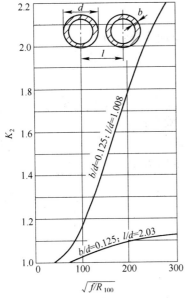

图 27-4 圆管邻近效应系数 K_2 曲线

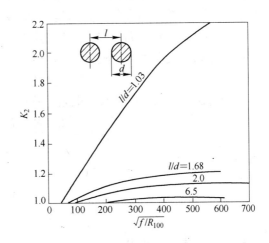

图 27-5 实心圆导体邻近效应系数 K_2 曲线

(三) 矩形导体的邻近效应系数 K_2

窄边与窄边相对的两矩形母线的邻近效应系数 K_2 曲线如图 27-6 所示。

宽边与宽边相对的两矩形母线的邻近效应系数 K_2 曲线如图 27-7 所示。

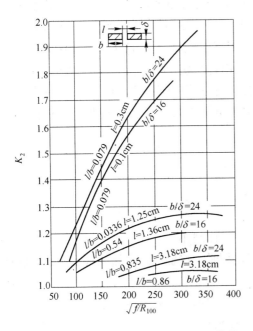

图 27-6 窄边与窄边相对的两矩形母线的
邻近效应系数 K_2 曲线

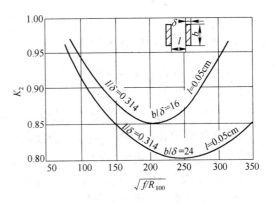

图 27-7 宽边与宽边相对的两矩形母线的
邻近效应系数 K_2 曲线

四、平行导电束的电阻计算

由几根平行导线所组成的导电束的电阻计算可按下面步骤进行:

(1) 首先计算出导线在通以直流电时的电阻 R_0;

(2) 在集肤效应系数曲线上查出集肤效应系数 K_1;

(3) 确定相邻导线中每一导线的邻近效应系数 K_{21}、K_{22}、K_{23}、$\cdots$、K_{2n}。

导线在通以交流电时的电阻 R,可由式 (27 -3) 确定:

$$R = R_0 K_1 K_{21} K_{22} K_{23} \cdots K_{2n} \tag{27-3}$$

用同样方法计算出每一导线的电阻,然后再取其平均值 R_a:

$$R_a = \frac{R_1 + R_2 + R_3 + \cdots + R_n}{n} \tag{27-4}$$

全导电束总电阻为:

$$R_{ta} = \frac{\sum\limits_{i=1}^{n} R_{ai}}{n^2} \tag{27-5}$$

式中　R_{ta}——全导电束总电阻;

　　　n——该段导电根数。

第二节　接 触 电 阻

在短网有效电阻计算中,还须计入母线搭接时的接触电阻及电极夹持器体与电极间的接触电阻。对于大电流线路的接触电阻在短网总电阻中起着重要的作用,短网中接触连接的地方很多,除了电极与夹持器外主要有水冷电缆和导电横臂(或导电管)、水冷电缆和铜排(或铜管)的连接处,以及温度补偿器与变压器和铜排(或铜管)的连接处等。如果接触不良,其接触电阻会超过整个短网电阻值,而且将使导体连接处严重发热,使炉子的工作受到损害。因此,可靠的连接是至关重要的。在短网电阻中数值特别大的是电极与电极夹持器体之间的电阻,该值的大小主要取决于电极夹持器体的材料和表面粗糙度的情况。

一、决定接触电阻的有关因素

决定接触电阻的有关因素包括:

(1) 接触面材料的电阻率;

(2) 接触面上的压力,接触电阻随着压力的增加而减小;

(3) 接触面的表面形态,当金属表面存在氧化物时,接触电阻将增加许多倍;接触面粗糙同样会导致接触电阻的增加;

(4) 接触面的温度,随着金属导体温度的升高而增加。

任何形式的接触电阻值都可以按式 (27 -6) 计算:

$$R_c = \frac{C}{9.8 P^m} \tag{27-6}$$

式中　R_c——接触电阻，Ω；

　　　C——与接触材料有关的系数见表27－4；

　　　P——接触面上的总压力，N；对于接触连接母线，整个接触面积上的单位压力为：铜－铜接触面积上的单位压力为9.8MPa/mm²，铝－铝接触面积上的单位压力为4.9MPa/mm²，对于电极夹头的夹持力，$P = 1.25(0.01d)^2 t$，其中 d 为电极直径，mm；

　　　m——指数，与接触点的数量和接触方式有关的系数，见表27－5。

表27－4　与接触材料有关的系数 C

接触面材料	接触面状况	$C \times 10^{-4}$值	接触面材料	接触面状况	$C \times 10^{-4}$值
铜－铜	无氧化物	0.8～1.4	钢－钢	无氧化物	76
铜－镀锡铜	无氧化物	0.9～1.1	青铜－石墨	夹头与电极	20
镀锡铜－镀锡铜	干燥	1.0	黄铜－石墨	夹头与电极	40
铝－铝	无氧化物	30～67	钢－石墨	夹头与电极	80
钢－铜	无氧化物	31			

表27－5　指数 m 取值

接触方式	面接触	线接触	点接触	电极夹持器体
m 值	1	0.7	0.5	0.5

二、电极－电极夹持器之间的接触电阻

电极－电极夹持器之间的接触电阻见表27－6。

表27－6　电极－电极夹持器之间的接触电阻

电　极	电极夹持器头	接触电阻/mΩ	电　极	电极夹持器头	接触电阻/mΩ
石墨电极	黄铜	0.08	石墨电极	钢	0.35
石墨电极	青铜	0.04	碳素电极	黄铜	0.42

三、连接母线搭接

（一）连接母线的搭接长度

连接母线搭接长度最大为母线高度。当母线高度超过300mm时，如搭接长度仍为母线高度，则接触面积太大，可按接触面电流密度表（表27－7）选取后，确定搭接长度；当不同母线搭接时，搭接长度为最小母线高度。

表27－7　接触面允许电流密度　　　　（A/mm²）

铜－铜	铝－铝	黄铜－黄铜	钢－钢	铜－铝	铜－钢	黄铜－钢
0.12	0.09	0.048	0.036	0.09	0.06	0.036

（二）母线搭接采用螺栓连接时螺栓直径及数量的选择

母线搭接采用螺栓连接时螺栓直径及数量的选择见表 27 - 8。

表 27 - 8 母线搭接采用螺栓连接时螺栓直径及数量的选择

母线尺寸/mm×mm	搭界长度/mm	螺栓直径/mm	螺栓数量/个
100×10	100	12	4
200×10 200×15	200	14	12
300×10 300×15	300	16	16

（三）连接螺栓允许应力

连接螺栓允许应力见表 27 - 9。

表 27 - 9 连接螺栓允许应力

螺栓直径 /mm	有效断面 /mm²	扳手长度 /mm	扳手允许应力 /N	螺栓允许应力 /N	垫片支撑压力/kPa 一般的	放大的
8	30.8	125	73.5	5880	29792	
10	49.2	140	127.5	9212	35476	31360
12	71.8	170	186.2	13524	36750	17444
14	98.9	210	235.2	18620	41356	
16	137	240	323.4	25872	42140	28126
18	166	240	460.6	31360	42728	
20	215	270	588	40768	51744	
22	270	270	803.6	50960	52528	
24	310	270	1019.2	58800	53410	
27	410	300	1332.8	77616	57624	
30	495	330	1617	93296	57624	
36	730	400	2352	137200	54880	

四、介入电阻

在靠近带电体的电弧炉磁性材料结构件中，在强大的交变磁场中受到磁感应的作用，就会产生附加的能量损耗。考虑到这种附加损耗，我们给短网导体的有效电阻引进一个附加电阻，称为介入电阻。

介入电阻对于电炉，其大小为整个短网电阻的 20% ~ 30%。对于铁合金电炉；其大小约为整个短网电阻的 5%。

五、大直径电极电阻

500mm 以上大直径电极，当电阻率为 $50.8 \times 10^{-5}\Omega \cdot cm$，不同直径的长 280cm 交直流电极电阻见表 27 - 10。

表 27 - 10　电阻率为 50. 8 × 10⁻⁵Ω·cm 不同直径长 280cm 交直流电极电阻

项　目	电 极 直 径/mm			
	500	600	700	800
直流电阻/Ω	7.00×10^{-5}	4.90×10^{-5}	3.6×10^{-5}	2.7×10^{-5}
交流电阻/Ω	8.30×10^{-5}	6.50×10^{-5}	5.30×10^{-5}	4.40×10^{-5}
相同功率时直流电流增加/倍	1.09	1.15	1.21	1.28

短网每相导体的总电阻等于上述各部分电阻之和。

第三节　短网电抗的计算

短网电抗的计算方法为：某导线系统中，每一导线的总电抗可看做是导线本身的磁通所引起的感抗和由相邻导线的磁通所引起的感抗之和。在短网布置上，多数导体布置情况可以归纳如下：

（1）两根平行导线：

1）电流强度相同，电流方向相同的两根平行导线。

2）电流强度相同，电流方向相反的两根平行导线。

（2）三相系统：

1）各相用单股导线的三相系统（如导电横臂）。

2）各相用双股导线的三相系统（如导电管）。

一、自感和互感的计算

任意断面形状直线导体的自感和平行直线导体的互感，其基本计算公式为：

导体束的感抗计算公式：

$$X = 2\pi f L \tag{27-7}$$

式中　X——导体束的感抗，Ω；

　　　f——电流频率，Hz；

　　　L——导体束的感应系数，H。

$$L(M) = 2l\left[\ln\frac{1 + \sqrt{\left(\frac{g}{l}\right)^2 + 1}}{\frac{g}{l}} - \sqrt{\left(\frac{g}{l}\right)^2 - 1} + \frac{g}{l}\right] \times 10^{-9} \tag{27-8}$$

方括号内的式子与长度无关,而仅与 g/l 有关,用 F 表示,则式(27-8)可变为下式：

$$L(M) = 2Fl \times 10^{-9}(\mathrm{H}) \tag{27-9}$$

式中　l——导体长度，cm。

设 g 为导体断面自几何均距（计算 L 时）或断面间互几何均距（计算 M 时）（cm），$2F$ 与 g/l 有关的值，由表 27 - 11 查得。

当 $l \gg g$ 时，电感计算公式为：

$$L(M) = 2l\left(\ln\frac{2l}{g} - 1\right) \times 10^{-9}(\mathrm{H}) \tag{27-10}$$

表 27 –11 2F 与 g/l 有关的值

g/l	2F	差	g/l	2F	差
0.0001	17.80718		0.0195	7.29980	0.01008
0.0005	14.58910	0.44610	0.0200	7.25014	0.00984
0.0010	13.20380	0.21054	0.0205	7.20176	0.00958
0.0015	12.39388	0.13778	0.0210	7.15454	0.00936
0.0020	11.81952	0.10238	0.0215	7.10848	0.00912
0.0025	11.37422	0.08146	0.0220	7.06348	0.00892
0.0030	11.01060	0.06758	0.0225	7.01952	0.00872
0.0035	10.70328	0.05780	0.0230	6.97656	0.00852
0.0040	10.43722	0.05044	0.0235	6.93452	0.00834
0.0045	10.20266	0.04476	0.0240	6.89342	0.00816
0.0050	9.99292	0.04022	0.0245	6.85316	0.00798
0.0055	9.80330	0.03650	0.0250	6.81376	0.00782
0.0060	9.63028	0.03340	0.0255	6.77514	0.00766
0.0065	9.47118	0.03082	0.0260	6.73728	0.00752
0.0070	9.32396	0.02858	0.0265	6.70018	0.00736
0.0075	9.18698	0.02664	0.0270	6.66378	0.00722
0.0080	9.05888	0.02496	0.0275	6.62806	0.00708
0.0085	8.93864	0.02346	0.0280	6.59302	0.00696
0.0090	8.82532	0.02214	0.0285	6.55860	0.00684
0.0095	8.71818	0.02098	0.0290	6.52480	0.00670
0.0100	8.61660	0.01990	0.0295	6.49160	0.00660
0.0105	8.52000	0.01894	0.0300	6.45898	0.00648
0.0110	8.42769	0.01806	0.0305	6.42690	0.00636
0.0115	8.34006	0.01726	0.0310	6.39536	0.00626
0.0120	8.25592	0.01656	0.0315	6.36434	0.00618
0.0125	8.17528	0.01586	0.0320	6.33384	0.00606
0.0130	8.09784	0.01524	0.0325	6.30380	0.00598
0.0135	8.02334	0.01468	0.0330	6.27424	0.00588
0.0140	7.95160	0.01414	0.0335	6.24516	0.00578
0.0145	7.88242	0.01364	0.0340	6.21650	0.00570
0.0150	7.81558	0.01320	0.0345	6.18830	0.00560
0.0155	7.75100	0.01276	0.0350	6.16050	0.00552
0.0160	7.68852	0.01234	0.0355	6.13310	0.00544
0.0165	7.62794	0.01196	0.0360	6.10612	0.00536
0.0170	7.56924	0.01160	0.0365	6.07952	0.00530
0.0175	7.51224	0.01126	0.0370	6.0328	0.00522
0.0180	7.45690	0.01094	0.0375	6.02742	0.00514
0.0185	7.40308	0.01066	0.0380	6.00190	0.00508
0.0190	7.35076	0.01034	0.0385	5.97676	0.00500

g/l	2F	差	g/l	2F	差
0.0390	5.95192	0.00494	0.0690	4.86922	0.00542
0.0395	5.92742	0.00488	0.0700	4.84238	0.00532
0.0400	5.90324	0.00482	0.0710	4.81594	0.00526
0.0405	5.87938	0.00474	0.0720	4.78988	0.00518
0.0410	5.85582	0.00468	0.0730	4.76424	0.00510
0.0415	5.83254	0.00464	0.0740	4.73894	0.00504
0.0420	5.80958	0.00458	0.0750	4.71402	0.00496
0.0425	5.78690	0.00452	0.0760	4.68946	0.00486
0.0430	5.76448	0.00446	0.0770	4.66524	0.00482
0.0435	5.74234	0.00440	0.0780	4.64136	0.00474
0.0440	5.72046	0.00436	0.0790	4.61780	0.00468
0.0445	5.69884	0.00430	0.0800	4.59456	0.00462
0.0450	5.67746	0.00426	0.0810	4.57164	0.00458
0.0455	5.65634	0.00420	0.0820	4.54902	0.00450
0.0460	5.63546	0.00416	0.0830	4.52668	0.00446
0.0465	5.61480	0.00412	0.0840	4.50466	0.00438
0.0470	5.59442	0.00406	0.0850	4.48292	0.00432
0.0475	5.57422	0.00402	0.0860	4.46144	0.00428
0.0480	5.55424	0.00398	0.0870	4.44024	0.00422
0.0485	5.53450	0.00394	0.0880	4.41930	0.00416
0.0490	5.51496	0.00388	0.0890	4.39860	0.00412
0.0495	5.49562	0.00386	0.0900	4.37816	0.00406
0.0500	5.47562	0.00380	0.0910	4.35796	0.00402
0.0510	5.43886	0.00748	0.0920	4.33800	0.00396
0.0520	5.40198	0.00730	0.0930	4.31830	0.00392
0.0530	5.36582	0.00718	0.0940	4.29880	0.00388
0.0540	5.33038	0.00704	0.0950	4.27954	0.00384
0.0550	5.29564	0.00688	0.0960	4.26052	0.00378
0.0560	5.26154	0.00678	0.0970	4.24168	0.00376
0.0570	5.22808	0.00666	0.0980	4.22308	0.00370
0.0580	5.19524	0.00652	0.0990	4.20468	0.00366
0.0590	5.16300	0.00640	0.100	4.18646	0.00362
0.0600	5.13132	0.00630	0.105	4.09836	0.01726
0.0610	5.10020	0.00618	0.110	4.01478	0.01638
0.0620	5.06962	0.00608	0.115	3.93534	0.01556
0.0630	5.03956	0.00598	0.120	3.85964	0.01486
0.0640	5.01000	0.00586	0.125	3.78740	0.01418
0.0650	4.98094	0.00576	0.130	3.71830	0.01358
0.0660	4.95232	0.00570	0.135	3.65216	0.01300
0.0670	4.92418	0.00560	0.140	3.58874	0.01246
0.0680	4.89648	0.00550	0.145	3.52784	0.01200

g/l	$2F$	差	g/l	$2F$	差
0.150	3.46030	0.01154	0.355	2.10550	0.00398
0.155	3.41296	0.01112	0.360	2.08580	0.00392
0.160	3.35870	0.01070	0.365	2.06646	0.00384
0.165	3.30632	0.01034	0.370	2.04746	0.00378
0.170	3.25580	0.00998	0.375	2.02880	0.00370
0.175	3.20696	0.00964	0.380	2.01050	0.00362
0.180	3.15974	0.00932	0.385	1.99252	0.00358
0.185	3.11404	0.00904	0.390	1.97484	0.00352
0.190	3.06978	0.00874	0.395	1.95748	0.00346
0.195	3.02688	0.00846	0.400	1.94042	0.00338
0.200	2.98526	0.00824	0.405	1.92362	0.00334
0.205	2.94488	0.00798	0.410	1.90712	0.00328
0.210	2.90564	0.00778	0.415	1.89090	0.00322
0.215	2.86754	0.00754	0.420	1.87494	0.00316
0.220	2.83048	0.00734	0.425	1.85924	0.00312
0.225	2.79444	0.00714	0.430	1.84380	0.00308
0.230	2.75936	0.00692	0.435	1.82860	0.00302
0.235	2.72520	0.00676	0.440	1.81366	0.00296
0.240	2.69192	0.00660	0.445	1.79896	0.00292
0.245	2.65948	0.00644	0.450	1.78448	0.00288
0.250	2.62786	0.00628	0.455	1.77020	0.00284
0.255	2.59702	0.00612	0.460	1.75616	0.00280
0.260	2.56692	0.00596	0.465	1.74234	0.00276
0.265	2.53752	0.00584	0.470	1.72874	0.00270
0.270	2.50884	0.00568	0.475	1.71532	0.00266
0.275	2.48080	0.00556	0.480	1.70212	0.00264
0.280	2.45340	0.00544	0.485	1.68910	0.00260
0.285	2.42662	0.00532	0.490	1.67630	0.00254
0.290	2.40042	0.00520	0.495	1.66366	0.00252
0.295	2.37480	0.00508	0.500	1.65120	0.00248
0.300	2.34974	0.00498	0.505	1.63896	0.00244
0.305	2.32520	0.00488	0.510	1.62684	0.00242
0.310	2.30116	0.00478	0.515	1.61492	0.00238
0.315	2.27764	0.00466	0.520	1.60318	0.00234
0.320	2.25460	0.00456	0.525	1.59158	0.00230
0.325	2.23200	0.00450	0.530	1.58012	0.00228
0.330	2.20988	0.00440	0.535	1.56886	0.00224
0.335	2.18818	0.00432	0.540	1.55774	0.00222
0.340	2.16692	0.00422	0.545	1.54678	0.00218
0.345	2.14606	0.00414	0.550	1.53594	0.00216
0.350	2.12558	0.00408	0.555	1.52526	0.00212

g/l	$2F$	差	g/l	$2F$	差
0.560	1.51474	0.00210	0.765	1.17752	0.00130
0.565	1.50436	0.00206	0.770	1.17110	0.00128
0.570	1.49410	0.00204	0.775	1.16476	0.00126
0.575	1.48394	0.00202	0.780	1.15846	0.00126
0.580	1.47394	0.00200	0.785	1.15226	0.00124
0.585	1.46408	0.00196	0.790	1.14608	0.00122
0.590	1.45432	0.00194	0.795	1.13998	0.00122
0.595	1.44470	0.00192	0.800	1.13394	0.00120
0.600	1.43522	0.00188	0.805	1.12794	0.00120
0.605	1.42584	0.00186	0.810	1.12204	0.00118
0.610	1.41658	0.00184	0.815	1.11618	0.00116
0.615	1.40744	0.00182	0.820	1.11038	0.00116
0.620	1.39840	0.00180	0.825	1.10464	0.00114
0.625	1.38950	0.00178	0.830	1.09894	0.00114
0.630	1.38066	0.00176	0.835	1.09334	0.00112
0.635	1.37196	0.00174	0.840	1.08774	0.00112
0.640	1.36336	0.00172	0.845	1.08224	0.00110
0.645	1.35484	0.00170	0.850	1.07676	0.00108
0.650	1.34614	0.00166	0.855	1.07136	0.00108
0.655	1.33816	0.00164	0.860	1.06598	0.00106
0.660	1.32996	0.00164	0.865	1.06068	0.00106
0.665	1.32184	0.00162	0.870	1.05540	0.00104
0.670	1.31382	0.00160	0.875	1.05020	0.00104
0.675	1.30590	0.00158	0.880	1.04502	0.00102
0.680	1.29808	0.00156	0.885	1.03992	0.00102
0.685	1.29034	0.00154	0.890	1.03486	0.00100
0.690	1.28268	0.00152	0.895	1.02986	0.00100
0.695	1.27512	0.00150	0.900	1.02488	0.00098
0.700	1.26764	0.00148	0.905	1.01998	0.00098
0.705	1.26024	0.00148	0.910	1.01508	0.00098
0.710	1.25292	0.00146	0.915	1.01024	0.00096
0.715	1.24568	0.00144	0.920	1.00544	0.00096
0.720	1.23854	0.00142	0.925	1.00068	0.00094
0.725	1.23148	0.00140	0.930	0.99598	0.00094
0.730	1.22448	0.00140	0.935	0.99130	0.00092
0.735	1.21758	0.00138	0.940	0.98670	0.00092
0.740	1.21072	0.00136	0.945	0.98210	0.00092
0.745	1.20392	0.00136	0.950	0.97758	0.00090
0.750	1.19722	0.00134	0.955	0.97308	0.00090
0.755	1.19058	0.00132	0.960	0.96862	0.00088
0.760	1.18402	0.00130	0.965	0.96422	0.00088

g/l	$2F$	差	g/l	$2F$	差
0. 970	0. 95982	0. 00088	2. 75	0. 35978	0. 00128
0. 975	0. 95548	0. 00086	2. 80	0. 35348	0. 00124
0. 980	0. 95118	0. 00086	2. 85	0. 34738	0. 00120
0. 985	0. 94668	0. 00086	2. 90	0. 34152	0. 00116
0. 990	0. 94268	0. 00084	2. 95	0. 33582	0. 00112
0. 995	0. 93848	0. 00084	3. 00	0. 33032	0. 00108
1. 00	0. 93432	0. 00082	3. 05	0. 32498	0. 00106
1. 05	0. 99460	0. 00768	3. 10	0. 31984	0. 00102
1. 10	0. 85800	0. 00708	3. 15	0. 31486	0. 00098
1. 15	0. 82420	0. 00656	3. 20	0. 31002	0. 00096
1. 20	0. 79288	0. 00608	3. 25	0. 30534	0. 00092
1. 25	0. 76378	0. 00566	3. 30	0. 30078	0. 00090
1. 30	0. 73668	0. 00526	3. 35	0. 29636	0. 00088
1. 35	0. 71142	0. 00492	3. 40	0. 29204	0. 00086
1. 40	0. 68772	0. 00462	3. 45	0. 28786	0. 00082
1. 45	0. 66552	0. 00432	3. 50	0. 28380	0. 00080
1. 50	0. 64472	0. 00404	3. 55	0. 27986	0. 00078
1. 55	0. 62522	0. 00382	3. 60	0. 27604	0. 00076
1. 60	0. 60668	0. 00364	3. 65	0. 27232	0. 00074
1. 65	0. 58926	0. 00340	3. 70	0. 26868	0. 00072
1. 70	0. 57280	0. 00322	3. 75	0. 26514	0. 00070
1. 75	0. 55718	0. 00306	3. 80	0. 26168	0. 00068
1. 80	0. 54244	0. 00288	3. 85	0. 25830	0. 00066
1. 85	0. 52840	0. 00276	3. 90	0. 25502	0. 00064
1. 90	0. 51508	0. 00262	3. 95	0. 25182	0. 00064
1. 95	0. 50238	0. 00250	4. 00	0. 24870	0. 00062
2. 00	0. 49030	0. 00236	4. 05	0. 24566	0. 00060
2. 05	0. 47880	0. 00226	4. 10	0. 24270	0. 00058
2. 10	0. 46774	0. 00218	4. 15	0. 23980	0. 00058
2. 15	0. 45714	0. 00208	4. 20	0. 23698	0. 00056
2. 20	0. 44714	0. 00196	4. 25	0. 23422	0. 00054
2. 25	0. 43752	0. 00190	4. 30	0. 23152	0. 00054
2. 30	0. 42828	0. 00182	4. 35	0. 22890	0. 00052
2. 35	0. 41940	0. 00174	4. 40	0. 22630	0. 00052
2. 40	0. 41094	0. 00166	4. 45	0. 22380	0. 00050
2. 45	0. 40280	0. 00160	4. 50	0. 22132	0. 00048
2. 50	0. 39492	0. 00156	4. 55	0. 21982	0. 00048
2. 55	0. 38736	0. 00148	4. 60	0. 21656	0. 00046
2. 60	0. 38008	0. 00144	4. 65	0. 21426	0. 00046
2. 65	0. 37306	0. 00138	4. 70	0. 21198	0. 00044
2. 70	0. 36630	0. 00132	4. 75	0. 20978	0. 00044

g/l	2F	差	g/l	2F	差
4.80	0.20758	0.00044	6.85	0.14572	0.00022
4.85	0.20546	0.00042	6.90	0.14468	0.00020
4.90	0.20336	0.00042	6.95	0.14364	0.00022
4.95	0.20132	0.00040	7.00	0.14262	0.00020
5.00	0.19932	0.00040	7.05	0.14162	0.00020
5.05	0.19734	0.00038	7.10	0.14062	0.00020
5.10	0.19544	0.00038	7.15	0.13964	0.00020
5.15	0.19354	0.00038	7.20	0.13868	0.00020
5.20	0.19172	0.00036	7.25	0.13772	0.00018
5.25	0.18992	0.00036	7.30	0.13678	0.00018
5.30	0.18812	0.00036	7.35	0.13584	0.00018
5.35	0.18636	0.00034	7.40	0.13494	0.00018
5.40	0.18466	0.00034	7.45	0.13404	0.00018
5.45	0.18296	0.00034	7.50	0.13314	0.00018
5.50	0.18132	0.00032	7.55	0.13226	0.00018
5.55	0.17970	0.00032	7.60	0.13138	0.00018
5.60	0.17810	0.00032	7.65	0.13052	0.00016
5.65	0.17650	0.00032	7.70	0.12968	0.00016
5.70	0.17498	0.00030	7.75	0.12884	0.00016
5.75	0.17348	0.00030	7.80	0.12802	0.00016
5.80	0.17198	0.00030	7.85	0.12722	0.00016
5.85	0.17048	0.00030	7.90	0.12642	0.00016
5.90	0.16908	0.00028	7.95	0.12562	0.00016
5.95	0.16768	0.00028	8.00	0.12484	0.00014
6.00	0.16628	0.00028	8.05	0.12406	0.00014
6.05	0.16488	0.00028	8.10	0.12330	0.00014
6.10	0.16356	0.00026	8.15	0.12252	0.00016
6.15	0.16224	0.00026	8.20	0.12180	0.00014
6.20	0.16094	0.00026	8.25	0.12104	0.000016
6.25	0.15966	0.00026	8.30	0.12034	0.00014
6.30	0.15840	0.00024	8.35	0.11960	0.00016
6.35	0.15714	0.00026	8.40	0.11890	0.00014
6.40	0.15594	0.00024	8.45	0.11820	0.00014
6.45	0.15474	0.00024	8.50	0.11750	0.00014
6.50	0.15354	0.00024	8.55	0.11680	0.00014
6.55	0.15236	0.00024	8.60	0.11614	0.00012
6.60	0.15122	0.00022	8.65	0.11546	0.00014
6.65	0.15008	0.00022	8.70	0.11482	0.00012
6.70	0.14898	0.00022	8.75	0.11414	0.00014
6.75	0.14790	0.00020	8.80	0.11352	0.00012
6.80	0.14680	0.00022	8.85	0.11288	0.00014

g/l	$2F$	差	g/l	$2F$	差
8.90	0.11224	0.00014	9.50	0.10516	0.00010
8.95	0.11162	0.00014	9.55	0.10460	0.00012
9.00	0.11100	0.00012	9.60	0.10406	0.00010
9.05	0.11038	0.00014	9.65	0.10352	0.00010
9.10	0.10978	0.00012	9.70	0.10298	0.00010
9.15	0.10918	0.00012	9.75	0.10246	0.00010
9.20	0.10858	0.00012	9.80	0.10194	0.00010
9.25	0.10800	0.00012	9.85	0.10142	0.00010
9.30	0.10742	0.00012	9.90	0.10092	0.00010
9.35	0.10686	0.00010	9.95	0.10042	0.00010
9.40	0.10628	0.00012	10	0.09992	0.00010
9.45	0.10752	0.00010			

凡是取值在表中范围之内，而又不能直接查到的数值，可用内差法求出。

例：求 $g/l = 9.92$ 时的 $2F$ 值。

解：根据 $g/l = 9.95$ 时的 $2F = 0.10042$ 和 $g/l = 9.90$ 时的 $2F = 0.10092$。

则：$g/l = 9.92$ 时的 $2F = 0.10092 - \dfrac{0.10092 - 0.10042}{5} \times 2 = 0.10092 - 0.0002 = 0.10072$。

二、三相母线的电感计算

三相母线常见布置如图 27－8 所示。

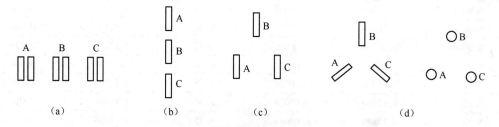

图 27－8　三相母线布置方式

（a），（b），（c）相应中间相 B 对称布置；（d）三相对称布置

假定每相导体中的电流值相等且相位差为 120°时，三相母线电感计算公式如下：

$$L_A = L_{AA} - 0.5(M_{AB} + M_{AC}) \tag{27-11a}$$

$$L_B = L_{BB} - 0.5(M_{AB} + M_{BC}) \tag{27-11b}$$

$$L_C = L_{CC} - 0.5(M_{BC} + M_{AC}) \tag{27-11c}$$

当 A、C 相与 B 相电流向量对称时：

$$L_B = L_{BB} - M_{AB} \tag{27-12}$$

（一）与中间相对称布置的电感

在图 27 - 8 中，（a）、（b）、（c）布置形式为在 A、B、C 三相中，A、C 相与中间相 B 成对称布置时，每相电感计算公式如下：

$$L_A = L_C = 2l\ln\frac{(g_{AB}g_{AC})^{0.5}}{g_{AA}} \times 10^{-9}\ (\text{H})$$

$$L_B = 2l\ln\frac{g_{AB}}{g_{AA}} \times 10^{-9}\ (\text{H}) \tag{27-13}$$

（二）三相对称布置的电感

在图 27 - 8 中，（d）布置形式为 A、B、C 三相对称布置成等边三角形时，每相电感计算公式如下：

$$L_A = L_B = L_C = 2l\ln\frac{g_{AB}}{g_{AA}} \times 10^{-9}\ (\text{H}) \tag{27-14}$$

式中　g_{AB}——A 相与 B 相导体断面间互几何均距，cm；

　　　g_{AA}——A 相导体断面自几何均距，cm。

第四节　短网电感的简化计算

一、三相补偿母线束的简化

图 27 - 9 把三个相的分裂导体分别看成三个整块矩形片状导体。矩形片状导体的高度为从 1 号导体上端至 n 号导体下端的距离（包括分裂导体间隙），宽度为管外径。

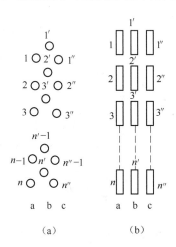

图 27 - 9　三相补偿母线束

（a）铜管；（b）矩形导体

二、单相往复交错组合母线束的简化

如图 27 – 10 所示的矩形片状导体为单相往复交错组合母线束。

母线束电感（包括来去电流导体）的简化公式为：

$$L = \frac{4\pi l}{nb}\left(d + \frac{a}{3}\right) \times 10^{-9} \quad (\text{H}) \qquad (27-15)$$

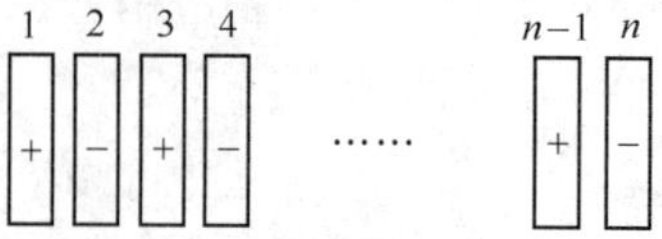

图 27 – 10 单相往复交错组合母线束

式中　l——束长度，cm；

　　　n——束中总片数；

　　　b——导体高度，cm；

　　　d——导体间净间距；cm；

　　　a——导体宽度；cm。

式（27 – 15），适用于束中片数不大于 8、导体高度比导体宽度及导体间净距大很多的情况。虽然此计算值比精确计算值小 2～3 倍，但是考虑单相往复交错组合母线的电感占短网总电感的分量很小，所以可以作为简化计算用。

三、软电缆束及非平行直导线的简化

电弧炉软电缆束是由几十根大截面铜芯软电缆组成，束断面轮廓形状可为矩形，也可为圆环形。则简化就按束实际轮廓尺寸，当成一个实心矩形断面（如裸铜排）或当成一个大铜管（如电弧炉大截面集成水冷电缆）来计算。

实心矩形断面和圆环断面软电缆束的轴线形状原本为悬索曲线形状，但在简化计算中，看成如图 27 – 11 中虚线所示形状。

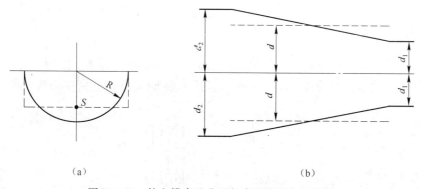

（a）　　　　　　　　　　　　　　（b）

图 27 – 11　软电缆束及非平行直导线简化计算图

（a）软电缆束轴线半圆弧形状简化图，R 为圆弧半径，S 为半圆弧重心，$S = 4R/3\pi$；（b）非水平直线导体简化

图 27 – 11（b）中实线为一个平面上非平行直导线体，简化成图中虚线所示的平行导体，其平均距离取：

$$d = \frac{d_1 + d_2}{2} \qquad (27-16)$$

四、导体面积间自几何均距的计算

（一）单个导体面积的自几何均距

单个导体面积间自几何均距 g 的计算见表 27 – 12。

表 27 - 12　导体断面自几何均距的计算

导体形状	导体尺寸/cm	导体断面自几何均距 g/cm
实心圆	r 为实心圆半径	$g = 0.7788r$
圆管	r 为圆管外半径 r_0 为圆管内半径	$\ln g = \ln r - \ln \xi$，$\ln \xi = f(r_0/r)$ 查表 27 - 13 得到计算值后查反对数得 g 值近似计算可取：$g = (r_0 + r)/2$
矩形	a 为矩形导体宽 b 为矩形导体高	$g = 0.2236(a + b)$
方形	a 为边长	$g = 0.4471a$ 或 $\ln g = \ln a - 0.8051$

表 27 - 13　$\ln \xi = f(r_0/r)$ 值

r_0/r	$\ln \xi$	r_0/r	$\ln \xi$	r_0/r	$\ln \xi$
0	0.2500	0.42	0.1827	0.72	0.0924
0.05	0.2488	0.44	0.1772	0.74	0.0860
0.10	0.2452	0.46	0.1717	0.76	0.0795
0.15	0.2395	0.48	0.1660	0.78	0.0729
0.20	0.2320	0.50	0.1603	0.80	0.0663
0.22	0.2285	0.52	0.1544	0.82	0.0598
0.24	0.2248	0.54	0.1485	0.84	0.0532
0.26	0.2208	0.56	0.1426	0.86	0.0466
0.28	0.2166	0.58	0.1365	0.88	0.0400
0.30	0.2123	0.60	0.1304	0.90	0.0333
0.32	0.2078	0.62	0.1242	0.92	0.0267
0.34	0.2031	0.64	0.1180	0.94	0.0200
0.36	0.1982	0.66	0.1117	0.96	0.0314
0.38	0.1932	0.68	0.1053	0.98	0.0067
0.40	0.1880	0.70	0.0989	1.00	0

（二）组合导体面积的自几何均距

组合导体面积自几何均距的计算见表 27 - 14。

表 27 - 14　组合导体断面自几何均距的计算

导体形状	导体尺寸/cm	导体断面自几何均距 g
	S_1 为矩形 1 断面 S_2 为矩形 2 断面	$(S_1 + S_2)^2 \ln g_{(1+2)} = S_1^2 \ln g_1 + S_2^2 \ln g_2 + 2S_1 S_2 \ln g_{12}$ 式中，$g_{(1+2)}$ 为整个面积自几何均距，cm；g_1 为 S_1 面积自几何均距，cm；g_2 为 S_2 面积自几何均距，cm；g_{12} 为 S_1 和 S_2 间面积互几何均距，cm

导体形状	导体尺寸/cm	导体断面自几何均距 g
	（1）n 根截面相同时：r、r_0 同圆管；壁厚 = 单根裸电缆直径 （2）n 根两种截面不相同时：r、r_0 同圆管；壁厚 =（单根大裸电缆直径 + 单根小裸电缆直径）/2	对于由 n 根裸电缆组成的大截面水冷电缆同圆管
	g 为单个导体自几何均距 r 为圆的半径 n 为导体根数	n 根导体均匀分布在一个圆周上 $g_0 = \sqrt[n]{ngr^{(n-1)}}$
	$S_1 = S_2$ g 为单个导体自几何均距 a 为两导体间中心距	对于每相 2 根截面相同的导电铜管或大截面集成水冷电缆成一字形布置 $g_0 = \sqrt{ga}$
	$S_1 = S_2$ g 为单个导体自几何均距 a 为两导体间中心距	对于每相 3 根截面相同的导电铜管或大截面集成水冷电缆成一字形布置 $g_0 = 1.167 \times \sqrt[3]{ga^2}$
	$S_1 = S_2 = S_3$ g 为单个导体自几何均距 a 为两导体间中心距	对于每相 3 根截面相同成等边三角形布置的导电铜管或大截面集成水冷电缆 $g_0 = \sqrt[3]{ga^2}$
	$S_1 = S_2 = S_3 = S_4$ g 为单个导体自几何均距 a 为两导体间中心距	对于每相 4 根截面相同成正方形布置的导电铜管或大截面集成水冷电缆 $g_0 = 1.091 \times \sqrt[4]{ga^3}$
对于每相 4 根截面相同成任意四边形布置的导电铜管或大截面集成水冷电缆	$S_1 = S_2 = S_3 = S_4$ g 为单个导体自几何均距 a 为两导体间中心距	$(S_1 + S_2 + S_3 + S_4)^2 \ln g = S_1^2 \ln g_{11} + S_2^2 \ln g_{22} + S_3^2 \ln g_{33} + S_4^2 \ln g_{44} + S_1 S_2 \ln g_{12} + S_1 S_3 \ln g_{13} + S_1 S_4 \ln g_{14} + S_2 S_1 \ln g_{21} + S_2 S_3 \ln g_{23} + S_2 S_4 \ln g_{24} + S_3 S_1 \ln g_{31} + S_3 S_2 \ln g_{32} + S_3 S_4 \ln g_{34} + S_4 S_1 \ln g_{41} + S_4 S_2 \ln g_{42} + S_4 S_3 \ln g_{43}$
复杂轮廓的外形	由 n 个相同断面导体组成的导体束 S_i 为矩形 i 断面	$(S_1 + S_2 + \cdots + S_n)^2 \ln g = \sum_1^{k=n} S_k^2 \ln g_k + \sum_1^{k=n} \sum_{k \ne i}^{i=n} S_k S_i \ln g_{k,i}$ 式中，g 为整个面积自几何均距，cm；g_k 为任意一导体面积自几何均距，cm；$g_{k,i}$ 为任意两导体面积间互几何均距，cm；$S_1 \cdots S_n$ 为 n 号导体的面积（n 为导体数）；g_k 和 $g_{k,i}$ 借助上列公式计算

五、导体面积间互几何均距的计算

导体面积间互几何均距的计算见表 27 – 15。

表 27 - 15　导体面积间互几何均距的计算

导体形状及布置	导体尺寸及距离/cm	导体面积间互几何均距公式
任意布置的两个圆管或实心圆导体	d 为导体中心距	$g = d$ （cm）
宽边平行的两个矩形导体 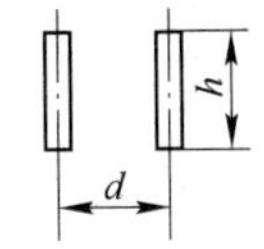	d 为导体中心距 h 为矩形导体高	$$g = hf\left(\frac{d}{h}\right)\ \text{（cm）}$$ 式中，$f\left(\dfrac{d}{h}\right)$ 由表 27 - 16 查得
窄边平行布置成一条线的两个矩形导体 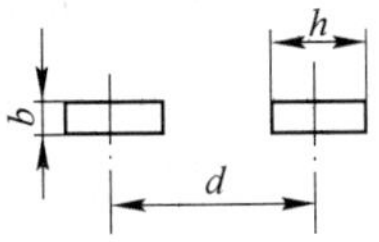	d 为导体中心距 h 为矩形导体高	按下图曲线，根据 b/h 和 h/d 参数，查得 d/g，然后再求出 g 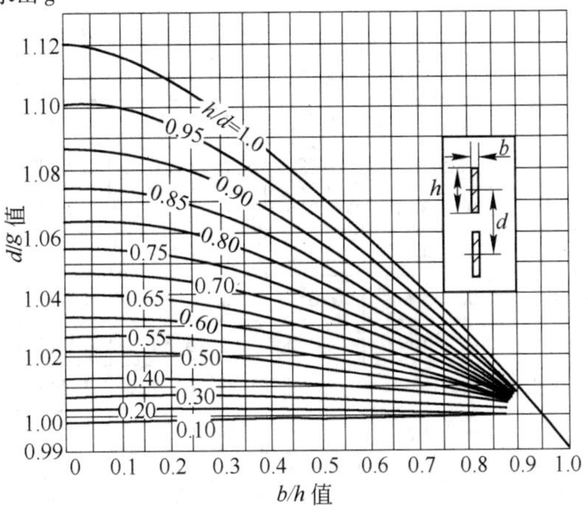 窄边平行的两个相同矩形面积间几何均距确定曲线
宽边平行任意布置的两个矩形导体 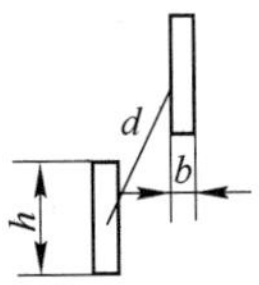	d 为导体中心距	当 d 比 h 和 b 大很多时，$g \neq d$ （cm）；否则，把导体分成数个边为 b 的正方形，然后按两个复杂轮廓外形导体来算
两个复杂轮廓外形导体 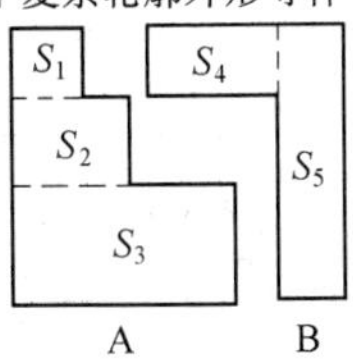	A、B 为两个复杂轮廓外形导体； S_1、S_2、S_3 为 A 导体的面积； S_4、S_5 为 B 导体的面积	$$(S_1 + S_2 + S_3)(S_4 + S_5)\ln g_{A,B} = S_1 S_4 \ln g_{1,4} + S_2 S_4 \ln g_{2,4} + S_3 S_4 \ln g_{3,4} + S_1 S_5 \ln g_{1,5} + S_2 S_5 \ln g_{2,5} + S_3 S_5 \ln g_{3,5}$$ 如导体中的各面积 S 及外形相同，则为 $$\ln g_{A;B} = \frac{1}{6}\left(\ln g_{1,4} + \ln g_{2,4} + \ln g_{3,4} + \ln g_{1,5} + \ln g_{2,5} + \ln g_{3,5}\right)$$ 当轮廓面积间距离与其尺寸相比很大时，轮廓面积间互几何均距认为等于其重心间距离

表 27 - 16　宽边平行两个矩形导体 $g/h = f(d/h)$ 值

d/h	g/h	d/h	g/h	d/h	g/h	d/h	g/h	d/h	g/h
0	0.22313	0.040	0.25110	0.080	0.27950	0.120	0.30877	0.160	0.33867
0.001	0.22383	0.041	0.25181	0.081	0.28031	0.121	0.30951	0.161	0.33943
0.002	0.22453	0.042	0.25252	0.082	0.28103	0.122	0.31025	0.162	0.34019
0.003	0.22523	0.043	0.25322	0.083	0.28176	0.123	0.31099	0.163	0.34095
0.004	0.22593	0.044	0.25393	0.084	0.28248	0.124	0.31173	0.164	0.34171
0.005	0.22662	0.045	0.25463	0.085	0.28320	0.125	0.31247	0.165	0.34246
0.006	0.22732	0.046	0.25534	0.086	0.28392	0.126	0.31321	0.166	0.34322
0.007	0.22802	0.047	0.25605	0.087	0.28465	0.127	0.31395	0.167	0.34398
0.008	0.22872	0.048	0.25675	0.088	0.28537	0.128	0.31470	0.168	0.34474
0.009	0.22941	0.049	0.25746	0.089	0.28609	0.129	0.31544	0.169	0.34550
0.010	0.23011	0.050	0.25816	0.090	0.28682	0.130	0.31618	0.170	0.34626
0.011	0.23081	0.051	0.25887	0.091	0.28754	0.131	0.31692	0.171	0.34702
0.012	0.23151	0.052	0.25958	0.092	0.28827	0.132	0.31767	0.172	0.34778
0.013	0.23220	0.053	0.26029	0.093	0.28900	0.133	0.31841	0.173	0.34855
0.014	0.23290	0.054	0.26100	0.094	0.28972	0.134	0.31916	0.174	0.34931
0.015	0.23360	0.055	0.26171	0.095	0.29045	0.135	0.31990	0.175	0.35007
0.016	0.23430	0.056	0.26242	0.096	0.29118	0.136	0.32065	0.176	0.35084
0.017	0.23500	0.057	0.26313	0.097	0.29191	0.137	0.32139	0.177	0.35160
0.018	0.23569	0.058	0.26384	0.098	0.29263	0.138	0.32214	0.178	0.35236
0.019	0.23639	0.059	0.26455	0.099	0.29336	0.139	0.32288	0.179	0.35313
0.020	0.23709	0.060	0.26526	0.100	0.29409	0.140	0.32363	0.180	0.35389
0.021	0.23779	0.061	0.26598	0.101	0.29482	0.141	0.32438	0.181	0.35466
0.022	0.23849	0.062	0.26669	0.102	0.29555	0.142	0.32513	0.182	0.35542
0.023	0.23919	0.063	0.26741	0.103	0.29628	0.143	0.32588	0.183	0.35619
0.024	0.23989	0.064	0.26812	0.104	0.29702	0.144	0.32663	0.184	0.35696
0.025	0.24059	0.065	0.26883	0.105	0.29775	0.145	0.32738	0.185	0.35772
0.026	0.24128	0.066	0.26955	0.106	0.29848	0.146	0.32813	0.186	0.35849
0.027	0.24198	0.067	0.27026	0.107	0.29921	0.147	0.32888	0.187	0.35926
0.028	0.24268	0.068	0.27098	0.108	0.29994	0.148	0.32963	0.188	0.36003
0.029	0.24338	0.069	0.27169	0.109	0.30067	0.149	0.33038	0.189	0.36079
0.030	0.24408	0.070	0.27240	0.110	0.30141	0.150	0.33113	0.190	0.36156
0.031	0.24478	0.071	0.27312	0.111	0.30214	0.151	0.33188	0.191	0.36233
0.032	0.24549	0.072	0.27384	0.112	0.30288	0.152	0.33264	0.192	0.36310
0.033	0.24619	0.073	0.27456	0.113	0.30362	0.153	0.33339	0.193	0.36388
0.034	0.24689	0.074	0.27528	0.114	0.30435	0.154	0.33415	0.194	0.36465
0.035	0.24759	0.075	0.27600	0.115	0.30509	0.155	0.33490	0.195	0.36542
0.036	0.24830	0.076	0.27671	0.116	0.30582	0.156	0.33565	0.196	0.36619
0.037	0.24900	0.077	0.27743	0.117	0.30656	0.157	0.33640	0.197	0.36696
0.038	0.24970	0.078	0.27815	0.118	0.30730	0.158	0.33716	0.198	0.36774
0.039	0.25040	0.079	0.27881	0.119	0.30803	0.159	0.33792	0.199	0.36851

d/h	g/h	d/h	g/h	d/h	g/h	d/h	g/h	d/h	g/h
0.200	0.36928	0.240	0.40056	0.280	0.43246	0.320	0.46496	0.360	0.49798
0.201	0.37006	0.241	0.40135	0.281	0.43326	0.321	0.46578	0.361	0.49881
0.202	0.37084	0.242	0.40214	0.282	0.43407	0.322	0.46660	0.362	0.49964
0.203	0.37161	0.243	0.40294	0.283	0.43488	0.323	0.46742	0.363	0.50048
0.204	0.37239	0.244	0.40373	0.284	0.43568	0.324	0.46824	0.364	0.50131
0.205	0.37316	0.245	0.40452	0.285	0.43649	0.325	0.46906	0.365	0.50214
0.206	0.37394	0.246	0.40531	0.286	0.43730	0.326	0.46988	0.366	0.50298
0.207	0.37472	0.247	0.40610	0.287	0.43811	0.327	0.47070	0.367	0.50381
0.208	0.37549	0.248	0.40689	0.288	0.43891	0.328	0.47152	0.368	0.50464
0.209	0.37627	0.249	0.40769	0.289	0.43072	0.329	0.47234	0.369	0.50548
0.210	0.37704	0.250	0.40848	0.290	0.44053	0.330	0.47316	0.370	0.50631
0.211	0.37782	0.251	0.40927	0.291	0.44134	0.331	0.47399	0.371	0.50715
0.212	0.37860	0.252	0.41007	0.292	0.44215	0.332	0.47481	0.372	0.50798
0.213	0.37938	0.253	0.41088	0.293	0.44296	0.333	0.47564	0.373	0.50882
0.214	0.38016	0.254	0.41166	0.294	0.44377	0.334	0.47646	0.374	0.50966
0.215	0.38094	0.255	0.41245	0.295	0.44458	0.335	0.47728	0.375	0.51049
0.216	0.38172	0.256	0.41325	0.296	0.44539	0.336	0.47811	0.376	0.51133
0.217	0.38250	0.257	0.41405	0.297	0.44620	0.337	0.47893	0.377	0.51217
0.218	0.38328	0.258	0.41484	0.298	0.44701	0.338	0.47975	0.378	0.51300
0.219	0.38406	0.259	0.41564	0.299	0.44783	0.339	0.48058	0.379	0.51384
0.220	0.38484	0.260	0.41643	0.300	0.44864	0.340	0.48140	0.380	0.51468
0.221	0.38563	0.261	0.41723	0.301	0.44945	0.341	0.48223	0.381	0.51552
0.222	0.38641	0.262	0.41803	0.302	0.45026	0.342	0.48306	0.382	0.51636
0.223	0.38720	0.263	0.41883	0.303	0.45108	0.343	0.48388	0.383	0.51720
0.224	0.38798	0.264	0.41963	0.304	0.45189	0.344	0.48471	0.384	0.51804
0.225	0.38876	0.265	0.42043	0.305	0.45271	0.345	0.48554	0.385	0.51888
0.226	0.38955	0.266	0.42123	0.306	0.45352	0.346	0.48637	0.386	0.51972
0.227	0.39033	0.267	0.42203	0.307	0.45434	0.347	0.48719	0.387	0.52056
0.228	0.39112	0.268	0.42283	0.308	0.45515	0.348	0.48802	0.388	0.52140
0.229	0.39190	0.269	0.42363	0.309	0.45597	0.349	0.48885	0.389	0.52224
0.230	0.39268	0.270	0.42442	0.310	0.45678	0.350	0.48967	0.390	0.52308
0.231	0.39347	0.271	0.42523	0.311	0.45760	0.351	0.49050	0.391	0.52392
0.232	0.39426	0.272	0.42603	0.312	0.45842	0.352	0.49133	0.392	0.52476
0.233	0.39505	0.273	0.42683	0.313	0.45923	0.353	0.49216	0.393	0.52561
0.234	0.39583	0.274	0.422764	0.314	0.46005	0.354	0.49300	0.394	0.52645
0.235	0.39662	0.275	0.42844	0.315	0.46087	0.355	0.49383	0.395	0.52729
0.236	0.39741	0.276	0.42924	0.316	0.46169	0.356	0.49466	0.396	0.52813
0.237	0.39820	0.277	0.43005	0.317	0.46250	0.357	0.49549	0.397	0.52898
0.238	0.39899	0.278	0.43085	0.318	0.46332	0.358	0.49632	0.398	0.52982
0.239	0.39977	0.279	0.43165	0.319	0.46414	0.359	0.49715	0.399	0.53066

d/h	g/h	d/h	g/h	d/h	g/h	d/h	g/h	d/h	g/h
0.400	0.53151	0.440	0.56550	0.480	0.59990	0.520	0.63472	0.560	0.66987
0.401	0.53235	0.441	0.56635	0.481	0.60077	0.521	0.63559	0.561	0.67075
0.402	0.53320	0.442	0.56721	0.482	0.60161	0.522	0.63647	0.562	0.67163
0.403	0.53404	0.443	0.56807	0.483	0.60250	0.523	0.63734	0.563	0.67252
0.404	0.53489	0.444	0.56892	0.484	0.60337	0.524	0.63822	0.564	0.67341
0.405	0.53574	0.445	0.56978	0.485	0.60424	0.525	0.63909	0.565	0.67429
0.406	0.53658	0.446	0.57063	0.486	0.60510	0.526	0.63997	0.566	0.67517
0.407	0.53743	0.447	0.57149	0.487	0.60597	0.527	0.64085	0.567	0.67606
0.408	0.53827	0.448	0.57235	0.488	0.60684	0.528	0.64172	0.568	0.67694
0.409	0.53912	0.449	0.57320	0.489	0.60770	0.529	0.64260	0.569	0.67783
0.410	0.53997	0.450	0.57406	0.490	0.60857	0.530	0.64347	0.570	0.67871
0.411	0.54081	0.451	0.57492	0.491	0.60944	0.531	0.64435	0.571	0.67960
0.412	0.54166	0.452	0.57578	0.492	0.61031	0.532	0.64523	0.572	0.68048
0.413	0.54251	0.453	0.57664	0.493	0.61118	0.533	0.64611	0.573	0.68137
0.414	0.54336	0.454	0.57750	0.494	0.61205	0.534	0.64698	0.574	0.68226
0.415	0.54421	0.455	0.57835	0.495	0.61292	0.535	0.64786	0.575	0.68344
0.416	0.54506	0.456	0.57921	0.496	0.61379	0.536	0.64874	0.576	0.68403
0.417	0.54590	0.457	0.58007	0.497	0.61466	0.537	0.64962	0.577	0.68491
0.418	0.54675	0.458	0.58093	0.498	0.61552	0.538	0.65050	0.578	0.68580
0.419	0.54760	0.459	0.58179	0.499	0.61639	0.539	0.65137	0.579	0.68669
0.420	0.54845	0.460	0.58265	0.500	0.61726	0.540	0.65225	0.580	0.68757
0.421	0.54930	0.461	0.58351	0.501	0.61813	0.541	0.65313	0.581	0.68846
0.422	0.55915	0.462	0.58437	0.502	0.61901	0.542	0.65401	0.582	0.68935
0.423	0.55100	0.463	0.58520	0.503	0.61988	0.543	0.65489	0.583	0.69024
0.424	0.55185	0.464	0.58609	0.504	0.61075	0.544	0.65577	0.584	0.69113
0.425	0.55271	0.465	0.58695	0.505	0.61162	0.545	0.65665	0.585	0.69201
0.426	0.55356	0.466	0.58782	0.506	0.61249	0.546	0.65753	0.586	0.69290
0.427	0.55441	0.467	0.58868	0.507	0.61336	0.547	0.65841	0.587	0.69379
0.428	0.55526	0.468	0.58954	0.508	0.61424	0.548	0.65929	0.588	0.69468
0.429	0.55611	0.469	0.59040	0.509	0.61511	0.549	0.66017	0.589	0.69557
0.430	0.55696	0.470	0.59126	0.510	0.62598	0.550	0.66105	0.590	0.69645
0.431	0.55781	0.471	0.59213	0.511	0.62685	0.551	0.66193	0.591	0.69735
0.432	0.55867	0.472	0.59299	0.512	0.62773	0.552	0.66281	0.592	0.69824
0.433	0.55952	0.473	0.59386	0.513	0.62860	0.553	0.66370	0.593	0.69913
0.434	0.56038	0.474	0.59472	0.514	0.62947	0.554	0.66458	0.594	0.70002
0.435	0.56123	0.475	0.59558	0.515	0.62035	0.555	0.66546	0.595	0.70091
0.436	0.56208	0.476	0.59645	0.516	0.62122	0.556	0.66634	0.596	0.70180
0.437	0.56294	0.477	0.59731	0.517	0.62209	0.557	0.66722	0.597	0.70269
0.438	0.56379	0.478	0.59818	0.518	0.62297	0.558	0.66811	0.598	0.70358
0.439	0.56474	0.479	0.59904	0.519	0.62384	0.559	0.66899	0.599	0.70447

d/h	g/h	d/h	g/h	d/h	g/h	d/h	g/h	d/h	g/h
0.600	0.70536	0.640	0.74115	0.680	0.77721	0.720	0.81353	0.760	0.85008
0.601	0.70625	0.641	0.74205	0.681	0.77811	0.721	0.81445	0.761	0.85100
0.602	0.70714	0.642	0.74294	0.682	0.77902	0.722	0.81536	0.762	0.85192
0.603	0.70803	0.643	0.74384	0.683	0.77993	0.723	0.81627	0.763	0.85284
0.604	0.70893	0.644	0.74474	0.684	0.78083	0.724	0.81718	0.764	0.85375
0.605	0.70982	0.645	0.74564	0.685	0.78174	0.725	0.81809	0.765	0.85467
0.606	0.71071	0.646	0.74654	0.686	0.78264	0.726	0.81900	0.766	0.85559
0.607	0.71160	0.647	0.74744	0.687	0.78355	0.727	0.81992	0.767	0.85650
0.608	0.71250	0.648	0.74834	0.688	0.78445	0.728	0.82083	0.768	0.85742
0.609	0.71339	0.649	0.74924	0.689	0.78536	0.729	0.82174	0.769	0.85834
0.610	0.71428	0.650	0.75014	0.690	0.78627	0.730	0.82265	0.770	0.85926
0.611	0.71517	0.651	0.75104	0.691	0.78717	0.731	0.82356	0.771	0.86017
0.612	0.71607	0.652	0.75194	0.692	0.78808	0.732	0.82448	0.772	0.86109
0.613	0.71696	0.653	0.75284	0.693	0.78899	0.733	0.82539	0.773	0.86201
0.614	0.71786	0.654	0.75374	0.694	0.78990	0.734	0.82630	0.774	0.86293
0.615	0.71875	0.655	0.75464	0.695	0.79080	0.735	0.82722	0.775	0.86385
0.616	0.71964	0.656	0.75554	0.696	0.79171	0.736	0.828813	0.776	0.86477
0.617	0.72054	0.657	0.75644	0.697	0.79262	0.737	0.82904	0.777	0.86568
0.618	0.72143	0.658	0.75734	0.698	0.79353	0.738	0.82996	0.778	0.86660
0.619	0.72232	0.659	0.75824	0.699	0.79443	0.739	0.83087	0.779	0.86752
0.620	0.72322	0.660	0.75914	0.700	0.79534	0.740	0.83178	0.780	0.86844
0.621	0.72411	0.661	0.76005	0.701	0.79625	0.741	0.83270	0.781	0.86936
0.622	0.72501	0.662	0.76095	0.702	0.79716	0.742	0.83361	0.782	0.87028
0.623	0.72591	0.663	0.76185	0.703	0.79807	0.743	0.83452	0.783	0.87120
0.624	0.72680	0.664	0.76275	0.704	0.79898	0.744	0.83544	0.784	0.87212
0.625	0.72770	0.665	0.76366	0.705	0.79989	0.745	0.83635	0.785	0.87304
0.626	0.72859	0.666	0.76456	0.706	0.80079	0.746	0.83727	0.786	0.87396
0.627	0.72949	0.667	0.76546	0.707	0.80170	0.747	0.83819	0.787	0.87488
0.628	0.73028	0.668	0.76636	0.708	0.80261	0.748	0.83910	0.788	0.87580
0.629	0.73128	0.669	0.76727	0.709	0.80352	0.749	0.84001	0.789	0.87672
0.630	0.73217	0.670	0.76817	0.710	0.80443	0.750	0.84093	0.790	0.87764
0.631	0.73307	0.671	0.76907	0.711	0.80534	0.751	0.84184	0.791	0.87856
0.632	0.73397	0.672	0.76998	0.712	0.80625	0.752	0.84276	0.792	0.87948
0.633	0.73487	0.673	0.77088	0.713	0.80716	0.753	0.84367	0.793	0.88040
0.634	0.73576	0.674	0.77178	0.714	0.80807	0.754	0.84459	0.794	0.88132
0.635	0.73666	0.675	0.77269	0.715	0.80898	0.755	0.84550	0.795	0.88224
0.636	0.73756	0.676	0.77359	0.716	0.80989	0.756	0.84642	0.796	0.88317
0.637	0.73846	0.677	0.77450	0.717	0.81080	0.757	0.84734	0.797	0.88409
0.638	0.73935	0.678	0.77540	0.718	0.81171	0.758	0.84825	0.798	0.88501
0.639	0.74025	0.679	0.77630	0.719	0.81262	0.759	0.84917	0.799	0.88593

d/h	g/h	d/h	g/h	d/h	g/h	d/h	g/h	d/h	g/h
0.800	0.88685	0.840	0.92382	0.880	0.96096	0.920	0.99828	0.960	1.03575
0.801	0.88777	0.841	0.92474	0.881	0.96189	0.921	0.99922	0.961	1.03669
0.802	0.88870	0.842	0.92567	0.882	0.96282	0.922	1.00015	0.962	1.03763
0.803	0.88962	0.843	0.92660	0.883	0.96376	0.923	1.00109	0.963	1.03857
0.804	0.89054	0.844	0.92752	0.884	0.96469	0.924	1.00202	0.964	1.03951
0.805	0.89146	0.845	0.92845	0.885	0.96562	0.925	1.00296	0.965	1.04044
0.806	0.89239	0.846	0.92938	0.886	0.96655	0.926	1.00389	0.966	1.04138
0.807	0.89331	0.847	0.93030	0.887	0.96748	0.927	1.00483	0.967	1.04232
0.808	0.89423	0.848	0.93123	0.888	0.96841	0.928	1.00576	0.968	1.04326
0.809	0.89515	0.849	0.93216	0.889	0.96934	0.929	1.00670	0.969	1.04420
0.810	0.89608	0.850	0.93309	0.890	0.97028	0.930	1.00764	0.970	1.04514
0.811	0.89700	0.851	0.93401	0.891	0.97121	0.931	1.00857	0.971	1.04608
0.812	0.89792	0.852	0.93494	0.892	0.97214	0.932	1.00951	0.972	1.04702
0.813	0.89885	0.853	0.93587	0.893	0.97307	0.933	1.01044	0.973	1.04796
0.814	0.89977	0.854	0.93680	0.894	0.97401	0.934	1.01138	0.974	1.04890
0.815	0.90069	0.855	0.93773	0.895	0.97494	0.935	1.01232	0.975	1.04984
0.816	0.90162	0.856	0.93865	0.896	0.97587	0.936	1.01325	0.976	1.05078
0.817	0.90254	0.857	0.93958	0.897	0.97680	0.937	1.01419	0.977	1.05172
0.818	0.90346	0.858	0.94051	0.898	0.97774	0.938	1.01513	0.978	1.05226
0.819	0.90439	0.859	0.94144	0.899	0.97867	0.939	1.01606	0.979	1.05360
0.820	0.90531	0.860	0.94237	0.900	0.97960	0.940	1.01700	0.980	1.05454
0.821	0.90624	0.861	0.94330	0.901	0.98053	0.941	1.01793	0.981	1.05548
0.822	0.90716	0.862	0.94422	0.902	0.98147	0.942	1.01887	0.982	1.05642
0.823	0.90809	0.863	0.94515	0.903	0.98240	0.943	1.01981	0.983	1.05736
0.824	0.90901	0.864	0.94608	0.904	0.98334	0.944	1.02075	0.984	1.05830
0.825	0.90993	0.865	0.94701	0.905	0.98427	0.945	1.02168	0.985	1.05924
0.826	0.91086	0.866	0.94794	0.906	0.98520	0.946	1.02262	0.986	1.06018
0.827	0.91178	0.867	0.94887	0.907	0.98614	0.947	1.02356	0.987	1.06112
0.828	0.91271	0.868	0.94980	0.908	0.98707	0.948	1.02450	0.988	1.06206
0.829	0.91363	0.869	0.95073	0.909	0.98800	0.949	1.02543	0.989	1.06301
0.830	0.91456	0.870	0.95166	0.910	0.98894	0.950	1.02637	0.990	1.06395
0.831	0.91548	0.871	0.95259	0.911	0.98987	0.951	1.02731	0.991	1.06489
0.832	0.91641	0.872	0.95352	0.912	0.99081	0.952	1.02825	0.992	1.06583
0.833	0.91734	0.873	0.95445	0.913	0.99174	0.953	1.02918	0.993	1.06677
0.834	0.91826	0.874	0.95538	0.914	0.99267	0.954	1.03012	0.994	1.06771
0.835	0.91919	0.875	0.95631	0.915	0.99361	0.955	1.03106	0.995	1.06865
0.836	0.92001	0.876	0.95724	0.916	0.99454	0.956	1.03200	0.996	1.06960
0.837	0.92104	0.877	0.95817	0.917	0.99548	0.957	1.03294	0.997	1.07054
0.838	0.92196	0.878	0.95910	0.918	0.99641	0.958	1.03387	0.998	1.07148
0.839	0.92289	0.879	0.96003	0.919	0.99735	0.959	1.03481	0.999	1.07242

d/h	g/h	d/h	g/h	d/h	g/h	d/h	g/h	d/h	g/h
1.00	1.07336	1.40	1.45542	1.80	1.84424	2.20	2.23672	2.60	2.63134
1.01	1.08279	1.41	1.46507	1.81	1.85402	2.21	2.24656	2.61	2.64122
1.02	1.09222	1.42	1.47473	1.82	1.86380	2.22	2.25641	2.62	2.65110
1.03	1.10166	1.43	1.48440	1.83	1.87358	2.23	2.26626	2.63	2.66099
1.04	1.11111	1.44	1.49406	1.84	1.88336	2.24	2.27611	2.64	2.67088
1.05	1.12056	1.45	1.50373	1.85	1.89315	2.25	2.28596	2.65	2.68077
1.06	1.13003	1.46	1.51341	1.86	1.90294	2.26	2.29581	2.66	2.69066
1.07	1.13950	1.47	1.52309	1.87	1.91273	2.27	2.30566	2.67	2.70055
1.08	1.14897	1.48	1.53277	1.88	1.92252	2.28	2.31551	2.68	2.71044
1.09	1.15845	1.49	1.54246	1.89	1.93231	2.29	2.32536	2.69	2.72033
1.10	1.16794	1.50	1.55215	1.90	1.94210	2.30	2.33521	2.70	2.73022
1.11	1.17744	1.51	1.56184	1.91	1.95190	2.31	2.34507	2.71	2.74011
1.12	1.18695	1.52	1.57154	1.92	1.96170	2.32	2.35493	2.72	2.75000
1.13	1.19647	1.53	1.58124	1.93	1.97150	2.33	2.36479	2.73	2.75989
1.14	1.20599	1.54	1.59094	1.94	1.98130	2.34	2.37465	2.74	2.76979
1.15	1.21552	1.55	1.60065	1.95	1.99111	2.35	2.38451	2.75	2.77969
1.16	1.22505	1.56	1.61036	1.96	2.00092	2.36	2.39437	2.76	2.78959
1.17	1.23459	1.57	1.62007	1.97	2.01073	2.37	2.40423	2.77	2.79949
1.18	1.24413	1.58	1.62979	1.98	2.02053	2.38	2.41409	2.78	2.80939
1.19	1.25368	1.59	1.63951	1.99	2.03034	2.39	2.42395	2.79	2.81929
1.20	1.26324	1.60	1.64923	2.00	2.04015	2.40	2.43382	2.80	2.82919
1.21	1.27280	1.61	1.65895	2.01	2.04997	2.41	2.44369	2.81	2.83909
1.22	1.28236	1.62	1.66868	2.02	2.05979	2.42	2.45356	2.82	2.84899
1.23	1.29193	1.63	1.67841	2.03	2.06961	2.43	2.46343	2.83	2.85889
1.24	1.30151	1.64	1.68814	2.04	2.07943	2.44	2.47330	2.84	2.86879
1.25	1.31109	1.65	1.69788	2.05	2.08925	2.45	2.48317	2.85	2.87869
1.26	1.32068	1.66	1.70762	2.06	2.09907	2.46	2.49304	2.86	2.88859
1.27	1.33028	1.67	1.71736	2.07	2.10889	2.47	2.50291	2.87	2.89849
1.28	1.33987	1.68	1.72711	2.08	2.11871	2.48	2.51278	2.88	2.90840
1.29	1.34948	1.69	1.73686	2.09	2.12853	2.49	2.52265	2.89	2.91831
1.30	1.35909	1.70	1.74661	2.10	2.13836	2.50	2.53253	2.90	2.92822
1.31	1.36870	1.71	1.75636	2.11	2.14819	2.51	2.54241	2.91	2.93812
1.32	1.37832	1.72	1.76612	2.12	2.15802	2.52	2.55229	2.92	2.94803
1.33	1.38794	1.73	1.77587	2.13	2.16785	2.53	2.56217	2.93	2.95794
1.34	1.39757	1.74	1.78563	2.14	2.17768	2.54	2.57205	2.94	2.96785
1.35	1.40720	1.75	1.79540	2.15	2.18752	2.55	2.581293	2.95	2.97776
1.36	1.41683	1.76	1.80516	2.16	2.19736	2.56	2.59181	2.96	2.98767
1.37	1.42647	1.77	1.81493	2.17	2.20720	2.57	2.60169	2.97	2.99758
1.38	1.43612	1.78	1.82470	2.18	2.21704	2.58	2.61157	2.98	3.00749
1.39	1.44576	1.79	1.83447	2.19	2.22688	2.59	2.62145	2.99	3.01740

d/h	g/h	d/h	g/h	d/h	g/h	d/h	g/h	d/h	g/h
3.00	3.02731	3.40	3.42418	3.80	3.82169	4.20	4.21967	4.60	4.61798
3.01	3.03722	3.41	3.43411	3.81	3.83164	4.21	4.22962	4.61	4.62794
3.02	3.04713	3.42	3.44404	3.82	3.84158	4.22	4.23958	4.62	4.63790
3.03	3.05704	3.43	3.45398	3.83	3.85153	4.23	4.24953	4.63	4.64787
3.04	3.06695	3.44	3.46391	3.84	3.86148	4.24	4.25949	4.64	4.65783
3.05	3.07686	3.45	3.47384	3.85	3.87142	4.25	4.26944	4.65	4.66779
3.06	3.08677	3.46	3.48378	3.86	3.88137	4.26	4.27940	4.66	4.67775
3.07	3.09669	3.47	3.49371	3.87	3.89131	4.27	4.28935	4.67	4.68771
3.08	3.10661	3.48	3.50364	3.88	3.90126	4.28	4.29931	4.68	4.69768
3.09	3.11653	3.49	3.51358	3.89	3.91120	4.29	4.30926	4.69	4.70764
3.10	3.12645	3.50	3.52351	3.90	3.92115	4.30	4.31922	4.70	4.71760
3.11	3.13637	3.51	3.53345	3.91	3.93110	4.31	4.32918	4.71	4.72756
3.12	3.14629	3.52	3.54338	3.92	3.94105	4.32	4.33914	4.72	4.73753
3.13	3.15621	3.53	3.55332	3.93	3.95099	4.33	4.34909	4.73	4.74749
3.14	3.16613	3.54	3.56326	3.94	3.96094	4.34	4.35905	4.74	4.75745
3.15	3.17605	3.55	3.57319	3.95	3.97089	4.35	4.36901	4.75	4.76742
3.16	3.18597	3.56	3.58313	3.96	3.98084	4.36	4.37896	4.76	4.77738
3.17	3.19589	3.57	3.59306	3.97	3.99079	4.37	4.38892	4.77	4.78735
3.18	3.20581	3.58	3.60300	3.98	4.00073	4.38	4.39888	4.78	4.79731
3.19	3.21573	3.59	3.61293	3.99	4.01068	4.39	4.40883	4.79	4.80728
3.20	3.22565	3.60	3.62287	4.00	4.02063	4.40	4.41879	4.80	4.81724
3.21	3.23557	3.61	3.63281	4.01	4.03058	4.41	4.42875	4.81	4.82721
3.22	3.24549	3.62	3.64275	4.02	4.04053	4.42	4.43871	4.82	4.83717
3.23	3.25541	3.63	3.65269	4.03	4.05048	4.43	4.44867	4.83	4.84714
3.24	3.26533	3.64	3.66263	4.04	4.06043	4.44	4.45863	4.84	4.85711
3.25	3.27525	3.65	3.67257	4.05	4.07039	4.45	4.46859	4.85	4.86707
3.26	3.28518	3.66	3.68251	4.06	4.08034	4.46	4.47854	4.86	4.87704
3.27	3.29511	3.67	3.69245	4.07	4.09029	4.47	4.48850	4.87	4.88700
3.28	3.30504	3.68	3.70239	4.08	4.10024	4.48	4.49846	4.88	4.89697
3.29	3.31497	3.69	3.71233	4.09	4.11019	4.49	4.50842	4.89	4.90693
3.30	3.32490	3.70	3.72227	4.10	4.12014	4.50	4.51838	4.90	4.91690
3.31	3.33483	3.71	3.73221	4.11	4.13009	4.51	4.52834	4.91	4.92687
3.32	3.34476	3.72	3.74215	4.12	4.14004	4.52	4.53830	4.92	4.93688
3.33	3.35468	3.73	3.75210	4.13	4.15000	4.53	4.54826	4.93	4.94680
3.34	3.36461	3.74	3.76204	4.14	4.15995	4.54	4.55822	4.94	4.95677
3.35	3.37454	3.75	3.77198	4.15	4.16990	4.55	4.56818	4.95	4.96673
3.36	3.38447	3.76	3.78192	4.16	4.17986	4.56	4.57814	4.96	4.97670
3.37	3.39440	3.77	3.79186	4.17	4.18981	4.57	4.58810	4.97	4.98666
3.38	3.40432	3.78	3.80181	4.18	4.19976	4.58	4.59806	4.98	4.99663
3.39	3.41425	3.79	3.81175	4.19	4.20972	4.59	4.60802	4.99	5.00659

d/h	g/h	d/h	g/h	d/h	g/h	d/h	g/h	d/h	g/h
5. 0	5. 01656	9. 1	9. 10814	13. 2	13. 2063	17. 3	17. 3048	21. 4	21. 4039
5. 1	5. 11624	9. 2	9. 20904	13. 3	13. 3063	17. 4	17. 4048	21. 5	21. 5039
5. 2	5. 21593	9. 3	9. 30894	13. 4	13. 4062	17. 5	17. 5048	21. 6	21. 6039
5. 3	5. 31563	9. 4	9. 40885	13. 5	13. 5062	17. 6	17. 6047	21. 7	21. 7038
5. 4	5. 41535	9. 5	9. 50875	13. 6	13. 6061	17. 7	17. 7047	21. 8	21. 8038
5. 5	5. 51507	9. 6	9. 60865	13. 7	13. 7061	17. 8	17. 8047	21. 9	21. 9038
5. 6	5. 61481	9. 7	9. 70854	13. 8	13. 8060	17. 9	17. 9047	22. 0	22. 0038
5. 7	5. 71455	9. 8	9. 80884	13. 9	13. 9060	18. 0	18. 0046	22. 1	22. 1038
5. 8	5. 81430	9. 9	9. 90833	14. 0	14. 0060	18. 1	18. 1046	22. 2	22. 2038
5. 9	5. 91406	10. 0	10. 00832	14. 1	14. 1060	18. 2	18. 2046	22. 3	22. 3038
6. 0	6. 01383	10. 1	10. 10824	14. 2	14. 2059	18. 3	18. 3046	22. 4	22. 4037
6. 1	6. 11360	10. 2	10. 20816	14. 3	14. 3058	18. 4	18. 4045	22. 5	22. 5037
6. 2	6. 21339	10. 3	10. 30808	14. 4	14. 4058	18. 5	18. 5045	22. 6	22. 6037
6. 3	6. 31318	10. 4	10. 40800	14. 5	14. 5057	18. 6	18. 6045	22. 7	22. 7037
6. 4	6. 41297	10. 5	10. 50792	14. 6	14. 6057	18. 7	18. 7045	22. 8	22. 8037
6. 5	6. 51277	10. 6	10. 60785	14. 7	14. 7057	18. 8	18. 8044	22. 9	22. 9036
6. 6	6. 61258	10. 7	10. 70778	14. 8	14. 8056	18. 9	18. 9044	23. 0	23. 0036
6. 7	6. 71239	10. 8	10. 80771	14. 9	14. 9056	19. 0	19. 0044	23. 1	23. 1036
6. 8	6. 81221	10. 9	10. 90764	15. 0	15. 0056	19. 1	19. 1044	23. 2	23. 2036
6. 9	6. 91204	11. 0	11. 0076	15. 1	15. 1055	19. 2	19. 2043	23. 3	23. 3036
7. 0	7. 01187	11. 1	11. 10750	15. 2	15. 2055	19. 3	19. 3043	23. 4	23. 4036
7. 1	7. 11170	11. 2	11. 20744	15. 3	15. 3055	19. 4	19. 4043	23. 5	23. 5035
7. 2	7. 21154	11. 3	11. 30737	15. 4	15. 4054	19. 5	19. 5043	23. 6	23. 6035
7. 3	7. 31138	11. 4	11. 40731	15. 5	15. 5054	19. 6	19. 6043	23. 7	23. 7035
7. 4	7. 41123	11. 5	11. 50724	15. 6	15. 6053	19. 7	19. 7042	23. 8	23. 8035
7. 5	7. 51108	11. 6	11. 60718	15. 7	15. 7053	19. 8	19. 8042	23. 9	23. 9035
7. 6	7. 61093	11. 7	11. 70712	15. 8	15. 8053	19. 9	19. 9042	24. 0	24. 0035
7. 7	7. 71079	11. 8	11. 80706	15. 9	15. 9052	20. 0	20. 0042	24. 1	24. 1035
7. 8	7. 81066	11. 9	11. 90700	16. 0	16. 0052	20. 1	20. 1041	24. 2	24. 2034
7. 9	7. 91052	12. 0	12. 0069	16. 1	16. 1052	20. 2	20. 2041	24. 3	24. 3034
8. 0	8. 01039	12. 1	12. 10688	16. 2	16. 2051	20. 3	20. 3041	24. 4	24. 4034
8. 1	8. 11026	12. 2	12. 20683	16. 3	16. 3051	20. 4	20. 4041	24. 5	24. 5034
8. 2	8. 21014	12. 3	12. 30677	16. 4	16. 4051	20. 5	20. 5041	24. 6	24. 6034
8. 3	8. 31002	12. 4	12. 40672	16. 5	16. 5051	20. 6	20. 6040	24. 7	24. 7034
8. 4	8. 40990	12. 5	12. 50666	16. 6	16. 6050	20. 7	20. 7040	24. 8	24. 8034
8. 5	8. 50978	12. 6	12. 60661	16. 7	16. 7050	20. 8	20. 8040	24. 9	24. 9033
8. 6	8. 60967	12. 7	12. 70656	16. 8	16. 8050	20. 9	20. 9040	25. 0	25. 0033
8. 7	8. 70956	12. 8	12. 80650	16. 9	16. 9050	21. 0	21. 0040		
8. 8	8. 80945	12. 9	12. 90645	17. 0	17. 0049	21. 1	21. 1040		
8. 9	8. 90934	13. 0	13. 0064	17. 1	17. 1049	21. 2	21. 2039		
9. 0	9. 00924	13. 1	13. 1064	17. 2	17. 2048	21. 3	21. 3039		

总而言之，短网的一切计算数据只是实际情况的近似反映，为了减少短网的电抗值及电阻值，并使三相电抗平衡，可以采取如下措施：

（1）电抗与短网导体的长度成正比，无论短网是何种结构，都应设法尽量减小短网长度，这是降低短网电抗和短网电阻最有力的措施。特别要注意缩短挠性电缆的长度，因为电缆长度减少一米，可使电抗减小5%～8%。

（2）增加各相导体的自几何均距g，有利于降低短网电抗，为此，在机械结构允许的情况下，尽量增加同一相导体间的距离；使导体在一定的面积下直径尽可能大，增加导体的直径也就是增加围绕导体的磁力线长度，增加磁阻，并因此而减小磁通和自感电势。

（3）使电流方向相反的导线彼此尽可能地接近，以便使其相反方向的磁场互相抵消，这点可通过导线的"双线制"来实现。

（4）缩小不同相导体之间的距离d，不仅有利于降低短网电抗值，而且有利于相电抗的平衡，使短网尺寸减小、结构紧凑。

（5）短网导体应布置得当，使三相短网电抗平衡化。对于铜排部分，可做成组合式母线束，即不同极性的导体彼此交错排列，这样可以使铜排部分的三相电抗均匀减小；对于挠性电缆及导电铜管，由于中相的电抗值小于边相的，因此应尽量减小边相电抗，适当增大中相电抗。即应增大边相导体的自几何均距，使同相导体尽量远离；对于中相则相反，应适当减少导体根数，并使导体尽量靠近。

第五节　三相阻抗的计算

在短网三相电阻和电抗计算之后，三相阻抗计算就显得简单多了。通过三相阻抗的计算，便可确定短网参数设计。

一、三相阻抗的计算公式

三相阻抗的计算公式为：

$$Z = \sqrt{X^2 + R^2} \ (\Omega) \tag{27-17}$$

$$Z_A = Z_C = \sqrt{X_A^2 + R_A^2} \ (\Omega) \tag{27-18}$$

$$Z_B = \sqrt{X_B^2 + R_B^2} \ (\Omega) \tag{27-19}$$

二、三相阻抗不平衡度的计算公式

三相阻抗不平衡度的计算公式为：

$$Z\% = \frac{Z_{max} - Z_{min}}{Z_{平均}} \times 100\% \tag{27-20}$$

需要说明的是，在国家标准中规定$Z\% < 5\%$。但由于在计算时是采用了近似计算，实际上又存在许多不确定因素，为此计算时应保证$Z\% < 3\%$。

三、电弧炉工作短路参数的计算

（一）短路电阻的计算

短路电阻的计算公式为：

$$R\% = RI_{e2}\frac{1}{U_{e2}/\sqrt{3}}\times100\% \qquad (27-21)$$

$$R_A\% = R_C\% = R_AI_{e2}\frac{1}{U_{e2}/\sqrt{3}}\times100\% \qquad (27-22)$$

$$R_B\% = R_BI_{e2}\frac{1}{U_{e2}/\sqrt{3}}\times100\% \qquad (27-23)$$

平均短路电阻为：

$$R = \frac{1}{3}(R_A\% + R_B\% + R_C\%) \qquad (27-24)$$

（二）短路电抗的计算

短路电抗的计算公式为：

$$X\% = XI_{e2}\frac{1}{U_{e2}/\sqrt{3}}\times100\% \qquad (27-25)$$

$$X_A\% = X_C\% = X_AI_{e2}\frac{1}{U_{e2}/\sqrt{3}}\times100\% \qquad (27-26)$$

$$X_B\% = X_BI_{e2}\frac{1}{U_{e2}/\sqrt{3}}\times100\% \qquad (27-27)$$

则平均短路电抗为：

$$X = \frac{1}{3}(X_A\% + X_B\% + X_C\%) \qquad (27-28)$$

（三）短路阻抗的计算

短路阻抗的计算公式为：

$$Z\% = \sqrt{(X\%)^2 + (R\%)^2} \qquad (27-29)$$

式中　$X\%$——平均短路电抗；

　　　$R\%$——平均短路电阻。

（四）短路电流倍数

短路电流倍数的计算公式为：

$$短路电流倍数 = \frac{1}{Z\%} \qquad (27-30)$$

（五）功率因数

功率因数的计算公式为：

$$\cos\varphi = \sqrt{1 - (X\%)^2} \qquad (27-31)$$

式中　$X\%$——平均短路电抗。

（六）效率

三相功率总损耗：

$$\sum\Delta P = \Delta P_A + \Delta P_B + \Delta P_C \qquad (27-32)$$

其中
$$\Delta P_{A} = \Delta P_{C} = I_{e2}^{2} R_{A} \qquad (27-33)$$

$$\Delta P_{B} = I_{e2}^{2} R_{B} \qquad (27-34)$$

效率:

$$\eta = \frac{P\eta_{e} - \sum\Delta P}{P\eta_{e}} \times 100\% \qquad (27-35)$$

式中　P——变压器额定容量，$kV \cdot A$；

　　　η_{e}——变压器效率；

　　$\sum\Delta P$——三相功率总损耗，kW。

第二十八章　炼钢电弧炉低压控制
设备与自动化技术

第一节　炼钢电弧炉低压电控与自动化设备

一、低压电控设备的组成

电弧炉的低压供电系统来自车间低压配电室，进线电压为 380/220V，采用三相四线制。它主要给液压泵站的电机及加热器，高压柜分合闸电源，变压器调压控制器，油水冷却器，电弧炉辅助设备如炉前氧枪装置、钢水测温仪、加料系统设备，以及控制系统所需的仪表电源、不间断电源、HMI 及 PLC 等供电，并根据不同系统的配置，由多个柜、台、箱组成。

二、自动化系统的主要功能

通常，电弧炉炼钢基础自动化系统应具备人机对话、报表打印、数据采集和通讯、装料控制、高压系统控制、变压器与电抗器控制、电弧炉冷却系统监测、电极升降自动控制、设备本体动作的控制、辅助能源输入控制、设备连锁控制、废气回收和除尘控制等功能。

（一）人机对话

人机对话是指炉前操作员与炉前操作室中工作站之间的人机交互过程，包括：

（1）数据和画面显示。计算机基础自动化采集的设备状况、冶炼过程信息、过程计算机计算的设定点数据都可显示在工作站画面上，为现场人员提供操作指导。

人机对话的画面可大致分为以下三类：通用对话画面、数据库对话画面和过程对话画面。

表 28-1 为常见人机对话画面分类列表。

表 28-1　人机对话画面分类列表

通用对话画面	数据库对话画面	过程对话画面
对话菜单 报表菜单 事件登记 优先级、口令分配 链路测试	电炉计划画面 质量数据画面 废钢数据画面 合金/添加料数据画面 极限值画面 电炉数据画面 电能操作图 烧嘴操作图	工厂状态画面 电炉过程状态画面 电炉启动画面 温度输入画面 装料指令画面 合金/添加料输入 物料一览 废钢清单 电炉事件记录

（2）数据输入。当有些数据不能通过检测自动获得时，可通过工作站键盘键入或通过鼠标对可选项进行选择；现场设备也可作为有些数据的手动备用。

（3）现场设备的计算机操作。报表打印提供冶炼生产所需要的各种报表。报表分为两类，即周期性报表和事件报表。前者是以每炉、每班、每天为周期的冶炼过程、冶炼数据的汇总和统计；后者是以备忘录的形式记录各个操作周期内发生的随机事件，尤其是异常事件，如电极折断、等待时间等。

（二）数据采集与通讯

数据采集指的是基础自动化 PLC 通过模拟量输入板、数字量输入板检测冶炼过程和设备有关的电工量和热工量数据；数据通讯指的是与过程计算机或外部设备间的通讯。

1. 数据采集

PLC 数据采集是用传感器对物理量（如温度、压力、流量或位移）进行采集并转换为模拟量信号，然后由模拟信号通过 A/D 转换为数字信号，再由 CPU 进行处理后进行控制、显示、存储或打印的过程。

2. 原始数据的可靠性

原始数据必须可靠，无论是人为或非人为的干扰，都将破坏优化工作。数据中的误差大致可分为以下两类：

（1）系统误差。虽然允许仪表存在系统误差，但是对于分别记录同样的信号的仪表之间的系统误差将会使可靠性降低。例如：有的检测项目数据是由数人分别观测和记录的，人的具体观测能力难免存在差异，还常遇到仪表本身的误差或零点漂移问题，同一仪表在不同时间的误差都会降低系统的可靠性。

（2）随机误差。由于生产现场复杂，震动大、灰尘多，甚至有水雾，测量数据难免产生波动，出现随机误差。同时，人工观测记录也难免有随机误差。有时也会出现由于粗心大意造成人为误差等。

3. 样本标准化

由于原始样本集的变量量纲不同，不同变量数据的大小差别很大，如温度可能是 10^3，而化学成分可能是 10^{-1}；同时，数据分布范围也不一样。数据平均值和方差不一样，会导致夸大某些变量影响目标的作用，掩盖某些变量的贡献，不能有效地进行统计处理。因此，必须对原始数据进行标准化（也称数据表度）。

4. 数据的预处理

数据采集系统在采集数据时，由于各种干扰的存在，使得系统采集到的数据偏离其真实数据。去掉采样数据中干扰成分的措施，用软件对采样数据做预处理，使采样数据尽可能接近真实值，以便使数据的二次处理结果更加精确。

由于炼钢现场环境比较恶劣，干扰源较多，为了减少对采样数据的干扰，提高系统的性能，一般在进行数据处理之前，先要对采样数据进行数字滤波。

所谓数字滤波，就是通过特定的计算程序处理，减少干扰信号在有用信号中所占的比例，故实质上是一种程序滤波。数字滤波克服了模拟滤波器的不足，使系统的可靠度增加、稳定性好。常用的数字滤波方法有：中值滤波法、算术平均值法、一阶滞后滤波法（惯性滤波法）、防脉冲干扰复合滤波法等。

（三）系统控制

电弧炉冶炼设备的基本控制包括本体设备控制和辅助设备控制。电弧炉炼钢的能量来源于通过三相电极输入的电能，而电极升降自动控制则是根据过程控制计算出的设定点，控制电极的位置从而跟踪设定点及其变化。

电弧炉冶炼设备的很多部件都要通水冷却。冷却系统监测，即是检测有关冷却介质的温度、压力、流量等信息，确保冷却设备正常运行，并提供有关炉况的一些参考信息。

设备连锁控制主要指液压站、空压机站、炉子本体、高压开关设备、炉用变压器、电机控制等设备间的安全连锁控制，以免造成误动作，避免发生事故。

电弧炉冶炼过程需要向炉内加入废钢、造渣辅料和合金料，装料控制就是要快速、准确地将这些料装入炉内。

设备本体控制主要指电弧炉的炉门开闭、出钢口开闭、扒渣与出钢倾炉、炉盖提升与旋转等控制。

辅助能源输入控制主要指氧-燃烧嘴、炭氧枪等辅助能源输入设备的控制。

废气回收和除尘控制即通过对废气回收和除尘设备的控制，保证废气回收和除尘过程顺利运行。

三、电弧炉自动化系统设计

（一）硬件系统设计

根据电弧炉设备与附属设备组成的具体情况和对计算机控制水平要求的不同，其硬件系统设计是根据工艺、设备要求而配置的。电弧炉硬件系统结构简图如图 28 - 1 所示。

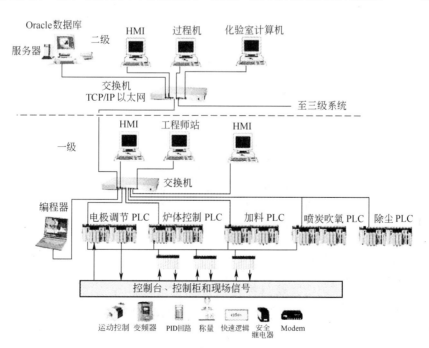

图 28 - 1　电弧炉硬件系统结构简图

通常可采用工业以太网及 Profibus 现场总线将 HMI、PLC、远程 I/O、变频器及现场仪表等设备连接起来，通过点-点实现设备的信号交换，构成炉子的基础自动化系统控制。

基础自动化主要完成数据采集、数据处理、进行逻辑判断、系统状态闭环控制、输出系统状态、动作命令以及控制信号等功能。

基础自动化系统由 5 台可编程控制器（PLC）、2 台人机接口计算机（HMI）和工程师站及编程器组成。HMI 实现了操作者和 PLC 之间的通讯，电弧炉生产工艺操作画面可全部在 HMI 上实现。

（二）系统功能设计

按照功能不同，图 28-1 所示的电弧炉的计算机控制系统共分为三级：基础自动化系统（一级）、过程控制计算机系统（二级）、生产管理计算机系统（三级）。

基础自动化系统主要用于生产设备和单元操作的监视和控制，基础自动化系统的快速、准确的动作，有助于提高钢的质量和产量，缩短冶炼时间，降低冶炼成本；另一方面，采用计算机实现基础自动化，采集大量的基础信息，为实现过程优化控制乃至生产管理奠定基础。基础自动化与过程控制系统的主要功能前面已有叙述，在此不再重述。

生产管理（三级）系统的总体目标是利用计算机网络通讯和数据库等技术，集成企业中的人、各种管理控制功能、生产工艺设备和生产技术，以及外部环境，实现集成化计算机管理。其主要功能包括：

（1）生产调度管理。根据生产计划，提示生产品种、生产量、生产节奏。

（2）成本核算。根据各种原料、能源以及辅助材料的损耗情况进行各种成本核算。

（3）质量管理。完成整个炼钢过程的质量信息跟踪，在线收集、存储质量信息，并进行质量分析，以便提供操作指导。

（4）冶炼信息管理。实现每一个炉次的基本冶炼信息的存储、查询和统计等功能。

为了实现电弧炉冶炼过程的建模与控制，电弧炉炼钢过程控制软件的开发与编制是必不可少的，以实现控制软件在电弧炉冶炼控制过程中的应有作用。

（三）过程控制软件的总体设计

为了满足冶炼的要求，需要对软件包进一步开发和研究，在软件开发中同时开发了一些动态链接库，采用各种模型软件包。在过程控制软件中，为实现不同模块的信息交换，实现了过程控制级和基础自动化级的数据交换。

图 28-2 所示为电弧炉炼钢控制系统各功能模块间的相互关系。

（四）过程控制软件包功能

电弧炉过程自动化系统的主要目标是通过优化冶炼过程，达到降低成本、提高产量和质量的目的；另外，过程自动化系统还负责通讯功能，收集过程数据并将设定信息传递到基础自动化系统，向生产管理系统传递与生产计划、生产实绩相关的信息。过程优化级主要包括工艺优化模型、供电模型以及终点预报和控制模型等各种模型的应用。

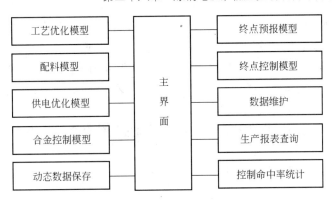

图 28-2　电弧炉炼钢控制系统各功能模块间的相互关系

第二节　电弧炉炼钢自动化控制对象

电弧炉炼钢的基础自动化系统主要用于生产设备和单元操作的监视和控制，由于其快速、准确的动作，可以提高钢的质量和产量，缩短冶炼时间，降低冶炼成本；另一方面，由于采用计算机控制实现基础自动化，可以采集更多的信息，达到与客观一致的操作结果，为进一步实现标准化操作、过程优化、改进工艺制度奠定了基础。

一、废钢配料控制

废钢是电弧炉炼钢的主要原材料。当需要一个新炉次时，根据所炼钢种的技术条件计算出废钢配料单，根据炉容量和废钢情况分一批次或多批次配料，一直到各种原料实际装入值等于所需要的数值或在允许的公差范围内时，废钢场交通控制器向计算机报告装料循环完成，计算机将本批次配好的废钢品种、各品种质量、累积质量等信息传送到电炉控制系统中。

二、散装料配料与铁合金加料控制

散装料是指造渣、助熔、补炉用的粉状或粒状原料，如冶金石灰、萤石、焦粉、矿石等。这类炼钢辅料多在冶炼过程中加入。由于所需品种、数量随机性较大，配料一般用PLC进行控制。散装料按品种经上料系统分别装入高位料仓，不同的料种送入对应的料仓，这样料仓号即为料号，在PLC设定中用该料仓号代表该种料。料仓中实际储料情况可用料位计或料仓质量信号来反映，低于下限时及时补料。PLC使该料仓下的给料机开动，物料进入称量斗，WE检测进入称量斗物料的质量并将代表质量（料重和称量斗重）的信号送入WIT。WIT完成去皮重、定标，显示净物料质量并送出统一的 4~20mA DC 信号到WIC。WIC是一个小型过程控制设备，可选用定型PLC，它完成的功能包括：

（1）按冶炼需要，接受需送入炉内料种和质量设定。

（2）按选定料开动给料机向称量斗送料。

（3）监测称量斗内该料种的料重情况，达到在料重设定值的90%之前使给料机快速给料，当料重达到设定值的90%以上时转为慢速给料，达到设定值的100%时停止给料（这样控制的目的是保证配料精度，快慢比约为10:1）。

（4）放料控制，称量斗内物料已配好，WIC 启动皮带输送机，在得到皮带机已运行信号后，WIC 启动称量斗下的给料机，将料放到皮带机并送入炉内。

上料控制分手动和自动两种控制模式。手动控制可在现场操作箱和计算机画面上进行，通过按钮或开关，分别对溜管、皮带机、振料电机及插板阀等设备进行控制；自动控制时，PLC 根据监控计算机画面上设定的合金质量，自动完成起振、准确停车、称量、传送及下料的整个加料过程。期望的合金质量也可通过最佳合金料添加模型获取。上料控制系统必须有连锁。

铁合金配料检测与控制同散装料配料，这里不再赘述。

三、电极升降调节

电极升降的调节作为电弧炉自动化控制系统的核心部件，是保证电炉持续高效运行在一个精确工作点的关键因素。其内容较多，为此在第三节中单独进行叙述。

四、炉体 PLC 控制系统

电弧炉本体 PLC 系统主要完成采集过程变量、系统状态，进行数据处理、逻辑判断、闭环控制信号计算，输出系统状态、动作命令及控制信号，完成炉子的动作及显示。

（1）炉体动作控制：

1）电弧炉炼钢炉体动作有炉门开、关控制；

2）EBT 出钢口开、闭控制；

3）炉体倾动与出钢控制；

4）炉盖提升与旋转控制；

5）弧形架支撑与锁定控制；

6）旋转架锁定控制；

7）电极夹持器控制；

8）其他附属设备控制。

（2）电弧炉本体设备的保护和连锁控制：为防止人工误操作发生事故，电弧炉上一般设有各种保护和连锁控制装置。

炉体倾动及炉盖提升之间应设有连锁装置。防止炉盖上升时炉体倾动，或炉体倾动时提升炉盖；防止炉盖未提升时旋转炉盖，同时必须在高压断路器断开时，才允许炉盖提升与旋转。

炉子在非出钢操作时，是不允许打开出钢口操作的。为此，要设有防止误操作的出钢口锁定控制装置等。

五、液压系统控制

一般情况下液压站的控制模式分自动和手动两种，手动干预优先。手动操作分现场和远程两种，现场与远程转换开关设在液压柜（操作箱）上。现场手动优先。

在液压柜（箱）或 HMI 上，通过手动操作全部液压泵（各个电机）的启动和停止，对循环冷却泵电机、加热器进行操作。

自动运行方式是根据液压系统提供的检测信号由 PLC 自动进行的：液压系统设有几台

主泵（一台备用），当某台液压泵有故障时，系统将给出指示，自动切换到另一台泵；当液压系统油温高（不低于 50℃）时，循环冷却水路电磁阀打开；当液压系统油温低（不低于 30℃）时，循环冷却水路电磁阀停止；当液压系统油温过低（不低于 5℃）时，加热器自动启动。

六、设备冷却水系统的监控

电弧炉炼钢设备的冷却系统很多，系统冷却点包括变压器、电抗器、导电铜管、大截面水冷电缆、导电横臂、电极夹头、电极喷淋、炉盖、炉体、炉门、炉门框、旋转架提升臂、旋转架平台、液压站等。

系统具有压力、流量及温度的监测和报警，总进水应设有压力、流量、温度的监测、显示及报警装置，回水支路设温度监测、显示及报警装置。

电弧炉水冷系统的监控除了可以有效地监视水冷设备的冷却情况和水冷系统的运行情况，还可以为冶炼过程提供更多的信息，用于能量计算和能量输入的控制。

现代超高功率大容量的电弧炉冷却系统的进水与回水系统，一般都是通过数个并联的支路实现的。在总进水与各进水分支路上一般都要设置进水压力、流量与温度检测仪表；在炉体与炉盖的每块水冷块上，都要分别检测各个回路的冷却水流量和各回水温度，以便真实反映各水冷块冷却情况。

（一）温度测量

电弧炉各部分的热负荷变化很大，例如，在所谓"热点"区域的炉壁所受辐射就比炉子其他地方大得多。吹氧时某些炉壁的冷却水温度明显上升，邻近除尘导管的炉盖区域也是这样。因此，必须单独测量这些特殊区域的冷却水回水温度。Pt100 热电阻可用来测量水温。考虑到测量电缆的热负荷，特别是在炉门和出钢口区域，可采用"铠装热电偶"的结构，把 Pt100 热电阻和测量做成一体，这里的电缆为 MgO 绝缘的镍导体，并带有一铬镍铁合金的外部护皮，最大测量范围为 1000℃。对于温度较低的区域，也可采用标准的拧入式热电阻，最大允许测量温度为 250℃。

对于存在危险的地方，如果局部区域的温度过高，采用声光报警提醒操作人员采取措施，并自动减少或停止向炉内输送的电功率。

（二）流量测量

通常是对各个独自的水冷支路进行监测，如炉盖和炉壁即为不同的水路。目前采用最多的是测量进水流量。在有些特别危险的区域，如水冷炉壁的"热点"区，通常要检测进水和出水的流量。根据这些区域的情况，测量元件安装在炉上固定的地方。

流量的测量可用传统的差压法、感应式传感器或其他特殊方法。无论采用何种方法，对于进水流量的测量都是没问题的，但要注意安装条件并要避免大电流电缆的感应磁场的影响。

如果测量回水流量，则应设置在有压回水支路上才有意义。对于直径小于 80mm 的管路，推荐用感应式传感器，对较大管路直径采用差压法比较好。

以上测量信息变换后，送入 PLC 进行监控。

（三）安全监控

安全监控由进水总管流量、压力和每一炉块出水流量开关来完成。通过这些监测可判断下列危及炉体安全的情况：

（1）水流量、压力都低于下限值，表明供水可能中断，炉壁有可能烧漏。

（2）水压正常、流量低，表明炉体冷却系统可能堵塞，降低或失去冷却作用。

（3）水压正常、流量大增，表明炉体系统有严重漏水。

（4）每一个水冷块出口的流量开关监测每一个水冷块的冷却情况，某一水冷块出口流量太少则表明该水冷块被堵；反之，则表明该水冷块漏水。

（四）显示冶炼状况

采用水冷块炉壁的电弧炉，由于水冷块均匀分布在炉壁四周，水冷块出水温度反映了炉内冶炼情况。冶炼时出水温度上升，停炉时温度下降；在炉料熔化期，已熔化部分的附近水冷块排水温度较未熔化部分排水温度高；接近熔化完毕时排水温升快；若炉料全部熔化，则各水冷块出水温度趋于一致。因此，综合全部水冷块排水温度变化情况，可以快速、灵敏、客观地反映炉料熔化情况，及时按冶炼需要调节电功率和电压。将水冷块排水温度检测及数据处理综合产生一个新装置——炉料熔化指示器，以指导冶炼操作。同时水冷炉壁块温度的高低也表明了水冷炉壁冷却水的流量、冷却面积设计合理性等多种信息。

七、钢水测温和定氧、定碳

电弧炉炼钢在冶炼过程中要根据熔池中钢水的温度、含碳量和其他化学成分，决定需要添加的炼钢辅料的品种和数量以及冶炼终点。准确地掌握这些化学成分需要取样送到化验室分析，但这往往跟不上冶炼需要，延长了冶炼时间，增加了电能和物资消耗。因此，除化验分析外还需要在炉前快速检验钢水温度和碳、氧含量。为此，现代炼钢要求设置钢水测温、定碳、定氧装置。目前多用消耗式（一次性使用）探头装在测温枪上，由手动测温枪完成操作。现在，测温探头的生产技术已很成熟，因而得到普遍应用。但定氧、定碳探头的命中率还不稳定，尚待完善。应该说明的是，采用探头在炉前定氧、定碳只是取其快捷，可指导冶炼操作，不能代替每炉钢决定牌号的最终分析。

八、出钢车的控制

当出钢车电机采用变频器时，变频调速控制方式是将转速曲线直接设定到变频器中，通过开关量信号启动变频器来完成出钢车行走控制，可使出钢车慢速启动—匀速行驶—慢速精确停止。

出钢车的操作在炉后操作台进行，出钢车的运行分点动控制和连续控制方式。点动控制方式时，由点动进和点动退按钮控制出钢车的运行，按钮压下出钢车行走，按钮抬起，出钢车立即停止；连续控制方式时，由前进和后退按钮控制出钢车运行，当前进或后退按钮压下后，即可松手，出钢车启动后会根据接近开关情况，自动减速并停在工位上。

当出钢车设有钢水称重传感器时，其模拟量信号输送到 PLC，在计算机 HMI 的 LCD

上显示。

九、高压控制

（一）高压隔离开关

高压隔离开关主要用于电弧炉设备检修时断开高压电源，有时也用来进行切换操作。高压断路器的作用是使高压电路在负载下接通或断开，并作为保护开关在电气设备发生故障时自动切断高压电路。因为隔离开关没有灭弧装置，只能在无负荷时才可接通和切断电路，所以隔离开关必须在高压断路器断开后才能操作，否则闸刀和触头之间会产生电弧而使闸刀熔化，并极易造成相间短路及对地短路，甚至对于操作人员产生伤害。因而，要进行连锁控制，使断路器闭合时隔离开关无法操作。在隔离开关附近还装有信号灯，以指示高压断路器通断情况。

（二）真空断路器控制

真空断路器的合分闸操作在主操作台上进行，主操作台上设有合分闸操作的转换开关。

开关板到合闸或分闸位置后即可松手，合闸或分闸命令维持数秒钟后自动撤销，以防止烧毁线圈。

通常在操作台上设有允许合闸指示灯，当具备合闸条件，则指示灯亮，此时合闸命令才能被接受。

合闸条件如下：

（1）变压器、电抗器无重瓦斯；

（2）调压开关无重瓦斯；

（3）变压器、电抗器油温没有超高；

（4）液压系统油位正常；

（5）液压系统油温正常；

（6）电抗器没处在换挡状态。

真空开关在下列情况下应能自动分闸：

（1）变压器、电抗器重瓦斯；

（2）调压开关重瓦斯；

（3）变压器、电抗器油温超高；

（4）一次过流；

（5）一次欠压；

（6）液压系统油位过低报警；

（7）液压系统油温超高报警；

（8）二次过流报警。

控制系统接到分闸命令后，首先抬电极，直到电弧电流小于一定值（可根据用户要求来确定）后，才分断电源，这样有利于延长真空开关寿命。

为了快速处理紧急情况，在主操作台上应设有紧急分闸按钮，控制系统接收到紧急分闸命令后，不管电弧电流多大，立即分断电源。

控制系统同时接到合闸和分闸命令，则分闸命令优先。

真空开关分合闸前，隔离开关电磁锁锁定（确保真空开关合闸后，隔离开关不能操作）；真空开关分闸后，隔离电磁锁锁定打开。

十、变压器/电抗器监控与换挡控制

变压器运行时，由于铁芯的电磁感应作用会产生涡流损失和磁滞损失，也就是铁损；同时电流流过线圈，因克服电阻要产生铜损。铁损和铜损会使变压器的输出功率降低，同时变压器发热。变压器发热会使绝缘材料老化，降低变压器的使用寿命。温度过高会使绝缘失效，造成线圈短路，使变压器烧坏。新型变压器的温度计就埋在线圈之中，直接监测线圈温度，要求线圈的最高温度小于95℃。通常变压器是用油面温度计来表示线圈温度的，要求油温应比线圈最高温度更低些。变压器往往还规定了线圈的最大温升为60℃，油面的最大温升为50℃。当变压器内部发生故障时，有气体产生，在轻故障的情况下，产生的气泡上升，接通轻瓦斯浮筒水银点从而产生预告信号，在重大故障情况下，产生气体强烈，重瓦斯浮筒水银接点接通而切断电源。

变压器换挡操作在主操作台上进行时，主操作台上设有变压器换挡操作的转换开关，将开关扳到升压或降压位置后即松手，每次升压或降压一挡。

变压器/电抗器换挡自动操作在主操作台或计算机画面上进行。

十一、氧－燃助熔与吹氧、喷碳控制

（一）氧－燃助熔控制

在炉料熔化期，为了加速熔化，降低电耗，一般配氧气－燃料助熔系统与电弧同时熔化炉料，氧－燃烧嘴数量按炉容大小配置一套或多套。这是降低电耗的一项重要措施，还可弥补电弧炉变压器容量不足。所用燃料一般有燃料油、天然气、焦油、废油、煤粉等。氧气-燃料助熔的控制视所用燃料不同，由不同的系统构成。

（二）吹氧和氧枪控制

电弧炉炼钢用氧有两个目的：一是助熔，以节约电能；二是加快脱碳，以缩短冶炼周期。吹氧不仅影响到电极和耐火材料的消耗，而且在精炼期还会影响到钢水化学成分和温度预测的准确性，因此，必须进行有效的控制。目前向电弧炉内吹氧的氧枪有自耗式氧枪（钢管）和水冷式氧枪两种，它们从炉门向熔池吹氧。自耗式氧枪的监测与控制主要是氧气一次压力自动控制和氧气流量的自动控制。吹氧量根据熔池钢水温度和碳含量由计算机或人工设定后，给吹氧信号使氧气切断阀开启，压力自动控制系统稳定压力，氧气流量自动控制系统按设定氧量吹氧。氧气管由人工操作。如果是水冷式氧枪，还应有冷却水的流量、压力和进出水温度控制。为保证氧气喷口与熔池液面之间处于最佳吹氧距离，还设有利用吹氧时发出的噪声来自动保证氧枪的最佳喷吹位置的装置。

（三）喷碳粉控制系统

碳粉作为造泡沫渣原料，也是散装料，但往往作为单体设备配置。喷碳粉控制系统的

组成包括碳粉仓、称量罐、喷吹管路、控制与调节阀门和相应的控制设备。

十二、电弧炉排烟与除尘系统的操作与控制

电弧炉排烟与除尘系统是一个较为复杂的独立系统。由于内容较多，详细叙述见第四节电弧炉排烟除尘系统的操作与控制。

十三、其他控制

可自动或手动启动润滑泵，对电极升降立柱导轮及其他部位的润滑可选用集中润滑设备，进行定期润滑或智能控制。

第三节　电弧炉电极升降控制

电弧炉炼钢基础自动化中，最关键的是电极升降自动控制。将废钢熔化为钢水，然后升温到出钢温度，主要是电弧能转化为热能。因而在冶炼过程中合理控制三相电流、三相功率的大小，对产品的产量、质量及成本均有直接关系。在能源紧张的状况下，通过电极升降自动控制，实现节省电能的目的，具有特别重要的意义。

电极升降调节装置的作用，就是保持电弧长度处于最佳位置，从而稳定电流和电压，使输入的功率保持一定值。当电弧长度发生变化时，能迅速提升和下降电极，准确地控制电极的位置，所以要求电极升降调节装置反应灵敏、升降速度快，以避免高压断路器频繁跳闸和电流、电压的波动，从而缩短冶炼时间，降低电耗、电极消耗。

电极自动调节器主要由测量装置和调节装置两部分组成，电极升降机构是电极自动调节系统的执行环节，驱动方式采用液压比例阀（或电液伺服阀）。其装置采用全数字控制电路控制，电极升降自动控制系统功能结构如图28-3所示。

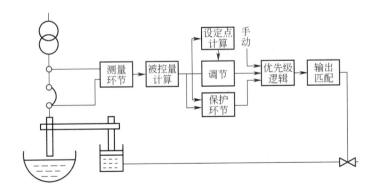

图28-3　电机升降自动控制系统功能结构简图

一、数据测量

电极升降自动控制的数据测量主要涉及电弧弧压和弧流的测量。

弧流瞬时值的测量可直接通过在变压器次边的各相电流互感器得到。弧压的测量则困难得多，不能直接得到。因为变压器二次相电压不能反映弧压，而是弧压和大电流电抗器

上压降之和。

电抗器上压降包括阻性和感性两部分，而后者较大且是时变的，与三相电流的电流变化率（di/dt）有关。冶炼过程中电流的变化和弧流中很大的谐波含量导致感性压降，由于这种变化无规律可循，因而不能通过对期望值的补偿加以校正。弧压的测量误差将导致工作点的偏移，从而使得三相有功功率不平衡和造成炉壁损坏。

为了取得好的控制效果，必须对弧压的测量进行改进并获得成功，下面对其测量原理做一介绍。图 28-4 所示为其测量系统，其基本特点如下：

（1）测量电极臂的电压，这样可以消除电力电缆移动引起的感抗变化的影响。

（2）Rogowski 线圈精确地确定二次电流的变化（弧形和相位）。

使用 Rogowski 线圈有以下好处：

1）Rogowski 线圈的电压输出与电流随时间的变化成正比，因而可用于计算感性压降。

2）由于 Rogowski 线圈不含铁芯，因而可以不发生畸变地迅速检测电流的变化。

3）此线圈可以设计成能防止其他相电流的干扰，因而使得测量具有极高的准确性。

4）此线圈可以做成适应电缆管的几何尺寸，因而不会像电流测量系统那样对电缆管有限制。

（3）有了1）、2）所测的电压、电流变化率，即可代入图 28-4 所示的测量系统中计算出弧压瞬时值。类似地，可以计算出其有效值。

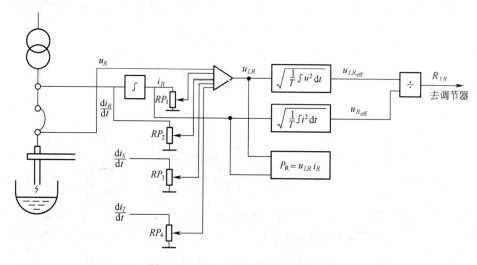

图 28-4　电极调节测量系统原理图

二、设定点和被控量的计算

电弧炉工作点（有功、无功、功率因数）的准确设定对于充分利用变压器的容量是十分重要的。工作点取决于变压器电压级和相应的弧阻。有关工作点的设定将由过程计算机按数学模型计算。被控量的计算取决于电极升降调节的方式，根据采用的控制方案是阻抗控制、功率控制还是弧流控制，被控量的计算分别为弧压除弧流（即弧阻）、弧压×弧流（即弧有功）和弧流本身。

三、调节器算法

电极升降调节器算法经历了一个演变过程，目前流行的是 IER 型算法（即积分误差调节器）。它是一个带可调限的比例调节器，与以前的调节器相比，其不同点在于对小误差信号区引入了积分。当误差较小时，把此误差积累起来直到一个可调的限定点，然后执行校正。这样，增益可选得大一些，以保证误差大时能全速调节而又不牺牲小误差时的稳定值。在熔化期，炉料的料位的变化较大，弧流变化剧烈，此时应选较小的增益，以避免系统振荡。在熔清后炉内情况比较稳定时，可选用较大增益。

四、保护环节

保护环节主要包含以下几个方面的内容。

（一）过流与短路保护

当电流超过最大电流设定值时，控制器使过电流自动通过三个积分器，过电流值过得越大，电极速度提得越快。在大多数情况下，通过快速的提升一个或多个相关的电极，纠正过电流状态，以避免电弧炉变压器和电极的过载。

如果阻抗实际值低于最小极限值，并延时超过设定，这才被认为是短路，并叠加一个控制量来提升电极。

一种很好的短路逻辑方案可适于所有电压级。参考值不是一个固定值而是一个控制偏差。当弧阻的瞬时值降到设定点下一定百分比时，短路逻辑即发生动作，它引起相关的电极以最大速度上升；当弧阻又升到高于一个事先定好的极限值时，短路逻辑去掉，炉子又在正常状态下运行。若短路在一相发生，则其他相的弧压和弧流上升，因而，只要短路逻辑起作用，则其他电极应慢慢上升以减少短路电流。

（二）断电极保护

1. 起弧阶段

开始起弧时，三个电极不可能同时和炉料相接触，而单个电极和炉料接触后是无法产生电流的，此时若仍采用正常调节方式，该相控制系统将会因设定值和实际值之间的偏差而使电极全速下降，导致电极折断。为解决起弧阶段的这一问题，可采用电压-电流控制方式，此时，各相的输出值可为：

$$I_{out}^i = C_i(I_d - I_i)V_i \tag{28-1}$$

式中　C_i——比例系数；

　　　I_d——电流设定值；

　　　I_i——i 相弧流；

　　　V_i——i 相弧压。

由于炉体与电网的零线相通，故当单个电极和炉料接触时，虽然弧流为零，但弧压也为零，故该相输出也为零，则该电极将会停止下插。

2. 遇到非导电材料

对液压系统调节器还连续监测总平衡压力和各电极立柱的单独调节压力。压力的明显降低表明电极在炉料中接触到或接近接触到非导体。如果调节器感到接近非导体，则将电流参考设定点减小到其原有值的一半，这样能保证继续起弧，直至压力回复到正常值或碰到非导体。在检测非导电性材料（NCM）时，可以检测液压系统的压力以避免电极损坏。如果一个电极的压力下降到限度值以下的一个固定的时间范围，那么，此电极会再次被提升到规定的时间，然后再次下降，再次尝试点弧。等到尝试设定次数（计时器的默认值）而没有成功后，电极被提升后又被停止。然后系统给出一个警报信号。等到重置后，程序会再次开始。这样可以减少电极由于废钢炉料中的非导体或不良导体而折断。

（三）炉壁保护与短电极检测

电极由于消耗而变得太短，电极臂已经到了底部位置，那么电弧长度增加，无法达到所选择的阻抗设定点，造成对炉壁的侵蚀。

电极太短检测功能比较实际阻抗与限定值。如果超过了限定值，而时间也达到了设定时间，电极就被提升一段设定时间，等提升完毕后停止；如果输入了重置命令，则会重新启动操作。在电炉断路器断开以前，此功能被自动关闭，以便可以完成三相加热。

（四）控制偏差检测

为了检测电极立柱的可靠运动和对于液压系统的有灵敏反应性，要对控制偏差进行监测和检查。如果控制偏差在一段固定的时间内超过了限度，系统就会报警，提醒操作人员。

（五）开关保护功能

对于真空开关来说，电弧炉操作是一个频繁而重负荷的部件。在断路器分断前，调节器通过减少电流直至所有电弧熄灭，可以降低真空开关的负担。对真空开关的人工操作，可以延长真空开关的使用寿命和维护周期。

对于有载调压开关，同样，调节器在调压时，需提前降低电极电流，再进行调压，这样可以延长调压开关的使用寿命和维护周期。

五、优先级逻辑

优先级逻辑的作用是保证系统在所有的时间内都能安全地工作。对每个优先级都设置了一个最高速度。设置的优先级有：手动同时控制三相电极，单个电极的手动，快速、自动地电极提升（当发生短路或断电极保护时），炉子断电时慢速提升电极，自动控制操作。

在自动模式下，重要的操作可以手动控制，如冶炼时单独调整电极以及测温和取样时移出电极。

六、输出匹配

液压传动式电极升降自动调节机械控制机构通常用的是电液比例（伺服）阀。调节器的输出信号要与其输入信号相匹配。

下面以最常用的液压传动式为例进行介绍。

油泵向电极升降液压缸供给油液，使电极立柱上升。通过将液体从液压缸泄入油箱，电极立柱便可依靠重力下降。

电极立柱的方向和速度由比例（伺服）阀控制。控制电压（比例阀）或电流（伺服阀）的极性正负值的大小，能控制电极立柱的升降方向及速度快慢。

七、电极升降调节装置的种类

以液压传动为例，电极升降调节装置主要有以下两种类型。

（一）电液伺服阀 – 液压传动

工作原理：

电弧电流出现偏差时，电气控制系统将测量到的信号放大后，输出给驱动电磁铁。电磁铁根据偏差信号，驱动随动阀的阀芯移动，控制阀体的进液量和回液量，从而使液压缸上下运动提升和下降电极。当伺服阀的阀芯处于中间位置时电极不动。

技术情况：

（1）电极升降速度快，提升速度为 $6 \sim 9 m/min$，目前，最大可达到 $12 \sim 18 m/min$；

（2）灵敏度高，非灵敏区 8% ~ 12%（高档位）；

（3）力矩大，反应时间约为 0.2s，电弧稳定性好。

使用及维修：

电气维护简单，增加了液压系统的维护，不宜在小型电弧炉上使用。

电液伺服调节器的优点是电极传动系统不需要配重，使调节器特性大为改善，伺服阀和液体介质的惯性小，易于实现高精度、高速度的调节。它的非灵敏区小、滞后时间短、提升速度快。它的缺点是液压管路复杂、维修量大、液体易泄漏、设备体积大。

（二）电液比例阀 – 液压传动

工作原理：

电弧电流出现偏差时，电气控制系统将测量到的信号放大后，输出给驱动电磁铁。电磁铁根据偏差信号，驱动随动阀的阀芯移动，控制阀体的进液量和回液量，从而使液压缸上下运动提升和下降电极。当随动阀的阀芯处于中间位置时电极不动。

技术情况：

（1）电极升降速度快，提升速度为 $6 \sim 9 m/min$，目前，最大可达到 $12 \sim 18 m/min$；

（2）灵敏度高，非灵敏区 8% ~ 12%（高档位）；

（3）力矩大，反应时间约为 0.2s，电弧稳定性好。

使用及维修：

电气维护简单，增加了液压系统的维护，不宜在小型电弧炉上使用。

第四节 电弧炉排烟除尘系统的操作与控制

除尘系统是由许多设备组成的，这些设备（如风机、除尘器、粉尘输送装置和阀门等的动作）均需根据工艺要求，按一定的程序、规律和时间等逻辑关系完成系统的操作和控制，在自动控制系统中被称为程序控制。另外，由于工艺生产过程中的各种因素干扰，往往引起除尘系统的烟气温度、压力和流量等设定值发生偏差，自动控制系统的另一作用，就是为了消除这种偏差并使除尘参数回复到设定值的要求，在自动控制系统中被称为定值控制。

一、控制系统的组成

在工业自动控制领域，任何自动控制系统都是由对象和自动控制装置这两大部分组成。所谓对象，是指被控制的机械设备，如风机、阀门等；所谓自动控制装置，是指要实现自动控制的装置，归纳为以下几类：

（1）自动检测和报警装置。对除尘系统和设备在运行过程中的参数设定值，自动进行连续检测，并对参数设定值的上下限进行声光报警。

（2）自动保护装置。当声光报警后，故障仍未排除且已达到参数设定值的上上限或下下限时，如除尘器进口温度的上上限、风机和电机轴承温度上上限等，此时自动保护装置将自动采取保护措施，如对风机进行跳闸连锁。

（3）自动操作装置。根据炼钢工艺条件和要求，自动对除尘系统和设备进行操作。

（4）自动调节装置。在除尘系统运行过程中，有些工艺参数需要维持在一定的范围内，如电炉炉内压力需控制在 $10\sim30Pa$。当某种情况使工艺参数发生变化时，自动调节装置将自动采取措施，使工艺参数回复到规定的设定值。

上述四类自动控制装置的功能都可以在可编程序控制器 PLC 上完成。

二、操作方式

除尘系统带 CRT 的操作站一般设在炉前操作室，以便操作和监控；用于现场操作的开/关按钮和选择开关（现场/遥控）设在每个单独传动设备的现场控制箱上。

各独立传动设备和控制阀的操作有下列两种方式：

（1）现场操作模式。用选择开关在现场控制箱上可选择现场操作模式或遥控模式。现场操作模式一般只用于维修目的（风机除外），通过位于现场控制箱的开/关按钮可以启动和停止设备传动。储灰仓的卸灰阀和空气炮防棚灰装置不带 PLC 控制，必须现场操作。

（2）遥控模式。遥控模式在人机接口系统的主控台操作上可选择自动或软手动。软手动可对每一传动设备进行选择。每种方式的选择可在 MMI 上显示出来，包括现场模式。

1）软手动操作模式。在这种模式下，除尘系统的调节（开关）阀、输灰设备、强制吹风冷却器风机、排烟风机以及风机进口阀门和液力耦合器转速等，除采用自动和现场手动操作外，均可在任何时候由 CRT 的各功能键（启动/停止）进行操作。

2）自动模式。在这种模式下，安全连锁起作用。设备部件的运行由 PLC 程序控制并在 MMI 上进行显示。

三、系统连锁

根据除尘系统设计方案和设备的仪表检测内容进行连锁，典型的电弧炉除尘系统连锁内容如下：

（1）调节阀，MCC 正常。需现场操作时，选择现场；需遥控时，选择遥控。

（2）电炉炉压调节阀，MCC 正常。需现场操作时，选择现场；需遥控时，选择遥控。

（3）冷却器风机，MCC 正常。需现场操作时，选择现场；需遥控时，选择遥控。

（4）排烟风机，非紧急状态关闭，HV 开关设备正常，风机进口阀关闭（仅启动连锁），液力耦合器置于"0"位（仅启动连锁），风机和电机设备都正常。需现场操作时，选择现场；需遥控时，选择遥控。

（5）输灰系统。包括所有设备灰斗下的卸灰阀和空气炮、振打装置等 MCC 正常。需现场操作时，选择现场；需遥控时，选择遥控。其中，储灰仓的卸灰阀和燃烧室灰斗卸灰阀仅现场控制。

（6）炉子断路器。除尘系统正常时包括下列信号：

1）排烟风机运行（仅供启动之用）；

2）排烟风机停止运行（仅用于跳闸断路器）；

3）除尘器进口温度控制器在自动状态下（仅用于启动）；

4）空气混风阀在自动状态下；

5）所有相关调节阀在自动状态下（仅用于启动）；

6）除尘器及粉尘输送系统重故障（3h 延迟）；

7）在燃烧室灰斗中的插板阀关闭（仅用于启动）；

8）压缩空气压力不能太低（3h 延迟）；

9）冷却水流量不能太低；

10）冷却水温度不能太高。

四、操作程序

典型的除尘系统在自动操作运行中，使用在人机接口上（MMI）的功能键"电炉除尘系统运行"则会按下列顺序启动：

（1）除尘器的卸灰和输灰。启动信号一启动，斗式提升机首先通电启动，而后是集合刮板机通电启动，其次刮板机通电启动，最后灰斗卸灰阀通电启动。这种顺序直到 MMI 上的功能键被按停止时才中断，此时，顺序将按相反方向停止。若有一个集合刮板输送机或斗式提升机在运行时出现故障，则输灰顺序将按相反方向停止；若有一个切出刮板输送机在运行时出现故障，则对应的输灰顺序将停止；另外储灰仓满仓和空仓信号都将使输灰系统停止运行。

（2）除尘器清灰控制装置。除尘器清灰控制装置上有两种不同的自动方式：一种是定时方式；另一种是除尘器压差方式。通常在控制装置上选择压差方式。滤袋清灰的启动及清灰周期取决于测得的压差。自动方式可在 MMI 上选择。

（3）排烟风机和液力耦合器。清灰工作开始后，风机通电运行，在风机发动机运行后的一段时间内（约 10s），风机进口阀和液力耦合器将一直处于"0"位（关闭状态）。当启动延迟时间过后，风机速度的设定值将达到额定速度。此时风机进口阀开度设定点位置将打开，液力耦合器速度位置将由设置在除尘器进口管道上的低压控制器来决定，或由除尘系统的阀门开启数量来确定。低压控制器的输出将根据除尘器进口前压力的设定点偏差来调节液力耦合器速度位置。

排烟风机在顺序关闭之前一直处于通电状态,停机时,进口阀处于关闭状态,液力耦合器处于最低速位置,经时间延迟后,排烟风机将被停止。随后,输灰系统和卸灰阀将被关闭。

（4）电炉料除尘增压风机。在排烟风机开始运行后，增压风机将被启动。此时风机进口阀门将处在关闭状态，直至上料工艺发出动作信号，增压风机发动机开始启动，运行一段时间后，风机进口阀打开。

增压风机在顺序关闭之前一直处于通电状态，停机时，进口阀处于关闭状态。

当使用功能键时，按"除尘系统关闭"后顺序将被关闭，且增压风机将被首先停止，然后排烟风机也将被停止。

（5）调节阀和除尘器进口温度控制。在这些控制中，有电炉直接排烟系统的炉压调节阀，密闭罩、屋顶罩等调节阀和事故空气混风阀等。每个阀都配有自己的位置控制器。位置控制器的定点将依据炼钢工艺的工况或者由控制顺序确定。

（6）储灰仓卸灰。储灰仓上设有料位计，对仓内粉尘进行连续检测或定位检测。为防止储灰仓卸灰时粉尘阻塞在灰斗出口，采用空气炮防棚灰装置，配合卸灰阀现场的人工卸灰。

五、系统开机

开机前，必须熟读操作说明书及其有关设备使用说明书，操作人员必须确认设备是否具备操作准备，包括所有电动装置单元是否做好操作准备，同时为操作的预备工作必须记录在案。对于开机准备，尤其在第一次开机和长期的关机或大修改造以后，需检查下列项目：

（1）电气高低压系统是否正常；

（2）压缩空气系统和冷却水系统压力是否正常；

（3）除尘器 PLC 控制是否正常；

（4）除尘器每仓室管道阀门是否都打开；

（5）所有风机前的启动阀是否处于关闭状态；

（6）储灰仓料位是否在低位或满仓状态；

（7）所有电磁阀是否正常；

（8）所有测量回路正常有信号；

（9）所有调节阀处于自动模式和需要的位置；

（10）所有管道和设备检查孔是否关闭；

（11）打开所有检查人孔门，检查设备运动部件（如风机转子和阀门的阀板等）是否被厚灰或外来物卡住，清除水平管道中的积灰，检查过后，关闭所有的检查人孔门；

（12）所有设备的检查门是否关闭；

（13）检查电机加热器、耦合器油箱和稀油站油箱加热器是否需要加热；

（14）事故空气混风阀的报警是否解除。

万一遇到任何项目与上述检查内容中所对应的状态不相应，必须等问题解决后才能开机。

除尘系统的启动由 PLC 以自动方式为主，包括除尘器的 PLC。

六、正常关机

正常关机，在运行方式为"自动状态"时，通过使用 MMI 功能键"除尘系统关闭"，除尘系统将按下列方式关闭：

（1）停止电炉料除尘增压风机；

（2）停止排烟风机；

（3）在排烟风机停机延迟后，停止除尘器和输灰系统；

（4）强制吹风冷却器风机或蒸发冷却器根据冷却器出口温度自动停止；

（5）调节阀回复到各自的位置。

七、系统运行趋势

下列测量趋势应在操作台记录下来。采样时间一般为10s（可改变）：

（1）电炉的炉压；

（2）强制冷却器风机进口温度；

（3）强制冷却器风机出口温度；

（4）电炉炉内直接排烟，屋顶罩、密闭罩、调节阀开度位置；

（5）增压风机轴承振动；

（6）除尘器进口温度；

（7）除尘器进口压力；

（8）除尘器压差；

（9）排烟风机轴承振动；

（10）排烟风机轴承温度。

八、系统故障报警

系统故障报警的内容包括：

（1）每个新的报警应在CRT屏幕上显示，同时也应当在单独的报警单中（历史报警和实时报警）显示；

（2）每次报警显示时应有日期、时间、设备或报警号，报警全文和报警条件（新的、被确认过的、过期的）；

（3）报警应在各种报警组中显示；

（4）每个报警应自动记录并打印出来。

九、画面显示

在人机接口（HMI）上应显示下列内容：

（1）除尘系统流程图；

（2）电炉及料系统主要工作显示；

（3）排烟风机；

（4）电炉料除尘增压风机；

（5）除尘器清灰和输灰系统；

（6）水冷烟道系统；

（7）强制吹风冷却器或蒸发冷却器。

十、常用电弧炉排烟与除尘系统的控制

目前，大型电弧炉通常采用两种排烟方式：第四孔排烟（对直流电弧炉而言是第二孔排烟）和大烟罩排烟。

（一）第四孔排烟除尘的过程控制

1. 烟气的燃烧控制

由于电弧炉第四孔排烟的出口烟气温度高达 1200～1500℃，所含 CO 进入烟道的同时即吸入冷风在烟道中自行燃烧，这个燃烧过程是不可控制也不需要控制的。从烟道中吸入的空气不仅可以助燃，同时也可稀释、冷却烟气，使烟气温度降到冷却设备可以承受的数值。TIC 是用来保证进入冷却设备的烟气温度不超过预定值，如果超过即打开混风阀 TV，吸入冷气降低烟气温度。如在冬季有足够自冷能力，则关闭混风阀 TV 以降低抽烟机运行能耗。

2. 烟气冷却设备的控制

电弧炉烟气多采用干法除尘，即布袋过滤除尘。国内过滤布袋允许介质温度约 120～150℃。如果由烟道口至布袋除尘器的烟气温度降不到布袋允许的温度，必须加冷却器，相应地需配置冷却控制系统。冷却器由冷却风机冷却，烟气经冷却管冷却后进入布袋除尘器的烟道。冷却后烟气温度由 TISA 检测并控制冷却风机开启数量。烟气中颗粒较大的灰尘落入冷却器下的灰仓，由星型卸灰阀将灰卸入疏灰管道并送至灰仓。由于电弧炉烟尘具有一定黏性，在冷却器灰仓底部装有振打器以敲落附于仓壁上的灰尘，烟气冷却器的合理冷却控制应该是节能型控制方式。以布袋除尘器允许的最高进烟温度作为控制目标值，根据烟气温度数值分别控制冷却风机开启数量和吸风阀启闭。若目标值为 120～150℃，在冷却能力合理时，用这种控制方式，在冬季或自然冷却较好时可不开或少开冷却风机。在少数情况下几个冷却风机全开，如烟气温度仍高于 150℃，再打开吸风阀。在正常情况下若开吸风阀会加大抽风机负荷，干扰炉压控制。

3. 布袋除尘器的控制

烟气降温到布袋除尘器允许的温度后即进入布袋除尘器，经过过滤除尘然后排入大气。排入大气的烟尘含量不大于 $50mg/m^3$。但进入布袋除尘器的烟气温度也不能太低，以防烟气中水分结露使烟尘吸附在布袋上阻塞布袋过滤孔。过滤下来的烟尘经反吹后抖动落入灰仓，再经卸灰、输灰系统将灰尘送入灰仓以便回收利用。布袋除尘器的过滤、抖灰、反吹、沉积以及卸灰、输灰等控制均有多种控制方式，并且多与除尘器成套控制。

4. 卸灰控制

电弧炉每次冶炼开始排烟后若干时间即启动输灰系统，按预先编好的程序从冷却器、除尘器的灰仓中将聚集的烟尘卸入输灰设备，并送到储灰仓。

（二）大烟罩排烟除尘的过程控制

大烟罩排烟除尘方式，即在冶炼过程中电弧炉完全置于封闭的大烟罩中，烟气从罩顶抽出送布袋除尘器过滤，同时隔离噪声。

大烟罩进料口、操作区烟罩门的开启和关闭都是比较简单的传动控制。烟气处理也仅限于布袋除尘的控制，控制方法不再详述。

电弧炉除尘方式有多种多样，既有电弧炉单独除尘方式，也有电弧炉与精炼炉组合在一起的除尘方式，即使是单独除尘方式也有多种形式。在除尘控制上，随着电弧炉除尘方式的进行，即便是组合控制，只要按其组合方式的控制方式和控制顺序进行控制即可。

第五节　电弧炉仪表测量系统

一、炼钢电弧炉设备的主要检测项目

炼钢电弧炉设备自动化系统需要检测并计量，为了实现闭环控制、逻辑控制，同时监视、存储和打印过程变量，需要对冶炼过程所涉及的物理量进行检测，炼钢自动化系统需要检测并计量。

炼钢电弧炉设备的主要检测项目见表 28 - 2。

表 28 - 2　炼钢电弧炉设备的主要检测项目

序　号	主　要　检　测　项　目
1	加入的废钢、铁水、造渣料、合金炉料等质量的检测
2	水冷系统压力、温度、流量的检测
3	液压系统压力、流量、温度、滤阻、液位的检测
4	气动系统压力、流量的检测
5	吹氧、喷碳系统的压力、流量的检测
6	除尘系统烟气入口温度、二次混风量、布袋压差的检测
7	吹氩、氮气等介质的压力、流量的检测
8	钢水质量、温度和成分的检测
9	变压器、电抗器档位、油温、保护信号的检测
10	电弧电流、电压的检测
11	一次侧电流、电压、有功电度、有功功率、功率因数、保护信号的检测
12	炉体动作位置（限位开关）及出钢车位置（接近开关）
13	有无特殊需要检测的其他项目

二、电弧炉炼钢过程的检测仪表

电弧炉用的传感器和仪表大致有：钢水测温仪表；监视钢水和炉渣仪表；电炉冷却系统仪表；喷吹系统仪表；排烟和除尘系统仪表；电极升降仪表；其他（计量设备、辅原料投入检测仪表等）。

钢水温度的测量有连续式和间歇式两种，目前前者只能持续十至十几小时；后者有浸入式热电偶和消耗式热电偶两种。在炼钢生产中，大都使用消耗式热电偶来测量钢水温度。

（一）消耗式热电偶

消耗式热电偶的测量头如图 28 – 5 所示。热电偶装在内径为 0.05 ~ 0.1mm 的石英管中，热电偶用铂铑 10-铂（KS – 602P 或 J 型，分度号为 S，使用温度上限为 1700℃）或铂铑 13-铂（BP – 602P 或 J 型，分度号为 R，使用温度上限为 1760℃）或双铂铑（铂铑 30-铂铑 6，KB – 602P 或 J 型，分度号为 B，使用温度上限为 1820℃）丝，也可使用钨铼 3-钨铼 25 丝（代替贵重金属的铂铑丝），长度约为 20mm，铝帽是用来保护 U 形石英管和热电偶，以避免在其通过渣层和钢液时被撞坏。测温时，将测温头插在测温枪（见图 28 – 6）的头部。由于测温是间歇进行的，故一般利用纸管作为保护材料，套在测温枪上面，以防止测温枪热变形与烧毁枪内的补偿导线。

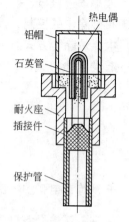

图 28 – 5 消耗式
热电偶的测量头

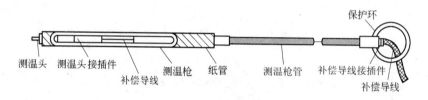

图 28 – 6 手动式测温枪示意图

（二）钢水测温仪

与消耗式热电偶测量头配套的还有专门的钢水温度测量仪。该仪表的特点是：内装微型计算机、数字运算、精度高、无漂移；毫伏信号可直接输入，不必用变送器；有大型数字显示装置，读数醒目，并能自动保存；带打印装置；能自动补偿温度漂移和时间漂移，精度高；有"热电偶接通"及"测试完成"的声光信号，操作方便；有信号接口，可和过程计算机相连；需要时，可一台仪表同时完成测温、定氧等功能。

（三）钢水温度连续测温装置

钢水温度连续测温装置分为：

（1）日本钢铁公司开发的钢水温度连续测量系统。日本钢铁公司比较了多种耐火材料的抗渣、抗腐蚀、耐高温、抗热冲击等性能，最后认为二硼化锆（ZrB$_2$）最好，但纯二硼化锆抗热冲击性能差，要掺入某种其他成分才能满足要求。此外，由于二硼化锆是非氧化陶瓷，长期使用会氧化损坏，须外涂一层专门的氧化陶瓷层，还有由于铂－铑热电偶会因二硼化锆在高温时放出还原气体而损坏，故在套管内涂氧化膜。这种套管用于中间包钢水温度连续测量并能在浇注碳钢时，平均可用 40h，最长为 100h，其与消耗式热电偶相比，$\Delta T = 0.4℃$，$\sigma = 2.1℃$。

（2）美国生产的 Accumetrix 连续测温系统，它是双部件温度测量系统，含有一个可重复使用的测量头，测量头是由一个带钼外壳的 B 型铂铑热电偶（正极为 70% 铂 + 30% 铑，负极为94%铂+6%铑）和一个由氧化铝、石墨粉压制而成的外保护套管，带有一个能够抵御碱性渣或高 FeO + MnO 渣的由氧化镁－石墨或氧化锆－石墨制成的渣线套；中间包低液位操作型，它是针对因更换钢种而要经常排空的操作情况，保护管下部材质为氧化锆或氧化镁－石墨，上半部是标准的氧化铝－石墨，测量头安装在一个套管内，长度为610～1370mm，使用寿命为150～500h，误差为±2℃，响应时间为90s。

（3）使用金属陶瓷管方法。以连铸中间包测温为例，金属陶瓷管材料为 Mo + MgO，壁厚5mm，内衬是氧化铝管以保护热电偶免受中间包耐火材料在高温时排出的气体所损害，测温元件为双铂铑热电偶。安装时保护管要伸出中间包内壁50mm，否则测温不准确。由于热电偶有两层套管，热容量较大，响应时间大于30s。这种 Mo + MgO 金属陶瓷管具有坚韧、耐高温、抗侵蚀、抗热震等优点。目前，这种套管用作连续测温使用时间约为15h。

（4）黑体测温管式测温传感器方法，它根据黑体辐射理论研制的，可连续测量中间包钢水温度。黑体测温管插入到钢水中感知温度，以专门设计的光导纤维辐射测温仪接受测温管的辐射信号，并输送到单片机信号处理器，根据黑体理论确定钢水温度。连续测温装置由黑体空腔测温管、光导纤维、信号处理器和大屏幕显示器等组成。其技术指标为：测量范围1300～1650℃；误差不超过3℃；测温管寿命为16～24h；响应时间为20s。

三、钢水重量检测仪表

（一）称量测量传感器

钢水重量检测常用的传感器是应变式压头，如图28－7所示。在弹性体上贴有4个应变片，弹性体受力后，产生变形，电阻丝也随之变形而产生电阻变化，并由该4个应变片所组成的电桥电路转换成电量输出。桥路输出电压与弹性体受力成正比，以此测出重量。弹性体密封在外壳内，并充惰性气体，可不受外界影响。整个称重系统包括几个压头、称量变送器和显示仪表等，几个压头的桥路输出可以串联或并联。

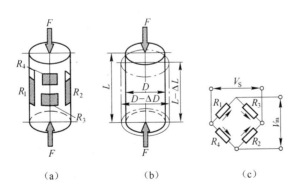

图28－7　称量传感器原理

（a）贴有应变片的压头；（b）压头受力变形；（c）应变片组成的电桥

（二）起重机称量

起重机称量方式包括：

（1）使用直显式电子吊钩秤方式。直显式电子吊钩秤外形如图28－8所示。

称量钢水时需要加防热罩,这种秤挂在起重机吊钩上即可使用,但电子吊钩秤要占有高度而使吊钩行程减少。电子吊钩秤除本身带数字显示外,还可把质量信息无线传输到地面控制室,吊钩秤内有可充电电池以供其本身用电,电池8h充电一次。吊钩秤内含有微型计算机,用以处理数据,并能避免摆动时的不正确显示。

(2)在起重机安装压头方式。它又有两种方法:龙门架上装设称重传感器,如图28 – 9所示。这种方式应用较少,但压头的输出信号要经电缆传送到起重机控制室内的二次仪表,电缆容易损坏;出钢车上装设称量传感器方式,这种方法应用较多。

图28 – 8 直显式电子吊钩秤外形

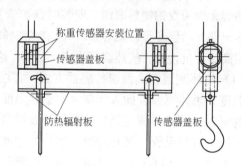

图28 – 9 典型的钢水包吊钩压头位置

在连铸过程中,钢水包在回转台上称量时是利用安装在回转台上的4个测压点对钢水进行称量,用数字显示器示出"总质量"和"实际钢水质量",它附有数字设定器,用以设定空包零位。在测压头上装有金属橡皮或碟形弹簧(见图28 – 10),以减小起重机操作并把钢水包放在钢水包回转台上所引起的冲击力,对于金属橡皮或碟形弹簧的选择要进行计算,以使起重机操作引起的冲击力由碟形弹簧吸收,使测压头所受的力在安全范围内。

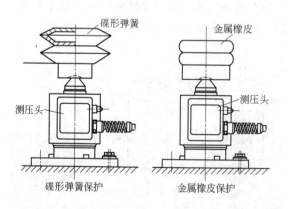

图28 – 10 回转台测压头的安装示意图

四、钢水成分检测仪表

(一)钢水定碳传感器与检测仪表

钢水定碳测量头的结构如图28 –11(a)所示,其原理是凝固定碳法。即从炉中取出钢水,倒入定碳测量头底座的样杯中,热电偶得到的电动势-时间曲线如图28 – 11(b)所示,从A点上升到最高点B,然后随着钢水温度的降低,就开始下降。当钢水开始凝固时，由于放出结晶热，热电偶电动势 E_C 即从 C 点开始一段时间内保持不变，即出现"平台"，过"平台"后，温度即迅速下降，这个"平台"位置（即温度）与钢水中含碳量成函数关系，准确找出这段"平台"即可求得钢水中的含碳量。钢水定碳测量头配套有专门的钢水定碳测量仪，它和钢水温度测量仪类似，也是数字的，含微型计算机的以及配置有挂在炉台的大型显示器。

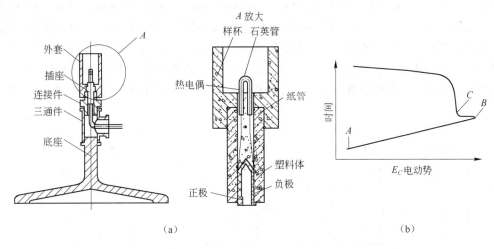

图 28 - 11　钢水定碳测量示意图
(a) 测量头；(b) 样杯内凝固曲线

（二）钢水定氧传感器

电化学法都采用浓差电池方法（见图 28 - 12 (a)）。作为制造氧浓差电池的高温固体电解质，具有高温下传递氧离子的晶型结构，它将管状固体电解质置于有不同的氧分压 p_{O_2}（Ⅰ）和 p_{O_2}（Ⅱ）的两种介质环境中，在高温时，带电的氧离子便从氧分压高的一侧通过固体电解质晶格点阵中的氧空穴向氧分压低的一侧迁移，随着固体电解质两侧表面不断产生的电荷积累，最后达到动平衡而产生一定的电动势。

测定钢水氧活度的氧浓差电池就是根据这一原理而制成的，其结构如图 28 - 12 (b) 所示。

（三）钢水定氧测量仪

与钢水定氧测量头配套的还有专门的钢水定氧测量仪。它和钢水温度测量仪类似，也是数字的，内含微机以及配置有挂在炉台的大屏幕显示器。其主要技术参数为：测温 1000～1800℃，误差 ±3℃；

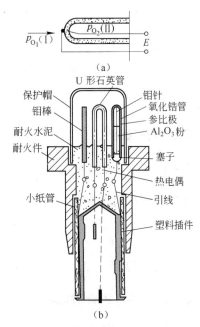

图 28 - 12　钢水定氧传感器的原理和结构
(a) 氧浓差电池原理；
(b) 定氧测量头结构

测氧$(1 \sim 9999) \times 10^{-6}$,误差$\pm 2mV$(折算到输入端)。

(四) 光电直读光谱成分分析仪

炉外精炼炉冶炼的钢水成分分析经常使用光电直读光谱成分分析仪来分析多种元素。这种仪表的特点是:可以进行多种元素的同时分析;灵敏度高,可达$10^{-8} \sim 10^{-9}g$,相对检测限为$10^{-3}\% \sim 10^{-4}\%$;分析速度快,可在$1min$内得到30种元素分析结果。这种仪表的工作原理见图$28-13$。其工作过程是:将被分析的样品,置于电弧、火花或其他光源中间,由光源对它进行激发使之发光,然后使该光分光色散成光谱,最后用光敏元件检测以得出被检测样品的成分。这种方法可靠、成熟和准确,但需要制样,目前已在炉前设置分析室或使用手推车式的小型光电直读光谱成分分析仪,无需风动送样而大大减小获得结果时间。

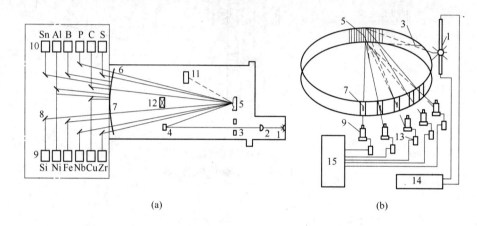

(a)   (b)

图 28 - 13   光电光谱仪示意图

(a) 平面示意图; (b) 结构示意图

1—光源;2—聚光镜;3—入射狭缝;4,8—反射镜;5—凹面光栅;6—出射狭缝板;7—出射狭缝;
9,10—光电倍增管;11—零极光谱接受器;12—疲劳灯;13—前置放大器;
14—光源用电源;15—强度测量数据处理

五、其他检测仪表

(一) 水冷系统检测仪表

水冷系统检测仪表主要有:

(1) 压力检测仪表;

(2) 温度检测仪表;

(3) 流量监测仪表。

(二) 液压系统检测仪表

液压系统检测仪表主要有:

(1) 压力检测仪表;

(2) 温度检测仪表;

（3）流量监测仪表；

（4）液位检测仪表；

（5）滤阻检测仪表。

六、排烟除尘系统检测仪表

排烟除尘系统检测仪表主要有：

（1）烟气入口温度检测仪表；

（2）二次混风量检测仪表；

（3）烟气入口和混风温度检测仪表；

（4）布袋差压检测仪表；

（5）其他用仪表。

第二十九章　电网公害的治理

电网公害是环境污染的一种。冶金设备特别是炼钢电弧炉设备在冶炼时产生的高次谐波电流、负序及无功冲击，导致电网的电压波动及闪变，严重影响用户本身及电网用电设备的安全运行，降低了供电电网的电能质量。为此应按电能质量有关标准的规定，采取综合治理措施。

第一节　电弧炉对电网产生的公害与治理

交流炼钢电弧炉（以下简称电弧炉或电炉）是特殊的冲击性负荷。电弧炉冶炼过程可简单地分为熔化期和精炼期，电力负荷在熔化初期（起弧、穿孔、倒塌料阶段）变化剧烈，弧长的不规则变化，引起电网电压相应的波动。当断弧时，取自电网的有效功率等于零；而当电极同炉料短路时，炉子主电路消耗的无功功率最大。在熔化期，由于每相电弧长度的变化在时间上不一致，因此造成三相负荷不对称。此外，电弧本身弧压与弧流的非线性也将产生出高次谐波电流，返回到电网中去，导致电网电压波形畸变、中性点位移。而在精炼期负荷逐渐趋于稳定。

大量的分析和工程实践表明，无功波动最大值出现在熔化期和三相工作短路（由塌料造成）时，此时功率因数很低，约为 0.2 左右，电流波动最大值为额定电流的 2.5～3.5 倍（普通功率电弧炉）左右。快速的无功波动产生电压波动及闪变。另外，电弧炉的非线性负荷，在运行中将产生主要为 2～7 次的谐波电流。由于电弧炉是不对称负荷，最严重状态为二相短路、一相开路，在此工况下，将产生很大的负序电流，造成三相不平衡。无功冲击、谐波电流及三相不平衡将产生以下危害。

一、电弧炉与 LF 炉对电网产生的公害

无功冲击将产生如下的不良影响：

（1）使供电母线的电压产生波动，降低机电设备的运行效率，供电母线电压产生波动时，将使用户的异步电动机负荷转矩随之变化，输入负荷的有功功率下降，影响生产和设备的出力。特别是电弧炉的输出功率与电压平方成正比，当电压降低时，大大降低了电炉弧的炼钢效率，延长了炼钢时间，生产效率下降的同时增加炼钢成本。

（2）电弧炉的快速无功冲击引起母线电压波动剧烈，造成仪表失灵，严重时影响自动化装置的正常工作。闪变对人眼造成刺激，增加疲劳，甚至危及人身安全。

（3）大量无功使系统功率因数较低，浪费大量能源。

谐波电流对电气设备的危害：

（1）谐波对旋转电机的影响。谐波对旋转电机的主要影响是产生附加损耗；其次产生机械振动、噪声和谐波过电压。

（2）谐波对供电变压器的影响。谐波对供电变压器的影响主要是产生附加损耗，温升增加，出力下降，影响绝缘寿命。

（3）谐波对变流装置的影响。交流电压畸变可能引起不可逆变流设备控制角的时间间隔不等，并通过正反馈而放大系统的电压畸变，使变流器工作不稳定；而对逆变器则可能发生换流失败而无法工作，甚至损坏变流设备。

（4）谐波对电缆及并联电容器的影响。当产生谐波放大时，并联电容器将因过电流及过电压而损坏，严重时将危及整个供电系统的安全运行。

（5）谐波对通信产生干扰，使电度计量产生误差。

（6）谐波对继电保护自动装置和计算机等也将产生不良影响。电弧炉炼钢生产的电网公害主要包括电压闪烁与高次谐波。电压闪烁实质上是一种快速的电压波动，它是由较大的交变电流冲击而引起的电网扰动。

超高功率电弧炉加剧了电压闪烁的发生。当电压闪烁超过一定值（限度）时，如 0.1 ~ 30Hz，特别是 1 ~ 10Hz 时，会使人感到烦躁。

负序电流的危害：

电弧炉在熔化期，各相电弧电压是独立变化的，三相电弧各自发生急剧无规则变化，故其三相电流是不对称的。在正常生产情况下的负序电流约为电炉变压器额定电流的 25% 左右；在不正常情况下，如一相断弧时可达 56% 左右，如在两相短路的同时第三相又断弧，此时可达 86% 左右。负序电流造成的危害主要有：

（1）由于电弧炉的三相供电严重不平衡，将产生较大的负序电流，使电力系统中以负序电流为启动元件的许多保护及自动装置产生误动作。

（2）由于负序及正序的旋转方向相反，注入旋转电动机后产生附加电动力引起振动及附加损耗；同时负序电流影响发电设备的出力。

电弧炉产生的大量谐波电流、负序及无功冲击导致的电压波动及闪变，严重影响用户本身及电网用电设备的安全运行，降低了供电电网的电能质量。

LF 炉工作特点及主要影响：

与电弧炉相比较，LF 炉的炉况比较平稳，不存在熔化期，有功及无功变化相对比较稳定，虽没有电弧炉对电网影响大，但对供电质量及用电设备也存在以下影响：

（1）LF 炉在冶炼过程中产生的电压波动，将影响 LF 炉的输入功率、使冶炼时间和成本增加。

（2）LF 炉电极电弧的非线性，导致 2 ~ 7 次高次谐波的产生，影响供电系统的电能质量。

（3）LF 炉的自然功率因数低。在整个冶炼过程中，LF 炉的自然功率因数在 0.8 左右，使电网电能质量不能满足电力部门的相关规定。

（4）由于 LF 炉三相负荷存在不平衡，将产生一定的负序电流，使电力系统中以负序电流为启动元件的许多保护及自动装置产生误动作。

电弧炉和 LF 炉产生的谐波电流、负序及无功冲击导致的电压波动及闪变，严重影响用户本身及电网用电设备的安全运行，降低了供电电网的电能质量，必须按电能质量有关标准的规定，采取综合治理措施。

二、公害治理的办法

对公害治理的办法有以下几点：

（1）具有足够大的电网。要有足够大的电网，即电弧炉变压器与有足够大的电压、短路容量的电网相连。德国规定：$P_{短网} \geq 80 P_n \sqrt[4]{n}$（式中，$P_n$ 为电炉变压器额定容量；n 为电炉的座数，当电炉为 1 座，即 $n=1$）。有的认为，若供电电网的短路容量达到变压器额定容量的 60 倍以上，就可视为足够大。

（2）改进电弧炉供电主电路。如采用高阻抗电弧炉、变阻抗电弧炉、连续加料电弧炉和直流电弧炉等措施，都能在一定程度上改善电弧炉对供电电路的冲击。

（3）采用静止型无功补偿装置进行抑制。采用静止型无功补偿装置（SVC）进行抑制，如采用晶体管控制的电抗器（TCR）。

（4）静止补偿器与 APF。配用静止补偿器将显示出比 SVC 装置补偿的优越性，APF有源滤波器也将显示出比 LC 无源滤波器的优越性。它是谐波治理与无功综合补偿的方向。

三、电压波动

（一）工作短路时，电压波动允许值

根据我国国家标准《电能质量电压波动和闪变》（GB 12326—2008）规定：电力系统公共连接点，由波动负荷产生的电压波动和限值与变动频度、电压等级有关见表 29 - 1。

表 29 - 1　电压变动限值

$r/$次·h^{-1}	$d/\%$	
	LV、MV	HV
$r \leq 1$	4	3
$1 < r \leq 10$	3*	2.5*
$10 < r \leq 100$	2	1.5
$100 < r \leq 1000$	1.25	1

注：1. 很少的变动频度（每日少于 1 次），电压变动限值 d 还可以放宽，但不在标准中规定。

2. 对于随机性不规则的电压波动，如电弧炉负荷引起的电压波动，表中标有"＊"的值为其限值。

3. 参照 GB/T 156—2007，标准中系统标称电压 U_N 等级按以下划分：

低压（LV）　　　　$U_N \leq 1kV$

中压（MV）　　1kV $< U_N \leq 35kV$

高压（HV）　35kV $< U_N \leq 220kV$

对于 220kV 以上超高压（EHV）系统的电压波动限值可参照高压（HV）系统执行。

（二）电压波动估计值

不同类型电弧炉所允许的电网短路容量估计值可按式（29 - 1）计算：

$$P_S \geq K P_{FT} \left(\frac{1}{\Delta U} - 1 \right) \tag{29 - 1}$$

式中　　P_S——电网短路容量，MV·A，当不知道电网最小短路容量时，所计算母线上最大

运行方式短路容量时乘以 0.7 可变为最小运行方式短路容量；

P_{FT}——电弧炉变压器额定容量，MV·A；

K——工作短路电流倍数，指电弧炉装置的工作短路电流与电弧炉变压器额定电流的比值，普通功率电弧炉 $K = 2.5 \sim 3.5$，高功率电弧炉 $K = 1.7 \sim 2.1$，超高功率电弧炉 $K = 1.4 \sim 1.9$；

ΔU——电压波动值。

将式（29 - 1）整理可得到：

$$\frac{P_S}{P_{FT}} \geq K\left(\frac{1}{\Delta U} - 1\right) \qquad (29 - 2)$$

对于不同类型电弧炉所允许的电网短路容量 P_S 与变压器容量 P_{FT} 比值参考见表 29 - 2。

表 29 - 2　不同类型电弧炉所允许的电网短路容量 P_S 与变压器容量 P_{FT} 比值

电压波动值 ΔU/%		2.5	2	1.6
$\dfrac{P_S}{P_{FT}}$	普通功率电弧炉	97.5 ~ 136.5	122.5 ~ 171.5	
	高功率电弧炉	66.3 ~ 78.9	83.3 ~ 102.9	104.5 ~ 129.2
	超高功率电弧炉	54.6 ~ 71.4	68.6 ~ 93.1	86.1 ~ 116.9

应用式（29 - 2）时，应注意要把工作短路倍数 K 尽可能估计准确些，注意电弧炉变压器容量越大，系统短路容量对 K 值影响越大。所以大型高功率和超高功率电弧炉一般要考虑这一点，可以参考类似电弧炉数值，参见表 29 - 3。

表 29 - 3　已应用的高功率和超高功率电弧炉的主要参数

电弧炉额定容量/t	40	45	50	50	70	90	150
炉壳直径/mm	4000	4830	5400	4870	5300	6100	7000
变压器额定容量/MV·A	24	25	25	40	54	60	90
一次电压/kV	35	18.2	35	33	33	35	33
二次电压/V	170 ~ 522	150 ~ 451	200 ~ 450	200 ~ 600	210 ~ 621	270 ~ 740	300 ~ 892
调压级数/级	17	2 × 11	16	2 × 11	15	27	D17 y17
额定工作电流/kA	31.9	31.99	32.08	26.67	50.2	59.71	75.31
变压器阻抗压降/%	11.2 ~ 11.0		9.5	1.62	6.4	5.23 ~ 3.95	5.38 ~ 15
变压器最大容量/MV·A	28			48	65	72	100
短网电抗/mΩ	2.4	3.392	2.916	3	3.24	2.18	2.9 阻抗
短网电阻/mΩ		0.357	0.85	0.3		0.29	

为了使电弧炉运行短路时所产生的电压波动不至于影响接在同一电网上的其他用电负荷，关于供电容量和电弧炉容量之间的匹配关系，曾做过下述规定：当炼钢电弧炉由大容量降压变压器所供电时，炉子负荷不得超过该变电所总容量的 40%。这时，对接在同一电

网上的其他负荷不至于产生较大影响。

(三) 电压波动计算

电压波动的计算公式如下:

$$\Delta U_{\max} = \left[\frac{\Delta Q_{\max}}{P_S} + \frac{1}{2} \left(\frac{\Delta P}{P_S} \right)^2 \right] \times 100\% \qquad (29-3)$$

式中　$\Delta Q_{\max}$——最大无功功率波动量,Mvar;

　　　　ΔP——与 ΔQ 对应的有功功率波动量,MW;

　　　　$\Delta U_{\max}$——最大电压波动,%。

由于电弧炉最大电压波动发生在工作短路时,其 $\cos\varphi$ 小于 0.1,故式 (29-3) 的第二项一般忽略不计,则有:

$$\Delta U_{\max} = \frac{\Delta Q_{\max}}{P_S} \times 100\% \qquad (29-4)$$

但在计算熔化期经常性电压波动时,则不宜忽略第二项,最大无功波动量按式 (29-5) 计算:

$$\Delta U_{\max} = \frac{100}{Z_0} (\sin^2\theta_0 - \sin^2\theta) \qquad (29-5)$$

式中　Z_0——电弧炉工作短路阻抗,$Z_0 = Z_F + Z_{FT} + Z_S$;

　　　　Z_F——电弧炉阻抗,含短网阻抗、电抗器阻抗;

　　　　Z_{FT}——电弧炉变压器阻抗;

　　　　Z_S——电弧炉变压器以前的系统阻抗,为最大运行方式短路阻抗时除以 0.7,以 100MV·A 为基准的标幺值表示;

　　　$\sin\theta_0$——对应于工作短路时 $\cos\theta_0$ 的值,$\cos\theta_0$ 一般小于 0.1,故 $\sin^2\theta_0$ 一般取 1;

　　　$\sin\theta$——对应于熔化期较高的功率因数值,$\cos\theta$ 对于普通功率的电弧炉为 0.85,对于高功率和超高功率电弧炉为 0.80 左右。

四、等效闪变

(一) 闪变电压允许值

电力系统公共供电点在系统正常小运行方式下,以一周 (168h) 为测量周期,所有长时闪变允许值见表 29-4。

表 29-4　闪变限值

P_{lt}	
≤110kV	>110kV
1	0.8

(二) 电弧炉的闪变估算方法

电弧炉在运行过程中,特别是在熔化期,随机且大幅度波动的无功功率会引起供电母线严重的电压波动和闪变。电弧炉在熔化期电极和炉料（或熔化后的钢水）接触可以有开路和短路两种极端状态，当相继出现这两种状态时其最大无功功率变动量 ΔQ_{max} 就等于短路容量 S_d。

电弧炉在 PCC 点引起的最大电压变动 d_{max} 可通过其最大无功功率变动量 ΔQ_{max} 由式（29 - 6）计算获得。

$$\Delta Q \approx ds \qquad\qquad (29 - 6)$$

式中　s——短路容量。

电弧炉在 PCC 点引起的闪变大小主要与 d_{max} 有关，也与电弧炉类型、电弧炉变压器参数、短网、冶炼工艺、炉料的状况等有关。通过经验公式，由电弧炉的类型和其 d_{max} 可对闪变值进行粗略的估算，经验公式见式（29 - 7）：

$$P_{lt} = K d_{max} \qquad\qquad (29 - 7)$$

式中　K——系数：

K_{lt}——交流电弧炉时，一般取 0.48；

K_z——直流电弧炉时，一般取 0.30；

K_j——精炼炉时，一般取 0.20；

K_c——水平连续加料电弧炉时，一般取 0.25。

第二节　静止型无功补偿装置设置原则和条件

一、静止型无功补偿装置的应用功能

在电力系统和负荷端设置 SVC 具有以下功能：

（1）抑制电压波动和电压闪变；

（2）改善负荷的相间平衡；

（3）增加电网的输电容量；

（4）提高电力系统的稳定性；

（5）降低工频过电压；

（6）增加对同步谐振的阻尼；

（7）对负荷提供可快速调节的无功功率补偿。

二、静止型无功补偿装置的设置原则

钢铁企业供配电系统是否需要安装静止补偿器，主要看由企业波动无功负荷（如电弧炉、轧钢机等）引起的公共供电点（PCC 点）处的电压波动值和闪变电压等效值是否超过国家标准的规定。当然，在考虑 SVC 的容量和形式时，还要满足负荷的功率因数和谐波标准的要求。

三、静止型无功补偿装置的类型与使用情况

国际大电网会议将 SVC 分为：

（1）机械投切电容器(MSC)型；

(2) 机械投切电抗器（MSR）型；

(3) 自饱和电抗器（SR）型；

(4) 晶闸管控制电抗器（TCR）型；

(5) 晶闸管投切电容器（TSC）型；

(6) 晶闸管投切电抗器（TSR）型；

(7) 自换向或电网换向式转换器（SCC/LCC）型。

上述 7 种 SVC 装置既可单独使用，也可任意联用，从而实现对波动无功负荷的补偿。机械投切型（SVC）只适用于波动不频繁、变化速率小的无功负荷补偿。

目前，应用比较广泛的是自饱和电抗器（SR）型、晶闸管控制电抗器（TCR）型、晶闸管投切电抗器（TSR）型三种形式的 SVC 装置。

四、公共供电点

（一）公共供电点的确定

公共供电点（PCC 点）通常指：

(1) 波动负荷由专用变压器供电时，通常该点为企业受电变电所的高压侧；接于国家电网的专用变压器，PCC 点的确定需由电力部门认可。

(2) 波动负荷用公用变压器供电时，该点为公共供电母线侧。

（二）对公共供电点的要求

对公共供电点的要求主要考虑以下因素：

(1) 供电变压器容量要能适应电弧炉负荷特性的要求；

(2) 由电弧炉负荷引起的公共供电点的电压波动和电压闪变值以及谐波电流值不得超过国标 GB 12326—2008 中的允许值；

(3) 由电弧炉负荷引起的公共供电点的电压不对称度不得超过 2%。

电弧炉的公共供电点有两种情况：其一是电弧炉系统直接与电力系统相连接；其二是电弧炉系统通过企业总变电所与电力系统相连接。电弧炉一般不由车间变电所供电。

当电弧炉由企业总变电所母线供电时，为了防止对其他负荷供电质量产生不良影响，一般要求供电变压器的容量为电弧炉变压器容量的 2.5 倍以上。当不能满足此要求时，或增大供电变压器容量；或采用专用中间变压器供电，这需要经过技术经济比较来确定。

当采用专用中间变压器供电时，该变压器容量的选择，应与电弧炉变压器经常过负荷运行状态相适应。此时，供电变压器二次侧的电压波动可不受限制；当供电变压器二次侧装有无功功率动态补偿装置时，该变压器容量应按补偿后的负荷情况选择。

五、SVC 设计所需要的电力系统及负荷参数资料

电力系统资料：

(1) 电力系统电压。电力系统额定电压 U_N、电压波动和电压偏差及偏差的持续时间。

(2) 电力系统频率。

(3) PCC 点。电网最大、最小运行方式和正常小方式的系统阻抗或短路容量，系统阻

抗的 R/X 值（如果无此参数时，一般取 $R/X = 0.1 \sim 0.067$）。

（4）绝缘水平。过电压及现有避雷器水平。

（5）瞬态及暂时性过电压幅值及其持续时间。

（6）系统中性点接地状况。

（7）保护配置状况。包括时限配合及自动重合闸设置状况。

（8）现有电力系统背景谐波情况。

（9）供电部门对 PCC 点功率因数限值。

PCC 点以下的企业供配电系统资料：

（1）企业供配电系统单线图。图中应注明各主要元件的电气参数和运行方式。例如变压器、发电机、大型同步电动机、电力电容器及整流设备等额定参数。

（2）PCC 点电压控制方式。如变压器采用无载或有载调压分接开关，分接开关挡数及每挡电压百分值，以及其他的调压方式等。

（3）其他负荷。与冲击负荷接于同一母线的其他负荷参数、功率因数、谐波发生量。

电弧炉（LF 炉）波动负荷数据资料：

（1）电弧炉的容量、产量、年工作天数、工作方式。

（2）电弧炉冶炼工艺过程简况（如废钢、海绵铁、矿石、铁水等加入量和加入方式等）。

（3）电弧炉变压器参数：

1）额定容量；

2）一次电压、二次电压等级与数值；

3）额定二次电流与等级及其最大二次电流数值；

4）最大允许过负荷电流；

5）短路阻抗电压（包括可能的相不平衡阻抗）、接线组别。

（4）典型的电弧炉供电曲线。

（5）短网阻抗（包括阻抗、电阻值）。

（6）熔化期、精炼期的自然功率因数。

（7）谐波发生量。

（8）直流电弧炉除了上述外，还要提供整流变压器的电气参数。

六、SVC 电气主接线方式及有关问题

（一）直接并联式接线

直接并联式接线如图 29 - 1 所示。SVC 直接接在负荷母线上，整套 SVC 用一只断路器。这种接线方式适用于 35kV 及其以下的电压等级。

（二）间接并联式接线

间接并联式接线如图 29 - 2 所示。TCR 型 SVC 的主电抗器通过降压变压器与负荷并联；SR 型中的自饱和电抗器通过调压变压器（当主变无有载调压时）与负荷并联。这种接线方式通常用于 35kV 及其以上的电压等级。

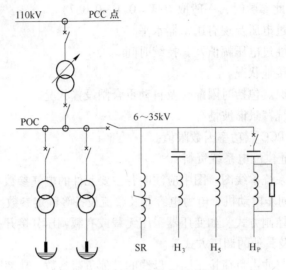

图 29 - 1 SVC 直接并联式接线

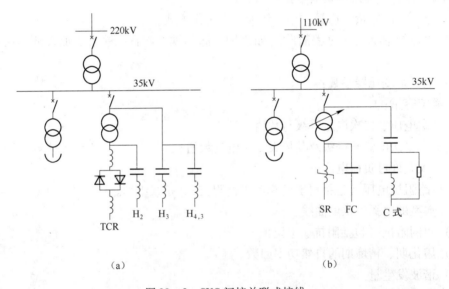

（a）　　　　　　　　　　　（b）

图 29 - 2 SVC 间接并联式接线

对于 TCR 型 SVC，为了减小降压变压器容量，在电抗器端头并联一组滤波器（或电容器），其基波容性无功量约等于电抗器额定容量的 1/2。

上述接线方式也有混合使用的情况。

（三）自饱和电抗器（SR）型 SVC 线路的连接

作为负荷补偿用的自饱和电抗器型静止补偿器，利用其固有的斜率特性，自动地对负荷波动无功进行跟踪补偿而省去了复杂的调节系统。为了防止因系统电压偏移增加自饱和电抗器的容量（或因电压偏移造成严重的过负荷），通常在自饱和电抗器前需要安装一个有载调压变压器，变压器有载分接开关受负荷控制，保证自饱和电抗器在稳定的工作点运行。线路连接方式如图 29 - 1 与图 29 - 2 所示。

（四）断路器的选型

SVC 在负荷空载时，其容性无功和感性无功自身基本平衡，因此不存在因过补偿而导致母线电压过高。在负荷短暂空载时不需切除，即正常运行的 SVC 并非频繁操作，SVC 的操作断路器要选用可以有效切除容性电流且重燃几率低的断路器，35kV 的 SVC 建议采用 SF6 断路器。

（五）过电压问题的处理

SVC 的感性元件和容性元件用一个断路器时，其操作过电压约在 2 倍额定电压以下；而电容器回路单独设置断路器投切容性元件时，则其操作过电压高于 2 倍额定电压值。一般情况下，回路装有氧化锌避雷器作为过电压保护较好。

第三节　电弧炉供电线路的电参数

在 SVC 设计所需要的电力系统及负荷参数资料时，通常是得不到完整的资料，而是需要进行计算后，才能将资料完善。

构成电弧炉特性曲线的电参数有供电电压和电路阻抗。现按一级电路和二级电路分别讨论。

一、一级电路

一级电路是指电能由发电厂经输电电网、变电站降压变压器输送到电弧炉变压器一次侧的这一段电路。

一级电路的电参数应考虑以下几个部分：

（1）供电电网公共连接点（PCC）处的供电电压和电网的短路容量。

（2）变电站降压变压器。

（3）电弧炉变压器一次侧。

（4）在分析一级电路时，系统元件以阻抗值或百分数阻抗给出。

1）系统的相阻抗 Z_S：

$$Z_S = (E_S)^2 / P_S (\Omega) \qquad (29-8)$$

式中　E_S——供电电网相间电压，V；

　　　P_S——供电电网的短路容量，V·A。

2）降压变压器电压、额定容量和百分数阻抗。其阻抗可按式（29-9）求出：

$$Z_T = \frac{\% Z_T (E_{11})^2}{P_T} \qquad (29-9)$$

式中　Z_T——降压变压器的阻抗值，Ω；

　　　$\% Z_T$——降压变压器的百分阻抗值；

　　　E_{11}——降压变压器一次侧电压值，V；

　　　P_T——降压变压器的额定容量，V·A。

3）电弧炉变压器的额定电压、额定容量和百分数阻抗。其阻抗可按式（29-10）

求出：

$$Z_{FT} = \frac{\% Z_{FT}(U_1)^2}{P_{FT}} \tag{29-10}$$

式中 Z_{FT}——电弧炉变压器的阻抗值，Ω；

$\% Z_{FT}$——电弧炉变压器的百分数阻抗；

P_{FT}——电弧炉变压器的额定容量，$V \cdot A$；

U_1——电弧炉变压器的一次电压，V。

4）为了分析电路，所有的阻抗值都折算到电弧炉变压器二次侧。其阻抗折算公式为：

$$Z_{T0} = Z_{T1}\left(\frac{U_{2P}}{E_{11}}\right)^2 \tag{29-11}$$

式中 Z_{T0}——降压变压器原阻抗值折算到电弧炉变压器二次侧后的阻抗，Ω；

Z_{T1}——降压变压器原阻抗值，Ω；

U_{2P}——电弧炉变压器二次侧最高电压，V。

5）电阻 r 和电抗 X 的分解，可选用下列经验比值：线路：$X_S/r_S = 10/1$；电炉变压器：$X_{FT}/r_{FT} = 8/1$。

二、二级电路

二级电路是指从电弧炉变压器的二次侧到电极下端部的全部电路，即：

（1）电弧炉变压器二次侧；

（2）短网；

（3）导电横臂和电极夹持器；

（4）电极。

三、供电线路的电参数

通过对一级和二级电路分析可知，电弧炉供电电路的总阻抗包括五个独立部分：

（1）供电电网阻抗：$Z_S = (r_S + jX_S)$；

（2）企业变电所降压变压器阻抗：$Z_T = (r_T + jX_T)$，有时无此项；

（3）电弧炉变压器阻抗：$Z_{FT} = (r_{FT} + jX_{FT})$，有些情况下包括专用电抗器的阻抗（如高阻抗电弧炉）；

（4）电弧炉变压器二次侧短网阻抗：$Z_F = (r_F + jX_F)$；

（5）电弧电阻：R_{arc}，操作中可变值。

在分析电弧炉工作状态时，常假定供电电网的容量是无限的。这样，从电网的公共连接点（PCC）向下有：

线路电阻 $\qquad r_S = r_T + r_{FT} + r_F \tag{29-12}$

操作电阻 $\qquad R_{OP} = r_S + R_{arc} \tag{29-13}$

操作电抗 $\qquad X_{OP} = X_T + X_{FT} + X_F \tag{29-14}$

操作电抗是指电弧炉实际运行时的系统电抗。操作电抗从整体上决定了炉子的电气特性，传统上认为操作电抗是短路电抗的 1.1～1.3 倍，即：

$$X_{OP} = kX_{SC} \tag{29-15}$$

式中　k——系数，$k = 1.1 \sim 1.3$；

　　　X_{SC}——短路电抗。

实际上操作电抗和短路电抗不是线性关系，它是电弧电流的函数，即 $X_{OP} = f(I_2)$。操作电抗与电弧电流存在负相关系，这一点在高阻抗电弧炉上更为明显。北京科技大学和南京钢铁集团公司对南钢100t高阻抗电炉进行了实际测试，并给出了操作阻抗和电弧电流数学模型：

$$X_{OP} = 15.64 e^{-0.0192 I_2} \tag{29-16}$$

式中　I_2——电弧电流。

四、线路电参数计算举例

已知条件：

（1）供电电网的额定电压 $E_S = 110kV$；公共连接点（PCC）处的短路容量 $P_S = 6000MV \cdot A$。

（2）降压变压器的一次/二次额定工作电压 $E_{11} = 110kV$，$E_{12} = 35kV$，容量 $P_T = 70MV \cdot A$，百分阻抗$\% Z_T = 8.0\%$。

（3）电弧炉变压器的一次工作电压 $U_1 = 35kV$，额定容量 $P_{FT} = 70MV \cdot A$，百分阻抗$\% Z_{FT} = 5.0\%$，二次最高电压 $U_{2P} = 700V$。

（4）电弧炉变压器二次侧短网电阻 $r_F = 0.45m\Omega$，电抗 $X_F = 2.80m\Omega$；

（5）考虑谐波使电抗增大，取系数 $k = 1.10$。

计算过程：

（1）供电电网。相阻抗为：

$$Z_S = \frac{(E_S)^2}{P_S} = \frac{(110 \times 10^3)^2}{6000 \times 10^6} = 2.017 \quad (\Omega)$$

折算到电弧炉变压器二次侧的相阻抗值为：

$$Z_S' = \left(\frac{U_{2P}}{E_S}\right)^2 Z_S = \left(\frac{700}{110 \times 10^3}\right)^2 \times 2.017 = 0.0817 \quad (m\Omega)$$

取电网的电抗和电阻之比：$X_S / r_S = 10/1$，也即：$\tan\theta_S = 10/1$，则 $\theta_S = 84.29°$。

故，电网电阻：　　　$r_S' = Z_S' \cos\theta_S = 0.0817 \cos 84.29° = 0.008 \quad (m\Omega)$

　　电网电抗：　　　$X_S' = Z_S' \sin\theta_S = 0.0817 \sin 84.29° = 0.081 \quad (m\Omega)$

（2）降压变压器。相阻抗为：

$$Z_T = \frac{(\% Z_T)(E_{11})^2}{P_T} = \frac{(110 \times 10^3)^2 \times 8\%}{70 \times 10^6} = 13.829 \quad (\Omega)$$

折算到电弧炉变压器二次侧的相阻抗值为：

$$Z_T' = \left(\frac{U_{2P}}{E_{11}}\right)^2 Z_T = \left(\frac{700}{110 \times 10^3}\right)^2 \times 13.829 = 0.560 \quad (m\Omega)$$

取降压变压器的电抗和电阻之比 $X_T / r_T = 8/1$，也即：$\tan\theta_T = 8/1$，则 $\theta_T = 82.87°$。

故，降压变压器电阻：$r_T' = Z_T' \cos\theta_T = 0.560 \cos 82.87° = 0.070 \quad (m\Omega)$

　　降压变压器电抗：$X_T' = Z_T' \sin\theta_T = 0.560 \sin 82.87° = 0.556 \quad (m\Omega)$

（3）电弧炉变压器。相阻抗为：

$$Z_{FT} = \frac{(\% Z_{FT})(U_1)^2}{P_{FT}} = \frac{(35 \times 10^3)^2 \times 5\%}{70 \times 10^6} = 0.875 \quad (\Omega)$$

折算到电弧炉变压器二次侧的相阻抗值为：

$$Z'_{FT} = \left(\frac{U_{2P}}{U_1}\right)^2 Z_{FT} = \left(\frac{700}{35 \times 10^3}\right)^2 \times 0.875 = 0.35 \quad (m\Omega)$$

取电弧炉变压器的电抗和电阻之比 $X_{FT}/r_{FT} = 8/1$，也即：$\tan\theta_{FT} = 8/1$，则 $\theta_{FT} = 82.87°$。故，电弧炉变压器电阻：$r'_{FT} = Z'_{FT}\cos\theta_{FT} = 0.35 \times \cos82.87° = 0.043 \quad (m\Omega)$

电弧炉变压器电抗：$X'_{FT} = Z'_{FT}\sin\theta_{FT} = 0.35 \times \sin82.87° = 0.347 \quad (m\Omega)$

（4）短网。已知短网每相的电阻 $r_F = 0.45 \quad (m\Omega)$ 和电抗 $X_F = 2.80 \quad (m\Omega)$。

（5）考虑到谐波失真情况。考虑到谐波失真，各电抗值均增大 1.1 倍，即 $k = 1.1$。

综上所述，在折合到电弧炉变压器二次侧最高电压 $U_{2P} = 700V$ 下，每相的阻抗值及其分量计算汇总见表 29 - 5。

表 29 - 5　计算汇总　　　　　　　　　　　　（mΩ）

各部名称	电阻 r	电抗 X	阻抗 Z
供电电网	$r'_S = 0.008$	$X'_S = 0.081 \times 1.1 = 0.089$	$Z'_S = 0.089$
降压变压器	$r'_T = 0.070$	$X'_T = 0.556 \times 1.1 = 0.612$	$Z'_T = 0.616$
电弧炉变压器	$r'_{FT} = 0.043$	$X'_{FT} = 0.347 \times 1.1 = 0.382$	$Z'_{FT} = 0.384$
短　网	$r_F = 0.450$	$X_F = 2.80 \times 1.1 = 3.080$	$Z_F = 3.113$

（6）按电弧炉变压器一次侧考察有：

相操作电抗：　　　$X_{OP} = X_F + X'_{FT} = 3.080 + 0.382 = 3.462 \quad (m\Omega)$

相线路电阻：　　　$r_S = r_F + r'_{FT} = 0.450 + 0.043 = 0.493 \quad (m\Omega)$

（7）按公共连接点（PCC）处考察则有：

相操作电抗：$X'_{OP} = X_F + X'_{FT} + X'_T = 3.080 + 0.382 + 0.612 = 4.074 \quad (m\Omega)$

相线路电阻：$r'_S = r_F + r'_{FT} + r'_T = 0.450 + 0.043 + 0.070 = 0.563 \quad (m\Omega)$

第四节　电弧炉用静补装置及其容量的选择方法与估算

一、电压、无功功率波动值的计算

由于电压波动是由无功功率波动引起的，因此计算电弧炉无功功率波动值是非常必要的：

（1）一台电弧炉的无功功率波动值 ΔQ 可由式（29 - 17）确定：

$$\Delta Q = 2.5 K_Z P_{FT}\sin\varphi \sqrt{1 - \frac{1}{K_L^2}} \quad (kvar) \qquad (29 - 17)$$

式中　K_Z——电炉变压器负荷系数，在熔化期 $K_Z = 0.9 \sim 1.2$；

　　　P_{FT}——电炉变压器额定容量，$kV \cdot A$；

φ——熔化期电弧电流和电弧电压矢量之间相角差（见表 29 - 6）；

K_L——熔化期电炉负荷波形系数（见表 29 - 7）。

表 29 - 6　电弧炉炉料熔化期的 $\cos\varphi$ 值

炉子容量/t	普通功率电弧炉	超高功率电弧炉	炉子容量/t	普通功率电弧炉	超高功率电弧炉
5 ~ 20	0.75 ~ 0.85	0.73 ~ 0.75	100 ~ 150	0.73 ~ 0.75	0.70 ~ 0.73
40 ~ 80	0.73 ~ 0.80	0.72 ~ 0.78	≥200	0.70 ~ 0.73	0.65 ~ 0.70

表 29 - 7　电弧炉炉料熔化期的负荷系数 K_L

炉子容量/t	K_L 值	炉子容量/t	K_L 值
5 ~ 10	1.014	50 ~ 100	1.022
20 ~ 50	1.018	100 ~ 200	1.055

（2）当 n 台电弧炉并联运行时，其无功功率波动值可按式（29 - 18）计算：

$$\Delta Q_\Sigma = \sqrt{n}\Delta Q \quad (\text{kvar}) \tag{29 - 18}$$

利用公式（29 - 17）可以得出 90MV·A 的电弧炉的 ΔQ 值和 ΔU 值，列于表 29 - 8。

表 29 - 8　90MV·A 的电弧炉的 ΔQ 和 ΔU 值

n/次	1	2	3	4	5	6	7
ΔQ/MV·A	65	92	112	130	145	159	172
ΔU/%	1.1 ~ 1.9	1.5 ~ 2.7	1.8 ~ 3.3	2.1 ~ 3.8	2.3 ~ 4.3	2.6 ~ 4.7	2.8 ~ 5.0

二、静补装置及其容量的选择

利用无功发生装置就可补偿电网电压波动。由于晶闸管维护容易、可靠性高，并可以连续平滑调节，因此无功补偿装置的最佳方案是利用晶闸管控制电抗器电流，它与补偿电容器并联。图 29 - 3 所示为静补装置系统原理图和无功功率变化示意图，其工作原理是将电弧炉随时变化的无功功率信号检出，用来控制电抗器的无功功率，控制原则是令 Q_F + Q_L = 常数，两者均为感性无功功率。

另外，由于谐波滤波器的补偿，电容器的无功功率被设计成 $Q_C = Q_F + Q_L$，因此整个静补装置取自电网的总无功功率 Q_Σ 趋近于零，即：

$$Q_\Sigma = Q_F + Q_L - Q_C = 0 \tag{29 - 19}$$

式中　Q_Σ——电网的总无功功率；

Q_F——电弧炉发生的无功功率；

Q_L——晶闸管控制电抗器的无功功率；

Q_C——补偿电容器的无功功率。

总的无功功率维持不变，并且补偿后，趋近于零，则电压波动也趋近于零。

正确地选择静补装置的容量，能减轻电弧炉电气设备（电弧炉变压器、高压断路器、电力电容器等）的负担；能提高炉衬和电极的使用寿命，并可使前级供电变压器的容量减少约 20% 。因此可以说，静补装置不仅能颇有成效地改善供电质量，而且还能提高冶金企

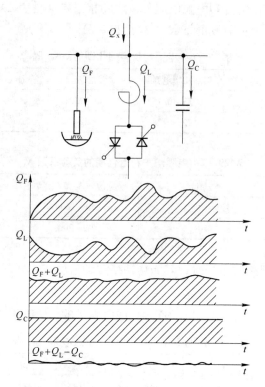

图 29 - 3 静补装置系统原理图和无功功率变化示意图

业的技术经济指标。

为了正确地选择静补装置的容量，必须具体地分析电弧炉供电线路和拟定静补装置的技术条件。这些条件是：

（1）静补装置保证电弧炉供电母线上的电能质量达到国家电热规范所规定的质量指标。

（2）静补装置保证电弧炉供电母线上的功率因数平均值达到供电系统或国家电热规范所规定的数值。

下面讨论如图 29 - 4（a）所示的炼钢电弧炉的典型供电线路，这是两组供电线路，每组由两台电弧炉组成，各组之间通过联络开关 K_1 接通。当 K_1 断开时，电炉变压器连接处（B 点）的短路容量为：

$$P_B = \left(P_A^{-1} + \frac{U_{TD}}{P_T} \right)^{-1} \tag{29 - 20}$$

式中 P_B——B 点供电系统的短路容量；

P_A——A 点供电系统的短路容量；

P_T——供电降压变压器额定容量；

U_{TD}——供电降压变压器短路电压。

一台电弧炉短路时的短路容量 P_{FT_S} 可由式（29 - 21）确定：

$$P_{FT_S} = \left[P_A^{-1} + \frac{e_K}{P_T} + (kP_{FT})^{-1} \right]^{-1} \tag{29 - 21}$$

式中　k——电弧炉三相短路电流倍数，普通功率为 2.5 ~ 3.5，高功率电弧炉为 1.7 ~

　　　　　2.1，超高功率电弧炉为 1.4 ~ 1.9；

　　　P_{FT}——电弧炉变压器额定容量。

　　式（29 - 21）给出了系统短路容量和电弧炉短路容量之间的关系。

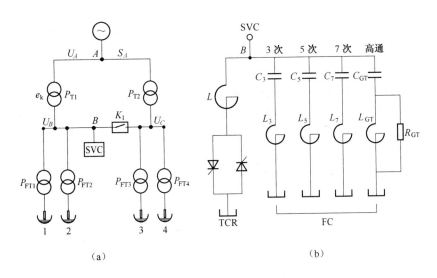

图 29 - 4　炼钢电弧炉的典型供电线路

三、相控型无功补偿装置容量的计算

　　根据我国国家标准《电热设备电力装置设计规范》（GB 50056—1993）规定：三相电弧炼钢炉工作短路时引起的供电母线（35kV）上的电压波动值不应超过 2% 。按照上述规定，图 29 - 4 中静补装置的容量 Q_{SVC} 可由式（29 - 22）确定：

$$\Delta U = 0.02 = \frac{P_{FT_s} - Q_{SVC}}{P_B} \tag{29 - 22}$$

式中　Q_{SVC}——静补装置无功变化范围。

　　当多台电弧炉同时工作时，电弧炉供电母线 B、C 点的合成电压波动也不应超过允许值 2% 。当图 29 - 4（a）中母线 U_A 上的电压波动允许值给出之后，K_1 断开时，电弧炉母线 U_B 上的电压波动允许值由式（29 - 23）确定：

$$\Delta U_B = \Delta U_A \left(1 + U_{TD} \frac{P_A}{P_B} \right) \tag{29 - 23}$$

式中　ΔU_A——系统母线上的电压波动允许值；

　　　ΔU_B——电弧炉母线上的电压波动允许值。

　　本小节讨论的静补装置原理图（见图 29 - 4（b）），它由晶闸管控制电抗器（TCR）和固定滤波器组（FC）构成。前者能够将 T_{CR} 消耗的无功功率由零改变到 Q_{TCR}；后者则由 3 次、5 次、7 次和高通滤波器组成，FC 发生的基波无功功率是固定的，但它又是由各次谐波滤波器组成的，即 $Q_{FC} = Q_3 + Q_5 + Q_7 + Q_{GT}$。整个静补装置发出的无功功率 $Q_{SVC} =$

$Q_{FC} - Q_{TCR}$。

确定静补装置 SVC 的设备容量，即确定 TCR 和 FC 的容量以及 SVC 的连接点是非常重要的。为了提高负载功率因数，FC 滤波电路中的电容器发生的容性无功功率应当等于为了提高功率因数达到规定值所必需的无功功率平均值和 TCR 电路消耗的感性无功功率平均值之和，即：

$$Q_{FC} = np_a(\tan\varphi_{Lm} - \tan\varphi_{LY}) + 0.5Q_{TCR} \qquad (29-24)$$

式中　　n——炉子台数；

$\quad\quad p_a$——熔化期一台炉子消耗的有功功率平均值，kW；

Q_{TCR}——静补装置中 TCR 消耗的无功功率，kvar；

φ_{Lm}——熔化期电弧炉母线上的基波电压与炉子基波电流之间的相角（平均值）；

φ_{LY}——电弧炉母线上的基波电压与炉子基波电流矢量之间的规定相角（电容补偿后的相角），通常规定 $\tan\varphi_{LY} = 0.2$，相当于 $\cos\varphi = 0.98$。

日本富士电机公司撰文指出，静补装置的总容量一般选择等于电弧炉三相短路时短路容量的 50% 左右。

四、计算实例

作为实例，计算某钢厂 30t 超高功率电弧炉短路容量及其所需静补装置容量。其供电系统图如图 29-5 所示。已知数据：$P_A = 900\text{MV} \cdot \text{A}$，$U_A = 110\text{kV}$，$P_T = 63\text{MV} \cdot \text{A}$，$U_B = 35\text{kV}$，$U_{TD} = 0.07$，$P_{FT} = 20\text{MV} \cdot \text{A}$。

根据式（29-20），B 点短路容量为：

$$P_B = \left(P_A^{-1} + \frac{U_{TD}}{P_T}\right)^{-1} = \left[(900)^{-1} + \frac{0.07}{63}\right]^{-1} = 450 \ (\text{MV} \cdot \text{A})$$

根据式（29-21），一台电弧炉短路时的短路容量为：

$$P_{FT_S} = \left[P_A^{-1} + \frac{U_{TD}}{P_T} + (kP_{FT})^{-1}\right]^{-1}$$

$$= \left[(900)^{-1} + \frac{0.07}{63} + (2.1 \times 20)^{-1}\right]^{-1} = 38.4 \ (\text{MV} \cdot \text{A})$$

当这台电弧炉发生运行短路时，引起 B 点的电压波动值为：

$$\Delta U = \frac{P_{FT_S}}{P_B} \times 100\% = \frac{38.4}{450} \times 100\% = 8.5\%$$

该值超过允许值 2% 的指标，因此必须装设静补装置，其容量根据式（29-22）得：

$$\Delta U_B = \frac{P_{FT_S} - Q_{SVC}}{P_B} \times 100\% = 2\%$$

可以求出：

$$Q_{SVC} = P_{FT_S} - P_B \Delta U_B = 38.4 - 450 \times 0.02 = 29.4 \ (\text{Mvar})$$

而：

$$\frac{Q_{SVC}}{P_{FT_S}} = \frac{29.4}{38.4} \times 100\% = 76.6\%$$

可见，Q_{SVC} 为这台电弧炉短路容量 P_{FT_S} 的 76.6%。

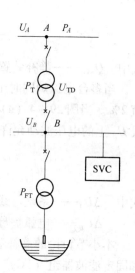

图 29-5 某钢厂 30t 电弧炉的供电系统图

第五节　电弧炉用 TCR 型 SVC 设计计算

一、电弧炉的供电线路与功率圆图

为便于分析电弧炉的功率变化趋势，可采用最简单化的等值电路的单线图，如图 29 – 6 所示。

在图 29 – 6 中：X_S 为 PCC 点以上电网部分系统的电抗；R_S 为 PCC 点以上电网部分系统的电阻；X_T 为供电降压变压器电抗；R_T 为供电降压变压器电阻；X_R 为电抗器电抗；R_R 为电抗器电阻；X_{FT} 为电弧炉变压器电抗；R_{FT} 为电弧炉变压器电阻；X_F 为电弧炉短网电抗；R_F 为电弧炉短网电阻；X_0 为供电线路总电抗；R 为供电线路总电阻，以电弧炉电阻为主，其值变化较大。Z_0 为供电线路总阻抗；E_S 为供电电网电压。

在计算中由于 $X \gg R$，通常的做法是将对 R 的影响忽略不计，而是采用电抗 X 代替阻抗 Z 进行计算。

电弧炉运行功率圆如图 29 – 7 所示。在图 29 – 7 中：P 为有功功率；Q 为无功功率；φ_R 为额定运行点的功率因数（阻抗）角；φ_S 为短路时回路的功率因数（阻抗）角；Q_{max} 为电弧炉最大无功功率；ΔQ_{max} 为最大无功功率变动量。

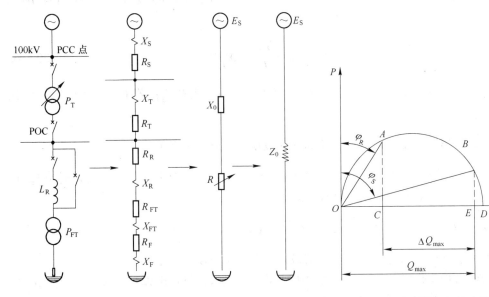

图 29 – 6　电弧炉等值电路的单线图　　　　图 29 – 7　电弧炉运行功率圆图

二、工作短路状态的无功功率与电压最大波动量

（一）无功功率最大波动量

电弧炉从正常运行到三相工作短路状态的无功功率最大波动量为：

$$\Delta Q_{max} = \frac{P_j}{Z_S + Z_T + Z_{FT} + Z_F} \cos^2 \varphi_R \tag{29 – 25}$$

式中 $\cos\varphi_R = \sqrt{1 - \left(\dfrac{Z_T + Z_{FT} + Z_F}{100} \times \dfrac{P_{FT}}{100}\right)^2}$;

P_j ——以 100MV·A 为基准的标幺值，即 $P_j = 100\text{MV·A}$。

（二）电压波动量最大值

电压波动量最大值（$\Delta U_{\max}$）可由式（29-26）确定：

$$\Delta U_{\max} = \frac{Z_S}{Z_S + Z_T + Z_{FT} + Z_F} \tag{29-26}$$

或

$$\Delta U_{\max} = \frac{\Delta Q_{\max}}{P_S} \tag{29-27}$$

对于实际的、有限容量的电网，电弧炉负载引起的电网电压波动百分数为：

$$\Delta U\% = \frac{\Delta U \times 100\%}{U} = \frac{\Delta Q}{P_S U} \times 100\% \tag{29-28}$$

式（29-28）指出，电网电压变动主要是由于无功功率变动 ΔQ 引起的。考虑到电弧炉的正常运行与短路状态之间的无功功率变动大致与炉子变压器的额定容量相当，即 $\Delta Q = P_{FT}$，故可以用式（29-29）来估算电网上的最大电压波动百分数，也即：

$$\Delta U_{\max}\% = \frac{P_{FT}}{P_S} \times 100\% \tag{29-29}$$

根据国际电热委员会规定：$P_{FT}/P_S \leqslant 0.02$ 时，则不用补偿；若 $P_{FT}/P_S > 0.034$，则必须采取补偿措施。

三、多台电弧炉工作时的最大无功功率波动量与等效闪变值

多台电弧炉工作时的最大无功功率波动量，可先求出每台电弧炉单独运行时引起的无功功率波动量，然后利用4次方根理论求得：

$$\Delta Q_{\Sigma\max} = \sqrt[4]{\Delta Q_{1\max}^4 + \Delta Q_{2\max}^4 + \cdots + \Delta Q_{n\max}^4} \tag{29-30}$$

式中 $\Delta Q_{\Sigma\max}$ ——多台电弧炉工作时的最大无功功率波动量。

多台电弧炉工作时的电压最大等效闪变量，可先求出每台电弧炉单独运行时引起的电压等效闪变量，然后利用4次方根理论求得：

$$\Delta U_{\Sigma 10\max} = \sqrt[4]{\Delta U_{1\times10\max}^4 + \Delta U_{2\times10\max}^4 + \cdots + \Delta U_{n\times10\max}^4} \tag{29-31}$$

式中 $\Delta U_{\Sigma 10\max}$ ——多台电弧炉工作时的最大等效闪变量。

四、TCR 容量的计算

（一）闪变改善率

用 $\Delta U_{10\max}$ 计算的最大闪变率 K_{u10} 值为：

$$K_{u_{10}} = \frac{\Delta U_{10_{max1}} - \Delta U_{10_{max2}}}{\Delta U_{10_{max1}}} \qquad (29-32)$$

式中　$\Delta U_{10_{max1}}$——补偿前考核点电压闪变最大值；

　　　$\Delta U_{10_{max2}}$——补偿后考核点电压闪变最大值。

用最大电压波动量计算的 K_u 值为：

$$K_u = \frac{\Delta U_{max_1} - \Delta U_{max_2}}{\Delta U_{max_1}} \qquad (29-33)$$

式中　ΔU_{max_1}——补偿前考核点电压波动最大值；

　　　ΔU_{max_2}——补偿后考核点电压波动最大值。

（二）补偿系数

补偿系数 α 可查图 29-8 所示的曲线。注意，K 与 α 查取数值后应带有%。

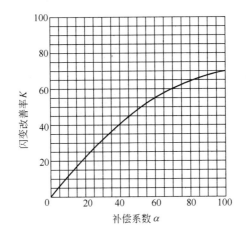

图 29-8　补偿系数 α

（三）TCR 主电抗器容量的计算

TCR 主电抗器容量的计算见式（29-34）：

$$Q_L = \alpha \Delta Q_{max} \qquad (29-34)$$

（四）功率因数补偿用电容器容量的计算

由于电弧炉负载在运行过程中的不恒定，有功功率和无功功率的需求量在不断剧烈波动，使精确确定一个合适的补偿量十分困难。在设计时通过负载的有功功率计算。

根据 $P = P_n \cos\varphi$，则无功功率补偿补偿容量 Q_C 为：

$$Q_C = K_C P \qquad (29-35)$$

式中　Q_C——无功功率补偿补偿容量，Mvar；

　　　P——电弧炉的有功功率，MV·A；

K_C——系数，系数的选择见表 29 – 9。

表 29 – 9　系数 K_C 的取值

原功率因数 $\cos\varphi_1/\%$	补偿后希望达到的功率因数 $\cos\varphi_2/\%$				
	100	95	90	85	80
	K_C				
60	1.333	1.004	0.849	0.713	0.583
62	1.266	0.937	0.782	0.646	0.516
64	1.201	0.872	0.717	0.581	0.451
66	1.138	0.809	0.654	0.518	0.388
68	1.078	0.749	0.594	0.458	0.328
70	1.020	0.691	0.536	0.400	0.270
72	0.964	0.635	0.480	0.344	0.214
74	0.909	0.580	0.425	0.289	0.159
76	0.855	0.526	0.371	0.235	0.105
78	0.802	0.473	0.318	0.182	0.052
80	0.750	0.421	0.266	0.130	0.000
82	0.698	0.369	0.214	0.078	
84	0.646	0.317	0.162	0.026	
86	0.593	0.264	0.109		
88	0.540	0.211	0.056		
90	0.484	0.155	0.000		
92	0.426	0.097			
94	0.363	0.034			
96	0.292				
98	0.203				
100	0.000				

例　电弧炉变压器额定容量为 $P_{FT} = 100\,MV \cdot A$，若其初级在公共连接点 PCC 处原功率因数 $\cos\varphi_1 = 70\%$，希望经补偿后的功率因数 $\cos\varphi_2 = 95\%$，试确定所需补偿无功功率的容量。

解　负载有功功率为：$P = P_n\cos\varphi_1 = 100 \times 0.70 = 70$（MW）

补偿的无功功率容量为：$Q_C = K_C P = 0.691 \times 70 = 48.4$（Mvar）

（五）平衡电抗器所需要得的电容器组容量的计算

平衡电抗器所需要得的电容器组容量为：

$$Q_{cb} = \frac{1}{2}Q_L \quad (\text{Mvar}) \tag{29 – 36}$$

（六）SVC 所需电容器总容量的计算

SVC 所需电容器总容量为：

$$Q_{CC} = Q_C + Q_{cb} \quad (\text{Mvar}) \tag{29-37}$$

（七）滤波器配置

使 PCC 点谐波指标满足国家规定的要求，各组滤波器的基波输出无功功率之和必须大于或等于 Q_{CC}。

五、计算实例

某厂 4 台电弧炉供电系统如图 29-9（a）所示。

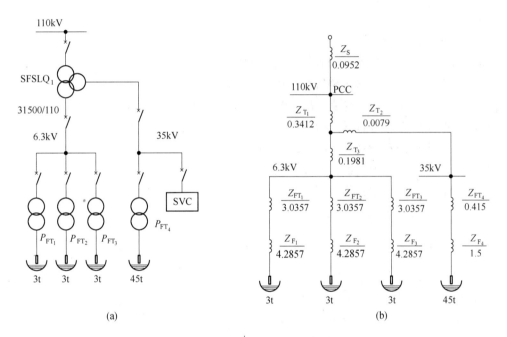

图 29-9　某厂电弧炉供电系统

（a）电弧炉供电系统图；（b）电弧炉阻抗图

（$P_{FT_1} = P_{FT_2} = P_{FT_3} = 2800\text{kV} \cdot \text{A}$；$P_{FT_4} = 20000\text{kV} \cdot \text{A}$）

（一）已知条件

三相供电降压变压器 SFSLQ-31500/110，31500kV·A，110kV/37kV/6.3kV。110kV 侧带有载调压装置。Y，yn0，d11 接线。短路阻抗：$U_{T_1} = 10.5\%$，$U_{T_2} = 17\%$，$U_{T_3} = 6\%$。

3t 电弧炉：

（1）变压器容量：$P_{FT_1} = 2800\text{kV} \cdot \text{A}$；

（2）变压器一次电压：6.3kV；

（3）变压器二次电压：220~123V；

(4) $U_{FT_1} = 8.5\%$;

(5) 短网阻抗：$Z_{F_1} = 12\%$ ；

(6) 电抗器 15% （实际上不用）；

(7) 3t 电弧炉数量：3 台。

45t 电弧炉：

(1) 变压器容量：$P_{FT_4} = 20000 \text{kV} \cdot \text{A}$ ；

(2) 变压器一次电压：35kV ；

(3) 变压器二次电压：426～170V ；

(4) $U_{FT_4} = 8.3\%$ ；

(5) 短网阻抗：$Z_{F_4} = 30\%$ ；

(6) 45t 电弧炉数量：1 台。

系统参数：

(1) 供电电压：110kV ；

(2) 母线最小运行方式短路容量：$P_{S_{min}} = 1050 \text{MV} \cdot \text{A}$ ；

(3) 母线最大运行方式短路容量：$P_{S_{max}} = 1500 \text{MV} \cdot \text{A}$ ；

(4) 110kV 现有电压畸变值：$U_3 = 0.8\%$ ，$U_5 = 0.05\%$ ，$U_7 = 0.02\%$ 。

PCC 点补偿后应达到如下指标：

(1) 最大电压波动量：$\Delta U \le 2\%$ ；

(2) 等效电压闪变值：$\Delta U_{10} \le 0.5\%$ ；

(3) 综合电压畸变率：不大于 1.5% ；

(4) 月平均功率因数：不低于 92% 。

(二) 设计计算

1. 元件阻抗的计算

电弧炉阻抗图如图 29-9 （b） 所示。

取 $P_j = 100 \text{MV} \cdot \text{A}$ 。

110kV 系统阻抗为：$Z_{S_{max}} = \dfrac{100}{1050} = 0.0952$ ，$Z_{S_{min}} = \dfrac{100}{1500} = 0.0667$ 。

三相供电降压变压器阻抗为：

$$Z_{T_{11}} = \frac{1}{2}(10.5 + 17 - 6) = 10.75\% \qquad Z_{T_{12}} = \frac{1}{2}(10.5 + 6 - 17) = -0.25\%$$

$$Z_{T_{13}} = \frac{1}{2}(17 + 6 - 10.5) = 6.25\% \qquad Z_{T_1} = 10.75\% \times \frac{100}{31.5} = 0.3412$$

$$Z_{T_2} = -0.25\% \times \frac{100}{31.5} = -0.0079 \qquad Z_{T_3} = 6.25\% \times \frac{100}{31.5} = 0.1981$$

3t 电弧炉：

$$Z_{FT_1} = 8.5\% \times \frac{100}{2.8} = 3.0357 \qquad Z_{F_1} = 12\% \times \frac{100}{2.8} = 4.2857$$

45t 电弧炉：

$$Z_{FT_4} = 8.3\% \times \frac{100}{20} = 0.415 \qquad Z_{F_4} = 30\% \times \frac{100}{20} = 1.5$$

2. 电弧炉工作短路时 PCC 点的电压波动的计算

3t 电弧炉：

$$\Delta U_{max_1} = \frac{Z_S}{Z_S + Z_{T_1} + Z_{T_3} + Z_{FT_1} + Z_{F_1}} = \frac{0.0952}{0.0952 + 0.3412 + 0.1981 + 3.0357 + 4.2857} = 1.2\%$$

45t 电弧炉：

$$\Delta U_{max4} = \frac{Z_S}{Z_S + Z_{T_1} + Z_{T_2} + Z_{FT_4} + Z_{F_4}} = \frac{0.0952}{0.0952 + 0.3412 - 0.0079 + 0.415 + 1.5} = 4\%$$

$$\Delta U_{max} = \sqrt[4]{(1.2\%)^4 + (4\%)^4} = 4\%$$

3. 最大无功功率的计算

一台 3t 电弧炉运行时，最大波动无功功率为：

$$Q_{max_1} = \frac{p_j}{Z_S + Z_{T_1} + Z_{T_3} + Z_{FT_1} + Z_{F_1}} = \frac{100}{0.0952 + 0.3412 + 0.1981 + 3.0357 + 4.2857}$$
$$= 12.57 \ (\text{Mvar})$$

一台 45t 电弧炉运行时，最大波动无功功率为：

$$Q_{max_4} = \frac{p_j}{Z_S + Z_{T_1} + Z_{T_2} + Z_{FT_4} + Z_{F_4}} = \frac{100}{0.0952 + 0.3412 - 0.0079 + 0.415 + 1.5} = 42.67 \ (\text{Mvar})$$

4 台电弧炉同时运行时，最大波动无功功率为：

$$Q_{max} = \sqrt[4]{12.57^4 + 42.67^4} = 42.75 \ (\text{Mvar})$$

4. 电弧炉工作短路时在 PCC 点引起的电压波动和电压闪变的计算

ΔQ 值的计算：

根据： $$\Delta Q_{max} = Q_{max}(\sin^2\varphi_S - \sin^2\varphi_R)$$

由于工作短路时，$\sin\varphi_S \approx 1$，则有：

$$\Delta Q_{max} = Q_{max}\cos^2\varphi_R$$

其中，φ_R 为电弧炉负荷的功率因数角，3t 电弧炉运行负荷的功率因数 $\cos\varphi_R = 0.85$；45t 电弧炉运行负荷的功率因数 $\cos\varphi_R = 0.79$。

一台 3t 电弧炉运行时，电压波动和等效闪变值分别为：

$$\Delta Q_{max_1} = Q_{max_1}\cos^2\varphi_R = 12.57 \times 0.85^2 = 9.08 \ (\text{Mvar})$$

$$\Delta U_{max_1} = \frac{\Delta Q_{max_1}}{P_{S_{min}}} = \frac{9.08}{1050} = 0.0086$$

$$\Delta U_{10max1} = \frac{\Delta U_{max_1}}{4.6} = \frac{0.0086}{4.6} = 0.00188$$

一台 45t 电弧炉运行时，电压波动和等效闪变值分别为：

$$\Delta Q_{max_4} = Q_{max_4}\cos^2\varphi_R = 42.67 \times 0.79^2 = 26.63 \ (\text{Mvar})$$

$$\Delta U_{max_4} = \frac{\Delta Q_{max_4}}{P_{S_{min}}} = \frac{26.63}{1050} = 0.0254$$

$$\Delta U_{10max4} = \frac{\Delta U_{max_4}}{4.6} = \frac{0.0254}{4.6} = 0.00552$$

$$\Delta U_{10_{\max}} = \sqrt[4]{0.00188^4 \times 3 + 0.00552^4} = 0.557\%$$

5. 闪变改善率的计算

用 $\Delta U_{10_{\max}}$ 求 $K_{u_{10}}$。根据：$K_{u_{10}} = \dfrac{\Delta U_{10_{\max 1}} - \Delta U_{10_{\max 2}}}{\Delta U_{10_{\max 1}}}$，则有：

$$K_{u_{10}} = \frac{0.00557 - 0.005}{0.00557} = 10.23\%$$

用 $\Delta U_{\max}$ 求 K_u。根据 $K_u = \dfrac{\Delta U_{\max 1} - \Delta U_{\max 2}}{\Delta U_{\max 1}}$，则有：

$$K_u = \frac{0.04 - 0.02}{0.04} = 50\%$$

6. 求补偿系数 α 的计算

用 $K_u = 50\%$ 查图 29 – 5，得到 $\alpha = 56\%$。

7. 电抗器容量的计算

根据 $Q_R = \alpha Q_{\max}$，得到 $Q_R = 0.56 \times 42.75 = 23.94$（Mvar）。

8. 补偿用电容器容量的计算

（1）功率因数补偿所需的电容器容量。4 台电弧炉同时工作，设较大的 2 台电炉处于熔化期，另外 2 台处于精炼期，其功率因数见表 29 – 10。

表 29 – 10 功率因数表

炉子容量	工 况	$\cos\varphi$	$\sin\varphi$	$\tan\varphi$
45t	熔化期	0.79	0.613	0.776
1×3t	熔化期	0.85	0.527	0.62
2×3t	精炼期	0.9	0.436	0.484
补偿后		0.95		0.329

1）1 台 3t 电弧炉：

$$P_1 = 2.8 \times 0.85 = 2.38 \text{（MW）}$$
$$Q_1 = 2.8 \times 0.527 = 1.475 \text{（Mvar）}$$

根据：$Q_{cp} = P_{a,\max}(\tan\varphi_R - \tan\varphi_S)$

$$Q_{cp_1} = 1.2 \times P_1(0.62 - 0.329) = 1.2 \times 2.38 \times 0.291 = 0.831 \text{（Mvar）}$$

2）2 台 3t 电弧炉：

$$P_{23} = (2.8 \times 0.9) \times 2 = 5.04 \text{（MW）}$$
$$Q_{23} = (2.8 \times 0.436) \times 2 = 2.442 \text{（Mvar）}$$
$$Q_{cp_{23}} = 1.2 \times 5.04 \times (0.484 - 0.329) = 0.937 \text{（Mvar）}$$

3）45t 电弧炉：

$$P_4 = 20 \times 0.79 = 15.8 \text{（MW）}$$
$$Q_4 = 20 \times 0.613 = 12.26 \text{（Mvar）}$$
$$Q_{cp_4} = 1.2 \times 15.8 \times (0.776 - 0.329) = 8.475 \text{（Mvar）}$$

4）功率因数补偿到 0.92 后，4 台电炉正常运行时供电变压器的负荷量：

$$S_{\Sigma F} = (P_1 + P_{23} + P_4) + j\left[(Q_1 + Q_{23} + Q_4) - (Q_{cp1} + Q_{cp23} + Q_{cp4})\right]$$

$$= (2.38 + 5.04 + 15.8) \times 1.2 + j\left[(1.475 + 2.442 + 12.26) \times 1.2 - (0.831 + 0.937 + 8.475)\right] = 27.864 + j9.178 = 29.34e^{j18.2}$$

5）供电降压变压器消耗的无功功率：

$$Q_T = S_{\Sigma F} U_3 = 29.34 \times 8\% = 2.35(\text{Mvar})$$

6）6.3kV 侧功率因数补偿容量：

$$Q_{cp6.3} = (Q_{cp1} + Q_{cp23}) \times \left(\frac{U_1}{U_{T_3}}\right)^2 = (0.831 + 0.937) \times \left(\frac{6.3}{6}\right)^2 = 1.768 \times 1.1025 = 1.95\ (\text{Mvar})$$

7）35kV 侧功率因数补偿容量：

$$Q_{cp35} = Q_{cp4} + Q_{cp6.3} = 8.475 + 1.95 = 10.425\ (\text{Mvar})$$

（2）平衡电抗器滞后无功所需容量为：

$$Q_{cb} = \frac{1}{2}Q_R = \frac{1}{2} \times 23.94 = 11.97\ (\text{Mvar})$$

（3）35kV 侧 SVC 所需电容器总容量为：

$$Q_{c35} = Q_{cp35} + Q_{cb} = 10.425 + 11.97 = 22.395\ (\text{Mvar})$$

第六节　电弧炉用自饱和电抗器（SR）型 SVC 的设计计算

作为负荷补偿用的自饱和电抗器型静止补偿器，利用其固有斜率特性，自动地对负荷波动无功进行跟踪补偿而省去复杂的调节系统。为了防止因系统电压偏移增加自饱和电抗器的容量（或因电压偏移造成严重的过负荷），通常在自饱和电抗器前装一个有载调压变压器，变压器有载分接开关受负荷控制器控制，保证自饱和电抗器在稳定的工作点运行。

SR 型静止补偿器的典型系统如图 29-10 所示。

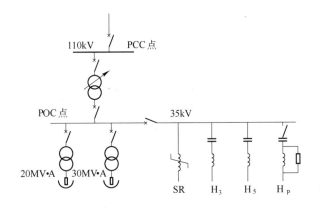

图 29-10　SR 型静止补偿器的典型系统

一、电弧炉变压器一次侧母线空载电压值和有载调压变压器的调压范围

（一）电弧炉变压器一次侧母线空载电压值

电弧炉变压器一次侧母线空载电压值 V_0 的选择不应超过电气设备额定电压的 1.1 倍。

空载电压的大小对 SR 的斜率和容量有影响。在电压波动指标一定的条件下，空载电压高，斜率和容量都会增大。

（二）有载调压变压器调压范围

有载调压变压器调压范围示意图如图 29 – 11 所示，并由下列公式决定：

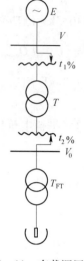

$$V_0 = \frac{V}{1 + t_1\%}(1 + t_2\%) \qquad (29 - 38)$$

$$t_1\% = \frac{V}{V_0}(1 + t_2\%) - 1 \qquad (29 - 39)$$

$$t_2\% = \frac{V_{T_2}}{V_{FT}} - 1 \qquad (29 - 40)$$

式中　V_0——电弧炉变压器一次侧母线空载电压，kV；

　　　　V——PCC 点电网电压，kV；

　　$t_1\%$——有载调压变压器的调压范围；

　　$t_2\%$——虚拟调压抽头，此抽头是由于供电变压器二次侧电压与电弧炉变压器一次侧电压不一致而产生的；

　　V_{T_2}——供电变压器二次侧电压，kV；

　　V_{FT}——电弧炉变压器一次侧电压，kV。

图 29 – 11　有载调压变压器调压范围示意图

二、最大无功功率波动量和电压波动值与静止补偿器的无功输出量

（一）最大无功功率波动量和电压波动值

最大无功功率波动量和电压波动值同本章第四节与第五节所述，这里不再重述。

（二）静止补偿器的无功输出量

静止补偿器的无功输出量可由式（29 – 41）计算：

$$Q_C = \left(\frac{V_0}{V_{FT}}\right)^2 \Delta Q_{max} - \left(\frac{V}{V_N}\right)^2 \Delta V_{P_{max}} S_{S_{min}} \qquad (29 - 41)$$

式中　Q_C——无功输出量，MV·A；

　ΔQ_{max}——最大无功功率波动量，MV·A；

　　　V——PCC 点电网正常运行状态下的电压偏移最低值，kV；

　　V_N——PCC 点电网电压，kV

　$\Delta V_{P_{max}}$——PCC 点允许的最大电压波动值，%；

　$S_{S_{min}}$——PCC 点最小短路容量，MV·A。

三、静止补偿器无功电流输出值与阻抗

（一）静止补偿器无功电流输出值

静止补偿器无功电流输出值由式（29 – 42）求出：

$$I_C = \frac{Q_C}{V_C} \tag{29-42}$$

$$V_C = V_0 - \Delta V_{C_{max}} \tag{29-43}$$

$$\Delta V_{C_{max}} = \left(\frac{V}{V_N}\right)^2 \Delta V_{P_{max}} \frac{S_{S_{min}}}{S_j} X \tag{29-44}$$

式中　$\Delta V_{C_{max}}$——POC 点最大电压波动量，%；

　　　V_C——连接点（POC）最低运行电压；

　　　X——电网电源点至 POC 点总电抗标幺值。

（二）静止补偿器阻抗

静止补偿器阻抗为：

$$X_C = \frac{\Delta V_{C_{max}}}{I_C} \tag{29-45}$$

四、静止补偿器 $V-A$ 特性曲线和等值电路

根据 V_0、V_C、I_C、X_E 画出静止补偿器 $V-A$ 特性曲线（见图 29-12）和等值线路（见图 29-13）。

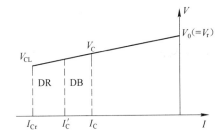

图 29-12　静止补偿器 $V-A$ 特性曲线

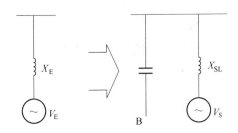

图 29-13　静止补偿器等值电路

五、死区电流与下垂区电流计算

（一）死区电流计算

死区电流可由式（29-46）求出：

$$I_{DB} = \frac{2\Delta V_{tap}}{X} \tag{29-46}$$

式中　ΔV_{tap}——有载调压变压器有载分接开关的每档电压百分值。

X 的计算（见图 29-14）：

$$X_3 = X_T(1 + t_2) \tag{29-47}$$

$$X_4 = \frac{X_S}{\left(\dfrac{1+t_1}{1+t_2}\right)^2} \tag{29-48}$$

$$X = X_3 + X_4 + X_E$$

式中 X——PCC 点以下，包括 SVC 阻抗在内的总阻抗，Ω。

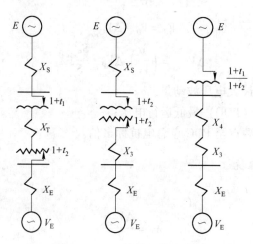

图 29 – 14 X 计算阻抗变换图

（二）下垂区电流计算

由于自饱和电抗器的 V – A 特性曲线存在不饱和段，在计算容量时需要考虑这部分的影响，要计及下垂区电流，即：

$$I_{DR} = 0.1(I_C + I_{DB}) \tag{29 – 49}$$

六、SVC 的总电流和 V – A 特性曲线上最低点电压及电容器组容量

（一）SVC 的总电流

SVC 的总电流可按式（29 – 50）计算：

$$I_{CR} = 1.1(I_C + I_{DB}) \tag{29 – 50}$$

（二）V – A 特性曲线上最低点电压

V – A 特性曲线上最低点电压按式（29 – 51）计算

$$V_{CL} = V_0 - I_{CR}X_E \tag{29 – 51}$$

（三）SVC 电容器组容量

电容器组电纳：

$$B = \frac{I_{CR}}{V_{CL}} \tag{29 – 52}$$

电容器组容量：

$$Q_{CB} = BP_j \tag{29 – 53}$$

七、SR 特性参数计算

SVC 的 V – A 特性曲线如图 29 – 15 所示。

参数计算如下：

额定电压: $\qquad V_{\mathrm{r}} = V_0 \qquad (29-54)$

额定电流: $\qquad I_{\mathrm{r}} = BV_{\mathrm{r}} \qquad (29-55)$

额定容量: $\qquad Q_{\mathrm{r}} = BV_{\mathrm{r}}^2 \qquad (29-56)$

饱和电压: $\qquad V_{\mathrm{S}} = \dfrac{V_{\mathrm{r}}}{1+BX_{\mathrm{E}}} \qquad (29-57)$

斜率电抗: $\qquad X_{\mathrm{SL}} = \dfrac{X_{\mathrm{E}}}{1+BX_{\mathrm{C}}} \qquad (29-58)$

斜率电抗百分数: $\qquad X_{\mathrm{S}}\% = X_{\mathrm{SL}}\dfrac{Q_{\mathrm{SR}}}{S_j} \qquad (29-59)$

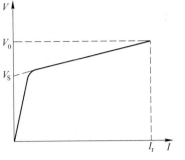

图 29 – 15　SVC 的 $V-A$ 特性曲线

制造厂家计算斜率电抗百分比的简便公式:

$$X_{\mathrm{S}}\% = \frac{V_{\mathrm{r}} - V_{\mathrm{S}}}{V_{\mathrm{S}}} \qquad (29-60)$$

斜率电抗有名值:

$$X_{\mathrm{S}} = \frac{V_{\mathrm{S}}}{\sqrt{3}I_{\mathrm{r}}}(X_{\mathrm{S}}\%) \qquad (29-61)$$

X_{S}、V_{S} 与 X_{E}、V_{E} 之间关系式如下:

$$V_{\mathrm{E}} = \frac{V_{\mathrm{S}}}{1-BX_{\mathrm{SL}}} \qquad (29-62)$$

$$X_{\mathrm{E}} = \frac{X_{\mathrm{SL}}}{1-BX_{\mathrm{SL}}} \qquad (29-63)$$

自饱和电抗器斜率在 8% ~ 15% 范围内取值较为经济, 10% ~ 12% 为最佳范围。工厂在制造时斜率电抗会有 ±10% 的误差。如果是正误差, 将会使饱和电抗器调节特性变坏, 故计算出 X_{SL} 值提供给制造厂时需除以 1.1 倍的系数。

由于材料性能和制造工艺上的原因, SR 饱和电压值 V_{S} 提供制造厂时, 应考虑的误差取值如下:

斜率电抗（X_{SL}）	误差
15%	1%
11%	1.5%
7.5%	2.5%

第七节　谐波与滤波器设计

炼钢电弧炉在熔化期内, 由于电弧特性是非线性的, 所以产生大量的谐波电流。而且三相电流不平衡、不对称, 具有较多的 3 次及 3 次倍数次谐波。从电流波形看出, 正负两部分也是不对称的, 这说明还存在偶次谐波。

电弧炉谐波电流的频率是一组连续频谱。其中, 整数谐波（2、3、4、5、6、7 次）的幅度值较大, 而非整数倍谐波的幅值较小。

一、电弧炉熔化期谐波电流发生量

在熔化期内，谐波电流随电弧炉电流变化，其峰值与均方根值相差很大，滤波器设计不宜采用瞬时峰值，应按最严重一段时间内的谐波电流平均值考虑。

对于新建或无条件测试的电弧炉，熔化期谐波电流值参考表 29 – 11 选取。

表 29 – 11 电弧炉熔化期谐波电流值 （%）

n	1	2	3	4	5	6	7
I_n/I_1	100	8~12	10~15	5~7	5~9	2~4	2~3

注：n 为谐波电流次数；I_n 为负荷谐波电流，A；I_1 为基波电流，A。

二、电弧炉同次谐波电流的叠加计算

根据国家标准 GB/T 14549—1993 《电能质量　公共电网谐波》，先计算每台电弧炉发生的谐波量，然后对多个谐波源的同次谐波电流进行叠加计算。

两台电弧炉同次谐波电流相位角确定时，采用式（29 – 64）进行计算：

$$I_n = \sqrt{I_{1n}^2 + I_{2n}^2} \qquad (29-64)$$

式中 I_{1n}——1 号电弧炉第 n 次谐波电流；

I_{2n}——2 号电弧炉第 n 次谐波电流。

多台电弧炉同次谐波电流进行叠加计算也按此方法进行。

三、谐波电压及谐波电流标准

谐波标准分为电压波形畸变率和注入系统的谐波电流允许值两项。两项指标均按星形接法的相电压和相电流的均方根值计算。

（一）公用电网谐波电压限值

根据谐波电压及谐波电流标准 GB/T 14545—1993 《电能质量　公共电网谐波》，公用电网谐波电压限值（相电压）见表 29 – 12。

表 29 – 12 公用电网谐波电压限值

电网标称电压/kV	电压总谐波畸变率/%	奇次谐波电压含有率/%	偶次谐波电压含有率/%
6	4.0	3.2	1.6
10			
35	3.0	2.4	1.2
66			
110	2.0	1.6	0.8

（二）注入公共连接点谐波电流允许值

注入公共连接点的 35kV 谐波电流允许值见表 29 – 13。

表29-13　注入公共连接点的35kV谐波电流允许值

标准电压 /kV	基准短路容量 /MV·A	谐波次数与谐波电流允许值/A											
		2	3	4	5	6	7	8	9	10	11	12	13
6	100	43	34	21	34	14	24	11	11	8.5	16	7.1	13
10	100	26	20	13	20	8.5	15	6.4	6.8	5.1	9.3	4.3	7.9
35	250	15	12	7.7	12	5.1	8.8	3.8	4.1	3.1	5.6	2.6	4.7
66	500	16	13	8.1	13	5.4	9.3	4.1	4.3	3.3	5.9	2.7	5.0
110	750	12	9.6	6.0	9.6	4.0	6.8	3.0	3.2	2.4	4.3	2.0	3.7

标准电压 /kV	基准短路容量 /MV·A	谐波次数与谐波电流允许值/A											
		14	15	16	17	18	19	20	21	22	23	24	25
6	100	6.1	6.8	5.3	10	4.7	9.0	4.3	4.9	3.9	7.4	3.6	6.8
10	100	3.7	4.1	3.2	6.0	2.8	5.4	2.6	2.9	2.3	4.5	2.1	4.1
35	250	2.2	2.5	1.9	3.6	1.7	3.2	1.5	1.8	1.4	2.7	1.3	2.5
66	500	2.3	2.6	2.0	3.8	1.8	3.4	1.6	1.9	1.5	2.8	1.4	2.6
110	750	1.7	1.9	1.5	2.8	1.3	2.5	1.2	1.4	1.1	2.1	1.0	1.9

当系统的短路容量不同于标准中的短路容量时，需按式（29-65）进行换算：

$$I_n = I_{np} S_{k_1} / S_{k_2} \tag{29-65}$$

式中　I_{np}——标准中基准短路容量时的各次谐波电流允许值；

　　　S_{k_1}——系统最小运行方式下的短路容量；

　　　S_{k_2}——标准中的基准短路容量。

当同一公共连接点有多个用户时，谐波电流允许值还应按式（29-66）再一步换算：

$$I_{ni} = I_n (S_i / S_f)^{1/\alpha} \tag{29-66}$$

式中　I_n——第一次换算的谐波电流允许值；

　　　S_i——第 i 个用户的用电协议容量；

　　　S_f——公共连接点的用电设备容量；

　　　$1/\alpha$——相位叠加系数（见表29-14）。

表29-14　相位叠加系数

n	3	5	7	9	11	13
α	1.1	1.2	1.4	2	1.8	1.9

四、滤波器的设计原则

滤波器的设计原则为：

（1）滤波器发出的无功应满足补偿功率因数、抑制电压波动及闪变的要求。

（2）选取的滤波电容器的额定电压应保证滤波器的安全可靠运行，应考虑以下因素：

1）母线电压水平；

2）串联电抗器后电容器两端电压升高 $\dfrac{n^2}{n^2-1}U_n$；

3）谐波电流通过电容器引起的谐波电压 $\dfrac{I_n}{n\omega C}$；

4）电网电压波动引起的电压升高；

（3）滤波器的分组应满足滤除谐波电流的要求。

（4）滤波器设计时应进行充分的计算机仿真计算及数据库选优，经多个方案比较，选择最佳方案。

（5）对选定的滤波器应进行各种运行方式下的计算机仿真，避免与系统发生谐振。

（6）对滤波器的安全运行应进行仔细校验。

五、滤波器的安全性能校核

滤波器安全性能校核公式如下：

$$U_{C1} + \sum U_{CN} \leqslant U_{CN} \tag{29-67}$$

$$\sqrt{I_{C1}^2 + \sum I_{CN}^2} \leqslant 1.3 I_{CN} \tag{29-68}$$

式中　I_{C1}——流过电容器的基波电流，A；

　　　I_{CN}——电容器的额定电流，A，$I_{CN} = \dfrac{U_S}{\sqrt{3}}\dfrac{n^2}{n^2-1}\left(\dfrac{1}{\omega C} - \omega L\right)$；

　　　U_{C1}——滤波电容器承受的基波电压，V；

　　　U_{CN}——电容器的额定电压，V，$U_{CN} = \dfrac{U_S}{\sqrt{3}}\dfrac{n^2}{n^2-1}$；

　　　n——谐波次数；

　　　C——每相电容器的电容值；

　　　I_{Cn}——流过电容器的所有谐波电流的均方根值，A。

六、交流电弧炉补偿运行与应用中存在的问题

（一）无功补偿

由于交流电弧炉在运行过程中产生大量谐波电流，引起电压波形的畸形，使得不少钢厂与电气距离较近的配电网络安装的无功补偿电容器无法投运；即使勉强投入，也很容易损坏。这是由于电容器绝缘介质的局部放电起始电压值和熄灭电压值随电压中谐波含量的增大而明显减小；此外，基波电压与谐波电压叠加后的电压波形往往具有尖顶波的形状，峰值电压很高。这两种因素综合作用，使电容器易产生局部放电，而电弧却难以熄灭，易造成电容器的损坏。

并联电容器对谐波电流的放大，也是电容器损坏的重要原因。

交流电弧炉无功补偿中无功过剩的问题也很突出，交流电弧炉在运行中无功功率变化剧烈，冶炼的不同阶段无功变化也很大，熔化期内消耗大量的无功，精炼期内则消耗较少的无功，有些用户为了节省一次投资，只上并联电容器或滤波器，不上 SVC 系统。而电容器或滤波器只能提供固定的无功补偿。无功过剩使用户母线电压幅度升高，若超过额定电压的 10% 就会严重影响电气设备的安全，而大量的无功功率倒送电网也是被电力部门明令禁止的。

（二）高次谐波

交流电弧炉的负荷电流是不规则的、不对称、急剧变化的非正弦波，其中低次谐波（2～7 次）数值较大。因此，滤波时通常连续设置 2～5 次单调谐滤波器，再设一组高通滤波器滤除较高次谐波。

目前，交流电弧炉谐波治理中普遍存在 2 次、3 次谐波电流滤波效果不佳及残留的 2 次、3 次谐波电流被较高次的单调谐滤波器放大的问题。

由于 2 次、3 次谐波离基波频率很近，为避免基波的影响，2 次、3 次滤波器的阻抗特性曲线需设计成比较尖锐的形状，即滤波器的品质因数较高，而通频带 PB 的宽度较窄。因此，等效频率失谐度 δ 稍有变化，滤波效果就会有较大变化。等效频率失谐度 δ 是由于实际工频角频率相对于 50Hz 对应的角频率有一定偏差，以及电容与电抗由于制造误差、运行温度等因素的影响也存在一定偏差，而导致滤波支路失谐的衡量指标。可见，实际运行时 δ 常由于运行条件、设备参数及环境的设计值相差较大，这是 2 次、3 次谐波电流滤波器效果不好的主要原因。此外，电网发展和运行方式的变化会改变系统的等值谐波阻抗，也会对滤波器的滤波效果产生影响。

这种情况在设计时，就要充分地考虑等效频率失谐度 δ、电网发展和运行方式的变化会改变系统的等值谐波阻抗等因素，确定主设备的参数时留有足够的富裕能力。

（三）响应与调节速度

在具有足够的无功调节容量的前提下，SVC 装置抑制电压波动及闪变的效果取决于响应速度。目前国产 TCR 型 SCV 装置的响应时间为 10～20ms，从实际应用效果看，抑制电压波动及闪变效果并不十分理想。影响 TCR 响应速度的主要有下列因素：

（1）晶闸管动作延迟。晶闸管导通以后是不能自动关断的，当以一定的控制角 α 导通后，必须等到半个周波（10ms）以后才能调整控制角 α，改变 TCR 电流，调节无功。因此，TCR 工作存在"死区"，平均 5～10ms，容量占总的 TCR 容量的 5%～10%。在确定 SVC 系统 TCR 的容量时，也要考虑 TCR 工作存在的调节"死区"，增加 5%～10% 的备用量。

（2）测量和调节需要时间。TCR 调节无功既要快速，又需要准确，这两方面要同时达到是很困难的，测量环节必须具有对谐波有良好的抗干扰性，这是通过滤波回路实现的，而增加滤波回路就会降低响应速度；调节环节未达到准确控制的目的而采用闭环控制系统，必然存在一定的时间常数，特别是有些 TCR 调节系统仍采用 PI（比例积分）控制，由于积分环节的存在，时间常数较大。

采用数字滤波技术、PID 控制等方式可减小测量和调节时间，提高 TCR 型 SVC 装置的响应速度。

第八节 TCR 型 SVC 总体说明

一、控制原理说明及框图

(一) 可调电抗器无功补偿装置

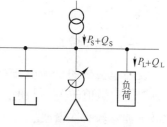

带有可调相控电抗器无功补偿装置的系统如图 29 – 16 所示。

假设负荷消耗感性无功（一般工业用户都是如此）为 Q_L，负荷的最大感性无功为 $Q_{L_{max}}$，则若取 $Q_C = Q_{L_{max}}$ 即系统先将负荷的最大感性无功用电容补偿。

图 29 – 16 带有可调相控电抗器无功补偿装置的系统

当负荷变化时，电容与负载共同产生一个容性无功冲击 $Q_P = Q_C - Q_L$，这时，用一个可调电抗（电感）来产生相对应的感性无功 Q_B，抵消容性无功冲击，这样在负荷波动过程中，就可以保证 $Q_S = Q_C - Q_B - Q_L = 0$。

(二) 可调相控电抗器 (TCR) 产生连续变化感性无功的基本原理

TCR 原理及 TCR 电压、电流波形图如图 29 – 17 所示。

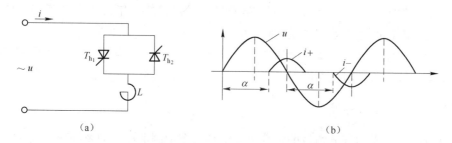

（a）　　　　　　　　　　（b）

图 29 – 17 TCR 原理及 TCR 电压、电流波形图

图 29 – 17 （a）中，u 为交流电压，T_{h_1}、T_{h_2} 为两个反并联晶闸管，控制这两个晶闸管在一定范围内导通，则可控制电抗器流过的电流 i，i 和 u 的基本波形如图 29 – 17 （b）所示。

α 为 T_{h_1} 和 T_{h_2} 的触发角，则有：

$$i = \frac{\sqrt{2}U}{\omega L}(\cos\alpha - \cos\omega t) \qquad (29 – 69)$$

i 的基波有效值为：

$$I_1 = \frac{U}{\pi\omega L}(2\pi - 2\alpha + \sin 2\alpha) \qquad (29 – 70)$$

式中　U——相电压有效值；

　　　ωL——电抗器的基波电抗。

因此，可以通过控制电抗器 L 上串联的两只反并联晶闸管的触发角 α 来控制电抗器吸收的无功功率的值。

二、SVC 系统的组成及控制原理

(一) SVC 系统组成

SVC 系统组成示意图如图 29 – 18 所示。

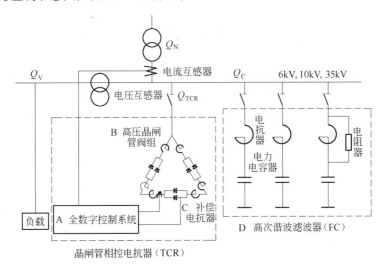

图 29 – 18 SVC 组成示意图

(二) SVC 控制系统的基本组成

SVC 控制系统的基本组成如图 29 – 19 所示。

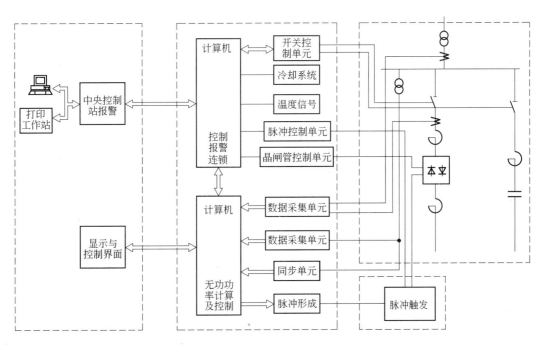

图 29 – 19 SVC 控制系统的基本组成

（三）恒无功控制，保证功率因数及抑制电压波动

SVC 连接到系统中，电容器提供固定的容性无功功率 Q_C，通过相控电抗器的电流决定了从相控电抗器输出的感性无功值 Q_{TCR}，感性无功与容性无功相抵消，只要 Q_N（系统）= Q_V（负载）$- Q_C + Q_{TCR} =$ 恒定值（或零），功率因数就能保持恒定，电压几乎不波动。最重要的是精确控制晶闸管触发，获得所需的电抗器电流。采集的进线电流及母线电压经运算后得出要补偿的无功功率，计算机发出触发脉冲，光纤传输至脉冲放大单元，经放大后触发晶闸管，得到所补偿的无功功率。

三、采用 Steinmetz 原理进行分相调节和抑制负序电流

Steinmetz 原理示意图如图 29 – 20 所示。不平衡有功可通过在其他两相的无功元件来产生平衡电流。当不平衡负荷中每相间负荷既有有功 P_{ab}、P_{bc}、P_{ca}，又有无功 Q_{ab}、Q_{bc}、Q_{ca} 时，相间无功可用角接补偿电纳来补偿，不平衡有功可以用另外两个相间电纳来平衡。

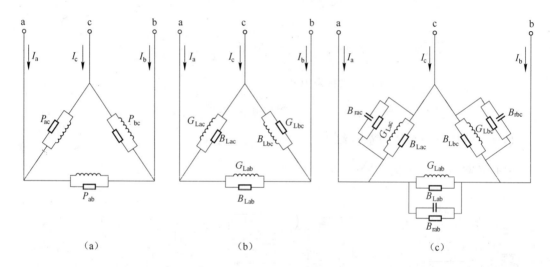

图 29 – 20 Steinmetz 原理示意图

（a）典型的不平衡负荷图；（b）不平衡负荷的不平衡量；（c）带分相补偿的不平衡电路

角接补偿网络：

$$B_{rab} = \frac{G_{Lca} - G_{Lbc}}{\sqrt{3}} - B_{Lab}$$

$$B_{rbc} = \frac{G_{Lab} - G_{Lca}}{\sqrt{3}} - B_{Lbc}$$

$$B_{rca} = \frac{G_{Lbc} - G_{Lab}}{\sqrt{3}} - B_{Lca}$$

补偿后的电路中，电流是平衡的，且功率因数为 1。

Steinmetz 理论不仅能够提高功率因数，而且具有良好的分相调节能力，抑制负序电流达 70% 以上，尤其适合大功率交流电弧炉。

第九节　SVC 装置主要设备简介

SVC 装置采用 TCR 形式，SVC 由 FC 装置、功率系统、相控电抗器及控制和保护系统、TCR 故障自诊断系统等组成。

一、滤波器（FC）

（一）滤波电容器及组架

1. 滤波电容器的主要技术参数

例如，某厂家主要技术参数配置为：

（1）厂家；

（2）型号。AAM 型全膜；

（3）类型。内置熔丝、内置放电电阻、户外型；

（4）环境温度。45℃；

（5）出线方式。双套管；

（6）温度系数。绝对值不超过 0.0004/K；

（7）电容器的损耗正切角值小于 0.0005；

（8）电容器外壳的耐爆裂能量大于 12kJ；

（9）成组电容器间误差小于 1%，每相电容器值与额定值偏差小于 1.5%；

（10）过压能力。1.1 倍额定电压；

（11）过流能力。1.3 倍额定电流；

（12）电容器组架。采用热镀锌型钢、框架不变形；

（13）支持绝缘子采用防污型。

2. 试验项目

通常试验项目如下：

（1）温度系数，电容值及误差测量；

（2）温升（型式试验）；

（3）耐压（极间及极对壳）；

（4）允许操作过电压倍数（型式试验）；

（5）介质损耗角。

（二）滤波电抗器

1. 主要参数

例如，某厂家主要参数配置为：

（1）厂家；

（2）型号；

（3）型式，如空气自冷、干式、空芯、铝导线、环氧树脂浇灌、外涂抗紫外线涂层、电感值连续可调 ±5%、电感值制造偏差小于 1%；

（4）绝缘耐热等级，F 级；

（5）标准，IEC 2089—1998，GB 10229—88；

（6）长期过流倍数，1.3；

（7）环境温度，45℃。

2. 试验项目

通常试验项目如下：

（1）动稳定试验（型式试验）；

（2）直流电阻及工程电感测量；

（3）品质因数测量；

（4）工频耐压试验；

（5）冲击耐压试验（型式试验）；

（6）温升试验（型式试验）；

（7）工程损耗测量。

二、晶闸管相控电抗器（TCR）

（一）相控电抗器

相控电抗器在电气上接成三角形，相控电抗器分为上、下两部分，电感值相等，晶闸管串在相控电抗器中间，使相控电抗器短路时对晶闸管运行有利。

（1）厂家，如相控电抗器采用北京电力设备总厂产品；

（2）类型，如空气自冷、干式、空芯，铝导线、双线圈（每相）、环氧树脂浇灌、外涂抗紫外线涂层；

（3）绝缘耐热等级，B 级；

（4）环境温度，45℃。

（二）晶闸管单元

（1）通常要求开通、关断、触发一致性好，高温特性优良，通态压降低，适合多只串联应用。

（2）晶闸管触发方式：通常为光电触发，性能可靠、成本低。

（3）要求晶闸管参数一致性好。

（4）晶闸管阀组由晶闸管串联而成，每臂阀组都有相应的阻容吸收回路，均压回路，晶闸管换向过电压保护电路及晶闸管击穿保护。

（三）晶闸管的冷却装置

一般晶闸管的冷却有两种：一种是热管冷却技术；另一种是水冷散热技术。

（1）热管散热技术概述。热管散热器工作原理为热管是一种极好的导热器件，理论上导热速度比银高 1000 倍。热管是在一根合金管内装入少量无机介质，抽成亚真空状态密封制成，热管的热端埋在晶闸管结面的散热板中，其余部分安装高效散热器。晶闸管工作产生的热量使热管热端受热，由于处于亚真空状态下的介质沸点很低，介质受热后在较低的温度下开始蒸发，同时吸收大量相变热量，蒸汽在热管中向冷端流动时热量由散热器散发在空气中，释放相变热量后介质在冷端液化成液体，在重力及毛细管的作用下回流到热端，这样反复循环，使晶闸管产生的热量迅速散发，确保晶闸管安全可靠地工作。

热管冷却系统有合理的热管冗余设计，当每套热管散热器中有一只存在缺陷时，不影响晶闸管的正常运行。

热管散热器组装前，热管应进行 100% 高温检漏试验和等温试验。热管两端温差不大于规定值。

晶闸管热管散热器散热时，使用双面散热。

理论、实验、应用实践都证明热管是大功率电子器件的一种安全可靠的冷却器件，是电力电子器件应用中一次具有革命性的进步。

图 29 – 21 所示为热管散热器结构。

图 29 – 21　热管散热器结构

美国著名的 Thermacore 公司于 20 世纪 70 年代向市场提供了无数热管，至今没有返回修理的记录，至今也无法提供热管的无故障工作时间 AMTBF 值。

从现场服役 15 年后而报废的军用电子系统中，拆下的所有热管进行复测，发现全部保持了原有功能。根据试验和现场应用统计，可以得出结论：热管应用是十分可靠的，其寿命远远超过了电子设备本身。保守估计，热管的使用寿命超过 30 年，而且是免维护的。

（2）水冷散热系统。

1）概述：用于冷却大功率电子器件（晶闸管及水冷电阻），主要由内循环冷却系统和水 - 风热交换器两部分组成。内循环的全密闭型纯水冷却装置，冷却介质为纯水 + 乙二醇，保证最低温度时不出现冻结现象。水 – 风热交换器采用热交换器加风机的热交换方式。在进行晶闸管阀的维护时，不会造成冷却系统内循环冷却水的损失，不会由于冷却系统的故障而引起晶闸管阀等设备发生损坏。

内循环冷却系统主要由主循环冷却回路、副循环去离子水回路、氮气稳压系统等组成。

主循环冷却介质在主循环泵的动力作用下，通过被冷却器件带走热量，热介质通过室外空气换热器冷却，回到主循环泵。其热量经空气换热器被空气带走，冷却风机的转速由变频器控制从而调节冷却风量，达到精确控制纯水冷却系统的温度的目的。

副循环回路为去离子回路，其并联于主循环回路的支路，主要由混床离子交换器及相关附件组成，对主循环回路中的部分介质进行纯化，通过介质中离子的不断脱除，达到长期维持极高电阻率的目的。

在副循环去离子水回路上设有氮气稳压系统，由缓冲罐、氮气瓶等组成。冷却介质缓冲罐的顶部充有稳定压力的高纯氮气，当冷却介质因少量外渗或电解而损失时，氮气自动把冷却介质压入循环管路系统，以保持管路的压力恒定和冷却介质的充满。同时氮气使冷却介质与空气隔绝，对管路中冷却介质的电阻率及氧含量等指标的稳定起着重要的作用。

因密闭式冷却塔置于室外，冷却介质中需添加防冻剂，即冷却介质为超纯水＋乙二醇。考虑到阀厅为高电场，阀厅输配水管道采用绝缘耐用的 PPR 管道。其余循环管路均采用不锈钢管。

2）水冷系统的工作原理。预设定压力和流速的纯净水分别流经每个被冷却的晶闸管器件，带走热量。循环水经水-风热交换器与室外空气进行热交换，再回到高压循环泵的进口。

系统能有效地对温度进行控制。过高的冷却水温会使晶闸管及水冷电阻过热而损坏；而过低的冷却水温会使器件及水管表面结露，致使器件漏电或引发其他严重事故。

为适应大功率晶闸管在高电压条件下使用的要求，防止在高电压环境下产生漏电，冷却介质必须具备极高的电阻率，因此在主循环冷却回路上并联了副循环水处理回路。预设定一部分的纯净水以恒定流量流经离子交换器，不断净化管路中可能析出的离子，然后通过缓冲罐与主循环回路冷却介质在高压循环泵前合流。与离子交换器连接的补液装置和与缓冲罐连接的氮气恒压系统可保持系统管路中冷却介质的自动稳压，使纯水输出压力稳定并隔绝空气，防止纯水系统中产生寄生氧化物。

为增加系统的可靠性，便于操作人员即时监控，应设置各种测量仪表、报警电路及显示器，把水冷系统的温度、压力、流量、液位、电导率等参数显示、记录。

三、控制系统

（一）控制器的组成与功能

DSP 全数字控制系统具有多个快速输出通道等高性能硬件配置，控制角精度小于 $0.1°$。控制柜由数显表单元、微机监控单元、开关面板、主控单元、采样单元、输入输出单元、整流部分及柜内风机和照明组成。

在无功控制调整目标下，使 SVC 各支路断路器、隔离开关、冷却系统、保护装置和有关的安全系统协调运行，逻辑正确。为了满足用户的特殊需求，SVC 的控制器可以根据需要增加某些特殊功能，称为补充控制方式，在标准中作为选项，SVC 可根据今后电力系统的发展或技术的发展灵活地更新。

（二）监控系统

监控设备满足如下（不限于此）要求：

（1）控制器。CPU 采用 DSP 数字信号处理器，控制器、调节器必须实现全数字化。

（2）实现 U_a，U_b，U_c，U_{ab}，U_{ca}，U_{bc}，I_a，I_b，I_c，P，Q，F，$\cos\varphi$ 等模拟量的遥测。

（3）监测各一次设备的开关量、模拟量，晶闸管的运行状况，冷却系统的各运行数据和状况，保护装置的运行状况和动作状况。

（4）SVC 的启动和停止。

（5）控制断路器的合闸和跳闸。

（6）在与交流系统同步时，采用必要的抗干扰措施产生恰当的同步脉冲。同步功能的设计包括：1）对电压谐波严重畸变具有抗干扰力；2）对电压大的相位偏移有抗干扰力；3）在大的电压偏移过程中和结束后能自动恢复运行；4）在大的频率偏移过程中和结束后能自动恢复运行。

变电站的控制和监视要求：

（1）显示现场和远处设备状态。

（2）发出警报（就地和远方）。

（3）事故的监视和记录，事故记录保存时间一般不少于半年到一年；能够记录故障前几个周期和故障后几个周期的波形，包含电流和电压，且记录的波形能够上传到后台。

（4）特定控制参数或保护整定值的设定和调整（就地和远方）；发出操作设备（断路器、隔离开关等）命令。

（5）HMI 画面说明。

1）数据采集与安全监视：

① 画面显示主接线图及潮流图、继电保护配置图及制表、设备参数表等。

② 各种开关状态及动态数据量实时显示。

③ 主变线路的负荷及电流实时监视。

④ 系统图表用系统时钟。

⑤ 用表格显示实时与正点数据。

⑥ 用曲线、棒图形式显示电压、电流、功率等模拟量。

⑦ 对电压、电流、潮流、功率因数周波等进行越限监视与告警，并可人工修改限值。

⑧ 事故跳闸监视，报警随机打印并自动推出事故画面。

⑨ 提供各种数值计算功能，并可记存有关量、历史数据和事件记录显示。

2）运行记录：

① 系统事故记录。有开关状态变位记录、事故追忆信息及事故顺序记录等。

② 系统异常记录。有各种遥测量的越限记录，正在发生或恢复的遥测量在各种异常状态下的时间记录等。

③ 系统正常遥控记录。有各种日报、月报记录和正点存表记录等。

④ 系统运行投运记录。

四、TCR 故障自诊断系统

TCR 故障自诊断系统应能进行实时监控和诊断，画面中能实时反映出 TCR 的各种工作及故障状态，具备友好的人机对话界面，可显示如下内容：

（1）晶闸管工作、故障状态显示及保护。

（2）晶闸管击穿检测及保护。

（3）TCR 过电流保护。

（4）触发丢脉冲保护。

（5）TCR 温度保护。

（6）欠电压保护。

（7）历史数据记录。

（8）分别用曲线棒图显示相应数据。

（9）在线自动生成数据库。

（10）人机操作命令方式为鼠标和键盘，功能齐全。

（11）控制电源丢失保护。

（12）速断保护。

五、滤波器的保护

（一）滤波器组支路保护配置原则

滤波器组支路保护采用滤波器组微机型继电保护测控装置、滤波支路和 TCR 保护设专用保护屏，同时开关柜上设速断保护，电流信号取自各滤波器支路和断路器电流互感器，电压信号取自母线电压互感器，装置遇故障无条件跳闸，分合闸信号指向断路器。

（1）保护功能设置如下保护：

1）支路电流速断保护。防止相间短路故障。动作定值为 41cn，动作时限为 0.3 ~ 0.5s，保护动作后切除相应的电容器。

2）支路电流过流保护。防止相间短路故障。动作定值为 1.61cn，动作时限为 0.5s，保护动作后切除相应的电容器。

3）过电压保护。防止电容器在过电压下长期运行。动作定值为 1.2Un，动作时限为 100s。

4）欠电压保护（有流闭锁式）。防止电容器失压后立即复电，造成过电压损坏。动作定值为 0.5Un，0s 动作切除相应的滤波支路。

5）低周波保护。防止电容器部分切除后，其余电容器承受过高的运行电压和滤波支路失谐。

6）其他保护功能设置：

① 单台电容器采用内熔丝保护。单台电容器采用内熔丝作为自身保护。动作定值为单台电容器额定电流的 1.5 倍，瞬时熔断切除故障电容器。

② 氧化锌避雷器抑制操作过电压。

（2）保护选型。常规保护全部采用微机型保护装置。

（二）滤波器组保护遥测、遥信原则

保护装置就地采集电流电压信号，以 CAN 方式将信号上传至 SVC 主监控系统，并显示于 SVC 就地及远方工作站；保护装置还可以通过通讯管理机以 485 形式，按 MODBUS 或部颁 CDT 规约将遥测及遥信量上报至变电站综合自动化系统；同时，可与调度自动化系统接口，将遥测、遥信量上传至调度中心。

第六篇

电弧炉附属设备与设计

第三十章　电弧炉常规附属设备的配备

电弧炉常规用附属设备一般包括盛钢桶、出钢车，加料筐、加料筐运输平车、电极接长与存放设置、出钢口维修平台，散装料供应系统、补炉机、电炉底吹装置、渣罐、出渣车、风动送样等设备。

第一节　盛　钢　桶

盛钢桶（也称钢水罐式钢包）是盛放钢液并进行浇注的设备。

一、盛钢桶尺寸确定因素与主要设计参数

确定盛钢桶尺寸应考虑以下因素：

（1）根据炼钢炉容量和吊车的起重能力，确定盛钢桶的容量。

（2）盛钢桶要有较好的保温能力。

（3）为减少钢液的静压力和有利于非金属夹杂物的排除，盛钢桶不应过高。

（4）盛钢桶的高度 H 与上口直径 D 之比 （H/D） 通常在 $1.0 \sim 1.2$ 的范围内，锥度大致在 $11\% \sim 14\%$ 之间。

粗略地说，当 $H \approx D$ 时，盛钢桶下口直径可按式（30 - 1）求得：

$$d = D - 0.1H \approx 0.9D \qquad\qquad (30 - 1)$$

空盛钢桶的质量 T（包括金属外壳和衬砖的质量），一般为：

$$T = (0.27 \sim 0.8)P \qquad\qquad (30 - 2)$$

式中　P——盛钢桶容量，t，盛钢桶越小，T/P 值越大。

（5）盛钢桶的容积应该能够容纳全炉钢水和部分保温用渣液（约为钢水质量的3%），并留有10%左右的超装量和安全空间（一般盛钢桶上沿留有 $100 \sim 200mm$ 的余量）。

二、桶体

盛钢桶桶体外形一般为截头圆锥体，上大下小。包体采用钢板焊接，根据容量大小，其桶体厚度在 16~36mm 之间，并带加固圈。桶壁两侧装有耳轴（位于盛钢桶重心之上 350~400mm），供吊运支撑之用。桶底钢板厚度为 20~40mm，并留有一个镶嵌水口砖用的圆孔。对于带塞棒的盛钢桶，在桶侧还装有塞棒升降传动装置，控制钢水的浇注。盛钢桶结构如图 30-1 所示。

为了倒渣方便，桶底有挂钩装置，可以自动挂钩和摘钩。

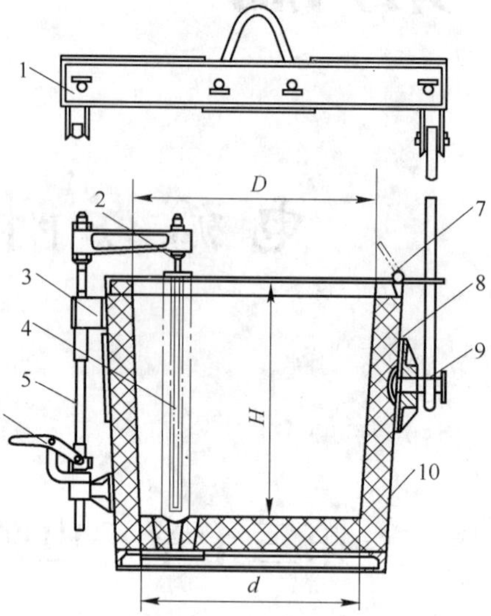

三、内衬

盛钢桶的内衬砌砖一般不少于两层。外层是保护层，厚度约 30mm 左右；内层为工作层，直接与高温钢水和炉渣接触，既要受到钢水的冲刷和侵蚀，又要在急冷急热条件下工作。

图 30-1　盛钢桶结构

1—龙门钩；2—叉形接头；3—导向装置；
4—塞杆铁芯；5—滑杆；6—把柄；
7—保险挡铁；8—外壳；
9—耳轴；10—内衬

对于桶底工作层，由于它与高温钢水接触的时间最长，承受钢水静压力最大，清理残钢、残渣时受到的机械损坏也较严重，工作条件比桶壁更恶劣，因此，砌砖应厚些。

（一）盛钢桶寿命

盛钢桶寿命是指内衬砖使用次数，一般是由冶炼钢种和冶炼工艺及耐火材料所决定，其数值不等，一般只有几十次。

（二）盛钢桶的砌筑

盛钢桶的砌筑方法有三种，即砌筑、捣打和机械修罐法。

（1）砌筑。砌筑是目前采用最广泛的一种方法。一般使用黏土砖，寿命约为 15 次。为了延长桶衬寿命，有的采用高铝砖、蜡石砖、石墨黏土砖及锆质砖等。采用焦油沥青浸煮黏土砖，寿命可提高到 40 次。桶壁采用万能弧形砖（一般厚度为 30mm），可以砌筑不同直径的盛钢桶，而且砌筑时间短、砖缝小、不易脱落。

（2）捣打。捣打盛钢桶的底部仍用砖砌。在砌好的桶底工作层上放置内模，将硅石或矾土等捣打料加入内壁和内模之间的环缝中，用风动工具捣打，得到整体内衬的盛钢桶。采用捣打法可缩短冷修时间，实行机械操作。捣打法适用于容量小于 100t 的盛钢桶。

（3）机械修罐法。机械修罐法分为离心投射法和振动浇灌法两种。适用于较大型的盛钢桶，施工简单、成本低且寿命较高。

四、塞棒控制系统

塞棒控制系统主要由水口砖、塞棒及启闭机械装置组成。

(一) 塞棒

塞棒由棒芯、袖砖和塞头组成。大型盛钢桶用 40~50mm 的圆钢做棒芯，有的用钢管做棒芯，浇注时在管内通压缩空气冷却。

袖砖一般为黏土质或高铝质砖。

在铁芯的端头装有塞头砖，它与铁芯的连接方式普遍采用螺纹式，如图 30-2 所示。

塞头砖的尺寸取决于浇注时间，时间越长，尺寸越大。同时必须正确选择塞头砖在水口砖上的座放深度 h（见图 30-3）。该深度对于中小型塞头为 33~35mm，大型为 40~45mm。塞头砖一般用黏土质、高铝质、石墨黏土质等材料做成。由于塞棒是盛钢桶最关键的部位，因此必须特别注意塞棒的装配、烘烤和安装工作。

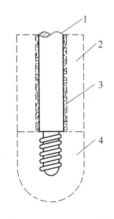

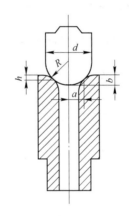

图 30-2　塞头和塞杆　　　　图 30-3　塞头砖在水口砖内
1—铁芯；2—袖砖；3—填充物；4—塞头　　　　　　的正确位置

塞棒的开启方式有人力、电动和气动等。

(二) 水口砖

水口砖外形为截锥形，上口成喇叭口，它与塞头砖的球面紧密接触，便于塞头砖顺弧面上移、下滑进行开闭；它的下段是起稳流作用的直线段，其长度应大于水口直径的4倍。

水口砖要求耐火度高、抗渣性强，保证浇注过程中直径变化小。其材质与浇注钢种有关，浇注沸腾钢时，因钢水对水口侵蚀强，一般采用镁质水口砖；浇注镇静钢时，可用焦油或沥青浸渍的黏土质或高铝质水口砖。

水口直径决定着最大浇注速度，它与钢种，钢锭大小及上、下注法有关：上注比下注大；浇注镇静钢比浇注沸腾钢大；浇注黏度大的钢种（如高铝钢、高铬钢、含钛钢及低碳钢等）的水口直径大，一般为 30~60mm，国外采用快速上注时有的采用 80~120mm 的水口。

水口砖安装方法有桶内安装与桶外安装两种。桶内安装如图 30 - 4 所示，这种方式多用于大中型盛钢桶，或生产周期短、出钢次数多的转炉车间。这种方式安装工序复杂，但劳动条件较好。

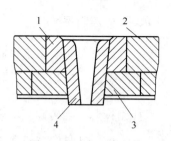

图 30 - 4　水口砖安装
（桶内安装）

1—座砖；2—盛钢桶砖衬；
3—盛钢桶外壳；4—水口砖

（三）滑动水口

滑动水口的材质要选择有足够强度、耐高温、耐磨、耐冲刷、抗渣性好、稳定性好的材料。其外形必须规整，采用滑动平面平整度高的一等高铝砖、镁质 - 高铝复合质、刚玉质、氧化锆质、纯氧化铝和合成莫来石质的滑板等。

为提高滑板的平整度，可用沥青浸煮，再经退火除油垢，最后经机床磨平。

使用滑动水口可简化工序、节省耐火材料、消除塞棒断头事故、减少钢液夹杂物等，也有利于实现机械化和自动控制。

五、不同容量盛钢桶技术参数的参考值

不同容量盛钢桶技术参数的参考值见表 30 - 1。

表 30 - 1　不同容量盛钢桶技术参数的参考值

盛钢量 /t	渣量 /t	容积 /m³	桶口外径 /mm	桶高 /mm	钩距 /mm	吊轴 /mm	配用天车 /t	含钢水总重 /t	自重 /t
3	0.24	0.50	1132	1188	1324	85/85	5	4.96	1
6	0.40	0.97	1408	1400	1650	100/100	10	9.2	1.5
10	0.6	1.6	1629	1750	1920	120/120	20/5	15.35	1.8
15	0.9	2.4	1855	1950	2200	150/130	30/5	22.92	2.6
20	1.2	3.2	1985	2150	2350	150/145	50/10	30.51	4.3
25	1.5	4.0	2110	2385	2550	165/160	50/10	39.25	5.3
35	2.1	5.6	2298	2600	2740	190/160	75/5	51.98	6.1
45	1.7	7.2	2485	2660	3050	230/190	80/16	61.14	7.4
60	2.1	9	2657	3075	3050	230/190	80/16	78.8	7.8
90	4.0	13.14	3115	3260	3620	305/215	125/32	120.21	13.3
105	3.5	16.09	3124	3730	3620	305/215	140/32	136.22	14.3
135	2.6	20.23	3450	3873	4150	390/240	180/50/16	179	20.1
170	3.5	25	3674	4615	4250	415/250	275/90/16	268	46
205	3.18	30.2	3852	4665	4500	430/250	275/90/16	266	28
275	6.68	41.2	4280	5005	5000	470/280	360/90/16	350.5	33
310	7.0	46.3	4516	5120	5300	470/300	400/90/40	393.6	39

第二节　出　钢　车

一、概述

出钢车是用来装运钢水包的工具。过去电弧炉容量较小时，电弧炉出钢的钢包往往使用天车吊着钢水包进行。现在，不仅是电弧炉向大型化发展，而且由于精炼技术的普遍应用，采用天车吊包出钢的情况，在炼钢企业已经基本见不到了，取而代之的是出钢车，被广泛采用。

（一）出钢车的组成

出钢车是钢包的运输工具。电弧炉出钢时，出钢车将钢包运到电弧炉出钢的位置，出钢后还要将钢包运到远离电弧炉的位置。装满钢水的钢包不仅对出钢车进行烘烤，而且当钢包漏钢或飞溅钢水时，都有可能对出钢车造成破坏。为此，要保证出钢车有足够的强度和刚度，并在出钢车的上平面砌有耐火砖，以便对车体和驱动装置进行保护。

无论是滑线式出钢车还是卷筒式出钢车，在结构上基本都是由车体、钢包支座、车轮、电机减速器、传动轴与联轴器、电缆与氩气输送装置、称重装置以及牵引装置等组成。

连接出钢车电动机的电缆和氩气输送软管有滑线式（见图30－5）和卷筒式（见图30－6）两种结构形式。滑线式结构在滑线上装有滚轮装置，滚轮能在出钢车前进与后退过程中自动滚动，带动电缆和氩气输送软管与出钢车一起运动；卷筒式结构是在出钢车上设有卷筒装置，在出钢车前进与后退过程中，卷筒自动卷放电缆和氩气软管。目前，国内两种结构都有应用。

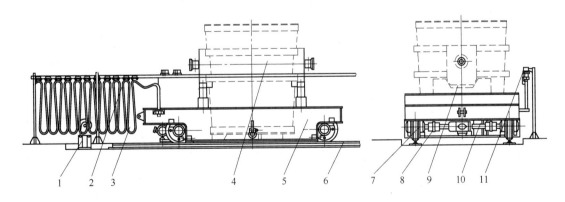

图30－5　滑线式出钢车结构示意图

1—牵引轮装配；2—滑线装置；3—电缆与氩气输送软管；4—钢包；5—车体；6—轨道；
7—车轮装配；8—传动轴与联轴器；9—称重装置；10—电机与减速器；11—电气限位装置

（二）电弧炉出钢车与钢包精炼炉钢包车的区别

现在的电弧炉炼钢厂，电弧炉炼钢的工艺流程是把电弧炉作为初炼炉，出钢后，紧接

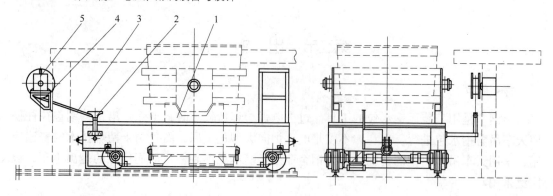

图 30 - 6　卷筒式出钢车结构示意图

1—出钢车装配；2—导线支架装配；3—电缆与氩气输送软管；4—电缆卷筒支座；5—卷筒

着就进入钢包精炼炉对钢水进行精炼。电弧炉与钢包炉的布置方式分为在线布置和离线布置两种。根据电弧炉与钢包炉的不同布置方式，其出钢车和钢包车的结构是有所区别的：

（1）对于电弧炉和钢包炉在线布置的情况，电弧炉的出钢车就是钢包炉的钢包车。当电弧炉出钢完毕后，直接把出钢车开到钢包炉的精炼工位，对钢水进行精炼。为此，出钢车就必须具有钢包车应具有的一切功能。

（2）对于电弧炉和钢包炉离线布置的情况，当电弧炉出钢完毕，出钢车开出一段距离停稳后，用吊车将钢水包吊运到钢包炉的钢包车后，钢包车进入精炼工位并对钢水进行精炼。

一般出钢车要求能对钢水进行称量，以便对电弧炉出钢量进行控制。由于钢包上口直径较大，出钢口对出钢车的位置定位精度不做严格要求，为此，在出钢车上可不用变频调速装置。但是，从保护减速器角度出发，出钢车带有变频调速可以延长减速器的使用寿命。相反，钢水质量已经在出钢车上进行了称重，钢包车就不用带有钢水称量装置。在钢包炉的精炼工位，即钢包车的停放位置，由于钢包与包盖需要有一个较为精确的定位，因此对钢包车在加热工位位置的定位精度是有严格要求的，在钢包车上一般要求带有变频调速装置，以满足其定位精度的要求。

出钢车与钢包车除了上述区别外，供氩装置设备也是有差别的。在电弧炉出钢车上，氩气只需一种较小的供气量；而钢包车的氩气供气量根据冶炼工艺的要求，需要几种供气量，并能随时进行自动调节。出钢车和钢包车除了上述不同点以外，在整体结构上基本一样。所以，对于出钢车的机械部分的设计计算，完全适用于钢包车。

（三）出钢车的驱动方式

出钢车的驱动方式主要有两种，即机械式驱动和液压式驱动：

（1）机械传动的特点是：结构比较简单、可靠性较高，但机械传动惯性大、不容易定位。另外，对于重载低速的大型出钢车，其减速器的体积比较庞大。目前，多采用变频调速来实现出钢车的低速行走。

（2）液压传动的特点是：启动、制动过渡过程时间短，调速方便，传动平稳，惯性小，停位准确。但液压传动在出钢车上要自带油源装置，结构比较复杂。并且大转矩、低转速的液压马达价格也比较昂贵，所以较少采用。

二、机械传动式出钢车驱动力的计算

机械传动式出钢车驱动力的计算主要是确定驱动电动机的功率：

（1）出钢车运行时所需的驱动力：

$$F = \frac{2(G_b + G_c)}{D}\left(f_1 + f_2 \frac{d}{2}\right)\alpha + (G_b + G_c)\tan\beta + F_f \qquad (30-3)$$

式中　F——驱动力，kgf；

G_b——钢包装满钢水时的质量，kg；

G_c——钢包车的质量（预先给定），kg；

D——车轮直径（预先给定），cm；

f_1——车轮对钢轨的滚动摩擦系数，钢对钢：$f_1 = 0.06$；

f_2——轴颈处止推轴承的滚动摩擦系数，$f_2 = 0.02$；

d——与轴承配合处车轮轴的直径（预先给定），cm；

α——考虑偏斜时车轮轮缘对钢轨的摩擦系数，可取 $\alpha = 2$；

β——轨道倾斜角，可取 $\beta = 0$；

F_f——钢包车所受风的阻力，车间内部可取 $F_f = 0$。

（2）出钢车运行时所需的功率：

$$p = \frac{F v_{max}}{102\eta} \qquad (30-4)$$

式中　v_{max}——钢包车运行时的最大速度，一般预先给定 $v_{max} = 20\text{m/min} = 0.33\text{m/s}$；

η——减速机构传动效率（三级齿轮减速器），$\eta = 0.9$。

（3）出钢车启动时的惯性力：

$$F_g = \frac{(G_b + G_c)v_q}{gt} = \frac{(G_b + G_c)a}{g} \qquad (30-5)$$

式中　F_g——惯性力，kgf；

t——启动时间，可取 $t = 3\text{s}$；

g——重力加速度，$g = 9.81\text{m/s}^2$；

a——钢包车启动时的平均加速度，通常 $a \leq 0.1\text{m/s}^2$；

v_q——启动速度；$v_q = at = 0.1 \times 3 = 0.3\text{m/s}$。

（4）出钢车启动时所需的力：

$$F_q = F + 1.2F_g \qquad (30-6)$$

式中　F_q——启动力，kgf。

（5）出钢车启动时所需的功率：

$$P_q = \frac{F_q v_q}{102\eta} \qquad (30-7)$$

式中　P_q——出钢车启动功率，kW。

（6）确定电动机的功率：

$$P_{dj} = P_q/\psi \qquad (30-8)$$

式中 P_{dj}——电动机功率，kW；

  ψ——过载系数，交流电动机：$\psi = 1.5 \sim 1.7$，直流电动机：$\psi = 1.7 \sim 1.9$。

（7）校核：

使 $P_{dj} \geqslant P$，为合理。考虑电动机工作环境温度较高，并且电弧炉工位的钢轨上表面不清洁，常有残渣飞溅等杂物，增加了钢包车的运动阻力，因此选电动机时适当将其功率增大一些。

三、液压传动的出钢车驱动能力的计算

液压传动的出钢车驱动元件为液压马达，为此，应计算液压马达的输出扭矩：

（1）出钢车的摩擦阻力矩：

$$M_Z = GK \tag{30-9}$$

式中 M_Z——出钢车的摩擦阻力矩，kg·m；

  G——出钢车的总荷重，$G = G_b + G_c$，kg；

  K——车轮对钢轨的滚动摩擦力臂（或称滚动摩擦系数），$K = 0.06$cm。

（2）主动轮的扭矩：

$$M_n = \frac{M_Z}{\eta i} \tag{30-10}$$

式中 M_n——钢包车主动轮的扭矩，kg·m；

  M_Z——钢包车的摩擦阻力矩，kg·m；

  η——机械传动效率，对三级齿轮减速器，取 $\eta = 0.9$；

  i——出钢车传动机构的传动比。

（3）出钢车的惯性力矩：

$$M_g = J\varepsilon \tag{30-11}$$

由于出钢车的运动是由钢包及车身的线性运动和车轮的转动所组成的，因此出钢车系统的动能可表示如下：

$$E_k = \frac{1}{2}J\omega^2 = \frac{1}{2}mv^2 + 4 \times \frac{1}{2}J_L\omega^2$$

可导出：

$$J = m\frac{v^2}{\omega^2} + 4J_L = mR^2 + 2m_LR^2 = (m + 2m_L)R^2 = (G + 2G_L)\frac{R^2}{g}$$

而

$$J_L = \frac{1}{2}m_LR^2 \tag{30-12}$$

式中 J——出钢车系统的转动惯量，kg·m²；

  J_L——出钢车车轮的转动惯量，kg·m²；

  m——出钢车（不含车轮）的质量（数值上 $m = G$），kg；

  G——出钢车（不含车轮）的重量，kgf；

  m_L——出钢车车轮的质量，（估算）kg；

  G_L——出钢车车轮的重量，（数值上 $G_L = m_L$），kgf；

  R——出钢车车轮半径（估算），m；

ε——挠度，$\varepsilon = \dfrac{\omega}{t} = \dfrac{v}{tR} \text{rad/s}^2$；

t——出钢车启动时间，对于液压传动一般取 $t = 8\text{s}$。

（4）所需液压马达的输出扭矩：

$$M = M_\text{n} + M_\text{g} \tag{30 - 13}$$

式中　M——液压马达的输出扭矩，$\text{kg} \cdot \text{m}$。

（5）液压马达的选取：

查《机械设计手册》可选出液压马达的规格、型号、数量等参数。

（6）每台液压马达的输出扭矩：

$$M_\text{c} = \dfrac{pq}{628} \eta_\text{m} \tag{30 - 14}$$

式中　M_c——液压马达的输出扭矩，$\text{kg} \cdot \text{m}$；

　　　p——液压系统工作压力，kg/cm^2；

　　　q——液压马达每转的排量，查《机械设计手册》得 $q = \text{mL/r}$；

　　　η_m——液压马达的机械效率，查《机械设计手册》得 $\eta_\text{m} = 0.9$。

校核：

若 $M_\text{c} \geqslant M$，为设计合格。考虑液压马达工作环境温度较高，并且电弧炉工位的钢轨上表面不清洁，常有残渣飞溅等杂物，增加了钢包车的运动阻力，因此选液压马达时适当将其扭矩增大一些。

四、出钢车的结构设计

出钢车是由车体、车轮、驱动装置、传动装置、电缆拖链（或电缆卷筒）等组成。

出钢车的承载能力是出钢车设计的一个重要指标，根据承载能力设计其各组成部分的部件、电动机功率等。

车体一般是由型钢做框架，用普通钢板做面板焊接而成。由于出钢车工作在高温恶劣的环境下，有时还会发生漏钢事件，为此，常在车体平台上面铺耐火砖，防止因漏钢而损坏车体。

车轮组采用角形（或非角形）轴承箱支撑，车轮材质为中碳钢，车轮踏面进行热处理，为表面硬度在 HB380 左右的铸钢或锻造件。

出钢车传动方式采用电机、减速器传动。电机和减速机有一体式和分体式两种方式。一体式结构紧凑，但维修时更换电机、减速器不便；而分体式所占空间较大，但维修时更换电机、减速器比较方便。

出钢车的联轴器一般常用的有内齿式和万向节式两种。采用万向节联轴器较内齿式好一些，但价格也较贵一些。

出钢车的驱动装置一般有单驱动与双驱动之分。单驱动就是采用一套电机 - 减速器，常用在中小型电弧炉或钢包炉上。双驱动是采用两套驱动装置，每套驱动装置都有相同的电机 - 减速器。双驱动常采用一工一备形式，分别安装在出钢车的两端。当工作电机 - 减速器出现故障时，马上改用另外一套电机 - 减速器。出钢车的运行速度有可调式和不可调式两种。可调式采用变频器进行调速。

出钢车的称重装置通常设在两个钢包吊臂支座的下方，用以对钢包所承接的钢水进行称量，其压力传感器带无线传输接口，并能在计算机上显示称量值。

出钢车上还装有牵引环，该牵引环与装于地面的定滑轮相配合，在停电时可用外动力将出钢车拖出。

出钢车的电源线、控制线及氩气软管通过电缆卷筒（或拖链）装置与外部连接。

第三节　加料筐与加料筐平车

炉顶加料是将炉料一次或分几次装入炉内，为此必须事先将炉料装于专用的容器内，目前多用料筐（也称料罐）装料，而特大型电弧炉则是用加料槽装料。为保护炉衬、加速炉料熔化，装料时需注意将大块的、重的炉料装在炉子中间，而将轻的炉料装在炉子的底部及四周。

常见的料筐有链条底板式和蛤式两种。

一、链条底板式料筐

链条底板式料筐如图 30 - 7 所示。上部 1 为桶形，料筐下部是多排三角形链条底板 2。链条底板下端用链条或钢丝绳穿连成一体，用扣锁机构锁住，形成一个罐底。装料筐吊在起重机主钩上，扣锁机构 4 的锁杆吊在起重机的副钩上。装料时，料筐吊至炉内距炉底约 300mm 的位置，利用副钩打开筐底，将炉料装入炉内。料筐的直径比炉膛直径略小，以避免装料时撞坏炉墙。

这种料筐的优点在于装料时，能将料筐放入炉膛内，减轻了废钢下落时对炉衬的冲击及其他相连部分的震动；其缺点是每次装完料后需将链条板重新串在一起，工作比较劳累，打开链条板和锁扣机构容易发生故障，同时这种料筐又需要放在专门的台架上。

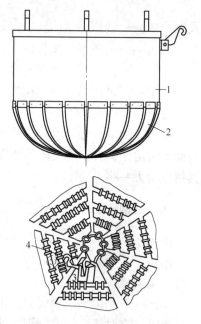

图 30 - 7　链条底板式料筐
1—圆筒形罐体；2—链条底板；
3—脱锁挂钩；4—脱锁装置

二、蛤式料筐

蛤式料筐如图 30 - 8 所示。蛤式料筐筐底的两个颚板 4 依靠自重闭合。两个颚板通过杠杆 3 和钢丝绳 1 打开装置，可以由吊车的副钩使锁紧装置 5 打开。这种料筐的优点是可以靠吊车的副钩控制料筐的打开程度，以控制废钢下落的速度，同时不需要人工串链条板和专门的放置台架；其缺点是料筐不能放入炉膛内，只能在炉口上方打开筐底，装料时对炉衬底部冲击大，容易损坏炉衬底部，同时引起相关联部分的震动。

三、加料筐平车

加料筐平车是用来做料筐的运输工具。一般工厂的电弧炉车间与料场并不是在一个车间内设置的。料筐装满废钢后，需要通过料筐平车将料筐运到电弧炉车间内，而后用天车

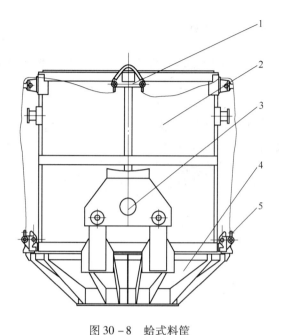

图 30 - 8　蛤式料筐
1—钢丝绳打开装置；2—料罐体；3—杠杆装置；4—颚板；5—锁紧装置

将料筐吊运到电弧炉上进行加料，然后再放回到料筐平车上。平车就是担负从料场到电弧炉车间炉料料筐的运输任务。废钢料筐一般都与电弧炉车间仅一墙之隔。平车结构设计是比较简单的，一般是用电机减速器做驱动装置，使车轮在轨道上运转。

当加料筐平车驱动装置采用电动机减速器时，设计可参考出钢车；但因其载重量小，工作环境比出钢车好得多，因而设计较为简单，电动机功率可以小一些。

由于平车运送距离相对较远，电动机电缆较长，一般需用卷筒缠绕。而有的厂家利用柴油机作为料筐平车的驱动装置，既省去了电缆与卷筒，同时也避免了因电缆在地面上拖链所造成的不利。

第四节　电极接长及出钢口维修平台

一、电极接长及存放装置

（一）电极接长及存放装置的作用

电极接长及存放装置，顾名思义就是用来对电极接长后进行暂存，以便于随时装入电弧炉上进行冶炼。在以前，由于电弧炉的容量比较小，所用电极直径也比较小，电极的接长可在炉上进行人工接长。但是，随着电弧炉的大型化和超高功率的采用，电极直径越来越大，甚至高达 700mm 以上。人工接长已经是不可取的，为此需要采用专门电极接长装置。

电极的接长是先将一根电极固定后，再把电极接头旋进电极接孔内，然后将另一根电极用天车（或专用悬臂吊）吊到电极接头正上方进行接长拧紧操作。将接长后的电极吊到存放电极的装置中进行暂存，等待使用。有时，在电极夹持器体或抱带需要维修时，也会将正在使用的电极从炉上吊下放入电极存放装置中去暂存。

(二) 电极接长及存放装置的结构形式

电极接长装置一般有两种结构形式，即手动偏心夹紧接长装置和液压（气动）接长装置。

（1）手动式电极接长装置。手动式电极接长装置如图 30-9 所示。它是由电极拧紧器 1、护筒 2、手动顶紧杠杆 3、电极 4、支架 5、偏心固定顶紧块 6、活动顶紧块 7 等组成。接长电极时，首先将要相接的一根电极放入电极接长装置内，利用偏心轮（偏心距 e）所具有的特点将电极固定；然后将另一根电极吊运到该固定电极的正上方，利用电极拧紧器 1 手动操作将两根电极拧紧在一起。这种电极接长装置结构简单、制造容易，适用于电极直径较小的情况。

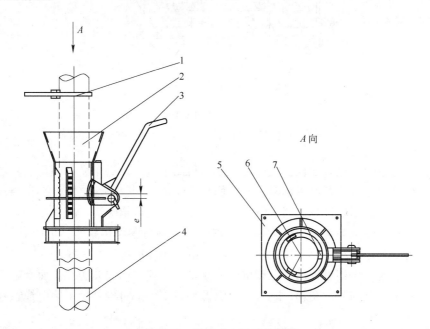

图 30-9 手动式电极接长装置

1—电极拧紧器；2—护筒；3—手动顶紧杠杆；4—电极；5—支架；6—偏心固定顶紧块；7—活动顶紧块

（2）自动式电极接长装置。自动式电极接长装置常采用液压（气动）夹紧装置，如图 30-10 所示。它是由手动打开阀 1、液压（气动）缸 2、支架 3、夹紧装置 4、电极拧紧器 5、电极 6、顶紧弹簧 7、固定顶紧块 8、活动顶紧块 9 等组成。这种装置是采用液压（气）缸的活塞杆抱瓦，将电极固定。这种电极夹紧装置结构较为复杂，适用于电极直径较大的情况。

(三) 电极接长及存放装置的安装位置

在电炉的操作平台上，根据整体布置，将电极接长及存放装置安装在一个既不影响炉子的操作，又不远离炉子的合适的位置。当采用专用悬臂吊接长电极时，还要考虑悬臂吊在空间旋转、吊运电极时，不能和炉子及其他附属设施相互发生干扰。在用天车作为接长吊运时，电极存放安装位置不能超出天车吊运的极限位置。

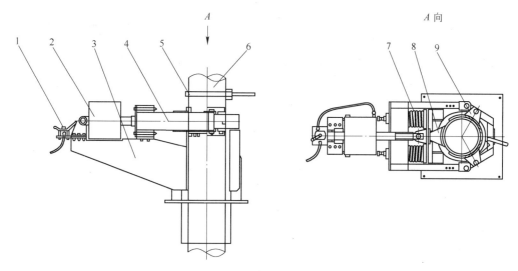

图 30 - 10　自动式电极接长装置

1—手动打开阀；2—液压（气动）缸；3—支架；4—夹紧装置；5—电极拧紧器；
6—电极；7—顶紧弹簧；8—固定顶紧块；9—活动顶紧块

二、出钢口维修平台

出钢口维修平台是用于对偏心底出钢口进行维护的一个装置。出钢口衬砖极易损坏，经常需要对其更换。更换时需要人员站在出钢口维修平台上，对出钢口进行衬砖的更换操作。出钢时，偶尔也会出现出钢口堵塞，钢水不能流出的情况，这时也需要操作人员站在出钢口操作平台上，利用氧气将出钢口打通。为此，出钢口维修平台应安装在出钢口一侧的电弧炉基础端头，不妨碍出钢操作而又便于出钢口维修平台操作的位置。

出钢口维修平台常用的有旋转式和二伸缩式两种结构形式：

（1）旋转式出钢口维修平台。旋转式出钢口维修平台如图 30 - 11 所示。它是由支架 5、平台 6、旋转主轴 4、旋转液压缸 1、梯子 2、栏杆 3 等组成。

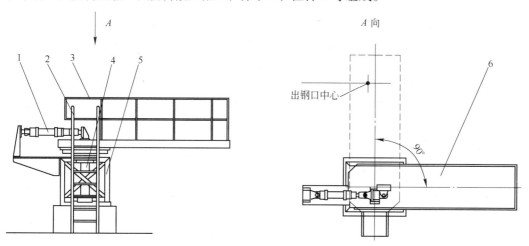

图 30 - 11　旋转式出钢口维修平台

1—旋转液压缸；2—梯子；3—栏杆；4—旋转主轴；5—支架；6—平台

工作时，需要将旋转操作平台旋转至接近90°的角度，以便于操作人员对出钢口进行维护。用后需要再旋回到原来的位置，否则，会影响电弧炉冶炼及出钢的操作。

（2）伸缩式出钢口维修平台。伸缩式出钢口维修平台如图30－12所示。它是由支架5、移动平台3、齿轮齿条传动装置2（伸缩轨道）、电机蜗轮减速器1（或液压缸）、栏杆4等组成。

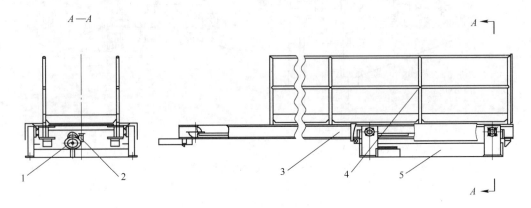

图 30 - 12 伸缩式出钢口维修平台
1—电机蜗轮减速器；2—齿轮齿条传动装置；3—移动平台；4—栏杆；5—支架

工作时，将操作平台伸出，以便于操作人员对出钢口进行维护。用后需要再缩回到原来的位置，否则，就会影响电弧炉冶炼及出钢的操作。

二者的选用是根据用户现场工艺布置情况不同而有所区别。由于出钢口维修平台结构比较简单、作用单一，此处不做更多介绍。有的用户不设此装置，而是以出钢车代替出钢口维修平台对出钢口进行维修。

第五节 散装料供应系统

散装材料主要是指炼钢用造渣剂，如石灰、白云石、萤石、矿石及铁合金材料等。电弧炉和精炼炉所用散装料供应的特点是品种多、批量大，要求加料迅速、准确、连续、及时而且工作可靠。采用散装材料供应系统可减轻劳动强度和提高生产率。

散装料供应系统包括散装料堆场、地面料仓、由地面料仓向高位料仓运输提升设备、高位料仓以及向炉内给料的设备和称量设备等。

一般供料过程是：先用汽车将原料从散装料堆场运到地面料仓，通过提升设备加入到高位料仓，由高位料仓下的振动给料器把原料卸入到称量料斗，称量后卸入汇总料斗暂存，最后通过溜槽加入到电弧炉（或钢包炉）内。

散装料供应系统一般由上料装置、料仓、加料装置三大部分组成，如图30－13所示。

一、低位料仓

（一）低位料仓的种类

低位料仓兼有储存和运转的作用。低位料仓的数目和容积，应能保证电弧炉（或精炼炉）连续生产的需要。矿石、萤石可以储存 10～30 天；石灰易于粉化，储存 2～3 天；其

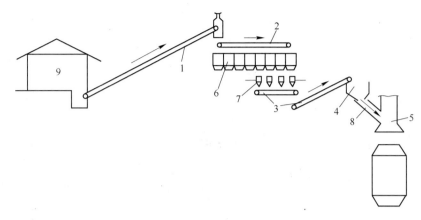

图 30 - 13　散装料供应装置示意图
1—上料机；2—布料器；3—皮带机；4—中间料斗；5—烟罩；6—料仓；
7—振动给料机；8—流管；9—储料仓

他原料按产地远近、交通运输是否方便来决定储存的天数。低位料仓一般布置在主厂房外，布置形式有地上式、地下式和半地下式三种。地下式较为方便，便于火车或汽车在地面上卸料，故采用较多。

（二）料仓容积计算

料仓容积的计算公式如下：

$$V = \frac{每种原料昼夜消耗量 \times 储存天数}{装满系数 \times 该种原料堆密度} \qquad (30 - 15)$$

式中，装满系数一般取 0.8；料仓数量由原料种类决定。

二、从低位料仓向炉上高位料仓供料

目前，大中型电弧炉车间的散装料从低位料仓运送到电弧炉用高位料仓，多数都采用胶带运输机。为了避免上料时厂房内粉尘飞扬而污染环境，有的车间对胶带运输机进行整体封闭，同时采用与电弧炉除尘连在一起的除尘装置；也有的车间在高位料仓上面，采用管式振动运输机代替敞开的可逆活动胶带运输机布料或布料器。从低位料仓向高位料仓供料的方式有胶带机、斗式提升机和料钟上料三种方式。

（一）胶带机

胶带机的特点是：结构简单、运输能力大、供料过程可连续进行、安全可靠、有利于实现自动化、原料破损少；缺点是：占地面积大、投资大、适用于大中型电弧炉或精炼炉。普通胶带机的倾角一般在 14°～18°之间，大倾角胶带机可达 90°。

（二）斗式提升机

斗式提升机（见图 30 - 14）利用钢丝绳卷扬机，沿提升轨道上升到高位加料仓的上方后直接将原料卸入双向胶带机或卸料小车内，然后由双向胶带机或卸料小车内向高位料仓内加料。这种加料方式占地面积小；但供应能力小，不能连续加料，适用于中小型电弧

炉或精炼炉。

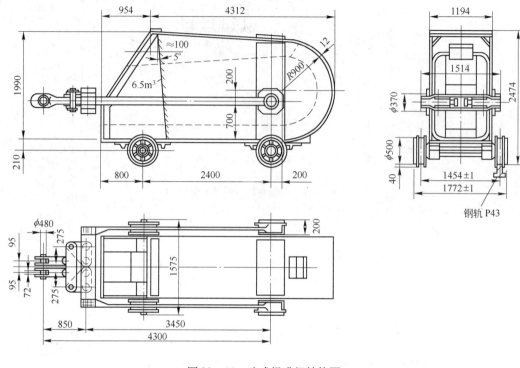

图 30 - 14　斗式提升机结构图

（三）料钟

　　料钟如图 30 - 15 所示。将原料装入料钟内用天车将料钟吊运到高位料仓上方后，直接将原料卸入高位料仓内。这种上料方式更为简单，占地面积更小；但供应能力差，不能连续加料，适用于小型电弧炉或精炼炉。

　　也有一些厂采用斗式提升机或将料钟用吊车将石灰和矿石提到炉顶集料斗直接加料，但不如采用振动给料机方便。

三、高位料仓

　　高位料仓的作用是临时储料，保证电弧炉（或精炼炉）随时用料的需要。一般高位料仓储存 1 ~ 2 天的各种散装料，石灰容易受潮，在高位料仓内只储存 6 ~ 8h。每个料仓的容积根据电弧炉（或精炼炉）容量大小、冶炼品种、冶炼工艺的不同各有差异。料仓的数量少的只有几个，多的有几十个。料仓的布置形式有独用、共用和部分共用三种。特别是当电弧炉容量较大，同时又

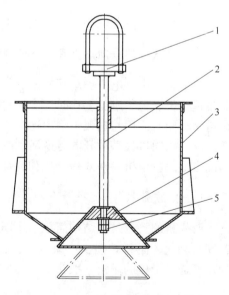

图 30 - 15　料钟
1—吊环；2—吊杆；3—壳体；
4—料钟底座；5—连接螺栓

和其他电弧炉、精炼炉共用一个加料系统时，料仓数量可多达几十个。

（一）料仓数量

高位料仓的数量根据冶炼品种不同、料仓所供炉子座数不同而不同。对于只有一台电弧炉配一台 LF 精炼炉来说，一般高位料仓设计成一个高位加料系统，同时满足这两台冶炼炉子的加料任务；对于有两台电弧炉配一台 LF 精炼炉来说，除了保证向两台电弧炉供料外，也可以设计成一个高位加料系统，同时满足这三台冶炼炉子的加料任务。所以，料仓的具体数量应由冶炼工艺人员提出。但对于只供一台大中型电弧炉而言，一般设置 6 ~ 12 个即可。

（二）料仓形状

高位料仓的上端面一般做成矩形，仓体上部为长方体，下部为四角锥体，锥体部分的倾角在 45° ~ 50° 之间选择。料仓宽度一般在满足胶带机或振动给料机的卸料前提下尽量减少，以缩短炉子跨的宽度，改善原料在料仓内的分布，增大有效容积。为防止卡料，料仓下料口的尺寸应为散装料块度的 3 ~ 6 倍以上，一般为 150 ~ 300mm。料仓的高度一般不小于 0.8m。高位料仓的整体高度一定要限制在厂房高度之下。

装有除尘装置的封闭料仓必须设有料位计，通过料位计的传输信号，把每个料仓当前所储存的散装料的数量显示在加料系统控制计算机的画面上，以便使操作人员随时掌握每个料仓里所储存的散装料的加料时间和加料数量。为了节省加料时间，对于加料数量较大的散装炉料，可同时开动几个相同炉料的料仓，通过中间集料斗快速加入。

从高位料仓供料和向炉内加料的主要设备由高位料仓、振动给料器、称量料斗、汇总料斗、皮带机及加料溜管等部分组成。高位料仓可以和电弧炉设置在同一跨内，也可以和电弧炉分设在不同跨上。由于高位料仓装置具有足够高的高度，并且设有梯子、栏杆、平台等，占地面积较大，一般与电弧炉不在同一跨内，向炉内加料时通过皮带机、炉上溜管将散装炉料加入到炉内。

典型高位加料装置如图 30 - 16 所示。它是由框架 1，料仓 2 与 3，料位计 6，防尘罩 4，烟道 10，振动给料机 15，称量料斗 19，称量传感器 5，中间集料斗 11，溜管 13 与 18，双向皮带机 12，炉上落料管 16，返回料管 21 及工作平台 9、17、20，栏杆 7，梯子 8 等组成。

四、下料装置

所谓下料装置就是向电弧炉内加料的装置，它是由电磁振动给料机、称量装置、中间集料斗、皮带运输机、溜管等组成。

（一）电磁振动给料机

为了使散装料沿料仓下部的出料口连续而均匀地流向称量料斗，在每个料仓出口处的下方，安装一台电磁振动给料机。电磁振动给料机由电磁振动器和给料槽两部分组成，已经标准化并由专业制造厂家生产。每次在向炉内加散装料时，都必须事先经计算机计算好所需各种散装料的数量，在计算机发出加料指令后，振动给料机开始向称量料斗送料。

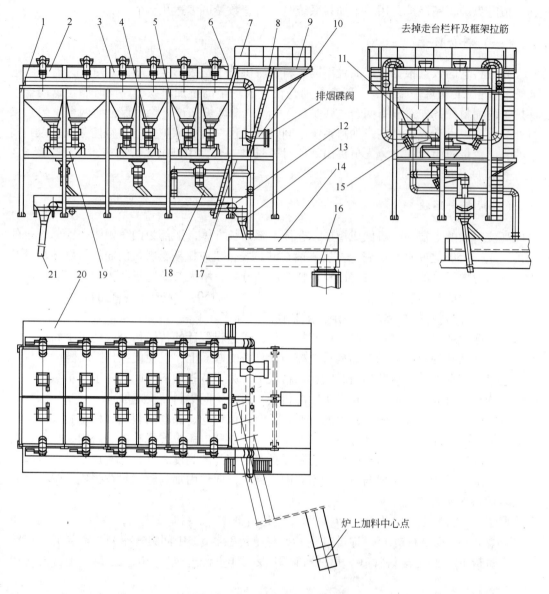

排烟碟阀

去掉走台栏杆及框架拉筋

炉上加料中心点

图 30-16 典型高位加料装置

1—框架；2，3—料仓；4—防尘罩；5—称量传感器；6—料位计；7—栏杆；8—梯子；9—三层走台；
10—烟道；11—中间集料斗；12—双向皮带机；13，18—溜管；14—上料皮带机；15—振动给料机；
16—炉上落料管；17——层走台；19—称量料斗；20—二层走台；21—返回料管

（二）称量料斗

在电磁振动给料机的下面就是称量料斗。对于有给料精确要求的，一般在每个料仓下面都配置单独的称量料斗，以准确地控制每种料加入的数量。也有采用集中称量的，在高位料仓下面集中配备一个称量料斗，各种料依次进入叠加称量，这种设置方式设备少、布置紧凑，但准确性较差。对于双排布置的高位料仓，一般是四个料仓配一个称量料斗，这样做的好处是称量精度较高、称量料斗较少又便于布置。称量料斗是用钢板焊接而成的容器，下面安装电子秤。散装料进入称量料斗达到要求的数量时，计算机发出停止加料指令，电磁振动给料机便停止振动给料。

（三）汇总料斗

将已经称量好的原料放入到汇总料斗暂存，需要时打开闸阀通过溜管加入到炉内。通过设置汇总料斗进行暂存，以便需要加料时，集中一批加入，可以使加料时间缩短。

（四）皮带输送机

在顺着称量料斗方向的下面布置一条双向皮带机。它的作用有两个：一是向炉上送料；另一个作用是，一旦发现所称量的散装料品种有误或称量不准时，可把料先卸到该皮带机上，后由皮带机经返回料管返送到炉下其他处。

在双向皮带机的一端接着布置一台单向皮带机，经炉上落料管向集料斗送料。

（五）集料斗与输料管

集料斗的作用是把一次所有加入炉内的散装料汇集在一起，等待一次加入炉内。集料斗的下面接有圆筒式溜管，中间有气动或电动闸板。溜管下部插入到电弧炉（或精炼炉）的炉盖内，由于溜管下部工作在高温区，为此该部分应当通冷却水保护。炉料是靠自重流入到炉内的，因此要求溜管角度要大，与炉子垂直中心线所成的夹角不大于40°。

有的集料斗和溜管做成上、下两部分，下面固定在炉盖上，上面溜管做成旋转式，加料后旋回。需要加料时，打开闸阀，炉料通过炉顶部的溜管进入炉内，完成加料全过程。

（六）支架、平台、梯子、栏杆的设置

高位料仓都是由支架固定的，支架一般由角钢、槽钢等型钢制作。为了操作、维护方便设有多层平台，通过梯子上下并在平台外围设有栏杆以保证操作人员的安全。

（七）仪表

由于高位料仓高度很高，操作人员无法及时观察到料仓储料的多少，特别是封闭料仓必须在料仓上设有料位计。通过料位计可以在操作室内的仪表显示，掌握料仓内储料的数量并进行及时加料。

（八）除尘

加料时会产生烟气，特别是加石灰时所产生的烟气较大。为此，一般都在料仓上设置除尘装置，以防止烟气散发在车间内部。通常，除尘装置是和电弧炉除尘系统连接在一起的。

五、铁合金供应系统

铁合金的供应由铁合金储料间、车间铁合金料仓、溜槽、称量、输送设施和向钢包加料等几部分组成。铁合金料在铁合金间储存、烘烤以及加工成合格块度，由铁合金间运送到电弧炉车间。

铁合金供应方式一般有三种：

（1）对于用量不大的电弧炉车间，一般先把自卸式料罐用汽车运到电弧炉跨内，再用

吊车卸入车间铁合金料仓内，需要时经称量后用溜槽加入到钢包内。

（2）对于中型电弧炉炼钢车间，一般先采用单斗提升机将铁合金提升到铁合金料仓上方，再用胶带机送入料仓暂存，需要时经称量后用加料小车和溜槽加入到钢包内。

（3）大型电弧炉炼钢车间的加料系统，类似于高位加料，或在高位加料上增设合金料仓即可。

第六节　补　炉　机

电弧炉在冶炼过程中，炉衬由于受到高温作用以及钢水冲刷和炉渣侵蚀而损坏，每次熔炼后应及时修补炉衬。人工补炉的劳动条件差、劳动强度高、补炉时间长、补炉质量受到一定限制。因此现在广泛采用补炉机进行补炉。

补炉机的种类很多，主要有离心式和喷补式两种，由专业制造厂生产。

一、离心补炉机

离心补炉机的效率比较高，这种补炉机用电动机或气动马达作驱动装置。图30－17所示为离心补炉机，其驱动装置采用电动机，电动机旋转通过立轴传递到撒料盘，落在撒料盘上的镁砂在离心力作用下，被均匀地抛向炉壁，从而达到补炉的目的。补炉机是用吊车垂直升降的。补炉工作可以沿炉衬整个圆周均匀地进行。其缺点是无法局部修补，并且需打开炉盖，使炉膛散热加快，对保温不利。

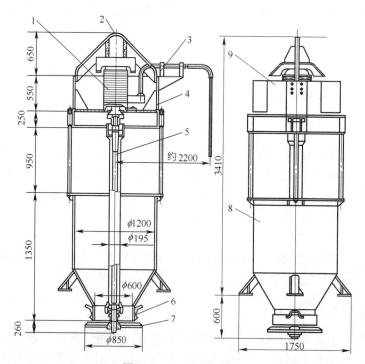

图30－17　离心补炉机

（料仓容积0.8m³；抛料能力2000kg/min；电动机特性：ROR－2，7kW，250r/min）

1—电动机；2—吊挂杆；3—带挠性电缆的托架；4—石棉板；5—传动轴；

6—调节环；7—撒料盘；8—料仓；9—电动机外罩

二、喷补机

喷补机是利用压缩空气将补炉材料喷射到炉衬上，从炉门插入喷枪喷补，由于不打开炉盖，炉膛温度高，对局部熔损严重区域可重点修补，并对维护炉坡、炉底也有效。电弧炉喷补方法分为湿法和半干法两种。湿法是将喷补料调成泥浆，泥浆含水量一般为25%～30%。半干法喷补的物料较粗，水分一般为5%～10%。半干法和湿法喷补装置与喷补器控制调节系统如图30-18所示，它是由蝶阀1、调压阀2、截止阀3、压力表4、喷射器5、安全阀6、针形阀7、过滤器8等组成。

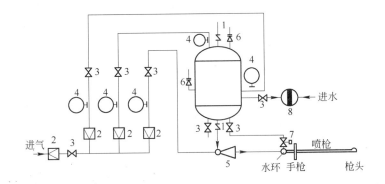

图30-18　半干法和湿法喷补装置与喷补器控制调节系统
1—蝶阀；2—调压阀；3—截止阀；4—压力表；5—喷射器；
6—安全阀；7—针形阀；8—过滤器

喷枪枪口形式如图30-19所示，喷枪枪口包括直管、45°弯管、90°弯管和135°弯管4种形式。喷补料以冶金镁砂为主，黏结剂为硅酸盐和磷酸盐系材料。

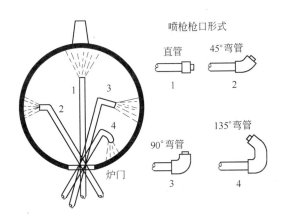

图30-19　4种喷枪枪口形式与喷补炉衬部位示意图

三、旋转补炉机

旋转喷补机结构示意图如图30-20所示。具有选择性的补炉机仅能用于电弧炉炉壁，利用旋转喷补原理，可以快速喷补整个渣线部位。用做选择性的旋转补炉机对炉子各部位损坏都可以进行选择性地局部修补，有目标地喷补炉子最薄弱的部位。这种修炉方法的缺点是必须将电弧炉炉盖移开，因而耗时及降低炉温，喷补机的磨损也较大。

四、火焰喷补机

在几种喷补法（湿法、干法、半干法、火焰喷补）中，火焰喷补法在国外用得较多，国内很少见到。火焰喷补法是使用耐火材料和炭的混合物，用烧氧进行喷补。电弧炉经修补后，炉盖寿命可以延长 15 ~ 20 次，渣线可以延长 30 ~ 50 次。

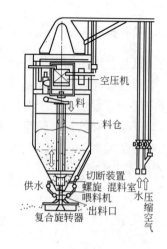

图 30 - 20 旋转喷补机结构示意图

第七节 电弧炉底吹装置

一、电弧炉底吹气体搅拌技术

交流电弧炉是通过分布在电极极心圆上的三根电极对废钢进行加热并使之熔化，由于加热的不均匀性和电弧电动力搅拌的乏力，使炉内存在明显的冷热不均、成分不均和炉渣过氧化等问题。虽然氧－燃助熔和熔池吹氧使部分问题得到解决，但依然存在炉渣过热氧化，炉渣不活跃和熔池内温度、成分不均匀现象。底吹气体搅拌为电弧炉克服上述问题提供了廉价而有效的解决办法。电弧炉不吹任何气体只有电弧电动力作用时的搅拌能为 1 ~ 3W/t；当向钢液插入深度为 350mm 吹氧管时，搅拌能为 70W/t；当向炉底供以 $0.06m^3/(min·t)$ 的供氩强度时，搅拌能为 375 ~ 400W/t。据有关资料介绍，某厂在 50t 电弧炉中分别以 $0.3m^3/min$ 和 $0.3 ~ 0.9m^3/min$ 的流速底吹氩和氮，所得到的均匀混合时间分别为 2.7min 和 1.7 ~ 2.5min，这要比氧化期内所需均混时间快 2 ~ 3.5 倍，因而可使电弧炉炼钢获得如下好处：

（1）降低 FeO 含量；

（2）可减少合金用量；

（3）高合金钢可减少炉渣中的含量；

（4）提高脱 S、P 效率；

（5）降低能量消耗 10 ~ 43kW·h/t；

（6）缩短冶炼时间 1 ~ 16min；

（7）减少大沸腾和"炉底冷"的现象；

（8）金属收得率提高 0.5% ~ 1%；

（9）降低电极消耗。

如采用北京科技大学的底吹系统达到的使用效果见表 30 - 2。

表 30 - 2　采用北京科技大学的底吹系统达到的使用效果

底吹情况	冶炼炉数	冶炼时间 /min	初炼电耗 /kW·h·t^{-1}	氧气消耗 /m^3·t^{-1}	石灰消耗 /kg·t^{-1}	氮气 /m^3·t^{-1}	氩气 /m^3·t^{-1}	钢铁料消耗 /kg·t^{-1}
无底吹	1736	59	136.2	42.5	61.5			1113
有底吹	1688	55	128.0	32.4	51.1	6.0	0.17	1095

注：铁水装入量为 55% ~ 60%，电弧炉装入量为 50t，底吹系统从 2010 年 5 月开始使用。

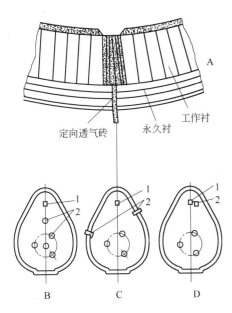

图 30 - 21　电弧炉底吹供气元件的布置与
透气砖在炉底的固定
1—偏心出钢口；2—定向透气砖

目前大多数电弧炉搅拌都采用气体（主要是 Ar 或 N_2，少数也有用天然气和 CO_2）作为搅拌介质，气体从埋于炉底的接触式或非接触式多孔塞进入电弧炉内。少数情况也有采用风口形式。在出钢槽出钢的交流电弧炉内，多孔塞布置在电极圆对应的炉底圆周上，并与电极孔错开布置，如图 30 - 21 所示。

偏心底出钢的电弧炉因在出钢口区域存在熔池搅拌的死区，除按传统电弧炉的方法布置外，还在电极分布圆心到出钢口的直线上，约在其中心处设置一多孔塞。对于小炉子，一般采用一个多孔塞并布置在炉子的中心。对于普通钢类，接触式多孔塞底吹气体量（标态）为 0.028 ~ 0.17m^3/min，总耗量（标态）为 0.085 ~ 0.566m^3/t。非接触式多孔塞底吹气量可大一些。通常，熔化期可强烈搅拌，在废钢完全熔化以后，为抑制电极的摆动所引起的输入功率不稳定和钢水引起的电极熔损，宜将搅拌气体流量减少到 1/2 ~ 1/3。也有从均匀搅拌的角度出发，采用在熔清后并不减少流量而继续操作的方法，这对提高钢水收得率、降低电耗有利。

对于电弧炉底吹搅拌技术而言，供气元件是关键。供气元件有单孔透气塞、多孔透气塞及埋入式透气塞多种。

二、电弧炉底吹装置类型

(一) 接触式 (也称直接式) 搅拌系统

接触式搅拌系统装置如图 30 - 22 所示。

接触式搅拌系统装置的特点是：

(1) 透气砖直接与钢水接触。

(2) 需在短时间内更换，一般 20 天更换一次。操作蚀损率每小时约 0.5mm。

(3) 气体引入局部集中在钢水熔池中，在小范围内形成剧烈搅拌。

(4) 钢水局部未被炉渣覆盖，并吸收氮气。

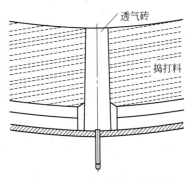

图 30 - 22　接触式搅拌系统装置

（5）必须连续地供气，在标准状态下每支透气砖的典型流量为 $3 \sim 7\mathrm{m}^3/\mathrm{h}$。

（二）非接触式（也称间接式）搅拌系统

非接触式搅拌系统装置如图 30 - 23 所示。

非接触式搅拌系统装置的操作特点是：

（1）透气砖由于被捣打料覆盖，蚀损较缓慢，因此可维持整个炉役，甚至一年，仅炉腔需要定期维修。

（2）气体大范围进入钢水中，广泛分布，并有大面积的轻微气泡。

（3）这种装置不能从出钢口周围撇开炉渣。

（4）供气可以中断，在标准状态下每支透气砖的典型流量为 $8 \sim 15\mathrm{m}^3/\mathrm{h}$。

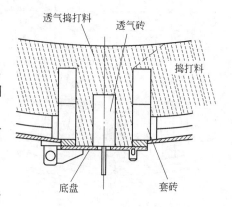

图 30 - 23　非接触式搅拌系统装置

三、电弧炉底吹元件对耐火材料的要求

电弧炉底吹元件对耐火材料的要求如下：

（1）超高功率电弧炉透气砖在使用过程中应具有良好的透气性能，出现结钢后，必须在重新使用后 1 ~ 2 炉次内恢复透气功能。

（2）供气元件处于 1630℃ 以上的高温下与钢水接触，并受到高速搅拌的钢水的冲刷，要求材料具有足够的强度和高温力学性能。

（3）电弧炉为间歇式操作时，反复加热、冷却所造成的温差变化很大，材料具有良好的抗震性和抗剥落性。

四、底吹装置用耐火材料

（一）接触式搅拌系统用耐火材料

1. EF – KGC 系统

EF – KGC 系统又称为接触式直塞 EF – KGC 装置，由喷嘴（不锈钢管）和镁炭质材料（镁炭砖）复合而成，透气塞在炉底中央。在喷嘴与管砖之间以及管砖和镁质座砖之间用镁质浇注料充填，组成底吹耐火材料，炉底则采用不定形镁质干捣料。透气塞寿命为 300 ~ 500 炉。

2. Radex – DPP 系统

接触式 Radex – DPP 系统被应用于 EBT 的 UHP 炉底上，相继被德国、美国等钢厂所采用。定向透气砖可设在出钢口附近，也可以在炉底的其他部位，如图 30 - 21 所示。

多孔透气砖为不锈钢管和优质耐火材料的复合体。定向多孔透气砖内埋 20 根内径为 1mm 的小钢管。以前透气元件所用耐火材料为沥青结合镁砖，搅拌元件蚀损最重要的参数是抗热震性能，继而发展为采用电熔高纯镁砂为主，加入鳞片石墨的 $\mathrm{MgO} - \mathrm{C}$ 砖（C15% ~ 18%）。

以氮气为搅拌气体，吹氮量为 $0.08\mathrm{m}^3/\mathrm{t}$，透气砖使用寿命约在 450 炉左右。

(二) 非接触式搅拌系统用耐火材料

1. TLS 系统

TLS 非接触式搅拌装置示意图如图 30-24 所示。

透气捣打炉底必须具备下列性能：

(1) 捣打层的透气性应长期保持，即使处于高温状态下，其烧结层也必须很薄，并维持良好的透气性能，对原料要求纯度高。

(2) 透气层还必须具有高的抗热冲击性能。

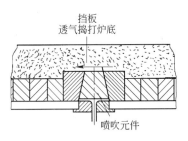

图 30-24　TLS 非接触式搅拌
装置示意图

2. VVS 系统

该系统透气装置埋于炉底下部，不与钢水接触，而是靠炉底打结料本身透气。图 30-25 所示为炉壳内径为 5800mm 的电弧炉上采用的 VVS 非接触式搅拌装置示意图。

透气性捣打方式的搅拌技术使 Ar 或 N_2 均匀地由表面释放出来搅拌钢水。

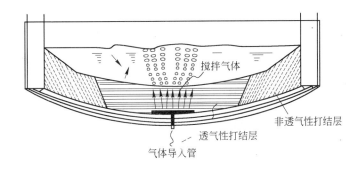

图 30-25　炉壳内径为 5800mm 的电弧炉上采用的
VVS 非接触式搅拌装置示意图

VVS 系统的气流分配装置是一根 25.4mm 的不锈钢管。管子呈圆环形，固定在炉底部的气体导向板上。系统所有的部件尺寸要根据具体电弧炉的几何尺寸而定。

3. EF-KOA 系统

EF-KOA 装置吸取了直接搅拌系统搅拌能力强和间接搅拌系统使用寿命长的特点，将两者的优点结合起来，克服了直接搅拌系统蚀损率高的主要缺点，使电弧炉炉底搅拌系统更加完善。

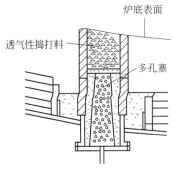

图 30-26　EF-KOA 装置示意图

该装置由 4 部分耐火材料组成：MgO 多孔透气塞、镁铬质熔铸套管 (砖)、透气 MgO 打结料和致密浇注料，它们组成一个严密的整体。搅拌气体通过 MgO 多孔透气性捣打料进入钢水，多孔塞与钢水不直接接触，这样就能保证使用寿命长。耐火套砖为透气性捣打料包围，使搅拌气体形成很集中的一缕气泡，直冲钢水液面。致密浇注料确保搅拌气体直接向上吹入钢水而不会流经周围的耐火材料。整个组成的耐火材料系统确保冶炼稳定、顺利进行。EF-KOA 装置示意图如图 30-26 所示。

EF-KOA系统在140t电弧炉上装有3支透气元件，位置与电极相错，使用寿命高达4000炉。在整个使用过程中对透气塞无须特殊维护，只用一般镁砂修补热点和冷却熔池。

电弧炉底吹搅拌系统的装置不尽相同，但底部供气元件的选择与底吹气体种类有关。当底吹用氧化性气体时，采用双层套管喷嘴，即内管吹天然气，外环管吹保护气体。底吹惰性气体大多数采用金属管多孔塞供气元件。底吹天然气则采用管式供气元件，也可以选用环缝式、狭缝式及直孔形透气砖等。一般认为，选用镁质细金属管多孔塞供气元件较好，相应地，所用不定形耐火材料也与供气元件同材质为好。

供气系统的工作压力一般为0.1~0.8MPa，供气量(标态)为0.001~0.01m³/(min·t)。

五、底吹氩系统

底吹氩系统原理如图30-27所示。

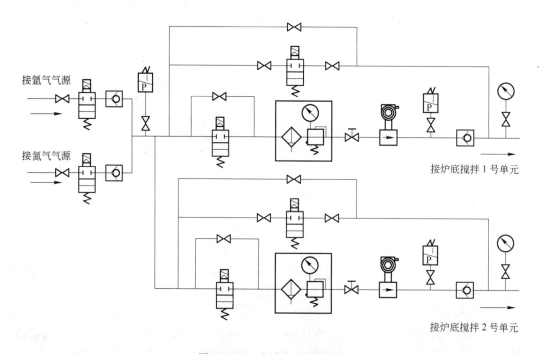

接氩气气源

接氮气气源

接炉底搅拌1号单元

接炉底搅拌2号单元

图30-27　底吹氩系统原理

名称	符号	名称	符号	名称	符号	名称	符号
转子流量计		气源处理三联件		电动调节阀		压力变送器	
				单向阀		手动阀门	
压力表		电磁换向阀		软管			

第八节　其他附属设备

一、渣罐与渣盘

渣罐与渣盘都是装钢渣所用。在电弧炉冶炼需要进行扒渣时，先将渣罐（盘）用渣罐车（或天车）放在炉门下方，然后进行扒渣操作，将钢渣扒到渣罐后运走。应当说明的是，并不是所有的电弧炉扒渣都采用渣罐出渣，现在很多电弧炉采用的是水泼渣出渣方式。水泼渣出渣是直接将钢渣扒在炉门下方的地面上，并进行浇水处理冷却后，用小型叉车将钢渣运走。

渣罐的结构形状如图30-28所示。渣盘的结构形状如图30-29所示。

图30-28　渣罐的结构形状

图30-29　渣盘的结构形状

渣罐的体积是根据冶炼不同钢种、不同冶炼工艺所具有的钢渣量的多少设计的，因此不同容量的电弧炉渣罐体积是不同的。渣盘形状为倒梯形的铸钢件壁厚在80~120mm之间。

一般情况下，熔化期渣量一般为料重的3%~5%。根据炉料的含磷情况和所炼钢种，在熔化后期开始加碎矿，造成自动流渣或扒渣，并另造新渣进入氧化期。扒渣量最多可达总渣量的70%~80%。

渣罐与渣盘是由专门厂家生产的，订货时只需提出容积与形状等要求即可。

二、出渣车

出渣车是承载渣罐的运输工具。电弧炉只有在利用渣罐出渣的情况下才可能使用渣罐车。

出渣车的结构和料筐平车的结构基本类似。但由于出渣车工作在高温条件下，而且环境较为恶劣，为了防止钢渣对出渣车的破坏，要在车板的上面铺有耐火砖，在电机减速器驱动装置的上面和周围要做好保护措施，以防止对驱动装置的损坏。

三、风动送样设备

炼钢过程中，为了掌握钢水的化学成分，保证冶炼过程正常进行，需将试样送化验室分析。由于人工将试样送交化验室的速度慢、时间长，会影响炼钢进度，因此现在很多厂已使用远距离传送的风动送样装置，实现了送样工作的机械化与自动化。风动送样装置的使用和操作非常简便，首先将试样或分析结果装进送样盒，然后按动开门按钮，将送样盒放入收发柜内，再按关门按钮，送样盒就以 10～15m/s 的速度发送到指定地点。

（一）设备组成

风动送样设备主要包括：动力站（旋涡泵、空气分配阀、流向控制器、进气阀、消声器等）、收发柜、电控柜、减速装置、光电装置、输送管线及设备、电控线路、进气装置、放气装置、样盒（容器）等。

（二）主要功能

各部分的功能是：

（1）动力站。安装有旋涡泵、空气分配阀、蝶阀、进气阀、消声器等，主要产生洁净、稳定的压力气流，并进行换向，"吹"或"吸"送样盒（容器）在输送管道中运行。

（2）收发柜。收发柜用于收发试样。装有收发装置和进出气阀，可以安全、方便地发送和接收样盒（容器）。

（3）电控柜。以可编程序控制器为核心，由各种继电器、接触器和其他电器元件组成，由它对系统的发送和接收全过程进行程序控制。

（4）泄压装置（含三通）。按程序要求，及时、有效地对高速运行的样盒（容器）减速、制动。

（5）光电装置。安装在系统的关键部位，检测样盒（容器）的位置和运行状态。

（6）输送管线及设备。它包括主管道、连接法兰和连接套管等，保证样盒（容器）在管道内通行无阻。

（7）电控线路。包括控制电缆和分线盒，它把控制柜和系统各部件传感元器件及控制元器件连接在一起。

（8）样盒（容器）。装载需要传送的试样。

（三）技术参数

图 30 - 30 所示为风动送样设备的其中一种，该设备的主要技术参数见表 30 - 3。

表 30 - 3 风动送样设备的主要技术参数

项 目	数 值	备 注
输送方式	正压单管双向往复输送	
输送钢管规格/mm × mm	$\phi 76 \times 4$	
弯管转弯半径/mm	$R \geqslant 2000$	
样盒有效容积/mm × mm	$\phi 48 \times 70$	
样盒运行速度/m·s^{-1}	10～30	
样盒下落速度/m·s^{-1}	3～7，可调	
试样条件	质量≤2kg，温度≤800℃	
样盒垂直落差/m	≤30	

续表 30 - 3

项 目	数 值	备 注
压缩空气	无油无水、干燥洁净	
压力要求/MPa	管网压力 0.5 ~ 0.7	
控制方式	可编程序控制器自动控制	
电源要求	220V ± 10% , 50Hz	
收发台外形尺寸/mm × mm × mm	500 × 500 × 1550	长 × 宽 × 高
电控箱外形尺寸/mm × mm × mm	500 × 400 × 1300	长 × 宽 × 高
收发台质量/kg	350	

图 30 - 30　风动送样设备外形图

第三十一章 短流程炼钢用氧技术

第一节 强化用氧工艺与设备

在电弧炉冶炼过程中采用强化用氧工艺，主要的吹氧方式有炉门吹氧和炉壁吹氧两种方式。与之相对应，主要的强化用氧工艺设备包括：炉门水冷炭氧枪、炉门自耗式氧枪、炉壁氧燃烧嘴、炉壁集束射流氧枪（也称炉壁聚合射流氧枪）。

一、炉门吹氧工艺与设备

（一）炉门吹氧工艺

在炉门吹入氧气，主要是利用氧气在一定温度下，与钢铁料中的铁、硅、锰、碳等元素发生氧化反应，放出大量的热量，使炉料熔化，从而起到补充热源、强化供热的作用。

炉门吹氧基本原理：

（1）从炉门氧枪吹入的超音速氧气切割大块废钢；

（2）电弧炉内形成熔池后，在熔池中吹入氧气，氧气与钢液中元素产生氧化反应，释放出反应热，促进废钢的熔化；

（3）通过氧气的搅拌作用，加快钢液之间的热传递，因此能够提高炉内废钢的熔化速率，并且能减少钢水温度的不均匀性；

（4）大量的氧气与钢液中的碳发生反应，实现快速脱碳，碳氧反应放出大量热，有利于钢液达到目标温度；

（5）向渣中吹入氧气的同时，喷入一定数量的炭粉，炉内反应产生大量气体，使炉渣成泡沫状，即产生泡沫渣；

（6）炉门吹氧可以减少电能消耗。

我国宝钢150t超高功率电弧炉采用自耗枪切割废钢后改用水冷氧枪吹氧，直至冶炼结束，在铁水比为30%、出钢量为150t、留钢量为30~35t的前提下，得到电耗与氧耗的回归关系：

$$E = 435.84 - 5.02\left(\frac{2}{5}O_{CL} + O_{WCL}\right) \tag{31-1}$$

式中 E——电耗值，$kW \cdot h/t$；

O_{CL}——自耗氧枪氧量（标态），m^3/t；

O_{WCL}——水冷枪氧量（标态），m^3/t。

从上式中可以看到，对于水冷氧枪，每标立方米氧气约相当于 $5.02kW \cdot h$ 电能，自耗枪供氧所产生的能量效应也相当于水冷枪的2/5。

(二) 炉门吹氧设备

利用钢管插入熔池吹氧是原来最初使用的方法。为了充分利用炉内化学能，近年来吨钢用氧量逐渐增加，仅依靠钢管吹氧已不能满足供氧量的需要；同时，考虑到人工吹氧的劳动条件差、不安全、吹氧效率不稳定等因素，开发出电弧炉炉门枪机械装置。国外在20世纪70年代就已开发出炉门水冷炭氧枪技术，我国的炉门水冷炭氧枪技术正是在引进国外水冷炭氧枪技术的基础上，逐步研究开发出来的。

炉门吹氧设备按水冷方式分为自耗式炉门炭氧枪和水冷式炉门炭氧枪。水冷式炉门炭氧枪的氧气利用率高、使用成本低。自耗式炉门炭氧枪的优点是能直接切割废钢，安全性较好。

目前，国外电弧炉炉门炭氧枪主要有德国 Fuchs、美国燃烧公司等开发的水冷式炉门炭氧枪装置，意大利组合水冷枪及德国 BSE 公司的自耗式炉门炭氧枪装置。国内对水冷氧枪研究主要的研制单位有北京科技大学、钢铁研究总院等科研院所和企业。

1. 自耗式炉门炭氧枪

自耗式炉门炭氧枪是指吹氧管和炭粉喷管随着冶炼进程逐渐熔入钢水的一种消耗式装置。自耗式炉门炭氧枪以德国 BSE 多功能组合枪为主要形式。

德国 BSE 公司的多功能组合枪 LM2（见图 31－1、图 31－2）是集合了氧枪和炭枪机械手以及侧弯气温取样机械手功能的组合设备。

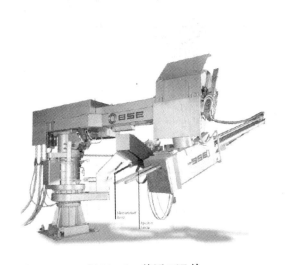

图 31－1　德国 BSE 枪

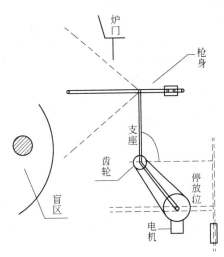

图 31－2　枪体机构工作示意图

全套 LM2 机械手由坚固的钢结构组成，和两个旋转手一起安装在一个圆柱上。上旋转手支撑是氧枪和炭枪的驱动装置，下旋转手支撑一个供安装测温取样器的底盘。取样测温在不断电、不间断吹氧和吹炭的操作下进行。天津钢管 150t 电弧炉也配有自耗氧枪，新疆八钢的 70t 超高功率直流电弧炉采用德国 BSE 公司开发的喷枪机械手，大冶特钢 70t 超高功率电弧炉采用多功能组合枪 LM2。

2. 水冷式炉门炭氧枪

水冷式炉门炭氧枪是指氧气喷吹装置用水进行冷却的炉门吹氧设备。吹氧和喷炭粉可做成一体，也可分开。合为一体时氧枪头部中心孔为喷炭粉孔，下部氧气喷孔可以单孔也可以双孔，孔与氧枪轴线下偏30°~45°，两孔轴线夹角为30°。氧气喷嘴采用双孔超音速喷嘴设计，以加强喷溅和搅拌的作用。喷嘴马赫数设计范围，根据厂方供氧条件一般选择出口速度范围 $Ma=1.6~2.0$，氧气流量（标态） $Q=1800~6000m^3/h$。吹氧和喷炭分开时，炭粉一般通过炉壁炭枪从炉壁吹入或由一支氧枪和一支炭枪组合。水冷氧枪是一支专门设计的，由三层钢管配合，镶接紫铜喷头的水冷氧枪。

水冷式炉门氧枪根据生产厂家的不同，各有不同的特点：

（1）德国 Fuchs 公司的水冷氧枪喷射出的氧气与熔池平面成50°夹角，以保证氧气射流对熔池有较高的冲击力，以搅动熔池，使熔池进行氧化反应。珠江钢铁公司150t竖式电弧炉采用德国 Fuchs 公司的水冷氧枪。

（2）美国 Berry 公司开发的复合水冷喷枪将吹氧和喷炭粉（造泡沫渣）的通道放在一个水冷枪体内，其枪体为四层同心套管，类似于顶吹转炉的双流道二次燃烧氧枪。

（3）美国 Praxair 公司的水冷式炉门燃气氧枪除吹氧外，还可以喷吹油或燃气，能够增加辅助能量输入。

（4）北京科技大学开发的多功能炉门枪将水冷氧枪和炉门煤氧枪结合了起来，其特点是熔化初期利用煤氧枪加热熔化炉门口废钢，两种枪共同助熔，用煤粉造泡沫渣，能够进行脱炭和二次燃烧。广州钢铁集团南方钢厂的30t电弧炉曾采用这种多功能炉门枪。

（5）意大利组合枪，即喷吹氧和炭粉采用同一支枪。组合枪的特点是炭氧喷吹点接近，炭氧利用率高。炭氧枪装置主要由枪体（见图31-3）、机械系统、气动系统、电控系统、水冷系统、炭粉存储罐六部分组成。

氧枪采用的是拉瓦尔型喷头（见图31-4、图31-5），喷头用紫铜加工而成。杭钢80t电弧炉炉门枪采用这种意大利组合枪。

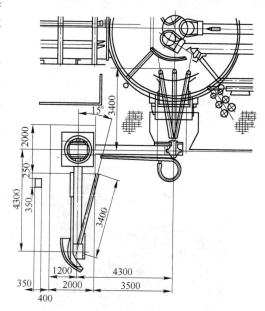

图31-3 炭氧枪枪体

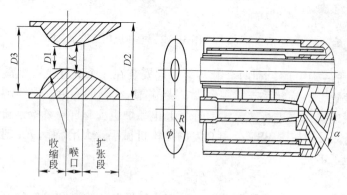

图31-4 炉门氧枪喷头

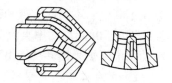

图31-5 双孔氧枪喷嘴

二、氧 – 燃助熔供氧工艺与设备

(一) 氧燃烧嘴基本原理

1. 氧燃烧嘴助熔的提出

电弧炉熔化期, 在电极电弧作用下, 电极下的炉料迅速熔化, 将炉内废钢穿成3个穿井区。随着穿井区由里向外传热过程的进行, 熔化区域从穿井区不断地向外扩展, 形成炉料的渐次熔化过程。在电极之间靠近炉壁处必然形成3个冷区, 延长了熔化时间。尤其在采用超高功率 (高功率) 电弧炉后, 冷区的影响更为突出。另外, 为了解决电弧炉炼钢与连铸的匹配问题, 必须提高电弧炉的输入功率, 缩短冶炼时间。为此, 采用全废钢生产的电弧炉已普遍采用助熔技术, 并取得了降低电耗30~70kW·h/t, 冶炼时间缩短5~20min, 成本降低5~20元/t的效果。

国外于20世纪50年代在电弧炉炼钢中就已开始采用氧 – 燃助熔技术。发展到80年代, 日本已有80%的电弧炉; 欧洲有30%~40%的电弧炉采用氧 – 燃助熔技术。采用的燃料一般是天然气和轻油。由于电弧炉短流程及连铸技术的发展, 要求电弧炉的冶炼时间缩短到60min以内, 这使得助熔技术迅速得到发展。

国内氧 – 燃助熔技术的开发早在20世纪60年代就已开始, 各研究单位在70年代末就已经完成其工业试验及设计工作。由于受到油、气资源的限制, 工业应用受到一定限制。80年代初, 北京科技大学从国内资源出发, 成功研究开发了煤 – 氧助熔技术, 并应用于电弧炉生产。

2. 氧 – 燃助熔原理

通常燃烧所需的氧气靠空气提供, 但是, 由于空气中的氮也被加热到了炉内的温度, 当它离开炉子时带走了大量的热量, 降低了燃烧效率和损耗了熔化炉料所用的能量。而用纯氧代替空气有两大优点:

(1) 提高了火焰温度。如图31 – 6所示, 随着助燃空气中氧气量的增加, 火焰温度也增加, 在纯氧条件下, 火焰温度可达2700~2800℃。

(2) 提高了燃烧率。随着烟气温度的升高, 空气燃烧率迅速下降, 而在用纯氧的情况下, 燃烧率降低很少, 因而, 对于1600℃的烟气温度, 纯氧的燃烧率超过70%, 而空气燃烧率仅为20%左右, 如图31 – 7所示。

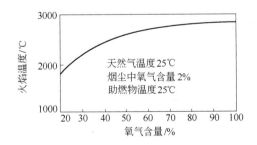

图31 – 6 火焰温度与氧气含量关系

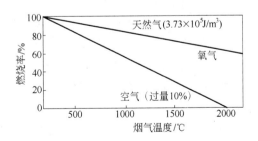

图31 – 7 燃烧率与烟气温度的关系

对流传热是氧燃烧嘴主要的热量传输方式。保证氧气与燃料的充分混合和迅速点燃将

有利于提供最高的火焰温度和氧气出口速度，从而增大对流传热系数。在熔化开始阶段，火焰与废钢之间的温差最大，此时，使氧气和燃料以理想配比进行完全燃烧对废钢熔化很有利，烧嘴的传热效率也最大；随着废钢温度的升高，炉料会因熔化而下沉并被压缩，高热燃气穿过炉料的距离缩短，使热交换率值降低，烧嘴的传热效率下降；当炉料上部的废钢熔化掉1/2时，大部分热量将从熔池表面反射出去，传给废气。因此，氧燃烧嘴合理的使用时间应该是废气温度突然升高之前的一段时间。

氧燃烧嘴提供的高温火焰和火焰与炉料间的传热效率决定了电弧炉的熔化速率。从热传输的观点出发，热量通过以下三种形式传给炉料：

（1）强制对流。完全燃烧的氧燃烧嘴火焰主要以强制对流的形式传输热量。强制对流的热流可用式（31-2）描述：

$$q = h\Delta TA \tag{31-2}$$

式中　q——强制对流的热流；

　　　h——对流传热系数；

　　　ΔT——火焰与废钢之间的温度差；

　　　A——废钢表面积。

为选择最佳的热流，以便有效地利用氧燃烧嘴输入的能量，必须做到以下几点：

1）使传热系数 h 达到最大值。传热系数随着火焰温度的升高而增大，随着烧嘴出口动量的增加（即火焰掠过废钢表面速度加快）而提高。因此，氧燃烧嘴的设计必须保证氧气与燃料的充分混合，迅速点燃，以提供最高的火焰温度，同时提高氧气的出口速度，使火焰具有切割能力，这样能最有效地强化对流传热。

2）使废钢表面积 A 达到最大值。重废钢和轻废钢混合使用可使火焰具有较好的穿透能力，从而保证暴露在氧燃烧嘴火焰中的废钢表面积最大。

3）使废钢与火焰之间的温度差 ΔT 达到最大值。熔化开始时，火焰与废钢之间的温差最大。尽早地使烧嘴点燃，并使氧气和燃料以理想的配比进行完全燃烧，形成高温火焰，对熔化废钢是十分有利的。

（2）辐射。在高温下，辐射传热是主要的。在燃烧温度下，火焰表现出红外线辐射的特性。由于辐射传热与相当于火焰温度的四次方有关，因此，火焰温度达到最大对辐射传热是至关重要的。

（3）传导。由过量氧气燃烧引起的废钢氧化会产生热能，此热能可直接传给炉料。

氧燃烧嘴主要用于熔化期，因为其产生的热量主要通过辐射和强制对流传递给废钢，这两种传热方式都主要依赖于废钢和火焰的温度差以及废钢的表面积。因此，烧嘴的效率在每篮废钢熔化开始阶段是最高的，此时火焰被相对较冷的废钢包围着，随着废钢温度的升高和废钢表面的缩减，烧嘴的效率不断降低。图31-8显示了氧燃烧嘴效率与熔化时间的关系。

从图31-8中可以看到，为了达到合理的效率，烧嘴应该在熔化期完成大约50%后就停止使用，此后由于效率较低，即使继续再使用氧燃烧嘴也无法达到助熔节电的效果，反而只会增加氧气和燃料的消耗。

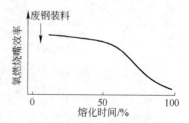

图31-8　氧燃烧嘴效率与熔化时间的关系

从供能的角度，电弧炉配备氧燃烧嘴的总功率一般为变压器额定功率的 20% ~ 30%，它能提供的能量一般为总能量的 5% ~ 10%。

氧燃烧嘴所采用的燃料主要根据价格、来源以及操作是否方便确定，可以是油、煤或天然气。根据调查，对电弧炉使用不同燃料的氧燃烧嘴引起的吨钢成本变化情况进行了比较，结果列于表 31 - 1。

表 31 - 1　电弧炉使用不同燃料的氧燃烧嘴的吨钢成本变化（价格仅供参考）

项　目		煤 - 氧助熔技术		油 - 氧助熔技术		燃气 - 氧助熔技术	
指　标	单价/元	节约及消耗	成本	节约及消耗	成本	节约及消耗	成本
电耗/kW·h	0.50	-80	-40.0	-80	-40.0	-80	-40.0
氧气(标态)/m³	0.2	+25	+5	+20	+4.0	+18	+3.6
煤/kg	0.8	+17	+13.6				
柴油/kg	3			+10	+30		
天然气(标态)/m³	2					+12	+24
压缩空气(标态)/m³	0.10	+5	+0.5	+2	+0.20		
折旧维修/元			+3.0		+2.0		+1.0
工资/元			+4.0		+2.0		+2.0
合计/元			-13.9		-11.8		-9.4

3. 烧嘴最佳供热时间的确定

氧燃烧嘴最佳供热时间可根据经验和计算机模型来估算。确定最佳供热时间的实际方法是绘出废气温度与供热时间的关系曲线。熔化初期，氧 - 燃烧嘴火焰的传热效率较高，但随着废钢的不断熔化，大部分热量从熔池表面反射出去，并传给废气。所以，烧嘴应供热至传热效率显著降低时停止，即废气温度突然升高之前那段时间（见图 31 - 9），通常发生在 75% ~ 85% 的废钢已熔化和沉入熔池表面以下的时候。此后由于效率较低，即使继续使用氧燃烧嘴也无法达到助熔节电的效果，反而会增加氧气和燃料的消耗。实践表明，一般的氧 - 燃助熔工艺提供电弧炉炼钢所需全部功率的 15% ~ 30%。

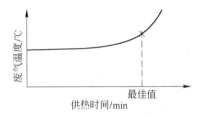

图 31 - 9　烧嘴供热时间与
废气温度的关系

4. 氧气与燃料比值的选择

由于氧燃烧嘴的操作目的是用最经济的方法向电弧炉内提供辅助能源，因此氧气与燃料的最佳比值应是理论过氧系数。

小于理论过氧系数，产生还原性火焰，该配比情况下火焰温度低，烧嘴效率低。同时，炉料上方过量的燃料必然与渗入炉内的空气燃烧，使废气温度升高。

理论过氧系数情况下，产生中性火焰，火焰温度最高，操作效率最高。

过氧系数提高情况下，过量氧气燃烧可产生切割作用，以切断大块废钢。

为保证燃烧有一定的过氧系数，在操纵台上应装有氧气流量和燃料消耗的显示器，操作工可以根据实际情况，调节氧气与燃料的比值，以控制烧嘴的操作。

氧燃烧嘴的结构取决于使用的燃料，使用的燃料种类有天然气、轻油、重油、煤粉、粉焦等,对于油(轻油或重油)、天然气、煤粉或焦炭粉,其烧嘴结构有完全不同的形式。

(二)油-氧助熔工艺

图 31-10 所示为一种油-氧烧嘴的结构简图。

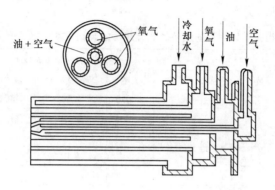

图 31-10　一种油-氧烧嘴的结构简图

表 31-2 列出了相应的技术条件。

表 31-2　油-氧烧嘴的技术条件

项　　目		技 术 条 件
型　　号		JB3 型
烧嘴尺寸/mm	长　度	650
	直　径	65
油及空气烧嘴		$\phi10mm\times1$ 孔
氧气烧嘴		$\phi5mm\times3$ 孔
烧嘴容量	油	500L/h(最大)
	氧　气	1000m³/h
	空　气	150m³/h
烧嘴间距离/mm	炉壁内侧	250
	炉壁外侧	600

　　油-氧烧嘴是油-氧助熔系统中的主要设备,直接影响助熔效果。油-氧烧嘴的燃料油需要经过雾化后再燃烧,因此它除具有一般燃烧装置的基本性能外,还应具有良好的雾化能力,以保证燃料的完全燃烧。

　　燃油烧嘴按油的雾化方式分为两种:

　　(1)气体介质雾化烧嘴。它是靠气体介质的动量将油雾化,分高压介质(蒸汽或压缩空气)雾化和低压空气雾化两种。

　　(2)机械雾化油嘴它是用机械方法直接将油雾化,即高压油通过油嘴进行离心破碎和突然扩张破碎,或利用高速旋转杯将油进行离心破碎后,再用低压空气进一步雾化。

　　以高压压缩空气雾化柴油方式为例,说明油-氧烧嘴的特点。

　　高压压缩空气雾化柴油的雾化性能好,雾化粒度可达 20~30μm,调节比达 1:6。火焰温度高，而且形状容易控制，对油的适应性强，不足是火焰长度较短、噪声大。此类烧嘴的技术特点如下：1）采用的压缩空气压力为 0.5 ~ 0.7MPa；2）雾化空气的量为压缩空气 0.4 ~ 0.6m³/kg 柴油；3）雾化空气的喷出速度为 300 ~ 400m/s；4）柴油的压力为 0.2 ~ 0.4MPa；5）柴油量为 10 ~ 150L/h。

喷枪的油氧喷吹以 0 号柴油为燃烧介质，氧气作为助燃介质，干燥压缩空气为雾化介质，采用外混式喷嘴结构，如图 31 - 11 所示。

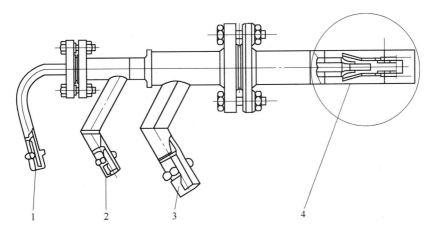

图 31 - 11　油 - 氧喷枪结构
1—燃料油管；2—雾化空气输送管；3—氧气输送管；4—喷枪

枪体中心内管输送燃料油，内管与中间管之间为雾化空气，中间管与外管间通氧气。通过喷嘴，利用高压气流的能量冲击油流，使油雾化，改善燃烧效果。

（三）燃（气）- 氧助熔工艺

炼钢厂使用的燃气主要有天然气、液化石油气和焦炉煤气。其中，天然气的低发热量为 34.5 ~ 41.8MJ/kg，液化石油气的热值为 90 ~ 100MJ/m³，焦炉煤气热值 15 ~ 17MJ/m³。

本小节主要以天然气为例说明。

1. 预混合室

对天然气 - 氧烧嘴的实验研究表明，燃烧效率主要取决于氧气与天然气进行混合的预混合室的长度。预混合室中存在一个最佳长度，可使烧嘴效率最高，如图 31 - 12 所示。

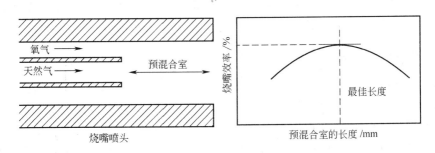

图 31 - 12　燃烧器烧嘴的预混合室长度与燃烧效率的关系

氧及天然气可在燃烧器内混合，称为预混合；也可在燃烧器外混合，称为外混合；也可在燃烧器出口界面处混合，称为界面混合，如图 31 – 13 所示。

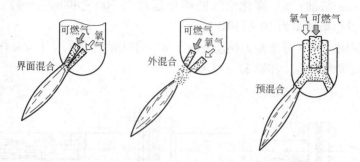

图 31 – 13 天然气 – 氧烧嘴的预混合方式

2. 预混合方式

天然气 – 氧烧嘴是由氧气导管、天然气导管、水冷套管及喷头组成的组合水冷型烧嘴，如图 31 – 14 所示。氧气导管在中心，其次为天然气导管，再次为进水管，最外边管为出水管。实践证明，高速氧流在中心时，火焰紧凑，扩散较小。图 31 – 13 也说明是应该将氧流放置于中心。

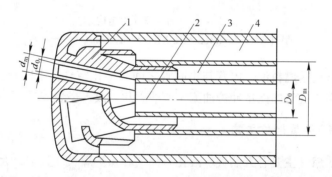

图 31 – 14 天然气 – 氧烧嘴喷头及导管布置示意
1—喷头；2—氧气导管；3—天然气导管；4—冷却水管

3. 氧气和天然气的燃烧比例及速度

假定天然气的成分为 CH_4，并与氧气按 $2O_2 + CH_4 = 2H_2O + CO_2$ 完全燃烧，氧气与天然气比例为 2：1。根据经验，氧气的速度多在 $Ma = 1$ 左右，而天然气的速度在 $Ma = 0.5$ 左右。倘若二者速度相等，则混合效率反而低。

（四）煤 – 氧助熔工艺

考虑到安全输送问题，一般采用无烟煤。煤的热值一般为 $6000 \times 4.18 kJ/kg$。

1. 煤 – 氧助熔的基本原理

煤 – 氧助熔的基本原理包含如下内容：

（1）煤粉燃烧的条件与特点。煤粉是固体燃料，由于煤粉的粒度很细（0.074mm，200 目），一定程度上具有液体和气体燃料的燃烧特点。

1）燃烧煤粉的优点是：

① 可利用劣质煤和煤末。

② 与固体燃料层状燃烧相比，空气系数较低，一般 $\alpha = 1.2 \sim 1.25$ 时，即可完全燃烧。

③ 在相同煤质条件下，较块煤的燃烧温度高。

④ 燃烧过程容易调节，可实现自动控制。

2）燃烧煤粉的缺点是：

① 煤粉制备环节多、费用大、设备庞大且较复杂。

② 煤粉在粉碎、储存及运输过程需采取防潮、防爆措施。

（2）煤粉燃烧机理。煤粉的燃烧过程是由水分的蒸发、挥发分的析出、挥发分的燃烧及固体焦粒的燃烧等一系列多相物理化学过程组成。主要反应包括：

$$C + O_2 = CO_2 + 398336J/mol$$

$$2C + O_2 = 2CO + 218719J/mol$$

$$2C + O_2 = 2CO - 175435J/mol$$

$$C + H_2O = CO + H_2 - 130227J/mol$$

$$C + 2H_2O = CO_2 + 2H_2 + 45207.42kJ/mol$$

$$C + 2H_2 = CH_4 - 74732J/mol$$

$$2CO + O_2 = 2CO_2 + 569588J/mol$$

$$2H_2 + O_2 = 2H_2O + 231265J/mol$$

$$CH_4 + 2O_2 = CO_2 + 2H_2O + 889930J/mol$$

$$CO + H_2O = CO_2 + H_2 + 40356J/mol$$

（3）煤粉着火点。煤粉点燃需要一个逐步点燃的过程，这个点燃的过程就是混合物的吸热过程，煤粉 – 氧气混合物吸收热量后，先是混合流股温度升高，然后进行一系列物理化学过程，最后点燃煤粉。

影响煤粉着火燃烧的主要因素为：

1）挥发分。煤的挥发分越高，其着火温度越低。

2）灰分。灰分增加时，着火点推迟。

3）水分。煤粉中的水分增加时，着火所需吸收的热量增加，着火推迟。

4）煤粉流态化程度及气体速度。携带煤粉的风量增加，着火点要推迟，由于煤粉燃烧有一个滞后时间，因此当风速提高时，着火点也要推迟。

5）煤粉颗粒尺寸。煤粉的粒度越细，其表面积越大，煤粉 – 氧气混合物吸收辐射和对流传热的能力越大，这样，煤粉升温快，着火点提前。

2. 煤 – 氧烧嘴的类型及其特点

从煤 – 氧烧嘴的发展过程看其类型可以分为直筒式、旋流式、双氧流、内混式和内燃式：

（1）直筒式煤 – 氧枪是煤粉和氧气混合燃烧加热的最初形式。氧气和流态化的煤粉分别从外管和内管喷出，在出口处二者混合燃烧。直筒式煤 – 氧枪以能够实现煤粉和氧气的混合燃烧，火焰刚性较强；其主要缺点是煤、氧混合不好，燃烧效率低，点火困难，燃烧不稳定，容易断火。

（2）旋流式煤 – 氧枪的氧气通过有一定倾角的旋流叶片流出，使氧气流具有较强的旋流强度。这种煤 – 氧枪对加速燃烧过程非常有利，点火较易实现，但由于旋流，降低了轴向速度。这种强旋流的煤 – 氧枪虽然火焰的可靠性及可调性得到提高，但加热熔化废钢的区域过小。

（3）双氧流煤 – 氧枪是在保持旋流式煤 – 氧枪强旋流的基础上发展起的，即这种煤氧枪内有两个氧气通道：其中一路是旋流氧，另一路是直流氧。合理控制旋流氧、直流氧的比例，将使煤 – 氧枪的各种性能得到发挥。

（4）内混式煤 – 氧枪在结构上增加了一个预混合段。设计是让氧气和煤粉在预混合室内先充分混合，在出口处与通入的二次氧立即着火燃烧，产生受预热室控制的稳定高温火焰。

（5）内燃式煤 – 氧枪主要特点是：煤粉和氧气在枪内混合并燃烧，燃烧产生的高温火焰从枪内喷出。内燃式煤 – 氧枪解决了旋流强度与火焰刚性的矛盾；同时内燃式煤 – 氧枪的喷煤量在同样的条件下，提高了 3 ~ 5 倍。

三、炉壁助熔工艺

（一）炉壁烧嘴的特点

炉壁烧嘴分为伸缩式和固定式，它们的特点见表 31 – 3。

表 31 – 3　两种炉壁烧嘴的特点

	伸 缩 式 烧 嘴		固 定 式 烧 嘴
优点	烧嘴不使用时缩回，故烧嘴受到保护		技术简单，使用方便
			维修费用低
	每次使用后易于检查		工作效率高
			装料和烧嘴点火之间的间隔短
缺点	炉子环境使操作困难		堵塞危险大
	维修费用高		
	炉子周围设备过于拥挤		烧嘴停用时，需要不断吹入气体（空气或天然气）
	必须检查并清理烧嘴孔		

（二）烧嘴的安装位置

烧嘴的安装位置选择应考虑：

（1）装料时，废钢塌落，火焰侵袭，金属与废钢喷溅都构成了对烧嘴的威胁。

（2）熔化时，必须在烧嘴前的废钢迅速切开一条通道，否则烧嘴会出现逆燃的危险，在烧嘴的喷头上还会有反复打弧的危险。

（3）精炼时，金属和炉渣会喷溅到烧嘴上，在造泡沫渣的过程中，炉渣上升到足以灌入烧嘴的高度。

（4）出钢时，靠近出钢口的烧嘴若位置太低，当摇炉出钢时，钢水有可能灌入烧嘴。

在大多数电弧炉中，炉壁安装的氧燃烧嘴可提供穿透冷点区的最佳角度。德国 BSW 公司克尔厂的 70t 电弧炉炉壁烧嘴位置结构如下：3 个 2.25MW 的氧燃烧嘴都安装在炉壁上，在熔池面上 600mm 处；每个烧嘴喷头朝下，与水平方向成 20°。

四、电弧炉炼钢集束射流氧枪

(一) 集束氧枪的原理与结构特点

1. 集束氧枪的提出

近十余年来，国内外电弧炉炼钢技术发展很快。围绕着扩大生产能力、降低消耗指标及生产成本，许多炼钢辅助技术应运而生。其中，氧气集束射流技术对提高电弧炉冶炼节奏、降低生产成本起到了非常重要的作用。

电弧炉炼钢输入化学能是降低电能消耗、加快冶炼节奏最有效的方法。向熔池喷吹氧气是输入化学能最直接的手段，同时向熔池吹氧有很多其他方面的有利因素，如加快脱碳速度、与喷入的炭粉反应造泡沫渣、搅拌熔池等。在电弧炉内进行吹氧的常用方法是普通超声速射流，它是使用普通氧枪以高压（5～15 个大气压），经过喷嘴得到超声速氧气射流，从而利用其高速的动力性能来达到特殊的冶金效果。传统超声速氧枪的主要缺点是：喷吹距离短且相对分散，使得氧气射流对熔池的冲击力小，钢水中容易形成喷溅，炉内氧气的有效使用率低，节电效果差。

为了克服普通超声速氧枪的这一不足，美国 Praxair 公司和北京科技大学相继开发了集束射流技术，该项技术在超过喷嘴直径 70 倍的喷吹距离内都可以保持其原有的速率、直径及气体的浓度及喷吹冲击力；传统氧枪 0.254mm 处的冲击力与凝聚射流 1.37mm 处的冲击力相当；对熔池的冲击深度要高两倍以上，气流的扩展和衰减要小，减少了熔池喷溅及喷头粘钢。

2. 集束射流原理及功能

（1）基本原理。

集束射流氧枪的原理是在拉瓦尔喷管的周围增加燃气射流，使拉瓦尔喷管氧气射流被高温低密度介质所包围，减少电弧炉内各种气流对中心氧气射流的影响，从而减缓氧气射流速度的衰减，在较长距离内保持氧气射流的初始直径和速度，能够向熔池提供较长距离的超声速集束射流。

集束射流氧枪是应用气体力学的原理来设计的。其要点是：喷嘴中心的主氧气流指向熔池。高的动能和喷吹速度是不足以使射流在较长的距离上保持集束状态的，为了达到保持射流集束状态的目的，必须用另一种介质来引导氧气，即外加燃气流，使燃气流对主氧气流起着封套的作用。低速的燃气流比静止的气体提供的动能更大，有利于氧气射流高速喷吹，这样，主氧气流就能够在较长的距离内保持出口时的直径和速率。

集束射流技术的核心是特殊喷嘴。当安装在炉墙上的喷嘴以集束方式向电弧炉熔池吹入氧气时，集束氧气流比普通超声速射流在较长距离内保持原有的速率和直径，如图 31-15 所示。

出口气体速度和压力相同条件下，在射流中心，集束射流比同一点的传统超声速射流具有更高的气

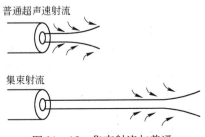

图 31-15　集束射流与普通
超声速射流的比较

体流速，在距喷嘴出口 1.4m 处，集束射流仍然保持着较高的气体流速，如图 31-16 所示，该图测试条件为：中心射流空气压力 0.7MPa，保护气体流量 80m³/h。

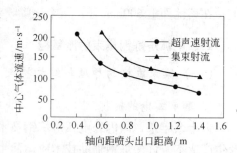

图 31-16 射流轴向中心流场分布

在距离喷嘴出口相同的距离上，集束射流流股的速度变化率比传统超声速射流流股的速度变化率大。集束射流具有较高的聚合度，而且这种较高的聚合度能够在较长的距离内一直保持。在距离喷头端部 1.0m 和 1.2m 处，聚合射流仍有特别高的聚合度，而传统超声速射流已比较分散，如图 31-17、图 31-18 所示。

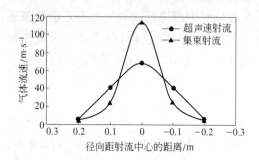

图 31-17 射流径向流速分布（$x = 1.0m$）

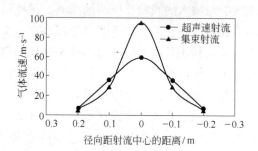

图 31-18 射流径向流速分布（$x = 1.2m$）

集束射流具有如下特点：

1）在超过喷嘴直径 70 倍的喷吹距离内都可以保持其原有的速率、直径及气体的浓度及喷吹冲击力；

2）普通超声速氧枪 0.254mm 处的冲击力与集束射流 1.37mm 处的冲击力相当；对熔池的冲击深度要高两倍以上，气流的扩展和衰减要小，减少熔池喷溅及喷头粘钢。

3）比普通超声速喷吹带入的环境空气量要少 10% 以上，NO 排放减少。

4）射流扩散和衰减的速度也显著降低。

5）冲击液体熔池的深度比普通射流冲击深度深约 80%。水模型试验也表明，集束射流进入熔池的深度比传统喷吹深 80% 以上。

6）集束射流核心区长度、射流扩散和衰减及其压力可以控制。

7）熔池均混时间与底吹混合时间相近。

8）喷溅大大减少。

（2）集束吹氧工艺的主要功能。

集束射流吹氧主要用于切割炉料，以防止架桥；射流直接吹入熔池，与熔池中的铁及其他元素反应，产生热量，加速废钢熔化；进行熔池搅拌，使钢水温度均匀；参与炉气中的可燃气的二次燃烧；与熔池中的碳反应，生成大量的 CO 造泡沫渣，屏蔽电弧，减小辐射，减少热量损失；加快脱碳速度；降低电耗，缩短冶炼时间。具体介绍如下：

1）加快废钢熔化。在全废钢冶炼时，高速的集束氧气射流能够切割电弧炉内的已经红热的大块废钢，可以防止炉料搭桥。随着炉内废钢的不断熔化，熔池逐渐形成，在熔池中吹入氧气，氧气与钢液中的元素发生氧化反应，释放出反应热，促进废钢的熔化。

2）搅拌钢液，均匀钢液温度。电弧炉炉壳直径的增大使炉内温度不均匀性更加突出，熔池形成以后，位于三相电极的中心区和电极圆周围的钢液温度高，其他区域钢液温度低。高速的集束氧气射流吹入钢液，使钢液沿着一定方向运动，加快了不同温度钢液之间的传热速度。因此，减小了钢水温度的不均匀性，一定程度上抑制了钢液大沸腾现象。

3）二次燃烧工艺。在使用电弧炉炼钢过程中，因为在熔池中 CO 不能被氧化成 CO_2，炉内会产生一定量的 CO。二次燃烧即通过在熔池上方补充吹氧，使电弧炉内的 CO 进一步氧化成 CO_2，所产生热能得到回收从而减少了电耗，较大地提高热效率，能量可节省 40～80kW·h/t。

二次燃烧吹氧方法有两种：在渣层上方吹氧进行二次燃烧和将氧吹进渣层使 CO 在进入炉子净空间前即产生二次燃烧。

4）全程泡沫渣埋弧冶炼。为了造泡沫渣，一般安装与集束氧枪相同数量的炭枪。氧枪和炭枪共同组成了炭氧喷吹模块系统。利用模块化技术结合 PLC 计量控制喷粉量及实现炉中多点喷炭。喷入熔池内的炭和氧在熔渣中反应生成大量的 CO，使钢渣形成很厚的泡沫状，把炉内电弧埋在熔渣下面，减少了电弧辐射放热和刺耳的噪声，同时有利于炉壁耐火材料的长期使用。良好的泡沫渣使钢液升温快，节约能源。

5）钢水脱碳及升温。在氧化期脱碳时，高速的集束射流在炉内多个反应区域进行脱碳。集束射流条件下，平均脱碳速度每分钟可达 0.06%，在钢水温度、渣况合适时，最大脱碳速度每分钟可达 0.10%～0.12%。脱碳时，激烈的碳氧反应放出大量热，使钢液温度提高很快。

3. 集束氧枪结构

根据集束射流氧枪的工作原理可知，它是在传统氧枪的主氧中分出一部分环氧；另外，在主氧的外环处加两圈保护气体（环氧和环燃气），隔绝外界气流的影响，从而保护主氧。

集束射流氧枪如图 31－19 所示，整套系统由主氧喷吹系统、主氧保护系统、水冷系统三部分组成。主氧喷吹系统位于集束射流氧枪的中心位置；主氧保护系统位于主氧喷吹系统的外层，设有环氧和环燃气喷口；水冷系统位于氧枪的最外层，在氧枪一端设有进水

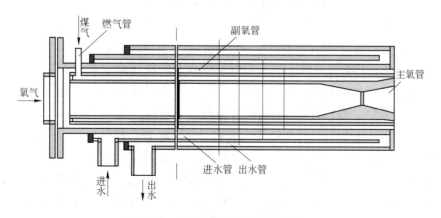

图 31－19　集束射流氧枪示意图

口和出水口。枪身是由无缝钢管做成的四层套管组成，尾部结构应方便输氧管、进水、出水软管同氧枪的连接，保证四层套管之间的密封和冷却水道的间隙通畅，以及便于吊装氧枪。

喷头常用紫铜材质，可用锻造紫铜经机加工或用铸造方法制成。主氧管、环氧管所用的材料为热轧无缝钢管，进水管和出水管采用铸造钢管，主氧喷管采用冷轧无缝钢管，喷头的端底及喷孔部分材质为无氧纯铜，含铜量大于99.9%，挡水板由于不承受高温，采用铸造青（黄）铜或由铜板锻造而成，上部氧气喷管可采用铸铜、铜管、轧制不锈钢管等材质。

根据不同的设计理念，不同生产厂家集束氧枪所体现出的形式各有不同。目前，国内外主要的炉壁集束氧枪包括：Praxair 生产的 CoJet、Air Liquid 生产的 PyreJet、Techint 生产的 KT Injection、PTI 生产的 JetBox、北京科技大学国泰公司生产的 USTB 集束氧枪。国内外主要的炉壁集束氧枪如图31-20所示。

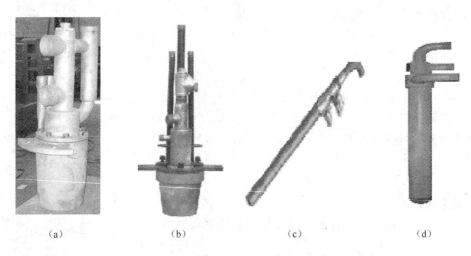

    （a）   （b）   （c）   （d）

图31-20 国内外主要的炉壁集束氧枪
(a) PTI：JetBox；(b) PyreJet；(c) KT 氧枪；(d) USTB 集束氧枪

PTI 公司生产的 JetBox 集束喷射箱内是把集束氧枪和喷炭粉枪平行嵌套在用水冷却的铜箱内。集束氧枪布置在喷炭孔的左上方，这种平行布置更有利于泡沫渣的快速形成并防止喷炭孔堵塞。在平行方向上，氧流产生的伯努利效应对炭粉进行引流，并确保将炭流导入渣钢界面。PTI 的 JetBox 技术把喷炭点移至炉渣下面，从而把除尘系统造成的炭损失和渣面燃烧掉的炭粉降到最低，炭粉被喷到了最需要的地方。集束氧枪和炭枪的冷却由水冷铜箱提供。PTI 设计的环氧烧嘴包括超声速喷嘴和环氧喷嘴。当超音速烧嘴以2马赫的声速向熔池供氧，环氧以最大 $8m^3/min$（标态）的速度对超声速射流进行保护，保证超声速射流紧凑、连贯和有效地进入熔池，同时提供二次燃烧用氧。JetBox 安装在炉壁耐火砖的上方，对炉子中心有一定的下倾角，既保证喷射距离最短，又最大限度减少了喷溅，同时由于水冷箱的冷却作用，使得箱子下面的耐火材料侵蚀速度减慢。PTI 设计的 EBT 枪仅用于冷区的预热和熔化功能，为将其安装在 JetBox 中，EBT 区也不设炭枪。

PTI 的 JetBox 系统被设计成为能够：（1）熔化前期，向炉内输出超过 4.5MW 的化学能以熔化废钢；（2）熔化中期，在还存在半熔态废钢的情况下，切换到较大流量、低速的氧气以快速熔化废钢；（3）在炉内废钢基本熔清后，吹入超声速氧气直到冶炼完成。

JetBox 技术开发了单一氧枪控制线路技术，获得专利的烧嘴通过使用一个旁通阀分流适量的环绕氧气，分流的环绕氧气流量是根据每个钢厂的情况量身定做并根据电弧炉的操作状态而调节的。淮钢 70t 交流电弧炉使用了 PTI 的 JetBox 系统。

Air Liquid 生产的 PyreJet 多功能炉壁氧枪，具有熔化和切割废钢的能力而且还有其他附加的功能。它包括的炭粉喷吹和超声速氧气射流，可以帮助泡沫渣生成及熔池精炼。有深度的、铜质的水冷燃烧室可以控制火焰的形状和火焰的生成。燃烧室同时还可以保证氧气和燃气的开孔不被飞溅的钢水及钢渣堵住，燃烧室内部配有一个超声速烧嘴，在必要时可快速方便地从燃烧室上脱开和取出。在 PyreJet 多功能炉壁氧枪上还同时配有可更换的炭粉喷吹管，它的出口靠近中轴线。这样的布置有助于炭粉在中心超声速氧流带动下冲入渣层并深入熔池内部进行有效的脱碳及帮助保护渣的生成。利用 PyreJet 多功能炉壁氧枪技术，终点碳的含量可降低到 0.02%。PyreJet 多功能炉壁氧枪在炼钢生产中具有烧嘴模式和氧枪模式，根据冶炼的需要，两种模式可以自由切换。江阴兴澄 100t 直流电弧炉安装了 PyreJet 的多功能炉壁氧枪。

Techint 技术公司生产的 KT 喷吹系统可以提高输入电弧炉的热能和化学能的利用效率。KT 氧枪安装在熔池的渣线处。冶炼前期，KT 氧枪像烧嘴一样工作，冶炼后期，向熔池内喷入超声速氧气射流。KT 喷炭枪也安装在渣线处，炭被喷入渣中降低耐火材料的磨损，改善造泡沫渣和提高电弧能的传输。KT 多功能烧嘴可以用在最初的废钢熔化和其后的后燃烧。天钢 150t 交流电弧炉使用 KT 氧枪。

美国 Praxair 公司生产的 CoJet 具有输入化学能和向熔池吹超声速氧气射流的能力。炭粉喷吹系统能够有效与氧气系统配合造泡沫渣，对提高冶炼节奏和节约炼钢成本有显著作用。上海宝山钢铁公司 150t 直流电弧炉使用美国 Praxair 公司生产的 CoJet。

北京科技大学研发的 USTB 集束射流氧枪分为多种结构，包括单层环氧保护中心氧气射流和环燃料保护主氧，还有在中心氧气射流周围环低速喷射燃料和氧气的多功能多模式氧枪。USTB 集束喷吹系统能够根据冶炼条件在尽量降低炼钢成本的基础上达到安装氧枪的目的。USTB 集束喷吹系统还在与氧枪平行的位置安装了炭枪，尽量使氧气能够把炭粉引流到熔池内，提高炭粉利用率。根据冶炼原料的不同，氧枪在冶炼过程中有多种模式，可以快速输入化学能熔化废钢，也可提供高速的氧气射流切割废钢，冶炼后期能够快速脱碳。河南安阳钢铁公司 100t 竖式电弧炉使用北京科技大学的 USTB 集束喷吹系统。

（二）集束射流氧枪在电弧炉上的应用

目前，集束射流技术已在世界范围内普遍应用，使用效果良好。表 31 - 4 列举了典型集束射流技术在国内大型电弧炉上的应用情况。

表 31 –4 典型集束射流技术在国内大型电弧炉上的应用情况

参 数 名 称	CoJet	PyreJet	KT Injection system	JetBox	USTB
氧枪设备供应商	Praxair	Air Liquid	Techint（后经北京科技大学改造）	PTI	北京科技大学
使用单位	宝钢股份公司	江阴兴澄特种钢铁有限公司	天津钢管集团有限公司	淮钢集团钢铁总厂	安阳钢铁公司
炉 型	直流（双壳）	直流	交流	交流	交流
公称容量/t	150	100	150	70	100
氧枪投产时间	2004. 11. 15	2001. 10	2001. 7	2002. 4	2006. 4. 8
设备供应商	Clecim	Demag	SMS – Demag	Danieli	Fuchs
底电极形式	水冷钢棒式	水冷钢棒式			
变压器容量/MV·A	33 × 3	90	100	60 ± 20	72
炉壳直径/mm	7300	6600	7000	5800	6077
石墨电极直径/mm	711	711	610	550	610
炉壁供氧能力(标态)/m³·h⁻¹	10000	8000	>9500	6000	12000
马赫数	2	2	2.1	2	2
供氧模块数量/组	4	3 套 PyreJet 2 套 PyrBox	3	3	4
铁水兑入量/%	33（常规）	40 ~ 50	35 ~ 40	20	20
冶炼周期/min	51	44	45	42 ~ 50	41
吨钢电耗/kW·h·t⁻¹	236. 2	177	275	265	167. 87
出钢量	150	100	150	80/90	100
电极消耗/kg·t⁻¹	0. 74	0. 67	1. 2	1. 4	0. 809
吨钢氧气消耗（标态)/m³·t⁻¹	42. 2	56	35	39	45. 47
最高日产炉数/炉	29	29	28	28	28
留钢量	15 ~ 20	15	15 ~ 20	15 ~ 20	25
燃料消耗（标态)/m³·t⁻¹	1. 5（天然气）	1. 25（天然气）	2（天然气）	1. 3	0
钢铁料消耗/kg·t⁻¹	1140	1073. 6	1154	1136	1134
炭粉消耗/kg·t⁻¹	5 ~ 20	5 ~ 20	5 ~ 20	5	5. 837

五、二次燃烧

（一）概述

电弧炉炼钢过程中，产生的大量含有较高 CO（含量达到 30% ~ 40%，最高达到 60%）和一定量 H_2 和 CH_4 的废气所携带的能量占炼钢总输入能量的 11% 左右，有的高达 20%，造成大量能源浪费。利用熔池上方的氧枪向炉气中吹氧，使 CO 在炉内燃烧生成 CO_2，将化学能转变成热能，促进废钢熔化或熔池升温就是二次燃烧（简称 PC）技术。

随着强化用氧技术的发展，在电弧炉输入能量中，以前电能占 70%，化学能只占 30%。当前强化用氧使化学能已经达到 60%，从而节省了电能。然而强化用氧同时也会增加辅助材料和耐火材料的损耗，因此碳氧二次燃烧技术引起了广泛关注。利用好二次燃烧，不仅充分利用化学能，而且使电弧炉烟气温度得以降低，减少有害气体的产生，有利于除尘和环境保护。

(二) 二次燃烧的基本原理及效果

1. 二次燃烧技术的基本原理

根据对转炉炼钢热补偿的理论计算，在添加炭材时，由于 C – CO 反应可为废钢熔化提供 12.5MJ/kg 炭的热量。若气相中发生 CO – CO_2 反应，则可提供 20.7MJ/kg 炭的热量。因此，添加炭材时必须与二次燃烧技术相结合，效果才较好。

在电弧炉冶炼过程中，炉气能量的损失有两种形式：

(1) 高温炉气带走的物理显热；

(2) 炉气可燃成分带走的化学能。

废气中的物理显热很难被熔池吸收，一般作为废钢预热的热源或其他热源而利用；而可燃气体所携带的化学潜热若能使其在炉内通过化学反应释放出来，就可以为熔池所吸收。实践表明，二次燃烧技术可显著提高生产率，缩短冶炼周期和节约电能。

众所周知，炉膛中发生的燃烧反应为：

$$2C + O_2 \longrightarrow 2CO \quad \Delta G = -223400 - 175.3T \ (J) \tag{31-3}$$

$$2CO + O_2 \longrightarrow 2CO_2 \quad \Delta G = -564800 + 173.64T \ (J) \tag{31-4}$$

从上式中可以看出，炉气中的 CO 气体携带有大量的潜热，其放热值为碳不完全燃烧放热值的 2.5 倍左右。如果被利用起来，则二次燃烧的热量将以扩散传热和辐射传热的方式向炉料和熔池传递。理论上在炼钢温度下，反应 (31-3) 和反应 (31-4) 都能正向进行，但共同处于电弧炉内同一气氛下，两反应又相互影响，如图 31-21 所示。

从热力学计算得出在 705℃ 以下，CO_2 比 CO 稳定，但在 705℃ 时二次燃烧生成 CO_2 的反应不能够顺利进行。

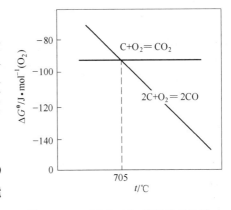

图 31-21 CO 和 CO_2 稳定性的比较

根据冶金物理化学的理论可知，二次燃烧反应如要有利地进行，必须具有良好的热力学和动力学条件。根据热力学反应式，可以计算出一氧化碳与氧气反应生成二氧化碳的反应在不同温度下的平衡常数，计算结果列于表 31-5。

表 31-5 二次燃烧反应的平衡常数

温度/K	1000	1500	2000	2500	3000
平衡常数	1.64×10^{10}	2.10×10^5	703.00	23.60	2.46

CO 的燃烧反应具有支链反应特征，只有存在 H_2O 的情况下才能快速反应，反应机理为：

链的产生：
$$H_2O + CO \longrightarrow H_2 + CO_2$$
$$H_2 + O_2 \longrightarrow 2OH$$

链的继续：
$$OH + CO \longrightarrow CO_2 + H$$

链的支化：
$$H + O_2 \longrightarrow OH + O$$
$$O + H_2 \longrightarrow OH + H$$

继链：
$$H + 器壁 \longrightarrow 1/2H_2O$$
$$CO + O \longrightarrow CO_2$$

CO 的反应速率可表示为：

$$-\frac{df_{CO}}{dt} = 1.8 \times 10^{13} f_{CO_2} f_{O_2}^{0.5} f_{H_2O}^{0.5} \frac{p}{R_1 T} \exp\left(-\frac{250000}{RT}\right) \tag{31-5}$$

式中　f_{CO}, f_{O_2}, f_{CO_2}, f_{H_2O}——CO、O_2、CO_2 和 H_2O 的摩尔分数；

$\qquad\qquad T$——绝对温度，K；

$\qquad\qquad p$——绝对压力，atm；

$\qquad\qquad t$——时间，s；

$\qquad\qquad R$——气体常数，0.0083kJ/（kg·mol·K）；

$\qquad\qquad R_1$——另一种形式的气体常数，8.206MPa·cm^3/（g·mol·K）。

由以上看出，温度升高不利于二次燃烧反应的进行，有利于二次燃烧反应进行的热力学条件是充足的氧气供应、低的炉气温度和一定的水蒸气。H_2O 浓度的最佳值为 7% ~ 9%。电弧炉内的水来自原材料、氧燃烧嘴的燃烧产物及电极喷淋。

废钢熔化期，炉内温度低，有二次燃烧的炉气中 CO 含量明显小于无二次燃烧的炉气中 CO 含量，表明 CO 得到较充分的燃烧；随着炉内温度逐步提高，炉气中 CO 含量也相应增加；在精炼期，两者的 CO 含量已无区别，这时二次燃烧已不能进行。二次燃烧用氧均来自熔池上方，流速较低，熔池形成以后也不会产生强烈的搅拌效果，因此整个冶炼期内，二次燃烧反应主要集中在烟气中及渣 – 气界面，也就是说，反应释放的热量首先由烟气吸收，再向废钢、渣层或钢液传热。但是，应该注意到，烟气在炉内停留时间很短，因此，反应热不可能被完全有效地利用。

从动力学的角度来说，废钢熔化期，废钢温度较低，表面积大，有利于热量传输，即二次燃烧热的利用率较高；精炼期，一方面，二次燃烧反应受到抑制；另一方面，熔池温度较高，传热面积较小，也不利于热量传输，二次燃烧反应的热利用率下降。

为了反映二次燃烧反应进行的程度，常用二次燃烧率 PCR 来表示，并考虑到 H_2 的燃烧，二次燃烧率 PCR 定义为：

$$PCR = \frac{\% CO_2 + \% H_2O}{\% CO + \% CO_2 + \% H_2O} \times 100\% \tag{31-6}$$

式中　PCR——二次燃烧率，%；

$\% CO_2$, $\% CO$——燃烧产物中 CO_2 和 CO 的体积百分数；

$\qquad\% H_2O$——燃烧产物中 H_2O 的体积百分数。

评价二次燃烧反应热量的有效利用程度的指标称为二次燃烧的热效率（HTE），用式（31-7）表示：

$$HTE = \frac{\Delta E}{E_{PC}} \times 100\% \tag{31-7}$$

式中　ΔE——二次燃烧后电能的实际节约量，kW·h/t；

$\qquad E_{PC}$——二次燃烧反应放出能量的理论值，kW·h/t。

综上所述，要充分发挥二次燃烧技术的效果，除了要达到较高的二次燃烧率外，还要有较高的热效率。要提高炉气的二次燃烧率和得到较高的热效率，二次燃烧必须在泡沫渣中进行。

2. 二次燃烧效果

供氧方式不同，PC 效果也有差异。Air Liquide 公司开发的 ALARC – PC 技术在电弧炉炼钢中取得的实际效果、对电参数的有利影响及炉中可燃气体 PC 产生化学热的直接作用，可明显改善电弧炉的技术经济指标。具体内容如下：

（1）缩短冶炼时间。实测可知，采用 PC 消耗 $1m^3$ 氧气可缩短冶炼时间 0.43 ~ 0.50min。德国、意大利、法国等国应用 PC 的电弧炉可缩短从通电到出钢时间的 8% ~ 15%。

（2）降低单位电耗。测得用于 PC $1 m^3 O_2$ 可节电 $5.8kW \cdot h/t$。德国 BCW 公司的大量试验得到，一般用于 PC 的氧量为 $16.8m^3/t$，该厂实际节电 $62kW \cdot h/t$；若能将冶炼过程中来自吹氧和泡沫渣中产生的 CO 完全燃烧成 CO_2，可节电 $80kW \cdot h/t$。美国 Nucor 公司在一座 60t 电弧炉上实测得到每炉冶炼时间从 58min 降为 54min；电耗从 $380 ~ 400kW \cdot h/t$ 降为 $332kW \cdot h/t$。据报道，电弧炉采用 PC 后，由于减轻对除尘系统的负荷，由此可节电 $10kW \cdot h/t$。

（3）提高生产率。电弧炉使用 PC 后，改善了电特性，且产生大量的化学热，又由于 PC 可减少 CO 向环境放散。这样在炼钢原料中较大量地加入 DRI、HBI 和 Fe_3C 等也不会增加 CO 的放散量，有助于提高生产率。CASCADE 公司应用 PC 后，使粗钢产量从 0.54Mt/a 上升到 0.66Mt/a；

（4）减轻炉子的热负荷。对炉子热损失的测定表明，只要合理使用 PC 技术，从水冷炉壁、烟道进出口冷却水温度测知，其影响几乎可以忽略；只有水冷炉壁的热损失有所增加，最大可达 $21.96 \times 10^6 J/t$。但由于冶炼时间缩短，产量增加，实际热损失从 $76.32 \times 10^6 J/t$ 降到 $72.72 \times 10^6 J/t$。

（5）对其他指标的影响。从采用 PC 技术后的大量生产实践统计得到，除氧和碳的用量有不同程度的增加外，只要正确应用 PC 技术，其他指标均可得到改善。美国 Nucor 公司测定，PC 形成的泡沫渣对电极的屏蔽作用使单位电极消耗下降；普遍关注的因受炉气中氧势的变化而影响较大的铁损问题，也经实测得到，渣中 FeO 达到低水平，并不造成铁损增大。

德国 BSW 公司应用 ALARC – PC 技术，合理调节并尽可能增大氧耗，使输入电功率降低 7%，生产率提高 7%，结果见表 31 – 6。

表 31 – 6　ALARC – PC 技术对消耗指标和生产率的影响

项　目	无 ALARC – PC	用 ALARC – PC
电耗/kW · h · t^{-1}	372.0	347.0
总氧耗/m^3 · t^{-1}	35.6	45.6
碳耗/kg · t^{-1}	12.6	11.8
送电时间/min	40.5	36.8
出钢到出钢时间/min	51.5	47.8

（6）环境的积极效果。在电弧炉冶炼过程中，PCR 最高可达 80%，废气中 CO 含量从 20% ~ 30% 降到 5% ~ 10%；CO_2 从 10% ~ 20% 增加到 30% ~ 35%，且大大减少了 NO_x 有害气体向环境的放散，有利于环境的改善。

（三）二次燃烧的应用

1. 国内外应用

Nucor 钢厂于 1993 年夏开始在两座 60t 电弧炉上应用二次燃烧技术。二次燃烧是通过在熔池上方吹氧实现的。Nucor 钢厂首先用已存在的氧燃烧嘴对二次燃烧进行了尝试，但效果没有预期中的好。分析其原因，主要是缺少追加的氧和炉内烧嘴的位置相对较高。

第二阶段的试验使用了可消耗的手动 PC 氧枪。从炉门插入炉内，这次试验测量了尾气 CO 和 CO_2 含量，并依此决定 O_2 的吹入量。O_2 从紧贴钢水的渣层吹入，并且在加入每篮料后尽可能快地将氧枪插入炉内，一直持续到精炼。

Nucor 钢厂通过应用二次燃烧技术，电能消耗降低了 40kW·h/t，出钢—出钢时间也缩短了 4min。

Goodfellow 公司开发了电弧炉过程优化专家系统（EFSOP）。控制系统实时分析尾气各组分的浓度，并根据热化学平衡计算和能量平衡计算来决定氧气吹入量，从而达到控制电弧炉的燃烧环境、优化冶炼过程的目的。

从尾气分析系统分析出尾气中 CO、CO_2、H_2、O_2 的浓度并将数据传到控制系统，有 10 ~ 15s 的时间延迟，造成了控制系统的反应总是滞后于炉内气体分布。因此，开发了一个神经网络来预测尾气浓度，并用分析系统的分析值进行校正。所开发的神经网络可以预测未来 30 ~ 120s 的尾气浓度，实际操作表明，神经网络的预测精度达到 85% ~ 90% 以上。控制系统应用神经网络预测结果，更准确地控制了氧气操作。

Goodfellow 公司在 1 座 150t 电弧炉上进行了试验，这座电弧炉在炉墙上安装有 3 个烧嘴，试验中，将烧嘴安置在渣线以上大约 1m 的位置，通过将燃烧比从 3∶1 提高到 8∶1，得到了节电 15kW·h/t，通电时间缩短 166s 的效果。

国内二次燃烧技术也在迅速发展。如江苏淮钢有限公司与美国 Praxair 公司合作，引进电弧炉二次燃烧技术。该技术的特点是：二次燃烧枪复合在原电弧炉主氧枪内（MORE 型）与主氧枪同步进出，枪头区域的高浓度 CO 能及时、有效地与二次燃烧枪喷吹的氧气反应；同时，热量被废钢或熔池吸收，提高了生产率。

当前，二次燃烧技术的发展趋势是在不同时间控制空气和氧气的喷吹。首先尽可能喷射空气，然后仅在大量产生 CO 时喷入纯氧。应用结果表明：该技术的燃烧效率很高，熔化过程更加安全、稳定。目前，采用该技术的第一套设备已在卢森堡 Profilarbed 公司的迪弗丹日厂投入使用。

2. 淮钢 Praxair 二次燃烧系统

淮钢电弧炉实施的二次燃烧技术是淮钢和美国 Praxair 公司合作完成的。

（1）二次燃烧系统设备。淮钢 Praxair 二次燃烧系统包括：二次燃烧（PC）枪、氧气流量控制器、炉气分析仪等。控制方式可以是闭环，也可以是开环。闭环控制是根据炉气分析系统测得的炉气变化（主要指 CO 含量）来控制二次燃烧吹氧量，通常在调试或工艺变更时采用，目的是搜集和分析数据，确定二次燃烧吹氧曲线的模型；开环控制是根据冶炼模型来设定二次燃烧供氧的控制方式。

二次燃烧系统示意图如图 31 - 22 所示。

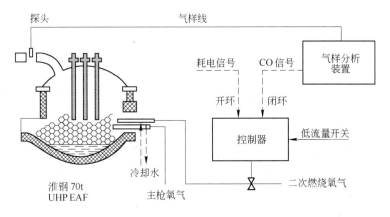

图 31 - 22 二次燃烧系统示意图

1）二次燃烧枪。采用复合式 PC 枪，即将二次燃烧枪复合在原电弧炉主氧枪内（MORE 型），利用主枪驱动机构，实现和主枪同步进出。这样省去了二次燃烧枪机构，简化设备，节省投资，还满足工艺要求。因为 CO 生成物在电弧炉内分布不均匀，但大多数 CO 生成物集中在喷氧、喷炭区附近，将二次燃烧用氧集中地喷吹在富 CO 区，就能最大限度地提高燃烧热效率。由于二次燃烧氧枪和主氧枪一起使用，枪头区域高浓度 CO 就能及时有效地被 PC 枪喷吹的氧气捕捉并烧掉，放出的热量被废钢或熔池吸收；在炉内相对低的部位进行二次燃烧反应，能够最大限度地提高热效率，也能允许在整个熔炼期进行二次燃烧操作，延长二次燃烧使用时间。

2）炉气分析仪。炉气分析系统能够从炉气中取气样并连续分析其中的 CO、CO_2、O_2 含量，炉气分析系统包括一个探头、一条送样线和一个气样处理分析柜。气样探头安装在除尘弯管接缝处附近。分析仪主要用于调试时测定 CO 的生成模型，以便建立二次燃烧枪的用氧曲线。

3）氧气流量控制器。氧气流量控制开关和 PLC 控制板调节二次燃烧枪氧气流量。当二次燃烧枪插入炉内时，氧气会自动打开，并可根据 CO 读数调节氧气流量。调试时测量炉气中的 CO 含量以确定最佳的吹氧曲线，并编入 PC 枪的 PLC 控制器中，在以后的操作中会自动使用这种吹入曲线。根据 70t UHP FAF 炉气分析结果编入的基准吹氧数据为 $250m^3/h$、$700m^3/h$ 和 $900m^3/h$。PC 枪阀架氧气进口压力 0.8 ~ 1.0MPa，最大流量 $1500m^3/h$；PC 枪出口压力 0.3 ~ 0.4MPa。

（2）淮钢二次燃烧系统的工艺流程。其工艺流程如图 31 - 23 所示。

（3）应用效果。淮钢针对 20MnSi 对使用二次燃烧技术的效果进行了数据统计和数据分析，见表 31 - 7。

同时，对炉气中 CO、CO_2 含量进行了分析，对二次燃烧前后燃烧沉降室和布袋入口处的烟气温度的变化情况进行了监测，见表 31 - 8。

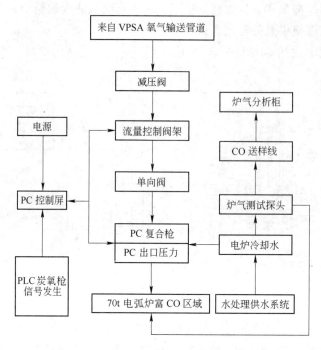

图 31 - 23 淮钢二次燃烧系统的工艺流程

表 31 - 7 二次燃烧效果统计表

项 目	PC 枪（有二次燃烧）	MORE 枪（无二次燃烧）	差 值
取样炉数/炉	19	26	
入炉废钢/t	71.21	64.80	+6.61
热装铁水/t	13.88	12.53	+1.15
出钢量/t	80.38	71.83	+8.55
吨钢电耗/kW·h·t^{-1}	322.94	350.88	-27.94
主氧枪氧耗/m^3	1440.42	1499.12	-58.70
烧嘴氧耗/m^3	1069.11	733.80	+335.31
二次燃烧用氧/m^3	445.16	0	+445.16
总氧耗/m^3	2954.68	2232.92	+721.76
吨钢氧耗/m^3·t^{-1}	37.09	31.26	+5.83
其中二次燃烧吨钢氧耗/m^3·t^{-1}	5.59	0	
通电时间/min	38.84	37.24	+1.60
出钢到出钢时间/min	61.26	62.28	-1.02

表 31 - 8 烟气温度变化表

项 目	使用二次燃烧		未使用二次燃烧		差 值
沉降室温度平均值/℃	熔化期	520	熔化期	535	-15
	氧化精炼期	617	氧化精炼期	608	+9
布袋入口处温度平均值/℃	熔化期	86	熔化期	88	-2
	氧化精炼期	91	氧化精炼期	95	-4

运行结果显示，70t 超高功率电弧炉在采用二次燃烧技术后：

（1）降低了冶炼电耗，生产实测表明，与未进行二次燃烧的炉次相比，电耗降低了约

$28kW \cdot h/t$。

（2）明显地提高了生产率，电弧炉同等出钢量的出钢到出钢时间可以缩短约 $7.5min$。

（3）可加大高炭炉料的入炉量。采用电弧炉二次燃烧技术可使炉料中的炭变成经济的燃料，可加大铁水和生铁的装入，使高炭炉料成为经济能源，并降低生产成本。

（4）降低了废气中 CO 气体的排放，改善了炉气对环境的污染程度。炉内 CO 的排出量可减少至原来的 1/4。也表明了采用二次燃烧能大大降低除尘系统的热负荷，这给优化炉后除尘设备运行和废气温度控制带来了方便。

六、底吹工艺

（一）概述

在电弧炉炼钢大量用氧后，钢水氧化性提高，金属收得率降低，导致钢包精炼所用脱氧剂用量的增加。为促进电炉炼钢过程中碳的脱氧反应，抑制钢水氧化和促进氧化铁还原，有必要开发熔池均匀搅拌技术。此外，电弧的作用一方面使渣局部过热，耐火材料侵蚀严重；另一方面由于热分布不均匀导致熔化不均匀。为了促进熔池内还原金属和去除杂质的化学反应，要求增大反应界面面积，而增大反应面积的有效措施就是开发熔池搅拌技术。

在传统的电弧炉冶炼方法的基础上，为了使钢水温度及成分均匀，瑞典 ASEA 公司曾开发了电磁搅拌技术，但这种搅拌的搅拌力不强、金属还原不好、电弧传热不均，因此以均匀高强度搅拌为目标的电弧炉底吹技术得到快速发展。

电弧炉底吹搅拌技术始于 20 世纪 80 年代，首先是由美国碳化物公司的林德分公司和德国蒂森钢铁公司在长寿命不堵塞底吹装置的基础上发展起来的。

近年来，电弧炉底吹技术在世界范围内得到了越来越广泛的应用，随着我国冶金行业技术水平的提高，我国的一些钢厂，如南京钢铁集团有限公司、抚顺钢厂、张家港润忠钢铁有限公司、淮阴钢铁集团公司等均先后从国外引进了装备底吹系统的超高功率电弧炉。

（二）底吹机理及效果

1. 底吹搅拌机理

电弧炉底吹气体搅拌改变了熔池内部和钢水间的传热、传质速率，从而影响到与此有关的炼钢反应。从转炉和炉外精炼的实践中可知，向熔池深处吹入气体可轻易地获得比机械法和电磁法要大得多的搅拌效果。在一定熔池深度下，熔池比搅拌能与底吹气量成正比，即：

$$E = 28.5 \frac{QT}{W} \lg\left(1 + \frac{H}{1.48}\right) \tag{31-8}$$

式中　E——比搅拌能，W/t；

　　　Q——底吹气体流量，m^3/min；

　　　H——熔池深度，m；

　　　T——熔池温度，K；

　　　W——钢液质量，t。

因此，通过调节底吹气体流量可很好地控制熔池搅拌强度。向电弧炉中以 $0.06m^3/(min \cdot t)$ 的供气强度底吹氩气时，其比搅拌能可达 $375 \sim 400W/t$；而向钢水中插管吹氧

（深为 35cm），碳含量从 0.4% 降到 0.1% 时，其比搅拌能只有 70W/t，在其他不吹气体期间，电弧的比搅拌能则仅有 1～3W/t。由此可见，电弧炉底吹气体后可大大改善炉内的搅拌状况。

熔池混合情况与熔池搅拌强弱有关。中西恭二等较早地提出了熔池混匀时间与比搅拌能的经验关系式：

$$\tau = 800\varepsilon - 0.4(s) \tag{31-9}$$

由于该式对于熔池情况偏差较大。对此，日本寺田修等从 50t 底吹电弧炉的实验结果中得出了电弧炉内熔池混匀时间 τ 与比搅拌能 ε 的关系式：

$$\tau = 434\varepsilon - 0.35(s) \tag{31-10}$$

该式为研究电弧炉内的熔池搅拌提供了基础。

实验表明钢水上凸高度 Δh（m）与搅拌动力 W（W）之间的关系式为：

$$\Delta h = 9.364 \times 10^{-4} W - 0.66 \tag{31-11}$$

搅拌动力 W 可用式（31-11）定义：

$$W = 6.18QT\ln(1 + 0.6868H)$$

可知当钢液面高度 H 一定时，气体流量 Q 越大，则钢水上升高度 Δh 也越大。

2. 底吹效果

底吹效果如下：

（1）碳氧反应接近平衡。图 31-24 所示为有底吹与无底吹条件下电弧炉熔池中碳氧关系的比较结果。由图 31-24 可以看出，底吹气体搅拌的熔池中碳氧值更接近反应平衡曲线，从而使渣中 FeO 含量下降 4% 左右，在吹氧精炼末期达到 24.5%。

（2）提高脱磷能力。底吹气体强化了钢液的混合，加快了钢液中磷向渣传递的速度，从而有利于脱磷，特别是冶炼对磷要求高的钢种，底吹搅拌下脱磷效果十分显著。一般情况，磷可达 0.010% 以下。

（3）提高脱硫能力。底吹气体强化了钢液混合，加快了钢液中硫向渣传递的速度，同时又降低了渣中 FeO 含量，提高了硫的分配系数，从而有利于脱硫。图 31-25 表明，底吹搅拌下脱硫效果十分显著。

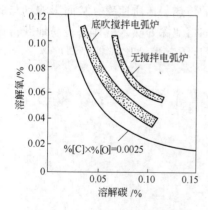

图 31-24　不同搅拌条件下电弧炉
熔池中碳氧关系的比较

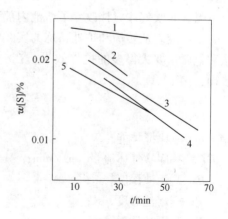

图 31-25　不同搅拌条件下的电弧炉
钢液脱硫效果的比较

1—不吹气；2～5—吹气

（4）提高金属收得率。底吹降低了渣中 FeO 的含量，降低了钢液中铬、锰的氧化，渣中损失铁、锰、铬较少，可分别使钢液中锰和硅的收得率提高 8.8% 和 2.9%，FeSi 消耗降低 0.726kg/t。冶炼不锈钢时可分别使铬与钛的综合收得率提高 4%，并且还可减少低碳铬铁消耗 80% 以上，从而节省大量合金料。同时，还原时间和电极高温时间缩短，防止了金属再度氧化。日本星崎制钢厂的底吹效果显示，渣中铬损失减少 2.51kg/t，锰损失减少 1.5kg/t。

（5）代替含氮合金。底吹氮气对某些钢可起到增氮作用，在电弧炉冶炼碳氮强化钢（N 0.02% ~ 0.04%）中，经 10 ~ 15min 底吹 N_2，钢中氮含量由 0.009% ~ 0.010% 增到 0.023% ~ 0.037%，正好达到规定成分。

（6）提高了废钢熔化速度。电弧炉底吹气体加强了熔池搅拌，提高了传热速度，加快了废钢熔化。计算表明，对于长度大于 80cm 的成捆轻废钢，如不用底吹气体搅拌，在 70min 内很难熔化，但经底吹搅拌（$0.06m^3/(min \cdot t)$）后，在 33min 内就熔化了。

（7）加速合金熔化和混匀。有关实验表明，在静态钢液中加入 W 和 Mo 的合金，在 30min 后钢中 W、Mo 浓度比混匀后的浓度低 1/2 ~ 1/3；而在底吹气体搅拌下，4 ~ 6min 就可达到均匀浓度。在冶炼不锈钢时，对出钢前炉中取全分析的结果表明：采用底吹工艺的 Cr 含量的双样差平均值为 0.06%，而无底吹工艺的为 0.133%。由此可看出，底吹工艺钢液的成分均匀性和稳定性明显提高。电弧炉钢液成分的快速混匀，消除了含难熔金属和高合金比的合金钢因取样无代表性而产生废品的现象。

（8）减少石灰消耗。图 31 - 26 所示为氧化结束时磷含量与石灰加入量的关系。由图 31 - 26 可以看出，底吹搅拌有减少石灰用量的倾向。

（9）节能降耗、提高生产率。底吹使电弧炉熔池均匀搅拌，废钢均匀熔化，避免了熔池表面的边热现象，因而热辐射损失较

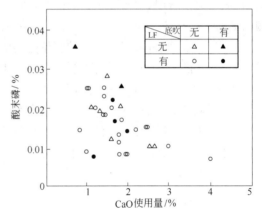

图 31 - 26　氧化结束磷含量与 CaO 用量的关系

少。钢液温度均匀，消除了冷点，因而也减少了能量消耗。均一混合的熔池可造成较好的动力学条件，提高了传热、传质的速度，促进了化学反应的进行以及合金元素的均匀分布，可实现迅速出钢。底吹作用使渣中 $\%Cr_2O_3$ 降低，消除了渣的硬化现象，确保渣具有良好的流动性，也为快速出钢的实现准备了条件。因此，在电弧炉中采用底吹工艺可大大降低电耗，提高生产率。

意大利 Beltrame 制钢厂的 140t EBT 电弧炉底吹的效果是电能降低了 27kW·h/t。日本京滨制钢厂用底吹法与普通法冶炼 SUS304 不锈钢，其电耗比较如图 31 - 27 所示。

（三）底吹工艺设备

电弧炉底吹炼钢技术的基本目的与作用就是将气体从炉底吹入熔池中搅拌钢液，提高电弧炉的冶炼能力。电弧炉底吹系统主要由炉底供气元件、底吹气源、气体输送管道、底

吹气体控制装置等组成。

　　由于是在特殊的条件下工作，要求底吹设备具有较宽的气体流量调节范围。上限可以充分搅拌熔池，以均匀钢液的成分和温度，加快化学反应；下限可以维持最小供气量，使其压力大于钢液静压力，并应具有在意外情况下防止炉底穿漏的安全设施。

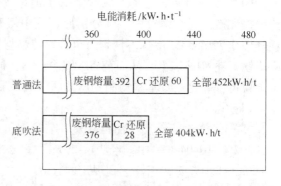

图 31 - 27　日本京滨制钢用底吹法与普通法
冶炼 SUS304 不锈钢的电耗比较

　　1. 供气元件种类和结构

　　电弧炉底吹搅拌装置有喷嘴式（双层套管式、单管式）及透气塞式（DPP 型、MHP 型、VRS 型和 TLS 型）。电弧炉底部供气元件的选择一般与底吹气体种类有关。电弧炉底吹氧气等氧化性气体时，一般采用双层套管喷嘴，内管吹氧化性气体，外管吹保护气体（日本山阳特钢公司就采用此种喷嘴）；底吹惰性气体时，大多采用细金属管多孔塞供气元件（意大利 Beltrame 厂、日本京滨厂等）；底吹天然气时，采用单管式供气元件（墨西哥 Deacero 厂）。当然还可以选用其他结构的喷嘴、供气砖，如环缝式、缝砖式、直孔型透气砖等。

　　目前，国外普遍采用的电弧炉底枪是转炉顶底复吹的定向多孔形底部供气元件（简称 DPP 元件）。图 31 - 28 所示为电弧炉所用的 Redex DPP 系统，

　　图 31 - 29 所示为 Redex 定向多孔喷枪。该供气元件将多根 $\phi 1 \sim 2mm$ 的不锈钢管埋入 MgO - C 质耐火材料内。将 DPP 元件镶嵌在电弧炉底部，用底部座砖紧密压紧。在 DPP 元件与座砖之间用可塑料捣打料填实，这种可塑料在高温侧由火焰牢固烧结，低温侧则保持原始颗粒状态，因此更换、修理十分方便。

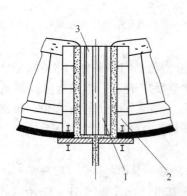

图 31 - 28　电弧炉的 Redex DPP 系统
1—特殊捣打料；2—矩形支撑砖；3—不锈钢管

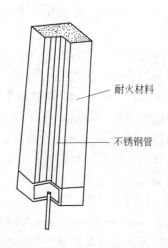

图 31 - 29　Redex 定向多孔喷枪

　　美国 Veitscher 公司开发的 MHP 型透气塞如图 31 - 30、图 31 - 31 所示，其结构与 DPP 型近似。

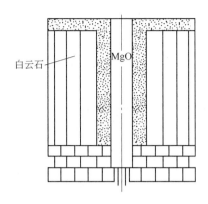

图 31 – 30　接触式 MHP 透气塞

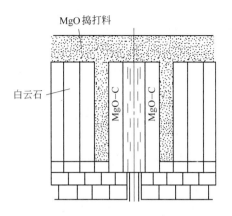

图 31 – 31　非接触式 MHP 透气塞

图 31 – 32 所示为美国 Veitscher 公司研制的 VRS 型透气塞。

图 31 – 33 所示为美国 Liquide 公司研制的 TLS 型透气塞。

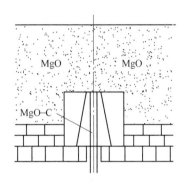

图 31 – 32　VRS 型非接触式多孔透气塞

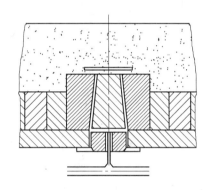

图 31 – 33　TLS 型透气塞

日本东京钢铁公司与川崎耐火材料公司联合开发的 EF – KOA 系统，结合了接触型搅拌系统搅拌能力强和非接触型搅拌系统使用寿命长的优点，如图 31 – 34 所示。

对喷枪的研究结果表明，耐火砖内埋不锈钢管孔径为 $\phi 1.5 mm$ 比较适合底吹操作，其表观摩擦系数为 $\lambda = 0.027$，在常用气体压力为 $3 \sim 6 Pa$ 的范围内，其单管平均流量（L/min，标态）为：

$$Q = 11.93 p \times 0.725 = 8.649 p$$

式中　p——气体入口压力，Pa。

不锈钢管通过压力箱与供气系统相连接。供气系统与砖体分开，两部分可独立工作。在气体入口端、中部位置及出口端分别设有热电偶、炉底设温度显示装置，以显示各部分温度、气体流动状态及供气系统破坏情况，适时更换底枪。

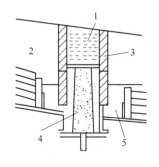

图 31 – 34　EF – KOA 系统结构

1—透气砖捣打料；

2—MgO 捣打料；3—砖套；

4—MgO 塞；5—密封成形件

2. 供气元件在炉底的布置

电弧炉类型和尺寸不同，其底吹装置和在炉底的布置也不同。意大利 Beltrame 厂是在三个低温区中的两个区各布置 1 个 DPP 装置，如图 31 - 35 所示。

墨西哥 Deacero 厂在偏心底出钢电弧炉炉底中心和出钢口附近各装一个喷嘴。

日本东京钢铁公司冈山厂在电极圆上的三个冷区各装一个喷嘴。

美国阿姆科高级材料公司巴特勒厂在电极圆外侧、电极之间装了 3 个 DPP 装置。

特别典型的是美国 Union Carbide 公司和 Slater 钢铁公司采用 3 个底吹元件，将它们布置在电极间的炉膛直径 60% 的圆周上，如图 31 - 36 所示。

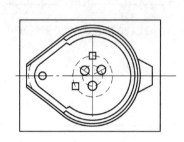

图 31 - 35　Beltrame 厂 140t 电弧炉
中 DPP 的安装位置

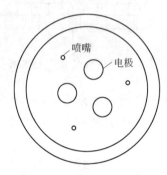

图 31 - 36　美国 Union Carbide 公司和 Slater 钢铁
公司的电弧炉炉底烧嘴布置示意图

实验表明，这样布置具有加强低温区的钢液循环、大大提高废钢熔化速度、对电极操作和电弧干扰小等优点。图 31 - 37 示出了几种不同炉型电弧炉的炉底供气元件的布置方案。

对于底部供气系统的布置，X. D. Zhang 等水模型实验表明，总气体流量不变的条件下，电弧炉底部三个喷嘴成正三角分布于电极圆上，比中央设置一个喷嘴具有较短的成分及温度均匀时间，得到较好的传热、传质条件。

3. 使用寿命

底吹装置的使用寿命取决于喷嘴的安装位置、透气砖类型以及不同炉子的操作和控制情况。意大利 Beltrame 厂的电弧炉底吹使用 MgO - C 质细金属管多孔塞供气元件，寿命达 400 炉，与炉壁寿命同步。墨西哥 Deacero 厂使用 MgO - C 质单管喷嘴，试用初期的侵蚀速度为 0.5mm/炉，正常使用后已降到 0.2mm/炉，每星期用喷补料修补一次，每个炉段只更换一个喷嘴。日本东京钢公司冈山厂的 140t 底吹电弧炉冶炼 1587 炉后，每个 EF - KOA 透气塞上方耐火材料的磨损量为 51 ~ 102mm，因此不需要专门修理，只要用天然镁砂进行常规的炉底热修补和冷修补或喷补就可以了。

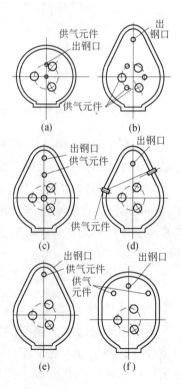

图 31 - 37　几种不同电弧炉炉型
炉底供气元件布置

4. 喷吹气体

电弧炉底部喷吹气体的种类可采用 Ar、N_2、天然气、CO_2、CO、O_2 和空气等。氩气是惰性气体，不与金属发生反应，搅拌能力强，是理想的底吹气体，但成本较高。N_2 成本低，搅拌效果好，但底吹氮气会引起钢液增氮，可采用后期吹氩气等其他气体将其降低而获得合格产品。日本东京钢公司冈山厂在电炉冶炼中，采用连续吹氧操作，熔池中产生大量 CO，故能有效地使钢液脱氮，因而该厂采用底吹氧气。底吹氧气时，必须同时配备保护气体，防止供气元件严重烧损。底吹 CO 时，要注意管路与控制元件和设备的密封问题。经实验和生产证明，在电弧炉中底吹天然气时，钢液无增氢现象，同时对电极起到减少氧化的保护作用，是一种比较理想的气源。墨西哥 Deacero 厂 45t 偏心底出钢电弧炉采用底吹天然气，钢液无增氢现象，还为熔池提供了辅助能源。

七、泡沫渣工艺

(一) 概述

泡沫渣工艺是 20 世纪 70 年代末提出的。早期电弧炉炼钢采用富氧法，使电耗明显降低，但由此产生了金属收得率降低以及炉渣量增加的问题；另外，由于大量用氧造成熔清后钢液含碳低，炉渣稀薄，电弧加热效率低，钢液升温困难。为消除这些不利因素，在氧化期时，向熔池中喷吹炭粉，以还原回收渣中的 FeO，提高金属收得率和降低渣量。

现代电弧炉炼钢为缩短电弧炉冶炼时间，提高电弧炉生产率，采用了较高的二次电压，进行长电弧冶炼操作，增加有功功率的输入，提高炉料熔化速率。但电弧强大的热流向炉壁辐射，增加了炉壁的热负荷，使耐火材料的熔损和热量的损失增加。为了使电弧的热量尽可能多地进入钢水，需要采用泡沫渣技术。

泡沫渣技术适用于大容量超高功率电弧炉，在电弧较长的直流电弧炉上使用效果更为突出。泡沫渣可使电弧对熔池的传热效率从 30% 提高到 60%（一般情况下，全炉热效率能提高 5% 以上）；电弧炉冶炼时间缩短 10%～14%；冶炼电耗降低约 22%；并能提高电炉炉龄，减少炉衬材料消耗。电弧炉炼过程中电极消耗的 50%～70% 是由电极表面氧化造成的。而采用泡沫渣操作可使电极埋于渣中，减少了电极的直接氧化又有利于提高二次电压，降低二次电流，使电能消耗减少，电极消耗也相应减少 2kg/t 以上，因而使得生产成本降低，同时也提高了生产率，也使噪声减少，噪声污染得到控制。

(二) 泡沫渣的形成机理及作用

1. 泡沫渣的形成机理

泡沫渣是气体分散在熔渣中形成的。当熔渣的温度、碱度、成分、表面张力、黏度等条件适宜时，会因气体的作用而使熔渣发泡形成泡沫渣。所谓泡沫渣是指在不增大渣量的前提下，使炉渣呈很厚的泡沫状，即熔渣中存在大量的微小气泡，而且气泡的总体积大于液渣的体积，液渣成为渣中小气泡的薄膜而将各个气泡隔开，气泡自由移动困难而滞留在熔渣中，这种渣气系统称为泡沫渣。电弧炉泡沫渣的形成是在冶炼过程中，增加炉料的含碳量和利用吹氧管向熔池吹氧以诱发和控制炉渣的泡沫化。熔池中的碳直接和氧反应生成

CO，使熔渣起泡，喷入渣中悬浮的固体碳粒，提高了熔渣的黏度及气泡表面液膜的强度和弹性，使气泡液膜难以破裂，从而提高了泡沫的稳定性。炉渣发泡后，电极热端与金属液之间高温弧区不易散热，弧区电离条件得到改善，故气体的电导率增加，在同样的电压情况下，电弧长度增加，同时泡沫渣成为电极弧光的屏蔽，对保护电极，提高炉内热效率等起重要作用。泡沫渣技术是在电弧炉冶炼过程中，在向炉内吹入氧气的同时向熔池内喷吹炭粉或碳化硅粉，在此形成强烈的碳氧反应，通过该反应使渣层内形成大量的 CO 气体泡沫，气体泡沫使渣层厚度达到电弧长度的 2.5～3.0 倍，这使电弧完全屏蔽在渣内，从而减少电弧向炉顶和炉壁的辐射，最终延长电弧炉炉体寿命，并能提高电弧炉的热效率。

2. 泡沫渣的作用

泡沫渣极大地增大了渣－钢的接触界面，加速氧的传递和渣－钢间的物化反应，大大缩短了一炉钢的冶炼时间。在电弧炉中，泡沫渣厚度一般要求是弧柱长度的 2.5 倍以上，电弧炉造泡沫渣的主要作用为：

（1）可以采用长弧操作，使电弧稳定和屏蔽电弧，减少弧光对炉衬的热辐射。传统的电弧炉供电是采用大电流、低电压的短弧操作，以减少电弧对炉衬的热辐射，减轻炉衬的热负荷，提高炉衬的使用寿命。但是短弧操作功率因数低（$\cos\varphi = 0.6～0.7$）、电耗大，大电流对电极材料要求高，或要求电极断面尺寸大，所以电极消耗也大。为了加速炉料的熔化和升温，缩短冶炼时间，向炉内输入的电功率不断提高，实行所谓高功率、超高功率供电。如果仍用短弧操作，则电流极大，使得电极材料无法满足要求，所以高电压长弧操作势在必行。但是长弧操作会使电弧不稳及弧光对炉衬热辐射严重。而泡沫渣能屏蔽电弧，减少对炉衬的热辐射；泡沫渣减轻了长弧操作时电弧的不稳定性，直流电弧炉采用恒电流控制时，随流电弧电压波动很小，电极几乎不动。

（2）长弧泡沫渣操作可以增加电弧炉输入功率、提高功率因数和热效率。有关资料和试验指出，在容量为 60t、配以 60MV·A 变压器的电弧炉，功率因数可由 0.63 增至 0.88，如不造泡沫渣，炉壁热负荷将增加 1 倍以上；而造泡沫渣后热负荷几乎不变；泡沫渣埋弧可使电弧对熔池的热效率从 30%～40% 提高到 60%～70%；使用泡沫渣使炉壁热负荷大大降低，可节约补炉镁砂 50% 以上和提高炉衬寿命 20 余炉。

（3）降低电耗、缩短冶炼时间、提高生产率。由于埋弧操作加速了钢水升温，缩短了冶炼时间，降低了电耗。国内某些厂普通电弧炉造泡沫渣后，1t 钢节电 20～70kW·h，缩短冶炼时间 30min/炉，提高生产率 15% 左右。由于吹氧脱碳及其氧化反应产生大量热能，加入泡沫渣对电弧的屏蔽作用，吹氧搅拌迅速以及均匀钢水温度等方面的原因，吨钢电耗明显降低。据日本大同特钢知多厂 70t 电弧炉实测，冶炼各期电弧加热效率 η 如下：熔化期加热 $\eta = 80\%$；熔化平静钢液面加热 $\eta = 40\%$；喷炭埋弧加热 $\eta = 70\%$。可见，采用埋弧喷炭造泡沫渣的方式，将比传统操作热效率提高很多，将使熔体升温速度快，冶炼时间缩短。同时，由于炉渣大量发泡，使钢渣界面扩大，有利于冶金反应的进行，也使冶炼时间缩短。再加上电弧炉功率因数的提高，使吨钢电耗得以下降。30t 普通功率电弧炉运用泡沫冶炼技术后，每炉钢的冶炼时间缩短了 30min，并节电 20～70kW·h/t

（4）降低耐材消耗。由于泡沫渣屏蔽了电弧，减少了弧光对炉衬的辐射，使炉衬的热负荷降低。同时，导电的炉渣形成了一个分流回路，输入炉内的电能不再是全部由电弧转换为热能，而是有一部分依靠炉渣的电阻转换。这样在同样的输入功率下，就减少了电弧功率。这也有利于减少炉衬的热负荷，降低耐材消耗。使用泡沫渣时炉衬的热负荷状况电极消耗与电流的平方成正比，显然采用低电流、大电压的长弧泡沫渣冶炼，可以大幅度降低电极消耗。另外，泡沫渣使处于高温状态的电极端部埋于渣中，减少了电极端部的直接氧化损失。

（5）泡沫渣具有较高的反应能力，有利于炉内的物理化学反应进行，特别有利于脱磷、脱硫。泡沫渣操作要求更大的脱碳量和脱碳速度，因而有较好的去气效果，尤其是可以降低钢中的氮含量。因为泡沫渣埋弧使电弧区氮的分压显著降低，钢水吸氮量大大降低。泡沫渣单渣法冶炼，成品钢的含氮量仅为无泡沫渣操作的三分之一。由于铺底石灰提前加入及炉渣泡沫化程度高、流动性好且不断吹氧搅拌钢液和炉渣，大大增加了钢渣接触面积，利于少氧化渣脱磷反应进行。唐钢冶炼实践证明：只有少数炉次熔清时，分析磷在0.030%以上，一般来说磷都能小于0.020%。由于炉渣的发泡使渣钢界面积扩大，改善了反应的动力学条件，有利于脱硫、脱磷反应的进行，尤其有利于脱磷。脱磷反应是界面反应，泡沫渣使得这种反应得以不断进行。另外，工业上一般选用 $T\mathrm{FeO}$ 为20%，$\mathrm{CaO/SiO_2}$ 为2的炉渣作为泡沫渣的基本要求，这种渣本身对脱磷就很有利。同时，电弧炉可以一边吹氧一边流渣，可及时将含磷量高的炉渣排出炉外，这也是有利于脱磷的。此外，在进行泡沫渣冶炼时，一般熔池的脱碳量和脱碳速度较高，有利于脱氢。由于有泡沫渣屏蔽，电弧区氮的分压显著降低。因此，采用泡沫渣冶炼的成品钢中，氮含量只有常规工艺的1/3。

3. 影响熔渣发泡的因素

从理论上分析，影响熔渣泡沫化的因素主要有两个方面，即熔渣本身的物性和气源条件。由于炉渣泡沫化是炉渣中存在大量气泡的结果，故影响气泡存在和消失的炉渣物理性质必然对炉渣泡沫化有影响。炉渣中气泡的出现必然要为形成气液界面做功，所形成的气液表面能取决于气泡表面积的增加量和表面张力的乘积。可见，炉渣的表面张力对炉渣发泡性能有影响。从能量的角度出发，可以定性地认为，随着炉渣表面张力的降低，在炉渣中形成气泡所消耗的能量减少，所以有利于炉渣的发泡。而当炉渣呈泡沫状态时，存在于渣中的气泡被膜状的渣液所分隔，这种状态的出现和消失就是炉渣的发泡和消泡。其主要影响因素如下：

（1）吹气量和气体种类。在不使熔渣泡沫破裂或喷溅的条件下，适当增加气体流量，能使泡沫高度增加。$\mathrm{CaO/SiO_2}=0.43$，$\mathrm{FeO}=30\%$ 的熔渣，随吹入的氧气量增加，泡沫渣的发泡高度呈线性增加，但吹气量增加到一定程度后，发泡指数不变。在其他碱度和 FeO 时也将有同样的结果。

（2）炉渣碱度。大量研究指出，碱度为2.0附近（也有的实验结果为1.22）时，其发泡高度最高，碱度离2.0越远，其发泡高度越低。这主要与碱度为2.0附近渣中析出大量 $2\mathrm{CaO \cdot SiO_2}$（缩写为 $\mathrm{C_2S}$）固体颗粒和 CaO 固体颗粒，从而提高熔渣的黏度有关。低碱度时，加入 CaO，熔渣表面张力增加而黏度降低；碱度高于2.0，加入 CaO，则使 CaS 转变为 $\mathrm{C_3S}$，因而渣中固体颗粒数量减少；但碱度小于1时，碱度增加，泡沫寿命降低。碱度对 $\mathrm{CaO-SiO_2-Al_2O_3}$ 熔渣也有类似的影响，发泡高度最高点出现在碱度为 $1.6\sim2.0$ 时。

（3）熔渣组成成分。$\mathrm{CaO/SiO_2}=1.22$ 时，随熔渣中 FeO 的增加，泡沫寿命逐渐下降。碱度为2.0附近时，FeO 对发泡高度影响较小。碱度离2.0越远（靠近1.0或3.0），含

FeO 为 20% ~25% 熔渣比含 FeO 为 40% 左右熔渣的发泡高度要高。因碱度低于 1.5 时，随 FeO 的增加，熔渣的表面张力增加，黏度降低，故发泡高度和泡沫寿命下降。生产中一般选用 (FeO) =20%、$CaO/SiO_2 = 2$ 的炉渣作为泡沫渣的基本要求。

（4）熔池温度。随着熔池温度升高，炉渣的黏度下降，渣中气泡的稳定性随之降低，即泡沫的寿命缩短。有关研究指出，温度增加 100℃，泡沫的寿命将缩短 1.4 倍。显然，炉渣成分及进气量一定时，较低的熔池温度，炉渣的泡沫化程度相对较高温度升高；熔渣黏度降低，通常使泡沫渣寿命下降。

（5）其他添加剂。凡是影响 $CaO - SiO_2 - FeO$ 系熔渣表面张力和黏度的因素都会影响其发泡性能。例如，加入 CaF 既降低了炉渣黏度，又降低了炉渣表面张力，所以对泡沫渣的影响比较复杂。有关研究表明，在碱度 $CaO/SiO_2 = 1.8$ 时，加入 5% CaF 有利于提高炉渣的发泡性，继续增加 CaF_2 含量对炉渣发泡不利。可见在 CaF_2 含量小于 5% 时，表面张力起主要作用；CaF_2 含量大于 5% 时，黏度起主要作用。又如加入 MgO 使熔渣黏度增加，使熔渣泡沫渣保持时间延长。

（三）泡沫渣工艺操作

泡沫渣操作工艺主要有以下几种：

（1）渣面上加焦炭粉法。吹氧的同时，不断向炉内抛入焦粉，利用碳氧反应，使炉渣发泡。此法操作简便，但使用效果差，劳动强度大。

（2）配料加焦法。配料时加入 5 ~15kg/t 焦粉及适量铁皮、石灰石，熔氧结合，富氧操作，泡沫渣高压长弧升温，降碳至要求含量。这种方法能得到一定厚度的泡沫渣，但该法泡沫渣作用时间短，渣中 FeO 含量不易控制，终点碳控制不准；渣中氧含量高，合金收得率不稳定。当终点碳控制较准时，可用于冶炼碳含量较高的钢种。

（3）氧末喷炭法。配料不加炭，熔氧合一，富氧操作。因控炭不准，一般含量偏低，再喷炭（焦）粉增碳，同时生成泡沫渣。这种方法主要用于钢中增碳，故喷炭速度较大，但泡沫化作用时间太短。

（4）配料加焦，氧末喷炭法。此法是在（2）、（3）法结合的基础上，调整喷粉罐参数。适当延长喷炭时间，使喷入的炭粉既能增碳又能延长泡沫渣的作用时间，整个熔氧期基本处于泡沫渣下冶炼。该法适用于各种功率水平和不同吨位的电弧炉冶炼中低碳钢。利用"富氧、喷炭、长弧"三位一体联合操作，以得到最佳效果。由于在吹氧助熔时，配料中未熔焦粒有部分随炉渣流出而浪费。对于大型电弧炉来说，这种浪费就很严重。

（5）熔氧期全程喷炭法。这种方法在熔池形成并有适量钢水时，吹入氧气并喷入焦粉。钢水在泡沫渣下去磷、降碳、升温，直到达到要求。该法在熔氧前期喷炭的主要目的有：第一，造泡沫渣，形成泡沫渣长弧冶炼工艺。在向钢水不断增碳的同时使钢水的降碳和升温接近同步进行；第二，喷炭在完全燃烧时放热，有利于升温。熔氧后期喷炭则主要是调整钢水碳含量至规格要求和在泡沫渣下快速升温。

大吨位电弧炉宜采用熔氧期全程喷炭法。50t 以上的大型电弧炉一般机械化、自动化程度较高，并有管道输送粉料系统。如宝钢二期引进的电弧炉就具备了喷炭粉设备和富氧操作条件，因此宜采用"富氧、喷炭、长弧"三位一体联合操作，以达到冶炼各种含碳量钢种的目的。

各工艺对比见表 31 - 9。

表 31 - 9　泡沫渣工艺对比

工艺方法名称	用　途	优　点	缺　点
渣面加炭粉		操作简便不需任何设备，使用人工加入	(1) 随意性大。操作不易规范化； (2) 氧末终点碳低时，钢水增碳难，且钢中含氧高，合金收得率低，还原脱氧、脱硫变难； (3) 碳氧在渣面反应，渣层薄，不能发挥长弧优点； (4) 渣中含 FeO 高，还原少，铁损增大
配料加焦法	用于冶炼高碳钢	可得到厚层泡沫渣，熔清碳适当。电力、电极消耗降低，炉衬寿命延长	(1) 泡沫渣持续时间短，只在熔氧前期效果好，熔氧后期部分焦粒随渣子流出造成焦的损失且渣层变薄； (2) 渣中 FeO 含量不好控制，造成终点碳不好控制，当碳低时很难用焦粒增碳； (3) 渣及钢液中氧过高，还原困难，合金收得率不准
氧末喷炭法	通常用于对钢水增碳，不用生铁	能对钢水增碳，同时有泡沫渣的全部优点	泡沫只在氧末期使用，不能充分发挥其优点
配料加焦法与氧末喷炭法	适用于有管道送粉设备的电弧炉厂、各种功率电弧炉及不同钢种的冶炼	充分发挥泡沫渣长弧埋弧优点，能克服上述三法的缺点	焦粒随流渣溢出，故 50t 以上电弧炉不宜采用
熔氧期全程喷炭法	适用于机械自动化程度高的大型电弧炉（50t 以上）且有管道输送粉料系统的厂采用	充分发挥"富氧、喷炭、长弧"三位一体联合操作的最佳优点冶炼各种钢种	
配料加增碳造渣剂	适用于无管道送粉设备的电弧炉厂、各种功率电弧炉及不同钢种冶炼	充分发挥泡沫渣长弧埋弧优点。能克服其他工艺的缺点，熔氧期泡沫法保持时间长	

第二节　电弧炉氧枪的技术基础

一、电弧炉氧枪设计

电弧炉氧枪是强化电弧炉冶炼的重要手段，具有搅动钢液、切割废钢、提高废钢熔化速度、改善渣钢动力学条件、改善泡沫渣操作、缩短冶炼时间等作用。根据喷吹气体的不同，电弧炉氧枪分为氧燃喷枪和纯氧喷枪两类。氧燃喷枪需要在吹入氧气的同时混合燃料喷吹，与纯氧喷枪相比，虽然发热量大，但是成本较高。目前大部分电弧炉冶炼都采用热装铁水工艺，因此纯氧喷枪成为电弧炉氧枪的主流。随着超高功率电弧炉的逐步推广，超声速射流氧枪成为电弧炉冶炼的必需设备。

目前，超声速水冷氧枪采用的喷嘴为拉瓦尔型，这种形状能将氧气的压力能转化为动能，得到稳定的超声速氧气射流。拉瓦尔喷嘴是由收缩段、喉口和扩张段三部分组成，三段长度的不同导致最后喷出射流速度的不同，如图 31 - 38 所示。

拉瓦尔管必须满足以下条件才能获得超声速射流：

（1）流经喷嘴的气体是经过压缩的气体，这样才能实现气体密度随压力变化，引起速度上升。

（2）喉口处的临界压力必须大于喷嘴出口的临界压力，并且后者与前者的比值要小于 0.5238。

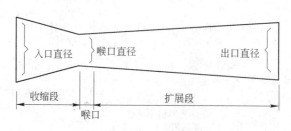

图 31 - 38　拉瓦尔喷嘴简图

（一）氧枪喷头参数的确定

单纯喷吹氧气的电弧炉氧枪有炉门枪、炉壁枪、EBT 氧枪等，虽然它们的安装位置不同，功能也有所差异，但是其喷头的设计是一致的。

氧枪喷头作为电弧炉氧枪最重要的部件，其具体尺寸受多个因素影响：

（1）供氧量计算。单位时间的供氧量决定于供氧强度和炉容量，而供氧强度则与铁水成分、炉容比和炉容量有关。供氧量的精确值只有通过物料平衡才能求得，它与吨钢耗氧量、出钢量和吹氧时间的关系可用式（31 - 12）表示：

$$供氧量 = \frac{吨钢耗氧量 \times 出钢量}{吹氧时间} \qquad (31 - 12)$$

（2）喷头马赫数。喷头马赫数决定了喷头出口氧气射流的速度。马赫数过大则喷溅大，渣料消耗和铁损增大；马赫数过小，则搅拌能力弱，氧利用率低。选择合适的马赫数对于增大氧枪对熔池的冲击能力和冲击深度有重要作用，目前国内推荐的马赫数为：电弧炉炉壁枪在 1.9 ~ 2.1 之间，炉门枪在 1.4 ~ 1.8 之间。

（3）理论设计氧压。理论设计氧压是指喷嘴进口处的氧压，它是氧枪喷嘴喉口和出口直径的重要参数。一般使用氧压范围为 0.78 ~ 1.18MPa。理论设计氧压是实际生产中氧压范围的最低值，实际生产氧压往往稍高于这个压力范围。

1）喉口氧流量公式和长度。在标准状态下，氧气实际流量的计算公式如下：

$$Q = 1.782 C_D \frac{A_{喉} p_0}{\sqrt{T_0}} \qquad (31 - 13)$$

式中　Q——标态下的实际氧流量，m^3/s；

　　C_D——喷孔流量系数，取值在 0.90 ~ 0.96 之间；

　　$A_{喉}$——喉口截面面积，m^2；

　　p_0——理论设计氧压，Pa；

　　T_0——氧气滞止温度，K，一般取值在 298K 左右。

喉口长度取值一般在 5 ~ 50mm 之间。

2）收缩段与扩张段尺寸。收缩段的长度一般为 $(0.8 ~ 1.5) d_{喉}$，收缩段的半锥角一

般在 $18° \sim 23°$ 之间。扩张段的扩张角一般取 $8° \sim 10°$，半锥角为 $4° \sim 5°$。

扩张段的长度可以由式（31-14）求得：

$$L = (d_{出} - d_{喉})/2\tan\alpha \qquad (31-14)$$

3）有效冲击面积。实验证明，电弧炉氧枪与熔池表面成一定角度有利于电弧炉生产。因此，电弧炉氧枪有效冲击面积的计算需要考虑氧枪与熔池表面所成角度 θ。设枪位为 H，氧气射流与熔池接触处的射流直径为 d。则：

$$d = 1.26 \left(\frac{\rho_{出}}{\rho_e g}\right)^{1/6} (\omega_{出} \, d_{出})^{1/3} \left(\frac{H}{\beta\sin\theta}\right)^{1/2} \qquad (31-15)$$

有效冲击面积由式（31-16）给出：

$$S = \pi d^2/4\sin^2\theta \qquad (31-16)$$

（二）氧枪水冷参数的确定

由于电弧炉炉门枪、炉壁枪、EBT 氧枪的功能和安装位置的不同，其枪体部分的设计有所不同。

电弧炉炉门枪具有消除电弧炉冶炼冷区，实现炉料同步熔化，降低冶炼电耗，缩短冶炼时间等作用。在冶炼过程中，炉门枪需伸入电弧炉内喷吹，因此，炉门枪枪体设计时必须进行水冷计算。

以下面数据为例，说明枪体冷却设计参数的计算过程：

（1）冷却水耗量及相关参数的选择。假设耗水量为 15t/h，冷却水进水温度为 16℃，最大温差为 15℃。最大升温时冷却水带走的热量可由式（31-17）计算出：

$$Q_{k,w} = W_w c_{p,w} \Delta t_{max} \qquad (31-17)$$

式中　$Q_{k,w}$——冷却水带走的热量，kJ/h；

W_w——冷却水耗量，15×10^3 kg/h；

$c_{p,w}$——水的比热容，4.1868kJ/(kg·℃)；

Δt_{max}——冷却水最大温差，为 15℃。

代入数据得：

$$Q_{k,w} = 15 \times 1000 \times 4.1868 \times 15 = 9.42 \times 10^5 (kJ/h)$$

假设枪体受热长度为 1.2m，直径为 110mm，则冷却水带走的平均热负荷为：

$$q = 9.42 \times 10^5/(3.14 \times 1.2 \times 0.11) = 2.27 \times 10^6 (kJ/(h \cdot m^2))$$
$$= 0.63 \times 10^6 W/m^2 > 0.5 \times 10^6 W/m^2$$

故此冷却水耗量满足氧枪热负荷要求。

（2）氧枪内冷却水对流传热。水流对流传热公式为：

$$Q_{conv} = a_{conv}(t_{el} - t_w)F_{tot} \qquad (31-18)$$

式中　Q_{conv}——对流传热热流，kJ/h；

a_{conv}——对流传热系数，kJ/(h·m²·℃)；

t_{el}——氧枪外管内壁平均温度，℃；

t_w——氧枪内冷却水平均温度，℃；

F_{tot}——氧枪总受热面积，m²。

$$t_w = t_{m,w} + \Delta t/2 (t_{m,w} 为进水温度, \Delta t 温差) = 16 + 15/2 = 23.5(℃)$$

$$F_{tot} = 3.14 \times 0.11 \times 1.2 + 3.14 \times ((0.11/2)^2 - (0.057/2)^2) = 0.42143(m^2)$$

同心套管环缝内的湍流对流传热系数为:

$$a_{conv}\mu/\rho_w \times v_w \lambda_w Pr^{-0.33} (\mu_w/\mu)^{0.14} = 0.023/Re^{0.2} \tag{31-19}$$

式中　ρ_w——冷却水的密度, kg/m^3;

　　　v_w——冷却水的流速, m/s;

　　　μ——水的黏度, $kg/(m \cdot s)$, $t_w = 23.5℃$, $\mu = 0.8 \times 10^{-3} kg/(m \cdot s)$;

　　　μ_w——按内壁温度求出的水的黏度, 取 $t_{el} = 60℃$, $\mu_w = 0.54 \times 10^{-3} kg/(m \cdot s)$;

　　　λ_w——水的导热系数, $kJ/(h \cdot m \cdot ℃)$, $t_w = 23.5℃$, $\lambda_w = 2.219 kJ/(h \cdot m \cdot ℃)$;

　　　Pr——普朗特数:

$$Pr = \frac{C_{p,w}\mu}{\lambda_w} = \frac{4.1868 \times 0.8 \times 10^{-3} \times 3600}{2.219} = 5.434$$

$$Re = \frac{\rho_w v_w d}{v} = \frac{1000 v_w(0.199 - 0.178)}{0.8 \times 10^{-3}} = \frac{1000 \times 5.8 \times 0.021}{0.8 \times 10^{-3}} = 152 \times 10^3$$

则:

$$\frac{a_{conv} \times 0.8 \times 10^{-3}}{1000 \times 5.8 \times 2.219} \times 5.434^{-0.33} \times \left(\frac{0.54 \times 10^{-3}}{0.8 \times 10^{-3}}\right)^{0.14} = \frac{0.023}{(152 \times 10^3)^{0.2}}$$

$$a_{conv} = 62.86 \times 10^3 kJ/(h \cdot m^2 \cdot ℃)$$

$$9.42 \times 10^5 = (t_{el} - 23.5) \times 0.42143 \times 62.86 \times 10^3$$

则 $t_{el} = 58.1℃$ 与假设的 $t_{el} = 60℃$ 相差不大, 满足设计要求。

氧枪外管的传导导热为:

$$Q_{conv} = \frac{2\pi\lambda_{tub}(t_{el}^{ex} - t_{el})L_{lan,h}}{\ln(r_{el}^{ex}/r_{el})} \tag{31-20}$$

式中　λ_{tub}——钢管导热系数, $163.285 kJ/(h \cdot m \cdot ℃)$;

　　　$L_{lan,h}$——氧枪传热长度, 根据图纸提供, 按 13.2m 计算;

　　　r_{el}^{ex}——氧枪外管外半径, m;

　　　t_{el}^{ex}——氧枪外管外壁平均温度, ℃;

　　　r_{el}——氧枪外管内半径, m;

　　　t_{el}——氧枪外管内壁平均温度, ℃。

代入数值得:　$$9.42 \times 10^5 = \frac{2 \times 3.14(t_{el}^{ex} - 58.9) \times 2 \times 163.285}{\ln(110/101)}$$

得到 $t_{el}^{ex} = 98.11℃$, 即为钢管外壁最高温度。该温度不足以使得氧枪管壁烧损。

(三) 喷头设计举例

1. 计算供氧量

利用物料平衡计算吨钢耗氧量, 电弧炉中各耗氧成分含量见表 31-10, 表中碳含量由废钢、生铁、铁水等炉料中碳含量及电极消耗综合计算得出。

表 31-10 电弧炉中各耗氧成分

成　分	C（包含电极损耗）	Si	Mn	P	S
含量/%	1.4	0.6	0.8	0.08	0.01

设电弧炉公称容量为 80t 时，炉渣量为 $80 \times 10\% = 8t$

铁损耗氧量：$8 \times 15\% \times 16/72 = 0.27t$

[C] $\longrightarrow$ [CO] 耗氧量：$80 \times 1.4\% \times 80\% \times 16/12 = 1.19t$

[C] $\longrightarrow$ [CO_2] 耗氧量：$80 \times 1.4\% \times 20\% \times 32/12 = 0.60t$

[Si] $\longrightarrow$ [SiO_2] 耗氧量：$80 \times 0.6\% \times 32/28 = 0.549t$

[Mn] $\longrightarrow$ [MnO] 耗氧量：$80 \times 0.8\% \times 16/55 = 0.186t$

[P] $\longrightarrow$ [P_2O_5] 耗氧量：$80 \times 0.08\% \times 80/62 = 0.083t$

[S] $\longrightarrow$ [SO_2] 耗氧量：$80 \times 0.01\% \times 32/32 = 0.008t$

总耗氧量（标态）$= 0.27 + 1.19 + 0.60 + 0.549 + 0.186 + 0.083 + 0.008$

$\qquad\qquad\qquad = 2.886t = 2020m^3$

实际耗氧量（标态）$= 2020/0.9/99.5\% = 2256m^3$

实际吨钢耗氧量（标态）$= 2256/80 = 28.2m^3/t$

设吹炼时间为 45min，则当装入量为 80t 时，氧气流量（标态）为：

$$Q = \frac{28.2 \times 80}{45} = 50.13m^3/min = 3000m^3/h$$

2. 确定马赫数

选取马赫数为 2.0。

3. 确定氧压

根据等熵流表，查得马赫数为 2.0 时，$p/p_0 = 0.1278$。

$$p_0 = 0.101325/0.1278 = 0.79MPa$$

4. 计算喉口直径

假设该电弧炉布置一支氧枪，则：$Q = 1.782 C_D \dfrac{A_{喉} p_0}{\sqrt{T_0}}$

即：$\qquad 50.13 = 1.782 \times 0.92 \dfrac{A_{喉} \times 0.79 \times 10^6}{\sqrt{298}}$

经计算可得到喉口直径为：$d_{喉} = 29.2mm$，取 $d_{喉} = 30mm$。

5. 确定喉口长度

喉口长度取 10mm。

6. 计算出口直径

查等熵流表，在马赫数为 2.0 时：$A_{出}/A_{喉} = 1.688$，$A_{出} = 1.688 \times \pi d_{喉}^2/4 = 11.28mm^2$，

$d_{出} = 2\sqrt{A_{出}/\pi} = 37.9mm$，取 $d_{出} = 38mm$。

7. 计算收缩段长度

$L_{收} = 1.2 d_{喉} = 35.04mm$，取 $L_{收} = 35mm$。

8. 计算扩张段长度

取半锥角为 $5°$，则：$L = (d_出 - d_喉)/2\tan\alpha = (37.9 - 29.2)/(2\tan5°)$。

计算得：$L = 49.7\text{mm}$，取 $L = 50\text{mm}$。

9. 计算结果

通过以上计算得到的氧枪喷头设计参数见表 31 – 11。

表 31 – 11　喷头设计参数

炉产量/t	80	马赫数	2.0
氧气流量（标态）/$\text{m}^3 \cdot \text{h}^{-1}$	3000	氧压/MPa	0.79
喷头喉口直径/mm	30	喉口长度/mm	10
出口直径/mm	38	收缩段长度/mm	35
扩张段长度/mm	50		

二、电弧炉燃氧枪设计

采用燃氧枪技术，不仅解决了电弧炉的冷区问题，而且提高了电弧炉的供能强度，强化了冶炼，缩短了冶炼时间。

（一）油 – 氧烧嘴的设计计算

1. 油 – 氧烧嘴的设计

油 – 氧烧嘴结构设计需考虑的因素：第一，应有利于燃料油雾化；第二，供应足够的氧气以使燃油充分燃烧；第三，利用高压气流切割炉料可加速熔化，采用高压干燥压缩空气作为雾化介质，有保温降低燃油黏度改善燃油流动性的作用。在构造上设有旋风叶片，雾化空气产生旋转效应，产生喇叭状油膜利于气流混合雾化。供氧作为助燃介质也有雾化及对炉料切割增加助熔效果，因此氧喷嘴设计成拉瓦尔型喷口。如图 31 – 39 所示。

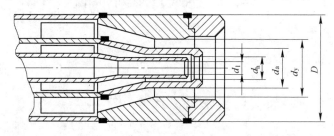

图 31 – 39　喷枪喉口图

油 – 氧喷嘴各个尺寸计算依据：

（1）燃油烧嘴喉口直径计算。根据孔口出流计算公式：

$$Q_i = C_d A \sqrt{\Delta p \frac{2}{\rho}} \tag{31 – 21}$$

有

$$A = \frac{\pi}{4} d^2 = \frac{Q_i}{C_d \sqrt{\Delta p \dfrac{2}{\rho}}} \tag{31 – 22}$$

$$d_i = -\sqrt{\frac{4Q_i}{C_d\pi}} \times \frac{1}{\sqrt[4]{\Delta p \frac{2}{\rho}}} \qquad (31-23)$$

式中　Q_i——燃料油的流量，m^3/s；

$\quad\quad C_d$——孔口的流量系数；

$\quad\quad A$——孔口的出流断面面积，m^2；

$\quad\quad d_i$——喉口直径，m；

$\quad\quad \rho$——柴油密度，kg/m^3；

$\quad\quad \Delta p$——喉口前后压差，Pa。

（2）雾化喷嘴喉口直径确定。对于高压雾化烧嘴，雾化介质通常是 0.2～1MPa 压力的压缩空气或蒸汽，用压缩空气的时候，每千克燃料油的空气消耗量为 0.4～0.6kg，即压缩空气的流量为：

$$Q_H = (0.4 \sim 0.6)Q_i \qquad (31-24)$$

按照上述孔口出流公式，可以确定雾化喷嘴喉口直径。

（3）氧喷嘴喉口直径确定。氧喷嘴喉口直径的计算步骤为：

1）氧气的质量流量（kg/s）：

$$Q_g = \frac{\rho VG}{60} \qquad (31-25)$$

2）在工作压力 p 及工作温度 T 情况下，氧气工作状态的密度（kg/m^3）：

$$\rho_1 = \frac{p}{RT} \qquad (31-26)$$

3）计算喉口临界面积（m^2）：

$$A = \frac{Q_g}{2.14\sqrt{p\rho_1}} \qquad (31-27)$$

4）计算喉口临界直径（m）：

$$d_i = \sqrt{d_a^2 + \frac{4A}{\pi}} \qquad (31-28)$$

式中　ρ——氧气密度，$\rho = 1.429kg/m^3$；

$\quad\quad G$——炉子平均钢产量，t；

$\quad\quad V$——供氧强度（标态），$m^3/(t \cdot min)$；

$\quad\quad R$——气体常数，R 取 26.52。

2. 油-氧烧嘴设计举例

广钢 ALD520S 直流 60t 电弧炉采用油-氧助熔技术，主要设计参数如下：

设计油量：5kg/t

烧嘴热效率：70%

评估烧嘴作用的参数为代替值，即每立方米供氧所节省的电耗，由式（31-29）计算：

$$替代值 \times 电能效率 = 5.6 \times 烧嘴效率 \qquad (31-29)$$

式中，效率 = 产品钢所吸收能量/输入能量；5.6 为使用柴油为燃料时，每立方米氧气

（标态）所产生的热量，$kW \cdot h/m^2$，即：

$$Q_{DN}^Y = Q_{GW}^Y - 6(9H^Y + W^Y) \quad (31-30)$$

用 $H = 0.05Q - 41.4$ 进行评估，电能效率为 80%，烧嘴效率为 70%。则替代值 ×0.80 = 5.6×0.70；替代值 = 4.9kW·h/m³，即油 – 氧烧嘴每燃烧 1m³ 的氧气（标态）可节省 4.9kW·h 的电能。

油管直径：

$$d_{油} = 18.8(B/\rho_1 W_1)^{0.5} \quad (31-31)$$

式中 B——油的流量，kg/h；

ρ_1——油的密度，kg/m^3；

W_1——油在管内的流速，m/s，取 1.9m/s。

代入数据，得：18.8×(295/840×1.9)×0.5 = 8.08(mm)，取 $d = 8.0$mm。

雾化剂（压缩气）的供气管径：

$$d_{供} = 18.8(V_K/W_2)^{0.5} \quad (31-32)$$

式中 V_K——压缩气流量（标态），m^3/h，取 90～150m³/h；

W_2——压缩气的流速，取值范围为 15～4.5m/s，取 45m/s。

代入数据，得：18.8×(90/45)×0.5 = 26.5(mm)，取 $d_{供} = 25$mm。

压缩气拉瓦尔喷口的出口断面：

$$f_3 = V_K/3600 W_3 \quad (31-33)$$

式中 V_K——压缩气在拉瓦尔管内的流量（标态），m^3/h；

W_3——压缩气的喷出速度，m/s，取值范围为 300～400m/s，取 300m/s。

代入数据，得：150/3600×300 = 138.3(mm)。

由此得拉瓦尔喷口直径 $d = 2(f_3/\pi)^{0.5} = 13.3$(mm)。

柴油理论燃烧供氧量为 2.3m³/kg，即：

$$Q_{油max} = 350dm^3/h \times 0.84kg/dm^3 = 294kg/h$$

氧气流量：

$$Q_{氧(标态)} = 2.3 \times 294 = 680m^3/h$$

则氧气管内径：

$$d_{氧} = 18.8(Y_{氧}/W_{2氧})^{0.5} = 18.8(680/300)^{0.5} = 28.3(mm)$$

取规格管内径 $d_{氧} = 32$mm。

（二）燃气–氧烧嘴设计举例

天然气–氧烧嘴各参数的计算：设计一个 $Q = 3$MW 氧燃烧嘴。设定天然气–氧烧嘴的使用时间为 30min，天然气–氧烧嘴的热效率由废钢吸收的热量、烟气热量损失及炉壁、炉盖散热等因素确定，通常取 50%。

（1）单位时间内所需的燃气流量 $q_{燃}$：

$$q_{燃} = Q/K_m \quad (31-34)$$

式中 K_m——天然气发热值，为 33197～35789kJ/m³，取 33494.4kJ/m³。

代入已知条件，得 $q_{燃(标态)} = 0.0896m^3/s$。

（2）单位时间内所需的氧气流量 $q_{氧}$：

$$q_{氧} = q_{燃} \times Q_{k} \times 21\%$$

式中　Q_{k}——空气量，空气系数为 1.05 时，燃气所需空气量（标态）为 $9.5 m^3$。

代入已知条件，得 $q_{氧(标态)} = 0.1788 m^3/s$。

（3）氧气喷口直径 $d_{氧}$。氧气流量、压力与喷口截面积的关系式为：

$$q_{氧} = 2.9173 \times 10^4 \mu P_1 S_{氧} / T_1^{1/2} \qquad (31-35)$$

式中　P_1——氧气喷口处压力（绝对压力），设为 0.3MPa；

　　　T_1——氧气温度，取室温 298K；

　　　$S_{氧}$——氧气喷口截面积；

　　　μ——流量系数，取 0.9。

代入已知条件，可得 $S_{氧} = 3.92 \times 10^{-4} m^2$。

将氧气喷口设计为 3 个孔，则：$d_{氧} = 1.0 \times 10^{-2} m$。故氧气喷口选用 $\phi14mm \times 2mm$ 的紫铜管。

（4）天然气喷口直径 $d_{燃}$。天然气流量、压力与喷口截面积关系式为：

$$q_{燃} = \mu S_{燃} (2 \times 10^5 g \Delta p / \rho)^{1/2} \qquad (31-36)$$

式中　$q_{燃}$——天然气流量（标态），m^3/s；

　　　$S_{燃}$——天然气喷口截面积，m^2；

　　　p——喷出前后的压差，取 $9.81 \times 10^{-3} MPa$；

　　　ρ——天然气的密度，可以取 $0.7 kg/m^3$；

　　　g——重力加速度，$9.81 m^2/s$。

代入已知条件，可得 $S_{燃} = 6.0 \times 10^{-4} m^2$。

天然气喷口与氧气喷口设计成内套式结构，并都为三孔式，则天然气喷口直径：

$$d_{燃} = (S_{燃} / (3 \times \pi/4) + d_{氧}^2)^{1/2} = 1.6 \times 10^{-2} (m)$$

（5）烧嘴内氧气导管直径 $D_{氧}$。由气体状态方程，可以推导出氧气导管截面积的计算公式为：

$$A_{氧} = (P_0 q_{氧} T_1) / (P_1 T_0 \omega_0) \qquad (31-37)$$

式中　$A_{氧}$——氧气导管截面积，m^2；

　　　P_0——标准状态下的氧气压力，通常为 0.1MPa；

　　　T_0——标准状态下氧气的温度，通常取 273K；

　　　ω_0——氧气安全流速，取 50m/s。

代入已知条件，可得 $A_{氧} = 1.3 \times 10^{-3} m^2$。

则氧气导管直径：

$$D_{氧} = (A_{氧} / (\pi/4))^{1/2} = 3.19 \times 10^{-2} m$$

故氧气导管选用 $\phi42mm \times 5mm$ 的不锈钢管。

（6）天然气导管直径 $D_{燃}$。按不可压缩流体流动公式，天然气流量和流速的关系式为：

$$q_{燃} = \mu A_{燃} \omega_{燃} \qquad (31-38)$$

式中　μ——流量系数，近似取 1；

$A_燃$——天然气导管截面积，m^2；

$\omega_燃$——天然气安全流速，取 25m/s。

代入已知条件，可得 $A_燃^r = 3.58 \times 10^{-3} m^2$。

天然气导管设计为内套上述直径 42mm 的氧气导管，则：

$$A_燃 = \pi/4(D_燃^2 - D_氧^2) \tag{31-39}$$

代入已知条件可得：天然气导管直径 $D_燃 = 4.25 \times 10^{-2} m$，故天然气导管选取 $\phi57mm$ ×3.5mm 的不锈钢管。

（三）煤 – 氧烧嘴设计举例

以内燃式煤 – 氧烧嘴设计为例：喉口直径为 D_2，枪体直径为 D_1，设计喉口 $M = 1.4$。

（1）出口气体的最高速度可以近似为：

$$v_出 = \left(\frac{D_1}{D_2}\right)^2 v \tag{31-40}$$

火焰在 1800℃ 以下时，完全燃烧 1kg 煤粉，在常压下产生气体（标态）为 $2.12m^3$。假设将一次燃烧区看成是封闭体系，燃烧 1kg 煤粉将使枪内产生 4.8MPa 高压，如都转化为动能，其对外做功为：$W = 2.12 \times 10^6 J/kg$。

（2）高温下产生的火焰速度可以估计为：

$$kW = \frac{1}{2}mv^2 \tag{31-41}$$

式中 k——能量转换系数，取 0.8；

v——热膨胀速度，m/s；

W——气体对外做功；

m——每分钟喷煤量，取 600g/min。

代入已知条件得 $v = 187m/s$，$\frac{D_1}{D_2} = 0.36$

（3）一次燃烧区长度 L_1 及管径 D_1。一次燃烧区的体积是由一次燃烧区长度 L_1 及管径 D_1 决定的。所谓一次燃烧区长度就是指钝体底边到二次氧的引入处这一段距离。管径 D_1 考虑到制造及工业应用选定一个固定值。因此一次燃烧区的体积由 L_1 决定。一次燃烧区长度理论上是由煤粉在燃烧室内完全燃烧成 CO 的时间决定的。

煤粉完全燃烧生成 CO 的时间，在全氧燃烧的情况由式（31-42）来确定：

$$t_b = \frac{\rho R'^2 T_m}{144\varphi D p} x_0^2 \tag{31-42}$$

式中 ρ——煤粉密度，g/min；

R'——煤粉燃烧气体常数，$atm \cdot cm^3/(mol \cdot K)$；

T_m——边界层平均温度，K；

φ——机理因子；

D——在温度 T_m 时氧的扩散系数，cm^2/s；

p——氧气压力，atm；

x_0——颗粒直径，mm。

L_1 的长度在充分保证火焰稳定燃烧的情况下，根据火焰燃烧的具体情况，可以调整。

（4）二次燃烧区的长度 L_2。二次燃烧区是一次燃烧区产物的能量加速，二次燃烧区的长度 L_2 是二次氧的入口处到出口这一段的距离。二次燃烧区长度的设计上考虑由于二次燃烧区主要是气相反应，因此二次燃烧区的长度较短，一般不超过80mm。

（5）旋流强度 S。旋转射流是指流体在离开喷口前被强迫做旋转运动；当这种流体从喷嘴喷出后，除了具备一般射流的轴向运动外，还具有一定分布的切向和径向速度分量。射流旋转运动的结果是使煤粉和氧气混合均匀，强化了燃烧。旋流对煤、氧均匀混合是起决定作用的。旋流强度愈大，煤粉和氧气混合程度愈高；反之亦然。旋流强度过高，煤粉燃烧不稳定，会产生脱火现象。

根据实验证明，$S = 0.594$ 或 0.42 较合适。

（6）钝体尺寸。中心回流区的区域大小是保证煤粉稳定燃烧的重要条件之一。区域大小是由钝体与来流垂直底边的直径 b 的大小与燃烧室的管径 D_1 之比决定的。随着钝体 b/D_1 的增大，中心回流区的长度先是随着 b/D_1 的增大，达到一最大值后又逐渐变小，这一最大值就是所需的理想回流区长度，即 $b/D_1 = 0.55$ 时，设计的回流区最长，设计的煤氧枪回流区长度为100mm。

三、氧枪冷热态实验

（一）冷态验证

冷态验证方法可以用来测量氧枪喷头流股的总压和静压、氧气流量、超声速核心段等氧枪特性。

1. 静压的测定

静压是指维持气体质点运动时动平衡的力。对一个气体质点而言，静压是维持动平衡的力，所以在该质点的各个方面上作用的静压力，其大小是相等的。

静压的测量必须在气流不受扰动的情况下进行，就是说，测量点的气体流动特性不应该有所变化。这就要求静压的测量设备要经过特殊设计，以达到测量时对测量气流造成的影响尽量小。

一种常用静压测量装置如图31-40所示。

由于超声速流中普通静压探针会产生激波，所以普通的静压探针是不适用于测量超声速流的静压的。

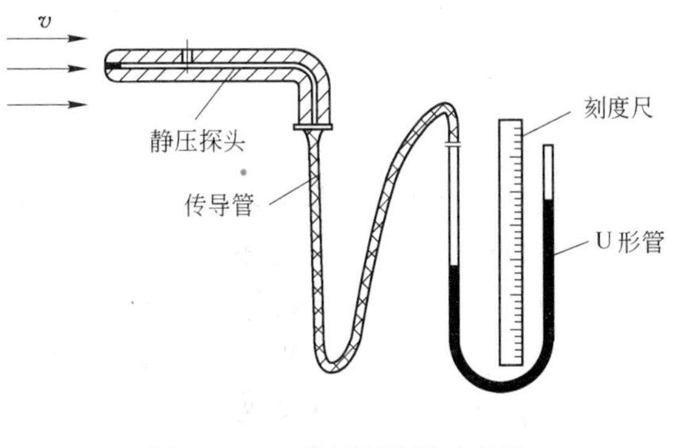

图31-40　静压测量计示意图

2. 总压的测定

根据总压的定义，在气流中的物体，其驻点任何方向的压力都与总压相等。因此从理论上讲，只需在测压装置上开一个孔，就可以通过此孔测得总压值。

实验中常用总压探头（总压管）测定总压值，总压探头种类很多，其中皮托管和普兰托管应用较为广泛。皮托管简图如图 31 – 41 所示。

3. 流量的测定

在一定工作压力下，各种喷头的流量由喉口面积所决定。但实际上由于流量计的读数是某特定压力下流量的刻度，当压力变化时，流量计显示的读数就可能产生误差；另一方面，喷头设计和加工方面的问题，会产生流股在喷头内收缩现象，即真实的喉口面积要小于加工的喉口面积。为了测定喷头在不同压力

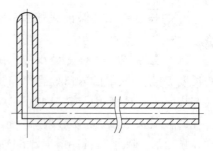

图 31 – 41   皮托管示意图

下的真实流量，我们首先通过实验室标准压力为 1.0MPa 的流量计测出喷头的流量，然后利用空气流量公式：

$$G = 0.367 \times 3600 A_* p_0 / \rho_0 / T_0^{1/2} \tag{31-43}$$

式中   0.367——空气流量系数；

ρ_0——标准状况下的空气密度，kg/m^3；

A_*——喷头真实喉口面积，cm^2；

p_0——设计压力（绝对），MPa；

T_0——空气温度（绝对），K。

算出喷头真实喉口面积，然后反算出不同压力下，不同类型喷头的实际流量，来讨论喷头不同压力下的流量大小及与炉前流量读数的差异。

4. 超声速核心段长度

从喷头喷射出的超声速流股，由于与周围气体相互混合而减速，随着流股向前运动，到达一定距离后，流股轴线上某点的马赫数（Ma）等于 1 即为声速，则此点之前称为流股的超声速核心段，此点之后的流股为亚声速，如图 31 – 42 所示。

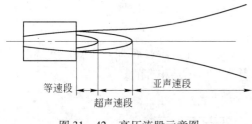

图 31 – 42   高压流股示意图

超声速核心段长度是决定喷枪高度的基础，还直接影响到流股作用到熔池上的冲击强度。

5. 流股刚性角

所谓流股刚性角就是指流股中心压力的峰值连线与喷头几何中心线所成角度。只要测出离喷头不同距离上流股中心压力的峰值，便可以由几何方法得出流股刚性角度，流股刚性角也是判定喷头优劣的指标之一。因为刚性角角度变化可以表明氧气流股自喷头喷出后向几何中心线扩张或收缩情况，流股刚性好，角度变化小，可以保证作用在熔池上的注股具有一定强度或不至于合为一股。

6. 实验设备介绍

西欧、美国和日本从 20 世纪 50 年代起开展氧枪喷头射流的冷态实验研究，取得许多有重要应用价值的成果。我国于 70 年代初在北京钢铁学院（北京科技大学）成立喷枪实验室，这是我国第一套氧枪喷头测试系统。

北京科技大学实验测定设备简图见图 31 – 43。

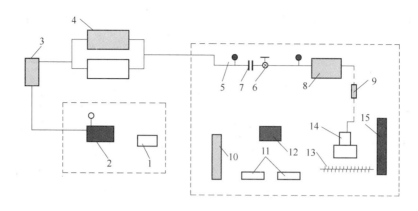

图 31－43　喷头流股特性测定设备示意图

1—空气机控制柜；2—空压机；3—干燥器；4—储气罐；5—压力表；6—阀门；7—流量表；
8—缓冲罐；9—压差式流量计；10—压力表；11—水银压力计；12—照相光源；
13—感压排管；14—测试喷头；15—流股阴影照相屏幕

　　测定时外界空气被空压机吸入、压缩，经干燥器干燥，进入储气罐，然后通过控制阀门进入缓冲罐，最后通过导管进入喷头，形成高压流股喷出。流股冲击到感压排管上便可在压力表或水银压力计上反映出该喷头在不同工作压力下、不同距离截面上的压力分布情况。感压排管架上有摇动手柄，可控制排管做前后、左右、上下三度空间自由移动。

　　除北京科技大学外，20 世纪 80 年代以后北京大学、中国科学院等教育科研单位也建立了喷枪测试系统，这些测试系统采用计算机处理实验数据，具有测量速度快、精度高、操作简单等特点。

（二）热态实验

1. 热态试验装置

　　热态试验目的是：在冷态试验的基础上，取不同压力值，通过观察和比较氧枪的火焰特征，了解氧枪的射流特性，以便进行工业试验。

　　主要实验仪器：氧枪及附属设备、实验室智能控制系统、氧气罐、空气压缩机、输水管、燃烧炉、热电偶等。热态试验装置示意图如图 31－44 所示。

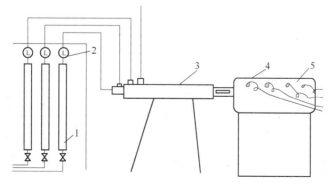

图 31－44　热态试验装置示意图

1—流量计；2—压力表；3—氧枪；4—热电偶；5—燃烧炉

燃烧炉可进行气体、液体、固体的燃烧实验，其上配有窥视孔、热电偶测温装置、冷却水装置、除尘装置，如图 31 – 45 所示。

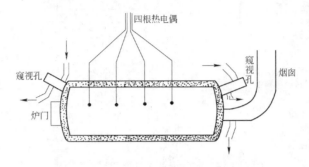

图 31 – 45   燃烧炉简图

（图中箭头表示冷却水进出方向，炉壁填充物为耐火材料）

2. 热态实验的计算机控制和测量

计算机控制系统和主要试验装置如图 31 – 46 和图 31 – 47 所示。

图 31 – 46   计算机控制系统

图 31 – 47   主要试验装置

通过计算机控制系统的控制流程界面，可以分别对氧气和燃气的流量进行设定以及实时监控，根据不同要求来调节二者的流量和压力，从而满足试验的要求。

仪表柜内的显示仪表可实时显示空气、氧气的瞬时流量和累计流量，管道压力，燃烧炉内温度的变化，计算机也同步显示各个参数的变化。

四、数值模拟

计算流体力学（CFD）是应用计算机和流体力学的知识对流体在特定条件下的流动特性进行模拟和描述的一门科学。任何流体运动的规律都是由以下 3 个定律为基础的：质量守恒定律、动量守恒定律、能量守恒定律，冶金过程的流体运动也是如此。这些基本定律可以由数学方程组来描述，如欧拉方程（Euler），N – S 方程等。数值模拟软件就是基于这些基本原理工作的。

20 世纪 70 年代初出现的大型通用有限元分析程序具有使用方便、计算结果可靠、效率高的优点，逐渐成为工程技术人员和科研人员强有力的分析工具。大型通用有限元分析软件强大的分析功能为解决钢铁冶金、轧钢模拟分析中所涉及的诸如热、结构、流体等问题提供了强有力的工具。著名的大型通用有限元分析软件有 Fluent、CFX、MSC/NASTRAN、ABAQUS、COSMOS、MARC、LS – DYNA3D、ANSYS 等，它们在解决具体问题时，各有特色。

在上述商用软件中，Fluent 内建了多种流体模型并具有强大的后处理功能，能够对模拟结果进行分析和数据处理，应用起来非常方便。Fluent 配合 Gambit 使用，使得许多原本复杂的冶金流体过程易于模拟和分析。下面简要介绍这两种软件的使用。

（一）Fluent 和 Gambit 的使用

使用 Fluent 和 Gambit 进行数值模拟的过程为：先用 Gambit 建立几何形状及生成网格，再由 Fluent 求解和分析最终结果。其使用过程如下：

Gambit 的一般使用过程：画出模型几何图→划分网格→设置边界类型→导出网格文件。

Fluent 的一般使用过程：导入网格文件→检查网格文件→设置图形尺寸→定义求解模型→定义模型材料→定义边界条件→设置求解条件→初始化→开始计算→分析计算结果。

（二）数值模拟的应用

数值模拟在模拟电弧炉生产和检测电弧炉氧枪性能方面有较广泛的应用，利用数值模拟软件，不仅可以用来模拟出某一特定氧枪的射流超声速段长度、最高速度、最大马赫数，也可以将多个氧枪或者同一氧枪的不同型号进行模拟，将模拟结果横向对比，以选取适合生产的最佳氧枪参数。

集束氧枪与普通超声速氧枪相比，具有喷吹速度高、超声速核心长度大等优势。利用CFX 软件可以模拟普通超声速氧枪与集束氧枪在相同条件下的速度流场图，得到如下结果（见图 31 – 48 和图 31 – 49）。

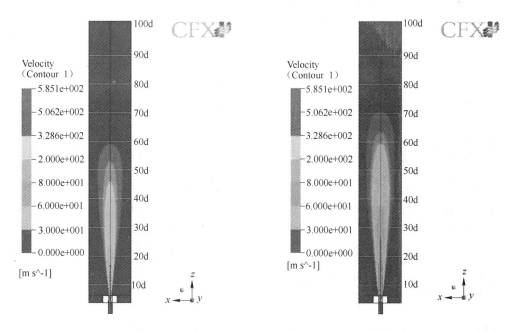

图 31 – 48　普通超声速氧枪速度流场　　　　图 31 – 49　集束射流氧枪速度流场

在 Fluent 软件中的模拟结果如图 31 – 50 所示（上图为普通超声速氧枪，下图为集束氧枪）。

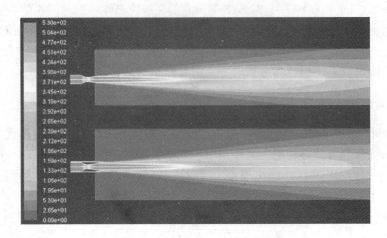

图 31 – 50 Fluent 软件模拟速度场

上述模拟结果表明：集束氧枪与普通超声速氧枪相比，最大速度高出约 79m/s；核心长度高出 0.5 倍。

第三节 电弧炉用氧自动化控制

近三十年，世界电弧炉炼钢得到迅速发展，原因是电弧炉炼钢采用了许多新技术，使其技术经济指标得到了根本性的改善。现代电弧炉炼钢工艺的基本指导思想是高效、节能、低消耗。其中，氧气的应用在电弧炉中占有非常重要的地位。

电弧炉是一个剧烈化学反应的半密封容器，其中氧气的通入是整个反应的核心，几乎所有的反应都与氧气的状况密不可分。电弧炉内情况复杂、变化比较多、影响因素比较复杂，这就要求有比较准确的氧气通入控制，进而控制电弧炉内的化学反应装置，从而实现整个电弧炉的正常运行。

现阶段国内主要的钢厂都实现了强化供氧系统的自动化，这里简单介绍下国内几个有代表性的电弧炉供氧控制系统。

一、石横特钢 65t Consteel 电弧炉供氧系统

石横特钢 65t Consteel（连续加料熔炼）电弧炉是从意大利得兴公司引进的，于 2000 年 9 月动工建设，2002 年 1 月试车成功，同年 11 月份开始铁水热装生产。

Consteel 电弧炉炼钢工艺采用了连续加料、废钢预热、连续熔炼、水冷炉壁和炉盖、电极喷淋、导电横臂、炉门炭氧枪、供电曲线自动控制、FT3T 偏心底出钢等当代先进的电弧炉冶炼技术。

该电弧炉供氧系统由德国巴登钢铁公司提供，其电弧炉供氧操作系统主界面如图 31 – 51 所示。

下面是详细控制界面总图，由它进入各个分项控制界面，如图 31 – 52 所示。

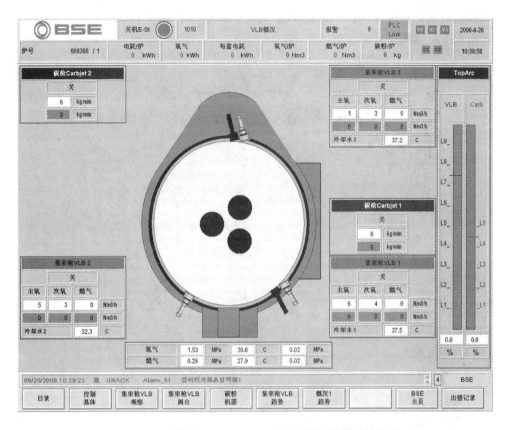

图 31-51　石横特钢 65t Consteel 电弧炉供氧操作系统主界面

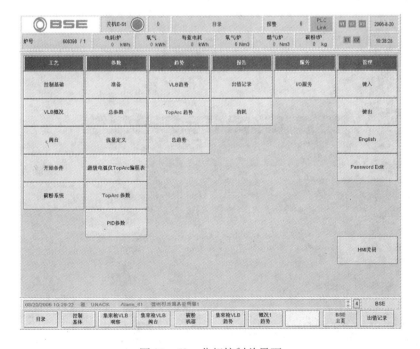

图 31-52　分相控制总界面

对供氧状况的直接控制，是通过 PLC 对气体阀组的控制实现的，如图 31 - 53 所示，它表示出每个气体阀所处的状态。

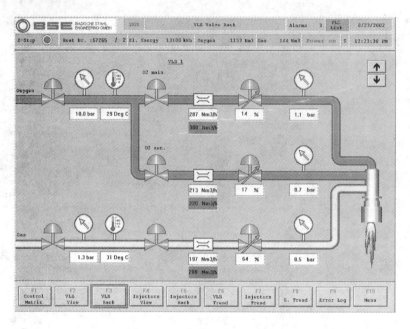

图 31 - 53　气体阀组控制界面

为了实现自动化控制，需要对电弧炉供氧过程进行分析和总结，如图 31 - 54 所示，它将电弧炉炼钢过程的供氧分为不同时间段，并对每一段内的气体喷吹量进行设置。

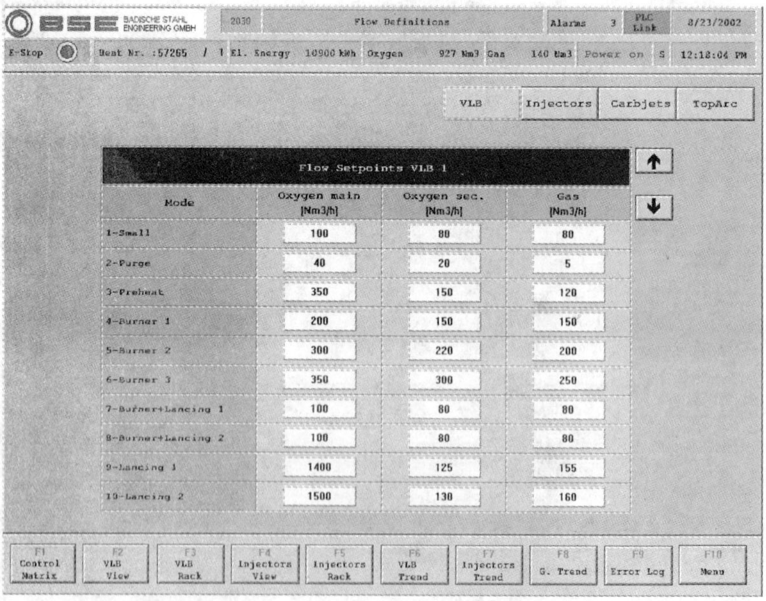

图 31 - 54　分段气体流量设置界面

实际生产中，数据记录非常重要，它为以后的生产总结提供依据。气体喷吹记录界面如图 31 – 55 所示。

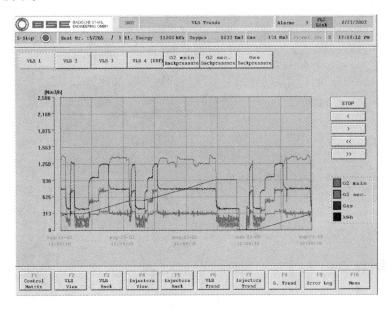

图 31 – 55 气体喷吹记录界面

二、衡阳钢管集团 90t 电弧炉供氧系统

衡阳钢铁公司 90t 电弧炉采用莫尔公司控制系统。莫尔系统是一个集成的电弧炉控制系统，主界面如图 31 – 56 所示。

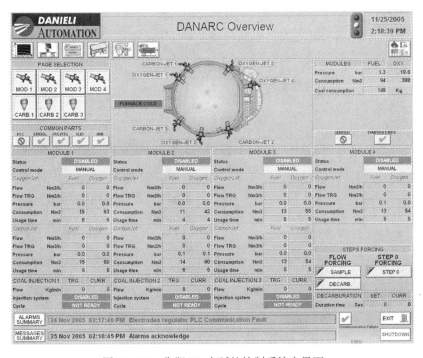

图 31 – 56 衡阳 90t 电弧炉控制系统主界面

参数界面列出莫尔系统设备的主要参数。可以对参数进行修改，如图 31 – 57 所示。

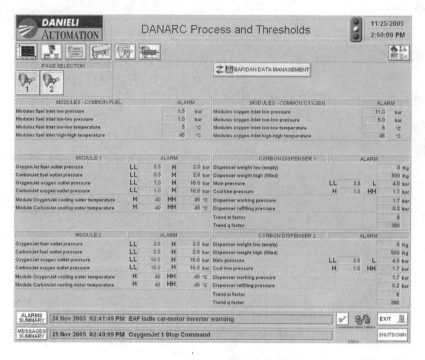

图 31 – 57 参数界面

阀站界面是为了检查所有系统和检测器信号,保证供氧系统的正常工作,如图 31 – 58 所示。

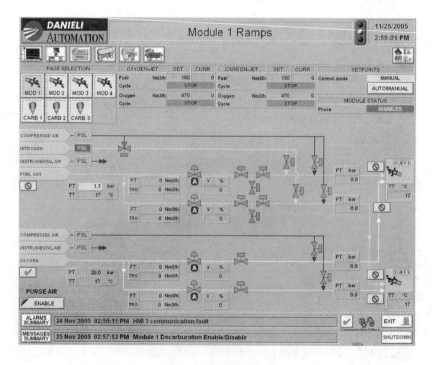

图 31 – 58 阀站界面

操作者可以检查所有莫尔系统的过程值，管理者可以对其进行修改，如图 31 - 59 所示。

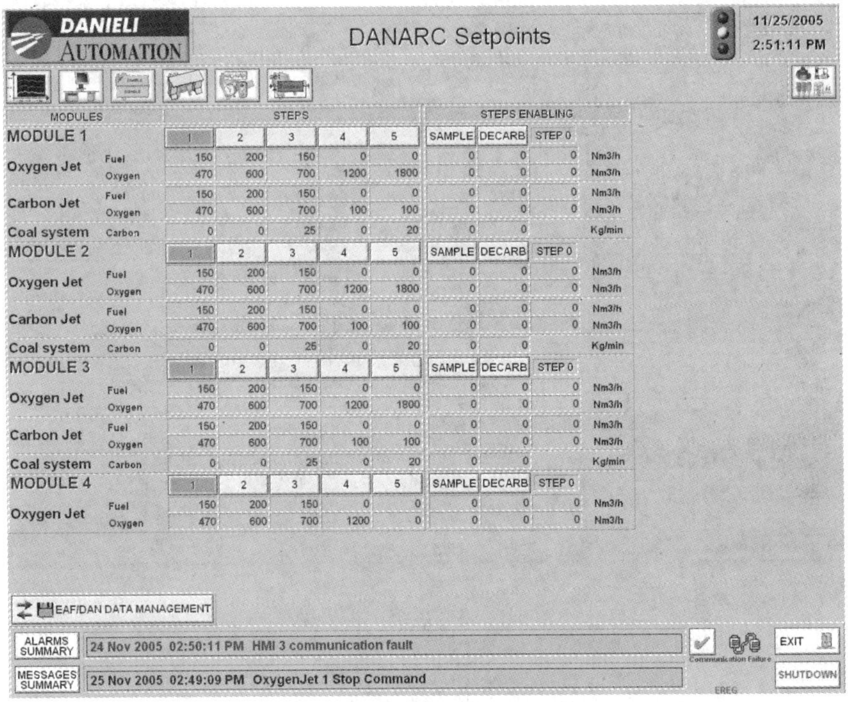

图 31 - 59 过程值控制界面

三、安阳钢铁公司 100t 竖炉供氧系统

1999 年 11 月，安阳钢铁股份有限公司第一炼轧厂（以下简称第一炼轧厂）从德国 Fuchs 公司引进的 100t 烟道竖炉电弧炉投产。为了使新建 100t 烟道竖炉电弧炉的生产率能够适应第一炼轧厂连铸与中板轧机生产的节奏要求，进一步提高企业的经济效益，第一炼轧厂与北京科技大学合作，进行了 100t 电弧炉高效化生产工艺及综合控制理论的研究；提出了现代电弧炉冶炼周期及电耗综合控制理论，研究了加铁水对冶炼周期、电耗、冶金质量的影响；确定了目前安钢条件下，100t 电弧炉的最佳铁水比；制定了合理供氧制度及供电曲线；开发了改性生铁应用于电弧炉技术，并对缩短 100t 烟道竖炉电弧炉冶炼周期的相关技术进行了探讨，实现了电弧炉高效化生产；在高效化生产的同时，对 100t 烟道竖炉电弧炉流程生产高纯净度钢液进行了研究。

在控制系统中，包括各模块的控制界面、实时曲线显示、历史曲线查询、各种报表显示和打印、历史数据浏览与查询等功能。该控制系统能够对各种大量生产数据进行存储、提取，可以进行各用氧模块的控制等。系统主控界面氧枪参数界面、供氧分时段设置界面分别如图 31 - 60 ~ 图 31 - 62 所示。

四、天津钢管集团 150t 超高功率电弧炉供氧系统

天津钢管集团 150t 超高功率电弧炉（UHP EAF）于 1993 年前投产，其全套设备和技

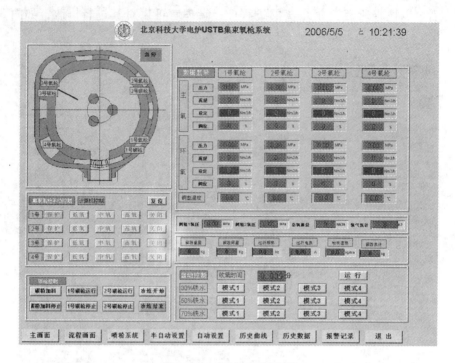

图 31 - 60 系统主控界面

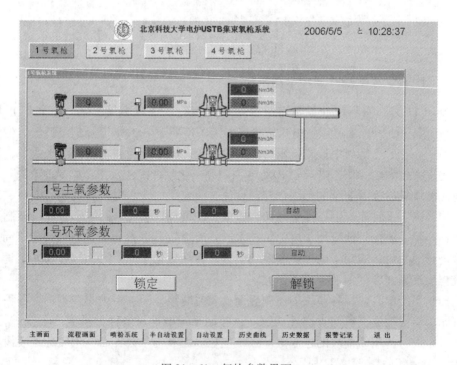

图 31 - 61 氧枪参数界面

术由曼内斯曼 - 德马格公司引进，主要生产优质石油套管。

现阶段天津钢管集团150t超高功率电弧炉采用热装铁水及配加直接还原铁工艺，保证

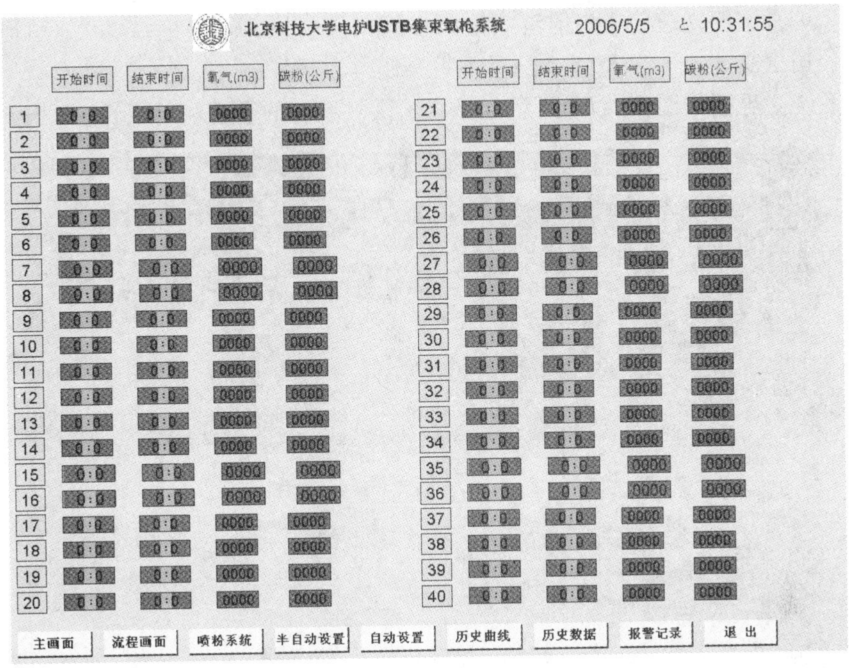

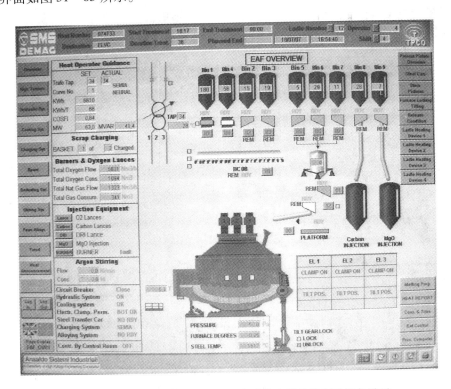

图 31-62　供氧分时段设置界面

产品质量，其电弧炉自动化控制系统由 SMS 公司引进，能对整个电弧炉运行状况进行监控，主界面如图 31-63 所示。

图 31-63　天津钢管集团 150t 超高功率电弧炉控制系统主界面

　　其电弧炉采用四支炉壁集束射流氧枪和自耗式炉门枪，炉壁枪由 KT 公司提供，炉门枪为巴登公司出品。

　　供氧系统主界面如图 31 - 64 所示，显示了供氧系统的管道和阀组状态，便于控制。

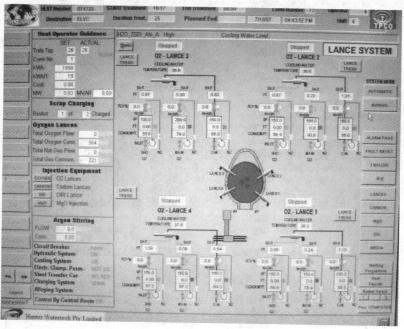

图 31 - 64　供氧系统主界面

　　为了实现电弧炉冶炼自动化控制，供氧系统对电弧炉供氧进行优化，将供氧状态分段进行控制，如图 31 - 65 所示，此为供氧系统分段控制设置界面。系统能按照设置自动控制喷吹。

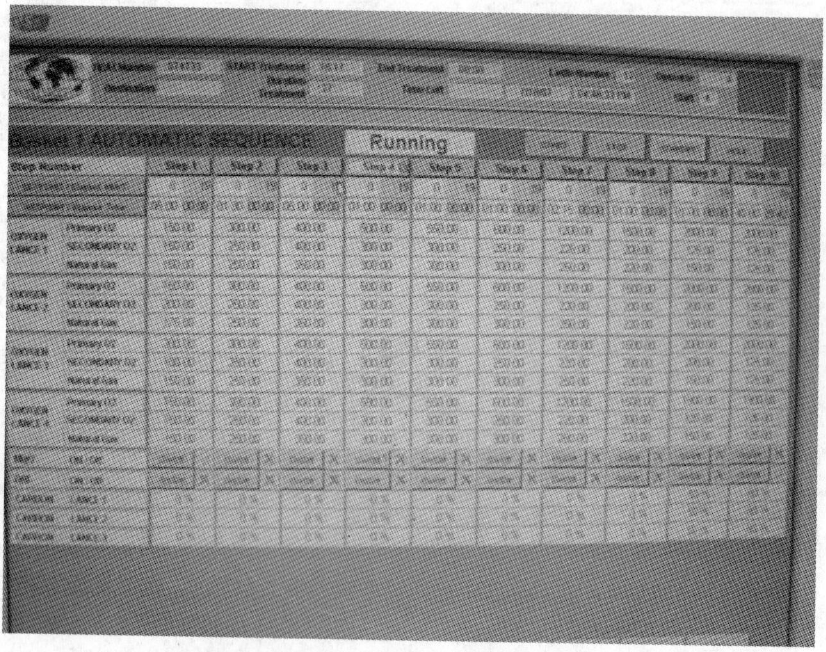

图 31 - 65　供氧系统分段控制设置界面

第七篇

炉外精炼设备与设计

第三十二章　炉外精炼概述

20世纪60年代，在世界范围内，传统的炼钢方法发生了根本性的变化，即由原来电弧炉设备初炼和精炼的一步炼钢法，变成由电弧炉设备初炼，然后再炉外精炼的二步炼钢法。由此出现了炉外精炼技术。近年来，炉外精炼技术得到了迅速发展和普及，出现了各种各样的炉外精炼方法。

所谓炉外精炼，就是按传统工艺，将在常规炼钢炉中完成的精炼任务，如去除杂质（包括不需要的元素、气体和夹杂物），成分和温度的调整和均匀化等任务，部分或全部地移到钢包或其他容器中进行。因此，炉外精炼也称为二次精炼或钢包冶金。

炉外精炼技术出现和迅速发展的技术原因，除传统的炼钢工艺无法满足用户对钢材质量日益严格的要求外，传统工艺还难以适应炼钢领域所出现的一系列新技术。例如，超高功率电弧炉技术、连铸技术的出现和发展，要求在炼钢设备与连铸机之间设置一种具备保持和调温的缓冲设备，能显著地改善炼钢设备和连铸机的配合。而炉外精炼这种新技术完全可以满足这些要求，因为具有灵活、方便、性能优越、经济合理性等诸多优点，使之被广泛应用和快速发展。

第一节　炉外精炼的作用及种类

炉外精炼技术是数十种具体方法的统称，而各种具体方法的特点各不相同，所表现的经济效果的侧重面也不完全一样，所以该项技术的经济合理性也只能从几个大的方面来讨论。

一、炉外精炼的作用

炉外精炼的作用包括：

（1）提高初炼炉的生产率。与炉外精炼相配合的初炼炉可以是电弧炉、转炉或平炉。

以电弧炉为初炼炉时，提高生产率的效果最显著，故以此为例。当电弧炉与某一种炉外精炼装置相配合时，一部分精炼任务由电弧炉中移到炉外进行，必然可以缩短在电弧炉中的冶炼时间，从而提高电弧炉的生产率，一般可以提高电弧炉生产率25%左右。如果与超高功率电弧炉相配合，则可提高生产率50%~100%（单渣法冶炼普钢时取上限）。就超高功率电弧炉本身而言，也只有与炉外精炼相配合，才能在生产特殊钢的同时，充分发挥电弧炉变压器的时间利用率和功率利用率。可以说这两项新技术是互相依存的。因此有人断言，电弧炉今后将作为一种高效率的废钢熔化器而存在，至于钢液精炼的任务则由炉外精炼来承担。

（2）缩短生产周期。一些大断面的重型锻件常常因白点而报废。据研究，当钢中的氢低于0.00025%~0.0003%时，可以避免白点的形成。单靠电弧炉冶炼要达到这样低的氢含量是极其困难的。过去只能采用钢锭缓冷和高温扩散退火的办法防止白点的生成，这样除了必须增添设备和增加操作费用外，还成倍地延长了产品的生产周期。当采用钢流真空处理后，可在数分钟之内将钢中含氢量降到0.0003%以下。若采用真空浇注，其脱气的优越性就更为明显，一切生产过程都和常规方法一样，只是浇注时钢流通过真空而进入钢锭模。这样就不用担心真空脱气时钢液的降温问题、脱气后在大气中浇注时的二次氧化和再次吸气的问题，以及钢液被浇注系统耐火材料污染的问题等。生产实践证明，采用真空浇注后，大型锻件用钢不再出现因气体而导致的废品。

（3）降低产品成本。提高生产率、改善产品的内在质量、缩短生产周期都可以使产品成本降低。此外，由于选用了某种炉外精炼方法，允许在初炼炉中使用一些质量较差或价格便宜的原材料。这样，在降低产品成本方面的效果就更为显著。这种情况的典型例子是选用VOD或AOD生产超低碳不锈钢。因为它允许初炼炉的炉料中配用高比例的同类钢种的返回钢或炭素铬铁，从而显著地降低原材料的费用。根据我国几个钢厂的经验，当炉外精炼18-8型不锈钢时，成本可比电弧炉返回吹氧法降低约190元/t，对于精炼超低碳不锈钢则可降低成本500~1000元/t。

（4）提高产品的质量。每一种炉外精炼方法都可以在某一方面或某些方面提高产品的质量，从而使产品更为洁净、性能更好和更加稳定。

二、炉外精炼的功能

（一）各种产品对精炼功能的一般要求

各种产品对精炼功能的一般要求见表32-1。

表32-1　各种产品对精炼功能的一般要求

材 料 名 称	对 精 炼 要 求
厚板	脱氢、脱硫、减少氧化物夹杂物
钢轨	脱氢
轮箍	脱氢、去除夹杂物
薄板	脱碳、脱氧
管材	脱硫、减少氧化物夹杂物
轴承钢	脱氧、减少氧化物夹杂物、脱硫、改变硫化物形态
不锈钢	脱碳保铬、脱氢、减少夹杂物、降低成本

（二）各种精炼技术的工艺效果

精炼设备与工艺能够完成的冶金功能可以概括为：脱气（脱氢、脱氮），脱氧，脱硫，清洁钢液（减少非金属夹杂物、提高显微清洁度），脱碳（冶炼低碳、超低碳钢种），真空碳脱氧，调整钢液成分（微调与均匀最终化学成分），调整钢液温度。

三、钢包炉的特点

在特殊钢厂，特别是我国的特殊钢厂，产品范围一般相当宽，十大钢类上千个钢种都有可能生产。为此，要求所配备的精炼设备功能比较齐全，以便能适应经常生产的大部分钢种对精炼项目的要求。这样就开发出一批采用多种精炼手段、功能比较齐全的精炼方法和装备，通常统称为钢包炉。

钢包炉均配备两种或两种以上的精炼手段。这样，它不仅功能齐全，并且相对于其他精炼方法，它已不再是一种依附于常规炼钢炉的精炼工序所用的装备，而形成一种独立的炉种。

另一方面，钢包炉都具备加热手段（只有 VD 法例外），所以某些精炼任务的吸热以及精炼过程中的散热损失，均可通过加热而得到补偿，使钢包炉在钢液温度方面和冶炼时间的长短方面不再依赖于初炼炉的出钢温度。这样，钢包炉除要求初炼炉提供半成品钢液外，其他精炼任务的完成和精炼工艺的安排，都可以独立完成。钢包炉通常都具备真空、搅拌、加热等手段，并且这些手段都是独立的、可以控制的手段。

除上述结构及所用精炼手段方面的特点外，钢包炉在精炼功能方面还有如下特点：

（1）具备良好的脱气条件。大多数钢包炉都能在真空环境下底吹氩，真空和通过钢液上浮的氩气泡为脱气提供了良好的热力学条件。氩气泡上浮过程中对钢液的搅拌作用和不断更新的气液界面，又为脱气创造了良好的动力学条件。

（2）能够准确地调整钢液温度。精炼钢液被加热时，可调节输入功率来控制钢液的升温速率。此外，由于精炼周期长，钢包内衬充分蓄热，这样在浇注过程中降温相当缓慢，可以确保在整个浇注时间内，钢液温度保持在规定的范围内。被精炼钢液成分均匀、稳定，这是因为从钢包进入精炼工位起，到精炼完毕、吊钢包去浇注工段时为止，被精炼钢液一直被搅拌着。

（3）优越的合金化条件。由于具备加热手段，因此在精炼过程中合金的添加量原则上不受限制，从而允许精炼钢种范围很广的各类合金钢。由于在真空条件下容易创造低氧势的环境，这样就可保证易氧化元素合金化时，具有较高且稳定的收得率。所以在钢包炉精炼时，钢的合金成分被控制在较窄的规格范围内。可以加入造渣剂或其他脱硫材料，以精炼低硫钢种。

四、钢包炉的种类

根据所配备的精炼手段的不同，钢包炉可分为以下几种类型：

（1）只有加热和搅拌手段的钢包炉。就其完成精炼任务的本质而言，只是将电弧炉冶炼的还原期移到钢包中进行，这样就有条件增设经济有效的吹氩搅拌，以充分利用电弧加热所能创造的优越的脱氧、脱硫、合金化等条件；此外，有条件在钢液氧势较高的情况下出钢，以减轻出钢过程的二次氧化和吸气；在设备和能源利用方面，可以提高电弧炉炉用变压器的功率利用率和节省电能消耗。

（2）只有真空和搅拌手段的钢包炉。例如我国的 VD 法，由于它们都不具备加热手段，所以按照习惯的标准，还不能称为"炉"。但是在温度许可的条件下，它仍具有较多的精炼功能，并且一些典型的钢包炉，当不使用加热手段时，也只相当于一座 VD 法的精炼设备。

（3）具有真空、搅拌、喷吹三种手段的钢包炉。例如 VOD，它除真空和底吹氩搅拌外，还设有真空下顶吹氧气的装置，可以完成粗真空下的吹氧脱碳。它是精炼低碳钢或超低碳钢，特别是不锈钢的专用精炼设备。

最典型的钢包炉是 LFV 等装置，它具备真空、搅拌、加热等手段。

第二节　炉外精炼方法的分类

各种炉外精炼方法都是在原有的设备和老的工艺不再能满足用户所提出的要求时出现的，所以现有的炉外精炼方法无论在设备结构、工艺安排和完成的精炼任务等方面都与工厂的具体条件密切相关。因而，即使为了完成同一项精炼任务，也会出现从设备结构到精炼工艺都不尽相同的精炼方法。到目前为止，国内外所采用的炉外精炼手段有渣洗、真空、搅拌、喷吹和加热五种方法。当今名目繁多的 40 余种炉外精炼方法都是这五种精炼手段的不同组合，采用一种或几种手段组成一种炉外精炼方法。为了便于认识，将至今已出现的各种炉外精炼方法分类，见表 32 - 2。

表 32 - 2　各种炉外精炼方法的精炼手段和主要冶金功能

名　称	精　炼　手　段					主　要　冶　金　功　能							
	渣洗	真空	搅拌	喷吹	加热	脱气	脱氧	去除夹杂物	控制夹杂物形态	脱硫	合金化	调温	脱碳
异炉渣洗	+						+	+		+			
同炉渣洗	+						+	+		+			
混合炼钢	+						+	+		+	+		
钢包吹氩			+					+				+	
SAB	○		+				+	+		○	+		
CAB	○		+				+	+					
VC		+				+							
真空室钢包脱气		+				+							
SLD		+				+							
TD		+				+							
连铸在线真空脱气		+				+							
Finkl 法（VD）		+	+			+		+					
ISLD		+	+			+							
VSR	+	+				+	+	+		+			

名　称	精　炼　手　段					主　要　冶　金　功　能							
	渣洗	真空	搅拌	喷吹	加热	脱气	脱氧	去除夹杂物	控制夹杂物形态	脱硫	合金化	调温	脱碳
DH		+				+							
RH		+				+							
PM		+	+			+		+					
LF	○	△	+		+	△	+	+		○	+	+	
GRAF	○		+	+	+	+	+	+		○	+	+	
ASEA－SKF	○	+	+	○		+	+	+		○	+	+	○
VAD	○	+	+	○	+	+	+	+		○	+	+	○
CAS－OB			+	+	+		+	+			+	+	
铝氧加热法				+	+							+	
VOD		+	+	+		+	+	+					+
SS－VOD		+	+	+		+	+	+					+
RH－OB		+		+		+							+
AOD			+			+							+
GOR			+			+							+
DLU			+										+
IRSID 法			+						+	+			
TN 法			+				+			+			
SL 法			+				+		+	+			
ABS			+				+						
WF			+				+		+				

注：1. ○表示可以用添加的手段取得的冶金功能。

　　2. △表示 LF 增设真空手段后被称为 LFV，它具备与 SKF 相同的精炼手段和冶金功能。

　　3. ＋表示精炼手段与主要冶金功能。

一些主要炉外精炼方法的示意图如图 32－1 所示。

一、渣洗

渣洗是获得洁净的钢液并能适当进行脱氧、脱硫和去除夹杂物的最简便的精炼手段。将事先配好的合成渣（在专门炼渣炉中熔炼）倒入钢包内，借出钢时钢流的冲击作用，使钢液与合成渣充分混合，从而完成脱氧、脱硫和去除夹杂物等精炼任务。电弧炉冶炼时的钢渣混出，称同炉渣洗，也是利用了渣洗原理。应用的渣洗工艺主要有：

（1）异炉渣洗；

（2）同炉渣洗；

（3）混合炼钢。

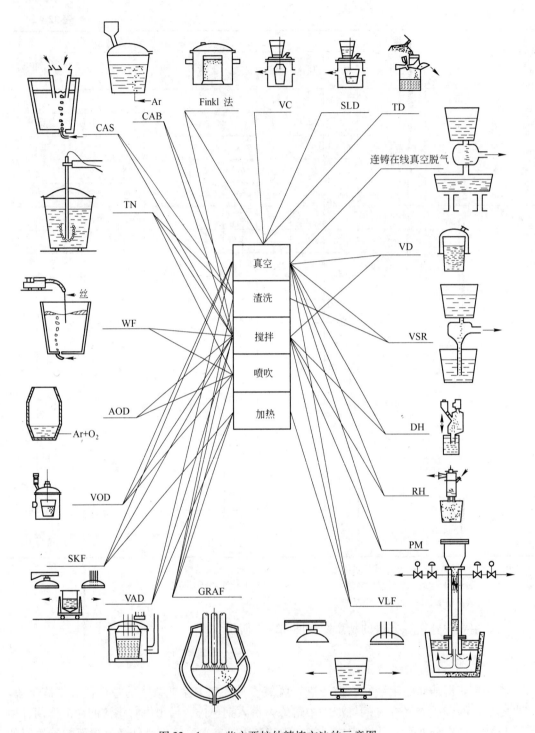

图 32-1　一些主要炉外精炼方法的示意图

二、喷吹

几乎任何炉外精炼工艺都需要搅拌钢水，以加速添加料的熔化速度与均匀性，促进钢渣反应，均匀钢水的化学成分与温度。最常用的搅拌手段是钢水吹氩。这也是钢水连铸之前必不可少的预备处理。不论是普碳钢连铸或特殊钢连铸，也不论钢水量的多少，均应进行钢水吹氩。

在渣洗过程中，熔渣被钢流冲击而乳化。为了提高渣洗的效果，希望乳化渣滴的半径尽可能小，以提高渣钢接触界面积。但是完成了渣洗的精炼任务之后，又希望乳化的渣滴能尽快地全部从钢液中上浮排出。为此，通过钢包底部专门安装的透气砖吹入氩气，依靠在钢液中上浮的氩气泡黏附乳化的渣滴，以及上浮气泡所引起的钢液的搅动，促进渣滴的碰撞合并而加速上浮。对于采用固体合成渣的一些方法，底吹氩搅拌而造成的钢包内钢液的运动，也将显著地加速渣钢间的传质过程。属于这类的精炼方法有：

（1）钢包吹氩；

（2）SAB 法，又称 CAS 法；

（3）CAB 法。

钢包吹氩时，若吹氩量不大时，钢液的脱气效果不会明显。上述三种方法的氩气用量都较小。例如 CAB 法的吹氩强度仅为 $0.5 \sim 2L/(min \cdot t)$。据资料介绍，要取得较好的脱气效果，吹氩强度应不小于 $109 \sim 218L/(min \cdot t)$。按现代的技术水平，最有效的钢液脱气工艺是真空脱气。

三、真空脱气

为了减少钢中的有害气体，特别是氢气，将钢液置于真空室内，由于真空作用使反应向生成气相方向移动，达到脱气、脱氧、脱碳的目的。属于真空脱气的方法有：

（1）真空浇注，又称 VC 法；

（2）真空室钢包脱气法；

（3）倒包法，又称 SLD 法；

（4）出钢过程中的真空脱气，简称 TD 法；

（5）连铸在线真空脱气法；

（6）芬克尔（Finkl）法，在我国通常称为 VD 法；

（7）ISLD 法；

（8）VSR 法。

四、大吨位钢液的真空脱气

只要求脱气处理的钢种多半在转炉中冶炼。这类炼钢炉通常吨位较大，若对于大量钢液仍采用上述的真空脱气方法，除必须成比例地增大抽气系统的抽气能力之外，还可能在钢液的搅拌、脱气效率、设备基建投资、运行费用等方面出现困难，要制造抽气能力很大的真空泵也是相当困难的。为此，出现了分批处理的设想以及相应的真空脱气方法。属于这类真空脱气方法的有：

（1）DH 法。我国又称提升脱气法或虹吸法。

（2）RH 法。我国又称真空循环脱气法。

（3）PM 法。

五、带有加热装置的炉外精炼方法

上述各种精炼方法，除 DH 和 RH 可安装附加热源之外，其他方法都不附设热源。精炼过程中钢液降温的问题，一般采用钢包预热、减少出钢过程的降温和提高出钢温度等办法来解决。但是提高出钢温度必将增加初炼炉的负担和增加耐火材料的消耗；同时，在精炼时间、精炼项目以及精炼效果方面，仍将受到限制。为此出现了一批带加热装置的炉外精炼方法，使炼钢与连铸更好地衔接。当前应用比较普遍的是交、直流电弧加热，下面(1)~(4) 种方法就是采用电弧加热。近年来，化学热法也得到较快的发展。属于这类带有加热装置的炉外精炼方法有：

(1) LF，如带有真空手段则称为 LFV；

(2) GRAF；

(3) ASEA – SKF；

(4) VAD；

(5) CAS – OB；

(6) 铝氧加热法。

六、低碳钢液的精炼方法

具备搅拌、真空、加热三种精炼手段的各种炉外精炼装置，其精炼功能就比较齐全，可以完成除熔化废钢以外的绝大部分精炼任务。但是还有一类低碳钢种，特别是低碳的高铬钢或铬镍钢，以上所列的各种精炼方法都不太适用。

低碳高铬钢液的精炼，主要矛盾是降碳保铬。在常规电弧炉中冶炼这类钢时，常采用返回吹氧法以提高冶炼温度，从而保证碳优先于铬氧化。过高的冶炼温度使炉衬的工作条件急剧恶化，为限制过高的冶炼温度，只有降低炉料中的配铬量，即增大脱碳后微碳铬铁或金属铬的用量，这样就提高了成品钢的成本，同时铬的总回收率也无法提高。为了更经济合理地解决降碳保铬问题，只有采用降低一氧化碳分压力的办法。在此认识的基础上，出现了一些不锈钢的专用炉外精炼方法，这些方法发展很快，不到十年就基本上取代了质低价高的电弧炉吹氧冶炼不锈钢的方法。属于这类的精炼方法有：

(1) VOD；

(2) SS – VOD；

(3) RH – OB；

(4) AOD；

(5) CLU；

(6) GOR。

七、固体料的添加方法

为了完成某种冶金任务，往往需要加入一些固态反应剂。要求所加入的反应剂的利用率尽可能高，因而在反应剂加入时，总是设法使反应剂直接加入反应区，并与反应物有尽可能大的接触界面，同时尽量减少反应剂在参与反应前的损失。为达到上述要求，在生产条件下对反应剂的加入方法做了一系列的改进，提出了一些行之有效的措施。这些措施基本上可分为两种类型：一种是将块状的反应剂变成粉剂，用气体载流喷入液态熔池中；另一种是将具有较大反应界面的反应剂用机械的方法，使其迅速地穿过渣层而进入液态熔池中。固体料的这些加入方法单独地或与其他精炼手段组合成一系列新的炉外精炼方法。属于这类的精炼方法有：

（1）IRSID 一种喷粉方法；

（2）TN 法；

（3）SL 法；

（4）ABS 法；

（5）WF 法；

（6）柱塞式料斗罩。

第三节 炉外精炼技术的特点

一、工艺特点

炉外精炼技术的工艺特点如下：

（1）由于电弧加热，钢液温度控制精度提高；

（2）由于气体搅拌，钢液温度、成分的均匀化和控制精度提高；

（3）由于强还原渣精炼及无氧化性气氛，因此钢液中氧、硫含量可以很低；

（4）由于电弧炉的未脱氧出钢，氮含量可以很低等。

炉外精炼技术是四十余种精炼技术的统称。随着科学技术的发展，还会出现一些新的精炼技术。这些已有的或即将出现的精炼技术，在冶金功能、设备结构、操作方法等方面都各不相同，但又都具有相同的特点。炉外精炼技术至少具有以下三个特点：

（1）二次精炼。整个炼钢过程，除将原材料熔化成液态外，要求在不同程度上完成脱碳、脱磷、脱氧、脱硫、去除气体、去除夹杂物、调整温度和调整成分等冶金任务；充分发挥超高功率电弧炉熔化废钢的优势，氧气转炉脱碳的优势，电弧炉、氧气转炉脱磷的优势等。在这些炼钢炉中进行初炼，然后出钢，在炉外完成其他冶炼任务，称为二次精炼。这样分步进行，会创造最佳冶金条件，提高效率。

（2）创造良好的冶金反应的动力学条件，如真空、吹氩、脱气、喷粉；应用各种搅拌手段增大传质系数，扩大反应界面。

（3）二次精炼容器具有浇注功能。钢液在出钢过程中，由于高温钢液与空气接触的表面积急剧增大，使钢液遭受大气的污染，吸气、二次氧化以及钢中易氧化元素的二次脱氧，均使钢的洁净度下降。为防止精炼后的钢液再次氧化和吸气，绝大多数精炼容器除可以盛放和传送钢液外，还有浇注功能，精炼后钢液不再倒出，直接浇注，避免精炼好的钢液再次被污染。

二、各种炉外精炼技术的冶金功能比较

各种精炼设备的冶金功能是多种多样的。某些冶金功能本可以在电弧炉中完成，而精炼炉则能够加速这些过程并做深处理，取得电弧炉中所难以达到的良好效果；某些冶金功

能则在电弧炉中是不可能完成的，而在精炼炉内却可以顺利地实现。

目前各种炉外精炼技术的冶金功能比较见表32－3。

表32－3 各种炉外精炼技术的冶金功能比较

项目	SL、TN	VD	RH	VOD	AOD	LF/VD、VHD、ASEA－SKF	LF	CAS－OB
脱氢/%	略降	0.0001～0.0003	0.0001～0.0003	0.0001～0.0003	略降	0.0001～0.0003		
脱氧/%	≤0.0015	0.0020～0.0040	0.0020～0.0040	0.0030～0.0060	0.0050～0.0150	0.0020～0.0040	0.0020～0.0040	
脱碳	可用于增碳	至0.01%	至0.003%	至0.002%	至0.015%	至0.01%	可用于增碳	可脱
脱硫	至0.002%	可脱	可脱	至0.006%	至0.006%	至0.002%	至0.002%	
去夹杂物	约90%	40%～50%	50%～70%	40%～50%	略减	约50%	约50%	增加
合金收得率	喷合金粉时100%	90%～95%	95%～100%	Cr90%～95%	Cr≥98%	90%～95%	约90%	可提高
微调成分	精确微调	可以	精确微调	可以	不能	可以	可以	可以
均匀成分和温度	有效	有效	有效	有效		有效	有效	有效
钢水降温	降	降	降	升	升	升2～4℃/min	升2～4℃/min	升5～15℃/min

第三十三章 LF 钢包精炼炉

LF 钢包精炼炉（简称 LF 炉）钢水的加热是依靠电弧，也属于电弧炉中的一种。就其加热方式来说，它是对平稳钢水进行加热，对调节器等电器的要求不如电弧炉严格，机械设备复杂程度就更是简单得多。因此，可以说 LF 炉设备总体技术含量要比炼钢电弧炉低。

但是，由于 LF 炉主要是对初炼钢水的精炼，要求 LF 炉设备具备一些必要的功能，强调设备操作运行的稳定性，如电弧加热、底吹搅拌、造渣、喂丝及测温取样等；另外，精炼钢包的寿命对精炼成本影响很大，如钢包形状设计合理与否、耐火材料性能好坏以及供电制度合理与否等，均应引起重视。

第一节 概　　述

LF 法是将电弧埋入钢液面以上的熔渣层中加热钢液，吹氩搅拌，在还原气氛下采用高碱度合成渣精炼，又称为埋弧桶炉法。除超低碳、氮、硫等超纯钢外，几乎所有的钢种都可以采用 LF 法精炼，特别适合轴承钢、合金结构钢、工具钢及弹簧钢等的精炼。精炼后轴承钢全氧含量降至 0.001%，[H] 降至 0.003% ~ 0.0005%，[N] 降至 0.0015% ~ 0.002%，非金属夹杂物总量为 0.004% ~ 0.005%。

LF 钢包精炼炉的设备组成主要有：钢包、钢包车、包盖及包盖升降机构、电极加热系统、水冷系统、氩气系统、合金与渣料加料装置、测温取样装置、除尘系统、低压电控系统等组成。因 LF 炉设备简单、操作灵活、精炼效果好以及投资费用低等，所以受到普遍重视，并得到了广泛的应用。

一、LF 钢包炉的特点

LF 钢包炉（LF 炉）的特点如下：

（1）具有良好的脱气条件。LF 炉一般都具有真空和搅拌条件，钢包底吹氩气搅拌。真空和钢液内上浮的氩气泡为脱气提供了良好的热力学条件；氩气泡上浮过程中对钢液的搅拌作用和不断地更新气-液相界面又为脱气创造了良好的动力学条件。

（2）能够准确地调整钢液温度和成分。LF 炉在加热钢液时，通过调节输入功率来控制钢液的升温速度；此外，精炼过程中钢包内衬充分蓄热，这样在浇注过程中钢液降温缓慢，能保持在规定的温度范围内。因为搅拌贯穿整个精炼过程，所以成分均匀、稳定。

（3）可以加渣料造还原渣精炼。LF 炉通过加渣料造还原渣进行精炼，充分脱氧、脱硫、精炼低硫钢。

（4）优越的合金化条件。LF 炉由于具有加热功能，精炼过程中的合金加入量原则上不受限制。在真空条件下加入易氧化的合金，其收得率高且稳定，可以把钢液成分控制在较窄的规格范围内。

二、典型的钢包炉精炼法

钢包精炼法在不同程度上都可以完成脱氧、脱气、脱碳、脱硫、提高纯净度、合金化等项任务。典型的钢包精炼法有三种：LF（V）法、ASEA – SK 法、VAD 法。

三、钢包的降温速率

钢液由初炼炉注入钢包后，若不再进行加热，则钢液温度必然逐渐降低，单位时间内钢液温度降低的度数称降温速率。钢液的降温速率是不均衡的。刚出钢时，由于钢包内衬的蓄热，使钢液降温速率较大，随后逐渐减小。降温速率的大小取决于钢包的容量、钢包的结构（包括包衬的结构和材质）、钢包的烘烤温度和液面渣层的保护情况；此外，与搅拌方法、搅拌强度也有一定的关系。表 33 – 1 介绍几种不同容量钢包的平均降温速率。

表 33 – 1　几种不同容量钢包的平均降温速率

钢包容量/t	平均降温速率/℃ · min^{-1}
30 ~ 100	2 ~ 2.5
100 ~ 200	1 ~ 2
200 ~ 250	0.5 ~ 1.5

四、LF 钢包精炼炉的结构形式

LF 钢包精炼炉的结构形式按包盖提升方式分为桥架式和第四立柱式；按电极横臂布置分为三臂式和单臂式两种；按加热工位可分为单加热工位和双加热工位。

（一）桥架式结构 LF 炉

对于包盖采用链轮、链条提升结构时，就要采用桥架式结构，以便完成提升包盖的工作。桥架式 LF 炉结构示意图如图 33 – 1 所示。

桥架式 LF 炉基本上都是由加热桥架 2、水冷包盖 3、加料装置 4、包盖提升装置 5、立柱装配 6、导电横臂 7、大截面水冷电缆 8、水冷系统 9、短网 10、变压器 11、吹氩系统 12、钢包 13、钢包车 14、润滑系统 15、气动系统 16、液压系统 17、梯子栏杆 1 以及高压系统和低压电控系统等组成。

加热桥架是加热工位的基础构架。电极导向托架、立柱、横梁、梯子栏杆等都要安装在加热桥架上。它既是炉盖提升装置和电极升降导向装置的基础，又是更换电极和设备维修的平台。在加热桥架的上部除了装有包盖提升装置外，常常将合金加料的料斗、喂丝机等附属设备也安装在加热桥架的上部，桥架支撑立柱框架用地脚螺栓固定在设备的基础上。

桥架式 LF 炉包盖提升由于采用链轮、链条提升方式，包盖一般需要坐落在钢包上口。冶炼时包盖与包口接触严密，冷空气很难进入钢水中，有利于保证还原气氛，防止吸气，提高钢的质量。同时，包盖受力均匀，不易变形。为了使钢包上口平整，钢渣清渣后需要将钢包上口清洁干净。

桥架式 LF 炉操作空间比较小，附属设备的布置比较困难，装接电极等操作需要在桥架上面进行，使操作与维护不便。

（二）第四立柱式结构 LF 炉

第四立柱式 LF 炉结构示意图如图 33 – 2 所示。这种炉子组成与桥架式 LF 炉的最大区

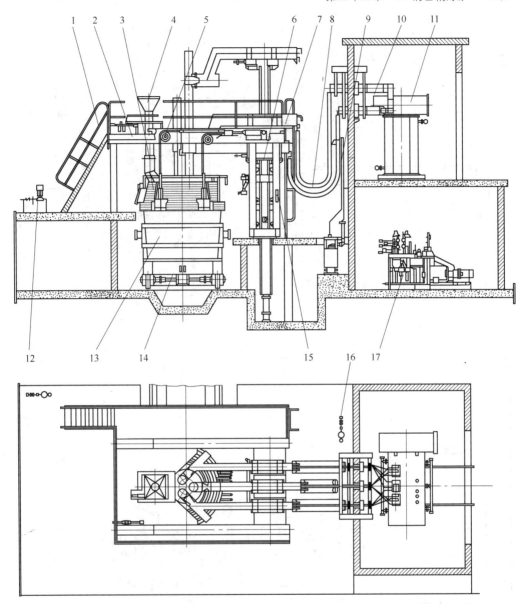

图 33 - 1 桥架式 LF 炉结构示意图

1—梯子栏杆；2—加热桥架；3—水冷包盖；4—加料装置；5—包盖提升装置；6—立柱装配；7—导电横臂；
8—大截面水冷电缆；9—水冷系统；10—短网；11—变压器；12—吹氩系统；13—钢包；14—钢包车；
15—润滑系统；16—气动系统；17—液压系统

别是将桥架取消，用支承框架 5 代替桥架的部分功能；将包盖链条提升机构改为第四立柱包盖升降机构 6，也即在三根电极升降立柱靠近炉盖处增设一根用来提升包盖的立柱，为此一般称为第四根立柱结构形式。该形式结构比较简单，占地面积小，比桥架式操作空间增加 1/4，同时，也便于对精炼炉辅助设备的布置。炉盖与立柱之间采用螺栓连接，没有相对移动，整个炉盖的水冷进出水管均布置在第四根立柱的柱体内，减少了对水冷管路的维护，改善了操作环境。但是，该结构形式对于大型精炼炉来说，在长期使用中，包盖容易产生变形，这一点在设计上要尽可能考虑周全一些。

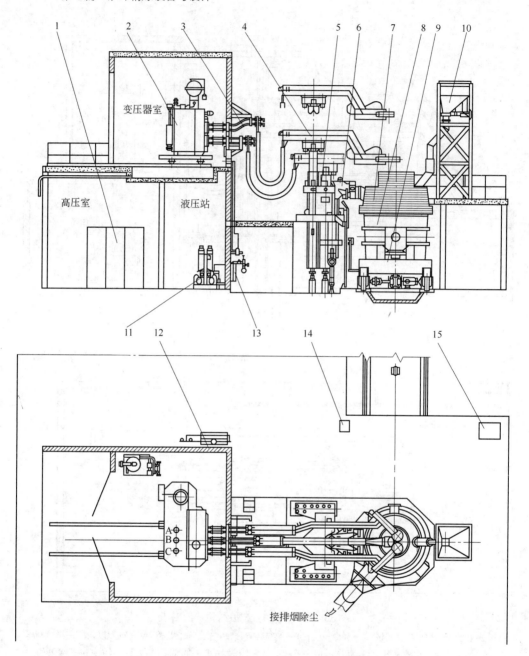

图 33 - 2　第四立柱式 LF 炉结构示意图

1—高压柜；2—变压器；3—短网；4—电极升降机构；5—支承框架；6—包盖升降机构；7—包盖；8—钢包；
9—钢包车；10—加料装置；11—液压系统；12—氩气系统；13—水冷系统；14—炉前操作台；15—气动系统

（三）双加热工位第四立柱结构 LF 炉

双加热工位是指具有两个冶炼工位的 LF 炉。其结构上必须有两台钢包车与钢包、两个包盖与两套炉盖提升机构和一套具有旋转功能的电极升降机构。工作时，当正在冶炼的工位需要进行辅助加料或测温取样时，可以通过提升、旋转电极对另一个工位进行冶炼；

或者是当一个工位冶炼完毕时，提升旋转电极对另一工位进行冶炼。这种具有两个加热工位的 LF 炉，不仅减少了停电操作时间，而且节省了辅助时间，缩短了冶炼周期，因而使生产效率得到了很大的提高。

这种结构形式，比较适用于较大容量的 LF 炉。目前这种结构有两种布置方式，一种是炉盖升降外布置式；另一种是炉盖升降内布置式。

（1）炉盖升降外布置式。炉盖升降外布置式如图 33-3 所示。炉盖升降外布置式，就是将两个炉盖升降机构布置在两台钢包车的外面。两套炉盖升降机构分开，分别对称布置在两台钢包车的外侧。

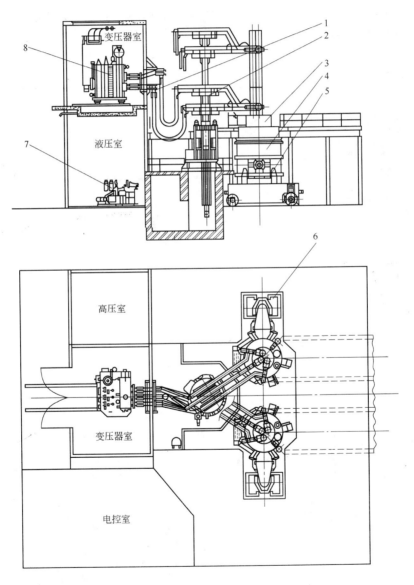

图 33-3　双加热工位旋转式炉盖提升外布置钢包精炼炉简图
1—短网；2—电机升降与旋转机构；3—包盖；4—钢包；5—钢包车；
6—包盖提升机构；7—液压系统；8—变压器

这种布置方式，可以使两台钢包车距离较近、电极旋转角度较小、电缆相对较短。但两套炉盖升降机构需要两个独立基础。

（2）炉盖提升内布置式。炉盖升降内布置式如图 33－4 所示。炉盖升降外布置式，就是将两个炉盖升降机构布置在两台钢包车的中间。两套炉盖升降机构使用一个整体框架，对称布置在两台钢包车的中间。

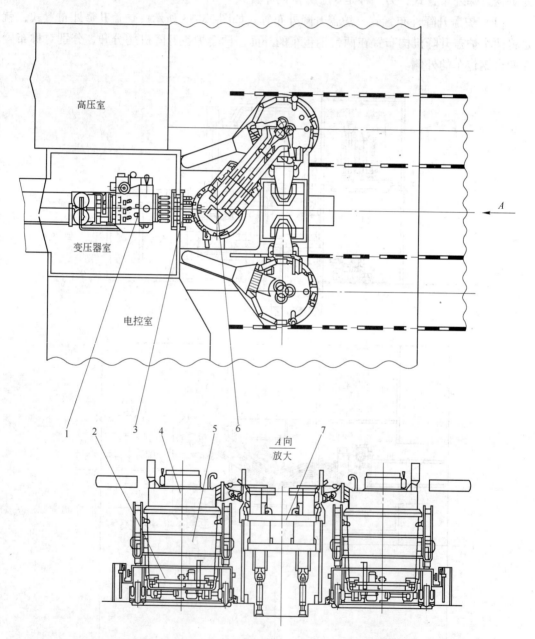

图 33－4 双加热工位旋转式炉盖提升内布置钢包精炼炉简图
1—变压器；2—钢包车；3—短网；4—包盖；5—钢包；6—电极升降旋转机构；7—包盖提升机构

这种布置方式使两台钢包车距离较远、电极旋转角度较大、电缆相对较长。但两套炉盖升降机构可做成一个基础。

从图33-3和图33-4两种布置方式中可以看出，不论是哪种布置方式，其区别仅在于旋转角度和炉盖升降机构的框架上略有不同，其余没有区别。

双加热工位LF炉的电极升降机构增加了旋转装置，其旋转装置所使用的旋转轴承为三排滚柱转盘轴承。旋转部分的机械结构形式与电弧炉旋转装置相同，仅电极升降旋转机构安装位置要在两钢包车中间且在变压器二次出线的中心线上。为此不再进行重复介绍。

（四）单臂式结构LF炉

单臂式LF炉结构示意图如图33-5所示。在机械结构上，除电极升降机构不同外，其他部分与三臂式结构没有任何区别。它的主要特点是只有一套升降立柱。立柱上面的长横臂不是用来做导电用，而是用来支撑三个短横臂及电极夹紧机构。这种结构通常用导电管导电。三相导电管布置在长横臂的上面，分别与三相短横臂相连接。

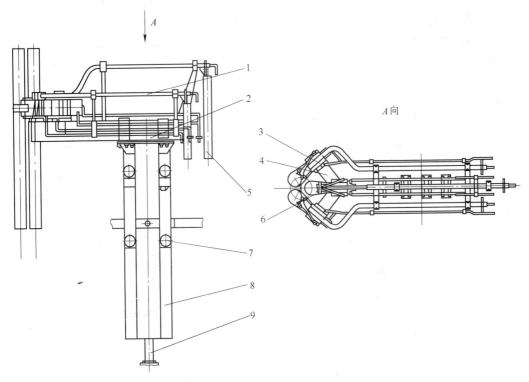

图33-5　单臂式LF炉结构示意图

1—导电管；2—单长横臂；3—边相短横臂；4—边相横臂支架；5—水冷电缆；
6—中相短横臂；7—立柱导向轮装配；8—单根立柱；9—立柱升降缸

这种结构形式的LF炉由于只有一套升降立柱与长横臂连接，为此电极升降机构比较简单，但这种结构也存在着明显不足之处。由于只有一套升降立柱，三相电极不能单独进行调节，只能选取某一相作为控制的基准而进行电极升降的调节。这样一来，就不能使每一相电极都处于最佳工作位置，不仅增加电耗和电极消耗，而且需要设置一个电极平头平台，每冶炼完1～2炉，就要把三相电极松放在平台上面，使三个电极头部处于一个水平面后重新夹紧，以防止冶炼时因三相电极长短不一而使控制效果不佳，严重时会出现缺相现象。为此，这种结构形式的 LF 炉很少被采用，除非由于结构限制，否则基本不用。

与单臂式相比，三臂式结构 LF 炉是一种应用最广泛的 LF 炉。无论是桥架式 LF 炉，还是第四立柱式结构 LF 炉都采用这种电极升降机构。虽然它比单臂式多了两套电极升降立柱与横臂，但是，由于能够对每相电极单独控制，使其技术经济指标高于单臂式结构的 LF 炉而被普遍采用。

第二节 钢 包

LF 炉的炉体称为钢包，而周转钢水所采用的钢包又称为盛钢桶。两者的差别是钢包炉用钢包熔池直径 D 与钢水深度 H 的比值更小一些，即钢包更细一些。这种形状有利于钢包的烘烤和保温，可以节省包衬材料的用量，提高输入的搅拌能量和降低钢包的炉径向的距离。这样，当采用电弧加热时，可以缩短短网的长度，以降低供电回路的总阻抗。对于通氩搅拌的钢包通常选取 $D/H > 1$。

钢包结构形式如图 33-6 所示。它是由钢包体 1、支座 2、包衬 3、耳轴箱座 4、耳轴 5、滑动水口装置 6、翻包环 7、吹氩装置 8 等组成。

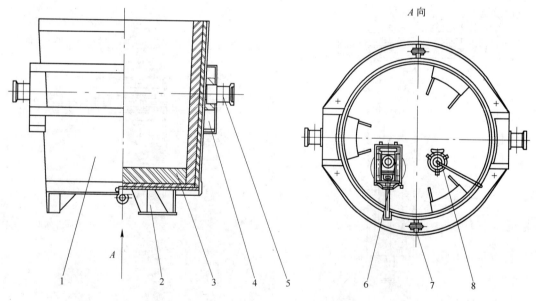

图 33-6 钢包结构形式图

1—钢包体；2—支座；3—包衬；4—耳轴箱座；5—耳轴；6—滑动水口装置；7—翻包环；8—吹氩装置

一、钢包体

钢包体通常是由钢板焊接而成的，上口直径要稍大于底部直径，即略带锥度，以便于清除钢包中的残钢残渣。多数钢包锥度为 10%。而采用电磁搅拌方式时，钢包为直桶形。

钢包体要有一定的高宽比。当容量一定时，如降低高度，则直径增大，缺点是：钢包上表面积增大，当渣量不多时，难以全部覆盖钢液，钢液被空气氧化而影响质量；另外，散热增加，降温快，增加热损失，不利浇注。若减小直径则钢包又高又瘦，钢水中的夹杂物不易上浮，钢液上下温差大，也不利浇注。设计时要综合考虑。

（一）高宽比

一般取：

$$H/D = 1.0 \sim 1.3 \tag{33-1}$$

式中　　H——熔池钢水深度，mm；

　　　　D——熔池钢水面直径，mm。

（二）自由空间高度

一般 LF 炉自由空间高度可按 $400 \sim 500$mm 考虑。

用于 VD 炉的钢包，由于在真空抽气时钢水发生沸腾现象，钢水内气体逸出，夹杂物也随着沸腾搅拌而上浮进入炉渣。因此，自由空间要高一些，通常自由空间高度为 $700 \sim 900$mm。

用于 VOD 炉的钢包，不仅要真空抽气还要进行吹氧，钢水发生沸腾现象更加严重。因此，自由空间更要高一些，通常自由空间高度为 $1000 \sim 1200$mm。

（三）钢包壳体

钢包壳体为一截锥形体，内衬耐火材料后装入钢水，长期在高温、恶劣环境下工作不允许出现变形现象，所以钢包体的钢板厚度不能太薄，常用材质为 20 号、16Mn、20g。但对钢包壳体制作时的焊接质量要求很高，一般都要对焊缝进行探伤检验。

（四）耳轴

耳轴是用来在吊运钢包时，钢包吊具吊挂之处。耳轴材料的选取、耳轴的位置选择和直径的选择与钢包的连接的焊接是关系到钢包使用的安全性、可靠性，为此要给予足够的重视。

1. 耳轴材料与直径

耳轴常用材料为 35 号钢锻件。耳轴的强度是设计中的重要参数，必须具有足够的强度和刚度，以保证钢包的绝对安全可靠，为此，设计上要符合相应国家标准，通常安全系数 $n \geqslant 8$。

2. 耳轴位置

耳轴的位置设计原则：一是考虑吊包时平稳；二要易于翻包倒渣及残液。两者都与钢包重心有关，从吊包平稳角度出发，希望重心离耳轴远一点为好；但从易于翻包倒渣及残液的角度上考虑，希望重心离耳轴近一点好。为此，两者要兼顾且以安全为主，通常取耳轴的位置高于钢包重心 $350 \sim 400$mm。

3. 耳轴中心距

通常耳轴中心距，应与钢厂原有的吊具尺寸相匹配。新设计的钢包，其耳轴中心距也应参照标准 JB3261—1983《LG 系列盛钢桶型式与基本参数》进行选取。

4. 耳轴箱座

耳轴箱座一是用来固定耳轴在包体上的位置并使其更加牢固可靠；二是能将钢包固定

在钢包车钢包定位支座上。为此，钢包耳轴箱要与钢包车钢包定位支座相配合设计。耳轴箱要坚固耐用，长期使用也不允许有变形现象出现。

（五）加固圈

加固圈是用来加固钢包，防止钢包在使用中变形。一般在钢包体上耳轴箱座的上、下面设有两道加固圈，另外在钢包上口有一道加固圈。

（六）钢包底

钢包底常用的有平底和旋压底两种形式。平底与钢包壳体采用角焊接，旋压底与钢包壳体采用双面对焊接。平底用在小钢包上，旋压底用在较大钢包上。钢包底用材质和壳体一样，但厚度要大于壳体。

（七）钢包的焊接及检验

钢包在长期使用的条件下，不允许出现变形、焊缝开裂等焊接缺陷现象。为此，对钢包的焊接质量要求很高，一般要求对焊缝进行探伤和 X 射线检验。特别是对耳轴、耳轴箱体焊接的检验要求更加严格。

当钢包用于真空处理时，要求其外壳用钢板按气密焊接条件焊接而成。

（八）钢包的砌筑

和电弧炉炉衬一样，包衬分为保温层、永久层、工作层。包衬永久层采用黏土砖进行保温，工作层常用镁炭砖、镁铬砖、高铝砖、锆铬砖砌筑。不锈钢一般采用镁钙砖砌筑。根据精炼钢种及工艺的不同要求和钢包大小不同，包衬总厚度有所不同。由于吹氩透气砖寿命比较短，一般厂家的做法是在第一次更换透气砖时，将包衬小修一下，把第二次更换透气砖时间定为包衬寿命。目前，包衬寿命比较短，普碳钢钢包衬寿命一般在 35 ~ 40 炉左右，特钢、不锈钢仅在 20 炉左右。砌筑时，一般将熔池壁厚度砌筑高出渣面 100 ~ 150mm 左右，以防止渣层对包衬的侵蚀。砌筑方法一般采用综合砌砖法。表 33 - 2 给出了包衬各层砌筑尺寸参考数据。

表 33 - 2　包衬各层砌筑尺寸参数数据

部　位	石棉板厚度/mm	永久层厚度/mm		工作层厚度/mm		总衬厚/mm
		泥口	砖厚	泥口	用砖	
自由空间	10	2.5	65	2.5	113	180 ~ 230
熔池壁	10	2.5	65	2.5	150	230 ~ 280
包底	10	2.5	65	2.5	230	350 ~ 400

二、滑动水口

（一）滑动水口的结构与传动方式

滑动水口是由上水口、上滑板、下滑板、下水口等组成。上水口与上滑板固定在钢包底部，下水口与下滑板安放在滑动机构的滑动盒中。开闭机构可分手动和液压传动两种。液压开闭机构的系统工作压力通常定为 12MPa。滑动水口结构示意图如图 33 – 7 所示。

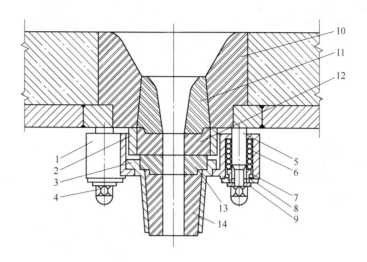

图 33 – 7　滑动水口结构示意图

1—框架；2—上滑板套；3—下滑板套；4—盖形螺母；5—螺杆柱；6—弹簧；7—压套；8—压盖；
9—垫圈；10—座砖；11—上水口砖；12—上滑板；13—下滑板；14—下水口砖

(二) 滑动水口浇注的优点

滑动水口浇注的优点如下：

(1) 滑动水口比塞杆水口节约耐火材料，且减少耐火材料对钢液的污染。

(2) 由于滑动水口上水口可连续使用一定炉数，下滑板下水口更换方便，因而大大减轻了劳动强度，加速了钢包的周转，减少了备用钢包，提高了劳动生产率，并可缩短钢包的烘烤时间，节约能源。

(3) 若采用塞杆浇注，在调换水口时需强迫钢包从 1500℃ 冷却至 300℃，这样的急冷急热，大大地降低了炉衬的使用寿命。而采用滑动水口时，钢包的温度可控制在 800 ~ 1200℃ 之间。由于钢包连续使用，耐火材料温度变化小，减少了因急冷急热对钢包衬的损害，提高了钢包的使用寿命。

(4) 由于采用滑动水口浇注时没有塞杆，因此对钢包中钢水温度范围和停留时间的限制放宽了，这样就有利于在钢包中进行气体搅拌、真空处理及其他精炼工艺。

(5) 采用滑动水口浇注，在打开水口浇钢时，可实现远距离操作，安全可靠，便于实现浇注操作自动化。

(6) 采用滑动水口浇注，可消除由于陶塞杆失灵所造成的质量事故。

(三) 钢包水口直径的选择

选择水口直径是为了达到注速的要求。单位时间从钢包中流出的钢水量不仅与水口直径有关，还与钢水在水口处的流速和钢包内钢水液面的高度，即包底静压力有关。钢包水口注孔直径通常由冶炼工艺确定，也可参考表 33 – 3 进行选取。中小型钢包一般只设有一个出钢口，大型钢包为了缩短浇注时间，也有设置两个出钢口的情况。

表 33 - 3 浇注时钢液流量参考表 (kg/s)

钢包中钢液高度/m	钢液理论流出速度/m·s⁻¹	水口直径/mm												
		20	25	30	35	40	45	50	55	60	65	70	75	80
0.1		3.1	5	7	9	12	16	19	23	27	32	37	43	49
0.2		4.3	7	10	13	17	22	27	33	39	46	54	62	70
0.3		5.3	8	12	16	21	27	33	40	48	56	65	75	85
0.4		6.2	10	14	19	25	31	38	47	55	65	75	86	98
0.5		6.9	11	15	21	28	35	43	52	62	73	84	97	110
0.6		7.5	12	17	23	30	38	47	57	68	80	92	106	121
0.7		8.2	13	18	25	33	41	51	62	73	86	100	115	130
0.8		8.7	13.6	20	27	35	44	54	66	78	92	107	122	139
0.9		9.2	14.4	21	28	37	47	58	70	83	100	113	130	148
1.0		9.7	15	22	30	39	49	61	74	88	103	119	137	156
1.1				23	31	41	52	64	77	92	108	125	144	164
1.2				24	33	43	53	67	82	96	113	130	150	169
1.3				25	34	44	56	69	84	99	117	136	156	176
1.4				26	35	46	58	72	87	104	121	141	162	184
1.5				27	36	48	60	74	88	105	123	142	167	190
1.6				28	38	49	62	77	93	110	130	150	173	197
1.7				28.6	39	51	64	79	96	114	134	155	178	203
1.8				29.4	40	52	66	82	99	117	137	160	184	209
1.9	1.40			30	41	54	68	84	101	120	141	164	188	215
2.0				31	42	55	70	86	104	124	144	169	193	220
2.1						56	71	88	107	127	149	173	199	226
2.2						58	73	90	109	130	153	177	203	231
2.3						59	75	92	112	133	156	181	208	236
2.4						60	76	94	114	136	160	185	213	242
2.5						62	78	96	116	139	163	189	217	246
2.6						63	80	98	119	141	166	193	221	252
2.7						64	81	100	121	144	168	196	225	256
2.8						65	82	102	123	147	172	200	229	260
2.9						66	84	103	125	149	175	203	233	265
3.0						67	85	105	128	152	178	207	237	270
3.1								107	130	154	181	210	241	274
3.2								109	132	157	184	213	245	278
3.3								111	134	159	187	217	249	283
3.4								112	136	162	190	220	253	288
3.5								114	138	164	193	223	256	292
3.6								115	140	166	195	226	260	296

（四）配套机构

为了把滑动水口与耐火材料固定在钢包底部，其配套部分如图 33 - 8 所示，主要包括：

（1）固定框架。装上滑板用，固定在钢包底上。

（2）滑动框架。装下滑板用，用来平行移动。

（3）开闭框架。连接固定框架，托起滑动框架，施加面压，安装下水砖。

（4）下水口顶座。托起下水口砖，将下水口砖与下滑板顶紧。

（5）防热罩、防溅板。防止钢水飞溅和热辐射。

（6）传动机构。包括连接杆和传动臂，把油缸的垂直动力转为水平动力，推动下滑板移动。

（7）冷却机构。由风冷管道组成，通过风冷降低机构的温度，对弹簧进行冷却，防止变形。

（8）驱动机构。由手动或液压缸组成。

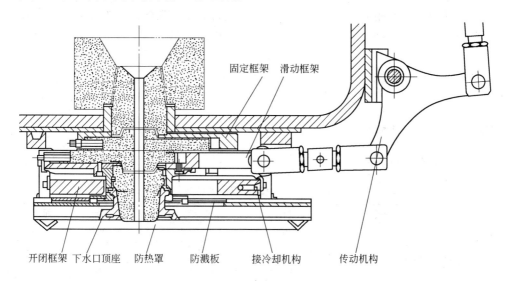

图 33－8　滑动水口的配套机构简图

（五）滑动水口分类

按滑板移动方式分：

（1）往复式。我国滑动水口基本都是这种形式，它又可分为：

1）单水口往复式。上下滑板直线、往复平行移动。

2）双水口往复式。即下滑板上安装两个不同口径的注口，轮换使用。

3）单水口、双面往复式。有效利用滑板，延长了滑板使用寿命。

4）三滑板往复式。用于连铸中间包，上下滑板不动，只动中间滑板。

（2）旋转式滑动水口。上下滑板圆弧形、旋转移动。分别在钢包、中间包（定径多水口）、出钢口及特殊用途（主要用于有色金属精密配料上，作为流量控制，直接安装在炉壁内衬中）上使用。

按施加面压的方法分：

（1）弹性机构：弹性机构是利用弹簧力量，对上、下滑板施加面压。它又可分为：

1）美国弗洛康式。弹簧安装在下水口周围、下滑板下面。

2）瑞士英特斯特普式。用 4 个带弹簧的螺栓与开闭框架连接，压紧滑板。

3）瑞士梅塔肯式。整体组装螺栓上有加压弹簧。

4）日本 NKK 旋转式。靠安装在开闭框架上的弹簧螺栓与开闭框架相连。

5）日本呂川三菱—梅塔肯式系列。利用固定框架上的加压螺栓与开闭框架相连。

6）日本新日铁和黑崎密业开发的 YP 系列滑动水口。有螺栓加压、杠杆加压、风动扳手加压、油缸预加压和挂钩后加压并用等。

（2）刚性机构。我国因弹簧生产始终不能满足安全需要，因此国内使用的大多数是刚性机构，但刚性机构的弊病较多，大都是用大螺母加压，加一些微调，逐渐处于淘汰状态。

按驱动方式分：

（1）人力驱动。我国有些中小钢厂滑动水口仍用人力驱动。

（2）液压驱动。利用液压站，通过液压油缸进行驱动，在国内和国外应用较为普遍。

（3）电动缸驱动。利用电动缸在钢包上驱动，电源由吊车送下，插头和钢包上电动缸相接通即可驱动。

（4）风动缸驱动。利用压缩空气接在钢包气动缸上，就可以驱动，一般只在停电时偶尔使用。

（六）滑动水口系列参数

滑动水口系列参数见表 33 – 4。

表 33 – 4　滑动水口系列参数

型　号	滑板数量	最大标准口径/mm	标准滑程/mm	钢包容量/t	面压/MPa
GZHS50 – 70	2	50	70	15 ~ 20	35
GZHS50 – 120	2	50	120	50 ~ 70	35
GZHS60 – 150	2	60	150	90 ~ 105	55
GZHS60 – 200	2	60	200	100 ~ 150	82
GZHS70 – 120	3	70	120		32
GZHS70 – 130	2	70	130		68
GZHS70 – 180	2	70	180	100 ~ 150	80
GZHS70 – 153	2	70	153	100 ~ 150	53
GZHS70 – 200	2	70	200	120 ~ 150	78
GZHS90 – 230	2	90	230	300	98

三、钢包底吹氩位置的选择

钢包底吹氩位置应根据钢包处理的目的来决定。位置不同，搅拌效果也不同。根据氩气口到包底中心距离 R_y 不同，底吹氩效果比较如下：

（1）中心底吹比偏心底吹更有利于钢包顶渣和钢水的反应。

（2）偏心底吹比中心底吹有利于夹杂物的排除。

（3）偏心底吹比中心底吹更有利于钢包内部钢水的混合和温度的均匀化。

（4）中心底吹比偏心底吹更有利于顶渣的脱硫。

大型钢包常设有两个吹氩口，布置在同一分布圆上，其夹角在 120° ~ 180° 之间选取。据有关资料报道，武汉科技大学通过对 130t 钢包底吹氩喷嘴布置模式优化的水模型试验后，得出的结论如下：

（1）单喷嘴喷吹时，在一定范围内，增大气流量有利于缩短混匀时间；同时，吹气位置对混匀时间的影响十分明显，且 $R_y = 0.55R_3$ 时搅拌效果最好，混匀时间最短。

（2）双喷嘴喷吹时，增大气流量有利于缩短混匀时间。双喷嘴夹角为 180°分布时的搅拌效果优于双喷嘴夹角为 90°分布时的搅拌效果。

（3）双喷嘴间距对混匀时间影响较大。双喷嘴相距越远，在搅拌过程中两气柱相邻流股的干扰和抵消作用大，流动能量损失越少；相反，双喷嘴相距越近，流股的干扰和抵消作用大，流动能量损失越多，越不利于混匀。

（4）在相同吹气量下，双喷嘴喷吹搅拌效果较单喷嘴好，混匀时间短。双喷嘴对称分布在同一直径上，当双喷嘴间距由 $0.40R_3$ 增至 $0.70R_3$ 后，有利于缩短钢水混匀时间和提高搅拌效果。

四、钢包支座

在钢包底部一般设有三个支座。钢包支座用来支撑钢包和保护钢包底部的滑动水口与吹氩装置。其高度通常为 350~450mm，200t 以上钢包的支座可以达到 500mm。钢包支座应保证钢包底部的滑动水口和吹氩装置安装、检修或更换滑动水口套砖方便，又能使钢包放置时滑动水口和吹氩装置与地面距离在 100~150mm 左右。

五、钢包各部尺寸的确定

钢包各部参数尺寸设计如图 33－9 所示。

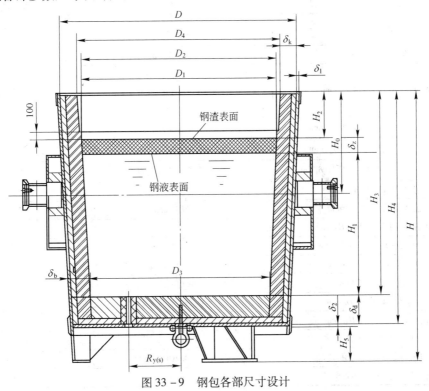

图 33－9　钢包各部尺寸设计

钢包各部参数尺寸数值见表 33 - 5。

表 33 - 5   钢包各部参数尺寸数值

参 数	计算公式或数值	备 注
钢水质量 G/t	已知条件	已知参数
钢液密度 $\rho_{gs}/t \cdot m^{-3}$	$6.9 \sim 7$	
钢渣密度 $\rho_{gz}/t \cdot m^{-3}$	$2.5 \sim 3.0$	
钢渣质量 G_z/t	$G \times (3 \sim 5)\%$	
工作层砖密度 $\rho_{gz}/t \cdot m^{-3}$	高铝砖 $= 2.5$ 镁炭砖 $= 2.5 \sim 2.8$	
黏土砖密度 $\rho_{nz}/t \cdot m^{-3}$	2.05	
耐火水泥堆密度 $\rho_{nn}/t \cdot m^{-3}$	1.7	
石棉板密度 $\rho_{sm}/t \cdot m^{-3}$	1.2	
钢水底部直径 D_3/mm	$D_3 = 567 \sqrt[3]{G}$	
钢水顶部直径 D_1/mm	$D_1 = D_3 + 0.1H_1$	
钢包壳体锥度 $T_z/\%$	约 10	
钢水深度 H_1/mm	$H_1 = (1.0 \sim 1.3)D_1$	
钢水体积 V/m^3	$V = G/\rho_{gs}$ $V = \dfrac{\pi H_1}{12}(D_1^2 + D_1 D_3 + D_3^2)$	
钢渣体积 V_z/m^3	$V_z = G_z/\rho_{gz}$	
渣面直径 D_2/mm	$D_2 \approx D_1 + 20$	估算渣厚 200mm
渣层表面积 S_z/m^2	$S_z = \dfrac{\pi D_2^2}{4}$	
渣层厚度 δ_z/mm	$\delta_z \approx V_z/S_z$	计算值
钢包上部空间高度 H_2/mm	LF $= 300 \sim 500$ VD $= 700 \sim 900$ VOD $= 1000 \sim 1300$	大炉子 取大值
包衬 包底总厚度 δ_d/mm	$0.1D_4$	
包衬 包壁总厚度 δ_b/mm	$0.07D_4$	
包衬 自由空间包衬厚度 δ_k/mm	$(0.05 \sim 0.07)D_4$	
包壁钢板厚度 δ_1/mm	约 $D/120$	
包底钢板厚度 δ_2/mm	约 $1.25\delta_1$	
钢包有衬时内部高度 H_3/mm	$H_3 = H_1 + H_2 + \delta_z$	
钢包无衬时内部高度 H_4/mm	$H_4 = H_3 + \delta_d$	
包底支脚高度 H_5/mm	$350 \sim 450$	可达 500
钢包总高度 H/mm	$H = H_4 + \delta_2 + H_5$	
钢包体上口内径 D/mm	$D = D_3 + 2 \times \delta_b + 0.1H_3$	
钢包衬上口内径 D_4/mm	$D_4 = D - 2 \times \delta_k$	
氩气口到包底中心距离 R_y	$R_y = (0.25 \sim 0.55)R_3$	单喷吹口
滑动水口到包底中心距离 R_s	$R_s = (0.30 \sim 0.5)R_3$	$R_3 = D_3/2$
氩气口到包底中心距离 R_y'	$R_y' = (0.4 \sim 0.7)R_3$	双喷吹口

六、钢包重心的计算

计算钢包重心的目的是为了保证钢包在吊运过程中的绝对安全性和可靠性。钢包重心计算包括两个方面：一是空包重心；二是装有钢水时的钢包重心。

（一）建立一维坐标系

根据钢包形状具有对称性的特点（虽然滑动水口装置与吹氩装置及支脚在钢包上是不对称的，但由于其质量小到对钢包重心影响可以忽略不计），以钢包上口中心点为坐标原点，以钢包中心线指向地面方向为 Z 轴的正方向。

（二）计算空包重心点位置

根据组成钢包的包体（壳体、耳轴、耳轴箱等）、包衬等各部位的各个零部件对于坐标系所处位置的不同，分别求出各个零部件的质量 G_i 的重心位置 Z_i。

空包重心 Z_k 的确定方法：

应用重心公式首先计算空包质量 G_k：

$$G_k = \sum_{i=1}^{n} G_i \tag{33-2}$$

$$Z_k = \frac{\sum_{i=1}^{n} G_i Z_i}{G_k} \tag{33-3}$$

（三）计算钢水重心

已知钢水质量为 G，则：

$$Z_{gs} = \frac{h(R^2 + 2Rr + 3r^2)}{4(R^2 + Rr + r^2)} \tag{33-4}$$

式中　h——钢水高度，mm；

　　　R——钢水面上口半径，mm；

　　　r——钢包下口半径，mm；

　　　Z_{gs}——重心到钢水面上口距离，mm；

（四）装有钢水时钢包重心计算

装有钢水时钢包重心是指不包括吊钩的情况，则：

$$G_m = G + G_k \tag{33-5}$$

$$Z_m = \frac{G_k Z_k + G(Z_{gs} + Z_z)}{G_m} \tag{33-6}$$

式中　Z_z——钢水上平面到包口自由空间高度，mm。

（五）校核

计算后通常需要进行校核，通常取耳轴的位置高于钢包重心 350~400mm。

七、钢包的工况

电弧炉炼钢车间的生产组织方针是：以连铸为中心，以设备为保证，以电弧炉为龙头，钢包是关键，温度是生命线。

钢包的工作状态有如下基本特征：

（一）LF 炉钢包的工况

LF 炉钢包的工况包括：

（1）处理低温钢水长时间加热的工况。在此工况情况下，钢包上、下温度极度不均，但为保护电弧，在加热期间又不能采用大氩气量强搅拌，所以在电极周围钢水温度在 2500 ~ 3000℃ 之间，而在钢包底部和下部温度却只有 1550 ~ 1560℃。由于高温和大梯度的温差对钢水夹杂物含量、气体含量以及钢包的寿命影响显著，要完成合格钢水的冶炼就必须在短时间内重复加热，停电搅拌，最后合金调整。

（2）脱硫造白渣强搅拌洗渣工况。在此工况情况下，由于造还原性白渣，要加入大量的石灰和金属铝、硅铁粉、碳化硅粉等脱氧剂，按热力学条件，硫高必然氧高，不脱氧很难脱硫。由于大量还原剂的加入，必然造成渣中硅、锰、磷等元素的不同程度的还原，尤其是在冶炼低碳钢时更是如此。所以关键问题是钢包渣量的控制以及各种渣相元素来源的控制，以缩短精炼时间，减少钢包侵蚀。

（3）夹杂物变态钙处理工况。在此工况下，由于钙元素的喷入（通常以喂线的方式加入），虽然能改变铝硫等夹杂物的形态，但同时钙也是强还原剂，在钢水相对纯净的情况下，钙也能侵蚀钢包的耐火材料、中间包耐火材料以及侵入式水口，造成钢包、中间包寿命的降低。另外，钢中的钙也能改变结晶器中保护渣的性能，造成结晶器中钢水发生黏结或漏钢。

（4）去除夹杂物的软吹弱搅拌工况。此种工况一般在精炼工作完成后，尤其是在钙处理工艺完成以后出现。这种工况是在钢水成分和温度都确定以后进行的。氩气量以"气眼"大小定性控制，以不让钢水翻出渣面为准。但软吹弱搅拌的定量研究还很不完善，实际生产中规程大多规定必须弱搅拌若干分钟，但遇到生产紧张时就会牺牲软吹弱搅拌。另外，弱搅拌时间长短、强度大小都会对钢水温度，成分产生较大影响，造成被迫重新提温和调整成分是常有的事。

（5）长时间等待重复加热弱搅拌工况。此种工况多数是由于连铸事故造成的。由于重复加热保温会造成大量铝的烧损和钙的损失以及钢包耐火材料的损失。

（6）冶炼低碳钢工况。此种工况是不经过真空工艺冶炼低碳冷轧料，此种工况的特点是来自转炉中氧含量都比较高，而且终点炉渣一般黏度都比较小，容易造成出钢时下渣，引起钢包渣中氧含量增加。

（二）钢包的急冷急热工况

一般出钢前钢包有以下几种情况：

（1）热周转包。空包包衬温度为 700 ~ 850℃，包衬热损失少，出钢温降 40 ~ 50℃，包衬剥落少，对钢水质量影响少。

（2）备用包出钢。虽然有离线和在线烘烤，空包包衬温度一般只有 400 ~ 500℃，包衬热容量出钢前很少。空包包衬温度只在表面，出钢温降 60 ~ 70℃，包衬剥落多，对钢水质量影响较多。

（3）新包。新包经烘烤出钢前可以达到 350 ~ 450℃，但由于原始的包衬显示水分和结晶水分较多，几乎没有多少热容，出钢温降一般在 80 ~ 100℃ 之间。

（4）局部小修包和中修包。如换渣线包，该种包况介于新包和备用包之间，出钢温降一般在 70 ~ 80℃ 之间。由于后补的耐火材料和原来经过烧结的耐火材料系数不同，容易剥落，从而影响钢的质量。

（5）隔炉次周转包。比如换上水口包，由于换水口时间长，一般要等 1 ~ 2 炉才能使用，该种包况介于备用包和热周转包之间，出钢温降一般在 50 ~ 60℃ 之间，包衬剥落较少，对钢水质量影响也较小。

（6）冷包出钢。该种工况一般在全厂事故状态下出现，或在全厂大修复产状况下出现。出钢温降一般在 100 ~ 120℃ 之间。

（三）钢包中温度不均的工况

钢包中温度不均有以下几种工况：
（1）耐火材料导热不同造成的温度不均。
（2）精炼搅拌不良造成的温度不均。
（3）包口辐射造成的温度不均。
（4）精炼、连铸事故造成的温度不均。
（5）合金化造成的温度不均。
（6）包龄造成的温度不均。
（7）调温造成的温度不均。
（8）二次反应造成的温度不均。
改善钢包工作状态的具体原则是高温蓄热、快速周转。

（四）钢包烘烤作用

钢包是盛装钢水的容器，同时它也是一个非常重要的反应器。钢包烘烤的最基本目的是降低电炉出钢温度和提高钢包寿命，从而进一步减少钢中含氧量和其他有害气体的含量，提高冷料比，降低铁水消耗和氧气消耗。钢包的烘烤方式主要有自然空气助燃、低压空气助燃、高压空气助燃和富氧空气助燃等方式，燃料介质一般为煤气、天然气。

钢包烘烤的分类主要有三种：一是在线周转钢包烘烤；二是离线周转钢包的烘烤；三是新包的烘烤。

提高钢包出钢前的空包温度目前主要有两种方法：一是提高钢包的周转速度，减少降温，可通过滑板连用或提高滑板连用次数来实现；二是在出钢前对钢包进行烘烤。由于滑板连用次数有限，国外比较先进的钢包连用次数为 1 ~ 7 次，国内一般只有 1 ~ 3 次。因此通过对钢包的烘烤来提高钢包的使用温度是必不可少的重要手段。

钢包烘烤的重要作用主要从以下几个方面来体现：
（1）出钢前空包温度越高越好。

（2）每次出钢前钢包温度要稳定，不能忽高忽低，以免造成电弧炉冶炼终点温度无法控制。

（3）包龄越高越好，以确保包衬热容量在较长时间内是稳定的，并且来自钢包的外来夹杂物也能保持最低。

（4）不能有冷包和"包底"。

（5）钢包内各部位出钢前温度越均匀越好。

第三节　钢包精炼炉其他主体设备

一、钢包车

在电弧炉出钢车中，对出钢车和钢包车的相同点与不同点做了介绍，并对其计算与结构设计做了详细介绍，这里不再重叙。

二、桥架式 LF 炉的机械结构

（一）包盖

包盖的作用是用来盖住钢包使其内部钢水保温并可以进行加热。

钢包盖有砌砖包盖、箱式水冷包盖和管式水冷包盖三种：

（1）砌砖包盖。砌砖包盖是早期使用的一种包盖，和砌砖电弧炉炉盖一样，现在已经基本被淘汰了，但作为保温盖使用，却由于其热量损失少、保温效果好被使用。砌筑时可参考电弧炉炉盖砌筑。

（2）箱式水冷包盖。箱式水冷包盖也和电弧炉箱式水冷炉盖一样，做成上下水冷夹层，中间通水冷却。在包盖顶部电极孔处镶嵌三个单独带有耐火材料的绝缘套，以防止电极与包盖直接接触。也有在包盖顶部中心处，采用预制中心包盖直接安装在包盖顶部使用。目前，这种包盖只用在容量比较小的钢包炉上，所以也不多见。

（3）管式水冷包盖。管式水冷包盖的优点：

1）水冷强度大，适用于高功率、超高功率冶金设备高热流的需求。

2）结构强度高，能在恶劣的条件下工作。

3）使用寿命长，水冷包盖的正常使用寿命可达 4000～6000 炉次。

4）焊缝少且受力状态较好，因此热裂现象较少。

5）包盖内壁焊有挂渣钉，可在使用前打结内衬，也可在使用时由于渣液飞溅自动挂渣。这对包盖承受热辐射，起到热屏蔽作用。

6）使用安全。由于设计的管状水冷系统能保证任何时候流速都均匀一致，不会形成涡流，也不会结垢而破坏热传导。因其优点明显而被广泛使用。

管式水冷包盖如图 33-10 所示。管式水冷包盖一般由包盖水冷底圈 1、水冷顶盖 2、耐火材料中心包盖 3、梯形水冷圈 4、锥形套圈 6 和操作门等组成。

（二）加热桥架

加热桥架结构形式如图 33-11 所示。加热桥架是加热工位的基础构架，一般由桥架

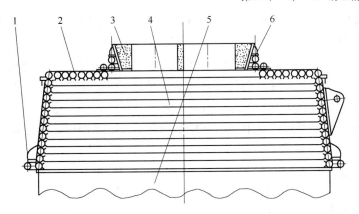

图 33 - 10 管式水冷包盖

1—包盖水冷底圈；2—水冷顶盖；3—耐火材料中心包盖；
4—梯形水冷圈；5—钢包；6—锥形套圈

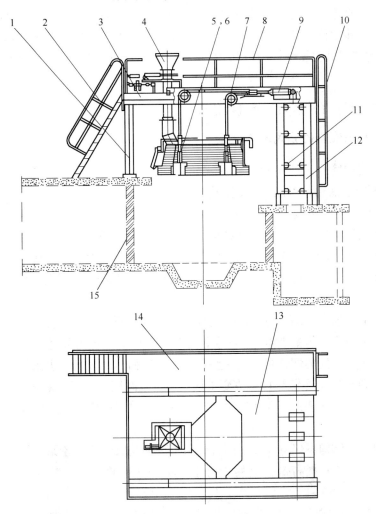

图 33 - 11 加热桥架结构形式的包盖提升装置与桥架结构

1—桥架支撑立柱；2，10—梯子；3—桥架横梁；4—加料斗；5—包盖提升链；6—包盖连接座；
7—包盖提升链轮；8—栏杆；9—包盖提升液压缸；11—立柱升降导向轮装配；
12—立柱升降框架；13—维修操作平台；14—走台；15—链轮同步轴

支撑立柱 1、桥架横梁 3、立柱升降导向轮装配 11、立柱升降框架 12、加料斗 4、维修操作平台 13、走台 14、梯子 2，10、栏杆 8 和桥架基础等组成。

立柱导向托架、立柱、立柱导向轮、横梁、梯子、栏杆等都要安装在加热桥架上。它既是包盖提升装置和电极升降导向装置的基础，又是更换电极和设备维修的平台。在加热桥架的上部除了装有包盖提升装置外，常常将合金加料的料斗、喂丝机等附属设备安装在加热桥架的上部，桥架支撑立柱框架通常用型钢与钢板焊接而成，用地脚螺栓固定在设备的基础上。

（三）包盖升降机构

包盖升降机构如图 33 - 11 所示，它是由包盖提升链 5、包盖连接座 6、包盖提升链轮 7、包盖提升液压缸 9 等组成。

两套液压缸、链轮分别对称安装在桥架的两根横梁上（或横梁内），起重链条一端通过连接件与液压缸连接，另一端通过链轮转向穿过横梁下垂至包盖并与包盖的四个吊耳连接，包盖提升同步由同步轴保证，为防止液压缸受高温烘烤，常常将液压缸安装在横梁内部。LF 炉的包盖提升机械结构与电弧炉炉盖链条提升结构基本一样，为此这里不再进行叙述。

三、第四立柱式 LF 炉的其他机械结构

（一）带集烟装置的管式水冷包盖

带集烟装置的管式水冷包盖结构形式如图 33 - 12 所示。一般由加料管 1、炉门装配 2、裙边集烟罩 3、底部水冷圈 4、测温孔盖装置 5、花瓣式包盖 6、梯形水冷圈 7、桶形集烟罩 8、耐火材料中心包盖 9、排烟通道 10、烟气流量调节阀 11 等组成。带集烟装置的管式水冷包盖结构通常应用在第四立柱结构上（也可应用在桥架式结构上）。

包盖采用管式水冷梯形密封结构，由包盖本体及排烟集尘罩等组成。包盖整体用无缝管弯制焊接而成，下部侧壁为圆锥形，上部为圆桶形，顶部焊有倒锥形环，用以放置预制耐火材料中心盖。

密封包盖的集烟罩由两部分组成，上部为桶形集烟罩 8，用来收集炉子顶部电极孔逸出的烟气；下部分为裙边集烟罩 3，用来收集罩在包口上的包盖周边外面进入空气和包口上部逸出的气体。两处集烟管路汇成一路与排烟管道相连，接到除尘系统。根据实际排烟量，通过调整烟气流量调节阀 11，改变排烟口通道截面积。排烟效果好，需要较短的水冷烟道，炉内气氛较易保证；当采用密封式时，有利于保证还原气氛，防止吸气，提高钢的质量。

这种密封包盖结构不仅寿命高，而且有利于排烟及保证炉内还原（惰性）气氛；减少渣和钢水的二次氧化；提高铁合金的收得率；减少钢水的增氢、增氮；减少电极表面氧化，从而降低电极消耗。

无论采用哪种形式的包盖，根据工艺的需要，包盖上常常开有加料孔、喂丝孔以及自动测温取样孔。对于容量较小的钢包精炼炉来说，由于包盖小，包盖上同时开孔过多，而且需要经常打开与关闭，受有限空间限制，布置困难。为此，对于 70t 以下的钢包精炼炉

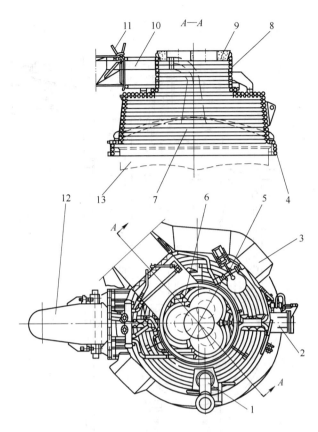

图 33 - 12　带集烟装置的管式水冷包盖结构形式

1—加料管；2—炉门装配；3—裙边集烟罩；4—底部水冷圈；5—测温孔盖装置；
6—花瓣式包盖；7—梯形水冷圈；8—桶形集烟罩；9—耐火材料中心包盖；
10—排烟通道；11—烟气流量调节阀；12—包盖提升立柱；13—钢包

的合金加料、测温取样应在炉门上进行，喂丝也尽量不在冶炼工位上进行为好。

（二）第四立柱包盖提升方式

第四立柱包盖提升方式在大于50t 以上精炼炉上使用较多，常与带集烟装置的管式水冷包盖相配，其结构形式如图33 - 13 所示。它由包盖提升缸装配1、水冷管路2、立柱装配3、包盖水平调整装置4、包盖连接块5 组成。

该结构形式比较简单，在三根电极升降立柱靠近包盖处增设一根用来提升包盖的立柱，为此一般称为第四根立柱结构形式。包盖与立柱之间采用螺栓连接，没有相对移动，整个包盖的水冷进出水管均布置在第四根立柱柱体内，减少了对水冷管路的维护，改善了操作环境。但是，该结构形式对于大型精炼炉来说，在长期使用下，包盖容易产生低头变形，这一点在设计上要尽可能采取措施，以避免变形的产生。

（三）立柱支撑框架

立柱支撑框架如图33 - 14 所示，由上下两层平台及长矩形体立柱组成。全部为型钢或钢板焊接结构，上下平台各留有三个电极升降立柱孔及一个炉盖升降立柱孔，整个框架

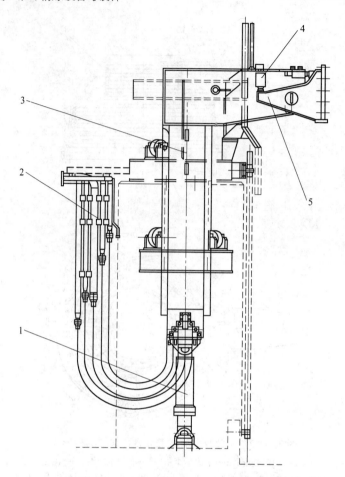

图 33 - 13　第四立柱包盖提升机构结构形式

1—包盖提升缸装配；2—水冷管路；3—立柱装配；4—包盖水平调整装置；5—包盖连接块

安装在设备基础上，并用地脚螺栓固定在设备的基础上。框架内装有电极升降立柱与包盖升降立柱的导向轮装置及立柱锁定装置、导向轮润滑装置、立柱及导向轮的活动隔热装置等。

对于不采用桥架的第四立柱结构，常常将合金加料的料斗、喂丝机等附属设备安装在操作平台上，如图 33 - 14 所示。

四、管式水冷包盖的计算

(一) 冷却水流量的确定

钢包精炼炉的水冷包盖所承受的热负荷主要取决于电弧功率、电弧电压、电弧到包盖的距离，以及电弧被炉料、炉渣的遮蔽程度。电弧对包盖的辐射强度大小在不同位置有较大的差异。包盖下沿辐射强度最大，故此处水流量应分配大些。

计算管式水冷包盖的水流量：

$$Q = \frac{qS}{\Delta tc} \quad (\text{m}^3/\text{h}) \tag{33 - 7}$$

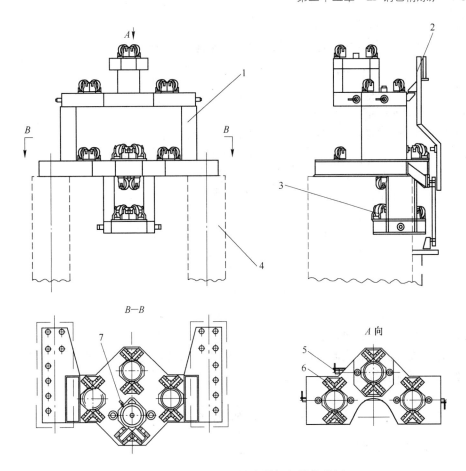

图 33 - 14　LF 炉四立柱支撑框架结构简图

1—立柱支撑框架；2—隔热装置；3—包盖升降立柱导向轮装配；4—炉子基础；5—立柱锁定装置；

6—电极升降立柱导向轮装配；7—包盖升降立柱限位开关装配

式中　q——包盖内壁受到的热流值，取 $q = (58.52 \sim 83.60) \times 10^4 \text{kJ}/(\text{m}^2 \cdot \text{h})$；

　　　S——水冷包盖的内表面积，预先给定，m^2；

　　　Δt——冷却水的温升，通常取 $15 \sim 25℃$；

　　　c——水的比热，$c = 4180 \text{kJ}/(\text{m}^3 \cdot ℃)$。

据有关资料介绍，参照炼钢电弧炉炉壁受到的热负荷，包盖可按表 33 - 6 选取。

表 33 - 6　精炼炉的水冷包盖所承受的热负荷（参考值）

炉 子 类 型	LF	LFV(VD)	VOD
热负荷 $q/\text{kJ} \cdot (\text{m}^2 \cdot \text{h})^{-1}$	66.88×10^{-4}	58.52×10^{-4}	83.60×10^{-4}

（二）冷却水流速的确定

为使管内的水不发生局部沸腾而导致结垢破坏，要求实际水流速度大于临界流速。

$$v_{ij} = (qD^{0.2} \times 10^{-5})^{1.25} \qquad (33 - 8)$$

又根据：

$$Q = a \times 900\pi D^2 v \qquad (33 - 9)$$

可以看出，当 $v = v_{ij}$ 时，$D = D_{max}$。

式中 v_{ij}——管内的水不发生局部沸腾时的临界流速，m/s；

  Q——水流量，m^3/h；

  D——水路内径，m；

  v——管道内水的流速，m/s；

  a——炉盖上冷却水进水路数。

将式（32-8）和式（32-9）联立，并按如下过程进行计算：

$$D^2 = \frac{Q}{a \times 900\pi v}$$

并且

$$D_{max}^2 = \frac{Q}{a \times 900\pi(qD_{max}^{0.2} \times 10^{-5})^{1.25}}$$

所以

$$D_{max} = \sqrt[2.25]{\frac{Q}{a \times 900\pi(q \times 10^{-5})^{1.25}}}$$

此时

$$v_{ij} = (D_{max}q \times 10^{-5})^{1.25}$$

通过上述计算结果可知，如果管子内径 $D > D_{max}$，则管内局部将产生沸腾，此时水中 Mg 与 Ca 的碳酸盐就会沉淀而形成水垢，从而使管壁散热能力减弱，导致管子烧损。

计算水冷管内水的流速：

$$v = \frac{Q}{a \times 900\pi D^2} \tag{33-10}$$

五、LF 炉的其他部分

无论哪种结构的 LF 炉设备都有水冷系统、气动系统、液压系统等。这些系统的组成和电弧炉相比大同小异，而且，比起电弧炉设备要简单得多。为此，不再多叙。

第四节 LF 炉的加热系统

LF 炉依靠电弧加热钢水，是电弧炉中的一种。由于它是对平稳钢水进行加热，因此，对电极调节等电器的要求不像电弧炉那样苛刻。但是，它有自己的独特特点。在电气参数选择上，要根据 LF 炉的特点去进行合理的确定。

一、LF 炉变压器技术参数的确定

（一）变压器的选择原则

LF 炉用变压器和电弧炉变压器一样，在其副边通常也设有多级电压，和电弧炉变压器相比，它又有其自己的特点，这就是通常二次电压级数较少，电压较低，一般情况下精炼周期较短，在对精炼周期要求不太严格的情况下，没有必要进行有载调压。因为无励磁调压切换方式很多，设备简单，价格低廉，可靠性好。但是，对于精炼周期要求较短的变压器，为了节省时间还是选择有载为好。由于 LF 炉冶炼时钢液面比较平稳，电流波动较小，没有电弧炉熔化期炉料塌料所引起的短路冲击电流，因此许用电流密度可选得较大

一些。

根据精炼工艺及生产节奏（多炉连浇）所要求的 LF 炉处理周期，由升温期所要求钢水的升温与加热时间，即钢水的升温速度，确定 LF 炉变压器容量及变压器有关参数。

另外，对 LF 炉变压器要求：

（1）具有连续过载 20% 的能力；

（2）要求有恒功率段以满足不同炉况（炉渣厚度及发泡）的快速升温，还要求有恒电流段以满足钢液保温的要求。

（二）变压器功率的计算

变压器功率的计算公式如下：

（1）理论计算公式：

$$P_n = \frac{58.14 T V_t K}{\eta \cos\varphi} \tag{33-11}$$

式中 P_n——变压器额定容量，kV·A；

T——精炼钢水的最大容量，t；

V_t——钢水最大升温速率，℃/min，参照标准取 3.5~6℃/min，与精炼周期有关；

K——钢水的比热，约 0.50kJ/(kg·℃)；

η——炉外精炼装置加热工位总效率，钢包炉总效率一般为 0.30~0.35，最大可取为 0.5；

$\cos\varphi$——功率因数，约为 0.7。

（2）经验公式。变压器功率的确定：

$$P_n = 43 G V \tag{33-12}$$

式中 G——钢水质量，t；

V——升温速度，一般取 4~6℃/min。

至少固定辅助时间 18~20min。

（三）二次电压的确定

确定钢包精炼炉的二次电压，要对包衬寿命、冶炼工艺及升温速度等进行综合考虑。由于钢包炉炉膛直径较小，为提高炉衬的使用寿命，宜采用低电压、大电流的短弧操作；但短弧操作在变压器容量一定的情况下，会使功率因数及电效率下降，不能将有效的电功率输入炉内，从而达不到快速升温的目的。为解决这一矛盾，通常在钢包炉冶炼工艺上采用泡沫渣技术，即埋弧加热。

由于 LF 具有与电弧炉不同的工作特点，不能和同容量的电弧炉变压器通用，因此必须采用专用的 LF 变压器。选择 LF 炉变压器二次电压及其电压范围的原则是：

（1）炉渣能将电弧遮蔽。

（2）钢液不能增碳。

（3）根据 LF 炉精炼工艺特点（造渣操作情况，如精炼渣发泡的状况、炉渣可能达到的厚度等），作为确定最大二次电压的依据。

（4）因 LF 精炼过程钢液极易增碳，为了防止石墨电极增碳，电弧电压应高于 70V 为好，参考此时对应的二次电压，作为确定最低二次电压的依据。

估算变压器的最高二次电压（V）的方法：

$$U_2 = k\sqrt[3]{P_n} \tag{33-13}$$

式中　P_n——变压器额定容量，$kV \cdot A$；

$k = 12 \sim 14$，总的原则是小炉子取上限，大炉子取下限；好的泡沫渣时，大小炉子都取上限。

LF 炉用变压器二次电压通常也设计成若干级次，但因加热电流稳定，加热所需功率不必变化很大，所以选定某一级电压后，一般变动较少，故变压器设计级数较少。

（四）工作电流、最大工作电流的计算

工作电流（kA）：

$$I_2 = \frac{P_n}{\sqrt{3}U_2} \tag{33-14}$$

最大电流（kA）：

$$I_{2,\max} = 1.2I_2 \tag{33-15}$$

（五）电极直径与电缆的选择

按 LF 炉二次额定电流，参考电极产品样本选择石墨电极直径。

水冷电缆按额定工作电流，参考水冷电缆标准选择水冷电缆截面。

其他二次导体的截面按额定工作电流进行设计、制造。

（六）电极分布圆的确定

对于钢包精炼炉，由于钢包直径较小，耐火材料受钢水和电弧的侵蚀，寿命较低，因此在结构允许的情况下，留足空气介电常数距离和电极安装误差情况下，电极分布圆越小越好。

二、大电流装置及电极升降机构

LF 炉的大电流装置及电极升降机构设计原则与结构同电弧炉，但其电极上升速度一般取 $4 \sim 6 m/min$，下降速度为 $3 \sim 5 m/min$ 即可。

三、钢包精炼炉产品系列参数

已有钢包精炼炉产品系列参数值见表 33-7。

表 33-7　已有钢包精炼炉产品系列参数表

额定容量/t	钢包直径/mm	变压器额定容量/MV·A	二次电压/V	二次侧最大电流/A	电极直径/mm	电极分布圆直径/mm	真空罐内径/mm
10	1800	1.25	210~104	5000	200	350	
15	2000	2	210~104	6000	250	450	
20	2200	3.15	220~110	9000	250	450	3800~4100

额定容量 /t	钢包直径 /mm	变压器额定 容量/MV·A	二次电压 /V	二次侧最大 电流/A	电极直径 /mm	电极分布圆 直径/mm	真空罐内径 /mm
25	2300	4	240 ~ 210 ~ 120	11000	300	540	
30	2500	5	240 ~ 210 ~ 120	14000	300	540	
40	2800	6.3	240 ~ 210 ~ 120	17000	350	600	4800 ~ 5000
50	2900	8	240 ~ 210 ~ 120	21995	350	600	5000 ~ 5200
60	3150	10	240 ~ 210 ~ 120	27500	350	600	5300 ~ 5500
70	3200	12.5	280 ~ 240 ~ 140	30000	400	680	5400 ~ 5600
90	3450	16	280 ~ 240 ~ 140	38500	400	680	5600 ~ 5800
100	3500	16	280 ~ 240 ~ 140	38500	400	680	5800 ~ 7000
120	3700	20	360 ~ 290 ~ 160	39181	400	680	6000 ~ 7200
150	3900	25	315 ~ 280 ~ 170	51500	450	750	6300 ~ 7500
170	4000	32	400 ~ 350 ~ 170	52788	500	800	
180	4200	36	410 ~ 360 ~ 170	57737	500	800	
200	4400	38	440 ~ 360 ~ 170	60944	500	800	
250	4700	40	480 ~ 400 ~ 180	57737	500	800	
300	4900	50	515 ~ 420 ~ 180	68734	550	1000	
350	5200	63	550 ~ 440 ~ 200	82668	600	1100	

第五节　钢水的搅拌与氩气系统

在精炼过程中，对钢水进行搅拌是钢包精炼炉的重要工艺手段之一。它对控制钢水的成分和温度，使其均匀化有着明显的冶金效果。搅拌方式可分为电磁搅拌和气体搅拌两种。

一、电磁搅拌

电磁搅拌是借助于装在钢包外壁侧面的搅拌器，通入大电流，低频电源所产生的低频脉动磁场在钢液中形成电磁力，迫使钢液流动。一般要求搅拌频率为 0.5 ~ 3Hz，钢液运动速度约为 1m/s。瑞典式钢包精炼法，即 ASEA - SKF 法采用的就是电磁搅拌。在我国电磁搅拌使用较少，为此，不做介绍。

二、气体搅拌

（一）吹气种类的选择

在生产中用于钢水搅拌的气体有惰性气体氩气（Ar）和不活泼气体氮气（N_2）。氩气不溶解于钢水，也不与任何元素发生反应，是一种理想的搅拌气体。但氩气成本高，约为氮气的 5 ~ 10 倍。而用氮气搅拌效果与氩气一样，且氮气便宜。然而，在高温下氮能溶解在钢水中，能与钢中的一些元素生成氮化物，影响钢的质量。因而使用氮气作为搅拌气体受到了一定的限制。

在冶炼生产过程中对钢水的搅拌广泛采用氩气，仅有少量的钢种，如含氮的铬、锰低合金钢或高铬合金钢可用氮气作为搅拌气体。

底吹气体的种类除氩气、氮气外，还可吹入天然气、CH_4、CO_2、CO、O_2 等气体。

（二）钢包吹氩原理及作用

氩气是一种惰性气体，在空气中占 1.0% 左右，它在 -185℃ 的低温下液化，它是从液态空气中分离得到的，在制氧过程中氩气便也随之制成，氩气的纯度为 99.99%。吹入钢液中的氩气既不参与化学反应，也不在其内溶解。吹氩时，氩气通过钢包底部的多孔透气砖，不断吹入钢液中，氩气形成大量的小气泡，钢中有害气体氢、氮、氧扩散到氩气泡中，随氩气泡的上浮而被带出钢液；另外，氩气泡上浮过程中推动钢液上下运动，搅拌钢液，促使其成分和温度均匀。同时钢液搅拌还会促进夹杂物的上浮排除，又加速了脱气过程的进行。因此吹氩脱气原理与真空脱气是一样的。现代冶金常用的 VD 炉、VOD 炉、LF（LFV）炉等炉外精炼工艺同时采用向钢液吹氩技术，已经成为上述工艺过程不可分割的组成部分。

钢包吹氩的作用如下：

（1）气洗作用。吹氩可使钢液中的氢、氮、氧含量降低。

（2）搅拌作用。清除夹杂物，使钢液温度和成分均匀。

（3）气体保护作用。氩气逸出钢液后，覆盖在钢液面上，可防止钢液二次氧化。

（三）吹氩方式

钢包吹氩方式分为：

（1）顶吹方式。从钢包顶部向钢包中心位置插入一根氩枪吹氩。氩枪的结构比较简单，中心为一个通氩气的钢管，外衬为一定厚度的耐火材料。氩气出口有直孔和侧孔两种，小容量钢包用直孔型，大包用侧孔型。吹氩枪插入钢液的深度一般为钢液面深度的 2/3 左右。顶吹氩方式可以实现在线吹氩，缩短时间，但效果不如底吹方式。

（2）底吹方式。在钢包底部安装供气元件（透气砖、细金属管供气砖），氩气通过底部的透气砖进入钢液，形成大量的细小的氩气泡，透气砖除有一定的透气性能外，还必须能承受钢液的冲刷，具有一定的耐高温强度和较好的耐急冷急热性能，一般用高铝砖。透气砖的个数依据钢包的大小可采用单个和多个布置，透气孔的直径为 0.1 ~ 0.26mm。

三、氩气系统的组成

（一）设备组成

图 33 - 15 所示为一双钢包车氩气系统原理图。

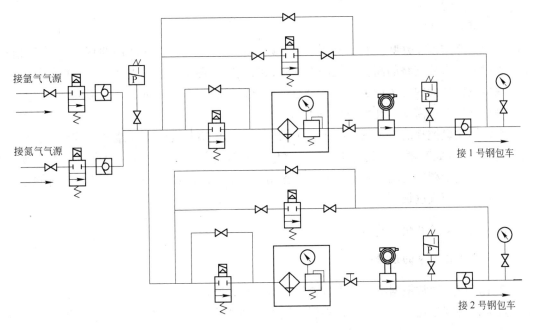

图 33 - 15　双钢包车氩气系统原理图

名　称	符号	名　称	符号	名　称	符号	名　称	符号
转子流量计		气源处理三联件		电动调节阀		压力变送器	
				单向阀		手动阀门	
压力表		电磁换向阀		软管			

由氩气原理图可以看出，氩气是由两路气源所提供。接通 1 号钢包车钢包的氩气和接通 2 号钢包车钢包的氩气各自是一个独立系统，互不影响。每一个供氩系统可以向钢包提供两种不同压力的气体：一种是经过减压并可以进行调整的工作气源；另一种是未经过减压的系统气源，用于打通堵塞的透气砖气孔或吹开结壳的钢水。

氩气系统由氩气输送管线、氩气阀门站箱本体、氩气调节阀、流量计、压力检测仪表、气源处理三联件、自动及手动阀门、管线、支撑件等组成。

（二）功能描述

吹氩搅拌是钢包精炼炉自始至终采用的关键技术之一，搅拌效果关系着钢液气体、夹杂物的去除，成分、温度的均匀性。为取得吹氩搅拌的良好效果，又不让钢液飞溅，吹氩强度、压力、流量的控制是很重要的。

吹氩系统具有以下功能：

（1）压力调节；

（2）流量测量；

（3）流量调节；

（4）事故开吹。

事故支路的高压开吹，其主要用于当开始吹氩出现异常，正常使用的氩气压力不能满足要求时，用事故支路的高压氩气压力开吹，吹开后，再转入正常支路吹氩。根据精炼炉熔池深度及钢液面的沸腾情况，精炼时通过调节氩气的压力、流量、吹氩强度，以适应不同钢种冶炼工艺的需要，纯度为 99.99%。

在使用吹氩搅拌的各种类型的钢包炉操作中，钢包座入真空室（罐式）或座入钢包车（桶式）后就开始吹氩，直到精炼结束，钢包吊出真空室（或钢包车）才停止吹氩。所以吹氩时间就等于精炼时间。吹氩必然会使被精炼钢液的降温速率增大，在不应用加热手段时，吹氩时间不宜过长。

四、供氩系统参数的选择

（一）吹氩流量的选择

在生产中，通常根据不冲破钢包渣层裸露钢水为原则，来确定吹氩量和吹氩压力。吹氩量过大，特别是氩气压力过高，将引起钢液的剧烈沸腾。通常应先小后大逐渐增大，控制吹氩量。

吹氩压力要根据是否吹氧脱碳及炉内压强的变化情况而定。对于 LF 炉来讲，因为不吹氧，钢液反应不剧烈，所以吹氩强度可以大些。供氩强度（标态）通常在 $Q = 1 \sim 5L/(t \cdot min)$ 内选择。

对于 VOD 炉，因吹氧脱碳反应，抽真空及吹氩都是使钢水激烈沸腾的重要因素，所以对吹氩压力要严格控制。吹氩强度要小一些，当用弥散型透气砖时，供氩强度（标态）通常为 $Q = 1.2 \sim 2.6L/(t \cdot min)$。

由于 VOD 法氩气用量少，也可以用瓶氩，经汇流排成 3 ~ 5 瓶一组，减压至 1MPa 后送到炉前。钢包入罐首先用 1MPa 的压力吹开透气塞，然后改用工作压力经流量计调整流量。

（二）吹氩压力的选择

通常设计时，对 LF 炉供氩系统的供氩工作压力可定为 0.6 ~ 0.8MPa。

对于 VOD 炉，因吹氧脱碳反应，抽真空及吹氩都是使钢水激烈沸腾的重要因素，所以对吹氩压力要严格控制。吹氩压力要先大后小。常用供氩压力为 $(2 \sim 3.5) \times 10^5 Pa$。

系统工作压力一般为 1.6MPa。它适用于目前生产的各种精炼炉，主要是用来疏通氩气透气砖的堵塞。

（三）供氩制度的选择

在 LF 炉整个冶炼过程中，根据工艺的要求，不同阶段吹氩量是不同的。不同制度下吹氩流量的选择，一般是以 5L/(t · min)（标态）的供氩量作为最大供氩强度 D，根据最大供氩强度给出不同阶段吹氩强度的经验公式：

（1）软吹：A = 0.5 ~ 1L/(t · min)（标态）；

（2）中吹：B = 1 ~ 2.5L/（t·min）（标态）；

（3）强吹：C = 2.5 ~ 3.5L/（t·min）（标态）；

（4）强强吹：D = 3.5 ~ 5L/（t·min）（标态）。

以下给出在不同制度下的氩气流量，见表 33 - 8，可供参考。

表 33 - 8　不同制度下的氩气流量

钢水量/t	不同制度氩气流量（标态）/L·min⁻¹			
	软吹 - A	中吹 - B	强吹 - C	强强吹 - D
60	30 ~ 60	60 ~ 150	150 ~ 210	200 ~ 300
120	60 ~ 120	120 ~ 300	300 ~ 420	450 ~ 600
150	75 ~ 150	150 ~ 380	380 ~ 530	500 ~ 750
170	85 ~ 170	170 ~ 430	430 ~ 600	600 ~ 850
200	100 ~ 200	200 ~ 500	500 ~ 700	700 ~ 1000

关于各阶段的 A ~ D 的选择见本章第八节 LF 精炼炉工艺技术简介。

第六节　喂线（WF）法

一、概述

喂线也称为喂丝。喂线法是将密度小、容易氧化的 Ca - Si、稀土、铝、硼铁、钛铁等多种合金或添加剂用薄带钢制成包芯线，通过喂线机把包芯线加入到钢液深处，进行对钢液的脱氧、脱硫、夹杂物变性处理和合金化精炼的一种方法。

喂线法配合吹氩，不仅具备了喷射冶金的优点，消除它的缺点，而且在添加易氧化元素、调整成分、控制气体含量、设备投资、生产操作与维护产品质量、经济效益和环境保护等方面的优越性更为显著。因此，喂线技术得到了迅速的发展。

根据所应用的精炼反应器的不同，喂线法可分为钢包喂线法、中间包喂线法、中注管喂线法和结晶器喂线法等。与钢包喂线相比，后三者的特点是在浇注的同时喂线，故不需要额外的喂线时间。根据精炼目的不同，喂线法又有脱氧喂线、脱硫喂线、夹杂物形态控制喂线以及合金化喂线等。不同的喂线法喂入由不同的精炼剂做成的线材，常用的主要是铝线和包芯线。喂线法主要用于炉外精炼，也可用于转炉、电弧炉、感应炉。

二、喂线机

喂线法的主要设备是喂线机，由专业制造厂家制造，选取时，可根据需要选择喂丝机的形式、规格等。其作用是实现向钢液喂入包芯线。除喂线机外，喂线设备还包括放线盘1、线卷2、包芯线3、喂线机4、导管升降机构5等，其结构如图 33 - 16 所示。

将丝线置于放线盘上，放线盘放置方式有水平式和立式，放线方式有内抽头（放线盘不动）和外抽头（放线盘转动）两种。喂线机内部夹辊组由几组间隙可调的牙轮组成，牙轮可正反旋转，速度和间隙可调。工作时，夹辊组将丝线从放线盘上拉出矫直后，通过导向管将其垂直喂入钢液内。为了控制丝线的喂入速度和长度，在喂线机上装有显示长度

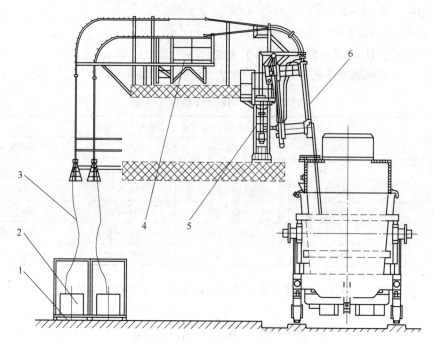

图 33 - 16　喂线设备

1—放线盘；2—线卷；3—包芯线；4—喂线机；5—导管升降机构；6—导管

的计数器和速度控制器。整个喂线过程由计算机自动控制，当以一定的速度喂入预定长度后，喂线机会自动停止转动。根据同时可喂入线数的不同，喂线机分为单线、双线、三线和四线，同时可以喂入几种不同的丝线。丝线外部用 0.2 ~ 0.3mm 的薄钢带包覆，芯部是 Ca - Si 合金或其他合金。

喂线机选择的注意事项：

（1）导管直径应大于 30mm。

（2）根据导管行程不同，分为垂直升降导管和摆动升降导管，垂直升降导管行程较大，一般适用于钢包在冶炼工位时的喂线；摆动升降导管行程较小，适用于非冶炼工位的喂线。

（3）丝线应垂直方向加入钢液，同时底部吹氩，有利于丝线的搅拌均匀。

（4）喂线速度的选择见表 33 - 9 ~ 表 33 - 11。

喂线法的冶金效果：

（1）提高合金的收得率；

（2）控制钢中夹杂物；

（3）具有一定的脱氧和脱硫作用；

（4）可改善和提高钢的清洁度和力学性能。

三、喂线工艺参数的选择

（一）钢包喂线速度的选择

不同容量钢包喂线速度的选择见表 33 - 9。

表 33 - 9 不同容量钢包喂线速度的选择

钢包容量/t	≤150	150~300
喂线速度/m·min⁻¹	50~100	100~150

(二) 中间包喂线速度的选择

中间包喂线速度的选择见表 33 - 10。

表 33 - 10 中间包喂线速度的选择

中间包深度/mm	温度/℃	速度/m·min⁻¹	反应状况
500~600	1500~1560	20	小
500~600	1500~1560	75	大

(三) 喂线深度

为了尽可能地提高铝的收得率，同时考虑保护钢包包底和可操作性，喂铝线深度一般取钢包内钢液深度的 $0.6 \sim 0.75m$，小钢包取下限，大钢包取上限。

(四) 不同容量钢包常用的铝线直径和喂线速度的选择

不同容量钢包常用的铝线直径和喂线速度的选择见表 33 - 11。

表 33 - 11 不同容量钢包常用的铝线直径和喂线速度的选择

钢包容量 G/t	10~20	25	35	45~50	75	100	150	180	210~300
铝线直径 d/mm	10			12	13	16			
喂线速度 v/m·min⁻¹	1.5~2			2~3		3~4		4~6	

(五) 喂线方式

喂线方式一般有冶炼工位喂线和非冶炼工位喂线两种方式。

冶炼工位喂线是指在冶炼进行完毕，直接在冶炼工位进行喂线。此时的喂线由于包盖盖在钢包上面，需要在钢包盖上开一带有盖板的喂线孔，喂线时打开喂线孔盖板，喂线结束后关闭喂线孔盖板。这种喂线方式使喂线机升降导管行程较大，需要垂直升降喂线导管，会使喂线机结构复杂。又由于在冶炼工位上喂线，延长了冶炼时间，但其好处是喂线产生的烟气可以被除尘器收集，使烟气不外逸。在精炼周期要求不严格的情况下采用。

非冶炼工位喂线是在精炼进行完毕，提升钢包盖将钢包车开离冶炼工位后进行喂线。此时由于钢包处于敞口，喂线较为方便。喂线机导管行程较短，只要使用摆动升降导管即可，也使喂线机结构简单化。采用这种喂线工艺会缩短精炼周期，但喂线产生的烟气会直接排到车间而不能回收。

第七节　其他附属设备

一、加料装置

LF 炉一般在包盖上设合金及渣料料斗，通过电子秤称量过的散装炉料，经溜槽、加料口进入钢包内。在真空炉系统中，一般在真空盖上设合金及渣料的加料装置，其结构与加热包盖上的基本相同，只是在各接头处均需加上真空密封阀。

二、扒渣装置

LF 炉的精炼功能之一是靠还原性白渣精炼。为此，在 LF 炉精炼之前，将氧化性炉渣必须去掉。因此，LF 炉必须具备除渣功能。除渣方式有两种：

(1) 当 LF 炉采用多工位操作时，可在放钢包的钢包车上设置倾动、扒渣装置。当钢包车开到扒渣工位时，即可进行扒渣操作。

(2) 如果 LF 炉采用固定位置，包盖移动形式时，则需要把钢包倾动装置设在 LF 炉底座上，在精炼前先扒渣，加新渣料，再加热精炼。

三、喷粉装置

LF 炉精炼时常采用喷粉设备对钢液进行脱硫、净化及微合金化等操作。

喷粉设备包括包盖、一支喷粉用的喷枪和可以滑动的粉料分配器。分配器接粉料料仓。喷粉时对粉料先自动称重及混合，然后通过螺旋给料器送至粉料分配器。对于 50t 的 LF 炉而言，喷枪总长为 4500mm，其中 2500mm 为可更换部分，余下的可多次使用。

喷粉时采用高纯度氩气作为载流气，流量为 200 ~ 400L/min。通常处理时间为 5 ~ 10min。

四、烤包器

烤包器是用于钢（铁）水包、连铸中间包的在（离）线烘烤，包括对新砌包干燥、周转包进行快速或慢速烘烤、对在线钢包（中间包）快速烘烤、用于中间包干燥站、中间站预热站等。

钢包烘烤装置分立式和卧式两种形式，由机械结构、燃烧系统、控制系统三部分组成。图 33 - 17 所示为立式烤包器，图 33 - 18 所示为卧式烤包器。

图 33 - 17　立式烤包器

图 33 - 18　卧式烤包器

（一）设备组成

烤包器的机械结构是在钢包的上方加烤包盖，烤包盖上装有自吸式燃具，自吸式燃具由燃气进气管和进风管组成。燃气进气管与燃气管道相接，进风管壁上开有倾斜的通风长孔。烤包盖的开关由传动系统控制，传动系统由机架、地脚、传动气（液）缸、传动轮架、调整架板、气动换向阀、导轮支架组成。传动系统的传动气缸与压缩空气（或供液装置）相连，机架由地脚固定在地面上，烤包盖通过摇臂与调整架板相连。在烤包盖的上面由传动链通过传动系统的传动轮架与传动气（液）缸相连，通过气（液）动换向阀的开关，给传动气（液）缸动力，使传动气（液）缸升降，传动气缸的升降通过传动链带动烤包盖的开关。

（二）燃烧系统使用的燃料

使用燃料可有各种不同的气体、液体燃料，如高炉煤气、转炉煤气、发生炉煤气、混合煤气、天然气、液化石油气和重油、柴油等。根据用户提出的燃料参数，设计不同形式的燃烧装置来保证烘烤性能。

表 33 - 12 为烤包器使用的各种燃料热值和设计压力。

表 33 - 12　烤包器使用的各种燃料热值和设计压力

名　　称	热　　值	设计压力/kPa
高炉煤气（标态）/J·m^{-3}	2900 ~ 3500	≥2
转炉煤气（标态）/J·m^{-3}	6300	
焦炉煤气（标态）/J·m^{-3}	16700	≥1
发生炉煤气（标态）/J·m^{-3}	5400	
混合煤气（标态）/J·m^{-3}	8300 ~ 13000	
液化石油气（标态）/J·m^{-3}	42000	≥1.0 ~ 1.5
柴油/kJ·kg^{-1}	37800	
重油/kJ·kg^{-1}	33500 ~ 37800	≥1.5 ~ 2.0

（三）烤包方式

烤包方式分为离线烤包和在线烤包：

（1）离线钢（铁）水包烘烤。对新砌包干燥、周转包进行快速或慢速烘烤。使用高炉煤气时加热温度为 1100℃ 以上，最大升温速度为 40℃/min，钢包（中间包）内最大温差 50℃。冷态包离线烘烤 2.5h，包衬温度达到 1000℃ 以上。图 33 - 19 为立式离线烤包方式。

（2）在线钢水包烘烤。对在线钢包（中间包）使用高炉煤气快速烘烤，加热至 1100℃ 以上，加热温度不低于 40℃/min，钢包（中间包）内最大温差 50℃。在线钢包（中间包）烘烤 20 ~ 30min，包衬温度达到 1100℃。图 33 - 20 为立式在线烤包方式。

在线烤包器和离线烤包器的区别在于供气的方式和大小不同，某厂 150t 钢包烘烤器工艺参数值见表 33 – 13。

图 33 – 19 立式离线烤包方式

图 33 – 20 立式在线烤包方式

表 33 – 13 某厂 150t 钢包烘烤器工艺参数值

参　数	在线烤包器	离线烤包器
煤气流量（标态）/m³·h⁻¹	2500 ~ 3000	1200 ~ 2000
助燃风流量（标态）/m³·h⁻¹	6000	3000
压缩空气压力/MPa	0.3 ~ 0.5	
煤气压力/Pa	2000 ~ 5000	
助燃风压力/Pa	3000	

第八节　LF 精炼炉工艺技术简介

一、LF 精炼工艺过程

LF 炉通常与电弧炉（或转炉）相配合。充分发挥 LF 炉加热、钢水搅拌、炉渣成分调整、钢液成分调整、去除杂质以及保温等功能。对改善钢材质量、扩大品种、调节电（转）炉与连铸的生产节奏、实现多炉连浇、降低生产成本起到了重要作用。

LF 钢包炉适用的钢种除超低 C、N、S 等超纯净钢外，几乎均适用，特别适合于轴承钢、合金钢、工具钢及弹簧钢等。

通常电弧炉冶炼完毕，温度在 1610 ~ 1630℃ 时出钢。出钢过程中向钢包内加入脱氧剂和造渣材料后，将钢包吊运到加热工位，接通氩气管道进行钢水搅拌（此时温度在 1530 ~ 1550℃ 之间），然后便进行通电加热，进入精炼过程。

精炼时进行埋弧加热，以补充钢水的降温。精炼过程中加造渣材料、合金等的吸热，底吹氩带走的热量等造成的钢包内的热量损失，保证钢水顺利进行精炼并满足出钢要求的温度。加热时间取决于初炼炉钢水进入钢包炉后的温度。

底吹氩气搅拌贯穿于整个精炼过程，即在初炼炉出钢时就开始吹氩，以防止透气砖堵塞，直至精炼过程结束停止吹氩。通过底吹氩搅拌，均匀钢液成分和温度，促进脱氧产物的上浮，脱除钢中的部分气体，纯净钢液。

造合成渣精炼是 LF 炉的重要操作。将石灰、萤石等按不同比例（如 5∶1 或 4∶1）分批加入钢包中，加入量为钢液量的 1% ~ 2%，造高碱度合成精炼渣脱硫；然后用硅铁粉、硅钙粉和铝粉或炭粉，按一定比例混合直接加入钢液面或采取喷吹方法加入到钢液中，形成流动性良好的还原渣系。

加热钢液达到一定温度以后，即可向钢液中加入合金调整成分。LF 炉精炼允许的合金成分调整范围宽，加入量不受限制，易均匀且收得率高。凡是在初炼炉内合金化易被氧化的合金，都可以移到 LF 炉精炼过程中加入。所以，通过 LF 炉精炼不仅提高了钢的质量，而且扩大了冶金的品种。微调合金成分，弱搅拌并保温一段时间后，测温取样（包括钢、渣样），做全分析等，成分合格并达到下一工序要求的温度时，停止精炼移出工位，吊运到连铸工位进行浇注，或者进入 VD/VOD 炉中进行真空冶炼。

初炼炉钢液的质量、出钢温度关系到精炼炉的冶炼周期。为此，精炼钢的品种不同，对初炼钢水的质量和出钢温度都要作出要求。LF 炉的冶炼周期由工艺流程安排所决定的，工艺流程不同，冶炼周期不同，一般在 30 ~ 50min 之间。

二、转炉配 LF 炉精炼

考虑到 LF 精炼炉与转炉、连铸机较佳的匹配，发挥 LF 炉的调节功能，实现多炉连浇，要求 LF 精炼炉的精炼周期与转炉的周期相当，平均处理时间为 30 ~ 35min。为了使流程灵活及节省时间，LF 精炼炉与转炉的布置采取离线布置，LF 炉一般采取双钢包车（双进双出）。

以低合金钢为例，见表 33 – 14。

表 33 – 14　国内某转炉炼钢厂 LF 炉的精炼周期组成

冶炼阶段	工序时间 /min	累计时间 /min	搅拌模式	备　注
坐包后的 1 号钢包车开至加热工位	1	1	C	1 号钢包车运行中接通氩气；同时喂线后 2 号钢包车开出
包盖、电极下降	3	4	C	加精炼渣料
通电化渣	8	12	B	加发泡剂、调渣
测温、取样	2	14	C	
通电加热	10	24	C/B	加还原、脱氧剂；合金微调
加热保温、还原	4 ~ 7	28 ~ 31	B	
测温、取样	2	30 ~ 33	C	
喂线	2	32 ~ 35	A	喂线后 1 号钢包车开出，加保温剂，软吹；坐包后的 2 号钢包车开至加热工位
精炼周期		32 ~ 35		

注：A—软吹；B—中吹；C—强吹；D—强强吹。仅在加还原、脱氧剂及合金微调 3 ~ 5min 内用 C，之后用 B；冶炼高合金钢，加合金量较大时使用 D。

一般转炉配 LF 精炼炉钢水升温 30 ~ 40℃，由表 2 – 11 看出，要保证 LF 处理周期不大于 35min，纯钢水升温时间约为 10min。因此，要求钢水的平均升温速度为不低于

4.0℃/min。

三、电弧炉配 LF 精炼炉

电弧炉配 LF 精炼炉，如果是一台电弧炉配一台精炼炉，一般情况下由于电弧炉冶炼周期较长（一般大于 50min），这时对精炼炉冶炼周期要求不太严格。一般电弧炉配 LF 精炼炉钢水升温 60~80℃，处理周期为 40~50min，钢水升温时间较长。因此，要求钢水的平均升温速度在 4.0℃/min 左右即可。

以低合金钢为例，见表 33-15。

表 33-15　国内某电弧炉炼钢厂 LF 炉的精炼周期组成

冶 炼 阶 段	工序时间/min	累计时间/min	搅拌模式	备 注
钢包由出钢车吊至钢包车	3	3		同时接通氩气
钢包车开至加热工位	1	4	C	
包盖下降、测温	1.5	5.5	C	加发泡剂
电极下降、通电化渣	6~10	11.5~15.5	B	
测温、取样	1.5	13~17	C	
电极下降、通电加热	18	31~35	C/B	加还原、脱氧剂；合金微调
加热保温	3~5	34~40	B	
测温、取样	1.5	35.5~41.5	C	
喂线	2.5	38~44	A	
包盖升起、钢包车开出	2	40~46		切断氩气，吊包去连铸

注：A—软吹；B—中吹；C—强吹；D—强强吹。仅在加还原、脱氧剂及合金微调 3~5min 内用 C，之后用 B；冶炼高合金钢，加合金量较大时使用 D。

第九节　钢包炉精炼装置用耐火材料

各种炉外精炼的钢包是炉外精炼技术的主要设备。由于对温度控制以及对钢的纯净度方面的严格要求，使钢包内衬耐火材料的材质选择与结构更为复杂。近年来，由于进行了大量的试验研究工作和新产品的开发，使耐火材料的品种不断增加，质量也在不断提高。

一、LF 精炼钢包

LF 精炼技术发展很快，过去主要应用于电弧炉炼钢车间，现在某些转炉炼钢车间也相继采用。钢包内衬所用的耐火材料，除渣线部位的工作衬以外，可用 Al_2O_3 含量为 70%~80% 的高铝砖，渣线部位使用镁铬砖、镁砖、白云石砖或镁炭砖。为了更合理地使用耐火材料，最好采用综合砌筑钢包。典型的钢包内衬结构为：包底和下部包壁用纯白云石砖；渣线部位用轻烧白云石砖（适用于无渣精炼，如初炼炉为底出钢电弧炉等）、镁砖或镁炭砖；渣线以上采用纯白云石砖；包盖一般采用高纯刚玉浇注料。

二、透气砖

在大多数钢包中，都采用透气砖吹入惰性气体，以强化熔池搅拌，纯净钢液，并使温度、成分均匀。因此，透气砖在炉外精炼中所起的作用也是很重要的。

（一）透气砖的类型与结构

炉外精炼用的透气砖有三种类型，即弥散型、缝隙型、定向型：

（1）弥散型。弥散型透气砖只限于用在精炼钢包。圆锥弥散型透气砖使用较为普遍，其缺点是强度低，使用寿命不高，一个包役期需要更换若干次。因此，在透气砖和座砖之间应加设套砖。

（2）缝隙型。这种透气砖通过致密材料和所包的铁皮形成环缝，或将致密材料切成片状，中间放入隔片，再用铁皮包紧，片与片间形成狭缝。缝隙式透气砖的主要缺点是吹入气体的可控性较差。

以上两类透气砖都属非定向型，由于气孔率高，使用期间抗侵蚀和耐渗透性差，使用寿命低。

（3）定向型。由数量不等的细钢管埋入砖中而制成定向透气砖，也有采用特殊成孔技术而不带细钢管的定向透气砖，其造型一般为圆锥形或矩形。定向透气砖中气体的流动和分布均优于非定向型，气体流量取决于气孔的数量和孔径的大小。孔径一般在 0.6 ~ 1.0mm 之间。定向透气砖的使用寿命一般比非定向型高 2 ~ 3 倍。

近年来发展的狭缝型定向透气砖，是在原来不规则狭缝型透气砖的基础上改进而成，由耐火材料外壳和埋入其中的若干薄片构成，薄片之间形成平均尺寸为 0.4mm 的狭缝，比原有形式的透气砖寿命长，供气量恒定。

（二）透气砖的材质和性能

透气砖的材质主要有烧结镁质、镁铬质、高铝质和刚玉质。其化学成分与性能见表 33 - 16。

表 33 - 16 几种定向透气砖的化学成分和性能

透气砖材质		镁铬质	刚玉质	刚玉质	镁质	刚玉质
成分/%	MgO	60.8			95.5 ~ 96.3	
	Cr_2O_3	20.0				
	Al_2O_3		97	93 ~ 95		97
性能	体积密度/g·cm^{-3}	2.23	2.95	2.5 ~ 2.65	2.57 ~ 2.65	2.85
	显气孔率/%	17.4	18	33 ~ 35	26 ~ 29	
	常温耐压强度/MPa	91.4	50	25 ~ 35	17 ~ 20	30
	透气度/npm	150		1520 ~ 2200	800 ~ 1000	
	供气量 (0.3MPa)/m^3·h^{-1}	60	30			500

目前，在精炼钢包中使用最普遍的是包铁皮的圆锥形透气砖，并与座砖配合，装在包底的砌砖内。为便于更换，还在透气砖和座砖之间加设套砖。随着定向透气砖质量的提

高，其使用寿命可达到与包底寿命相同，这样就有条件使用矩形透气砖，以提高透气砖安装砌筑的质量。

三、耐火材料指数

计算公式同电弧炉耐火材料指数的计算：

（1）当 $Re < 500$ 时，用优质耐火材料；

（2）当 $Re < 300$ 时，用普通耐火材料。

第三十四章　喷射真空泵

喷射泵是利用液体或气体的高速射流携带被抽气体，使被抽容器内获得一定真空度的一种低真空泵。

喷射泵具有结构简单、工作稳定可靠、可以抽出水蒸气、粉尘、易燃易爆以及有腐蚀性气体，抽气量大；缺点是能量损失大，抽气效率低。

喷射泵按工作介质的不同分为水喷射泵、水蒸气喷射泵和大气喷射泵。本章仅限于介绍 VOD、VD、RH、LFV 炉常配备的水喷射泵和水蒸气喷射泵。

第一节　真空与真空冶炼基础知识

一、真空与真空度

物理学上的真空是指没有或者不计气体分子和原子存在的物理空间，仅存在各种能量粒子的场空间；另一种应用物理与技术所讨论的真空是指低于一个大气压力的稀薄气体的空间状态。

真空度指气体的稀薄程度，用压力来表示，其单位为帕斯卡（Pa）。

真空度的划分包括：

（1）国家标准（GB3163—1982）的划分：

1）低真空度：$10^5 \sim 10^2 Pa$；

2）中真空度：$10^2 \sim 10^{-1} Pa$；

3）高真空度：$10^{-1} \sim 10^{-5} Pa$；

4）超真空度：$< 10^{-5} Pa$。

（2）真空理论工作者推荐的划分：

1）粗真空度：$10^3 \sim 10^5 Pa$；

2）低真空度：$10^{-1} \sim 10^3 Pa$；

3）高真空度：$10^{-6} \sim 10^{-1} Pa$；

4）超真空度：$10^{-12} \sim 10^{-6} Pa$。

根据分子运动论，气体作用于容器壁的压强是由气体分子碰撞所引起的，这个压强的表达式为：

$$p = \frac{2}{3} n \frac{mv^2}{2} \tag{34-1}$$

式中　p——气体作用于容器壁的压强，Pa；

　　　n——单位体积内的气体分子数；

　　　m——一个气体分子的质量，g；

　　　v——气体分子的均方根速度，m/s。

显然，气体分子数目越多，质量及运动速度越大，则气体作用在容器壁上的压强也越大。对某一气体，温度一定时，分子动能也是一定的，此时压强只与单位体积内的气体分子数成正比。对于密封容器来讲，经过抽气，气体分子数目减少了，容器内部压强减小，这种压强比常压小的气态空间被称为真空。真空度就是指处于真空状态下的气体稀薄程度，通常均以压强大小表示。不同的真空状态就意味着该空间具有不同的气体分子密度。在标准状态下（0℃，1.013×10^5Pa），每立方厘米中的气体分子数为2.6870×10^{19}个；而在真空度为1.33×10^{-4}Pa时，每立方厘米中的气体分子数只有3.24×10^{10}个。因此，高真空与低压是一个含义，容器内压强越低，真空度越高。

二、真空测量单位

（一）帕斯卡

1N 的力作用于$1m^2$的面积上所产生的压强，简称帕，记作 Pa（法定计量单位）。$1Pa = 1N/m^2 = 10dyn/cm^2 = 7.5006 \times 10^{-3}$mmHg。

（二）标准大气压

0℃时，760mmHg 产生的压强简称大气压，记作 atm。1 标准大气压（atm）$= 1.01325 \times 10^5$Pa $= 760$mmHg。

（三）毫米汞柱

0℃时，高为 1mm 的水银柱对底面的压强，记作 mmHg。1mmHg $= 133.322$Pa。

（四）托

有时人们常用托（Torr）来近似表示这个单位，并把托定义为：1Torr $= 1/760$atm。

（五）常用压力单位的换算

常用压力单位的换算见表 34 - 1。

表 34 - 1　常用压力单位的换算

单位	帕 （Pa）	托 （Torr）	微米汞柱 （μmHg）	微巴 （μbar）	毫巴 （mbar）	大气压 （atm）	工程大气压 （am）
1Pa	1	7.50062×10^{-3}	7.50062	10	10^{-2}	9.86923×10^{-6}	1.0197×10^5
1Torr	133.322	1	10^3	133.322×10^3	1.33322	1.31579×10^{-3}	1.3595×10^{-3}
1μmHg	0.133322	10^{-3}	1	1.33322	1.33322×10^{-3}	1.31579×10^{-6}	1.3595×10^{-6}
1μbar	10^{-1}	7.50062×10^{-4}	7.50062×10^{-1}	1	10^{-3}	9.86923×10^{-7}	1.0197×10^{-6}
1mbar	10^{-2}	7.50062×10^{-1}	7.50062×10^2	10^3	1	9.86923×10^{-4}	1.0197×10^{-3}
1atm	101325	760	760×10^3	1013.25×10^3	1013.25	1	1.0333
1am	98066.3	735.56	735.56×10^3	980663	980663×10^{-3}	0.967839	1

三、冶金工业中常用真空泵的类型

用来抽气以获得真空的器械称为真空泵。在冶金领域中常用的真空泵按其工作原理可分为压缩型真空泵及利用气体黏滞牵引作用的蒸汽流喷射泵等。

电子轰击炉熔炼室真空度一般要求 $1.3 \times 10^{-2} \sim 1.3 \times 10^{-3}$ Pa 数量级；真空感应炉、真空电弧炉熔炼真空度一般为 $1.3 \sim 1.3 \times 10^{-2}$ Pa 数量级；真空处理钢液时往往只需 13.3Pa 到几千帕的低真空。表34-2列出了冶金工业中常用的真空泵的类型和工作压强范围。根据真空冶金的需要可任意选取，一般选取的主泵的极限真空度要比真空熔炼室要求的极限真空度高一个数量级。

表34-2　冶金工业常用真空泵的类型和工作压强范围

真空泵类型	工作压强范围/Pa
油封机械泵	$1.013 \times 10^5 \sim 1.33 \times 10^1$
罗茨泵（机械增压泵）	$1.33 \times 10^3 \sim 6.5 \times 10^{-1}$
油增压泵	$1.33 \times 10^2 \sim 1.33 \times 10^{-1}$
油扩散泵	$1.33 \times 10^{-1} \sim 1.33 \times 10^{-4}$
水喷射泵	$1.013 \times 10^5 \sim 1.33 \times 10^3$
水蒸气喷射泵 （一级~六级）	一级：$1.013 \times 10^5 \sim 1.33 \times 10^4$ 二级：$3.5 \times 10^4 \sim 1.33 \times 10^3$ 三级：$5.3 \times 10^3 \sim 2.83 \times 10^2$ 四级：$8.53 \times 10^2 \sim 2.05 \times 10^2$ 五级：$1.33 \times 10^2 \sim 1.33 \times 10^1$ 六级：$1.33 \times 10^1 \sim 0.85 \times 10^{-2}$

四、真空泵的用途

根据真空泵的性能，在各种应用的真空泵系统中，它可作为下列泵使用：

（1）主泵。在真空系统中，用来获得所要求的真空度的真空泵。

（2）粗抽泵。从大气压开始，降低系统的压力达到另一抽气系统开始的真空度。

（3）前级泵。用以使另一个泵的前级压力维持在其最高许可的前级压力以下的真空泵。前级泵也可以作为粗抽泵使用。

（4）维持泵。在真空系统中，当抽气量很小时，不能有效地利用主要前级泵，为此，在真空泵系统中配置一种容量较小的辅助前级泵，维持主泵正常工作或维持已抽真空的容器所需低压的真空泵。

（5）粗（低）真空泵。从大气压开始，降低容器压力且工作在低真空范围的真空泵。

（6）高真空泵。在高真空范围内工作的真空泵。

（7）超高真空泵。在超高真空范围内工作的真空泵。

（8）增压泵。装于高真空泵和低真空泵之间，用来提高抽气系统在中间压力范围内的抽气量或降低前级泵容量要求的真空泵（如机械增压泵和油增压泵）。

五、真空泵的基本参数

（一）极限压力（真空度）

将真空泵与检测器件相连，放入带检测气体后，进行长时间连续抽气，当容器内的气体压力不再下降，而是维持在某一定值时，此压力即为泵的极限压力，其单位用 Pa 表示。

（二）抽气速率

在一定温度和一定进口压强的条件下，泵在单位时间内所抽走的气体体积，称为抽气速率。真空泵的抽气速率 S 可由式（34-2）表达：

$$S = \frac{q}{p_g} \tag{34-2}$$

式中 S——真空泵抽气速率，m^3/s；

 q——单位时间从容器中抽走的气体量，$Pa \cdot m^3/s$；

 p_g——泵的进口接管处的压强，Pa。

在真空技术中，气体量的单位用 pV 的单位表示。因为容积 V 中的气体量由气体的压强决定。这样，式（34-2）中，q 即为单位时间内，折合至一定压强下的气体被抽走的体积。

q 通常由三部分组成，即：

$$q = q_1 + q_2 + q_3 \tag{34-3}$$

式中 q_1——真空室工作过程中产生的气体量；

 q_2——真空室及真空元件放气量；

 q_3——真空室的总漏气量。

（三）最大工作压强

最大工作压强即泵能够正常工作的最高压强，这一极限压强又称最大排出压强。此参数取决于泵的结构及其工作原理。机械泵的排出压强稍高于标准大气压，而扩散泵的排出压强多小于 13.3~26.6Pa（0.1~0.2mmHg）。因此为了保证扩散泵正常工作，必须将机械泵和它串接在一起，以便造成扩散泵出口接管处所需要的预真空度。

只有当被抽气的真空装置中压强不超过泵的最大工作压强时，才允许开动真空泵进行抽气。

（四）流量

在真空泵的吸气口处，单位时间内流过的气体量称为泵的流量。在真空技术中，流量的单位用压力×体积/时间的单位来表示，即用 $Pa \cdot m^3/s$ 或用 $Pa \cdot m^3/h$ 表示。

六、真空机组

在实际工作中，使用单一的真空泵经常不能满足真空冶金的需要。一方面由于机械真空泵的极限真空度较低；另一方面由于油增压泵、油扩散泵等不能直接对大气工作，需要配置预抽泵或前级维持泵。因此，在真空冶金中，要根据不同的要求，将不同的真空泵组合起来，配备成各种类型的真空机组。冶金工业中常用的真空机组有：

（1）水蒸气喷射泵或机械泵；

（2）机械泵 – 罗茨泵（或油增压泵）；

（3）机械泵 – 罗茨泵 – 油增压泵（或油扩散泵）；

（4）机械泵 – 罗茨泵 – 罗茨泵与增压泵并联。

七、常用真空精炼炉真空泵的选择

常用真空精炼炉真空泵的选择，多数为水蒸气喷射泵或水喷射泵 + 水蒸气喷射泵。与机械泵比较，喷射泵更适合于冶金过程，因为它不必顾虑排气温度，抽出气体中的微小渣粒及金属尘埃等，而且还具有机械泵无法比拟的巨大排气能力。但是蒸汽泵需要大量的冷却水和蒸汽。蒸汽喷射泵抽气能力一般根据处理钢液量、处理钢种、精炼工艺、处理时间、真空体积等因素来选择。

第二节　水 喷 射 泵

一、水喷射泵的工作原理

水喷射泵是用水作为工作介质，通过高速射流来引射被抽气体，使被抽容器达到一定的真空度的低真空获得设备。单级泵的极限压力为 3.3kPa，两级泵串联可获得更低一些的极限压力，但受到水饱和蒸汽压的限制。

水喷射泵可以单独使用，也可以作为其他真空泵的前级泵使用。

水喷射泵的工作原理如图 34 – 1 所示。

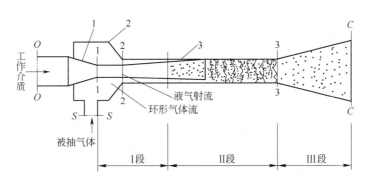

图 34 – 1　水喷射泵的工作原理

1—喷嘴；2—吸入室；3—扩压器

具有一定压力的水经过喷嘴 1 形成高速射流进入吸入室 2，将水的压力能转化为动能；吸入室内的被抽气体被高速射流强制携带进入扩压器 3，在扩压器中两股流体进行扩散混合，进行动量和能量的交换，两者的压力和速度逐渐趋于一致，并且在泵的出口处混合流体的压力高于大气压力而排到大气中。在水喷射泵工作过程中，被抽气体中可凝性气体溶于水中，不可凝性气体从排气口排出，水通过水泵循环使用。

尽管水喷射泵结构简单，但由于泵内流体流动为气液两相流，气体和液体间存在很大的密度差，因此，其中的流动情况比较复杂，可大致分为三个过程，对应于图中Ⅰ~Ⅲ段。

Ⅰ段是水射流与被抽气体相对运动段。液体射流从喷嘴喷出，其边界层对气体的黏滞作用将被抽气体携带至扩压器的渐缩段，此段内气液两相存在相对运动，并且两者均为连续介质。

Ⅱ段气液混合段。在扩压器喉部水射流表面波动幅度增大，水射流被剪切分散形成液滴并扩散到气体中，在高速流动中与气体分子碰撞进行能量交换，将气体加速和压缩。此段内，液体变为非连续介质，而气体仍为连续介质。

Ⅲ段是扩压运动段。气液混合介质进入扩压器渐扩阶段，气体被滴液粉碎成微小气泡分散在重新聚合成的液体之中，形成泡沫流。在此阶段内，混合介质的压力升高，气体被进一步压缩，液体为连续介质，气体为离散介质。由于液体的热容量较大，因此气体可以被等温压缩。

二、水喷射泵的结构

水喷射泵由喷嘴、吸入室和扩压室组成：

（1）喷嘴。喷嘴的作用是将水的压力能变为动能。其结构对泵的性能影响较大，常用的形式有锥形收缩型、圆形薄壁孔口型、流线型以及多孔型等。

（2）吸入室。吸入室与进气管相连，一般为圆筒形，其截面积为喷嘴出口面积的6~10倍。

（3）扩压器。扩压器由渐缩段、喉管和渐扩段组成。渐缩段的收缩半角为15°~30°，其作用是使被抽气体顺利进入喉管；喉管使液体与气体均匀混合，并进行质量迁移和能力传递；渐扩段是将气液混合介质的动能转变为压力能，使被抽气体得到压缩，其渐扩角为5°~8°。

（4）水喷射泵的种类：

1）按喷射方式。水喷射泵按喷射方式可分为连续喷射式、旋流喷射式和脉冲喷射式。

① 连续喷射式的工作液是连续供给的，目前大多数水喷射泵采用这种方式。

② 旋流喷射式的工作液流是旋转的，可增大气液的接触面积，加快射流破碎的速度，提高喷射泵的效率，但旋流发生器要消耗部分能量。

③ 脉冲喷射式的工作原理是脉冲供给的，脉冲喷射流可加速流体间的混合，减少混合段的长度，其传能方式类似于活塞压缩机。

2）水喷射泵按结构方式。水喷射泵按结构方式可分为单级泵和多级泵。单级泵按喷嘴结构形式的不同，可分为单喷嘴短喉管、长喉管以及多喷嘴水喷射泵。

图34-2为单喷嘴水喷射泵的结构图。短喉管水喷射泵体积小、工作效率低，喉管长度为喉管直径的5~8倍；长喉管水喷射泵的效率较高，喉管长度为喉管直径的10~60倍。

图34-3为多喷嘴水喷射泵的结构图。喷嘴数量为4~19个，由于工作射流与被抽气体的接触面积大增，因此工作效率较高。

水喷射泵是由水喷射泵、工作水泵、管路、阀门、气水分离器以及测量仪表等组成。它可以垂直安装，也可水平安装。垂直安装时，流动对称，阻力损失小，传能效果较好；

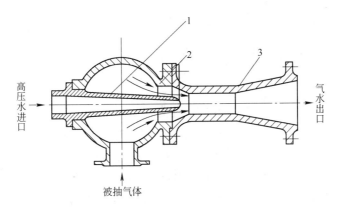

图 34 - 2　单喷嘴水喷射泵的结构图
1—喷嘴；2—吸入室；3—扩压器

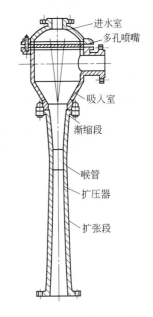

图 34 - 3　多喷嘴水喷射泵
的结构图

水平安装时，气液两相流动过程受重力影响，气泡向上集中使流动阻力损失增大。安装高度可采用低位安装，也可采用高位安装。低位安装时，水喷射泵扩压器出口比排水池液面高出 0～2m，安装比较容易；高位安装时，水喷射泵扩压器出口比排水池液面高出 8～10m。由于高位水的重力势能对被抽气体的附加压缩，因此比低位安装的抽气量增加30%左右。

三、泵的性能参数和尺寸计算

（一）泵的性能参数

水喷射泵的主要性能参数包括极限压力、抽气量、抽速以及反映泵抽气效率的体积引射系数。其中，抽气量与抽速的关系为：

$$Q = Sp \tag{34 - 4}$$

式中　Q——泵的抽气量，kg/h；

　　　S——泵的抽速，m^3/h；

　　　p——泵入口压力，Pa。

水喷射泵的极限压力取决于水温对应的水饱和蒸汽压；抽气量随工作介质流量和压力的增加而增加，当抽出蒸汽或蒸汽混合物时，泵的抽气量远大于抽出空气时的情形；抽速与被抽气体的压力、温度有关，与泵的排气压力有关，与工作介质体积流量、温度、压力有关，其计算式为：

$$S = kG_W \frac{p_A - p_V}{p_A} \times \frac{T_A}{T_W}\left(\sqrt{\frac{p_W - p_A}{p_B - p_A}} - 1\right) \tag{34 - 5a}$$

式中　k——与被抽气体有关的常数，对于空气 $k = 0.85$；

　　　G_W——工作介质的体积流量，kg/m^3；

　　　p_A——被抽气体的压力，Pa；

p_V——泵的极限压力，Pa；

T_A——被抽气体温度，℃；

T_W——工作介质温度，℃；

p_W——工作介质压力，Pa；

p_B——泵的排气压力，Pa。

当 $p_A \gg p_V$，$p_W \gg p_B \gg p_A$ 时，泵的抽速为：

$$S = kG_W \frac{T_A}{T_W} \sqrt{\frac{p_W}{p_B}} \qquad (34-5b)$$

由式（34-5b）可见，此时泵的抽速与被抽气体的压力无关。

水喷射泵的体积引射系数为泵的抽速与工作介质体积流率之比，即：

$$\gamma = \frac{S}{G_W} \qquad (34-6a)$$

式中　γ——泵的体积引射系数。

当 $T_W \gg T_A$，$p_A \gg p_V$ 时，体积引射系数为：

$$\gamma \approx k \left(\sqrt{\frac{p_W - p_A}{p_B - p_A}} - 1 \right) \qquad (34-6b)$$

（二）泵的几何参数计算

根据泵的工作真空度、需要的抽气量、排气压力以及被抽气体温度、工作介质温度和压力，可由式（34-5）求出所需工作介质的体积流量，然后求出水喷射泵的几何参数：

（1）喷嘴出口截面积：

$$f_1 = \frac{G_W}{0.95 \sqrt{2\nu(p_W - p_A)}} \qquad (34-7)$$

式中　ν——水的比容。

（2）喷嘴出口直径：

$$d_1 = 2 \sqrt{\frac{f_1}{\pi}} \qquad (34-8)$$

（3）扩压器喉部截面积：

$$f_3 = \frac{p_W - p_A}{p_B - p_A} f_1 \qquad (34-9)$$

（4）扩压器喉部直径：

$$d_3 = 2 \sqrt{\frac{f_3}{\pi}} \qquad (34-10)$$

（5）喷嘴出口到扩压器喉部入口距离：

$$l = 1.5 d_3 \qquad (34-11)$$

（6）扩压器喉部长度：

$$l_3 = 8 d_3 \qquad (34-12)$$

（7）扩压器出口直径：

$$d_4 = 2.5 d_3 \qquad (34-13)$$

（8）扩压器渐扩段张角：

$$\alpha = 8° \tag{34-14}$$

第三节　水蒸气喷射泵

喷射泵是利用液体或气体的高速射流携带被抽气体，使被抽容器内获得一定的真空度的一种低真空泵。

水蒸气喷射泵是以水蒸气为工作介质，从拉瓦尔喷嘴中喷射出高速蒸汽射流来携带被抽气体，从而达到抽出气体的目的。单级泵的压缩比一般为 8 ~ 10，为了获得更低的工作压力，需要多个喷射泵串联起来工作，称为多级泵。泵级数与压力的关系见表 34 - 3。

表 34 - 3　泵级数与压力的关系

泵级数	1	2	3	4	5	6
工作压力/kPa	13 ~ 100	2.7 ~ 27	0.4 ~ 4	0.067 ~ 0.670	0.067 ~ 0.1333	0.00067 ~ 0.0133

一、水蒸气喷射泵的工作原理

水蒸气喷射泵的结构如图 34 - 4 所示。单级泵主要由工作蒸汽进入室 1、吸入室 2、混合室 3、压缩室 4、拉瓦尔喷嘴 5、扩压器 6 等组成。

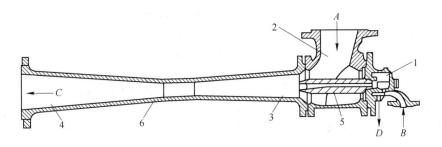

图 34 - 4　水蒸气喷射泵的结构

1—工作蒸汽进入室；2—吸入室；3—混合室；4—压缩室；5—拉瓦尔喷嘴；6—扩压器；
A—被抽气体入口；B—工作蒸汽入口；C—混合气流出口；D—工作蒸汽冷凝液排放口

泵抽气过程可分为：工作蒸汽在拉瓦尔喷嘴中流动，工作蒸汽和被抽气体在混合室中的流动，混合气体在扩压器中的流动三个阶段。水蒸气喷射泵内气流的压力和速度的变化过程如图 34 - 5 所示。

（1）工作蒸汽在拉瓦尔喷嘴中流动。工作蒸汽经拉瓦尔喷嘴中加速，在喷嘴喉部达到声速 w_k，在喷嘴扩张段气流继续加速，在出口处获得的超声速气流喷射到混合室中。在此过程中高压工作蒸汽的压力能转化为动能，其压力由 p_0 降为 p'_0，在混合室中形成低压，将被抽气体吸入。

（2）工作蒸汽和被抽气体在混合室中的流动。工作蒸汽和被抽气体在混合室中进行动量和能量的交换，使两者的速度逐渐趋于一致。

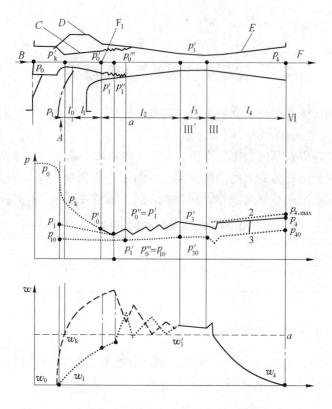

图 34 - 5　水蒸气喷射泵内气流的压力和速度的变化过程

A—被抽气体；B—工作蒸汽；C—拉瓦尔喷嘴；D—混合室；E—扩压器；F—混合气流；

——混合气流；– – –工作蒸汽流；……被抽气体

（3）混合气体在扩压器中的流动。混合气体在扩压器中减速增压，在其喉部出现激波，使气流的压力突升，速度骤降至亚声速。在其扩张段速度进一步降低，压力进一步升高，最终克服出口反压而排到泵外，实现动能向压力能的转换。

二、水蒸气喷射泵的抽气特性

（一）单级泵抽气性能参数及影响因素

水蒸气喷射泵的抽气性能可由引射系数和压缩比来描述。

引射系数为被抽气体质量流率与工作蒸汽质量流率之比，即：

$$\mu = \frac{G}{G_0} \tag{34 - 15}$$

引射系数反映泵的抽气能力和效率。

压缩比为泵出口压力与进口压力之比，即：

$$Y = \frac{p_4}{p_1} \tag{34 - 16}$$

压缩比反映泵的排气能力以及可以获得的工作真空度。

泵的抽气性能与工作介质的压力、温度、流量有关，还与被抽气体的种类、压力、温度、流量等因素有关。

（二）变工况时压力沿扩压器轴线的分布

若保持被抽容器的压力不变，调节泵入口气体流量和出口压力，则扩压器内气流压力和出口压力与引射系数的关系如图 34 - 6 所示。

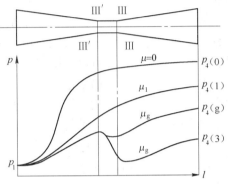

从图 34 - 6 中可见，泵的引射系数随出口压力的减小而增加，即对于不变的入口压力而言，压缩比减小，引射系数增加。当泵出口压力低于某一值 $p_4(g)$ 后，引射系数不再随出口压力下降而增大，而是保持一定值 μ_g 不变。此时，激波发生在扩压器喉部或喉部之后，对渐缩段内的流动不产生影响。μ_g 称为极限引射系数（或最大引射系数），$p_4(g)$ 称为极限反压力（或临界反压力）。水蒸气喷射泵工作时，出口反压力不应超过极限反压力，即 $p_4 \leqslant p_4(g)$；当 $p_4 > p_4(g)$ 时，泵工作不稳定。

图 34 - 6　变工况时压力沿扩
压器轴线的分布

（三）单级泵的抽气特性曲线

泵入口压力与泵抽气量的关系曲线称为泵的抽气特性曲线，图 34 - 7 所示为一定工作蒸汽压力下泵抽气量与吸入压力、极限反压力的关系曲线。从图中可见，泵入口压力随泵抽气量的增加而明显上升，即气体负荷增加，工作真空度将下降；而极限反压力随泵抽气量的增加上升的不多。减少气体负荷能提高真空度，但气体负荷过少时会使扩压器喉部内产生的激波前移，造成泵工作的不稳定。因此，在气体负荷变化较大的场合，可备用几台泵并联运行。根据气体负荷的多少决定开启泵的数量，这样既可保证泵工作得平稳可靠，又可节省能源。

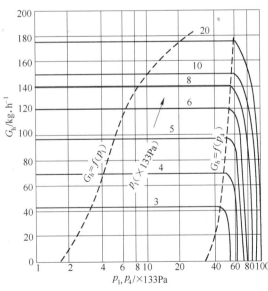

图 34 - 7　一定工作蒸汽压力下，泵抽气量与吸入
压力、极限反压力的关系曲线

三、多级喷射泵系统

（一）多级泵的组成

为了获得更高的真空度，可将两个或两个以上的单级泵串联起来工作，中间还要设置冷凝器将失去工作能力的蒸汽冷凝以减少下级泵的气体负荷。多个喷射泵、冷凝器以及管

路、阀门、供水、供气系统、测控系统等构成多级喷射泵系统。图 34 - 8 所示为四级高架式喷射泵系统。

(二) 冷凝器

冷凝器按其安装位置可分为：前冷凝器、中间冷凝器和后冷凝器。

前冷凝器安装在第一级泵入口之前，当被抽气体中含有大量的可凝性蒸汽，并且蒸汽分压大于冷却水温度对应的饱和蒸汽压时，可以采用前冷却器。

中间冷凝器安装在两级泵之间，其具体安装位置和大小视混合气体中可凝性蒸汽的多少和分压大小以及冷却水温度而定。在多级泵系统中，中间冷凝器普遍被使用，一般需设置多个中间冷凝器。

后冷凝器安装在末级泵之后，用于消除末级泵的废气或余热回收，只在特殊情况下设置。

冷凝器的结构形式有混合式（见图 34 - 9）、表面式（见图 34 - 10）和喷射式（见图 34 - 11）。

在混合式冷凝器中，冷却介质与被冷却气体直接混合进行热量交换，因而冷却效果好，并且结构简单，在水蒸气喷射泵系统中广泛使用。

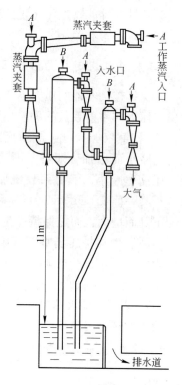

图 34 - 8　四级高架式
喷射泵系统

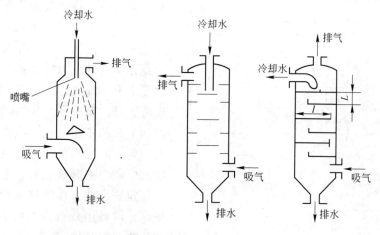

图 34 - 9　混合式冷凝器

在表面式冷凝器中，冷却介质与被冷凝气体通过固体表面进行热量交换，便于冷凝物的处理和回收，结构复杂，冷却效率低，只有在特殊场合下使用。

在喷射式冷凝器中，以压力水为工作介质，经喷嘴形成高速射流，具有抽吸和冷凝双重作用，适用于含有大量的可凝性气体的场合。

(三) 蒸汽加热套

当泵入口压力低于 533Pa 时，工作蒸汽急剧膨胀使其温度大幅度下降，会在喷嘴出口

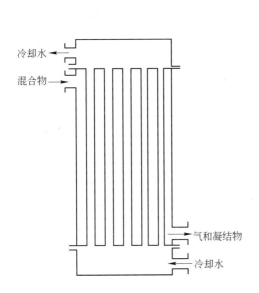

图 34 - 10　表面式冷凝器

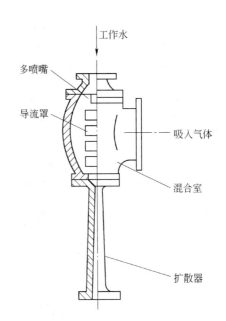

图 34 - 11　喷射式冷凝器

处以及扩压器入口处结冰,使泵抽气性能恶化。为防止上述现象发生,可在喷嘴和扩压器渐缩段处设置蒸汽夹套,通入工作蒸汽进行加热,其结构如图 34 - 12 所示。

(四) 启动泵

启动泵的作用:

在某些工艺过程中,如钢液真空处理等,要求在很短的时间内将被抽容器抽至需要的真空度。为满足这种工艺要求和有效利用蒸汽,可在真空系统中设置启动泵。启动泵与泵系统

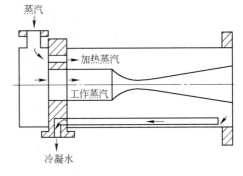

图 34 - 12　蒸汽加热套结构

并联,在喷射泵系统启动时使用。当系统正常工作后,启动泵停止工作。在图 34 - 13 中,4B、3B 为启动泵。在 2S 喷嘴中可采用伸缩针结构,当 1S 未工作时,伸缩针退回,2S 在大的工作蒸汽流量下工作;当 1S 正常工作时,伸缩针插入,4B、3B 停泵,泵系统进入正常工作状态。

启动泵的抽气能力:

$$S = \frac{0.806}{t} V_1 (101.3 - p_1) \ (\text{kg/h}) \tag{34-17}$$

式中　t——被抽空系统内压力从 103.3kPa 降到 p_1 时所规定的时间,min;

V_1——被抽空系统的总容积,m^3;

p_1——真空泵应抽到的真空度,kPa,对于 VOD 炉真空度一般为 $p_1 = 67Pa$。

该式考虑泵的抽气能力,只能是在 t 时间内将真空系统中的空气抽到 p_1 所具备的能

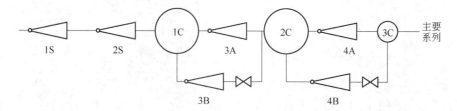

图 34 - 13　设置启动泵的水蒸气喷射泵

力，没有考虑到钢液的放气。所以此式只适用于确定启动泵的能力。

（五）工作蒸汽供应系统

工作蒸汽的品质对喷射泵的实际抽气性能影响较大。水蒸气喷射泵使用的工作蒸汽为饱和或稍过热。为保证蒸汽系统的供热质量，使抽气系统正常有效地工作，供气系统根据需要设置以下装置：

（1）蒸汽减温或过热装置。对于热网供热（过热度大于100℃），蒸汽需要降温使用。因此，在供气管网上要增设蒸汽自动减温装置。对于自备锅炉供气，为保证工作蒸汽具有一定的过热度，需在锅炉供气管路上安装过热器。

（2）汽水分离器。对于不带过热器的锅炉供气系统，锅炉提供的蒸汽干度常低于96%。在环境温度较低，且长距离管线供气条件下，蒸汽干度会远小于96%，这时应设置汽水分离器，使工作蒸汽的干度达到98%以上。

（3）节流降压装置。在多级泵中，第一级泵吸入压力较低，工作蒸汽膨胀量很大，这要求喷嘴随之增大，并且会增加蒸汽流动过程中的摩擦损失。因此应设置节流降压装置。经过节流，蒸汽压力有所下降，同时还可以提高工作蒸汽的干度和过热度，对泵稳定工作有利。

（4）蒸汽排放装置。供气之初，为将管路中的初始冷凝水和未饱和蒸汽排出，要在供气系统上设置蒸汽排放装置。蒸汽排放装置还可以在喷射泵系统快速停泵时，防止供气锅炉或管网出现压力突升，保证系统的安全。

（5）被抽气体冷却与除尘装置。水蒸气喷射泵的抽气能力随被抽气体温度升高而降低，如图 34 - 14 所示。当被抽气体温度较高时，应在泵入口抽气管路上设置冷却装置。

当被抽气体中含有大量的灰尘时，灰尘会在管路弯头、阀门、喷射泵中大量沉积而使气流阻塞、阀门失灵等，最终会导

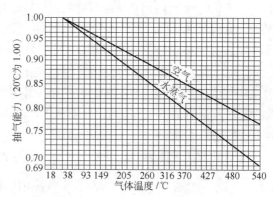

图 34 - 14　泵抽气量与被抽气体
温度之间的关系

致泵系统抽气性能恶化。因此，必须在喷射泵入口抽气管路上设置除尘装置。

（6）消声装置。为了减少蒸汽排放时的噪声，可在蒸汽排放口和末级泵的出口设置消

声装置。

（六）泵的安装形式

水蒸气喷射泵系统的安装形式有高架式、半高架式和低架式三种：

（1）高架式安装是使用最广泛的一种形式，安装高度不低于 11m。这样可以使冷凝器中的冷凝水靠自重克服大气压力而自然排出。高架式安装故障率低，可长期运行，缺点是辅助平台、上下蒸汽管路等造价高，操作维护不便。

（2）半高架式安装是将泵置于 5m 高的平台上，采用离心水泵强制抽出冷凝器中的冷凝水，因此，冷凝器中水位要与水泵连锁控制，以防止返水事故发生。半高架式安装形式的优点是安装位置低，缺点是水泵在工作时易产生气蚀，造成返水事故，降低了泵运行的可靠性，故很少采用。

（3）低架式安装有两种情况，一种是汽水串联喷射泵，另一种是蒸汽喷射引流式泵。汽水串联喷射泵由蒸汽喷射泵和水喷射泵串联而成，无需冷凝器，故可低架安装。其优点是安装方便，不足之处是获得的真空度低，只适用于粗真空场合。蒸汽喷射引流式泵是利用工作系统本身的蒸汽源带动、以蒸汽引流喷射泵，用于抽出冷凝器中的冷凝水。这种安装形式，操作方便，占地面积小，适用于中小型泵系统。

第四节　水蒸气喷射泵的参数选择计算

一、工作蒸汽参数的选择

一般来说，工作蒸汽的压力越高，工作蒸汽和冷却水的消耗越少；但蒸汽压力过高时，工作蒸汽和冷凝水的减少量就不明显了，并且会带来生产费用和设备投资费用的增加。因此，工作蒸汽表压力在 0.4 ~ 1.6MPa 范围内选择。

过热蒸汽或饱和蒸汽对泵的抽气性能影响不大，但考虑到蒸汽管路的热损失以及工作蒸汽在喷嘴中膨胀降温等因素，一般工作蒸汽过热 10 ~ 20℃。工作蒸汽过热度较大，不仅浪费能源，还会使泵的工作不稳定。

二、冷却水温度的选择

冷凝器入口温度越低，冷却水消耗越少。当吸入压力较高时，冷却水温度对工作蒸汽和冷却水消耗量影响不大。冷却水温度与泵系统工作环境温度有关，随四季变化有所变化。

三、多级泵系统中压缩比的分配

多级泵系统中压缩比的分配如下：

（1）泵总的压缩比：

$$Y = \frac{p_{\mathrm{m}}}{p_1} \qquad\qquad (34-18)$$

式中　p_1——第一级泵入口压力，Pa；

p_m——末级泵出口压力，Pa，$p_m = (1.05 \sim 1.1) \times 10^5 \text{Pa}$。

（2）每级泵的平均压缩比：

$$\overline{Y} = \sqrt[n]{Y} \qquad (34-19)$$

式中　n——泵系统级数。

以 $\overline{Y}$ 为基准，调整各级泵的压缩比，并且满足：$p_1 Y_1 Y_2 \cdots Y_n > p_m$。各级泵压缩比的调整原则为：

（1）从第一级到最末一级泵压缩比依次减小，最大压缩比 $Y_{max} = 10 \sim 12$，最小压缩比 $Y_{min} = 3 \sim 4$。

（2）各级泵之间的压力重叠为 10%，即相邻两级泵极限反压力比后一级泵的吸入压力高 10%。

（3）当泵中混合物蒸汽分压对应的饱和温度高于冷却水温度 10℃时，需设置冷凝器，冷凝器的气阻约为 670 ~ 1330Pa。前级冷凝器阻力取小值，末级冷凝器阻力取大值。

四、气体负荷的估算

（一）当量的换算

在水蒸气喷射泵的设计计算中，被抽气体指 20℃ 纯空气。对任意温度下空气或其他被抽气体需进行当量换算，修正系数可按图 34-15 选取。

被抽气体为空气时，其当量气体负荷为：

$$G_{20} = G_K K_{KT} \qquad (34-20)$$

式中　G_K——空气的质量流量。

被抽气体为水蒸气时，其当量气体负荷为：

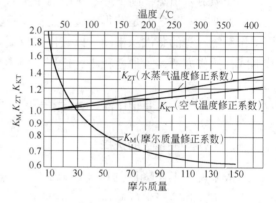

图 34-15　任意温度下，空气或其他气体的当量换算关系

$$G_{20} = G_Z K_{ZT} K_M \qquad (34-21)$$

式中　G_Z——水蒸气的质量流量。

被抽气体为水蒸气和空气的混合气体时，其当量气体负荷为：

$$G_{20} = G_K K_{KT} + G_Z K_{ZT} K_M \qquad (34-22)$$

对于其他混合气体时，其当量气体负荷为：

$$G_{20} = G_h K_{KT} K_M \qquad (34-23)$$

式中　G_h——混合气体的质量流量。

（二）工作蒸汽放气量

工作蒸汽中含气量占总流量的 0.1%，即：

$$G_{OK} = G_0 \times 10^{-3} \qquad (34-24)$$

式中　G_0——工作蒸汽的质量流量。

（三）冷却水放气量

冷却水中含气量占总流量的 0.001%，即：

$$G_{SK} = W \times 10^{-5} \tag{34-25}$$

式中　W——冷却水的质量流量。

（四）水蒸气喷射泵系统的漏气量

水蒸气喷射泵系统的漏气量与泵系统的容积有关，泵系统的最大漏气量 G_1 参见图 34-16。

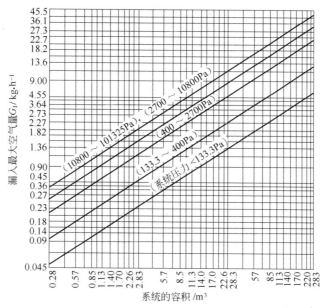

图 34-16　水蒸气喷射泵系统的最大漏气量

综上所述，喷射泵系统的气体负荷为：

$$G = G_{20} + G_{0K} + G_{SK} + G_1 \tag{34-26}$$

五、工作蒸汽消耗量的计算

工作蒸汽消耗量可由气体负荷和泵的引射系数求得：

$$G_0 = \frac{G}{\mu} \tag{34-27}$$

式中　μ——泵的引射系数。

引射系数与压缩比和膨胀比有关。膨胀比为工作蒸汽压力与泵吸入压力之比，即：

$$B = \frac{p_0}{p_1} \tag{34-28}$$

式中　B——膨胀比；

p_0——工作蒸汽压力。

若已知膨胀比 B 和压缩比 Y，可由表 34-4 中查得引射系数 μ 的值。

表 34 - 4　引射系数 μ 选择表

μ\B Y	10	15	20	30	40	60	80	100	150	200	300	400	600	800	1000	1500	2000	3000	4000
1.2	3.1	3.42	3.6	3.71	3.8	3.89	3.95	4.0	4.01	4.02	4.03	4.04	4.05	4.06	4.06	4.06	4.07	4.07	4.07
1.4	1.73	1.98	2.11	2.31	2.4	2.47	2.52	2.56	2.59	2.61	2.61	2.62	2.62	2.63	2.34	2.65	2.65	2.66	2.66
1.6	1.12	1.32	1.45	1.58	1.67	1.75	1.79	1.83	1.88	1.92	1.95	1.98	2.00	2.00	2.01	2.01	2.01	2.01	2.01
1.8	0.81	1.00	1.11	1.23	1.29	1.36	1.41	1.44	1.49	1.53	1.58	1.61	1.64	1.66	1.67	1.67	1.69	1.70	1.71
2.0	0.58	0.76	0.87	0.98	0.05	1.12	1.17	1.20	1.24	1.28	1.32	1.35	1.38	1.40	1.42	1.44	1.45	1.46	1.47
2.2	0.46	0.60	0.71	0.82	0.89	0.07	1.01	1.05	1.10	1.13	1.17	1.20	1.23	1.20	1.26	1.28	1.30	1.32	1.33
2.4	0.37	0.48	0.55	0.68	0.72	0.82	0.96	0.90	0.94	0.98	1.02	1.05	1.09	1.12	1.14	1.17	1.20	1.22	1.23
2.6	0.30	0.41	0.49	0.58	0.65	0.71	0.77	0.81	0.86	0.90	0.94	0.97	1.00	1.03	1.06	1.06	1.10	1.12	1.13
2.8	0.24	0.34	0.41	0.50	0.57	0.64	0.69	0.73	0.73	0.82	0.87	0.89	0.93	0.96	0.98	1.00	1.03	1.04	1.05
3.0	0.19	0.28	0.34	0.41	0.47	0.53	0.59	0.62	0.68	0.71	0.77	0.81	0.86	0.89	0.91	0.93	0.94	0.96	0.98
3.2	0.17	0.25	0.31	0.38	0.43	0.50	0.54	0.57	0.2	0.67	0.71	0.75	0.79	0.82	0.84	0.86	0.89	0.91	0.92
3.4	0.16	0.22	0.27	0.35	0.40	0.46	0.50	0.52	0.58	0.62	0.67	0.70	0.73	0.76	0.78	0.80	0.82	0.84	0.85
3.6		0.19	0.24	0.31	0.36	0.42	0.46	0.49	0.54	0.59	0.63	0.65	0.69	0.71	0.73	0.75	0.76	0.78	0.79
3.8		0.17	0.22	0.23	0.33	0.39	0.43	0.45	0.50	0.53	0.57	0.60	0.63	0.65	0.67	0.69	0.71	0.73	0.74
4.0			0.19	0.25	0.30	0.35	0.40	0.42	0.46	0.50	0.53	0.55	0.59	0.61	0.62	0.64	0.66	0.68	0.70
4.5			0.15	0.20	0.24	0.25	0.33	0.36	0.40	0.44	0.48	0.51	0.53	0.55	0.57	0.59	0.60	0.62	0.63
5.0				0.16	0.19	0.24	0.28	0.31	0.35	0.38	0.41	0.43	0.46	0.48	0.50	0.51	0.53	0.55	0.56
5.5					0.16	0.21	0.24	0.27	0.30	0.33	0.37	0.40	0.42	0.44	0.45	0.47	0.49	0.51	0.52
6.0						0.18	0.20	0.23	0.26	0.30	0.33	0.36	0.39	0.41	0.42	0.43	0.45	0.45	0.47
7.0						0.15	0.17	0.19	0.22	0.25	0.29	0.31	0.34	0.36	0.37	0.39	0.41	0.42	0.43
8.0								0.16	0.19	0.22	0.25	0.27	0.30	0.32	0.33	0.35	0.36	0.38	0.39
9.0									0.16	0.19	0.21	0.23	0.26	0.28	0.30	0.32	0.33	0.35	0.36
10.0											0.18	0.20	0.23	0.25	0.27	0.29	0.30	0.32	0.33

六、喷嘴尺寸的计算

喷嘴尺寸的计算包括：

（1）喉部直径：

$$D_{KP} = 1.6\sqrt{\frac{G_0}{p_0 \times 10^{-5}}}\ (\text{mm}) \tag{34-29}$$

式中，p_0 单位为 Pa；G_0 单位为 kg/h。

（2）出口直径：

$$D_1 = C D_{KP} \tag{34-30}$$

式中，C 为计算参数，对于饱和蒸汽：

当 $B \leqslant 500$ 时，$C = 0.61 \times 2.52^{\lg B}$；

当 $B > 500$ 时，$C = 0.51 \times 2.56^{\lg B}$。

对于过热蒸汽：

当 $B \leqslant 500$ 时，$C = 0.67 \times 2.77^{\lg B}$；

当 $B > 500$ 时，$C = 0.56 \times 2.36^{\lg B}$。

（3）入口直径：

$$D_0 = (3 \sim 4) D_{KP} \tag{34-31}$$

（4）喉部长度：

$$l_0 = (1 \sim 2) D_{KP} \tag{34-32}$$

（5）渐扩段锥度：

当 $p \geq 133\text{Pa}$ 时， $\qquad K = 1 : 4$

当 $p < 133\text{Pa}$ 时， $\qquad K = 1 : 3 \tag{34-33}$

（6）渐缩段锥度：

$$K_4 = 1 : 1.2 \tag{34-34}$$

七、扩压器尺寸的计算

（1）喉部直径：

$$D_3 = 1.6 \sqrt{\frac{\frac{18}{29}(G_K + G_{0K} + G_{SK} + G_1) + G_Z + G_0}{p_4 \times 10^{-5}}} \quad (\text{mm}) \tag{34-35}$$

当喷射泵位于冷凝器之前时， $G_{SK} = 0$。

（2）入口直径：

当 $p_1 \geq 13.3\text{kPa}$ 时， $\qquad D_2 = 1.5 D_3$

当 $p_1 < 13.3\text{kPa}$ 时， $\qquad D_2 = 1.7 D_3 \tag{34-36}$

（3）出口直径：

$$D_4 = 1.8 D_3 \tag{34-37}$$

（4）喉部长度：

$$l_3 = (2 \sim 3) D_3 \tag{34-38}$$

（5）渐缩段锥度：

$$K_2 = 1 : 10 \tag{34-39}$$

（6）渐扩段锥度：

$$K_3 = 1 : 8 \sim 1 : 10 \tag{34-40}$$

八、混合室入口直径的计算

混合室入口直径的计算见式（34-41）：

$$D_h = (2 \sim 2.5) D_3 \tag{34-41}$$

九、冷却水消耗量的计算

冷却水消耗量的计算见式（34-42）：

$$W = 0.6 \times \frac{G_s}{t_2 - t_1} \quad (\text{t/h}) \tag{34-42}$$

式中 t_1， t_2——冷却水入水、出水温度；

  G_s——通过冷凝器水蒸气的凝结量：

$$G_s = G_{Z4} - G'_{Z4} \quad (\text{kg/h}) \tag{34-43}$$

  G_{Z4}， G'_{Z4}——冷凝器入口、出口处可凝性蒸汽量。

且

$$G'_{Z4} = 18 \times \frac{G_K}{M_K} \times \frac{p'_{Z4}}{P'_4 - P'_{Z4}} \quad (\text{kg/h}) \tag{34-44}$$

M_K——不可凝气体的相对分子质量；

p'_4——冷凝器出口混合物全压力：

$$p'_4 = p'_{Z4} - \Delta p \qquad\qquad (34-45)$$

Δp——冷凝器气阻，前级冷凝器 $\Delta p = 670Pa$，末级 $\Delta p = 1330Pa$；

p'_{Z4}——冷凝器出口处蒸汽分压，与冷凝器出口处混合物温度 t'_4 相对应，并且 $t'_4 = t_1 + (1 \sim 3)$。

第五节 水蒸气泵设备组成

一、水蒸气泵的结构原理

图 34-17 所示为一五级水蒸气泵组的结构原理，它是直接从大气压（101.3kPa）下为真空室排气，主要由被抽容器、检测装置、连接管路、真空阀门、除尘器和水蒸气泵组等组成。

（一）气体冷却除尘器

气体冷却除尘器的作用有两条：一是将真空罐内排出的高温废气予以冷却；二是除掉炼钢废气中的颗粒粉尘，并可减少对管道的冲刷磨损。

真空泵系统内积灰是造成设备经常维护的主要原因之一。积灰严重的情况下，甚至会直接影响真空泵系统的正常工作。

当废气温度过高时，同样会影响真空泵的抽气性能。气体冷却除尘器，将作为真空抽气系统被抽气体的入口元件。

气体冷却除尘器由气体冷却器和两级灰尘分离复合组成。气体冷却器由容器外壳的冷却水盘管构成，气体在垂直布置的气体冷却器中被冷却，并经第一级旋风式分离灰尘，然后经第二级迷宫离心式除尘器除尘。

沉降到气体冷却除尘器底部的灰尘通过翻板阀排除到下方外部设置的灰箱内进行清理。

（二）气体冷却器

VOD 过程中，尤其吹氧期间，会产生大量的含尘烟气，因此在吹氧操作和真空下合金的加入过程中，有必要在除尘器和真空泵之间安装一台专用的过滤器（图中未画出），其工作压力为 $8 \sim 101.3kPa$。

（三）过滤器

过滤器外形为圆柱/圆锥形。过滤器上设有一套电控脉冲反冲洗系统（用氮气）。过滤器可在工业气体或氮气氛围中稳定工作，这样就消除了灰尘与空气接触造成爆炸的可能性。在吹炼期间，过滤器用氮气清洗，吹炼之后，也要用氮气增压。

灰尘被收集到过滤器下面设置的一个封闭容器内，在处理间隙将灰尘排除。

为了保证进入过滤器的气体有足够低的温度，要求其前置的气体冷却除尘器将废气温

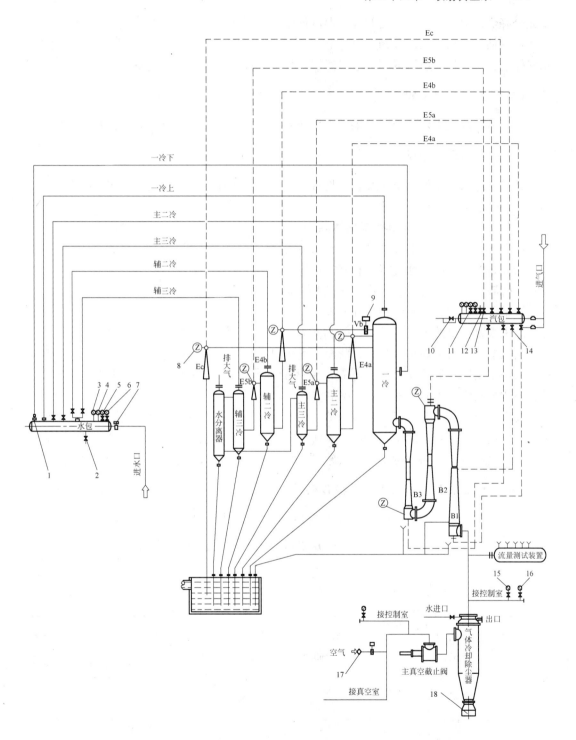

图 34-17　五级水蒸气泵组的结构原理

1—手动蝶阀；2—手动球阀；3—铂热电阻；4—温度计；5—压力变送器；6—压力表；7—气动蝶阀；
8—真空表；9—气动真空蝶阀；10—热动力式输水器；11—压力表连接件；12—安全阀；13—气动球阀；
14—减压阀板；15—绝压变送器；16—麦氏真空计；17—消声器；18—气体冷却除尘器

度充分降低，保证进入过滤器的气体温度低于过滤材料的临界值，即不大于130℃。

通过抽气管路、气体冷却 - 过滤器上的每个抽气口、旁路管道上的阀门切换，可以控制气体通过过滤器，也可以不经过过滤器直接从气体冷却除尘器到达真空泵。

（四）主真空截止阀

在气体冷却除尘器后串接气动真空主切断阀，该阀用来隔离真空泵系统和真空罐。

（五）真空泵及冷凝器

从气体冷却除尘器后由抽气管道将真空泵及冷凝器连接起来。第一级增压泵的外壳四周焊有加热隔套，以防止结冰。

废气从 VD/VOD 真空罐抽至气体除尘器、气体冷却器，废气经冷却除尘后进入真空泵。冷凝器的作用是将前级泵排出的蒸汽冷凝成水，以提高后级喷射泵的效率。

为提高低真空段的抽气能力和缩短抽气时间，采用主、辅喷射泵并联；并在此真空度段有能够满足吹氧、脱碳、大排气量的抽气能力。为确保主、辅喷射泵不发生真空短路，系统要采用主、辅冷凝器并联分开方式。

从末级泵排出的废气（蒸汽混合物）经末级冷凝器、排气管排放到厂房外。

增压泵与喷射泵都是由泵体、蒸汽喷嘴所组成。泵体由钢板卷制焊接而成。蒸汽喷嘴通常采用不锈钢，加工精度要求很高。泵体筒体有一定的圆度要求，内表面要求圆滑过渡，泵体与蒸汽喷嘴的同轴度有严格的要求。

设备由第一、二、三级增压泵（B1、B2、B3），第四、五级主喷射泵（E4a、E5a），第四、五级辅喷射泵（E4b、E5b），主列冷凝器（一冷、主二冷、主三冷），辅列冷凝器（辅二冷、辅三冷），各级喷射泵和冷凝器间的连接管线，尾气排放管等组成。

（六）真空泵系统主要参数及操作模式

适用于 VD/VOD 真空精炼装置的真空泵系统主要参数见表34 - 5，操作模式见表34 - 6。

表34 - 5　适用于 VD/VOD 真空精炼装置的真空泵系统主要参数

参　数　名　称	数　　值
抽气量/kg·h^{-1}	设计决定
工作真空度/Pa	67
泵口极限真空度/Pa	20
真空系统从大气压降至67Pa 的时间/min	≤6（不带钢水，压力指罐内）
	≤7（带钢水，压力指罐内）
蒸汽压力（表压）/MPa	0.8 ~ 1（设计决定）
蒸汽温度/℃	180 ~ 200
蒸汽耗量/t·h^{-1}	设计决定
冷却水温度/℃	≤35
冷却水耗量/m³·h^{-1}	设计决定
冷却水压力（表压）/MPa	设计决定
真空泵系统漏气量/kg·h^{-1}	设计决定

表 34 – 6　真空泵系统主要操作模式

真空区间/kPa	101 ~ 33.5	33.5 ~ 8.6	8.6 ~ 2.8	2.8 ~ 0.5	0.5 ~ 0.067
主要冶金目的	快速预抽	真空脱气 吹氧脱碳（VOD） （VOD工艺）	真空脱气 真空碳脱氧 自然脱碳	真空深脱气 真空碳脱氧 自然脱碳	高真空深脱气 真空碳脱氧 自然脱碳
B1					△
B2				△	△
B3			△	△	△
E4a		△	△	△	△
E4b		△			
E5a	△	△	△	△	△
E5b	△	△			

注：△表示开；未注△表示关。

为实现真空泵系统的自动控制，系统管道中应设有远传及就地测量显示仪表。

（七）真空度调节系统

真空度调节系统用于真空度定值调节，分手动与自动调节。手动调节装置设于罐盖上，通过手动阀调节；自动调节由双控反馈调节阀站和气体管道组成。

VD/VOD精炼初期及吹氧脱碳期间，泡沫渣、钢水中的气体以及碳氧结合生成的气体随着真空罐内压力的降低将产生剧烈的喷溅，并伴随有上涨溢渣现象。为抑制这种情况的发展，有效途径是控制真空罐内的气氛压力。通过调节真空度实现稳定钢液内外的微正压状态，既可降低钢中气体向外喷溅的动能，又能保证气体缓慢地从钢中排出。另外，真空度调节系统适用于一定真空度范围内的定值控制，因此它能有效地适应多钢种的VD/VOD精炼处理工艺。

（八）蒸汽系统

蒸汽系统是为真空泵系统提供工作介质的。为使蒸汽处于饱和或过饱和状态，在进汽总管及蒸汽分配器上设有蒸汽过滤及输水装置。蒸汽系统中设有涡街流量计、压力、温度测量仪表，并可将信号送入计算机。

（九）冷凝器冷却水系统

冷凝器冷却水系统是指浊环冷却水，它是一个开环供水系统，主要用于真空泵系统的冷凝器的用水。冷凝器用水的目的是将喷射器排出的废蒸汽冷凝成凝结水，然后排入热井中。热井中的浊环水由回水泵站的水泵排到工厂的水处理系统中。浊环冷却水也用于真空罐密封水槽的用水。

（十）消声器

由于真空泵以高压蒸汽射流为动力，因而产生较大噪声。通常噪声可达 90 ~ 130 分贝

（距声源 1m 处）。为使噪声降到 85 分贝以下，达到工厂环保要求，必须采取消除噪声措施。

（十一）真空管道系统

真空管道系统是用于连接真空泵和真空罐的部分，包括横管道、除尘器、管道、主截止阀等，真空检测一次元件及破空阀门均安装在该系统中。

横管道为真空罐与除尘器之间的连接管，横管道为部分水冷管道。

除尘器分粗除尘器与精除尘器。粗除尘器为圆柱立管，内部设有挡尘板，通过水冷管将数片挡尘板串吊起来，除尘器下方，设有清灰门；精除尘通过振动电机使过筛网上下运动，达到精除尘目的。

管道为除尘器至一级泵接口之间的部分。管道的主体材料为 Q235 钢。

主截止阀安装于除尘器出口的管道上，用于将抽气容积分为两部分，在真空罐工作之前可将主截止阀后的部分先抽真空，以便缩短真空罐的抽气时间。

二、水蒸气泵的机械结构安装

图 34 - 18 所示为五级泵真空系统高架式机械结构（见图 34 - 17）的安装示意图。

表 34 - 7 列出了图 34 - 18 中各管口处代号含义。

表 34 - 7 图 34 - 18 五级泵真空机械结构示意图各管口处代号含义

代　号	名　　称	代　号	名　　称
a	真空罐管道接口	d1	第一冷凝器出水口
ZJ	真空截止阀门	d2	主二冷凝器出水口
b1	一级增压器蒸汽入口	d3	主三冷凝器出水口
b2	二级增压器蒸汽入口	d4	辅二冷凝器出水口
b3	三级增压器蒸汽入口	d5	辅三冷凝器出水口
b4	四级主泵蒸汽入口	d6	气水分离器出水口
b5	五级主泵蒸汽入口	e	排入大气口
b6	四级辅泵蒸汽入口	f1	一级增压器排污口
b7	五级辅泵蒸汽入口	f2	三级增压器排污口
b8	启动泵蒸汽入口	g1	保温蒸汽进口
C1	一冷凝器上进水口	g2	保温蒸汽出口
C2	一冷凝器下进水口	g3	气体冷却器出口
C3	主二冷凝器下进水口	h1	主冷却水进口
C4	主三冷凝器下进水口	h2	主工作蒸汽进口
C5	辅二冷凝器下进水口	h3	压缩空气进口
C6	辅三冷凝器下进水口		

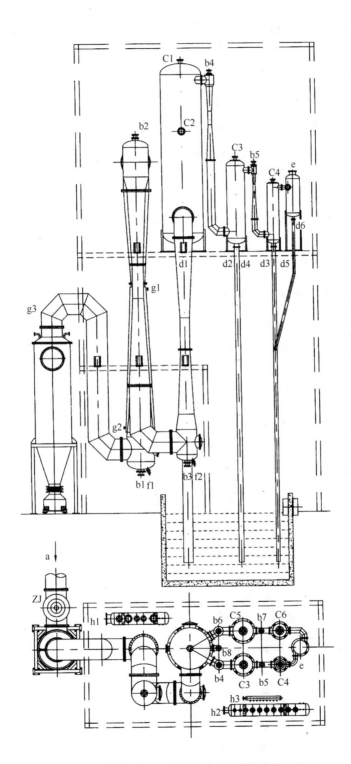

图 34 – 18　五级泵真空系统高架式机械结构安装示意图

第六节 低真空系统设计与计算

一、气体负荷的计算

(一) 真空室内总气体的负荷

在真空室中,真空泵组总的气体负荷为:

$$Q = Q_1 + Q_g + Q_f + Q_s + Q_a \tag{34-46}$$

式中 Q_1——真空室中的漏气流量,$Pa \cdot L/s$;

Q_g——工艺过程中真空室内产生的气体流量,$Pa \cdot L/s$;

Q_f——真空室中各种材料表面解吸释放出来的气体流量,$Pa \cdot L/s$;

Q_s——真空室外大气通过器壁材料渗透到真空室内的气体流量,$Pa \cdot L/s$;

Q_a——真空室内存在的大气量。

(二) 漏气流量 (速率) 的计算

大气通过各种真空密封的连接件处和各种漏隙通道的泄露进入真空室的漏气流量 Q_1,对于确定的装置,是一个常数。设计时,可以根据真空设备的极限压力以及大气组分对设备性能的要求,对 Q_1 提出适宜的要求,直接给出允许的漏气流量。表 34-8 给出了各种真空设备的最大容许总漏率,可供设计参考。

表 34-8 各种真空设备的最大容许总漏率

装 置 名 称	允许漏气量/$Pa \cdot L \cdot s^{-1}$
简单减压装置、真空过滤装置、真空成形装置	1.33×10^4
减压干燥装置、真空浸渍装置、真空输送装置	1.33×10^3
减压蒸馏装置、真空脱气装置、真空浓缩装置	1.33×10^2
真空蒸馏装置	1.33×10^1
高真空蒸馏装置、冷冻干燥装置	1.33
分子蒸馏装置	1.33×10^{-1}
带有真空泵的水银整流器	1.33×10^{-2}
真空镀膜装置	1.33×10^{-3}
真空冶炼装置	1.33×10^{-4}
回旋加速器	1.33×10^{-5}
高真空排气装置	1.33×10^{-6}
真空绝热装置	1.33×10^{-7}
封闭、切断真空装置	1.33×10^{-8}
小型超高真空装置	$1.33 \times 10^{-8} \sim 1.33 \times 10^{-9}$
电子管、电子束管	1.33×10^{-9}

对于一般无特殊要求的中、低真空系统,可选取 $Q_1 = 1/10 Q_g$。

（三）放气流量的计算

被抽容器内被抽空后，各种构件材料的表面放气量（包括原来在大气压下所吸收和吸附的气体），单位时间内的放气流量用 Q_f（单位为 Pa·L/s）表示。

真空室中材料表面放气流量与材料性能、处理工艺、材料表面状态有关，已知材料的出气率后，（可查阅有关数据），用式计算放气流量：

$$Q_f = \sum q_i A_i \quad (\text{Pa·L/s}) \tag{34-47}$$

式中　q_i——真空室内第 i 种材料单位表面积的放气速率，Pa·L/（s·m²），一般用抽气 1h 后的放气速率数据；

A_i——第 i 种材料暴露在真空室中的表面积，m²。

在低真空系统中，真空系统本身内表面的出气量与系统总的气体负荷相比，可以忽略不计。因此，在低真空条件下计算抽气时间可以不考虑表面出气的影响，即 $Q_f = 0$。

（四）渗透气体流量的计算

大气通过容器壁结构材料向真空室内渗透的气体流。对于一般金属系统可以不考虑。而玻璃真空系统或薄壁金属系统要考虑此值。为此对于 VD、VOD、RH、LFV 炉来说，渗透气体流量 Q_s 不需考虑。

（五）工艺过程中真空室内产生的气体流量的计算

气体负荷 Q_g 包括在工艺过程中被处理材料放出的气体流量和在工艺过程中引入真空室中的气体流量（如吹氩搅拌、吹氧过程中产生一定量的废气等），Q_g 中还包括了真空室中液体或固体蒸发的气体流量 Q_z。空气中水分或工艺中的液体在真空状态下蒸发出来，这是在低真空范围内常常发生的现象。

对于真空熔炼工艺来说，当给出被熔炼材料单位质量含气量在标准状态下的体积时，可采用式（34-48）进行近似计算：

$$Q_g = \frac{q_1 G p_a b}{t} n \times 10^3 \quad (\text{Pa·L/s}) \tag{34-48}$$

式中　q_1——被熔炼材料单位质量的含气量在标准状态下的体积（见表34-9），L/kg；

G——被熔炼材料的总质量，kg；

p_a——标准大气压，101325Pa；

b——被熔炼材料的放气程度，表示经过一次熔炼材料所放出的气体占总含气体量的比例；

n——材料在熔炼时的放气不均匀系数，见表34-10；

t——材料被熔炼处理的时间，s。

表34-9　几种材料单位质量含气量在标准状态下的体积

序　号	材料名称	q_1 值（包括 H₂、N₂、O₂）/L·kg⁻¹
1	钢	0.15~0.65（0.1~0.65）
2	钛	0.3~1.1（0.1~1.0）
3	钼	0.2~0.25

每克钢水脱气量(L/g) = 气体脱除量 × 气体摩尔体积(L/mol)/气体摩尔质量(g/mol)

表 34 – 10 材料在熔炼时的放气不均匀系数 n

序　号	熔炼处理方法	n 值
1	电子束熔炼或自耗电极多弧熔炼	1
2	真空电阻炉	1.2
3	感应加热和熔炼时	2
4	真空感应炉感应精炼时	1

当给出材料在熔炼处理前后化学成分的变化时（见表 34 – 11），可采用式（34 – 49）近似计算 Q_g。

$$Q_g = v \times 10^6 (3.15C + 1.35N + 18.91H)(Pa \cdot L/s) \qquad (34 - 49)$$

式中　　　v——熔炼速度，kg/min；

H_2，N_2，O_2——表示该元素在熔炼前后的减少量占原含量的比例。

表 34 – 11 一些金属与合金材料在真空熔炼前后含气体成分的变化

熔炼材料	熔炼方法	分析结果/%		
		H_2	O_2	N_2
硅钢	大气熔炼料		0.0053 ~ 0.0062	0.0023 ~ 0.0024
	真空感应熔炼后		0.0012 ~ 0.0014	0.0007 ~ 0.0011
耐热合金	真空熔炼前		0.0045	0.0014
	真空熔炼后		0.0013	0.0011
变压器钢	普通变压器钢	0.0300	1.7000	
	真空熔炼后	0.0050	0.2200	
钢	普通多弧熔炼	0.0004 ~ 0.0020	0.0010 ~ 0.0150	0.0030 ~ 0.0500
	真空自耗炉一次熔炼	0.0001 ~ 0.0002	0.0006 ~ 0.0030	0.0004 ~ 0.0100
无氧铜	真空熔炼前	0.0120	0.0450	
	真空熔炼后	0.0010	0.0040	

（六）大气压下的气体量

在真空室内存在的大气压下的气体量 Q_a，是抽气初期（粗真空和低真空阶段）机组的主要气体负荷，但很快被真空机组抽走，所以不会影响真空室的极限压力，计算时可以忽略不计。

二、抽气时间的计算

（一）真空室出口的有效抽速

泵或机组对容器的抽气作用受两个因素的影响：

（1）泵或机组本身的抽气能力，该影响可由真空泵的抽气特性曲线表现出来；

（2）管道对气流的阻碍作用，可由抽气管道流导 C 对抽速的影响体现出来。

在简单的真空系统中，根据流导的定义有：

$$Q = p_j S_e = p_1 S_p = p_i S_i = C(p_j - p_1) \tag{34-50}$$

式中　Q——气体流量，$Pa \cdot L/s$；

　　　p_j——真空容器出口压力，Pa；

　　　S_e——真空机组对真空容器出口的有效抽速，L/s；

　　　p_1——真空泵入口压力，Pa；

　　　S_p——真空机组入口抽速，L/s；

　　　p_i——管道中任一截面处的气体压力，Pa；

　　　S_i——管道中任一截面处真空泵对该截面的有效抽速，L/s；

　　　C——管道的流导，也称通导能力，表示气流的通过能力。其定义为：$C = \dfrac{Q}{p_1 - p_2}$，

即在单位压差下，流经导管的气流量，其单位为 m^3/s 或 L/s 表示。

式（34-50）为真空系统内的气流处于稳定流动时的基本方程式，称为真空系统的气体连续性方程，由式（34-50）可得到如下各式：

$$p_j = Q/S_e, \quad p_1 = Q/S_p, \quad p_j - p_1 = Q/C$$

故

$$\frac{1}{S_e} = \frac{1}{C} + \frac{1}{S_p}$$

或

$$S_e = \frac{S_p C}{S_p + C} = \frac{C}{1 + C/S_p} = \frac{S_p}{1 + S_p/C} \tag{34-51}$$

在 S_p 为定值时，真空室出口的有效抽速 S_e 随管道流导 C 变化，三者关系如图 34-19 所示。

式（34-51）称为真空技术的基本方程。它表明：

（1）$S < S_p$，$S_e < C$，即真空泵或机组对真空室的有效抽速远小于机组自身的抽速或管道的流导；

（2）若 $C \gg S_p$ 时，则 $S \approx S_p$，即当管道的流导很大时，真空室出口处的有效抽速只受真空机组本身抽速的限制；

（3）若 $S_p \gg C$ 时，则 $S_e \approx C$，在此情况下，真空室的有效抽速受到抽气管道流导的限制。

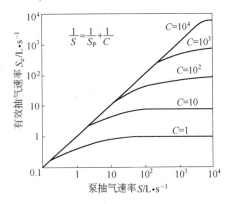

图 34-19　有效抽速、机组抽速与管道流导的关系曲线图

由此可见，为了充分发挥真空机组对真空室的抽气作用，必须使管道的流导尽可能增大，因此在真空系统设计时，在可能的情况下，应将真空管道设计得短而粗，使管路元件（管道、阀门、除尘器、捕集器等）流导尽可能地大，尤其是高真空系统的抽气管道更是如此。在一般情况下，对于高真空管道，真空泵的抽速损失不应大于 40%~60%，而对于低真空管道，其损失允许值为 5%~10%。

（二）抽气时间的计算

在低真空系统中，真空系统本身内表面的出气量与系统总的气体负荷相比，可以忽略

不计。因此，在低真空条件下计算抽气时间可以不考虑表面出气的影响，即 $Q_f = 0$。

考虑抽气管道流导的影响而忽略系统漏气、放气时抽气时间的计算：

（1）当管道中气流状态为黏滞流时，管道的流导 C 与气体压力有关，可表示为如下关系式：

$$C = k_b \bar{p} = \frac{k_b}{2}(p + p_0) \qquad (34-52)$$

式中 k_b——比例系数，对于 20℃ 空气 $k_b = 1.34 \frac{D^4}{L}$，对于其他情况，$k_b = 2.45 \times 10^{-4} \frac{D^4}{\eta L}$

        （其中 D、L 分别为管道的直径和长度，cm）；

      η——气体黏性系数。

      $\bar{p}$——管道中气体的平均压力，$\bar{p} = \frac{p_0 + p}{2}$，Pa；

      p_0——真空室中抽气开始前的压力，Pa；

      p——真空室中抽气时间为 t 时的压力，Pa。

根据真空技术基本方程，真空泵对容器的有效抽速 S 为：

$$S = \frac{S_p C}{S_p + C} = \frac{S_p k_b \bar{p}}{S_p + k_b \bar{p}} \qquad (34-53)$$

当忽略系统漏气、放气时，抽气时真空室中的压力从开始压力 p_0 降到压力 p 时的抽气时间 t 为：

$$t = \frac{V}{k_b}\left(\frac{1}{p} - \frac{1}{p_0}\right) + \frac{V}{S_p}\left[\left(\frac{N - N_0}{p - p_0}\right) + \ln\left(\frac{N_0 + P_0}{N + P}\right)\right] \qquad (34-54)$$

式中，$N = \left[\left(\frac{S_p}{k_b}\right)^2 + p^2\right]^{1/2}$；$N_0 = \left[\left(\frac{S_p}{k_b}\right)^2 + p_0^2\right]^{1/2}$。

（2）当管道中气体流状态为分子流时，管道流导 C 与气体压力无关，因而机组对真空室的有效抽速 S 也与压力无关，则有：

$$S = \frac{S_p C}{S_p + C}$$

那么，真空室中的压力从开始抽气时的压力 p_0 降到压力 p 时的抽气时间 t 为：

$$t = \frac{V(S_p + C)}{S_p C}\ln\frac{p_0}{p} \qquad (34-55)$$

三、真空室压力的计算

（一）真空室极限压力

真空设备空载运行时，真空室中最终到达的最低压力称为真空室的极限压力。对于中、低真空装置，其极限压力可由式（34-56）表示：

$$p_u = p_{bu} + \frac{Q_1}{S} \qquad (34-56)$$

式中 p_u——真空容器的极限压力，Pa；

      p_{bu}——真空机组（或真空泵）的极限压力，Pa；

S——真空室抽气口处真空泵或机组的有效抽速，L/s。

真空室的极限压力，总是高于真空抽气机组的极限压力。泵或机组的极限压力越低，有效抽速就越大，则真空室的极限压力越低。

真空泵的极限真空度通常在 13.3 ~ 27Pa 范围内选取。吹氧时的工作真空度为 6.7 ~ 13.3kPa。

(二) 真空室的工作压力

对于中、低真空系统来说，真空室的工作压力 p_g 由式（34 - 57）表示：

$$p_g = p_{bu} + \frac{Q_1 + Q_g}{S} \tag{34-57}$$

一般情况下，所选择的真空室工作压力至少要比极限压力高半个到一个数量级。工作压力选择得越接近于系统的极限压力，则抽气系统的经济效率越低。从经济方面考虑，最好在主泵最大抽速或最大排气量附近选择工作压力。从钢液气相压的理论来讲，要满足脱碳、脱氢的要求，真空度为 133Pa 即够用了。实际上目前钢液处理的工作真空度都按 67Pa 选取，这一点已是目前世界冶金同行公认的。

(三) 抽气过程中真空室内压力的计算

在实际的真空工程中，有时需要计算经过某一给定时间，真空容器内所要达到的压力。对于单个容器，真空室内压力 p 随抽气时间 t 的变化关系式为：

$$p = p_0 e^{\frac{S_p t}{V}} = p_0 e^{\frac{-t}{\tau_1}} \tag{34-58}$$

式中 τ_1——真空容器的抽气时间常数，$\tau_1 = \dfrac{V}{S_p}$，其意义是被抽容器内的压力从抽气开始

时的压力 p_0 降低到 1/e 所需要的抽气时间；

t——从开始抽气时的压力 p_0 降到压力 p 时的抽气时间，min；

V——真空室容积，m^3。

四、真空泵的选择与匹配计算

真空系统设计的关键问题是选择真空抽气组的主泵。

(一) 主泵类型的确定

主泵类型的确定包括如下内容：

（1）根据真空室所需要的极限压力确定主泵。一般主泵的极限压力的选取要比真空室的极限压力低半个到一个数量级。

（2）根据真空室进行工艺生产时所需要的工作压力选择主泵。应正确地选择主泵的工作点，在其工作压力范围内，应能排除真空室内工艺过程中产生的全部气体量。因此，真空室内的工作压力一定要在主泵的最佳抽速压力范围内。

（3）根据真空室容积的大小和要求的抽气时间来选择主泵。真空室容积大小对系统抽到极限真空的时间有影响，当抽气时间要求一定时，若真空室容积大，则主泵抽速也会越大。

（4）正确组合真空泵。由于真空泵有选择性地抽气，因而有时选用一种泵不能满足抽气要求时，需要几种泵组合起来，互相补充才能满足抽气的要求。

（5）水喷射泵与水蒸气喷射泵所能达到的喷射压力范围见表 34 – 2。

（二）主泵抽速的计算

主泵的类型确定之后，接下来就是要具体确定主泵抽速的大小。主泵抽速大小确定的主要依据是被抽容器的工作真空度和其最大排气量，以及被抽容器的容积和所要求的抽气时间。

（1）主泵的有效抽速。真空室内的排气流量见式（34 – 46），由于在低真空系统的金属容器真空室，则真空室内排气量的后三项可以不作为考虑对象，则有：

$$Q = Q_1 + Q_g \tag{34 – 59}$$

泵的有效抽速为：

$$S_e = \frac{Q}{p_g} = \frac{Q_1 + Q_g}{p_g} \tag{34 – 60}$$

式中各符号意义同前。对于无特殊要求的中、低压真空系统，可选取 $Q_1 = 0.1Q_g$。

则式（34 – 60）可改写为：

$$S_e = \frac{Q_1 + Q_g}{p_g} = \frac{0.1Q_g + Q_g}{p_g} = \frac{1.1Q_g}{p_g} \tag{34 – 61}$$

式中　Q_g——工艺过程中真空室内产生的气体流量，Pa · L/s；

　　　p_g——真空室的工作压力，一般取 $p_g = 67$Pa。

为此，公式（34 – 61）又可改写为：

$$S_e = \frac{1.1Q_g}{p_g} = \frac{1.1Q_g}{67} = 1.64 \times 10^{-2} Q_g(\text{L/s}) \tag{34 – 62}$$

（2）粗算主泵的抽速。由于在选定主泵之前，真空室出口到主泵入口之间的管路没有确定，因而其流导 C 是未知的，也就无法确切地计算出主泵的抽速。可根据下面经验公式粗算出主泵的抽速，即：

$$S_c = k_s S_e \tag{34 – 63}$$

式中　S_c——粗算主泵的抽速，m³/s；

　　　k_s——在真空室出口处主泵的抽速损失系数，当主泵到真空室出口之间的管路不采用捕集器时，取 $k_s = 1.3 \sim 1.4$；当采用捕集器时取 $k_s = 2 \sim 2.5$。

按真空泵产品系列中的规格型号选出符合粗算值 S_c 的主泵。

（3）主泵抽速的验算和确定。根据粗选主泵的入口尺寸，选择确定连接管路及其他元件尺寸，再由流导公式求出管路的流导 C，再按式（34 – 64）精算主泵抽速：

$$S = \frac{S_e C}{C + S_e} \tag{34 – 64}$$

由式（34 – 64）算得的 S 值如果同式（34 – 63）的粗算 S_c 值相差很小，就可以把粗选的泵作为主泵，否则，进行重新选用。

（三）对真空泵级数选择

根据工作真空度和抽气能力，进行真空泵级数的选择。真空泵系统级数选择有如下组合：

（1）三级增压泵 + 二级喷射泵；

（2）三级增压泵 + 三级喷射泵；

（3）二级增压泵 + 二级喷射泵；

（4）二级增压泵 + 三级喷射泵。

根据厂房条件、工艺流程、设备布置，真空泵系统可灵活选用上述组合形式。

用于 VD/VOD 的真空泵有水环泵 + 水蒸气喷射泵组或多级喷射泵组两种。水环泵和水蒸气喷射泵的前级泵（6~4 级）为预抽真空泵，抽粗真空。水蒸气喷射泵的后级泵（3~1 级）为增压泵，抽高真空。VOD 法真空泵的特点是排气能力大，因为吹氧脱碳产生大量 CO 气体需排出。

表 34 – 12 为 40~150t 真空系统主要参数。

表 34 – 12　40~150t 真空系统主要参数

项　　目		数　　值				
钢包容量/t		40	60	80	100	150
钢包直径/mm		2900	3100	3210	3400	3900
熔池面直径/mm		2280	2480	2555	2800	3300
钢包高度/mm		3150	3450	4430	3900	4500
熔池深度/mm		1850	2200	2400	2500	3000
真空罐直径/mm		4800	5200	5400	5600	6300
真空罐高度/mm		5000	5400	5600	5800	6500
工作真空度/Pa		67				
极限真空度/Pa		20	20	20	20	27
升温速率/℃·min^{-1}		1.5~2.5				
抽气能力 /kg·h^{-1}	76Pa	250	350	400	450~500	550~600
	8.0kPa	2000	2200	2400	3200	
工作蒸汽压力/kPa		0.8	0.8	0.8~0.9	0.8~0.9	0.8~0.9
蒸汽消耗量/t·h^{-1}		10~12	14~15	15~16	18~20	23~25
冷却水耗量/t·h^{-1}		600	650	700	750	约 900

五、气体冷却除尘系统的选择

VOD 工艺产生大量的灰尘，其中大部分是在氧气吹炼过程中产生的，按通常的只设置一级气体冷却的除尘器已不能满足 VOD 工艺除尘要求。因此，在氧气操作和真空下合金的加入过程中，需要在除尘器和真空泵之间安装一台专用的过滤器（布袋除尘器），其工作压力为 10~101.3kPa。

为了保证进入过滤器的气体有足够低的温度，将一个专用的气体冷却器安装在过滤器之前，使得过滤器入口处的气体温度始终小于 130℃。通过这样两道冷却，进入布袋除尘器的气体温度将大大低于布袋材料的临界值。

气体冷却除尘系统并联在抽气管路上。气体冷却-过滤器上的每个端口设有旁路管道控制阀门，选择开闭阀门，既可以通过过滤器也可以不通过过滤器直接从第一个除尘冷却器到达真空泵。

六、真空系统的结构设计

真空系统的结构设计主要考虑密封可靠、结构合理、材料对真空度影响要小。设计中应注意以下几点：

(1) 选择结构材料尽量用国家标准中的无缝钢管和板材，尽量减少焊接结构，有利于提高真空部件的气密性质量。对于需要进行焊接结构的系统元件，应选择焊接性能好的钢材。

(2) 焊接是真空系统制造中的一道重要工序，为了保证焊接后焊缝不漏气，除了提高焊接工艺质量外，合理地设计焊接结构也很重要。因此焊接结构要避免处于真空中的焊缝有积存污物的空隙，否则给清洗造成困难，还会成为缓慢放气的气源。当焊缝出现死空间时，在系统检漏中就不易找到漏隙所在。

(3) 在结构上要保证快速抽空。为此要避免出现隔离穴孔（气袋），因为气袋会成为缓慢放气的源泉，延长了抽气时间，如图 34 – 20 所示。要将气袋开出气孔，以利于快速抽空。

(4) 减少表面放气。处于真空内的构件和壳体内壁表面越光洁越好。最好进行电镀抛光、氧化处理等。一般处于高真空的内壁粗糙度 R_a 为 6.3 ~ 3.2；处于中真空的内壁粗糙度 R_a 为 12.5 左右。处在超高真空的内壁要求抛光，达到非常光洁的表面。要特别注意生锈的金属表面对抽空十分不利。

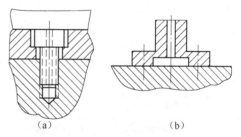

图 34 – 20 处在真空室内带有出气孔的正确结构

(5) 真空系统中各元件之间多用法兰连接。而法兰与管子之间是焊接结构，因为焊接时容易引起法兰变形，所以目前国内都采用焊接后再对法兰加工，这样既可以达到尺寸和粗糙度的要求，又能保证两个法兰连接时密封可靠。

(6) 对于某些必须处于较高温度下工作的真空橡胶密封圈，由于橡胶耐温有限，可设计成水冷结构加以保护。

(7) 为了使真空系统元件壳体和真空室壳体有足够的强度，保证在内力的作用下不产生变形，器壁要有一定的厚度，必要时增加筋板或加固圈等。实验表明，真空容器采用圆形结构较好。端盖采用凸形结构为好，尽量不要采用平盖，因为它们的抗压能力相差很大。壁厚设计时还要注意一般打 0.4MPa 压力时容器不应变形。水套检漏时也按 0.4MPa 压力打压，也不能变形。

(8) 由外部进入真空室内的转动件或移动件，要保证可靠的动密封。除了选择好的密封结构外，其中的轴或杆件一定要满足粗糙度的要求。更要防止在轴或杆件上有轴向划痕，这种划痕会引起气体的泄漏，降低系统的真空度，而且不易被发现。

(9) 真空系统上测量规管位置的安排应遵循如下原则：

1) 不能将测量规管放在密封面较多的地方。因为每一个密封面都不可能保证绝对不漏气，密封面集中处，必然是容易漏气的地方，测量值可能不准确。

2）规管内壁各处，必须保证真空卫生，否则会造成测量不准。

3）规管应尽量接在靠近被测量的地方，以减少测量误差。

（10）真空室壳体上的水套结构，要保证水流畅通无阻，更不能出现死水，造成局部过热。因此，进出水管位置要一下一上，且设置流水隔层，使水沿一定的路线流动。

第三十五章　真空精炼炉

目前，常用真空精炼炉有 LFV、VD、VOD、RH 等。VOD 真空精炼炉与 VD 真空精炼炉的设备构成基本相同，主要的区别在于在真空密封盖上部增加了氧枪及其升降系统、供氧系统，在真空条件下向钢包内的钢液吹氧脱碳。这种方法具有脱碳、脱氧、脱气、脱硫和合金化等功能，主要用于生产不锈钢或超低碳合金钢及合金。掌握了 VOD 真空精炼炉设备与设计，那么，对于 VD、LFV 炉的结构与设计就相对来说简单了。而 RH 真空精炼炉目前主要与大型转炉相配套使用，这里不做介绍。

第一节　VD 精炼炉的主要功能与工艺过程

一、VD 法的方法与特点

VD 法是把钢包真空脱气法和吹氩搅拌相结合产生的一种冶炼方法。钢包真空脱气法是在电弧炉出钢后将钢包置于真空室内，盖上真空盖后抽真空使钢液内的气体由液面逸出。在包内无强制搅拌装置情况下，脱气主要靠负压作用在钢液面上层进行，并借助于钢液内的碳自发脱氧反应形成的 CO 气泡的排除造成钢液沸腾来搅拌钢液，增大气液界面积，并提高了传质系数，从而提高了脱气效果。因此，认为脱气由液面脱气和上浮气泡脱气构成。但因无强制搅拌措施，只有钢包上面一层钢液与真空作用，所以脱气效果差。特别是大容量钢包，因钢液静压力的影响大，钢包底层的气体不易逸出。而 VD 法的精炼手段是底吹氩搅拌与真空相结合，在真空状态下吹氩搅拌钢液，一方面增加了钢液与真空的接触界面积；另一方面，从包底上浮的氩气泡还能黏附非金属夹杂物，促使夹杂物从钢液内排除，使钢的纯净度提高，清除钢的白点和发纹缺陷。

真空室压力一般为 $660 \sim 2.66 \times 10^4$ Pa，处理时间为 $12 \sim 15$ min。

吹氩压力为 $200 \sim 350$ kPa，吹氩时间为整个精炼时间。

二、VD 法的工艺过程简介

（一）VD 精炼处理工艺

电弧炉出钢后，需进行 VD 处理的钢水经过 LF 调整钢水温度和成分，使钢水成分合格。VD 精炼处理工艺过程为：吊包入罐→接入氩气→测温取样→盖车走行→落盖→开主真空阀抽真空→抽真空至 67Pa（真空下碳脱氧）→加合金料→测温取样→复压→提盖→盖车走行→喂线→测温取样→断开氩气→吊包出罐。

以国内某厂 30tVD 炉作业周期为例，其各工序作业周期可参见表 35-1。

VD 作业周期表中保真空时间以脱氢时间为准排列。真空下脱氢时间 $t(\min)$ 可由式（35-1）计算：

$$t = \frac{G}{K_n A \rho} \times \ln \frac{H_0 - H_t}{H_t - H_\infty} \tag{35-1}$$

式中 G——钢水量，t；

K_n——脱氢速度常数，通常取 $K_n = 0.15 m/min$；

A——滞流熔池面积，m^2；

H_0——起始氢含量，%；

H_t——脱气时间 t 时氢含量，%；

H_∞——平衡氢含量，%；

ρ——钢液密度，t/m^3。

表 35-1 国内某厂 30tVD 炉作业周期表

作 业 项 目		单工位时间/min		累计时间/min
准备处理阶段	吊包至 VD 罐中，就位	1.5		1.5
	连接吹氩管	0.5（人工）		2
	测温	0.5		2.5
	真空泵系统预抽真空①	1.5（101kPa→70kPa）		4
	罐盖车从待机位至处理位，合盖	1.5		5.5
真空处理阶段	开主真空阀、抽真空	5.5（70kPa→67Pa）		11
	保真空（同时合金微调）	10.0～15.0		21～26
	关主真空阀，破空（充气复压至大气压）	1.5		22.5～27.5
真空后处理阶段	提升罐盖，罐盖车开走，下周期合盖	2.0		24.5～29.5
	洁净喷吹	约5	后期喂线	29.5～34.5
	测温取样	1.5		31～36
	断开吹氩管	0.5		31.5～36.5
	向钢包投入保温剂	0.5		32～37
	吊车从真空罐吊走钢包	1.0		33～38
合计时间		33～38		

注：单盖单罐 VD 作业周期是由冶炼准备处理阶段 + 真空处理阶段 + 真空后处理阶段三部分组成。

①号标记处为泵系统预置真空与罐内大气压平衡至 70kPa 时的预抽时间。

（二）VD 处理过程工艺操作流程

VD 处理过程工艺操作流程如图 35-1 所示。

三、VD 法的精炼效果

以某钢厂精炼 GCr15 钢为例，VD 法精炼效果为：

（1）经 VD 法精炼后钢中全氧含量在 $(12～27) \times 10^{-4}$% 之间，溶解氧含量一般为 $(7～15) \times 10^{-4}$%，溶解氧的脱除率平均为 82%。

（2）脱氢。脱氢率平均为 55%，氢含量为 2.34×10^{-4}%。

（3）温度均匀。处理前不同部位的温差为 $\pm 20℃$，处理后为 $\pm 3℃$。

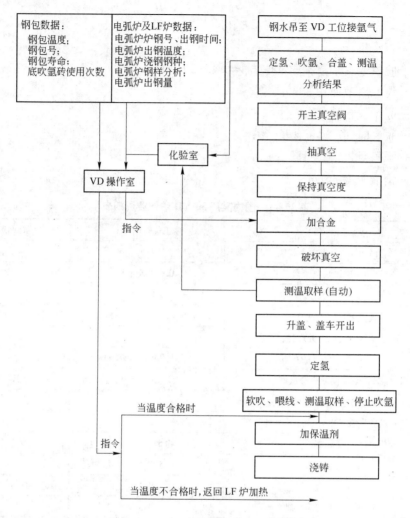

图 35 - 1 VD 处理过程工艺操作流程

（4）夹杂物形态有了根本改善。以往造成废品的主要质量问题的点状不变形夹杂物现已消失。

（5）脱硫。VD 法因缺少加热手段，精炼过程不能造新渣脱硫，脱硫率只有 20% 左右。

第二节 VOD 精炼炉的主要功能与工艺过程

一、VOD 炉的主要功能

VOD 炉的主要功能如下：

（1）真空脱气功能。具有良好的真空脱气功能，因此可保证钢中的氢、氧、氮、碳含量达到最低水平，改善钢水质量。在 39 ~ 84min 的周期内：

1）[C] 可降低到 0.03% 以下，最低可降到 0.005%；

2）［O］降到（40~80）×10^{-4}%，成品材中［O］大约为（30~50）×10^{-4}%；

3）［H］可降到 2×10^{-4}% 以下。

4）［N］可降到 300×10^{-4}% 以下。

（2）真空脱碳保铬、深脱碳、真空碳脱氧。真空下吹氧脱碳保铬、升温、氩气搅拌、真空脱气、造渣、合金化等冶金手段，适用于不锈钢、工业纯铁、精密合金、高温合金和合金结构钢的冶炼，尤其是超低碳不锈钢和合金钢的冶炼。VOD 法冶炼不锈钢时铬的收得率一般为 98.5%~99.5%。

（3）调整钢水成分，去除夹杂物。VOD 法使钢的洁净度更高，碳、氮、氧含量低。

二、VOD 法的工艺过程简介

电弧炉出钢后，需进行 VOD 处理的钢水经过 LF 调整钢水温度和成分，使钢水成分合格。VOD 精炼处理工艺过程为：吊包入罐→接入氩气→测温取样→盖车走行→落盖→开主真空阀抽真空→下氧枪→吹氧脱碳→停止吹氧提枪→抽真空至 67Pa（真空下碳脱氧）→加合金料→测温取样→复压→提盖→盖车走行→喂线→测温取样→断开氩气→吊包出罐。

以国内某厂单盖单罐双工位 30tVOD 炉作业周期为例，其各工序作业周期可参考表35-2。

表 35-2　国内某厂单盖单罐双工位 30tVOD 炉作业周期表

序号	作业阶段	作 业 项 目	单工位时间/min	累计时间/min
1	准备处理阶段	吊包至 VOD 罐中，就位	1.5	1.5
2		连接吹氩管	0.5（人工）	2
3		测温取样，定氢，定氧	2.0	4
4		罐盖车从待机位至处理位，合盖	1.5	5.5
5	真空处理阶段	抽真空	3	8
6		吹氧脱碳	5~20	13~28
7		真空处理，加料，均匀化	15~20	28~48
8		关主真空阀，破空（充气复压至大气压）	1.5	29.5~49.5
9	真空后处理阶段	提升罐盖，罐盖车开走	1.5	31~51
10		喂线	1.5	32.5~52.5
11		测温取样，定氢，定氧，定氮	2	34.5~54.5
12		断开吹氩管	0.5	35~55
13		向钢包投入保温剂	0.5	35.5~56
14		吊车从真空罐吊走钢包	2.0	37.5~58
		合计时间	37.5~58	37.5~58

（一）电弧炉初炼

1. 电弧炉炉料组成

炉料由本钢种或类似本钢种的返回钢、炭素铬铁、氧化镍、氧化钼、高硅钢、硅铁和低磷返回钢等组成。

2. 电弧炉初炼

首先在电弧炉内熔化钢铁料并吹氧脱碳，使碳降到 0.4% ~ 0.5%；除硅以外，其他成分都调整到规格值，因为硅氧化能放出大量热，而且有利于保铬，配料时配硅到约 1%；钢液升温到 1600 ~ 1650℃ 时出钢，钢渣混冲出钢，出钢后彻底扒净初炼渣，并取化学分析样。

(二) VOD 精炼工艺

1. VOD 精炼

钢包接通氩气后放入真空罐，吹氩，调整流量（标态）到 3 ~ 30L/min，测温 1570 ~ 1610℃。然后扣上包盖、真空罐盖，边吹氩搅拌边抽空气，将罐内压力降低。溶解于钢液内的碳、氧开始反应，产生激烈的沸腾。当罐内压力（真空度）降到 6700Pa 左右时，开始吹氧精炼。

在这个过程中保持适当的供氧速度、氧枪高度、氩气沸腾强度、真空度等是十分重要的。由于真空在铬几乎不氧化的条件下进行脱碳，当钢液入罐时碳大于 0.6% 甚至到 1.0% 以上时，为避免发生喷溅，应延长顶吹氧时间，晚开 5 级、4 级泵，用低真空度、小吹氧量将碳去到 0.50% 以后再进入主吹。随着碳含量的下降，真空度逐渐上升，吹炼末期可达 1000Pa 左右。尽管没有加热装置，但是由于氧化反应放热，使钢液温度略有升高，吹炼进程由真空度和废气成分的连续分析来控制终点。吹氧完毕后，仍继续进行氩气搅拌，进行残余的碳脱氧，还要加脱氧剂脱氧，经调整成分和温度后，把钢包吊出去进行浇注。停氧条件即吹氧终点判断，应以氧浓度差电势或气体分析仪为主，结合真空度、废气温度变化、累计耗氧量进行综合判断。

2. 决定停止吹氧条件

决定停止吹氧的条件是：

（1）氧浓差电势下降为零。

（2）真空度、废气温度开始下降或有下降趋势。

（3）累计耗氧量与计算耗氧量相当（±20m³）。耗氧量计算系数见表 35 - 3。

表 35 - 3 水冷氧枪吹氧耗氧量计算

成 品 碳 含 量		< 0.1%	< 0.06%	< 0.03%	< 0.01%
		耗氧量（标态）/m³ · t⁻¹			
开吹碳、硅含量之和/%	0.4	7.6	8.0	8.4	9.2
	0.5	8.4	8.8	9.2	10.0
	0.6	9.2	9.6	10.0	10.8
	0.7	10.0	10.4	10.8	11.6
	0.8	10.8	11.2	11.6	12.4
	0.9	11.6	12.0	12.4	13.2
	1.0	12.4	12.8	13.2	14.0

（4）钢液温度满足后期还原和加合金料降温需要。冶炼含碳量大于 0.03% 的不锈钢、合金结构钢，碳高时吹氧去碳，可以采用耗氧量计算来决定吹氧终点，即当累计耗氧量达到计算耗氧量时停止吹氧。这样可以缩短吹氧时间，减少合金元素氧化。

（三）VOD 还原操作工艺参数

VOD 还原操作工艺参数见表 35 - 4。

表 35 - 4　VOD 还原操作工艺参数

技术条件		真空度/Pa	保持时间/min	氩气流量（标态）/L·min^{-1}		终脱氧铝用量/kg·t^{-1}
				加料	精炼	
抚钢	一般	≤300	≥10	60	40~50	
	特殊	≤100	≥15	60	40~50	1
上海钢研所		≤133	15~20	30	20	

（四）不同钢种的出钢温度

不同钢种的出钢温度见表 35 - 5。

表 35 - 5　不同钢种的出钢温度

钢　　种	1Cr18Ni9Ti	0Cr19Ni9	1Cr13	00Cr14Ni14Si4	00Cr18Ni12Mo2Cu2
温度/℃	1560~1580	1555~1575	1580~1600	1550~1570	1560~1580

第三节　VD/VOD 精炼炉的机械设备

一、机械设备组成

VOD 精炼炉设备组成如图 35 - 2 所示。VOD 炉的主要设备由真空罐体 1、真空罐盖车 2、真空罐盖 3、自动加料系统 4、吹氧系统 5、中间盖 6、气动系统 7、电控系统 8、真空系统 9、液压系统 10、水冷系统 11、氮气破空装置 12、氩气系统 13、事故报警装置 14、钢包 15 以及图中未画出的测温取样装置、真空测量系统、TV 摄像监视等系统组成。

VD 炉机械设备组成和 VOD 炉机械设备组成的差别在于氧枪与供氧部分，当设备无氧枪与供氧部分时即为 VD 设备，也即无氧枪工位的称 VD 法，带有氧枪工位的称 VOD 法。所以，在对 VD 炉与 VOD 炉机械设备组成的叙述上，将两者放在一起进行叙述。

对于钢包的结构与设计请参看 LF 炉部分。

二、真空罐体

（一）设备组成

真空罐体是盛放钢包、获得真空条件的熔炼室，其结构示意图如图 35 - 3 所示。它由梯子 1、罐体 2、耐火材料 3、罐体支座 4、水冷密封法兰与密封圈 5、钢包导向与导向装

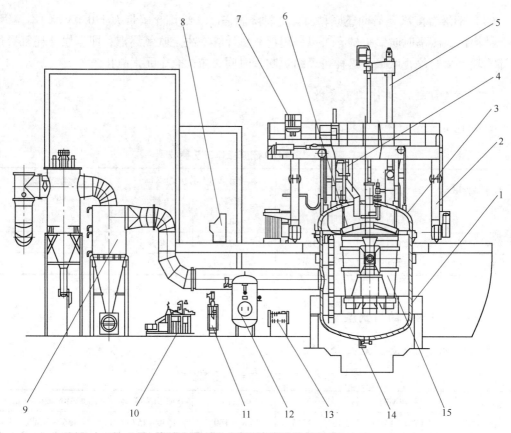

图 35-2 VOD 精炼炉设备组成

1—真空罐体；2—真空罐盖车；3—真空罐盖；4—加料装置；5—氧枪系统（VD无该项）；6—中间盖；
7—气动系统；8—电控系统；9—真空系统；10—液压系统；11—水冷系统；
12—氮气破空装置；13—氩气系统；14—事故报警装置；15—钢包

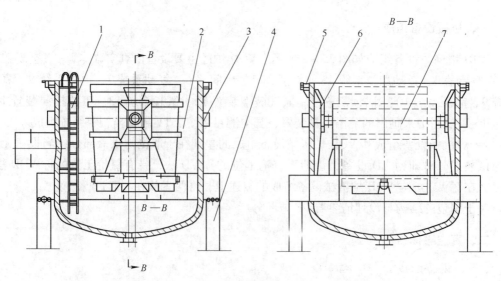

图 35-3 罐体结构图

1—梯子；2—罐体；3—耐火材料；4—罐体支座；5—水冷密封法兰与密封圈；6—钢包导向装置；7—钢包

置 6 以及氩气快换接头、接渣盘等组成。

真空罐有罐式和桶式密封结构两种形式，多数采用真空罐式密封结构。真空罐的安装形式一般有地坑式和半地坑式两种。罐盖做升降移动（或旋转）运动；罐体也可以坐在台车上做往复运动，罐盖做定位升降运动。

（二）功能描述

真空罐与罐盖组成一个密闭的真空容器，钢包放置在罐内的钢包座上进行吹氧脱碳或真空脱气处理，真空罐通过真空抽气主管与真空泵系统相接。真空泵对罐内抽真空，对钢液进行真空精炼。

罐体为用锅炉钢板拼焊成的圆柱形筒体结构。罐底为碟形封头形式。罐内设有钢包支座及钢包导向装置，罐壁内侧配置有氩气软管和接头。

罐的主法兰上设有密封槽，罐体与罐盖之间的密封圈就放置在该密封槽内，密封圈通常采用硅橡胶或丁腈橡胶，形状有 O 形、矩形等。密封圈设有水冷保护。当罐盖提升行走时，为防止屏蔽盖上的炉渣掉入密封槽内，在水冷密封法兰上面，还设有自动挡渣板。

钢包在真空罐内的布置有钢包与罐体同心对中布置和钢包与罐体偏心布置两种方式。钢包与罐体偏心布置，可以使罐体直径小一些，也即减少了罐内容积，使真空泵抽真空的时间缩短。

真空罐直径的选取主要依据钢包及板钩的几何尺寸、钢包耳轴中心距/直径、两耳轴端面距，通过几何运算确定。

罐底部设有事故漏钢排放装置、渣盘及漏钢报警装置。渣盘起到盛装漏钢的作用，其有效容积应能盛下全部熔炼钢液量。

真空罐内壁及底部均砌有耐火材料，以保护罐体并减少热损。

在罐内的适当位置设有上下梯子，用来进出罐内用。

不同容量的 VOD 真空罐结构参数见表 35－6。

表 35－6　不同容量的 VOD 真空罐结构参数

容量/t	真空罐直径/mm	有效容积/m³	罐体质量/t
5～10	2500	12	10
10～20	3000	20	12
20～30	3500	33	15
30～40	4000	45	18
40～60	4500	65	22
60～80	5000	100	27
80～120	5500	120	33
120～160	6000	160	40
160～250	6500	200	50
250～300	7000	250	60

三、真空罐罐盖

(一) 设备组成

真空罐罐盖如图 35 - 4 所示。设备由罐盖体 1、防溅盖 2、水冷挡盘 3、挡板旋转缸 4、冷却水进出水管 5、加料斗支座 6、水冷加料溜管 7、氧枪法兰 8、耐火材料 9、防溅盖吊挂 10、包盖提升连接座 11、TV 摄像观察孔 12、人工观察孔 13、氧枪座 14 等组成。

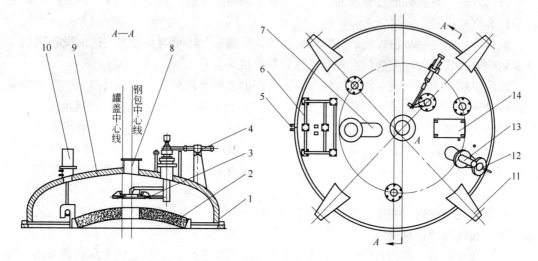

图 35 - 4　真空罐盖结构示意图

1—罐盖体；2—防溅盖；3—水冷挡盘；4—挡板旋转缸；5—冷却水进出水管；6—加料斗支座；

7—水冷加料溜管；8—氧枪法兰；9—耐火材料；10—防溅盖吊挂；11—包盖提升连接座；

12—TV 摄像观察孔；13—人工观察孔；14—氧枪座

罐盖下部为柱形焊接结构，顶部为碟形，内部有耐火材料，罐盖上带有与罐体密封的水冷法兰、与氧枪枪体密封的管法兰、与真空加料管相接的管法兰、与屏蔽盖吊装机构相接的法兰、与定位装置连接的法兰、罐盖吊挂法兰等。

(二) 功能描述

真空罐盖的作用为关闭和密封真空罐，以便进行真空精炼。

真空罐盖为一焊有密封法兰且内表衬有耐火材料的特制封头构件，吊挂于桥架式罐盖台车的钢结构框架下面。通过油缸驱动升降机构上下移动，实现与真空罐的打开与关闭。

罐盖下方设有链条吊挂封头状的防溅盖，在真空罐合盖时位于钢包上部，以阻挡钢液飞溅及减缓温降。防溅盖须定期维护与更换。

罐盖与防溅盖之间，设有盘管式水冷挡板，用于保护氧枪。

人工观察装置安装于罐盖上，形状为一喇叭形焊接件，扩大了观察视区，端部设有观察玻璃，在玻璃下方设有一可旋转的遮挡板，一旦发现罐内钢包里钢水沸腾过大，可通过设于观察窗旁边的手动阀放气，调整真空度。观察区要能看到包内钢水面到包口这段工况，以防止钢水沸腾到钢包外面。

摄像装置安装在罐盖体上面，和人工观察装置一样，只是采用摄像的方式将炉内钢水状态传给计算机，并在计算机上显示出来，供操作人员观察炉内情况用。

罐盖冷却的部位有：罐盖法兰背部、氧枪孔、真空料斗接口法兰、人工窥视孔、TV摄像孔、水冷挡板等，均采用设备冷却水强制冷却。

四、罐盖升降及移动装置车

（一）设备组成

罐盖升降及移动装置车如图35－5所示。它主要由罐盖提升机构1、横梁2、罐盖定位装置3、梯子栏杆4、拖链装置5、行走驱动装置6、行走限位装置7、车轮8、车架9等组成。

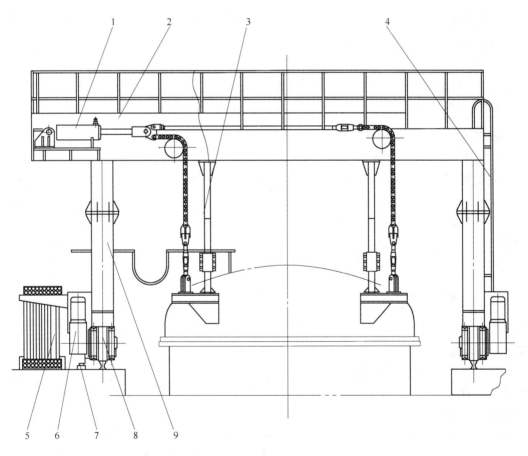

图35－5　罐盖升降及移动装置车

1—罐盖提升机构；2—横梁；3—罐盖定位装置；4—梯子栏杆；5—拖链装置；
6—行走驱动装置；7—行走限位装置；8—车轮；9—车架

罐盖台车一般为一桥架式箱梁钢结构，其上设有安装氧枪和真空料斗的自承式钢结构框架，还设有罐盖升降液压装置。车架为焊接框形架，设有四个立柱，两个横梁及其连接立柱。

（二）功能描述

罐盖台车的主要作用是运载罐盖及其上安装的设备在处理位和待机位之间行走。

行走传动装置通常采用两套电机-减速器传动装置，车的运行速度一般在 2 ~ 12m/min 之间，控制通过变频调速来实现。

罐盖提升采用链轮、链条液压驱动方式。液压缸及链轮装于车架横梁中，罐盖的上、下位置靠限位开关指示。

导向件装于横梁下方，其主要作用是保证罐盖升降平稳。

拖链是用来向罐盖小车输送水、电、气、氩气及液压介质的柔性输送带，其一端固定在小车主梁上，另一端固定在车间平台上的拖链支架上，该拖链随罐盖小车的移动而移动。

台车行走定位靠位置开关控制。处理位和待机位均设有减速、停止两个控制位。定位精度要求较为精确，一般为 ±10mm。

五、真空加料装置

（一）设备组成

真空加料为步进式加料机构，实现不破坏罐内真空条件下向炉内加料，设备组成如图 35 - 6 所示。主要由气缸 1、受料斗（上部料斗、下部料斗）2、气动开闭密封阀 3、密封圈 4、压盖 5、送料管 6、真空料斗 7、真空管路 8 以及吹扫阀、密封件、位置开关等组成。

（二）功能描述

合金加料装置安装在真空罐盖的支架上，并随罐盖一起上下运动。上部真空翻盖及真空锁的开闭由气缸实现。加料前，关闭真空锁，打开上部翻盖，旋转溜槽向上料斗加载合金料；加料时，关闭翻盖，上料斗通过三通阀控制与真空罐连通，上、下料斗真空平衡后打开真空锁，合金料加入至钢液中；之后，关闭真空锁，三通阀将上料斗与大气相连，等待下一次加载合金料。至此，一个加料过程完毕。

根据工艺需要，钢液处理过程允许多次批料添加。

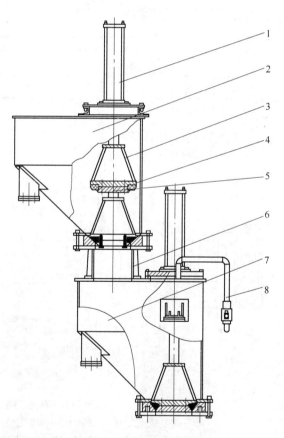

图 35 - 6 步进式真空加料机构

1—气缸；2—受料斗（上、下料斗）；
3—气动开闭密封阀；4—密封圈；
5—压盖；6—送料管；
7—真空料斗；8—真空管路

六、氧枪及氧枪升降机构

（一）氧枪结构形式与特点

氧枪采用与转炉氧枪类似的非消耗式水冷拉瓦尔型氧枪和消耗型氧枪两种：

（1）消耗型氧枪。消耗型氧枪为外包耐火泥的吹氧管，工作过程中氧枪管的端部插入钢液 50～100mm。氧枪的传动机构应驱动枪体缓慢向下移动，下降速度为 20～30mm/min，以补偿消耗掉的长度。

1）消耗式氧枪的优点是：氧气的利用率高，几乎所有的氧气都和金属中的碳起反应；飞溅小，钢包的自由空间高度也可以减小，从而减小了整个设备的几何尺寸。

2）消耗式氧枪的缺点是：氧枪插入管的消耗速度不是恒定的，而又无法检测，这就对氧枪的位置控制带来不便。

（2）非消耗式水冷拉瓦尔型氧枪。非消耗式氧枪的末端装有水冷拉瓦尔喷嘴。喷嘴中喉口的马赫数 $Ma=1$。喷嘴出口的马赫数一般在 2.5～3.5 之间。气流在喉口部位的流速为 315m/s，以使熔池面处于氧气流的亚声速区段。为使钢液面不致产生过大的冲击深度而产生严重的飞溅，使用时应使氧枪喷嘴离开钢液面 $L_1=1000～1800mm$ 的距离，水冷拉瓦尔型氧枪下部外套耐火砖，氧枪升降由电机减速器（或马达）、链条传动。

当用拉瓦尔氧枪吹氧脱碳时，其临界含碳量明显地低于消耗式氧枪。这是因为当用拉瓦尔喷枪时，氧气为超声速射流，在外界为 6.65～13.3kPa 的条件下，射流的马赫数可达到 3.5。这样液坑深，氧气与钢液的接触面积大。此外，射流的搅拌能力大，加速了碳和氧向反应区的扩散。高速的氧气射流造成了大量的喷溅钢珠，有利于一氧化碳气相的生成。当用拉瓦尔氧枪时，可采用恒枪位操作，从而克服了直管消耗式氧枪在吹炼过程中不断下降所造成的密封的困难。此外，工艺过程稳定，重现性好，便于自动控制。

（二）氧枪升降机构

1. 氧枪升降机构的组成

氧枪升降机构如图 35-7 所示，它是由氧枪升降机构由动密封装置 1、氧枪 2、进出冷却水管 3、锁紧装置 4、氧枪升降小车 5、升降立柱 6、链条 7、链轮装置 8、电机（或马达）驱动装置 9、氧气管 10 等组成。

2. 氧枪功能描述

非消耗式氧枪为拉瓦尔型，它由喷嘴、输气管、内外水套及枪体外套组成，外套经过机械加工，并在真空罐盖密封套筒里上下移动。

氧枪固定在升降小车上，小车由链条带动，沿着升降导向由电机、减速机带动升降小车运动。氧枪的行程可以保证当钢水在规定的范围，皆可进行吹氧脱碳操作。由于枪体加工面在水冷套筒中，因此氧枪体外面不用黏土质耐火材料保护，减少了操作费用。枪体的升降位置由减速机输出端带动旋转编码器，将位移讯号直接传送到控制室中指示。另外在氧枪导轨旁，设有位差标尺，便于炉前观察氧枪在炉内的高度。在能保证有较大的射流全压的前提下，提高枪位，即增加氧枪距钢液面的高度，可以提高氧枪的寿命。对于 20t 的炉子，氧枪距液面的高度约为 1.0m 左右。而对于 50t 的炉子，则为 1.4～1.8m。

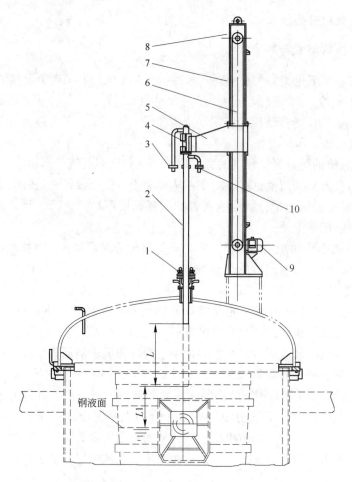

图 35 - 7 非消耗式氧枪结构示意图

1—动密封装置；2—氧枪；3—冷却水进出水管；4—锁紧装置；5—氧枪升降小车；
6—升降立柱；7—链条；8—链轮装置；9—电机驱动装置；10—氧气管

氧枪冷却水需要增压，在进水与出水管路上皆有流量变送器，可及时发现氧枪是否漏水。

氧枪升降及供氧控制，可在控制室与现场操作。

氧枪装置安装在罐盖的自承式钢结构框架上，通过升降控制机构实现枪体上下运动和不同吹炼阶段的枪位调整。氧枪的升降靠变频齿轮电机、位置开关和位置检测编码器控制。

事故状态下，安全防落装置阻止氧枪重力滑落，紧急提升氧枪。

密封通道设于补偿装置上方，由一套硅酸盐纤维绳填料密封和充气膨胀密封胶圈组成。密封时，胶圈充气胀开；氧枪移动时，胶圈放气收缩。

此外，其下方设有一个用于补偿氧枪与罐盖间侧动和轴移的补偿装置。

补偿装置下部还设有一个环状自动刮渣装置和一个水冷（或充氮）保护密封通道系统。

七、液压系统

VD/VOD 中的液压系统一般只用在罐盖提升液压缸和一个主截止阀启闭液压缸。由于结构比较简单，一般常和电弧炉或 LF 炉的液压系统合并在一起，由电弧炉或 LF 炉的液压系统供油，由控制主控台进行控制。由于结构简单，这里不再多述。

八、其他附属设施

VD/VOD 炉中和 LF 炉一样，设有喂线机、测温取样、定氧（氢）。

第四节　VD/VOD 炉的能源介质

一、冷却水系统

（一）设备组成

冷却水系统由三大部分组成，即设备冷却水、氧枪冷却水和真空泵冷却水。系统由进水分配器、回水收集器、进水管路、回水管路、阀门及温度、压力、流量检测仪表组成。

（二）水冷部位

设备冷却水主要包括：真空罐密封法兰、罐体横管道、除尘器、主截止阀、罐盖、水冷挡盘和液压系统等。这部分冷却水除罐体主法兰密封圈必须采用无压回水外，其余各路用水可以采用有压回水，也可以采用无压回水。在总进水处设有压力、温度、流量检测仪表装置，在某些重要的支路上设有回水温度检测装置。

氧枪冷却水：氧枪冷却水对水压要求较高，其压力为不低于 0.8MPa，在该系统上有流量、压力温度检测和调节装置，设有流量变送器测量水的流量差，并设有报警装置以便及时发现氧枪是否漏水。

真空泵冷却水：主要是指冷凝器用水，即将增压器和喷射器所用的蒸汽由冷凝器凝结。

机器冷却水由进水分配器通过管道进入各冷却点，再回到回水收集器。回水利用余压送至冷却塔，冷却水自流入吸水井再由水泵升压，供用户循环使用。

（三）水质要求

VD/VOD 设备对工业循环冷却水的要求见表 35 – 7。

表 35 – 7　VD/VOD 设备对工业循环冷却水的要求

项　目	净循环水	浊循环水
pH 值	7～9	7～9
悬浮物/mg·L^{-1}	10～20	50～80
悬浮物颗粒（最大）/mm	≤0.3	≤0.3
Ca 硬度（以 $CaCO_3$ 计）/mg·L^{-1}	30～240	30～360

项　目	净 循 环 水	浊 循 环 水
全硬度(以 CaCO₃ 计)/mg·L⁻¹	≤400	≤400
总盐含量/mg·L⁻¹	50~200	50~300
硫酸根离子(以 SO₄²⁻ 计)/mg·L⁻¹	≤150	≤200
可熔性 SiO₂(以 SiO₂ 计)/mg·L⁻¹	≤50	≤75
氯离子(以 Cl⁻ 计)/mg·L⁻¹	≤300	≤300
全铁(以 Fe 计)/mg·L⁻¹	≤2	≤2
油/mg·L⁻¹	≤1	≤10
电导率/μS·cm⁻¹	≤1000	≤1000
蒸发残渣(溶解)/mg·L⁻¹	≤540	≤540
温度/℃	≤35	≤35
压力/MPa	0.5~0.8	0.3

二、供氧系统

(一) 设备组成

氧气供给系统由截止阀、调压阀、节流阀、气动薄膜调节阀、电磁阀、压力表、流量计、氧气管道、软管及支架、阀门等元件组成，可在现场观察，并由各种变送器输送到控制室在计算机上显示。

(二) 功能描述

氧气系统是供给氧枪介质系统，氧气控制阀站用于自动调节氧气流量，压力和流量检测以及自动断氧，过滤阻燃，事故断水与冷却水流量、温度、压力的检测。

吹氧脱碳是 VOD 炉最主要的操作，为了取得最佳的吹氧效果，必须保证氧气供给系统具有灵活的可调性，因此本系统具有以下功能：

(1) 压力调节；

(2) 流量测量和调节；

(3) 快速关断。

(三) 吹氧装置中有关计算问题

氧气流量是 VOD 精炼过程的一项重要工艺参数。它对脱碳速率有着决定性的影响，由吹氧脱碳的动力学分析可知，在含碳量大于临界含碳量的范围内，供氧速率是脱碳的限制性环节，加大供氧速率可以提高脱碳速率。但是由于激烈的碳氧反应，一氧化碳的迅速生成，导致喷溅的加剧，所以供氧速率又不宜过大。此外，氧流量与供氧速率不是一直成正比例的，该参数还影响着氧气的利用率，所以当氧流量超过一定范围后，它对吹氧时间和有效的脱碳时间的影响就不是很明显了。这可认为随着氧流量的提高，氧气的利用率下降。氧流量还影响铬的回收率，一般氧流量增加，铬回收率提高。由物料平衡可计算需氧量的理论值，取平均的氧气利用率，可确定用氧量。

1. 氧耗量的计算

氧耗量的计算过程如下：

（1）有关原始数据。吹氧脱碳时各元素的烧损量通常为用户给定，一般按表 35 - 8 的数值进行计算。

表 35 - 8　吹氧脱碳时各元素的烧损量 　　　　　　　　　　　　（%）

名　　称	C	Si	Cr
初炼钢水元素含量	≤0.43	0.4	19
精炼后终点钢水元素含量	≤0.03	≤0.15	18
烧损量	0.4	0.25	1

（2）计算脱碳的需氧量。根据化学反应平衡方程式：

$$C + \frac{1}{2}O_2 = CO \tag{35-2}$$

$$12kg \quad 11.2m^3$$

脱去 1kg 碳，需要氧气 0.933m^3，按脱碳量 0.4% 计算为：

$$Q_c = G \times 10^3 \times 0.4\% \times 0.933 \quad (m^3) \tag{35-3}$$

式中　G——处理钢水量，t。

（3）计算脱硅的需氧量。根据化学反应平衡方程式：

$$Si + O_2 = SiO_2 \tag{35-4}$$

$$28kg \quad 22.4m^3$$

脱去 1kg 硅，需要氧气 0.8m^3。钢液量为 G 时，脱硅需氧量为：

$$Q_{Si} = G \times 10^3 \times 0.25\% \times 0.8 \quad (m^3) \tag{35-5}$$

（4）计算烧损铬的需氧量。根据化学反应平衡方程式：

$$3Cr + 2O_2 = Cr_3O_4 \tag{35-6}$$

$$156kg \quad 44.8m^3$$

烧损 1kg 铬，需要氧气 0.287m^3。钢液量为 G 时，铬的需氧量为：

$$Q_{Cr} = G \times 10^3 \times 1\% \times 0.287 \quad (m^3) \tag{35-7}$$

（5）计算钢水量为 G 时，氧化各元素的氧耗量：

$$Q = Q_C + Q_{Si} + Q_{Cr} \quad (m^3) \tag{35-8}$$

（6）计算每炉钢需提供的氧气量（氧气利用率按 80% 考虑）：

$$Q_{O_2} = Q/0.8 \quad (m^3) \tag{35-9}$$

2. 供氧强度和流量的计算

脱碳量：$\Delta C = 0.4\%$；脱碳速率：$v = 0.015\%/min$（可由用户提出）。

（1）计算吹炼时间：

$$t = \Delta C/v \quad (min) \tag{35-10}$$

（2）计算供氧强度：

$$q = \frac{Q_{O_2}}{Gt} \quad (m^3/(min \cdot t)) \tag{35-11}$$

（3）计算氧气的流量：

$$Q_{O_2} = qG \quad (m^3/min) \qquad (35-12)$$

一般最大供氧强度（标态）为 $0.54m^3/(min \cdot t)$。

3. 供氧压力

VOD 的炉型为像钢包一样的圆柱形，尽管在设计时，要求在盛有额定的钢液后，液面上方仍能保证有 $1000 \sim 1400mm$ 的净空。通常氧压为 $0.5 \sim 0.7MPa$，这对于现有的特钢车间一般没有高压氧气的具体条件也是极为适宜的，系统供氧压力为 $1.2MPa$（调节范围：$0.5 \sim 1.2MPa$）。

三、氮气系统

（一）设备组成

氮气系统由氮气储气罐、连接管线、一套手动及气动切断阀门。氮气储气罐由压力检测仪表及安全排放装置等组成。

工作压力范围为 $1.0 \sim 1.2MPa$，系统压力为 $1.6MPa$，氮气纯度为 99.99%。

（二）功能描述

氮气系统用于真空罐的破空、布袋除尘器的破空及吹扫。在真空处理结束阶段（或事故漏钢时），先关闭主切断阀，然后向真空罐内通氮气先期破空，之后再通空气使真空罐内的压力恢复到大气压。使用氮气的目的是防止生成易爆的 $CO-O_2$ 混合气体。

四、压缩空气

压缩空气由车间管网引至 VD/VOD 炉前，再由分配器通过电磁换向阀控制接往各执行机构。用气点为：真空加料闸阀、真空管道上气动球阀（用于罐体初破空）、氮气罐上气动球阀。

对压缩空气的要求是：

（1）含油量不超过 $1mg/m^3$；

（2）含尘量不超过 $5mg/m^3$；

（3）大气露点温度：$-40℃$；

（4）工作压力：$0.4 \sim 0.6MPa$。

五、真空检验

对于真空精炼炉而言，真空检验主要是真空度和泄漏的检验。

（一）真空度的检验

测量真空系统中真空度的仪器称为真空计。在使用水喷射泵和水蒸气喷射泵的真空精炼炉中，由于真空度范围是在 $10^5 \sim 10^{-1}Pa$ 之间，属于低真空度的设备。为此，在选用真空度测量仪器时，只要能满足真空度要求即可。常见的真空计有以下几种：

（1）U 形管式真空计。真空度测量范围在 $10^5 \sim 10Pa$ 之间；

（2）弹簧管式真空计。真空度测量范围在 $10^5 \sim 10\text{Pa}$ 之间；

（3）膜盒式和膜片式真空计。真空度测量范围在 $10^5 \sim 10\text{Pa}$ 之间；

（4）电阻真空计。真空度测量范围在 $10^4 \sim 10^{-1}\text{Pa}$ 之间；

（5）麦氏真空计。真空度测量范围在 $10^2 \sim 10^{-3}\text{Pa}$ 之间。

（二）真空检漏

真空检漏的方法主要有水压法、静态升降法、听音法、气泡法等。

静态升压法是一种最为简单易行的检漏方法。它无须使用额外的仪器和物质，就可以方便地测定出被检容器的总泄漏率，从而确定能否满足其工作要求。但是使用这种方法不能确定漏孔所在的确切位置。

静态升压法的检验过程是首先将被检容器抽真空到必要的真空度，再关闭阀门使真空室与真空泵隔离；然后用真空计测量真空容器中压力随时间的变化，从而算出泄漏率。如果被检容器体积为 V，在时间间隔 Δt 内测得压力上升为 Δp，在忽略容器中存在放气的情况下，则容器内总泄漏率 q_{Lt} 为：

$$q_{\text{Lt}} = V\Delta p / \Delta t \tag{35-13}$$

各种真空设备的最大容许总漏率见表 34-8。

第五节　VD/VOD 炉的电气自动化控制系统

一、低压电气控制设备的组成及主要功能

低压电气控制设备配置由真空操作室控制设备和现场操作设备组成。真空操作室控制设备有：真空操作台、变频器柜、仪表柜、PLC 柜；现场操作设备有：炉前操作台（箱）、真空调节操作箱、液压操作箱以及相应的操作线端子箱。具体介绍如下：

（1）真空操作台。真空操作台主要用于真空泵的控制操作，安装真空泵启动、停止及真空泵运行组合信号灯按钮开关，破真空的按钮开关。仪表板上安装真空度数显仪表。

（2）变频器柜。安装罐盖车电机的变频器。

（3）仪表柜。面板上安装钢水测温仪表，柜内安装仪表电源的自动开关和 24V 直流电源。

（4）PLC 柜。PLC 柜内安装控制系统的 PLC。

（5）炉前操作台（箱）。主要用于现场控制罐盖升降、罐盖车行走及测温取样枪升降的控制。

（6）真空调节操作箱。安装在频闪观察窗旁，用于现场控制真空度调整阀的开启和关闭。

（7）氧枪、料仓机旁操作箱、热井泵机旁操作箱、喂丝机机旁操作箱、液压操作箱等。

二、控制系统简介

（一）VD/VOD 炉本体控制系统

真空罐盖升降驱动为液压缸。真空罐盖车行走采用两个电机驱动，变频调速控制。

真空罐盖应设有上、下位限位开关保护。真空罐盖车的行走由炉前操作台按钮控制。PLC 控制罐盖车按程序慢启动、常速行驶、到位后减速自动停止。只有在真空罐盖上升到顶（上限）时，罐盖车行走操作才有效，真空罐盖车才能行走。

液压系统控制罐盖的升降和主截止阀关闭。手动控制在 VOD 主控制室操作。

在真空加料过程中，加料过程由 PLC 控制并按照程序执行。

吹氩控制由电磁阀控制氩气通断，氩气流量由计算机根据真空度调节流量给定值，通过 PLC 的 PID 调节运算，改变输出给定信号给质量流量控制器，由计算机操作站进行显示记录。

手动（或自动）测温取样枪，测温仪表带有大屏幕显示器。测温温度信号同时输入 PLC，由计算机操作站进行显示记录。

水冷系统的温度、压力、流量信号送入 VOD 系统的 PLC 可编程控制器，PLC 将信号送入计算机操作站进行显示、报警和打印。

（二）真空泵控制系统

真空泵控制设有自动、手动两种控制方式，多种运行组合。真空泵系统由 PLC 进行连锁及控制。根据真空度和抽气量的不同有多种组合，通过操作台上的控制按钮开关来选择真空泵的运行组合，对应多个信号灯控制按钮进行控制和显示。真空泵按照 PLC 内部程序自动逐级启动各真空泵，并达到所需的真空度。在运行过程中可随时改变真空泵的组合方式并予以确认，改变真空泵的运行状态。

蒸汽管道总阀、放水阀、汽包放水阀、VOD 炉主截止阀、VOD 炉破空阀、氮气破空阀、真空度调整阀一般采用手动控制，由 PLC 进行连锁控制。汽包放水阀手动打开，延时自动关闭。放水、放汽、放气、充放保护气和调整等，阀门根据现场情况来决定，由手动控制按钮进行控制实施，用来防止钢液喷溅。

（三）真空泵测量系统

在操作台上应装有两支数字真空计，用来测量 VOD 炉主截止阀前后的真空度。真空表的传感器规管都放在真空横管道上。

数字真空计的模拟输出信号作为自动控制的输入信号。其模拟信号送入 PLC 的模拟单元，由 PLC 判断真空泵的真空度，达到启动下级真空泵的真空度时，启动下级真空泵。

蒸汽参数和冷却水参数的检测有压力和温度及冷凝器的回水温度检测。温度信号采用 Pt100 铂电阻检测，压力信号由压力变送器进行检测。这些模拟信号通过 PLC 的模拟量模块送入计算机操作站进行显示和报警。

VOD 炉基础级操作站系统提供控制功能，建立和提供 VOD 炉运行变量设定，提供操作指导，显示运行数据、曲线及故障报警信息，提供报表打印记录；基础级控制系统可实现 PLC 与显示各种运行参数、曲线、数据，显示 VOD 炉运行工况、故障报警并可生成和打印生产报表及其他信息。VOD 炉计算机操作站显示的主要状态画面及参数有：

（1）VOD 炉总体。炉内真空度、炉号、时间等；

（2）显示真空泵总体运行状态。真空管道各阀门运行状态；

（3）真空罐盖位置、罐盖车位置状态、真空加料斗阀状态；

（4）钢水温度。测温时间；

（5）氩气系统。氩气压力、流量、阀门状态；

（6）液压系统运行状态。液压泵、阀门状态；

（7）吹氧枪运行状态。氧气压力、流量、氧枪位置、终点；

（8）模拟量趋势图。包括氩气压力、流量；设备冷却水流量；冷却水、蒸汽参数等；

（9）冷却水压力、温度、流量的测量、显示；

（10）真空度测量及记录、显示；

（11）钢水温度测量、成分分析的测量、显示；

（12）故障报警表。

（四）冶炼过程控制仪表

VOD 精炼过程，尤其是吹氧操作，完全靠各种计量检测仪表的显示作指导，吹氧终点靠对各项仪表数值的综合分析确定，因此，用于冶炼过程的计量仪表必须准确、可靠。这类仪表有：

（1）氧气金属浮子流量计，显示氧气流量和累计流量。冶炼 C > 0.03% 的钢种时，通过耗氧量计算确定吹氧终点。德国乌纳厂和威登厂的计算公式分别为：

$$t = \frac{\left((\%C) + \frac{1}{2}(\%Si) \right) G}{\eta_{O_2} Q_{O_2}} \qquad (35-14)$$

$$t = \frac{(\%C) G}{\eta_{O_2} Q_{O_2}} \qquad (35-15)$$

式中　t——吹氧时间，min；

　　　G——钢液量，kg；

　　　η_{O_2}——氧利用率，60% ~ 80%；

　　　Q_{O_2}——吹氧量，m^3/min。

（2）废气温度记录仪。由安装在 VOD 真空罐抽气管路入口处的热电偶测量，显示吹炼过程反应放出气体的温度变化。发生喷溅或漏包事故时，温度会突然升高很多。

（3）真空计和真空记录仪。测量点在主真空管路上，显示并记录冶炼过程中真空罐内气体的压力变化。碳氧反应开始压力升高，反应结束压力降低。

（4）微氧分析仪。气体取自真空系统排气管道处，以空气为参比电极，与被抽气体构成氧浓差电池产生电动势，通过记录氧浓差电池电动势的起落，显示碳氧反应的开始和结束。它是指导 VOD 操作的主要依据。

（5）CO/CO$_2$ 气体分析仪、质谱仪等。用于分析排出气体中的 CO、CO$_2$ 含量，算出氧化去除的碳量，确定吹氧终点。

第六节　LFV 精炼炉

一、LFV 型钢包精炼炉结构描述

LF（V）即 Ladie Furnace（Vacuum），是钢包炉的缩写。无真空工位的称为 LF 法，带

有真空工位的称为 LFV 法。LFV 钢包精炼炉的设备是在 LF 设备基础上配备了真空盖，并配有真空室下加料装置。这种带有真空脱气装置的钢包炉在我国称为 LFV 炉，如图 35 - 8 所示。

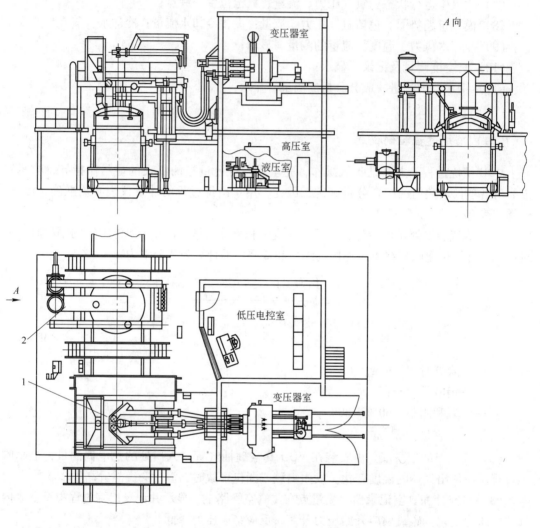

图 35 - 8 LFV 炉结构示意图
1—加热工位；2—真空工位

LFV 型钢包精炼炉具有电弧加热、真空脱气、吹氩搅拌、脱碳、脱硫、去杂质、喂丝合金化微调成分等多种功能。如果配一支吹氧枪，还可以真空吹氧脱碳、冶炼不锈钢。

二、LFV 炉真空室的结构形式

LFV 炉真空室的结构形式有两种：

（1）真空包盖与精炼钢包直接用耐热橡胶密封圈密封，即为桶式密封结构。此种结构形式适合于现有厂房条件的中、小型 LFV。其优点是占地面积小、操作较灵活，但对钢包的包口外形尺寸要求比较高。

（2）真空罐与真空罐盖组成一个密闭的真空室，即为罐式密封结构。此种结构形式比较适合于低碳和超低碳钢的精炼，而且对钢包没有特殊要求，但占地面积和真空体积相应都比较大。

三、LFV 炉用钢包与包盖

LFV 炉用钢包自由空间为 700~900mm，包体上口设有密封法兰。密封法兰和包盖相接触，用密封带对钢包进行密封。

LFV 炉包盖是用于钢包口密封、保护炉内强还原性气氛、防止钢包散热及提高加热效率而设置的。包盖为水冷结构，内层衬有耐火材料。为了防止钢液喷溅而引起的包盖与钢包的粘连，在包盖下还吊挂一个防溅挡板。整个水冷包盖吊挂在 4 个点上，用调节链钩悬挂在加热桥架上，根据需要调整包盖位置。有的真空脱气系统的 LFV 炉，除了上述加热盖以外，还有一个真空炉盖，与真空系统相连，用来进行钢液脱气。在 LFV 炉的两种炉盖上都设有合金加料口、渣料加料装置及测温取样装置。

在 LFV 钢包炉精炼中，除上述工艺参数对精炼的效果、技术经济指标产生影响外，钢包炉的其他参数，主要是结构参数（又称技术参数）也有一定的影响。我国生产的 LFV 钢包炉的技术参数列于表 35-9。

表 35-9　我国生产的 LFV 钢包炉的技术参数

项　　目	数　　值					
钢包容量/t	20	40	60	70	100	150
钢包直径/mm	2200	2900	3100	3200	3400	3900
熔池面直径/mm	1740	2280	2480	2700	2800	3300
钢包高度/mm	2300	3150	3450	3550	3900	4500
熔池深度/mm	1360	1850	2200	2300	2500	3000
变压器容量/MV·A	3.15	5/6.3	6.3/10	6.3/10	10/12.5	12.5/16
升温速率/℃·min⁻¹	2.5					
极限真空度/Pa	67					
抽气能力/kg·h⁻¹	80	200	300	300/350	400	450
蒸汽消耗量/t·h⁻¹	4	8	9	10	12	15
变压器二次电压/V	170~125	210~170	210~170	260~170	280~150	320~210
金属结构质量/t	约100	约130	约135	约150	约170	约200

四、LFV 炉的精炼工艺过程简述

根据钢种的特性及其质量要求，LFV 的精炼工艺可以分成四类：

（1）基本精炼工艺。电弧炉熔化—去磷—扒渣—造渣—合金化—出钢—精炼钢包进入 LFV 座包工位—吹氩搅拌—加热—调整成分—真空脱气—成分微调—吊包浇注。

这种工艺适用于纯净钢的生产，其精炼时间一般为 50~70min，电耗为 30~40kW·h/t。

（2）特殊精炼工艺。电弧炉熔化—成分分析—去磷—扒渣—出钢—钢包合金化—进入

LFV 加热工位—造渣，吹氩搅拌，加热—真空脱气—真空合金化—成分和温度微调—吊包浇注。

这种工艺适用于超纯净钢的生产，其精炼时间一般为 70～90min，电耗为 40～50kW·h/t。

（3）普通精炼工艺。电弧炉熔化，成分分析—去磷—扒渣—造渣，合金化—出钢—钢包进入 LFV 座包工位—吹氩搅拌，加热—成分和温度调整—吊包浇注。

这种工艺适用于一般要求的低合金钢，无真空。其精炼时间一般为 30min，电耗为 30～40kW·h/t。

（4）真空吹氧脱碳工艺。电弧炉熔化，成分分析—吹氧，脱碳—初还原—调整成分—出钢—钢包除渣—加渣料—加热，吹氩搅拌—真空吹氧，脱碳—真空合金化—真空脱气—成分和温度微调—吊包浇注。

这种工艺适用于生产低碳和超低碳不锈钢，其精炼时间一般为 120～150min，电耗为 20～30kW·h/t。

五、LFV 炉的精炼效果

LFV 炉的精炼效果如下：

（1）采用真空吹氩可使轴承钢的 $[H] \leqslant 2.68 \times 10^{-4}\%$，$[N] \leqslant 37 \times 10^{-4}\%$，$\sum[O] \leqslant 10 \times 10^{-4}\%$。

（2）采用普通工艺可使工业纯铁中硫从 0.060% 下降到 0.015% 以下。

（3）采用特殊精炼工艺可使轴承钢中硫从 0.030% 下降到 0.003% 以下。

（4）采用特殊的真空精炼和吹氩搅拌制度不仅可以使轴承钢中 $[S]+[H]+[N]+\sum[O] \leqslant 70 \times 10^{-4}\%$，而且钢中氧化物含量达到 0.003% 以下，硫化物含量达到 0.0246% 以下。钢液温度可控制在 ±2.5℃ 范围内。

六、LFV 炉用真空泵的选择

LFV 所采用的真空泵与 VD 真空精炼炉一样，采用水蒸气喷射泵。水蒸气喷射泵的抽气能力一般根据处理钢液量、处理钢种、精炼工艺、处理时间、真空体积等因素来选择。采用桶式真空结构的水蒸气喷射泵的能力，比采用罐式真空结构的水蒸气喷射泵的能力要小一些，具体选择可以参照 VD 炉进行选择。

LFV 的极限真空度一般为 67～27Pa，加热速度一般要达到 2～5℃/min。

第三十六章　氩氧精炼炉

第一节　氩氧（AOD）精炼炉

一、概述

不锈钢炉外精炼技术的发展，改变了过去单纯用电弧炉冶炼不锈钢的传统工艺，是不锈钢冶炼技术的重大进展。氩氧精炼法生产不锈钢就是其中的一种。

采用氩氧精炼法生产不锈钢有以下优点：

（1）缩短冶炼时间，提高生产率。采用电弧炉初炼钢水、AOD 炉外二次精炼的两步法冶炼不锈钢，使不锈钢冶炼周期极大地缩短，生产效率提高 30% ~50% 。

（2）提高了不锈钢质量。氩氧精炼有助于降低钢中含 H、O、N 和其他杂质，从而提高了钢的力学性能。

（3）成本低。由于氩氧精炼炉可以使用廉价的中、高碳铬铁，而不用或少用价格昂贵的微碳铬铁，使冶炼不锈钢的成本大大降低，特别是在冶炼超低碳不锈钢时更为明显。此外，氩氧精炼炉铬的收得率可高达 98% 。

（4）扩大冶炼品种。氩氧精炼法可以便利地生产超低碳不锈钢（$C \approx 0.015\%$）及其他产品。

（5）设备简单、操作灵活、投资省、见效快。可以省去其他大多数生产不锈钢精炼设备所需要的复杂真空设备系统。

AOD 法是氩氧脱碳法，它是在大气压力下向钢水吹氧的同时，吹入惰性气体（Ar，N_2），通过降低 P、CO，以实现脱碳保铬目的的重要精炼方法。

AOD 炉设备一般由炉子本体、氩氧枪、测温装置、气体调节控制系统、加料系统、除尘系统等部分组成。

AOD 炉炉型与转炉相似，但 V/T 略小，在接近炉底的侧壁上安装氩氧枪。枪为双层套管结构，外层管通冷却介质氩气，内层管分阶段通氧气、氩 - 氧混合气，通过调整 O_2/Ar 比对钢液进行脱碳保铬、精炼还原和调整成分。用于低碳和超低碳不锈钢，成本低、合金回收率高，脱氧效果与 VOD 相当，脱氢、脱氮效率不如 VOD 法，可脱部分硫。设备简单，操作方便，基建投资低和经济效益显著。

二、工艺特点

AOD 法与 VOD 法比较有如下特征：

（1）由于可以吹入大量的气体，所以生产率高。

（2）容易从高碳范围开始脱碳，所以不用在 VOD 以前的工序（电弧炉、转炉）中进行预脱碳。电弧炉只用于熔化炉料，生产率可以成倍增长。

（3）可全部使用铬废钢或高碳铬铁，几乎不用低碳铬铁，从而降低原料成本。

（4）有良好的热效率，可以加入大量的冷却剂。

（5）可以进行强搅拌，容易生产极低硫的钢（S≤0.001%）。

（6）脱碳时铬的氧化远比 VOD 法多，加入的还原剂多。

（7）出钢时，因为有来自炉壁上附着喷溅物的增碳或从大气中吸收氮，所以难以像 VOD 法那样生产极低（[C] + [N]≤0.025%）的超纯铁素体不锈钢。

（8）铬的回收率高达99.5%以上。

（9）投资低。

（10）AOD 法精炼的理论依据与 VOD 基本相同，所不同的是降低 p_{CO}。方法不是真空法而是采用稀释气体的方法，利用氩气稀释炉内的 CO 气体来降低 p_{CO}，从而可以在较低的温度下不使铬氧化而将碳脱到很低的水平。

三、炉子本体设备组成

AOD 炉炉子本体类似于氧气转炉，由炉体、托圈、支座和倾动机构组成，如图36-1所示。

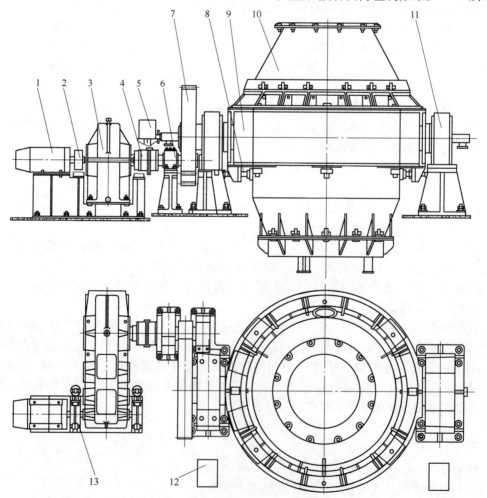

图36-1　AOD 炉炉子本体结构

1—电动机；2，4—联轴器；3—减速器；5—控制、编码器；6，11—轴承座装配；7—传动齿轮；8—止动装置；9—托圈耳轴装配；10—炉体；12—干油器；13—制动器

第二节　AOD 炉炉体

一、炉体结构

AOD 炉炉体类似于氧气转炉，由炉帽 1、炉身 2 和炉底 3 三部分组成，如图 36 - 2 所示。

(一) 炉帽

如图 36 - 3 所示，炉帽通常做成截锥形，这样可以减少热量损失，有利于引导炉气排出。炉帽顶部为一圆形炉口用来排出炉气和倒渣。炉口采用水冷方式进行冷却，用壁厚为 15 ~ 20mm 无缝管制作的水冷炉口，使用寿命较长并易于更换。炉帽的下部通常焊有环形伞状挡渣裙板，用于防止喷溅物烧损炉体及其支撑装置。

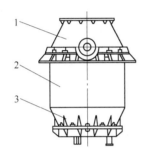

图 36 - 2　AOD 炉炉体示意图

1—炉帽；2—炉身；3—炉底

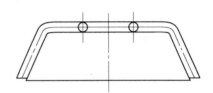

图 36 - 3　管式水冷炉帽

(二) 炉身

炉身是整个炉子的承载部分，一般为圆桶形。在炉帽和炉身耐火砖的交接处设有出钢口，设计时应考虑堵出钢口方便，便于维修和更换。

炉身的上部除了要和炉帽连接外，还要把托圈固定在炉体上部，使炉体能随倾动机构一起倾炉出钢和加料等操作。

炉身的下部要和炉底相连，根据炉底与炉身是否需要拆卸，确定炉身与炉底的连接方式。

(三) 炉底

炉底有倒锥形和球形两种形式。倒锥形炉底制造和砌砖较为方便，但其强度比球形炉底低，一般应用于 100t 以下的中小型炉。对于大中型炉子，由于球形炉底受力较好，应用较多。

炉帽、炉身和炉底三部分的连接方式因修炉方式不同有"活炉帽，死炉底"、"活炉底，死炉帽"等结构形式。

为了便于炉帽（或炉底）与炉体的安装方便，通常用楔和销钉连接，少数也有用螺栓连接的。

二、炉型设计概述

（一）AOD 的炉型定义与炉型设计意义

AOD 炉炉型是指 AOD 炉炉膛的几何形状，即指由耐火材料砌成的炉衬内形。

AOD 炉炉型及其主要参数对 AOD 炉的生产率、金属收得率、炉龄等技术经济指标都有着直接的影响。炉型设计得是否合理关系到冶炼工艺能否顺利进行，如喷溅问题，除与操作因素有关外，炉型设计是否合理也是一个重要因素，并且车间厂房高度以及主要设备，像除尘设备、倾炉机构等都与炉型尺寸密切相关。而且炉子一旦投产使用，炉型尺寸就很难再做改动，因为不论直径还是高度的变动都涉及耳轴的位置，它是与炉子的基础联系在一起的，一般不能随意变动。所以说，设计一座炉型结构合理、满足工艺要求的 AOD 炉是保证车间正常生产的前提。而炉型设计又是 AOD 炉型设计的关键。

（二）炉型设计内容

炉型设计内容包括：

（1）炉型种类的选择；

（2）炉型主要参数的确定；

（3）炉型尺寸设计计算；

（4）炉衬和炉壳厚度的确定；

（5）底吹氩氧枪位置的设计等。

三、主要参数的确定

炉衬各部尺寸确定如图 36 - 4 所示。熔炼室尺寸设计是根据熔池深度 h、熔池直径 D 和炉膛高度 H 三者比值关系确定的。

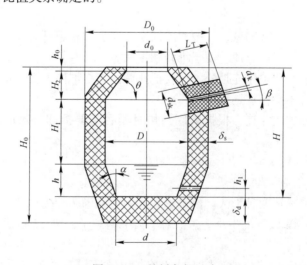

图 36 - 4　炉衬各部尺寸

（一）公称容量

公称容量（G），即通常所说的 AOD 炉的吨位。它是 AOD 炉生产能力的主要标志和炉型设计的主要依据。

目前，国内外对公称容量含义的解释还很不统一，归纳起来，大体上有以下三种表示方法：

（1）以平均金属装入量（t）表示；

（2）以平均出钢量（t）表示；

（3）以平均炉产钢坯量（t）表示。

这三种表示方法各有优缺点，但作者认为，以平均出钢量表示比较合理，更符合设计炉型的要求。

（二）炉容比

炉容比（V/G，容积比或容积系数），是指新炉衬时，炉膛有效容积 V 与公称容量 G 的比值，单位为 m^3/t，表示单位公称容量所占有的炉膛有效容积的大小。它是炉型参数中一个最重要的参数，它决定了 AOD 炉容积大小。炉容比对吹炼操作、喷溅、炉衬寿命都有很大的影响。炉容比的大小是根据已有 AOD 炉相关尺寸由人为确定的。

炉容比为 $1.0 \sim 0.7 m^3/t$，这一取值范围比转炉炉容比的值要小一些。其原因是 AOD 炉属于二次精炼，较转炉渣量少，喷溅也小。

（三）各符号含义

各符号含义如下：

（1）熔池深度 h，是指炉子处于直立状态下时从金属液面到液体底面的高度。

（2）熔池直径 D，是指炉子处于直立状态下时金属液面的直径。

（3）炉身高度 H_1，是指炉帽以下到熔池面以上的圆柱体部分的高度。

（4）炉壳直径 D_0，是指炉身所砌筑的耐火材料的外部直径。

（5）炉口直径 d_0，是指炉帽直线部分所砌筑的耐火材料的内部直径。

（6）出钢口直径 d_k，是指出钢口所用耐火材料套砖的内部直径。

（7）出钢口用套砖直径 d_k，是指出钢口所用套砖的外部直径。

（8）炉帽锥部高度 H_2，是指炉帽斜线部分所砌筑的耐火材料的高度。

（9）炉口直线段高度 h_0，是指炉帽直线部分所砌筑的耐火材料的高度。

（10）炉帽高度 $H_2 + h_0$，是指炉帽锥部高度与炉口直线高度之和。

（11）炉内有效高度 H，是指炉内从熔池底部到炉口的高度。

（12）炉子总高度 H_0，是指炉子所砌筑的耐火材料从炉口到炉底之间的整体高度。

（13）熔池底部直径 d，是指钢液底部的直径。

（14）炉衬厚度 δ_s，是指炉身与炉帽处所砌筑耐火材料的厚度。

（15）炉底衬厚度 δ_d，是指炉子底部所砌筑的耐火材料的总厚度。

（16）炉帽锥角 θ，指炉帽锥与炉身交界处和炉帽与炉体水平线之间的夹角。

（17）出钢口倾角 β，是指炉子处于水平状态下时，出钢口中心线与水平线之间的夹角。

（18）炉底锥角 α，是指锥壁与炉体中心线之间的夹角。

（四）炉帽及其尺寸的确定

1. 炉帽的形状

炉帽的形状早期为偏口，现在普遍采用对称形正口炉帽。炉帽的作用在于防止吹炼过程的喷溅和装入初炼钢水时钢水进入风口（见图 36 – 5）。炉子最初采用圆顶形，由于砌筑困难，后来逐步改为斜锥形。为了进一步改进砌筑条件，目前又改为正锥形，即从 (a)→(b)→(c) 的情况。

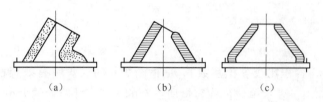

图 36 – 5 AOD 炉炉帽演变情况
(a) 圆顶形；(b) 斜锥形；(c) 正锥形

2. 炉口直径 d_0

从加料角度上考虑，希望炉口直径大一点，以便快速加料；但炉口直径过大，不仅使炉口吸入空气过多，使热损失量加大，降低金属收得率，而且还会造成钢渣混出，对出钢不利。设计时要根据实际情况确定。通常将炉口做成水冷式。

（五）出钢口位置及其倾角的确定

出钢口位置通常设在炉身与炉帽耐火材料的交界处，如图 36 – 4 所示。这样做的目的是可以使出钢时钢水能集中到帽锥处，保证了出钢时出钢口上方的钢水始终处于最深状态，钢水能在一定的压力下快速流出，减少钢渣混出现象。

出钢口倾角 β 的大小原则上讲为在开、堵出钢口操作最为方便的角度。目前，在国内出钢口倾角的取值范围 $15° \sim 20°$ 之间选取，而在国外也有取 $\beta = 0°$ 的情况。

减小出钢口角度有如下好处：

(1) 可以缩短出钢口长度，便于维修；

(2) 可以缩短钢流长度（出钢口到钢包的距离），减少钢水的吸气和热量损失；

(3) 出钢时炉内钢水不发生旋涡现象，减少钢水夹渣；

(4) 出钢时钢包车行走距离短。

（六）炉底参数的确定

炉底根据熔池形状有截锥形和球冠形之分，对于容量小于 100t 的炉子，通常选用截锥形炉底，而容量大于 150t 时可选用球冠形。

炉底锥角 α 通常选择为 $20° \sim 25°$。使吹入的气体离开炉壁上升，减少气体对氩氧枪上部区域炉衬的侵蚀、防止气流对炉衬的冲刷。

（七）氩氧喷枪风口的安装位置 h_1

吹入氩氧气体的喷枪就装设在炉底锥壁风口处。喷枪多为套管结构，内管为紫铜制作，用以通入氩氧混合气体，外管为不锈钢制作，用以通入冷却气体氩。随炉子容量不同，喷枪数目不同，20t以下的炉子采用两个喷枪，两个喷枪风口夹角为90°或60°；30~50t炉子采用3个喷枪，三个喷枪风口夹角为60°；90t以上的炉子采用5个喷枪。喷枪有一层布置和两层布置方式之分。喷枪中气体工作压力波动于0.7845~1.373MPa之间，大体上随炉子容量增大而增加。吹入气体供氧强度（标态）已达到$6m^3/(min \cdot t)$。

（八）炉壳的设计

炉壳的设计主要是炉壳的选材和炉壳所用钢板厚度的确定，对于炉壳的各部尺寸只要按照炉衬外形尺寸设计即可。

1. 炉壳材质

炉壳壳体类似于一个承受高温、高压的容器。使用过程中要承受炉衬重量、炉衬受热的膨胀力、加料时钢水冲击力、倾炉过程中产生的巨大扭力矩以及热应力等。为此，要求炉壳的材质应具有在高温时耐时效、抗蠕变及良好的成形性能和焊接性能。一般小型AOD炉用碳素结构钢，大型炉子用低合金钢，如Q235、16Mn、20g等。

2. 转角半径

在炉身与炉帽及炉身与炉底交接处的连接，对于中小型炉子来说，通常以交角相连接，称为拐角炉壳。采用拐角炉壳制作简单，然而在大中型炉子上为了减少炉体应力集中、增强炉壳的坚固性，此处用圆弧过渡连接，也即称为拐弧炉壳，炉身与炉帽转角半径用R_1表示。炉身与炉底转角半径用R_2表示。

（九）熔炼室各部尺寸参数设计

AOD炉熔炼室各部尺寸参数设计见表36-1。

表36-1 AOD炉熔炼室各部分尺寸参数的选择（仅供参考）

名 称 与 代 号	计 算 公 式	备 注
平均出钢量 G/t	G	已知条件
炉容比 $K/m^3 \cdot t^{-1}$	$K = \dfrac{V}{G} = 1.0 \sim 0.7$	
炉内总容积 V/m^3	$V = KG$	
炉膛直径 D/m	$D = 0.357\sqrt{20 + G}$	
熔池深度 h/m	$h = \dfrac{D}{1.6} \sim \dfrac{D}{2}$	大炉子取小值 小炉子取大值
熔池底部直径 d/m	$d = D - 2h\tan\alpha$	
锥形熔池容积 V_c/m^3	$V_c = \dfrac{\pi h}{12}(D^2 + Dd + d^2)$	d 为锥体下端直径 不含炉渣体积
炉口直径 d_0/m	$d_0 = (0.4 \sim 0.5)D$	大炉子取小值 小炉子取大值
炉口圆柱高度 h_0/m	$h_0 = 300 \sim 400$	大炉子取大值 小炉子取小值

名 称 与 代 号	计 算 公 式	备 注
炉帽锥角 $\theta/(°)$	$\theta = 60° \sim 68°$	大炉子取大值 小炉子取小值
炉帽锥体高度 H_2/m	$H_2 = \dfrac{D - d_0}{2} \cdot \tan\theta$	
炉帽容积 V_m/m^3	$V_m = \dfrac{\pi H_2}{12}(D^2 + Dd_0 + d_0^2) + \dfrac{\pi d_0^2}{4}h_0$	
炉身容积 V_s/m^3	$V_s = V - V_c - V_m$	
炉身容积 V_s/m^3	$V_s = \dfrac{\pi D^2}{4}H_1$	H_1 为炉身高度
炉内有效高度 H/m	$H = 3.0h$	$H = h + h_0 + H_1 + H_2$
炉身高度 H_1/m	$H_1 = H - h - h_0 - H_2$	
出钢口倾角 $\beta/(°)$	$\beta = 15° \sim 20°$	
出钢口内径 d_k/mm	$d_k = 10\sqrt{63 + 1.75G}$	
套砖直径 d_{sk}/mm	$d_{sk} = 6d_k$	出钢口
出钢口长度 L_T/mm	$L_T = (7 \sim 8)d_k$	
炉底锥角 $\alpha/(°)$	$\alpha = 20° \sim 25°$	
炉身耐火材料厚度 δ_s/mm	$550 \sim 800$	大炉子取大值 小炉子取小值
炉帽耐火材料厚度 δ_m/mm	$550 \sim 800$	
炉底耐火材料厚度 δ_d/mm	$750 \sim 1000$	
炉衬直径 D_0/mm	$D_0 = D + 2\delta_s$	
炉衬总高度 H_0/mm	$H_0 = H + \delta_d$	
炉体钢板厚度 t/mm	$t = D_0/100$	
身帽转角半径 R_1/mm	$R_1 \leqslant \delta_s$	炉身与炉帽交界处
身底转角半径 R_2/mm	$R_2 = 0.5\delta_d$	炉身与炉底交界处
氩氧喷枪风口中心高度 h_1/mm	$210 \sim 230$	风口中心距炉底衬距离

(十) 参数设计举例

图 36 -6 所示为 18t AOD 炉的炉体参数设计，表 36 -2 为其设计参数表。

表 36 -2　18t AOD 炉主要技术参数

项　　目	参 数 值	项　　目	参 数 值
工程容量/t	18	炉帽倾角/(°)	63.5
熔池深度/mm	1110	炉帽壳重/t	4.2
熔池直径/mm	2220	炉子有效高度/mm	4252
熔池表面积/m²	3.80	炉子总高/mm	5000
炉口直径/mm	1000	炉子有效容积/m³	12.79
炉壳外径/mm	3234	炉容比/m³	0.71

项　　目	参 数 值	项　　目	参 数 值
炉体壳重/t	15.1	新炉总重/t	69.2
炉壳总重/t	19.3	倾动速度/r·min⁻¹	0.2 ~ 0.8
新炉帽衬重/t	14.0	倾动角度/(°)	前倾160°, 后倾70°
新炉体衬重/t	35.9	设备总质量/t	104.5

四、炉体的砌筑

AOD 炉衬分为三层, 即工作层、填充层和绝热层。通常绝热层厚度为 115mm, 填充层厚度为 100mm, 其余为工作层。炉身总厚度为 550 ~ 800mm, 炉帽和炉底总厚度为 750 ~ 1000mm。

炉帽部位用耐火混凝土浇灌而成或可用耐火混凝土捣打成形, 也可用砖砌筑。炉身和炉底则用耐火砖砌筑, 和一般氧气转炉的炉衬砌法一样, 外部砌绝热层, 一般为 115mm 厚的黏土砖, 内部砌镁铬砖或镁白云石砖, 厚度为 300 ~ 400mm。

AOD 炉衬的寿命一般为 40 ~ 60 炉, 较好的有 150 ~ 200 炉, 最好的有 525 炉; 耐火材料单耗为 10 ~ 20kg/t, 日本已达 8 ~ 10kg/t。我国 AOD 炉的寿命相比之下还有较大差距。

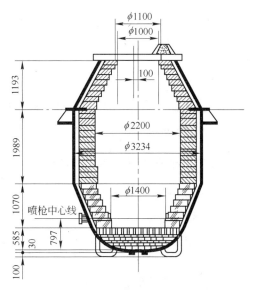

图 36 - 6　18t AOD 炉的炉体参数设计

更换炉体时, 先将炉体与托圈松开, 用吊车将炉体吊出托圈送至更换炉衬的场地, 然后将预热好的新炉体吊入托圈内进行安装, 随即把砌筑好的炉体送至干燥和预热的地方。每次换炉时间一般为 45 ~ 60min。

由于 AOD 炉衬寿命较低, 为了使生产连续进行, 需要设置几个炉体轮换使用, 一般每座 AOD 设置 3 个炉体: 一个正常使用、一个拆修、一个干燥和烘烤以备使用。

第三节　AOD 炉炉体支撑机构

AOD 炉炉体支撑机构包括托圈、炉体与托圈的连接、支撑托圈的耳轴和轴承座等。整个炉体的重量通过支撑装置传递到炉子的基础上, 而托圈又把倾动机构传来的倾动力矩传给炉体, 使其倾动。

一、托圈

(一) 托圈的组成

托圈是 AOD 炉子的重要承载和传动部件。它主要起支撑炉体和传递倾动力矩的作用。

工作时除了承受炉体、炉衬、钢水和自重等全部载荷外，还要承受由于频繁启动、制动所产生的冲击载荷以及来自炉体、钢包等热辐射作用而引起的托圈在径向、圆周和轴向存在的温度梯度而产生的热负荷。如果托圈采用通水冷却，则托圈还要承受冷却水的压力。故托圈结构必须具有足够的强度、刚度和韧性，才能满足炉子生产的要求。

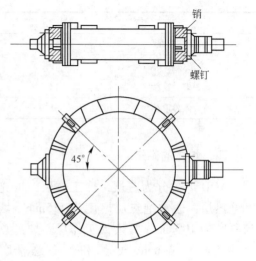

图 36 – 7 焊接式托圈结构示意图

焊接式托圈的结构如图 36 – 7 所示。

托圈是由钢板焊接成为矩形截面的箱体环形结构，两个耳轴装在耳轴箱内。中小型炉子的托圈为一整体结构；大型炉子的托圈由于运输困难而做成两个分体结构，现场安装时先用定位销定位后，再用高强度螺栓将两体连接在一起。水冷托圈可以将热应力降低到非水冷托圈的 1/3 左右。

（二）托圈基本尺寸参数的确定

托圈的基本尺寸参数包括：托圈内径、外径、断面尺寸。托圈基本尺寸参数的确定如下：

（1）托圈的内径 D_n：

$$D_n = D_L + 2\Delta \tag{36 – 1}$$

式中 D_L——炉壳外径，mm；

Δ——炉壳外径与托圈之间的间隙，mm。通常取 $\Delta \leqslant 0.03 D_L$。

（2）托圈的外径 D_w：

$$D_w = D_n + 2B = D_L + 2\Delta + 2B \tag{36 – 2}$$

式中 B——托圈断面宽度，mm。

（3）托圈的断面高度 H 和宽度 B 的选择：

$$H = (2.5 \sim 3.5)B \tag{36 – 3}$$

大炉子取大值，小炉子取小值。

$$H = (0.22 \sim 0.24)H_L \tag{36 – 4}$$

$$B = (0.115 \sim 0.135)D_w \tag{36 – 5}$$

式中 H_L——炉体总高度，mm。

（4）托圈上下盖板 δ_1、侧立板 δ_2 与内部筋板 δ_3 厚度的选择：

$$\delta_1 = (0.046 \sim 0.052)H \tag{36 – 6}$$

$$\delta_2 = (0.08 \sim 0.095)H \tag{36 – 7}$$

$$\delta_3 = 0.8\delta_2 \tag{36 – 8}$$

内部筋板数量通常不少于 8 块。

不同容量转炉的托圈尺寸参考值见表 36 – 3。

表 36 - 3　不同容量转炉托圈的尺寸参考值

名　　称	数　　值					
炉子容量/t	15	30	50	120	150	300
断面形状	矩　　形					
断面高度 H/mm	1160	1500	1650	1800	2400	2500
断面宽度 B/mm	500	400	730	900	760	835
盖板厚度 δ_1/mm	32	255（铸）	80	100	83	150
侧立板厚度 δ_2/mm	32	130（铸）	55	80	75	70

二、炉体与托圈的连接

（一）托圈和炉体之间连接的注意事项

托圈和炉体之间连接的注意事项如下：

（1）能为炉体传递足够的转矩。

（2）能调节由于温度变化而产生的轴向和径向位移。一般托圈与炉体之间留有 80 ~ 100mm 的间隙，既对炉体散热有利，又能减少炉壳热变形。

（3）能使载荷在支撑系统中均匀分配。

（4）能吸收或消除冲击载荷，并能防止炉壳的过度变形。

为保证上述要求，支架数目不宜过多，一般 3 ~ 6 个足够，通常与耳轴成 30°、45°、60°夹角。支撑点应在一个水平面上，以保证炉体在垂直方向的调整。

（二）托圈与炉体连接方式

托圈与炉体连接既要安全可靠，又要防止炉壳因受热膨胀产生的热应力造成的破坏性影响。对于小型炉子考虑拆卸方便，炉壳与托圈常采用销钉连接，如图 36 - 8 所示；对于大中型炉子应考虑炉体与托圈位置能做适当的调整，以保持炉体的正确位置，同时考虑炉壳受热后的膨胀，所以支撑件做成斜块形的，如图 36 - 9 所示。

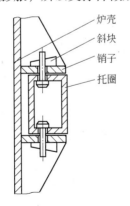

图 36 - 8　炉体与托圈用销钉连接

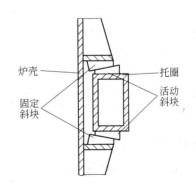

图 36 - 9　炉体与托圈用斜块连接

三、耳轴

炉子和托圈的全部载荷都是通过耳轴经轴承座传给设备基础的。同时倾动机构的低转速的大扭矩又通过一侧或两侧的耳轴传给托圈和炉体。耳轴要承受静、动载荷产生的转矩、变形和剪切的综合负荷。因此，耳轴应具有足够的强度和刚度。耳轴不仅要经常转动，而且有时转动角度会出现 ±360°的情况。炉子上的炉口、炉帽、护板、托圈等多处需要水冷，而且需要连续地通过耳轴进行水冷，这样耳轴需要做成空心的。炉子两侧耳轴，有一侧是驱动侧，另一侧是随动侧。由于两侧受力情况不同，因而可用不同材质制造（如驱动侧采用 35CrMo 或 40Cr，随动侧采用 45 号锻钢件）。一般来说，耳轴通常采用锻钢件比较安全可靠。但是，如果炉子容量较大，耳轴锻造困难，选用铸造法制造也是可以的。不同炉容量的推荐耳轴直径见表 36 - 4。

表 36 - 4   不同炉容量的推荐耳轴直径

项 目 名 称	数 值			
炉子容量/t	30	50	130	200
耳轴轴承处直径/mm	630 ~ 650	800 ~ 820	850 ~ 900	1000 ~ 1050

四、耳轴与托圈的连接

耳轴与托圈的连接通常有法兰螺栓连接、静配合连接和直接焊接三种形式：

（1）法兰螺栓连接。其耳轴以过渡配合（n6 或 m6）装入托圈耳轴座中，再用螺栓和圆柱销连接，以防止耳轴与孔发生转动和轴向移动。这种结构的连接件较多，而且耳轴需要带有法兰，增加了耳轴制造难度。但这种耳轴连接方式可靠，使用比较广泛。

（2）静配合连接。其耳轴具有过盈量，装配时可将耳轴用液氮冷缩或将轴孔加热膨胀，耳轴在常温下装入耳轴孔内。为防止耳轴与孔发生转动和轴向移动，在静配合的传动侧耳轴处拧入精制定位螺钉。由于游动侧传递力矩小，故可采用带小肩台的耳轴限制轴向移动。这种结构连接简单，安装制造方便，但这种结构仍需要在托圈上焊耳轴座，故托圈质量较大，而且装配时，耳轴加热或冷缩比较费时，因此使用较少。

（3）直接焊接。由于采用了耳轴与托圈直接焊接，因此质量小、结构简单、机械加工量小。直接焊接方式在大型炉子上应用较多，为防止结构由于焊接而变形，制造时要特别注意保证两耳轴的同心度和平行度。耳轴与托圈直接焊接方式如图 36 - 10 所示。

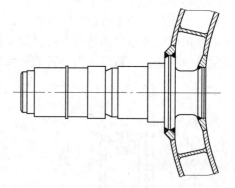

图 36 - 10   耳轴与托圈直接焊接方式

五、耳轴轴承

（一）耳轴轴承工作特点

AOD 炉子耳轴轴承的工作特点是：负荷大，转速低（最高转速为 1.5r/min 左右），经常处于局部工作状态，工作环境恶劣（高温、多尘），托圈在高温下工作会使耳轴伸长和翘曲变形。因此，耳轴轴承必须要有足够的强度，能经受住静力、动力载荷，有足够的抗疲劳极限，对中性好，轴承外壳和支撑座结构合理，安装、更换、维修容易，而且经济。

（二）轴承类型

目前，轴承的类型有四种：

（1）滑动轴承。这种轴承能缓和由各种原因引起的振动，能适应耳轴系统的热膨胀，但由于滑动面之间摩擦力大，润滑难以保持，而且由于磨损较快，因而对中性不良。这类轴承只适用于小型炉子。

（2）圆柱形滚柱轴承。这种轴承较滑动轴承维修量少，但尚存在对振动的敏感性和错位的缺点，这种轴承适用于大型炉子。

（3）自动调心双列球面滚柱轴承。这种轴承润滑性好，耐磨损，而且对倾动错位适应性好，故在很多大中型炉子上应用。但还存在轴向错位的缺点需要解决。该结构形式如图 36 - 11 所示。

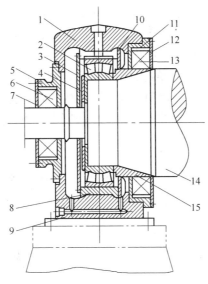

图 36 - 11　自动调心双列球面滚柱轴承

1—轴承盖；2—自动调心双列圆柱滚子轴承；3，10—挡油板；4—轴端压板；5，11—轴承端盖；
6，13—毡圈；7，12—压盖；8—轴承套；9—轴承底座；14—耳轴；15—甩油推环

（4）液体静压轴承。这种轴承无启动装置，运动摩擦阻力小，其油膜能吸收冲击力而起到减振作用。具有很宽的速度与负荷范围，而且耐热。但需要设置高压（30MPa 以上）供油系统，投资大，维修费用高。

第四节　AOD 炉的倾动机构

倾动机构的作用是转动炉体以便实现冶炼操作的加钢水、取样、出渣、出钢、维护等操作。AOD 的倾动装置包括电机、减速器、联轴器。大型炉子一般使用两台专用电机倾动，如 50t AOD 炉用两台 22.4kW 交流电动机驱动。

当炉子前倾时，风枪离开钢液面而处于上方，可以进行扒渣、测温、取样等操作；当

炉子垂直时，风枪埋入钢液，吹入气体进行脱碳和精炼操作。

倾动机构通过电动机和减速装置可使炉体向前或向后倾动，以便进行兑初炼钢水、出钢、扒渣和测温、取样等操作。

一、对倾动机构的要求

对倾动机构的要求如下：

（1）能使炉体连续正、反转动360°，并能平稳而准确地停止在任意需要的角度位置上，以满足工艺操作的要求。

（2）一般应具有两种以上的转速。出钢、出渣、测温取样时要求缓慢、平稳地倾炉；在空炉或刚从垂直状态倾炉时，为了减少倾炉操作时间，要求快速倾炉操作，在接近预定角度时改为慢速倾炉，以便停稳、停准。慢速一般为 0.1 ~ 0.3r/min，快速为 0.7 ~ 1.5r/min。

（3）应安全可靠，避免传动机构的任何环节发生故障，即使某一处出现故障，也要具有备用能力，能使倾炉工作继续下去直到本炉冶炼结束。此外，还应与氩氧枪、烟罩升降机构等保持一定的连锁关系，以免误操作而发生事故。

（4）倾动机构对载荷的变化和结构的变形而引起轴的轴线偏移时，仍能保持各传动齿轮的正常啮合；同时，还应具有减缓动载荷和冲击载荷的性能。

（5）要求结构紧凑、占地面积小、效率高、投资少、维修方便。

二、倾动机构的类型

倾动机构的配置形式有落地式、半悬挂式、全悬挂式和液压式四种类型。

（一）落地式

落地式倾动机构如图 36 - 12 所示。落地式倾动机构是最早采用的一种配置方式，除了末级大齿轮装在耳轴上外，其余全部安装在设备的基础上。大齿轮与安装在基础上的传动装置的小齿轮相啮合。

这种倾动机构的特点是结构简单，便于制造、安装和维修。但是当

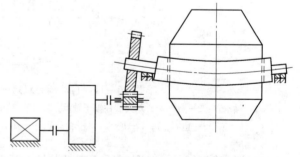

图 36 - 12　落地式倾动机构

托圈翘曲严重而引起耳轴轴线产生较大偏差时，影响大小齿轮的正常啮合。另外，还没有满意地解决由于启动、制动引起的动载荷的缓冲问题。

（二）半悬挂式

半悬挂式倾动机构如图 36 - 13 所示。半悬挂式倾动机构是在落地式基础上发展起来的，它的特点是把末级大小齿轮通过减速器箱体悬挂在炉子耳轴上，其他传动机构部件仍然安装在基础上，所以称为半悬挂式。悬挂减速器的小齿轮通过万向联轴器或齿轮联轴器与主减速器连接，当托圈变形使耳轴偏移时，不影响大、小齿轮间的正常啮合。其质量和

占地面积比落地式有所减少，但占地面积仍比较大，适用于中型炉子。

（三）全悬挂式

全悬挂式倾动机构如图 36-14 所示。将整个传动机构全部悬挂在耳轴外伸端上，末级大齿轮悬挂在耳轴上，电动机、制动器、一级减速器都悬挂在大齿轮的箱体上。为了减少传动机构的尺寸和质量，使工作安全可靠，目前大型悬挂式倾动机构均采用多点啮合的柔性支撑传动，即末级传动是由数个（4 个、6 个或 8 个）各自带有传动结构的小齿轮驱动同一个末级大齿轮，整个悬挂减速器用两端铰接的两根立杆通过曲柄与水平扭力杆连接而支撑在基础上。

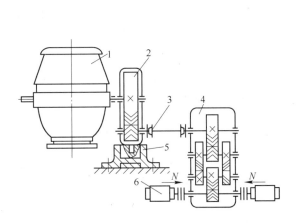

图 36-13　半悬挂式倾动机构

1—炉体；2—悬挂减速器；3—万向联轴器；
4—减速器；5—制动装置；6—电动机

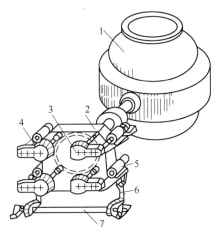

图 36-14　全悬挂式倾动机构

1—炉体；2—齿轮箱；3—三级减速器；
4—联轴器；5—电动机；
6—连杆；7—缓震抗扭轴

全悬挂式倾动机构的特点是结构紧凑、质量轻、占地面积小、运转安全可靠、工作性能好。新建炉子应用比较多。

（四）液压传动倾动机构

液压传动倾动机构在转炉和 AOD 炉子上目前应用较少。液压传动的突出特点是：

（1）适用于低速、重载的场合，不怕过载和阻塞。

（2）可以无级调速，结构简单、质量轻、体积小，因此液压传动的倾动机构大有前途。但液压传动要求加工精度高，容易漏油。

图 36-15 所示为液压倾炉机构的原理图。变量液压泵 1 经过滤油器 2 从油箱 3 中将油液经单向阀 4、电磁换向阀 5、油管 6 送入工作油缸 8，驱动带有齿条 10 的活塞杆 9 上升，齿条推动装在炉子 12 耳轴上的齿轮 11，带动炉体倾动。工作油缸 8 与回程油缸 13 固定在横梁 14 上。当换向阀 5 换向后，油液经油管 7 进入回程油缸 13（此时，工作缸中的油液经换向阀流回油箱），通过活塞杆 15、活动横梁 16，将活塞杆 9 下拉，使炉子恢复原位。

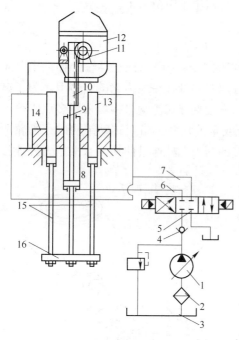

图 36 - 15 液压倾炉机构的原理图

1—变量液压泵；2—滤油器；3—油箱；4—单向阀；
5—电磁换向阀；6，7—油管；8—工作油缸；
9，15—活塞杆；10—齿条；11—齿轮；12—炉子；
13—回程油缸；14—横梁；16—活动横梁

三、倾炉重心的计算

AOD 炉在冶炼过程中需要进行倾炉操作，在倾炉过程中，炉壳、炉衬、钢水都要对耳轴产生力矩，此力矩称为倾动力矩，用 M 表示。计算倾动力矩的目的，是为了确定耳轴的最佳位置和所需要的电动机功率。而倾炉重心，又是确定电动机功率的重要因素。耳轴的位置必然要在倾炉重心以上的位置。关键的问题是耳轴中心线离倾炉重心远时，倾动力矩大，安全性高；耳轴中心线离倾炉重心近，倾动力矩小，但安全性差，容易发生翻炉事故。确定耳轴中心线距离倾炉重心的最佳距离，是倾炉计算中的一项复杂而繁琐的必要工作。倾动力矩由三部分组成：

$$M = M_k + M_s + M_m \qquad (36-9)$$

式中　M——倾动力矩，N/m；

　　　M_k——空炉力矩，N/m；

　　　M_s——钢水力矩，N/m；

　　　M_m——耳轴摩擦力矩，N/m。

（一）空炉重心的计算

空炉重心的计算分两种情况：一种情况是新炉衬时，炉衬较重而钢水较少；另一种情况是炉役后期时，炉衬较轻而钢水较多。具体计算过程如下：

（1）建立坐标：以耳轴中心线作为 x 轴，以炉体中心线为 y 轴，两轴线交点为坐标原点 O，如图 36 - 16 所示。

（2）根据重心公式：

$$G = \sum_{i=1}^{n} g_i \qquad (36-10)$$

$$Y = \frac{\sum_{i=1}^{n} g_i y_i}{G} \qquad (36-11)$$

$$X = \frac{\sum_{i=1}^{n} g_i x_i}{G} \qquad (36-12)$$

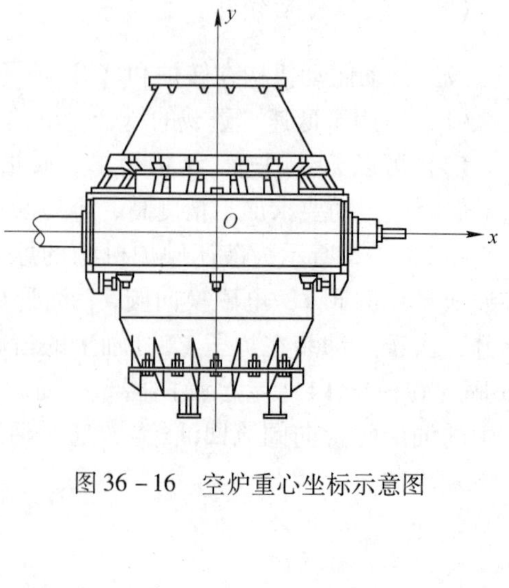

式中　G——空炉总质量，t；

　　　g_i——各单元体的质量，t；

图 36 - 16　空炉重心坐标示意图

x_i，y_i——各单元体的重心坐标；

X，Y——空炉合成重心坐标。

其中，钢水密度 $\rho_s = 7.8 t/m^3$，炉衬密度 $\rho_c = 2.8 \sim 2.9 t/m^3$。

（二）钢液重心的计算

倾炉过程中钢水重心随着倾炉角度的变化而变化，如图 36–17 所示。由于钢水在炉内的形状难以确定，即使采用积分计算，要精确地确定钢水在倾动过程中的重心位置也不是一件容易的事。

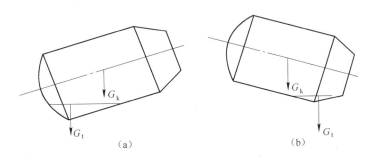

图 36–17　不同倾炉角度下钢水重心位置示意图

有关资料介绍，钢水的最大力矩出现在倾炉 45°～75° 之间，通常又是在 65°～75° 之间；而最小力矩出现在 90°～100° 之间。为此作者建议按计算机作图法，将炉体倾动到 70°，将钢水的形状划分为两部分：一部分是炉底熔池截锥形状钢水所占部分的钢水质量，另一部分是将剩余钢水质量折算成炉衬弓形状。分别估算两部分的重心后，再进行合成钢水重心的计算，将计算后的重心作为钢水重心即可。在计算钢水质量时，为了简化计算的复杂性，将精炼过程形成的炉渣量（70～100kg/t）折算到钢水质量中去，以省去对钢渣倾动力矩的计算。

四、倾炉力矩的计算

在空炉重心和钢水最大力矩时的重心确定后，就可以确定耳轴的位置和计算倾动力矩。通常要进行两次力矩的计算，第一次计算是为了确定耳轴最佳位置；第二次计算是对已确定的耳轴位置进行力矩计算。第二次计算结果是炉子倾动力矩，是选择倾动电动机功率和机械机构确定的依据。

（一）耳轴位置的确定

1. 耳轴位置的确定原则

耳轴的位置应使炉子在倾动过程中既安全可靠又经济合理。

耳轴确定有两种原则：全正力矩原则和正负力矩原则。使炉子直立的力矩称为正力矩，使炉子翻倒的力矩称为负力矩。不同倾炉角度下钢水重心的正、负力矩如图 36–18 所示。

（1）全正力矩的原则。所谓全正力矩原则就是炉子在整个倾动过程中，其倾动合力矩

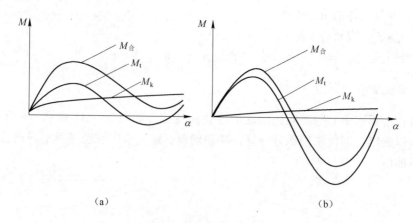

图36-18　不同倾炉角度下钢水重心的正、负力矩
(a) 全正力矩原则；(b) 正负力矩原则

$M_合(M)$ 全部位于正力矩区域内，而不出现负力矩的情况，如图36-18（a）所示。当炉子设计成全正力矩时，耳轴会高出空炉重心较多。其优点是：安全可靠，炉子在倾动过程中不论倾动到哪个角度下，如果此时炉子发生故障都能依靠自身质量的力矩使炉子返回直立状态，避免发生倾翻事故。用关系式表示：

$$M = M_k + M_s + M_m > 0 \tag{36-13}$$

（2）正负力矩原则。合力矩 $M_合(M)$ 的极大值和极小值对等分布在正负力矩区域内，如图36-18（b）所示。即：

$$M_{max} = \left| M_{min} \right| \tag{36-14}$$

在正负力矩原则下，耳轴的位置接近于空炉重心位置，使得 M_{max} 值为最小。其优点是电动机功率小，投资省；缺点是安全性差，容易发生炉子倾翻事故。为此，当炉子设计成正负力矩时，要求其自锁性能好，能可靠保证炉子在倾动到负力矩区域内，如果发生故障，炉子能够自动锁定而不至于发生倾翻事故。

从安全角度出发，炉子希望制作成全正力矩。目前绝大多数的炉子都做成全正力矩，只有少数做成了正负力矩的。"炼钢工艺设计技术规定"要求容量大于100t的转炉设计按全正力矩考虑。

2. 耳轴位置的确定

按全正力矩原则预选耳轴位置，通过计算从中找出空炉力矩和钢水力矩的合力矩的较小值，然后进行修正。一般耳轴位于空炉重心上方100mm左右位置。

（二）摩擦力矩的计算

摩擦力矩的计算公式：

$$M_m = \frac{\mu D}{2}(G_k + G_s + G_t + G_x) \tag{36-15}$$

式中　μ——摩擦系数，对于滑动轴承取 $\mu = 0.1 \sim 0.15$，对于滚动轴承取 $\mu = 0.05$；

D——耳轴直径，m，对于滑动轴承即为耳轴外径，对于滚动轴承取 $D = \dfrac{D_内 + D_外}{2}$；

G_k——空炉质量，t；

G_s——钢水质量，t；

G_t——托圈及其附件质量，t；

G_x——耳轴上悬挂的齿轮箱轮组的质量，t，对于液压传动无此项。

（三）计算最小倾动力矩

1. 计算 M_{min}

根据已经确定的耳轴位置计算最小力矩出现在 90°~100°之间各角度的 M 值，从而得到 M_{min}。如果此时没有找到最小倾动力矩，那么就要到大于 100°以后去找了。从理论上讲，$M_{min} \approx M_m$ 时最为经济，但是从安全角度上讲应该使：

$$M_{min} \geqslant k M_m \tag{36-16}$$

式中　k——安全系数，一般取 $k = 1.2 \sim 1.25$。

由计算可知，所谓最小倾动力矩的计算，只是一个近似计算。要想得到真正的最小倾动力矩需要进行复杂的微积分运算，但这种计算又是不必要的，由于计算后的值同样需要进行安全性的修正。为此工程上取近似计算即可。计算最小倾动力矩的目的是为了选取最佳耳轴位置和最小电动机功率。

2. 修正耳轴位置

根据计算得到的最小倾动力矩值，重新对耳轴位置进行修正计算，最后确定耳轴的最终选定位置。

（四）最大倾动力矩的计算

最大倾动力矩是选取倾炉电动机功率的依据。

根据最大倾动力矩出现在倾炉 45°~75°之间，选定 45°、63°、75°三个角度进行计算。比较计算结果，即可初步确定最大倾动力矩在 45°~63°及 63°~75°两个区段的哪一个。然后再在其中间选定一点计算该处的倾动力矩，将此三个数值进行比较选取最大值，即为最大倾动力矩值。

五、电动机功率的选择

（一）低速轴上的电动机功率的选择

由机械零件设计可知，低速轴上的扭矩计算公式：

$$M = 97500 \frac{N}{n}$$

可有：

$$N = \frac{Mn}{97500} \tag{36-17}$$

式中　M——扭矩，kg·cm；

　　　N——低速轴上的功率，kW；

　　　n——炉子最大转速，r/min；

97500——换算系数。

（二）高速轴上的电动机功率的选择

高速轴上的电动机功率的选择为：

$$N_g = \frac{N}{\eta} \tag{36-18}$$

式中 N——低速轴上的功率，kW；

η——倾动机构各传动副的效率，$\eta = \eta_1 \eta_2 \cdots \eta_i \cdots \eta_n$；

滚动轴承：$\eta_i = 0.99$；

滚柱轴承：$\eta_i = 0.98$；

齿轮副：$\eta_i = 0.97$；

万向联轴器：当 $\alpha < 3°$ 时，$\eta_i = 0.97 \sim 0.98$；当 $\alpha > 3°$ 时，$\eta_i = 0.95 \sim 0.97$。

计算取值后，根据电动机样本选择电动机的规格与型号。

第五节 AOD 炉的附属设备

一、氩-氧枪

氩-氧枪安装在靠近炉底的侧壁上。它由风口砖和风枪组成，风口砖采用优质镁铬砖，砖内埋风枪，风枪结构为双层套管式，内管常为铜质材料，外管常为不锈钢材料。内管分阶段吹入不同比例的氩-氧（氮）混合气体进行脱碳，从外层环缝隙间吹入氩气或碳氢化合物为冷却气体。在出钢和装料的空隙时间改吹压缩空气或氮气。氩-氧枪一般为可拆换式自耗型的，与耐火砖消耗一致。氩-氧枪的直径有三种：A 型的为 9.5mm；B 型的为 11.1mm；C 型的为 12.7mm。氩-氧枪的数量和配置视炉子容量的大小而定，一般 20t 以下炉子采用两支风枪，风枪的水平夹角为 90° 或 60°；35～60t 的炉子采用四支风枪，风枪的水平夹角为 108°～120°；90～175t 的炉子采用五支风枪，每支间隔为 27°～30°。采用双层风枪可以提高炉衬寿命。喷枪中气体工作压力波动在 0.7845～1.373MPa 之间，大体上随炉子容量增大而增长。吹入气体量为 1～6m³/(min·t)。

二、气体调节控制系统

AOD 炉配有气源调节控制系统，如图 36-19 所示。通过流量计、调节阀等系统控制氩气、氮气和氧气的流量并使之得到混合，

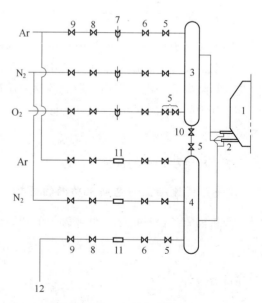

图 36-19 AOD 炉的供气系统

1—AOD 炉；2—喷枪；3—混气包；4—配气包；
5—快速切断阀；6—流量调节阀；7—孔板流量计；
8—压力调节阀；9—截止阀；10—止回阀；
11—转子流量计；12—无油干燥压缩空气

使 AOD 炉获得所希望的气体和氩－氧气体混合比例。

氩气、氧气、氮气等气体经预先混合并通过导管送入风枪。每种气体的单位流量靠安装在主管路上的流量计来测量。有两种测量仪表，即转子流量计和孔板流量计。由于转子流量计在操作上有较多优点，测量能力较高，不需特殊的进口管，故一般优先考虑采用。操作时，用手动的计量阀来调节每一种气体，分别计算每种气体的消耗量。此外还设置有保证安全和保护套管的连锁装置和节省氩气的切换装置。防止炉子倾动时钢液进入风枪口和保护套管，当炉子向下倾动时，在风枪口露出钢液面之前，立即有控制地减少氩－氧气体流量，在出渣、出钢等操作的吹炼空隙自动切换成压缩空气或氮气。而当炉子倾回到吹炼位置时又使气体流量回升到操作流量，从而节省氩气并避免倾动时钢渣喷溅或溢出。另外，最新的 AOD 炉的气路控制系统使用了电子系统的微处理装置。系统利用涡旋流量仪来测量流量，这样能精确测量气体的流量比率，使调节比达到 1∶10 以上。这种新的系统应用了压力和温度补偿，而且有电子数据记录的功能。

AOD 炉是氩气、氧气和氮气的使用大户，为了保证 AOD 炉的正常生产，必须有大的能够分离氩气的制氧机作为气源，否则建造 AOD 炉的理想只能变成空想。为了储存足够的气体，需要分别配置储存氩气、氧气、氮气的球罐。为了向 AOD 炉输送气体，需要铺设相应的管道和配备必要的阀门。在 AOD 炉上使用着两种气体：一种为按一定比例混合的气体，称工艺气体；另一种为冷却喷枪的气体。为了按一定的压力和比例配备混合气体和冷却气体，需要装设相应的混气包和配气包以及流量计、压力调节阀和流量调节阀等。在混气包和配气包之间设有快速切断阀和止回阀，以便出钢后的一段时间用压缩空气冷却喷枪的内外管。

在氧气管道上设有两个快速切断阀，以便在 AOD 炉进行还原过程中严密防止氧气漏入炉内。

设置氮气管道是为了以氮气代氩气，节省昂贵的氩气；设置无油干燥压缩空气管道的目的也是为了节省用以冷却喷枪的氩气。

在工艺气体管道和冷却气体管道上采用不同的流量计：前者为孔板流量计，后者为转子流量计。之所以有这种差别，主要是为了方便工艺过程的控制，因为孔板流量计可以向控制仪表发送电信号，而转子流量计则不能，所以将其装设于与工艺无直接关系的冷却气体管道上。

三、除尘系统

由于在 AOD 炉中进行吹氧脱碳，排放的 CO、CO_2 气体量极大，由此夹带出的粉尘量也极为可观，如不采取措施消除，将超过国家规定的粉尘排放标准。国外 AOD 炉上多采用干式滤袋除尘法，我国也不例外。AOD 炉上部的除尘罩采用旋转式的欧、美采用的吸尘罩，与炉口的缝隙很小，以减少气体的吸入量。这样，其布袋除尘器和送风机可小型化，比较经济。但是因为吸入的气体温度要比大量吸收罩外空气而使气体冷却的方式要高，所以其除尘器及主要的通风道、燃烧塔等部件都要采取水冷。在铁合金加料和吸尘罩并设的条件下，添加料的滑动装置要贯通在吸尘罩内。在吸尘罩附近，一般为了把 CO 完全燃烧而设置了燃烧塔和冷却塔。

四、供料系统

为了减轻劳动强度，使造渣材料（石灰、萤石）和铁合金（硅铁、硅铬等）装炉机械化，需要设置足够数量的悬空料仓以储存这些散状材料；为了准确地进行称量，每个料仓下面均应装设电磁振动给料器；而为了运送这些材料还需要装置抓斗和皮带运输机等运输工具。

五、冶炼操作工艺简介

由于 AOD 法容易从高碳范围开始脱碳，所以电弧炉可以使用高碳铬铁等低价原料。电弧炉中熔化了的钢液通过运送的钢包移至 AOD 炉内进行脱碳、还原和成分微调。AOD 的起始碳，从精炼角度讲没有限制，但一般是在 1.0% ~ 2.5% 之间。为了进行有效的脱碳，随着脱碳的进行从高碳到低碳范围要降低 O_2/Ar 值，一般从 3/1 降到 1/3 左右。为了保护炉体的耐火材料，钢液的温度控制在 1700 ~ 1750℃ 之间。在氧化过程中要加入冷却剂，加入冷却剂时，一般要倾动炉子。

当碳降到目标值时，停止吹氧，进行金属铬、锰的还原。AOD 法中由于氩气强烈的搅拌效果，约有 90% ~ 99% 的锰被还原，同时也促进了脱硫。还原结束后进行温度及各种成分的调整，然后出钢。冶炼时间一般为 60 ~ 90min。

AOD 法一般采用电弧炉与 AOD 炉双联工艺。电弧炉炉料以不锈废钢、炭素废钢和高碳铬铁合金为主。炉料成分除了碳、硅、硫外，应接近钢种成分。配碳量一般为 1.5% ~ 2.0%，也可以更高一些。硅含量应小于 0.3% ~ 0.5%，以利于提高炉衬寿命。电弧炉配硫量在 AOD 单渣法操作条件下，以 AOD 炉脱硫率达到 90% 以上考虑。先将原料在电弧炉中熔化，电弧炉钢液还原和成分调整后，钢液温度达到 1550℃ 左右出钢。此时电弧炉就可以进行下一炉的熔化操作。对电弧炉炉渣的处理，有少数钢厂是随钢液倒入钢包，转移到 AOD 炉进行冶炼，以提高铬的回收率（可达 99.5%），并减少电弧炉冶炼时间。但是这种方法需要 AOD 炉增加还原时间和排除炉渣，因此将增加冶炼时间 7 ~ 10min。电弧炉钢液用钢包兑入 AOD 炉进行脱碳精炼。

根据钢液中碳、硅、锰等元素的含量及钢液量，计算氧化这些元素所需的氧量和各阶段的吹氧时间，根据不同阶段钢液中的碳、铬含量和温度，用不同比例的氩－氧混合气体吹入 AOD 炉内进行脱碳精炼，一般吹入氧－氩混合气体的比例分 3 ~ 4 个阶段进行混合和吹炼。随着碳降低，不断改变氧－氩比。

吹炼初期为了迅速升温，增加脱碳速度，采用较高的氧－氩混合比例。

第一阶段：按 $O_2 : Ar = 3 : 1$ 的比例供气。将碳脱至 0.25% 左右，此时钢液温度大约为 1680℃。

第二阶段：按 $O_2 : Ar = 2 : 1$ 的比例供气。将碳脱至 0.1% 左右，此时钢液温度大约为 1740℃。

第三阶段：按 $O_2 : Ar = 1 : 2$ 或 1 : 3 比例供气。将碳脱至不大于 0.03% 左右，到所需要的限度。

最后用纯氩吹炼几分钟，使溶解在钢液中的氧继续脱碳，同时还可以减少还原铬的铁－硅用量。每个阶段都应测温、取样、分析。

吹氧完毕时，约2%的铬氧化进入炉渣中，钢液中的氧高达$140 \times 10^{-4}\%$，因此到达终点后要加入Si-Ca、Fe-Si、铝粉、CaO、CaF_2等还原剂，在吹纯氩搅拌状态下进行脱氧还原。脱碳终了以后，如果不是冶炼含钛不锈钢和不需专门进行脱硫操作，作为单渣法冶炼，一般不扒渣直接进入还原期。单渣法在还原以前由于脱碳终点温度约为1710~1750℃。为了控制出钢温度并有利于提高炉衬寿命，在脱碳后期需添加清洁的本钢种废钢冷却钢液。随后加入Fe-Si、Si-Cr、铝粉等还原剂和石灰造渣材料，纯吹氩3~5min，调整成分，当脱氧良好、成分和温度合适，即可出钢浇注。整个精炼时间约90min左右。

气体消耗视原料情况及终点碳水平而不同。一般氩气消耗（标态）为12~23m³/t，氧气消耗（标态）为15~25m³/t，氮气消耗（标态）约为13m³/t。Fe-Si用量为8~20kg/t，石灰用量为40~80kg/t，冷却料为钢液量的3%~10%。

AOD法主要用于冶炼不锈钢，近年来扩大用于冶炼碳钢和低合金钢的生产。

第六节　AOD精炼炉在冶炼车间的布置

炉子在车间的布置，主要是指炉子中心线在车间的位置和所需空间（长×宽×高）体积、耳轴高度、操作平台高度等尺寸的确定。这些尺寸一旦确定，投产后就很难再做改动，并且对生产顺利与否影响很大，因此确定这些尺寸必须仔细考虑，慎重确定。

一、炉子安装位置的确定

炉子在车间的布置如图36-20所示。

炉子应布置在靠近加料跨一侧，确定炉子中心线到车间柱子中心线之间的距离L，必须保证天车能顺利地安装、检修炉子与其他附属设备。天车轨面标高H值可按式（36-19）确定：

$$H = H_1 + H_2 + H_3 + H_4 + k \quad (36-19)$$

式中　H_1——炉子耳轴标高；

$\quad H_2$——当炉子倾斜30°~45°至受钢水位置时，炉子耳轴到钢包耳轴中心的距离；

$\quad H_3$——钢包耳轴到天车主吊钩的距离；

$\quad H_4$——天车轨道到天车主吊钩的最小距离；

$\quad k$——安全余量，$k = 300~500$。

国内部分转炉的L值见表36-5。

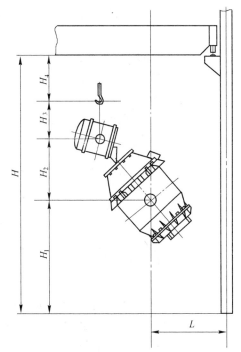

图36-20　炉子在车间的布置

表36-5　国内部分转炉的L值

炉子容量/t	30	50	120	150	210	300
L值/m	0.8	1.15~1.25	1.70	1.90	2.10	2.70

炉子的安装位置除了考虑上述因素外，还要确定出渣时炉子的倾动方向。出渣时炉子的倾动方向有两种情况：一种情况是出渣与出钢为同一方向；另一种情况是出渣与出钢为相反方向。如果采用出渣与出钢相反方向，由于二者炉子倾动方向相反，炉子安装位置是否需要变化是需要加以注意的。

二、耳轴标高的确定

耳轴标高 H_1（见图36-21）的确定应考虑保证炉子下钢包车、渣罐车顺利通过。在炉体转动360°，炉子的任何部位都不能与钢包或渣罐相碰撞的情况下，尽量降低耳轴中心的标高，以便降低厂房的高度，并可以缩短钢流长度以减少钢水的二次氧化、散热和吸气量。

炉子耳轴标高可以用式（36-20）计算：

$$H_1 = h_1 + h_2 + h_3 + R \qquad (36-20)$$

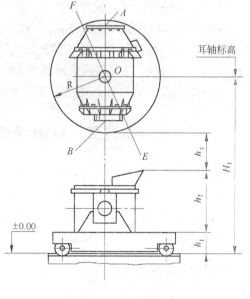

图36-21 耳轴标高

式中　h_1——钢包车台面高度；

h_2——钢包车台面至钢包上沿的距离；

h_3——安全距离，钢包上沿至炉子最大回转圆之间的距离，应在200~300mm之间；

R——炉子倾动最大回转半径，当 $OA > OB$ 时，$R = \sqrt{OA^2 + AF^2}$；当 $OA < OB$ 时，$R = \sqrt{OB^2 + BE^2}$。

此外，耳轴标高的确定还要考虑炉口挂渣因素。

三、操作平台高度的确定

操作平台是为了进行炉前冶炼操作而设置的。要使操作人员站在操作平台上能顺利地进行测温、取样、开堵出钢口、出钢、出渣等操作，合理设计操作平台的高度是非常重要的。

平台标高应能保证炉子倾动到大致水平位置时，站在平台上能从炉内一定深度取出钢液试样。一般低于耳轴标高的 $0.8~1.5$m，大吨位取大值，小吨位取小值。操作平台标高如图36-22所示。平台标高由式（36-21）确定：

$$平台标高 = H_1 - h \qquad (36-21)$$

式中　h——耳轴中心线到操作平台面垂直距离。一般 $h_0 \approx d_0/2$，h_0 为炉子摇至水平位置时炉口内缘至平台的距离，一般取180~250mm为宜。

国内不同容量转炉炉前操作平台标高参考值见表36-6。

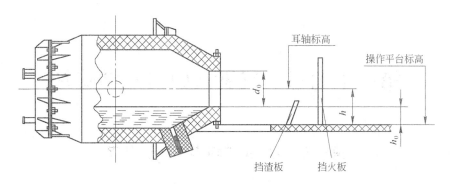

图 36 - 22　操作平台标高

表 36 - 6　国内不同容量转炉炉前操作平台标高参考值

炉子容量/t	30	50	120	150	300
平台标高/m	5.8 ~ 5.85	7.0 ~ 7.5	9.0	9.95	10.8

第三十七章 气氧（GOR）精炼炉

第一节 GOR 炉特点与设计参考

气氧精炼炉也称 GOR 炉。GOR 代号意义为气氧精炼，G 代表气体，O 代表氧气，R 代表精炼。为此，GOR 精炼也称气氧精炼。

GOR 精炼技术是由乌克兰发明的，2004 年由西南不锈钢公司引进了国内第一台 60tGOR 精炼炉冶炼技术。由于其冶炼效果明显优于 AOD 炉，因而发展速度较快，目前已经建成十余台，最大公称容量为 70t。

GOR 炉是多种能源介质复合吹炼的底吹转炉，其供气管路可以向熔池吹入可调成分的氧气、氮气、氩气、天然气（或其他碳氢化合物）的混合气体。

一、GOR 炉的特点

GOR 炉有以下特点：

（1）冶炼周期为 40~60min，高的生产率使这种工艺能做到以一当二，从而可以降低投资。

（2）工艺过程具有高的灵活性。可以用废钢和高碳铁合金，也可以用 100% 的不锈废钢（不另加合金）来冶炼不锈钢。

（3）根据成品钢中碳含量要求不同，氩气消耗为 6~13.5m³/t，仅是 AOD 炉的 50%~60%。

（4）这种工艺不但可以冶炼任何一种不锈钢，还适用冶炼高级合金钢、低合金钢和碳素钢。

（5）GOR 炉可以很容易地实现合理的温度制度和造渣制度，包括 5t 的小转炉也没有发生热量不足的困难。

（6）特殊的出钢口设置可以准确地控制炉渣进入钢包的数量，有利于钛等容易氧化的合金元素的合金化，也有利于对成品钢水进行调质。

（7）通过吹入氮气准确地控制含氮钢中的氮含量（达到溶解度及以下），精确度为 ±0.01%（质量）。

（8）炉龄高，降低了耐火材料消耗。

（9）在最低氧化性条件下实现深度脱气，降低铅、锡等有色金属含量。

（10）容易实现工艺过程再现，方便地实现了工艺过程自动控制。

（11）由于脱碳速度可以高达 0.13%/min，因此可采用高碳铬铁、高碳不锈废钢作为冶炼原料。对于不锈废钢资源紧缺的地区，还可以增加炭素废钢的比例，也可采用转炉脱磷后的半钢作为 GOR 炉的部分母液。由于炉料的灵活性，大大降低了生产成本。

（12）由于炉容比大，可以在保证不喷溅的前提下提高供氧强度，吹炼时间控制在30min 以内，大大提高了生产率，几乎是 AOD 炉工艺的一倍。

（13）采用组合冷却的可拆卸式炉底，炉衬侵蚀均匀，炉龄提高。炉底寿命可达 100 炉，炉体寿命可达 250 炉，节省了耐火材料。

（14）GOR 炉铬的收得率为 97% ~99%，良好的熔池搅拌保证了钢液不会发生过氧化现象。

GOR 精炼装置是一种专用的底吹转炉，钢水的吹炼是由气体或气体通过设在转炉底部的三个套管式的喷嘴来实现的。向转炉供气或混合气是通过空心耳轴分别向喷嘴的中心通道和边缘通道实现的，具体地讲，就是通过传动侧耳轴供天然气、氩气、氮气；通过非传动侧耳轴供氧气、氩气、氮气。准备气体和混合气体的供气站可实现向 GOR 转炉喷嘴供气过程的全部自动化。

二、GOR 炉主要技术参数的选择

由于 GOR 炉引入我国时间较短，炉子容量基本为 70t 以下，目前还没有形成系列的成熟设计方法，其主要技术参数的选择，仅限于参考国外设计。下面将乌克兰扎波罗热厂60t GOR 炉的主要技术参数列于表 37 - 1 中。

表 37 - 1　乌克兰扎波罗热厂 60t GOR 炉的主要技术参数

名　　称		数　　值	备　　注
额定容量/t		60	
有效容积/m³		48	新炉衬
单位容积/m³·t⁻¹		0.8	
钢水熔池深度/mm		980	
熔池表面积/m²		10.7	
炉衬质量/t		200	
倾炉驱动功率/kW		4 × 32 = 128	
回转速度/r·min⁻¹	额定速度	1.15	
	最小速度	0.1	
喷嘴数量/个		3	
通过喷嘴各种气体最大消耗量/m³·h⁻¹	氧气	8000	
	天然气	600	
	氮气	4000	
	氩气	4000	
	压缩空气	4000	
喷嘴前各种气体最大压力/MPa	氧气	1.0 ~1.2	
	氮气	1.0 ~1.2	
	氩气	1.0 ~1.2	
	天然气	0.5	
	压缩空气	0.3 ~0.6	
喷嘴内各种气体介质最低压力/MPa		0.25	

第二节   GOR 炉的设备组成

GOR 转炉的机械结构基本上与 AOD 转炉没有区别，仅是在工艺过程上有所不同，所供气体种类和数量也不同。GOR 转炉生产不锈钢系统主要由工艺设备（炉体、倾动机构、倒转钢包、钢包渣包车、浇注钢包、起重小车及伸缩提升机）、散料上料系统、能源介质供应系统、工艺过程自控系统等组成。

一、机械设备

（一）炉子本体

GOR 转炉是一种专用型的底吹转炉，用于将初始钢水进行气氧精炼以获得指定质量的不锈钢。GOR 炉本体结构与 AOD 炉相比，机械结构基本上没有差异，仅在供气种类上增加了天然气（或其他碳氢化合物）的混合气体。供气位置也随之发生了变化。

（二）倒转钢包

倒转钢包用于从电弧炉中接受初始钢水进行倒转，将初始钢水兑入 GOR 转炉。

（三）钢包渣包车

钢包渣包车用于将装有初始钢水的倒转钢包从电弧炉运至 GOR 转炉，还用于将盛有成品钢水的浇注钢包从 GOR 转炉工作区运到浇注跨，如图 37 – 1 所示。

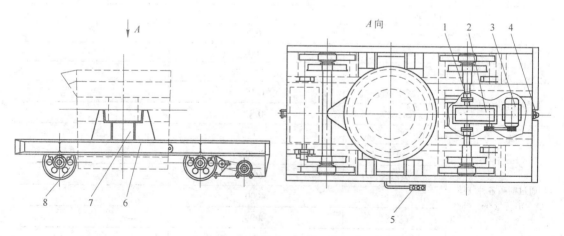

图 37 – 1   GOR 炉用钢包渣包车
1—传动轴件；2—减速器；3—电动机；4—牵引环；5—氩气接口；6—车体；7—钢包支座；8—车轮

（四）浇注钢包

浇注钢包用于从 GOR 转炉接受成品钢水，相应地转送到浇注跨在连铸机上进行浇注。由于钢包只是起到装运钢水作用，采用盛钢桶作为装运钢水也是可行的。

（五）更换炉底小车及伸缩提升机

更换炉底小车及伸缩提升机用于在进行修理更换炉衬时运送 GOR 炉的可拆卸炉底，使更换炉衬修理工作机械化，GOR 炉更换炉底小车及伸缩提升机如图 37 - 2 所示。

（六）能源介质输送系统

能源介质输送系统用于在气氧精炼过程中将必要的能源介质（氩气、氧气、氮气、天然气）的数量及质量供到 GOR 炉喷嘴。

（七）散状料上料系统

散状料上料系统用于将散状料（造渣材料和还原剂）进行配料、上料至 GOR 炉。

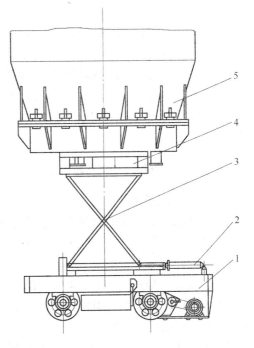

图 37 - 2　GOR 炉更换炉底小车及伸缩提升机
1—起重小车；2—液压缸；3—托架；4—托盘；5—炉底

二、工艺过程自动控制系统及监控仪表

自动控制系统符合工艺过程的要求，采用现代自动化手段，具有高度可靠性。

（一）GOR 转炉工艺过程自动控制系统任务

GOR 转炉工艺过程自动控制系统任务包括：

（1）按照冶炼钢种、炉容量及初始钢水的碳及硅的含量进行气氧冶炼的供气制度的计算；

（2）对冶炼的供气制度进行自动控制；

（3）计算散状料及还原剂的需用数量；

（4）对散状料及铁合金的配料及上料进行自动控制；

（5）对工艺参数及机械状态进行监控，并将其实时的数值进行采集，反映在计算机屏幕上；

（6）构成主要工艺参数随时间进程而变化的图示；

（7）构成每一炉的冶炼记录，所有冶炼炉次的记录文件；

（8）对消耗的气体能源介质、散状材料和铁合金进行统计；

（9）考虑设置附加的视频装置以反映工艺参数、冶炼记录、报告文件及工作报告存档等。

（二）工艺过程自控系统的目的

工艺过程自控系统用于对 GOR 转炉生产不锈钢的冶炼过程进行自动控制。建立本系统的目的是：

(1) 通过自动控制吹炼，保证所生产的钢符合设定目标，保证工艺过程的再现性；

(2) 能源介质的单耗及合金料单耗最经济；

(3) 保证工艺人员及时得到冶炼过程的实时信息以及主要设备状态的信息；

(4) 建立熔炼记录的数据库以备长期保存和分析工艺信息。

工艺过程自控系统的设计，考虑了投产后可以根据市场需要方便地增加其他钢种的冶炼控制程序。

(三) 工艺过程自控系统的任务

GOR 转炉工艺自控系统包括：

(1) "吹炼"分系统，检测和控制吹炼制度；

(2) "合金化"分系统，检测和控制造渣及合金化；

(3) "设备检测"分系统，检测工艺设备及自控设备的工作状态；

(4) "接口"分系统，组织人-机接口；

(5) "文件"分系统，组织熔炼记录及信息存档。

"吹炼"分系统的任务：

(1) 检测能源介质参数及供气管路状况；

(2) 根据冶炼钢种、初炼钢水及金属料的总质量，以及熔融金属的状态，按炉进行吹炼程序计算；

(3) 根据所做的计算及倒炉时取样分析的结果，对吹炼熔融金属进行自动控制。

"合金化"分系统的任务：

(1) 检测散料及合金称量和上料路径上的机械状态；检测供给转炉或供至钢包的材料种类及数量；

(2) 计算每炉的造渣料、脱氧剂和合金化材料所需数量；

(3) 自动控制向转炉或向浇铸钢包供应造渣料、还原和合金化材料的称量及加料作业。

"设备检测"分系统的任务：

(1) 检测电气设备的状态是否完好；

(2) 检测自动化设备的完好性（控制器、系统内部通讯）；

(3) 工艺参数在显示屏以模拟图的方式显示，操作人员输入指令，对指令进行加工；

(4) 生产工艺过程及事故方面的报告。

"文件"分系统的任务：

(1) 生成生产过程的熔炼记录；

(2) 生成并服务于熔炼记录的存档。

系统内部信息通讯联系通过局部网来实现，或以传递速度能保证 GOR 转炉工艺自控系统功能的、顺序多个接口为基础。

(四) 数学保证

GOR 转炉工艺自控系统的数学保证以下列原则为基础：

（1）广泛采用对所用信息进行防干扰的数学方法，如过滤、平滑、可信度分析、误差及逻辑检验等；

（2）采用统一的检测与控制的算法；

（3）在控制的算法中采用能对工艺过程中变化着的条件适应的适配模型方法。

（五）信息保证

GOR 转炉工艺自控系统的信息保证包括：

（1）安装在控制的工艺对象上的传感器发出的输入信号、来自操纵台控制扳手及按钮的输入信号、进入可编程序逻辑控制器输入组件的信号；

（2）从操纵人员发来的控制指令及数据，作为输入信号；

（3）从可编程序逻辑控制器输出组件的，向执行机构发出的输出信号；

（4）输出文件。

（六）软件保证

GOR 转炉工艺自控系统的软件包括系统（基础）软件和应用软件。

可编程序控制器的系统软件包括：控制器操作系统、系统功能及功能模块的存储、采用 STEP 6 系统作为可编程序控制器的编程系统。

工作站的软件系统包括：Windows 2000 以上的操作系统及 SCADA – WIN CC 系统。

（七）技术保证

1. 自动化功能

选择了 GOR 转炉工艺过程自控系统的两级功能结构：下一级（控制器及检测仪表系统）按照操作人员提出的任务控制冶炼过程，检测工艺参数和设备工作状态，将信息传送到上一级；上一级（操作站）对下一级传送来的信息进行加工，并以表格或模拟图等形式反映在显示屏上，形成工艺参数状态及偏差数值，发出调整工艺过程的建议，将信息转达到下一级，打印报告文件，或建立磁盘文件。

2. 技术保证

在上一级工艺自控系统考虑两个工作站，一个工程师站。他们之间相互联系，同时用局域网与可编程序控制器 PLC 联系。

转炉操纵台上备有 1~2 台 LCD 显示器。

下一级工艺自控系统有两个 SIMATIC S7 – 400 的可编程序逻辑控制器，"吹炼"分系统及"合金化"分系统实现从自控系统装置及传感器收集信息、数据，并进行初步加工，以及设备控制。

PLC 可编程序控制器"吹炼"分系统与操作屏的联系，以及与转炉状态传感器之间的联系是以 PROFIBUS – DP 网为基础来实现的。

测量氧气、氩气、氮气及天然气的温度采用铂电阻温度计。

测量压力及流量传感器。

实现 GOR 转炉精炼过程自动控制的必要条件之一，就是要能在很大的范围内，精确地测量和调节吹炼气体的流量。要求保证流量变化范围为 1∶10，精度为 0.5%。

为了保证随机对流量进行温度和压力影响值的调整，采用绝对大气压的传感器测量气体压力。

考虑正常生产状态和事故状态的要求，确定阀门的常开或常闭。

在主操纵台设有能源介质的事故控制器，通过这个控制器，可以将所有截断阀的控制转换为远程控制制度，并可在此通过操作控制台上的旋转开关改变截止阀的状态。此外，还可以通过手控连锁和手动开关，控制向底吹喷嘴中心管和边缘环缝的供氩流量。

第三节　GOR 炉的冶炼工艺

一、对初始钢水的要求

GOR 炉对初炼钢水的要求如下：

（1）有害杂质成分：

1）[P] < 0.03%；

2）[C] 无限制；

3）[S] 在 0.045% 以下；

4）[Si] < 0.2%；

5）[Mn] < 1.0%；

6）[Cr]、[Ni] 按不同钢种在操作规程中给出。

（2）电弧炉出钢温度。电弧炉出钢温度方面无特殊要求，但要求将全部初始钢水从钢包兑入 GOR 炉。

（3）渣量要求。在倒转中间包中要保证电弧炉渣量为最小。初炼钢水在称重、取样、测定化学成分及测温后，进入 GOR 转炉工序。

二、GOR 炉工艺过程采用的能源介质

（一）能源介质种类与参数

以 60t GOR 法生产不锈钢为例：

氧气：压力 1.0 ~ 1.2MPa（最大 1.2MPa），耗量 7500m³/h；

氩气：压力 1.0 ~ 1.2MPa（最大 1.2MPa），耗量 3600m³/h；

氮气：压力 1.0 ~ 1.2MPa（最大 1.2MPa），耗量 3600m³/h；

天然气：压力 0.5 ~ 0.6MPa（最大 0.6MPa），耗量 1000m³/h。

冶炼周期（从兑初炼钢水到兑初炼钢水）最长不超过 60min。

（二）对能源介质的要求

当用 60t GOR 法生产不锈钢时，通过一套自动控制程序精确控制能源介质供应，它是基于调整及检测氧气、氩气、氮气、天然气耗量来实现的。

控制能源供应的阀门站装备有流量计、截止阀、调节阀。

此外还需要干燥的压缩空气（其中，$Q = 60\text{m}^3/\text{h}$，$p = 0.4 ~ 0.6\text{MPa}$），用于控制能源

介质传送系统调节阀和切断阀。控制散料上料系统料仓气动闸阀的压缩空气 ($Q = 2.0 \text{m}^3/\text{h}$)。

（1）对氧气的物理化学指标要求为：

1）体积纯度不低于 99.5%；

2）当 $t = 20℃$，$p = 101.3 \text{kPa}$ 时，水蒸气的（质量）浓度不大于 $0.07 \text{g}/\text{m}^3$。供气系统保证按工艺过程需要，可在很大的范围内对氧气消耗量进行检测和调控。系统设有测量用的流量孔板、截断阀及调节阀。

（2）氩气。纯净气态氩应具有下列物理化学指标：体积纯度不低于 99.96%。

（3）氮气。气态氮应具有下列物理化学指标：

1）氮气含量不大于 0.04%；

2）体积纯度不低于 99.6%；

3）当 $t = 20℃$，$p = 101.3 \text{kPa}$ 时，水蒸气的（质量）浓度不大于 $0.07 \text{g}/\text{m}^3$。

（4）天然气。天然气在吹氧脱碳阶段，作为一种保护气体。采用的天然气热值 $Q = 7900 \sim 8000 \text{kcal}/\text{m}^3$（约 $34 \text{MJ}/\text{m}^3$）。

（5）CO、CO_2、C_nH_m 的含量不大于 0.005%。

（6）当 $t = 20℃$，$p = 101.3 \text{kPa}$ 时，水蒸气的（质量）浓度不大于 $0.03 \text{g}/\text{m}^3$。

（7）压缩空气。企业的空压站应带有空气干燥装置。干燥的压缩空气用于检测仪表的控制系统以及调节阀门。

（三）对能源介质供应系统的要求

对能源介质供应系统的要求为：

（1）控制能源介质供应的阀门站布置在车间内，用网格栏栅进行空间范围的完全隔离。

（2）能源介质传感器的房间布置在阀门站旁。

（3）对 GOR 转炉能源介质管线的要求如下：

1）在供气管线上装设有测量用的流量孔板、截止阀和调节阀。

2）所有管路中均考虑切断阀。

3）每种能源介质的管道均设有逆止阀。

4）在供气联管通向 GOR 转炉时，设置火焰阻断管。

5）在向转炉供氮气、氩气、天然气的管道上，设置带有切断阀和放散阀的吹扫管。

三、冶炼不锈钢钢种与能源消耗

（一）生产钢种

冶炼不锈钢钢种举例见表 37-3。

表 37-3　冶炼不锈钢钢种举例　　　　　　　　　　　　　　（%）

钢号	C	Si	Mn	P	S	Ni	Cr	N_2	Cu
304	0.03 ~ 0.08	0.30 ~ 0.70	1.6 ~ 2.0	≤0.045	≤0.030	8.0 ~ 8.8	17.0 ~ 18.0	0.01 ~ 0.03	
205	0.08 ~ 0.11	0.2 ~ 0.5	17.0 ~ 18.0	≤0.045	≤0.030	1.5 ~ 2.0	17.0 ~ 18.0	0.32 ~ 0.45	2.5 ~ 2.8
201	0.08 ~ 0.12	≤0.75	6.5 ~ 7.5	≤0.045	≤0.030	4.0 ~ 4.5	16.5 ~ 17.5	0.2 ~ 0.25	
J4	0.08 ~ 0.12	0.2 ~ 0.5	11.0 ~ 12.0	≤0.045	≤0.030	0.8 ~ 1.2	13.0 ~ 14.0	0.3 ~ 0.45	2.5 ~ 2.8

（二）主要原材料及能源介质的综合单耗

主要原材料及能源介质的综合单耗（含电弧炉冶炼）因钢种不同而有差异，见表 37 – 4。

表 37 – 4 主要原材料及能源介质的综合单耗

名 称		钢 种			
		304	205	201	J4
原 材 料					
碳素废钢/kg		646	522	642	687
高碳铬铁（碳8%）/kg		297	297	289	229
金属镍/kg		85	18	43	10
金属锰/kg		16	196	77	130
硅铁75/kg		13 ~ 25	13 ~ 25	13 ~ 25	13 ~ 25
金属铝/kg		1	1	1	1
金属铜/kg		—	26	—	26
金属料合计/kg		1070	1085	1077	1108
能 源					
氧气（初始碳不同）/m³		30 ~ 50	30 ~ 50	15 ~ 30	25 ~ 45
氩气/m³	当[C] =0.06% ~ 0.12%	6 ~ 8	—	2 ~ 3	—
	当[C] ≤0.03%	10.0 ~ 13.5			
氮气/m³		—	9 ~ 10	8 ~ 9	5 ~ 7
天然气/m³		4 ~ 6	4 ~ 6	2 ~ 4	3 ~ 5

（三）烟尘与渣量

精炼过程中从转炉逸出的含尘烟气的成分、温度及尘粒的粒度构成经计算给出，烟气需要经除尘后排放。GOR 炉烟气粉尘含量很低，吹氧期最大值为 $4g/m^3$，还原期小于 $1g/m^3$，经除尘后很容易达到 $0.1g/m^3$ 的排放标准要求，而且粉尘带走的铬损失量也大为减少。

精炼过程形成的炉渣量为 70 ~ 100kg/t 钢。

四、GOR 工艺生产不锈钢的工艺流程简介

用 GOR 工艺生产不锈钢是通过电弧炉—GOR 转炉双联法来实现的。冶炼初始钢水的主要设备为电弧炉，电弧炉只用来熔化并对初始钢水加热到必要的温度。熔化后的初始钢水出炉，用倒转钢包转运，从钢包里取样、称重测温，然后用天车吊至 GOR 转炉间进行精炼。测温结果、初炼钢水质量以及快速化学分析的成分均传至 GOR 转炉主操纵台。

GOR 转炉通过安装在转炉底部的三个套管式喷嘴向转炉内吹入某种气体或是多种气体的混合气体。用于底吹的气体有氧气、氩气、氮气、天然气（或其他碳氢化合物）。向转炉底部供气通过转炉的空心耳轴来实现，分别由喷嘴的中心管及环缝管向炉内喷入不同

种类的气体或者不同比例的混合气体。

通过计算机控制供应能源介质的阀门组，使向 GOR 转炉的供气实现自动化。

在主操纵台将初炼钢水温度、质量及其化学成分等信息输入到工艺过程自控系统的数据库中，计算机自动计算精炼过程参数。

在兑入初炼钢水之前，向 GOR 转炉加入必要数量的石灰及冷料（铁合金、废钢等）。向 GOR 转炉加入的散料（造渣剂、还原剂、合金料）存放在散料上料系统的料仓之中，将散料装入料仓通过吊车及活底料斗来实现。为了检测高架料仓中物料的料位，在料仓中装有料位仪。从这个系统加入炉内的原料种类和数量输入到工艺过程自控系统，参与精炼过程参数的进一步计算。精炼作业具有很高的再现性，可以实现计算机自动控制。

在向 GOR 转炉兑入初始钢水之前，考虑加入占冶炼量 10% ~ 12% 的冷料，以及石灰、萤石等造渣材料。

母液含碳 1.5% ~ 2.5%，温度 1560 ~ 1580℃，兑入 GOR 转炉。

GOR 的冶炼分三个阶段进行：

（1）第一阶段需 18 ~ 20min，视母液中的碳含量和成品钢碳含量要求的不同而可能有较大变化。在这一阶段底吹气体主要是氧气和保护喷嘴的天然气（或其他碳氢化合物）。氧气耗量 1.6 ~ 1.8m³/min，氧压约为 0.49MPa；天然气消耗 0.15 ~ 0.20m³/min，压力 0.29 ~ 0.49MPa。进入下一阶段时，钢中碳含量为 0.2% ~ 0.25%，温度为 1700 ~ 1760℃。

（2）第二阶段需 13 ~ 18min。这一阶段底吹的氧气比例逐渐减少，开始底吹氩气（或氮气）。随着氧气用量减少，在这一阶段开始 3 ~ 4min 停吹天然气，逐渐加大氩气量。氩气的最大用量占底吹气体量的 80%。第二阶段结束时，温度降低 40 ~ 70℃，炉渣碱度不低于 3.0，碳降到 0.03% 以下（根据钢种需要，最低为 0.015%）。

（3）第三阶段需 3 ~ 5min。底吹氩（或氮）气，净化钢水，加入硅铁还原氧化的铬，温度 1600℃ 时就可以出钢。

第一、二阶段为氧化阶段，第三阶段为还原阶段。第一阶段吹氧并由天然气保护；第二阶段吹氩、氧混合气；第三阶段向转炉熔池吹纯的氩气。金属吹炼制度的计算因具体钢种不同而异，且均以自动化制度来实现。

吹炼过程取两次钢样。第一次在吹炼第一阶段完成时取样；第二次为检验取样，在 GOR 炉出钢之前取样。

在第一阶段结束时和在出钢之前取样送化验室分析。化验分析的结果和钢水温度的信息进入工艺过程自控系统的 PLC，必要时对计算程序进行修正。在 GOR 转炉精炼过程中，要加入脱氧剂及合金化材料，这一作业也是通过散料供应系统来实现的，散料供应系统可以实现在冶炼过程中连续地向炉内加料。GOR 转炉工艺过程的控制（供气制度、散料上料等）由主操纵台来实现，是全部自动化的。

GOR 转炉排放出来的气体接通到除尘装置，GOR 炉炉气的温度大约为 1500 ~ 1700℃。

对 GOR 转炉机械部分的控制以及对钢包渣罐车、散料上料系统的控制均在总操纵台上实现，有部分工作指令也能从工作平台上机械设备附近的机旁操作箱实现。

在精炼结束时，确认快速化学分析的结果与目标钢种的成分相符、温度合格后，将钢水出到浇铸钢包内。出钢作业完成后进行出渣作业。为了加速修炉工作，将炉底和炉帽做成可更换的形式。为了实现修炉工作机械化，设计了专用设备，如千斤顶小车和伸缩提升机。根据不同冶炼钢种，制定详细的工艺操作规程，还制定了安全生产技术要求，这些都必须认真执行。

第四节　GOR炉的车间配置与冶炼指标

一、车间配置

GOR转炉工段的有关设备全部布置在主厂房内，其配置要求与AOD炉配置要求基本相同，具体要求如下：

（1）转炉有独立的基础和操作平台，转炉四周有密封挡板。

（2）高位料仓带有溜槽，用于将料装入转炉。

（3）用大倾角皮带机将料运至高位料仓。

（4）在主工作平台下面，布置能源介质供应系统。

（5）千斤顶小车用于更换炉底。

（6）伸缩提升机用于修炉。

（7）在炉前布置工艺过程控制室（包括主控台室、PLC室、检测仪表室、电气室、MCC——电机控制中心室）。

二、冶炼指标

AOD炉与GOR炉的比较如下：

（1）所用介质的比较。所用能源介质不同，喷嘴安装位置不同，两者比较见表37-5。

表37-5　AOD炉与GOR炉所用介质的比较

工艺设备	喷嘴安装位置	底吹或侧吹介质	顶吹介质
AOD	侧部	O_2、N_2、Ar、Air、CO_2	O_2、N_2、Ar
GOR	底部	O_2、N_2、Ar、碳氢化合物（天然气）	O_2、N_2、Ar

（2）各种指标的比较。AOD炉与GOR炉指标对比见表37-6。

表37-6　AOD炉与GOR炉指标对比

项　目		AOD	GOR
炉容比/$m^3 \cdot t^{-1}$		0.4~0.5	0.8~1.0
气体压力/MPa	氩气	1.2~1.7	0.5~1.0
	天然气	1.2~1.7	0.3~0.6
吹炼时间/min		60~70	30~40
冶炼周期/min		90~120	65~90
铬铁耗量/$kg \cdot t^{-1}$	高碳铬铁	145	145
	微碳铬铁	<10	<10
氩气耗量/$m^3 \cdot t^{-1}$	[C]>0.06%	18~20	10~12
	[C]<0.03%	12~14	6~7.5

（3）其他方面：

1）GOR 转炉底吹喷嘴接近炉中心线，吹炼时炉体的振动小；反之，AOD 炉吹炼时，炉前平台感到明显的振动。

2）在转炉倾动速度相同时，AOD 炉从开始倾动炉子到喷嘴完全露出液面的时间比 GOR 转炉短，这是由喷嘴安装位置决定的。

3）底吹碳氢化合物烘炉方便，烘炉的热效率高。但是对于碳氢化合物价格高的地区要做经济比较。

4）由于我国冶炼不锈钢的炉料中的碳含量高，GOR 转炉吹炼的第一阶段，炉气中的 CO 高达 87% ~ 93%，在第二阶段平均为 40% ~ 45%。因此在工厂设计时，应该考虑煤气回收。AOD 炉由于冷却喷嘴的惰性气体的稀释作用，降低了回收煤气的价值。

三、炉衬的使用寿命与砌筑

炉龄与初始钢水的条件、冶炼的钢种、采用的工艺技术、操作的水平等多种因素相关。GOR 转炉与同吨位的 AOD 转炉相比，每砌一个炉子大约多用 1/2 的耐火材料。例如，60t 的 AOD 炉砌一个炉子用 100t 耐火材料，而砌一个 60t 的 GOR 转炉要用 150t 的耐火材料。GOR 转炉每一个炉役要更换 1 ~ 2 次炉底，这也增加了耐火材料的消耗。这样对比，当 AOD 炉炉龄为 100 炉时，GOR 转炉炉龄要达到 150 炉，吨钢的耐火材料费用相似。

但是，目前投产的 GOR 转炉都采用在炉座上修炉的方式，而相似吨位的 AOD 炉多采用整体更换炉体的方式，不影响正常冶炼。在 GOR 转炉停炉以后，要在冶炼工位上进行拆炉、砌炉、烘炉等作业，这个作业大约需要 3 天时间。更换炉底的作业大约需要 4h。为此，一座 GOR 转炉不能保证冶炼车间的连续生产。在转炉修炉期间车间停产，当然是不经济的。从配合连铸机操作和提高生产效率的角度出发，要合理配置 GOR 转炉与电弧炉的座数，保证连铸实现最大经济化。

第八篇

电弧炉炼钢除尘设备

第三十八章　电弧炉炼钢的排烟与除尘

电弧炉炼钢长期以来，一直被公认为是废气排放量大、污染严重的企业工艺，特别是以废钢为原料的现代超高功率的电弧炉炼钢，每炼一吨钢将产生 12～18kg 的粉尘。同时电弧炉炼钢所产生的烟尘中也含有二恶英和白烟等，是严重的空气污染源头。对于年产钢量几亿吨的世界最大钢材生产国家，治理空气污染，特别是产生严重空气污染的电弧炉炼钢企业，电弧炉排烟与除尘的治理显得十分重要。

第一节　电弧炉炼钢烟气的来源

一、电弧炉烟气和烟尘

（一）电弧炉烟尘与冶炼周期的关系

电弧炉与精炼炉在整个冶炼过程中均产生烟气，不同时期烟气量不同。氧化期吹氧时，烟气量最大，其次是熔化期，还原期最小。因此电弧炉除尘系统的设计应按氧化期资料进行设计。排烟方式分为炉内排烟和炉外排烟两种方式，两种排烟量和排烟温度相差很大。

炉内排烟方式为 600～1200m³/(h·t)（标态），炉内排烟方式的排烟温度为 1000～1400℃。

炉外排烟方式，因有空气的混入，则为 5600～9000m³/(h·t)，炉外排烟方式的排烟温度为 100～160℃。

各种功率的电弧炉烟气量见表 38－1。

表 38－1　电弧炉烟气量

项　　目		排烟量/m³·(h·t)⁻¹
炉内（四孔）排烟	普通电弧炉	500～700
	高功率电弧炉	700～800

项　　目		排烟量/$m^3 \cdot (h \cdot t)^{-1}$
炉内（四孔）排烟	超高功率电弧炉	800 ~ 1000
	超高功率电弧炉，有氧 - 油烧嘴	1000 ~ 1200
炉外排烟	一般局部罩	5600 ~ 7000
	屋顶排烟罩	9000
	整体封闭罩	4000 ~ 7000

电弧炉烟气的主要成分是 CO、CO_2、N_2、O_2，当空气过剩系数 $\alpha = 0.5 \sim 3$ 时，各成分含量见表 38 - 2。

表 38 - 2　电弧炉烟气成分

烟气成分	CO_2/%	CO/%	O_2/%	N_2/%
数　值	12 ~ 20	1 ~ 34	5 ~ 14	45 ~ 74

在不同冶炼阶段 CO 和 N_2 含量变化如表 38 - 3 所示。

表 38 - 3　电弧炉烟气在不同冶炼阶段 CO 和 N_2 含量　　　　（％）

钢　　种	抽取烟气时间	CO	N_2
普通钢	熔化中期	31	69
	氧气吹炼初期	39	61
	氧气吹炼中期	27	73
	氧气吹炼末期	26	74
	还原期中期	22	78
不锈钢	氧气吹炼中期	63	37
	氧气吹炼末期	49	51

炼钢生产过程中，为了增加钢渣的流动性和易于除去磷、硫等杂质，需加入少量萤石作为助熔剂（每吨钢平均耗量 3 ~ 5kg）。萤石主要成分为 CaF_2，因此，烟气中还含有少量氟化物（多以 HF 和 SiF_4 状态存在）。

在冶炼过程中，有的超高功率电弧炉需喷轻柴油，平均每吨钢耗油约 6kg，因而烟气中含有极少量的二氧化硫。

电弧炉烟（粉）尘的产生量、浓度和粒径及其组成成分主要随不同冶炼时期而异，同时也和炉料种类及其配比，以及冶炼钢种等有关。

电弧炉烟（粉）尘产生量一般为 10 ~ 15kg/t，烟尘浓度为 4.5 ~ 8.5g/m^3。不同冶炼期烟尘粒度组成见表 38 - 4。

表 38 – 4　熔化期和氧化期烟尘粒度组成　　　　　　（%）

冶炼钢种	冶炼期	烟尘粒度/μm						
		<0.1	0.1~0.5	0.5~1.0	1.0~5.0	5.0~10	10~20	>20
碳素钢	熔化期			25	45	7	9	14
	氧化期	50	25	15	10			
特殊钢	熔化期		2	27	58	7	5	1
	氧化期	48	28	10	6	8		

电弧炉烟尘主要成分是氧化铁。电弧炉烟尘具体成分见表 38 – 5。

表 38 – 5　电弧炉烟尘的成分及其质量分数

成　分	Fe_2O_3	FeO	Fe	SiO_2	Al_2O_3	CaO	MgO	MnO
质量分数/%	19~60	4~11	5~36	1~9	1~13	2~22	2~15	3~12
成　分	Cr_2O_3	NiO	PbO	ZnO	P	S	C	其他
质量分数/%	0~12	0~3	0~4	0~44	0~1	0~1	1~4	少量

普通功率电弧炉冶炼周期：普通功率电弧炉冶炼周期为 120~180min。

电弧炉作业时间分配大致如下：

装料时间：5%~10%；

金属熔化时间：35%~40%；

吹氧时间：11%~13%；

扒渣时间（断电）：4%~5%；

还原期时间：30%~35%。

超高功率电弧炉冶炼周期：

（1）当 100% 废钢时，其冶炼周期在 60~70min；

（2）当 65% 废钢和 35% 铁水时，其冶炼周期在 40~50min。

（二）电弧炉炼钢烟气量的特点

（1）气源集中、固定；

（2）烟气量大：含尘浓度高达 $30g/m^3$；

（3）连续排放：但单位时间排放量不同；

（4）粉尘细而黏：颗粒直径小于 10μm 的在 80% 以上，废钢中含有油脂类以及冶炼时采用含油烧嘴等所产生的粉尘都不易除去；

（5）烟气温度极高：从电弧炉炉口排出的含尘烟气，温度高达 1200~1600℃。应采用强制冷却或混入冷风进行冷却；

（6）烟气中含有煤气：从电弧炉第四孔排出的烟气含有少量的煤气，为保证除尘系统的安全可靠运行，一般设置燃烧室等装置，保证燃烧室出口烟气中的煤气含量低于 2%；

（7）强噪声和辐射：电弧炉炼钢特别是超高功率电弧炉，产生的强噪声高达 115dB 以上，并伴有强烈的弧光和辐射。通常采用电弧炉密闭罩，不但可以降低罩外工作平台的噪声和电弧光辐射，而且可以提高烟气的捕集效率；

（8）白烟和二恶英等：电弧炉炼钢原料中含有聚氯乙烯（PVC）塑料和氯化油、溶剂的废钢，包括含有盐类的废钢等都是导致白烟和二恶英的根源。而白烟和二恶英等很难被一般的除尘装置净化，必须通过一个更高的温度环境以便烧除或采用蒸发冷却塔通过水浴急冷来阻止二恶英等形成。

二、主要有害物的来源

主要有害物的来源见表 38 - 6。

表 38 - 6　主要有害物的来源

工段名称	产生有害物源	主要有害物
铁水倒罐站	倒铁水	烟尘、辐射热
铁水脱磷站	喷吹	烟尘、辐射热
	扒渣	烟尘
配料	合金散装料和辅料输送	烟尘
电弧炉	加料、扒渣、出钢	烟尘
	熔炼、兑铁水	烟尘、辐射热、强噪声
	砌炉盖	粉尘
精炼炉	加料	烟尘
	熔炼	烟尘、辐射热

三、电弧炉炉气量

电弧炉冶炼过程中，炉内钢水与吹入的氧气产生的化学反应生成的气体称为炉气。炉气量一般按氧化脱碳反应所生成的炉气中一氧化碳为主进行计算，其化学反应式为：

$$2C + O_2 = 2CO \uparrow \qquad (38 - 1)$$

$$2C + 2O_2 = 2CO_2 \uparrow \qquad (38 - 2)$$

$$2CO + O_2 = 2CO_2 \uparrow \qquad (38 - 3)$$

由于炉内温度较高，碳的主要氧化物是 CO，当电弧炉吹氧时，CO 与氧发生剧烈反应，也有少量的碳与氧直接作用生成 CO_2，或 CO 从钢液表面溢出后再与氧作用生成 CO_2。一般从电弧炉排出的废气中，CO 含量小于 5%。

每标准立方米 CO 按理论完全燃烧时需从空气中带入的 N_2 量为：

$$\frac{1}{2} \times \frac{79}{21} = 1.88 (m^3)$$

$$CO + \frac{1}{2}O_2 + 1.88N_2 \longrightarrow CO_2 + 1.88N_2$$

则烟气体积倍数应为 1 + 1.88 = 2.88 倍。

在电弧炉冶炼过程中，理论空气燃烧系数 α，电弧炉炉膛内的实际空气燃烧系数 P，往往不一致。在电弧炉炉膛内脱碳生成的 CO 炉气，即使在 $\alpha = 3$ 的情况下也没有完全烧尽。在计算烟气体积时，应以实际燃烧状况为依据，将未能燃烧的"剩余氧气"的体积考虑进去。

烟气体积倍数 N 按下式计算：

当 $\alpha \geqslant 1$ 时，$$N = 2.88 + \frac{\alpha - 1}{0.42} + \frac{1 - P}{2} \qquad (38-4)$$

当 $\alpha < 1$ 时，$$N = 1 + 1.88\alpha + \frac{\alpha - P}{2} \qquad (38-5)$$

式中 α——实际吸入空气量与 CO 完全燃烧所需要的理论空气量之比，称为理论空气燃烧系数。在电弧炉排烟除尘中为考虑安全取 $\alpha \geqslant 1.51$，通常在计算时取 $\alpha = 2.5 \sim 3$；

P——CO 在炉膛内的实际燃烧系数，由实测得到。

从电弧炉第 4 孔（或第 2 孔）排出的炉气量，按电弧炉功率的大小和吹氧强度，通常为 $250 \sim 550\text{m}^3/\text{t}$ 钢。烟气温度范围为 $1200 \sim 1600℃$。

第二节 烟 尘 性 质

一、烟气性质

（一）烟气成分

冶金或燃烧过程中形成的气体中，含有一定数量的水分和其他成分，通称为烟气。烟气中含有 CO、CO_2、O_2、N_2 和 S 等少量其他成分，α、P、N 的相互关系及相应的烟气成分见表 38-7。

（二）烟气含尘量

（1）烟气含尘量：烟气中含尘量的多少与炉料的品种、清洁度及所含杂质有关，也与冶炼工艺有关。

对于电弧炉：

一般中小型电弧炉每熔炼一吨钢约产生的粉尘为 $8 \sim 12\text{kg}$；

一般大型电弧炉每熔炼一吨钢产生的粉尘可高达约 20kg；

在吹氧时烟气含尘浓度（标态）可达 $20 \sim 30\text{g/m}^3$。

对于 LF 炉：

每熔炼一吨钢约产生的粉尘为 $1 \sim 3\text{kg}$。

铁水倒罐时：

烟气含尘浓度（标态）约 3g/m^3。

（2）烟气含油量：对于电弧炉炼钢而言，含油量的大小与炉料的品种、清洁度及所含杂质有关，也与冶炼工艺和操作有关，特别是工艺采用带重油烧嘴的电弧炉。尽管除尘器设计采用防油型滤料，但效果不佳。所以电弧炉工艺设计尽量不使用带油燃料，特别是带重油燃料的电弧炉。

（3）烟气含水量：采用水冷设备，如水冷炉壁、炉盖或蒸发冷却塔，由于设备漏水或蒸发冷却塔操作不当，以及工艺采用车间进行热抛渣而又没有通风等情况，都将造成烟气

表38-7 α、P、N 的相互关系及相应的烟气成分

α	P	N	烟气成分/%			
			CO$_2$	CO	O$_2$	N$_2$
0.5	0.30	2.04	15	34		46
0.6	0.39	2.23	17	27	5	51
0.7	0.46	2.44	19	22		54
0.8	0.52	2.64		18		57
0.9	0.58	2.85		15	6	59
1.0	0.63	3.07	20	12		62
1.1	0.67	3.28		10	7	63
1.2	0.71	3.5		8		65
1.3	0.74	3.72		7		65
1.4	0.77	3.95		6	8	67
1.5	0.80	4.17	19	5		68
1.6	0.82	4.40		4	9	68
1.7	0.84	4.63	18			69
1.8	0.86	4.86		3		70
1.9	0.88	5.08	17		10	
2.0	0.89	5.32				
2.1	0.90	5.55	16	2		71
2.2	0.91	5.79			11	
2.3	0.92	6.02	15			
2.4	0.925	6.25				72
2.5	0.93	6.49			12	
2.6	0.935	6.72	14			
2.7	0.94	6.96		1		73
2.8		7.2	13			
2.9	0.945	7.43			13	
3.0		7.68	12			74

中带水，使设备和管道结垢，引起系统运行阻力增大，除尘效果降低。除尘器除了加强管理外，一般采用防水型滤料除尘器。

（三）气体密度

进入除尘系统的气体大多数是以空气为主，所以计算时常用空气密度作为近似值计算。

在标准状态下：

气体压力为：101.3kPa；

气体温度为：20℃；绝对温度为：$T_0 = 273K$；绝对压力通常取：$p_0 = 1.013 \times 10^5 Pa$；

相对湿度为：50%；

空气气体常数为：$R = 288 J/(kg \cdot K)$；

空气密度为：$\rho = 1.2 kg/m^3$，干空气密度为 $\rho_0 = 1.293 kg/m^3$。

（四）气体黏度

流体在流动时产生的内摩擦力，这种性质称为流体的黏性。黏性是流体阻力产生的依据。度量流体黏性的大小用黏度表示，流体的黏度大小随流体温度的变化而变化。

$$\mu = 1.702 \times 10^8 \times (1 + 0.00329t + 0.000007t^2) \qquad (38-6)$$

式中 μ——气体黏度，$Pa \cdot s$；

t——气体温度，℃。

可见，气体的黏度是随着气体的温度升高而增大的。因黏度 μ 具有动力学量纲，故又称为黏度系数，其与气体密度 ρ 的比值称为运动黏度系数 ν，即：$\nu = \mu/\rho$（m^2/s）。

干空气物理参数（100kPa 压力下）见表 38-8。

表 38-8　干空气物理参数

温度 t/℃	密度 ρ/kg·m^{-3}	质量定压热容 c_p/kJ·(kg·K)$^{-1}$	动力黏度 μ/Pa·s	运动黏度 ν/m^2·s^{-1}
-20	1.365		16.28×10^{-6}	11.93×10^{-6}
0	1.252	1.009	17.16×10^{-6}	13.70×10^{-6}
5	1.229		17.45×10^{-6}	14.20×10^{-6}
10	1.206		17.75×10^{-6}	14.70×10^{-6}
15	1.185	1.011	18.00×10^{-6}	15.20×10^{-6}
20	1.164		18.24×10^{-6}	15.70×10^{-6}
25	1.146		18.49×10^{-6}	16.16×10^{-6}
30	1.127	1.013	18.73×10^{-6}	16.61×10^{-6}
35	1.110		18.98×10^{-6}	17.11×10^{-6}
40	1.092		19.22×10^{-6}	17.60×10^{-6}
50	1.056		19.61×10^{-6}	18.60×10^{-6}
60	1.025	1.017	20.10×10^{-6}	19.60×10^{-6}
70	0.996		20.40×10^{-6}	20.45×10^{-6}
80	0.968		20.99×10^{-6}	21.70×10^{-6}
90	0.942	1.022	21.57×10^{-6}	22.90×10^{-6}
100	0.916		21.77×10^{-6}	25.78×10^{-6}
120	0.870		22.75×10^{-6}	26.20×10^{-6}
140	0.827	1.026	23.54×10^{-6}	28.45×10^{-6}
160	0.789	1.300	24.12×10^{-6}	30.60×10^{-6}
180	0.755	1.034	25.01×10^{-6}	33.17×10^{-6}

注：表中数据为100kPa 压力下测得。

（五）混合气体的爆炸极限

电弧炉冶炼时产生的高温烟气中含有可燃性气体，这些可燃性气体与空气和氧气混合且达到最低着火程度，就有爆炸的危险。其爆炸极限和着火温度见表 38 - 9。

表 38 - 9　混合气体的爆炸极限和着火温度

气 体 名 称		与 空 气 混 合		与 氧 气 混 合	
名　称	分子式	着火温度/℃	爆炸下/上极限 (体积分子数)/%	着火温度/℃	爆炸下/上极限 (体积分子数)/%
一氧化碳	CO	610	12.5/75	590	13/96
氢气	H_2	530	4.15/75	450	4.5/95
甲烷	CH_4	645	4.9/15.4	645	5.0/6.0
乙炔	C_2H_2	335	1.5/80.5	295	2.8/93
硫化氢	H_2S	290	4.3/46.0	220	

二、烟气温度与湿度

（一）烟气温度

气体温度是表示气体冷热程度的物理量。气体温度直接与气体的密度、黏度和体积等有关。除尘系统烟气温度的大小，影响到除尘设备的设计和选型，如除尘器的滤料有常温和耐高温区分，而且规格也不同。

普通功率电弧炉第四孔排出的烟气温度为 1200 ~ 1400℃。

超高功率电弧炉第四孔排出的烟气温度为 1400 ~ 1600℃。

经过加入冷空气后进入电弧炉除尘管道处的烟气温度为 800 ~ 1100℃，必须采用冷却措施。

流出水冷烟道口的烟气温度设计为 450 ~ 600℃。

流出强制吹风冷却器（或采用自然空气冷却器）的烟气温度控制在 250 ~ 400℃；或采用蒸发冷却塔急冷装置时的出口温度必须控制在 200 ~ 280℃。

密闭罩和屋顶罩的排烟温度一般在 120℃ 以下，这取决排烟量的大小。

进入布袋除尘器的烟气温度通常设计低于 130℃。

（二）烟气湿度

烟气湿度表示烟气中所含水蒸气的多少，即含湿程度。一般有两种表示方法。

（1）绝对湿度：是指单位体积或单位质量湿气中所含水蒸气的质量，用 kg/m^3 或 kg/kg 表示。当湿气体中所含水蒸气的量达到该温度下所能容纳的最大值时的气体状态，称为饱和状态。

（2）相对湿度：是指单位体积气体中所含水蒸气的密度与在同温同压下的饱和状态时水蒸气的密度之比，用% 表示。工程上一般多用相对湿度表示气体的含湿程度。

相对湿度在 30% ~ 80% 之间，适宜采用干法除尘系统；当相对湿度超过 80%，即在高湿度情况下，尘粒表面有可能形成水膜而黏性增大，此时虽有利于除尘系统对粉尘的捕集，但布袋除尘器将出现清灰困难和除尘效果降低的情况。当相对湿度低于30%，即在高干燥情况下容易产生静电，同样存在着布袋除尘器清灰困难和除尘效果降低的局面。

（三）露点

烟气温度连续降低到一定的数值时，烟气中就会有部分水蒸气冷凝成水滴，即发生结露点。

三、粉尘的性质

粉尘粒度具有不定形状、颗粒度、密度和比电阻这四大基本特性，同时还具有磨损性、荷电性、湿润性、黏着性和爆炸性等重要性质。

（一）粉尘颗粒度

粉尘颗粒度是指粉尘中各种粒度所占比例，也称为粉尘的粒径分布即分散度。粉尘颗粒度的大小直接与除尘系统设计方案有关，颗粒度越小，越难捕集，电弧炉粉尘的平均粒度见表38－10。

表38－10　电弧炉粉尘的平均粒度

粒径/μm	<0.1	0.1~0.5	0.5~1.0	1.0~5.0	5.0~10	10~20	>20
熔化期/%	1.4	4.9	17.6	55.8	7.1	5.6	6.6
氧化期/%	17.7	13.5	18.0	35.3	7.9	5.3	2.3
屋顶罩/%	4.1	22.0	18.9	42.0	5.6	3.0	9.3

电弧炉炼钢粉尘粒度在0.1~100μm之间。随着电弧炉熔化期向着氧化期转移，其粉尘粒度逐步变细。采用屋顶罩排烟时，粉尘粒度集中在0.1~5μm之间。

除尘器收集粉尘的平均粒度见表38－11。

表38－11　除尘器收集粉尘的平均粒度

粒径/μm	0~1	1~4	4~6	6~8	8~10	>10
含量/%	50.2	30.2	6.2	4.3	1.5	7.6

（二）粉尘成分

典型不锈钢电弧炉的粉尘成分见表38－12。

表38－12　典型不锈钢电弧炉的粉尘成分

成分	SiO_2	Fe	Cr_2O_3	NiO	PbO	Zn	Al_2O_3	CaO	MgO	K_2O	S	Na_2O
质量分数/%	约8	约43	约19.9	约4.8	约0.1	约1.1	约1.0	约18.1	约3.5	约0.1	约0.05	约0.5

典型碳钢电弧炉的粉尘成分见表38－13。

表 38 – 13 典型碳钢电弧炉的粉尘成分

成分	ZnO	PbO	Fe_2O_3	FeO	Cr_2O_3	MnO	NiO	CaO	SiO_2	MgO	Al_2O_3	K_2O	Ce	F	Na_2O
范围/%	14 ~ 45	< 45	20 ~ 45	4 ~ 10	< 1	< 12	< 1	14 ~ 45	2 ~ 9	< 15	< 13	< 2	< 4	< 2	< 7
典型/%	17.5	3.0	40	5.8	0.5	3.0	0.2	13.2	6.5	4.0	1.0	1.0	1.5	0.5	2.0

典型碳钢精炼炉的粉尘成分见表 38 – 14。

表 38 – 14 典型碳钢精炼炉的粉尘成分

成分	C	S	Fe_2O_3	Cr_2O_3	NiO	MnO	MoO_3	CaO	SiO_2	MgO	Al_2O_3	Na_2O	K_2O	Ce	F
范围/%	< 2	< 2	30 ~ 60	< 1	< 1	< 12	约 0.5	2 ~ 30	2 ~ 10	2 ~ 10	约 2	< 7	< 2	< 4	< 2
典型/%	1	1	50	0.5	0.2	3.0	—	12	9	8	1	2	1	1.5	0.5

（三）粉尘密度

由于粉尘颗粒之间存在着许多空隙，而且粉尘颗粒的本身还有孔隙，所以粉尘的密度可以分为真密度和堆密度。

（1）真密度：即粉尘的自身密度，认为颗粒本身无孔隙或在抽真空的实验室条件下测得的密度。

电弧炉粉尘的真密度一般在 $4.45 t/m^3$。

（2）堆密度：粉尘在自然堆积状态下的单位的质量即堆密度，或称体积密度。

工程设计时常用堆密度一般在 $0.6 ~ 1.5 t/m^3$。

（四）粉尘比电阻

粉尘比电阻是衡量粉尘导电性能的指标。

粉尘比电阻的大小直接关系到除尘系统选用何种形式的除尘器，一般粉尘比电阻可以划分成三类：

（1）低粉尘比电阻 $R < 10^4 \Omega \cdot cm$；

（2）中粉尘比电阻 $10^4 \leqslant R < 5 \times 10^{10} \Omega \cdot cm$；

（3）高粉尘比电阻 $R \geqslant 5 \times 10^{10} \Omega \cdot cm$。

粉尘比电阻不仅与本身的性质有关，而且与含尘气体的温度、湿度和化学成分等有关。通常气体温度升高，粉尘比电阻降低；气体湿度越大，粉尘比电阻越低。

电弧炉炼钢所产生的粉尘比电阻一般在 $10^8 ~ 10^{12} \Omega \cdot cm$ 之间，它介于中粉尘比和高粉尘比电阻之间。由此可以看出，电弧炉除尘系统采用布袋式除尘器最合适。

第三十九章　排烟方式和排烟量的确定

电弧炉和钢包精炼炉的排烟主要分为炉内第 4 孔（或第 2 孔）排烟（也称一次排烟）和炉外排烟（也称二次排烟）两种方式。

铁水倒罐站和铁水脱磷站的排烟为炉外排烟，即二次排烟。

为保证除尘操作的安全，首先要进行烟尘调节。因为电弧炉烟尘中含有浓度很高的一氧化碳和氢等可燃性气体，有发生爆炸的危险，所以必须调节烟尘，使烟气成分中可燃气体的浓度不处于爆炸的极限范围，及时地把烟气中的可燃气体燃烧掉。

其次是保证除尘操作顺利进行，因为从电弧炉中直接抽出的废气温度很高，需要经冷却后才能进行净化处理。此外，为了保证除尘操作的高效率，有时需要调节废气的湿度，适当地增加湿度以提高净化系统的除尘效率。

第一节　电弧炉排烟方式

目前国内外电弧炉采用的排烟方式很多，大致可归纳为：炉内排烟、炉外排烟、炉内外结合排烟、全封闭罩和电弧炉炉内排烟结合四种方式。

一、电弧炉炉内排烟方式

电弧炉炉内排烟主要捕集电弧炉冶炼时从第 4 孔（或第 2 孔）排出的高温含尘烟气。

常用的炉内排烟方式有：

（1）直接式炉内排烟；

（2）水平脱开式炉内排烟；

（3）弯管脱开式炉内排烟等形式。

电弧炉熔炼时从第 4 孔涌出的烟气，被电弧炉内排烟装置所捕获，良好的内排烟装置可以捕获约 95% 以上的一次烟气。但不能捕获电弧炉在加料、出钢、兑铁水时的二次烟气以及电弧炉熔炼时从电极孔、加料孔和炉门等不严密处外溢出炉外的二次烟气。

炉内排烟方式具有排烟量小，排烟效果好，可以加快反应速度、缩短氧化期、降低电耗等优点。在还原期可调节套管间距，减少炉内排烟量，使炉内处于微正压状态，以保证还原气氛。

（一）直接式炉内排烟

直接式炉内排烟是在电弧炉的水冷炉盖上开设排烟孔即第 4 孔（或第 2 孔），通过第 4 孔的水冷排烟弯管与排烟系统的管道连接，直接从炉内排除烟气。

直接式炉内排烟管道支架，一般固定在电弧炉操作平台上，利用转动连接箱与管道相连，使炉子在倾动时，排烟管道通过连接箱的作用仍能和排烟弯管连通而不影响炉内排烟效果。另外，在水冷弯管上装有旁通混风调节阀，以满足电弧炉在不同冶炼阶段时，对炉内排烟量调节的需要。

直接式炉内排烟主要特点是炉内排烟量较小。但是由于受电弧炉操作工艺的影响和限制，特别是超高功率电弧炉除尘设计，目前已经很少或者不采用这种排烟方式。

（二）水平拖开式炉内排烟

水平拖开式炉内排烟是在炉盖顶上的水冷弯管与排烟系统的管道之间脱开一段距离，其间距可以通过活动套管的液压缸或专门小车来回移动，调整间距，以满足不同冶炼阶段排烟量的需要。其活动套管与电弧炉在脱开处可以引进成倍空气量，使烟气中的 CO 进一步燃烧，避免在系统内发生煤气爆炸。一种更为先进可靠的方法是在炉内排烟系统进口处增设安全风机和烧嘴。安全风机通过自控，保证烟气中氧的体积分数大于 10%，而烧嘴自控可以将烟气温度保持在 650℃ 或更高的温度以上，将烟气中的 CO 和有机废气完全燃烧。

这种水平脱开式炉内排烟在我国相当普遍，但使用效果尚不够理想，其原因是活动套管的运动多为不活动。

（三）弯管脱开式炉内排烟

该排烟装置与水平脱开式炉内排烟的区别在于：排烟系统没有活动套管，通过液压缸或汽缸直接将水冷弯管做成弧度移动，当电弧炉工作在各个不同阶段时，排烟系统的水冷弯管按需要以弧度形式作上下运动。它的优点是：动作灵活，不像活动套管容易受粉尘堵死，由于水冷弯管是以弧度形式作上下运动，所以水冷弯管内部不易积上从电弧炉第 4 孔排出的大颗粒粉尘，从而保证了排烟系统的抽气的畅通。

弯管脱开式炉内排烟如图 39 - 1 所示。

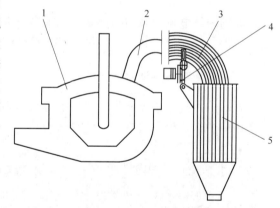

图 39 - 1　弯管脱开式炉内排烟
1—电弧炉；2—水冷弯管；3—移动式弯管；
4—移动驱动装置；5—燃烧室

二、电弧炉炉外排烟方式

电弧炉熔炼时从第 4 孔涌出的一次烟气，被电弧炉炉内排烟装置所捕获。但不能捕获电弧炉在加料、出钢、兑铁水时的二次烟气以及电弧炉熔炼时从电极孔、加料孔和炉门等不严密处外溢出炉外的二次烟气。而二次烟气通常具有突发性和排放无组织性，且易受车间横向气流的干扰，只有依靠电弧炉炉外排烟装置进行捕集。

电弧炉炉外排烟方式很多，已使用的主要有屋顶排烟罩、整体封闭罩、侧吸罩和炉盖罩等。实践证明，较有成效的是电弧炉整体封闭罩。此方法是将电弧炉置于封闭罩内，罩内壁四周设有隔声、隔热、泄爆等措施，罩壁留有必要开启的孔洞和门窗，可以使电弧炉冶炼工序，即加料、出钢、吹氧、加合金料、更换电极、测温取样及设备维修等均可正常进行，而不影响工艺操作。排烟口设在烟罩顶部适当位置，连接排烟管道至烟气净化设施。

常用的炉外排烟有屋顶罩排烟和密闭罩排烟等形式。

(一) 屋顶烟罩排烟

屋顶罩排烟的主要作用使电弧炉在加料和出钢过程中瞬间所产生的大量含尘热气流烟尘，即二次烟气储留在厂房屋架内，然后在一个恰当的时间内，有组织地被抽走。被抽走的粉尘粒径细小，多数在 $0.1 \sim 5 \mu m$ 之间。所以屋顶罩排烟的捕集效率设计上要顾及热气流的上升速度和车间横向气流的干扰，有条件时最好将电弧炉平台以上的车间建筑物侧面 3 个方向加设挡风墙，同时电弧炉车间的厂房四周必须做到密闭，不让烟气从厂房四周外溢。另外，烟罩结构形式的设计应与建筑密切配合，做成方棱锥或长棱锥体，锥体壁板倾角以 $45° \sim 60°$ 为佳。

屋顶罩同时兼有厂房的通风换气作用，屋顶罩排烟结构形式如图 39 - 2 所示。

图 39 - 2　屋顶罩排烟结构形式

(二) 密闭罩排烟

密闭罩是将电弧炉和车间隔离起来，电弧炉冶炼时产生的二次烟气被控制在罩内，而且排烟量也较屋顶罩少 35% 左右。更为重要的是，密闭罩对超高功率电弧炉产生的弧光、强噪声和辐射等吸收和遮挡，都有很好的效果，它可以使在电弧炉密闭罩外周围的噪声由原来的 115dB 下降到 85dB，减少电弧炉冶炼中对车间的辐射热。

密闭罩主要由金属框架及内外钢板（内衬隔音消音材料）和电动移动门等组成。密闭罩的设计应与电弧炉工艺和土建密切配合，根据电弧炉工艺的布置情况和操作维修要求设计。

人们通常把密闭罩称为"狗窝"和"象宫"。密闭罩在天车下方，电弧炉加料时，密闭罩顶部必须打开，天车将料篮放入密闭罩内的电弧炉上方进行加料。密闭罩一般不宜做得太小，以免罩内温度过高，影响电极导电性能。密闭罩排烟结构形式如图 39 - 3 所示。

(三) 兑铁水罩排烟

根据电弧炉冶炼工艺的设计，当电弧炉采用 30% ~ 35% 的铁水和 65% ~ 70% 的废钢进行炼钢时，必须在电弧炉炼钢过程中向电弧炉兑入高炉铁水。

通常加铁水有两种方法，即通过倾翻小车流槽向电弧炉内加铁水和用铁水包直接吊倒电弧炉内。

采用倾翻小车流槽向电弧炉内加铁水，必须先将电弧炉密闭罩打开，与此同时设置在该侧密闭罩移动门上方的排烟罩管道阀门也要提前打开，捕集在密闭罩外小车上外溢的烟气，从电弧炉溜槽上散出的烟气则被密闭罩抽走。当电弧炉兑铁水结束后，排烟罩管道阀门才关闭。

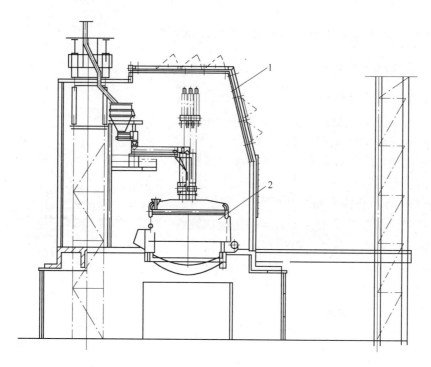

图 39 - 3 密闭罩排烟结构形式
1—密闭罩；2—电弧炉

当采用直接向电弧炉兑铁水工艺时，通常的做法是利用电弧炉屋顶罩或电弧炉密闭罩取代兑铁水排烟罩对烟气进行有效捕集。

三、烟气导流板（罩）排烟

烟气导流板（罩）排烟设计，在电弧炉合金加料一侧采用吸声耐高温墙板固定，利用电弧炉出钢一侧的车间土建隔墙，另一侧是电弧炉变压器外墙，在电弧炉操作面和变压器处采用"L"型活动移门形式，并在移门顶部设置烟气导流罩，引导电弧炉烟气上升至屋顶罩抽走。烟气导流板（罩）排烟结构如图39-4所示。

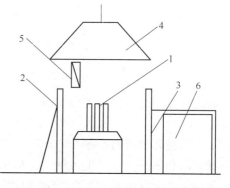

图 39 - 4 烟气导流板（罩）排烟结构
1—电弧炉；2—固定式吸声导流板；
3—移动式导流板；4—屋顶烟罩；
5—行车；6—变压器室

四、炉内外结合排烟

屋顶排烟罩和电弧炉炉内排烟相结合，这是当前国际上普遍采用的电弧炉排烟方式。此方法很有效地控制了厂区内外环境污染。排烟设施由屋顶排烟罩和炉内第4孔排烟两者相结合，以炉内排烟为主。屋顶排烟罩处于电弧炉上方的屋架，专门收集电弧炉出钢和装炉料时散发的烟气，如图39-5所示。

全封闭罩和电弧炉炉内排烟相结合，这也是国际上采用较多的电弧炉排烟方式。在正

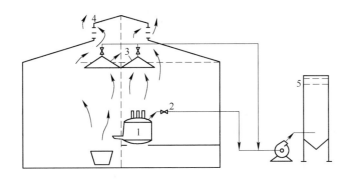

图 39 - 5　炉内排烟和屋顶罩排烟罩相结合
1—炉子；2—炉内直接排烟；3—屋顶罩；4—天窗；5—布袋除尘器

常操作时，排烟设施是以电弧炉炉内排烟为主，当电弧炉出钢、加料时则以全封闭烟罩为主。在电弧炉炉内排烟时，炉体各孔隙外漏的烟尘也由全封闭烟罩捕集。

第二节　其他生产设备的排烟

一、钢包精炼炉的排烟

（一）炉内排烟

目前电弧炉炼钢在电弧炉内只进行脱碳、除磷，而将脱硫、调整成分的精炼都转移到钢包精炼炉中进行。

钢包精炼炉生产时产生的大量烟气和粉尘，一般均在钢包精炼炉顶盖上设有专门的排烟孔，炉盖的结构设计和排气孔尺寸大小与排烟效果和排烟量有关，炉盖顶上设有排烟弯管，和电弧炉一样有水平拖开式炉内排烟和弯管脱开式炉内排烟。钢包精炼炉炉内排烟如图 39 -6 所示。

（二）炉外排烟

由于钢包精炼炉生产工艺要求炉内压力必须保持在微正压，所以精炼炉工作时有少量烟气从加料孔、电极孔和炉门等处冒出至车间内，造成车间的局部环境污染。炉外排烟的目的就是捕集这部分烟气。一般在精炼炉炉盖上加设半密闭活动罩排烟或设置屋顶罩排烟。

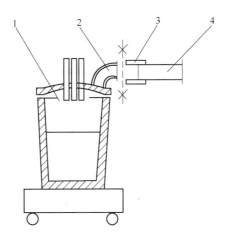

图 39 - 6　钢包精炼炉炉内排烟
1—钢包精炼炉；2—水冷弯管；
3—活动套管；4—排烟管道

二、铁水倒罐站排烟

高炉铁水被运到炼钢车间的铁水倒罐站，进行混铁或混冲脱硅倒罐，铁水罐被运到电弧炉或转炉。一种先进的倒罐工艺与除尘器紧密相连，即鱼雷罐车在进行铁水倒罐时产生的烟气被倒罐坑烟罩抽走。该处的烟气温度较高，通常在 250℃ 左右，鱼雷罐车停留时外溢的烟气被设置在鱼雷罐车上的顶部烟罩抽走。

三、铁水脱磷站排烟

铁水脱磷站专为不锈钢电弧炉配置，即将来自铁水倒罐站混冲脱硅后的高炉铁水，在铁水脱磷站进行铁水脱磷的喷吹和扒渣，喷吹和扒渣的顶上分别设置固定的抽气烟罩。其中铁水脱磷喷吹时的烟气温度较高，通常在 250 ~ 550℃ 之间。且铁水辐射热较强，所以用于脱磷喷吹的抽气烟罩一般做成水冷或由耐火材料组成。

四、电弧炉散装料和辅助原料的除尘

电弧炉散装料和辅助原料如石灰石、白云石及铁合金等，一般由汽车运到车间地下料仓后，再由皮带机和卸料小车送到高位料仓，并通过振动给料机等输送机械向电弧炉或钢包炉内加料。散装料和辅助原料在储运过程中所产生的粉尘，通过排烟抽气罩系统被抽走。抽气罩分别设置在皮带机转运站的头部和尾部、卸料小车的出气管道处等物料的落料和投料处。抽气罩的设计通常由输送机的设备厂家提供。

设计时一般应注意以下几点：

（1）应考虑罩内有一定的负压。罩口应避开含尘气流中心，防止吸入大量的粉尘。

（2）为提高抽气效果，罩口不宜靠近敞开的孔洞处。

（3）罩口的位置设计以不影响设备的操作和检修为宜。

第三节　电弧炉排烟量的计算

一、电弧炉炉内排烟的计算

根据电弧炉公称容量、冶炼周期、吹氧强度、脱碳速度和电弧炉尺寸等电弧炉工艺委托资料，进行电弧炉炉内排烟量计算，常用的有综合计算法和热平衡计算法两种。

（一）综合计算法

按吹氧脱碳反应生成的炉气量和炉门等处进入的空气量作为计算基础。同时应检验炉气中含 CO 成分在小于爆炸极限下的最小排烟量，其计算公式如下：

1. 排烟量计算

$$V_0 = (V_1 + 1.1 V_2) - V_3 \tag{39-1}$$

$$V_1 = 60 \times Gv_c \times \frac{22.4}{12} \tag{39-2}$$

式中　V_0——炉内最小排烟量（标态），m^3/h；

V_1——氧化脱碳所产生的 CO 量（标态），m^3/h；

G——电弧炉最大装入量，kg；

v_c——氧化期最大脱碳速度，%/min，由电弧炉工艺委托，一般吹氧电弧炉取 0.065%/min，不吹氧电弧炉取 0.045%/min；

V_2——炉门进风量，m^3/h；可按炉门进风速度 $1.5 \sim 3.5 m/s$ 进行计算；

1.1——电弧炉不严密处（如电极孔等）的漏风附加系数；

V_3——进入炉内的空气与一氧化碳燃烧反应后，实际消耗的氧气量（标态），m^3/h，

$\quad V_3 = V_1 P/2$；

P——氧化碳在炉内的实际燃烧系数，%，在确定 P 值时需先求出理论空气燃烧系数 α，再从表 38-7 查得：

$$\alpha = 0.462 \times \frac{V_2}{V_1} \qquad (39-3)$$

当 V_0 求得后，尚需用下列公式进行验算：

$$V_0' = 4.17 V_1 \qquad (39-4)$$

式中 V_0'——炉内安全排烟量，取 $\alpha > 1.5$ 时的安全排烟量（标态），m^3/h。

若 $V_0 \geq V_0'$，则说明排烟量 V_0 既能满足炉内排烟效果，又能保证运转安全，炉内排烟量可按 V_0 值选取。

若 $V_0 < V_0'$，则说明排烟量 V_0 虽然能满足炉内排烟效果，但一氧化碳燃烧不足，为考虑安全，炉内排烟量应按 V_0' 值选取。

冶炼时由于电极的消耗，产生部分一氧化碳和二氧化碳。但其量较少（在标准情况下每炼一吨钢仅约 $2.8m^3$，其中 CO 约占 70%），为了简化计算，可忽略不计。

2. 烟气成分确定

根据炉内一氧化碳燃烧后的体积倍数 N，或最终确定的理论空气燃烧系数 α，查表 38-2 得炉内烟气成分。

$$N = \frac{V_{g1}}{V_1} \qquad (39-5)$$

式中 V_{g1}——炉内实际排烟量。

根据炉顶水冷弯管的直径和流速得出，一般取炉内实际排烟量大于等于炉内安全排烟量，即 $V_{g1} \geq V_0'$，m^3/h。

3. 烟气温度和热量的计算

炉内烟气进入炉顶水冷弯管时，同时进行着化学和物理的两种热交换过程。流出炉顶水冷弯管后的烟气混入空气后进入除尘排烟管道，混入空气后的烟气温度 t_{g2} 和热量 Q 通过热平衡方法求得。

$$Q = Q_1 + Q_2 + Q_3 \qquad (39-6)$$

式中 Q_1——烟气的物理热，kJ/h；

Q_2——一氧化碳的燃烧热，kJ/h；

Q_3——空气带入的热量，kJ/h。

$$Q_1 = V_{g1} c_{g1} t_{g1} \qquad (39-7)$$

式中 c_{g1}——炉顶出口烟气的定压平均比热容，$kJ/(m^3 \cdot ℃)$，查表 39-1 电弧炉烟气和空气的定压平均比热容可得；

t_{g1}——炉顶出口烟气温度，℃。

$$Q_2 = q \cdot \Delta CO \qquad (39-8)$$

式中 q——CO 发热值，kJ/m^3；

ΔCO——燃烧掉的 CO 量，通常的结果为 0，m^3/h。

$$Q_3 = V_a c_a t_a \qquad (39-9)$$

式中 V_a——混入的空气量（标态），m^3/h；

c_a——空气的定压平均比热容，$kJ/(m^3 \cdot ℃)$，查表 39 – 1 可得；

t_a——空气温度，℃。

$$Q = V_{g2} c_{g2} t_{g2} \qquad (39-10)$$

式中 c_{g2}——混入空气后的烟气定压平均比热容，$kJ/(m^3 \cdot ℃)$，查表 39 – 1 可得；

V_{g2}——混入空气后的管道排烟量（标态），m^3/h；

t_{g2}——混入空气后的烟气温度，℃。

表 39 – 1　电弧炉烟气和空气的比定压热容

$t/℃$	$c_{pm}/kJ \cdot (m^3 \cdot ℃)^{-1}$					
	$\alpha = 1$	$\alpha = 1.5$	$\alpha = 2$	$\alpha = 2.5$	$\alpha = 3$	空气
0	1.354	1.351	1.345	1.337	1.331	1.295
100	1.381	1.377	1.369	1.357	1.349	1.300
200	1.402	1.398	1.388	1.374	1.364	1.308
300	1.424	1.419	1.408	1.392	1.381	1.318
400	1.446	1.440	1.429	1.411	1.400	1.329
500	1.468	1.461	1.449	1.430	1.418	1.343
600	1.489	1.482	1.469	1.449	1.436	1.357
700	1.510	1.502	1.489	1.468	1.454	1.371
800	1.529	1.521	1.507	1.485	1.471	1.385
900	1.547	1.540	1.525	1.502	1.487	1.398
1000	1.564	1.556	1.541	1.518	1.502	1.410
1100	1.580	1.572	1.556	1.532	1.516	1.422
1200	1.593	1.586	1.570	1.546	1.529	1.433
1300	1.608	1.600	1.584	1.559	1.542	1.444
1400	1.621	1.621	1.596	1.571	1.554	1.454
1500	1.633	1.625	1.608	1.582	1.565	1.463
1600	1.644	1.635	1.618	1.592	1.575	1.472
1700	1.654	1.645	1.628	1.602	1.584	1.480
1800	1.664	1.655	1.638	1.611	1.593	1.487
1900	1.674	1.665	1.647	1.620	1.602	1.495
2000	1.682	1.673	1.655	1.628	1.610	1.501

例 1　已知：一座炼钢电弧炉，公称容量为 100t，最大装料量为 100t，采用脱碳速度

为0.065%/min，电极孔漏风面积约为0.28m²，炉门开口面积约为$1.4 \times 1.0 = 1.4$（m²）。

求炉内排烟量。

解：（1）确定烟气量（标态），按式（39-2）计算：氧化脱碳所产生的CO体积为：

$$V_{1(标态)} = 60 \times Gv_c \times \frac{22.4}{12} = 60 \times 100 \times 1000 \times \frac{0.065}{100} \times \frac{22.4}{12} = 7280(m^3/h)$$

已知电弧炉进风面积$S =$炉门面积+电极孔面积$= 1.4 + 0.28 = 1.68m^2$，设电弧炉敞开处的平均进风速度为1.8m/s。

$$V_2 = 1.68 \times 1.8 \times 3600 = 10886(m^3/h)$$

折算标准状况为10143m³/h，按式（39-3）计算得：

$$\alpha = 0.462 \times \frac{V_2}{V_1} = 0.462 \times \frac{10143}{7280} = 0.64$$

查表39-2，当$\alpha = 0.64$时，$P = 0.42$。

$$V_{3(标态)} = \frac{V_1 P}{2} = \frac{7280 \times 0.42}{2} = 1529(m^3/h)$$

按式（39-1）计算得：

$$V_0 = (V_1 + 1.1V_2) - V_3 = 7280 + 1.1 \times 10143 - 1529 = 16908（m^3/h）$$

当 $\alpha = 1.5$ 时，计算炉内排烟量V_0'：

按式（39-4）计算得：

$$V_{0(标态)}' = 4.17V_1 = 4.17 \times 7280 = 30358(m^3/h)$$

由以上计算结果表明$V_0 < V_0'$，为确保安全运行，炉内排烟量采用V_0'值。

（2）确定烟气成分。近似设炉内排烟量$V_{g1} = V_0' = 30358$（m³/h），炉内一氧化碳燃烧后的体积倍数N，按式（39-5）计算得：

$$N = \frac{V_{g1}}{V_1} = \frac{30358}{7280} = 4.17$$

查表38-7得到下列数据。

烟气成分	CO_2	CO	O_2	N_2
体积/%	19	5	8	68

（3）烟气温度。设定电弧炉炉顶烟气出口温度$t_{g1} = 1400℃$。炉内烟气进入炉顶水冷弯管后，同时进行着化学和物理的两种热交换过程，现采用热平衡方法，求得终态温度的近似值。

烟气的物理热Q_1，按式（39-7）计算：当$t_{g1} = 1400℃$，$\alpha = 1.5$时查表39-1得$c_{pm} = c_{g1} = 1.621$。

$$Q_1 = V_{g1}c_{g1}t_{g1} = 30358 \times 1.621 \times 1400 = 68.89 \times 10^6(kJ/h)$$

一氧化碳的燃烧热Q_2，设$\Delta CO = 0$；

按式（39-8）计算：

$$Q_2 = q\Delta CO = 0(kJ/h)$$

空气带入热量Q_3，由于除尘排烟管道与电弧炉炉顶水冷弯管有一段间隙，设空气从间隙处混入的空气量（标态）$V_a = 20000m^3/h$，空气温度$t_a = 30℃$，由空气温度30℃查表

39 - 1 得 $c_a = 1.3$，按式（39 - 9）计算：

$$Q_3 = V_a c_a t_a = 20000 \times 1.3 \times 30 = 0.78 \times 10^6 (\text{kJ/h})$$

混入空气后的烟气热量 Q，分别按式（39 - 6）和式（39 - 10）计算：

$$Q = Q_1 + Q_2 + Q_3 = 68.89 \times 10^6 + 0 + 0.78 \times 10^6 = 69.67 \times 10^6 (\text{kJ/h})$$

$$Q = V_{g2} c_{g2} t_{g2} = (30358 + 20000) \times 1.54 t_{g2} = 69.67 \times 10^6 (\text{kJ/h})$$

则：

$$t_{g2} = \frac{(30358 + 20000) \times 1.54}{69.67 \times 10^6} = 898.4 \ (\text{℃})$$

式中，V_{g2} 为混入空气后的管道排烟量（标态）＝炉内排烟量（标态）＋从间隙处混入的空气量（标态）；当混入空气后的烟气温度 $t_{g2} = 900$℃ 时，查表 39 - 1 得 $c_{g2} = 1.54$。

即电弧炉炉顶烟气与空气混合后，进入除尘器管道时的烟气温度为 898.4℃。

（二）热平衡计算法

主要以电弧炉熔化期的吹氧助熔引起的碳氧反映和废钢中含油脂燃烧，以及从炉门等处进入的空气为基准。主要适用于超高功率大电弧炉的烟气计算，由于计算前期有些工艺参数无法确定，热平衡计算法是在某些假设的前提下进行，举例如下：

例2 已知：某 100t 超高功率交流电弧炉工艺和假设条件如下：

公称容量	100t
最大出钢量	100t
电弧炉内径	6.5m
电极直径	610mm
电极孔的漏风面积	0.28m²
吹氧时炉门开启最大面积	1.4m²
炉盖处负压	10Pa
炉门处负压	20Pa
变压器容量	72MV·A
功率因数	0.8
电极消耗	2.75kg/t
出钢时间（冶炼周期）	60min
钢水温度	约1500℃
废油含量	0.1%
油燃烧时间	18min
吹氧量（标态）	2500m³/h
炉顶第4孔内直径	1.5m
加料次数	2
每次加料数量	50t

所吹的氧全部转化为 CO；60% 的 CO 在炉内燃烧成为 CO_2；40% CO 在电弧炉第 4 孔出口处与空气燃烧并进入燃烧室继续燃烧成为 CO_2；17% 的电能进入废气；17% 的 C 转变为 CO 与 CO_2，其化学反应进入废气；100% 的 CO 转变 CO_2，其化学反应进入废气；电极产生的一氧化碳和二氧化碳，因为耗量甚少，可以忽略不计；电弧炉周围空气温度为 30℃。

求：烟气量和烟气温度。

解：(1) 熔化期吹氧放热计算。熔化期吹氧时，主要由吹氧助熔放热量 Q_1，油燃烧放热量 Q_2，电弧炉散热量 Q_3 等组成。

1) 吹氧助熔放热量 Q_1。一氧化碳生成热 q_1，按式 (38-1) 得：

$$2C + O_2 \xrightarrow{\hspace{1cm}} 2CO \uparrow$$
$$C + O_2/2 \xrightarrow{\hspace{1cm}} CO \uparrow$$
$$12kg(C) + 16kg(O_2) = 28kg(CO) + 12 \times 9200kJ(放热) \qquad (39-11)$$

吹氧量（标态）： $2500m^3/h = 2500 \times 1.429 = 3573(kg/h)$

注：标态氧气质量 $= 1.429kg/m^3$；

吹氧后的烟气成分：根据式 (39-11) 得：

$$12 \times \frac{3573}{16}kg(C) + 16 \times \frac{3573}{16}kg(O_2) = 28 \times \frac{3573}{16}kg(CO) + 12 \times \frac{3573}{16} \times 9200kJ/h$$

整理后得：

$$2679kg(C) + 3573kg(O_2) = 6252kg(CO) + 24.65 \times 10^6 kJ/h$$

其中 17% 的 CO 产生的化学反应热进入废气。

$$q_1 = 24.65 \times 10^6 \times \frac{17}{100} = 4.19 \times 10^6 (kJ/h)$$

二氧化碳生成热 q_2，按式 (38-3) 得：

$$2CO + O_2 \xrightarrow{\hspace{1cm}} 2CO_2 \uparrow$$
$$CO + O_2/2 \xrightarrow{\hspace{1cm}} CO_2 \uparrow$$
$$28kg(CO) + 16kg(O_2) = 44kg(CO_2) + 28 \times 10000kJ \qquad (39-12)$$

将以上计算的 CO 量代入式 (39-12) 得：

$$28 \times \frac{6252}{28}kg(CO) + 16 \times \frac{6252}{28}kg(O_2) = 44 \times \frac{6252}{28}kg(CO_2) + 28 \times \frac{6252}{28} \times 10000kJ/h$$

整理后得到：

$$6252kg(CO) + 3573kg(O_2) = 9825kg(CO_2) + 62.52 \times 10^6 kJ$$

其中 60% CO 在炉内燃烧并放出热量。

$$q_2 = 62.52 \times 10^6 \times 0.6 = 37.51 \times 10^6 kJ/h$$

由此得吹氧放热量 Q_1：

$$Q_1 = q_1 + q_2 = 4.19 \times 10^6 + 37.51 \times 10^6 = 41.70 \times 10^6 (kJ/h)$$

2) 油燃烧放热量 Q_2。设计条件中规定废钢中 0.1% 油含量，在炉内 100% 燃烧，炉料两次加入，每次加料 50t，其所含油脂在 18min 内烧完。

$$Q_2 = x_0\% \times 1000G \times 46480 \times 60/t_y \qquad (39-13)$$

式中 x_0——废油含量，%；

G——每次废钢加入量，t；

1000——每次废钢加入量由 t 变成 kg；

t_y——油脂燃烧尽所需的时间，min。

代入式（39 - 13）得到：

$$Q_2 = x_0\% \times 1000G \times 46480 \times 60/t_y = \frac{0.1\% \times 1000 \times 50 \times 46480 \times 60}{18} = 7.75 \times 10^6 (kJ/h)$$

3）电弧炉散热量 Q_3。根据变压器容量和功率因数得：

$$Q_3 = 0.17 \times N \times \psi \times 3.6 \times 10^3 \tag{39 - 14}$$

式中　0.17——电能进入废气量，17%；

　　　N——电弧炉变压器容量，kV·A；

　　　ψ——变压器功率因数，取 $\psi = 0.8$。

代入式（39 - 14）得到：

$$Q_3 = 0.17 \times N \times \psi \times 3.6 \times 10^3 = 0.17 \times 72 \times 1000 \times 0.8 \times 3.6 \times 10^3$$
$$= 35.25 \times 10^6 (kJ/h)$$

熔化期总热量 Q_r：

$$Q_r = Q_1 + Q_2 + Q_3 \tag{39 - 15}$$

$$Q_r = Q_1 + Q_2 + Q_3 = 41.70 \times 10^6 + 7.75 \times 10^6 + 35.25 \times 10^6 = 84.7 \times 10^6 (kJ/h)$$

（2）熔化期炉内烟气量及其成分。熔化期炉内烟气量主要由炉门渗透量 V_1，电极孔漏气量 V_2，吹氧与碳燃烧物 V_3 及油燃烧 V_4 组成。

1）炉门渗透量 V_1 计算。

$$V_1 = 3600 \times S_L \sqrt{\frac{2 \times p}{1.2}} (m^3/h) \tag{39 - 16}$$

式中　S_L——漏气处面积，m^2；

　　　p——漏气处压力，Pa；

根据炉门开启漏气面积 1.4m^2 和炉门负压 20Pa。代入式（39 - 16）得到：

$$V_1 = 3600 \times 1.4 \times \sqrt{\frac{2 \times 20}{1.2}} = 29098 (m^3/h)$$

换算成标准状况下流量为：26217m^3/h。其中：

O_2 占 21%：21% × 26217 = 5506 （m^3/h）；

N_2 占 79%：79 × 26217 = 20711 （m^3/h）。

2）电极孔渗漏量 V_2 计算。已知电极孔漏气面积 0.28m^2 和炉盖处电极孔处压力 10Pa。代入式（39 - 16）得到：

$$V_2 = 3600 \times 0.28 \times \sqrt{\frac{2 \times 10}{1.2}} = 4115 （m^3/h）$$

换算成标准状况下流量为：3708m^3/h。其中：

O_2 占 21%：21% × 3708 = 779 （m^3/h）；

N_2 占 79%：79 × 3708 = 2929 （m^3/h）。

（3）吹氧 V_3。根据吹氧量及碳和氧反应式（38 - 1）得：

吹氧量：2500m^3/h = 3572kg/h。

根据吹氧燃烧反应式：

$$12 \times \frac{3572}{16}kg(C) + 16 \times \frac{3572}{16}kg(O_2) = 28 \times \frac{3572}{16}kg(CO)$$

整理后得：

$$2679kg(C) + 3572kg(O_2) = 6251kg(CO)$$

其中 60%CO 在炉内燃烧。根据式（39-12）得：

$$0.6 \times 28 \times \frac{6251}{28}kg(CO) + 0.6 \times 16 \times \frac{6251}{28}kg(O_2) = 0.6 \times 44 \times \frac{6251}{28}kg(CO_2)$$

整理后得：

$$3570kg(CO) + 2143kg(O_2) = 5894kg(CO_2)$$

上式中的氧气来自渗透空气中。

剩余 40%CO，根据质量平衡（标态）：

CO：$100\%CO - 60\%CO = 6251 - 3750 = 2501kg/h = 2000m^3/h$。

CO_2：$5894kg/h = 3010m^3/h$。

O_2：$-2143kg/h = -1499m^3/h$。（负数表示氧气消耗量）

（4）油燃烧 V_4。

每 1kg 油燃烧反应式为：

$$1kg(油) + \frac{7.6}{2.3}kg(O_2) = \frac{2.6}{2.3}kg(H_2O) + \frac{7.3}{2.3}kg(CO_2) + \frac{105336}{2.3}kJ$$

整理得：

$$1kg(油) + 3.3kg(O_2) = 1.13kg(H_2O) + 3.17kg(CO_2) + 45798kJ \qquad (39-17)$$

由计算式（39-13）得知油燃烧热量 $Q_2 = 7.75 \times 10^6 kJ/h$。

含油量：$G = Q_2/46480 = 7.75 \times 10^6/46480 = 167$ （kg/h）

将 G 代入式（39-17）得到：

$167kg(油) + 167 \times 3.3kg(O_2) = 167 \times 1.13kg(H_2O) + 167 \times 3.17kg(CO_2) + 167 \times 45798kJ/h$

整理得：

$$167kg(油) + 550kg(O_2) = 188kg(H_2O) + 529kg(CO_2) + 7.65 \times 10^6 kJ/h$$

上式中的氧气由渗透空气取得，根据质量平衡（标态）：

O_2：$-550kg/h = -385m^3/h$；（消耗）

H_2O：$188kg/h = 235m^3/h$；

CO_2：$529kg/h = 269m^3/h$。

（5）炉内烟气量 V_{g1}，根据前面计算结果，汇总如下：

(m^3/h)

位　置	烟气成分					合计
	O_2	N_2	CO	CO_2	H_2O	
炉门 V_1	5506	20711	—	—	—	26217
电极孔 V_2	779	2929	—	—	—	3708
吹氧 V_3	-1499	—	2000	3010	—	3511
油烧尽 V_4	-385	—	—	269	235	119
合计 V_{g1}	4401	23640	2000	3279	235	33555

烟气成分（体积分数）如下：

				(%)
O_2	N_2	CO	CO_2	H_2O
13.12	70.45	5.96	9.77	0.70

为了使燃烧室内的 CO 全部燃烧，必须使理论空气燃烧系数 $\alpha > 1.5$，取 $\alpha = 2$。

根据前面的化学反应式可知，流量为 2000 m^3/h 的 CO 需 O_2 量（标态）为：

$$2000 \times (16/28) \times 2 = 2286 (m^3/h)$$

本计算烟气中的 O_2 量为 4401 m^3/h，大于 2286 m^3/h，完全能满足氧耗量的要求。

（6）熔化期的烟气温度。单位体积热焓（标态）：

$$h = Q_r/V_{g1} \tag{39-18}$$

将熔化期总热量 $Q_r = 84.70 \times 10^6 kJ/h$ 代入式（39-18）得到：

$$h = Q_r/V_{g1} = 84.70 \times 10^6/33555 = 2524 (kJ/m^3)$$

当取 $\alpha = 2$ 时，查表 39-2 得：$t_{g1} \approx 1563℃$，则工况下的烟气量为：

$$Q_g = V_{g1} \times (273 + t)/273 = 33555 \times (273 + 1563)/273 = 225667 (m^3/h) = 62.685 (m^3/s)$$

对应电弧炉第 4 孔在直径为 1.5m 时的流速为：

$$v = \frac{Q_g}{S} = \frac{62.685}{1.5^2 \pi/4} = 35.5 (m/s)$$

表 39-2 电弧炉烟气单位体积焓（标态） （kJ/m^3）

$t/℃$ $\diagdown$ α h	1	1.5	2	2.5	3	空气
0	0	0	0	0	0	0
100	138.1	137.7	136.9	135.7	134.9	130.0
200	280.5	279.5	277.7	274.8	272.9	261.6
300	427.2	425.6	422.4	417.6	414.4	395.4
400	578.5	576.2	571.6	564.6	559.8	531.6
500	733.9	730.7	724.5	715.1	708.8	671.5
600	893.5	889.5	881.6	869.6	861.6	814.2
700	1056.7	1051.7	1042.1	1027.5	1017.6	959.7
800	1223.0	1217.1	1205.6	1188.2	1176.5	1108.0
900	1392.6	1385.6	1372.3	1352.0	1338.4	1258.2
1000	1564.1	1556.1	1540.8	1517.6	1502.0	1410.0
1100	1738.0	1728.9	1711.6	1685.5	1668.0	1564.2
1200	1912.2	1903.0	1884.0	1855.0	1835.4	1719.6
1300	2090.6	2079.5	2058.7	2026.5	2004.9	1877.2
1400	2269.2	2257.5	2234.2	2199.0	2175.3	2035.6
1500	2449.7	2436.9	2411.7	2373.4	2347.6	2194.5

$t/℃$	α＼h	1	1.5	2	2.5	3	空气
1600		2630.2	2616.4	2589.0	2547.5	2519.6	2355.2
1700		2811.9	2797.0	2767.6	2723.0	2693.0	2516.0
1800		2995.3	2979.4	2947.8	2900.1	2867.9	2676.6
1900		3180.7	3163.3	3129.5	3078.6	3044.3	2840.5
2000		3364.2	3345.7	3309.8	3255.6	3219.2	3002.0

（三）电弧炉排烟量计算

（1）调节活套处（或移动套管）引入的空气量的计算。

一般取：

$$S_2 = (0.5 \sim 0.8)S_1 \qquad (39-19)$$

$$S_1 = 0.785D^2$$

式中　S_1——烟气管道内径截面积，m^2；

　　　S_2——环缝截面积，m^2；

　　　D——排烟管道内径。

当 $D = 1.5m$ 时则有：

$$S_1 = 0.785D^2 = 0.785 \times 1.5^2 = 1.766(m^2)$$

取 $S_2 = 0.6S_1$ 则有：

$$S_2 = 0.6S_1 = 0.6 \times 1.766 = 1.06(m^2)$$

调节活套处的可调环缝处的进风速度 v_h：

$$v_h = \sqrt{\frac{2dp}{re}} \qquad (39-20)$$

式中　$dp = \Delta p$、$r = \rho$、$e = \xi$；

　　　Δp——设定的环形缝处的负压，为200Pa；

　　　ρ——周围空气密度，$\rho = \dfrac{273}{273+30} \times 1.29 = 1.16(kg/m^3)$，其中 30℃ 为周围空气温度；

　　　ξ——环形缝处的局部阻力系数，取 $\xi = 1.1$，代入式（39-20）得到：

$$v_h = \sqrt{\frac{2dp}{re}} = \sqrt{\frac{2 \times 200}{1.16 \times 1.1}} \approx 18(m/s)$$

由调节活套处吸入的空气量 V_a：

$$V_a = \frac{3600S_2v_h \times 273}{273+t} \qquad (39-21)$$

式中　t——周围空气温度，取 $t = 30℃$。

代入式（39-21）得到：

$$V_a = \frac{3600 \times 1.06 \times 18 \times 273}{273+30} = 61887(m^3/h)$$

（2）电弧炉排烟量（标态）V_{g2}。

$$V_{g2} = V_{g1} + V_a \qquad\qquad (39 - 22)$$

将已求出数据代入式（39 - 22）得到：

$$V_{g2} = V_{g1} + V_a = 33555 + 61887 = 95442 (\text{m}^3/\text{h})$$

（3）调节活套与电弧炉第四孔的环缝宽度 δ。

$S_1/S_2 = 0.6 = \pi D\delta/0.785D^2$ 整理得：

$$\delta = 0.6 \times 0.785D/\pi = 0.6 \times 0.785 \times 1.5/3.14 = 0.225 (\text{m})$$

（4）调节活套进口处的烟气混合温度 t_{g2}。

炉内烟气物理热 Q_1：根据式（39 - 7）并查表 39 - 1 得到 $c_{g1} = 1.61$，则有：

$$Q_1 = V_{g1}c_{g1}t_{g1} = 33555 \times 1.61 \times 1563 = 84.4 \times 10^6 (\text{kJ/h})$$

一氧化碳燃烧量 Q_2：经上述计算得炉气中一氧化碳量（标态）为 $2000\text{m}^3/\text{h}$。即 $2000 \times 1.25 = 2860\text{kg/h}$。

注：标态一氧化碳 $= 1.25\text{kg/m}^3$。

按碳与氧反应燃烧式（39 - 12）得：

$$28 \times \frac{2860}{28}\text{kg}(\text{CO}) + 16 \times \frac{2860}{28}\text{kg}(\text{O}_2) = 44 \times \frac{2860}{28}\text{kg}(\text{CO}_2) + 28 \times \frac{2860}{28} \times 10000\text{kJ/h}$$

整理后得：

$$2860\text{kg}(\text{CO}) + 1634\text{kg}(\text{O}_2) = 4494\text{kg}(\text{CO}_2) + 28.6 \times 10^6\text{kJ/h}$$

即：
$$Q_2 = 28.6 \times 10^6 \ (\text{kJ/h})$$

空气带入的热量 Q_3：

$$Q_3 = V_a c_a t_a = 61887 \times 1.3 \times 30 = 2.14 \times 10^6 (\text{kJ/h})$$

经调节活套处混入空气后的电弧炉排烟的放热量 Q：

$$Q = Q_1 + Q_2 + Q_3 = 84.4 \times 10^6 + 28.6 \times 10^6 + 2.14 \times 10^6 = 115.14 \times 10^6 (\text{kJ/h})$$

又
$$Q = V_{g2}c_{g2}t_{g2} = 95442 \times 1.48 \times t_{g2}$$

当设 $t_{g2} = 860℃$ 时，查表 39 - 1 得：$c_{g2} = 1.48$，则有：

$$t_{g2} = \frac{115.14 \times 10^6}{95442 \times 1.48} = 815 (℃)$$

即烟气混合温度 $t_{g2} = 815℃$。

二、电弧炉炉外排烟量的计算

电弧炉炉内排烟装置只能捕获电弧炉冶炼时从电弧炉第 4 孔排出的烟气，但不能捕获电弧炉在加料、出钢、兑铁水时的二次烟气以及熔炼时从电极孔、加料孔和炉门等处不严密处溢出炉外的烟气，必须依靠电弧炉炉外排烟装置进行捕集。通常的炉外排烟有屋顶罩排烟，密闭罩排烟及兑铁水抽气罩排烟等形式。

（一）屋顶罩排烟

屋顶罩排烟计算方法尽管有多种，但计算方法基本类同，都是以电弧炉作为一个热源，并假设一个热源点作为起始点，利用电弧炉热烟气气流向上扩散流动时，带动周围的空气不断渗入，混合后形成一个圆锥形上升气流群，上升气流群顶部直径和上升气流的总量都随上升高度的增加而增加，直至屋顶抽风罩口。所不同的是上升气流群顶部直径在罩口处的面积与车间横向气流干扰后的罩口实际面积的区别，即对车间横向气流干扰程度的区别。排烟示意图见图 39 - 7。

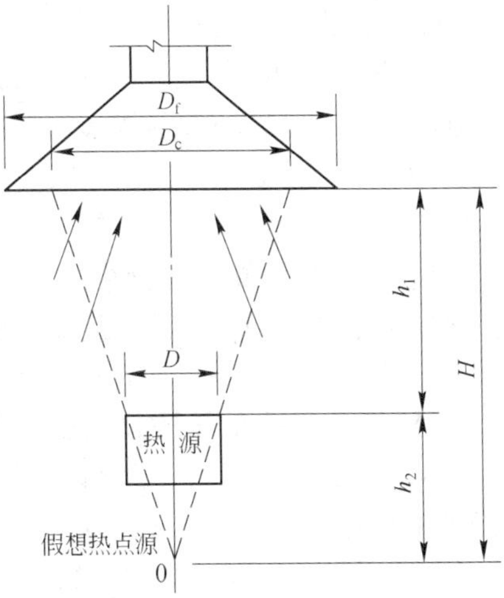

根据对已有屋顶罩的使用效果和设计经验，将屋顶罩排烟当做一个高悬罩的排烟，以高悬罩的计算公式为基础，并进行局部的修改和调整。排烟量计算以图 39 - 7 中的电弧炉为热源，并假想一个热源点作为起始点，高悬罩罩口的热射流截面直径 D_c 可按式（39 - 23）计算：

$$D_c = 0.434 H^{0.88} \qquad (39 - 23)$$

式中　D_c——热射流截面直径，m；

　　　H——自假想点源到排气罩罩口的距离，$H = h_1 + h_2$，m；

　　　h_1——物体表面至罩口的距离，m；

　　　h_2——假想热点源距热表面的距离，$h_2 = 2D$，m；

　　　D——炉子直径，m。

图 39 - 7　电弧炉屋顶罩排烟示意图

热气流平均流速 v_f 可用式（39 - 24）的热源表面积与周围空气的温度差表示：

$$v_f = 0.085 \frac{S^{1/3} \Delta t^{5/12}}{H^{1/4}} \qquad (39 - 24)$$

式中　S——热源表面积，m^2，$S = \frac{\pi}{4} D^2 = 0.785 D^2$；

　　　Δt——热烟气的平均温度与周围空气的温度差，℃。

热气流上升角度 α：

$$\alpha = \tan^{-1} \frac{D_c/2}{H} \qquad (39 - 25)$$

考虑到热气流上升角度 α 因烟气温度的波动及横向气流的影响等因素，可能引起上升角度的偏斜，而设计要求热气流和车间横向气流在同一时间内同时到达罩口，所以热气流上升角度 α 和罩口尺寸都应该加大，即：

$$\frac{h_1}{v_f} = \frac{D_f - D_c}{v_a} \quad 或 \quad D_f = D_c + \frac{v_a}{v_f} h_1 \qquad (39 - 26)$$

式中　D_f——罩口直径，m；

　　　S_f——罩口面积，m^2；

　　　S_c——上升热气流在罩口处的横断面积，m^2；

　　　v_a——罩口其余面积（$S_f - S_c$）上所需的空气流速，m/s，通常取 0.5 ~ 0.8 m/s 左右。

$$V_f = 3600 \times [v_f S_c + v_a (S_f - S_c)] \qquad (39 - 27)$$

式中　V_f——罩口排风量，m^3/h。

$$v_p = \frac{V_f}{3600 S_f} \qquad (39 - 28)$$

式中　v_p——罩口气体平均流速，m/s。

采用高悬罩来排除热气流时，应考虑电弧炉工作时烟气温度的波动所引起上升热气流的边界并不明显，以及车间横向气流的影响，所以在计算最小排风量时，必须考虑安全系数。

对于水平热源表面，通常取15%的安全系数。

例3 已知：电弧炉容量100t，炉体直径6.1m，电弧炉炉顶到烟罩入口的距离21m，热烟气平均温度为300℃，周围空气温度为30℃。

求：电弧炉屋顶罩排烟量。

解： 电弧炉假想点源到烟罩罩口距离：

$$H = h_1 + h_2 = 21 + 2 \times 6.1 = 33.2 (\text{m})$$

（1）气流直径 D_c，按式（39-23）计算：

$$D_c = 0.434 H^{0.88} = 0.343 \times 33.2^{0.88} = 9.46 (\text{m})$$

热源面积 S：

$$S = 0.785 D^2 = 0.785 \times 6.1^2 = 29.2 (\text{m}^2)$$

（2）罩口气流速度 v_f，按式（39-24）计算：

$$v_f = 0.085 \frac{S^{1/3} \Delta t^{5/12}}{H^{1/4}} = 0.085 \frac{(29.2)^{1/3} \times (300-30)^{5/12}}{(33.2)^{1/4}} = 1.13 (\text{m/s})$$

（3）屋顶排烟罩罩口直径 D_f，（$v_a = 0.6\text{m/s}$）按式（39-26）计算：

$$D_f = D_c + \frac{v_a}{v_f} h_1 = 9.46 + \frac{0.6}{1.13} \times 21 = 20.6 (\text{m})$$

屋顶排烟罩罩口面积 S_f：

$$S_f = 0.785 D_f^2 = 0.785 \times (20.6)^2 = 333 (\text{m}^2)$$

气流断面积 S_c：

$$S_c = 0.785 D_c^2 = 0.785 \times (9.46)^2 = 70.3 (\text{m}^2)$$

（4）屋顶排烟罩实际排烟量 V_f，按式（39-27）计算：

$$V_f = 3600 \times [v_f S_c + v_a (S_f - S_c)] = 3600 \times [1.13 \times 70.3 + 0.6(333 - 70.3)] = 853412 (\text{m}^3/\text{h})$$

其中标准状况下的烟气量为：136252m³/h。

空气量为：511250m³/h。

实际排烟量为：136252 + 511250 = 647502（m³/h）。

（5）罩口气体平均流速 v_p，按（39-28）计算：

$$v_p = \frac{V_f}{3600 S_f} = \frac{853412}{3600 \times 333} = 0.71 (\text{m/s})$$

（6）热气流上升角度 α，按式（39-25）计算：

$$\alpha = \tan^{-1} \frac{D_c/2}{H} = \tan^{-1} \frac{9.46/2}{21} = 12.7°$$

（7）罩口气体混合温度 t，按式（39-7）、式（39-9）、式（39-10）计算：

$$36250 \times 1.318 \times 300 + 511250 \times 1.29 \times 30 = 647502 \times 1.3 \times t$$

解得：$t = 87.6℃$

（二）密闭罩排烟

根据电弧炉工艺布置情况，密闭罩排烟的结构形式有很多种，有些密闭罩包括了电弧炉出钢在内的结构形式，也有些密闭罩设计在电弧炉的操作平台上方，没有将电弧炉出钢包括在内。排烟量的计算一般按密闭罩的进风量计算方式分为下列几种：

（1）按百叶进风口的面积计算排烟量：将电弧炉出钢包括在内的密闭罩，一般在电弧炉操作平台下的密闭罩墙上开设多个百叶进风口，因密闭罩还具有消声和隔音的作用，所以百叶进风口必须设计成消声器形式，其进风量（排烟量）按式（39-29）计算：

$$V = 3600 \times S \times v \tag{39-29}$$

式中　V——风口进风量，m^3/h；

　　　S——风口有效面积，m^2，$S = \beta S'$；

　　　β——风口面积修正系数，一般取 $0.6 \sim 0.7$；

　　　S'——风口面积，m^2；

　　　v——风口处的空气流速，m/s；通常取 $5m/s$ 左右。

（2）按孔洞面积计算排烟量：设计在电弧炉操作平台上方的密闭罩，因电弧炉出钢需要在平台以及上下工作的楼梯等处开孔。其排烟量可根据密闭罩所有孔洞面积按式（39-29）计算，式中气体流速一般可取 $1.0 \sim 3.5m/s$。

（3）按换气次数计算排烟量：一般密闭罩的排烟量按其容积的 $50 \sim 150$ 次/h 计算。

（4）按电弧炉吨钢估算排烟量：根据国内外已投产的密闭罩排烟量的统计，每吨钢排烟量估算为 $4000 \sim 6000 m^3/(h \cdot t)$。

（三）兑铁水罩排烟量

当电弧炉采用 $30\% \sim 35\%$ 的铁水和 $65\% \sim 70\%$ 的废钢进行炼钢时，在电弧炉炼钢过程中向电弧炉兑高炉铁水，兑铁水的工艺方式如下：

（1）对用行车直接向电弧炉兑铁水的工艺方式，其排烟量可按电弧炉顶罩的排烟公式计算，该排烟量小于电弧炉加废钢和出钢时的屋顶罩排烟量。

（2）对于电弧炉采用流槽兑铁水的工艺方式，一般在兑铁水流槽口的上方，即电弧炉密闭罩外侧面设置抽气罩和切换阀门。兑铁水时其排烟量可利用已有的密闭罩排烟量，一般兑铁水时，其每吨钢排烟量估算为 $4000 m^3/(h \cdot t)$ 左右。

（四）烟气导流板（罩）排烟量

烟气导流板（罩）排烟装置，通常适用于那些电弧炉吨位和功率不大、冶炼周期长的电弧炉。

其特点是：充分利用电弧炉热烟气向上原理，对电弧炉在加料、出钢和熔炼时产生的烟气进行导向进入屋顶罩。除尘系统简单、没有电弧炉炉内一次烟气排烟装置。所以烟气导流板（罩）排烟量计算可按电弧炉屋顶罩的计算方式进行。

三、影响排烟量的因素

电弧炉炼钢排烟量的计算是确定排烟量的依据。实际上电弧炉排烟量和许多因素有关，如原料因素、排烟方式、冶炼周期、冶炼钢种与冶炼工艺、吹氧量和辅助能源等诸多因素有着紧密的关系。因此，相同吨位的电弧炉由于不同的情况，会导致除尘器处理烟气量的变化。在确定电弧炉的排烟量时，烟气量的计算是必要的，但是必须考虑以下因素对排烟量的影响，以便较为合理地确定电弧炉除尘器处理烟气量。

（一）原料的影响

（1）全废钢原料冶炼时，要根据废钢质量情况、含有油脂情况、锈蚀情况、含有杂质情况等等，估计出对烟尘量产生的影响。

（2）当原料兑入铁水时，兑入铁水产生的烟气量要比全废钢冶炼时产生的烟气量大很多，特别是铁水兑入量很大时，这种情况更加明显。

（3）当原料存在铸铁和海绵铁时，电弧炉的烟气量也会较全部采用废钢情况明显发生变化。

（二）排烟方式的影响

排烟方式主要是指电弧炉是炉内排烟，还是炉外排烟或者是炉内排烟与炉外排烟相结合的排烟方式，即使是炉外排烟也会存在密闭罩式排烟和屋顶罩排烟等不同的排烟方式。由于排烟方式的不同，所引入的冷空气量就会不同，致使除尘器处理的风量产生明显的差别。

（三）冶炼周期的影响

冶炼周期同样是影响除尘器处理风量多少的一个重要因素。在过去，一台普通功率的电弧炉冶炼一炉钢的时间要 3~4h，而现在的一台超高功率的电弧炉冶炼一炉钢的时间甚至仅在 1h 左右。相同出钢量的两台电弧炉如果冶炼周期相差一倍，除尘器处理风量几乎就要相差一倍之多。

（四）冶炼钢种与工艺的影响

相同出钢量的两台电弧炉，如果所冶炼的钢种不同或冶炼工艺路线不同，同样也会引起电弧炉除尘器的配置出现变化。即使同为电弧炉炼钢，采用普通炉型与采用水平连续加料等不同炉型时，其除尘器的配置是有明显区别的。

（五）吹氧量和辅助能源的影响

现代电弧炉炼钢基本上离不开吹氧和辅助能源的加入，而且吹氧量和辅助能源加入量越来越大，致使电弧炉烟气量也随着增加，其排烟量的增加是相当明显的。

综上所述，在电弧炉除尘器处理风量的选择上要根据实际情况进行合理的配置，既不能过小也不能过大。过小就会达不到处理效果，不能满足环境保护规定的要求；过大又会出现浪费能源的现象。根据作者的经验，以前的电弧炉除尘由于没有周到考虑冶炼的实际情况，计算值往往偏小。

第四节　其他装置排烟量的计算

一、钢包精炼炉炉气量

现代电弧炉炼钢的还原期大多数是通过设置在炉外的钢包精炼炉（LF）进行，钢包精炼炉主要起调整均匀钢水成分和温度，通过向炉内投入造渣材料，以减少钢中杂物并进行深脱硫和脱氧。为保证还原气氛，需要使钢包精炼炉内保持微正压。

二、钢包精炼炉排烟量

（一）炉内排烟

钢包精炼的形式有钢包喷粉、氩氧精炼炉、提升法真空处理和循环法真空处理等方法。主要作用为真空脱气、加入造渣材料脱硫、电弧加热保温以及吹氩搅拌。在二次熔炼时产生少量的烟气粉尘，在封闭的容器中（氩氧精炼炉除外），一般均在顶盖上设有专门的排气孔。炉盖的结构设计和排气孔尺寸大小与排烟效果和排烟量有关，因钢包精炼炉需要创造还原气氛，炉内需要保持一定的正压度，故炉内排烟量一般由供货商或工艺提出。每吨钢的炉内排烟量（标态）估算 $80 \sim 200 \mathrm{m}^3/\mathrm{h}$，温度为 $150 \sim 400℃$。

（二）炉外排烟

因受炉内微正压要求的影响，所以精炼炉工作时有少量的烟气从加料孔、电极孔和炉门等处冒出至车间内，且炉外排烟因手工艺操作条件的约束而设置较为困难，一般在精炼炉炉盖上加设活动罩或屋顶罩排烟。

（1）活动罩排烟量可按进风面积和进风速度计算，一般取 $1.5 \sim 3.5 \mathrm{m/s}$。

（2）因钢包精炼炉外溢的烟气温度相对较低，故精炼炉屋顶罩的排烟量不能按电弧炉屋顶罩的排烟量计算公式计算，通常根据工艺布置和厂房的高度，先定一个较为合理的屋顶罩尺寸，然后按罩口面积取风速约为 $0.5 \mathrm{m/s}$ 计算排烟量。

三、铁水倒罐站排烟量

高炉铁水经专用铁路线被运输至炼钢车间的铁水倒罐站，进行混铁或混冲脱硅倒罐，传统工艺的鱼雷罐车在铁水倒罐时产生的烟气通常被密闭的厂房屋顶烟罩抽走，铁水倒罐和扒渣时的排烟量（标态）一般分别按吨钢 $3000 \mathrm{m}^3$ 左右估算。

另一种铁水倒罐工艺是：鱼雷罐车在进行铁水倒罐时产生的烟气，被倒罐坑烟罩抽走，该处的烟气温度较高，通常在 $250℃$ 左右；鱼雷罐车停留时外逸的烟气被设置在鱼雷罐车上的顶部烟罩抽走。倒罐坑烟罩排烟量（标态）一般按 $3000 \sim 3500 \mathrm{m}^3/\mathrm{min}$ 估算；顶部烟罩排烟量（标态）一般按 $350 \sim 500 \mathrm{m}^3/\mathrm{min}$ 估算。

四、铁水脱磷站排烟量

铁水脱磷站进行铁水脱磷的喷吹和扒渣，喷吹和扒渣设备的顶上分别设置固定的抽气烟罩，其中铁水脱磷喷吹时烟气温度较高，通常为 $250 \sim 550℃$，所以脱磷喷吹的抽气烟罩一般做成水冷或由耐火材料组成，其脱磷喷吹时顶部烟罩的排烟量（标态）一般按 $3500 \sim 4200 \mathrm{m}^3/\mathrm{min}$ 估算；扒渣时顶部烟罩的排烟量（标态）一般按 $1300 \sim 1800 \mathrm{m}^3/\mathrm{min}$ 估算。

五、电弧炉散状料和辅原料的排尘量估算

电弧炉车间散状料和辅原料经储运和投料过程中所产生的粉尘，通过排尘抽气罩系统

被抽走，抽气罩分别设置在皮带输送机转运站的头部和尾部、卸料小车的出气管道处等物料的落料和投料处。抽气罩的排尘量与物料落差、落料速度、溜槽角度和皮带输送机宽度等有关，设计时一般由输送机械的工艺设备专业提供，也可按以下各项估算：

　　（1）皮带输送机转运站的头部和尾部排尘量：1200～3500m³/h；

　　（2）振动给料点排尘量：1200～3500m³/h；

　　（3）高位料仓卸料小车排尘量：5000～10000m³/h。

第四十章　除 尘 系 统

第一节　除 尘 设 备

根据国内外实践经验，适合处理电弧炉烟尘的净化设备一般分为滤袋除尘器、电除尘器和文氏管洗涤器等3大类，其中以滤袋除尘器应用最广。

一、滤袋除尘器

这种除尘器的净化效率高而且稳定，维护费用低，滤袋使用期较长，排放气体含尘量不高于$50mg/m^3$，设备价格远低于电除尘器，因而在国内外均得到广泛的推广和应用。

烟尘由进气管进入除尘器内，经分布管道分配到各组滤袋，过滤后的气流通过阀门由管道排出。过滤下来的粉尘落入灰斗中，滤袋悬挂在支架上，通过机械振动使滤袋得到清灰。通常是分组清灰，为了使清灰取得较好效果，滤袋在用机械振动清灰时打开反吹风气阀，使反吹风气流进入滤袋内，使用的滤袋料常常是涤纶和腈纶，耐温仅为135℃，如用玻璃纤维作滤袋料，其耐温为250℃，所以废气必须用水冷和兑入冷风等方法，将废气冷却到允许温度，才能进入滤袋室。

二、文氏管洗涤器

这种净化设备易使高温烟气冷却，只设置一级降温文氏管即可获得常温的气温，再紧跟设置二级或三级文氏管系列，就能获得排气含尘浓度小于$10mg/m^3$的净化效果。但由于其系统阻力损失大，洗涤水和污泥处理的二次污染问题耗资很大，自从20世纪70年代后已很少再使用。

三、电除尘器

这种除尘器净化效率高，排气含尘浓度约为$5mg/m^3$，维护费用较低，使用寿命长，但设备投资费用大。电除尘器适宜烟尘电阻率为$10^8 \sim 10^{11}\Omega \cdot cm$，而电弧炉烟尘的电阻率通常高于$10^{11}\Omega \cdot cm$，因此选用电除尘器时必须首先考虑设置增湿塔，先降低烟尘的电阻率值，而后进入电除尘器，才能发挥其特性。因此这种除尘器在电弧炉烟气净化设施中应用较少。

第二节　电弧炉炼钢车间除尘系统

电弧炉炼钢车间除尘设计，因车间工艺设计和布置形式的不同，而可以组合成多种形式的除尘方案。电弧炉炼钢车间各生产作业点的除尘内容有：电弧炉除尘、钢包精炼炉除尘、铁水倒罐站和铁水脱磷站除尘、电弧炉散状料和辅原料除尘等。这些除尘可分别单独设置，也可按需组合成一套或多套除尘系统。因为电弧炉炼钢车间突出的是电弧炉炼钢生产工艺，环境保护的重点和难点也主要是电弧炉炼钢除尘，故本节主要是围绕电弧炉炼钢除尘并兼顾其他除尘进行介绍。

一、电弧炉除尘

电弧炉除尘系统通常由电弧炉炉内排烟装置（调节活套或称移动管）、屋顶罩、密闭罩、燃烧室（或沉降室）、水冷烟道、废钢预热装置、管道和膨胀节、调节阀门、火粒捕集器、强制吹风冷却器（或自然对流冷却器和蒸发冷却塔）、增压风机、主排烟风机、混风阀、布袋除尘器、反吹（吸）风机、机械输灰装置（或气力输灰装置）、储灰仓、烟囱等设备选择性组合而成。辅助配套系统由仪表检测和电气自动化系统、冷却水系统、压缩空气系统、油润滑系统等组成。除尘系统在进行方案设计比较时，可根据系统需要进行组合并选用相应的除尘配套设备。

二、钢包精炼炉除尘

钢包精炼炉除尘系统通常由炉内排烟装置（调节活套或固定套管）、可移动密闭罩、管道和膨胀节、调节阀门、排烟风机、混风阀、布袋除尘器、机械输灰装置（或气力输灰装置）、储灰仓、烟囱等设备组成。辅助配套系统由仪表检测和电气自动化系统、冷却水系统、压缩空气系统等组成。钢包精炼炉除尘根据需要可单独设置，也可与电弧炉除尘系统组合为一套除尘系统。

三、铁水倒罐站除尘

铁水倒罐站除尘通常由排烟罩、管道和膨胀节、调节阀门、排烟风机、混风阀、布袋除尘器、机械输灰装置（或气力输灰装置）、储灰仓、烟囱等设备组成。辅助配套系统由仪表检测和电气自动化系统、冷却水系统、压缩空气系统、油润滑系统等组成。铁水倒罐站除尘系统根据需要可单独设置，也可与电弧炉除尘系统组合为一套除尘系统。

四、铁水脱磷站除尘

铁水脱磷站除尘通常由排烟罩（水冷烟罩）、火粒捕集器、强制吹风冷却器（或自然对流冷却器）、管道和膨胀节、调节阀门、排烟风机、混风阀、布袋除尘器、机械输灰装置（或气力输灰装置）、储灰仓、烟囱等设备组成。辅助配套系统由仪表检测和电气自动化系统、冷却水系统、压缩空气系统、油润滑系统等组成。铁水脱磷站除尘系统根据需要可单独设置，或与铁水倒罐站除尘系统组合为一套除尘系统，也可与电弧炉除尘系统组合为一套除尘系统。

五、电弧炉散状料和辅原料除尘

电弧炉散状料和辅原料除尘系统通常由皮带机的转运站和卸料小车等卸料点的除尘抽气罩、管道和调节阀门、风机、布袋除尘器、机械输灰装置（或气力输灰装置）、储灰仓、烟囱等设备组成。辅助配套系统由仪表检测和电气自动化系统、压缩空气系统等组成。电弧炉散状料和辅原料除尘系统可根据需要单独设置，也可与电弧炉除尘系统组合为一套除尘系统。

第四十一章　袋式除尘器

炼钢电弧炉的冶炼一般分为熔化期、氧化期和还原期。虽然在不同冶炼期烟气发生量、烟尘的性质和烟气温度有较大的波动，但在冶炼的全过程中均产生大量的烟尘。尤其是在氧化期因强化脱碳时吹氧或加矿石而产生大量的赤褐色烟气，此时烟气量最大，烟气温度最高，含尘浓度最大，且电弧炉烟尘的比电阻约为 $10^8 \sim 10^{12} \Omega \cdot cm$，它介于中、高粉尘比电阻之间。由此看出，电弧炉除尘系统采用袋式除尘器最合适。

袋式除尘器是一种能有效控制烟尘污染的设备，它已广泛用于冶金、工业锅炉、建材等各领域中。但不同行业、不同工况在采用袋式除尘器时也不尽相同。必须根据不同行业、不同设备产生的烟尘量、烟尘粒度、烟尘温度等参数设计不同的布袋除尘器。

第一节　袋式除尘器的技术性能

一、袋式除尘器简介

大多数电弧炉的除尘均采用布袋除尘法。它是用多孔编织物制成的过滤布袋玻璃纤维的布袋，工作温度为 260℃，但寿命较低，一般为 1 ~ 2 年；采用聚酯纤维，即涤纶的布袋，工作温度为 135℃，但涤纶耐化学腐蚀性能好、耐磨，其寿命高，通常为 3 ~ 5 年。近年来也有一些新材料的出现。

（一）布袋除尘法的特点

价格便宜、设备简单、运行可靠、操作容易以及便于增容；
布袋工作温度低和除尘系统占空间较大。

（二）布袋除尘器结构与工作原理

若干条数米长的布袋布置在除尘室中，当烟尘经冷却后（＜135℃）进入除尘室中，经布袋过滤后的净气离开除尘室进入排气筒（烟囱）排空。

当布袋中灰尘（外壁或内壁）聚积至一定厚度时，对气流的阻力加大，布袋的内外压差增大，将触发一个信号，启动空气反吹或振打装置，使灰尘由布袋外壁（或内壁）下落，进入到布袋除尘器下部的灰仓中，再经铰笼运送至储灰室，灰尘定期进行清理。

（三）布袋除尘器的效率

袋式除尘器是依靠织物和黏附的灰尘层起过滤作用，把含尘气体中的尘粒分离出来的。一般来说，新滤料的基本除尘率，对亚微米的大气尘（数量中粒径 0.5μm），当过滤速度为 0.9 ~ 2.4m/min 时，在 50% ~ 75% 的范围内。滤料上积累了灰尘以后，效率上升。沉积粉尘达到大约 2 ~ 3g/m² 时，除尘效率一般就超过 90%。当沉积粉尘达到 150g/m² 时，除尘效率一般就超过99%。滤袋经过清灰后，还残留一些粉尘，经历一段周期性的过滤、清灰后，残留粉尘就趋于稳定。这时的除尘率一般保持在99%以上，如使用得当，可超过99.9%。

由于电弧炉除尘系统烟气量较大，因此，使用较多的袋式除尘器有长袋脉冲式除尘器和反吹清灰袋式除尘器两大类。

二、长袋脉冲式除尘器

（一）长袋脉冲除尘器的结构特点

常用的长袋脉冲式除尘器的外形结构如图41-1所示。布袋装置主要由除尘器、

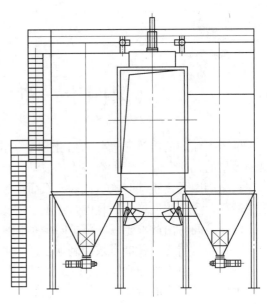

图41-1 长袋脉冲式除尘器的外部结构

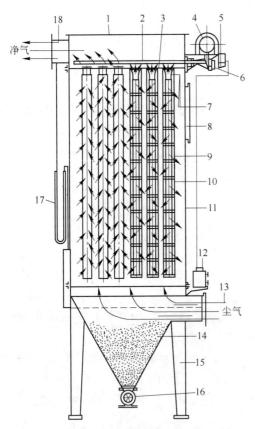

图41-2 常用的长袋脉冲式除尘器的内部结构
1—上箱；2—喷吹管；3—花板；4—气包；5—排气阀；
6—脉冲阀；7—文氏管；8—检修孔；9—框架；
10—滤袋；11—中箱；12—控制仪；13—进口管；
14—灰斗；15—支架；16—卸灰阀；
17—压力计；18—排气管

风机、吸尘罩及管道等部分组成。布袋的材质采用合成纤维（如涤纶），玻璃纤维等，可适应130℃以下的温度。布袋除尘器的类型及结构形式各种各样，其中比较典型的是脉冲喷吹布袋除尘器，其内部结构如图41-2所示。整个除尘器由多个单体布袋组成，每条布袋的直径在150～300mm左右，布袋长度可达10m。通过风机将含尘气体吸进除尘器内，含尘气体由袋外进入袋内，粉尘则被阻留在袋外表面，过滤后的净化气体由排气管导出。在每排滤袋上部装有喷吹管，在喷吹管上相对应于每条滤袋开有喷射孔。由控制仪不断地发出短促的脉冲信号，通过控制阀有程序地控制各脉冲阀的开启（约为0.1～0.12s）与关闭，这时高压空气从喷射孔以极高的速度喷出，在瞬间形成由袋内向袋外的逆向气流，使布袋快速膨胀，引起冲击振动，使黏附在袋外的粉尘吹扫下来，落入集灰斗内。由于定期地吹扫，布袋始终保持良好的透气性，除尘效率高，工作稳定。

大型长袋脉冲式除尘器一般可分为高压长袋脉冲袋式除尘器及低压长袋脉冲袋式除尘器两种，高压与低压的区分在于脉冲喷吹

所需的压力，按照袋式除尘分类标准，当其清灰压力高于 392kPa 时为高压；当其清灰压力低于 392kPa 时为低压。

（二）长袋脉冲式除尘器的优点

（1）过滤风速高，处理风量大；

（2）清灰能力强，清灰效果好，可降低设备阻力；

（3）脉冲阀喷吹性能好，压缩空气耗量少，清灰能耗低；

（4）设备质量轻，占地面积小，造价低；

（5）一个阀同时可喷吹 12～16 条滤袋，因而使用的脉冲阀数量少，减轻了维修工作量；

（6）分室组合设计，能满足处理大风量的需要。

三、大型反吹风袋式除尘器

（一）大型反吹风袋式除尘器结构特点

大型反吹风袋式除尘器过滤、清灰过程如图 41-3 所示。

含尘烟气经过除尘器下部灰斗的入口管进入后，气体中的粗颗粒粉尘在挡板及自重、降速等作用下而分离沉降至灰斗中，细小粉尘随气流经过花板下的导流管进入滤袋，通过滤袋过滤，粉尘被阻留在滤袋内表面，净化后的空气上升至各室的三通切换阀出口，由除尘系统风机吸出而排入大气。随着过滤工况的不断进行，阻留在滤袋内的粉尘不断增多，除尘器阻力也将相应增高。为维持一定的设备阻力，当达到一定阻力值（可

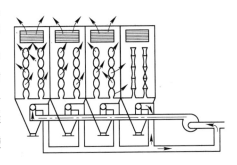

图 41-3　大型反吹风袋式除尘器

以设定）时，由差压变送器发出指令或按预定的时间程序控制电磁阀带动气缸工作，使切换阀门接通反吹风管，逐室进行反吹清灰，而被沉降在灰斗内的粉尘由输灰机构排出。

大型反吹风袋式除尘器可分为二状态清灰和三状态清灰；正压清灰和负压清灰；还有振动-逆气流联合清灰等方式。

（二）大型反吹风袋式除尘器的优点

（1）过滤风速较低，过滤面积大；

（2）清灰能力强，清灰效果较好；

（3）清灰能耗低，不需要压缩空气；

（4）设备质量大，占地面积大，造价较高；

（5）结构简单，维修工作量少；

（6）能适应处理大风量的要求。

第二节　袋式除尘器主要技术参数的选择与计算

一、常用术语的含义

（1）过滤面积：指起滤尘作用的滤料有效面积，以 m^2 计。

（2）过滤速度：指含尘气体通过滤料有效面积的表观速度，以 m/min 计。

（3）处理风量：指进入袋式除尘器的含尘气体工况风量，以 m^3/h 或 m^3/min 计。

（4）设备阻力：指气流通过除尘器的流动阻力，即入口与出口处气流的平均全压之差，以 Pa 或 kPa 计。

（5）漏风率：指漏入或漏出除尘器本体的风量与入口风量之比，以%计。

（6）入口粉尘浓度：指入口含尘气体的单位标态体积中所含固体颗粒物的质量，以 g/m^3 干气体计。

（7）出口粉尘浓度：指出口含尘气体的单位标态体积中所含固体颗粒物的质量，以 g/m^3 干气体计。

（8）除尘效率：指袋式除尘器捕集的粉尘量与入口总粉尘量之比，以%计。

二、过滤面积的计算

计算公式：

$$S = \frac{V}{v} \tag{41-1}$$

式中　S——过滤面积，m^2；

　　　V——处理风量，m^3/h；

　　　v——过滤风速，m/min。

三、滤袋数量的计算及规格的选型

圆形滤袋计算公式：

$$n = \frac{S}{\pi DL} \tag{41-2}$$

式中　n——滤袋数量，条；

　　　S——过滤面积，m^2；

　　　D——滤袋直径，mm；

　　　L——单条滤袋长度，m。

滤袋直径与长度的选择：

对于脉冲除尘器滤袋，直径规格有 ϕ120mm、ϕ130mm、ϕ140mm、ϕ150mm、ϕ160mm 等。长度规格有 2m、2.7m、3m、4m、4.5m、5m、6m、7m 等。

对于中小型除尘器，一般直径选择在 ϕ120~140mm 之间，长度在 4m 以内。

对于大型或超大型除尘器（一般指过滤面积大于 1000m^2），一般直径选择在 ϕ130~160mm 之间，长度为 4~6m。

对于反吹风除尘器滤袋，直径规格有 ϕ160mm、ϕ292mm、ϕ300mm 等。长度规格有 6m、10m 等。

对于中小型除尘器，一般直径选择小于 ϕ160mm，长度在 4～6m 之间。

对于大型或超大型除尘器（一般指过滤面积大于 1000m^2），一般直径选择在 ϕ180～300mm 之间，长度为 8～12m。

四、过滤速度的选择原则

袋式除尘器过滤速度的大小与袋式除尘器的使用寿命及投资都有很大的关系，过滤速度过高，其清灰频率高，设备阻力大，不仅会造成滤袋及脉冲阀使用寿命缩短，而且能耗大；过滤速度过低，又会使设备体积庞大，投资增加。为此应按不同工况条件选择最佳的过滤速度，一般过滤速度选择的原则是：

（1）入口浓度高时，过滤速度可适当选低值；而入口浓度低时，过滤速度可适当选高值。

（2）需要净化的粉尘粒径细，且有磨蚀性时，过滤速度可适当选低值；而粉尘粒径粗时，过滤速度可适当选高值。

（3）当净化黏性粉尘时，过滤速度可适当选低值；当粉尘是非黏性粉尘时，过滤速度可适当选高值。

（4）除尘器的袋间气流速度高时，过滤速度适当降低。

（5）除尘器设计在线清灰方式时，过滤速度适当选低值，而设计离线清灰方式时，要适当选择一室离线时的过滤速度。

（6）除尘器是连续运行时，过滤速度应较非连续运行时低。

（7）除尘器滤料的透气性差时，过滤速度可适当选低值。

具体情况应按上述选择，推荐过滤风速见表 41-1。

表 41-1　推荐过滤风速

粉 尘 种 类	过滤风速/m·min^{-1}			
	自行脱落或手动振打	机械振打	反吹风	脉冲喷吹
炭黑、氧化硅（白炭黑）、铝、锌的升华物以及其他在气体中由于冷凝和化学反应而形成的气溶胶、活性炭、由水泥窑排出的水泥	0.25～0.4	0.3～0.5	0.33～0.60	0.8～1.2
铁及铁合金的升华物、铸造尘、氧化铝、由水泥磨排出的水泥、碳化炉升华物、石灰、刚玉、塑料	0.28～0.45	0.4～0.65	0.45～0.80	1.0～2.5
滑石粉、煤、喷砂清理尘、飞灰、陶瓷生产粉尘、炭黑（二次加工）、颜料、高岭土、石灰石、矿尘、铝土矿、水泥（来自冷却器）	0.3～0.5	0.5～1.0	0.6～1.2	1.5～3.5

五、除尘效率

影响袋式除尘器除尘效率的因素很多，主要有：粉尘的性质及粒径、除尘器的清灰方式、滤料的材质及技术参数、除尘器设计技术和制造质量等。

袋式除尘器的效率计算分吸入式（负压）除尘器和压入式（正压）除尘器两种来介绍。

（一）吸入式袋式除尘器效率的计算

$$\eta = 1 - \frac{c'V'}{cV} \tag{41-3}$$

式中 η——除尘效率,%;

c'——除尘器出口的气体含尘浓度,g/m^3 干气体;

V'——除尘器出口的气体流量,m^3/h 干气体;

c——除尘器入口的气体含尘浓度,g/m^3 干气体;

V——除尘器入口的气体流量,m^3/h 干气体。

(二)压入式袋式除尘器效率的计算

$$\eta = \frac{V'}{V}\left(1 - \frac{c'}{c}\right) \times 100 \qquad (41-4)$$

六、设备阻力的计算

阻力设计,设备总阻力不是越低越好,因为设备总阻力过低,势必会造成设备过滤面积增大,清灰频率增加,从而会缩短滤袋的寿命,而且除尘器的排放浓度也会相应提高;设备阻力高,虽然除尘器排放浓度低,清灰频率减少,脉冲阀等易损件寿命会延长,但能耗也会提高。所以,对于中、小型脉冲器,在正常工况下其阻力设计时,一般要求低于1500kPa为宜;而对于大、中型长袋脉冲除尘器,其阻力设计时,一般要求低于1800kPa为宜。

七、漏风率计算

漏风率计算公式:

$$\alpha = \frac{V' - V}{V} \times 100 \qquad (41-5)$$

式中 α——漏风率,%;

V'——除尘器出口的气体流量,m^3/h 干气体;

V——除尘器入口的气体流量,m^3/h 干气体。

八、清灰气源要求及耗气量的计算

(一)清灰气源的质量要求

清灰用的气源质量对清灰效果有很大的作用,其气源质量,应达到压缩空气质量等级要求中的二级质量标准。其中,最大固体颗粒物粒径不大于$1\mu m$,最高压力露点温度:$-40℃$,最大含油量小于$0.1mg/m^3$。

(二)压缩空气耗气量的计算

$$Q = k\frac{nq}{1000T} \qquad (41-6)$$

式中 Q——耗气量,m^3/min;

k——安全系数,可取 1.2~1.5;

n——脉冲阀数量,个;

q——每个脉冲阀喷吹一次的耗气量,L/(阀·次);

T——清灰周期,min。

说明：脉冲阀一次耗气量是随着脉冲阀的规格不同，清灰气源压力不同而变化的。对于 20mm 和 25mm 高压脉冲阀，其耗气量一般选取 30～50L/（阀·次）；对于 76.2mm 低压脉冲阀，其耗气量一般选取 150～250L/（阀·次）。

第三节　滤　　料

一、选择滤料需要考虑的事项

（一）除尘器所处理含尘气体的特性

（1）温度：因为用不同的原料制成的滤料所能长期连续承受的温度是不同的，如果使用温度高于滤料所能承受的温度，滤料很快就会损坏。

（2）湿度：气体中的含湿量与其露点有关。含湿量高，露点也高，容易在袋式除尘器内结露，以致粉尘容易黏结在滤袋上而影响清灰效果。如果除尘器常常在露点上下运行，温度有时高于露点，有时低于露点，滤料就会发脆而易于损坏。还有一个重要问题，就是袋式除尘器如果在既是高温又含有相当多的水气条件下运行，有些滤料就会因水解作用而很快损坏。

（3）化学成分：袋式除尘器处理的含尘气体中如果含有酸、碱或有机溶剂，就应当分别选用能抗这些物质腐蚀的滤料。如果处理的是热气体又含有一定量的氧气或能氧化的粉尘，有的滤料就容易损坏。气体中如含硫，就会使露点大大提高。

（4）可燃性和爆炸性：如果含尘空气中含有氢、一氧化碳、甲烷、乙炔等可燃性气体或谷物、铝等粉尘达到一定的浓度时，遇到火源就会产生剧烈的爆炸。在这种情况下就应选用阻燃型的、能消除静电的滤料。

（二）粉尘的特性

（1）粉尘的黏性。如果粉尘在滤料上的黏附力强，就不容易清灰，以致除尘器的阻力居高不下。对这样的粉尘就要选择易于清灰的滤料。

（2）粉尘的吸湿性。吸湿性强的粉尘在吸收了空气中的水分之后，容易黏附板结于滤袋表面；有些粉尘吸湿后还会发生化学反应（潮解），糊在滤袋表面上。出现这些情况，都会使滤袋清灰失效。

（3）粉尘的磨损性。不同的粉尘对滤料的磨损性是有差异的。例如，铝粉、硅粉、炭粉、烧结矿粉等都属于高磨损性粉尘。对这样的粉尘宜选用耐磨性好的滤料。

（三）除尘器的清灰方式

不同的清灰方式所施加于滤袋的动能强弱是有区别的，因而对滤料的要求也有所不同。

（1）属高动能清灰的有脉冲喷吹清灰，宜选用厚的滤料。

（2）属中等动能清灰的有回转反吹清灰，可选用中等厚度的滤料。

（3）属低动能清灰的有分室反吹清灰、机械振动清灰，宜选用薄的轻软的滤料。

二、滤料的选用

电弧炉炼钢除尘多数采用袋式除尘器，清灰方法有用脉冲喷吹的、也有用分室反吹风的。根据烟气温度和烟气成分及滤料价格综合考虑，对滤料一般做如下选择：

（1）进入除尘器的烟气温度在130℃以下时，脉冲喷吹除尘器用涤纶针刺毡滤料，分室反吹风除尘器用涤纶织物滤料。

（2）如果烟气温度大于130℃，小于260℃，同时烟气中不含有 HF 气体，则可采用玻璃纤维织物滤料。

我国生产的常用涤纶滤料有：208 涤纶绒布，它是以涤纶短纤维为原料单面起绒的斜纹织物。

第四节　常用袋式除尘器

一、常用 LFSF – D 大型反吹风袋式除尘器特点及性能

LFSF – D 大型反吹风袋式除尘器分为正压式和负压式两种，正压式有 4、6、8、10、12、14 个室组合而成，负压式有 4、6、8、10、12 个室组合而成。全系列共 11 种型号。正压式反吹风袋式除尘器采用单仓室组装而成，负压式反吹风袋式除尘器采用单仓室组合而成，滤袋清灰采用分室"三状态"反吹。

（一）大型反吹风除尘器特点

（1）"三状态"分室反吹清灰方式，提高清灰效率，延长滤袋使用寿命。

（2）"三状态"清灰是通过三通切换阀或盘形三通阀结构来实现的，也有采用薄板提升阀的结构形式。确保了阀门的密封，提高处理效率。

（3）采用下进风，大滤袋吊挂装置紧固形式，操作维护方便。

（4）除尘器灰斗内设计采用了"防棚板"结构，克服了粉尘结拱"搭桥"现象。

（5）卸灰口采用双级锁气阀或回转卸灰阀加导锥机构技术，使卸灰更为畅通。

（二）大型反吹风除尘器的技术性能

大型反吹风除尘器的技术性能见表 41 – 2。

表 41 – 2　大型反吹风除尘器的技术性能

型　号		室数	滤　袋		过滤面积 /m²	过滤风速 /m·min⁻¹	处理风量 /m³·h⁻¹	设备阻力 /Pa	设备质量/t
			数量/条	规格 /mm×mm					
正压	LFSF – D/Ⅰ–5250	4	592	φ300× 10000	5250	0.6~1.0	189000~315000	1500~ 2000	203
	LFSF – D/Ⅰ–7850	6	888		7850		282600~471000		299
	LFSF – D/Ⅱ–10450	8	1184		10450		376200~627000		398
	LFSF – D/Ⅱ–13050	10	1480		13050		469800~783000		452
	LFSF – D/Ⅱ–15650	12	1776		15650		563400~939000		530
	LFSF – D/Ⅱ–18300	14	2072		18300		658800~1098000		620

续表 41-2

型号	室数	滤袋 数量/条	滤袋 规格 /mm×mm	过滤面积 /m²	过滤风速 /m·min⁻¹	处理风量 /m³·h⁻¹	设备阻力 /Pa	设备质量/t
LFSF-D/Ⅰ-4000	4	448		4000		144000~240000		230
LFSF-D/Ⅰ-6000	6	672		6000		216000~360000		331
LFSF-D/Ⅰ-8000	8	860	φ300× 10000	8000	0.6~1.0	288000~480000	1500~ 2000	406
LFSF-D/Ⅱ-10000	10	1120		10000		360000~600000		508
LFSF-D/Ⅱ-12000	12	1344		12000		432000~720000		608

左侧合并单元格标注："负压"

二、常用 LCM-D/G 型系列大型长袋脉冲袋式除尘器特点及性能

(一) 大型长袋脉冲除尘器特点

(1) 大容量的脉冲阀和储气包结构能满足用户高压(G 型)和低压(D 型)气源时的不同喷吹要求。

(2) 采用离线"三"状态清灰机构,克服粉尘的再吸附,使清灰效果更佳。

(3) 进风均流管和灰斗导流技术能保证分室气流均匀分配和畅通卸灰。

(4) 多种袋笼结构(八角形、圆形分段式等)的设计方式,满足用户不同选型需求。

(5) 具有压差、定时、手动三种控制方式的先进程控器,根据现场用户的不同需求,可增设温度、料位等传感器件的报警控制。

(6) 滤袋装配方便,密封性好,实现了机外换袋。

(二) 大型长袋脉冲除尘器性能

LCM-D/G 型系列大型长袋脉冲除尘器性能见表 41-3。

表 41-3 LCM-D/G-A 型系列大型长袋脉冲除尘器性能

型号规格 A	处理风量 /m³·h⁻¹	过滤面积 /m²	滤袋规格 /mm×mm	滤袋数量/条	脉冲阀数量/个	分室数量/个	清灰方式	漏风率 /%	入口浓度 /g·m⁻³	出口浓度 /g·m⁻³	布置方式	参考质量/t
2190	1708200	2190		896	56	4					单列	87
											双列	85
2470	213720	2740		1120	70	5					单列	109
3290	256620	3290		1344	84	6					单列	130
											双列	126
3840	299520	3840	φ300 ×6000	1568	98	7	离线清灰	≤2	≤20	50	单列	154
4390	342420	4390		1792	112	8					单列	175
											双列	166
4940	385320	4940		2016	126	9					单列	198
5480	427440	5480		2240	140	10					单列	220
											双列	208

续表 41 - 3

型号规格 A	处理风量/m³·h⁻¹	过滤面积/m²	滤袋规格/mm×mm	滤袋数量/条	脉冲阀数量/个	分室数量/个	清灰方式	漏风率/%	入口浓度/g·m⁻³	出口浓度/g·m⁻³	布置方式	参考质量/t
6580	513240	6580		2688	168	12						250
7680	599040	7680		3136	196	14						290
8780	684840	8780		3584	224	16						334
9880	770640	9880		4032	252	18						375
10970	855660	10970	φ300×6000	4480	280	20	离线清灰	≤2	≤20	50	双列	416
12070	941460	12070		4928	308	22						458
13170	1027260	13170		5376	336	24						500
14270	1113060	14270		5824	364	26						540
15360	1198080	15360		6272	392	28						580

第五节　袋式除尘器的应用

一、长袋低压脉冲式除尘器在 3 台 30t 电弧炉除尘系统上的应用

该系统采用大容量内胆式屋顶导流排烟罩的设计形式，电弧炉不考虑第 4 孔排烟，选用长袋低压脉冲式除尘器净化烟尘。系统运行后效果良好，排放浓度（标态）小于 50mg/m³。

LCM - 15800 型脉冲袋式除尘器性能见表 41 - 4。

表 41 - 4　LCM - 15800 型脉冲袋式除尘器性能

技　术　指　标	数　值	备　注
处理风量/m³·h⁻¹	1310000	
烟气温度/℃	≤120	
入口浓度/g·m⁻³	<10	
出口浓度/mg·m⁻³	<50	
除尘器型号	LCMD - 15800 型	
除尘器清灰方式	离线清灰	
除尘器设备阻力/Pa	≤1300~1800	
过滤风速/m·min⁻¹	1.38~1.44	
过滤面积/m²	15800	
滤袋室数/个	26	
滤袋材质	聚酯针刺毡	540g/m² 研光处理
滤袋耐温/℃	120（瞬间130）	
滤袋规格/mm×mm	φ160×6000	
滤袋数量/条	5096	

技　术　指　标	数　　　值	备　　注
脉冲阀规格/mm	CA76	
脉冲阀数量/个	364	
压缩空气压力/MPa	≤0.3 ~ 0.7	
耗气量/m³·min⁻¹	平均 7 最大 15	
除尘器外形尺寸/m×m×m	46.28 × 10.66 × 17.648	
设备质量/t	600	

二、长袋脉冲式除尘器在 60t 电弧炉除尘系统上的应用

该 60t 电弧炉的除尘器设计采用了 LCM - 6700 长袋离线脉冲除尘器，60t 电弧炉长袋脉冲式除尘器参数见表 41 - 5。

表 41 - 5　60t 电弧炉长袋脉冲式除尘器参数

名　　　称	数　　　值
处理风量/m³·h⁻¹	600000
总过滤面积/m²	6700
滤袋规格/mm×mm	$\phi165 \times 6000$
滤袋数量/条	2240
分室数/个	8
设备阻力/Pa	1500

三、长袋低压脉冲式除尘器在 100t 直流电弧炉上的应用

100t 直流电弧炉烟气参数见表 41 - 6，设备主要技术性能见表 41 - 7。

表 41 - 6　100t 直流电弧炉烟气参数

项　目　名　称	技　术　参　数				
熔炼过程中的烟器量/m³·h⁻¹	110×10^4				
加料阶段的烟气量/m³·h⁻¹	123×10^4				
烟气温度/℃	最大 130				
烟气含尘浓度/g·m⁻³	3				
烟气种类/%	N_2	CO_2	CO	O_2	水蒸气
	60 ~ 70	15 ~ 20	0.2	5 ~ 10	5 ~ 10
烟气成分/%	$Fe_2O_3 + FeO + Fe$		CaO_2、MnO_2、Al_2O_3、ZnO_2、SiO_2		
	30 ~ 60		70 ~ 40		
烟气粒度/%	$<5\mu m$		$>5\mu m$		
	70 ~ 90		30 ~ 10		

表 41 –7　设备主要技术性能

设　备	技　术　指　标	数　值
袋式除尘器	形式	负压长袋离线脉冲
	处理风量/m³·h⁻¹	$110 \times 10^4 \sim 123 \times 10^4$
	烟气温度/℃	<130
	出口浓度/mg·m⁻³	<50
	过滤风速/m·min⁻¹	1.16 ~ 1.39
	过滤面积/m²	15800
	滤袋室数/个	26
	滤袋材质	防油防水针刺毡
	滤袋规格/mm×mm	$\phi 160 \times 6000$
	滤袋数量/条	5096
	设备阻力/Pa	<1800
强制吹风冷却	形式	片式、强制、风冷
	冷却器传热面积/m²	1590
	处理烟气量/m³·h⁻¹	110×10^4
	进口烟气温度/℃	<550
	出口烟气温度/℃	<280
	设备阻力/Pa	<850

投产后，除尘器设备运行阻力小于 1800Pa，出口含尘浓度小于 50mg/m³。除尘器各单室滤袋阻力的平均误差不超过 10%。冷却器设备运行阻力小于 750Pa，最大降温为 270℃。

四、反吹风袋式除尘器在 150t 电弧炉除尘系统上的应用

该 150t 电弧炉除尘用的袋式除尘器为正压式压差控制反吸清灰式。其除尘器参数见表 41 – 8。

表 41 – 8　150t 电弧炉反吹风袋式除尘器参数

名　称	数　值
处理烟气量/m³·h⁻¹	1860000
总过滤面积/m²	28224
滤袋规格 mm×mm	$\phi 292 \times 10700$
滤袋数量/条	2800
分室数/个	14
设备阻力/Pa	<2000
出口粉尘浓度/mg·m⁻³	50
反吹风的风量/m³·h⁻¹	73000
反吹风风机压头/Pa	3500
反吹风电机功率/kW	132

第四十二章　除尘设备

除尘设备一般由烟气冷却设备、燃烧室、排灰装置、管网设备、风机等组成。

第一节　烟气冷却设备

电弧炉烟气冷却设备，通常有直接冷却和间接冷却两种冷却方式。

一、直接冷却

（一）直接冷却的方法

利用水和空气直接与高温烟气进行混合，来达到降低烟气温度的目的。电弧炉烟气直接冷却，通常是采用掺风冷却。

通过混风阀将一定数量的常温空气直接混入高温烟气中，使除尘设备的入口烟气温度满足设备对烟气温度的要求。通常的做法是在除尘器进口前设置混风阀或称空气稀释阀。

（二）空气混入量的计算

用常温空气冷却高温烟气时，其最大冷空气混入量可按下列热平衡方程式计算：

$$\frac{V_g}{22.4}(c_{pg}t_{g1} - c_{ph}t_h) = \frac{V_a}{22.4}(c_{pah} - c_{pa}t_a) \tag{42-1}$$

式中　V_g——高温烟气，m^3/h；

　　　c_{pg}——从 $0 \sim t_{g1}$ 烟气的平均定压摩尔热容，$kJ/(kmol \cdot ℃)$，见表 42-1；

　　　t_{g1}——高温烟气温度，℃；

　　　c_{ph}——从 $0 \sim t_h$ 烟气的平均定压摩尔热容，$kJ/(kmol \cdot ℃)$，见表 42-1；

　　　t_h——混合后的烟气温度，℃；

　　　V_a——掺入的冷空气，m^3/h；

　　　c_{pah}——从 $0 \sim t_h$ 烟气的平均定压摩尔热容，$kJ/(kmol \cdot ℃)$；

　　　c_{pa}——从 $0 \sim t_a$ 烟气的平均定压摩尔热容，$kJ/(kmol \cdot ℃)$；

　　　t_a——空气温度，可取当地夏季环境的温度，℃。

例1　已知：电弧炉炉内排烟烟气量为 $V_g = 55000 m^3/h$，烟气温度 $t_{g1} = 200℃$，烟气成分组成为：

	CO	CO_2	N_2	O_2
	3%	19%	68%	10%

求用常温空气混入高温烟气并使其冷却到120℃，需要混入冷空气的量。

解：（1）计算烟气的平均定压摩尔热容：

烟气入口从 0～200℃ 的平均定压摩尔热容 c_{pg} 的计算，见表 42-1 得：

$$c_{pg} = 29.546 \times 3\% + 40.151 \times 19\% + 29.245$$
$$\times 68\% + 29.952 \times 10\% = 31.397(kJ/(kmol \cdot ℃))$$

烟气入口从 0～120℃ 的平均定压摩尔热容 c_{ph} 的计算，见表 42-1 得：

$$c_{ph} = 29.264 \times 3\% + 38.584 \times 19\% + 29.178$$
$$\times 68\% + 29.627 \times 10\% = 31.013(kJ/(kmol \cdot ℃))$$

（2）计算空气的平均定压摩尔热容：

从 0～200℃ 的平均定压摩尔热容 $c_{pah} = 29.19 kJ/(kmol \cdot ℃)$，见表 42-1。

从 0～32℃ 的平均定压摩尔热容 $c_{pa} = 29.10 kJ/(kmol \cdot ℃)$，见表 42-1。

当地夏季室外通风计算温度 $t_a = 32℃$。

（3）计算空气混入量 V_a：

根据式（42-1）得：

$$\frac{V_g}{22.4}(c_{pg}t_{g1} - c_{ph}t_h) = \frac{V_a}{22.4}(c_{pah} - c_{pa}t_a) = \frac{55000}{22.4}(31.397 \times 200 - 31.013 \times 120)$$

$$= \frac{V_a}{22.4}(29.19 \times 120 - 29.10 \times 32)$$

所以得 $V_a = 54700 m^3/h$。

几种气体的平均定压摩尔热容（压力为 101.3kPa）见表 42-1。

表 42-1　几种气体的平均定压摩尔热容

$t/℃$	平均定压摩尔热容/kJ·(mol·℃)$^{-1}$						
	N_2	O_2	空气	H_2	CO	CO_2	H_2O
0	29.136	29.262	29.082	28.629	29.104	35.998	33.490
25	29.140	29.316	29.094	28.738	29.148	36.492	33.545
100	29.161	29.546	29.161	28.998	29.194	38.192	33.750
200	29.245	29.952	29.312	29.119	29.546	40.151	34.122
300	29.404	30.459	29.534	29.169	29.678	41.880	34.566
400	29.622	30.898	29.802	29.236	29.810	43.375	35.073
500	29.885	31.355	30.103	29.299	30.128	44.715	35.617
600	30.174	31.782	30.421	29.370	30.450	45.908	36.191
700	30.258	32.171	30.731	29.458	30.777	46.980	36.781
800	30.733	32.523	31.041	29.567	31.100	47.934	37.380
900	31.066	32.845	31.388	29.697	31.405	48.902	37.974
1000	31.326	33.143	31.606	29.844	31.694	49.614	38.560
1100	31.614	33.411	31.887	29.998	31.966	50.325	39.138
1200	31.862	33.658	32.130	30.166	32.188	50.953	39.699
1300	32.092	33.888	32.624	30.258	32.456	51.581	40.248
1400	32.314	34.106	32.577	30.369	32.678	52.084	40.799
1500	32.527	34.298	32.783	30.547	32.887	52.586	41.282

注：压力为 101.3kPa。

二、间接冷却

利用水和空气与高温烟气在交换管中或换热片的内外进行间接传热冷却来达到降低烟气温度的目的，称为间接冷却。电弧炉间接冷却通常采用水冷套管和水冷密排管冷却。

(一) 水冷套管冷却

水冷套管结构形式如图 42-1 所示。

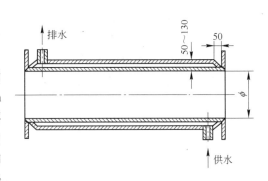

图 42-1　水冷套管结构形式

水冷套管是由两个不同直径的同心圆桶体焊接而成，其夹层厚度一般在 80~120mm 以上。对于软化水，出水温度较低，不需要清理水垢时，夹层厚度可在 50~80mm。内套用 6~8mm 钢板，外套用 4~6mm 钢板即可。全部焊缝必须采用连续焊缝，以避免漏水。进水管设在下部，出水管设在上部。进水温度应当小于 32℃，出水温度不大于 45℃。每段冷却管长度为 3~5m，水压为 0.3~0.5MPa，管内冷却水流速应为 0.5~1.0m/s；管内烟气流速为 20~30m/s。

(二) 水冷密排管冷却

一般从电弧炉第 4 孔出口的烟气，经混风后进入水冷密排冷却管道内的烟气温度在 700~1200℃，出口烟气温度在 450~600℃。烟气在管道内推荐流速为 25~40m/s，最低不低于 15m/s。水冷密排管道内冷却水流速推荐在 1.2~1.8m/s 之间，供水压力在 0.4~0.6MPa 之间，冷却水进出口温度差为 10~15℃。

水冷密排管道和水冷夹层冷却相比不仅所承受的压力高、流速大，而且冷却效果好，使用寿命长。

(三) 自然对流空气冷却

该装置不需要动力，是一种节能且运行比较可靠的冷却设备。冷却管道内径通常在 133~800mm，管道内烟气流速一般在 14~20m/s 之间。主要用于温度在 500℃ 以下的烟气管道中的冷却，一般冷却到 150℃ 以上。

当高温烟气管道离除尘器的距离较远时，可直接利用敷设在车间外部的管道本身进行冷却。当高温烟气管道离除尘器的距离较近时，为增大冷却效果可以采用双排管道进行冷却。双排管道之间距离应在 500~2500mm 之间，以利于冷却和安装维修的需要。

(四) 强制风冷却

强制风冷却主要有管式冷却器、扁管式冷却器和片状冷却器等。该装置通常设在水冷却器的出口，将水冷却器出口烟气的温度从 600℃ 左右降到 150~400℃。

管式冷却器的冷却管直径通常为 108~159mm，管内烟气流速一般取 12~20m/s。

第二节 燃 烧 室

一、燃烧室的作用

由于电弧炉炼钢所选用的废钢品种不同，其烟气成分也不尽相同，特别是废钢中所含有的油分、涂料、橡胶、塑料、化学合成品等。当这些废钢经高温加热后，将产生白烟和恶臭及微量的二恶英。白烟和恶臭等有害气体主要成分是油烟、醛类、碳化氢、苯等，这些有害气体即使通过布袋除尘器也很难将其除尽，使环境得到污染而最终会导致对人体的伤害。所以，电弧炉炼钢对燃烧室的作用和要求是相当高的，要求燃烧室不但能烧除有毒害气体，而且还要有初除尘的作用。

燃烧室的作用按其功能分类。

（一）沉降室兼做燃烧室

用沉降室兼做燃烧室的做法过去使用较多，它利用沉降室的燃烧空间，引入电弧炉高温烟气和从调节活套处吸入的空气，对电弧炉烟气中的一氧化碳含量进行自然燃烧，如图42-2所示。由于电弧炉冶炼周期的变化，电弧炉烟气温度波动较大，燃烧室不能获得稳定的和较高的燃烧温度，也就不能控制烟气中的一氧化碳和其他有害气体等在任一时刻被烧除，故这种燃烧室一般不适用于带有废钢预热的电弧炉除尘系统。

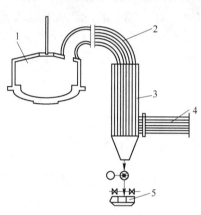

图42-2 沉降室
1—电弧炉；2—水冷弯管；3—沉降室；
4—水冷烟道；5—灰仓

（二）燃烧室

对电弧炉烟气设置专用燃烧室，燃烧室上部一般设有点火烧嘴，根据所使用的燃烧介质不同，通常采用煤气烧嘴或天然气烧嘴，也有采用氧油烧嘴、空油烧嘴等。烧嘴的功率大小和数量是为了维持燃烧室内气体温度在600℃以上，并保证燃烧室出口烟气中氧的体积含量大于8%。为了配合烧嘴工作，燃烧室必须设有强制送风系统或自然进风活套调节装置，如图42-3所示。由于该燃烧室室内的气体温度只能烧除烟气中的一氧化碳和白烟、恶臭等有害气体，所以它是目前电弧炉炼钢中采用较多的除尘方案，但它不能消除烟气中的二恶英。

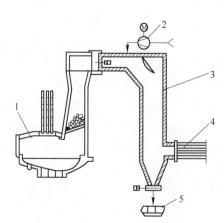

图42-3 燃烧室
1—竖炉；2—鼓风机；3—燃烧室；
4—水冷烟道；5—灰仓

（三）高温燃烧室

要消除烟气中的二恶英现象，除采用蒸发冷却塔的水浴急冷不让二恶英生成外，另外的办法就是提高燃烧室内的气体温度并适当加长燃烧室的高度。因为二恶英在高温下产生，也可在更高的温度下被除掉，这个温度一般在900℃以上，只有这样对二恶英才能发生有效反应并将其烧除。

（四）高温废钢预热室

设置专用的高温燃烧室，将损耗一定的能量，若能从电弧炉工艺上考虑对废钢预热室的废钢进行恒定的更高温废钢预热，在保证废钢预热效果的同时又能将从废钢预热室出口的烟气温度恒定在900℃以上，那么实际上它也就取代了燃烧室的作用，节省了能耗和投资。

二、燃烧室的设计

（一）烟气温度

燃烧室的设计应保证室内有恒定温度要求，以烧除烟气中的有害气体。当烟气温度在610℃以下时，烟气中一氧化碳不具备自燃条件。同样在900℃以下二恶英也不具备有效的燃烧反应。所以必须根据燃烧介质和烟气参数，合理选用烧嘴的规格数量，当电弧炉烟气温度和燃烧室内烟气温度已经高于所设定的最低温度时，此时仍需要留有一个烧嘴作为值班烧嘴继续工作，以保证烟气温度的恒定性和烧嘴系统使用的连贯性。

（二）氧气

为保证燃烧室烟气出口的氧气体积含量在8%以上，以保证CO在燃烧室内燃尽，就必须向燃烧室内送入一定量的空气，每燃烧$1m^3$CO需供给$0.5m^3$的氧气，即$2.83m^3$的空气。通常可采用：风机机械送风形式，其优点是可以根据燃烧室出口的氧含量通过变频风机或电动阀门调节风量。另外也可通过调节燃烧室进口的移动套管与电弧炉第4孔或第2孔排烟口的距离来吸入空气。

（三）反应时间和沉降速度

燃烧室内的气体燃烧需要一定的反应时间和膨胀体积，也即要求气体在燃烧室内需有一定的逗留时间，燃烧室内的CO燃烧反应时间一般需要$1\sim2s$，而烧除二恶英则需要$2\sim3s$或更长的时间。

电弧炉炼钢过程中粗颗粒粉尘浓度高达$20\sim30g/m^3$，吨钢产尘量达$15\sim20kg$，峰值时更高。若电弧炉烟尘中粗颗粒粉尘在燃烧室内得不到较好的沉降，势必造成水平水冷烟道严重积灰和设备的磨损，影响除尘系统和设备的正常运行及使用寿命。积尘颗粒的大小与沉降速度有关，当沉降速度小于$8m/s$时，烟尘中约占$0.1mm$粒径以上的粉尘基本上靠自重较好地沉降在燃烧室的底部。

所以燃烧室设备布置如有条件时，其断面面积设计尽可能地大一些，而沉降速度尽可能地小一些，这样对高度一定的燃烧室而言，实际上也就相对地延长了气体燃烧反应时间。

三、燃烧室的控制

燃烧室的自动控制最好纳入除尘系统控制。其控制内容有：燃烧室出口烟气温度和烟气中 CO、O_2 等成分的控制。

(一) 就地控制

就地控制模式主要是检查和维护烧嘴、稀释风机等运行情况，烧嘴配有电子点火和火焰检测装置等。在对燃烧烧嘴检修过程中，除尘系统排烟风机必须开启。当系统不设废气分析仪或废气分析仪出现故障时，应确定系统的最小送风量必须满足燃烧室出口烟气中的含氧量的要求。

(二) 远程控制

在远程控制模式下，稀释风机根据燃烧室出口烟气分析仪所测得的烟气中氧气体积分数的要求，进行自动变频调节或通过风机进口电动阀门进行风量的调节。当电弧炉出渣时，烟气中大量的 CO 瞬间排出，而废气分析仪和稀释风机均需要一定的响应时间才能动作，故此时风机必须保持全速。另外，当废气分析仪出现故障时，风机应调定在满足要求的某个固定转速下运行。

远程控制要设有连锁装置，以便于在电弧炉出现故障时，及时控制与关闭。

第三节 储灰排灰设备

一、储灰仓

储灰仓是用来储存粉尘的一种常用装置，它由设备本体和辅助设备组成。设备本体主要由灰斗、筒体、料位计、简易布袋除尘器、防闭塞装置以及平台、梯子、栏杆组成。辅助部分包括：检修插板阀、卸灰阀、卸尘吸引嘴、加湿器和汽车运输等组成。

(一) 设计选用要求

(1) 储灰仓用作储存电弧炉除尘系统收得的粉尘时，其计算容积通常不少于电弧炉两天连续生产时产生的粉尘量。

(2) 为确定反应舱内粉尘量的多少，便于输送系统正常工作，储灰仓通常设置料位计，并与输送系统进行连锁。

(3) 当系统设计需要计量除尘系统收尘量时，储灰仓设计可采用称量装置。

(4) 储灰仓顶部应设置简易布袋除尘器，或设置排气管与除尘管道连接。

(5) 在灰斗外壁的适当位置处宜设置助灰防闭塞装置，如空气炮或振打电机。

(二) 储灰仓的选用

储灰仓如图 42 - 4 所示。

(1) 储灰仓技术规格：根据除尘系统粉尘回收量的大小，设计和选用储灰仓容积。储灰仓的规格型号已经系列化，并由专业厂家生产。料仓壁厚一般为 4 ~ 8mm，其储灰体积为 17 ~ 48m^3。

(2) 料位计：料位计设置的目的是为了与粉尘输送系统进行连锁，避免储灰仓粉尘发

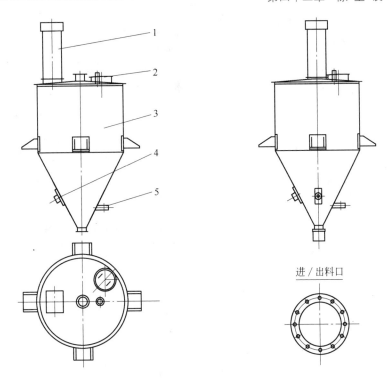

进/出料口

图 42 - 4 储灰仓
1—简易除尘器；2—上料位仪；3—本体；4—防闭塞装置；5—下料位仪

生空仓或满仓现象。储灰仓料位计的设计和选型应与仪表专业相配合，根据所选用的料位计型号不同，其信号传送可分为：连续监测料位的 4 ~ 20mA 模拟信号；上下料位检测的开关信号。

（3）简易布袋除尘器：设置在储灰仓顶上的布袋除尘器，因其处理的烟气量很小，故只需采用简易的布袋除尘器，除尘器的清灰一般由人工完成。

（4）振打电机：料仓振动防止闭塞装置是利用可调激振力的 YZS 型振打电机为激振源的通用型防闭塞装置，可用来防止和消除料仓内的物料起拱。

电机功率在 0.25 ~ 0.4kW，规格型号已经标准化和系列化并由专业厂家生产。

二、螺旋输送机

（一）工作原理

螺旋输送机是依靠螺旋叶片旋转时，引导粉尘沿着固定的壳体内壁向前移动而不停地工作着。它一般单独用于小型除尘器的粉尘输送。

（二）选用要求

（1）螺旋输送机适用于输送各种粉状、颗粒状物料，其工艺布置通常采用水平或倾斜角度小于 20°的布置形式。

（2）螺旋输送机不适用于输送湿度大、易结块的、黏性大的块状物料。

（3）设计应说明输送物料的温度和所使用的环境温度。

（4）从使用效果上看，螺旋输送机长度一般不应超过15m。

（5）考虑操作维修方便，通常需要将螺旋输送机的头、尾部轴承移至壳体外，中间吊轴承采用滚动、滑动可以互换的两种结构，同时设有防尘密封装置。

（6）根据系统设计需要，螺旋输送机也可另配报警装置。

（三）选型

螺旋输送机已经系列化并由专业厂家生产。选用时应提出型号与规格。如图42-5、图42-6所示。

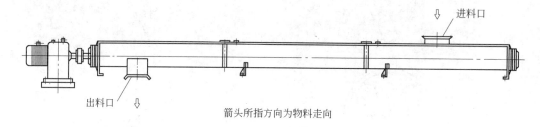

箭头所指方向为物料走向

图42-5 GX型螺旋输送机

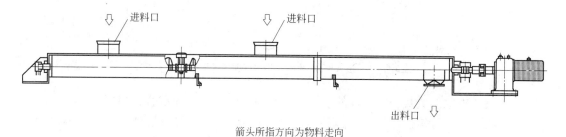

箭头所指方向为物料走向

图42-6 LS型螺旋输送机

GX型规格有：螺旋直径（150~600mm）、输送长度（3~20m）、输送量（3/7~70/140m³/h）、转速（50/110~25/50r/min）。

LS型规格有：螺旋直径（100~1250mm）、螺距（100~1250mm）、输送量（1.1/22~198/380m³/h）、转速（71/140~13/25r/min）。

三、埋刮板输送机

（一）工作原理

埋刮板输送机是依靠刮板链条在一个矩形的密闭壳体内做连续移动来输送散装粉尘的运输设备。由于在输送过程中，刮板链条被埋于所输送的粉体之中，所以被称为埋刮板输送机。常用的设备形式有水平形、倾斜形、Z形和L形4种机型，如图42-7所示。

（二）选用要求

埋刮板输送机可输送粉状、小颗粒状和小块状物料。设计选用条件为：

（1）物料密度范围为 $\rho = 0.2 \sim 1.8t/m^3$；

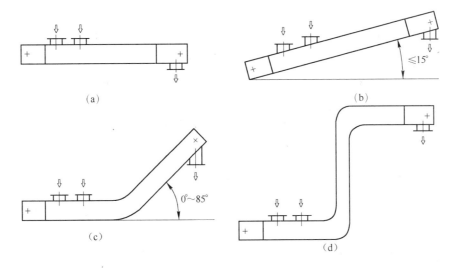

图 42 - 7 埋刮板输送机机型
(a) 水平形；(b) 倾斜形；(c) L形；(d) Z形

（2）物料含水率大小通常以手捏成团后是否松散为界限，它与物料粒度和黏度有关。

（3）所输送的物料粒度与其硬度有关，对不同型号和材料的埋刮板输送机，其适宜的粒度推荐值是不同的。坚硬的物料粒度一般小于 5mm；硬度低的物料粒度一般小于 20mm。

（4）埋刮板输送机可输送的物料，如：铜青矿粉、氧化铝粉、氧化铁粉、石英砂、烧结返矿、铬矿粉、磷矿粉、硫铁矿渣、焦炭粉、飞灰、碎煤、煤粉、碎炉渣、烟灰、炭黑、石灰石粉、石灰、白云石粉、铸造旧砂、水泥和各种除尘粉尘等。

（5）对所输送的是特殊性物料，如：高温的、有毒的、易爆的、磨损性、腐蚀性、黏性、悬浮性以及不希望在输送过程中被破碎的物料，必须采取特殊机型或非标设计。

（6）如图 42 - 7 所示，对于水平形和倾斜形机型，其倾斜角度一般在 $0° \leqslant \alpha \leqslant 15°$，单台设备长度应不大于 80m；对 L 形机型其倾角一般在 $0° \leqslant \alpha \leqslant 85°$，单台设备长度不应大于 30m；对 Z 形机型，单台设备高度通常不高于 20m，上水平部分总长度应小于 30m。

（三）选型

埋刮板输送机适用于输送物料的粒度为 12mm、物料堆密度为 2.5t/m³ 以下的物料。

埋刮板输送机已经标准化和系列化，由专业厂家生产。选型时应提出所选机型的类型、规格、输送能力、承受负压、物料密度、物料粒度和刮板机的长度等参数要求。

四、斗式提升机

（一）工作原理

斗式提升机是一种垂直向上的输送设备，用于输送粉状、颗粒状、小块状的散装物料。斗式提升机可分为外斗式胶带传动和外斗式板链传动两种；按料斗形式分为深斗式、浅斗式和鳞斗式；按装载特性分为掏取式（从物料内掏取）及流入式；按运送货物分为：

直立式和倾斜式。

斗式提升机的料斗和牵引构件等行走部分以及提升机头轮和尾轮等均安置在提升机的封闭罩壳内，而驱动装置与提升机头轮相连，张紧装置与尾轮相连。当物料从提升机的底部进入时，牵引构件动作使一系列料斗向上提升至头部，并在该处进行卸载，从而完成物料垂直向上输送的要求。

斗式提升机在横断面上外形尺寸较小，可使输送系统布置紧凑；其结构简单、体积小、密封性好、提升高度大、安装维修方便；当选用耐热胶带时，允许使用温度在120℃左右。

（二）选用要求

（1）斗式提升机一般采用直立式提升机，其输送物料的高度一般为15～25m。

（2）根据所选用的斗式提升机型号，来确定牵引构件的结构形式。

（3）根据被输送物料的温度要求，来选择不同型号的斗式提升机。

（4）根据物料的输送量的要求，选择斗式提升机的规格型号。

（三）选型

在选择斗式提升机时，需要提出类型、规格型号、输送能力、物料堆密度、物料粒度、使用温度和斗式提升机的长度要求。

DT型斗式输送机如图42-8所示。DT型斗式提升机适用于物料粒度为25mm、物料堆密度为2.5t/m³以下的物料。最大输送能力为100m³/h。

CZ型斗式输送机如图42-9所示。CZ型斗式提升机垂直提升高度为3～20m，水平输送长度为5～30m，输送能力为2.5～50m³/h。

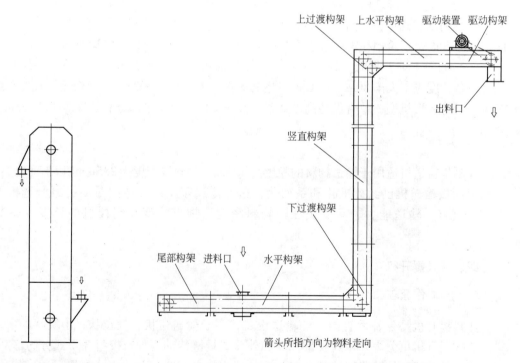

箭头所指方向为物料走向

图42-8　DT型斗式提升机　　　　图42-9　CZ型斗式提升机简图

五、排灰装置

(一) 排灰装置的选用要求

排灰装置设置于除尘设备的灰斗之下，根据系统设定要求定期或定时排除灰斗内的积灰，以保证除尘设备的正常运行。排灰装置的选用，一般应视粉尘的性质和排尘量的多少、排尘制度（间歇式或连续式）以及粉尘的状态（是干粉状还是泥浆状）等情况，分别进行不同型号的选择。排灰装置选用要求如下：

(1) 排灰装置运转灵活且密封性好。

(2) 排灰装置的材料应能满足粉尘性质和温度等使用要求，设备耐用。

(3) 排灰装置的排灰能力应和输灰设备的能力相适应。

(4) 对系统采用搅拌装置或加湿机排出的粉尘时，要选用能均匀定量给料的排灰装置。如回转卸灰阀，螺旋卸灰阀等。

(5) 除尘设备灰斗排灰时，其灰斗口上方需要有一定高度的水柱或灰柱，以形成水封或灰封，保证排灰时灰斗口处的气密性。水封或灰封高度可按式（42-2）计算：

$$H = \frac{0.1\Delta p}{\rho} + 100 \qquad (42-2)$$

式中　H——水封或灰封高度，mm；

　　　Δp——灰斗排灰口处与大气之间的差压（绝对值），Pa；

　　　ρ——水或粉尘的堆密度，g/cm^3。

(二) 插板阀

根据除尘系统在各部位所选用的设备功能不同，插板阀可分为手动型、气动型和电动型插板阀。各类插板阀的规格、型号、要求可查阅产品手册。

(三) 旋转卸灰阀

旋转卸灰阀是物料输送、料仓及除尘器灰斗的卸灰和密封用的专用设备，在除尘行业里使用最为广泛。该旋转阀多配用摆线针轮减速机，具有结构紧凑、传动平稳、耐用可靠的特点。并且根据需要可以配置调频电机。其外形结构如图42-10所示。

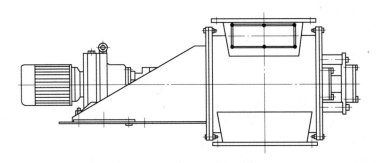

图42-10　旋转卸灰阀外形结构

卸灰能力可按式（42-3）计算：

$$G = \frac{0.785D^2/L - V}{n\psi} \qquad (42-3)$$

式中　G——卸灰能力，m^3/s；

　　　D——卸灰阀内径，m；

　　　L——阀门宽度，m；

　　　V——被阀和挡板所占据的卸灰阀内腔容积，m^3；

　　　n——轴转速，r/s；

　　　ψ——充填系数，一般为 $0.4 \sim 0.6$。

第四节　除尘管道

一、管道设计要求

除尘管道设计布置时，一般应注意并考虑以下方面内容：

（1）在满足炼钢工艺布置和电弧炉总图布置的前提下，除尘管道走向应通顺，并尽可能短，以降低管道阻力和节省投资。

（2）为降低除尘系统的阻力损失，管道弯头的曲率半径宜取 $1.5 \sim 2.0$ 倍的管道直径。

（3）管道的三通以及管道间连接处的夹角，应取夹角小于 45° 为宜；管道的渐缩管和渐扩管的扩张角应取 10° ~ 20° 为宜，收缩角应取 25° 为宜。

（4）风机进口和出口与管道的连接以直管和渐扩管为好，如因受布置影响必须采用弯管连接时，弯管的方向应与风机叶轮的旋转方向一致，以免影响风机的效率。

（5）户外除尘管道应架空敷设，架空管道的底部标高，应不妨碍车辆的运输。当架空管道标高超过 2.5m 时，在设有如阀门等经常需要操作和检修的部位，应设置平台和梯子等。

（6）当两根以上的管道平行敷设时，应尽量上下排列布置。对于直径大于 600mm 的除尘管道，其管道净间距离不小于 600mm。

（7）管道穿楼板或墙壁时，应预留孔洞。孔洞与管道间隙应不小于 50 ~ 100mm。

（8）对较长的且有一定温度的除尘管道或高温管道，应设置膨胀伸缩节；对厂房屋顶烟罩、冷却器、除尘器和风机的固定设备应设置软性伸缩节。

（9）除尘管道应标有气体流向的指示箭头，用以提供阀门和膨胀伸缩节安装方向。阀门应安装在水平管道上。

（10）除尘管道应设有 600mm 直径的检修清扫人孔，同时为确保除尘系统和设备的正常安全使用，管道上应设必要的监测、控制设施。

（11）除尘管网设计必须注意到系统的压力分配和压力平衡，典型的除尘系统压力分布如图 42-11 所示。

（12）对有爆炸危险的除尘系统，应在除尘管道或设备的适当位置设置防爆泄压装置。

（13）户外除尘管道应进行可靠的防雷接地。

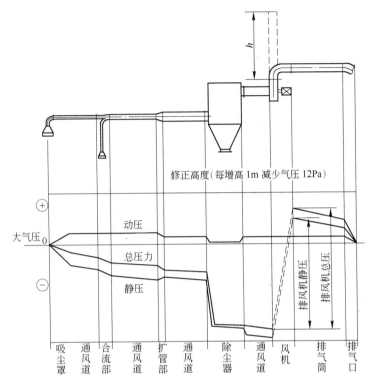

修正高度（每增高 1m 减少气压 12Pa）

图 42 – 11 除尘系统压力分布

二、管道结构

管道结构形式与除尘系统的用途有关，一般除尘器管道可分为：原辅料除尘管道、一次烟气除尘管道、二次烟气除尘管道和高温烟气除尘管道等。

（一）管道的规格和壁厚

因为除尘系统的管道内含有较多的粉尘，且流速高，管道磨损大。所以除尘管道的壁厚远大于通风管道的壁厚。另外在管道拐弯处管壁应予以加厚，加厚的幅度为20% ~ 50%。

不同除尘系统管道规格与壁厚见表 42 – 2。

表 42 – 2　不同除尘系统管道规格与壁厚

原辅料除尘器管道/mm		一次烟气除尘器管道/mm		二次烟气除尘器管道/mm	
直　径	壁　厚	直　径	壁　厚	直　径	壁　厚
400 以下	3 ~ 4	400 ~ 900	5	1300 以下	4 ~ 5
400 ~ 800	4 ~ 5	900 ~ 2200	6	1300 ~ 2800	5 ~ 6
800 ~ 1500	5 ~ 6	2200 ~ 3000	8	2800 ~ 3500	6 ~ 8
1500 ~ 3000	6 ~ 8	3000 ~ 3500	8 ~ 10	3500 ~ 4500	8 ~ 10
				4500 ~ 5000	12

（二）管道加固

通常都采用圆形管道，对于直径在 2000mm 以上的除尘管道，需要设置加强筋对管道进行加固，以增加管道强度和延长管道的使用寿命，同时也便于管道支架跨距的选择和布置。加强筋的规格与管道壁厚、管道内压力和烟气温度情况有关。除尘器的正负压力一般在 8000Pa 以内，加强筋可以用扁钢、角钢或型钢制作。常用的规格有：－50mm×5mm、－70mm×5mm、－80mm×5mm；∟50mm×50mm×5mm、∟63mm×63mm×6mm、∟70mm×70mm×6mm、∟80mm×80mm×6mm；▯ No. 8、▯ No. 10、▯ No. 12、▯ No. 16。加强筋的间距一般为 1500～3000mm，当气体温度在 150℃以上时，加强筋的间距取1500mm。

（三）烟气量的计算

工况状态下，烟气量的计算公式为：

$$V = V_0 \times \frac{273 + t}{273} \tag{42-4}$$

式中　V——烟气量，m^3/h；

　　　V_0——标准状态下的烟气量，m^3/h；

　　　t——烟气温度，℃。

（四）管道内径的计算

除尘管道的直径与烟气量的大小和烟气速度有关，管径的确定应考虑到烟气速度不能太大或过低。速度太大，则将引起系统能耗增大；速度过低，则管径增大，不但使管道布置困难，而且容易使烟气中的粉尘沉降在水平管道内，终将影响除尘效果。一般速度范围为14～25m/s，具体可视烟气含尘浓度的大小和管道的布置情况而定。管径计算公式如下：

$$D = \sqrt{\frac{4V}{3600\pi v}} \tag{42-5}$$

式中　D——管道直径，m；

　　　V——烟气量，m^3/h；

　　　v——烟气速度，m/s。

三、管道支座

（一）管道支座的跨距

室外架空布置的除尘管道，必须设置土建支架和管道支座。管道支座建在土建支架上，它分为固定支座和滑动支座。固定支座设置时通常考虑利用系统管道两端的除尘设备作为固定支座（如将电弧炉屋顶抽气罩和除尘器作为固定支座），并根据除尘管道的长度和管径的大小来确定设置一个或几个管道固定支座。两个固定支座之间的所有支座均为活动支座。管道支座的跨距要求见表 42-3。

表 42 – 3 管道支座的跨距要求

管径/mm×mm	720×5	820×5	920×5	1020×5	1120×6	1220×6
最大跨距/m	17	18	20	21	23	25
管径/mm×mm	1320×7	1420×7	1520×7	1620×7	1720×7	1820×7
最大跨距/m	29	31	32	33	34	35
管径/mm×mm	2020×8	2220×8	2420×8	2520×8		
最大跨距/m	38	41	44	45		

(二) 管道滑动支座

根据除尘管道的设计和布局，管道滑动支座一般可分为平面滑动支座和平面导向支座。支座的结构形式应考虑到管道对支座摩擦阻力大小的影响。目前，滑动支座设计和选型通常采用聚四氟乙烯或复合聚四氟乙烯材料作为滑动摩擦副。

以复合聚四氟乙烯材料制作的管道滑动支座，主要用于气体温度较高和承载能力较大的场合。

四、管道膨胀补偿技术

电弧炉除尘管道不仅温度高，而且温度变化也较大。为此，除尘管道设计时，必须考虑消除管道膨胀热伸长产生的推力而采用管道补偿技术。管道补偿方法有自然补偿和补偿器补偿。自然补偿是利用管道转弯做自然补偿，但对管道直径在 1000mm 以上的管道则不宜采用自然补偿，以避免支架受扭力过大。常用的补偿器有非金属补偿器和金属波纹管补偿器。补偿器的两侧应设置管道支架，用以支撑补偿器。管道支架的跨距一般为 3～4m，最长不能超过 6m。

(一) 管道膨胀伸缩量的计算

管道膨胀伸缩量可按式 (42 – 6) 计算：

$$\Delta L = \lambda(t_1 - t_2) \tag{42 – 6}$$

式中 ΔL——管道膨胀伸缩量，mm/m；

t_1——管壁最高温度，℃；

t_2——当地冬季采暖计算温度，℃；

λ——线膨胀系数，mm/(m·℃)，不同的钢材在不同的管壁温度下的 λ 值见表 42 – 4。

表 42 – 4 不同的钢材在不同的管壁温度下的 λ 值

钢　　材	λ/mm·(m·℃)$^{-1}$				
	20℃	100℃	200℃	300℃	400℃
普通碳素钢	0.0118	0.0122	0.0128	0.0134	0.0138
优质碳素钢	0.00116	0.00119	0.00126	0.00128	0.00130
16Mn		0.00120	0.00126	0.00132	0.00137

（二）非金属与金属波纹补偿器

非金属补偿器不但可用于管道与管道或管道与除尘设备之间的连接，并吸收管道热膨胀冷缩所产生的变形；而且还可作为消声隔振用于风机等设备的连接。

除尘系统所采用的金属波纹补偿器，一般为普通轴向型补偿器。它是由一个金属波纹管组与两个可与相邻管道、设备相接的端管（或法兰）组成的挠性部件。

五、保温和涂装

（一）保温隔热

保温隔热主要是周围环境对除尘设备系统运行的要求。当管道穿过房间或工作区域，由于温度过高而受到影响时需要进行隔热处理。相反，由于温度过低会影响设备内介质的稳定，易引起介质的结露或冻结而需要进行对设备的保温。

常用的保温材料有：珍珠岩、硅酸铝棉、岩棉、矿渣棉毡（板）、硅酸钙等。

（二）涂装

除尘系统的设备和管道是用钢材制作而成的，钢易产生腐蚀生锈，它不仅影响设备和管道的美观，腐蚀严重时还将影响设备和管道的使用寿命，给除尘系统的正常运行带来麻烦，所以对除尘设备和管道要进行除锈、油漆喷涂。除尘管道色卡通常选用灰色和银色，而除尘设备通常选用灰色、绿色、棕色和铁红色等。

第五节　风　　机

一、风机的主要参数

（一）流量

风机的流量，在无特殊说明的情况下，一般是指单位时间内流过风机的气体体积，又称体积流量，用符号 Q 来表示，其单位为：m^3/h（m^3/min、m^3/s）。

（二）全压

一般风机性能参数表中的风机风压，是指风机的全压，即指单位体积的气体流过风机时获得的总能，它等于风机出口与进口的全压之差。全压又等于动压与静压之和。全压用符号 p 表示，单位为 Pa。

（三）风机功率

风机的功率一般可以分为风机的有效功率、内功率和风机的轴功率。

（1）有效功率。有效功率也称全压有效功率，它是指风机输送气体时，在单位时间内从风机中获得的有效能量，用符号 P_e 表示。

$$P_e = \frac{Qp}{3600 \times 10^3} \tag{42-7}$$

式中　Q——风机额定风量，m^3/h；

　　　p——风机全压，Pa。

（2）内功率。内功率是指风机实际消耗于气体的功率，用符号 P_{in} 表示。

$$P_{in} = P_e + \Delta P_{in} \qquad (42-8)$$

式中　ΔP_{in}——风机内部流动损失功率，kW。

（3）轴功率。轴功率是指风机输入功率，用符号 P_{sh} 表示，它等于风机内功率 P_{in} 与机械传动损失功率 ΔP_{me} 之和，单位为 kW。

$$P_{sh} = P_e + \Delta P_{me} \qquad (42-9)$$

式中　ΔP_{me}——机械传动损失功率，kW。

（四）风机效率

风机效率可分为全压效率和内压效率。

（1）全压效率。全压效率是指风机有效功率与轴功率之比，用符号 η 表示。

$$\eta = P_e / P_{sh} = \eta_{in} \eta_{me} \qquad (42-10)$$

式中　η_{me}——机械传动效率。

（2）内效率。内效率是指风机有效功率与内功率之比，用符号 η_{in} 表示。

$$\eta_{in} = P_e / P_{in} \qquad (42-11)$$

（3）机械传动效率。机械传动效率表明了风机轴承损失和传动损失的大小，它是选用风机的一个主要指标，与风机传动方式有关。

$$\eta_{me} = P_{in} / P_{sh} \qquad (42-12)$$

（五）风机的转速

风机的转速是指风机的叶轮每分钟旋转的圈数，用符号 n 表示，单位为 r/min。

二、风机的并联和串联

（一）风机的并联

当除尘系统流量很大时，可以在系统设计时采用 2 台分机并联工作，但前提是并联的 2 台风机型号必须相同。风机 I 和风机 II 并联工作时的总特性曲线如图 42-12 所示。其特性参数的关系是：

流量：　$Q = Q_I + Q_{II}$ 　　　$(42-13)$

风压：　$p = p_I = p_{II}$ 　　　$(42-14)$

功率：　$P = P_I + P_{II}$ 　　　$(42-15)$

效率：　$\eta = \dfrac{Qp}{3600P \times 10^3}$ 　$(42-16)$

在实际工作中因管网阻力变化，总流量并不等于单台风机流量的 2 倍，如图 42-13 所示。2 台并联工作的风机在管网阻力损失较大时，可能会出现以下 3 种情况：

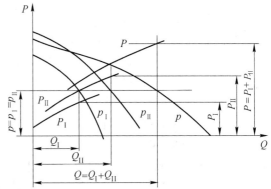

图 42-12　并联风机工作的总特性曲线

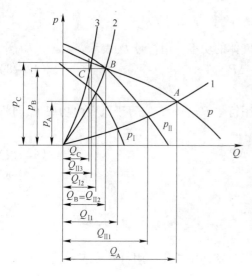

图 42－13 并联风机工作时的工况点

（1）风机在管网 1 中工作时，其工况点为 A，此时流量 Q_A 大于仅有的 1 台风机（风机 Ⅰ 或风机 Ⅱ）单独工作的流量（Q_{I1} 或 Q_{II1}）。

（2）风机在管网 2 中工作时，其工况点为 B，此时流量 Q_B 等于 Ⅱ 号风机单独工作时的流量 Q_{II2}，Ⅰ 号风机只能引起功率的额外消耗。

（3）风机在管网 3 中工作时，其工况点为 C，此时流量 Q_C 小于 Ⅱ 号风机单独工作时的流量 Q_{II2}，Ⅰ 号风机影响了 Ⅱ 号风机的工作效果。

由于风机并联会存在以上 3 种情况，为此设计时考虑管网阻力平衡计算，并将风机和管网的特性曲线绘制在同一坐标上进行比较，找到选型风机在并联运行工况下达到高效率的工作点。若风机选型与管网特性不匹配，则可能会产生如前所述的不良后果。

（二）风机的串联

当除尘系统各分支管路的阻力相差较大，而且系统总阻力大时，宜采用大小风机进行串联。风机 Ⅰ 和风机 Ⅱ 串联工作时的总特性曲线如图 42－14 所示。其特性参数的关系是：

流量：$\qquad Q = Q_I = Q_{II}$ $\qquad$ （42－17）

风压：$\qquad p = p_I + p_{II}$ $\qquad$ （42－18）

功率：同并联

效率：同并联

在实际工作中如果系统管网设计不当，且出现大流量小阻力时，此时的风机串联，如图 42－15 所示，有可能会出现以下 3 种情况：

（1）风机在管网 1 中工作时，其工况点为 A，此时压力 p_A 大于仅有的 1 台风机（风机 Ⅰ 或风机 Ⅱ）单独工作的压力（p_{11} 或 p_{II1}）。

（2）风机在管网 2 中工作时，其工况点为 B，此时压力 p_B 等于 Ⅰ 号风机单独工作时的压力 p_{11}，Ⅱ 号风机只能引起功率的额外消耗。

（3）风机在管网 3 中工作时，其工况点为 C，

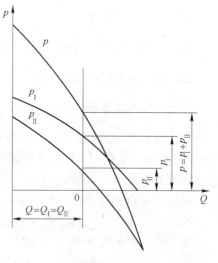

图 42－14 串联工作的风机总特性曲线

此时流量 p_C 小于 Ⅰ 号风机单独工作时的压力 p_{11}，Ⅱ 号风机影响了 Ⅰ 号风机的工作效果。

由于风机串联会存在以上 3 种情况，为此设计时应综合考虑风机特性与管网特性的关系，应将风机和管网的特性曲线绘制在同一坐标上进行比较，使风机在串联运行工况下达到高效率的工作点。若风机选型与管网特性不匹配，则可能会产生如前所述的不良后果。

三、风机的选用

除尘系统所用的风机与一般通风或空调系统使用的风机有较大的区别。除尘系统一般气体流量和系统阻力损失较大，而且气体中含尘浓度大、气体温度高。所以，根据风机在除尘系统所处位置的不同，正确选用合适的风机是至关重要的。

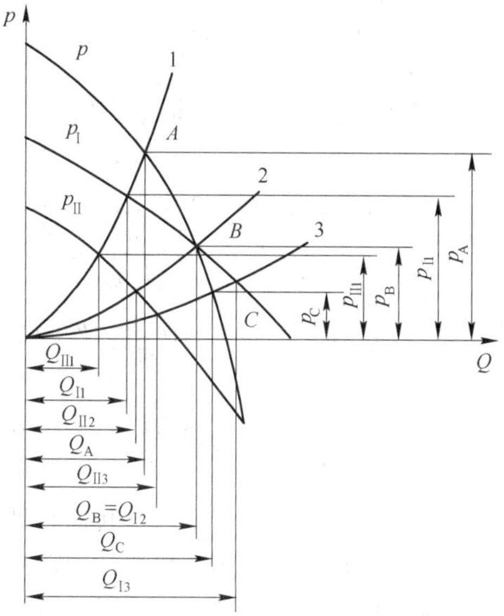

（一）风机的选型计算

（1）流量 Q_f（m^3/h）。

$$Q_f = k_{Q1} k_{Q2} Q \qquad (42-19)$$

式中　k_{Q1}——设备漏风附加系数，按设备设计或由设备制造厂提供；

　　　k_{Q2}——管网漏风附加系数，一般通风系统取 $k_{Q2}=1.1$，除尘系统取 $k_{Q2}=1.1\sim1.15$。

（2）全压 p_f（Pa）。

$$p_f = (pk_{p1} + p_s)k_{p2} \qquad (42-20)$$

式中　p——管网总压力损失，Pa；

　　　p_s——设备压力损失，Pa，按设备设计或由设备制造厂提供；

　　　k_{p1}——管网压力损失附加系数，一般通风系统取 $k_{p1}=1.1\sim1.15$，除尘系统取 $k_{p1}=1.1\sim1.2$；

　　　k_{p2}——风机全压负差系数，由风机制造厂提供。

图 42-15　风机串联工作时的工况点

（二）风机的类型

（1）增压风机：当系统管网阻力较大时，可在阻力较大的一侧管路上设置增压风机，这样不但可以降低系统主风机的功率，而且还可以保证这一侧的管路的抽气效果。如电弧炉除尘系统中的炉内排烟管路、钢包精炼炉的排烟管路和辅原料除尘管路都有设置增压风机的情况。由于在这些系统的管路中气体含尘浓度较高，特别是电弧炉内排烟含尘量高达 $10\sim30g/m^3$，对增压风机的磨损技术提出了更高的要求。

（2）正压风机：根据除尘工艺的设计布置需要，将风机设置在除尘器的进口段，通常称为正压风机，包括上述的增压风机在内。用于电弧炉除尘系统的正压风机，由于烟气量大且气体含尘浓度较高，所以对正压风机的磨损技术同样提出了较高的要求。

（3）负压风机：根据除尘工艺的设计布置需要，将风机设置在除尘器的出口段，通常称为负压风机。由于风机设置在出口段，风机所处环境要好得多，气体含尘浓度虽然较少，但还要适当考虑部分除尘器滤袋破损时，粉尘对风机的磨损问题。

（4）高温风机：一般将风机进口气体温度在120℃以上的风机称为高温风机。如用于电弧炉炉内排烟管路和钢包精炼炉排烟管路上的风机等。系统设计时，不但对风机本身的材料有要求，而且对电机配套参数也有要求，即必须考虑冷态时的电机运行要求。

（三）风机的结构形式

用于冶金行业的风机结构形式较多，具体应根据系统的设计需要，进行正确的选择。

（1）风机叶形：除尘风机常用的叶形有机翼形和平板形两大类。平板形又可分为宽度平板、后弯式平板、径向直叶片、径向出口圆弧形平板叶片等形式。

（2）单吸单支承型离心风机：即悬臂支承型离心风机，它是一种常规型风机，通常用于风量不大且气体含尘浓度低的场合。

（3）单吸双支承型离心风机：作为除尘用风机，适用于气体流量大的除尘系统，运行稳定可靠且效率较高。

（4）双吸双支承型离心风机：作为除尘用风机，适用于气体流量大的除尘系统，运行稳定可靠且效率较高。

（5）滚动轴承：适用于风机转速较低的场合，风机配套系统简单。

（6）滑动轴承：适用于风机转速较高且风量较大的场合，轴承使用寿命相对滚动轴承的使用寿命长且检修简单，但风机配套管路系统复杂，需要设置稀油润滑系统和高位油路。

（四）风机耐磨措施

根据对风机使用场合的不同磨损要求，目前的风机耐磨措施可分为：

（1）风机磨损部位加衬板。

（2）衬板上喷耐磨合金。

（3）风机磨损部位喷耐磨粉末合金。

（4）风机磨损部位采用碳化钨焊条堆焊。

四、电机的选用

（一）电机功率的计算

电机功率 $P(\text{kW})$：

$$P = \frac{kQ_f p_f}{36 \times 10^5 \eta \eta_{me}} \qquad (42-21)$$

式中　k——电机容量的安全系数，由风机制造厂提供；

　　　Q_f——风机风量，m^3/h；

　　　p_f——风机全压，Pa；

　　　η——风机效率，由风机制造厂提供，%；

　　　η_{me}——机械传递效率，按表 42-5 选取，%。

表 42-5　机械传递效率 η_{me}

传 动 方 式	η_{me}
直联传动	1.0
联轴器传动	0.98
三角胶带传动（滚动轴承）	0.95

(二) 电机绝缘和防护等级

(1) 绝缘的耐热等级。绝缘的耐热等级可分为 Y、A、E、B、F、H、C 七级。其最高容许温度分别为 90℃、105℃、120℃、130℃、155℃、170℃、180℃。用于除尘系统的电机绝缘耐热等级一般为 F 级。

(2) 防护等级。电机的外壳防护等级有表征字母 IP 及附加在 IP 后的两位数字组成，数字含义见表 42-6 和表 42-7。电机外壳的防护等级可根据电机设置的场合进行选择，设置在室内的电机其防护等级一般为 IP23 或 IP44，设置在室外的电机其防护等级一般要求为 IP54 以上 (含 IP54)。

表 42-6　第一位表征数字表示的防护等级

第一位表征数字	防护等级	
	简述	含义
0	无防护电机	有专门防护
1	防护大于 50mm 固体的电机	能防止大面积的人体 (如手) 偶然或意外地触及或接近壳内带电或转动部件 (但不能防止故意接触)；能防止直径大于 50mm 的固体异物进入壳内
2	防护大于 12mm 固体的电机	能防止手指或长度不超过 80mm 的类似物体触及或接近壳内带电或转动部件；能防止直径大于 12mm 的固体异物进入壳内
3	防护大于 2.5mm 固体的电机	能防止直径大于 2.5mm 的工具或导线触及或接近壳内带电或转动部件；能防止直径大于 2.5mm 的固体异物进入壳内
4	防护大于 1mm 固体的电机	能防止直径或厚度大于 1mm 的导线或片条触及或接近壳内带电或转动部件；能防止直径大于 1mm 的固体异物进入壳内
5	防尘电机	能防止触及或接近壳内带电或转动部件，进尘量不足以影响电机的正常运行

表 42-7　第二位表征数字表示的防护等级

第二位表征数字	防护等级	
	简述	含义
0	无防护电机	有专门防护
1	防滴电机	垂直滴水应无有害影响
2	15°防滴电机	当电机从正常位置向任何方向倾斜至 15°以内任何角度时，垂直滴水应无有害影响
3	防淋水电机	与垂直线成 60°角范围以内的淋水应无有害影响
4	防溅水电机	承受任何方向的溅水应无有害影响
5	防喷水电机	承受任何方向的喷水应无有害影响
6	防海浪电机	承受猛烈的海浪冲击或强烈喷水时，电机的进水量应不达到有害的程度
7	防浸水电机	当电机浸入规定压力的水中经规定时间后，电机的进水量应不达到有害的程度
8	潜水电机	在制造厂规定的条件下能长期潜水，电机一般为水密型，但对某些类型电机也可允许水进入，但应不达到有害的程度

（三）电机的冷却方式

（1）空－空气冷却封闭式。采用空－空气冷却方式的电机一般设置在室外，当设置在室内时，室内应设有良好的通风环境。

（2）空－水冷却封闭式。采用空－水冷却方式的电机可设置在室内或室外，一般较大型电机多采用空－水冷却方式。

五、液力耦合器的选用

液力耦合器可分为限矩形耦合器和调速型耦合器。调速型耦合器与电气调速不同，作为机械式调速传动装置的液力耦合器，在通风除尘工程中主要用于风机调速节能和改善风机的启动性能等。

（一）工作原理

液力耦合器是一种液力传动装置，主要由泵轮、涡轮、主动轴、从动轴、叶片及壳体等组成，泵轮和涡轮一般对称布置。工作时，在耦合器内充入一定量的工作油，当泵轮在原动机的带动下旋转时，处于其中的工作油受叶片的推动而旋转，并在离心力的作用下由泵轮内侧（进口）流向外缘（出口），形成高压高速液流并冲击涡轮叶片，即在同一旋转方向上给涡轮叶片以一个作用力，来推动涡轮旋转，带动工件运转。工作油在涡轮中由外缘（进口）流向内侧（出口）的流动过程中减压减速，然后再流入泵轮进口，如此循环过程中泵轮把输入的机械功转换为工作油的动能和升高压力的势能，而涡轮则把工作油的动能和势能转换为输出的机械功，从而实现了功率的传递。

耦合器的动力传输能力是与其工作腔相对充油量的多少呈上升或下降趋势，因此在工作过程中，改变耦合器的充油量就可改变耦合器的工作特性，也即实现了无级调速的目的。通常采用升降勺管的办法来调节油量，改变勺管的位置也就调节了输出转速和转矩。

液力耦合器传动功率范围较大，并可满足除尘系统电机功率从几百瓦到几千瓦的要求。设备本体结构简单，工作可靠，可实现无级调速，使用维护也方便。但液力耦合器作为一种转差耗损装置，负载无法达到额定转速，因调速过程中的转差功率以热能的形式损耗，所以还必须设置有效的冷却措施。

（二）液力耦合器选型计算

（1）扭矩 M（N·m）。在液力耦合器工作中，一般忽略了很小的阻力扭矩，则耦合器的涡轮扭矩 M_T 始终与泵轮扭矩 M_B 相等，即输出扭矩等于输入扭矩：

$$M_T = M_B \tag{42-22}$$

$$M = 9.8\lambda_B \rho n_B^2 D^5 \tag{42-23}$$

式中　λ_B——耦合器泵轮扭矩系数，与工作轮流槽的形状有关，一般取 $\lambda_B = 2.0 \times 10^{-6}$；

　　　n_B——耦合器泵轮转速，即电机输入耦合器的转速，r/min；

　　　ρ——工作油的密度，kg/m³，对 20 号或 22 号透平油，油温 65℃ 左右时，$\rho = 860 \sim 870$kg/m³；

　　　D——耦合器叶轮有效直径，m。

（2）传递功率 P（kW）。

$$P = \frac{\lambda_B \rho n_B^3 D^5}{975} = \frac{Mn}{975} \qquad (42-24)$$

式中 n——电机转速，r/min。

（3）转差率 s。转差率或称滑差率，是泵轮与涡轮的转速差与泵轮转速的百分比。它表明了功率损失的多少，调速型液力耦合器的额定转差率 $s \leqslant 3\%$。

（4）转速比 i：涡轮转速 n_T 与泵轮转速 n_B 之比。

$$i = \frac{n_T}{n_B}(\mathrm{r/min}) \qquad (42-25)$$

（5）效率 η：耦合器输出功率与输入功率之比。

$$\eta = \frac{P_T}{P_B} = \frac{n_T}{n_B} = i \qquad (42-26)$$

式中 P_T——涡轮传递功率，kW；

P_B——泵轮传递功率，kW。

（三）液力耦合器选型

根据电机功率和转速，查制造厂样本对应的传递功率范围进行选型，或按叶轮有效直径选配耦合器型号规格。选型时还应遵循以下三条原则：

（1）满足转速的要求，即：

$$i_{max} \leqslant i_e \approx 0.97 \qquad (42-27)$$

式中 i_{max}——风机的最大设计工况转速与电机的额定工况转速之比；

i_e——液力耦合器的额定转速比。

（2）满足调速范围的要求，即：

$$i_e \equiv 0.97 \geqslant \frac{1}{5} i_e \qquad (42-28)$$

（3）满足功率的要求，即：

$$P_{sh} < i_{max} < P_{de} \qquad (42-29)$$

式中 P_{sh}——风机的最大设计功率，kW；

P_{de}——电机的额定功率，kW。

六、风机的隔振和消声措施

（一）风机的隔振

（1）风机外壳进行消声包覆，以阻滞并吸收被激发的固体声和辐射的空气声。包裹的厚度可根据风机的结构形式和技术参数以及吸声材料的性质决定，厚度一般在 $200 \sim 300$mm。

（2）风机的设计要有隔振基础或减振器时应避开风机的固有频率。

（二）风机的消声

风机的噪声包括电机的电磁噪声、由振动引起的机械噪声和空气动力噪声。空气动力噪声又包括旋转噪声和涡流噪声。风机的消声措施主要是针对空气动力噪声。

对除尘系统来说，消声器通常设置在负压风机的出口管道上，正压风机一般不设消声器。消声器的种类很多，但用于风机配套系列的消声器一般有：阻性消声器、抗性消声器、微穿孔板消声器和阻抗复合式消声器。阻抗复合式消声器综合了前面 3 种消声器的特点，具有宽频带、高吸收的消声效果，主要用于声级很高、低中频带消声。但由于阻性段有吸声材料，因此它同样不适用于高温、潮湿或有粉尘的场合。

第六节　除尘配套设备

一、管道阀门

为了满足除尘系统烟气量的调整和切换以及系统某部分检修的需要，除尘系统各分支管道上应设置阀门。阀门的形式通常有圆形和矩形，用于除尘管道上的阀门其特点是：温度高、气体流通量大和气压低。除尘阀门一般有电动、气动阀门等种类，能够实现自动控制和远程控制。

二、火花捕集器

(一) 结构原理

火花捕集器构造如图 42 - 16 所示，它是由烟气的进口和出口管道、旋转叶片、灰斗和卸灰装置等组成。它依靠旋转叶片工作时产生的离心力作用，使烟气旋转中的颗粒粉尘不断撞击叶片壁面而被掉落在灰斗内，从而达到了捕集粉尘的目的。

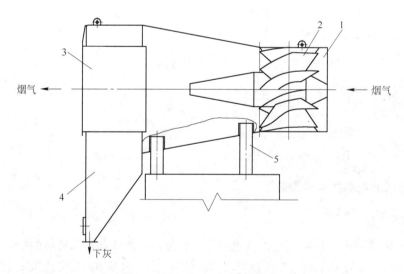

图 42 - 16　火花捕集器结构简图

1—烟气入口；2—导流叶片；3—烟气出口；4—灰斗；5—支架

(二) 用途

有些工艺生产时需要加添加剂或采用不同的原料生产，被抽走的烟气中带有火花颗粒，如果不对除尘系统采取适当的措施，则将造成除尘器滤袋的破损，进而影响除尘效果。如电弧炉炼钢采用轻薄料，就会产生含有火花的颗粒现象。火花捕集器应设置在除尘器的进口段，另外从火花捕集器的构造上看，它也可作为烟气预分离器，用于烟气含尘浓度较高的除尘系统，以捕集较大颗粒的粉尘。

（三）设计要求

（1）火花捕集器用于高温烟气中的火花颗粒捕集时，设备主体材料一般采用 15Mo3 或 16Mn，对梁、柱和平台梯子等则采用 Q235。

（2）火花捕集器作为烟气预分离器时，除旋转叶片一般采用 16Mn 外，其他材料可采用 Q235。

（3）设备烟气进口速度一般在 18～25m/s。

（4）考虑粉尘分离效果，叶片应有一定的耐磨措施和恰当的旋转角度。

（5）设备结构的设计要考虑到高温引起的设备变形。

三、烟气混合室

（一）结构原理

烟气混合室结构如图 42-17 所示，它是由高低温烟气进口管道和出口管道、内外筒体、灰斗和卸灰装置以及事故混风阀等组成。高低温烟气在烟气混合室内因气体流速的降低和停留时间的延长而得到了均匀的混合，同时烟气中的较大颗粒粉尘靠自重而掉落在灰斗内。

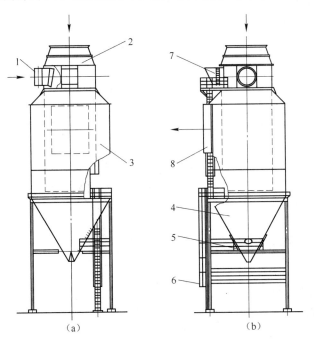

（a）　　　　　　　　（b）

图 42-17　烟气混合室结构

1—高温烟气进口管道；2—低温烟气进口管道；3—筒体；4—灰斗；

5—振打装置；6—梯子平台；7—混风阀；8—出口管道

（二）用途

根据钢厂生产工艺的变化，除尘系统的气体温度会呈现出周期性变化，除尘器将出现局部高温现象，易造成除尘器滤袋的局部破损。为避免进入除尘器的气体温度出现局部高温和低温现象，除尘器设计时，一般考虑在除尘器进口前设置烟气混合室，对高低温气体进行均匀混合，同时也使得烟气中较大颗粒的粉尘得到有效的沉降。另外，当经混合后的气体温度仍超过除尘器进口前的设定温度时，设置在混合室上的事故混合阀将紧急打开，以混入常温空气进行稀释，保证进除尘器前的气体温度在设计规定的要求范围内。如电弧炉除尘系统以及铁水倒罐站除尘系统等。

（三）设计要求

（1）烟气混合室设备材料一般采用 Q235。

（2）设备烟气进口速度一般为 16~25m/s。

（3）筒体内烟气速度一般在 10m/s 左右。

（4）事故混风阀一般为气动蝶阀，阀的漏风率一般要求小于 0.5%。

四、烟囱

（一）烟囱的作用

烟囱是用来排放经除尘设备净化处理后的废气，或排放未经处理的气体。烟囱排放高度与气体的排放速率和排放浓度有关，烟囱的设置又与地方的气象因素、地形条件和建筑环境等有关。总之，烟囱排气必须符合国家排放标准。

（二）烟囱设置的原则

（1）烟囱的污染物排放必须符合国家大气污染物综合排放标准；既要符合排放浓度标准值，又要符合排放速率的标准值。

（2）烟囱高度除满足排放速率标准值外，还应高出周围 200m 半径范围内的建筑物 5m 以上（含 5m）。达不到要求的烟囱，应按其高度所对应的排放速率标准值减少 50% 执行。

（3）若有多个排放相同污染物的烟囱存在，而且每两烟囱之间距离小于两烟囱的高度之和时，应以一个等效烟囱来计算污染物的排放速率和等效烟囱的高度。

（4）烟囱高度最低不得低于 15m。

（三）烟囱排放能力

电弧炉炼钢除尘烟囱通常是用钢板焊接而成。烟囱截面面积应能保证将所产生的经过除尘处理的烟气量顺利排到大气中去。

烟囱截面可按下式计算：

$$S = V/3600v \tag{42-30}$$

式中 S——烟囱截面积，m^2；

V——气体体积流量，m^3/h；

v——烟囱截面流速，一般取 12~16m/s。

第四十三章　除尘系统方案设计

第一节　除尘系统的排烟方式

一、一次烟气排烟方式和除尘系统

（一）钢包精炼炉一次烟气除尘系统

钢包精炼炉一次烟气除尘系统如图 43 – 1 所示，由于其炉内排烟温度不是很高，一般温度小于 400℃，且经过调节活套混风和较长排烟管道的自然冷却后，除尘器进口前的烟气温度一般可低于 130℃，除尘器通常选用脉冲除尘器。采用图 43 – 3 这种与电弧炉除尘系统分开设置的除尘例子也不少。若排烟管道较短，考虑到精炼炉喷渣时火粒有可能进入除尘器，所以系统设计最好在除尘器进口前设置火粒捕集器和空气混风阀较为安全。因精炼炉除尘风量较小，除尘器过滤面积不大，图 43 – 3 中除尘器也可采用大室大灰斗的长袋

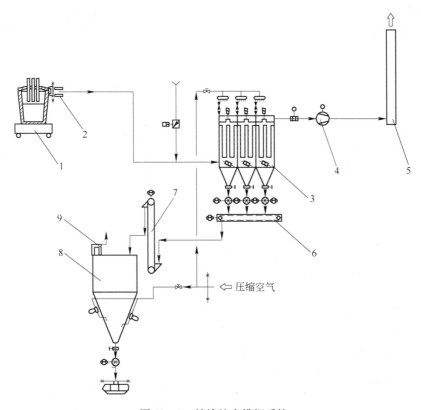

图 43 – 1　精炼炉内排烟系统

1—精炼炉;2—调节活套;3—脉冲除尘器;4—主风机;5—烟囱;6—刮板机;7—斗提机;8—储灰仓;9—简易过滤器

脉冲除尘器形式,即除尘器本体只有一个或两个大灰斗,这样可省去刮板输灰系统和储灰仓等设备,布置简单,投资省。

(二) 电弧炉一次烟气除尘系统

由于电弧炉冶炼时,从炉内排出的一次烟气温度和烟气浓度均远大于电弧炉屋顶罩和密闭罩捕集的二次烟气的温度和浓度,而一次烟气系统所需要的烟气处理量又远小于二次烟气系统的烟气处理量,所以从除尘系统的规模大小和操作维护管理考虑,电弧炉除尘系统方案设计时可将一次烟气和二次烟气的除尘分开设置,如图 43 - 2 和图 43 - 3 所示。

图 43 - 2 系统设置了火粒捕集器,以防止布袋被火粒烧坏。除尘器通常选用大布袋反吹风除尘器或选用脉冲除尘器。图 43 - 3 采用了高温燃烧室,即在燃烧室进口处设置鼓风机和烧嘴,保证燃烧室内有一恒定的高温环境和氧气含量,以烧除烟气中 CO 和有机废气等有害气体,同时能有效处理烟气中的二恶英。

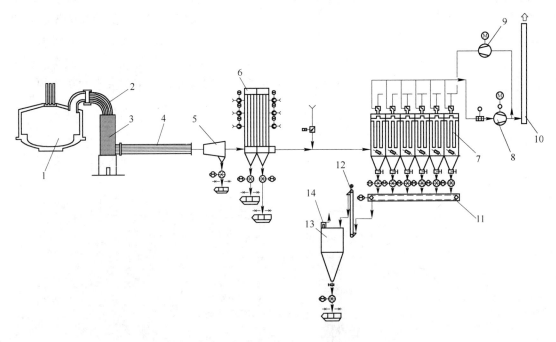

图 43 - 2　电弧炉内排烟系统 (一)

1—电弧炉;2—水冷弯头;3—沉降室;4—水冷烟道;5—火粒捕集器;
6—强制吹风冷却器;7——大布袋除尘器;8—主风机;9—反吹风机;
10—烟囱;11—刮板机;12—斗提机;13—储灰仓;14—简易过滤器

(三) 电弧炉与精炼炉一次烟气排烟相结合

电弧炉一次烟气排烟与精炼炉一次排烟可以归类组合成一套除尘系统,如图 43 - 4 所示。除尘器可选用脉冲除尘器,也可选用大布袋反吹风除尘器;强制吹风冷却器也可用自然对流冷却器代替。

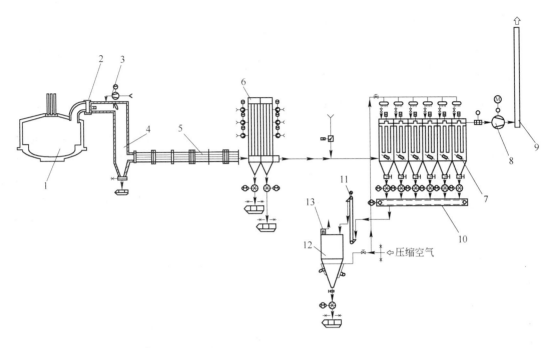

图43-3 电弧炉内排烟系统（二）

1—电弧炉；2—水冷滑套；3—鼓风机；4—燃烧室；5—水冷烟道；6—强制吹风冷却器；

7—脉冲除尘器；8—主风机；9—烟囱；10—刮板机；11—斗提机；

12—储灰仓；13—简易过滤器

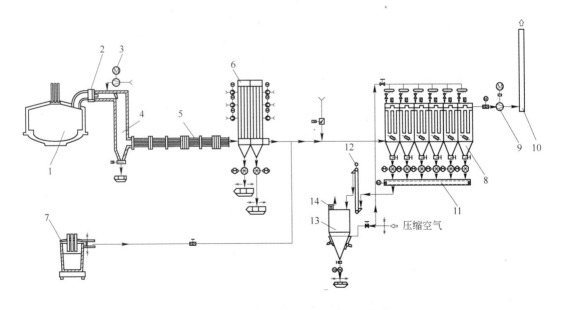

图43-4 电弧炉与精炼炉内排烟相结合系统

1—电弧炉；2—水冷滑套；3—鼓风机；4—燃烧室；5—水冷烟道；6—强制吹风冷却器；

7—精炼炉；8—脉冲除尘器；9—主风机；10—烟囱；11—刮板机；

12—斗提机；13—储灰仓；14—简易过滤器

二、二次烟气排烟方式和除尘系统

电弧炉密闭罩和屋顶罩排烟系统、钢包精炼炉炉顶活动烟罩排烟系统、铁水倒罐和铁水脱磷排烟除尘系统等，俗称二次烟气排烟除尘系统。

（一）电弧炉密闭罩和屋顶罩排烟

电弧炉在加料和出钢以及冶炼时，从炉子排出的二次烟气被电弧炉密闭罩和屋顶罩排烟系统所捕集，电弧炉屋顶罩和密闭罩捕集的二次烟气处理量远大于电弧炉一次烟气处理量，且排烟温度又远低于电弧炉一次烟气排烟温度，如图43－5和图43－6所示。这种系统设计简单，管理方便，系统运行稳定。根据电弧炉加料期和出钢期所需抽气量大、时间短，而熔炼期抽气量小、且时间长的特点，除尘系统宜采用液力耦合器，对系统运行风量随电弧炉生产工艺变化时进行风机转速的调节。除尘器通常可选用脉冲除尘器和大布袋反吹风除尘器或大布袋反吸风除尘器。图43－5、图43－6的除尘系统也可单设密闭罩或屋顶罩排烟除尘。

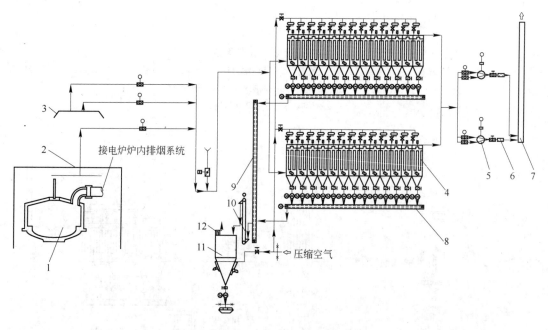

图43－5　电弧炉密闭罩和屋顶罩排烟系统

1—电弧炉；2—电弧炉密闭罩；3—电弧炉屋顶罩；4—脉冲除尘器；5—主风机；6—消声器；
7—烟囱；8—刮板机；9—集合刮板机；10—斗提机；11—储灰仓；12—简易过滤器

（二）钢包精炼炉炉顶活动烟罩排烟

考虑到钢包精炼炉需要良好的还原气氛和炉内需保持一定的正压度，即钢包精炼炉工作时烟气将从炉顶加料孔和炉盖电极孔等处外逸。所以设计第4孔排烟的同时最好在精炼炉的炉顶上设置活动烟罩系统，炉顶上设置活动烟罩排烟必须与炼钢工艺密切配合，以不

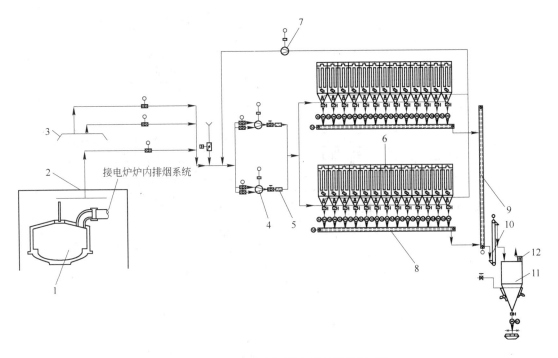

图43-6 电弧炉密闭罩和屋顶罩排烟系统

1—电弧炉；2—电弧炉密闭罩；3—电弧炉屋顶罩；4—主风机；5—消声器；6—大布袋除尘器；

7—反吸消灰风机；8—刮板机；9—集合刮板机；10—斗提机；11—储灰仓；12—简易过滤器

妨碍工艺操作和检修为前提。

三、一次烟气与二次烟气排烟系统合并的除尘系统

当前除尘设计方案采用较多的是，将一次烟气与二次烟气排烟系统合并设置，其最大的优点是利用二次烟气较低的含尘浓度和低的烟气温度以及大风量的特点，来稀释和降低一次烟气中的高尘和高温状况。

（一）电弧炉炉内排烟与屋顶罩排烟相结合

电弧炉炉内排烟与屋顶罩排烟相结合，如图43-7所示。该系统与精炼炉除尘分开设计，因未对电弧炉噪声采用密闭罩形式隔声，故该除尘系统设置一般要求远离居民区。

（二）电弧炉炉内排烟与密闭罩排烟相结合

电弧炉炉内排烟与密闭罩排烟相结合，如图43-8所示。该系统与精炼炉除尘分开设计，且炼钢车间方案设计对噪声有严格的要求，但光靠密闭罩排烟不能满足对电弧炉加料时的烟气捕集。

（三）电弧炉炉内排烟与屋顶罩和密闭罩排烟相结合

电弧炉炉内排烟与屋顶罩和密闭罩排烟相结合，如图43-9、图43-10所示。该系统与精炼炉除尘分开设计，采用这种形式的除尘方案是较理想的，它既能满足在任一时刻对

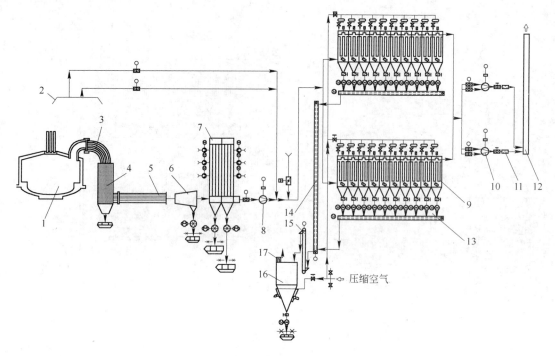

图 43-7 电弧炉炉内排烟和屋顶罩排烟相结合系统

1—电弧炉；2—电弧炉屋顶罩；3—水冷弯头；4—沉降室；5—水冷烟道；6—火粒捕集器；

7—强制吹风冷却器；8—增压风机；9—脉冲除尘器；10—主风机；11—消声器；12—烟囱；

13—刮板机；14—集合刮板机；15—斗提机；16—储灰仓；17—简易过滤器

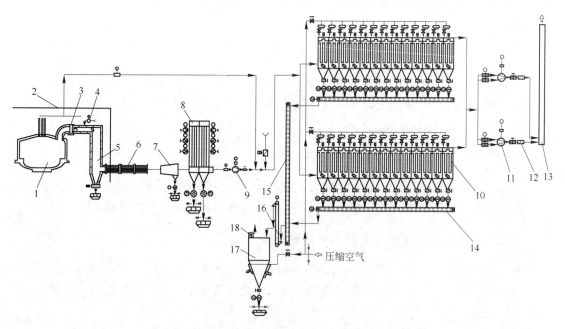

图 43-8 电弧炉炉内排烟和密闭罩排烟相结合系统

1—电弧炉；2—电弧炉密闭罩；3—水冷滑套；4—鼓风机；5—燃烧室；6—水冷烟道；7—火粒捕集器；

8—强制吹风冷却器；9—增压风机；10—脉冲除尘器；11—主风机；12—消声器；13—烟囱；

14—刮板机；15—集合刮板机；16—斗提机；17—储灰仓；18—简易过滤器

烟气的有效捕集，又解决了电弧炉的噪声问题。其中图 43 - 10 除尘系统的烟气冷却采用蒸发冷却塔，可以防止电弧炉烟气中二恶英的再生成。

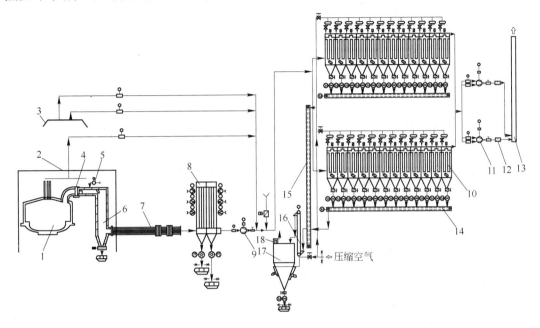

图 43 - 9　电弧炉炉内排烟与屋顶罩和密闭罩排烟相结合系统

1—电弧炉；2—电弧炉密闭罩；3—屋顶罩；4—水冷滑套；5—鼓风机；6—燃烧室；7—水冷烟道；
8—强制吹风冷却器；9—增压风机；10—脉冲除尘器；11—主风机；12—消声器；13—烟囱；
14—刮板机；15—集合刮板机；16—斗提机；17—储灰仓；18—简易过滤器

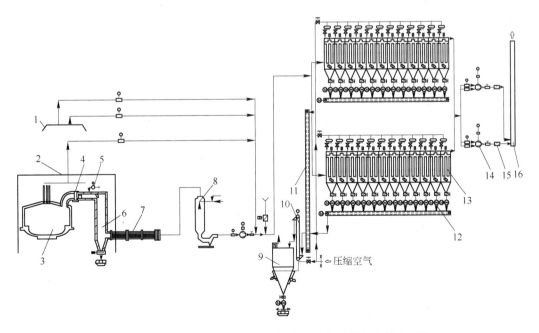

图 43 - 10　电弧炉炉内排烟与屋顶罩和密闭罩排烟相结合系统

1—电弧炉屋顶罩；2—电弧炉密闭罩；3—电弧炉；4—水冷滑套；5—鼓风机；6—燃烧室；
7—水冷烟道；8—蒸发冷却塔；9—储灰仓；10—斗提机；11—集合刮板机；12—刮板机；
13—脉冲除尘器；14—主风机；15—消声器；16—烟囱

（四）电弧炉和精炼炉炉内排烟与屋顶罩排烟相结合

电弧炉和精炼炉炉内排烟与屋顶罩排烟相结合，如图 43 - 11 所示。将精炼炉除尘并入电弧炉除尘，既可节省投资又可减少除尘占地面积，操作管理也方便。

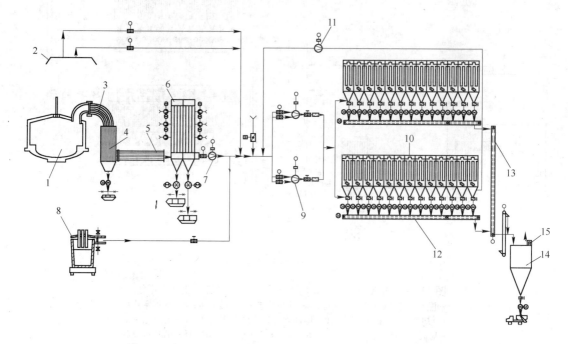

图 43 - 11　电弧炉和精炼炉炉内排烟与屋顶罩排烟相结合系统

1—电弧炉；2—电弧炉屋顶罩；3—水冷弯头；4—沉降室；5—水冷烟道；6—强制吹风冷却器；
7—增压风机；8—精炼炉；9—主风机；10—除尘器；11—反吸消灰风机；
12—刮板机；13—集合刮板机；14—储灰仓；15—简易过滤器

（五）电弧炉和精炼炉炉内排烟与密闭罩排烟相结合

电弧炉和精炼炉炉内排烟与密闭罩排烟相结合，如图 43 - 12 所示。该种设计目前已较少采用。

（六）电弧炉和精炼炉炉内排烟与电弧炉屋顶罩和密闭罩相结合

此种形式的除尘系统目前在国内外的大电弧炉除尘设计中用得最为广泛，如图 43 - 13 所示。它既可节省投资和减少除尘占地面积、操作管理方便，又能满足电弧炉和精炼炉烟气在任一生产阶段被除尘系统有效捕集，同时又解决了电弧炉的噪声问题。

（七）电弧炉半密闭导流罩形式的屋顶罩排烟系统

利用车间电弧炉处的一侧土建隔墙、另一侧电弧炉变压器外墙，并对电弧炉合金加料一侧采用固定的吸声耐温墙板等作为挡风墙或烟气导流板，在电弧炉操作面一侧和在其上部的加料面一侧采用"L"形活动移门形式，并在移门顶部设置烟气导流罩，引导电弧炉烟气上升至屋顶罩被抽走，如图 43 - 14 所示。它利用电弧炉热烟气密度与周围冷空气密

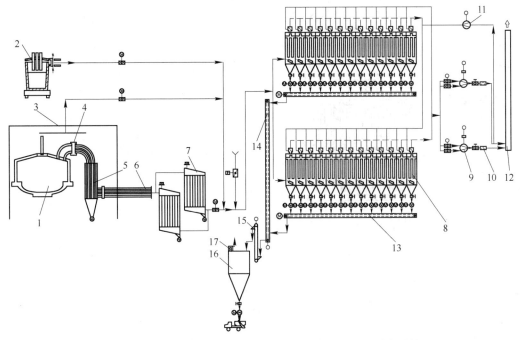

图 43-12 电弧炉和精炼炉炉内排烟与密闭罩排烟相结合系统
1—电弧炉；2—精炼炉；3—电弧炉密闭罩；4—水冷滑套；5—沉降室；6—水冷烟道；
7—自然对流冷却器；8—大布袋除尘器；9—主风机；10—消声器；11—反吹消灰风机；
12—烟囱；13—刮板机；14—集合刮板机；15—斗提机；16—储灰仓；17—简易过滤器

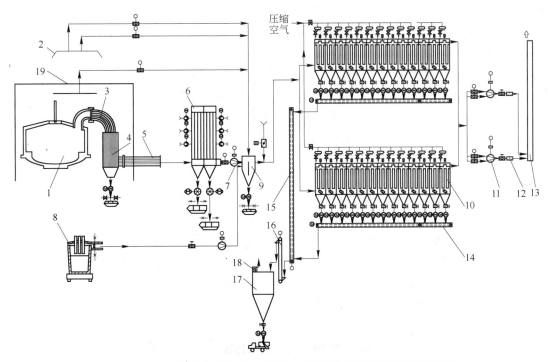

图 43-13 电弧炉和精炼炉炉内排烟与屋顶罩和密闭罩排烟相结合系统
1—电弧炉；2—电弧炉屋顶罩；3—水冷弯头；4—沉降室；5—水冷烟道；6—强制吹风冷却器；7—增压风机；
8—精炼炉；9—烟气混合室；10—脉冲除尘器；11—主风机；12—消声器；13—烟囱；14—刮板机；
15—集合刮板机；16—斗提机；17—储灰仓；18—简易过滤器；19—密闭罩

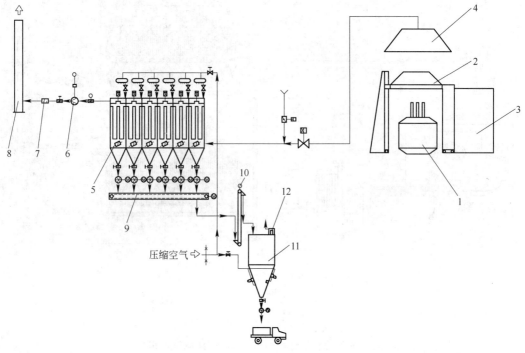

图 43－14　电弧炉半密闭导流罩形式的屋顶罩排烟系统

1—电弧炉；2—半密闭导流罩；3—变压器室；4—屋顶罩；5—脉冲除尘器；6—风机；

7—消声器；8—烟囱；9—刮板机；10—斗提机；11—储灰仓；12—简易过滤器

度产生的差值，形成自然对流向上扩散的原理，对电弧炉烟气进行导向进入屋顶烟罩。此种形式的特点是：系统简单、操作方便、维修工作量小，也能部分降低电弧炉噪声。它尤其适用于老厂房的电弧炉除尘改造。缺点是：因为没有一次排烟措施，电弧炉周围操作区内温度较高，岗位粉尘浓度相对较大，电弧炉生产设备的使用寿命将受到一定的影响。这种排烟方式通常适用于 50t 以下的电弧炉除尘改造项目。因电弧炉吨位相对较小，故除尘器也可采用大室大灰斗长袋脉冲除尘器形式，以取代刮板输灰系统和储灰仓。

（八）电弧炉导流罩形式的屋顶罩排烟系统

同上述电弧炉半密闭导流罩形式的不同之处是：根据电弧炉工艺的布置，电弧炉导流罩的上部没有半密闭罩子，甚至也不采用"L"形活动移门形式，只需要在电弧炉的 3 个侧面进行有效的围挡，并对电弧炉周围的厂房进行密闭，以防止车间横向气流的干扰。

设备具有使用寿命长、维护检修工作量小等优点，而广受用户的欢迎。除尘风机的结构形式可以是双支承单进风（或双进风）单出风的离心风机，也可以是单支承单进风的常规离心风机。但风机叶轮还是需有适当的耐磨损。

第二节　其他形式的电弧炉除尘系统

从电弧炉炉盖第 4 孔或第 2 孔排出的烟气温度高达 1400～1600℃ 左右，烟气带走的热是相当可观的，约占供给电弧炉总热能的 15%～20%。为了节省电弧炉熔化废钢的电能，缩短电弧炉冶炼时间，提高产量，降低电极和耐火材料的消耗。现代电弧炉炼钢技术采用的各种电弧炉炉型，基本上都是环绕如何利用电弧炉排出的高温烟气和二次燃烧技术，进行废钢预热。常用的电弧炉炉型有交直流电弧炉、炉外废钢预热装置、双炉座、竖炉及连续加料电弧炉等。

一、炉外预热型电弧炉除尘系统

电弧炉废钢预热装置设置在炉外，电弧炉排出的高温烟气经除尘系统的燃烧室出口，进入废钢预热装置进行废钢预热，加热后的废钢平均温度约为250℃，可节省吨钢电耗约25kW·h/t。考虑到炉外废钢预热装置的维护和检修等因素，除尘系统还需配置空气冷却器。除尘系统如图43-15所示。

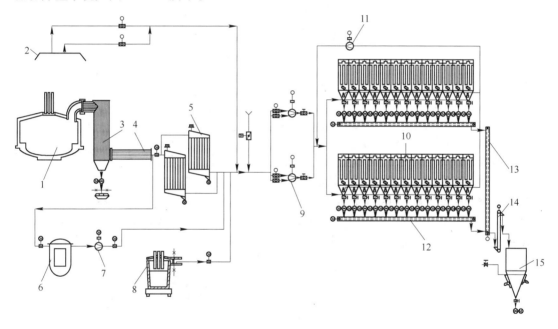

图43-15　炉外预热电弧炉除尘系统

1—电弧炉；2—电弧炉屋顶罩；3—沉降室；4—水冷烟道；5—自然对流冷却器；6—预热装置；
7—增压风机；8—精炼炉；9—主风机；10—布袋除尘器；11—反吸消灰风机；
12—刮板机；13—集合刮板机；14—斗提机；15—储灰仓

二、双炉壳型电弧炉除尘系统

双炉壳型废钢预热与炉外废钢预热不同，它将一座正在工作中的电弧炉所排出的高温烟气直接引入另一座装有废钢的电弧炉，高温烟气和电弧炉二次燃烧装置对废钢进行预热，由于高温烟气在炉内与废钢直接接触，故节能显著，且冶炼时间紧凑。加热后的废钢平均温度约为600℃。考虑有一台电弧炉的维护和检修等因素，除尘系统还需设置旁通管道。双炉壳除尘系统流程如图43-16所示。

三、竖式电弧炉除尘系统

带有手指状的竖式炉将废钢托住，电弧炉冶炼时产生的高温烟气由竖式炉手指处的下

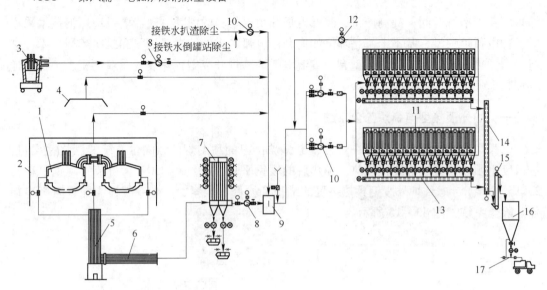

图43-16 双炉壳电弧炉除尘系统

1—双炉座电弧炉；2—电弧炉密闭罩；3—精炼炉；4—电弧炉屋顶罩；5—燃烧室；6—水冷烟道；
7—强制吹风冷却器；8—增压风机；9—烟气混合室；10—主风机；11—布袋除尘器；
12—反吸消灰风机；13—刮板机；14—集合刮板机；15—斗提机；16—储灰仓；17—吸引嘴

部向上从废钢块缝隙穿过，同时竖炉配置了后燃烧烧嘴和鼓风机，使烟气中 CO 燃烧率保持最高，在电弧炉冶炼过程中，恒定高温烟气温度并保持废钢与废气的全过程接触，竖炉手指处的废钢温度可高达1300～1400℃左右，加热后的废钢平均温度约为800℃，使得电弧炉吨钢耗电量显著下降，节省电耗约90kW·h/t。同时高温燃烧室的设置，可有效烧除烟气中的二恶英。竖式电弧炉除尘系统如图43-17所示。

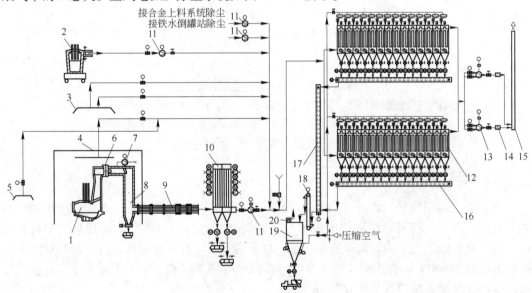

图43-17 竖式电弧炉除尘系统

1—电弧炉；2—精炼炉；3—电弧炉屋顶罩；4—电弧炉密闭罩；5—兑铁水罩；6—水冷滑套；7—鼓风机；
8—燃烧室；9—水冷烟道；10—强制吹风冷却器；11—增压风机；12—脉冲除尘器；13—主风机；
14—消声器；15—烟囱；16—刮板机；17—集合刮板机；18—斗提机；19—储灰仓；20—简易过滤器

四、水平连续加料型电弧炉除尘系统

水平连续加料型电弧炉主要是利用电弧炉排出的高温烟气和设在预热室上部的烧嘴（烧嘴只在第一炉废钢预热时采用），对堆放在运输振动槽上的废钢，进行由上向下恒定的高温预热，预热后的废钢平均温度达300℃左右，然后通过振动均匀地连续不断地向电弧炉供给各种形状的废钢。根据该电弧炉加料方式的特点，除尘系统可以不设屋顶罩排烟，但需设置密闭罩排烟，以保证电弧炉出钢时的烟尘捕集，除尘系统流程如图43-18所示。这种除尘系统，因为没有屋顶罩，系统抽风量较少，投资省。另外由于除尘系统设置了高温烟气反应室，能有效烧除烟气中的二恶英。

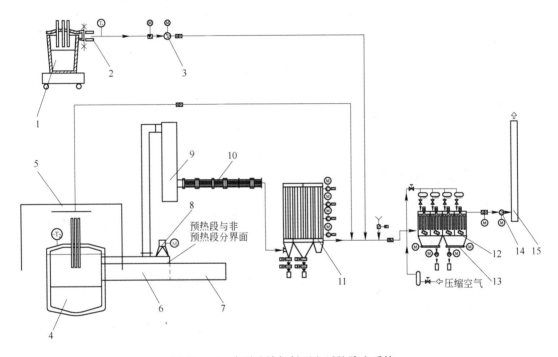

图 43-18　水平连续加料型电弧炉除尘系统
1—精炼炉；2—调节活套；3—增压风机；4—电弧炉；5—电弧炉密闭罩；6—预热段；7—非预热段；
8—密封风机；9—反应室（沉降室）；10—水冷烟道；11—强制吹风冷却器；12—脉冲除尘器；
13—螺旋输送机；14—主风机；15—烟囱

第八篇附录

附录一　大气污染与工业炉窑大气污染物排放标准
（GB 16297—1996、GB 9078—1996）摘录

一、定义

1. 工业炉窑

工业炉窑是指在工厂生产中用燃料燃烧或电能转换产生的热量，将物料或工件进行冶炼、焙烧、烧结、熔化、加热等工序的热工设备。

2. 标准状态

烟气在温度为 273K（0℃），压力为 101325Pa 时的状态，简称标态。本标准规定的排放浓度均指标准状态下的干烟气中的数值。

3. 最高允许排放浓度

处理设施后排气筒中污染任何 1h 浓度平均值不得超过的限值；或指无处理设施排气筒中污染任何 1h 浓度平均值不得超过的限值。

4. 最高允许排放速率

一定高度的排气筒任何 1h 排放污染物的质量不得超过的限值。

5. 无组织排放

凡不通过烟囱或排气系统而泄漏烟尘、生产性粉尘和有害污染物，均称无组织排放。

6. 污染源

排放大气污染物的设施或指排放大气污染物的建筑构造（如车间等）。

7. 无组织排放源

设置于露天环境中具有无组织排放的设施，或指具有无组织排放的建筑物构造（如车间、工棚等）。

8. 排气筒高度

自排气筒（或其主体建筑构造）所在的地平面至排气筒出口计的高度。

二、其他相关规定

1. 排放速率标准分级

本标准规定的最高允许排放速率，现有污染源分为一、二、三级，新污染源分为二、三级。按污染源所在的环境空气质量功能区类别，执行相应级别的排放速率标准，即：

位于一类区的污染源执行一级标准（一类区禁止新、扩建污染源，一类区现有污染源改建时执行现有污染源的一级标准）；

位于二类区的污染源执行二级标准；

位于三类区的污染源执行三级标准。

2. 对排气筒的其他规定

（1）排气筒高度除须遵守表列排放率标准值外，还应高出周围200m半径范围的建筑3m以上，不能达到该要求的排气筒，应按其高度对应的表列排放速率标准值再严格50%执行。

（2）新污染源的排气筒一般不应低于15m。若某新污染源的排气筒必须低于15m时，其排放速率标准值按计算结果再严格50%执行。

（3）新污染源无组织排放应从严控制，一般情况下不应有无组织排放存在，无法避免的无组织排放应达到新建污染源大气污染排放限值表规定的标准值。

三、排放标准

1. 各种工业炉窑烟尘及生产性粉尘最高允许排放浓度、烟气黑度限值见表一

表一　各种工业炉窑烟尘及生产性粉尘最高允许排放浓度、烟气黑度限值

炉窑类别		标准级别	排放限值	
			烟（粉）尘浓度/mg·m^{-3}	烟气黑度（林格曼级）
熔炼炉	高炉及高炉出铁场	一	禁排	
		二	100	
		三	150	
	炼钢炉及混铁炉（车）	一	禁排	
		二	100	
		三	150	
	铁合金熔炼炉	一	禁排	
		二	100	
		三	200	
	有色金属熔炼炉	一	禁排	
		二	100	
		三	200	
熔化炉	冲天炉化铁炉	一	禁排	
		二	150	1
		三	200	1
	金属熔化炉	一	禁排	
		二	150	1
		三	200	1
	非金属熔化冶炼炉	一	禁排	
		二	200	1
		三	300	1

2. 各种工业炉窑，无组织排放烟（粉）尘最高允许浓度见表二

表二 各种工业炉窑，无组织排放烟（粉）尘最高允许浓度

设置方式	炉窑类别	无组织排放烟（粉）尘最高允许浓度/mg·m⁻³
有车间厂房	熔炼炉、铁矿烧结炉	25
	其他炉窑	5
露天（或有顶无围墙）	各种工业炉窑	5

3. 各种工业炉窑的有害污染物最高允许排放浓度按表三规定执行

表三 各种工业炉窑的有害污染物最高允许排放浓度

有害污染物名称		标准级别	新建、扩建的工业炉窑排放浓度/mg·m⁻³
二氧化硫	有色金属冶炼	一	禁排
		二	850
		三	1430
	钢铁烧结冶炼	一	禁排
		二	2000
		三	2860
	燃煤（油）炉窑	一	禁排
		二	850
		三	1200
氟及其化合物（以 F 计）		一	禁排
		二	6
		三	15
铅	金属熔炼	一	禁排
		二	10
		三	35
	其他	一	禁排
		二	0.10
		三	0.10
汞	金属熔炼	一	禁排
		二	1.0
		三	3.0
	其他	一	禁排
		二	0.010
		三	0.010
铍及其化合物（以 Be 计）		一	禁排
		二	0.010
		三	0.015
沥青油烟		一	禁排
		二	50
		三	100

附录二 工业企业厂界噪声标准（GB 12348—1990）摘录

本标准适用范围：本标准适用于工厂极有可能造成噪声污染的企事业单位的边界。

1. 标准值

各类厂界噪声标准值列于表一中。

表一 各类厂界噪声标准值

类　别	昼间/dB	夜间/dB
Ⅰ	55	45
Ⅱ	60	50
Ⅲ	65	55
Ⅳ	70	55

2. 各类标准适用范围的划定

（1）Ⅰ类标准适用于以居住、文教机关为主的区域。

（2）Ⅱ类标准适用于居住、商业、工业混杂区及商业中心区。

（3）Ⅲ类标准适用于工业区。

（4）Ⅳ类标准适用于交通干线道路两侧区域。

第九篇

连续铸钢设备

第四十四章　连铸车间与连铸机的选型

第一节　连铸车间主要尺寸的确定

连铸技术的进步和发展,使之成为主要浇注方法,新建电弧炉车间几乎无一例外地全部采用全连铸的生产方式。所以浇注跨的主要尺寸确定,应该根据布置连铸机所需的尺寸来确定。

一、连铸机在车间的工艺布置

(一) 平面布置

1. 横向布置

连铸出坯方向的纵向中心线与厂房纵向柱列线成垂直布置。此种布置的特点是钢包运输距离短,物料流程合理,不同作业分散在不同跨间进行（一般设浇注跨、过渡跨、出坯精整跨）,互不干涉,适应多台连铸机的布置,有增建连铸机的灵活性,目前多数连铸车间采用横向布置。

2. 纵向布置

连铸出坯方向的纵向中心线与厂房纵向柱列线成平行布置。此种布置钢水供应方便,不同作业同在一个跨间进行,容易互相干涉,只有一台连铸机时可采用这种布置。

(二) 立面布置

立面布置有高架式布置、地坑式布置和半地坑式布置。

1. 高架式布置

整个连铸机设备都布置在地平面以上。其优点是操作空间大,设备检修和处理事故较方便,通风条件好,污水排放方便,所以新建连铸车间多数采用这种布置。

2. 地坑式布置

整个连铸机设备都布置在地平面以下的地坑内（立式连铸）。操作、通风、污水排放条件差，新建车间基本上不采用这种布置。

3. 半地坑式布置

半地坑式布置是借助于高架式布置和地坑式布置之间，受到车间高度限制的企业采用此方法较多。

二、连铸机在车间的位置

（一）纵向位置

把连铸机布置在车间的什么位置，直接影响到连铸机生产能力的发挥。要充分考虑生产调度的最合理路线，炼钢生产工艺流程的顺行、钢水运输方便，线路短，要尽量减少钢包的运输次数，使电弧炉操作和连铸机操作之间的相互干扰减至最小。当连铸机较多时，一般将两台连铸机布置在一起，使得一些公用设施可以共用。

两台连铸机的中心距取决于车间的厂房条件、连铸机的流数、两台连铸机之间必要的操作面积、中间包和中间包烘烤器的安装位置等因素。在考虑了上述情况的前提下，一般两台为一组布置在同一个浇注平台上，尽量布置紧凑，共用公用设施。

生产实践认为，两台小方坯连铸机的中心距以 24～30m 为宜。

（二）横向位置

横向位置即为结晶器外弧面基准线在浇注跨的位置。一般把圆弧半径中心零点以前的部分都布置在浇注跨内，这样便于利用浇注跨天车吊装修中间包、结晶器及振动机构和导向装置。而把剪切机布置在毗邻跨间的天车极限内，同时还要保证平台上有足够的操作面积和控制室位置。

（三）连铸机靠近轧钢车间布置

为了进一步发挥连铸节能的优点，从 20 世纪 70 年代起开始研究铸坯热送和直接轧制及连铸连轧，为了获得高温铸坯，而把连铸机靠近轧钢车间加热炉布置。

车间设计时，还要考虑在浇注跨留出足够的中间包修砌场地，这是保证车间正常生产不可缺少的条件。在修砌区内要进行红热中间包的冷却，废砖的拆除，废钢的处理，包衬的修砌、安装，干燥等作业。一般按 $30～40m^2/$万吨钢考虑。

三、浇注跨的标高、跨度、长度

（一）浇注跨天车轨面标高的确定

对于采用连铸的车间，其天车轨面标高由连铸浇钢所需要的高度来确定，如图 44-1 所示。

（1）连铸机总高度 H。连铸机总高度是指拉矫机底座基础面至中间包顶面之间的距离。

$$H = R + H_1 + H_2 + H_3 + H_4 \tag{44-1}$$

式中 R——连铸机弧形半径，m；

H_1——拉矫机底座基础面至钢坯底面距离，一般为 $0.5～1.0m$；

H_2——弧形中心至结晶器顶面距离，为结晶器高度的 1/2，一般为 $0.35 \sim 0.45m$；

H_3——结晶器顶面至中间包水口距离，一般为 $\pm 0.3m$；对于 $R5.25$ 小方坯连铸机需在此空间内布置摆动流槽，取 $0.265m$；

H_4——中间包全高度，一般为 $1.0 \sim 1.5m$。

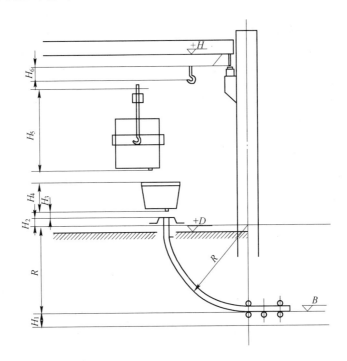

图 44 - 1　浇注跨厂房标高示意图

当弧形连铸机采用直结晶器时，连铸机高度还应增加一项二次冷却直线段长度。

（2）浇注平台标高 h。浇注平台标高一般低于结晶器上口 $0.3 \sim 0.4m$，或按式（44 - 2）计算：

$$h = H_1 + R - 0.1 \qquad (44 - 2)$$

（3）天车轨面标高 H_0。

$$H_0 = H + H_5 + H_6 + (1.4 \sim 1.6)\ (m) \qquad (44 - 3)$$

式中　H——连铸机总高，m；

H_5——龙门钩至钢水包水口距离，m；

H_6——天车主钩升高极限至天车轨面距离，m；

$1.4 \sim 1.6$——考虑结晶器与中间包水口之间（$\pm 0.3m$），中间包顶面与钢水包口之间的安全距离所留有的余量尺寸总和。

（二）浇注跨跨度的确定

浇注跨跨度应根据连铸机的曲率半径（圆弧中心零点以前的部分都布置在浇注跨内）和浇注操作平台所需宽度确定。

（三）浇注跨长度的确定

浇注跨长度的确定取决于连铸机的台数及操作平台长度，中间包修砌区的长度等。在确定浇注跨长度时还应考虑以下方面问题：

（1）连铸机一般两台为一组布置；

（2）在正对电弧炉（或精炼炉）出钢线区域一般不布置浇注作业，以避免互相干扰，计算作业面积时，应扣除这部分面积；

（3）尽量与加料跨和电弧炉（或精炼炉）跨取齐；

（4）留有发展余地；

（5）取柱距的整数倍。

（四）连铸机总长度的确定

连铸机总长度 L 是指从结晶器外弧线至冷床后固定板间的距离。

以小方坯为例（见图 44 – 2）有：

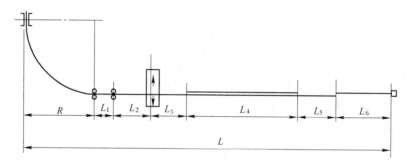

图 44 – 2　连铸机总长度示意图

$$L = R + L_1 + L_2 + L_3 + L_4 + L_5 + L_6 \qquad (44-4)$$

式中　L——连铸机总长度，m；

R——连铸机弧形半径，m；

L_1——矫直切点后拉矫机的延伸长度，m；

L_2——中间辊道长度，m；

L_3——切割区长度，m；

L_4——引锭杆长度，m；

L_5——引锭杆跟踪系统长度，m；

L_6——冷床区辊道长度，m。

分别叙述如下：

（1）矫直切点后拉矫机的延伸长度 L_1。矫直切点后拉矫机的延伸长度一般由 2 ~ 3 对拉矫辊组成。当有两架拉矫机时，第一架布置在切点，至第二架的间距为 1.5 ~ 1.8m。当有第三架拉矫机时，第一架布置在弧线内，第二架布置在切点处，至第三架的间距为 1.5 ~ 2.0m。

（2）中间辊道长度 L_2。该长度实际上是冶金长度的延长线，一般为 3.5 ~ 5.5m，适当加长该距离有利于提高拉速、保证安全切割。

（3）切割区长度 L_3。当采用机械切割时，该距离考虑机械剪的摆动行程，开出和翻转引锭杆及锭头与铸坯切头黏连时进行人工处理的位置，一般取 $L_3 = 3 \sim 4\text{m}$；当采用火焰切割时，切割区长度取决于浇注钢种及钢坯的端面尺寸，必须进行计算。

（4）引锭杆长度 L_4：

$$L_4 = \frac{\pi r R}{2} - 0.2 + L_1 + 0.6 \qquad (44-5)$$

式中　R——连铸机曲率半径，m；

　　　L_1——拉矫机切点后的延伸长度，m；

　　　0.2——引锭头距水平半径距离，m；

　　　0.6——拉矫机后伸出长度，m。

对于 $R6$ 小方坯连铸机，$L_4 = 11\text{m}$。

（5）引锭杆跟踪系统长度 L_5。这个长度用于布置引锭杆跟踪系统及跟踪钢带，一般该区长度为 $2 \sim 3\text{m}$。当受料跨尺寸限制，不得不将跟踪装置布置在冷床区时，应考虑必要的隔热保护措施及防止吊运铸坯时碰撞的措施。

（6）冷床区辊道长度 L_6：冷床区辊道长度也是跟踪装置至冷床边缘的长度。这个长度尺寸是考虑防止吊运铸坯时碰撞引锭杆跟踪平台的安全距离，该长度应大于 1.0m。在进行连铸机总体布置时，常调整该长度，使冷床在出坯跨的适当位置。

因为连铸机总长度较长，各段设备高度和维修要求也各不相同，故沿连铸机长度方向只将弧形以前部分布置在浇注跨，其余部分则分别布置在过渡跨和出坯跨内。

第二节　连铸机机型的分类与特点

一、连铸机简介

连铸机生产流程如图 44-3 所示。将高温钢水连续不断地浇注到一个或一组水冷铜制结晶器内，钢水沿结晶器周边逐渐凝固成坯壳，待钢液面上升到一定高度，坯壳凝固到一定厚度后拉矫机将坯拉出，并经二次冷却区喷水冷却使铸坯完全凝固，由切割装置根据轧钢要求切成定尺。这种使高温钢水直接浇注成钢坯的工艺过程称为连铸。它的出现，从根本上改变了一个世纪以来占统治地位的钢锭 - 出轧工艺。由于其简化了生产工序，提高了生产效率及金属收得率，节约能源消耗使生产成本大为降低，钢坯质量好等优点得到了迅速的发展。现在的炼钢企业，不论是长流程炼钢还是短流程炼钢，连铸机的配备几乎成为必然。

二、连铸机的机型分类

连铸机可以按多种形式来分类。连铸机的简易结构特征如图 44-4 所示。

（一）按结构外形分类

按结构外形可将连铸机分为立式连铸机、立弯式连铸机、带直线段弧形连铸机、弧形连铸机、椭圆形连铸机和水平式连铸机。近年来国外正在研究开发轮式连铸机。

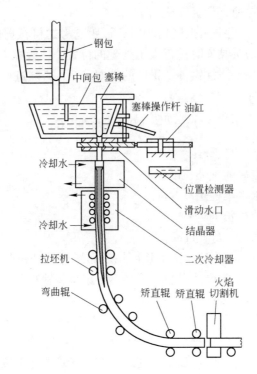

图 44 - 3 连铸机生产流程

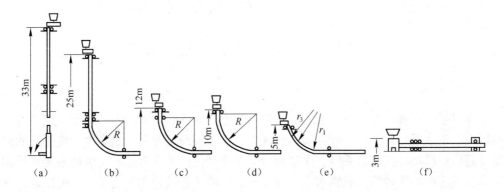

图 44 - 4 各种形式的连铸机结构特征

(a) 立式；(b) 立弯式；(c) 直结晶器弧形；(d) 弧形；(e) 多半径弧形（椭圆形）；(f) 水平式

（二）按浇注断面的大小和形状分类

小方坯连铸机、大方坯连铸机、圆坯连铸机、板坯连铸机、异形断面连铸机、薄板坯连铸机等。

通常把断面大于 200mm × 200mm 的方坯称为大方坯。把断面小于 160mm × 160mm 的方坯称为小方坯。把宽厚比大于 3 的矩形坯称为板坯。

（三）按流数分类

按连铸机在共用一个钢水包下，所能浇注的铸坯流数来区分，则可分为单流、双流、多流连铸机。

（四）复合型连铸机

根据生产的需要，在一台连铸机上，既可浇注板坯又可同时浇注几流方坯的连铸机称为复合型连铸机。

三、各类型连铸机的特点

（一）立式连铸机的特点

（1）连铸机的主要设备布置在垂直中心线上，从钢水浇注到铸坯切成定尺，整个工序是在垂直位置完成的。铸坯在切成定尺后由升降机或运输机送到地面。

（2）钢水是在直立结晶器和二次冷却段逐渐结晶的，有利于钢水中非金属夹杂物的上浮，坯壳冷却均匀，这对浇注优质钢和合金钢是有利的。另外，铸坯在整个凝固过程中不受任何弯曲、矫直作用，更适合于裂纹敏感性高的钢种浇注。

（3）设备总高度可达 25～35m 高，厂房建筑费用大，钢坯因静压力比较大，鼓肚变形较为突出，设备维修和钢坯的运送都比较困难。

立式连铸机安装可分为高架式和地坑式两种布置方式。但为了减少地坑施工难度，一般一半建在地下一半建在地上，也称为半高架式。

（二）立弯式连铸机的特点

（1）立弯式连铸机是连铸技术发展过程中的一种过渡机型，目前已经很少采用。它的特点是上半部分和立式相同，所不同的是在铸坯完全凝固后，把铸坯顶弯成 90°，使铸坯在水平方向出坯。这样可缩小铸机的高度，铸坯的尺寸也不受限制。由于铸坯在水平方向出坯，铸坯的运送不成问题。

（2）立弯式连铸机不适用于浇注断面太厚的铸坯，铸坯太厚待铸坯完全凝固后再顶弯，冶金长度已经很长了，这和立式连铸机高度相差不大，其优点已经不明显了。另外，顶弯设备也很庞大，而且铸坯要经受顶弯和矫直两次变形，更容易产生裂纹。

（三）带直线段弧形连铸机的特点

带直线段弧形连铸机主要用于浇注板坯。这种铸机采用直结晶器，在结晶器的下方有 2～5m 直线段夹辊。带有液芯的铸坯经过直线段后被连续弯曲成弧形，然后又把已凝固或带有液芯的铸坯矫直，再切割成定尺。这种连铸机的特点是：

（1）钢水在直立结晶器和二冷的直线段凝固，钢水中非金属夹杂物有充分的上浮时间，有利于特殊钢的浇注。

（2）铸坯在带液相弯曲成弧形后，使这种铸机又具有弧形连铸机设备高度低，建设费用较低的特点。

（3）这种机型比弧形连铸机设备高度高，设备总质量较大，设备安装、调整难度较大。

（四）弧形连铸机的特点

弧形连铸机的结晶器是弧形的，二冷区夹辊安装在四分之一圆弧内，铸坯在垂直中心线切点位置上被矫直，然后铸坯被切成定尺，从水平方向出坯。因此，铸机的高度较低，基本上等于圆弧半径。这种连铸机的特点是：

（1）由于它布置在四分之一圆弧内，因此铸机的高度较低，设备质量较轻，投资费用较少，设备安装和维护方便，因而被广泛采用。

（2）由于设备高度低，钢水在凝固过程中承受的钢水静压力相对较小，可减小坯壳因鼓肚变形而产生的内裂和偏析，有利于改善铸坯质量和提高拉速。

（3）弧形连铸机的缺点主要是钢水在凝固过程中非金属夹杂物有向内弧侧聚集的倾向，易造成铸坯内部夹杂物分布不均。另外，由于内、外弧形冷却不均匀，容易造成铸坯中心偏析而降低铸坯质量。

（五）椭圆形连铸机的特点

为了进一步降低高度，发展了椭圆形连铸机。国外也称作带多点矫直的弧形连铸机，也称为超低头连铸机。它分段、依次改变圆弧部分的曲率半径，使结晶器和二冷段夹辊布置在四分之一椭圆弧上。由于采用多曲率半径，安装调整复杂，维护也较困难。

（六）水平式连铸机的特点

水平式连铸机的主要设备，如结晶器、二冷段，拉坯机和切割设备均布置在水平位置上。水平式连铸机与立式及弧形式连铸机不同的是它的结晶器和中间包是紧密相接的，在水口和结晶器连接处安装有分离环。另外，拉坯时不是结晶器振动，而是拉坯机带着铸坯做拉—反推—停不同组合的周期运动。其特点如下：

（1）设备高度最低，投资少，建设速度快，适合中小企业技术改造。

（2）钢水无二次氧化，铸坯质量得到改善，也无需钢液面检测和控制。

（3）铸坯在水平位置凝固成形，不受弯曲、矫直作用，有利于特殊钢和高合金钢的浇注。

（4）设备维修简单，处理事故方便。

水平连铸机目前存在的主要问题是：受拉坯时的惯性力限制，其更适合浇注 200mm 以下中小断面的方坯、圆坯，铸坯定尺也受限制。另外，结晶器的石墨板和分离环价格高，增加了铸坯成本。

目前，在各种连铸机中应用最广泛的是弧形连铸机。

第三节　连铸机主要设计参数的确定

连铸机的设计参数是决定设备性能和总体尺寸的基本因素，这些设计包括：钢包允许浇注时间、铸坯断面、拉坯速度、冶金长度、铸机曲率半径和流数。

一、钢包允许浇注时间

为了使钢包内的钢液既不因散热太多而形成包底凝壳，又能充分发挥其延长浇注时间的潜力，保证浇注的顺利进行，必须适当地确定不同容量的钢包允许浇注时间。

根据克伦纳及塔尔曼经验公式：

$$T_{max} = \frac{\lg G - 0.2}{0.3} \times f \qquad (44-6)$$

式中　T_{max}——钢包允许的最长浇注时间，min；

　　　G——钢包中的钢水质量，t；

　　　f——质量系数，要求严格的钢水 $f=10$，要求较低的钢水 $f=16$，f 的差别在于对浇注温度的控制要求不同，对于质量要求高的低温浇注钢种，钢液过热度小，T_{max} 必然短，反之钢液过热度大一些，浇注时间可延长。

不同容量钢包允许浇注时间的计算推荐值见表 44-1。

表 44-1　不同容量钢包允许浇注时间的计算推荐值

钢包容量/t			20	30	50	60	70	120	130	300
允许的浇注时间/min	由经验公式计算值		37	42	50	53	55	63	64	76
	实际达到时间	国内	40~45	60~70						
		国外		40	45	50	60		75~90	约120
	设计推荐		24~26	28~32	40~50	45~50	约50	70~75	70~80	约120

二、铸坯断面

铸坯断面尺寸以其冷态时的尺寸表示，称之为铸坯断面的公称尺寸。

铸坯断面的形状和尺寸主要根据铸坯的用途来确定，当铸坯供轧制钢材用时，它是根据轧钢机对坯料的要求确定，同时也要考虑到目前弧形连铸机所能浇注的实际断面尺寸以及对钢坯质量的影响。

目前连铸机可生产的连铸坯极限尺寸范围见表 44-2。

表 44-2　目前连铸机可生产的连铸坯极限尺寸范围　　　　　　（mm）

坯　形	尺寸范围	坯　形		尺寸范围
方　坯	50×50~450×450		椭圆形	120×240
矩形坯	50×108~400×560		中空形	$\phi450×100$
最大板坯	304×2640	异形坯	工字形	460×400×120
圆　坯	$\phi40~450$			356×775×100

从铸坯的内部质量看，椭圆形断面是一种比较理想的断面形状。原因是：

（1）它的两个宽弧形外壳不易妨碍铸坯内部的收缩，因而产生内裂的倾向小。

（2）结晶过程终点不会集中在铸坯的中心，而是沿断面的长轴分布，因而偏析、疏松等缺陷也是分散的。

由于椭圆形的结晶器制造比较困难，椭圆坯在加热炉内移动也不方便，所以这种断面一般不采用。

矩形断面比较接近椭圆形坯而又不存在结晶器制造方面的困难。从生产能力上看，如果拉速相等，则矩形坯生产能力要比厚度相当的方形坯要高。矩形坯的宽厚比不宜过大，其轴线比以 1:1.6 为宜。

在满足质量要求的前提下，要使浇注断面尽量接近成品规格的断面尺寸，实现一火成材。钢材的组织结构及力学性能主要是通过轧制时的压缩比来保证的，压缩比是铸坯断面积与轧材横断面面积之比。

通常 4:1~6:1 的压缩比即能满足一般产品对力学性能的要求。目前，比较普遍生产的连铸坯是方坯、矩形坯和板形，此外还有工字坯、圆坯及异形坯等。各种断面的铸坯与轧机的配合情况见表 44-3。

表 44-3　各种断面的铸坯与轧机的配合情况　　　　　　　　（mm）

方　坯	扁　坯	轧钢机
90×90~120×120	100×150	400/250 轧机
120×120~150×150	150×180	500/350 轧机
140×140~200×200	160×280	650 轧机
板　坯		
120×600		700,750 带钢轧机
(120~200)×(700×1000)		700,750 带钢轧机
(200~250)×(1200×1500)		2300 中板轧机
300×2000		1450,1700 热连轧机
(100~110)×600		4200 特厚板轧机
140×1100		700,1200 行星轧机

三、拉坯速度

拉坯速度（简称拉速）以铸机每一流每分钟拉出的铸坯长度（m）来表示。拉速是设计连铸机的重要参数之一。在铸坯断面确定之后，拉速对连铸机的生产能力起决定作用。国外也有用浇注速度这一概念的，浇注速度以铸机每一流每分钟浇注钢水量（t）来表示。拉速越大，连铸机的生产能力就越大，但它有一定限度。因为钢水的凝固速度限制了铸坯出结晶器时的坯壳厚度，拉速越高，坯壳越薄，易产生过大变形甚至漏钢。同时又会造成铸坯内部的疏松和缩孔，使质量变坏。在一定的工艺条件下，为了得到最好的经济效益，在寻求最佳拉速时，必须满足两个最基本的要求：一是铸坯出结晶器下口时具有一定的坯壳厚度，以防止过大变形和拉漏；二是铸坯内、外部质量良好。

四、理论拉速

实际上，连铸机的最大拉速取决于铸坯出结晶器时不至于发生变形或拉漏所需要的最小坯壳厚度。根据这个原则，确定拉速的方法是：首先设法求得各种断面铸坯出结晶器时所需要的最小坯壳厚度，以及为了获得这个坯壳厚度，铸坯在结晶器内所需停留的时间，然后由已定的结晶器长度便可求出拉速的理论值。

由凝固定律求出铸坯出结晶器时的坯壳厚度 δ：

$$\delta = \eta_j \sqrt{\tau_j} \tag{44-7}$$

式中　η_j——铸坯在结晶器内的凝固系数，$mm/min^{\frac{1}{2}}$；它取决于结晶器的冷却条件，铸坯断面尺寸，钢液温度和性质，通常小断面铸坯 $\eta_j = 28 \sim 31 mm/min^{\frac{1}{2}}$，大断面铸坯 $\eta_j = 24 \sim 26 mm/min^{\frac{1}{2}}$；

τ_j——铸坯在结晶器内停留的时间，min。

根据目前操作水平，铸坯出结晶器时所需要的最小坯壳厚度如下。

碳素钢：小断面铸坯为 $10mm$ 左右，大断面铸坯为 $25mm$ 左右，合金钢可略薄些。

为了获得稳定的坯壳厚度，铸坯在结晶器内需要停留的时间为：

$$\tau_j = \frac{\delta^2}{\eta_j^2} \tag{44-8}$$

由于结晶器内壁与铸坯之间存在气隙，因而铸坯并不是在结晶器的整个长度上都与结晶器接触。设结晶器的有效接触长度为 L_{ym}，则最大拉坯速度的理论计算式为：

$$v_{max} = \frac{L_{ym}}{\tau_j} = \frac{\eta_j^2 L_{ym}}{\delta^2} \tag{44-9}$$

结晶器的有效接触长度 L_{ym} 与结晶器的刚性、倒锥度和拉速有关。

通常：
$$L_m = L_{ym} + (80 \sim 120) mm$$

式中　L_m——结晶器长度。

五、工作拉速

在实际生产中，为了改善铸坯质量（如内裂、偏析、表面质量），使用的工作拉速 v 应小于最大理论拉速，因此通常所说的连铸机的拉速是指工作拉速，工作拉速是指连铸机在生产操作中能顺利浇注，保证铸坯质量的相对稳定的平均拉速。实际计算时，工作拉速常按经验公式（44-10）求得：

$$v = k\frac{L}{S} \tag{44-10}$$

式中　k——速度换算系数，$m \cdot mm/min$，其值由钢种、结晶器尺寸和冷却状态等因素决定，可按表 44-4 查取，通常小断面取较大值，大断面或宽厚比较大的取较小值；

L——铸坯横断面周边长，mm；

S——铸坯横断面面积，mm^2。

表 44-4　按拉坯速度换算系数 k 的取值

断面形状	小方坯	大方坯	板坯	圆坯
k	65~85	55~75	55~65	45~55

实际上影响拉速的因素是多方面的，除上述因素外，在冶炼出合格钢液的前提下，采用连铸新工艺，改进连铸机结构，加强冷却和防变形能力，提高安装对中精度都有利于提高拉速。

因此，在设计计算时，可按所计算的拉速，再参照实际经验类比选取。当前，国内外正常浇注时所达到的最大工作拉速见表44-5。

表44-5 国内外正常浇注时所达到的最大工作拉速

连铸机类型	最大工作拉速/m·min^{-1}	最高工作拉速/m·min^{-1}
板坯连铸机	1.6~2.0	2.5
方坯连铸机	3.3~3.5	4

限制拉速提高的因素很多,根据统计资料,对于板坯连铸机主要是连铸机的长度和铸坯内部质量;对于方坯连铸机,漏钢是限制拉速的主要原因。

六、冶金长度(液芯长度)

铸坯在结晶器内首先凝固成一层坯壳,中心仍为液相,液相穴的深度即所谓的铸坯的液芯长度,它是指钢水从结晶器液面开始到铸坯全部凝固完毕所走过的路程。连铸机的冶金长度取决于铸坯的液芯长度,一般情况下冶金长度等于或大于液芯长度,为了预留铸机更大的潜力,往往使冶金长度大于液芯长度,通常在不带液芯拉矫的情况下,连铸机的冶金长度是指结晶器液面到第一对拉矫辊中心线的长度。因此,要决定铸机的冶金长度,首先必须确定铸坯的液芯长度。

液芯长度是确定弧形连铸机圆弧半径和二次冷却区长度的一个重要工艺参数。它直接影响设备的总高度和总长度,并涉及拉矫机和切割设备的布置。

由凝固定律可知,铸坯全部凝固时,坯厚与时间的关系为:

$$\tau = \frac{D^2}{4\eta^2} \tag{44-11}$$

设液芯长度为L_x,则有:

$$L_x = v\tau = \frac{vD^2}{4\eta^2} \tag{44-12}$$

式中 D——钢坯厚度,mm;

L_x——铸坯的液芯长度,m;

v——拉速,m/min;

η——综合凝固系数,mm/min$^{\frac{1}{2}}$。

冶金长度L_y:

$$L_y \geq \frac{vD^2}{4\eta^2} \tag{44-13}$$

由式(44-13)可知,铸坯的液芯长度与铸坯的厚度,拉速和冷却强度有关。铸坯越厚,拉速越大,铸坯的液芯长度就越长,连铸机的长度也越长。在设计新连铸机时,为了适应生产的发展,在计算液芯长度时,应考虑可能浇注的最大坯厚和可能达到的最大拉速。当现有连铸机的允许液芯长度已定时,如果浇注的坯厚要增加,则拉速就要降低。

在一定程度上,液芯长度与冷却强度(喷水量)也有关,增加冷却强度有助于缩短液芯长度,但其影响程度不如前两者大,而且对某些钢种来说,过分加大冷却强度是不允许的。

七、连铸机曲率半径

连铸机的曲率半径（又称圆弧半径）主要是指铸坯弯曲段的外弧半径，它是弧形连铸机的重要参数之一。它标志着连铸机的形式和可能浇注的最大坯厚范围，同时也直接关系到连铸机的总体布置、高度以及铸坯质量。弧形连铸机的曲率半径主要取决于坯厚，但通常在确定曲率半径时，所考虑的无论是工艺上或质量上的要求，实质上都与液芯长度有较密切的关系。

曲率半径的计算与确定主要应考虑下述各项要求。

（一）按铸坯进入拉矫机前完全凝固来计算和确定

对于采用一般拉矫机的连铸机，铸坯进入拉辊前通常必须凝固。则冷却区的总长 L_c（从结晶器内钢液面到第一对拉辊之间的弧线长）如图 44-5 所示。

可按下式计算冷却区的总长 L_c：

$$L_c = \frac{3\pi R_1 \alpha}{360} + h_0 \qquad (44-14)$$

式中　R_1——铸坯中心曲率半径，m；

　　　α——第一对拉辊中心线与水平线之间的夹角，(°)；

　　　h_0——圆弧中心水平线至结晶器内钢液面的距离，m。

当采用弧形结晶器时，$h_0 = \dfrac{l_m}{2} - 0.1$。当采用直形结晶器时，$h_0 = h_1 + l_m - 0.1$，式中，$h_1$ 为二次冷却区的直线段长度，m；l_m 为结晶器的长度，m。

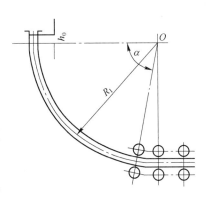

图 44-5　冷却区的总长计算的简图

连铸机曲率半径应确保冷却区总长等于或大于液芯长度，即：

$$R_1 \geqslant \left(\frac{D^2}{4\eta^2} V_{max} - h_0 \right) \times \frac{360}{2\pi\alpha} \qquad (44-15)$$

当连铸机采用"液芯拉矫"或"压缩矫直"等新工艺时，在计算冷却区总长度时，应注意把拉矫区内所包含的长度计算在内。

（二）按弧形铸坯在矫直时所允许的表面伸长率计算和确定

当铸坯通过拉矫机进行矫直时，铸坯内弧表面受拉，外弧表面受压。假定铸坯在矫直时断面的中心线长度保持不变，断面仍为平面。曲率半径越小，其内弧表面延伸变形量越大，如果伸长率超过了允许值，内弧表面尤其是角部容易产生横裂纹。由于内弧表面伸长率与曲率半径成反比，因此曲率半径应保证铸坯在矫直时内弧表面伸长率不超过允许值。设连铸机曲率半径为 R，坯厚为 D 时，则铸坯内弧表面伸长率为：

$$\varepsilon = \frac{0.5D}{R} \times 100\% \qquad (44-16)$$

为满足质量要求，连铸机的曲率半径应保证：

$$R \geqslant \frac{0.5D}{[\varepsilon]_1} \qquad (44-17)$$

式中 $[\varepsilon]_1$——铸坯表面允许伸长率，它主要取决于浇注钢种、铸坯温度以及对铸坯表面质量的要求等，由试验得出，对普碳钢和低合金钢均可取为 1.5% ~ 2.0%。

（三）按经验公式确定

连铸机的曲率半径还可以按坯厚的若干倍来做初步计算：

$$R = CD \qquad (44-18)$$

式中 C——系数，根据目前连铸机设计水平，C 值波动在 35 ~ 45 之间，一般中小型铸坯 $C = 30 ~ 36$，大板坯 $C = 40 ~ 45$，碳素钢取下限，特殊钢取上限。

随着连铸技术的不断发展，拉坯速度在不断地提高，较多的板坯连铸机实行了"液芯拉矫"。这时，在确定曲率半径时，应使铸坯凝壳内表面的伸长率 ε_n 控制在允许的范围内，否则铸坯将出现内裂，内裂对铸坯质量的影响比在铸坯表面产生的裂纹更值得重视。为满足铸坯质量的要求，不产生内裂，必须保证 ε_n 小于或等于凝固壳内层表面允许的伸长率 $[\varepsilon]_2$。由此可导出在实行"液芯拉矫"的条件下，采用 n 次矫直时，连铸机必需的铸坯中心各曲率半径 R_n 和 R_{n-1} 关系式为：

$$R_n \geqslant \frac{1}{\dfrac{[\varepsilon]_2}{0.5D - \delta_n} + \dfrac{1}{R_{n-1}}} \qquad (44-19)$$

式中 δ_n——曲率半径 R_n 处的铸坯凝固壳厚度，mm；

$[\varepsilon]_2$——铸坯凝固壳内层表面所允许的伸长率，根据不同钢种，通常可取为 0.1% ~ 0.2%，最大不能超过 0.5%。

八、流数

一台连铸机能同时浇注铸坯的总根数称为连铸机的流数。凡一台连铸机只有一个机组，又只能浇注一根铸坯的称为一机一流。如同时能浇注两根以上铸坯的，称为一机多流。凡一台连铸机具有多个机组又分别浇注多根铸坯的，称其为多机多流。

一机多流较多机多流的设备质量轻，投资省。但一机多流如果有一流出现事故时，可造成全机停产，并且生产操作及流间配合比较困难。

在一定操作工艺水平条件下，当连铸坯的断面尺寸确定之后，由于拉坯速度和钢包允许浇注时间的限制，若提高连铸机的生产能力，则必须增加连铸机的流数，以缩短浇注时间。近年来，小方坯连铸机最多浇注达 12 流，多数采用 1 ~ 4 流。大板坯最多浇注 4 流，常用 1 ~ 2 流。

若已知钢包的容量、每流铸坯的断面面积、拉坯速度，一台连铸机所必需的流数 n 可按式（44-20）计算：

$$n = \frac{G}{tSv\rho} \qquad (44-20)$$

式中 G——钢包的容量，t；

t——钢包允许浇注时间，min；

S——每流铸坯的断面面积，m^2；

v——拉坯速度，m/min；

ρ——铸坯密度，t/m^3，碳钢 $\rho = 7.6t/m^3$，沸腾钢 $\rho = 6.8t/m^3$。

连铸机的流数主要取决于钢包的容量、冶炼周期、铸坯断面面积和连铸机的允许拉坯速度。

第四节 生产能力的计算

一、浇注能力

浇注能力是指连铸机每分钟浇注的钢液量，即：

$$q_m = nq_y = nFv\rho \tag{44-21}$$

式中 q_m——浇注能力，t/min；

n——流数；

q_y——每流浇注能力，t/min；

F——铸坯断面面积，m^2；

v——拉速，m/min；

ρ——铸坯密度，t/m^3（若断面按冷坯计算，普通钢 $\rho = 7.8t/m^3$）。

二、浇注周期

浇注周期是指每次浇注时间与浇注准备时间之和，即：

$$T = t_1 + t_2 = \frac{GN}{nq_y} + t_2 \tag{44-22}$$

式中 T——浇注周期，min；

t_1——浇注时间（从中间包开浇到中间包最后一流浇完为止的总时间），min；

t_2——准备时间（从上一炉中间包浇完到下一炉开始浇注为止的总时间），min；

G——钢包钢液量，t；

N——平均每次连浇炉数。

在确定浇注时间时，要充分考虑电弧炉炼钢车间的电弧炉冶炼周期与连铸周期的配合，应尽量满足多炉连浇钢水的配合条件，应对电弧炉与连铸机的调度与配合进行分析。

三、连铸机年作业率

连铸机年作业率的计算公式如下：

$$\eta = \frac{t_0 + t_p}{t_Y} \times 100\% \tag{44-23}$$

式中 η——连铸机年作业率，%，一般小方坯为 60% ~ 80%，大方坯为 60% ~ 85%，板坯为 70% ~ 85%；

t_0——连铸机年浇注时间，h；

t_p——连铸机年准备时间，h；

t_Y——年日历时间，为8760h。

四、连铸坯收得率

连铸坯收得率计算公式如下：

$$\eta_{坯} = \frac{G_h}{G} \times 100\% \qquad (44-24)$$

式中　G_h——合格坯产量；

　　　G——浇注钢液量。

浇注钢液量包括：合格坯产量、更换中间包时的接头坯、精整损失、氧化铁皮及切割渣损失、中间包残钢、钢包开浇后的回炉钢液、引流渣出废钢、切头切尾。

五、连铸机的年产量

$$G_a = 8760 \times \frac{GN\eta_{坯}\eta}{T} \qquad (44-25)$$

式中　G_a——连铸机的年产钢量，t/a；

　　　G——钢包钢液量，t；

　　　N——平均每次连浇炉数；

　　$\eta_{坯}$——连铸坯收得率，可取95%～96%；

　　　η——连铸机年作业率，一般小方坯为60%～80%，大方坯为60%～85%，板坯为70%～85%；

　　　T——浇注周期，min。

六、最高日浇注炉数及最高日产量

最高日浇注炉数及最高日产量是指连铸机24小时无故障浇注的最高浇注炉数及最高产量。这个数据用于计算后步工序、辅助系统及吊车的配备能力及通过能力。

（一）日最高浇注炉数

日最高浇注炉数按下式计算：

$$P = \frac{1440N}{T + \Delta t} \qquad (44-26)$$

式中　P——最高日浇注炉数，炉/d；

　　　N——每次连浇炉数，炉/次；

　　　T——浇注周期，min；

　　Δt——等待钢液的时间，min。

（二）最高日产量

最高日产量按下式计算：

$$G_d = GP\eta_{坯} \qquad (44-27)$$

式中　G_d——最高日产量，t；

$\eta_{坯}$——连铸坯收得率，可取 $95\% \sim 96\%$。

由于冶炼时间与浇注周期的时间差所造成的等钢液时间是影响连铸机生产能力的一个因素，其损失时间可按下式计算：

$$t_{s} = \frac{365\eta\Delta t}{T} \tag{44 - 28}$$

式中　t_{s}——年等钢液损失时间，d；

η——连铸机作业率，%，一般小方坯为 $60\% \sim 80\%$，大方坯为 $60\% \sim 85\%$，板坯为 $70\% \sim 85\%$。

在总体设计时，应通过调度图表的合理安排，尽量减少等钢液时间，为此应注意以下两个方面：

（1）连铸机的浇注时间与电弧炉冶炼周期保持同步关系；

（2）连铸机的准备时间应尽量小于电弧炉冶炼周期。

第四十五章　连铸机设备组成的简介

连铸机主要由钢包回转台、中间包、中间包运载装置、结晶器、结晶器振动装置、二次冷却装置、拉坯矫直机、引锭装置、切割装置和钢坯运出装置等组成。

第一节　钢包回转台

现代电炉车间使用钢包回转台作为连铸钢水的承载和运转工具，实现钢包的过跨操作，满足多炉连浇对快速更换钢包的要求。

一、对钢包回转台的要求

（1）将钢包运送到浇注位置，并在浇注过程中支撑钢包；

（2）能快速进入或退出浇注位置，满足多炉连浇的要求；

（3）在发生事故时，能将钢包转移到安全位置；

（4）有可能安装钢流保护装置和钢液称量装置；

（5）运输钢液的设备，传动上应保证启动和制动平稳，以免荡出钢液造成事故；

（6）结构强度的安全系数应选择适当，确保安全操作；

（7）运载设备应尽量少占浇注平台的有效面积，以免给操作带来不便。

二、钢包回转台一般形式

（一）直臂式钢包回转台

这种回转台的两个钢包支撑在同一直臂的两端，同时做旋转运动，两个钢包也可以同时做升降运动；有的也设计成在直臂两端装有单独的升降装置和称量装置，如图45－1所示。

（二）单臂升降回转式钢包回转台

双臂单独升降式钢包回转台形式如图45－2所示，这种钢包回转台的两个支撑臂可以单独回转、升降，也可以同时回转和升降。

（三）碟形钢包回转台

碟形钢包回转台结构如图45－3所示。

三、钢包回转台工作特点

（一）重载

钢包回转台承载几十吨到几百吨的钢包，当两个转臂都承托着盛满钢水的钢包时，所

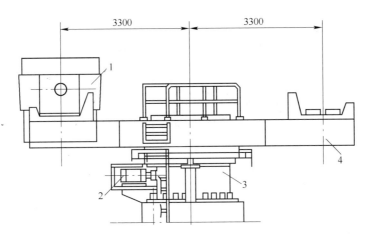

图 45-1　直臂钢包回转台的一般形式
1—钢包；2—回转传动装置；3—支座；4—承载臂

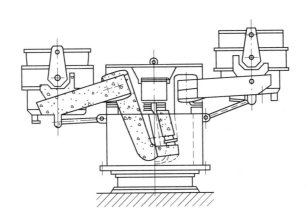

图 45-2　双臂单独升降式钢包回转台形式

承受的载荷最大。

（二）偏载

钢包回转台会出现五种工作状态：一满一空、一满一无、一空一无、两空、两无。最大偏载出现在一满一无的工况，此时钢包回转台会承受最大的倾翻力矩。

（三）冲击

由于钢包安放、移去都是用起重机完成的，因此在安放移动钢包时会产生巨大冲击，这种冲击使回转台零部件承受动载荷。

（四）高温

钢包中的高温钢水会对钢包回转台产生热辐射，从而使钢包回转台承受附加的热应力；另外，浇注时飞溅的钢水颗粒也会给回转台带来火警隐患。

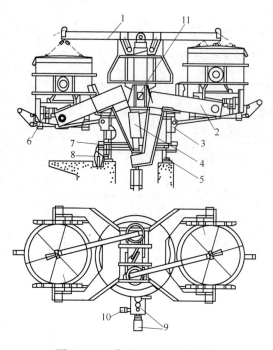

图 45 - 3 碟形钢包回转台结构

1—钢包盖装置；2—叉形臂；3—旋转盘；4—升降装置；5—塔座；6—称量装置；

7—回转环；8—回转夹紧装置；9—回转驱动装置；10—气动马达；11—背撑梁

四、钢包回转台的组成

钢包回转台主要由旋转盘、回转驱动机构、回转夹紧装置、升降装置、称量装置、润滑装置及事故驱动装置等组成。

（一）旋转盘

旋转盘即旋转框架，是一个较大型的钢结构件。它的上部装有支撑钢包的两个支臂，下部安装着大轴承的轴承座，旋转盘承受着巨大的载荷。因此，必须具有足够的强度、刚度以及一定的热负荷强度。

（二）回转环

回转环实际上是一个很大的推力轴承，安装在旋转框架和塔座之间，旋转环和旋转框架及塔座之间的连接部位均采用高强度预紧螺栓。

（三）塔座

塔座设置在基础上，通过回转环支撑着回转台旋转盘以上的全部负荷。

（四）回转驱动装置

回转驱动装置由电动机、大速比减速机及回转小齿轮组成（见图 45 - 4）。

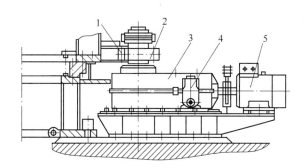

图 45 - 4　回转驱动装置
1—柱销齿轮；2—回转小齿轮；3—减速器；4—气动马达；5—电动机

回转台旋转频率通常不大于 1/60s。

（五）事故驱动装置

钢包回转台一般都设有一套事故驱动装置，以便在发生停电事故或其他紧急情况下而无法使用正常驱动装置时，仍可借助于事故驱动装置将处于浇注位置的钢包旋转到事故钢包上方。事故驱动装置通常是气动的，由气动马达代替电动机驱动大比速减速机及其他部分。

（六）回转夹紧装置

回转夹紧装置是使钢包固定在浇注位置的机构，它一方面保护了回转驱动装置在装包时不受冲击，另一方面保证了在浇注时钢包的安全性。

（七）升降装置

为了实现保护浇注，要求钢包能在回转台上做升降运动；当钢包水口打不开时，要求使钢包上升，以便于操作工用氧气烧开水口。同时钢包升降装置对于快速更换中间包也很有利。

（八）称量装置

钢包称量装置的作用是用来在多炉连浇时，协调钢水供应的节奏以及预报浇注结束前钢水剩余量，从而防止钢水流入中间包。每套称量装置装有 4 个称量传感器以及完整的称量系统。

（九）润滑装置

钢包回转台的回转大轴承采用集中自动润滑，分别由两台干油泵及其系统供油。

五、钢包回转台的主要参数

（一）承载能力

钢包回转台的承载能力是按转臂两端承载满包钢水的工况进行确定，例如一个300t钢包，满载时总重为440t，则回转台承载能力为440t×2。另外，还应考虑承接钢包一侧在加载时的垂直冲击引起的动载荷系数。

（二）回转速度

钢包回转台的回转速度不宜过快，否则会造成钢包内的钢水液面波动，严重时会溢出钢包外，引起事故。一般钢包回转台的回转速度为 1r/min。更换钢包时间为 0.5 ~ 2min。

（三）回转半径

钢包回转台回转半径是指回转台中心到钢包中心之间的距离。回转半径一般根据钢包的起吊条件确定。回转台可以正、反旋转 360°，但必须在钢包升起一定高度时才能开始旋转。

（四）钢包升降行程与升降速度

钢包在回转台转臂上的升降行程，是为进行钢包长水口的装卸与浇注操作所需空间服务的，一般钢包都是在升降行程的低位进行浇注，在高位进行旋转或受包、吊包；钢包在低位浇注可以降低钢水对中间包的冲击，但不能与中间包装置相碰撞。通常钢包升降行程为 600 ~ 800mm。

钢包回转台转臂的升降速度一般为 1.2 ~ 1.8m/min。

第二节 中 间 包

一、中间包的作用及对中间包的要求

（一）中间包的主要作用

中间包是钢包与结晶器之间用于钢水过渡装置。中间包承受连铸钢包流入的钢水后起"承上启下"作用，其安装位置如图 45 – 5 所示。

它的作用是：

（1）稳定钢流，减少钢流对结晶器的冲击和搅动，稳定浇注操作；

（2）均匀钢液温度和成分；

（3）使脱氧生成物和非金属夹杂物分离上浮；

（4）在多流连铸机上起分配钢液的作用；

（5）在多炉连浇时，中间包能储存一定数量的钢水，以保证在更换钢包时不停浇、不断流，仍能正常浇注。

（二）中间包设计时应能满足的工艺要求

（1）在易于制造的前提下，力求散热面积小，保温性能好，外形简单；

（2）其水口的大小与配置应能满足铸坯断面、流数和连铸机布置形式的要求；

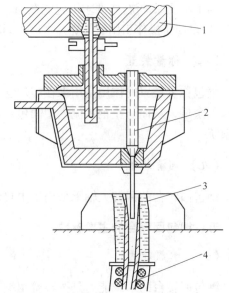

图 45 – 5 中间包的安装位置

1—钢水包；2—中间包；3—结晶器；4—二冷区

（3）便于浇注操作、清罐和砌砖，应具有长期高温作用下的结构稳定性。

二、中间包的形状与结构

（一）中间包的形状

中间包的形状根据铸机的流数和布局，形式多种多样，有矩形、三角形、梯形、椭圆形、T形、V形等，如图45-6所示。但使用最多的是梯形，一般板坯1~2流；方坯3~6流。

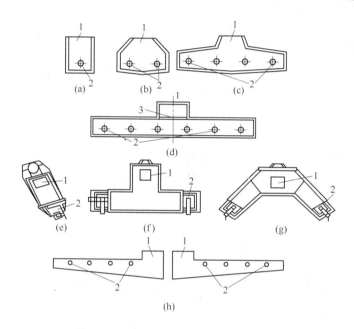

图45-6　中间包断面的各种形状示意图
（a），（e）单流；（b），（f），（g）双流；（c）4流；（d）6流；（h）8流；
1—钢包注流位置；2—中间包；3—挡渣墙

中间包包壳由钢板焊接而成，保证有足够的强度和刚度，在高温工作过程中不变形，内砌耐火砖。

为了提高连铸坯的质量，防止钢水二次氧化，从钢包到中间包的注流应采用长水口，或者采用气体保护浇注。

为了使钢水在中间包停留时间延长（5~10min），有利于夹杂物的上浮，进一步发挥中间包净化钢水的作用，提高钢水的纯净度，目前中间包向大容量（50t）、深熔池（1m以上）方向发展，同时在中间包内不同位置加入挡墙，以改变钢液流动方向，消除死区，使夹杂物上浮。

（二）中间包的结构

1. 中间包本体

中间包本体是存放钢水的容器，它主要由包壳体和耐火材料包衬组成。

（1）中间包壳体。中间包壳体是由12~20mm厚的钢板焊接而成的箱型结构件。为了使壳体具有足够的刚度，能在高温、重载的环境下经烘烤、浇注、吊装、翻罐等多次作业而不变形，应在壳体外部焊有加强筋和加强箍；为了支撑和吊装中间包，在壳体的两侧或四周焊接吊耳环；另外还需设置钢水溢流孔、出钢孔，在壳体钢板上钻有多排用来作为耐火材料的透气孔。

（2）耐火材料包衬。中间包耐火材料包衬由工作层、永久层和绝热层组成。其中绝热层用石棉板、保温砖砌筑或用轻质浇注料浇筑而成，保温层紧贴钢包壳体的钢板，以减少散热；永久层用黏土砖砌筑或用浇注料整体浇注成形；工作层与钢液直接接触，可用高铝砖、镁质砖砌筑，也可用硅质绝缘板、镁质绝缘板或镁橄榄石质绝缘板组装砌筑，还可以在工作层砌砖表面喷涂 10~30mm 的一层涂料。

2. 中间包包盖

包盖的作用是保温和防溅，还可以减少炽热的钢水对钢包底部的辐射烘烤。它也是钢板焊接结构，内衬采用耐火混凝土捣打而成。包盖上留有预热用孔，塞棒用孔及中间一个钢包浇铸用孔。

3. 挡渣墙

中间包挡渣墙的作用是可改变包内钢水的流动状态，使钢水中的夹杂物容易从钢水中分离出来，同时可使中间包的传热过程和温度分布更加趋于平均，以利于对浇铸钢水温度的控制。挡渣墙的形状如图 45-7 所示。

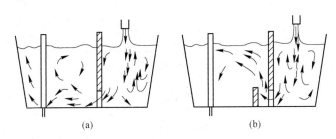

(a)　　　　　　　　(b)

图 45-7　挡渣墙示意图
（a）隧道型挡渣墙；（b）隧道加坝型挡渣墙

4. 中间包塞棒

连铸中间包塞棒在多数钢厂采用整体塞棒。整体塞棒为铝碳质，结构型式为单孔型。

塞棒机构的结构如图 45-8 所示。

中间塞棒主要由操纵手柄、扇形齿轮、升降滑杆、上下滑座、横梁塞棒、支架等零件组成。

操纵手柄与扇形齿轮联成一体，通过环形齿条、拨动升降滑杆上升和下降，带动横梁和塞杆芯杆，驱动塞棒做升降运动。

中间包的塞棒机构通过控制塞棒

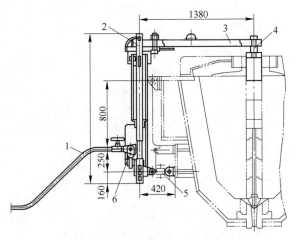

图 45-8　中间包塞棒机构简图
1—操纵手柄；2—升降滑杆；3—横梁；4—塞棒芯杆；
5—支架调整装置；6—扇形齿轮

的上下运动，达到开闭水口、调节钢水流量的目的。

中间包的形式与结构如图45-9所示。它是由壳体、包盖、内衬、水口和挡渣墙等组成。

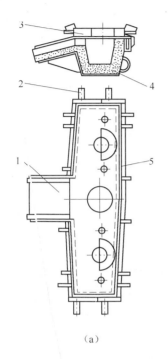 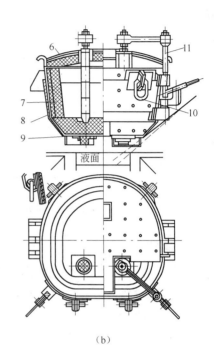

（a） （b）

图 45-9 中间包的形式与结构

1—溢流槽；2—吊耳；3，6—中间包盖；4，7—耐火衬；5—壳体；
8—壳体；9—水口；10—吊环；11—水口控制机构（塞棒机构）

三、中间包主要参数的确定

中间包主要参数有容量、水口和包体的主要尺寸。

（一）中间包的容量

中间包的容量主要考虑在更换钢包过程中，中间包内的钢液量能维持正常浇注的进行和有利于夹杂物的上浮。一般是取钢水包容量的15%～40%。中间包的容量要选择得适当，尤其在多炉连浇时，在不降低拉速又要保证包内必需的最低钢液面高度（大于250mm）的前提下，应使中间包的容量大于更换钢包间连铸机所必需的钢水量。容量过大钢水在包内停留时间长，钢水温降较多且浪费烘烤用燃料，一旦出现浇注事故时，包内残存的钢水也多。容量过小不能满足工艺要求。为此，中间包的容量主要应根据钢包容量、铸坯断面的大小和浇注的速度与流数来确定。

中间包的容量的计算公式为：

$$G_z = 1.3Sv\rho tn \tag{45-1}$$

式中 G_z——中间包的容量，m^3；

S——铸坯断面面积，m^2；

v——平均拉速，m/min；

ρ——钢水密度，t/m³；

t——更换钢包的时间，min；

n——流数。

目前，多数工厂，中间包的容量按钢包的容量确定，通常按表 45 – 1 选取。

表 45 – 1　中间包的容量与钢包容量的比值

钢包容量/t	中间包容量占钢包容量的质量分数/%
40 以下	20 ~ 40
40 ~ 100	15 ~ 20
100	10 ~ 15

当钢包容量较小时，中间包容量取大值，反之取小值。

（二）中间包的主要尺寸

（1）中间包的高度。中间包的高度取决于钢水在包内深度和钢包注流的搅动深度。它对注流稳定和夹杂物上浮有重要影响。根据实践经验，包内钢液深度不应小于 400 ~ 450mm，一般为 500 ~ 600mm 以上，最大可达 1000mm。包内钢液面到中间包上口应留有 200mm 左右的高度。

（2）中间包的长度。中间包的长度主要取决于连铸机流数和流间距。应使其边部钢流能注入到最外边一流的结晶器内，过长会使边部钢水温度降低，耐火材料消耗增加。方坯流间距一般为 1 ~ 1.3m。水口中心离中间包壁边缘约为 200mm。

（3）中间包的宽度。中间包的宽度应保证钢水冲击到中间包水口的最短距离不小于 500mm；且不影响操作人员的视线。

（4）包壁斜度。包壁斜度以 10% ~ 20% 的倒锥度为宜。

四、中间包的水口参数

（1）水口直径。水口直径应根据最大浇注速度来确定，要保证连铸机在最大拉速时所需的钢流量，水口全开时钢流要圆滑而密实，不产生飞溅或涡流。浇注时必须经常控制水口开度。如用塞棒式水口，水口过大，则塞头易冲蚀，钢流易散发，若浇小断面铸坯时，结晶器还容易溢钢，而水口过小又会限制拉速，水口也易"冻结"。水口直径可按下式确定：

$$d = \sqrt{\frac{4q_{\mathrm{m}}}{\pi\rho\sqrt{2gh}}} \qquad\qquad (45 – 2)$$

式中　d——水口直径，m；

ρ——钢水密度，t/m³；

q_{m}——最大拉速时的钢水流量，t/min；

g——重力加速度，9.8m/s²；

h——中间包钢液深度，m。

（2）水口个数和间距。当铸坯宽度小于 500mm 时，一流只用一个水口。在这种情况下，水口的个数和所浇注的铸坯流数一样。水口间的距离即为结晶器的中心距，也是流间距，为便于操作，其值应大于 600~800mm。当铸坯宽度大于 700mm 时，依具体尺寸可以适当增加水口个数。

为了防止钢水由中间包注入结晶器时发生二次氧化、飞溅和散热，改善铸坯表面质量，避免捞渣操作等，目前已广泛采用了浸入式水口—保护渣浇注，基本上解决了铸坯的质量问题（特别是板坯的纵裂等）。形式有直孔和双侧孔，分别用于方坯和板坯。

双侧孔浸入式水口的出口孔方向有水平的、向上的或向下倾斜的（倾斜角度不超过 30°）。

一般认为向下倾斜的较好。

五、连铸中间包用耐火材料

在钢铁生产过程中，中间包是最终存放钢液的容器。中间包的形状不尽相同，但都具有调整钢流，进一步去除非金属夹杂物的任务。即要求中间包也成为精炼钢液的容器，因此，对中间包的包衬耐火材料也有较高的要求。随着连铸技术的发展，所用耐火材料也有较大的变化与发展。目前采用最普遍的是：工作层为 Al_2O_3 含量在 50% 左右的、用钢纤维增强的高铝浇注料；表面层喷涂 MgO 质涂料，采用合理的挡渣墙组合，改善钢液的流动状态，以利于夹杂物的上浮，挡渣墙材质为 Al_2O_3 含量在 70% 左右的经预烧的低水泥浇注料；近年出现的全碱性中间包，挡渣墙用镁质浇注料，内衬用镁质或钙质干式料，表面涂有相应材质的涂料。

第三节　中间包车

一、中间包车的作用

中间包车是支撑、运载或更换中间包的设备，它安装在浇注平台上。在浇注前，中间包车载着烘烤好的中间包开至结晶器上方，使中间包水口对准结晶器中心或结晶器宽度方向的对称位置（当结晶器需要两个以上水口同时铸钢时）。浇注完毕或发生事故不能继续浇注时，它载着中间包迅速离开浇注位置。

生产工艺对中间包小车的主要要求是：运行迅速，停位准确，易于调整水口与结晶器的相对位置。用一般水口时，它的作用是既要尽量减少二者间的距离，又要便于观察结晶器内的钢液面，捞渣和水口烧氧等操作。

通常每台连铸机配备两台中间包小车，交替使用。但在实行多炉连浇时仍然存在一个快速换包问题。尤其在浇注大板坯时，换包时间最好控制在 1min 以内。就目前来说，小车运行速度在 10~20m/min，最高达 30m/min 的情况下，换包的准备工作做得好，操作顺利时，最快也需 2~3min。国外为缩短换包时间，采用了中间包旋转台，据说，换包时间不超过 1min。

此外，小车上还应设有中间包的称量装置，以控制包内钢液面。

二、中间包车的类型

中间包车按中间包水口在中间包车的主梁、轨道的位置，可分为门式和悬吊式两种类型。

（一）门式中间包车

门式中间包车有门型和半门型两种结构形式，如图45-10所示。

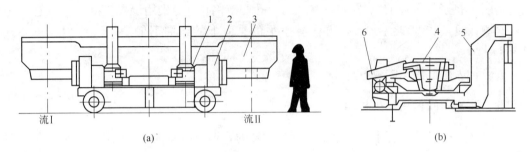

图45-10 门型中间包车

（a）门型；（b）半门型

1—升降机构；2—行走机构；3，4—中间包；5—中间包车；6—溢流槽

门型中间包车的轨道布置在结晶器的两侧，重心处于车框中，安全可靠。门型中间包车适用于大型连铸机。但由于门型中间包车骑跨在结晶器的上方，操作人员的视野会受到一定的限制。

半门型中间包车与门型中间包车的最大区别是布置在靠近结晶器内弧侧，浇注平台上方的钢结构轨道上。

（二）悬吊式中间包车

悬吊式中间包车有悬臂型中间包车（见图45-11）和悬挂型中间包车（见图45-12）两种形式。

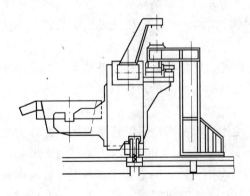

图45-11 悬臂型中间包车

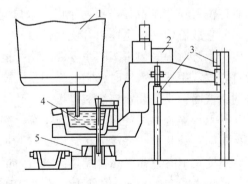

图45-12 悬挂型中间包车

1—钢包；2—悬挂型中间包车；

3—轨道梁与支架；4—中间包；5—结晶器

悬臂型中间包车，中间包水口伸出车体之外，浇注时车体位于结晶器的外弧侧；其结构是一根轨道在高架梁上，另一根轨道在地面基础上。车行走迅速，同时结晶器上面供操作的空间和视野范围大，便于观察结晶器内钢液面，操作方便；为保证车的稳定性，应在车上设置平衡装置或在外侧车轮上增设护轨。

悬挂型中间包车的特点是两根轨道都在高架梁上，对浇注平台的影响最小，操作方便。

悬吊式中间包车只适用于生产小端面铸坯的连铸机。

三、中间包车的结构

中间包车的结构主要由车体、运行装置、升降装置、横移对中装置等组成。

（1）车体。车体是由钢板和型钢焊接而成的框架结构件，其作用是支撑中间包升降平台、安装运行装置、升降装置、长水口机械手装置、中间包溢流槽、固定操作平台、上下扶梯通道等。

（2）运行装置。中间包车的运行装置由快、慢速电动机，减速器，传动部件与车轮等组成。安装在车体下部。

（3）升降装置。中间包车升降装置的驱动方式有电动和液压传动两种方式。它设置在车体上支撑和驱动升降平台装置。

（4）横移对中装置。中间包车的横移对中装置安装在升降平台装置上，它的驱动方式有手动、电动和液压传动等几种方式。

第四节　结　晶　器

在连铸设备中，结晶器是一个非常重要的部件。在结晶器中钢水初步凝固成形，结成一定厚度的坯壳。这个过程是钢水（铸坯）与结晶器之间具有连续的相对运动下进行的，因而结晶器内铸坯的冷却凝固情况比较复杂，对结晶器也有很高的要求。设计结晶器的根本目的就在于使从结晶器出来的铸坯具有一定厚度的均匀坯壳，它在机械应力和热应力的综合作用下既不会被拉断，也不至于产生歪扭变形和裂纹等质量缺陷。

一、结晶器的特点

（一）良好的导热性能

刚性好，特别是结晶的内壁，要防止其在剧烈的温度变化下而产生变形，有较好的耐磨性。

（二）结构力求简单，制造、拆装和调整要方便

在保证结晶器刚性的前提下，质量要轻，以便在振动时具有较小的惯性力，使结晶器的运动平稳可靠。

（三）良好的导热性能

在结晶器中，钢水的热量除由钢液面向上辐射和由坯壳向下传导外，主要是通过几层导热系数不同的介质进行的。即由钢水经凝固坯壳，坯壳与结晶器内壁之间的气隙（保护渣），结晶器内壁和冷却水导出热量。在结晶器内，通过冷却水带走的热量约占结晶器总散热量的96%以上。

注入结晶器中的钢水，由于冷却水不断地带走热量，使钢液沿结晶器内壁逐渐凝固形成初生坯壳。起初，钢水的固液界面呈现出凹凸不平的不规则现象，随着冷却继续进行，坯壳逐渐增厚和收缩，企图离开结晶器内壁，但是由于坯壳较薄，在内部高温钢水的静压力作用下仍能紧贴结晶器内壁。在继续冷却向下运动的过程中，坯壳进一步增厚，直到坯壳本身的强度和刚度完全能承受起钢水的静压力时，坯壳开始脱离结晶器内壁而产生气隙。

二、结晶器的形式

（一）按拉坯方向内壁的线型

按拉坯方向内壁的线型可分为直结晶器和弧形结晶器。

（1）直结晶器。从工艺上看，钢水注入直结晶器时流股对称，且在铸坯断面相同的条件下浇注面积较大。因此，对坯壳冲刷均匀，易形成均匀的坯壳，铸坯中非金属夹杂物分布比较均匀。

从设备角度上看，其结构比较简单，加工制造容易，耗铜少，寿命长，安装容易对中。

从导热性能上看，坯壳冷却均匀，但高温薄坯壳在直线段拐点处容易产生裂纹。

（2）弧形结晶器。虽然直结晶器较弧形结晶器具有很多优点，但弧形结晶器曲率半径较大，钢水注入结晶器时流股的不均匀性不严重，又由于采用浸入式水口后，非金属夹杂物不均匀性分布并不严重，只要保证钢水的纯洁度，还是采用弧形结晶器为好，为此，目前采用弧形结晶器较多。

（二）按结晶器结构

按结晶器结构分以下三种：

（1）整体式结晶器。它是用一整块锻造紫铜加工而成。在其内腔四周钻有许多平行于内壁的小孔并通水冷却。这些小孔应尽可能沿其内腔周围均匀分布，达到冷却均匀的目的。为了提高冷却水的流速，往往在这些孔内插入芯杆。这种结晶器刚性大，易维护，但制造费用高，其冷却能力比套管式和组合式差。它的最大缺点是当使用若干次后，由于要切削加工表面，故使铸坯尺寸增大，同时铜耗较高，为此现在很少采用。

整体式结晶器如图45-13所示。

（2）套管式结晶器。套管式结晶器如图45-14所示。套管式结晶器的内壁为一整体的无缝铜管（壁厚6~12mm）做成所要求的断面，用钢板或铸钢件做成外套管，以形成一个狭小的冷却通道。高速冷却水在其内部循环流过。内壁与外壁通过法兰连接。这种结晶器结构简单，制造和维修方便，广泛用于浇注中小型的方坯和矩形坯中。

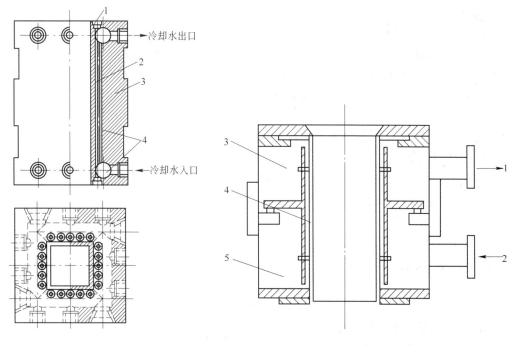

图 45－13　整体式结晶器

1—堵头；2—芯杆；3—结晶器外壳；

4—冷却水管路

图 45－14　套管式结晶器简图

1—出水；2—进水；3—出水室；

4—循环水缝；5—进水室

（3）组合式结晶器。组合式结晶器如图 45－15 所示。组合式结晶器是由四块壁板组装而成，每块壁板都包括有内壁和外壁两部分，用螺栓连接而成。内壁与外壁之间形成水缝，以便通水冷却。为使冷却均匀稳定，一般各面实行独立冷却。通常四块复合壁板的组装方式大都采用宽面压窄面。现在，大方坯和板坯连铸机一般都使用组合式结晶器，而且采用可调宽度或宽厚均可调的组合式结晶器。

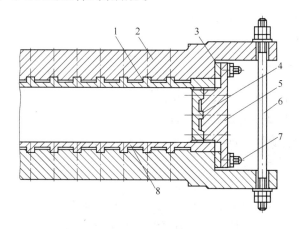

图 45－15　组合式结晶器

1—外弧内壁；2—外弧外壁；3—调节垫块；4—侧内壁；5—侧外壁；6—双头螺栓；7—螺栓；8—内弧外壁

三、结晶器的尺寸参数

(一) 结晶器的断面尺寸

结晶器的断面尺寸应根据冷连铸坯的公称断面尺寸确定。但由于连铸坯在冷却凝固过程中逐渐收缩以及矫直时都将引起半成品铸坯的变形，为此，要求结晶器的断面尺寸应当比连铸坯的公称断面尺寸大一些。通常大约为 2% ~3% 左右（厚度方向取 3%，宽度方向取 2% 左右）。

通常按实际经验决定结晶器的断面尺寸如下：

（1）圆坯结晶器。

$$D_{xn} = (1 + 2.5\%)D_0 \qquad (45-3)$$

式中 D_{xn}——结晶器下口处内腔直径，mm；

D_0——铸坯公称直径，mm。

（2）方坯和矩形坯结晶器。

1）考虑铸坯可能的压缩和宽展，其计算公式如下：

$$D_{xk} = (1 + 2.5\%)D_h + C$$
$$B_{xk} = (1 + 1.9\%)B_k - C \qquad (45-4)$$

式中 D_{xk}——结晶器下口处内腔厚度，mm；

D_h——铸坯公称厚度，mm；

B_{xk}——结晶器下口处内腔宽度，mm；

B_k——铸坯公称宽度，mm；

C——增减值，按铸坯断面的大小选取。

断面小于 $160\text{mm} \times 160\text{mm}$ 时，$C = 1\text{mm}$；

断面大于 $160\text{mm} \times 160\text{mm}$ 时，$C = 1.5\text{mm}$。

2）结晶器厚度方向和宽度方向的内腔尺寸相同，其计算公式如下：

$$D_{xk} = (1 + 2.5\%)D_h$$
$$B_{xk} = (1 + 2.5\%)B_k \qquad (45-5)$$

（3）板坯结晶器。

1）结晶器宽边：

$$B_{sk} = [1 + (1.5\% \sim 2.5\%)]B_k$$
$$B_{xk} = [1 + (1.5\% \sim 2.5\%) - \Delta_k\%]B_k \qquad (45-6)$$

式中 B_{sk}——结晶器上口处内腔宽度，mm；

B_{xk}——结晶器下口处内腔宽度，mm；

B_k——铸坯公称宽度，mm；

Δ_k——宽边锥度，%。

2）结晶器窄边：

$$D_{sk} = (1 + 1.5\%)D_h + 2$$
$$D_{xk} = (1 + 1.5\% - \Delta_z\%)D_h + 2 \qquad (45-7)$$

式中 D_{sk}——结晶器上口处内腔厚度，mm；

D_{xk}——结晶器下口处内腔厚度，mm；

D_h——铸坯公称厚度，mm；

Δ_z——窄边锥度，%。

（二）结晶器的长度

确定结晶器长度的主要根据是铸坯出结晶器时坯壳要有一定的厚度，若坯壳厚度较薄，铸坯就容易出现鼓肚，甚至拉漏，这是不允许的。根据实践，结晶器的长度应保证铸坯出结晶器下口时的坯壳厚度大于或等于 10～25mm。通常，生产小断面铸坯时可取下限，生产大断面铸坯时可取上限。因此，结晶器的有效长度 L_{ym} 可按下式计算：

$$L_{ym} = v\left(\frac{\delta}{\eta}\right)^2 \tag{45-8}$$

式中　δ——结晶器出口处的坯壳厚度，mm；

η——铸坯在结晶器内的凝固系数，$mm/min^{\frac{1}{2}}$；一般取 $20～23mm/min^{\frac{1}{2}}$；

v——拉坯速度，mm/min。

考虑到结晶器内钢液面的波动，钢液面到结晶器上口留有 80～120mm 高度，故结晶器的实际长度 L_m 为：

$$L_m = L_{ym} + (80～120) \tag{45-9}$$

尽管如此，世界各国结晶器长度很不一致，欧美国家采用短结晶器较多，一般为600～900mm。前苏联大多数采用长结晶器，一般为 1200～1500mm。中国采用的结晶器一般为 700～900mm。对于大断面钢坯可取短些，小断面可取长些。为了适应高速浇注的需要，现在大多数把长度增加到 900mm。理论计算表明，结晶器内 50% 的热量是由它的上部导出的，结晶器下部只起支撑作用，过长的结晶器无益于凝壳的增厚，没有必要把结晶器设计过长。

选取结晶器长度后，为了确保结晶器出口处坯壳不致太薄，应根据凝固公式进行验算。即坯壳理论厚度为：

$$\delta = K\sqrt{t} = \eta\sqrt{\frac{L_{ym}}{v}} \tag{45-10}$$

式中　K——系数；

t——凝固时间，min。

对于小方坯结晶器出口坯壳厚度应大于 8～10mm，板坯结晶器出口坯壳厚度应为15～20mm。

（三）结晶器的倒锥度

钢水在结晶器内冷却生成坯壳，进而收缩脱离结晶器壁。在坯壳与四壁之间形成气隙，为了减小气隙，尽可能保持良好的导热条件加速坯壳生长，通常将结晶器做成下口断面比上口断面略小，即所谓结晶器断面倒锥度。用公式表示倒锥度为：

$$\Delta = \frac{S_1 - S_2}{S_1 L_m} \times 100\% \tag{45-11}$$

式中　S_1——结晶器上口断面积，mm^2；

S_2——结晶器下口断面积，mm^2。

对于板坯连铸机的结晶器，由于坯厚方向收缩较宽度方向收缩小得多，为便于安装找正，结晶器的两个宽面一般都做成平行的，这时倒锥度可按宽边长度计算。其计算式如下：

$$\Delta = \frac{X_1 - X_2}{X_1 L_m} \times 100\% \qquad (45-12)$$

式中 X_1，X_2——结晶器上、下口的宽边长度，mm。

倒锥度的大小主要取决于高温铸坯的收缩系数，目前只能靠经验选取，主要决定拉速、断面尺寸的含碳量。推荐值为：

（1）方坯连铸机。80~110mm 方坯结晶器倒锥度为 0.4%/m；110~140mm 方坯结晶器倒锥度为 0.6%/m；140~200mm 方坯结晶器倒锥度为 0.9%/m；对于低碳钢小方坯结晶器倒锥度为 0.5%/m；对于高碳钢小方坯结晶器倒锥度为（0.8%~0.9%）/m。

方坯结晶器圆角半径：浇注小于 130mm 方坯时，圆角半径为 4~6mm；大于 130mm 方坯时，圆角半径为 6~8mm。

（2）板坯连铸机。板坯结晶器的宽面倒锥度为（0.8%~0.9%）/m，而对于窄面倒锥度为（0~0.6%）/m。

一般使宽面互相平行或有较小的倒锥度，使窄面有（0.9%~1.3%）/m 的倒锥度。

（3）圆坯连铸机。采用保护渣的圆坯结晶器的倒锥度通常是 1.2%/m。

若采用双锥度的结晶器，即增加结晶器上部的倒锥度最高可达 3%，以补偿凝固时钢水收缩，更有利于传热，但制作复杂。

四、结晶器的冷却水耗水量

钢水在结晶器内形成坯壳时所放出的热量主要由冷却水带走，因此，合理确定结晶器的水缝面积非常重要，它可以根据下式计算：

$$Q_s = \frac{36 S_s v_s}{10000} \qquad (45-13)$$

式中 Q_s——结晶器耗水量，m^3/h；

S_s——结晶器水缝面积，mm^2；

v_s——结晶器水缝内冷却水的流速，m/s，在进水压力为 0.3~0.6MPa 时，方坯取 6~9m/s，板坯取 3.5~5m/s。

根据经验，对于小方坯结晶器冷却水耗量，可取结晶器周边每 1mm 长度耗水 2~3L/min。

对于板坯结晶器冷却水耗量，结晶器宽面每 1mm 长度耗水 2L/min，窄面每 1mm 长度耗水 1.35L/min。

五、结晶器的材质与寿命

结晶器的材质，主要指结晶器内壁的材质。

（1）铜管的材质。铜管内部与高温钢水接触，外部与冷却水接触，导致铜管内外表面温差大，热应力高。因此，要求铜管的导热性能好，热疲劳强度高，再结晶温度高和热膨胀系数小。目前中国铜管制作多采用紫铜或磷脱氧铜制造，也有用铜银合金（0.003% ~ 0.1% Ag），铜铬合金（0.5% ~ 0.9% Cr），或铍合金（1.8% ~ 2.0% Be），以及铜锆合金等制造的，以增加铜管的抗拉强度和高温蠕变强度。

（2）铜管的镀层。铜质结晶器并不是最理想的材质，因为铜在高温下的膨胀系数较大，强度和耐磨性都较差，所以常在铜管表面镀上一薄层铬，以增加抗磨性，防止铜表面与铸坯直接接触，减少工作面磨损和铸坯表面产生星裂。一般镀层厚度为 0.06 ~ 0.08mm，镀层厚度的允许公差不大于 ±0.01mm，镀铬前加工表面粗糙度不大于 1.6μm。

（3）铜管的外部几何尺寸。铜管的外部由于上下端法兰的卡紧和密封以及和导流水套配合，形成冷却水缝。铜管的内、外弧表面为同心圆，两侧面为平行直面，在内、外弧面的上、下端各有约 30mm 的一段要加工成与弧面相切的平直面，粗糙度可达 1.6μm，以备安装密封圈。由于铜管的安装方式不同，铜管一端，在距顶端约 20mm 处开出 10mm 左右宽、3 ~ 4mm 深的槽（用于一端卡紧的铜管）或不开槽（用于两端卡紧的铜管）。

（4）铜管的内部几何尺寸。弧形结晶器的铜管内部为弧形，铸出的铸坯也呈弧形，铸坯从四分之一的圆弧形导向段拉出经拉矫机矫直。因为铸坯在凝固过程中产生体积收缩，所以弧形的内腔要带有锥度，这样可以使铸坯在凝固过程中，坯壳尽量不离开铜管内壁，而使冷却效果不减弱。为了适应高速连铸的要求，近年来出现了双锥度、多锥度、抛物线锥度、连续锥度等结晶器铜管，以期使铜管内壁的曲线更接近铸坯凝固收缩的变化，以提高拉坯速度，提高生产率。

（5）结晶器的寿命。结晶器的寿命主要是指结晶器内壁的使用寿命。在一般情况下，一个结晶器可浇注板坯 10000 ~ 15000m 长，其表示单位就是 m/个。结晶器内壁直到修理前所能浇注的次数，一般为 100 ~ 150 次。

第五节　结晶器的振动与振动装置

在连铸机生产过程中，结晶器一直在振动，其振动速度的大小、方向都是在变化的。

一、结晶器振动的作用

由于结晶器的振动，使其内壁获得良好的润滑条件，减少了摩擦力的同时又能防止钢水与内壁的黏结，同时还可以改善铸坯的表面质量，当发生黏结时，振动能强制脱模，消除黏结。如在结晶器内坯壳被拉断，因振动又可在结晶器与铸坯的同步运动中使其得到愈合。

二、结晶器振动的规律

结晶器振动规律是指在振动中结晶器运动速度的变化规律。早期曾广泛采用同步振动，但由于其存在许多缺点，后来逐渐被梯速振动和正弦振动所代替。而又因为正弦振动优点较多而被广泛采用。正弦振动的特点是：结晶器在整个振动过程中速度一直是变化的，即铸坯与结晶器间时刻都存在相对运动。在结晶器下降时还有一小段负滑动，因此能防止和消除黏结。另外，由于结晶器的运动速度是按正弦规律变化的，加速度则必然按余弦规律变化，所以过渡比较平稳，冲击也较小。它与梯速振动相比，坯壳处于负滑动状态的时间较短，且结晶器上升时间占振动周期的一半，故增加了坯壳拉断的可能性。为弥补这一弱点应充分发挥加速度较小的长处，可采用高频振动以提高脱模效果。

这种振动规律最突出的优点是它只要用一简单的偏心机构就能实现。无论从设计上还是制造上都很容易。同时，在振动机构和拉坯机构之间没有严格的速度关系，故不必建立像梯速振动那样严格的连锁。因此，正弦振动成了国内外在各种断面连铸机上普遍采用的一种振动规律，而梯速振动的使用则越来越少。

近年来，在高速浇注的要求下，非正弦振动又在新的条件下得到了应用，因为非正弦振动可以保证在高速浇注条件下有良好的润滑和最小的摩擦力。

三、振动机构方式

振动机构是使结晶器产生所需要的振动。因此任何振动机构都必须满足两个基本条件：第一，使结晶器准确地沿着一定的轨迹振动；第二，使结晶器按着一定的规律振动。使结晶器实现振动规律的方式有：偏心轮式、凸轮式和液压罐式。有机地使结晶器实现弧形运动轨迹的方式和实现预定振动规律的方式相互组合，将产生多种形式的振动机构和装置。

（1）导轨式振动机构。早期的振动机构，不论是直结晶器还是弧形结晶器，运动轨迹都是靠导轨和滑块或导轮实现的。因导轨易于磨损，这种形式容易失去正确的运动轨迹。这种振动机构的导向装置在纵向和横向均有导轮控制，导轮间的距离可调，即导轮磨损后可调整，但要经常注意对导轮和导轨进行维护。

（2）长臂式振动机构。这种振动机构具有准确的弧形运动轨迹，结构简单，在早期的弧形结晶器的连铸机上应用较多。随着弧形连铸机的发展和弧形半径的增大，加长的刚性振动臂所占空间较大，既笨重又影响内弧区的设备布置，这种振动机构的应用逐渐减少。

（3）差动式振动机构。这种振动机构是利用齿轮或从轮机构的差动原理来实现结晶器的弧线运动的。具有准确的弧形运动轨迹，但由于结构复杂而较少采用。

（4）短臂四连杆式振动机构。这是一种结构简单的仿弧振动机构，没有导轨。在板坯和小方坯连铸机上被广泛采用。目前主要有外弧短臂四连杆和内弧短臂四连杆两种类型，两种类型的基本原理相同。图 45 - 16 所示为板坯连铸机的四连杆振动机构。其摇臂和传动装置放在外弧侧，为方便维修需经常拆装二次冷却区扇形段夹辊。拉杆 4 内装有压缩弹簧可以防止拉杆过负荷。偏心轴外面装有偏心套，通过改变偏心轴与套的相对位置来改变偏心距，以调节振幅的大小。由于这种振动机构运动轨迹较为准确，结构简单方便维修，所以得到广泛的应用。

（5）四偏心轮式振动机构。四偏心轮式振动机构如图 45 - 17 所示。这种振动机构是近年来才出现的一种新型振动机构，具有结构简单，运动轨迹准确的优点，其设计原理与中国的差动齿轮型相似。结晶器弧线运动的定中是利用两条板式弹簧 2 来实现的，板簧使振动台只作弧形摆动，不能产生前后左右的位移。适当选定弹簧的长度，可以使运动轨迹的误差不大于 0.2mm。振动台 4 是钢结构件，上面安装着结晶器及其冷却水快速接头。振动台下部基础上，安装着振动机构的驱动装置及头段二冷夹辊，整个振动台可以整体吊运，快速更换，更换时间不超过 1h。

在振动台下左右两侧，各有一根通轴，轴的两端装有偏心距不同的两个偏心轮及连

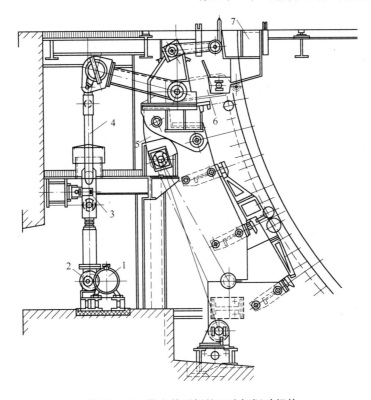

图 45－16　装在外弧侧的四连杆振动机构

1—电动机与减速器装置；2—偏心轴；3—导向部件；4—拉杆；5—座架；6—摇杆；7—结晶器鞍座

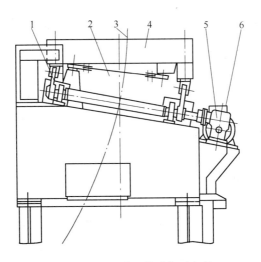

图 45－17　四偏心轮式振动机构

1—偏心轮及连杆；2—定中心弹簧板；3—铸坯外弧；4—振动台；5—蜗轮减速机；6—电动机

杆，用以推动振动台，使之作弧线运动。每根通轴的外弧端，装有蜗轮减速机 5，共用一个电动机 6 来驱动，使两根通轴作同步转动。通轴中心线的延长线通过铸机的圆弧中心。由于结晶器的振幅不大，也可以把通轴水平安装，不会引起明显误差。在偏心轮连杆上端，使用了特制的球面橡胶轴承，振动噪声小，使用寿命长。

四、振动参数的选择

(一) 振幅

结晶器从水平位置摆动到最高或最低位置所移动的距离，称为振幅。振幅小，结晶器内的钢液面波动小，浇注时容易控制又能减少拉裂。振幅通常取 0 ~ 25mm，且偏于下限。国外已有实现了 2 ~ 4mm 的。

由偏心轮或偏心机构驱动结晶器实现正弦振动，采用这种机构，结晶器振动的振幅可由偏心轮的偏心距计算，也可以按速度和时间正弦曲线下的面积计算得出。即：

$$A = \frac{T}{2\pi} v_{max} \qquad (45 - 14)$$

式中　A——振幅；

　　　T——振动的周期，s；

　　　v_{max}——最大速度，mm/s。

(二) 振动频率

通常情况下等于偏心轮转数。也可由式（45 - 14）导出，则振动频率 f：

$$f = \frac{v_{max}}{2\pi A} \qquad (45 - 15)$$

通常 $f = 0 ~ 150$ 次/min，也有选取 $f = 400$ 次/min 或更高者。

第六节　铸坯的二次冷却与导向装置

一、二次冷却装置的作用及工艺要求

二次冷却装置直接接受来自结晶器的高温薄壳铸坯（坯壳厚度为 10 ~ 25mm 左右），如果铸坯外部没有一定的约束条件和进一步冷却，很容易产生鼓肚变形、发生裂纹，甚至造成漏钢事故。为此，二次冷却装置的主要作用是：

(1) 直接喷水冷却铸坯，使其迅速冷却至完全凝固。

(2) 对铸坯和引锭杆进行支撑和导向，防止铸坯产生变形和引锭杆跑偏。

(3) 在椭圆形连铸机中，对铸坯起逐渐矫直的作用。

(4) 对于带直结晶器或多曲率半径的弧形连铸机来说，二次冷却装置还对铸坯起弯曲或矫直作用。

(5) 如果采用多辊拉矫机时，二冷区的部分夹辊本身又是驱动辊，起到拉坯作用。

二、对二次冷却装置的基本要求

(1) 二次冷却支撑装置在高温作用下要有足够的强度和刚度，并能采用可靠的冷却方法防止其变形。

(2) 在二次冷却区内，铸坯要有足够的冷却强度和均匀冷却，合理分配各段冷却水量使铸坯表面温度分布均匀，且能灵活调节以适应变更浇注断面、钢种、不同浇注温度和拉

坯速度时的工艺要求。

（3）二次冷却各段对弧要简便准确，在受热膨胀时也能保持应有的精度而不引起错弧。各段要能整体快速更换，并且有良好的调整性能，以适应浇注不同规格的铸坯。

（4）支撑和导向部件结构和参数合理，尽可能减小铸坯的鼓肚和变形，减少铸坯的运行阻力，并易于维修和事故处理。

三、二次冷却装置的结构

二次冷却装置的主要结构方式分为箱式及房式两大类。

（一）箱式结构

图 45 - 18 是板坯连铸机二次冷却装置的早期箱式结构。机架的形式是箱体，整个二次冷却区是由五段封闭的扇形段箱体（第一段未画出）连接组成。所有支撑导向部件和冷却水喷嘴系统都装在封闭的箱体内，封闭的目的是便于把喷水冷却铸坯时所产生的大量蒸汽抽掉，以免影响操作。

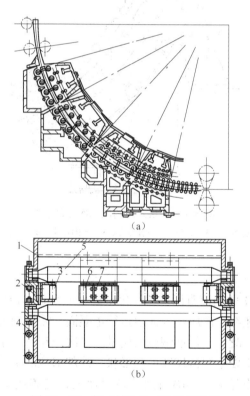

(a)

(b)

图 45 - 18　箱式结构的二次冷却装置

1—箱盖；2—侧面水箱；3—侧向导辊；4—箱座；5—夹辊；6—中间侧向导辊；7—中间侧面水箱喷嘴

箱体沿铸坯中心弧线分割为内外弧两个部分，即箱盖 1 和箱座 4。箱座固定在水泥基础上，箱座与箱盖之间有一个弧形侧面水箱 2，它兼作固定侧向导辊 3 和调节夹辊的开口度用。整个箱体都是由铸钢件组成。

箱式结构刚性较好，所占空间较小，所需抽风机容量小，检修和处理事故也较方便。

(二) 房式结构

房式结构的夹辊全部布置在敞开的牌坊结构的支架上，整个二次冷却区是由一段或若干段开式机架组成。在二次冷却区的四周用钢板构成封闭的房室，故称为房式结构，如图45-19所示。房式结构具有结构简单，观察设备和铸坯方便等一系列优点。其缺点是：风机容量和占地面积较大。目前新设计的连铸机均采用房式结构。

由于二次冷却装置底座长期处于高温和很大拉坯力的作用下，因此二冷支导装置通过刚性很强的共同底座安装在基础上。图45-19中5为固定支点，4为活动支点，允许沿圆弧线方向滑动，以避免抗变形能力差导致的错弧。

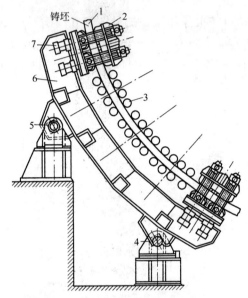

图45-19　房式结构的二次冷却装置

1—铸坯；2—扇形段；3—夹辊；4—活动支点；5—固定支点；6—底座；7—液压缸

四、喷水冷却系统

在结晶器内只有20%的钢液凝固。铸坯仅形成8～15mm的薄壳坯（方坯），从结晶器拉出后，带有液芯的铸坯在二次冷却区内边运行边凝固。需控制铸坯表面温度沿浇注方向均匀下降，使之逐渐完全凝固，保证钢坯的质量。二次冷却有用水喷雾冷却、气喷雾冷却和干式冷却三种方法。主要根据铸坯断面和形状、冷却部位的不同要求来选择喷嘴类型。

二次冷却主要是将冷却水直接喷射到铸坯表面上，使铸坯迅速冷却凝固，其冷却强度、喷嘴结构形式及配置都直接关系到铸坯的质量和产量。冷却水耗量很大，因此要有专门的喷水冷却系统。

(一) 总耗水量的确定与各段冷却水耗量的分配

$$Q_m = KG_h \qquad (45-16)$$

式中　Q_m——二次冷却区总耗水量，t/h；

G_h——连铸机的理论小时产量，t/h；

K——冷却强度，也称比水量，即每单位质量铸坯所消耗的二次冷却水量，$t_水/t_钢$，随钢种不同而异。其值可参见表45-2。

表45-2 冷却强度 K 值

钢　种	中低碳钢、铁素体不锈钢	高碳钢	奥氏体不锈钢	高速钢
$K/t_水 \cdot t_钢^{-1}$	0.8~1.2	2~4	0.4~0.6	0.1~0.3

各段水量的分配原则是：既要使铸坯散热快，又要防止铸坯在冷却收缩时，坯壳内外温差所产生的热应力超过坯壳的强度而产生裂纹。

在连铸生产中，各段冷却水量的分配应根据铸坯断面、钢种和拉速等具体条件通过实践调整确定。通常，冷却水压力为0.3~0.6MPa。

（二）二次冷却区内外弧水量的分配

弧形连铸机不像立式连铸机只要采用对称喷水，铸坯就能得到较均匀的坯壳。弧形连铸机的特点是：在二次冷却区圆弧的上半段基本可按对称喷水。而当铸坯进入下半段时，尤其是进入水平段前后，喷射到内弧表面的冷却水能在铸坯上流动，甚至停留。此时喷射到外弧表面的冷却水会迅速流失。故对铸坯内外弧表面应该采用不同的冷却强度。所以，一般在弧形连铸机二次冷却区的下半部水平段附近，内侧的喷水量约为外侧喷水量的1/2~1/3。

（三）喷嘴的选择与布置

铸坯通过二次冷却区时，其表面温度应缓慢下降至设定的温度。因此，二次冷却喷嘴的工作性能直接影响着铸坯的质量及拉速；而二次冷却喷嘴的工作性能主要与喷嘴的类型及喷嘴的布置有关。

1. 喷嘴类型

（1）压力喷嘴。压力喷嘴是利用冷却水本身的压力作为能量将水雾化成水滴。

常用喷嘴是由铜制造的。喷嘴结构有扁形、锥形和薄片式之分。锥形喷嘴的喷水形状有圆形、方形，如图45-20所示，它广泛用于方坯连铸机。扁形喷嘴用于出结晶器下部冷却。广角扁平喷嘴射流为矩形或扇带形，喷射角可达120°，它广泛用于板坯连铸机。压力多喷嘴系统如图45-21所示。

表45-3是几种喷嘴型号与性能。

表45-3 几种喷嘴型号与性能

喷嘴型号	冷却水压力/MPa							
	流量/L·min^{-1}					喷射角/(°)		
	0.1	0.2	0.3	0.4	0.5	0.15	0.3	0.5
H1/4″U5030 扁喷嘴	6.8	9.6	11.7	13.5	15.1	43	50	54
H1/4″U4020 扁喷嘴	4.5	6.4	7.8	9.0	10.1	32	40	45
1/4″BD3 圆锥空心喷嘴	1.4	1.9	2.3	2.7	3.0	64	71	74

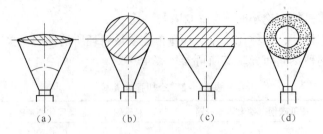

图 45 - 20 喷嘴类型

（a）扁平形（V形喷嘴）；（b）圆锥形（空心）；（c）矩形；（d）圆锥形（实心）

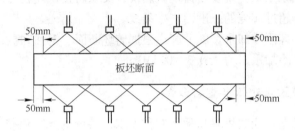

图 45 - 21 压力多喷嘴系统

几种喷嘴结构形式如图 45 - 22 所示。

（2）气 - 水雾化喷嘴。除了压力水喷嘴以外，目前板坯连铸机还广泛使用气水喷嘴。所谓气水喷嘴是高压气和水从两个不同方向进入喷嘴内汇合，利用压缩空气把水滴雾化成极细的水滴，并从两旁喷射出来，如图 45 - 23 所示。这是一种高效冷却喷嘴。

气水喷嘴的优点是：铸坯冷却均匀，节约用水约 50%，减少喷嘴用量。便于维修，喷嘴出口孔不易堵塞，气水调节范围大。

选择喷嘴时必须考虑以下几点：

（1）能把水雾化成细的水滴，又有较高的喷射速度，打到铸坯上的水易于蒸发。

（2）到达铸坯表面的水滴覆盖面要大且均匀。

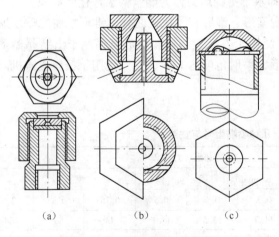

图 45 - 22 几种喷嘴结构形式

（a）扁喷嘴；（b）圆锥喷嘴；（c）薄片式喷嘴

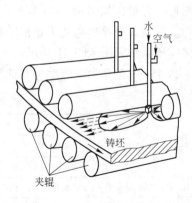

图 45 - 23 气水喷嘴射流状态

（3）在铸坯内弧表面积内的水要少。

三种喷嘴性能比较见表45－4。

表45－4　三种喷嘴性能

技 术 性 能	锥形喷嘴	广角扁平喷嘴	气水喷嘴
板坯宽度/mm	2000		
夹辊直径/mm	380		
辊距/mm	420		
喷嘴至坯面距离/mm	200	600	60
射流形状及包角	45°实心角锥形	120°扁平形	45°
喷射方向	垂直	垂直	平行
喷出口直径/mm	1～1.5	3.5	4.5
喷嘴数量/个	11	1	1
两辊间喷射面积/%	35～40	10～15	70～75
雾化水滴直径/mm	116	116	59
雾化水的蒸发量/%	10	10	20～25

2. 喷嘴布置

二次冷却区沿铸机拉坯方向的冷却水分布不可能连续变化，因此对板坯连铸机把二次冷却区设计成5～7个冷却段，而每段内喷水量大致是相同的。喷嘴布置应使铸坯面尽可能得到均匀冷却，一般要求尽可能均匀向铸坯表面喷水来设计布置喷嘴，铸坯角部易于冷却，故喷水量应比宽面中部要少。

五、铸坯的导向装置

铸坯从结晶器下口拉出时，表面仅凝结一层10～15mm的坯壳，内部仍为液态钢水。为了顺利拉出铸坯，加快钢水凝固，并将弧形铸坯矫直，需要设置铸坯的导向、冷却及拉矫装置。从结晶器下口到矫直辊这段装置称为二冷区。

（一）小方坯连铸机的导向装置

小方坯连铸机由于铸坯断面小、冷却快，在钢水静压力作用下不易产生鼓肚变形，而且铸坯在完全凝固状态下矫直，故二冷支承导向装置比较简单。

图45－24所示为一小方坯的导向装置。它只有少量的夹辊和导向辊。它的夹辊支架用三段无缝钢管制作，Ⅰ段和Ⅰ段用螺栓连成一体，由上部和中部两点吊挂，下部承托在基础上。Ⅱ段的两端都支承在基础上。导向装置上共有4对夹辊、5对侧导辊、12个导板和14个喷水环，都安装在无缝钢管支架上，管内通水冷却，以防止受热变形。

导向夹辊用铸铁制作，下导辊的上表面与铸坯的下表面留有一定的间隙，夹辊仅在铸坯发生较大变形时起作用。夹辊的辊缝可用垫片调节，以适应不同厚度的铸坯。12块导向板与铸坯下表面的间隙为5mm。

在图45－24的右上方还表示了供水总管、喷水环管及导向装置支架的安装位置。在

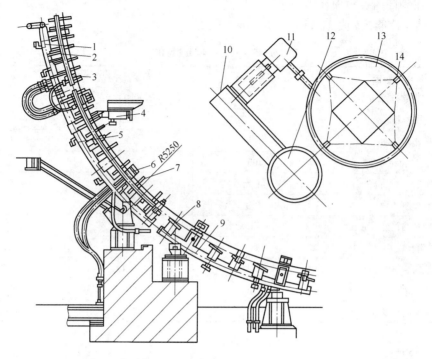

图 45 - 24 小方坯的导向装置和喷水装置

1—Ⅰ段；2—供水管；3—侧导辊；4—吊挂；5—Ⅰ段；6—夹辊；7—喷水环管；8—导板；
9—Ⅱ段；10—总管支架；11—供水总管；12—导向支架；13—环管；14—喷嘴

喷水环管上有四个喷嘴，分别向铸坯四周喷水。供水总管与导向支架间用可调支架连接，当变更铸坯断面时，可调节环管高度，使四个喷嘴到铸坯表面的距离相等。

（二）大方坯连铸机的导向装置

大方坯连铸机的导向装置如图45 - 25 所示。

大方坯连铸机二次冷却各区段应有良好的调整性能，以便浇注不同规格的铸坯。同时对弧要简便准确，便于快速更换。在结晶器以下1.5~2m 的二冷区内，需设置四面装有夹辊的导向装置，防止铸坯的鼓肚变形。

图 45 - 25 所示为大方坯连铸机的二冷支导装置第一段结构。沿铸坯上下水平位置布置若干对夹辊1，给铸坯以支承和导向，若干对侧导辊2 可防止铸坯偏移。夹辊箱体4 通过滑块5 支承在导轨6 上，可以侧面整体拉出快速更换。辊式结构的主要优点是它与铸坯间摩擦力小，但是受工作条件和尺寸限制易出现辊子变形、轴承卡住不转等故障，使维修不便，工

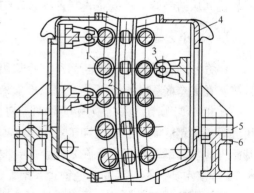

图 45 - 25 大方坯连铸机的
二冷支导装置第一段结构

1—夹辊；2—侧导辊；3—支承辊；
4—箱体；5—滑块；6—导轨

作不可靠。

图 45 - 26 所示为另一种大方坯连铸机第一段导向装置。它是由四根立柱组成的框架结构，内外弧和侧面的夹辊交错布置在框架内，夹辊的通轴贯穿在框架立柱上的轴衬内，轴衬的润滑油由辊轴的中心孔导入。这种导向装置的刚度很大，可以有效地防止铸坯的鼓肚变形和脱方。

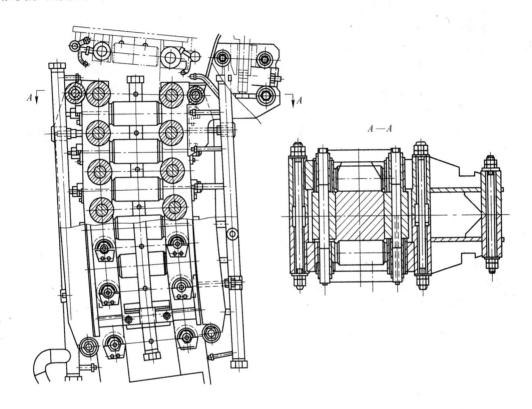

图 45 - 26　大方坯连铸机的导向装置

在二冷区的下部，铸坯具有较厚的坯壳，不易产生鼓肚变形，只需在铸坯下部配置少量托辊即可。

（三）板坯连铸机的导向装置

板坯连铸机的宽度和断面尺寸较大，极易产生鼓肚变形，在铸坯的导向装置上全部安装了密排的夹辊和拉辊。

板坯连铸机的导向装置，一般分为两个部分。第一部分位于结晶器以下，二次冷却区的最上端，称为第一段二冷夹辊（扇形段0）；第二部分称为扇形段。

1. 扇形段0

因为刚出结晶器的坯壳较薄，容易受钢水的静压力作用而变形，所以它的四边都须加以扶持。扇形段0由外弧、内弧、左侧、右侧 4 个框架和辊子装配支承装置及雾化冷却系统等部分组成，如图 45 - 27 所示。

4 个框架均为钢板焊接而成。外侧框架不动，内侧框架可根据不同铸坯厚度，通过更换垫板的方式进行调整。4 个框架都靠键定位，螺栓紧固。左右侧框架为水冷结构。在内外弧框架上固定有 12 对实心辊子。辊子支承轴承采用双列向心球面滚子轴承，轴承一端固定，另一端浮动。

扇形段 0 支承在结晶器振动装置的支架上，在内外弧框架上分别设置两个支承座。在左右侧框架上各设有一快速接水板。当扇形段 0 安放到快速更换台上时，其气水雾化冷却水管，压缩空气管就自动接通，气水分别由各自的管路供给，并在喷嘴里混合后喷出，对铸坯和框架进行气水雾化冷却。喷嘴到铸坯表面的距离为 110mm，喷射角度为 120°，每个辊子间布置 3~4 只喷嘴。

2. 扇形段

板坯连铸机的扇形段为六组统一结构组合机架（见图 45-28），扇形段 1~6 包括铸坯导向段和拉矫机，其作用是引导从扇形段 0 拉出铸坯进一步加以冷却，并将弧形铸坯矫直拉出。每段

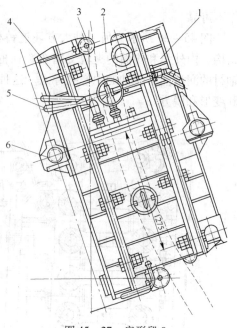

图 45-27 扇形段 0

1—内弧框架；2—左右侧框架；3—辊子装配；4—外弧框架；5—气水雾化冷却系统；6—支承装置

有 6 对辊子，1~3 段为自由辊，4~6 段每段都有 1 对传动辊。每个扇形段都是以 4 个板楔销钉锚固，分别安装在 3 个弧形基础底座上，这种板楔连接安装可靠，拆卸方便。前底

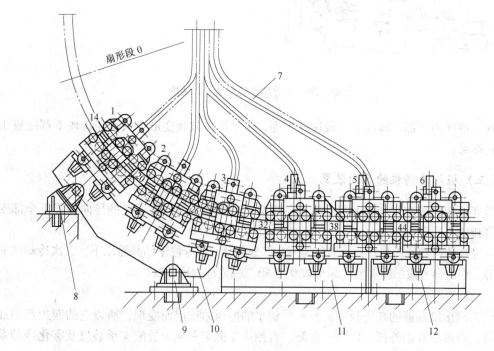

图 45-28 扇形段 1~6

1~6—扇形段；7—更换导轨；8—浮动支座；9—固定支座；10~12—底座

座支承在两个支座上，下部为固定支座，上部为浮动支座，以适应由热应力引起的伸长。扇形段 1、2、4、6 分别支承在快速更换台下面的第一、二、三支座上；而扇形段 3 和 5 是跨在相邻的两个支座上。这样，可以减少因支座沉降量的不同而造成连铸机基准弧的误差。

每个扇形段由辊子、调整装置、导向装置、框架缸及冷却、干油润滑配管和框架等组成。带传动辊的扇形段内还有传动和压下装置，如图 45-29 所示。

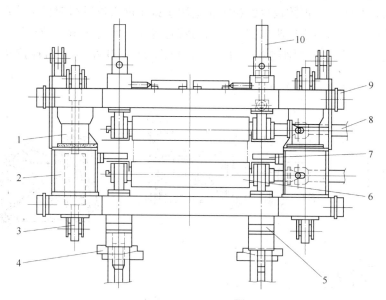

图 45-29　扇形段装配图

1—调整装置；2—边框；3—框架缸；4—斜楔；5—固定装置；6—辊子；
7—引锭杆导向装置；8—传动装置；9—导向装置；10—压下装置

第七节　拉坯矫直机

各种连铸机都必须有拉坯机，以便将引锭杆及与其凝结在一起的铸坯拉出，而在弧形连铸机中，拉坯矫直机的作用是进行拉坯、矫直铸坯以及在每次浇注之前把引锭杆送入结晶器底部。由于拉坯和矫直铸坯两道工序是在同一机组内完成的，故称拉坯矫直机（简称拉矫机）。

一、对拉坯矫直机的要求

（1）应有足够的拉坯力，以便克服铸坯可能遇到的最大阻力。

（2）应有足够的矫直力，要考虑到可能浇注的钢种、铸坯的最大断面和可能遇到的最低矫直温度。

（3）要有较大的调速范围，并能反转，以适应不同条件下拉坯速度的变化以及快速送引锭杆的需要。拉坯速度一般应与结晶器的振动运动实现连锁。

（4）在结构上要适应铸坯断面在一定范围内的变化和送引锭杆的要求，并允许不能矫直的铸坯通过以及在多级多流连铸机上对其结构的特殊要求。

（5）为了适应连续、高温的工作条件，设备应有足够的强度和刚度，并采用有效的方法对设备本体进行冷却以防止变形。

二、拉坯矫直机的基本结构和工作原理

拉坯矫直机由拉坯与矫直两套机构组成。通常都以拉坯矫直辊系中工作辊子的多少来区别和标称不同形式的拉矫机，如四辊拉矫机、六辊拉矫机等。目前拉矫机的最少辊数为两个，多的可达几十个。辊数较少的拉矫机适用于铸坯进入拉矫机时已完全凝固的小方坯连铸机。多辊拉矫机适用于拉矫未完全凝固的液芯铸坯，实行"液芯拉矫"。

为了说明拉矫机的基本结构和工作原理，以图45-30小方坯四辊拉矫机为例进行叙述。

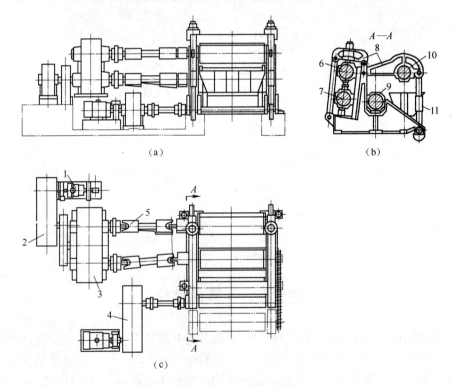

图45-30　四辊拉矫机的结构与工作原理图

1—电动机；2—减速座；3—齿轮座；4—上矫直辊压下驱动系统；5—万向联轴器；6—上拉辊；
7—下拉辊；8—钳式机架；9—下矫直辊；10—上矫直辊；11—偏心连杆机构

早期生产的四辊拉矫机用在大方坯和板坯两用弧形连铸机上。拉矫机由工作机座和传动系统两部分组成，是拉矫机中结构最简单、最基本的。工作机座包括一个钳式机架和一套由四个辊子组成的拉矫辊系。拉辊6、7布置在弧内，主要起拉坯作用。铸坯矫直是由上拉辊6和上、下矫直辊10、9所构成的最简单的三点矫直来完成。上矫直辊10由偏心轴及拉杆11通过曲柄连杆机构或液压缸来推动使其上下运动。通过引锭杆时，上矫直辊10停在最高位置，当连铸坯前端在引锭杆牵引下到达上矫直辊10时，辊子压下，对铸坯进行矫直。

两辊布置在弧线以内，是为了下装大节距引锭杆时能顺利地通过。由于拉辊布置在弧线内，上矫直辊 10 直径应略小于下矫直辊 9。

三、板坯拉矫机

（一）多辊矫直拉矫机

图 45 - 31 是板坯连铸机使用的多辊拉矫机。

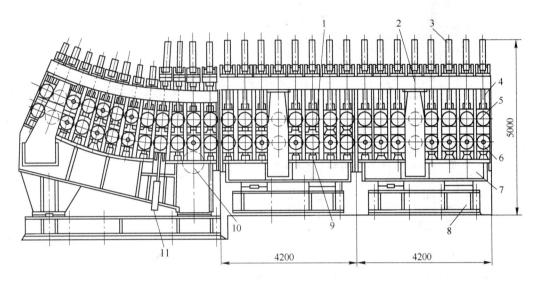

图 45 - 31 多辊拉矫机

1—辊缝垫块；2—纵向连接梁；3—压下液压缸；4—压杆；5—上拉辊；6—下拉辊；7—机架；
8—基础座；9—下液压缸；10—支承辊；11—大行程液压缸

它是由三段组成，分别固定在基础座 8 上。图中辊子中心带有圆的驱动辊。在第一段上有 7 个驱动辊，第二、三两段的上辊全不驱动，第二段上有三个驱动的下辊。第三段的下辊全部驱动。第一段装在铸机弧线部分，第二、三段装在水平线部分。在圆弧的下切点处，安装了一个直径较大的支承辊 10，用以承受较大的矫直力。多对拉辊上部都有压下液压缸 3，在一、二段的下辊下面，装有限位拉辊压力的下液压缸 9，在其轴承座下装有测力传感器，当矫直力达到一定时发出警报，并使液压系统自动卸压。在第一段上还装有一个行程较大的液压缸 11，以便在发生漏钢事故时，把该下辊放到最低位置，便于清除溢出的凝钢。每段机架的上端两侧用连接横梁 2 把各个立柱连接起来，以增强机架的稳定性。在第一、二段的上下拉辊之间，装有定辊缝的垫块 1，用以防止拉辊对尚未完全凝固的铸坯施加超过静压的压力。

拉矫辊通过电动机、行星减速器及万向联轴器驱动（见图 45 - 32）。

拉矫辊一般都采用滚动轴承，其轴承座一端固定，另一端做成自由端，允许辊子沿轴线位移。辊子有实心辊和通水冷却的空心辊，上下辊子安装要求严格平行的对中。

多辊传动拉矫机拉辊数目多、辊距小、辊压低，采用密排布置，改善了辊面的局部过热状况，延长了辊子的使用寿命。每对辊子均设有单独的液压缸控制，既保证了拉辊所需的辊压，又可防止过载故障的发生。

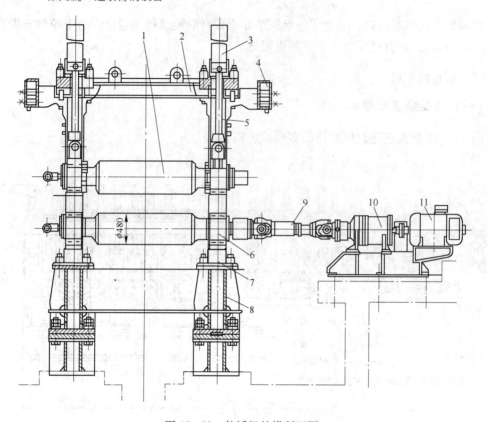

图45-32 拉矫机的横断面图

1—上拉辊；2—连接梁；3—压下液压缸；4—纵向连接梁；5—机架；6—下辊；

7—下辊液压缸；8—基座；9—万向联轴器；10—行星减速器；11—电动机

（二）多点矫直拉矫机

多点矫直拉矫机布置在弧形段内（见图45-33）。图中第三扇形段和第四扇形段的28号、30号、33号、35号辊为矫直辊。它们的曲率半径分别是5700mm、7200mm、11000mm和无限大。

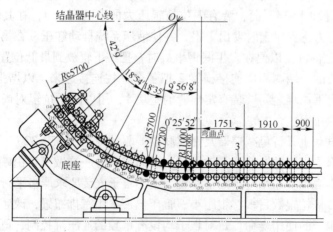

图45-33 多点矫直拉矫机

1—自由辊；2—矫直辊；3—驱动辊

合理计算各矫直点的曲率半径和安排各矫直点的位置把矫直的总应变量合理分配到各矫直点，是设计多点拉矫机的关键，既矫直铸坯，又保证铸坯不产生内裂纹。

多点拉矫机的矫直辊分配在各扇形段，位于基本半径弧内扇形段。各辊子的弧形半径是相等的，而在拉矫区内的扇形段的矫直辊的弧形半径是不相等的，在结构上二者完全一样。

（三）连续矫直拉矫机

多点矫直虽然能使铸坯的矫直分散到多个点进行，降低了铸坯每个矫直点的应变力；但每次变形都是矫直辊处瞬间完成的，应变率仍然较高，因而铸坯的变形是断续进行的，对某些钢种还是有影响的。

连续矫直辊是在多点矫直基础上发展起来的一项技术，基本原理是使铸坯在矫直区内应变连续进行，那么应变率就是一个常量，这对改善铸坯质量非常有利。

（四）渐近矫直拉矫机

拉矫机以恒定的低应变速率矫直铸坯的技术称为渐近矫直技术。

渐近矫直拉矫机的结构分矫直段和水平段。矫直段将铸坯矫直，水平段协同矫直段拉出铸坯。矫直段由 13 对辊子和机架组成。其中，前后两辊为传动辊，后传动辊设在连铸机的弧线接近水平线切点位置。传动辊的出轴与传动装置的万向联轴器接杆相连，上下辊都设有传动装置。上传动辊安装在一个特殊的四连杆机构上，四连杆机构由液压缸操纵。液压缸活塞杆出端与四连杆铰接，液压缸的下端与机架铰接。活塞杆升起与降落，使四连杆机构带动上传动辊压紧铸坯或引锭杆，达到拉坯或上引锭杆的目的。下传动辊用螺栓固定在外弧架上。

水平段的结构与拉矫段基本相同，水平段设有 13 对辊，前后两对辊为传动辊。

（五）压缩浇注

压缩浇注的基本原理是：在矫直点前面有一组驱动辊给铸坯一定推力，在矫直点后面布置一组制动辊，给铸坯一定的反推力；图 45 - 34 为铸坯在处于受压状态下矫直情形。a 是驱动辊列与制动辊在铸坯中产生的压应力，b 是矫直应力，c 是合成应力。从图中可以看出铸坯的内弧中拉应力减小。通过控制对铸坯的压应力可使内弧中拉应力减小甚至为零，能够实现对带液芯铸坯的矫直，达到铸坯高拉速，提高铸机生产能力的目的。

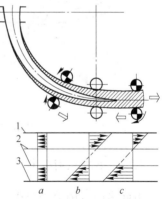

图 45 - 34　压缩浇注及坯壳应力图

a— 压应力；b—矫直应力；

c—合成应力；1—内弧表面；

2—两相界面；3—外弧表面

第八节　引锭杆

一、引锭杆的作用

由于结晶器是一个"无底的钢锭模"，开浇前须将引锭装置上端的引锭头伸入结晶器内，作为结晶器的活底。引锭装置的尾端则仍夹在拉矫机的拉辊中。开浇后，随着钢液的凝固，铸坯与引锭头凝结为一体被拉辊一同拉出。当引锭头通过拉辊之后，便将引锭装置和铸坯脱开送走，留待下次浇注时使用。

二、引锭杆的组成

引锭装置由引锭头和引锭杆本体两部分组成。引锭头和引锭杆用销轴联结。

对引锭头的要求是既要与铸坯联结牢固，又要易于和铸坯脱离。装拆与维修引锭头时便于操作。常用的引锭头有钩式和燕尾槽式，也有用螺栓式和槽形的。

三、引锭杆的形式

引锭杆的形式有以下三种形式。

（一）大节距弧形引锭杆

由若干节弧形板铰接而成，包括引锭头在内，每节弧形板的外弧半径都等于连铸机的曲率半径，每节弧形板的长度一般不大于2m，可以在四辊拉矫机上（见图45－30）进行自动脱锭。当铸坯头部经过拉矫辊2以后，上矫直辊下压到正常矫直位置，引锭杆受到杠杆的作用，其钩头向上而自动与铸坯脱钩（见图45－35）。大节距引锭杆需有加工大半径弧面的专用机床，链的第一节弧形杆要有足够的强度和刚度，以免脱锭时受压变形。

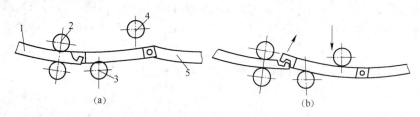

（a）　　　　　　　　　　　　　　（b）

图45－35　大节距引锭杆

（a）铸坯进入拉矫机；（b）引锭杆脱钩

1—铸坯；2—拉矫辊；3—下矫直辊；4—上矫直辊；5—引锭链

（二）小节距引锭杆

由许多链节用销轴铰接，它的节距不大于二次冷却区内夹辊的辊距，这种引锭杆只能向一个方向弯曲。图45－36所示为板坯连铸机的引锭杆。它是由主链节3、辅链节4、引锭杆头连接链1和尾链节5等构成。连接链节可与不同宽度的引锭头相连接，而引锭杆本体宽度保持不变。链节可加工成直线形，加工方法简单，得到广泛应用。图45－37所示是装在出坯辊下方的液压缸顶头向上冲击，可使钩形引锭头和铸坯迅速分离。在引锭杆上还设有二冷区的辊缝测量装置，浇注时可边拉边进行辊缝测量。

图45－38所示为小方坯连铸机用小节距链式引锭杆。为了满足多种断面的需要，需更换引锭头而不更换引锭环。引锭链环为铸钢件，链节用销轴贯连。引锭头用耐热的铬钼钢制作，其断面尺寸应略小于结晶器下口尺寸。当引锭头装入结晶器时，其四周约有3～4mm间隙，可用石棉绳及耐火泥塞紧。

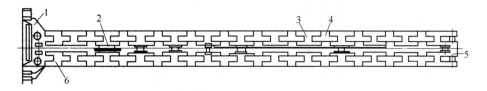

图 45 – 36　小节距引锭杆

1—引锭头；2—辊缝测量装置；3—主链节；4—辅链节；5—尾链节；6—连接链节

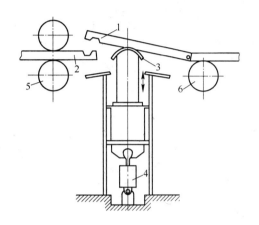

图 45 – 37　液压式脱引锭装置

1—引锭头；2—铸坯；3—顶头；4—液压缸；5—拉矫辊；6—辊道

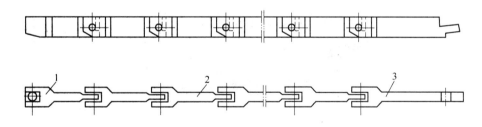

图 45 – 38　小方坯连铸机用的链式引锭杆

1—引锭头；2—引锭杆链环；3—引锭杆尾

（三）刚性引锭杆

　　它是一根刚性的 90°圆弧杆，杆身是由 4 块钢板焊接成的箱形结构，两侧弧形板的外弧半径等于铸机半径。引锭杆头部是一铸钢的引锭头，它是一种消耗件，开浇的引锭头与钢水凝结在一起，在开拉时传递引锭拉力，引锭头通过拉矫机后与引锭杆脱离，剪切后随坯头进入切头箱。送引锭杆前，必须在引锭杆最前端装上一个新的引锭头。近年来，弧形小方坯连铸机多应用此引锭结构，如图 45 – 39 所示。

　　它是一个与铸机相同半径的圆弧钢板结构件，其优点在于大大简化了二冷段铸坯导向装置和引锭杆跟踪装置，引锭较平稳，但刚性引锭杆存放占空间很大。

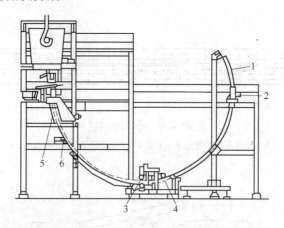

图 45 – 39   刚性引锭杆示意图

1—引锭杆；2—驱动装置；3—拉辊；4—矫直辊；5—二冷区；6—托坯辊

（四）半刚半柔性引锭杆

它是日本神户制钢为了解决刚性引锭杆存放占地面积大而创造出来的。该杆前半段是刚性的，后半段是柔性的，存放时柔性部分可以卷起来，如图 45 – 40 所示。它综合了前两种引锭杆的优点，而又克服了它们的缺点。

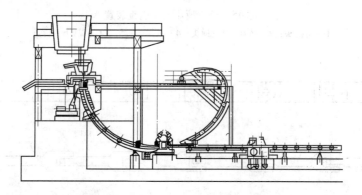

图 45 – 40   半刚半柔性引锭杆

第九节   铸坯切割装置和后步工序其他设备

一、铸坯切割装置

铸坯切割装置的任务是把完全凝固并矫直后的铸坯按用户或下步工序的要求，切成定尺或倍尺长。因此，在连铸生产线上都必须装设铸坯的切割设备。

连铸中所用的切割设备与常见的切割方法在基本原理上没有多少区别，只是连铸坯必须在连续的运动过程中实现切割。因而连铸工艺对切割设备提出了特殊要求，即不管采用何种形式的切割设备都必须与连铸坯实行严格的同步运动。

目前，连铸机上采用的切割方法主要有火焰切割和机械剪切两类。它们各有特点，都获得广泛的应用。

（一）火焰切割

火焰切割的主要特点是：投资少，设备易于加工制造；切缝质量好且不受铸坯温度和断面大小的限制，比较灵活，尤其是铸坯断面越大越能体现其优越性；设备外形尺寸较小，便于多流连铸机使用。目前，坯厚在 200mm 以上的几乎都采用火焰切割，而坯厚在 200 mm 以下的铸坯，也有不少采用火焰切割。

（二）机械剪切

机械剪切的主要特点是：切断快，便于切短定尺铸坯。金属损耗少，操作安全可靠。出于机械剪切所具有的突出特点，使得它在连铸设备中越来越被重视。目前，厚度在 200mm 以下铸坯已有不少采用机械剪切，特别是对于小断面的铸坯已普遍采用。

二、后步工序其他设备

（一）输出辊道

在弧形连铸机中，辊道是输送铸坯并把各工序连接起来的主要设备。在车间布置需要时，也有使用各种专用吊车（如带 C 形钩的吊车、夹钳吊、电磁吊等）来运输铸坯。

输出辊道的辊面一般与拉矫机的辊面相当，并呈水平布置，当拉矫机的出口低于车间地面时，输出轨道可呈向上倾斜布置。

输出轨道的长度根据拉坯速度、最大尺寸、轨道的速度与铸坯横向移动时间来确定。当铸坯切割后利用吊车运走时，输出轨道的长度应能容纳一炉钢水的全部铸坯，以便一旦切割设备发生故障不致停浇。输出辊道末端要有缓冲挡板。

辊道的辊子形状有圆柱形（光面）和凸片形（花面）两种，后者用于输送板坯。辊道的驱动有集体驱动（以链传动居多）和单独驱动两种，单独驱动主要用于输送定尺较长的板坯。

由于板坯的辐射热较大，辊子和轴承要考虑冷却问题。电动机和传动部分也要布置在板坯的水平面以下。采用内冷法冷却辊道，结构复杂，采用外冷法则在辊道下构筑排水沟。

（二）辊道主要参数

辊道主要参数包括辊径、辊长、辊距和辊道速度。

（1）辊径。辊径主要根据强度条件确定。当铸坯要横向移动时，辊径要满足辊面高出轴承结构的要求。

（2）辊长。辊长是指辊身长度，它大致与拉矫机辊身长度相当，或由式（45 – 17）确定：

$$L = W + l \qquad\qquad (45 – 17)$$

式中　L——辊身长度，mm；

　　　W——铸坯宽度，mm；

l——余量，窄铸坯可取 150~200mm，宽铸坯可取 200~250mm。

（3）辊距。

辊距的确定原则是：切割后的最短铸坯至少能同时支撑在三个辊子上，即辊距应等于或小于最短铸坯长度的一半。

（4）辊道速度。辊道速度要大于拉坯速度，根据后步工序的要求来确定。一般中小坯的辊道速度可取 20~30m/min，板坯可取 10~20m/min。

（三）铸坯横移设备

铸坯横移设备主要是推钢机和拉钢机，用于横向移动铸坯。推钢机有杠杆式和齿条式两种，拉钢机有钢丝绳传动和链条传动两种。

推钢机有液压传动和电传动两种形式。液压推钢机设备动作平稳，但不便于维护，易泄漏，造成环境污染。电动推钢机体积大、设备重，但易于维护。目前，液压推钢机应用较多，图 45-41 所示为一摆动杠杆式液压推钢机。

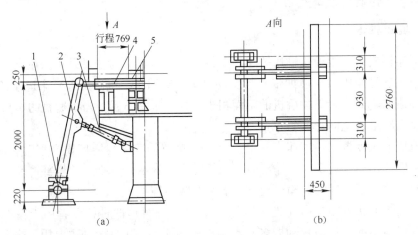

图 45-41 摆动杠杆式液压推钢机
1—轴承；2—摆杆；3—液压缸；4—导轨；5—推头小车

（四）铸坯冷却设备

多数情况下铸坯是用冷床来冷却，铸坯在冷床上边移动边冷却，可以是空冷，也可以是喷水冷却。有的连铸机后面不设冷床，直接在精整跨堆冷。冷床的面积根据铸坯的外形尺寸、一炉钢水所浇铸坯的数量、铸坯的间距（如拉钢机的拨爪尺寸）来确定。

在有些板坯连铸机中常用强迫冷却装置来缩短板坯冷却时间，这样可以大大减少车间中的冷床或堆冷坯所占面积，缩短板坯在高温状态下的输送路程，改善劳动条件。强迫冷却装置有两种结构形式：辊道式和链条式。冷却方式有喷水冷却和水池冷却两种，不管任何方式均应注意使铸坯冷却均匀，以免变形。

铸坯的冷却要根据工艺要求确定。有些钢种，如高合金钢和硅钢连铸坯则需要在缓冷坑中缓冷。

连铸坯热送和直接轧制工艺受到普遍重视，它们将从根本上改变连铸机后步工序，在连铸连轧新工艺中有的连铸机只保留少量辊道和转运装置，有的连铸机本身已不存在后步工序。

第十篇

炼钢机械设备的安装、验收与节能

第四十六章 炼钢机械设备工程安装验收规范
（摘自 GB 50403—2007）

1 总 则

1.0.1 为了加强炼钢机械设备工程安装质量管理，统一炼钢机械设备安装的验收，保证工程质量，制定本规范。

1.0.2 本规定适用于转炉、电弧炉、炉外精炼、连续铸钢机械设备和炼钢辅助机械设备工程安装的质量验收。

1.0.3 炼钢机械设备工程安装中采用的工程技术文件、承包合同对安装质量的要求不得低于本规范的规定。

1.0.4 炼钢机械设备工程安装质量验收除应执行本规范的规定外，尚应符合国家现行有关标准的规定。

2 基 本 规 定

2.0.1 炼钢机械设备工程安装施工单位应具备相应的工程施工资质，施工现场应有相应的施工技术标准，健全的质量管理体系、质量控制及检验制度，应有经项目技术负责人审批的施工组织设计、施工方案、作业设计等技术文件。

2.0.2 施工图纸修改必须有设计单位的设计变更通知书或技术核定签证。

2.0.3 炼钢机械设备工程安装质量检查和验收，必须使用经计量检定、校准合格的计量器具。

2.0.4 炼钢机械设备工程安装中从事施焊的焊工必须经考试合格并取得合格证书，在其考试合格项目及其认可范围内施焊。

2.0.5 炼钢机械设备工程安装应按规定的程序进行，相关各专业工种之间应交接检验，形成记录；本专业各工序应按施工技术标准进行质量控制，每道工序完成后，应进行检查，形成记录。上道工序未经检验认可，不得进行下道工序施工。

2.0.6 炼钢机械设备工程安装中设备的二次灌浆及其他隐蔽工程，在隐蔽前应由施工单位通知有关单位进行验收，并应形成验收文件。

2.0.7 炼钢机械设备工程安装质量验收应在施工单位自检基础上，按照分项工程、分部工程单位工程进行。分部工程及分项工程划分宜按表2.0.7的规定，单位工程可按工艺系统划分为转炉机械设备工程安装、电弧炉机械设备工程安装、钢包精炼炉（LF）机械设备工程安装、钢包真空精炼炉（VD）机械设备工程安装、真空吹氧脱碳炉（VOD）机械设备工程安装、循环真空脱气精炼炉（RH）机械设备工程安装、氩氧脱碳精炼炉（AOD）机械设备工程安装和连续铸钢机械设备工程安装。

表 2.0.7 炼钢机械设备 分部工程、分项工程划分

分 部 工 程	分 项 工 程
转炉	耳轴轴承座，托圈，炉体，倾动装置，活动挡板和固定挡板
氧枪和副枪	升降装置，横移装置，回转装置，氮封装置，探头装头机和拔头机
烟罩	裙罩，移动烟罩
预热锅炉（汽化冷却装置）	烟道，锅筒，汽、水系统管道，蓄热器，除氧水箱
电弧炉	轨座，摇架，倾动装置，倾动锁定装置，炉体，炉盖，电极旋转及炉盖升降机构，电极升降及夹持机构，氧枪
钢包精炼炉（LF）	钢包车轨道，钢包车，炉盖及炉盖升降机构，电极升降及夹持机构，氩气搅拌器，测温取样装置
钢包真空精炼炉（VD）	真空罐，真空罐盖车轨道，真空罐盖车，真空罐盖及罐盖升降机构，测温取样装置，真空装置
真空吹氧脱碳炉（VOD）	真空罐，真空罐盖车轨道，真空罐盖车，真空罐盖及罐盖升降机构，测温取样装置，真空装置，氧枪
循环真空脱氧精炼炉（RH）	钢包车轨道，钢包车，真空脱气室车轨道，真空脱气室及脱气室车，真空装置，钢包顶升装置，真空脱气室预热装置
氩氧脱碳精炼炉（AOD）	耳轴轴承座，托圈，炉体，倾动装置，活动挡板和固定挡板
浇注设备	钢包回转台，中间包车及轨道，烘烤器
连续铸钢设备	结晶器和振动装置，二次冷却装置，扇形段更换装置，拉矫机，引锭杆收送及脱引锭装置，火焰切割机，摆动剪切机，切头收集装置，毛刺清理机
出坯和精整设备	输送辊道，转盘，推钢机，拉钢机，翻钢机，火焰清理机，升降挡板，打印机，横移小车，对中装置
混铁炉	底座和辊道，炉壳和箍圈，倾动装置，揭盖卷扬机
铁水预处理设备	脱硫（磷）剂输送设备，搅拌脱硫设备，喷枪脱磷设备，铁水罐车，铁水罐车轨道，扒渣机
原料系统	称量漏斗，汇集漏斗和回转漏斗
煤气净化设备	文氏管，平旋器，喷淋塔，脱水器，三通切换阀，水封
其他设备	

2.0.8　分项工程质量验收合格应符合下列规定：

（1）主控项目检验必须符合本规范质量标准要求。

（2）一般项目检验结果应全部符合本规范的要求。

（3）质量验收记录及质量合格证明文件应完整。

2.0.9　分部工程质量验收合格应符合下列规定：

（1）分部工程所含分项工程质量均应验收合格。

（2）质量控制资料应完整。

（3）设备单体无负荷试运转应合格。

2.0.10　单位工程质量验收合格应符合下列规定：

（1）单位工程所含的分部工程质量均应验收合格。

（2）质量控制资料应完整。

（3）设备无负荷联动试运转应合格。

（4）观感质量验收应合格。

2.0.11　单位工程观感质量检查项目应符合下列要求：

（1）连接螺栓：螺栓、螺母与垫圈按设计配置齐全，紧固后螺栓应露出螺母或与螺母平齐，外露螺纹无损伤，螺栓穿入方向除构造原因外应一致。

（2）密封状况：无明显漏油、漏水、漏气。

（3）管道敷设：布置合理，排列整齐。

（4）隔声与绝热材料敷设：层厚均匀，绑扎牢固，表面较平整。

（5）油漆涂刷：涂层均匀，无漏涂，无脱皮，无明显皱皮和气泡，色泽基本一致。

（6）走台、梯子、栏杆：固定牢固，无明显外观缺陷。

（7）焊缝：焊波较均匀，焊渣和飞溅物基本清理干净。

（8）切口：切口处无熔渣。

（9）成品保护：设备无缺损，裸露加工面保护良好。

（10）文明施工：施工现场管理有序，设备周围无施工杂物。

以上各项随机抽查不应少于 10 处。

2.0.12　炼钢机械设备工程安装质量验收记录应符合下列规定：

（1）分项工程质量验收记录应按本规范附录 A 进行。

（2）分部工程质量验收记录应按本规范附录 B 进行。

（3）单项工程质量验收记录应按本规范附录 C 进行。

（4）设备无负荷试运转记录应按本规范附录 D 进行。

2.0.13　工程质量不符合要求，必须及时处理或返工，并重新进行验收。

2.0.14　工程质量不符合要求，且经处理或返工仍不能满足安全使用要求的工程严禁验收。

2.0.15　炼钢机械设备安装工程质量验收应按下列程序组织进行：

（1）分项工程应由监理工程师（建设单位项目技术负责人）组织施工单位项目专业技术负责人（工长）、质量检查员等进行验收。

（2）分部工程应由总监理工程师（建设单位项目技术负责人）组织施工单位项目负责人和技术、质量负责人等进行验收。

（3）单位工程完工后，施工单位应自行组织有关人员进行检查评定，并向建设单位提交工程验收报告。

（4）建设单位收到工程验收报告后，应由建设单位（项目）负责人组织施工（含分包单位）、设计、监理等单位（项目）负责人进行单位工程验收。

（5）单位工程有分包单位施工时，总包单位应对工程质量全面负责，分包单位应按本规范规定的程序对所承包的工程项目检查评定，总包单位派人参加。分包工程完成后，应将工程有关资料交总包单位。

3 设备基础、地脚螺栓和垫板

3.1 一般规定

3.1.1 本章适用于炼钢机械设备基础及地脚螺栓和垫板安装质量的验收。

3.1.2 设备安装前必须进行基础的检查和验收，未经验收合格的基础，不得进行设备安装。

3.1.3 炼钢机械主体设备基础应做沉降观测，并形成记录。

3.2 设备基础

Ⅰ 主控项目

3.2.1 设备基础强度必须符合设计技术文件的要求。

检查数量：全数检查。

检验方法：检查基础交接资料。

3.2.2 设备就位前，应按施工图并依据测量控制网绘制中心标板及标高基准点布置图，按布置图设置中心标板及标高基准点，并测量投点。主体设备和连续生产线应埋设永久中心标板和标高基准点。

检查数量：全数检查。

检验方法：检查测量成果单、观察检查。

Ⅱ 一般项目

3.2.3 设备基础轴线位置、标高、尺寸和地脚螺栓位置应符合设计文件的要求或现行国家标准《机械设备安装工程施工及验收通用规范》GB50231 的规定。

检查数量：全数检查。

检验方法：检查复查记录。

3.2.4 设备基础表面和地脚螺栓预留孔中的油污、碎石、泥土、积水等均应清除干净；预埋地脚螺栓的螺纹和螺母应保护完好。

检查数量：全数检查。

检验方法：观察检查。

3.3 地脚螺栓

Ⅰ 主控项目

3.3.1 地脚螺栓的规格和紧固必须符合设计技术的要求。

检查数量：抽查 20%，且不少于 4 个。

检验方法：检查质量合格证明文件、尺量，检查紧固记录，锤击螺母检查。

Ⅱ　一般项目

3.3.2　地脚螺栓上的油污和氧化皮等应清除干净，螺纹部分应涂适量油脂。

检查数量：全数检查。

检验方法：观察检查。

3.3.3　预留孔地脚螺栓应安设垂直，任一部分离孔壁的距离应大于 15mm，且不应碰孔底。

检查数量：全数检查。

检验方法：观察检查。

3.4　垫板

Ⅰ　主控项目

3.4.1　坐浆法设置垫板，坐浆混凝土 48h 的强度应达到基础混凝土的设计强度。

检查数量：逐批检查。

检验方法：检查坐浆试块强度试验报告。

Ⅱ　一般项目

3.4.2　设备垫板的设置应符合设计技术文件的要求或现行国家标准《机械设备安装工程施工及验收通用规范》GB 50231 的规定。

检查数量：抽查 20%。

检验方法：观察检查、尺量、塞尺检查、轻击垫板。

3.4.3　研磨法放置垫板的混凝土基础表面应凿平，混凝土表面与垫板的接触点应分布均匀。

检查数量：抽查 20%。

检验方法：观察检查。

4　设备和材料进场

4.1　一般规定

4.1.1　本章适用于炼钢机械设备工程安装设备和材料的进场验收。

4.1.2　设备搬运和吊装时，吊装点应设在设备或包装箱的标识位置，应有保护措施，不应因搬运和吊装而造成设备损伤。

4.1.3　设备安装前，应进行开箱检查，形成检验记录，设备开箱后应注意保护，并应及时进行安装。

4.1.4　原料进入现场，应按规格堆放整齐，并有损伤措施。

4.2　设备

主控项目

4.2.1　设备的型号、规格、质量、数量必须符合设计技术文件的要求。

检查数量：全数检查。

检验方法：观察检查，检查设备质量合格证明文件。

4.3　原材料

主控项目

4.3.1　原材料、标准件等，其型号、规格、质量、数量、性能应符合设计技术文件和现行国家标准的要求。进场时应进行验收，并形成验收记录。

检查数量：质量合格证明文件全数检查。实物抽查1%，且不少于5件。设计技术文件或有关国家标准有复检要求的，应按规定进行复检。

检验方法：检查质量合格证明文件、复检报告及验收记录，外观检查或实测。

5　转炉设备安装

5.1　一般规定

5.1.1　本章适用于单座公称容量100～300t转炉设备安装的质量验收。

5.2　耳轴轴承座

一般项目

5.2.1　应符合表5.2.1的规定（见图5.2.1）。

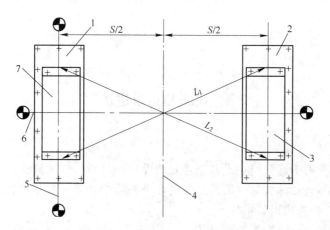

图 5.2.1　耳轴轴承座安装示意图

1，2—轴承支座；3—移动端轴承座；

4—转炉中心线；5—固定端轴承座纵向中心线；

6—轴承座横向中心线；7—固定端轴承座

检查数量：全数检查。

检查方法：见表5.2.1。

表 5.2.1 耳轴轴承座安装的允许偏差

项 目	允许偏差/mm	检验方法
标 高	±5.0	水准仪
固定端轴承座纵、横向中心线	1.0	挂线尺量
移动端轴承座纵、横向中心线（应与固定端轴承中心线偏差方向一致）	1.0	挂线尺量
两轴承座中心距	±1.0	盘尺加衡力指示器
两轴承座对角线相对差	4.0	
两轴承座高低差	1.0	水准仪
纵向水平度	0.10/1000	水平仪
横向水平度（固定式）（靠炉体侧宜偏低）	0.20/1000	
横向水平度（铰接式）（靠炉体侧宜偏低）	0.10/1000	
轴承座、轴承支座、斜楔局部间隙	0.05	塞 尺
轴承装配	应符合现行国家标准《机械设备安装工程施工及验收通用规范》GB50231 的规定	

5.3 托圈

Ⅰ 主控项目

5.3.1 托圈组装施焊应有焊接工艺评定，并应根据评定报告确定焊接工艺，编制焊接作业指导书。

检查数量：全数检查。

检查方法：检查焊接工艺评定报告及焊接作业指导书。

5.3.2 托圈组装对接焊缝内部质量应符合设计技术文件的规定，设计技术文件未规定的，内部质量应符合现行国家标准《现场设备、工业管道焊接工程施工及验收规范》GB50236 焊缝质量分级标准中Ⅲ级的规定。

检查数量：全数检查。

检查方法：检查超声波记录。

5.3.3 托圈组装对接焊缝外观质量应符合设计技术文件的规定，设计技术文件未规定的，应符合本规范附录 E 的规定。

检查数量：全数检查。

检查方法：观察或使用放大镜检查。

5.3.4 托圈组装对接焊缝的焊后热处理应符合设计技术文件的规定，设计技术文件未规定的，应符合本规范附录 F 的规定。

检查数量：全数检查。

检查方法：观察检查，检查热处理记录。

5.3.5 法兰连接托圈的螺栓最终紧固力应符合设计技术文件的规定。

检查数量：全数检查。

检查方法：现场观察，扭矩扳手检查，检查紧固记录。

5.3.6 法兰连接托圈的工形键装配应符合设计技术文件的规定。

检查数量：全数检查。

检查方法：塞尺，千分尺测量。

5.3.7 水冷托圈应按设计技术文件规定进行水压试验和通水试验，设计技术文件未规定时，试验压力应为设计压力的 1.25 倍，在试验压力下，稳压 10min，再将试验压力降至工作压力，停留 30min，以压力不降、无渗漏为合格。通水试验，进、出水应畅通无阻，连续通水时间不应小于 24h，无渗漏。

检查数量：全数检查。

检查方法：检查试压记录、通水记录，观察检查。

Ⅱ 一般项目

5.3.8 托圈组装尺寸的允许偏差应符合表 5.3.8 的规定。

检查数量：全数检查。

检查方法：见表 5.3.8。

表 5.3.8 托圈组装的允许偏差

项 目	允许偏差/mm	检 验 方 法
焊接托圈两耳轴同轴度（以传动侧耳轴轴线为基准轴线）	1.50	激光准直仪或挂线千分尺检查
法兰连接的托圈法兰结合面局部间隙	0.05	塞尺

5.4 炉体

Ⅰ 主控项目

5.4.1 炉体组装施焊应有焊接工艺评定，并应根据评定报告制定焊接工艺，编制焊接作业指导书。

检查数量：全数检查。

检查方法：检查焊接工艺评定报告及焊接作业指导书。

5.4.2 炉体组装对接焊缝内部质量应符合设计技术文件的规定，设计技术文件未规定的，其内部质量应符合现行国家标准《现场设备、工业管道焊接工程施工及验收规范》GB 50236 焊缝质量分级标准中Ⅲ级的规定。

检查数量：全数检查。

检查方法：检查超声波探伤记录。

5.4.3 炉体组装对接焊缝外观质量应符合设计技术文件的规定，设计技术文件未规定的，应符合本规范附录 E 的规定。

检查数量：全数检查。

检查方法：观察或使用放大镜检查。

5.4.4 炉体组装对接焊缝的焊后热处理应符合设计技术文件的规定，设计技术文件未规定的，应符合本规范附录 F 的规定。

检查数量：全数检查。

检查方法：观察检查，检查热处理记录。

5.4.5　水冷炉口必须按设计技术文件要求进行水压试验和通水试验，设计技术文件未规定时，试验压力应为工作压力的 1.5 倍，在试验压力下，稳压 10min，再将试验压力降至工作压力，停留 30min，以压力不降、无渗漏为合格。通水试验，进、出水应畅通无阻，连续通水时间不应小于 24h，无渗漏。

检查数量：全数检查。

检查方法：检查试压记录、通水记录，观察检查。

5.4.6　炉体与托圈连接装置安装应符合设计技术文件的规定。

检查数量：全数检查。

检查方法：观察检查、实测、检查检测记录。

Ⅱ　一般项目

5.4.7　炉壳组装的允许偏差应符合表 5.4.7 的规定。

检查数量：全数检查。

检查方法：见表 5.4.7。

表 5.4.7　炉壳组装的允许偏差

项　　目	允许偏差/mm	检 验 方 法
炉壳直径	±10.0	尺量
炉壳最大直径与最小直径之差	3D/1000	尺量
炉壳高度	3H/1000	挂线尺量
炉壳垂直度①	1.0/1000	吊线尺量

注：表中的符号 D 为炉壳设计直径；H 为炉壳设计高度。

① 炉口平面、炉底平面或炉底法兰平面对炉壳轴线的垂直度。

5.4.8　炉壳安装的允许偏差应符合表 5.4.8 的规定。

检查数量：全数检查。

检查方法：见表 5.4.8。

表 5.4.8　炉壳安装的允许偏差

项　　目	允许偏差/mm	检 验 方 法
炉口纵、横向中心线	2.0	挂线尺量
炉口平面至耳轴轴线距离	+1.0 -2.0	水准仪
炉壳轴线对托圈支承面的垂直度	1.0/1000	吊线尺量
炉口水冷装置中心与炉壳的炉口中心应在同一垂直线上	5.0	

注：托圈处于"零"位时检查。

炉口平面至耳轴轴线的实测距离应符合式（5.4.8）的规定：

$$L_0 = L + \frac{H_0 - H}{2} + K \qquad (5.4.8)$$

式中　L_0——炉口平面至耳轴轴线的距离，mm；

　　　L——炉口平面至耳轴轴线的设计距离，mm；

　　　H_0——炉壳组装后的高度，mm；

　　　H——炉壳设计高度，mm；

　　　K——允许偏差，$-2.0\text{mm} \leqslant K \leqslant 1.0\text{mm}$。

5.5　倾动装置

Ⅰ　主控项目

5.5.1　耳轴与大齿轮装配必须符合下列规定：

（1）大齿轮孔与耳轴的配合应符合设计技术文件的要求。

（2）大齿轮孔与耳轴为圆柱形时，大齿轮端面与耳轴轴肩紧密接触，局部间隙不应大于 0.05mm。

（3）大齿轮孔与耳轴为圆锥形时，其轴向定位挡圈与大齿轮端面、耳轴沟槽端面应接触紧密，局部间隙不应大于 0.05mm。

检查数量：全数检查。

检查方法：千分尺测量检查、着色法检查和塞尺检查。

（4）每对切向键两斜面之间以及键工作表面与键槽工作面之间的接触面积应大于 70%；切向键与键槽配合的过盈量应符合设计技术文件的规定。

检查数量：全数检查。

检查方法：塞尺、着色法，千分尺检查。

Ⅱ　一般项目

5.5.2　倾动装置安装的允许偏差应符合表 5.5.2 的规定（见图 5.5.2）。

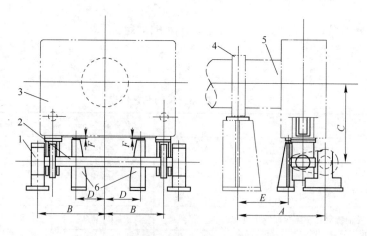

图 5.5.2　全悬式倾动装置扭力杆机构安装示意图

1—扭力杆轴承座；2—扭力杆；3—倾动减速机；
4—固定端轴承座；5—耳轴；6—止动支座

检查数量：全数检查。

检查方法：见表 5.5.2。

表 5.5.2　倾动装置安装的允许偏差

项　目		允许偏差/mm	检验方法
一次减速机	水平度	0.10/1000	水平仪
	联轴器	应符合设计技术文件或 GB50231 的规定	百分表、塞尺、钢尺
悬挂式二次减速机防扭转支座	纵、横向中心线	0.5	挂线尺量
	标高	±1.0	水准仪
	水平度	0.20/1000	水平仪
全悬式扭力杆机构	扭力杆轴承座	定位尺寸	±0.5	尺量
			±1.0	尺量
			0 ~ +1.0	尺量
		水平度	0.20/1000	水平仪
	止动支座定位尺寸		±2.0	尺量
			±1.0	尺量
	扭力杆水平度		1.0/1000	水平仪

5.6　活动挡板和固定挡板

5.6.1　活动挡板和固定挡板安装的允许偏差应符合表 5.6.1 的规定。

检查数量：全数检查。

检查方法：见表 5.6.1。

表 5.6.1　活动挡板和固定挡板安装的允许偏差

项　目	允许偏差/mm	检验方法
纵、横向中心线	10.0	挂线尺量
标　高	±10.0	水准仪
水平度（或垂直度）	1.0/1000	水平仪＼吊线尺量

6　氧枪和副枪设备安装

6.1　一般规定

6.1.1　本章适用于横向移动、回转式氧枪和副枪装置以及副枪装头机、拔头机设备安装的质量验收。

6.2　氧枪、副枪及升降装置

Ⅰ　主控项目

6.2.1　氧枪和副枪的水压试验必须符合设计技术文件的规定。

检查数量：全数检查。

检查方法：检查水压试验记录，观察检查。

6.2.2　设备通氧的零件、部件及管路严禁沾有油脂。

检查数量：全数检查。

检查方法：检查脱脂记录，白色滤纸擦抹或紫外线灯照射检查。

6.2.3　升降小车断绳（松绳）安全装置的卡爪或摩擦块于两轨之间的间隙应符合设计技术文件的规定。

检查数量：全数检查。

检查方法：塞尺检查。

Ⅱ　一般项目

6.2.4　升降装置安装的允许偏差应符合表 6.2.4。

表 6.2.4　升降装置安装的允许偏差

项　目		允许偏差/mm	检　验　方　法
氧枪和副枪的直线度		应符合设计技术文件的规定	吊线尺量
固定导轨	纵向中心线	1.0	挂线尺量
	横向中心线	1.0	挂线尺量
	垂直度	0.5/1000，全长≤3.0	吊线尺量
	接头错位	0.5	平尺加塞尺
	接缝间隙	0 ~ +1.0	尺量、塞尺
平衡导轨	纵向中心线	3.0	挂线尺量
	横向中心线	3.0	挂线尺量
	垂直度	1.0/1000，全长≤5.0	吊线尺量
	接头错位	0.5	平尺加塞尺
升降小车	上、下夹持器轴线	0.5	吊线尺量
	夹持器中心与炉口中心对中	3.0	吊线尺量
	导轮与导轨间隙	0 ~ +1.0	塞尺
移动导轨	移动导轨与固定导轨间隙	0 ~ +1.0	塞尺
	移动导轨与固定导轨错位	0.5	尺量
	导轨垂直度	0.5/1000	吊线尺量

6.3　横移装置

Ⅰ　一般项目

6.3.1　单轨横移装置的允许偏差应符合表 6.3.1 的规定（见图 6.3.1）。

检查数量：全数检查。

检查方法：见表 6.3.1。

表 6.3.1　单轨横移装置的允许偏差

项　目		允许偏差/mm	检 验 方 法
单轨纵向中心线		1.0	尺量
单轨横向中心线		0.5/1000	水平仪
单轨标高		±1.0	水准仪
单轨与导轨定位尺寸	A_1	±2.0	水准仪
	A_2	±2.0	水准仪
	B_1	±1.0	吊线尺量
	B_2	±1.0	吊线尺量
轨道垫板、螺栓的设置及紧固		应符合设计技术文件的规定	
升降小车卷扬机构		应符合设计技术文件的规定	
横移走行机构		应符合设计技术文件的规定	

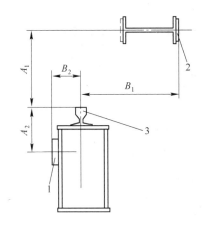

图 6.3.1　单轨横移小车导轨安装示意图

1—下导轨；2—上导轨；3—轨道

6.3.2　双轨横移装置安装的允许偏差应符合表 6.3.2 的规定。

检查数量：全数检查。

检查方法：见表 6.3.2。

表 6.3.2　双轨横移装置安装的允许偏差

项　目	允许偏差/mm	检 验 方 法
轨道纵向中心线	2.0	挂线尺量
轨道纵向水平度	0.5/1000	水平仪
轨道标高	±1.0	水准仪
轨　距	0～+2.0	尺　量
同一截面两轨道高低差	2.00	水准仪
接头间隙	0～+1.0	尺量、塞尺

续表 6.3.2

项　目	允许偏差/mm	检验方法
接头错位	0.5	尺　量
轨道垫板、螺栓的设置及紧固	应符合设计技术文件的规定	
升降小车卷扬机构	应符合设计技术文件的规定	
横移行走机构	应符合设计技术文件的规定	

6.4　回转装置

一般项目

6.4.1　回转装置安装的允许偏差应符合表 6.4.1 的规定。

检查数量：全数检查。

检查方法：见表 6.4.1。

表 6.4.1　回转装置安装的允许偏差

项　目		允许偏差/mm	检验方法
氧枪回转台架立柱	纵向中心线	1.0	挂线尺量
	横向中心线	1.0	挂线尺量
	标　高	±5.0	水准仪或平尺、尺量
	垂直度	0.5/1000，全长≤3.0	水平仪检查、吊线、尺量
氧枪回转台架与导轮间隙		0 ~ +2.0	塞　尺
副枪回转台架立柱	纵向中心线	1.0	挂线尺量
	横向中心线	1.0	挂线尺量
	标　高	±2.0	水准仪或平尺、尺量
	垂直度	0.10/1000	水平仪
副枪回转台架在副枪工作位置时	升降小车导轨的垂直度	0.5/1000，全长≤3.0	吊线、尺量
	导轨锁定	应符合设计技术文件的规定	

6.5　氮封装置

Ⅰ　主控项目

6.5.1　氮封圈喷孔必须畅通。

检查数量：全数检查。

检查方法：观察检查。

Ⅱ　一般项目

6.5.2　氮封圈安装的允许偏差应符合表 6.5.2 的规定。

检查数量：全数检查。

检查方法：见表 6.5.2。

表 6.5.2 氮封圈安装的允许偏差

项 目	允许偏差/mm	检 验 方 法
氧枪氮封圈纵向中心线		
氧枪氮封圈横向中心线	5.0	挂线尺量
副枪氮封圈纵向中心线		
副枪氮封圈横向中心线		

6.6 探头装头机和拔头机

一般项目

6.6.1 副枪探头装头机和拔头机安装的允许偏差应符合表 6.6.1 的规定。

检查数量：全数检查。

检查方法：见表 6.6.1。

表 6.6.1 探头装头机和拔头机安装的允许偏差

项 目	允许偏差/mm	检 验 方 法
纵向中心线	1.0	挂线尺量
横向中心线	1.0	挂线尺量
标 高	±1.0	水准仪
水平度或垂直度	0.10/1000	水平仪

7 烟罩设备安装

7.1 一般规定

7.1.1 本章适用于转炉移动烟罩、裙罩设备安装的质量验收。

7.2 裙罩

Ⅰ 主控项目

7.2.1 裙罩安装完毕后应参与系统水压试验，水压试验应符合设计技术文件的规定。

检查数量：全数检查。

检查方法：观察检查，检查试压记录。

Ⅱ 一般项目

7.2.2 裙罩安装的允许偏差应符合表 7.2.2 的规定。

检查数量：全数检查。

检查方法：见表 7.2.2。

表 7.2.2　裙罩安装的允许偏差

项　目		允许偏差/mm	检 验 方 法
裙罩	纵向中心线	3.0	挂线尺量
	横向中心线	3.0	挂线尺量
	标　高	±5.0	尺量、水准仪
	水平度	1.0/1000	吊线尺量
	导轮与垂直导柱间隙	0~+2.0	塞尺
液压升降式	液压缸吊挂上部铰轴中心高低差	3.0	水准仪或尺量
	液压缸吊挂上、下铰轴中心在同一垂直线上	2.0	吊线尺量
卷筒升降式	卷筒传动轴水平度	0.15/1000	水平仪
	卷筒联轴器	应符合 GB50231 的规定	百分表、塞尺、钢尺

7.3　移动烟罩

Ⅰ　主控项目

7.3.1　移动烟罩安装完毕后应参与系统水压试验，水压试验应符合设计技术文件的规定。

检查数量：全数检查。

检查方法：观察检查，检查试压记录。

Ⅱ　一般项目

7.3.2　移动烟罩安装的允许偏差应符合表 7.3.2 的规定。

检查数量：全数检查。

检查方法：见表 7.3.2。

表 7.3.2　移动烟罩安装的允许偏差

项　目			允许偏差/mm	检 验 方 法
移动烟罩		纵向中心线	3.0	挂线尺量
		横向中心线	3.0	挂线尺量
		标　高	±5.0	水准仪
		下口段垂直度	1.0/1000	吊线尺量
接口法兰		同心度	2.0	尺量
		平行度	1.5/1000，且≤3.0	尺量或塞尺
烟罩横移小车	轨道	纵向中心线	吊线尺量	挂线尺量
		纵向水平度	水平仪	水平仪
		标　高	±2.0	水准仪
		轨距	0~+2.0	尺量
		同一截面两轨面高低差	1.0	水准仪
	走行机构	跨度	±2.0	尺量
		对角线	5.0	尺量
		同一侧梁下车轮同位差	2.0	挂线尺量

8　余热锅炉（汽化冷却装置）设备安装

8.1　一般规定

8.1.1　本章适用于转炉余热锅炉设备安装的质量验收。

8.1.2　余热锅炉的安装除应符合本章规定外，还必须执行《蒸汽锅炉安全技术监察规程》的规定。

8.1.3　余热锅炉系统的保温应符合设计技术文件的要求，层厚均匀，绑扎牢固，绝热层无外露。

8.2　烟道

Ⅰ　主控项目

8.2.1　烟道的鳍片管必须畅通。

检查数量：全数检查。

检查方法：检查通球合格证，并观察检查管口有无堵塞，联箱内有无杂物。

8.2.2　烟道组装施焊应有焊接工艺评定，并应根据评定报告确定焊接工艺，编制焊接作业指导书。

检查数量：全数检查。

检查方法：检查焊接工艺评定报告及焊接作业指导书。

8.2.3　烟道组装对接焊缝质量应符合设计技术文件的要求，设计技术文件未注明的，其质量应符合《蒸汽锅炉安全技术监察规程》的有关规定。

检查数量：应按《蒸汽锅炉安全技术监察规程》的规定执行。

检查方法：观察或使用放大镜检查，检查超声波或射线探伤记录。

8.2.4　烟道安装完毕后必须参与系统水压试验，水压试验应符合设计技术文件的规定，设计技术文件未规定时，试验压力应为工作压力的1.25倍，在试验压力下稳压20min，再降至工作压力进行检查，检查期间无漏水和异常现象，压力保持不变。

检查数量：全数检查。

检查方法：检查试压记录，观察检查。

8.2.5　烟道弹簧支座安装应保证弹簧预压缩量符合设计技术文件的规定，弹簧的支承面与受力方向垂直，各组弹簧受力均匀。

检查数量：抽查不少于3组。

检查方法：检查弹簧预压记录，观察检查。

Ⅱ　一般项目

8.2.6　烟道安装的允许偏差应符合表8.2.6的规定。

检查数量：全数检查。

检查方法：见表8.2.6。

表 8.2.6　烟道安装的允许偏差

项　目		允许偏差/mm	检 验 方 法
纵向中心线		5.0	挂线尺量
横向中心线		5.0	挂线尺量
标　高		±5.0	水准仪
水平度（或垂直度）		1.0/1000	水平仪或吊线尺量
法兰接口	同心度	2.0	尺量
	平行度	1.5/1000，且≤3.0	尺量、塞尺

8.3　锅筒

Ⅰ　主控项目

8.3.1　锅筒移动端支座必须按设计技术文件的规定留出锅筒热膨胀的移动量，并确认无阻挡。

检查数量：全数检查。

检查方法：观察，尺量检查。

8.3.2　锅筒水压试验应符合本规范第8.2.4条的规定。

Ⅱ　一般项目

8.3.3　锅筒与支座安装的允许偏差应符合表8.3.3的规定。

表 8.3.3　锅筒与支座安装的允许偏差

项　目		允许偏差/mm	检 验 方 法
支座	纵向中心线	2.0	挂线尺量
	横向中心线		
	水平度	1.0/1000	水平仪
	标　高	±3.0	水准仪
锅筒	纵向中心线	5.0	挂线尺量
	横向中心线		
	标　高	±5.0	水准仪
	纵向水平度	全长≤2.0	水平仪或水准仪

8.4　汽、水系统管道

Ⅰ　主控项目

8.4.1　管道的焊接应有焊接工艺评定，并应根据评定报告确定焊接工艺，编制焊接作业指导书。

检查数量：全数检查。

检查方法：检查焊接工艺评定报告及焊接作业指导书。

8.4.2　管道焊接的焊缝质量应符合设计技术文件的要求，设计技术文件未规定的，其质量应符合《蒸汽锅炉安全技术监察规程》的有关规定。

检查数量：应按设计技术文件或《蒸汽锅炉安全技术监察规程》的规定执行。

检查方法：观察或使用放大镜检查，检查射线探伤记录。

8.4.3　管道支架的位置及管道支架的形式应符合设计技术文件的规定。

检查数量：全数检查。

检查方法：观察检查或尺量。

8.4.4　管道水压试验应符合本规范第8.2.4条的规定。

8.4.5　管道系统安装完毕后，应进行冲洗，排出的水色和透明度与入水口水色目测一致为合格。

检查数量：全数检查。

检查方法：检查冲洗、吹扫记录，观察检查。

Ⅱ　一般项目

8.4.6　管道安装的允许偏差应符合表8.4.6的规定。

检查数量：抽查10%。

检查方法：见表8.4.6。

表8.4.6　管道安装的允许偏差

项　　目		允许偏差/mm	检验方法
纵向中心线		15.0	挂线尺量
横向中心线			
标　高		±15.0	水准仪
水平管道平直度	DN≤100	2L/1000，最大50	拉线尺量
	DN>100	3L/1000，最大80	
立管垂直度		5L/1000，最大30	吊线尺量
成排管道间距		15	尺　量
交叉管的外壁或绝热层间距		20	

注：L为管子有效长度，DN为管子公称直径。

8.5　蓄能器

Ⅰ　主控项目

8.5.1　蓄能器的水压试验应符合设计技术文件的规定。

检查数量：全数检查。

检查方法：检查试压记录，观察检查。

8.5.2　蓄能器移动支座应按设计技术文件的规定留出热膨胀的移动量，并无阻碍。

检查数量：全数检查。

检查方法：观察检查，尺量检查。

Ⅱ　一般项目

8.5.3　蓄能器安装的允许偏差应符合表8.5.3的规定。

检查数量：抽查10%。

检查方法：见表8.5.3。

表8.5.3 蓄能器安装的允许偏差

项 目		允许偏差/mm	检 验 方 法
支 座	纵向中心线	2.0	挂线尺量
	横向中心线		
	水平度	1.0/1000	水平仪
	标 高	±3.0	水准仪
蓄能器	纵向中心线	5.0	挂线尺量
	横向中心线		
	标 高	±5.0	水准仪
	纵向水平度	全长≤2.0	水平仪或水准仪

8.6 除氧水箱

Ⅰ 主控项目

8.6.1 除氧水箱的水压试验应符合设计技术文件的规定。

检查数量：全数检查。

检查方法：检查试压记录，观察检查。

Ⅱ 一般项目

8.6.2 除氧水箱安装的允许偏差应符合表8.6.2的规定。

检查数量：全数检查。

检查方法：见表8.6.2。

表8.6.2 除氧水箱安装的允许偏差

项 目	允许偏差/mm	检 验 方 法
纵向中心线	5.0	挂线尺量
横向中心线		
标 高	±5.0	水准仪
水平度	全长≤2.0	

9 电弧炉设备安装

9.1 一般规定

9.1.1 本章适用于电弧炉设备安装的质量验收。

9.1.2 电弧炉设备的隔热装置应符合设计技术文件的规定。

9.2 轨座

一般项目

9.2.1 轨座安装的允许偏差应符合表9.2.1的规定（见图9.2.1）。

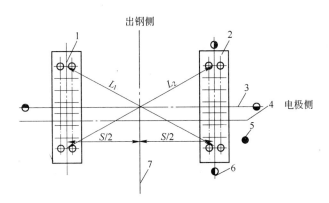

图9.2.1 轨座安装示意图

1，2—轨座；3—轨座横向基准线（中心线）；4—电弧炉横向中心线；5—标高基准点；

6—轨座（电极侧）纵向基准线（中心线）；7—电弧炉纵向中心

检查数量：全数检查。

检查方法：见表9.2.1。

表9.2.1 轨座安装的允许偏差

项　目	允许偏差/mm	检验方法
轨座（电极侧）纵向中心线	2.0	挂线尺量
轨座横向中心线（两轨座偏差方向应一致）		
两轨座齿端（或制造厂标记）对角线相对差（偏差方向应与摇架弧形板一致）	3.0	尺量
两轨座中心距	-2.0~0	
轨座标高	±1.0	水准仪
两轨座同一截面上标高差	1.0	
轨座水平度	0.20/1000	水平仪

9.3 摇架

I 主控项目

9.3.1 摇架组装施焊应有焊接工艺评定，并应根据评定报告确定焊接工艺，编制焊接作业指导书。

检查数量：全数检查。

检查方法：检查焊接工艺评定报告及焊接作业指导书。

9.3.2 摇架组装对接焊缝内部质量应符合设计技术文件的要求，设计技术文件未规定的，应符合《现场设备、工业管道焊接工程施工及验收规范》GB50236焊缝质量分级标准中Ⅲ级的规定。

检查数量：抽查40%。

检查方法：检查超声波或射线探伤记录。

9.3.3　摇架组装对接焊缝外观质量应符合设计技术文件的要求，设计技术文件未规定的，应符合本规范附录E的规定。

检查数量：抽查40%。

检查方法：观察或使用放大镜检查。

Ⅱ　一般项目

9.3.4　摇架组装尺寸的允许偏差应符合设计技术文件的要求，设计技术文件未规定的，应符合表9.3.4的规定。

检查数量：全数检查。

检查方法：见表9.3.4。

表9.3.4　摇架组装尺寸的允许偏差

项　　目	允许偏差/mm	检验方法
两弧形板中心距	±2.0	尺量
两弧形板齿端（或制造厂标记）对角线相对差	3.0	
摇架中心与炉盖及电极旋转机构（门形架）中心间距（门形架安装在摇架上）	±2.0	
弧形板垂直度（上端宜向离开炉心的方向倾斜）	0.5/1000	吊线、尺量
两弧形板对应齿（柱）应在同一水平面上，高低差	1.0	水准仪

9.3.5　摇架安装的允许偏差应符合表9.3.5的规定。

检查数量：全数检查。

检查方法：见表9.3.5。

表9.3.5　摇架安装的允许偏差

项　　目	允许偏差/mm	检验方法
纵向中心线（摇架"零"位时）	2.0	挂线尺量
横向中心线（摇架"零"位时）		
炉盖及电极旋转机构（门形架）支承面水平度（摇架"零"位时，宜炉心方面高于外侧）	0.20/1000	水平仪
摇架弧形板对应齿（柱）与轨座齿（孔）的啮合	应符合设计技术文件的规定	塞尺

9.4　倾动装置

一般规定

9.4.1　倾动液压缸座安装的允许偏差应符合表9.4.1的规定。

检查数量：全数检查。

检查方法：见表9.4.1。

表9.4.1　倾动液压缸座安装的允许偏差

项　目	允许偏差/mm	检　验　方　法
纵向中心线	2.0	挂线尺量
横向中心线		
标　高	±2.0	水准仪
水平度	0.20/1000	水平仪

9.5　倾动锁定装置

一般项目

9.5.1　倾动锁定装置安装的允许偏差应符合表9.5.1的规定。

检查数量：全数检查。

检查方法：见表9.5.1。

表9.5.1　倾动锁定装置安装的允许偏差

项　目	允许偏差/mm	检　验　方　法
纵向中心线	2.0	挂线尺量
横向中心线		
标高（摇架"零"位时）	实测值	水准仪、尺量
水平度	0.20/1000	水平仪

9.6　炉体

Ⅰ　主控项目

9.6.1　炉体组装施焊应有焊接工艺评定，并应根据评定报告确定焊接工艺，编制焊接作业指导书。

检查数量：全数检查。

检查方法：检查焊接工艺评定报告及焊接作业指导书。

9.6.2　炉体组装对接焊缝内部质量应符合设计技术文件的要求，设计技术文件未规定的，应符合《现场设备、工业管道焊接工程施工及验收规范》GB50236焊缝质量分级标准中Ⅲ级的规定。

检查数量：全数检查。

检查方法：检查超声波或射线探伤记录。

9.6.3　炉体组装对接焊缝外观质量应符合设计技术文件的要求，设计技术文件未规定的，应符合本规范附录E的规定。

检查数量：全数检查。

检查方法：观察或使用放大镜检查。

9.6.4　炉体组装对接焊缝的焊后热处理应符合设计技术文件的要求，设计技术文件未规定的，应符合本规范附录F的规定。

检查数量：全数检查。

检查方法：检查热处理记录。

9.6.5 水冷炉壁及水冷管系统必须在砌筑前按设计技术文件的规定进行水压试验，设计技术文件未规定时，试验压力应为工作压力的 1.5 倍，在试验压力下稳压 10min，再降至工作压力，保压 30min，以压力不降、无渗漏为合格。通水试验，进、出水应畅通无阻，连续通水时间不应少于 24h，无渗漏。

检查数量：全数检查。

检查方法：检查试压记录和通水记录，观察检查。

Ⅱ 一般项目

9.6.6 炉壳组装尺寸的允许偏差应符合设计技术文件的要求，设计技术文件未规定的，应符合表 9.6.6 的规定。

检查数量：全数检查。

检查方法：见表 9.6.6。

表 9.6.6 炉壳组装尺寸的允许偏差

项　目	允许偏差/mm	检 验 方 法
炉体直径	±10.0	尺　量
下炉壳上口应在同一水平面上，高低差	10.0	水准仪
上炉壳上口应在同一水平面上，高低差		
炉体垂直度	2.0/1000	吊线尺量

9.6.7 炉壳安装的允许偏差应符合表 9.6.7 的规定。

检查数量：全数检查。

检查方法：见表 9.6.7。

表 9.6.7 倾动锁定装置安装的允许偏差

项　目	允许偏差/mm	检 验 方 法
纵向中心线	2.0	挂线尺量
横向中心线		
标　高	±5.0	水准仪
炉壳上口应在同一水平面上，高低差	10.0	
炉体与摇架接合面接触严密，局部间隙	≤1.0	塞　尺
炉体支腿挡铁膨胀间隙	应符合设计技术文件的规定	尺　量

9.7 炉盖、电极旋转及炉盖升降机构

Ⅰ 主控项目

9.7.1 旋转门形架的螺栓连接紧固力应符合设计技术文件的规定。

检查数量：全数检查。

检查方法：观察检查，扭矩扳手检查，检查紧固力记录。

9.7.2　炉盖、电极旋转及炉盖升降机构安装的允许偏差应符合表9.7.2的规定。

检查数量：全数检查。

检查方法：见表9.7.2。

表9.7.2　炉盖、电极旋转及炉盖升降机构安装的允许偏差

项　目	允许偏差/mm	检验方法
底座纵向中心线（其有独立基础时检测，偏差方向宜与摇架一致）	2.0	挂线尺量
底座横向中心线（其有独立基础时检测，偏差方向宜与摇架一致）		
底座标高	±2.0	水准仪
底座水平度	0.10/1000	水平仪
门形架立柱导向架垂直度（门形架装在摇架上时，摇架"零"位时检测）	0.20/1000	吊线尺量
炉盖升降液压缸轴线与升降连杆轴线重合度	≤1.0	挂线尺量
旋转机构传动	应符合设计技术文件的规定	

9.8　电极升降及夹持机构

Ⅰ　主控项目

9.8.1　电极夹持头水冷系统水压试验和通水试验应符合本规范第9.6.5条的规定。

9.8.2　电极导向立柱托架与电极臂连接的绝缘及连接螺栓的紧固力应符合设计技术文件的要求。

检查数量：全数检查。

检查方法：观察检查，扭矩扳手检查，检查紧固力记录。

Ⅱ　一般项目

9.8.3　电极升降及夹持机构安装的允许偏差应符合表9.8.3的规定（见图9.8.3）。

检查数量：全数检查。

检查方法：见表9.8.3。

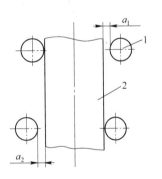

图9.8.3　导轮与电极立柱
安装间隙示意图
1—导轮；2—电极立柱

表9.8.3　电极升降及夹持机构安装的允许偏差

项　目	允许偏差/mm	检验方法
电极立柱垂直度（电极侧宜上仰）	0.1/1000	吊线尺量
电极立柱导轮与立柱间距 $a_1 + a_2$	≤1.0	塞　尺
三电极导向柱间距	±1.0	尺　量
电极夹持头中心（D为电极分布圆直径，三个夹持头偏差方向一致）	±3D/1000	

9.9　氧枪

Ⅰ　主控项目

9.9.1　氧枪的水压试验必须符合设计技术文件的规定。

检查数量：全数检查。

检查方法：检查试压记录，观察检查。

9.9.2　设备通氧的零件、部件及管路严禁沾有油脂。

检查数量：全数检查。

检查方法：检查脱脂记录，白色滤纸擦抹或紫外线灯照射检查。

Ⅱ　一般项目

9.9.3　氧枪安装的允许偏差应符合表9.9.3的规定。

检查数量：全数检查。

检查方法：见表9.9.3。

表 9.9.3　氧枪安装的允许偏差

项　　目	允许偏差/mm	检 验 方 法
纵向中心线	2.0	挂线尺量
横向中心线		
标　高	±1.0	水准仪
水平度	0.10/1000	水平仪

10　钢包精炼炉（LF）设备安装

10.1　一般规定

10.1.1　本章适用于钢包精炼炉（LF）设备安装的质量验收。

10.1.2　钢包精炼炉（LF）设备的隔热装置安装应符合设计技术文件的规定。

10.2　钢包车轨道

一般项目

10.2.1　钢包车轨道安装的允许偏差应符合表10.2.1的规定。

检查数量：全数检查。

检查方法：见表10.2.1。

表 10.2.1　钢包车轨道安装的允许偏差

项　　目	允许偏差/mm	检 验 方 法
纵向中心线	2.0	挂线尺量
纵向水平度	1.0/1000	水平仪
标　高	±2.0	水准仪

续表10.2.1

项　目	允许偏差/mm	检 验 方 法
轨　距	0 ~ +2.0	尺量
同一截面两轨道高低差	1.0	水准仪
接头错位	0.5	尺量
接头间隙	0 ~ +1.0	塞尺

10.3　钢包车

一般项目

10.3.1　钢包车安装的允许偏差应符合表10.3.1的规定。

检查数量：全数检查。

检查方法：见表10.3.1。

表10.3.1　钢包车安装的允许偏差

项　目		允许偏差/mm	检 验 方 法
跨　度		±2.0	尺　量
车轮对角线		5.0	
同一侧梁下车轮同位差		2.0	挂线尺量
电缆拖带滚筒	中心线	5.0	挂线尺量
	水平度	0.5/1000	水平仪
拖链拖架	中心线	5.0	挂线尺量
	标　高	±5.0	水准仪
	水平度	1.0/1000	水平仪

10.4　炉盖及炉盖升降机构

Ⅰ　主控项目

10.4.1　炉盖水冷件水压试验及通水试验应符合本规范第9.6.5条的规定。

Ⅱ　一般项目

10.4.2　炉盖及炉盖升降机构安装的允许偏差应符合表10.4.2的规定。

检查数量：全数检查。

检查方法：见表10.4.2。

表10.4.2　炉盖及炉盖升降机构安装的允许偏差

项　目		允许偏差/mm	检 验 方 法
炉盖吊架	纵向中心线	5.0	挂线尺量
	横向中心线		
	标　高	±5.0	水准仪
	立柱垂直度	1.0/1000	吊线尺量
	梁水平度		水平仪

项　　目	允许偏差/mm	检 验 方 法
炉盖纵向中心线	2.0	挂线尺量
炉盖横向中心线		
炉盖下缘高低差（D 为炉盖直径）	$2D/1000$	水准仪
炉盖升降链垂直度	1.0	吊线尺量
升降液压缸水平度	0.10/1000	水平仪
升降液压缸轴线与链轮轮宽中心线重合度	1.0	尺　量

10.5　电极升降及夹持机构

Ⅰ　主控项目

10.5.1　电极夹持头水冷系统水压试验及通水试验应符合本规范第 9.6.5 条的规定。

10.5.2　电极导向立柱托架与电极臂连接的绝缘垫及连接螺栓的紧固力应符合设计技术文件的要求。

检查数量：全数检查。

检查方法：观察检查，扭矩扳手检查，检查紧固力记录。

Ⅱ　一般项目

10.5.3　电极升降及电极夹持机构安装的允许偏差应符合表 10.5.3 的规定。

检查数量：全数检查。

检查方法：见表 10.5.3。

表 10.5.3　电极升降及电极夹持机构安装的允许偏差

项　　目	允许偏差/mm	检 验 方 法
导向架（门形架）纵向中心线	2.0	挂线尺量
导向架（门形架）横向中心线		
导向架（门形架）标高	±2.0	水准仪
导向架垂直度	0.10/1000	吊线尺量或经纬仪
电极导向柱垂直度		
导轮与立柱间隙（$a_1 + a_2$）（见图9.8.3）	≤1.0	塞　尺
三电极导向柱间距	±1.0	尺　量
电极夹持头中心（D 为电极分布圆直径）	±3D/1000	尺　量

10.6　氩气搅拌器

一般项目

10.6.1　氩气搅拌器安装的允许偏差应符合表 10.6.1 的规定。

检查数量：全数检查。

检查方法：见表 10.6.1。

表 10.6.1　氩气搅拌器安装的允许偏差

项　　目	允许偏差/mm	检　验　方　法
纵向中心线	2.0	挂线尺量
横向水平线		
标高	±3.0	水准仪
垂直度	1.0/1000	吊线尺量

10.7　测温取样装置

Ⅰ　主控项目

10.7.1　测温取样装置的水冷件水压试验及通水试验应符合设计技术文件的规定。

检查数量：全数检查。

检查方法：观察检查，检查试压记录。

Ⅱ　一般项目

10.7.2　测温取样装置安装的允许偏差应符合表 10.7.2 的规定。

检查数量：全数检查。

检查方法：见表 10.7.2。

表 10.7.2　测温取样装置安装的允许偏差

项　　目	允许偏差/mm	检　验　方　法
纵向中心线	2.0	挂线尺量
横向水平线		
标高	±3.0	水准仪
垂直度	1.0/1000	吊线尺量

11　钢包真空精炼炉（VD）及真空吹氧脱碳炉（VOD）设备安装

11.1　一般规定

11.1.1　本章适用于钢包真空精炼炉（VD）及真空吹氧脱碳炉（VOD）设备安装的质量验收。

11.2　真空罐

Ⅰ　主控项目

11.2.1　真空罐的组装施焊应有焊接工艺评定，并应根据评定报告确定焊接工艺，编制焊接作业指导书。

检查数量：全数检查。

检查方法：检查焊接工艺评定报告及焊接作业指导书。

11.2.2　真空罐组装对接焊缝内部质量应符合设计技术文件的要求，设计技术文件未规定的，应符合《现场设备、工业管道焊接工程施工及验收规范》GB50236 焊缝质量分级标准中Ⅲ级的规定。

检查数量：抽查 20%。

检查方法：检查超声波或射线探伤记录。

11.2.3 真空罐组装对接焊缝外观质量应符合设计技术文件的要求，设计技术文件未规定的，应符合本规范附录 E 的规定。

检查数量：抽查 20%。

检查方法：观察或使用放大镜检查。

Ⅱ 一般项目

11.2.4 罐体组装上口应在同一水平面上，高低偏差不应大于 5.0mm。

检查数量：全数检查。

检查方法：水准仪。

11.2.5 真空罐安装的允许偏差应符合表 11.2.5 的规定。

检查数量：全数检查。

检查方法：见表 11.2.5。

表 11.2.5 真空罐安装的允许偏差

项　　目	允许偏差/mm	检验方法
纵向中心线	2.0	挂线尺量
横向水平线		
标高	±2.0	水准仪
垂直度	0.5/1000	吊线尺量和经纬仪

11.3 真空罐盖车轨道

一般项目

11.3.1 真空罐盖车轨道安装的允许偏差应符合本规范第 10.2.1 条的规定。

11.4 真空罐盖车

一般项目

11.4.1 真空罐盖车安装的允许偏差应符合表 11.4.1 的规定。

检查数量：全数检查。

检查方法：见表 11.4.1。

表 11.4.1 真空罐车安装的允许偏差

项　　目	允许偏差/mm	检 验 方 法
跨度	±2.0	尺量
对角线差	5.0	
同一侧梁下车轮同位差	2.0	挂线尺量

项　　目		允许偏差/mm	检 验 方 法
炉盖吊梁水平度		1.0/1000	水平仪
拖链拖架	中心线	5.0	挂线尺量
	标高	±5.0	水准仪
	水平度	1.0/1000	水平仪

11.5　真空罐盖及罐盖升降机构

Ⅰ　主控项目

11.5.1　罐盖水冷件水压试验及通水试验应符合本规范第 9.6.5 条的规定。

Ⅱ　一般项目

11.5.2　罐盖及罐盖升降机构安装的允许偏差应符合表 11.5.2 的规定。

检查数量：全数检查。

检查方法：见表 11.5.2。

表 11.5.2　罐盖及罐盖升降机构安装的允许偏差

项　　目	允许偏差/mm	检 验 方 法
罐盖纵向中心线	2.0	挂线尺量
罐盖横向中心线		
罐盖下缘高低差（D 为炉盖直径）	$D/1000$	水准仪
罐盖升降链垂直度	1.0	吊线尺量
升降液压缸水平度	0.10/1000	水平仪
升降液压缸轴线与链轮轮宽中心线重合度	1.0	尺量

11.6　测温取样装置

Ⅰ　主控项目

11.6.1　测温取样装置的水冷件水压试验及通水试验应符合设计技术文件的规定。

Ⅱ　一般项目

11.6.2　测温取样装置安装的允许偏差应符合表 10.7.2 的规定。

11.7　真空装置

Ⅰ　主控项目

11.7.1　真空装置的严密性试验应符合设计技术文件的规定。

检查数量：全数检查。

检查方法：观察检查，检查试漏记录。

Ⅱ　一般项目

11.7.2　真空装置安装的允许偏差应符合表 11.7.2 的规定。

检查数量：全数检查。

检查方法：见表 11.7.2。

表 11.7.2　真空装置安装的允许偏差

项　目	允许偏差/mm	检 验 方 法
纵向中心线	2.0	挂线尺量
横向水平线		
标高	±3.0	水准仪
水平度	0.5/1000	水平仪
真空管活动接口法兰与真空罐法兰接口同心度	≤1.0	尺量
真空管活动接口法兰与真空罐法兰接口平行度	≤1.0	尺量或塞尺

11.8　氧枪（真空吹氧脱碳炉 VOD）

Ⅰ　主控项目

11.8.1　氧枪的水压试验必须符合设计技术文件的规定。

检查数量：全数检查。

检查方法：检查试压记录，现场观察检查。

11.8.2　设备通氧的零件、部件及管路严禁沾有油脂。

检查数量：全数检查。

检查方法：检查脱脂记录，白色滤纸擦抹或紫外线灯照射检查。

Ⅱ　一般项目

11.8.3　氧枪安装的允许偏差应符合表 11.8.3 的规定。

表 11.8.3　氧枪安装的允许偏差

项　目	允许偏差/mm	检 验 方 法
纵向中心线	2.0	挂线尺量
横向中心线		
标高	±1.0	水准仪
垂直度	0.5/1000	吊线尺量或经纬仪

12　循环真空脱气精炼炉（RH）设备安装

12.1　一般规定

12.1.1　本章适用于循环真空脱气精炼炉（RH）设备安装的质量验收。

12.2　钢包车轨道

一般项目

12.2.1　钢包车轨道安装的允许偏差应符合本规范第10.2.1条的规定。

12.3　钢包车

一般项目

12.3.1　钢包车的允许偏差应符合本规范第10.3.1条的规定。

12.4　真空脱气室车轨道

一般项目

12.4.1　真空脱气室车轨道安装的允许偏差应符合本规范第10.2.1条的规定。

12.5　真空脱气室及脱气室车

Ⅰ　主控项目

12.5.1　脱气室水冷系统压力试验应符合设计技术文件的规定。

检查数量：全数检查。

检查方法：观察检查，检查试压记录。

Ⅱ　一般项目

12.5.2　真空脱气室车安装的允许偏差应符合表12.5.2的规定。

表 12.5.2　真空脱气室车安装的允许偏差

项　　目		允许偏差/mm	检 验 方 法
跨度		±2.0	尺量
车轮对角线差		5.0	
同一侧梁下车轮同位差		2.0	挂线尺量
真空脱气室垂直度		0.5/1000	吊线测量
电缆拖带滚筒	中心线	5.0	挂线尺量
	水平度	0.5/1000	水平仪
拖链拖架	中心线	5.0	挂线尺量
	标高	±5.0	水准仪
	水平度	1.0/1000	水平仪

12.6　真空装置

Ⅰ　主控项目

12.6.1　真空装置的严密性试验应符合设计技术文件的规定。

Ⅱ　一般项目

12.6.2　真空装置安装的允许偏差应符合表12.6.2的规定。

检查数量：全数检查。

检查方法：见表 12.6.2。

表 12.6.2　真空装置安装的允许偏差

项　目		允许偏差/mm	检 验 方 法
纵向中心线		2.0	挂线尺量
横向中心线			
标高		±3.0	水准仪
水平度		0.5/1000	水平仪
真空管活动接口法兰与真空脱气室接口法兰	同心度	≤1.0	尺量或塞尺
	平行度		

12.7　钢包顶升装置

一般项目

12.7.1　钢包顶升装置安装的允许偏差应符合表 12.7.1 的规定（见图 12.7.1）。

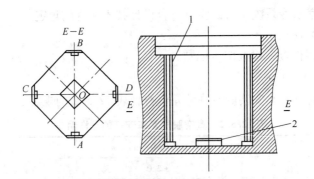

图 12.7.1　钢包顶升装置安装示意图

1—导轨；2—底座

检查数量：全数检查。

检查方法：见表 12.7.1。

表 12.7.1　钢包顶升装置安装的允许偏差

项　目	允许偏差/mm	检 验 方 法
底座纵向中心线	1.0	挂线尺量
底座横向中心线		
底座标高	±2.0	水准仪
底座水平度	0.10/1000	水平仪
导轨距离（OA、OB、OC、OD）	0 ~ +2.0	千分尺量
导轨垂直度（全长）	0.20	挂线、千分尺量
导轨标高	±2.0	水准仪
导轨高低差	1.0	水平仪
液压缸升降框架导轮与导轮间隙	符合设计技术文件的规定	塞尺

12.8　真空脱气室预热装置

Ⅰ　主控项目

12.8.1　预热器上的介质管道压力试验应符合设计技术文件的规定。

检查数量：全数检查。

检查方法：观察检查，检查试压记录。

Ⅱ　一般项目

12.8.2　脱气室预热装置安装的允许偏差应符合表12.8.2的规定。

表 12.8.2　脱气室预热装置安装的允许偏差

项　　目	允许偏差/mm	检 验 方 法
纵向中心线	3.0	挂线尺量
横向中心线		
标高	±3.0	水准仪
水平度	0.20/1000	水平仪

13　氩氧脱碳精炼炉（AOD）设备安装

13.1　一般规定

13.1.1　本章适用于氩氧脱碳精炼炉（AOD）设备安装的质量验收。

13.2　耳轴轴承座

一般项目

13.2.1　耳轴轴承座安装的允许偏差应符合本规范第5.2.1条的规定。

13.3　托圈

Ⅰ　主控项目

13.3.1　托圈组装施焊应符合本规范第5.3.1~5.3.4条的规定。

13.3.2　托圈水压试验和通水试验应符合本规范第5.3.7条的规定。

Ⅱ　一般项目

13.3.4　托圈组装尺寸的允许偏差应符合表5.3.8的规定。

13.4　炉体

Ⅰ　主控项目

13.4.1　炉体组装焊接应符合本规范第5.4.1~5.4.4条的规定。

13.4.2　水冷炉口水压试验、通水试验应符合本规范第5.4.5条的规定。

Ⅱ 一般项目

13.4.3 炉壳组装的允许偏差应符合本规范第 5.4.6 条的规定。

13.4.4 炉壳安装的允许偏差应符合本规范第 5.4.7 条的规定。

13.4.5 炉体与托圈连接装置安装应符合本规范第 5.4.8 条的规定。

13.5 倾动装置

Ⅰ 主控项目

13.5.1 耳轴与大齿轮装配应符合本规范第 5.5.1 条的规定。

Ⅱ 一般项目

13.5.2 倾动装置安装的允许偏差应符合本规范第 5.5.2 条的规定。

13.6 活动挡板和固定挡板

13.6.1 活动挡板和固定挡板安装的允许偏差应符合本规范第 5.6.1 条的规定。

14 浇注设备安装

14.1 一般规定

14.1.1 本章适用于板坯、圆坯和方坯的单流、多流弧形、立弯形连续铸钢设备中浇注设备安装的质量验收。

14.2 钢包回转台

Ⅰ 主控项目

14.2.1 回转台连接螺栓的紧固力应符合设计技术文件的规定。

检查数量：全数检查。

检查方法：观察检查，检查紧固记录。

Ⅱ 一般项目

14.2.2 传动装置的开式齿轮副装配应符合设计技术文件或现行国家标准《机械设备安装工程施工及验收通用规范》GB50231 的规定。

检查数量：全数检查。

检查方法：着色、压铅、塞尺检查。

14.2.3 传动装置的联轴器装配应符合设计技术文件或现行国家标准《机械设备安装工程施工及验收通用规范》GB50231 的规定。

检查数量：全数检查。

检查方法：尺量、塞尺、百分表检查。

14.2.4 钢包回转台安装的允许偏差应符合表 14.2.4 的规定。

检查数量：全数检查。

检查方法：见表 14.2.4。

表 14.2.4　钢包回转台安装的允许偏差

项　　目		允许偏差/mm	检 验 方 法
回转台底座	纵向中心线	2.0	挂线尺量
	横向中心线		
	标高	±1.0	水准仪
回转台底座或回转轴承上平面	水平度	0.05/1000	水平仪
回转臂	各支承面高低差	≤5.0	水准仪

14.3　中间包车及轨道

Ⅰ　主控项目

14.3.1　轨道垫板埋设件及压板位置必须符合设计技术文件的要求；轨道压板安装应牢固。

检查数量：全数检查。

检查方法：观察检查、尺量检查。

Ⅱ　一般项目

14.3.2　轨道安装的允许偏差应符合本规范第 10.2.1 条的规定。

检查数量：全数检查。

检查方法：挂线尺量、水准仪检查。

14.3.3　中间包车安装的允许偏差应符合本规范第 10.3.1 条的规定。

14.4　烘烤器

Ⅰ　主控项目

14.4.1　烘烤器上的燃气管道压力试验应符合设计技术文件的规定；燃气管的回转接头应灵活，密封良好。

检查数量：全数检查。

检查方法：观察检查、检查试压记录。

Ⅱ　一般项目

14.4.2　烘烤器安装的允许偏差应符合表 14.4.2 的规定。

检查数量：全数检查。

检查方法：见表 14.4.2。

表 14.4.2　烘烤器安装的允许偏差

项　　目	允许偏差/mm	检 验 方 法
纵向中心线	5.0	挂线尺量
横向中心线		
标高	±1.0	水准仪
回转立柱垂直度	0.05/1000	水平仪

15　连续铸钢设备安装

15.1　一般规定

15.1.1　本章适用于板坯、圆坯和方坯的单流、多流弧形、立弯形连续铸钢设备安装的质量验收。

15.2　结晶器和振动装置

Ⅰ　主控项目

15.2.1　结晶器必须按设计技术文件规定进行水压试验和工作压力下的通水试验。

检查数量：全数检查。

检查方法：检查水压试验记录，观察检查。

15.2.2　结晶器与支承台架接触面应严密，局部间隙应小于0.1mm；水冷管离合装置与台架管口安装应符合设计技术文件的要求。

检查数量：全数检查。

检查方法：现场观察检查、塞尺检查。

15.2.3　定位块安装必须符合设计技术文件的要求。

检查数量：全数检查。

检查方法：现场观察检查。

Ⅱ　一般项目

15.2.4　振动传动装置的联轴器装配应符合设计技术文件或现行国家标准《机械设备安装工程施工及验收通用规范》GB50231的规定。

检查数量：全数检查。

检查方法：百分表、塞尺、钢尺检查。

15.2.5　结晶器和振动传动装置安装的允许偏差应符合表15.2.5的规定。

检查数量：全数检查。

检查方法：见表15.2.5。

表15.2.5　结晶器和振动传动装置安装的允许偏差

项　目			允许偏差/mm	检验方法
板坯	振动台架	纵向中心线	1.0	挂线尺量
		横向中心线	0.5	
		标高	±0.5	水准仪或内径千分尺
		水平度	0.20/1000	水平仪
	振动传动装置	中心线	1.5	挂线尺量
		标高	±1.0	水准仪或内径千分尺
		水平度	0.10/1000	水平仪
	结晶器	纵向中心线	1.0	挂线尺量
		横向中心线	0.5	
		与过渡段对弧	≤0.50	对弧样板

项　目		允许偏差/mm	检验方法
方（圆）坯	振动台架及传动装置　纵向中心线	1.0	挂线尺量
	振动台架及传动装置　横向中心线	0.5	挂线尺量
	振动台架及传动装置　标高	±0.5	水准仪或内径千分尺
	振动台架及传动装置　水平度	0.10/1000	水平仪
	结晶器　中心线	0.5	挂线尺量
	结晶器　与足辊对弧	≤0.2	对弧样板、塞尺
	结晶器　与上弧形段对弧	≤0.3	对弧样板、塞尺

15.3　二次冷却装置

Ⅰ　主控项目

15.3.1　二次冷却支承导向装置中的热膨胀间隙及滑块位置必须符合设计技术文件的规定。

检查数量：全数检查。

检查方法：观察检查、游标卡尺、块规检查。

15.3.2　扇形段与底座的连接必须符合设计技术文件的规定。

检查数量：全数检查。

检查方法：观察检查、检查紧固记录。

Ⅱ　一般项目

15.3.3　扇形段传动装置的联轴器装配应符合设计技术文件或现行国家标准《机械设备安装工程施工及验收通用规范》GB50231的规定。

检查数量：抽查30%。

检查方法：百分表、塞尺、钢尺检查。

15.3.4　二次冷却装置安装允许偏差应符合表15.3.4的规定。

表15.3.4　二次冷却装置安装允许偏差

项　目			允许偏差/mm	检验方法
底　座		纵向中心线	1.0	挂线尺量
		横向中心线	1.0	挂线尺量
		标高	±0.5	水准仪
		水平度	0.20/1000	水平仪
板坯二次冷却装置	扇形段支撑	框架支座纵向中心线	0.5	内径千分尺
		框架支座横向中心线	0.5，且两底座相对差≤0.2	内径千分尺
		标高	±0.5	水准仪
		两支座高低差	0.2	水准仪
	扇形段传动装置	纵向中心线	1.0	挂线尺量
		横向中心线	1.0	挂线尺量

续表 15.3.4

项　　目			允许偏差/mm	检 验 方 法
板坯二次冷却装置	扇形段传动装置	标高	±1.0	水准仪
		水平度	0.10/1000	水平仪
	扇形段和过渡段	对弧	0.3	对弧样板、塞尺
方（圆）坯二次冷却装置	支承座	纵向中心线	0.5	挂线尺量
		横向中心线		挂线尺量
		标高	±0.5	水准仪
		水平度	0.20/1000	水平仪
	扇形段	纵向中心线	0.5	挂线尺量
		横向中心线	0.20/1000	水平仪
		对弧	0.5	对弧样板

15.3.5　二次冷却装置框架梁通水冷却的部件水冷通道应进行检查，上、下部件水通道快速接头灵活、可靠、无泄漏。

检查数量：全数检查。

检查方法：观察检查，检查试验记录。

15.3.6　冷却水喷嘴无堵塞现象。

检查数量：全数检查。

检查方法：观察检查。

15.3.7　扇形段辊缝开口度应符合设计技术文件的规定。

检查数量：全数检查。

检查方法：观察检查、尺量检查。

15.4　扇形段更换装置

Ⅰ　主控项目

15.4.1　扇形段更换装置台架的高强螺栓，必须符合设计技术文件的规定或现行国家标准《钢结构工程施工质量验收规范》GB50205 的规定。

检查数量：全数检查。

检查方法：扭矩法检查、观察检查。

15.4.2　扇形段更换机械手定位销的位置坐标应符合设计技术文件的规定。

检查数量：全数检查。

检查方法：尺量检查。

Ⅱ　一般项目

15.4.3　卷扬机传动装置的联轴器装配应符合设计技术文件或现行国家标准《机械设备安装工程施工及验收通用规范》GB50231 的规定。

检查数量：全数检查。

检查方法：百分表、塞尺、钢尺检查。

15.4.4 扇形段更换装置安装允许偏差应符合表 15.4.4 的规定。

表 15.4.4 扇形段更换装置安装允许偏差

项 目			允许偏差/mm	检 验 方 法
侧面更换式	弧形轨道支柱	纵向中心线	2.0	挂线尺量
		横向中心线		
		标高	±1.0	水准仪
		水平度	0.5/1000	经纬仪或吊线尺量
	弧形轨道	纵向中心线	1.5	挂线尺量
		同一截面高低差	2.0	水准仪
		接头错位	≤1.0	平尺、塞尺
	小车滑道与框架滑道接头错位		≤2.0	
	提升卷扬机	纵向中心线	3.0	挂线尺量
		横向中心线		
		标高	±5.0	水准仪
		水平度	0.30/1000	水平仪
顶面更换式	构架	纵向中心线	3.0	挂线尺量
		横向中心线		
		标高	±5.0	水准仪
		水平度	≤3.0	吊线尺量
	更换导轨	横向中心线与扇形段导轮中心线	1.0	挂线尺量
		标高	±2.0	水准仪
		两导轨上、中、下三对称点轨距		尺量
		导轨接头错位	≤1.0	平尺、塞尺

15.4.5 更换导轨内的耐磨衬板与扇形段两端轮子的间隙应符合设计技术文件的规定。

检查数量：全数检查。

检查方法：尺量、塞尺检查。

15.4.6 扇形段更换机械手轨道安装应符合本规范第 10.2.1 条的规定。

15.4.7 扇形段更换机械手走行机构安装应符合设计技术文件的规定,设计技术文件未规定的,应符合现行国家标准《起重设备安装工程施工及验收规范》GB50278 的有关规定。

检查数量：全数检查。

检查方法：尺量、经纬仪、水准仪检查。

15.5 拉矫机

一般项目

15.5.1 拉矫机传动装置的联轴器装配应符合设计技术文件或现行国家标准《机械设

备安装工程施工及验收通用规范》GB50231 的规定。

检查数量：全数检查。

检查方法：百分表、塞尺、钢尺检查。

15.5.2 拉矫机安装允许偏差应符合表 15.5.2 的规定。

检查数量：全数检查。

检查方法：见表 15.5.2。

表 15.5.2 拉矫机安装允许偏差

项 目			允许偏差/mm	检 验 方 法
板坯拉矫机	底座	纵向中心线	0.5	挂线尺量
		横向中心线		
		标高	±2.0	水准仪或内径千分尺
		水平度	0.10/1000	水平仪
	切点辊和各下辊	横向中心线	0.5	挂线尺量
		标高	±0.5	水准仪
		水平度	0.15/1000	水平仪
		弧形段对弧偏差、水平段高低差	0.5	对弧形样板、平尺、塞尺
	引坯导向挡板	纵向中心线	2.0	挂线尺量
	传动装置	纵向中心线	1.5	
		横向中心线		
		标高	±1.0	水准仪
		水平度	0.10/1000	水平仪
方(圆)坯拉矫机	底座	纵向中心线	0.5	挂线尺量
		横向中心线		
		标高	±0.5	水准仪
		水平度	0.10/1000	水平仪
	切点辊和各下辊	纵向中心线	0.5	挂线尺量
		横向中心线		
		标高	±0.5	水准仪
		水平度	0.15/1000	水平仪
		弧形段对弧偏差、水平段高低差	0.5	对弧形样板、平尺、塞尺
	传动装置	纵向中心线	1.5	挂线尺量
		横向中心线		
		标高	±1.0	水准仪
		水平度	0.10/1000	水平仪

注：拉矫机直线段的下辊轴承箱用液压缸支承时，必须将液压缸升至顶点，再测定辊面标高。

15.5.3 拉矫机辊缝开口度应符合设计技术文件的规定。

检查数量：全数检查。

检查方法：观察检查、尺量检查。

15.6 引锭杆收送及脱引锭装置

Ⅰ 主控项目

15.6.1 引锭头与引锭杆的连接必须符合设计技术文件的规定。

检查数量：全数检查。

检查方法：观察检查。

15.6.2 引锭杆表面的油脂必须清洗干净。

检查数量：全数检查。

检查方法：观察检查。

Ⅱ 一般项目

15.6.3 引锭杆收送传动装置的联轴器装配应符合设计技术文件或现行国家标准《机械设备安装工程施工及验收通用规范》GB50231 的规定。

检查数量：全数检查。

检查方法：百分表、塞尺、钢尺检查。

15.6.4 下插入式引锭杆收送及脱引锭装置安装允许偏差应符合表 15.6.4 的规定。

检查数量：全数检查。

检查方法：见表 15.6.4。

表 15.6.4 下插入式引锭杆收送及脱引锭装置安装允许偏差

项 目		允许偏差/mm	检 验 方 法
存放台架	纵向中心线	1.0	挂线尺量
	标高	±2.0	水准仪
	垂直度	0.5/1000	吊线尺量
收送滑道	纵向中心线	1.0	挂线尺量
	标高	±2.0	水准仪
	水平度	0.30/1000	水平仪
	跨距	0 ~ +4.0	尺量
收送托辊	纵向中心线	1.0	挂线尺量
	标高	±2.0	水准仪
	水平度	0.30/1000	水平仪
收送卷扬机	纵向中心线	3.0	挂线尺量
	横向中心线		
	标高	±2.0	水准仪
	水平度	0.30/1000	水平仪
引脱锭装置	纵向中心线	1.5	挂线尺量
	横向中心线		
	标高	±2.0	水准仪
	水平度	0.30/1000	水平仪
存放装置辊动架	纵向中心线	1.5	挂线尺量
	标高	-2.0 ~ 0	水准仪

15.6.5　上插入式引锭杆收送及脱引锭装置安装允许偏差应符合表 15.6.5 的规定。

检查数量：全数检查。

检查方法：见表 15.6.5。

表 15.6.5　上插入式引锭杆收送及脱引锭装置安装允许偏差

项　目		允许偏差/mm	检 验 方 法
引锭杆 小车轨道	纵向中心线	1.0	挂线尺量
	标高	±1.0	水准仪
	轨距	±2.0	尺量
	水平度	0.7/1000	水平仪
	同一截面高低差	3.0	水准仪
	接头错位	0.5	平尺、塞尺
引锭杆 脱离装置	纵向中心线	1.0	挂线尺量
	横向中心线		
	标高	±1.0	水准仪
	水平度	0.10/1000	水平仪
引锭杆 导向装置	纵向中心线	1.0	挂线尺量
	横向中心线		
	标高	±0.5	水准仪
	水平度	0.10/1000	水平仪
防引锭杆 落下装置	纵向中心线	1.0	挂线尺量
	横向中心线	2.0	
	标高	±2.0	水准仪
	水平度	0.5/1000	吊线尺量
卷扬机	纵向中心线	3.0	挂线尺量
	横向中心线		
	标高	±3.0	水准仪
	水平度	0.30/1000	水平仪

15.7　火焰切割机

Ⅰ　主控项目

15.7.1　设备通氧的零件、部件及管路严禁沾有油脂。

检查数量：全数检查。

检查方法：检查脱脂记录，白色滤纸擦抹或紫外线灯照射检查。

Ⅱ　一般项目

15.7.2　切割机走行驱动装置的联轴器装配应符合设计技术文件或现行国家标准《机械设备安装工程施工及验收通用规范》GB50231 的规定。

检查数量：全数检查。

检查方法：百分表、塞尺、钢尺检查。

15.7.3　切割机切割横移驱动装置的联轴器装配应符合设计技术文件或现行国家标准《机械设备安装工程施工及验收通用规范》GB50231 的规定。

检查数量：全数检查。

检查方法：百分表、塞尺、钢尺检查。

15.7.4　火焰切割机安装允许偏差应符合表 15.7.4 的规定。

检查数量：全数检查。

检查方法：见表 15.7.4。

表 15.7.4　火焰切割机安装允许偏差

项　目		允许偏差/mm	检验方法
支承台架立柱	纵向中心线	2.0	挂线尺量
	横向中心线		
	标高	±2.0	水准仪
	垂直度	0.5/1000	吊线尺量
轨　道	纵向中心线	2.0	挂线尺量
	标高	±3.0	水准仪
	轨距	±2.0	尺量
	纵向水平度	0.7/1000	水平仪
	同一截面高低差	2.0	水准仪
	接头错位	0.5	平尺、塞尺
测量辊	纵向中心线	1.0	挂线尺量
	横向中心线	1.5	
	标高	±1.0	水准仪

15.8　摆动剪切机

一般项目

15.8.1　摆动剪切机安装允许偏差应符合表 15.8.1 的规定。

检查数量：全数检查。

检查方法：见表 15.8.1。

表 15.8.1　摆动剪切机安装允许偏差

项　目		允许偏差/mm	检验方法
底　座	纵向中心线	1.0	挂线尺量
	横向中心线		
	标高	±0.5	水准仪
	水平度	0.10/1000	水平仪

续表 15.8.1

项　目		允许偏差/mm	检　验　方　法
机　体	纵向中心线	1.0	挂线尺量
	横向中心线		
	标高（以下剪刃顶面为准）	±0.5	水准仪
	水平度	0.10/1000	水平仪

15.9　切头收集装置

一般项目

15.9.1　台车轨道安装应符合本规范第 10.2.1 条的规定。

15.9.2　卷扬机安装的允许偏差应符合表 15.9.2 的规定。

检查数量：全数检查。

检查方法：见表 15.9.2。

表 15.9.2　卷扬机安装允许偏差

项　目		允许偏差/mm	检　验　方　法
卷扬机	纵向中心线	3.0	挂线尺量
	横向中心线		
	标高	±5.0	水准仪
	水平度	0.30/1000	水平仪

15.9.3　切头推出机构安装的允许偏差应符合表 15.9.3 的规定。

检查数量：全数检查。

检查方法：见表 15.9.3。

表 15.9.3　切头推出机构安装允许偏差

项　目		允许偏差/mm	检　验　方　法
切头 推出机构	纵向中心线	2.0	挂线尺量
	横向中心线		
	标高	±3.0	水准仪
	水平度	0.30/1000	水平仪

15.10　毛刺清理机

Ⅰ　主控项目

15.10.1　板坯压紧装置的安全销孔应符合设计技术文件的规定。

检查数量：全数检查。

检查方法：用安全销试验检查。

Ⅱ　一般项目

15.10.2　台车轨道安装应符合本规范第10.2.1条的规定。

15.10.3　卷扬机安装的允许偏差应符合表15.9.2的规定。

15.10.4　毛刺清理机安装的允许偏差应符合表15.10.4的规定。

检查数量：全数检查。

检查方法：见表15.10.4。

表15.10.4　毛刺清理机安装允许偏差

项　目		允许偏差/mm	检　验　方　法
导轨底座	纵向中心线	0.20	内径千分尺
	横向中心线	0.50	
	导轨顶面标高	−0.20～0	平尺、水平仪内径千分尺
行走装置框架	纵向中心线	0.5	内径千分尺
	横向中心线		
	标高	−0.5～0	平尺、水平仪内径千分尺
减振装置	与行走框架间隙	±0.5	塞尺
	间隙相对差	0.20	
板坯压紧装置	纵向中心线	0.5，且同侧相对差≤0.2	挂线尺量
	销轴横向中心线	0.5	内径千分尺
	标高	0～+0.5	
	夹紧头至辊间距离	5.0	

16　出坯和精整设备安装

16.1　一般规定

16.1.1　本章适用于板坯、圆坯、方坯的输送和精整设备安装的质量验收。

16.2　输送辊道

一般规定

16.2.1　辊传动装置的联轴器装配应符合设计技术文件或现行国家标准《机械设备安装工程施工及验收通用规范》GB50231的规定。

检查数量：抽查30%，且不少于1个。

检查方法：千分尺、塞尺、钢尺检查。

16.2.2　输送辊道安装的允许偏差应符合表16.2.2的规定。

检查数量：全数检查。

检查方法：见表16.2.2。

表 16.2.2 输送辊道安装允许偏差

项 目	允许偏差/mm	检 验 方 法
辊道纵向中心线	1.0	挂线尺量
辊道横向中心线	3.0	挂线尺量
辊道标高	±0.5	水准仪
辊轴向水平度	0.15/1000，相邻两辊倾斜方向宜相反	水平仪
辊轴线对机组纵向中心线的垂直度		摇臂旋转法

16.3 转盘

一般规定

16.3.1 转盘传动装置的开式齿轮装配应符合设计技术文件或现行国家标准《机械设备安装工程施工及验收通用规范》GB50231 的规定。

检查数量：全数检查。

检查方法：塞尺、着色、压铅检查。

16.3.2 转盘传动装置的联轴器装配应符合设计技术文件或现行国家标准《机械设备安装工程施工及验收通用规范》GB50231 的规定。

检查数量：全数检查。

检查方法：百分表、塞尺、钢尺检查。

16.3.3 转盘安装允许偏差应符合表 16.3.3 的规定。

检查数量：全数检查。

检查方法：见表 16.3.3。

表 16.3.3 转盘安装允许偏差

项 目		允许偏差/mm	检 验 方 法
回转立轴座	纵向中心线	1.0	挂线尺量
	横向中心线		挂线尺量
	标高	±0.5	水准仪
	水平度	0.10/1000	水平仪
环行轨道	纵向中心线	2.0	挂线尺量
	横向中心线		挂线尺量
	标高	±0.5	水准仪
	接头错位	1.0	平尺、塞尺
限位挡板	纵向中心线	2.0	挂线尺量
	横向中心线		挂线尺量
	标高	±3.0	水准仪

16.3.4 转盘上的辊道安装应符合本规范第 16.2.2 条的规定。

16.4　推钢机、拉钢机、翻钢机

一般规定

16.4.1　传动装置的齿轮副装配应符合设计技术文件或现行国家标准《机械设备安装工程施工及验收通用规范》GB50231 的规定。

检查数量：全数检查。

检查方法：塞尺、着色、压铅检查。

16.4.2　传动装置的联轴器装配应符合设计技术文件或现行国家标准《机械设备安装工程施工及验收通用规范》GB50231 的规定。

检查数量：全数检查。

检查方法：百分表、塞尺、钢尺检查。

16.4.3　推钢机、拉钢机、翻钢机安装允许偏差应符合表 16.4.3 的规定。

检查数量：全数检查。

检查方法：见表 16.4.3。

表 16.4.3　转盘安装允许偏差

项　　目		允许偏差/mm	检验方法
推钢机、拉钢机、翻钢机	纵向中心线	1.5	挂线尺量
	横向中心线		
	标高	±1.0	水准仪
	水平度	0.20/1000	水平仪
推（拉）钢机各爪面对辊道纵向中心线	平行度	4.0	尺量
推（拉）钢滑动台架	纵向中心线	3.0	挂线尺量
	横向中心线		
	标高	±2.0	水准仪

16.5　火焰清理机

Ⅰ　主控项目

16.5.1　设备通氧的零件、部件及管路严禁沾有油脂。

检查数量：全数检查。

检查方法：检查脱脂记录，白色滤纸擦抹或紫外线灯照射检查。

16.5.2　机体配管应按设计技术文件的规定进行吹刷及试压。

检查数量：全数检查。

检查方法：检查吹扫及试压记录。

Ⅱ　一般项目

16.5.3　火焰清理机安装允许偏差应符合表 16.5.3 的规定。

检查数量：全数检查。

检查方法：见表 16.5.3。

表 16.5.3　转盘安装允许偏差

项　　目		允许偏差/mm	检　验　方　法
支承台架立柱	纵向中心线	2.0	挂线尺量
	横向中心线		
	标高	±3.0	水准仪
	垂直度	0.5/1000	吊线尺量
软管路	纵向中心线	3.0	挂线尺量
	横向中心线		
	标高	±3.0	水准仪
	垂直度	1.0/1000	吊线尺量
水平冲渣喷嘴	纵向中心线	3.0	挂线尺量
	横向中心线		
	标高	±1.5	水准仪
夹送辊	纵向中心线	1.0	挂线尺量
	横向中心线		
	标高	±0.5	水准仪
	水平度	0.15/1000	水平仪
测量辊	纵向中心线	1.0	挂线尺量
	横向中心线	1.5	
	标高	±1.0	水准仪
轨　道	对辊道纵向中心线的垂直度	0.5/1000	挂线尺量
	标高	±3.0	水准仪
	轨距	±2.0	尺量
	同一截面高低差	2.0	水准仪
	纵向水平度	0.7/1000	水平仪
	接头错位	0.5	平尺、塞尺

16.6　升降挡板、打印机

Ⅰ　主控项目

16.6.1　打印机喷淋管、冷却水及压缩空气管安装及压力试验应符合设计技术文件的规定。

检查数量：全数检查。

检查方法：观察检查、检查试压记录。

Ⅱ　一般项目

16.6.2　升降挡板、打印机安装的允许偏差应符合表 16.6.2 的规定。

检查数量：全数检查。

检查方法：见表 16.6.2。

表 16.6.2 升降挡板、打印机安装的允许偏差

项　　目	允许偏差/mm	检 验 方 法
纵向中心线	1.5	挂线尺量
横向中心线		
标高	±1.0	水准仪
水平度	0.30/1000	水平仪

16.7 横移小车

一般项目

16.7.1 横移小车轨道安装应符合本规范第 10.2.1 条的规定。

16.7.2 横移小车上辊道安装的允许偏差应符合表 16.7.2 的规定。

检查数量：全数检查。

检查方法：见表 16.7.2。

表 16.7.2 横移小车上辊道安装的允许偏差

项　　目	允许偏差/mm	检 验 方 法
辊道标高	±0.5	水准仪
辊轴向水平度	0.15/1000，相邻两辊倾斜方向宜相反	水平仪
辊轴线对机组纵向中心线的垂直度		摇臂旋转法

16.8 对中装置

一般项目

16.8.1 扇形段对中台安装的允许偏差应符合表 16.8.1 的规定。

检查数量：全数检查。

检查方法：见表 16.8.1。

表 16.8.1 扇形段对中台安装的允许偏差

项　　目		允许偏差/mm	检 验 方 法
对中台	纵向中心线	0.5	挂线尺量
	横向中心线		
	标高	±0.5	水准仪
扇形段支承座	各支承座标高差	0.10	
	水平度	0.05/1000	水平仪
对中样板支承头	中心距	±0.5	尺量
	各支承头标高差	0.10	水准仪
支承座表面与支承头顶面	间距	±0.10	

16.8.2 结晶器对中台安装的允许偏差应符合表 16.8.2 的规定。

检查数量：全数检查。

检查方法：见表 16.8.2。

表 16.8.2　结晶器对中台安装的允许偏差

项　目		允许偏差/mm	检　验　方　法
对中台	纵向中心线	2.0	挂线尺量
	横向中心线		
	标高	±3.0	水准仪
结晶器支承座	各支承座标高差	0.20	

17　混铁炉设备安装

17.1　一般规定

17.1.1　本章适用于混铁炉设备安装的质量验收。

17.2　底座和滚道

Ⅰ　主控项目

17.2.1　设备各零部件上的标记必须准确可靠（标记系指中心线标记、圆弧面素线标记、"零"位标记）。

检查数量：全数检查。

检查方法：测量及观察检查。

17.2.2　滚道夹板的"零"位标记与底座纵向中心线应重合。

检查数量：全数检查。

检查方法：观察检查。

Ⅱ　一般项目

17.2.3　底座与滚道安装的允许偏差应符合表 17.2.3 的规定。

检查数量：全数检查。

检查方法：见表 17.2.3。

表 17.2.3　底座与滚道安装的允许偏差

项　目		允许偏差/mm	检　验　方　法
传动侧底座	纵向中心线	1.0	挂线尺量
	横向中心线		
	标高	±3.0	水准仪
	水平度	0.15/1000	水平仪
非传动侧底座	纵向中心线	1.0	挂线尺量

项　　目		允许偏差/mm	检 验 方 法
两底座	中心距	±1.0	尺量
	对角线之差	3.0	
	同截面高低差（L 为两底座距离）	0.15L/1000	水准仪
滚道	滚道中线与底座横向中心线重合	2.0	吊线尺量
	滚子的两端面与夹板内侧间距		尺量

17.3　炉壳和箍圈

Ⅰ　主控项目

17.3.1　炉壳组装对接焊缝的质量应符合设计技术文件的规定。

检查数量：抽查 20%。

检查方法：观察或使用放大镜检查，检查超声波探伤记录。

Ⅱ　一般项目

17.3.2　现场组装的炉体（炉壳和箍圈的组合体）应符合表 17.3.2 的规定。

检查数量：全数检查。

检查方法：见表 17.3.2。

表 17.3.2　炉体组装允许偏差

项　　目			允许偏差/mm	检 验 方 法
混铁炉公称容量	≥1300t	直径	±10	尺量
		长度	±20	
	<1300t	直径	±10	
		长度		
炉壳法兰及端盖法兰平面度			5.0	直尺、塞尺
炉壳法兰及端盖法兰平面对炉壳轴线的垂直度			1.0/1000	吊线尺量
箍圈	箍圈中线至炉壳横向中心线的距离		±1.0	尺量
	两箍圈"零"位相对位移		1.0	对线、尺量
	箍圈与炉壳接触良好，局部间隙		≤2.0	塞尺

17.3.3　炉体安装的允许偏差应符合表 17.3.3 的规定。

检查数量：全数检查。

检查方法：见表 17.3.3。

表 17.3.3　炉体安装的允许偏差

项　　目	允许偏差/mm	检 验 方 法
两箍圈"零"位标记与底座纵向中心线重合	2.0	吊线尺量
箍圈中心线与底座横向中心线重合	4.0	

项　目		允许偏差/mm	检验方法
受铁口横向中心线与炉壳横向中心线重合		5.0	对线尺量
出铁口纵向中心线与炉壳圆周方向弧长			
受铁口纵向中心线在炉壳圆周方向弧长		±5.0	
出铁口	标高		水准仪
	水平度	1.5/1000	水平仪

17.4 倾动装置

一般项目

17.4.1 传动装置的联轴器装配应符合设计技术文件或现行国家标准《机械设备安装工程施工及验收通用规范》GB50231 的规定。

检查数量：全数检查。

检查方法：塞尺、着色、压铅检查。

17.4.2 传动装置的齿轮与齿条装配应符合设计技术文件或现行国家标准《机械设备安装工程施工及验收通用规范》GB50231 的规定。

检查数量：全数检查。

检查方法：百分表、塞尺、钢尺检查。

17.4.3 传动装置安装的允许偏差应符合表 17.4.3 的规定。

检查数量：全数检查。

检查方法：见表 17.4.3。

表 17.4.3　传动装置安装的允许偏差

项　目		允许偏差/mm	检验方法
回转齿轮座	纵向中心线	1.0	挂线尺量
	横向中心线		
	标高	±2.0	水准仪
	水平度	0.10/1000	水平仪
减速机	纵向中心线	1.0	挂线尺量
	横向中心线		
	水平度	0.10/1000	水平仪
	输出轴线与回转齿轮轴线高低差	1.0	钢板尺、塞尺
齿条耳轴座	横向中心线与回转齿轮座横向中心线重合		挂线尺量
	纵向中心线在炉壳圆弧方向的弧长	±5.0	对线尺量
	轴线对回转齿轮座轴线平行度	1.5/1000	水平仪

注：倾动减速机纵向中心线宜与回转齿轮座纵向中心线偏差方向一致。

17.5　揭盖卷扬机

Ⅰ　主控项目

17.5.1　钢绳必须在卷筒上盘绕整齐，引出钢绳在滑轮内无偏斜，滑轮安设牢固，转动灵活。

检查数量：全数检查。

检查方法：观察检查。

Ⅱ　一般项目

17.5.2　卷扬机安装的允许偏差应符合表17.5.2的规定。

检查数量：全数检查。

检查方法：见表17.5.2。

表17.5.2　卷扬机安装的允许偏差

项　　目	允许偏差/mm	检 验 方 法
纵向中心线	3.0	挂线尺量
横向中心线		
标高	±5.0	水准仪
水平度	0.30/1000	水平仪

18　铁水预处理设备安装

18.1　一般规定

18.1.1　本章适用于炼钢铁水预处理设备安装的质量验收。

18.2　脱硫（磷）剂输送设备

一般项目

18.2.1　称量罐荷重传感器安装的允许偏差应符合表18.2.1的规定。

检查数量：全数检查。

检查方法：见表18.2.1。

表18.2.1　称量罐荷重传感器安装的允许偏差

项　　目			允许偏差/mm	检 验 方 法
荷重传感器	拉力式	上、下吊挂中心线在同一垂直线上	1.0	吊线尺量
		支承面水平度	0.20/1000	水平仪
	压力式	上、下支承面局部间隙	0.05	塞尺
		球面接触	60%以上	着色

18.2.2　脱硫（磷）剂输送安装的允许偏差应符合表18.2.2的规定。

检查数量：全数检查。

检查方法：见表 18.2.2。

表 18.2.2　脱硫（磷）剂输送安装的允许偏差

项　　目		允许偏差/mm	检验方法
脱硫（磷）剂储罐支架	纵向中心线	5.0	挂线尺量
	横向中心线		
	标高	±5.0	水准仪
	水平度	1.5/1000，且≤5.0	吊线尺量
脱硫（磷）剂储罐	纵向中心线	3.0	挂线尺量
	横向中心线		
	垂直度	≤5.0	吊线尺量
称量罐支架	纵向中心线	3.0	挂线尺量
	横向中心线		
	标高	±5.0	水准仪
	垂直度	≤2.0	吊线尺量
称量罐进料口纵、横向中心线对脱硫剂储罐卸料口纵、横向中心线		1.0	挂线尺量

18.3　搅拌脱硫设备

Ⅰ　主控项目

18.3.1　松绳安全装置应符合设计技术文件的规定。

检查数量：全数检查。

检查方法：做松绳状态试验。

Ⅱ　一般项目

18.3.2　搅拌脱硫设备安装的允许偏差应符合表 18.3.2 的规定。

检查数量：全数检查。

检查方法：见表 18.3.2。

表 18.3.2　搅拌脱硫设备安装的允许偏差

项　　目		允许偏差/mm	检验方法
框架	纵向中心线	10.0	挂线尺量
	横向中心线		
	标高	±5.0	水准仪
	柱距	±3.0	尺量
	垂直度	1.5/1000	尺量
	柱顶高低差	2.0	水准仪
	对角线之差	3.0	尺量

项　　目		允许偏差/mm	检 验 方 法
平　台	标高	±5.0	水准仪
搅拌浆车架轨道	工作面对搅拌中心距离	±1.5	尺量
	垂直度	1.0/1000，且≤5.0	吊线尺量
	接口错位	0.5	平尺、塞尺
	夹紧液压缸中心线	1.0	挂线尺量
	夹紧液压缸水平度	0.5/1000	水平仪
搅拌浆更换小车活动轨道与固定轨道	间隙	1.0	尺量
	错位	≤0.5	
卷扬机	纵向中心线	3.0	挂线尺量
	横向中心线		
	标高	±5.0	水准仪
	水平度	0.30/1000	水平仪
烟　罩	下缘高低差	15.0	尺量

18.4　喷枪脱磷设备

Ⅰ　主控项目

18.4.1　氧枪的水压试验必须符合设计技术文件的规定。

检查数量：全数检查。

检查方法：检查试验记录、现场观察检查。

18.4.2　设备通氧的零件、部件及管路严禁沾有油脂。

检查数量：全数检查。

检查方法：检查脱脂记录，白色滤纸擦抹或紫外线灯照射检查。

Ⅱ　一般项目

18.4.3　喷枪升降装置安装的允许偏差应符合本规范第6.2.4条的规定。

18.4.4　喷枪单轨横移装置安装的允许偏差应符合本规范第6.3.1条的规定。

18.5　铁水罐车

一般项目

18.5.1　铁水罐车安装的允许偏差应符合表18.5.1的规定。

表18.5.1　铁水罐车安装的允许偏差

项　　目	允许偏差/mm	检 验 方 法
跨度	±2.0	尺量
车轮对角线	5.0	
同一侧梁下车轮同位差	2.0	挂线尺量

项 目		允许偏差/mm	检 验 方 法
电缆拖带滚筒	中心线	5.0	尺量
	水平度	0.5/1000	水平仪

检查数量：全数检查。

检查方法：检查试压记录，现场观察检查。

18.5.2 铁水罐车倾翻齿轮传动装置安装应符合设计技术文件或现行国家标准《机械设备安装工程施工及验收通用规范》GB50231 的规定。

检查数量：全数检查。

检查方法：塞尺、着色、压铅检查。

18.5.3 铁水罐车倾翻传动联轴器装配安装应符合设计技术文件或现行国家标准《机械设备安装工程施工及验收通用规范》GB50231 的规定。

检查数量：全数检查。

检查方法：百分表、塞尺、钢尺检查。

18.6 铁水罐车轨道

一般项目

18.6.1 铁水罐车轨道安装的允许偏差应符合本规范第 10.2.1 条的规定。

18.7 扒渣机

一般项目

18.7.1 扒渣机安装的允许偏差应符合表 18.7.1 的规定。

检查数量：全数检查。

检查方法：见表 18.7.1。

表 18.7.1 扒渣机安装的允许偏差

项 目		允许偏差/mm	检 验 方 法
机 架	纵向中心线	2.0	挂线尺量
	横向中心线		
	标高	±3.0	水准仪
气缸活塞杆	水平度	0.20/1000	水平仪

18.7.2 扒渣机轨道安装的允许偏差应符合本规范第 10.2.1 条的规定。

19 原料系统设备安装

19.1 一般规定

19.1.1 本章适用于炼钢原料系统装料漏斗设备安装的质量验收。

19.2　称量料斗

一般项目

19.2.1　称量料斗安装的允许偏差应符合表 19.2.1 的规定。

检查数量：全数检查。

检查方法：见表 19.2.1。

表 19.2.1　称量料斗安装的允许偏差

项　　目	允许偏差/mm	检验方法
纵向中心线	10.0	挂线尺量
横向中心线		
标高	±10.0	水准仪
传感器支承面或悬吊面高低差	1.0	

19.3　汇集漏斗和回转漏斗

一般项目

19.3.1　汇集漏斗和回转漏斗安装的允许偏差应符合表 19.3.1 的规定。

检查数量：全数检查。

检查方法：见表 19.3.1。

表 19.3.1　汇集漏斗和回转漏斗安装的允许偏差

项　　目	允许偏差/mm	检验方法
纵向中心线	10.0	挂线尺量
横向中心线		
标高	±10.0	水准仪
水平度	1.0/1000	水平仪

20　煤气净化设备安装

20.1　一般规定

20.1.1　本章适用于煤气净化设备安装的质量验收。

20.2　煤气净化设备

Ⅰ　主控项目

20.2.1　煤气净化设备（除尘塔、文氏管、平旋器、喷淋器、脱水器、三通切换阀、水封）的严密性试验应符合设计技术文件的要求。

检查数量：全数检查。

检查方法：观察检查，检查严密性试验记录。

II　一般项目

20.2.2　煤气净化设备安装的允许偏差应符合表 20.2.2 的规定。

检查数量：全数检查。

检查方法：见表 20.2.2。

表 20.2.2　煤气净化设备安装的允许偏差

项　　　目	允许偏差/mm	检验方法
纵向中心线	10.0	挂线尺量
横向中心线		
标高	±10.0	水准仪
垂直度或水平度	1.0/1000	吊线尺量检查或水平仪

21　炼钢机械设备试运转

21.1　一般规定

21.1.1　本章适用于炼钢机械设备工程安装设备单体无负荷试运转和无负荷联动试运转。

21.1.2　试运转前，施工单位应编写无负荷试车方案，经总监理工程师（建设单位技术负责人）批准后，方能进行试运转。

21.1.3　炼钢机械设备及其附属装置、管路等均应全部施工完毕，施工记录及资料应齐全。润滑、液压、水、气（汽）、电、计控等装置均应按系统检验调试完毕，并应符合试运转要求。

21.1.4　试运转需要的能源、介质、材料、工机具、检测仪器等，均应符合试运转的要求。

21.1.5　设备的安全保护装置应符合设计技术文件的规定，在试运转中需要调试的装置，应在试运转中完成调试，其功能符合设计技术文件的要求。

21.1.6　单体设备试运转时间或次数，无特殊要求时应符合下列规定：

（1）连续运转的设备连续运转不应少于 2h。

（2）往复运转的设备在全行程或回转范围内往返动作不应少于 5 次。

21.1.7　设备单体无负荷试运转合格后，进行无负荷联动试运转，按设计规定的联动程序和时间要求连续操作运行应不少于 3 次，无故障。

21.1.8　每次试运转结束后，应及时做好下列工作：

（1）切断电源和其他动力源。

（2）进行必要的放气、排水、排污及必要的防锈涂油。

（3）设备内有余压的卸压。

21.2　转炉设备试运行

21.2.1　炉体及倾动设备试运转应符合下列规定。

（1）倾动装置的一次减速器应正、反向单独运转各不小于 1h。

（2）砌炉衬前炉体应按设计的最大倾动角度以低、中、高速各倾动 5～10 次。回"零"位时的停位偏差不应超过 ±1°。

（3）砌炉衬后的炉体在炉衬硬化后以低速倾动 5 次，倾动角度不应超过 ±90°。

（4）试运转后，炉体、托圈、炉体与托圈的连接装置焊缝目视严禁有裂纹，连接无松动。

检查方法：观察检查，对位尺量，手锤轻击。

21.2.2　轴承温度必须符合下列规定：

（1）滑动轴承温升不超过 35℃，且最高温度不超过 70℃。

（2）滚动轴承温升不超过 40℃，且最高温度不超过 80℃。

检查方法：观察检查。

21.2.3　水冷系统接头无泄漏。

检查方法：观察检查。

21.3　氧枪和副枪装置试运转

21.3.1　氧枪和副枪设备试运转必须符合下列规定：

（1）各种介质软管接头均不得泄漏。

（2）升降小车运行时，变速位置和停位的偏差应符合设计技术文件的规定。

（3）横移小车对中装置的动作应准确可靠。

（4）氧枪和副枪的事故提升装置以点动方式试验 3 次，运行可靠。

（5）升降小车的断绳（松绳）安全装置以松绳状态试验 2 次，制动可靠。

（6）副枪旋转台架在副枪工作位置时，升降小车导轨锁定装置的锁定应准确可靠。

检查方法：观察检查，对位及测量。

21.3.2　各部轴承温度应符合本规范第 21.2.2 条的规定。

21.4　烟罩试运转

21.4.1　烟罩的试运转必须符合下列规定：

（1）减速器单独正、反转各不小于 30min。

（2）烟罩升降平稳、无卡阻、停位准确。

检查方法：观察检查，尺量检查。

21.4.2　轴承温度应符合本规范第 21.2.2 条的规定。

21.5　余热锅炉系统试运转

21.5.1　余热锅炉系统试运转应符合下列规定：

（1）余热锅炉系统的试运转应按照设计技术文件和现行国家标准《工业锅炉安装工程施工及验收规范》GB 50273 的规定进行冲洗、吹洗、煮炉、蒸汽严密性试验及安全阀最终调整。

（2）余热锅炉在进行蒸汽严密性试验时，在蒸气压力为 0.3～0.4MPa 的状态下，应对余热锅炉的法兰、人孔、手孔和其他连接部位的螺栓进行一次热状态下的紧固，保证各处在工作状态下无泄漏。

（3）余热锅炉系统试运转时，锅筒、集箱、管路和支架等的膨胀应无异常现象；各弹簧支座应正常。

检查方法：观察检查，检查各试验合格证。

21.6 电弧炉试运转

21.6.1 炉体的接地电阻值和各绝缘部位的绝缘值应符合设计技术文件的规定（由电气专业检测）。

检查方法：检查测试记录。

21.6.2 试运转前完成炉体和炉盖的炉衬砌筑，在炉衬未硬化前，不得做炉体倾动和炉盖旋转的试运转。

检查方法：观察检查。

21.6.3 各机构试运转前应锁定的机构可靠锁定。

检查方法：观察检查。

21.6.4 电极升降机构、炉盖旋转机构、炉体倾动机构等应分别进行试运转，且动作灵活，无卡碰现象，动作连锁应准确、可靠。试运转后炉壳与摇架的连接不得松动。

检查方法：观察检查和检查试运行记录。

21.6.5 炉盖旋转、电极升降、炉体倾动在设计的最大工作范围内运转时，与炉体连接的各软管、水冷电缆长度应足够，且相互应无缠绕、阻碍。

检查方法：观察检查。

21.6.6 水冷系统接头无泄漏。

检查方法：观察检查。

21.7 钢包精炼炉（LF）试运转

21.7.1 试运转前，应对绝缘部位进行检查，其绝缘值应符合设计技术文件的规定。

检查方法：检查测试记录。

21.7.2 钢包车试运转应符合下列规定：

（1）钢包车全行程范围内往返运行时，不应卡轨，停位准确可靠。

（2）各部轴承温度应符合本规范第21.2.2条的规定。

检查方法：观察检查。

21.7.3 各升降机构试运转必须符合下列规定：

（1）升降机构在设计的最大范围内运转时，所有连接的各软管、电缆长度应足够，且相互间应无缠绕、阻碍。

（2）动作灵活、可靠、停位准确。

检查方法：观察检查。

21.7.4 水冷系统接头无泄漏。

检查方法：观察检查。

21.8 钢包真空精炼炉（VD）及真空吹氧脱碳炉（VOD）试运转

21.8.1 真空炉炉盖车试运转应符合本规范第21.6.2条的规定。

21.8.2 真空系统应按预真空—低真空—高真空步骤进行试验，其泄漏率或泄漏量应符合设计技术文件的规定。

检查方法：检查真空试验记录。

21.8.3 真空试验时，在各级阀门关闭情况下，活动密封部位应重复转动 3 次，每次转动瞬间真空度的下降值和真空度恢复到原值的时间均应符合设计技术文件的规定。

检查方法：观察检查和检查真空度的试验记录。

21.8.4 水冷系统接头无泄漏。

检查方法：观察检查。

21.9 循环真空脱气精炼炉（RH）试运转

21.9.1 钢包车、真空室车试运转应符合本规范第 21.7.2 条的规定。

21.9.2 真空系统试运转应符合本规范第 21.8.2 条和第 21.8.3 条的规定。

21.9.3 钢包顶升装置在全行程范围内往复运行时，动作应灵活无卡阻、停位准确可靠。

检查方法：观察检查和检查试运转记录。

21.9.4 水冷系统接头无泄漏。

检查方法：观察检查。

21.10 氩氧脱碳精炼炉（AOD）试运转

21.10.1 氩氧脱碳精炼炉（AOD）试运转应符合本规范第 21.2.1～21.2.3 条的规定。

21.11 浇注设备试运转

21.11.1 浇注设备试运转应符合下列规定：

（1）钢包回转台的回转臂应按设计技术文件的规定进行冷满负荷和冷超负荷的试验。

（2）中间包车的试运转应符合本规范第 21.7.2 条的规定。

（3）传动机构的制动器，限位装置动作应准确、灵活、平稳、可靠。

检查方法：观察检查和检查试运转记录。

21.12 连续铸钢设备试运转

21.12.1 结晶器振动机构试运转，振动频率和振幅应符合设计技术文件的规定。

检查方法：检查试运转记录，现场检测。

21.12.2 冷却或加热系统必须符合下列规定：

（1）各系统必须畅通、无堵塞、无泄漏现象。

（2）工作介质的品质、流量、压力、温度必须符合设计技术文件的规定。

（3）阀门、回转接头、输水器等密封良好，动作正常，灵活可靠。

检查方法：观察检查和检查试运转记录。

21.12.3 传动机构必须符合下列规定：

（1）链条和链轮运转平稳、无啃卡、无异常噪声。

（2）齿轮运转时，无异常噪声和振动。

（3）离合器动作灵活、可靠。

（4）各紧固件、连接件连接可靠、无松动。

（5）制动器、限位装置动作准确、灵敏、平稳、可靠。

检查方法：观察检查。

21.12.4 轴承温度应符合本规范第 21.2.2 条的规定。

21.12.5 连铸机组的无负荷联动试运转应以引锭杆送入结晶器，模拟进行 3 次无故障。

检查方法：观察检查。

21.13 出坯和精整设备试运转

21.13.1 出坯和精整设备单体无负荷试运转要求：

（1）冷却或加热系统应符合本规范第 21.12.2 条的规定。

（2）传动机构试运转应符合本规范第 21.12.3 条的规定。

（3）轴承温度应符合本规范第 21.2.2 条的规定。

检查方法：观察检查和检查试运转记录。

21.13.2 出坯和精整设备的无负荷联动试运转应以冷试坯模拟进行 3 次无故障。

检查方法：观察检查。

21.14 混铁炉试运转

21.14.1 混铁炉试运转应符合下列规定：

（1）倾动减速器应单独正、反向运转各不少于 1h。

（2）未砌衬的炉体应按设计倾动角度倾动 5～10 次，并做一次手动松闸试验，检查制动器工作情况，炉体能自动返回但应控制炉体返回速度不得过快。

（3）试运转时，炉体倾动和滚道滚动平稳，不得有啃卡现象。

（4）轴承温度应符合本规范第 21.2.2 条的规定。

检查方法：观察检查和检查试运转记录。

21.15 铁水预处理设备试运转

21.15.1 铁水脱硫装置试运转应符合下列规定：

（1）搅拌浆车架导轨夹紧装置在搅拌行程范围内上、中、下三个位置各做 3 次夹紧、松开试验，动作时间和行程均应符合设计技术文件的规定，双向夹紧力均匀，无间隙。

（2）车架松绳安全装置试验 2 次，动作应可靠。

（3）搅拌头应在搅拌行程范围内上、中、下三个位置以低、中、高速各运转 5～10min，然后在下部位置高速运转 1h，框架应无异常振动。

（4）升降台事故提升机构应试验 2 次，安全可靠。

（5）各运转部位的轴承温度应符合本规范第 21.2.2 条的规定。

（6）各运转部位无异常噪声、无异常振动、动作灵活、安全可靠。

检查方法：观察检查和检查试运转记录。

21.15.2 铁水脱磷装置试运转应符合下列规定：

（1）升降小车运行平稳、无卡阻、停位准确。

（2）横移装置运行平稳、无卡阻、停位准确。

（3）氧枪紧急提升装置试验 3 次，安全可靠。

检查方法：观察检查和检查试运转记录。

21.15.3 铁水罐车试运转除应符合本规范第 21.7.2 条的规定外，倾翻传动应运转 3～5 次，动作灵活，无异常振动及噪声。

检查方法：观察检查和检查试运转记录。

附录 A 炼钢机械设备工程安装分项工程质量验收记录

A.0.1 炼钢机械设备工程安装分项工程质量验收应按表 A.0.1 进行记录。

表 A.0.1 分项工程质量验收记录

单位工程名称			分部工程名称	
施工单位			项目经理	
监理单位			总监理工程师	
分包单位			分包项目经理	
执行标准名称				

检查项目		质量验收规范规定	施工单位检验结果	监理（建设）单位验收结果
主控项目	1			
	2			
	3			
	4			
一般项目	1			
	2			
	3			
	4			
	5			
	6			
	7			
	8			
施工单位检验评定结果		专业技术负责人（工长）：　　　　　　　　　　　　　　　　　质量检查员： 　　　　　　　　　　　　　　年 月 日　　　　　　　　　　　　　年 月 日		
监理（建设）单位验收结论		监理工程师（建设单位项目技术负责人）： 　　　　　　　　　　　　　　　　　　　　　　　　　　　　　年 月 日		

附录 B 炼钢机械设备工程安装分部工程质量验收记录

B.0.1 炼钢机械设备工程安装分部工程质量验收应按表 B.0.1 进行记录。

表 B.0.1 分部工程质量验收记录

单位工程名称				
施工单位			分包单位	
序号	分项工程名称		施工单位检查评定	
1				
2				
3				
4				
5				
6				
7				
8				
9				
10				
11				
12				
13				
14				
15				
16				
17				
18				
设备单体无负荷联动试运转				
质量控制资料				

验收单位	施工单位	项目经理： 年 月 日	项目技术负责人： 年 月 日	项目质量负责人： 年 月 日
	分包单位	项目经理： 年 月 日	项目技术负责人： 年 月 日	项目质量负责人： 年 月 日
	监理（建设）单位	总监理工程师（建设单位项目负责人）： 年 月 日		

附录 C　炼钢机械设备工程安装单位工程质量验收记录

C.0.1　炼钢机械设备工程安装单位工程质量验收应按表 C.0.1 进行记录。

表 C.0.1　单位工程质量验收记录

工程名称					
施工单位		技术负责人		开工日期	
项目经理		项目技术负责人		交工日期	

序号	项目	验收记录	验收结论
1	分部工程	共　分部，经查　分部 符合规范及设计要求　分部	
2	质量控制资料	共　项，经审查符合要求　项	
3	观感质量	共抽查　项，符合要求　项 不符合要求　项	
4	综合验收结论		

参加验收单位	建设单位	监理单位	施工单位	设计单位
	（公章）	（公章）	（公章）	（公章）
	单位（项目） 负责人	总监理工程师	单位负责人	单位（项目） 负责人
	年　月　日	年　月　日	年　月　日	年　月　日

C.0.2 炼钢机械设备工程安装单位工程质量控制资料应按表C.0.2进行记录。

表 C.0.2 单位工程质量控制资料核查记录

工程名称		施工单位		
序号	资料名称	分数	核查意见	核查人
1	图纸会审			
2	设计变更			
3	竣工图			
4	洽谈记录			
5	设备基础中间交接记录			
6	设备基础沉降记录			
7	设备基准线基准点测量记录			
8	设备、构件、原材料质量合格证明文件			
9	焊工合格证编号一览表			
10	隐蔽工程验收记录			
11	焊接质量检验记录			
12	设备、管道吹扫、冲洗记录			
13	设备、管道压力试验记录			
14	通氧设备、管道脱脂记录			
15	设备安全装置检测报告			
16	设备无负荷试运转记录			
17	分项工程质量验收记录			
18	分部工程质量验收记录			
19	单位工程观感质量检查记录			
20	单位工程质量竣工验收记录			
21	工程质量事故处理记录			

结论：

施工单位项目经理：　　　　　　　　　　　　　　总监理工程师：
　　　　　　　　　　　　　　　　　　　　　　　（建设单位项目负责人）

　　　　　　年　月　日　　　　　　　　　　　　　　　　　年　月　日

C.0.3 炼钢机械设备工程安装单位工程观感质量验收应按表C.0.3进行记录。

表 C.0.3 单位工程观感质量验收记录

工程名称							施工单位					
序号	项　目	抽　查　质　量　状　况									合格	不合格
1	连接螺栓											
2	密封状况											
3	管道敷设											
4	隔声与绝热材料敷设											
5	油漆涂刷											
6	走台、梯子、栏杆											
7	焊缝											
8	切口											
9	成品保护											
10	文明施工											
观感质量综合评价	专业质量检查员： 施工单位项目经理： 　　　　　　　　　年　月　日						专业监理工程师： 　　　　　年　月　日 总监理工程师： （建设单位项目负责人） 　　　　　年　月　日					

注：质量评价为不合格的项目，应进行返修。

附录 D 炼钢机械设备无负荷试运转记录

D.0.1 炼钢机械设备单体无负荷试运转应按表 D.0.1 进行记录。

表 D.0.1 炼钢机械设备单体无负荷试运转记录

单位工程名称		分部工程名称		分项工程名称	
施工单位				项目经理	
监理单位				总监理工程师	
分包单位				分包项目经理	
试 运 转 项 目		试 运 转 情 况		试 运 转 结 果	
评定意见	项目经理: 年 月 日	技术负责人: 年 月 日		质量检查员: 年 月 日	
	监理工程师: (建设单位项目专业技术负责人) 年 月 日				

D.0.2　炼钢机械设备无负荷联动试运转应按表 D.0.2 进行记录。

表 D.0.2　炼钢机械设备无负荷联动试运转记录

单位工程名称		分部工程名称		
施工单位		项目经理		
监理单位		总监理工程师		
分包单位		分包项目经理		
试 运 转 项 目		试 运 转 情 况		试 运 转 结 果

评定意见	项目经理： 年　月　日	技术负责人： 年　月　日	质量检查员： 年　月　日
	监理工程师： （建设单位项目专业技术负责人） 年　月　日		

附录 E 焊缝外观质量标准

E.0.1 转炉炉体、托圈及电弧炉炉体、摇架组装对接焊缝外观质量应符合表 E.0.1 的规定。

表 E.0.1 转炉炉体、托圈及电弧炉炉体、摇架组装对接焊缝外观质量标准

项 目	允许偏差/mm
裂纹	不允许
表面气孔	不允许
表面夹渣	不允许
未焊透	不允许
咬边	$\leq 0.05\delta$，且≤ 0.50 连续长度≤ 100，且焊缝两侧边总长$\leq 10\%$焊缝全长
根部收缩	$\leq 0.20 + 0.02\delta$，且≤ 1.0
错边	≤ 3.0
余高	

注：δ指钢板厚度。

附录 F 焊接接头焊后热处理

F.0.1 转炉炉壳、托圈、炉体与托圈连接装置及电弧炉炉壳等的焊接接头焊后热处理应符合表 F.0.1 的规定。

表 F.0.1 转炉炉壳、托圈、炉体与托圈连接装置及电弧炉炉壳等的
焊接接头焊后热处理温度及保温时间

钢种（钢号）	温度/℃	厚度/mm				
		>25~37.5	>37.5~50	>50~75	>75~100	>100~125
		恒温时间/h				
C≤0.35（20ZG25） C-Mn（16Mn）	600~650	1.5	2	2.25	2.5	2.75

注：1. 升温、降温速度，可按$250 \times \dfrac{25}{壁厚}$（℃/h）计算。

2. 降温过程中，温度在300℃以下可不控制。

3. 热处理的加热宽度，从焊缝中心算起，每侧不小于壁厚的3倍。

4. 热处理时的保温宽度，从焊缝中心算起，每侧不小于壁厚的5倍，以减少温度梯度。

5. 热处理的加热方法，应力求内、外壁和焊缝两侧温度均匀，恒温时在加热范围内任意两点间的温差应低于50℃。应采用感应加热或电阻加热。

6. 热处理测温必须准确可靠，应采用自动温度记录，所用仪表、热电偶及其附件，应根据计量的要求进行标定或校验。

7. 进行热处理时，测温点应对称布置在焊缝中心两侧，且不得小于2点。

8. 焊接接头热处理后，应做好记录和标记，并打上热处理工的代号钢印或永久性标记。

本规范用词说明

1. 为便于在执行本规范条文时区别对待，对要求严格程度不同的用词说明如下：

（1）表示很严格，非这样做不可的用词：

正面词采用"必须"，反面词采用"严禁"。

（2）表示严格，在正常情况下均应这样做的用词：

正面词采用"应"，反面词采用"不应"或"不得"。

（3）表示允许稍有选择，在条件许可时首先应这样做的用词：

正面词采用"宜"，反面词采用"不宜"；

表示有选择，在一定条件下可以这样做的用词，采用"可"。

2. 本规范中指明应按其他有关标准、规范执行的写法为"应符合……的规定"或"应按……执行"。

中华人民共和国国家标准
炼钢机械设备工程安装验收规范（GB 50403—2007）

条 文 说 明

1　总　　则

1.0.1　本条文阐明了制定本规范的目的。

1.0.2　本条文明确了本规范适用的对象。

1.0.4　本条文反映了其他相关标准、规范的作用。炼钢机械设备工程安装涉及的工程技术及安全环保方面很多，并且炼钢机械设备工程安装中除专业设备外，还有液压、气动和润滑设备、起重设备、连续运输设备、除尘设备、通用设备、各类介质管道制作安装、工艺钢结构制作安装、防腐、绝热等，因此，炼钢机械设备工程安装验收除应执行本规范外，尚应符合国家现行有关标准的规定。

2　基　本　规　定

2.0.1　炼钢机械设备安装是专业性很强的工程施工项目，为保证工程施工质量，本条文规定对从事炼钢机械设备工程安装的施工企业进行资质和质量管理内容的检查验收，强调市场准入制度。

2.0.2　施工过程中，经常会遇到需要修改设计的情况，本条文明确规定，施工单位无权修改设计图纸，施工中发现的施工图纸问题，应及时与建设单位的设计单位联系，修改施工图纸必须有设计单位的设计变更正式手续。

2.0.4　炼钢机械设备工程安装中的焊接质量关系工程的安全使用，焊工是关键因素之一。本条文明确规定从事本工程施焊的焊工，必须经考试合格，方能在其考试合格项目认可范围内施焊，焊工考试按国家现行标准《冶金工程建设焊工考试规程》YB/T 9259 或国家现行其他相关考试规程的规定进行。

2.0.5　与炼钢机械设备工程安装相关的专业很多，例如土建专业、工业炉专业、电气专业等。各专业之间应按规定的程序进行交接，例如土建基础完工后交设备安装，设备安装完工后交工业炉砌筑，各专业之间交接时，应进行检验并形成质量记录。

2.0.6　炼钢机械设备工程安装中的隐蔽工程主要是指设备的二次灌浆、变速箱的密封、大型轴承的密封等。二次灌浆是在设备安装完成并验收合格后，对基础和设备底座间进行灌浆，二次灌浆应符合设计技术文件和现行国家标准《机械设备安装工程施工及验收通用规范》GB50231 的规定。

2.0.7　根据国家现行标准《工业安装工程质量检验评定统一标准》GB50252 的规定，结合炼钢工业建设的特点，炼钢机械设备工程安装的单位工程按工艺系统划分，分部工程及分项宜按表 2.0.7 的规定进行。

表 2.0.7 中列入的精炼专业设备是经调查研究确定的，切合当前我国炼钢工业的实际和近期的发展。精炼方法繁多，编入的 LF、VD、VOD、RH 和 AOD 五种，是我国近年来采用的几种精炼设备，若采用了其他精炼工艺，亦可按工艺系统划分为单位工程，并按设计要求及参照本规范相应条文的规定进行验收。表 2.0.7 中列入的其他设备是指 1.0.4 条文说明中除炼钢专业设备外的设备，可按工艺系统划分为一个或多个分部工程。

分项工程一般按设备台套划分，大型设备按工序划分，这能及时纠正施工中出现的质量问题，防止上道工序不合格而进行下道工序的施工，确保工程质量，有利于工程管理和质量验收。

本条文强调工程质量验收是在施工单位自检合格的基础上按分项工程、分部工程及单位工程进行。

2.0.8　分项工程是工程验收的最小单位，是整个工程质量验收的基础。分项工程质量检验的主控项目是保证工程安全和使用功能的决定性项目，必须全部符合工程验收规范的规定，不允许有不符合要求的检验结果。一般项目的检验也是重要的，其检验结果也应全部达到规范要求。

2.0.9　分部项目验收在分项工程验收的基础上进行。构成分部工程的各分项工程验收合格，质量控制资料完整，设备单体无负荷试运转合格，则分部工程验收合格。

2.0.10　单位工程的验收除构成单位工程的各分部工程验收合格，质量控制资料完整，设备无负荷联动试运转合格外，还须由参加验收的各方面人员共同进行观感质量检查。

2.0.11　观感质量验收，往往难以定量，只能以观察、触摸或简单的量测方法，由个人的主观印象判断为合格、不合格的质量评价，不合格的检查点，应通过返修处理。

在炼钢机械设备工程安装中，螺栓连接极为普遍，数量很多，工作量大。在一些现行国家标准中，对螺栓连接外露长度有不同的规定，常常成为工程验收的争论点。螺栓连接的长度通常是经设计计算，按规范优选尺寸确定的，外露长度不影响螺栓连接强度，因此本规范对螺栓连接的螺栓型号、规格及紧固力作出严格要求，而对外露长度不作量的规定，仅在工程观感质量检查时提出螺栓、螺母及垫圈按设计配备齐全，紧固后螺栓应露出螺母或与螺母平齐，外露无损伤的要求。

2.0.12　分项工程质量验收记录（本规范附录 A），也可作为自检记录和专检记录。

作为自检记录或专检记录时，需有相关质量检查人员签证。

2.0.15　本条文规定了工程质量验收的程序和组织，分项工程质量是工程质量的基础，验收前，由施工单位填写"分项工程质量验收记录"，并由项目专业质量检验员和项目专业技术负责人（工长）分别在分项工程质量检验记录中相关栏目签字，然后由监理工程师组织验收。

分部工程应由总监理工程师（建设单位项目负责人）组织施工单位的项目负责人和项目技术、质量负责人及有关人员进行验收。

单位工程完成后，施工单位首先要依据质量标准、设计技术文件等，组织有关人员进行自检，并对检查结果进行评定，符合要求后向建设单位提交工程验收报告和完整的质量控制资料，请建设单位组织验收。建设单位应组织设计、施工单位负责人或项目负责人及施工单位的技术、质量负责人和监理单位的总监理工程师参加验收。

单位工程有分包单位施工时，总承包单位应按照承包合同的权利与义务对建设单位负责，分包单位对总承包单位负责，亦应对建设单位负责。分包单位对承建的项目进行检验时，总包单位应参加，检验合格后，分包单位应将工程的有关资料交总包单位。建设单位组织单位工程质量验收时，分包单位负责人应参加验收。

有备案要求的工程，建设单位应在规定的时间内将工程竣工验收报告和有关文件，报有关行政管理部门备案。

3　设备基础、地脚螺栓和垫板

3.1　一般规定

3.1.2　炼钢机械设备的基础工程，由土建单位施工，土建单位应按现行国家有关标准验收后，向设备安装单位进行中间交接，未经验收和中间交接的设备基础，不得进行设备安装。

3.2　设备基础

Ⅰ　主控项目

3.2.2　设备安装前，应按施工图和测量控制网确定设备安装的基准线。所有设备安装的平面位置和标高，均应以确定的安装基准线为准进行测量。主体设备（如转炉、电弧炉）和连续生产线（如连铸生产线）应埋设永久中心线标板和标高基准点，使安装施工和今后维修均有可靠的基准。

Ⅱ　一般项目

3.2.4　本条文规定的检查项目应在设备吊装就位前完成。

3.3　地脚螺栓

Ⅰ　主控项目

3.3.1　炼钢机械设备的地脚螺栓，在设备生产运行时承受冲击力，涉及设备的安全使用功能，因此，将地脚螺栓的规格和紧固必须符合设计技术文件的要求列入主控项目。设计技术文件明确规定了紧固力值的地脚螺栓应按规定进行紧固，并有紧固记录。

4 设备和材料进场

4.1 一般规定

4.1.3 设备安装前，设备开箱检验是十分重要的，建设、监理、施工及厂商等各方代表均应参加，并应形成检验记录。检验内容主要有：箱号、设备名称、型号、规格、数量、表面质量、有无缺损件、随机文件、备品备件、专用工具、混装箱设备清点分类等。

4.2 设备

主控项目

4.2.1 设备必须有质量合格证明文件，进口设备应通过国家商检部门的查验，具有商检证明文件。以上文件为复印件时，应注明原件存放处，并有抄件人签字和单位盖章。

4.3 原材料

主控项目

4.3.1 炼钢机械设备工程安装中所使用的原材料、标准件等进场应进行验收。产品质量合格证明文件应全数检查，证明文件为复印件时，应注明原件存放处，并有经办人签字，单位盖章。实物宜按 1% 比例且不少于 5 件进行抽查，验收记录应包括原材料规格、进场数量、用在何处、外观质量等内容。

设计技术文件或现行国家有关标准要求复检的原材料、标准件应按要求进行复检。

5 转炉设备安装

5.1 一般规定

5.1.1 我国目前最大的转炉为 300t，超出这个容量的转炉尚无资料可查，我国现已不允许新建 100t 以下的转炉。因此本条文明确规定转炉工程安装的质量验收范围。

5.3 托圈

I 主控项目

5.3.1~5.3.4 由于托圈外形尺寸大，运输困难，钢板焊接的箱形结构托圈分块至安装现场由制造厂现场组装或委托施工单位组装，施工单位组装时应符合设计技术文件的规定或制造厂现场代表的书面技术指导要求，若无上述文件，焊接质量应符合本规范第 5.3.1~5.3.4 条的规定。焊接工艺评定按现行国家标准《现场设备、工业管道焊接工程施工及验收规范》GB50236 的规定执行。组装对接焊缝的内部质量，应采用超声波检验。

5.3.5 法兰连接式托圈、连接螺栓的紧固力、工形键的过盈量均应符合设计技术文件的规定。

5.3.7 本条文规定水冷托圈在安装后必须做水压试验和通水试验，以保证其进、出水畅通不漏，设备安全运行，缓慢升压。水压试验应在周围气温不低于 5℃ 时进行，低于 5℃ 时必须有防冻措施，且水温应保持高于周围露点的温度，以防表面结露。使用洁净水。

Ⅱ 一般项目

5.3.8 表 5.3.8 中法兰结合面的检查是在未加密封料前紧固连接螺栓，测量局部间隙不应大于 0.05mm。

5.4 炉体

Ⅰ 主控项目

5.4.1 ~ 5.4.4 炉体的组装、焊接由制造厂委托施工单位完成时，应符合设计技术文件的规定或制造厂的书面指导要求，若无上述文件，则应符合本规范第 5.4.1 ~ 5.4.4 条及第 5.4.6 条的规定。焊接工艺的评定按现行国家标准《现场设备、工业管道焊接工程施工及验收规范》GB50236 的规定执行。组装对接焊缝的内部质量，应采用超声波检验。

5.4.5 本条文规定水冷炉口在安装后必须做水压试验和通水试验，以保证其进、出水畅通而不漏，设备安全运行，缓慢升压。水压试验应在周围气温不低于 5℃ 时进行，低于 5℃ 时必须有防冻措施，且水温应保持高于周围露点的温度，以防表面结露。使用洁净水。

5.4.6 炉体与托圈的连接方式很多，目前，使用最多的有三点球铰支承式，三点铰链悬挂式及把持器等。并且，同样的连接方式，如果炉容量不同或设计单位不同，规定的安装要求也不一样。例如三点球铰支承式，球铰的连接螺栓紧固力矩，有的直接规定其紧固力矩，有的则以波纹垫的压缩量来检验；各类连接装置与炉体及托圈的焊接设计也有要求，所以本文规定炉体与托圈的连接装置应符合设计技术文件的规定。

6 氧枪和副枪设备安装

6.2 氧枪、副枪及升降装置

Ⅰ 主控项目

6.2.2 通氧设备的零件、部件及管路严禁沾有油脂，这是事关安全的大事，应特别注意。虽然制造厂已做脱脂处理，安装时还应严格检查。检查方法可用清洁干燥的白色滤纸擦抹脱脂表面，纸上无油脂痕迹和污垢为合格；也可用紫外线灯照射，以无紫蓝色荧光为合格。检查不合格，必须再进行脱脂处理。脱脂检查合格后的设备应避免再次污染。

8 余热锅炉（汽化冷却装置）设备安装

8.1 一般规定

8.1.1 余热锅炉种类很多，构造形式差异很大。本条文明确规定本章仅适用于转炉余热锅炉设备安装的质量验收。

8.1.2 为保证蒸汽锅炉安全运行，国家对蒸汽锅炉安装有专门的规定，本条文强调指出除应执行本规范的规定外，还必须执行《蒸汽锅炉安全技术监察规程》的规定。

8.2 烟道

Ⅰ 主控项目

8.2.1 烟道的鳍片管是余热锅炉的受热面，必须保证水路畅通，故本条文规定检查通球合格证。由于运输和储存可能导致的污染，设备到达现场后，施工人员应检查所有可见的管口及联箱内应清洁、无杂物。

8.2.4 本条文规定烟道在安装后必须参与系统水压试验，缓慢升压。水压试验应在周围气温不低于5℃时进行，低于5℃时必须有防冻措施，且水温应保持高于周围露点的温度，以防表面结露。使用洁净水。

8.3 锅筒

Ⅰ 主控项目

8.3.1 锅筒受热膨胀，必须按设计要求留出其移动支座的移动量，并检查移动不会受到阻碍，确保锅炉安全运行。

9 电弧炉设备安装

9.2 轨座

一般项目

9.2.1 轨座安装是整个电弧炉安装的基础，宜以电极侧轨座为基准，再安装找正另一侧轨座。轨座安装前，应检查摇架两弧形板相关尺寸，使轨座安装尺寸偏差方向与摇架弧形板尺寸偏差方向一致。

9.3 摇架

Ⅰ 主控项目

9.3.1～9.3.3 摇架外形尺寸大，由于运输条件限制，有的需解体运至现场，由设备制造厂组装或委托施工单位组装，施工单位组装时，应符合设计技术文件的规定或制造厂现场代表的书面技术指导要求，若无上述文件，则应符合本规范第9.3.1～9.3.3条及第9.3.4条的规定。焊接工艺的评定按现行国家标准《现场设备、工业管道焊接工程施工及验收规范》GB50236的规定执行。组装对接焊缝的内部质量，采用超声波检验，当超声波探伤不能对缺陷做出判断时，采用射线探伤。焊缝检查数量按每条焊缝长度的40%抽查。

Ⅱ 一般项目

9.3.4 炉盖及电极旋转机构（门形架）有两种形式，第一种具有独立基础，第二种直接安装在摇架上，本条文表9.3.4摇架组装的允许偏差中第三项，摇架中心与炉盖及电极旋转机构中心间距的允许偏差规定，是第二种结构形式对摇架组装的要求。表9.3.4中第四项摇架组装时要求弧形板垂直度在允许偏差范围内，上端向离开炉心的方向倾斜，可保证安装时弧形板与轨座外侧不产生间隙，而允许内侧有间隙（小于2mm），当摇架承载炉体和钢水后，内侧间隙减小或消失。

9.3.5　本条文表9.3.5摇架安装允许偏差中第三项，炉盖及电极旋转机构（门形架）支承面的水平度允许偏差的规定，是指条文说明9.3.4条第二种结构形式对摇架安装的要求。摇架安装过程中，要有防倾翻的临时措施，防止摇架倾动。

9.5　倾动锁定装置

一般项目

9.5.1　本条文规定倾动锁定装置标高为摇架处于"零"位，即水平位置时的高度，是因为摇架安装各允许偏差项目的检查及电弧炉冶炼时均处于"零"位置，倾动锁定装置应在摇架调整至该状态时将其锁定。

9.6　炉体

Ⅰ　主控项目

9.6.1～9.6.4　炉体外形尺寸大，由于运输条件的限制，有的需解体运至现场，由设备制造厂组装或委托施工单位组装，施工单位组装时，应符合设计技术文件的规定或制造厂现场代表的书面技术指导要求，若无上述文件，则应符合本规范第9.6.1～9.6.4条及第9.6.6条的规定。焊接工艺的评定按现行国家标准《现场设备、工业管道焊接工程施工及验收规范》GB50236的规定执行。组装对接焊缝的内部质量，下炉壳（一般壁厚大于25mm）用超声波检验，上炉壳（无缝钢管制成的框架上挂满水冷壁）用射线探伤检验。

9.6.5　本条文规定电弧炉水冷系统在安装后必须做水压试验和通水试验，以保证水冷件进、出水畅通而不漏，设备安全运行。并应在耐火材料砌筑前完成，以防水泄漏而造成耐火材料的损害。水压试验应缓慢升压，在周围气温不低于5℃时进行，低于5℃时必须有防冻措施，且水温应保持高于周围露点的温度，以防表面结露。使用洁净水。

9.7　炉盖、电极旋转及炉盖升降机构

Ⅱ　一般项目

9.7.2　如条文说明9.3.4条所述，炉盖及电极旋转机构有两种形式，本条文表9.7.2安装允许偏差项目中第一项底座纵向中心线，第二项底座横向中心线及第三项底座标高为具有独立基础的结构形式的检测项目，其他各项两种结构形式都必须进行检测。

10　钢包精炼炉（LF）设备安装

10.3　钢包车

一般项目

10.3.1　钢包车电源电缆装置一般有两种结构形式，有的钢包车采用电缆拖带滚筒，有的钢包车采用拖链拖架。

11　钢包真空精炼炉（VD）及真空吹氧脱碳炉（VOD）设备安装

11.1　一般规定

11.1.1　本条文明确了本章适用的对象。钢包真空精炼炉（VD）与真空吹氧脱碳炉（VOD）的结构形式基本相同，同属钢液真空处理装置，VOD 比 VD 多一套氧枪装置。有的炼钢厂，在冶炼不锈钢时，该装置处于 VOD 工作状态，在冶炼特种钢时，该装置处于 VD 工作状态。

11.2　真空罐

Ⅰ　主控项目

11.2.1～11.2.3　真空罐外形尺寸大，由于运输条件限制，有的需解体运至现场，由设备制造厂组装或委托施工单位组装。施工单位组装时，应符合设计技术文件的规定或制造厂现场代表的书面技术指导要求，若无上述文件，则应符合本规范第 11.2.1～11.2.3 条及第 11.2.4 条的规定。焊接工艺的评定按现行国家标准《现场设备、工业管道焊接工程施工及验收规范》GB50236 的规定执行。组装对接焊缝的内部质量，一般情况下采用超声波检验，当超声波探伤不能对缺陷做出判断时，采用射线探伤。焊缝检查数量按每条焊缝长度的 20% 抽查。

11.7　真空装置

Ⅱ　一般项目

11.7.2　真空装置包括喷射泵、抽气管线等。

13　氩氧脱碳精炼炉（AOD）设备安装

13.1　一般规定

13.1.1　本条文明确了本章适用的对象。氩氧脱碳精炼炉（AOD）其结构形式，氧枪与副枪等和转炉基本相同，其质量验收记录可使用本规范第 5 章转炉工程安装中相关分项工程质量验收记录。

14　浇注设备安装

14.2　钢包回转台

Ⅰ　主控项目

14.2.1　钢包回转台不但承载大，而且承载情况复杂，对地脚螺栓及回转臂的连接螺栓的紧固要求非常严格，是保证安全运转的关键工序，本条文明确规定必须按设计技术文件的要求进行施工。

Ⅱ 一般项目

14.2.2 ~ 14.2.3 钢包回转台传动装置的齿轮副装置及联轴器装置安装质量关系到设备的运转功能，甚至影响到设备的使用寿命，有的回转大齿轮对处于工作啮合部位的齿面进行了热处理，安装时方向不能错，应按图纸和设计技术文件的规定及齿轮上的标记安装。

14.2.4 当回转台底座与回转轴承分体供货时，仅在回转台底座上平面检测水平度即可，当两者连接成一体供货时则在回转轴承上平面检测水平度，回转轴承水平度是保证钢包回转台平稳运行的关键因素。

14.3 中间包车及轨道

Ⅰ 主控项目

14.3.1 中间包车轨道承受动载荷。为保证轨道位置在使用过程中不发生变化，对轨道压板及固定螺栓施工提出了较严格的要求。

Ⅱ 一般项目

14.3.3 中间包车的走行机构现在较多采用液压传动，电缆、液压软件管安装在拖链上，本条文增加了拖链的安装要求。

15 连续铸钢设备安装

15.2 结晶器和振动装置

Ⅰ 主控项目

15.2.1 结晶器水冷室虽然在制造厂已经做过强度及严密性试验，但考虑因运输、装卸过程可能造成损伤，必须在安装前再一次进行水压试验，以保证设备的安全运行。

15.2.2 水冷管离合装置是为了结晶器的振动装置快速更换而设计的，施工中必须按设计要求保证接合面的平行度及严密性，无泄漏。

15.2.3 为防止设备在运转中位置发生变化，影响设备正常运转，本条文强调定位块必须按设计技术文件规定的定位方式和要求进行施工，牢固可靠。

15.3 二次冷却装置

Ⅰ 主控项目

15.3.1 热膨胀多设备安全运行的影响很大，本条文强调热膨胀间隙及滑块位置必须符合设计技术文件的规定。

15.3.2 扇形段与支撑框架一般有两种连接方式，楔形铁连接形式的楔形铁与楔孔的斜度和接触面积必须符合设计技术文件的规定；螺栓连接的螺栓紧固力应符合设计要求。

Ⅱ 一般项目

15.3.4 本条文对板坯连铸机二次冷却装置扇形段支撑结构的定位尺寸是根据其结构

形式发展，经调查研究，参考有关安装记录和武钢三炼钢厂从奥钢联引进的板坯连铸机安装手册制定的。

15.3.6 为确保二次冷却装置的冷却效果，本条文规定冷却水管道通水后，应逐一检查喷嘴的通水情况，应畅通、无堵塞。

15.4 扇形段更换装置

Ⅰ 主控项目

15.4.2 本条文确保顶部更换机械手在更换扇形段时能停在正确的位置上。

Ⅱ 一般项目

15.4.7 扇形段更换机械手的大车及走行机构类似桥式起重机的大车及走行机构，本条文规定其安装应符合现行国家标准《起重机安装工程施工及验收规范》GB50278 中的有关规定。

15.5 拉矫机

一般项目

15.5.3 本条文是保证每对拉辊所需的辊压，防止过载。

15.6 引锭杆收送及脱引锭装置

Ⅰ 主控项目

15.6.1 引锭头是根据铸坯规格进行选择的，在施工时进行组装，为保证引锭头与引锭杆的安全可靠，强调必须按设计技术文件的要求进行连接。

15.6.2 本条文是为防止引锭时引锭杆打滑或滑落而制定的。

Ⅱ 一般项目

15.6.5 本条文是根据宝钢从日本日立造船引进的连铸机安装精度技术规定制定的。

15.7 火焰切割机

Ⅰ 主控项目

15.7.1 为保证运行安全，强调与氧气接触的部件及管路必须进行认真的脱脂，并经检查合格，方准安装。检验时采取白色滤纸擦抹或紫外线灯照射检查。

15.10 毛刺清理机

Ⅰ 主控项目

15.10.1 为保证安全销穿入和拔出自如，本条文强调安装时要保证销孔的同轴度。

Ⅱ 一般项目

15.10.4 目前板坯毛刺清理机形式多样，而大多数属于国外引进设备或技术，本条文所列毛刺清理机的安装精度的技术要求制定的。施工中还应根据设计技术文件的要求进行安装质量验收。

16　出坯和精整设备安装

16.2　输送辊道

一般项目

16.2.2　本条文适用于单独和集中传动的各类辊道的施工质量验收。

16.7　横移小车

一般项目

16.7.1～16.7.2　现在连铸生产线上广泛采用了铸坯横移小车，经调查研究制定本条文。

16.8　对中装置

一般项目

16.8.1～16.8.2　现在大型连铸生产线为了快速更换结晶器及扇形段设备，都采用了整体部件更换的方法，在线外设立了对中装置，对扇形段及结晶器进行线外调整或者检修。

17　混铁炉设备安装

17.2　底座和滚道

Ⅰ　主控项目

17.2.1～17.2.2　混铁炉设备上的出厂标记是制造厂在厂内组装的记录，是安装的重要依据，现场安装工作必须依照制造单位的标记进行。

17.3　炉壳箍圈

Ⅱ　一般项目

17.3.2　一般大容量的混铁炉炉体由于运输原因，往往都需要在现场组装，本条文规定了炉体现场组装的允许偏差值，如箍圈与炉壳接触应紧密，凡大于2mm的局部间隙都应用钢板垫实、焊牢。

18　铁水预处理设备安装

18.3　搅拌脱硫设备

Ⅰ　主控项目

18.3.1　松绳安全装置保证搅拌头在其行程范围内的上、中、下三个位置安全正常运转，本条文强调按设计技术文件要求施工。

18.7 扒渣机

一般项目

18.7.1 扒渣机在不锈钢冶炼中广泛使用且形式多样，若设计技术文件无特殊要求，按本条文中的规定施工。

21 炼钢机械设备试运转

21.1 一般规定

21.1.3 本条文强调设备试运转具备的条件必须保证。

21.1.5 本条文规定试运转前，安全保护装置应按设计技术文件的规定完成安装，例如联轴器的安全保护罩、制动器、离合器、限位保护装置等。在试运转中完成调试，其功能符合设计技术文件的要求。

第四十七章　现代炼钢工艺与电弧炉炼钢的节能

第一节　现代电弧炉炼钢工艺

一、现代电弧炉炼钢工艺及其流程

现代电弧炉炼钢工艺流程是：

废钢预热（SPH）或热装铁水→超高功率电弧炉（UHP – EAF）→炉外精炼（SR）→连铸（CC）。与传统工艺比较，相当于把熔化期的一部分任务分离出去，采用了炉外精炼技术，取代了"老三期"一统到底的落后的冶炼工艺，形成了高效节能的"短流程"优化流程，如图47 – 1所示。

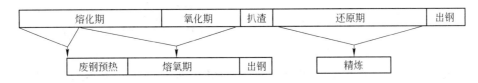

图47 – 1　电弧炉的功能分化图

现代电弧炉炼钢冶炼工艺与传统的电弧炉冶炼工艺的根本区别是：前者必须将电弧炉与炉外精炼相结合才能生产出成品钢液，电弧炉的功能变为熔化、升温和必要的精炼（脱磷、脱碳），还原期任务在炉外精炼过程中完成（对钢液进行成分、温度、夹杂物、气体含量等的严格控制）；后者用电弧炉来生产成品钢。由于炉外精炼技术的发展和成熟，使电弧炉冶炼周期缩短，使之与连铸匹配成为可能，同时精炼工序也作为炼钢与连铸之间的一个缓冲环节。

综上所述，现代电弧炉出钢到出钢时间的研究是从两个方面进行的，首先是强化电弧炉本身的冶炼能力，从能量平衡的角度来缩短电弧炉冶炼周期；其次是从冶炼工艺流程上考虑，将传统电弧炉冶炼工艺分别由电弧炉与炉外精炼两者完成。

二、强化冶炼技术的概述

电弧炉炼钢周期可用下式计算：

$$t = (t_2 + t_3) + (t_1 + t_4) = t' + t'' \qquad (47 – 1)$$

$$t' = \frac{60WG}{P_n \cos\varphi C_2 + P_化 + P_物} \qquad (47 – 2)$$

$$t'' = \frac{60 \times (W_电 - W_化 - W_物)G}{P_n \cos\varphi C_2} \qquad (47 – 3)$$

$$W = W_电 - W_化 - W_物 \qquad (47 – 4)$$

式中　t——冶炼周期（出钢到出钢），min；

　t_1，t_4——出钢间隔与热停工时间，即非通电时间 t''，min；

　t_2，t_3——熔化与精炼通电时间，即总通电时间 t'，min；

　　G——钢液质量，t；

　　P_n——变压器额定功率，kW；

　　C_2——功率利用率，%；

　$\cos\varphi$——功率因数，%；

　　$P_化$——由化学热换算成的电功率，kW；

　　$P_物$——由物理热换算成的电功率，kW；

　　W——冶炼电耗，kW·h/t；

　　$W_电$——$W_化$ 与 $W_物$ 为零时的电耗，kW·h/t；

　　$W_化$——由于化学热导致的节电，kW·h/t；

　　$W_物$——由于物理热导致的节电，kW·h/t。

由上述公式可知：要想缩短冶炼周期，使 t 减少，则必须减少 t' 和 t''。减少冶炼周期 t 的途径有：

（1）减少 t，必须提高吨钢输入功率，即 P_n/G。变压器额定功率越大，可输入电弧炉的电功率就越大，因此电弧炉要匹配较大容量的变压器。超高功率电弧炉就是基于这点而发展起来的。

（2）提高 $C_2\cos\varphi$ 就可减少 t，围绕着这个目标的技术措施是：优化电弧炉供电制度和短网结构，采用导电横臂等。

（3）提高 $P_化$ 有利于减少 t，化学热来源是：钢中的元素氧化的化学热（含二次燃烧热）、氧燃烧嘴提供的化学热、外加热铁水等。炭、氧喷枪除吹氧助熔，提供碳、磷氧化所需氧源外，还为造泡沫渣供氧、供碳，实现埋弧熔炼，使长弧操作成为可能。

（4）提高 $P_物$ 有利于减少 t，物理热来源是：废钢预热、兑入铁水等。

（5）减少 t'' 是减少 t 的非常有效的途径。实际上，冶炼时并非是连续通电的。例如装第二料筐料、测温取样、成分分析、电气设备的操作都会占用时间，如果设备出现故障就会产生非正常的停电时间。如果热停工时间加长，延长了 t''，同时又有钢水向外散热导致 t' 相应延长。通常 t'' 是由补炉时间、装料时间、接电极时间、测温和取样分析时间、出钢时间、设备故障时间等组成。只有缩短了每个相关环节的时间，才能缩短非通电时间 t''。主要措施是：充分利用补炉机械、清渣门机械、快速测温取样和分析设备、机械化加料系统和连续加料方式，不断提高机械、电气设备的可靠性以及生产组织能力和管理、操作及维护水平等。

综上所述，将缩短电弧炉冶炼周期的技术措施列成表 47－1。

表 47－1　缩短电弧炉冶炼周期的技术措施

目　标		缩短电弧炉冶炼周期（t）的技术措施	
缩短冶炼周期 t	缩短总通电时间 t'	提高 P_n/G	超高功率电弧炉
			直流电弧炉
			高阻抗交流电弧炉
			变阻抗电弧炉

目 标			缩短电弧炉冶炼周期（t）的技术措施	
缩短冶炼周期 t	缩短总通电时间 t'	提高电效率及功率因数 $C_2\cos\varphi$	长弧泡沫渣操作	水冷炉壁
				水冷炉盖
				优质耐火材料
			直接导电横臂	
			优化短网结构	
			优化供电制度	
			炉底吹入惰性气体搅拌	
		利用化学热 $P_化$	炭-氧喷枪（加入大量氧、碳）、底吹氧风口	
			热装铁水	
			氧燃烧嘴	
			二次燃烧	
		利用化学热 $P_物$	加入热铁水 废钢预热	
		优化炼钢工艺	偏心底出钢，炉外精炼（将还原期放在炉外进行）	
	缩短非通电时间 t''		缩短装料时间、减少装料次数	
			充分利用补炉机械、清渣门机械	
			快速测温、取样和分析	
			设备的可靠性运行	

图47-2所示为近40年来，电弧炉炼钢工艺装备技术的发展对缩短冶炼周期、降低电耗和电极消耗的作用。

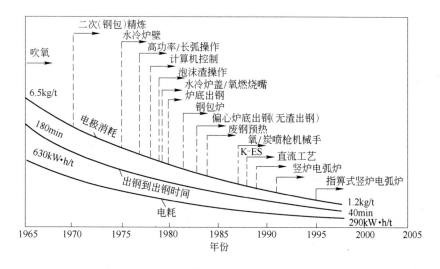

图47-2 40年以来电弧炉炼钢工艺技术的进展

第二节 吨钢电耗与电极消耗

一、吨钢电耗

(一) 吨钢理论能耗

$$W = W_G + W_Z$$

$$W_G = C_1(T_r - T_0) + L_G + C_2(T_1 - T_r) \tag{47-5}$$

式中 T_r——钢的熔点（或废钢的熔点），可由下式决定：

$$T_r = 1535 - \Delta t[\% C] - 10 \tag{47-6}$$

$$W_Z = C_Z(T_1 - T_0) + L_Z \tag{47-7}$$

参数选取的数值见表 47-2。

表 47-2 参数选取的数值表

符号	T_0	T_r	T_1	C_1	C_2	C_Z	L_G	L_Z
名称	环境温度	熔点	出钢温度	固钢比热	液钢比热	石灰比热	钢熔潜热	石灰潜热
数值	20℃	℃	1630℃	0.2kW·h/(t·℃)	0.23kW·h/(t·℃)	0.33kW·h/(t·℃)	75kW·h/t	58kW·h/t

按表 47-2 计算 1t 石灰理论能耗约为 600kW·h/t 石灰，相当加钢水质量的 1% 石灰（10kg/t 钢水）理论能耗约 6kW·h/t 钢水，一般要加 3% 的石灰，理论能耗约 18kW·h/t 钢水。

对于碳素废钢，不同含碳量的吨钢理论能耗见表 47-3。

表 47-3 不同含碳量的吨钢理论能耗

废钢含碳量/%	0.5	1.0	1.5	2.0
熔点/℃	1490	1460	1420	1380
熔化理论能耗/kW·h·t^{-1}	369	363	355	347
过热1630℃能耗/kW·h·t^{-1}	32	39	48	58
化渣理论能耗/kW·h·t^{-1}	18	18	18	18
吨钢理论能耗/kW·h·t^{-1}	419	420	421	423

(1) 由以上计算看出吨钢理论能耗要考虑炉渣的影响，虽然与含碳量有关，但总的来说吨钢理论能耗约为 420kW·h/t。

(2) 电弧炉装置热效率：一般高功率电弧炉热效率为 62.4%，超高功率电弧炉热效率为 69%，指式竖炉电弧炉装置热效率为 72%。

(二) 吨钢实际电耗

氧化法冶炼低合金钢，采用 100% 废钢（二次料），配碳量 1.5% 与 3%（30kg/t 钢）

炉渣，在电弧炉中熔化并加热精炼至出钢温度（1630℃）所需要的理论能耗为420kW·h/t，按68%的效率计算，实际总能耗约为620~625kW·h/t。

二、影响电耗的因素

以下提出的所有数据仅供参考。

（一）兑入铁水的影响

现代电弧炉炼钢兑入铁水工艺已经被广泛采用。而且，铁水的兑入量越来越大，甚至采用电弧炉转炉化操作。现在，在我国加入70%以上的铁水采用吹氧操作，实现零电耗的现象也出现了。实践表明，铁水的兑入量不是越多越节能。当采用炉门自耗式氧枪或者水冷超声速氧枪（包括炉壁超声速氧枪）时，最佳铁水加入量为25%~31%；当采用集束超声速氧枪时，最佳铁水加入量为45%~55%。

在其他条件不变的情况下，铁水加入量每增加1%，电耗降低4.2~5.2kW·h/t。

例如：出钢量为100t的电弧炉，废钢加入量为100%时，需要加入105t的废钢，当兑入31.5t铁水时，则热装铁水比例为31.5/105 = 30%的铁水时，则降低电耗为30 × 5.2 = 156kW·h/t。如果出钢温度为1630℃时，计算冶炼电耗为420kW·h/t，则兑入30%的铁水时电耗为：420 – 156 = 264kW·h/t。

兑入铁水工艺吨钢理论能耗、吨钢实际能耗及吨钢电耗见表47 – 4。

表47 – 4　兑入不同比例铁水（1200℃）吨钢能耗

兑铁水比例 /%	理论能耗（出钢温度 1630℃）/kW·h·t^{-1}			热效率 /%	实际能耗 /kW·h·t^{-1}	辅助能源 /kW·h·t^{-1}	吨钢电能 /kW·h·t^{-1}
	废钢	铁水	合计				
0	415	0	415	70	580		360
25	304	23	327	65	503		283
30	284	28	312	64	492	220	272
40	243	37	280	62	452		232
50	203	46	249	60	415		195

注：1. 热效率为电弧炉装置的热效率，表示能源的利用情况，它随带入物理热的增加而降低；辅助能源这里包括氧–燃烧嘴、炉门炭–氧枪吹氧喷炭以及石墨电极氧化等，实际中几项不一定同时都具备，为此，所提供的数据需要作相应的修正。

2. 现代超高功率电弧炉的能量平衡值为625~630kW·h/t。

（二）兑入铁水的实例

对国内某钢厂70t直流电弧炉和110t电弧炉兑铁水冶炼的考察指标如下：

（1）70t电弧炉情况：70t/60MV·A直流电弧炉在自耗式氧枪吹炼下的最佳统计见表47 – 5。

（2）110t电弧炉情况：110t/82MV·A交流电弧炉在超声速氧枪吹炼下的最佳统计见表47 – 6。

表 47 - 5　70t/60MV·A 直流电弧炉在自耗式氧枪吹炼下的最佳统计

装入量 /t	铁水量 /t	加二次料电字 /MW·h	冶炼周期 /min	通电时间 /min	出钢量 /t	出钢电字 /MW·h
64.65	25.82	8.85	41.27	30.36	85.64	21.83
61.44	28.5	8.06	41.25	30.67	87.5	21.05
60.40	25.33	7.85	39.67	29.17	87.17	21.23

表 47 - 6　110t/82MV·A 电弧炉在超声速氧枪吹炼下的最佳统计

装入量 /t	铁水量 /t	加二次料电字 /MW·h	冶炼周期 /min	通电时间 /min	出钢量 /t	出钢电字 /MW·h
80	45	9.5	44	25	115	26
75	50	8.2	53	24	110	24
82	40	10	48	28	112	27
120	55	14.5	51	38	108	38
125	60	14	49	41	110	39
120	50	15.5	54	40	106	41

（三）主要参数的变化对吨钢电耗的影响

主要参数的变化对吨钢电耗的影响见表 47 - 7。

表 47 - 7　主要参数的变化对吨钢电耗的影响

参　数	平均值	参数的变动	对冶炼的影响
输入功率		每 +/- 1kW/t	-/+ 0.12kW·h/t
装入量/出钢量		每 +/- 1kg/t	+/- 1.0kW·h/t
铁水加入量		每 +/- 1%	-/+ 4.2～5.2kW·h/t
DRI 加入量		每 +/- 10%	+/- 13kW·h/t
DRI 金属化率	83%～95%	每 +/- 1%	-/+ 10kW·h/t
造渣材料	3.5%	每 +/- 1kg/t	+/- 1.8kW·h/t
出钢温度	1630℃	每 +/- 1℃	+/- 0.7kW·h/t
停电时间		每 +/- 1min	每 +/- 0.96kW·h/t
燃烧器燃气量（标态）		每 +/- 1m³/t	-/+ 9.0kW·h/t
烧嘴	3MW·h	每 +/- 一个烧嘴	冶炼周期 -/+ 3min -/+ 20～30kW·h/t
吹氧量（标态）		每 +/- 1m³/t	-/+ 3.0～4.5kW·h/t
钢液成品率	91.4%	每 +/- 1%	+/- 9kW·h/t
出钢 - 出钢时间	84	每 +/- 5min	+/- 4kW·h/t
电极夹紧部位以下电极长度	有待验证	每 +/- 100mm	+/- 1kW·h/t

参　数	平均值	参数的变动	对冶炼的影响
加料次数的影响	有待验证	每＋/－一次加料	＋/－10~20kW·h/t ＋/－10~20min
废钢预热温度		900℃	－110kW·h/t
		600℃	－90kW·h/t
		200℃	－25kW·h/t

由表47－7中数值可以看出，至今尚未得到关注的造渣材料和钢液成品率的影响显得十分明显，而且忽略这些能量单耗是没有意义的。

表中的参数变动是指在其他条件不变的情况下，仅是该参数一项的变化情况。如果同时存在两项及两项以上参数变化的情况，并不是简单的叠加关系。

（四）辅助能源代替电能换算值

辅助能源代替电能换算值见表47－8。

表47－8　辅助能源代替电能换算值

辅助能源名称	单位值	代替电能值/kW·h·t^{-1}	辅助能源名称	单位值	代替电能值/kW·h·t^{-1}
氧气	m^3	4~4.3	生铁	t	1.37
天然气	m^3	8~10.5	石墨电极氧化	kW·h	10
油	L	5.7			

（五）装入量的影响

在国内，以前的电弧炉使用厂家为了多出钢而尽量采用超装的方法。但是根据有关资料报道，经过实际考察，超装不仅对电弧炉设备的使用寿命带来严重危害，而且也会使技术经济指标恶化。

表47－9给出了国内某厂110t交流电弧炉不同装入量时的冶炼指标。

表47－9　110t交流电弧炉不同装入量时的冶炼指标

装入量/t	110	115	120
平均冶炼周期/min	49	52	55
平均出钢量/t	102	103	106.5
平均电耗/kW·h·t^{-1}	326	340	377
统计炉数	120	120	120

（六）电弧炉输出热量

电弧炉输出热量的分布见表47－10。

表 47 - 10　电弧炉输出热量的组成

热量损失项目	德国的实际/kW·h·t⁻¹	基准值/kW·h·t⁻¹	备　注
钢液焓（1620℃）	400	400（57.1%）	
渣带走的损失	40~70	50（7.1%）	
排出气体损失	150~200	165（23.6%）	
水冷炉壁、炉盖的损失	50~100	60（8.6%）	
电气、其他损失	20~30	25（3.6%）	100t 电弧炉 4%
合　计	650~750	700（100%）	

从表 47 - 10 中可以看出降低单耗重要的是减少整个输出热量，因此首先要减少约43% 的热量损失。为进一步减少作为有效热量的钢液焓，可以降低出钢温度，提高出钢成品率。

三、吨钢电极消耗

（一）电极消耗

电极消耗组成见表 47 - 11。

表 47 - 11　电极消耗组成

消耗部位	消耗比例/%	消耗因素	现　象
侧面	60	$I^2 t_1 St$	出现锥形现象
端头	40		随电流密度增加纵裂到横裂
电极消耗			4~8g/(kW·h)（平均6g/(kW·h)）

注：I—电极电流；t_1—通电时间；S—炉内电极表面积；t—冶炼时间。

另外，电极消耗与吹氧量有关，吹氧量越大，电极表面氧化越明显。

（二）影响电极消耗的因素

1. 参数的变动对电弧炉电极消耗的影响

主要参数的变化对电极消耗的影响，影响电极消耗因素见表 47 - 12。

表 47 - 12　影响电极消耗因素

参　数	参数的变动	对吨钢电极消耗的影响
出钢量	每 +/ - 1t	-/ + 24g/t
装入/出钢比	每 +/ - 1kg/t	+/ - 5.2g/t
造渣材料/出钢比	每 +/ - 1kg/t	+/ - 9.3g/t
出钢温度	每 +/ - 1℃	+/ - 4g/t
停电时间	每 +/ - 1min	+/ - 17g/t
输入功率	每 +/ - 1kW/t	-/ + 5.6g/t
电弧电流	每 +/ - 1kA	+/ - 60g/t

表47-12中的参数变动是指在其他条件不变的情况下，仅是该参数一项的变化情况。如果同时存在两项及两项以上参数变化的情况，并不是简单的叠加关系。表47-12中的数据仅供参考。

2. 精炼电耗与电极消耗关系

单位精炼电耗一般为 $0.5 \sim 0.7 kW \cdot h/(t \cdot ℃)$，大容量钢包炉，钢包衬绝热好及烘烤温度高时，即LF装置热效率高时取下限。

电极消耗与有功功率（即电耗）成正比，一般为 $9 \sim 13 g/(kW \cdot h)$，当按 $11 g/(kW \cdot h)$ 计算时，电极消耗为 $0.59 kg/t$。

第三节　电弧炉节能措施

一、节能措施

电弧炉节能主要措施见表47-13。

表47-13　电弧炉节能主要措施

序号	措施	方法	效果	优缺点
1	废钢的高温预热	料篮预热	预热200~300℃ 节电20~30kW·h/t	效果差 并且产生臭气、白烟
		竖炉预热	预热800℃ 节电80~100kW·h/t	效果最好 采用密封炉和氧二次燃烧控制氧浓度，防止氧化
2	废钢的连续加入	废钢的连续加入	预热400~600℃ 节电30~50kW·h/t	钢的温度，成分容易均匀；减少热损失（不开炉加料）；缩短非通电时间（非通电时间接近0）；减少粉尘扩散（烟气通过炉料粉尘被炉料捕捉）；减少噪声（20dB）；电弧稳定性好
3	其他替代能源	氧枪、喷炭	造泡沫渣	代替电能
		炉内二次燃烧	增加热源	使未燃烧CO为主体的未燃气体燃烧，增加炉内热量
		炉底搅拌	喷入Ar、N_2	促进熔化、防止沸腾、使温度成分均匀
		炭-氧炉底喷吹	转炉技术应用	底吹转炉技术可能应用于电弧炉
		密封炉体、深熔池	转炉技术应用	增加热量和减少噪声满足炉底气体喷吹，加深熔池
4	减少炉体热损失	泡沫渣作业	埋弧作业	使电弧向钢液传热效率增加，减少电弧辐射炉壁
		水冷炉壁的耐火材料化	埋弧作业	埋弧作业减少电弧辐射炉壁，使水冷炉壁改为耐火材料成为可能
5	缩短冶炼周期	增加变压器容量 电弧炉大型化	减少热量损失	热量损失和冶炼周期成正比，时间越长损失越大，电弧炉出钢量增大，提高生产率

二、提高生产率、降低能量单耗的对策

提高生产率、降低能量单耗的对策见表47-14。

表 47 – 14　提高生产率、降低能量单耗的对策

分　类	对　策
输入能量的增强	变压器能力的增强
	采用铝导电横臂
	废钢的高温预热
	炉内二次燃烧的采用
	采用炉底搅拌
	水冷电缆的重新认识
停电时间的缩短	装入次数 2 ~ 3 次
	各种动作高速化
	废钢装入时间的缩短
	出钢时间的缩短

三、电弧炉热停电时间的构成

电弧炉热停电时间的构成见表 47 – 15。

表 47 – 15　电弧炉热停电时间的构成

停电项目	采　取　措　施	所需时间/min	
		现　在	以　前
废钢加料	装入次数 2； 电极提升速度 12m/min； 炉盖旋转时间 15 ~ 20s； 料筐的移动，装入所用时间排除，取消废钢压料	$(1.5 ~ 2) \times 2 = 3 ~ 4$	$(3 ~ 5) \times 2 = 6 ~ 10$
出钢	倾动角度 30° ~ 35； 出钢口扩大； 加大出钢回倾角度 3° ~ 3.5°/s	1.5 ~ 2	1.5 ~ 2
修炉	每冶炼 3 ~ 4 炉进行一次	平均 2	平均 2
电极接长	旋转炉盖时在炉外进行	0	1
合计		7 ~ 8	11 ~ 15

四、电弧炉炼钢成本的构成

目前，在我国电弧炉炼钢成本的构成见表 47 – 16。

表 47 – 16　我国电弧炉炼钢成本的构成

项目	钢铁料	设备维修	电能	电极	合金	人工	渣料	耐火材料	氧气
比例/%	61.8	13.9	10.5	3.4	2.3	1.6	1.0	4.0	1.4

五、不同废钢料的收得率

不同废钢料的收得率见表 47 – 17。

表 47 - 17　不同废钢料的收得率

废钢类型	单重/kg	收得率/%	废钢类型	单重/kg	收得率/%
重型废钢	100 ~ 1500	93 ~ 98	渣铁	1 ~ 100	82
中型废钢	10 ~ 100	90 ~ 95	粒钢		50
小型废钢	1 ~ 10	88 ~ 93	生铁	5 ~ 25	98

附 录

附表1　常用金属材料的比热容 c_p 和热导率（导热系数）λ

材料名称	20℃ 比热容 c_p /kJ·(kg·℃)$^{-1}$	热导率 λ/ W·(m·℃)$^{-1}$								
		20℃	100℃	200℃	300℃	400℃	600℃	800℃	1000℃	1200℃
铬镍钢（18～20Cr/8～12Ni）	460	15.2	16.6	18.0	19.4	20.8	23.5	26.3		
铬镍钢（17～19Cr/9～13Ni）	460	14.7	16.1	17.5	18.8	20.2	22.8	25.5	28.2	30.9
镍钢（Ni≈1%）	460	45.5	46.8	46.1	44.1	41.2	35.7			
镍钢（Ni≈3.5%）	460	36.5	38.8	39.7	39.2	37.8				
镍钢（Ni≈25%）	460	13.0								
镍钢（Ni≈35%）	460	13.8	15.4	17.1	18.6	20.1	23.1			
镍钢（Ni≈44%）	460	15.8	16.1	16.5	16.9	17.1	17.8	18.4		
镍钢（Ni≈50%）	460	19.6	20.5	21.0	21.1	21.3	22.5			
锰钢（Ni≈3%）（Mn≈1.2%～31%）	478	13.6	14.8	16.0	17.1	18.3				
锰钢（Mn≈0.4%）	440	51.2	51.0	50.0	47.0	43.5	35.5	27		
镍	444	91.4	82.8	74.2	67.3	64.6	69.0		73.3	77.6
纯铝	902	236	240	238	234	228	215			
铝合金（92Al-8Mg）	904	107	123	148						
铝合金（87Al-13Se）	871	162	173	176	180					
纯铜	386	398	393	389	284	379	366	352		
铝青铜（90Cu-10Al）	420	56	57	66						
青铜	343	24.8	28.4	33.2						
黄铜（70Cu-30Zn）	377	109	131	143	145	148				
铜合金（70Cu-30Ni）	410	22.2	23.4							
纯铁	455	81.1	72.1	63.5	56.5	50.3	39.4	29.6	29.4	31.6
灰铸铁	470	39.2	32.4	35.8	37.2	36.6	20.8	19.2		
碳钢（Q235）		53.8	51.2	48.8	45.4	42.9	35.7	28.1	27.0	29.2
碳钢（15号）		78.0	77.5	66.6		47.3	41.0			
碳钢（20号）		51.8	51.1	48.5	44.4	42.7	35.6	25.9	27.7	29.8
铬钢（Cr≈5%）	460	36.1	35.2	34.7	33.5	31.4	28.0	27.2	27.2	27.2
铬钢（Cr≈13%）	460	26.8	27.0	27.0	27.0	27.6	28.4	29.0	29.0	
铬钢（Cr≈17%）	460	22	22.2	22.6	23.3	24.0	24.8	24.8	25.5	
铬钢（Cr≈26%）	460	22.6	23.8	25.5	27.2	28.5	31.8	38	38	

附表 2　几种碳钢与铜 T2 不同温度时的电阻率

温度 t/℃	电阻率 ρ/Ω·mm²·m⁻¹			
	材料			
	8F 钢	08 号钢	20 号钢	铜 T2
20	13×10^{-2}	14.2×10^{-2}	16.9×10^{-2}	0.01745×10^{-2}
50	14.7×10^{-2}	15.9×10^{-2}	18.7×10^{-2}	0.21745×10^{-2}
100	17.8×10^{-2}	19×10^{-2}	21.9×10^{-2}	0.41745×10^{-2}
200	25.2×10^{-2}	26.3×10^{-2}	29.2×10^{-2}	0.81745×10^{-2}
300	34.1×10^{-2}	35.2×10^{-2}	38.1×10^{-2}	1.21745×10^{-2}
400	44.8×10^{-2}	45.8×10^{-2}	48.7×10^{-2}	1.61745×10^{-2}
500	57.5×10^{-2}	58.4×10^{-2}	60.1×10^{-2}	2.01745×10^{-2}
600	72.5×10^{-2}	73.4×10^{-2}	75.8×10^{-2}	2.41745×10^{-2}
700	89.8×10^{-2}	90.7×10^{-2}	92.5×10^{-2}	2.81745×10^{-2}
800	107.3×10^{-2}	108.1×10^{-2}	109.4×10^{-2}	3.21745×10^{-2}
900	112.4×10^{-2}	113×10^{-2}	114.9×10^{-2}	
1000	116×10^{-2}	116.5×10^{-2}	116.7×10^{-2}	
1100	118.9×10^{-2}	119.3×10^{-2}	119.4×10^{-2}	
1200	121.7×10^{-2}	122×10^{-2}	121.9×10^{-2}	
1300	124.1×10^{-2}	124.4×10^{-2}	123.9×10^{-2}	
1350	125.2×10^{-2}	125.3×10^{-2}	125.1×10^{-2}	

附表 3　饱和水的热物理性质

t/℃	p/MPa	ρ/kg·m⁻³	h/kJ·kg⁻¹	c_p/kJ·(kg·℃)⁻¹	λ/W·(m·℃)⁻¹	α/m²·s⁻¹	μ/Pa·s	η/m²·s⁻¹	普朗特数 Pr
0	0.00061	999.5	0.05	4.212	55.1×10^{-2}	13.4×10^{-6}	1788×10^{-6}	1.789×10^{-6}	13.67
10	0.00123	999.7	12.00	4.391	57.4×10^{-2}	13.7×10^{-6}	1306×10^{-6}	1.366×10^{-6}	9.52
20	0.00234	998.2	83.00	4.183	59.9×10^{-2}	14.3×10^{-6}	1004×10^{-6}	1.006×10^{-6}	7.02
30	0.00424	995.6	125.7	4.174	61.8×10^{-2}	14.9×10^{-6}	801.5×10^{-6}	0.805×10^{-6}	5.42
40	0.00738	992.2	167.5	4.174	63.5×10^{-2}	15.3×10^{-6}	653.3×10^{-6}	0.659×10^{-6}	4.31
50	0.01234	988.8	209.3	4.174	64.8×10^{-2}	15.7×10^{-6}	549.4×10^{-6}	0.556×10^{-6}	3.54
60	0.01992	983.2	251.1	4.174	65.9×10^{-2}	16.0×10^{-6}	469.9×10^{-6}	0.478×10^{-6}	2.99
70	0.03116	977.7	293.0	4.187	66.8×10^{-2}	16.3×10^{-6}	406.1×10^{-6}	0.445×10^{-6}	2.55
80	0.04736	971.8	354.9	4.195	67.4×10^{-2}	16.6×10^{-6}	355.1×10^{-6}	0.365×10^{-6}	2.21
90	0.0701	965.3	376.9	4.208	68.0×10^{-2}	16.8×10^{-6}	314.9×10^{-6}	0.326×10^{-6}	1.95
100	0.1013	958.4	419.1	4.220	68.3×10^{-2}	16.9×10^{-6}	282.5×10^{-6}	0.295×10^{-6}	1.75
110	0.143	950.9	461.3	4.233	68.5×10^{-2}	17.0×10^{-6}	259.0×10^{-6}	0.272×10^{-6}	1.60
120	0.198	943.1	503.8	4.250	68.6×10^{-2}	17.1×10^{-6}	237.4×10^{-6}	0.252×10^{-6}	1.47
130	0.270	934.9	546.4	4.266	68.6×10^{-2}	17.2×10^{-6}	217.8×10^{-6}	0.233×10^{-6}	1.36

续附表3

t /℃	p /MPa	ρ /kg·m^{-3}	h /kJ·kg^{-1}	c_p /kJ·(kg·℃)$^{-1}$	λ /W·(m·℃)$^{-1}$	α /m^2·s^{-1}	μ /Pa·s	η /m^2·s^{-1}	普朗特数 Pr
140	0.361	926.2	589.2	4.287	68.5×10^{-2}	17.2×10^{-6}	201.1×10^{-6}	0.217×10^{-6}	1.26
150	0.476	917.0	632.3	4.313	68.4×10^{-2}	17.3×10^{-6}	186.4×10^{-6}	0.203×10^{-6}	1.17
160	0.618	907.5	675.6	4.346	68.3×10^{-2}	17.3×10^{-6}	173.6×10^{-6}	0.191×10^{-6}	1.10
170	0.791	807.3	719.3	4.380	67.9×10^{-2}	17.3×10^{-6}	162.8×10^{-6}	0.181×10^{-6}	1.05
180	1.002	887.1	763.2	4.417	67.4×10^{-2}	17.2×10^{-6}	153.0×10^{-6}	0.173×10^{-6}	1.00
190	1.254	876.6	807.6	4.459	67.0×10^{-2}	17.1×10^{-6}	144.2×10^{-6}	0.165×10^{-6}	0.96
200	1.554	864.8	852.3	4.505	66.3×10^{-2}	17.0×10^{-6}	136.4×10^{-6}	0.158×10^{-6}	0.93
210	1.906	852.8	897.6	4.555	65.5×10^{-2}	16.9×10^{-6}	130.5×10^{-6}	0.153×10^{-6}	0.91
220	2.318	840.3	943.5	4.614	64.5×10^{-2}	16.6×10^{-6}	124.6×10^{-6}	0.148×10^{-6}	0.89
230	2.795	827.3	990.0	4.681	63.7×10^{-2}	16.4×10^{-6}	119.7×10^{-6}	0.145×10^{-6}	0.88
240	3.345	813.6	1037.2	4.756	62.8×10^{-2}	16.2×10^{-6}	114.8×10^{-6}	0.141×10^{-6}	0.87
250	3.974	799.0	1085.3	4.844	61.8×10^{-2}	15.9×10^{-6}	109.9×10^{-6}	0.137×10^{-6}	0.86
260	4.689	783.8	1134.3	4.949	60.5×10^{-2}	15.6×10^{-6}	105.9×10^{-6}	0.135×10^{-6}	0.87
270	5.500	767.7	1184.5	5.070	59.0×10^{-2}	15.1×10^{-6}	102.0×10^{-6}	0.133×10^{-6}	0.88
280	6.413	750.5	1236.0	5.230	57.4×10^{-2}	14.6×10^{-6}	98.1×10^{-6}	0.131×10^{-6}	0.90
290	7.437	732.2	1289.1	5.485	55.8×10^{-2}	13.9×10^{-6}	94.2×10^{-6}	0.129×10^{-6}	0.93
300	8.583	712.4	1344.0	5.736	54.0×10^{-2}	13.2×10^{-6}	91.2×10^{-6}	0.128×10^{-6}	0.97
310	9.860	691.0	1401.2	6.071	52.3×10^{-2}	12.5×10^{-6}	88.3×10^{-6}	0.128×10^{-6}	1.03
320	11.278	667.4	1461.2	6.574	50.6×10^{-2}	11.5×10^{-6}	85.3×10^{-6}	0.128×10^{-6}	1.11
330	12.651	641.0	1524.9	7.244	48.4×10^{-2}	10.4×10^{-6}	91.4×10^{-6}	0.127×10^{-6}	1.22
340	14.593	610.8	1593.1	8.165	45.7×10^{-2}	9.17×10^{-6}	77.5×10^{-6}	0.127×10^{-6}	1.39
350	16.521	574.7	1670.3	9.504	43.0×10^{-2}	7.88×10^{-6}	72.6×10^{-6}	0.126×10^{-6}	1.60
360	18.637	527.9	1761.1	13.984	39.5×10^{-2}	5.36×10^{-6}	66.7×10^{-6}	0.126×10^{-6}	2.35
370	21.033	451.5	1891.7	40.321	33.7×10^{-2}	1.86×10^{-6}	56.9×10^{-6}	0.126×10^{-6}	6.79

附表4　过热水蒸气的物理性质（$p = 1.01325 \times 10^5 \text{Pa}$）

温度 t /℃	密度 ρ /kg·m^{-3}	比热容 c_p /kJ·(kg·℃)$^{-1}$	热导率 λ /W·(m·℃)$^{-1}$	导温系数 α /m^2·s^{-1}	动力黏度 μ /Pa·s	运动黏度 η /m^2·s^{-1}	普朗特数 Pr
380	0.5863	2.060	0.0246	2.036×10^{-5}	1.271×10^{-5}	2.16×10^{-6}	1.060
400	0.5542	2.014	0.0261	2.0338×10^{-5}	1.344×10^{-5}	2.42×10^{-6}	1.040
450	0.4902	1.980	0.0299	3.07×10^{-5}	1.525×10^{-5}	3.14×10^{-6}	1.010
500	0.4405	1.985	0.0339	3.87×10^{-5}	1.704×10^{-5}	3.86×10^{-6}	0.996
550	0.4005	1.997	0.0379	4.75×10^{-5}	1.884×10^{-5}	4.70×10^{-6}	0.991
600	0.3852	2.026	0.0422	5.73×10^{-5}	2.067×10^{-5}	5.66×10^{-6}	0.986
650	0.3380	2.056	0.0464	6.66×10^{-5}	2.247×10^{-5}	6.64×10^{-6}	0.995

温度 t /℃	密度 ρ /kg·m^{-3}	比热容 c_p /kJ·(kg·℃)$^{-1}$	热导率 λ /W·(m·℃)$^{-1}$	导温系数 α /m^2·s^{-1}	动力黏度 μ /Pa·s	运动黏度 η /m^2·s^{-1}	普朗特数 Pr
700	0.3140	2.085	0.0505	7.72×10^{-5}	2.426×10^{-5}	7.72×10^{-6}	1.000
750	0.2931	2.119	0.0549	8.33×10^{-5}	2.604×10^{-5}	8.88×10^{-6}	1.005
800	0.2730	2.152	0.0592	10.01×10^{-5}	2.786×10^{-5}	10.20×10^{-6}	1.010
850	0.2579	2.186	0.0637	11.30×10^{-5}	2.969×10^{-5}	11.52×10^{-6}	1.019

附表 5　干空气的物理性质（$p = 1.01325 \times 10^5 \text{Pa}$）

温度 t /℃	密度 ρ /kg·m^{-3}	比热容 c_p /kJ·(kg·℃)$^{-1}$	热导率 λ /W·(m·℃)$^{-1}$	导温系数 α /m^2·s^{-1}	动力黏度 μ /Pa·s	运动黏度 η /m^2·s^{-1}	普朗特数 Pr
−50	1.584	1.013	2.034×10^{-2}	1.27×10^{-5}	1.46×10^{-5}	9.23×10^{-6}	0.727
−40	1.515	1.013	2.115×10^{-2}	1.38×10^{-5}	1.52×10^{-5}	10.04×10^{-6}	0.723
−30	1.453	1.013	2.196×10^{-2}	1.49×10^{-5}	1.57×10^{-5}	10.80×10^{-6}	0.724
−20	1.395	1.009	2.278×10^{-2}	1.62×10^{-5}	1.62×10^{-5}	11.60×10^{-6}	0.717
−10	1.342	1.009	2.359×10^{-2}	1.74×10^{-5}	1.67×10^{-5}	12.43×10^{-6}	0.714
0	1.293	1.005	2.440×10^{-2}	1.88×10^{-5}	1.72×10^{-5}	13.28×10^{-6}	0.708
10	1.247	1.005	2.510×10^{-2}	2.01×10^{-5}	1.77×10^{-5}	14.16×10^{-6}	0.708
20	1.205	1.005	2.591×10^{-2}	2.14×10^{-5}	1.81×10^{-5}	15.06×10^{-6}	0.686
30	1.165	1.005	2.673×10^{-2}	2.29×10^{-5}	1.86×10^{-5}	16.00×10^{-6}	0.701
40	1.128	1.005	2.754×10^{-2}	2.43×10^{-5}	1.91×10^{-5}	16.96×10^{-6}	0.696
50	1.093	1.005	2.824×10^{-2}	2.57×10^{-5}	1.96×10^{-5}	17.95×10^{-6}	0.697
60	1.060	1.005	2.893×10^{-2}	2.72×10^{-5}	2.01×10^{-5}	18.97×10^{-6}	0.698
70	1.029	1.009	2.963×10^{-2}	3.86×10^{-5}	2.06×10^{-5}	20.02×10^{-6}	0.701
80	1.000	1.009	3.044×10^{-2}	3.02×10^{-5}	2.11×10^{-5}	21.08×10^{-6}	0.699
90	0.972	1.009	3.126×10^{-2}	3.19×10^{-5}	2.15×10^{-5}	22.10×10^{-6}	0.693
100	0.966	1.009	3.207×10^{-2}	3.36×10^{-5}	2.19×10^{-5}	23.13×10^{-6}	0.695
120	0.898	1.009	3.335×10^{-2}	3.68×10^{-5}	2.29×10^{-5}	25.45×10^{-6}	0.692
140	0.854	1.013	3.486×10^{-2}	4.03×10^{-5}	2.37×10^{-5}	27.80×10^{-6}	0.688
160	0.815	1.017	3.637×10^{-2}	4.39×10^{-5}	2.45×10^{-5}	30.09×10^{-6}	0.685
180	0.799	1.022	3.777×10^{-2}	4.75×10^{-5}	2.53×10^{-5}	32.49×10^{-6}	0.684
200	0.746	1.026	3.928×10^{-2}	5.14×10^{-5}	2.60×10^{-5}	34.85×10^{-6}	0.679
250	0.674	1.038	4.625×10^{-2}	6.10×10^{-5}	2.74×10^{-5}	40.61×10^{-6}	0.666
300	0.615	1.047	4.602×10^{-2}	7.16×10^{-5}	2.97×10^{-5}	48.33×10^{-6}	0.675
350	0.566	1.059	4.904×10^{-2}	8.19×10^{-5}	3.14×10^{-5}	55.46×10^{-6}	0.677
400	0.524	1.068	5.206×10^{-2}	9.31×10^{-5}	3.31×10^{-5}	63.09×10^{-6}	0.679
500	0.456	1.093	5.740×10^{-2}	11.53×10^{-5}	3.62×10^{-5}	79.38×10^{-6}	0.689
600	0.404	1.114	6.217×10^{-2}	13.83×10^{-5}	3.91×10^{-5}	96.89×10^{-6}	0.700

温度 t /℃	密度 ρ /kg·m^{-3}	比热容 c_p /kJ·(kg·℃)$^{-1}$	热导率 λ /W·(m·℃)$^{-1}$	导温系数 α /m^2·s^{-1}	动力黏度 μ /Pa·s	运动黏度 η /m^2·s^{-1}	普朗特数 Pr
700	0.362	1.135	6.700×10^{-2}	16.34×10^{-5}	4.18×10^{-5}	115.4×10^{-6}	0.707
800	0.329	1.156	7.170×10^{-2}	18.88×10^{-5}	4.43×10^{-5}	134.8×10^{-6}	0.714
900	0.301	1.172	7.623×10^{-2}	21.62×10^{-5}	4.67×10^{-5}	155.1×10^{-6}	0.719
1000	0.277	1.185	8.064×10^{-2}	24.59×10^{-5}	4.90×10^{-5}	177.1×10^{-6}	0.719
1100	0.257	1.197	8.494×10^{-2}	27.63×10^{-5}	5.12×10^{-5}	193.3×10^{-6}	0.721
1200	0.239	1.210	9.145×10^{-2}	31.65×10^{-5}	5.35×10^{-5}	233.7×10^{-6}	0.717

附表6　干饱和水的热物理性质

t /℃	p /MPa	ρ /kg·m^{-3}	h /kJ·kg^{-1}	c_p /kJ·(kg·℃)$^{-1}$	λ /W·(m·℃)$^{-1}$	α /m^2·s^{-1}	μ /Pa·s	η /m^2·s^{-1}	普朗特数 Pr
0	0.00061	0.004851	2500.5	1.8543	18.3×10^{-2}	7313.0×10^{-3}	8.022×10^{-6}	1655.01×10^{-6}	0.815
10	0.00123	0.009404	2518.9	1.8594	1.88×10^{-2}	3881.3×10^{-3}	8.424×10^{-6}	8965.4×10^{-6}	0.831
20	0.00234	0.01731	2537.2	1.8661	1.94×10^{-2}	2167.2×10^{-3}	8.84×10^{-6}	509.90×10^{-6}	0.847
30	0.00424	0.03040	2555.4	1.8744	2.00×10^{-2}	1265.1×10^{-3}	9.218×10^{-6}	303.53×10^{-6}	0.863
40	0.00738	0.05121	2573.4	1.8853	2.06×10^{-2}	768.45×10^{-3}	9.620×10^{-6}	188.04×10^{-6}	0.883
50	0.01234	0.08308	2591.2	1.8987	2.12×10^{-2}	483.59×10^{-3}	10.022×10^{-6}	120.72×10^{-6}	0.896
60	0.01992	0.1303	2608.8	1.9155	2.19×10^{-2}	315.55×10^{-3}	10.424×10^{-6}	80.07×10^{-6}	0.913
70	0.03116	0.1982	2626.1	1.9364	2.25×10^{-2}	210.57×10^{-3}	10.817×10^{-6}	54.57×10^{-6}	0.930
80	0.04736	0.2934	2643.1	1.9615	2.33×10^{-2}	145.53×10^{-3}	11.219×10^{-6}	38.25×10^{-6}	0.947
90	0.0701	0.4234	2659.6	1.9921	2.40×10^{-2}	102.22×10^{-3}	11.621×10^{-6}	27.44×10^{-6}	0.966
100	0.1013	0.5975	2675.7	2.0281	2.48×10^{-2}	73.57×10^{-3}	12.023×10^{-6}	20.12×10^{-6}	0.984
110	0.143	0.8260	2691.3	2.0704	2.56×10^{-2}	53.83×10^{-3}	12.425×10^{-6}	15.03×10^{-6}	1.00
120	0.198	1.121	2703.2	2.1198	2.65×10^{-2}	40.15×10^{-3}	12.798×10^{-6}	11.40×10^{-6}	1.02
130	0.270	1.495	2720.4	2.1768	2.76×10^{-2}	30.46×10^{-3}	13.170×10^{-6}	8.80×10^{-6}	1.04
140	0.361	1.965	2733.8	2.2408	2.85×10^{-2}	23.28×10^{-3}	13.543×10^{-6}	6.89×10^{-6}	1.06
150	0.476	2.545	2746.4	2.3145	2.97×10^{-2}	18.10×10^{-3}	13.896×10^{-6}	5.54×10^{-6}	1.08
160	0.618	3.256	2757.9	2.3974	3.08×10^{-2}	14.20×10^{-3}	14.249×10^{-6}	4.37×10^{-6}	1.11
170	0.791	4.118	2768.4	2.4911	3.21×10^{-2}	11.25×10^{-3}	14.612×10^{-6}	3.54×10^{-6}	1.13
180	1.002	5.154	2777.7	2.5958	3.36×10^{-2}	9.03×10^{-3}	14.965×10^{-6}	2.90×10^{-6}	1.15
190	1.254	6.390	2785.8	2.7126	3.51×10^{-2}	7.29×10^{-3}	15.298×10^{-6}	2.39×10^{-6}	1.18
200	1.554	7.854	2792.5	2.8428	3.68×10^{-2}	5.92×10^{-3}	15.651×10^{-6}	1.09×10^{-6}	1.20
210	1.906	9.580	2797.7	2.9877	3.87×10^{-2}	4.86×10^{-3}	15.995×10^{-6}	1.67×10^{-6}	1.24
220	2.318	11.61	2801.2	3.1497	4.07×10^{-2}	4.00×10^{-3}	16.338×10^{-6}	1.41×10^{-6}	1.26
230	2.795	13.98	2803.0	3.3310	4.30×10^{-2}	3.32×10^{-3}	16.701×10^{-6}	1.19×10^{-6}	1.29

t /℃	p /MPa	ρ /kg·m^{-3}	h /kJ·kg^{-1}	c_p /kJ·(kg·℃)$^{-1}$	λ /W·(m·℃)$^{-1}$	α /m^2·s^{-1}	μ /Pa·s	η /m^2·s^{-1}	普朗特数 Pr
240	3.345	16.74	2802.9	3.5366	4.54×10^{-2}	2.76×10^{-3}	17.073×10^{-6}	1.02×10^{-6}	1.33
250	3.974	19.96	2800.7	3.7723	4.84×10^{-2}	2.31×10^{-3}	17.446×10^{-6}	0.873×10^{-6}	1.36
260	4.689	23.70	2796.1	4.0470	5.18×10^{-2}	1.94×10^{-3}	17.848×10^{-6}	0.752×10^{-6}	1.40
270	5.500	28.06	2789.1	4.3735	5.555×10^{-2}	1.63×10^{-3}	18.280×10^{-6}	0.651×10^{-6}	1.44
280	6.413	33.15	2779.1	4.7675	6.00×10^{-2}	1.37×10^{-3}	18.750×10^{-6}	0.565×10^{-6}	1.49
290	7.437	39.12	2765.8	5.2528	6.55×10^{-2}	1.15×10^{-3}	19.270×10^{-6}	0.492×10^{-6}	1.54
300	8.583	46.15	2748.7	5.8632	7.22×10^{-2}	0.96×10^{-3}	19.839×10^{-6}	0.430×10^{-6}	1.61
310	9.860	54.52	2727.0	6.6503	8.06×10^{-2}	0.80×10^{-3}	20.691×10^{-6}	0.380×10^{-6}	1.71
320	11.278	64.60	2690.7	7.7217	8.65×10^{-2}	0.62×10^{-3}	21.691×10^{-6}	0.336×10^{-6}	1.94
330	12.651	77.00	2665.3	9.3613	9.61×10^{-2}	0.48×10^{-3}	23.093×10^{-6}	0.300×10^{-6}	2.21
340	14.593	92.68	2621.3	12.2108	10.7×10^{-2}	0.34×10^{-3}	24.692×10^{-6}	0.266×10^{-6}	2.82
350	16.521	113.5	2563.4	17.1504	11.9×10^{-2}	0.22×10^{-3}	26.594×10^{-6}	0.234×10^{-6}	3.83
360	18.637	143.7	2481.7	25.1126	13.7×10^{-2}	0.14×10^{-3}	29.193×10^{-6}	0.203×10^{-6}	5.84
370	21.033	200.7	2338.8	76.9157	16.6×10^{-2}	0.04×10^{-3}	33.989×10^{-6}	0.169×10^{-6}	15.7
373.99	220.64	321.9	2085.9	∞	23.79×10^{-2}	0	44.992×10^{-6}	0.143×10^{-6}	∞

附表7　几种常见气体的物理参数 $(p=1.01325\times10^5\,\mathrm{Pa})$

温度 t /℃	密度 ρ /kg·m^{-3}	比热容 c_p /kJ·(kg·℃)$^{-1}$	热导率 λ /W·(m·℃)$^{-1}$	导温系数 α /m^2·s^{-1}	动力黏度 μ /Pa·s	运动黏度 η /m^2·s^{-1}	普朗特数 Pr
			一氧化碳（CO）				
0	1.250	1.040	2.33×10^{-2}	1.79×10^{-5}	16.57×10^{-5}	13.3×10^{-6}	0.740
100	0.916	1.045	3.01×10^{-2}	3.14×10^{-5}	20.69×10^{-5}	22.6×10^{-6}	0.713
200	0.723	1.058	3.65×10^{-2}	4.97×10^{-5}	24.42×10^{-5}	33.9×10^{-6}	0.708
300	0.596	1.080	4.26×10^{-2}	6.61×10^{-5}	27.95×10^{-5}	47.0×10^{-6}	0.709
400	0.508	1.106	4.85×10^{-2}	8.64×10^{-5}	31.19×10^{-5}	61.8×10^{-6}	0.711
500	0.442	1.132	5.41×10^{-2}	10.80×10^{-5}	34.42×10^{-5}	78.0×10^{-6}	0.726
600	0.392	1.157	5.97×10^{-2}	13.17×10^{-5}	37.36×10^{-5}	96.0×10^{-6}	0.727
700	0.351	1.179	6.50×10^{-2}	15.72×10^{-5}	40.40×10^{-5}	115×10^{-6}	0.732
800	0.317	1.190	7.01×10^{-2}	18.53×10^{-5}	43.25×10^{-5}	135×10^{-6}	0.739
900	0.291	1.216	7.55×10^{-2}	21.33×10^{-5}	45.99×10^{-5}	157×10^{-6}	0.740
1000	0.268	1.230	8.06×10^{-2}	24.47×10^{-5}	48.74×10^{-5}	180×10^{-6}	0.744

温度 t /℃	密度 ρ /kg·m^{-3}	比热容 c_p /kJ·(kg·℃)$^{-1}$	热导率 λ /W·(m·℃)$^{-1}$	导温系数 α /m^2·s^{-1}	动力黏度 μ /Pa·s	运动黏度 η /m^2·s^{-1}	普朗特数 Pr
二氧化碳（CO_2）							
0	1.997	0.815	1.47×10^{-2}	0.91×10^{-5}	14.02×10^{-5}	7.09×10^{-6}	0.780
100	1.447	0.914	2.28×10^{-2}	1.72×10^{-5}	18.24×10^{-5}	12.6×10^{-6}	0.733
200	1.143	0.993	3.09×10^{-2}	2.73×10^{-5}	22.36×10^{-5}	19.2×10^{-6}	0.715
300	0.944	1.057	3.91×10^{-2}	3.92×10^{-5}	26.78×10^{-5}	27.3×10^{-6}	0.712
400	0.802	1.110	4.72×10^{-2}	5.31×10^{-5}	30.20×10^{-5}	36.7×10^{-6}	0.709
500	0.698	1.155	5.49×10^{-2}	6.83×10^{-5}	33.93×10^{-5}	47.2×10^{-6}	0.713
600	0.618	1.192	6.21×10^{-2}	8.56×10^{-5}	37.66×10^{-5}	58.3×10^{-6}	0.723
700	0.555	1.223	6.88×10^{-2}	10.17×10^{-5}	41.09×10^{-5}	71.4×10^{-6}	0.730
800	0.502	1.249	7.51×10^{-2}	12.00×10^{-5}	44.62×10^{-5}	85.3×10^{-6}	0.741
900	0.460	1.272	8.09×10^{-2}	13.86×10^{-5}	48.15×10^{-5}	100×10^{-6}	0.757
1000	0.423	1.290	8.63×10^{-2}	15.81×10^{-5}	51.48×10^{-5}	116×10^{-6}	0.770
二氧化硫（SO_2）							
0	2.926	0.607	0.84×10^{-2}	0.47×10^{-5}	12.06×10^{-5}	4.12×10^{-6}	0.874
100	2.140	0.661	1.23×10^{-2}	0.87×10^{-5}	16.08×10^{-5}	7.52×10^{-6}	0.863
200	1.690	0.712	1.66×10^{-2}	1.24×10^{-5}	20.00×10^{-5}	11.8×10^{-6}	0.856
300	1.395	0.754	2.12×10^{-2}	2.01×10^{-5}	23.83×10^{-5}	17.1×10^{-6}	0.848
400	1.187	0.783	2.58×10^{-2}	2.78×10^{-5}	27.53×10^{-5}	23.3×10^{-6}	0.834
500	1.033	0.808	3.07×10^{-2}	3.67×10^{-5}	31.26×10^{-5}	30.4×10^{-6}	0.822
600	0.916	0.825	3.58×10^{-2}	4.72×10^{-5}	35.00×10^{-5}	38.3×10^{-6}	0.806
700	0.892	0.837	4.10×10^{-2}	5.97×10^{-5}	38.64×10^{-5}	46.8×10^{-6}	0.788
800	0.743	0.850	4.63×10^{-2}	7.33×10^{-5}	42.17×10^{-5}	56.7×10^{-6}	0.774
900	0.681	0.858	5.19×10^{-2}	8.89×10^{-5}	45.70×10^{-5}	67.2×10^{-6}	0.755
1000	0.626	0.867	5.76×10^{-2}	10.61×10^{-5}	49.23×10^{-5}	78.6×10^{-6}	0.740

附表8 烟气的物理性质（$p=1.01325\times10^5Pa$）

温度 t /℃	密度 ρ /kg·m^{-3}	比热容 c_p /kJ·(kg·℃)$^{-1}$	热导率 λ /W·(m·℃)$^{-1}$	导温系数 α /m^2·s^{-1}	动力黏度 μ /Pa·s	运动黏度 η /m^2·s^{-1}	普朗特数 Pr
0	1.295	1.042	2.28×10^{-2}	16.9×10^{-6}	15.8×10^{-6}	12.20×10^{-6}	0.72
100	0.950	1.068	3.13×10^{-2}	30.8×10^{-6}	20.4×10^{-6}	21.54×10^{-6}	0.69
200	0.748	1.097	4.01×10^{-2}	48.9×10^{-6}	24.5×10^{-6}	32.80×10^{-6}	0.67
300	0.617	1.122	4.84×10^{-2}	69.9×10^{-6}	28.2×10^{-6}	45.81×10^{-6}	0.65
400	0.525	1.154	5.70×10^{-2}	94.3×10^{-6}	31.7×10^{-6}	60.38×10^{-6}	0.64
500	0.457	1.185	6.56×10^{-2}	121.1×10^{-6}	34.8×10^{-6}	76.30×10^{-6}	0.63
600	0.405	1.214	7.42×10^{-2}	150.9×10^{-6}	37.9×10^{-6}	93.61×10^{-6}	0.62
700	0.363	1.239	8.27×10^{-2}	183.8×10^{-6}	40.7×10^{-6}	112.1×10^{-6}	0.61

温度 t /℃	密度 ρ /kg·m^{-3}	比热容 c_p /kJ·(kg·℃)$^{-1}$	热导率 λ /W·(m·℃)$^{-1}$	导温系数 α /m^2·s^{-1}	动力黏度 μ /Pa·s	运动黏度 η /m^2·s^{-1}	普朗特数 Pr
800	0.330	1.264	9.15 × 10^{-2}	219.7 × 10^{-6}	43.4 × 10^{-6}	131.8 × 10^{-6}	0.60
900	0.301	1.290	10.00 × 10^{-2}	258.0 × 10^{-6}	45.9 × 10^{-6}	152.5 × 10^{-6}	0.59
1000	0.275	1.306	10.90 × 10^{-2}	303.4 × 10^{-6}	48.4 × 10^{-6}	174.3 × 10^{-6}	0.58
1100	0.257	1.323	11.75 × 10^{-2}	345.5 × 10^{-6}	50.7 × 10^{-6}	197.1 × 10^{-6}	0.57
1200	0.240	1.340	12.62 × 10^{-2}	392.4 × 10^{-6}	53.0 × 10^{-6}	221.0 × 10^{-6}	0.56

附表 9 几种保温、耐火材料的导热率与温度的关系

材料名称	材料最高允许温度 t/℃	密度 ρ/kg·m^{-3}	热导率 λ/W·(m·℃)$^{-1}$ (t/℃)
超细玻璃棉毡、管	400	18 ~ 20	0.033 + 0.00023t
矿渣面	550 ~ 600	350	0.0674 + 0.000215t
水泥珍珠岩制品	600	300 ~ 400	0.0651 + 0.000105t
煤粉泡沫砖	300	500	0.099 + 0.0002t
岩棉玻璃布缝板	600	100	0.0314 + 0.000198t
A 级硅藻土制品	900	500	0.0395 + 0.00019t
B 级硅藻土制品	900	550	0.0477 + 0.0002t
膨胀珍珠岩	1000	55	0.0424 + 0.000137t
微孔硅酸钙制品	650	≤250	0.041 + 0.0002t
耐火黏土砖	1350 ~ 1450	1800 ~ 2040	(0.7 ~ 0.84) + 0.00058t
轻质耐火黏土砖	1250 ~ 1300	800 ~ 1300	(0.29 ~ 0.41) + 0.00026t
超轻质耐火黏土砖	1150 ~ 1300	540 ~ 610	0.093 + 0.00016t
硅砖	1700	1900 ~ 1950	0.93 + 0.0007t
镁砖	1600 ~ 1700	2300 ~ 2600	2.1 + 0.00019t
铬砖	1600 ~ 1700	2600 ~ 2800	4.7 + 0.00017t

附表 10 保温、建筑及其他材料的密度和导热率

材料名称	温度 t/℃	密度 ρ/kg·m^{-3}	热导率 λ/W·(m·℃)$^{-1}$
膨胀珍珠岩散料	25	60 ~ 300	0.021 ~ 0.062
沥青膨胀珍珠岩	34	233 ~ 282	0.069 ~ 0.076
磷酸盐膨胀珍珠岩制品	20	200 ~ 250	0.044 ~ 0.052
水玻璃膨胀珍珠岩制品	20	200 ~ 300	0.056 ~ 0.065
岩棉制品	20	80 ~ 150	0.035 ~ 0.038
膨胀蛭石	20	100 ~ 130	0.051 ~ 0.07
石棉粉	22	744 ~ 1400	0.099 ~ 0.19

续附表 10

材料名称	温度 $t/℃$	密度 $\rho/\text{kg}\cdot\text{m}^{-3}$	热导率 $\lambda/\text{W}\cdot(\text{m}\cdot℃)^{-1}$
石棉砖	21	384	0.099
石棉板	30	770~1045	0.10~0.14
碳酸镁石棉灰		240~490	0.077~0.086
硅藻土石棉灰		280~380	0.085~0.11
粉煤灰砖	27	458~589	0.12~0.22
矿渣面	30	207	0.058
玻璃丝	35	120~492	0.058~0.07
玻璃棉毡	28	18.4~38.3	0.043
软木板	20	105~437	0.044~0.079
木丝纤维板	25	245	0.048
稻草浆板	20	325~365	0.068~0.084
甘蔗板	20	282	0.067~0.072
葵心板	20	95.5	0.05
玉米梗板	22	25.2	0.065
棉花	20	117	0.049
锯木屑	20	179	0.083
硬泡沫塑料	30	29.5~56.3	0.041~0.048
软泡沫塑料	30	41~162	0.043~0.056
铝箔间隔层（5层）	21		0.042
红砖（营造状态）	25	1860	0.87
红砖	35	1560	0.49
水泥	30	1900	0.30
混凝土板	35	1930	0.79
耐酸混凝土板	30	2250	1.5~1.6
黄沙	30	1580~1700	0.28~0.34
泥土	20		0.83
瓷砖	37	2000	1.1
玻璃	45	2500	0.65~0.71
聚苯乙烯	30	24.7~37.8	0.04~0.043
花岗岩		2648	1.73~3.98
大理石		2499~2707	2.70
云母		290	0.58
水垢	65		1.31~3.14
黏土	27	1460	1.3
冰	0	913	2.22

附表 11　常用材料的表面发射率

材料名称及表面状态		温度 $t/℃$	发射率 ε
铝	抛光, 纯度98%	200 ~ 600	0.04 ~ 0.06
	工业用板	100	0.09
	粗糙板	40	0.07
	严重氧化	100 ~ 550	0.20 ~ 0.33
	箔, 光亮	100 ~ 300	0.06 ~ 0.07
黄铜	高度抛光	250	0.03
	抛光	40	0.07
	无光泽度	40 ~ 250	0.22
	氧化	40 ~ 250	0.46 ~ 0.56
铬	抛光薄板	40 ~ 550	0.08 ~ 0.27
紫铜	高度抛光的电解铜	100	0.02
	抛光	40	0.04
	轻度抛光	40	0.12
	无光泽	40	0.15
	氧化发黑	40	0.76
金	高度抛光、纯金	100 ~ 600	0.02 ~ 0.035
钢铁	低碳钢、抛光	150 ~ 550	0.14 ~ 0.32
	钢、抛光	40 ~ 250	0.07 ~ 0.10
	钢板、轧制	40	0.66
	钢板、粗糙、严重氧化	40	0.80
	铸铁、有处理表皮面	40	0.70 ~ 0.80
	铸铁、新加工面	40	0.44
	铸铁、氧化	40 ~ 250	0.57 ~ 0.66
	铸铁、抛光	200	0.21
	锻铁、光洁	40	0.35
	锻铁、暗色氧化	20 ~ 360	0.94
	不锈钢、抛光	40	0.07 ~ 0.17
	不锈钢、重复加热冷却后	230 ~ 930	0.50 ~ 0.70
石棉	石棉板	40	0.96
	石棉水泥	40	0.96
	石棉瓦	40	0.97
砖	粗糙红砖	40	0.93
	耐火黏土砖	1000	0.75
黏土	烧结	100	0.91
混凝土	粗糙表面	40	0.94

材料名称及表面状态		温度 $t/℃$	发射率 ε
玻璃	平面玻璃	40	0.94
	石英玻璃	250~550	0.96~0.66
	硼硅酸玻璃	250~550	0.94~0.75
石　膏		40	0.80~0.90
雪		-12~-6	0.82
冰	光滑面	0	0.97
水	厚度大于0.1mm	40	0.96
云　母		40	0.75
油漆	各种油漆	40	0.92~0.96
	白色油漆	40	0.80~0.95
	光亮黑漆	40	0.9
纸	白　纸	40	0.95
	粗糙屋面焦油纸毡	40	0.90
瓷	上　釉	40	0.93
橡胶	硬　质	40	0.94
锅炉炉渣		0~1000	0.70~0.97
抹灰的墙		20	0.94
各种木材		40	0.80
人的皮肤		32	0.98

参 考 文 献

［1］宝钢集团上海五钢有限公司. 电炉炼钢 500 问［M］. 北京：冶金工业出版社，2004.

［2］达道安. 真空设计手册［M］. 北京：国防工业出版社，2004.

［3］徐宝印，阎立懿，武振廷，等. 电弧炉炉壁水冷化与管式水冷炉壁的设计［J］. 特殊钢，1994（6）.

［4］冯聚和. 氧气顶吹转炉炼钢［M］. 北京：冶金工业出版社，1995.

［5］虞明全. 国外炉外精炼方法概况［J］. 工业加热，1996（6）.

［6］［日］万谷志郎. 钢铁冶炼［M］. 北京：冶金工业出版社，2001.

［7］殷宝言. 电弧炉炼钢节电技术的回顾及对策［J］. 武钢技术，1997.

［8］W. E. Schwabe, C. G. Robinson. Report on Ultrahigh Power Option of Eletric Furnances, Electric Furnance Conference Proceedings, 1996.

［9］W. E. Schwabe. Power Factors in Electric Arc Furnances, Electric Furnance Conference Proceedings, 1963.

［10］宋华德. 超高功率电炉技术在我国的发展［J］. 钢铁厂设计，1996.

［11］关玉龙. 电炉炼钢技术［M］. 北京：科学出版社，1990.

［12］阎立懿，武振廷，芮树森. 电弧炉供电特点与泡沫渣操作 电弧炉 – 炉外精炼技术第三辑. 北京：冶金部超高功率电弧炉开发协调小组.

［13］李士琦，武骏，李京社，等. 关于电弧炉炼钢流程发展的几点看法［J］. 钢铁，1997（7）.

［14］沈才芳. 电炉炼钢工艺与设备［M］. 北京：冶金工业出版社，1982.

［15］黄世乐. 助燃空气的旋转对低压空气雾化燃烧器的影响［J］. 工业炉，2000（4）.

［16］叶彩霞，刘全清. 工业炉燃油喷雾燃烧过程的特征分析［J］. 工业加热，1999（3）.

［17］吴道供. 工业炉燃油、燃气燃烧器的新发展［J］. 工业加热，1998（5）.

［18］韩小良. 21 世纪的"绿色加热炉"［J］. 工业加热，1999（2）.

［19］世界金属导报. 电弧炉的废钢预热技术［N］. 1999，8.

［20］肖应龙，王怀宁. 电弧炉用废钢预热技术［J］. 宽厚板，1998（2）.

［21］李士琦，李伟立，刘仁刚. 现代电弧炉炼钢［M］. 北京：原子能出版社，1995，11.

［22］刘慰俭，洪新. 电弧炉排气废钢预热技术（一）［J］. 上海金属，1985（3）.

［23］张培亭. Consteel 电炉余热锅炉的热平衡计算方法研究［J］. 节能技术，2005（1）.

［24］李子来，李振洪. 打造中国的炼钢电弧炉［J］. 工业加热，2004（1）.

［25］陶文铨. 传热学基础［M］. 北京：电力工业出版社，1998，10.

［26］［美］查普曼 A J. 传热学［M］. 何用梅，译. 北京：冶金工业出版社，1984，10.

［27］张涛，花凯. 电弧炉炼钢供电系统的无功动态补偿.［J］. 电源技术应用，2002（11）.

［28］王雅贞，张岩，刘术国. 新编连续铸钢工艺及设备［M］. 北京：冶金工业出版社，1999.

［29］朱应波，宋东亮，曾昭生，等. 直流电弧炉炼钢技术［M］. 北京：冶金工业出版社，1997.

［30］［日］森井廉著. 电弧炉炼钢法［M］. 朱国灵，译. 北京：冶金工业出版社，2006.

［31］［日］南條敏夫，等. 直流电弧炉的电弧现象［M］. 乔兴武，译. 马廷温，校. 北京：冶金工业出版社 1988.

［32］［日］南條敏夫，等. 炼钢电弧炉设备与高效益运行［M］. 李中祥，译. 北京：冶金工业出版社，2000.

［33］GB 50403—2007：炼钢机械设备工程安装验收规范［S］. 北京：中国计划出版社，2007.

［34］王永忠，宋七棣. 电炉炼钢除尘［M］. 北京：冶金工业出版社，2003.

［35］袁章福，潘贻芳. 炼钢氧枪技术［M］. 北京：冶金工业出版社，2007.

［36］徐曾启. 炉外精炼［M］. 北京：冶金工业出版社，2003.

［37］中国自动化学会 ASEA 办公室组编，马竹梧. 冶金工业自动化［M］. 北京：冶金工业出版社，2007.

[38] 沈巧珍, 杜建明. 冶金传输原理 [M]. 北京：冶金工业出版社, 2006.

[39] 任占海. 冶金液压设备及其维护 [M]. 北京：冶金工业出版社, 2007.

[40] 鄂大辛. 液压传动与气压传动 [M]. 北京：北京理工大学出版社, 2007.

[41] 胡世平, 龚海涛, 蒋志良, 等. 短流程炼钢用耐火材料 [M]. 北京：冶金工业出版社, 2001.

[42] 冯捷, 史学红. 连续铸钢生产 [M]. 北京：冶金工业出版社, 2008.

[43] 时彦林, 叶文亮, 齐大信. 冶炼机械 [M]. 北京：化学工业出版社, 2004.

[44] 冯聚和, 艾立群, 刘建华. 铁水预处理与钢水炉外精炼 [M]. 北京：冶金工业出版社, 2006.

[45] 俞海明, 秦军. 现代电炉炼钢操作 [M]. 北京：冶金工业出版社, 2009.

[46] 王晓冬, 巴德纯, 张世伟, 等. 真空技术 [M]. 北京：冶金工业出版社, 2006.

[47] 冯聚和. 炼钢设计原理 [M]. 北京：冶金工业出版社, 2005.

[48] 王令福. 炼钢设备及车间设计 [M]. 北京：冶金工业出版社, 2007.

[49] 赵文广, 杨吉春, 安胜利. 计算机在冶金中的应用 [M]. 北京：化学工业出版社, 2008.

[50] 阎立懿. 电炉炼钢学 [M]. 东北大学, 2003.

[51] 张承武. 炼钢学 [M]. 冶金工业出版社, 2004.

[52] 高泽平. 炼钢工艺学 [M]. 冶金工业出版社, 2006.

[53] 钢铁企业电力设计手册编委会. 钢铁企业电力设计手册 [M]. 北京：冶金工业出版社, 1996.

[54] 本书编委会. 炼钢 - 连铸新技术 800 问 [M]. 北京：冶金工业出版社, 2004.

[55] JB/T 3261—1999：LG 系列盛钢桶型式与基本参数.

[56] JB/T 9640—1999：电弧炉变压器.

[57] 冯宁华, 孙彦辉, 等. 电弧炉电气参数的测定及电抗模型的研究 [J]. 钢铁, 2001 (10).

[58] 李振洪. 康斯迪电炉与废钢预热 [J]. 工业加热, 2006 (3).

[59] 魏利平, 王领莹, 周璜, 等. 新疆八一钢厂 DC 电弧炉新的控制系统. 2001.

[60] 史占彪, 芮树森. 直接还原铁在电弧炉炼钢中的应用 [J]. 特殊钢, 2000, 6.

[61] 石守兴. 滑动水口综述 [J]. 冶金设备, 2001 (5).

[62] 史美伦, 段贵生, 王新江. 手指竖炉式电弧炉炼钢技术评价 [J]. 钢铁, 2001, 1.

[63] 花凯, 吴培珍. 高阻抗电弧炉的主电路特征 [J]. 工业加热, 2004 (2).

[64] 饶荣水. 钢包烘烤技术的发展 [J]. 工业加热, 2000 (3).

[65] 花凯, 吴培珍. 电弧炉长弧操作的优势 [J]. 工业加热, 2007 (3).

[66] 马登德, 山增旺. 西宁特钢 60t Consteel 交流电弧炉 [J]. 特殊钢, 2000, 6.

[67] 陈煜, 李京社, 王平, 等. 直接还原铁在电弧炉炼钢中的应用 [J]. 特殊钢, 1999, 4.

[68] 刘会林. 直流炼钢电弧炉的偏弧现象及其控制 [J]. 工业加热, 1997 (4).

[69] 阎立懿, 肖玉光. 偏心底出钢 (EBT) 电弧炉冶炼工艺 [J]. 工业加热, 2005 (3).

[70] 胡玉亭, 冯明全, 等. 太钢新改造的 3 座 AOD 转炉投产及其先进的工艺控制技术 [J]. 钢铁, 2005, 4.

[71] 刘晓荣. 炼钢电弧炉管式水冷系统的设计与实践 [J]. 工业加热, 1996 (4).

[72] 花辉. 冶金企业供电系统电压波动的动态补偿 [J]. 工业加热, 1996 (6).

[73] 刘晓民, 鹿宁. GOR 转炉冶炼不锈钢工艺特点及适用条件 [N]. 世界金属导报, 2006.

[74] 刘晓民, 鹿宁, 萨道夫柯, 等. 年产 30 万吨不锈钢的 GOR 转炉车间施工设计介绍 [J]. 不锈钢, 2006 (1).

[75] 王新江. 现代电炉炼钢生产技术手册 [M]. 北京：冶金工业出版社, 2009.

[76] 花凯, 吴培珍. 高阻抗电弧炉主电路的设计 [J]. 工业加热, 2005 (6).

[77] 孙鹏, 徐颖强. 平面四杆机构在电弧炉炉盖旋转机构中的应用 [J]. 工业加热, 2005 (3).

冶金工业出版社部分图书推荐